NHZBFX

火电厂能耗指标分析手册

蒋明昌　编著

中国电力出版社
www.cepp.com.cn

内容提要

节约能源是减排的重要手段（途径、方法、方面）之一，为普及节能管理、深入开展节能工作、持久做好电力节能，根据生产实践经验，特撰写本手册。手册共分十四章，以火力发电厂能耗指标体系为主线，详细讲解了发、供电煤耗率，厂用电率，锅炉效率，汽轮机效率，管道效率；汽轮机设备系统技术经济指标、锅炉设备系统技术经济指标、管道效率技术经济指标、燃料煤炭经济指标的影响因素；各项可定量分析的技术经济指标对上一级指标的影响系数的计算方法，部分指标给出了具体的影响系数数值，如计算循环水温度、凝汽器循环水温升变化1℃对汽轮机效率、发电煤耗率的影响系数；能耗指标分析方法、管理方法，管理重点、管理要点、控制要点等。

本手册开发和进一步深化了专业领域内理论与实践的结合，如单元机组保证值发电煤耗率与生产运行发电煤耗率的关系，汽轮机组空载发电煤耗率对单元机组发电煤耗率的影响，锅炉设备带负荷程度对发电煤耗率的影响，单元机组广义管道效率与理论狭义管道效率的差异，用广义管道效率检验发电煤耗率水平的作用，发电煤耗率与供电煤耗率快速、简易的校验方法等。

本手册是火电厂能耗指标专业技术管理类书籍，涉及面广、内容丰富、通俗易懂、撰文由浅入深、查阅方便、实用性强，可供火力发电行业各层次领导者、管理者，火电厂燃料、锅炉、汽轮机、电气、化学、热工、水务等火电企业运行、检修、计划、统计、工程技术及专业管理人员阅读和参考。

图书在版编目（CIP）数据

火电厂能耗指标分析手册 / 蒋明昌编著. —北京：中国电力出版社，2011.1（2018.3重印）

ISBN 978－7－5123－0471－0

Ⅰ.①火… Ⅱ.①蒋… Ⅲ.①火电厂－能量消耗－指标－分析－手册 Ⅳ.①TM621－62

中国版本图书馆 CIP 数据核字（2010）第 098146 号

中国电力出版社出版、发行

（北京市东城区北京站西街 19 号 100005 http：//www.cepp.sgcc.com.cn）

三河市百盛印装有限公司印刷

各地新华书店经售

*

2011 年 1 月第一版 2018 年 3 月北京第四次印刷

787 毫米×1092 毫米 16 开本 40.5 印张 973 千字

印数 6001—7000 册 定价 **96.00** 元

序

“节能减排”是当前世界上能源管理的头等大事，是减少环境污染、保障能源安全、应对气候变化的有效措施，同时也是实现我国国民经济可持续发展以及全面建设小康社会的重要战略，现已引起世界各国的高度重视。2008年，我国发电用煤量约15.7亿t，约占煤炭总产量的60%。可见，电力行业是一个用能大户，对环境的影响应有一个正确的认识，电力员工肩负的责任重大。电力生产企业的管理，从总体上看是安全与经济两大方面，安全是第一要务，节约能源的管理历来也都十分重视。世界科技日新月异，社会生产、人民生活对电力的依赖性越来越强，电力生产者节约能源的重任与日俱增，因此，管理好能耗指标，进一步做好节能降耗，是火力发电厂员工义不容辞的责任。

《火力发电厂节约能源规定》指出：火力发电厂所耗燃料在一次能源生产总量中占有很大的比重，降低火力发电厂的煤耗，对缓解燃料的供应和促进国民经济的发展有着十分重要的意义，要做好基础管理、运行管理、燃料管理、设备维护和试验、技术革新和技术措施、经济调度、节约用水、培训、奖惩等工作。《电力工业节能技术监督规定》要求，火力发电机组设备、系统，在设计、安装、调试、运行、检修、技术改造等阶段和过程中要做好节能技术监督和能耗指标管理工作，使煤、电、油、汽、水等消耗指标达到设计值或更好的水平。火电机组生产过程中的能耗指标管理意识、水平，决定了单元机组发、供电煤耗率的水平和电厂的经济效益。

本手册以火力发电厂能耗指标体系为主线，分五级指标进行介绍，其主要内容包括以下三个方面。

一、能耗指标的计算方法与影响因素

本手册详细叙述了发、供电煤耗率，厂用电率，锅炉效率，汽轮机效率，管道效率，汽轮机设备系统技术经济指标，锅炉设备系统技术经济指标，供热技术经济指标，煤炭经济指标等的计算方法及其设备运行中的影响因素，部分指标还给出了对发电煤耗率的影响系数的具体数值。特别是循环水入口温度、循环水温升、凝汽器端差运行中每升高1℃，单元机组发电煤耗率均升高1~2.5g/kWh。

二、指标管理职责与分析方法

手册中明确了运行人员、专业工程师、相关专业人员在能耗指标管理工作方面的职责与分工；给出了影响指标变化的主要因素的快速分析方法，用管道效率、速度级压力、汽轮机耗汽率校核、检查、判断单元机组发电煤耗率准确性和偏离设计值的分析方法，以及煤种煤价、煤种煤量权数变化对总标准煤单价的影响的分析方法。此外，还就单元机组大修前后鉴定试验、新建机组投产鉴定验收试验管理、分析方法与要求等进行了详细介绍。

三、能耗指标管理的要点与深度管理

详细阐述了单元机组设计运行值的发、供电煤耗率与单元机组设备设计保证值的发、供电煤耗率的关系和差别；供电煤耗率真实水平的校验、检查方法；论证了单元机组运行管道效率不是99%～100%，而是95%～96.5%；提出了燃料管理应从四个环节、三个过程中找出问题，做到全面、全过程管理的方法。

本手册是作者50多年专业实践经验的结晶。作者多年从事火力发电厂生产(运行)、管理工作，在能耗指标管理领域造诣较高，在指标评价、验收、诊断、咨询、授课的实践中积累了丰富的经验和来自生产实际的一手资料。

手册以“设备能耗指标”为主题，理论结合生产实践，内容涉及专业各个领域，通俗易懂，查阅方便，用哪一项指标，就查阅哪一部分内容，不需通篇阅读，是火力发电厂能耗指标管理、设备运行管理、节能专业管理方面具有较强实用性，可操作性和指导性的著作。相信本手册的出版，对火力发电行业各层次领导者、管理者，火电厂燃料、锅炉、汽轮机、电气、化学、热工、水务等火电企业运行、检修、计划、统计、工程技术及专业管理人员的工作有很大的指导和帮助，感谢老一辈电力工作者对我国电力事业的蓬勃发展所作的巨大贡献！

杨勇平

2010年5月于华北电力大学

前　言

我是一名“老电力”，主要从事火电厂能耗指标管理工作。在多年的管理工作中积累的丰富经验，让我“理清”了能耗指标管理中的一些关系和问题，如单元机组发电运行煤耗率水平与保证值发电煤耗率的关系、汽轮机机组空载煤耗率与发电运行煤耗率水平的关系、管道效率与发电运行煤耗率水平的关系、锅炉设备带负荷单元机组发电煤耗率的影响等。

《火电厂能耗指标分析手册》是我长时间深入生产现场讲课、咨询、诊断，了解到很多深层次的问题和要求，并一一作了认真、细致、深入的探讨研究后撰写而成的。书中内容、深度符合电力生产需要，目的是将指标对上一级指标的影响作定量分析，将指标影响系数计算方法程序化，使能耗指标管理理论进一步深化、提高、完善和升华，以便指导生产实践。

本手册具有以下主要特点：

（1）理论与生产实际相结合，面向生产，用于生产并指导生产，指出提高能耗指标管理水平，降低发、供电煤率，是提高企业经济效益的途径。

（2）面向各级领导者、部门经理、专业主管、跨专业人员、非热能及电专业相关工作者，力求具体、详细。

（3）根据生产一线的实际和要求，为方便专业人员使用，书中“各项经济指标对上一级指标的影响系数”均有计算方法（公式）、计算程序，可为能耗指标管理者提供最方便的指导，从而把专业管理工作做得更好。

（4）书中详细叙述了各项指标的全过程管理、全面的专业管理、全员参加管理的具体意见和要求。

（5）本书主要章节中，除了详细叙述各项指标的管理要求外，还根据专业管理的要点、重点撰写了指标管理专题篇，如发、供电煤耗率计算与管理要点，供电煤耗率的校核与控制，发电煤耗率与水平等。

阅读本手册，读者可以掌握以下知识：

（1）火电厂能耗指标体系中各项技术经济指标的影响因素。

（2）火电厂可定量分析指标对上一级指标影响系数的计算方法。

（3）能耗指标的分析方法、管理方法、管理重点、管理要点和控制要点。

手册中章节安排及各章主要内容如下。

第一章供电煤耗率，主要内容有：影响供电煤耗率的因素，供电煤耗率变化对企业经济效益的影响的快速分析、计算方法；单元机组空载供电煤耗率的计算方法；发、供电煤耗率的计算与管理要点；供电煤耗率真实水平的校验与鉴定等。

第二章发电煤耗率，主要内容有：管道效率变化对发电煤耗率的影响系数的计算及影响值；单元机组在不同发电负荷下，空载发电煤耗率对机组发电煤耗率水平的影响值；发电煤耗率的分类，单元机组运行煤耗率与设备设计保证值煤耗率的差异；影响单元机组设计保证值煤耗率水平的因素等。

第三章汽轮机组技术经济指标，主要内容有：汽轮机效率、汽耗率、速度级压力的关系，对发电煤耗率影响系数的计算方法；凝汽器真空、真空度，汽轮机排汽温度与汽轮机背压的关系；循环水入口温度、循环水温升，指出凝汽器端差每变化1℃，对发电煤耗率的影响的最大值为2.5g/kWh等。

第四章锅炉机组技术经济指标，主要内容有：锅炉设备设计用的散热损失与锅炉运行中的散热损失的差异以及对锅炉效率的影响值；锅炉负荷变化对发电煤耗率的影响的计算；锅炉设备运行中燃料损失的计算方法等。

第五章管道效率指标，主要内容有：设备（狭义）管道效率与运行（广义）管道效率的差异以及在发电煤耗率管理中的作用；锅炉补水率、高温设备、管道散热损失对发电煤耗率的影响值。指出：运行管道效率要比设备管道效率低4%（百分点）左右，影响发电煤耗率10g/kWh左右等。

第六章发电负荷指标，主要内容有：单元机组发电负荷的影响因素；单元机组发电负荷对发电煤耗率的影响的分析、计算方法等。

第七章厂用电率指标，主要内容有：主要辅机设备用电单耗、厂用电率的影响因素；单元机组主要辅机设备的用电率、发电量权数变化对全厂厂用电率的影响的定量分析等。

第八章燃料经济指标与煤耗率，主要内容有：标准煤的煤种煤价、煤种煤量权数变化对标准煤单价的影响的定量分析、计算方法；用燃料管理中四阶段、三过程的质量和数量指标，采用模拟方法计算日发电燃料成本，进行管理、控制的方法；根据生产实践，用推理、计算的方法提供了锅炉收到基热值、全水分、灰分变化对发电煤耗率的影响系数等。

第九章供热经济指标与煤耗率，主要内容有：采暖供热机组、工业抽汽与采暖供热机组、背压供热机组三种机型供热负荷变化对发电煤耗率影响系数的计算方法；机组供热资料、数据不齐全时，供热负荷变化对发电煤耗率影响系数的推算方法等。

第十章技术经济指标分析要求，明确了指标分析的分工与职责；指出单元机组鉴定试验汽轮机效率变化要落实到蒸汽参数、凝汽器指标、给水系统、通流部分等四个方面。

第十一章火电机组经济指标优化运行，指出循环水量的优化运行是供电煤耗率的优化，而不是增发电量与耗用电量的平衡等。

第十二章热能计量仪表与技术经济指标，主要内容包括热工计量仪表的准确性对发电煤耗率的影响等。

第十三章火电厂能耗指标管理评价，以《一流发供电企业考核标准》中节能管理部分的要求为依托，涵盖运行管理，设备经济性能管理，检修质量管理，设备技术改造经济性能管理，大修间隔、工期费用管理等全面、全过程、全员管理，可用于评价全面工作，也可用于基层单位自我检查工作。

第十四章开拓思维创新节能，经常想想专业工作中的问题，并抓住不放，深入研究，则必有硕果。

在本书编写过程中，华北电科院原副总工程师、教授级高级工程师徐贞禧，原石景山发电总厂生产、基建厂长、总工程师、教授级高级工程师辛卫民，大唐国际发电股份有限公司高井热电厂副总经济师、高级工程师刘健，中国节能投资公司中节蓝天投资咨询管理有限公司项目经理郭燕勇，大唐国际发电股份有限公司高井热电厂筹建处工程设备部部长助理赵建民，京能集团北京京能电力燃料有限公司燃料管理部经理、高级经济师刘光乾等参与了部分内容的编写、专业技术责任审核和校对工作。专家们对书稿提出了许多宝贵意见，在此表示衷心的感谢！各位领导、专家、同仁给予了我大力的指导、支持、帮助和鼓励。尤其在专业知识面、深度方面，要特别感谢华北电力大学副校长、博士生导师、教授杨勇平博士多年来对我的帮助、指导，为我创造条件，使我获得了更多、更新的知识，为我撰写本手册奠定了良好的基础。

此外，还特别感谢蒲丹博士跨行业、跨专业，克服种种困难为本书设计、绘制了近百幅精美、准确、实用性强的“火力发电厂技术经济指标变化对发、供电煤耗率影响系数的曲线图”。最后，感谢夫人胡印芬女士在生活中的陪伴、照顾，以及对我的专业工作和写作工作的一如既往的支持！

限于作者水平，书中难免存在不妥之处，诚请广大读者批评指正。

作　者

2010 年 5 月

符 号 对 照 表

指标名称的符号：一般采用通用符号；无通用符号时，用汉语拼音字母代替，上、下角标均采用汉语拼音表示。

一、设计值、额定值、定额值

b_{fd}^{ed}、b_{fd}^{de}—发电煤耗率设计值、额定值、定额值、指定值（g/kWh、kg/kWh）

b_{fd}^{ed}、b_{fd}^{de}—供电煤耗率设计值、额定值、定额值（g/kWh、kg/kWh）

η_{qj}^{ed}、η_{qj}^{de}—汽轮机效率设计值、额定值、定额值（%）

η_{gl}^{ed}、η_{gl}^{de}—锅炉效率设计值、额定值、定额值（%）

η_{gd}^{ed}、η_{gd}^{de}—管道效率设计值、额定值、定额值

L_{cy}^{ed}、L_{cy}^{de}—厂用电率设计值、额定值、定额值

二、发、供电煤耗率，机、炉效率，厂用电率变化后值

b_{fd}^{bh}—发电煤耗率变化后值（g/kWh、kg/kWh）

b_{gd}^{bh}—供电煤耗率变化后值（g/kWh、kg/kWh）

η_{qj}^{bh}—汽轮机效率变化后值（g/kWh、kg/kWh）

η_{gl}^{bh}—锅炉效率变化后值（%）

η_{gd}^{bh}—管道效率变化后值（%）

L_{cy}^{bh}—厂用电率变化后值（%）

三、发、供电煤率，机、炉效率指标变化值

Δb_{fd}^{bh}—发电煤耗率变化值（g/kWh、kg/kWh）

Δb_{gd}^{bh}—供电煤耗率变化值（g/kWh、kg/kWh）

$\Delta \eta_{qj}^{bh}$—汽轮机效率变化值（%，百分点）

$\Delta \eta_{gl}^{bh}$—锅炉效率变化值（%，百分点）

$\Delta \eta_{gd}^{bh}$—管道效率变化值（%，百分点）

ΔL_{cy}^{bh}—厂用电率变化值（%，百分点）

四、汽轮机、锅炉效率对发、供电煤耗率的影响系数

Δb_{qj}^{fx}—汽轮机效率变化1%对发电煤耗率的影响系数（Δb_{fd}^{bh} g/kWh）/（$\Delta \eta_{qj}^{bh}$1%）

Δb_{qj}^{gx}—汽轮机效率变化1%对供电煤耗率的影响系数（Δb_{gd}^{bh} g/kWh）/（$\Delta \eta_{qj}^{bh}$1%）

Δb_{gl}^{fx}—锅炉效率变化1%对发电煤耗率的影响系数（Δb_{fd}^{bh} g/kWh）/（$\Delta \eta_{gl}^{bh}$1%）

Δb_{gl}^{gx}—锅炉效率变化1%对供电煤耗率的影响系数（Δb_{gd}^{bh} g/kWh）/（$\Delta \eta_{gl}^{bh}$1%）

Δb_{gd}^{fx}—管道效率变化1%对发电煤耗率的影响系数（Δb_{gd}^{bh} g/kWh）/（$\Delta \eta_{gd}^{bh}$1%）

Δb_{cy}^{gx}—厂用电率变化1%对供电煤耗率的影响系数（Δb_{gd}^{bh} g/kWh）/（ΔL_{cy}^{bh}1%）

Δb_{bs}^{fx}—补水率变化1%对发电煤耗率的影响系数（Δb_{bs}^{bh} g/kWh）/（ΔQ_{gr}^{bh}1GJ/h）

$\Delta\eta_{fd}^{jx}$—发电煤耗率变化 1g/kWh 对汽轮机效率的影响系数（$\Delta\eta_{qj}^{bh}$%）/（Δb_{fd}^{bh}1g/kWh）

$\Delta\eta_{fd}^{lx}$—发电煤耗率变化 1g/kWh 对锅炉效率的影响系数（$\Delta\eta_{gl}^{bh}$%）/（Δb_{fd}^{bh}1g/kWh）

$\Delta\eta_{fd}^{gdx}$—发电煤耗率变化 1g/kWh 对管道效率的影响系数（$\Delta\eta_{gd}^{bh}$%）/（Δb_{fd}^{bh}1g/kWh）

$\Delta\eta_{gd}^{jx}$—供电煤耗率变化 1g/kWh 对汽轮机效率的影响系数（$\Delta\eta_{qj}^{bh}$%）/（Δb_{gd}^{bh}1g/kWh）

$\Delta\eta_{gd}^{lx}$—供电煤耗率变化 1g/kWh 对锅炉效率的影响系数（$\Delta\eta_{gl}^{bh}$%）/（Δb_{gd}^{bh}1g/kWh）

ΔL_{gd}^{cx}—供电煤耗率变化 1g/kWh 对厂用电率的影响系数（ΔL_{cy}^{bh}%）/（Δb_{gd}^{bh}1g/kWh）

五、汽轮机、锅炉小指标变化值

ΔZB_{lz}^{bh}—锅炉指标变化值（MPa、℃、%，百分点）

ΔZB_{lz}^{bh}—汽轮机指标变化值（MPa、℃、%，百分点）

ΔZB_{zqy}^{bh}、Δp_{zqy}^{bh}—主蒸汽压力变化值（MPa）

ΔZB_{zqw}^{bh}、Δt_{zqw}^{bh}—主蒸汽温度变化值（℃）

ΔZB_{zrw}^{bh}、Δt_{zrw}^{bh}—再热蒸汽温度变化值（℃）

ΔZB_{zry}^{bh}、Δp_{zry}^{bh}—再热蒸汽压力降变化值（MPa）

ΔZB_{nkd}^{bh}—凝汽器真空度变化值（%，百分点）

Δp_{nqy}—凝汽器压力变化值（kPa）

ΔZB_{xhs}^{bh}、Δt_{xhs}^{bh}—循环水温度变化值（℃）

ΔZB_{ws}^{bh}、Δt_{ws}^{bh}—循环水温升变化值（℃）

ΔZB_{dc}^{bh}、Δt_{dc}^{bh}—凝汽器端差变化值（℃）

ΔZB_{gs}^{bh}、Δt_{gs}^{bh}—给水温度变化值（℃）

ΔZB_{sf}^{bh}、Δt_{sf}^{bh}—送风机入风温度变化值（℃）

ΔZB_{yf}^{bh}、Δt_{yf}^{bh}—引风机入风温度变化值（℃）

ΔZB_{py}^{bh}、Δt_{py}^{bh}—排烟温度变化值（℃）

$\Delta ZB_{O_2}^{bh}$—ΔO_{O_2}氧量变化值（%，百分点）

ΔZB_{lf}^{bh}、$\Delta\alpha_{lf}^{bh}$—漏风率变化值（%，百分点）

ΔZB_{krw}^{bh}、ΔC_{krw}^{bh}—飞灰可燃物变化值（%，百分点）

六、锅炉、汽轮机指标变化对效率的影响系数

$\Delta\eta_{qh}^{jx}$—汽耗率变化 0.01kg/kWh 对汽轮机效率的影响系数（$\Delta\eta_{qj}^{bh}$）/（Δd_{qh}^{bh}0.01kg/kWh）

$\Delta\eta_{sdy}^{jx}$—速度级压力变化 0.1MPa 对汽轮机效率的影响系数（$\Delta\eta_{qj}^{bh}$）/（Δp_{sdy}^{bh}0.1MPa）

$\Delta\eta_{sdy}^{jx}$—速度级压力变化 1% 对汽轮机效率的影响系数（$\Delta\eta_{qj}^{bh}$）/（Δp_{sdy}^{bh}1%）

$\Delta\eta_{zqy}^{jx}$—主蒸汽压力变化 1MPa 对汽轮机效率的影响系数（$\Delta\eta_{qj}^{bh}$%）/（Δp_{zqy}^{bh}1MPa）

$\Delta\eta_{zqw}^{jx}$—主蒸汽温度变化 1℃对汽轮机效率的影响系数（$\Delta\eta_{qj}^{bh}$%）/（Δt_{zqw}^{bh}1℃）

$\Delta\eta_{zrw}^{jx}$—再热蒸汽温度变化 1℃对汽轮机效率的影响系数（$\Delta\eta_{qj}^{bh}$%）/（Δt_{zqw}^{bh}1℃）

$\Delta\eta_{zry}^{jx}$—再热蒸汽压力降变化 0.1MPa 对汽轮机效率的影响系数（$\Delta\eta_{qj}^{bh}$%）/（Δp_{zry}^{bh}0.1MPa）

$\Delta\eta_{nqy}^{jx}$—凝汽器压力变化 1kPa 对汽轮机效率的影响系数（$\Delta\eta_{qj}^{bh}$%）/（Δp_{nqy}^{bh}1kPa）

$\Delta\eta_{nkd}^{jx}$—凝汽器真空度变化 1% 对汽轮机效率的影响系数（$\Delta\eta_{qj}^{bh}$%）/（Δt_{nkd}^{bh}1%）

$\Delta\eta_{xhs}^{jx}$—循环水温度变化1℃对汽轮机效率的影响系数（$\Delta\eta_{qj}^{bh}$%）/（Δt_{xhs}^{bh}1℃）

$\Delta\eta_{ws}^{jx}$—循环水温升变化1℃对汽轮机效率的影响系数（$\Delta\eta_{qj}^{bh}$%）/（Δt_{ws}^{bh}1℃）

$\Delta\eta_{dc}^{jx}$—凝汽器端差变化1℃对汽轮机效率的影响系数（$\Delta\eta_{qj}^{bh}$%）/（Δt_{dc}^{bh}1℃）

$\Delta\eta_{gs}^{jx}$—给水温度变化1℃对汽轮机效率的影响系数（$\Delta\eta_{qj}^{bh}$%）/（Δt_{gs}^{bh}1℃）

$\Delta\eta_{sfr}^{lx}$—送风机入口温度变化1℃对锅炉效率的影响系数（$\Delta\eta_{gl}^{bh}$%）/（Δt_{sfr}^{bh}1℃）

$\Delta\eta_{pyw}^{lx}$、$\Delta\eta_{py}^{lx}$—排烟温度变化1℃对锅炉效率的影响系数（$\Delta\eta_{gl}^{bh}$%）/（Δt_{pyw}^{bh}1℃）

$\Delta\eta_{O_2}^{lx}$—炉膛出口烟气氧量1%对锅炉效率的影响系数（$\Delta\eta_{gl}^{bh}$%）/（ΔO_2^{bh}1%）

$\Delta\eta_{LF}^{lx}$—空气预热器、尾部烟道漏风系数1%对锅炉效率的影响系数（$\Delta\eta_{gl}^{bh}$%）/（ΔLF^{bh}1%）

$\Delta\eta_{krw}^{lx}$—飞灰可燃物1%对锅炉效率的影响系数（$\Delta\eta_{gl}^{bh}$%）/（Δkrw^{bh}1%）

七、锅炉、汽轮机指标变化对发电煤耗率的影响系数

Δb_{qh}^{fx}—汽耗率变化0.01kg/kWh对发电煤耗率的影响系数（Δb_{fd}^{bh}g/kWh）/（Δd_{qh}^{bh}0.01kg/kWh）

Δb_{sdy}^{fx}—速度级压力变化0.1MPa对发电煤耗率的影响系数（Δb_{fd}^{bh}g/kWh）/（Δp_{sdy}^{bh}0.1MPa）

Δb_{sdy}^{fx}—速度级压力变化1%对发电煤耗率的影响系数（Δb_{fd}^{bh}g/kWh）/（Δp_{sdy}^{bh}1%）

Δb_{zqy}^{fx}—主蒸汽压力变化1MPa对发电煤耗率的影响系数（Δb_{fd}^{bh}g/kWh）/（Δp_{zqy}^{bh}1MPa）

Δb_{zqw}^{fx}—主蒸汽温度变化1℃对发电煤耗率的影响系数（Δb_{fd}^{bh}g/kWh）/（Δt_{zqw}^{bh}1℃）

Δb_{zrw}^{jx}—再热蒸汽温度变化1℃对发电煤耗率的影响系数（Δb_{fd}^{bh}g/kWh）/（Δt_{zqw}^{bh}1℃）

Δb_{zry}^{fx}—再热蒸汽压力降变化0.1MPa对发电煤耗率的影响系数（Δb_{fd}^{bh}g/kWh）/（Δt_{zry}^{bh}0.1MPa）

$\Delta\eta_{nqy}^{jx}$—凝汽器压力变化1kPa对发电煤耗率的影响系数（Δb_{fd}^{bh}g/kWh）/（Δp_{nqy}^{bh}1kPa）

Δb_{nkd}^{fx}—凝汽器真空度变化1%对发电煤耗率的影响系数（Δb_{fd}^{bh}g/kWh）/（Δt_{nkd}^{bh}1%）

Δb_{xhs}^{fx}—循环水温度变化1℃对发电煤耗率的影响系数（Δb_{fd}^{bh}g/kWh）/（Δt_{xhs}^{bh}1℃）

Δb_{ws}^{fx}—循环水温升变化1℃对发电煤耗率的影响系数（Δb_{fd}^{bh}g/kWh）/（Δt_{ws}^{bh}1℃）

Δb_{dc}^{fx}—凝汽器端差变化1℃对发电煤耗率的影响系数（Δb_{fd}^{bh}g/kWh）/（Δt_{dc}^{bh}1℃）

ΔV_{pqw}^{wx}—排汽温度变化1℃对凝汽器真空度的影响系数（V_{pqj}^{bh}%）/（Δt_{pqw}^{bh}1℃）

Δb_{gs}^{fx}—给水温度变化1℃对发电煤耗率的影响系数（Δb_{fd}^{bh}g/kWh）/（Δt_{gs}^{bh}1℃）

Δb_{sfr}^{fx}—送风机入口温度变化1℃对发电煤耗率的影响系数（Δb_{fd}^{bh}g/kWh）/（Δt_{sfr}^{bh}1℃）

Δb_{pyw}^{fx}—排烟温度变化1℃对发电煤耗率的影响系数（Δb_{fd}^{bh}g/kWh）/（Δt_{pyw}^{bh}1℃）

$\Delta b_{O_2}^{fx}$—炉膛出口烟气氧量变化1%对发电煤耗率的影响系数（Δb_{fd}^{bh}g/kWh）/（ΔO_2^{bh}1%）

Δb_{lf}^{fx}—空气预热器、尾部烟道漏风系数变化1%对发电煤耗率的影响系数（Δb_{fd}^{bh}g/kWh）/（ΔLF^{bh}1%）

Δb_{krw}^{fx}—飞灰可燃物变化1%对发电煤耗率的影响系数（Δb_{fd}^{bh}g/kWh）/（Δkrw^{bh}1%）

八、供热机组供热负荷、发电负荷对发、供电煤耗率的影响系数

Δb_{fd}^{gx}—供热机组供热负荷一定，发电负荷变化10MW对供电煤耗率的影响系数（Δb_{gd}^{bh}g/

kWh)/(ΔP_{fh}^{bh}10MW)

Δb_{fd}^{fx}—供热机组供热负荷一定，发电负荷变化10MW对发电煤耗率的影响系数（Δb_{fd}^{bh}g/kWh)/(ΔP_{fh}^{bh}10MW)

Δb_{gr}^{gx}—供热机组发电负荷一定，供热负荷变化1GJ/h对供电煤耗率的影响系数（Δb_{gd}^{bh}g/kWh)/(ΔQ_{gr}^{bh}1GJ/h)

Δb_{gr}^{fx}—供热机组发电负荷一定，供热负荷变化1GJ/h对发电煤耗率的影响系数（Δb_{fd}^{bh}g/kWh)/(ΔQ_{gr}^{bh}1GJ/h)

Δb_{gr}^{gx}—供热机组发电负荷一定，供热负荷变化1t/h对供电煤耗率的影响系数（Δb_{gd}^{bh}g/kWh)/(ΔQ_{gr}^{bh}1t/h)

Δb_{gr}^{fx}—供热机组发电负荷一定，供热负荷变化1t/h对发电煤耗率的影响系数（Δb_{fd}^{bh}g/kWh)/(ΔQ_{gr}^{bh}1t/h)

九、辅机用电单耗、辅机用电率

Dh—辅机用电单耗（kWh/t）

L_{fj}—辅机用电率（%）

Dh_{mm}—磨煤机用电单耗（kWh/t）

L_{mm}—磨煤机用电率（%）

Dh_{pf}—排粉机用电单耗（kWh/t）

L_{pf}—排粉机用电率（%）

Dh_{sf}—送风机用电单耗（kWh/t）

L_{sf}—送风机用电率（%）

Dh_{xf}—引风机用电单耗（kWh/t）

L_{xf}—引风机用电率（%）

Dh_{gs}—给水泵用电单耗（kWh/t）

L_{fj}—给水泵用电率（%）

L_{sm}—输煤系统用电率（%）

L_{ch}—除灰系统用电率（%）

L_{nb}—凝结水泵用电率（%）

L_{xh}—循环水泵用电率（%）

L_{jl}—循环水机力塔用电率（%）

十、指标变化影响值

$\Delta \eta_{jz}^{yx}$—汽轮机指标变化对汽轮机效率的影响值（%）

$\Delta \eta_{lz}^{yx}$—锅炉指标变化对锅炉效率的影响值（%）

Δb_{jzf}^{yx}—汽轮机指标变化对发电煤耗率的影响值（g/kWh）

Δb_{lzf}^{yx}—锅炉指标变化对发电煤耗率的影响值（g/kWh）

Δb_{jzg}^{yx}—汽轮机指标变化对供电煤耗率的影响值（g/kWh）

Δb_{lzg}^{yx}—锅炉指标变化对供电煤耗率的影响值（g/kWh）

Δb_{cyg}^{yx}—厂用电率指标变化对供电煤耗率的影响值（g/kWh）

Δb_{jxf}^{yx}—汽轮机效率变化对发电煤耗率的影响值（g/kWh）
Δb_{lxf}^{yx}—锅炉效率变化对发电煤耗率的影响值（g/kWh）
Δb_{jxg}^{yx}—汽轮机效率变化对供电煤耗率的影响值（g/kWh）
Δb_{lxg}^{yx}—锅炉效率变化对供电煤耗率的影响值（g/kWh）

十一、燃料

CB_{rl}—燃料成本（元/kWh、元/MWh）
ΔCB_{rl}^{bh}—燃料成本变化值（元/kWh、元/MWh）
BM_{dj}—标准煤单价（元/t）
$O_{net,ar}$—煤炭收到基热值（kJ/kg）
$\Delta O_{net,ar}$—收到基热值差（kJ/kg）
M_{ar}—煤炭收到基水分（%）
ΔM_{ar}—收到基水分差（%）
A_{ar}—煤炭收到基灰分（%）
ΔA_{ar}—收到基灰分差（%）

十二、专业常用符号

P_{fd}—发电负荷、容量、出力（kW、MW）
W_{fd}—发电量（kWh、MWh）
P_{gd}—供电负荷（kWh）
W_{gd}—供电量（kWh、MWh）
D—锅炉、汽轮机蒸汽流量（负荷）（t/h、kg/h、点数）
m_{qs}—发电量、蒸汽流量权数
K_{zr}—再热蒸汽流量系数
b_{fd}—发电煤耗率（g/kWh）
b_{gd}—供电煤耗率（g/kWh）
Q_{gr}^{fh}—供热负荷（GJ/h、kJ/h）
Q_{gr}^{l}—供热量（GJ、kJ）
D_{gr}^{fh}—供热蒸汽负荷（t/h、kg/h）
D_{gq}—供热蒸汽量（t、kg）
α_{gr}—供热比
α_{fd}—发电比
R_{d}—热电比
B—煤量（t、kg）
B_{bz}—标准煤量（t、kg）
L_{cy}—厂用电率（%）
p—压力（MPa、kPa）
Δp_{zr}—再热蒸汽压损（降）（MPa）
t—温度、吨（℃、t）

Q—热量（GJ、kJ）
h—汽或水的焓值、小时（kJ/h、h）
η_{qj}—汽轮机（绝对电）效率（%）
q—热耗率（kJ/kWh）
p_o'—汽轮机速度级压力（MPa）
t_o'—汽轮机速度级温度（℃）
Δq^{bh}—热耗率变化值（kJ/kWh）
η_{gl}—锅炉效率（%）
η_{gd}—管道效率（%）
V_{nkd}—凝汽器真空度（%）
δt—凝汽器端差（℃）
q_{yx}^{lv}—凝汽器胶球运行率（%）
q_{sq}^{lv}—凝汽器胶球清洗装置吸球率（%）
v_{zk}^{sd}—凝汽器漏真空速度（Pa/min）
Δt—循环水温升（℃）
v_{xh}^{ss}—循环水流速（m/s）
δ—凝结水过冷却度（℃）
Δt_{sdc}—加热器上端差（℃）
Δt_{xdc}—加热器下端差（℃）
L_{gj}^{tr}—高压加热器投入率（%）
O_2—烟气中氧含量（%）
K—系数
K_{py}—排烟损失计算系数
α—锅炉漏风系数（%）
$\Delta\alpha$—烟气中过量空气系数
$L_{\Delta\alpha}$—锅炉漏风率（%）
C—灰中可燃物（%）
N_{fx}^{ns}—发电设备运行年数（年）

目　录

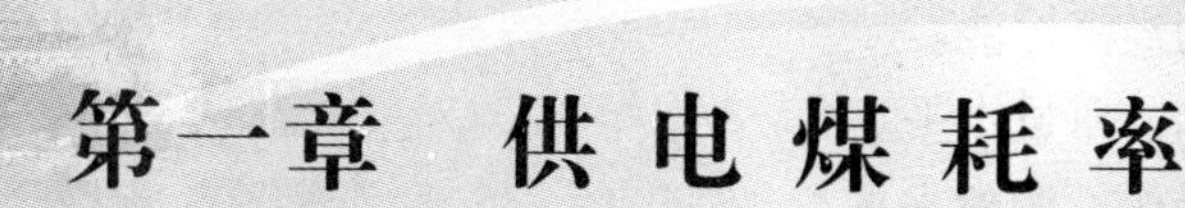

第一章 供电煤耗率

本章内容，一是分析、讨论供电煤耗率指标的影响因素；二是讲解发电煤耗率、厂用电率变化对供电煤耗率影响系数的计算方法，并最终通过计算、分析、汇总，求出发电煤耗率、厂用电率变化对全厂供电煤耗率影响结果的汇总值，分清各单元机组的供电煤耗率，哪个单元完成好，哪个单元没有达到目标值，差距是多少；三是讲解汽轮机效率、锅炉效率、管道效率对供电煤耗率影响系数的计算方法；四是讲解、研究各单元机组供电煤耗率水平变化、各单元机组供电量权数对全厂供电煤耗率的影响各是多少，并分清主、客观因素的影响值各是多少；五是讲解汽轮机组空载用能量对供电煤耗率的影响；六是讲解发、供电煤耗率的计算与管理要点；七是讲解供电煤耗率的校核与控制。

供电煤耗率是火力发电厂发电设备、系统运行经济性能的总指标，专业上又采用电厂净（供电）效率、电厂净（供电）热耗率表示。

供电煤耗率是指单元发电机组或火力发电厂向电网每供 1kWh 电能所耗用的标准煤的量，单位为 kg/kWh 或 g/kWh。

火力发电厂供电热耗率或称电厂净热耗率，是指火力发电厂向电网每供 1kWh 电能所耗用的热量值，单位为 kJ/kWh。

火力发电厂净效率或称电厂供电效率，是指火力发电厂向电网供电时耗用燃料的利用程度，单位为（%）。

供电煤耗率水平是发电厂各方面工作水平的反映，包括设备健康水平、设备检修工艺、检修质量水平；单元机组发电平均负荷，运行调整、操作水平；节能管理，燃料管理，各专业、各层次管理者的管理意识和管理工作水平。

发电厂单元机组的供电煤耗率水平，从技术上讲由机组发电煤耗率、发电厂用电率（供电量）决定，但实际上还与入炉煤、入厂煤热值差，领导和全员的节能管理意识、节能管理水平，储煤场盘煤结果的盈煤、亏煤等有关。

发电厂全厂供电煤耗率水平，除与单元机组供电煤耗率水平有关外，还与单元机组供电量权数（机组供电量构成比例）有关。机组参数、单元机组容量相差较大时，单元机组供电量权数变化对供电煤耗率的影响更大。

一、影响供电煤耗率水平的直接因素

（1）发电煤耗率水平。

（2）单元机组发电负荷水平。

（3）发电、供热厂用电率水平（供电量）。

（4）燃料管理水平，入炉煤、入厂煤热值差，储煤场的盈煤、亏煤量。

（5）设备、系统健康水平。

（6）设备、系统的经济性能。

（7）设备检修工艺、质量水平。

（8）运行调度、操作、调整水平。

（9）各专业、各层次管理者的节能管理意识和管理工作水平等。

二、供电煤耗率指标体系

影响供电煤耗率的指标方面，火力发电厂一台单元机组的设备、系统约有100项各类技术经济指标。因各个电厂发电的主、辅设备及系统各不相同，故构成技术经济指标体系的指标数目也各异。火力发电厂供电煤耗率的指标体系可分为五级，即五个层次：

（1）一级指标：供电煤耗率，或称火力发电厂供电效率、净效率，火力发电厂供电热耗率、净热耗率。

（2）二级指标：影响一级指标的直接指标，如供电量、发电煤耗率、燃料管理。

（3）三级指标：影响二级指标的直接指标，如发电量、厂用电量（厂用电率）、锅炉效率、汽轮机效率、管道效率、燃料质量、燃料数量。

（4）四级指标：影响三级指标的直接指标，具体包括以下几个方面。

1）影响发电量及机组发电负荷率的指标。

2）辅机单耗、辅机用电率指标。

3）锅炉设备及系统经济性指标。

4）汽轮机设备及系统经济性指标。

5）影响管道效率的经济性指标。

6）燃料质量的经济性指标。

7）燃料数量的经济性指标。

在以往的实践中，五级指标往往混杂在四级指标里，由于管理者的专业水平等原因，分析工作中往往与四级重复计算，从而影响了指标分析结论的正确性，不利于管理者和领导正确的决策。

（5）五级指标：锅炉、汽轮机设备及系统的技术经济性指标中的综合指标，如：

1）凝汽器真空度。凝汽器真空度是四级指标。然而，凝汽器循环水入口温度、凝汽器循环水温升、凝汽器端差，凝汽器胶球清洗的运行率、胶球清洗的收球率，凝汽器清洁度等是影响凝汽器真空度的五级指标。

2）锅炉排烟损失。锅炉排烟损失（q_2）是四级指标。然而，锅炉排烟温度、锅炉入风温度、锅炉出口氧量、锅炉尾部烟道漏风率等是影响锅炉排烟损失的五级指标。

3）燃料的综合性指标，如入厂煤热值与入炉煤热值差、入厂煤水分与入炉煤水分差等。

认识火力发电厂技术经济指标体系（见图1－1），理清锅炉、汽轮机设备及系统经济性指标的关系，是管好火力发电厂技术经济指标，做好火力发电厂节约能源管理工作的基础。

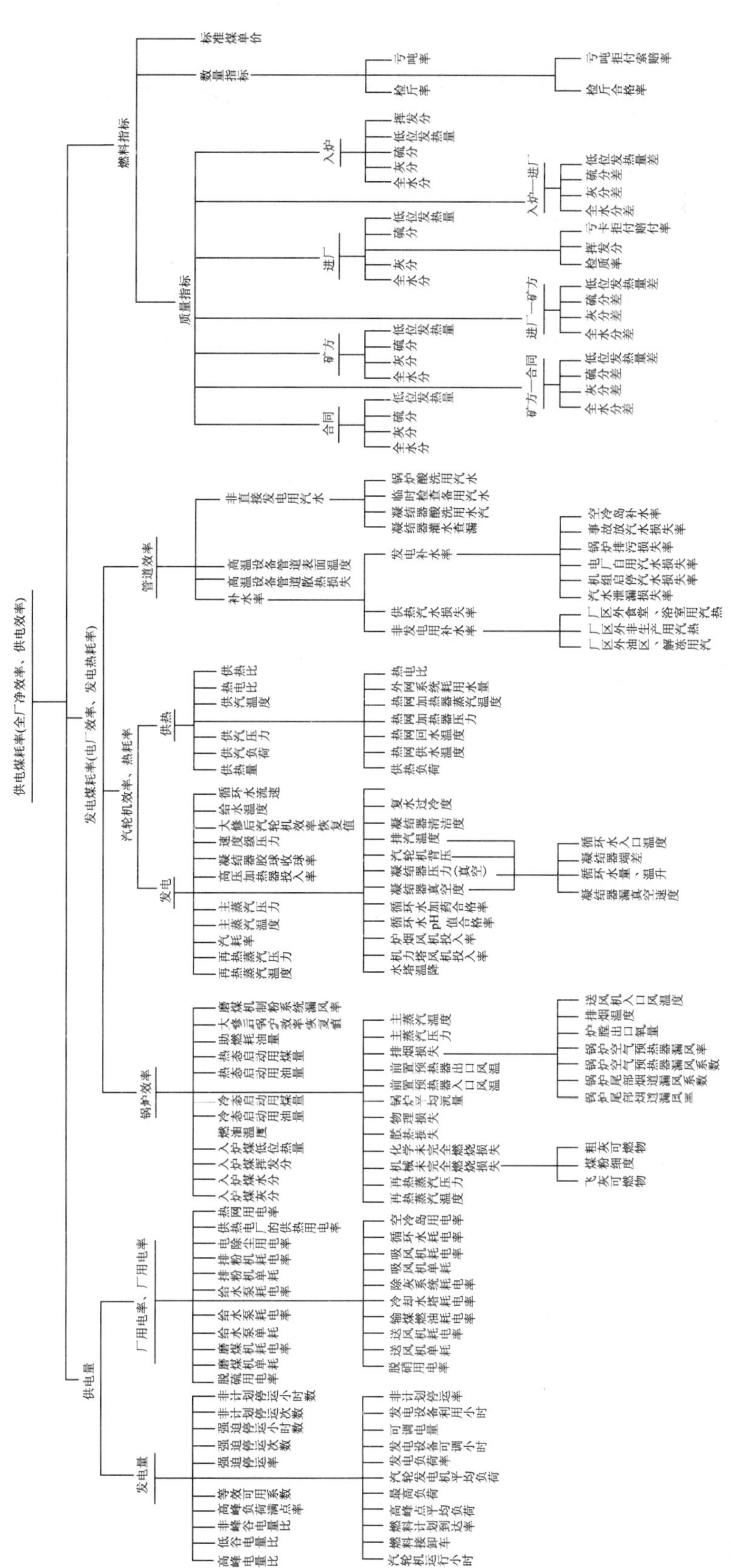

图1-1 火力发电厂技术经济指标体系图

第一节　供电煤耗率变化对企业经济效益的影响

供电煤耗率变化是指供电煤耗率受到某些因素的影响而产生的上升或下降。管理者在生产管理工作中，如果放松了能耗指标管理工作，则将造成发电用煤量的增加，即一次能源——燃料的浪费；如果管理者能耗指标管理意识强，把能耗指标管理提到议事日程上，则每年能为企业、为国家节约成千上万吨标准煤。

在技术组合、设备性能确定后，管理者的节能意识，对单元机组运行供电煤耗率的水平在一定程度上也有较大的潜力和空间。一是企业决策层的意识；二是专业主管——节能专业工程师的管理意识；三是全体员工的节能意识与参与。因为企业决策层的管理理念、管理意识是决定企业整体水平的决定因素，节能专业工程师的管理理念、管理意识是管好火力发电厂技术经济指标，做好火力发电厂节约能源管理工作的关键；电力生产企业的全体员工是生产一线的实践者，他们最了解设备、系统的经济性能，同时掌握着提高设备、系统经济性能的方法，是管好火力发电厂技术经济指标，做好火力发电厂节约能源管理工作的基础。

一、供电煤耗率的水平变化对企业的影响

供电煤耗率的水平变化对企业的影响，简单地说就是供电煤耗率每升高 1g/kWh 将浪费多少煤炭，多支出多少燃料费用；供电煤耗率每降低 1g/kWh 能节约多少煤炭，企业能增加盈利多少万元。

1g/kWh 供电煤耗率对企业经济效益的影响可用下列三组数据说明：

（1）供电煤耗率降低 1g/kWh，对 1 亿 kWh 的电量来说，可节约 100t 标准煤，如果标准煤单价为 350 元/t，则节约燃料费用 35 000 元。

（2）电厂年供电量为 60 亿 kWh，供电煤耗率降低 2g/kWh，则一年可节约标准煤 12 000t，如果标准煤单价为 350 元/t，则一年可节约燃料费用 420 万元。

（3）电厂年供电量为 100 亿 kWh，供电煤耗率升高 3g/kWh，则一年就要多耗用标准煤 30 000t，如果标准煤单价为 350 元/t，则一年就要多支出燃料费用 1050 万元。

二、供电煤耗率变化对企业经济效益影响的分析、计算

供电煤耗率变化对企业经济效益影响的分析、计算方法如下。

（一）供电煤耗率变化对标准煤量影响的计算公式

$$\Delta B = \Delta b_{gd} \times W_{gd} \tag{1-1}$$

式中　ΔB——标准煤量变化值，t；

Δb_{gd}——供电煤耗率变化值，g/kWh 或 kg/kWh；

W_{gd}——指标计算期供电量，kWh。

（二）供电煤耗率变化对企业经济效益的影响

供电煤耗率升高 1g/kWh 浪费多少煤炭，供电煤耗率降低 1g/kWh 节约多少标准煤，是企业领导、专业管理人员经常关心，并要进行计算的工作。为了方便广大电业生产管理者，简化计算方法，准确定量，提高工作效率，提高计算准确性，特编制了不同发电量下，供电煤耗率变化值与发电用标准煤的相关数量表，见表 1－1。

1. 供电煤耗率变化对煤量影响的速算表

表 1－1　　不同供电量时，供电煤耗率变化值对标准煤量影响值的速算表　　t

供电量（$\times 10^8$kWh）	供电煤耗率变化值（g/kWh）					
	1	2	3	4	5	10
1	100	200	300	400	500	1000
2	200	400	600	800	1000	2000
3	300	600	900	1200	1500	3000
4	400	800	1200	1600	2000	4000
5	500	1000	1500	2000	2500	5000
10	1000	2000	3000	4000	5000	10 000
50	5000	10 000	15 000	20 000	25 000	50 000
100	10 000	20 000	30 000	40 000	50 000	100 000

表 1－1 使用说明：

（1）表中第一列为分析、计算用供电量值，直接使用值的数值范围为 $1\times 10^8 \sim 100\times 10^8$kWh，即 1 亿～100 亿 kWh。

（2）表中第二大列第一行及第二行的各列数值为分析、计算用供电煤耗率的变化值，直接使用的值数值范围为 1～10g/kWh。

（3）表中第一列右边，第二大列第一行及第二行供电煤耗率变化值 1～10g/kWh 各数值下面的数值，是各供电煤耗率变化值与不同的供电量值对标准煤量的影响值，单位为 t。

（4）由表 1－1 可知，当供电煤耗率降低 2g/kWh，计算供电量为 100 亿 kWh 时，可节约标准煤 20 000t；而当供电煤耗率升高 4g/kWh，计算供用电量为 50 亿 kWh 时，则多耗用标准煤 20 000t。

2. 供电煤耗率变化对煤量影响的曲线

根据表 1－1 中供电煤耗率变化值对标准煤量影响值的关系数值，可以绘制出不同供电量时，供电煤耗率变化值对标准煤量影响值的关系曲线，见图 1－2。

图 1－2 使用说明：

（1）横坐标为分析、计算用供电量，单位为亿 kWh、$\times 10^6$亿 MWh 或 $\times 10^8$kWh。

（2）10 条斜率各异的斜线为不同供电量时，供电煤耗率对标准煤量影响值的关系曲线。

（3）纵坐标为不同供电量时，供电煤耗率变化与对应的标准煤量值，万 t。

（4）由图 1－2 可知，供电煤耗率升高 4g/kWh，计算用电量为 50 亿 kWh 时，多耗用标准煤 2 万 t；而供电煤耗率降低 5g/kWh，计算用电量为 80 亿 kWh 时，则可节约标准煤（25 000＋5000×3）4 万 t。

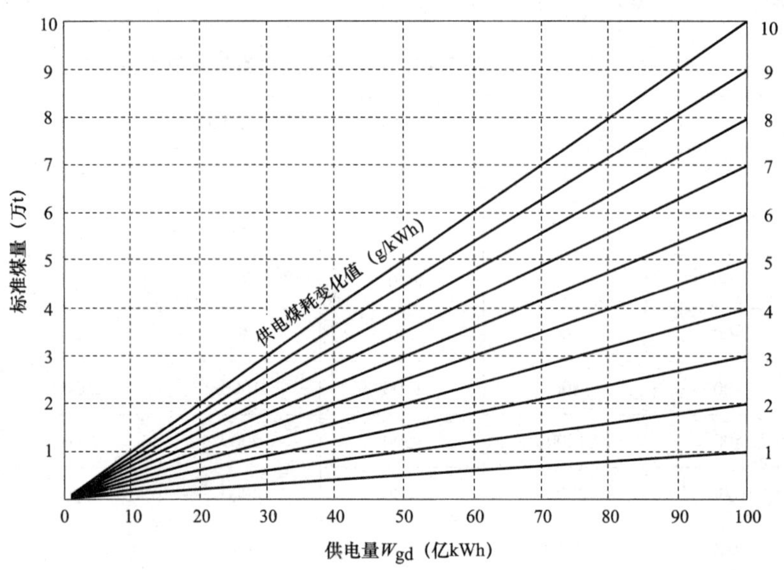

图 1－2　不同供电量时，供电煤耗率变化值对标准煤量影响值的关系曲线

（三）供电煤耗率变化对燃料成本的影响

供电燃料成本的影响因素：一是供电煤耗率的水平（即供电煤耗率的变化值，g/kWh）；二是发电用标准煤单价（元/t）。供电燃料成本变化值的计算公式如下

$$\Delta CB_{gd}^{rl} = \Delta b_{gd} BM_{dj} \tag{1-2}$$

式中　ΔCB_{gd}^{rl}——供电燃料成本变化值，元/t；

Δb_{gd}——供电煤耗率变化值，g/kWh；

BM_{dj}——标准煤单价，元/t。

第二节　供电煤耗率计算方法

火力发电厂供电煤耗率指标的计算方法有两种：一是正平衡供电煤耗率计算方法；二是反平衡供电煤耗率计算方法。

一、正平衡供电煤耗率计算方法的分析比较

电力行业中，正平衡供电煤耗率计算方法曾先后有过两种规定。

（1）以给锅炉上煤的皮带秤称重计量的入炉煤量为准的正平衡煤耗率计算方法。原电力工业部电安生［1993］457 号文，关于颁发《火力发电厂按入炉煤量正平衡计算发供电煤耗的方法（试行）》的通知中，总则第 1.2 条中规定：火力发电厂发供煤耗统一以入炉煤计量煤量和入炉煤机械取样分析的低位发热量按正平衡计算，并以此数据上报及考核。这种正平衡煤耗率计算方法没有得到普遍的认同、实施和广泛使用。

该计算方法弊病较多，如

1）皮带秤的称种计量对煤耗率的准确性、代表性的影响因素较多，如皮带秤的误差率、运行中皮带秤偏离允许误差的影响与调整等，因为皮带秤运行中不可能不发生偏离允许

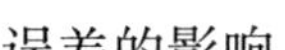

误差的影响。

2）人为因素对发电用煤量的干预，影响煤耗率水平的真实性、代表性。

3）进厂煤量、发电用煤量、储煤场存煤量三者的不平衡煤量，如目前发电成本的燃料账务问题如何处理。

（2）虽然存在上述三种情况，业内专业主管人士主张仍采用以轨道衡计量的进厂煤量为准的正平衡煤耗计算方法。华北电力集团公司 1998 年提出了贯彻原电力工业部电安生［1993］457 号文修正意见的《火力发电厂按入炉煤量正平衡计算发供电煤耗实施管理办法》的讨论稿。总则第 1.2 条规定了火电厂发供电煤耗统一以入炉煤量计量和入炉煤机械采样分析的低位发热量按正平衡计算、反平衡校核，以煤场盘煤调整后的煤耗数据上报及考核的方法，此方法也称大正平衡煤耗计算方法。这种计算方法已沿用了几十年，得到了一致认同；一流火力发电厂考核标准中，供电煤耗率的考核要求也采用此方法，这就是目前仍普遍使用这种适合中国国情的供电煤耗率的计算方法的原因。

（3）对上述两种正平衡供电煤耗率计算方法影响煤耗计算准确性的因素进行分析比较后可以看出，后者增加了反平衡校核，以煤场盘煤调整后的煤耗数据上报及考核，详细情况见表 1－2。

表 1－2　　两种正平衡供电煤耗率计算方法影响煤耗计算准确性的因素

1998 年修正后目前仍使用的方法	［1993］457 号文
煤耗指标以进厂煤量和煤场盘煤调整后的煤耗率为准的“大正平衡”，掩盖了目前煤耗率计算不准的影响因素	煤耗指标以入炉煤称重煤量为准，对煤耗和成本的影响
（1）进厂煤质量的准确性（含煤水分、称重）； （2）入炉煤质量的准确性（水分、代表性）； （3）入炉煤热量的准确性（水分、灰分、代表性）； （4）进入煤耗煤量的准确性（含存损、运损、非发电用煤量）； （5）煤耗计算用参数的准确性（含测点位置、表计指示）； （6）煤耗计算方法的止确性（公式表达设备系统的真实性、适用性）	（1）给人为“煤耗”留下空间； （2）入炉煤热量的准确性对煤耗率的影响； （3）进厂煤质量的准确性对发电成本的影响； （4）进厂煤量与发电用煤量两者之间煤量的差值，财务账面上不好处理

从表 1－2 中两种供电煤耗率计算方法对煤耗率计算准确性的影响因素的分析比较来看，各有利弊。前者以进厂煤量为准的“大正平衡”，计算方法克服了目前供电煤耗率计算不准的影响因素后，供电煤耗率指标也就准确了。但实际工作中很难全部达到要求，特别是人为因素的影响难以控制。后者，供电煤耗率指标以入炉煤称重煤量为准的计算方法中，供电煤耗率水平也很难正确、准确，而对成本的影响则更为重要。另外，目前电力行业使用的正平衡煤耗计算方法，因为有“用反平衡计算的煤耗能进行校核”的要求，所以更有利于供电煤耗率水平的管理。

二、供电煤耗率计算的原则公式

1. 用发电标准煤量、供电量计算供电煤耗率

$$b_{gd}=\frac{B_{fd}}{W_{gd}}\quad (g/kWh 或 kg/kWh) \tag{1-3}$$

式中 b_{gd}——供电煤耗率，g/kWh 或 kg/kWh；

B_{fd}——发电用标准煤量，kg 或 t；

W_{gd}——计算期供电量，kWh 或 $\times 10^4$kWh。

标准煤热值为 29 271.2kJ/kg（7000kcal/kg）。煤炭的热值千焦（kJ）与千卡（kcal）的折算关系为：4.181 6kJ = 1kcal。

2. 用正平衡发电煤耗率、厂用电率计算供电煤耗率

$$b_{gd} = \frac{b_{fd}^{zp}}{1 - L_{cy}} \quad (kg/kWh 或 g/kWh) \tag{1-4}$$

式中 b_{fd}^{zp}——正平衡发电煤耗率，kg/kWh 或 g/kWh；

L_{cy}——发电厂用电率，%。

3. 用电厂净效率（或供电效率）计算供电煤耗率

$$b_{gd} = \frac{0.123}{\eta_{dc}^{jx}} \quad (kg/kWh 或 g/kWh) \tag{1-5}$$

$$0.123 \approx 0.122\,8571 = \frac{3600.648(860)}{29\,271.2(7000)}$$

式中 3600.648 或 860（下同）——电热当量；

29 271.2 或 7000（下同）——标准煤热值，kcal/kg 或 kJ/kg；

η_{dc}^{jx}——电厂净效率（或供电效率），%。

关于电与热的煤炭折算系数“0.123”的应用，一般仅适用于供电煤耗分析时，因用其计算差值影响不大，但不适用于供电煤耗率水平的计算。“0.123”应用于计算煤耗水平时，煤耗率水平偏高 0.12%。如煤耗率水平为 330g/kWh，则计算煤耗率偏高 0.38g/kWh。

4. 电厂净效率（或供电效率）计算公式

$$\eta_{dc}^{jx} = \eta_{dc}(1 - L_{cy}) \tag{1-6}$$

或

$$\eta_{dc}^{jx} = \eta_{gl}\eta_{qj}\eta_{gd}(1 - L_{cy}) \tag{1-7}$$

式中 η_{dc}——电厂效率（或发电效率），%；

η_{gl}——锅炉效率，%；

η_{qj}——汽轮发电机绝对电效率，%；

η_{gd}——管道效率，%。

三、反平衡供电煤耗率计算方法

反平衡供电煤耗率的计算方法是指，用反平衡方法计算的发电煤率、发电用标准煤量、发电用天然实际煤量，再通过计算求出供电煤耗率。关于反平衡发电煤耗率的计算方法，将在第二章发电煤耗率中讲。

第三节 汽轮机效率对供电煤耗率的影响系数

单元机组供电煤耗率的影响因素很多。从数理关系上讲，直接影响供电煤耗率水平计算

值的因素是厂用电率、汽轮机效率、锅炉效率、管道效率。具体来说，影响供电煤耗率的影响因素是锅炉、汽轮机、电气设备、系统的各项技术经济指标。

汽轮机效率变化对供电煤耗率的影响系数是指：锅炉效率、厂用电率、管道效率为某一定值，汽轮机效率（绝对值）变化1%后对供电煤耗率的影响值。汽轮机效率变化对供电煤耗率的影响系数还与汽轮机效率水平、锅炉效率水平、管道效率水平、厂用电率水平等有关，可以通过计算求出。

一、汽轮机效率变化对供电煤耗率的影响系数

汽轮机效率变化对供电煤耗率的影响系数是指：在一定的锅炉效率、厂用电率、管道效率的特定条件下，在不同的汽轮机效率范围内，汽轮机效率变化1%（汽轮机效率的绝对值——下同，百分点）后对供电煤耗率（g/kWh）的影响值，可以表达为（Δb_{qj}^{bh}g/kWh）/（$\Delta\eta_{qj}^{bh}$1%）。

（一）汽轮机效率变化对供电煤耗率影响系数的计算公式

汽轮机效率变化对供电煤耗率影响系数计算时，汽轮机效率变化值的间隔，由专业人员根据分析计算的需要自己选定，可以是0.5%，1.0%，2.0%，…。计算汽轮机效率变化对供电煤耗率的影响系数，是相对额定负荷设计参数的初始状态下的供电煤耗率与汽轮机效率变化（锅炉效率、管道效率不变）后的供电煤耗率差值的相对数，可用（Δb_{qj}^{bh}g/kWh）/（$\Delta\eta_{qj}^{bh}$1%）表达。

1. 汽轮机效率变化对供电煤耗率影响系数的计算公式一

$$\Delta b_{qj}^{gx} = \frac{|b_{qj}^{bg} - b_{qj}^{eg}|}{\Delta\eta_{qj}^{bh}} \quad (1-8)$$

或

$$\Delta b_{qj}^{gx} = \frac{|b_{qj}^{bf} - b_{qj}^{ef}|}{\Delta\eta_{qj}^{bh}(1 - L_{cy})} \quad (1-9)$$

式中 Δb_{qj}^{gx}——汽轮机效率变化对供电煤耗率的影响系数，（Δb_{qj}^{bh}g/kWh）/（$\Delta\eta_{qj}^{bh}$1%）；

b_{qj}^{eg}——设计工况额定负荷下的供电煤耗率，g/kWh；

b_{qj}^{bg}——汽轮机效率变化后的供电煤耗率，g/kWh；

$|b_{qj}^{bg}—b_{qj}^{eg}|$——取绝对值；

$|b_{qj}^{bf} - b_{bh}^{ef}|$——取绝对值；

b_{qj}^{ef}——设计工况额定负荷下的发电煤耗率，g/kWh；

b_{qj}^{bf}——汽轮机效率变化后的发电煤耗率，g/kWh；

$\Delta\eta_{qj}^{bh}$——拟定的汽轮机效率变化值，%；

L_{cy}——厂用电率，%。

2. 汽轮机效率变化值的计算公式

$$\Delta\eta_{qj}^{bh} = |\eta_{qj}^{ed} - \eta_{qj}^{bh}| \quad (1-10)$$

式中 $|\eta_{qj}^{ed} - \eta_{qj}^{bh}|$——取绝对值；

η_{qj}^{ed}——设计工况额定负荷下的汽轮机效率值，%；

η_{qj}^{bh}——拟定的汽轮机效率变化后的汽轮机效率值，%。

虚拟的汽轮机效率变化值（$\Delta\eta_{qj}^{bh}$）是分析、计算者的假定值，如 0.5%，1.0%，2.0%，…可以根据计算者要求的精度任意选择。

（二）汽轮机效率变化对发电煤耗率影响系数的计算公式二

$$\Delta b_{qj}^{fx}=\frac{\dfrac{0.123}{(\eta_{gl}^{ed}\times\eta_{gd}\times\eta_{qj}^{bh})\times(1-L_{cy})}-\dfrac{0.123}{(\eta_{gl}^{ed}\times\eta_{gd}\times\eta_{qj}^{ed})\times(1-L_{cy})}}{\Delta\eta_{qj}^{bh}} \quad (1-11)$$

或

$$\Delta b_{qj}^{fx}=\frac{\left|\dfrac{0.123}{(\eta_{gl}^{ed}\times\eta_{gd})\times(1-L_{cy})}-\left|\dfrac{1}{\eta_{qj}^{bh}}-\dfrac{1}{\eta_{qj}^{ed}}\right|\right|}{\Delta\eta_{qj}{}^{bh}} \quad (1-12)$$

式中 $\left|\dfrac{0.123}{(\eta_{gl}^{ed}\times\eta_{gd}\times\eta_{qj}^{bh})\times(1-L_{cy})}-\dfrac{0.123}{(\eta_{gl}^{ed}\times\eta_{gd}\times\eta_{qj}^{ed})\times(1-L_{cy})}\right|$——取绝对值；

$\left|\dfrac{1}{\eta_{qj}^{bh}}-\dfrac{1}{\eta_{qj}^{ed}}\right|$——取绝对值；

η_{gl}^{ed}——锅炉额定工况设计效率,%；

η_{gd}——管道效率，一般取 98.5%。

（三）汽轮机效率变化 1% 对供电煤耗率影响系数的计算程序

汽轮机效率变化 1% 对供电煤耗率影响系数的计算方法有两种：

（1）用上述计算公式一，用各种组合的供电煤耗率计算汽轮机效率变化 1%（效率的绝对值，百分点，下同）对供电煤耗率的影响系数。

（2）先用设计值锅炉效率、选定的管道效率与拟定的汽轮机效率分别计算发电煤耗率，计算汽轮机效率变化 1% 对发电煤耗率的影响系数，然后再用汽轮机效率变化 1% 对发电煤耗率的影响系数计算汽轮机效率变化 1% 对供电煤耗率的影响系数。

汽轮机效率变化 1% 对供电煤耗率的影响系数，可以用数值表和曲线两种形式表示。

（1）本书采用第二种计算方法，计算程序如下：

1）选定汽轮机效率变化范围：计算选定的汽轮机效率变化范围为 37.0%～46.0%。

2）选定锅炉效率变化范围：计算选定的锅炉效率变化范围为 87.0%～96.0%。

3）选定管道效率：计算选定的管道效率为 98.5%。管道效率选定的高或低对汽轮机效率变化 1% 对供电煤耗率的影响系数影响不大，因为是两组计算数值的差值。

4）选定厂用电率变化范围：计算选定的厂用电率变化范围为 4.0%～8.0%。

5）用汽轮机效率、锅炉效率、管道效率计算机组发电煤耗率，计算公式为

$$b_{fd}=\frac{0.123}{\eta_{qj}\times\eta_{gl}\times\eta_{gd}} \quad (1-13)$$

6）用上述发电煤耗率的计算公式，计算出选定各组合参数的发电煤耗率，结果见表 1-3。

表 1－3　管道效率为定值，不同锅炉效率、汽轮机效率下的发电煤耗率　g/kWh

序号	汽轮机效率（%）	锅炉效率（%）			
		96.0	93.0	90.0	87.0
	A	B	C	D	E
1	37.0	351.1	362.5	374.6	387.5
2	38.0	341.9	352.9	364.7	377.3
3	39.0	333.1	343.9	355.4	367.6
4	40.0	324.8	335.3	346.5	358.4
5	41.0	316.9	327.1	338.0	349.7
6	42.0	309.3	319.3	330.0	341.3
7	43.0	302.2	311.9	322.3	333.4
8	44.0	295.3	304.8	315.1	325.8
9	45.0	288.7	298.0	308.0	318.6
10	46.0	282.4	291.6	301.3	311.7

7）计算汽轮机效率变化1%对发电煤耗率的影响系数。汽轮机效率变化1%对发电煤耗率的影响系数可用表1－3中各种组合参数计算的发电煤耗率进行计算。计算公式如下

$$\Delta b_{qj}^{fx}=\frac{1_h\cdot B_1-2_h\cdot B_1}{2_h\cdot A_1-1_h\cdot A_1} \tag{1-14}$$

式中　1_h，2_h，…——第一行，第二行，…；

A_1，B_1，…——第 A_1列，第 B_1列，…。

【例1－1】 计算：管道效率为98.5%，锅炉效率为93.0%，汽轮机效率由45.0%降到44.0%时，汽轮机效率变化1%对发电煤耗率的影响系数。

$$\Delta b_{qj}^{fx}=\frac{8\cdot C-9\cdot C}{9\cdot A-8\cdot A}=\frac{304.8-298.0}{45.0-44.0}=6.8(\Delta b_{qj}^{bh}g/kWh)/(\Delta\eta_{qj}^{bh}1\%)$$

上式计算结果表明：当管道效率不变，锅炉效率为93.0%，汽轮机效率由45.0%降到44.0%时，汽轮机效率变化1%对发电煤耗率的影响系数（Δb_{qj}^{fx}）是6.8（Δb_{qj}^{bh}g/kWh）/（$\Delta\eta_{qj}^{bh}$1%）。

8）用表1－3中各种参数组合计算出的发电煤耗率，再根据上述7）中的计算方法，计算出所有参数组合间的汽轮机效率变化1%对发电煤耗率的影响系数，可得到表1－4中结果。

表 1－4　管道效率为定值，不同锅炉效率时，汽轮机效率变化1%对发电煤耗率的影响系数（Δb_{fd}^{bh}g/kWh）/（$\Delta\eta_{qj}^{bh}$1%）

锅炉效率（%）	汽轮机效率（%）								
	37.5	38.5	39.5	40.5	41.5	42.5	43.5	44.5	45.5
96.0	9.2	8.8	8.4	8.0	7.4	7.1	6.7	6.6	6.3
93.0	9.5	9.1	8.7	8.3	7.9	7.4	7.0	6.8	6.4
90.0	9.9	9.5	9.0	8.6	8.2	7.7	7.3	7.1	6.7
87.0	10.2	9.8	9.4	8.9	8.5	8.1	7.8	7.2	6.9

（2）计算厂用电率为4.0%，管道效率为定值，不同锅炉效率时，汽轮机效率变化1%对发电煤耗率的影响系数。

1）根据发电煤耗率、厂用电率计算供电煤耗率的计算公式（1-4），用表1-4中的汽轮机效率变化1%对发电煤耗率的影响系数，计算厂用电率为4.0%，管道效率为定值，不同锅炉效率时，汽轮机效率变化1%对供电煤耗率的影响系数，并填入表1-5中。

表1-5　厂用电率为4.0%，管道效率为定值，不同锅炉效率时，汽轮机效率变化1%对供电煤耗率的影响系数（Δb_{gd}^{bh}g/kWh）/（$\Delta\eta_{qj}^{bh}$1%）

锅炉效率（%）	汽轮机效率（%）								
	37.5	38.5	39.5	40.5	41.5	42.5	43.5	44.5	45.5
96.0	9.6	9.2	8.8	8.3	7.7	7.4	7.0	6.8	6.6
93.0	9.9	9.5	9.1	8.5	8.2	7.7	7.3	7.1	6.7
90.0	10.3	9.9	9.4	9.0	8.5	8.0	7.6	7.4	7.0
87.0	10.7	10.2	9.8	9.5	8.9	8.4	8.1	7.5	7.2

表1-5使用说明：

a. 表1-5适用于厂用电率为4.0%的情况。

b. 表中第一列数值为锅炉效率值，其取值范围为87.0%~96.0%。

c. 表中第二大列第一行及第二行中的各列数值为拟定的汽轮机效率分档数值，其值适用范围为37.5%~45.5%（37.0%~46.0%），其每一列数值适用于该值的±0.5%范围内。例如：汽轮机效率为40.5%时，此列下面的汽轮机效率变化1%对供电煤耗率影响系数适用于40%<η_{qj}<41%。

d. 第一列锅炉效率值96.0%~87.0%的右边、第二大列第一行及第二行各列汽轮机效率值37.5%~45.5%数值的下面，是锅炉效率、管道效率为某一定值时，汽轮机效率变化1%（百分点）时对供电煤耗率的影响系数。例如，由表1-5中的数值可知：厂用电率为4%，当锅炉效率为90%，管道效率为98.5%，汽轮机效率为39.5%左右（即39%<η_{qj}<40%）时，汽轮机效率变化1%对供电煤耗率的影响数值为9.4g/kWh。

2）绘制汽轮机效率变化1%对供、发电煤耗率影响系数的关系曲线。用表1-5表中，汽轮机效率变化1%对供电煤耗率的影响系数，绘制出厂用电率为4.0%，管道效率为定值、不同锅炉效率时，汽轮机效率变化1%与供电煤耗率影响系数的关系曲线，见图1-3。

图1-3使用说明：

a. 图1-3适用于厂用电率为4.0%的情况。

b. 图例说明：横坐标为汽轮机效率，适用范围为37.0%~46.0%；纵坐标为汽轮机效率变化1%对供电煤耗率影响系数。4条不同原点、不同斜率的关系曲线分别表示锅炉效率为87.0%、90.0%、93.0%、96.0%时，汽轮机效率变化1%对供电煤耗率的影响系数的关系值。

c. 从图1-3中可以查出厂用电率为4.0%，锅炉效率为93.0%（管道效率为98.5%），汽轮机效率为39.5%时，汽轮机效率每变化1%时，影响供电煤耗率相应的变化值为9.1g/kWh，即在上述条件下，汽轮机效率每变化0.110个百分点，供电煤耗率变

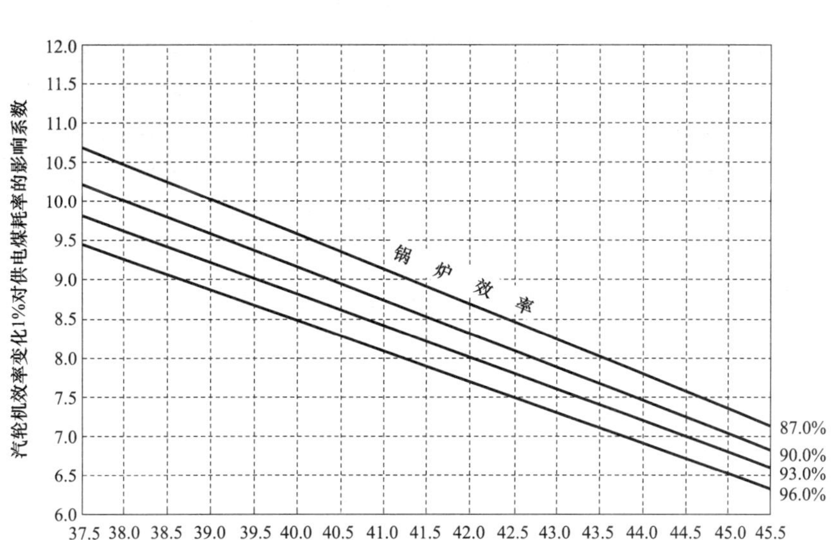

图1－3　厂用电率为4.0%，管道效率为定值，不同锅炉效率时，汽轮机效率变化1%对供电煤耗率影响系数的关系曲线（Δb_{gd}^{bh}g/kWh）/（$\Delta\eta_{qj}^{bh}$1%）

化1g/kWh。

（3）计算厂用电率为5.0%，管道效率为定值，不同锅炉效率时，汽轮机效率变化1%对发电煤耗率的影响系数。

1）根据发电煤耗率、厂用电率计算供电煤耗率的计算公式（1－4），用表1－4中的汽轮机效率变化1%对发电煤耗率的影响系数。计算厂用电率为5.0%，管道效率为定值，不同锅炉效率时，汽轮机效率变化1%对供电煤耗率的影响系数，并填入表1－6中。

表1－6　厂用电率为5.0%，管道效率为定值，不同锅炉效率时，汽轮机效率变化1%对供电煤耗率的影响系数（Δb_{gd}^{bh}g/kWh）/（$\Delta\eta_{qj}^{bh}$1%）

锅炉效率（%）	汽 轮 机 效 率（%）								
	37.5	38.5	39.5	40.5	41.5	42.5	43.5	44.5	45.5
96.0	9.7	9.3	8.8	8.4	7.8	7.5	7.1	6.9	6.6
93.0	10.0	9.6	9.2	8.7	8.3	7.8	7.4	7.2	6.7
90.0	10.4	10.0	9.5	9.1	8.6	8.1	7.7	7.5	7.1
87.0	10.7	10.3	9.9	9.4	8.9	8.5	8.2	7.6	7.3

表1－6使用说明：

a. 表1－6适用于厂用电率为5.0%的情况。

b. 表中第一列数值为锅炉效率值，取值范围为87.0%～96.0%。

c. 表中第二大列第一行及第二行中的各列为拟定的汽轮机效率分档数值，其值适用范围为37.5%～45.5%（37.0%～46.0%），其每一列数值适用于该值的±0.5%范围内。例如：汽轮机效率为41.5%时，此列下面的汽轮机效率变化1%对供电煤耗率的影响系数适用于41%＜η_{qj}＜42%。

d. 第一列锅炉效率值的右边，第二大列第一行及第二行各列汽轮机效率值 37.5% ~ 45.5% 数值的下面，是锅炉效率、管道效率为某一定值时，汽轮机效率变化 1%（百分点）时对供电煤耗率的影响系数。例如：由表 1 - 6 中的数值可知：厂用电率为 5.0%，锅炉效率为 87.0%，管道效率为 98.5%，汽轮机效率为 38.5% 左右（即 $38\% < \eta_{qj} < 39\%$ 时，汽轮机效率变化 1% 对供电煤耗率的影响数值为 10.3g/kWh。

2）绘制汽轮机效率变化 1% 对供电煤耗率影响系数的关系曲线。用表 1 - 5 表中汽轮机效率变化 1% 对供电煤耗率的影响系数，绘制出厂用电率为 5.0%，管道效率为定值，不同锅炉效率时，汽轮机效率变化 1% 与供电煤耗率影响系数的关系曲线，见图 1 - 4。

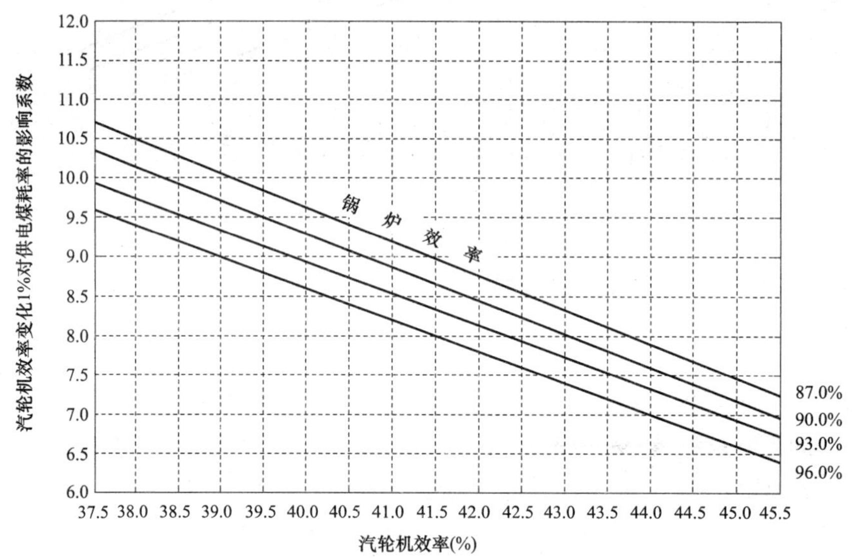

图 1 - 4　厂用电率为 5.0%，管道效率为定值，不同锅炉效率时，汽轮机效率变化 1% 对供电煤耗率影响系数的关系曲线（Δb_{gd}^{bh}g/kWh）/（$\Delta\eta_{qj}^{bh}$1%）

图 1 - 4 使用说明：

a. 图 1 - 4 适用于厂用电率为 5.0% 的情况。

b. 图例说明：横坐标为汽轮机效率，适用范围为 37.0% ~46.0%；纵坐标为汽轮机效率变化 1% 对供电煤耗率的影响系数。4 条不同原点、不同斜率的关系曲线分别表示锅炉效率为 87.0%、90.0%、93.0%、96.0% 时，汽轮机效率变化 1% 对供电煤耗率的影响系数的关系值。

c. 从图 1 - 4 可以查得厂用电率为 5.0%，锅炉效率为 93.0%（管道效率为 98.5%），汽轮机效率为 43.5% 时，汽轮机效率每变化 1%，影响供电煤耗率相应的变化值为 7.4g/kWh。即在上述条件下，汽轮机效率每变化 0.135 个百分点，供电煤耗率变化 1g/kWh。

（4）计算厂用电率为 6.0%、管道效率为定值、不同锅炉效率时，汽轮机效率变化 1% 对发电煤耗率的影响系数。

1）根据发电煤耗率、厂用电率计算供电煤耗率的计算公式（1 - 4），用表 1 - 4 中的汽轮机效率变化 1% 对发电煤耗率的影响系数，计算厂用电率为 6.0%，管道效率为定值，不同锅炉效率时，汽轮机效率变化 1% 对供电煤耗率的影响系数，并填入表 1 - 7 中。

表 1－7　厂用电率为 6.0%，管道效率为定值，不同锅炉效率时，汽轮机效率变化 1%对供电煤耗率的影响系数（Δb_{gd}^{bh}g/kWh)/($\Delta\eta_{qj}^{bh}$1%）

锅炉效率	汽轮机效率（%）								
（%）	37.5	38.5	39.5	40.5	41.5	42.5	43.5	44.5	45.5
96.0	9.8	9.4	8.9	8.5	7.9	7.6	7.1	7.0	6.7
93.0	10.1	9.7	9.3	8.8	8.4	7.9	7.5	7.2	6.8
90.0	10.5	10.1	9.6	9.2	8.7	8.2	7.7	7.6	7.1
87.0	10.9	10.4	10.0	9.5	9.0	8.6	8.3	7.7	7.3

表 1－7 使用说明：

a. 表 1－7 适用于厂用电率为 6.0% 的情况。

b. 表中第一列数值为锅炉效率值，取值范围为 87.0% ~96.0% 。

c. 表中第二大列第一行及第二行中的各列为拟定的汽轮机效率分档数值，其值适用范围为 37.5% ~45.5% （37.0% ~46.0%），其每一列数值适用于该值的 ±0.5% 范围内。例如：汽轮机效率为 45.5% 时，此列下面的汽轮机效率变化 1% 对供电煤耗率的影响系数适用于 45% $<\eta_{qj}<$46% 。

d. 第一列锅炉效率值 96.0% ~87.0% 的右边，第二大列第一行及第二行各列汽轮机效率值 37.5% ~45.5% 的下面，是锅炉效率、管道效率为某一定值时，汽轮机效率变化 1% 时对供电煤耗率的影响系数。例如：由表 1－7 可知，厂用电率为 6.0%，锅炉效率为 90%，管道效率为 98.5%，汽轮机效率为 42.5% 左右（即 42% $<\eta_{qj}<$43%）时，汽轮机效率变化 1% 对供电煤耗率的影响系数为 8.2g/kWh。

2）绘制厂用电率为 6.0%，管道效率为定值，不同锅炉效率时，汽轮机效率变化 1% 对供发电煤耗率影响系数的关系曲线。根据表 1－5 表中汽轮机效率变化 1% 对供电煤耗率的影响系数，绘制出厂用电率为 6.0%，管道效率为定值、不同锅炉效率时，汽轮机效率变化 1% 与供电煤耗率影响系数的关系曲线，见图 1－5。

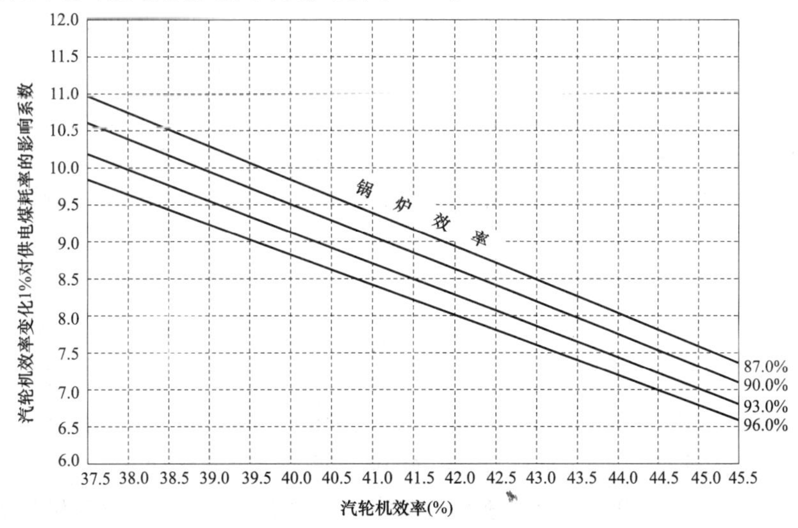

图 1－5　厂用电率为 6.0%，管道效率为定值，不同锅炉效率时，汽轮机效率变化 1% 对供电煤耗率影响系数的关系曲线（Δb_{gd}^{bh}g/kWh)/($\Delta\eta_{qj}^{bh}$1%）

图 1 – 5 使用说明：

a. 图 1 – 5 适用于厂用电率为 6.0% 的情况。

b. 图例说明：横坐标为汽轮机效率，适用范围为 37.0% ~46.0%；纵坐标为汽轮机效率变化 1% 对供电煤耗率的影响系数。4 条不同原点、不同斜率的关系曲线分别表示锅炉效率为 87.0%、90.0%、93.0%、96.0% 时，汽轮机效率变化 1% 对供电煤耗率影响系数的关系值。

c. 从图 1 – 5 上可以查得厂用电率为 6.0%，锅炉效率为 93.0%（管道效率为 98.5%），汽轮机效率在 45.5% 时，汽轮机效率每变化 1% 时，影响供电煤耗率相应的变化值为 6.8g/kWh。即在上述条件下汽轮机效率每变化 0.147 个百分点，供电煤耗率变化 1g/kWh。

（5）计算厂用电率为 7.0%，管道效率为定值、不同锅炉效率时，汽轮机效率变化 1% 对发电煤耗率的影响系数。

1）根据发电煤耗率、厂用电率计算供电煤耗率的计算公式（1 – 4），用表 1 – 4 中的汽轮机效率变化 1% 对发电煤耗率的影响系数，计算厂用电率为 7.0%，管道效率为定值，不同锅炉效率时，汽轮机效率变化 1% 对供电煤耗率的影响系数，并填入表 1 – 8 中。

表 1 – 8　厂用电率为 7.0%，管道效率为定值，不同锅炉效率时，汽轮机效率变化 1% 对供电煤耗率的影响系数（Δb_{gd}^{bh} g/kWh）/（$\Delta\eta_{qj}^{bh}$1%）

锅炉效率（%）	汽轮机效率（%）								
	37.5	38.5	39.5	40.5	41.5	42.5	43.5	44.5	45.5
96.0	9.9	9.5	9.0	8.6	8.0	7.6	7.2	7.1	6.8
93.0	10.2	9.8	9.4	8.9	8.5	8.0	7.5	7.3	6.9
90.0	10.7	10.2	9.7	9.2	8.8	8.3	7.9	7.6	7.2
87.0	11.0	10.5	10.1	9.6	9.1	8.7	8.4	7.7	7.4

表 1 – 8 使用说明：

a. 表 1 – 8 适用于厂用电率为 7.0% 的情况。

b. 表中第一列数值为锅炉效率值，取值范围为 87.0% ~96.0%。

c. 表中第二大列第一行及第二行中的各列为拟定的汽轮机效率分档数值，其值适用范围为 37.5% ~45.5%（37.0% ~46.0%），其每一列数值适用于该值的 ±0.5% 范围内。例如：汽轮机效率为 45.5% 时，此列下面的汽轮机效率变化 1% 对供电煤耗率的影响系数适用于 $45\% < \eta_{qj} < 46\%$。

d. 第一列锅炉效率值 96.0% ~87.0% 的右边，第二大列第一行及第二行各列汽轮机效率值 37.5% ~45.5% 的下面，是锅炉效率、管道效率为某一定值时，汽轮机效率变化 1%（百分点）时对供电煤耗率的影响系数。例如：由表 1 – 8 中的数值可知，厂用电率为 7.0%，锅炉效率为 96%，管道效率为 98.5%，汽轮机效率为 45.5% 左右（即 $45\% < \eta_{qj} < 46\%$）时，汽轮机效率变化 1% 对供电煤耗率的影响系数为 6.8g/kWh。

2）绘制厂用电率为 7.0%，管道效率为定值，不同锅炉效率时，汽轮机效率变化 1% 对供电煤耗率影响系数的关系曲线。根据表 1 – 5 表中汽轮机效率变化 1% 对供电煤耗率的影响系数，绘制厂用电率为 7.0%，管道效率为定值，不同锅炉效率时，汽轮机效率变化 1%

与供电煤耗率影响系数的关系曲线，见图1－6。

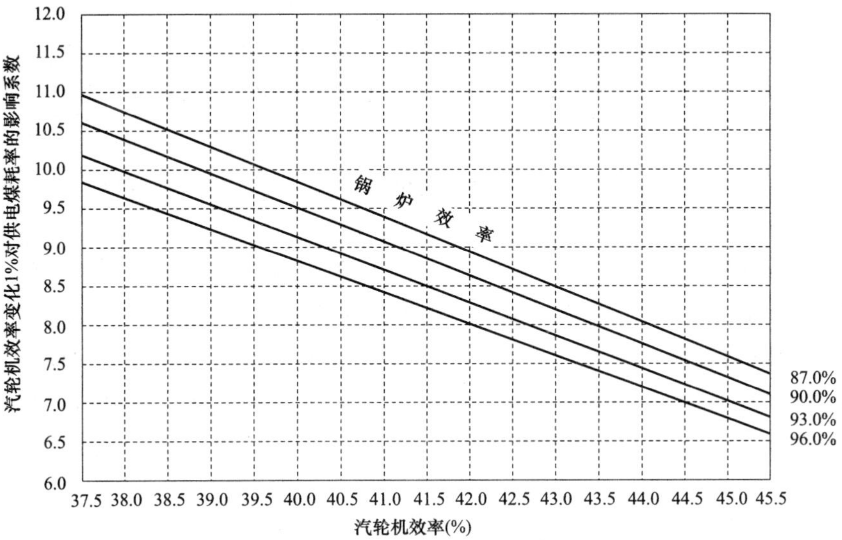

图1－6　厂用电率为7.0%，管道效率为定值，不同锅炉效率时，
汽轮机效率变化1%对供电煤耗率影响系数的关系曲线（Δb_{gd}^{bh}g/kWh)/($\Delta\eta_{qj}^{bh}$1%）

图1－6使用说明：

a. 图1－6适用于厂用电率为7.0%的情况。

b. 图例说明：横坐标为汽轮机效率，适用范围为37.0%～46.0%；纵坐标为汽轮机效率变化1%对供电煤耗率的影响系数。4条不同原点、不同斜率的关系曲线分别表示锅炉效率为87.0%、90.0%、93.0%、96.0%时，汽轮机效率变化1%对供电煤耗率的影响系数的关系值。

c. 从图1－6上可以查得厂用电率为7.0%，锅炉效率为93.0%（管道效率为98.5%，汽轮机效率为45.5%）时，汽轮机效率每变化1%时，影响供电煤耗率相应的变化值为7.0g/kWh。即在上述条件下，汽轮机效率每变化0.143个百分点，供电煤耗率变化1g/kWh。

（6）计算厂用电率为8.0%，管道效率为定值，不同锅炉效率时，汽轮机效率变化1%对发电煤耗率的影响系数。

1）根据发电煤耗率、厂用电率计算供电煤耗率的计算公式（1－4），用表1－4中的汽轮机效率变化1%对发电煤耗率的影响系数，计算厂用电率为8.0%，管道效率为定值，不同锅炉效率时，汽轮机效率变化1%对供电煤耗率的影响系数，并填入表1－9中。

表1－9　　厂用电率为8.0%，管道效率为定值，不同锅炉效率时，汽轮机效率变化1%对供电煤耗率的影响系数（Δb_{gd}^{bh}g/kWh)/($\Delta\eta_{qj}^{bh}$1%）

锅炉效率（%）	汽轮机效率（%）								
	37.5	38.5	39.5	40.5	41.5	42.5	43.5	44.5	45.5
96.0	10.0	9.6	9.1	8.7	8.1	7.7	7.3	7.2	6.8
93.0	10.3	9.9	9.5	9.0	8.6	8.0	7.6	7.4	7.0
90.0	10.8	10.3	9.8	9.3	8.9	8.4	7.9	7.7	7.3
87.0	11.1	10.7	10.2	8.9	9.2	8.8	8.5	7.8	7.5

表1-9使用说明：

a. 表1-9适用于厂用电率为8%的情况。

b. 表中第一列数值为锅炉效率值，取值范围为87.0%~96.0%。

c. 表中第二大列第一行及第二行中的各列为拟定的汽轮机效率分档数值，其值适用范围为37.5%~45.5%（37.0%~46.0%），其每一列数值适用于该值的±0.5%范围内。例如：汽轮机效率为43.5%时，此列下面的汽轮机效率变化1%对供电煤耗率的影响系数适用于43%<η_{qj}<44%。

d. 第一列锅炉效率值96.0%~87.0%的右边，第二大列第一行及第二行各列汽轮机效率值37.5%~45.5%的下面，是锅炉效率、管道效率为某一定值时，汽轮机效率变化1%时对供电煤耗率的影响系数。例如：由表1-9中的数值可知，厂用电率为8%，锅炉效率为93%，管道效率为98.5%，汽轮机效率为44.5%左右（即44%<η_{qj}<45%）时，汽轮机效率变化1%对供电煤耗率的影响系数为7.4g/kWh。

2）绘制厂用电率为8.0%，管道效率为定值，不同锅炉效率时，汽轮机效率变化1%对供电煤耗率影响系数的关系曲线。用表1-5表中汽轮机效率变化1%对供电煤耗率的影响系数，绘制出厂用电率为8.0%时，管道效率为定值、不同锅炉效率时，汽轮机效率变化1%与供电煤耗率影响系数的关系曲线，见图1-7。

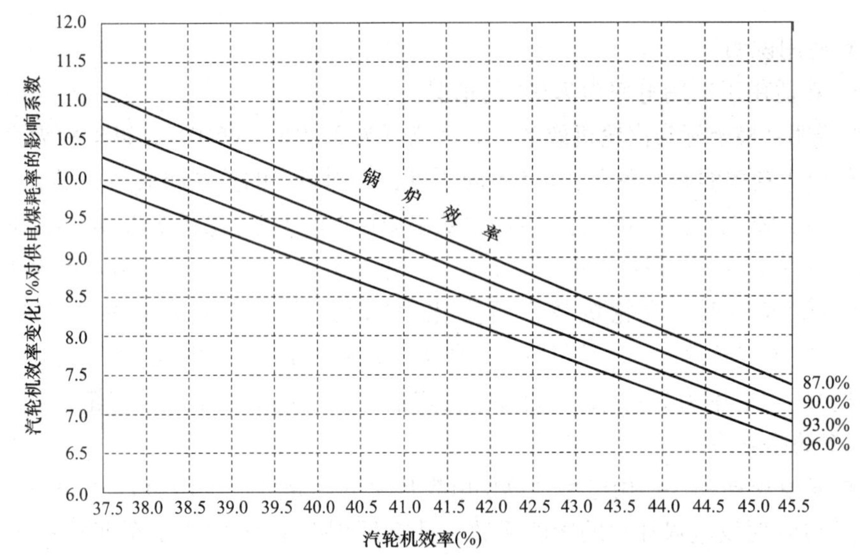

图1-7 厂用电率为8.0%，管道效率为定值，不同锅炉效率时，汽轮机效率变化1%对供电煤耗率影响系数的关系曲线（Δb_{gd}^{bh}g/kWh)/($\Delta\eta_{qj}^{bh}$1%）

图1-7使用说明：

a. 图1-7适用于厂用电率为8%的情况。

b. 图例说明：横坐标为汽轮机效率，适用范围为37%~46%；纵坐标为汽轮机效率变化1%对供电煤耗率的影响系数。4条不同原点、不同斜率的关系曲线分别表示锅炉效率为87.0%、90.0%、93.0%、96.0%时，汽轮机效率变化1%对供电煤耗率影响系数的关系值。

c. 从图1-7上可以查得厂用电率为8%，锅炉效率为90.0%（管道效率为98.5%），汽轮机效率为44.5%时，汽轮机效率每变化1%时，影响供电煤耗率相应的变化值为7.7g/kWh。即在上述条件下，汽轮机效率每变化0.130个百分点，供电煤耗率变化1g/kWh。

在表1－5～表1－9、图1－2～图1－6中，在规定的厂用电率：4.0%、5.0%、6.0%、7.0%、8.0%，锅炉效率的绝对值在87.0%～96.0%的范围内，管道效率为98.5%时，汽轮机效率在37.0%～46.0%的范围内；汽轮机效率变化1%时，供电煤耗率影响系数的变化范围为6.6～11.0g/kWh，其变化幅度为4.4g/kWh。因此，不同类型的机组，不同水平的汽轮机效率、锅炉效率、厂用电率，不能用同一个汽轮机效率变化1%对供电煤耗率的影响系数。各专业人员必须选用本厂汽轮机效率、锅炉效率、厂用电率的实际水平，用适合本厂的汽轮机效率变化1%对供电煤耗率影响的系数作为分析、计算的依据，以确保数据、结论的准确性。

二、供电煤耗率变化对汽轮机效率的影响系数

供电煤耗率变化对汽轮机效率的影响系数，在经济指标理论关系上是不存在的，但在指标数理逻辑关系上是有的。供电煤耗率变化对汽轮机效率的影响系数是指，在一定的锅炉效率下，当管道效率为常数，在不同的汽轮机效率值范围内，供电煤耗率每变化1g/kWh影响汽轮机效率的相应变化值，可以表达为（$\Delta\eta_{qj}^{bh}$%）/（Δb_{gd}^{bh}1g/kWh）。

（一）供电煤耗率变化对汽轮机效率的影响系数的计算

1. 供电煤耗率变化对汽轮机效率的影响系数的计算公式一

供电煤耗率变化对汽轮机效率的影响系数是指供电煤耗率变化引起汽轮机效率的相应变化值，即供电煤耗率每变化1g/kWh引起的汽轮机效率的相应变化值，或汽轮机效率变化1%，引起供电煤耗率变化（升高或降低）的克数。

由此得出，供电煤耗率变化对汽轮机效率影响系数的计算公式为

$$\Delta\eta_{gd}^{jx}=\frac{1}{\Delta b_{qj}^{gx}} \tag{1-15}$$

式中 $\Delta\eta_{gd}^{jx}$——供电煤耗率变化1g/kWh对汽轮机效率的影响系数，（$\Delta\eta_{qj}^{bh}$%）/（Δb_{qj}^{gx}1g/kWh）；

Δb_{qj}^{gx}——汽轮机效率变化对供电煤耗率的影响系数。

2. 供电煤耗率变化对汽轮机效率的影响系数的计算公式二

$$\Delta\eta_{gd}^{jx}=\frac{0.123}{\eta_{gl}\times\eta_{gd}}\left|\frac{1}{b_{gd}^{bh}}-\frac{1}{b_{gd}^{ed}}\right| \tag{1-16}$$

式中 $\left|\frac{1}{b_{gd}^{bh}}-\frac{1}{b_{gd}^{eg}}\right|$——取绝对值；

b_{gd}^{bh}——机组供电煤耗率变化（升高）后的值，g/kWh；

b_{gd}^{ed}——机组额定供电煤耗率，g/kWh。

（二）供电煤耗率变化1g/kWh对汽轮机效率的影响系数及曲线图的绘制

供电煤耗率变化1g/kWh对汽轮机效率的影响系数，可采用数值表和关系曲线两种方式表示。

1. 确定供电煤耗率变化1g/kWh对汽轮机效率变化影响系数的参数

（1）选定汽轮机效率变化范围：本次计算选定的汽轮机效率变化范围为37.0%～46.0%。

（2）选定锅炉效率变化范围：本次计算选定的锅炉效率变化范围为87.0%～96.0%。

（3）选定管道效率：本次计算选定的管道效率为98.5%。管道效率选定的高或低对汽轮机效率变化1%对供电煤耗率的影响系数的影响不大，因为是两组计算数值的差值。

（4）选定厂用电率变化范围：本次计算选定的厂用电率变化范围为4.0%～8.0%。

2. 计算发电煤耗率变化1g/kWh对汽轮机效率的影响系数

计算发电煤耗率变化1g/kWh对汽轮机效率的影响系数的计算方法为：用发电煤耗率变化1g/kWh对汽轮机效率的影响系数反推。发电煤耗率变化1g/kWh对汽轮机效率影响系数的计算公式为 $\Delta\eta_{fd}^{jx}=\frac{1}{\Delta b_{qj}^{fx}}$。用表1－4中各种状态参数下汽轮机效率变化1%对发电煤耗率的影响系数，计算发电煤耗率变化1g/kWh对汽轮机效率的影响系数，并将计算结果填入表1－10中。

表1－10　管道效率一定，不同锅炉效率时，发电煤耗率变化1g/kWh对汽轮机效率的影响系数（$\Delta\eta_{qj}^{bh}$%）/（Δb_{fd}^{bh}1g/kWh）

锅炉效率（%）	汽轮机效率（%）								
	37.5	38.5	39.5	40.5	41.5	42.5	43.5	44.5	45.5
96.0	0.106	0.112	0.118	0.124	0.131	0.135	0.141	0.152	0.159
93.0	0.103	0.109	0.115	0.119	0.125	0.130	0.135	0.147	0.156
90.0	0.100	0.105	0.110	0.115	0.120	0.125	0.130	0.141	0.149
87.0	0.097	0.102	0.107	0.111	0.116	0.120	0.125	0.139	0.145

3. 供电煤耗率变化1g/kWh对汽轮机效率的影响系数

（1）供电煤耗率变化1g/kWh对汽轮机效率影响系数的计算公式

$$\Delta\eta_{gd}^{jx}=\frac{\Delta\eta_{fd}^{jx}}{1-L_{cy}} \tag{1－17}$$

式中　$\Delta\eta_{gd}^{jx}$——供电煤耗率变化1g/kWh对汽轮机效率的影响系数，（$\Delta\eta_{qj}^{bh}$%）/（Δb_{gd}^{bh}1g/kWh）；

$\Delta\eta_{fd}^{jx}$——汽轮机效率变化变化1%对发电煤耗率的影响系数，（$\Delta\eta_{qj}^{bh}$%）/（Δb_{fd}^{bh}1g/kWh）；

L_{cy}——厂用电率，%。

（2）用表1－10中发电煤耗率变化1g/kWh对汽轮机效率的影响系数计算：管道效率为98.5%，锅炉效率为87.0%～96.0%，厂用电率为4.0%～8.0%，汽轮机效率为37.5%～37.5%，供电煤耗率变化1g/kWh对汽轮机效率的影响系数。

4. 计算厂用电率为4.0%，供电煤耗率变化1g/kWh对汽轮机效率的影响系数

（1）用表1－10中发电煤耗率变化1g/kWh对汽轮机效率的影响系数，计算厂用电率为4.0%，管道效率为98.5%，锅炉效率为87.0%～96.0%，汽轮机效率在37%～46%时，供电煤耗率变化1g/kWh对汽轮机效率的影响系数，并填入表1－11中。

表 1-11　厂用电率为 4.0%，管道效率为定值，不同锅炉效率时，供电煤耗率变化 1g/kWh 对汽轮机效率的影响系数（$\Delta\eta_{qj}^{bh}$%）/（Δb_{gd}^{bh}1g/kWh）

锅炉效率 (%)	汽轮机效率（%）								
	37.5	38.5	39.5	40.5	41.5	42.5	43.5	44.5	45.5
96.0	0.110	0.117	0.123	0.129	0.136	0.141	0.147	0.158	0.166
93.0	0.107	0.114	0.120	0.124	0.130	0.135	0.141	0.153	0.163
90.0	0.104	0.109	0.115	0.120	0.125	0.130	0.135	0.147	0.155
87.0	0.101	0.106	0.111	0.116	0.120	0.125	0.130	0.145	0.151

表 1-11 使用说明：

a. 表 1-11 适用于厂用电率为 4.0% 的情况。

b. 表中第一列数值为锅炉效率值，其取值适用范围为 87.0% ~96.0%。

c. 表中第二大列第一行及第二行中的各列数值为拟定的汽轮机效率分档数值，其取值适用范围为 37.5% ~45.5%（37.0% ~46.0%），其每一列数值适用于该值的 ±0.5% 范围内。例如：汽轮机效率为 45.5% 时，此列下面的汽轮机效率变化 1% 对发电煤耗率的影响系数适用于 45% $<\eta_{qj}<$46%。

d. 第一列锅炉效率值 96.0% ~87.0% 的右边，第二大列第一行及第二行各列汽轮机效率值 37.5% ~45.5% 的下面，是厂用电率、锅炉效率、管道效率为某一定值时，供电煤耗率变化 1g/kWh 对汽轮机效率的影响系数。

由表 1-11 可知，厂用电率为 4%，锅炉效率为 90.0%，管道效率为 98.5%，汽轮机效率为 44.5% 左右（即 44% $<\eta_{qj}<$45%）时，供发电煤耗率变化 1g/kWh 对汽轮机效率的影响系数为 0.147%。

（2）根据表 1-11 中数据，绘制厂用电率为 4.0%，管道效率为 98.5%，锅炉效率为 87.0% ~96.0%，汽轮机效率为 37% ~46% 时，供电煤耗率变化 1g/kWh 对汽轮机效率影响系数的关系曲线，见图 1-8。

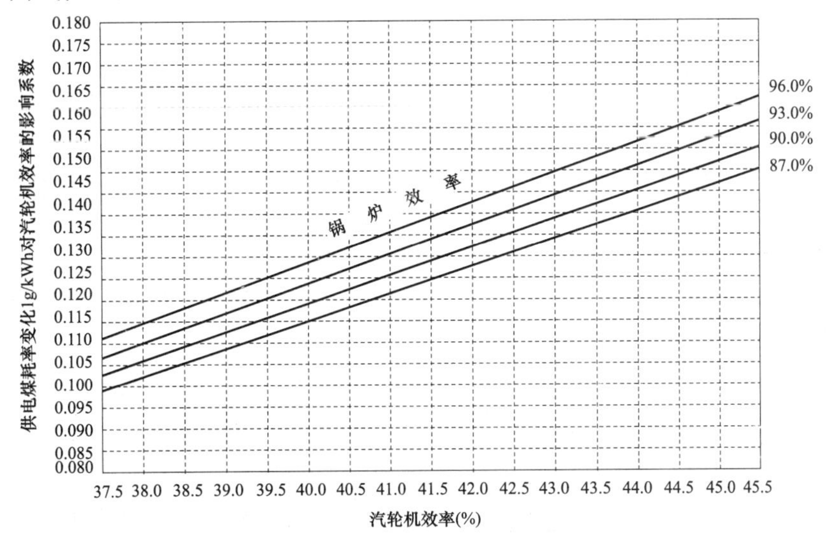

图 1-8　厂用电率为 4.0%，管道效率为定值，不同锅炉效率时，供电煤耗率变化 1g/kWh 对汽轮机效率影响系数的关系曲线（$\Delta\eta_{qj}^{bh}$%）/（Δb_{gd}^{bh}1g/kWh）

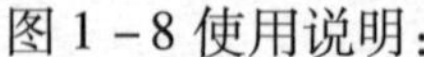

图 1－8 使用说明：

a. 图 1－8 适用于厂用电率为 4.0% 的情况。

b. 图例说明：横坐标为汽轮机效率，适用范围为 37.0% ～46.0%；纵坐标为供电煤耗率变化 1g/kWh 对汽轮机效率的影响系数。不同原点、不同斜率的 4 条关系曲线分别表示锅炉效率为 87.0%、90.0%、93.0%、96.0% 时，供电煤耗率变化 1g/kWh 对汽轮机效率影响系数的关系值。

c. 从图 1－8 可以查得：厂用电率为 4.0%，锅炉效率为 93.0%（管道效率为 98.5%），汽轮机效率为 39.5% 时，发电煤耗率每变化 1g/kWh，汽轮机效率的相应变化值为 0.120%。即在上述条件下，汽轮机效率每变化 0.120 个百分点，供电煤耗率变化 1g/kWh。

5. 计算厂用电率为 5.0%，供电煤耗率变化 1g/kWh 对汽轮机效率的影响系数

（1）根据表 1－10 中发电煤耗率变化 1g/kWh 对汽轮机效率的影响系数，计算厂用电率为 5.0%，管道效率为 98.5%，锅炉效率为 87.0% ～96.0%，汽轮机效率为 37.0% ～46.0% 时，供电煤耗率变化 1g/kWh 对汽轮机效率的影响系数，并填入表 1－12 中。

表 1－12　厂用电率为 5.0%，管道效率为定值，不同锅炉效率时，供电煤耗率变化 1g/kWh 对汽轮机效率的影响系数（$\Delta\eta_{qj}^{bh}$%）/（Δb_{gd}^{bh}1g/kWh）

锅炉效率（%）	汽 轮 机 效 率 （%）								
	37.5	38.5	39.5	40.5	41.5	42.5	43.5	44.5	45.5
96.0	0.112	0.118	0.124	0.131	0.138	0.142	0.148	0.160	0.167
93.0	0.108	0.115	0.121	0.125	0.132	0.137	0.142	0.155	0.164
90.0	0.105	0.111	0.116	0.121	0.126	0.132	0.137	0.148	0.157
87.0	0.102	0.107	0.123	0.117	0.122	0.126	0.132	0.146	0.153

表 1－12 使用说明：

a. 表 1－12 适用于厂用电率为 5.0% 的情况。

b. 表中第一列数值为锅炉效率值，其取值适用范围为 87.0% ～96.0%。

c. 表中第二大列第一行及第二行中的各列数值为拟定的汽轮机效率分档数值，其取值适用范围为 37.5% ～45.5%（37.0% ～46.0%），其每一列数值适用于该值的 ±0.5% 范围内。例如：汽轮机效率为 40.5% 时，此列下面的汽轮机效率变化 1% 对发电煤耗率的影响系数适用于 40% $<\eta_{qj}<$41%。

d. 第一列锅炉效率值 96.0% ～87.0% 的右边，第二大列第一行及第二行各列汽轮机效率值 37.5% ～45.5% 的下面，是厂用电率、锅炉效率、管道效率为某一定值时，供电煤耗率变化 1g/kWh 对汽轮机效率的影响系数。

由表 1－12 可知，厂用电率为 5.0%，锅炉效率为 93.0%，管道效率为 98.5%，汽轮机效率为 43.5% 左右（即 43% $<\eta_{qj}<$44%）时，供发电煤耗率变化 1g/kWh 对汽轮机效率的影响系数为 0.144%。

（2）根据表 1－12 中供电煤耗率变化 1g/kWh 对汽轮机效率的影响系数，绘制厂用电率为 5.0%，管道效率为 98.5%，锅炉效率为 87.0% ～96.0%，汽轮机效率为 37% ～46% 时，供电煤耗率变化 1g/kWh 对汽轮机效率影响系数的关系曲线，见图 1－9。

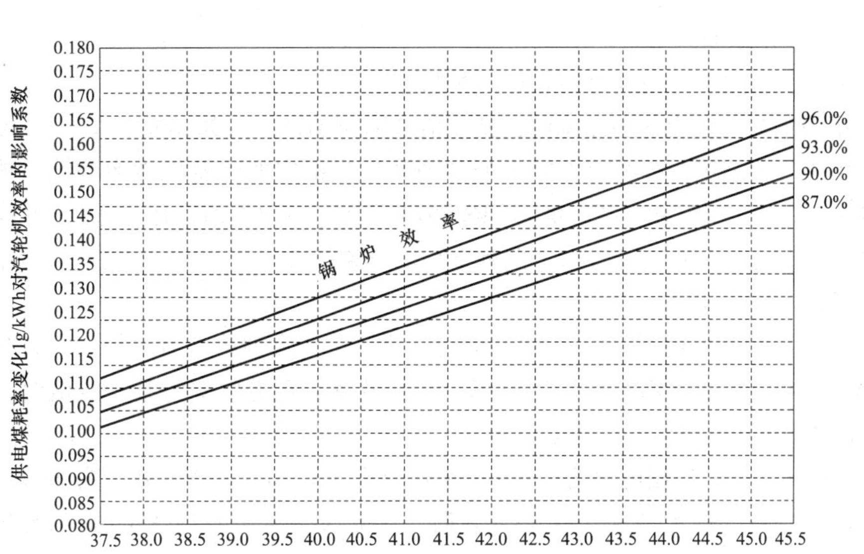

图 1－9　厂用电率为 5.0%，管道效率为定值，不同锅炉效率时，供电煤耗率变化 1g/kWh 对汽轮机效率影响系数的关系曲线（$\Delta\eta_{qj}^{bh}$%）/（Δb_{gd}^{bh}1g/kWh）

图 1－9 使用说明：

a. 图 1－9 适用于厂用电率为 5.0% 的情况。

b. 图例说明：横坐标为汽轮机效率，适用范围为 37.0% ～46.0%；纵坐标为供电煤耗率变化 1g/kWh 对汽轮机效率的影响系数的变化范围；不同原点、不同斜率的 4 条关系曲线分别表示锅炉效率为 87.0%、90.0%、93.0%、96.0% 时，供电煤耗率变化 1g/kWh 对汽轮机效率影响系数的关系值。

c. 从图 1－9 可以查得：厂用电率为 5.0%，锅炉效率为 93.0%（管道效率为 98.5%），汽轮机效率为 38.5% 时，发电煤耗率每变化 1g/kWh，汽轮机效率的相应变化值为 0.116。即在上述条件下，汽轮机效率每变化 0.116 个百分点，供电煤耗率变化 1g/kWh。

6. 计算厂用电率为 6.0%，供电煤耗率变化 1g/kWh 对汽轮机效率的影响系数

（1）根据表 1－10 中发电煤耗率变化 1g/kWh 对汽轮机效率的影响系数，计算厂用电率为 6.0%，管道效率为 98.5%，锅炉效率为 87.0% ～96.0%，汽轮机效率为 37% ～46% 时，供电煤耗率变化 1g/kWh 对汽轮机效率的影响系数，并填入表 1－13 中。

表 1－13　厂用电率为 6.0%，管道效率为定值，不同锅炉效率时，供电煤耗率变化 1g/kWh 对汽轮机效率的影响系数（$\Delta\eta_{qj}^{bh}$%）/（Δb_{gd}^{bh}1g/kWh）

锅炉效率（%）	汽轮机效率（%）								
	37.5	38.5	39.5	40.5	41.5	42.5	43.5	44.5	45.5
96.0	0.113	0.119	0.126	0.132	0.139	0.144	0.150	0.162	0.169
93.0	0.110	0.116	0.122	0.127	0.133	0.138	0.144	0.156	0.166
90.0	0.106	0.112	0.117	0.122	0.128	0.133	0.138	0.150	0.159
87.0	0.103	0.109	0.114	0.118	0.123	0.128	0.133	0.149	0.154

表 1－13 使用说明：

a. 表 1－13 适用于厂用电率为 6.0% 的情况。

b. 表中第一列数值为锅炉效率值，其取值范围为 87.0% ~96.0% 。

c. 表中第二大列第一行及第二行中的各列数值为拟定的汽轮机效率分档数值，其取值适用范围为 37.5% ~45.5% （37.0% ~46.0%），其每一列数值适用于该值的 ±0.5% 范围内。例如：汽轮机效率为 43.5% 时，此列下面的汽轮机效率变化 1% 对发电煤耗率的影响系数适用于 $43\% < \eta_{qj} < 44\%$ 。

d. 第一列锅炉效率值 96.0% ~87.0% 的右边，第二大列第一行及第二行各列汽轮机效率值 37.5% ~45.5% 的下面，是厂用电率、锅炉效率、管道效率为某一定值时，供电煤耗率变化 1g/kWh 对汽轮机效率的影响系数。

由表 1－13 可知，厂用电率为 7.0% ，锅炉效率为 96.0% ，管道效率为 98.5% ，汽轮机效率为 45.5% 左右（即 $45\% < \eta_{qj} < 46\%$）时，供电煤耗率变化 1g/kWh 对汽轮机效率对的影响系数为 0.171。

（2）根据表 1－13 中供电煤耗率变化 1g/kWh 对汽轮机效率的影响系数，绘制厂用电率为 6.0% 、管道效率为 98.5% ，锅炉效率为 87.0% ~96.0% ，汽轮机效率为 37.0% ~46.0% 时，供电煤耗率变化 1g/kWh 对汽轮机效率影响系数的关系曲线，见图 1－10。

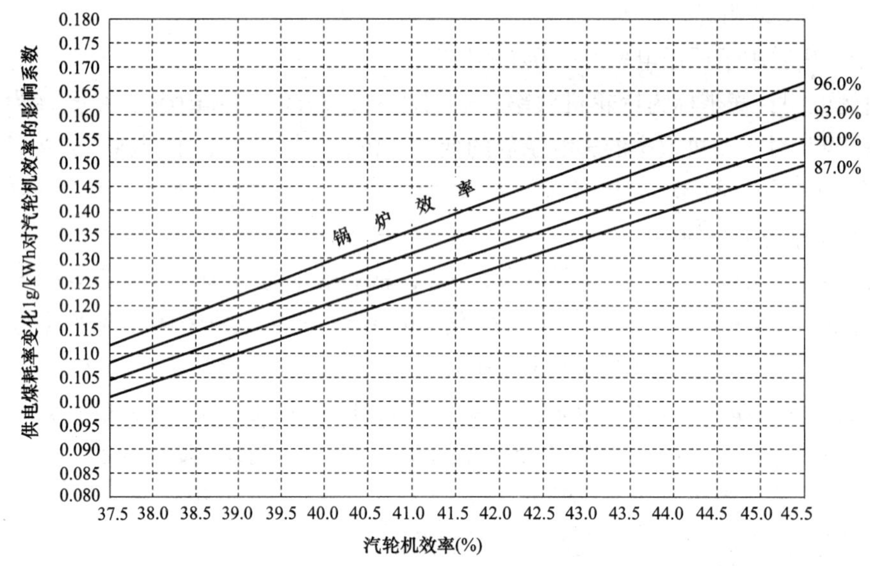

图 1－10　厂用电率为 6.0% ，管道效率为定值，不同锅炉效率时，供电煤耗率变化 1g/kWh 对汽轮机效率影响系数的关系曲线（$\Delta\eta_{qj}^{bh}\%$）/（$\Delta b_{gd}^{bh}1g/kWh$）

图 1－10 使用说明：

a. 图 1－10 适用于厂用电率为 6.0% 的情况。

b. 图例说明：横坐标为汽轮机效率，适用范围为 37.0% ~46.0% ；纵坐标为供电煤耗率变化 1g/kWh 对汽轮机效率影响系数的变化范围；不同原点、不同斜率的 4 条关系曲线分别表示锅炉效率为 87.0% 、90.0% 、93.0% 、96.0% 时，供电煤耗率变化 1g/kWh 对汽轮机效率影响系数的关系值。

c. 从图 1－10 可以查得：厂用电率为 6.0%，锅炉效率为 93%（管道效率为 98.5%），汽轮机效率为 44.5% 时，发电煤耗率每变化 1g/kWh，汽轮机效率的相应变化值为 0.158%。即在上述条件下，汽轮机效率每变化 0.158 个百分点，供电煤耗率变化 1g/kWh。

7. 计算厂用电率为 7.0%，供电煤耗率变化 1g/kWh 对汽轮机效率的影响系数

（1）根据表 1－10 中发电煤耗率变化 1g/kWh 对汽轮机效率的影响系数，计算厂用电率为 7.0%，管道效率为 98.5%，锅炉效率为 87.0%～96.0%，汽轮机效率为 37.0%～46.0% 时，供电煤耗率变化 1g/kWh 对汽轮机效率的影响系数，并填入表 1－14 中。

表 1－14　　厂用电率为 7.0%，管道效率为定值，不同锅炉效率时，供电煤耗率变化 1g/kWh 对汽轮机效率的影响系数（$\Delta\eta_{qj}^{bh}$%）/（Δb_{gd}^{bh}1g/kWh）

锅炉效率（%）	汽 轮 机 效 率（%）								
	37.5	38.5	39.5	40.5	41.5	42.5	43.5	44.5	45.5
96.0	0.114	0.120	0.129	0.133	0.141	0.145	0.152	0.163	0.171
93.0	0.111	0.117	0.124	0.128	0.134	0.140	0.145	0.158	0.168
90.0	0.108	0.113	0.118	0.124	0.129	0.134	0.140	0.152	0.160
87.0	0.104	0.110	0.115	0.119	0.125	0.129	0.134	0.149	0.156

表 1－14 使用说明：

a. 表 1－14 适用于厂用电率为 7.0% 的情况。

b. 表中第一列数值为锅炉效率值，其取值适用范围为 87.0%～96.0%。

c. 表中第二大列第一行及第二行中的各列数值为拟定的汽轮机效率分档数值，其取值适用范围为 37.5%～45.5%（37.0%～46.0%），其每一列数值适用于该值的 ±0.5% 范围内。例如：汽轮机效率为 40.5% 时，此列下面的汽轮机效率变化 1% 对发电煤耗率的影响系数适用于 40% $<\eta_{qj}<$ 41%。

d. 第一列锅炉效率值 96.0%～87.0% 的右边，第二大列第一行及第二行各列汽轮机效率值 37.5%～45.5% 的下面，是厂用电率、锅炉效率、管道效率为某一定值时，供电煤耗率变化 1g/kWh 对汽轮机效率的影响系数。

例如：表 1－14 中的数值适用于厂用电率为 7.0%，锅炉效率为 90.0%，管道效率为 98.5%，汽轮机效率为 39.5% 左右（即 39% $<\eta_{qj}<$ 40%）时，供发电煤耗率变化 1g/kWh 对汽轮机效率的影响系数为 0.118。

（2）根据表 1－14 中供电煤耗率变化 1g/kWh 对汽轮机效率的影响系数，绘制厂用电率为 7.0%，管道效率为 98.5%，锅炉效率为 87.0%～96.0%，汽轮机效率为 37.0%～46.0% 时，供电煤耗率变化 1g/kWh 对汽轮机效率影响系数的关系曲线，见图 1－11。

图 1－11 使用说明：

a. 图 1－11 适用于厂用电率为 7.0% 的情况。

b. 图例说明：横坐标为汽轮机效率，适用范围为 37.0%～46.0%；纵坐标为供电煤耗率变化 1g/kWh 对汽轮机效率影响系数的变化范围；不同原点、不同斜率的 4 条关系曲线分别表示锅炉效率为 87.0%、90.0%、93.0%、96.0% 时，供电煤耗率变化 1g/kWh 对汽轮机效率影响系数的关系值。

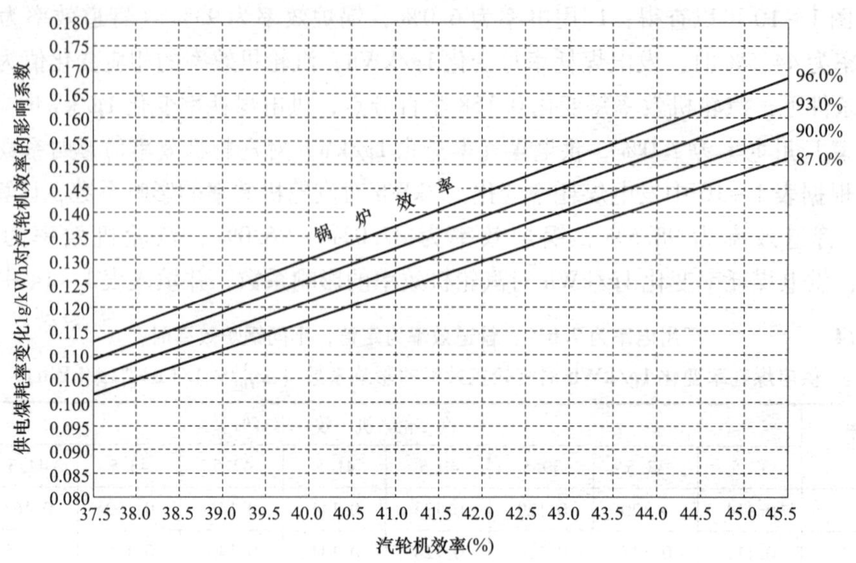

图 1-11 厂用电率为 7.0%，管道效率为定值，不同锅炉效率时，
供电煤耗率变化 1g/kWh 对汽轮机效率影响系数的关系曲线（$\Delta\eta_{qj}^{bh}$%）/（Δb_{gd}^{bh}1g/kWh）

c. 从图 1-11 可以查得：厂用电率为 7.0%，锅炉效率为 93.0%（管道效率为 98.5%），汽轮机效率为 45.5% 时，发电煤耗率每变化 1g/kWh，汽轮机效率的相应变化值为 0.158%。即在上述条件下，汽轮机效率每变化 0.158 个百分点，供电煤耗率变化 1g/kWh。

8. 计算厂用电率为 8.0%，供电煤耗率变化 1g/kWh 对汽轮机效率的影响系数

（1）根据表 1-10 中发电煤耗率变化 1g/kWh 对汽轮机效率的影响系数，计算厂用电率为 8.0%，管道效率为 98.5%，锅炉效率为 87.0% ~96.0%，汽轮机效率为 37.0% ~46.0% 时，供电煤耗率变化 1g/kWh 对汽轮机效率的影响系数，并填入表 1-15 中。

表 1-15 厂用电率为 8.0%，管道效率为定值，不同锅炉效率时，供电煤耗率变化 1g/kWh 对汽轮机效率的影响系数（$\Delta\eta_{qj}^{bh}$%）/（Δb_{gd}^{bh}1g/kWh）

锅炉效率（%）	汽轮机效率（%）								
	37.5	38.5	39.5	40.5	41.5	42.5	43.5	44.5	45.5
96.0	0.114	0.120	0.127	0.133	0.141	0.145	0.152	0.163	0.171
93.0	0.111	0.117	0.124	0.128	0.134	0.140	0.145	0.158	0.168
90.0	0.108	0.113	0.118	0.124	0.129	0.134	0.140	0.152	0.160
87.0	0.104	0.110	0.115	0.119	0.125	0.129	0.134	0.149	0.156

表 1-15 使用说明：

a. 表 1-15 适用于厂用电率为 8.0% 的情况。

b. 表中第一列数值为锅炉效率值，其取值适用范围为 87.0% ~96.0%。

c. 表中第二大列第一行及第二行中的各列数值为拟定的汽轮机效率分档数值，其取值适用范围为 37.5% ~45.5%（37.0% ~46.0%），其每一列数值适用于该值的 ±0.5% 范围

内。例如：汽轮机效率为45.5%时，此列下面的汽轮机效率变化1%对发电煤耗率的影响系数适用于45% $<\eta_{qj}<$ 46%。

d. 第一列锅炉效率值96.0%～87.0%的右边，第二大列第一行及第二行各列汽轮机效率值37.5%～45.5%的下面，是厂用电率、锅炉效率、管道效率为某一定值时，供电煤耗率变化1g/kWh对汽轮机效率的影响系数。

由表1－15可知，厂用电率为8.0%，当锅炉效率为93.0%，管道效率在98.5%，汽轮机效率为44.5%左右（即44% $<\eta_{qj}<$ 45%）时，供发电煤耗率变化1g/kWh对汽轮机效率的影响系数为0.158。

（2）根据表1－14中供电煤耗率变化1g/kWh对汽轮机效率的影响系数，绘制厂用电率为8.0%，管道效率为98.5%，锅炉效率为87.0%～96.0%，汽轮机效率为37.0%～46.0%时，供电煤耗率变化1g/kWh对汽轮机效率影响系数的关系曲线，见图1－12。

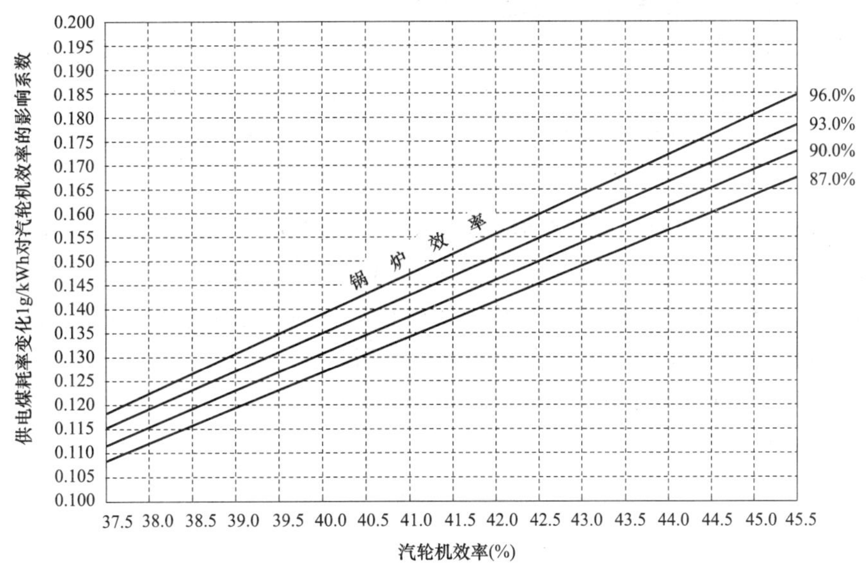

图1－12　厂用电率为8.0%，管道效率为定值，不同锅炉效率时，供电煤耗率变化1g/kWh对汽轮机效率影响系数的关系曲线（$\Delta\eta_{qj}^{bh}$%）/（Δb_{gd}^{bh}1g/kWh）

图1－12使用说明：

a. 图1－12适用于厂用电率为8.0%的情况。

b. 图例说明：横坐标为汽轮机效率，适用范围为37.0%～46.0%；纵坐标为供电煤耗率变化1g/kWh对汽轮机效率影响系数的变化范围；不同原点、不同斜率的4条关系曲线分别表示锅炉效率为87.0%、90.0%、93.0%、96.0%时，供电煤耗率变化1g/kWh对汽轮机效率影响系数的关系值。

c. 从图1－12可以查得：厂用电率为8.0%，锅炉效率为93.0%（管道效率为98.5%），汽轮机效率为43.5%时，发电煤耗率每变化1g/kWh，汽轮机效率的相应变化值为0.145%。即在上述条件下，汽轮机效率每变化0.143 5百分点，供电煤耗率变化1g/kWh。

从表1－11～表1－15中可以看到，在规定的厂用电率：4.0%、5.0%、6.0%、7.0%、8.0%，锅炉效率的绝对值为87.0%～96.0%，管道效率为98.5%，汽轮机效率为37.0%～

46.0%时，供电煤耗率变化1g/kWh对汽轮机效率的影响系数的变化范围为0.101%～0.171%，其变化幅度为0.07%。因此，不同类型的机组，不同水平的汽轮机效率、锅炉效率、厂用电率，不能用同一个供电煤耗率变化1g/kWh对汽轮机效率的影响系数。各专业人员必须用本厂汽轮机效率、锅炉效率、厂用电率的实际水平，用适合本厂的供电煤耗率变化1g/kWh对汽轮机效率的影响系数作为分析、计算的依据，以确保数据、结论的准确性。

第四节　锅炉效率对供电煤耗率的影响系数

锅炉效率变化对供电煤耗率的影响系数，是汽轮机效率、厂用电率、管道效率为某一定值，锅炉效率变化1%对供电煤耗率的影响值。锅炉效率变化对供电煤耗率的影响系数与汽轮机效率水平、锅炉效率水平、管道效率水平、厂用电率水平等有关，可以通过计算求得。

一、锅炉效率变化对供电煤耗率的影响系数

具体地说，锅炉效率变化对供电煤耗率的影响系数是指：在一定的汽轮机效率、厂用电率、管道效率的特定条件下，在不同的锅炉效率范围内，锅炉效率变化1%（锅炉效率的绝对值）对供电煤耗率的影响值，可以表达为（Δb_{gd}^{bh}g/kWh)/($\Delta\eta_{gl}^{bh}$1%)。

（一）锅炉效率变化对供电煤耗率影响系数的计算公式一

计算锅炉效率变化对供电煤耗率的影响系数时，锅炉效率的变化值是由专业人员根据分析计算的需要自己选定，可以是0.5%，1.0%，2.0%，…。计算锅炉效率变化对供电煤耗率的影响系数，是相对额定负荷设计参数的初始状态下的供电煤耗率与锅炉效率变化（汽轮机效率、管道效率不变）后的供电煤耗率差值的相对数。

1. 锅炉效率变化对供电煤耗率影响系数的计算公式

$$\Delta b_{gl}^{gx}=\frac{|b_{gl}^{bg}-b_{gl}^{eg}|}{\Delta\eta_{gl}^{bh}} \tag{1-18}$$

或

$$\Delta b_{gl}^{gx}=\frac{|b_{gl}^{bf}-b_{gl}^{ef}|}{\Delta\eta_{gl}^{bh}\times(1-L_{cy})} \tag{1-19}$$

式中　Δb_{gl}^{gx}——锅炉效率变化对供电煤耗率的影响系数，(Δb_{gd}^{bh}g/kWh)/($\Delta\eta_{qj}^{bh}$1%)；

b_{gl}^{eg}——设计工况额定负荷下的供电煤耗率，g/kWh；

b_{gl}^{bg}——锅炉效率变化后的供电煤耗率，g/kWh；

$|b_{gl}^{bg}-b_{gl}^{eg}|$——取绝对值；

$|b_{gl}^{bf}-b_{gl}^{ef}|$——取绝对值；

b_{gl}^{ef}——设计工况额定负荷下的发电煤耗率，g/kWh；

b_{gl}^{bf}——锅炉效率变化后的发电煤耗率，g/kWh；

$\Delta\eta_{gl}^{bh}$——拟定的锅炉效率变化值,%；

L_{cy}——厂用电率,%。

2. 锅炉效率变化值的计算公式

$$\Delta\eta_{gl}^{bh}=|\eta_{gl}^{ed}-\eta_{gl}^{bh}| \tag{1-20}$$

式中 $\left|\eta_{gl}^{ed}-\eta_{gl}^{bh}\right|$——取绝对值；

η_{gl}^{ed}——设计工况额定负荷下的锅炉效率值,%；

η_{gl}^{bh}——拟定的锅炉效率变化后的锅炉效率值,%。

虚拟的锅炉效率变化值（$\Delta\eta_{gl}^{bh}$）是分析、计算者的假定值，可以是0.5%，1.0%，2.0%，…，也可根据计算者要求的精度任意选择。

（二）锅炉效率变化对供电煤耗率影响系数的计算公式二

$$\Delta b_{gl}^{xs}=\frac{\left|\frac{0.123}{(\eta_{gl}^{bh}\times\eta_{gd}\times\eta_{qj}^{ed})\times(1-L_{cy})}-\frac{0.123}{(\eta_{gl}^{ed}\times\eta_{gd}\times\eta_{qj}^{ed})\times(1-L_{cy})}\right|}{\Delta\eta_{gl}^{bh}} \tag{1-21}$$

或

$$\Delta b_{qj}^{xs}=\frac{\frac{0.123}{(\eta_{qj}^{ed}\times\eta_{gd})\times(1-L_{cy})}\left|\frac{1}{\eta_{gl}^{bh}}-\frac{1}{\eta_{gl}^{ed}}\right|}{\Delta\eta_{gl}{}^{bh}} \tag{1-22}$$

式中 $\left|\frac{0.123}{(\eta_{gl}^{bh}\times\eta_{gd}\times\eta_{qj}^{ed})\times(1-L_{cy})}-\frac{0.123}{(\eta_{gl}^{ed}\times\eta_{gd}\times\eta_{qj}^{ed})\times(1-L_{cy})}\right|$——取绝对值；

$\left|\frac{1}{\eta_{qj}^{bh}}-\frac{1}{\eta_{qj}^{ed}}\right|$——取绝对值；

η_{gl}^{ed}——锅炉额定工况设计效率,%；

η_{gd}——管道效率，一般取98.5%。

（三）锅炉效率变化1%对供电煤耗率影响系数的计算

锅炉效率变化1%对供电煤耗率影响系数的计算方法有两种：

（1）用上述计算公式，计算锅炉效率变化1%（效率的绝对值，下同）对供电煤耗率的影响系数。

（2）用供电煤耗率计算公式，直接计算锅炉效率变化1%对供电煤耗率的影响系数。

锅炉效率变化1%对供电煤耗率的影响系数，可以用数值表和曲线两种形式表示。

1. 确定计算锅炉效率变化1%对供电煤耗率影响系数的参数

（1）选定锅炉效率变化范围：本次计算选定的锅炉效率变化范围为88.0%~95.0%。

（2）选定汽轮机效率变化范围：本次计算选定的汽轮机效率变化范围为35.0%~45.0%。

（3）选定管道效率：本次计算选定的管道效率为98.5%。管道效率选定的高或低对锅炉效率变化1%对供电煤耗率影响系数的影响不大，因为是两组计算数值的差值。

（4）选定厂用电率变化范围：本次计算选定的厂用电率变化范围为4.0%~8.0%。

2. 用上述参数计算各种组合的发电煤耗率

（1）用锅炉效率、汽轮机效率、管道效率计算机组发电煤耗率的计算公式

$$b_{fd}=\frac{0.123}{\eta_{qj}\eta_{gl}\eta_{gd}}$$

（2）用上述发电煤耗率的计算公式，计算出选定各组合参数的发电煤耗率，并填入表1-16中。

表 1-16　　管道效率为定值，不同汽轮机效率时，锅炉效率变化与发电煤耗率的关系　　g/kWh

序号	锅炉效率（%）	汽轮机效率（%）		
		45.0	40.0	35.0
	A	B	C	D
1	88.0	315.0	354.3	405.0
2	89.0	311.4	350.4	400.4
3	90.0	308.0	346.5	396.0
4	91.0	304.6	342.7	391.6
5	92.0	301.3	338.9	387.4
6	93.0	298.0	335.3	383.2
7	94.0	294.9	331.7	379.1
8	95.0	291.8	328.2	375.1

3. 计算锅炉效率变化 1% 对发电煤耗率的影响系数

（1）计算公式。锅炉效率变化 1% 对发电煤耗率的影响系数可用表 1-16 中各种组合参数进行计算。计算公式如下

$$\Delta b_{gl}^{xs}=\frac{|1_h\cdot B_l-2_h\cdot B_l|}{|2_h\cdot A_l-1_h\cdot A_l|}\tag{1-23}$$

式中　1_h，2_h，…——第一行，第二行，…；

A_l，B_l，…——第 A_l列，第 B_l列，…；

$|1_h\cdot B_l-2_h\cdot B_l|$——取绝对值；

$|2_h\cdot A_l-1_h\cdot A_l|$——取绝对值。

由以上公式可知，管道效率为 98.5%，汽轮机效率为 40.0%，锅炉效率由 93.0% 降至 92.0% 时，锅炉效率变化 1% 对发电煤耗率的影响系数为

$$\Delta b_{gl}^{xs}=\frac{5\cdot C-6\cdot C}{6\cdot A-5\cdot A}=\frac{338.9-335.3}{93.0-92.0}=3.6(\Delta b_{fd}^{bh}\,g/kWh)/(\Delta\eta_{gl}^{bh}1\%)$$

（2）计算、编制锅炉效率变化 1% 对发电煤耗率的影响系数表。根据表 1-16 中的各种参数组合计算的发电煤耗率，以及上述计算公式计算出的所有参数组合间的锅炉效率变化 1% 对发电煤耗率的影响系数，可得到表 1-17 中所示结果。

表 1-17　　管道效率一定，不同汽轮机效率时，锅炉效率变化 1% 对发电煤耗率的影响系数（Δb_{fd}^{bh}g/kWh）/（$\Delta\eta_{gl}^{bh}$1%）

汽轮机效率（%）	锅炉效率（%）						
	88.5	89.5	90.5	91.5	92.5	93.5	94.5
45.0	3.6	3.5	3.4	3.3	3.2	3.15	3.1
40.0	4.0	3.9	3.8	3.75	3.7	3.65	3.6
35.0	4.7	4.5	4.4	4.3	4.2	4.1	4.0

表 1－17 使用说明：

a. 表中第一列数值为汽轮机效率，其取值范围为 35.0% ~45.0% 。

b. 表中第二大列第一行及第二行中各列为拟定的锅炉效率分档数值，取值适用范围为 88.0% ~95.0%，其每一列数值适用于该值的 ±0.5% 范围内。例如：锅炉效率为 92.5% 时，此列下面的锅炉效率变化 1% 对发电煤耗率的影响系数适用于 92% $<\eta_{qj}<$ 93% 。

c. 第一列汽轮机效率 35.0% ~45.0% 的右边，第二大列第一行及第二行各列锅炉效率值 88.5% ~94.5% 的下面，是汽轮机效率、管道效率为某一定值时，锅炉效率变化 1% 对发电煤耗率的影响系数。例如：汽轮机效率为 45%，管道效率为 98.5%，锅炉效率为 92.5% 左右（即 92% $<\eta_{gl}<$ 93%）时，汽轮机效率变化 1% 对发电煤耗率的影响系数为 3.2g/kWh。

d. 在表 1－17 规定的汽轮机效率的绝对值为 35.0% ~45.0%，锅炉效率为 88.0% ~95.0%，当管道效率为某一定值时，锅炉效率变化 1% 时，发电煤耗率的变化范围为 3.1 ~4.7g/kWh，其变化幅度为 1.6g/kWh。因此，不同类型的机组，不同水平的汽轮机效率、锅炉效率，不能用同一个锅炉效率变化 1% 对发电煤耗率的影响系数。

4. 计算锅炉效率变化 1% 对供电煤耗率影响系数的简化公式

用锅炉效率变化 1% 对发电煤耗率的影响系数计算锅炉效率变化 1% 对供电煤耗率影响系数的简化公式为

$$b_{gd}^{gx}=\frac{b_{gl}^{fx}}{1-L_{cy}} \qquad (1-24)$$

式中　b_{gd}^{gx}——锅炉效率变化 1% 对发电煤耗率的影响系数，$(\Delta b_{fd}^{bh}\,g/kWh)/(\Delta\eta_{gl}^{bh}1\%)$；

b_{gl}^{fx}——锅炉效率变化 1% 对供电煤耗率影响的系数，$(\Delta b_{gd}^{bh}\,g/kWh)/(\Delta\eta_{gl}^{bh}1\%)$；

L_{cy}——厂用电率,% 。

5. 计算厂用电率为 4.0%，锅炉效率变化 1% 对供电煤耗率的影响系数

（1）用表 1－17 中发电煤耗率变化 1g/kWh 对汽轮机效率的影响系数，计算厂用电率为 4.0%，管道效率为 98.5%，锅炉效率为 88.0% ~95.0%，汽轮机效率为 35% ~45% 时，供电煤耗率变化 1g/kWh 对汽轮机效率的影响系数，并填入表 1－18 中。

表 1－18　厂用电率为 4.0%，管道效率为定值，不同汽轮机效率时，锅炉效率变化 1% 对供电煤耗率的影响系数 $(\Delta b_{gd}^{bh}g/kWh)/(\Delta\eta_{gl}^{bh}1\%)$

汽轮机效率	锅炉效率（%）						
（%）	88.5	89.5	90.5	91.5	92.5	93.5	94.5
45.0	3.75	3.65	3.54	3.44	3.33	3.28	3.23
40.0	4.17	4.06	3.96	3.91	3.85	3.80	3.75
35.0	4.90	4.69	4.58	4.48	4.38	4.27	3.17

表 1－18 使用说明：

a. 表 1－18 适用于厂用电率为 4.0% 的情况。

b. 表中第一列数值为汽轮机效率值，其取值范围为 35.0% ~45.0% 。

c. 表中第二大列第一行及第二行中的各列为拟定的锅炉效率分档数值，其值适用范围

为 88.5% ~94.5%（88.0% ~95.0%），其每一列数值适用于该值的 ±0.5% 范围内。例如：锅炉效率为 92.5% 时，此列下面的锅炉效率变化 1% 对发电煤耗率的影响系数适用于 92% < η_{qj} <93%。

d. 第一列汽轮机效率值 35.0% ~45.0% 的右边，第二大列第一行及第二行各列锅炉效率值 88.5% ~94.5% 的下面，是汽轮机效率、管道效率为某一定值时，厂用电率为 4.0% 时，锅炉效率变化 1% 对供电煤耗率的影响系数。例如：厂用电率为 4.0%，汽轮机效率为 40.0%，管道效率为 98.5%，锅炉效率为 92.5% 左右（即 92% <η_{gl} <93%）时，锅炉效率变化 1% 对供电煤耗率的影响系数为 3.85g/kWh。

（2）绘制锅炉效率变化 1% 对供电煤耗率影响系数的关系曲线。根据表 1－18 中的锅炉效率变化 1% 对供电煤耗率的影响系数，绘制厂用电率为 4.0%，管道效率为定值，不同汽轮机效率时，锅炉效率变化 1% 对供电煤耗率的影响系数的关系曲线，见图 1－13。

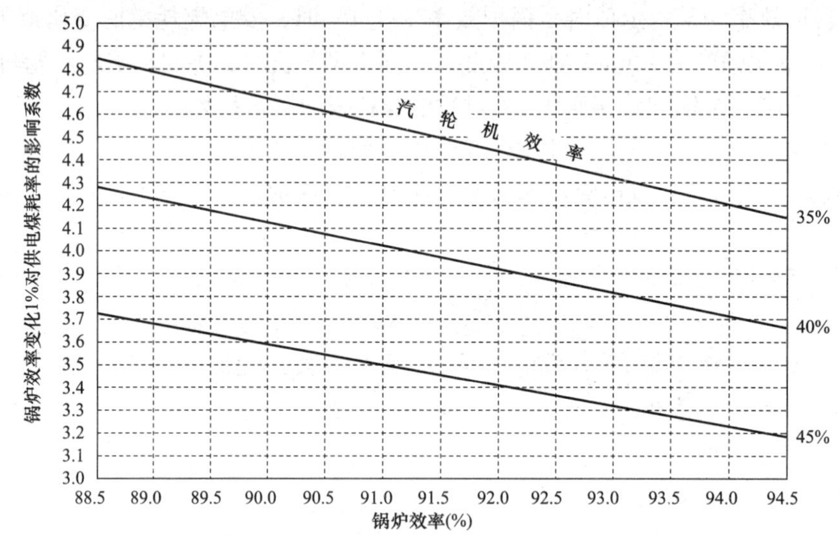

图 1－13　厂用电率为 4.0%，管道效率为定值，不同汽轮机效率时，锅炉效率变化 1% 对供电煤耗率影响系数的关系曲线（Δb_{gd}^{bh}g/kWh）/（$\Delta\eta_{gl}^{bh}$1%）

图 1－13 使用说明：

a. 图 1－13 适用于厂用电率为 4.0% 的情况。

b. 图例说明：横坐标为锅炉效率，适用范围为 87.0% ~95.0%；纵坐标为锅炉效率变化 1% 对供电煤耗率的影响系数。3 条不同原点、不同斜率的关系曲线分别表示汽轮机效率为 35.0%、40.0%、45.0%，锅炉效率变化 1% 对供电煤耗率影响系数的关系值。

c. 从图 1－13 可以查得：厂用电率为 4.0%；汽轮机效率为 45.0%（管道效率为 98.5%），锅炉效率为 93.5% 时，锅炉效率每变化 1% 时，影响供电煤耗率的相应变化值为 3.28g/kWh。即在上述条件下，锅炉效率每变化 0.305 个百分点，供电煤耗率变化 1g/kWh。

6. 计算厂用电率为 5.0%，锅炉效率变化 1% 对供电煤耗率的影响系数

（1）用表 1－17 中发电煤耗率变化 1g/kWh 对汽轮机效率的影响系数，计算厂用电率为 5.0%，管道效率为 98.5%，锅炉效率为 88.0% ~95.0%，汽轮机效率为 35% ~45% 时，供电煤耗率变化 1g/kWh 对汽轮机效率的影响系数，并填入表 1－19 中。

表1－19　厂用电率为5.0%，管道效率为定值，不同汽轮机效率时，锅炉效率变化1%对供电煤耗率的影响系数（Δb_{gd}^{bh}g/kWh)/($\Delta\eta_{gl}^{bh}$1%）

汽轮机效率(%)	锅　炉　效　率　(%)						
	88.5	89.5	90.5	91.5	92.5	93.5	94.5
45.0	3.79	3.68	3.58	3.47	3.37	3.32	3.26
40.0	4.21	4.11	4.00	3.95	3.89	3.84	3.79
35.0	4.95	4.74	4.63	4.53	4.42	4.32	4.21

表1－19使用说明：

a. 表1－19适用于厂用电率为5.0%的情况。

b. 表中第一列数值为汽轮机效率值，其取值范围为35.0%～45.0%。

c. 表中第二大列第一行及第二行中的各列为拟定的锅炉效率分档数值，其值适用范围为88.5%～94.5%（88.0%～95.0%），其每一列数值适用于该值的±0.5%范围内。例如：锅炉效率为92.5%时，此列下面的锅炉效率变化1%对发电煤耗率的影响系数适用于92%＜η_{qj}＜93%。

d. 第一列汽轮机效率值45.0%～35.0%的右边，第二大列第一行及第二行各列锅炉效率值88.5%～94.5%的下面，是汽轮机效率、管道效率为某一定值时，厂用电率为5.0%时，锅炉效率变化1%对供电煤耗率的影响系数。例如：厂用电率为5.0%，汽轮机效率为45.0%，管道效率为98.5%，锅炉效率为91.5%左右（即92%＜η_{gl}＜93%）时，锅炉效率变化1%对供电煤耗率的影响系数为3.47g/kWh。

（2）绘制锅炉效率变化1%对供电煤耗率影响系数的关系曲线。根据表1－19中的锅炉效率变化1%对供电煤耗率的影响系数，绘制厂用电率为5.0%，管道效率为定值，不同汽轮机效率时，锅炉效率变化1%对供电煤耗率影响系数的关系曲线，见图1－14。

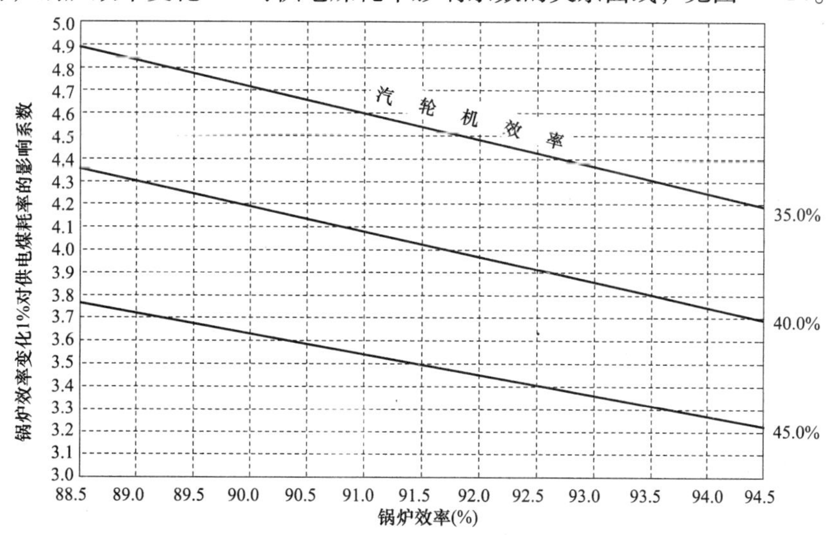

图1－14　厂用电率为5.0%，管道效率为定值，不同汽轮机效率时，锅炉效率变化1%对供电煤耗率的影响系数的关系曲线（Δb_{gd}^{bh}g/kWh)/($\Delta\eta_{gl}^{bh}$1%）

图1－14使用说明：

a. 图1－14适用于厂用电率为5.0%的情况。

b. 图例说明：横坐标为锅炉效率，适用范围为87.0%～95.0%；纵坐标为锅炉效率变化1%对供电煤耗率的影响系数。3条不同原点、不同斜率的关系曲线分别表示汽轮机效率为35.0%、40.0%、45.0%时，锅炉效率变化1%对供电煤耗率影响系数的关系值。

c. 从图1－14可以查得：厂用电率为5.0%，汽轮机效率为45.0%（管道效率为98.5%），锅炉效率为88.5%时，锅炉效率每变化1%时，影响供电煤耗率的相应变化值为3.79g/kWh。即在上述条件下，锅炉效率每变化0.264个百分点，供电煤耗率变化1g/kWh。

7. 计算厂用电率为6.0%，锅炉效率变化1%对供电煤耗率的影响系数

（1）根据表1－17中发电煤耗率变化1g/kWh对汽轮机效率的影响系数，计算厂用电率为6.0%，管道效率为98.5%，锅炉效率为88.0%～95.0%，汽轮机效率为35.0%～45.0%时，供电煤耗率变化1g/kWh对汽轮机效率的影响系数，并填入表1－20中。

表1－20　厂用电率为6.0%，管道效率为定值，不同汽轮机效率时，锅炉效率变化1%对供电煤耗率的影响系数（Δb_{gd}^{bh}g/kWh）/（$\Delta \eta_{gl}^{bh}$1%）

汽轮机效率（%）	锅炉效率（%）						
	88.5	89.5	90.5	91.5	92.5	93.5	94.5
45.0	3.83	3.72	3.62	3.51	3.40	3.35	3.30
40.0	4.26	4.15	4.02	3.99	3.94	3.88	3.93
35.0	5.00	4.79	4.68	4.57	4.47	4.36	4.26

表1－20使用说明：

a. 表1－20适用于厂用电率为6.0%的情况。

b. 表中第一列数值为汽轮机效率值，其取值范围为35.0%～45.0%。

c. 表中第二大列第一行及第二行中的各列为拟定的锅炉效率分档数值，其值适用范围为88.5%～94.5%（88.0%～95.0%），其每一列数值适用于该值的±0.5%范围内。例如：锅炉效率为92.5%时，此列下面的锅炉效率变化1%对发电煤耗率的影响系数适用于92%＜η_{qj}＜93%。

d. 第一列汽轮机效率值35.0%～45.0%的右边，第二大列第一行及第二行各列锅炉效率值88.5%～94.5%的下面，是汽轮机效率、管道效率为某一定值，厂用电率为6.0%，锅炉效率变化1%对供电煤耗率的影响系数。例如：厂用电率为6.0%，汽轮机效率为40.0%，管道效率为98.5%，锅炉效率为92.5%左右（即92%＜η_{gl}＜93%）时，锅炉效率变化1%对供电煤耗率的影响系数为3.85g/kWh。

（2）绘制锅炉效率变化1%对供电煤耗率影响系数的关系曲线。根据表1－20中的锅炉效率变化1%对供电煤耗率的影响系数，绘制厂用电率为6.0%，管道效率为定值，不同汽轮机效率时，锅炉效率变化1%对供电煤耗率影响系数的关系曲线，见图1－15。

图1－15使用说明：

a. 图1－15适用于厂用电率为6.0%的情况。

b. 图例说明：横坐标为锅炉效率，适用范围为87.0%～95.0%；纵坐标为锅炉效率变

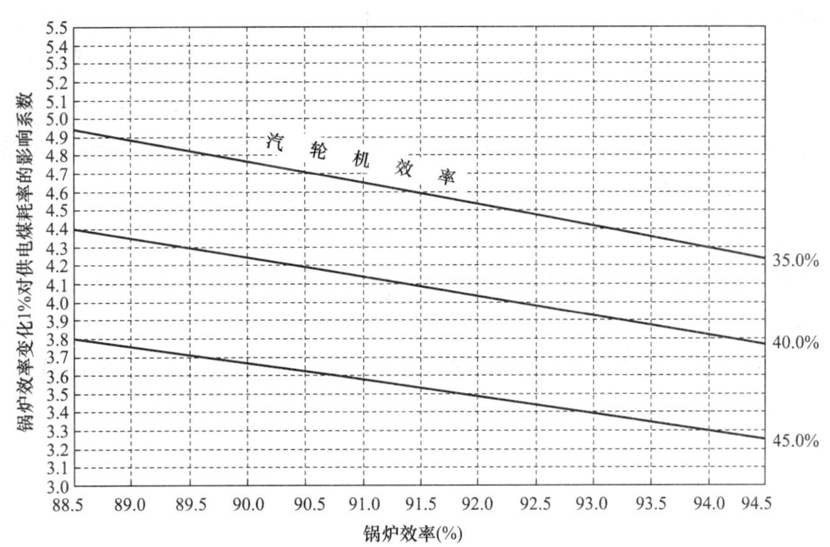

图 1－15　厂用电率为 6.0%，管道效率为定值，不同汽轮机效率时，锅炉效率变化 1% 对供电煤耗率的影响系数的关系曲线（Δb_{gd}^{bh} g/kWh）/（$\Delta\eta_{gl}^{bh}$1%）

化 1% 对供电煤耗率的影响系数。3 条不同原点、不同斜率的关系曲线分别表示汽轮机效率为 35.0%、40.0%、45.0%，锅炉效率变化 1% 对供电煤耗率影响系数的关系值。

c. 从图 1－15 可以查得：厂用电率为 6.0%，汽轮机效率为 40.0%（管道效率为 98.5%），锅炉效率为 88.5% 时，锅炉效率每变化 1%，影响供电煤耗率的相应变化值为 4.26g/kWh。即在上述条件下，锅炉效率每变化 0.235 个百分点，供电煤耗率变化 1g/kWh。

8. 计算厂用电率为 7.0%，锅炉效率变化 1% 对供电煤耗率的影响系数

（1）根据表 1－17 中发电煤耗率变化 1g/kWh 对汽轮机效率的影响系数，计算厂用电率为 7.0%，管道效率为 98.5%，锅炉效率为 88.0%～95.0%，汽轮机效率为 35.0%～45.0% 时，供电煤耗率变化 1g/kWh 对汽轮机效率的影响系数，并填入表 1－21 中。

表 1－21　厂用电率为 7.0%，管道效率为定值，不同汽轮机效率时，锅炉效率变化 1% 对供电煤耗率的影响系数（Δb_{gd}^{bh}g/kWh）/（$\Delta\eta_{gl}^{bh}$1%）

汽轮机效率（%）	锅　炉　效　率　（%）						
	88.5	89.5	90.5	91.5	92.5	93.5	94.5
45.0	3.87	3.76	3.66	3.55	3.44	3.39	3.33
40.0	4.30	4.19	4.09	4.03	3.98	3.92	3.87
35.0	5.05	4.84	4.73	4.62	4.52	4.41	4.30

表 1－21 使用说明：

a. 表 1－21 适用于厂用电率为 7.0% 的情况。

b. 表中第一列数值为汽轮机效率，其取值范围为 35.0%～45.0%。

c. 表中第二大列第一行及第二行中的各列为拟定的锅炉效率分档数值，其取值适用范围为 88.5%～94.5%（88.0%～95.0%），其每一列数值适用于该值的 ±0.5% 范围内。例如：锅炉效率为 92.5% 时，此列下面的锅炉效率变化 1% 对发电煤耗率的影响系数适用于

92% $<\eta_{qj}<$93% 。

d. 第一列汽轮机效率值35.0% ~45.0%的右边，第二大列第一行及第二行各列锅炉效率值88.5% ~94.5%的下面，是汽轮机效率、管道效率为某一定值，厂用电率为7.0%时，锅炉效率变化1%对供电煤耗率的影响系数。例如：厂用电率为7.0%，汽轮机效率为40.0%，管道效率为98.5%，锅炉效率为92.5%左右（即92% $<\eta_{gl}<$93%）时，锅炉效率变化1%对供电煤耗率的影响系数为3.85g/kWh。

（2）绘制锅炉效率变化1%对供发电煤耗率影响系数的关系曲线。根据表1－21中锅炉效率变化1%对供电煤耗率的影响系数，绘制厂用电率为7.0%，管道效率为定值，不同汽轮机效率时，锅炉效率变化1%对供电煤耗率影响系数的关系曲线，见图1－16。

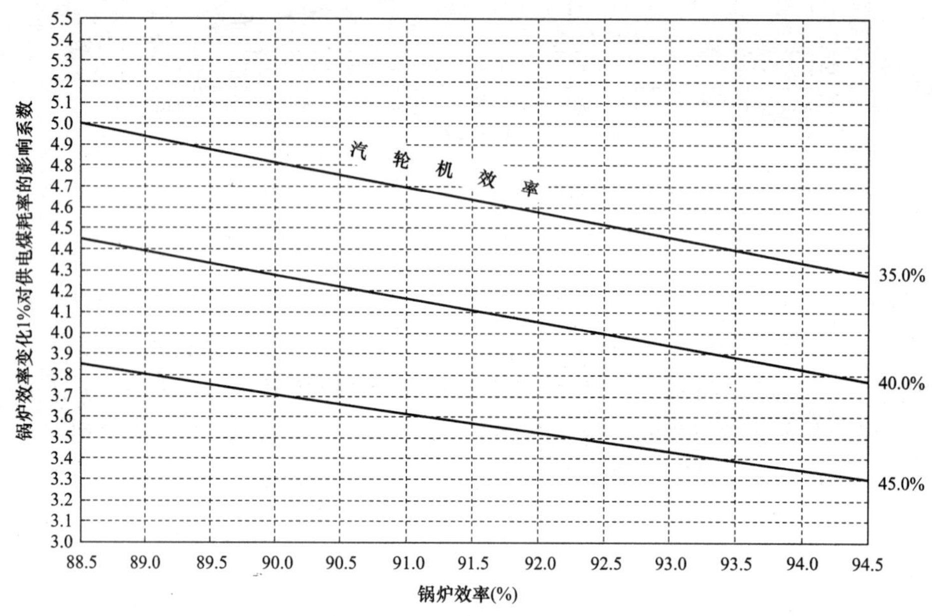

图1－16　厂用电率为7.0%，管道效率为定值，不同汽轮机效率时，锅炉效率变化1%对供电煤耗率的影响系数的关系曲线（Δb_{gd}^{bh}g/kWh)/($\Delta\eta_{gl}^{bh}$1%）

图1－16使用说明：

a. 图1－16适用于厂用电率为7.0%的情况。

b. 图例说明：横坐标为锅炉效率，适用范围为87.0% ~95.0%；纵坐标为锅炉效率变化1%对供电煤耗率的影响系数。3条不同原点、不同斜率的关系曲线分别表示汽轮机效率为35.0%、40.0%、45.0%时，锅炉效率变化1%对供电煤耗率影响系数的关系值。

c. 从图1－16可以查得：厂用电率为7.0%，汽轮机效率为35.0%（管道效率为98.5%），锅炉效率为88.5%时，锅炉效率每变化1%，影响供电煤耗率的相应变化值为5.05g/kWh。即在上述条件下，锅炉效率每变化0.198个百分点，供电煤耗率变化1g/kWh。

9. 计算厂用电率为8.0%，锅炉效率变化1%对供电煤耗率的影响系数

（1）根据表1－17中发电煤耗率变化1g/kWh对汽轮机效率的影响系数，计算厂用电率为8.0%，管道效率为98.5%，锅炉效率为88.0% ~95.0%，汽轮机效率为35.0% ~45.0%时，供电煤耗率变化1g/kWh对汽轮机效率的影响系数，并填入表1－22中。

表 1-22　　厂用电率为 8.0%，管道效率为定值，不同汽轮机效率时，锅炉效率变化 1% 对供电煤耗率的影响系数（Δb_{gd}^{bh} g/kWh）/（$\Delta\eta_{gl}^{bh}$ 1%）

汽轮机效率（%）	锅　炉　效　率　（%）						
	88.5	89.5	90.5	91.5	92.5	93.5	94.5
45.0	3.91	3.80	3.70	3.59	3.48	3.42	3.37
40.0	4.35	4.24	4.13	4.08	4.02	3.97	3.91
35.0	5.11	4.89	4.78	4.67	4.57	4.46	4.35

表 1-22 使用说明：

a. 表 1-22 适用于厂用电率为 8.0% 的情况。

b. 表中第一列数值为汽轮机效率，其取值范围为 35.0% ~45.0%。

c. 表中第二大列第一行及第二行中的各列为拟定的锅炉效率分档数值，其值适用范围为 88.5% ~94.5%（88.0% ~95.0%），其每一列数值适用于该值的 ±0.5% 范围内。例如：锅炉效率为 92.5% 时，此列下面的锅炉效率变化 1% 对发电煤耗率的影响系数适用于 92% $<\eta_{qj}<$ 93%。

d. 第一列汽轮机效率值 35.0% ~45.0% 的右边，第二大列第一行及第二行各列锅炉效率值 88.5% ~94.5% 的下面，是汽轮机效率、管道效率为某一定值，厂用电率为 8.0% 时，锅炉效率变化 1% 对供电煤耗率的影响系数。例如：厂用电率为 8.0%，汽轮机效率为 40.0%，管道效率为 98.5%，锅炉效率为 92.5% 左右（即 92% $<\eta_{gl}<$ 93%）时，锅炉效率变化 1% 对供电煤耗率的影响系数为 3.85g/kWh。

（2）绘制锅炉效率变化 1% 对供电煤耗率影响系数的关系曲线。根据表 1-22 中的锅炉效率变化 1% 对供电煤耗率的影响系数，绘制厂用电率为 8.0%，管道效率为定值，不同汽轮机效率时，锅炉效率变化 1% 对供电煤耗率影响系数的关系曲线，见图 1-17。

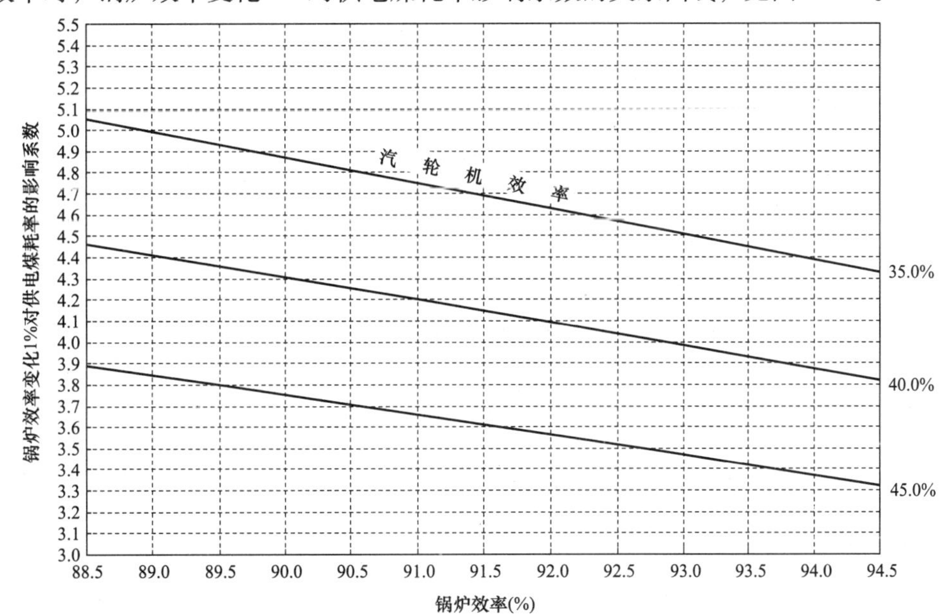

图 1-17　厂用电率为 8.0%，管道效率为定值，不同汽轮机效率时，锅炉效率变化 1% 对供电煤耗率的影响系数的关系曲线（Δb_{gd}^{bh} g/kWh）/（$\Delta\eta_{gl}^{bh}$ 1%）

图 1－17 使用说明：

a. 图 1－17 适用于厂用电率为 8.0% 的情况。

b. 图例说明：横坐标为锅炉效率，适用范围为 87.0% ～95.0%；纵坐标为锅炉效率变化 1% 对供电煤耗率的影响系数。3 条不同原点、不同斜率的关系曲线分别表示汽轮机效率为 35.0%、40.0%、45.0% 时，锅炉效率变化 1% 对供电煤耗率影响系数的关系值。

c. 从图 1－17 可以查得：厂用电率为 8.0%，汽轮机效率为 45.0%（管道效率为 98.5%），锅炉效率为 93.5% 时，锅炉效率每变化 1%，供电煤耗率的相应变化值为 3.42g/kWh。即在上述条件下，锅炉效率每变化 0.292 个百分点，供电煤耗率变化 1g/kWh。

从表 1－18～表 1－22 中可以看出，厂用电率在 4.0%、5.0%、6.0%、7.0%、8.0%；汽轮机效率的绝对值范围为 35.0% ～45.0%；管道效率为 98.5% 时，锅炉效率范围为 88.0% ～95.0% 的范围内；锅炉效率变化 1% 时，供电煤耗率影响系数的变化范围为 3.17～5.11g/kWh，变化幅度为 1.94g/kWh。因此，不同类型的机组，不同水平的汽轮机效率、锅炉效率以及厂用电率，不能用同一个锅炉效率变化 1% 对供电煤耗率的影响系数。各专业人员必须选用本厂汽轮机效率、锅炉效率、厂用电率的实际水平，用适合本厂的锅炉效率变化 1% 对供电煤耗率的影响系数作为分析、计算的依据，以确保数据、结论的准确性。

二、供电煤耗率变化对锅炉效率的影响系数

供电煤耗率变化对锅炉效率的影响系数，在经济指标理论关系上是不存在的，但在指标数理逻辑关系上是存在的。供电煤耗率变化对锅炉效率的影响系数，是指在一定的厂用电率、汽轮机效率下，管道效率为常数，在不同的锅炉效率值范围内，供电煤耗率每变化 1g/kWh，影响锅炉效率的相应变化值，专业上一般称为供电煤耗率变化 1g/kWh 对锅炉效率的影响系数。

（一）供电煤耗率变化对锅炉效率影响系数的计算

1. 供电煤耗率变化对锅炉效率影响系数的计算公式一

如前所述，锅炉效率变化对供电煤耗率的影响系数是指锅炉效率变化 1%，影响供电煤耗率变化（升高或降低）的克数，而供电煤耗率变化对锅炉效率的影响系数则是指供电煤耗率每变化 1g/kWh，影响锅炉效率的相应变化值，因此可用锅炉效率变化 1% 对供电煤耗率的影响系数进行反推，即锅炉效率变化 1% 对供电煤耗率的影响系数的倒数，即为供电煤耗率变化 1g/kWh 引起锅炉效率的相应变化值，从而有

$$\Delta\eta_{gd}^{lx}=\frac{1}{\Delta b_{gl}^{gx}} \tag{1－25}$$

式中 $\Delta\eta_{gd}^{lx}$——供电煤耗率变化 1g/kWh 对锅炉效率的影响系数，$(\Delta\eta_{gl}^{bh}\%)/(\Delta b_{gd}^{bh}1g/kWh)$；

Δb_{gl}^{gx}——锅炉效率变化对供电煤耗率的影响系数，$(\Delta b_{gd}^{bh}g/kWh)/(\Delta\eta_{fh}^{qi}1\%)$。

2. 供电煤耗率变化对锅炉效率影响系数的计算公式二

$$\Delta\eta_{gd}^{lx}=\frac{0.123}{\eta_{gl}\times\eta_{gd}}\left|\frac{1}{b_{gl}^{bg}}-\frac{1}{b_{gl}^{eg}}\right| \tag{1－26}$$

式中 $\left|\frac{1}{b_{gd}^{bg}}-\frac{1}{b_{gd}^{eg}}\right|$——取绝对值；

b_{gl}^{bg}——锅炉效率变化（升高）后的供电煤耗率，g/kWh；

b_{gl}^{eg}——锅炉效率为额定值时的供电煤耗率，g/kWh。

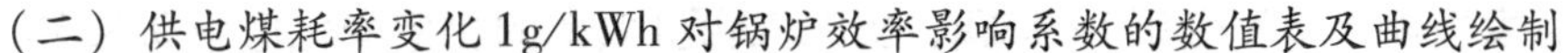

（二）供电煤耗率变化1g/kWh对锅炉效率影响系数的数值表及曲线绘制

供电煤耗率变化1g/kWh对锅炉效率的影响系数，可以用数值表和关系曲线两种方式表示。

1. 供电煤耗率变化1g/kWh对锅炉效率的影响系数计算用参数

（1）选定锅炉效率变化范围：本次计算选定的锅炉效率变化范围为88.0%～95.0%。

（2）选定汽轮机效率变化范围：本次计算选定的汽轮机效率变化范围为35.0%～45.0%。

（3）选定管道效率：本次计算选定的管道效率为98.5%。管道效率选定的高或低对汽轮机效率变化1%对供电煤耗率的影响系数的影响不大，因为是两组计算数值的差值。

（4）选定厂用电率变化范围：本次计算选定的厂用电率变化范围为4.0%～8.0%。

2. 计算管道效率为定值，不同汽轮机效率时，发电煤耗率变化1g/kWh对锅炉效率的影响系数

计算发电煤耗率变化1g/kWh对锅炉效率影响系数的方法，是用锅炉效率变化1%对发电煤耗率影响系数的倒数计算，其简化公式为

$$\Delta\eta_{gd}^{lx} = \frac{1}{\Delta b_{gl}^{fx}} \tag{1-27}$$

式中　$\Delta\eta_{gd}^{lx}$——发电煤耗率变化1g/kWh对锅炉效率的影响系数，($\Delta\eta_{gl}^{bh}$%)/(Δb_{fd}^{bh}1g/kWh)；

Δb_{gl}^{fx}——锅炉效率变化1%对发电煤耗率的影响系数。

根据表1－17中各种状态参数下锅炉效率变化1%对发电煤耗率的影响系数，计算发电煤耗率变化1g/kWh对锅炉效率的影响系数，并将计算结果填入表1－23中。

表1－23　管道效率为定值，不同汽轮机效率时，发电煤耗率变化1g/kWh对锅炉效率的影响系数（$\Delta\eta_{fd}^{lx}$%)/(Δb_{fd}^{bh} 1g/kWh)

汽轮机效率（%）	锅炉效率（%）						
	88.5	89.5	90.5	91.5	92.5	93.5	94.5
45.0	0.278	0.286	0.290	0.294	0.304	0.318	0.323
40.0	0.250	0.256	0.263	0.267	0.270	0.278	0.286
35.0	0.213	0.222	0.227	0.233	0.238	0.244	0.250

表1－23使用说明：

a. 表中第一列数值为汽轮机效率，其适用范围为35.0%～45.0%。

b. 表中第二大列第一行和第二行中的各列数值：88.5%～94.5%为锅炉效率，其适用范围为88.0%～95.0%，其每一列的锅炉效率值适用于±0.5%的范围内。例如：锅炉效率为91.5%时，此列下数值适用于91%＜η_{gl}＜92%。

c. 表中第一列汽轮机效率值35.0%～45.0%的右边，第二大列第一行和第二行各列锅炉效率88.5%～94.5%下面的数值为汽轮机效率、管道效率为某一定值，发电煤耗率每变化1g/kWh时，影响锅炉效率的相应变化值，即发电煤耗率变化1g/kWh对汽轮机效率的影响系数。由表1－23可知，在设定条件下，发电煤耗变化1g/kWh，将引起锅炉效率变化0.213%～0.323%。

例如：汽轮机效率为45.0%，管道效率为98.5%，锅炉效率为92.5%左右（即92%＜

$\eta_{gl}<93\%$）时，发电煤耗率每变化1g/kWh，影响汽轮机效率的相应变化值为0.304%。即在上述条件下，汽轮机效率变化0.304个百分点，发电煤耗率变化1g/kWh。

3. 计算供电煤耗率变化1g/kWh对锅炉效率的影响系数

计算供电煤耗率变化1g/kWh对锅炉效率的影响系数的方法有两种：

（1）用锅炉效率变化1%对供电煤耗率的影响系数反推，计算公式为

$$\Delta\eta_{gd}^{lx}=\frac{1}{\Delta b_{gl}^{gx}} \tag{1-28}$$

式中 $\Delta\eta_{gd}^{lx}$——供电煤耗率变化1g/kWh对锅炉率的影响系数，$(\Delta\eta_{gl}^{bh}\%)/(\Delta b_{gd}^{bh}1g/kWh)$；

Δb_{gl}^{gx}——锅炉效率变化1%对供电煤耗率的影响系数，$(\Delta b_{gd}^{bh}g/kWh)/(\Delta\eta_{qj}^{bh}1\%)$。

（2）用厂用电率和发电煤耗率变化1g/kWh对锅炉效率的影响系数计算，计算公式为

$$\Delta\eta_{gd}^{lx}=\frac{\Delta\eta_{fd}^{lx}}{1-L_{cy}}$$

式中 $\Delta\eta_{fd}^{lx}$——发电煤耗率变化1g/kWh对锅炉效率的影响系数，$(\Delta\eta_{gl}^{bh}\%)/(\Delta b_{fd}^{bh}1g/kWh)$；

L_{cy}——厂用电率，%。

4. 计算、编制厂用电率为4.0%，供电煤耗率变化1g/kWh对锅炉效率的影响系数表

（1）根据表1-23中数据计算、编制厂用电率为4.0%，管道效率为98.5%，锅炉效率为87.0%～96.0%，汽轮机效率为35.0%～45.0%时，供电煤耗率变化1g/kWh对锅炉效率的影响系数，结果见表1-24。

表1-24 厂用电率为4.0%，管道效率为定值，不同汽轮机效率时，供电煤耗率变化1g/kWh对锅炉效率的影响系数 $(\Delta\eta_{gl}^{bh})/(\Delta b_{fd}^{bh}\ 1g/kWh)$

汽轮机效率（%）	锅炉效率（%）						
	88.5	89.5	90.5	91.5	92.5	93.5	94.5
45.0	2.90	2.98	0.302	0.306	0.317	0.332	0.336
40.0	2.60	2.67	0.274	0.278	0.281	0.290	0.298
35.0	2.22	0.231	0.237	0.243	0.248	0.254	0.260

表1-24使用说明：

a. 表1-24适用于厂用电率为4.0%的情况。

b. 表中第一列数值为汽轮机效率值，其取值范围为35.0%～45.0%。

c. 表中第二大列第一行及第二行中的各列为拟定的锅炉效率分档数值，其值适用范围为88.5%～94.5%（适用于37.0%～46.0%），其每一列数值适用于该值的±0.5%范围内。例如：锅炉效率为92.5%时，此列下面的锅炉效率变化1%对发电煤耗率影响系数适用于92%$<\eta_{gl}<$93%。

d. 第一列汽轮机效率值35.0%～45.0%的右边，第二大列第一行及第二行各列锅炉效率值88.5%～94.5%的下面，是厂用电率、汽轮机效率、管道效率为某一定值时，供电煤耗率变化1g/kWh对锅炉效率的影响系数。例如：由表1-24中的数值可知，厂用电率为4.0%，汽轮机效率为45.0%，管道效率为98.5%，锅炉效率为91.5%左右（即91%$<\eta_{gl}$

<92%）时，供发电煤耗率变化 1g/kWh 对锅炉效率的影响系数为 0.306%。

（2）根据表 1－24 中供电煤耗率变化 1g/kWh 对锅炉效率的影响系数，绘制厂用电率为 4.0%，管道效率为定值，不同汽轮机效率时，供电煤耗率变化 1g/kWh 对锅炉效率的影响系数的关系曲线，见图 1－18。

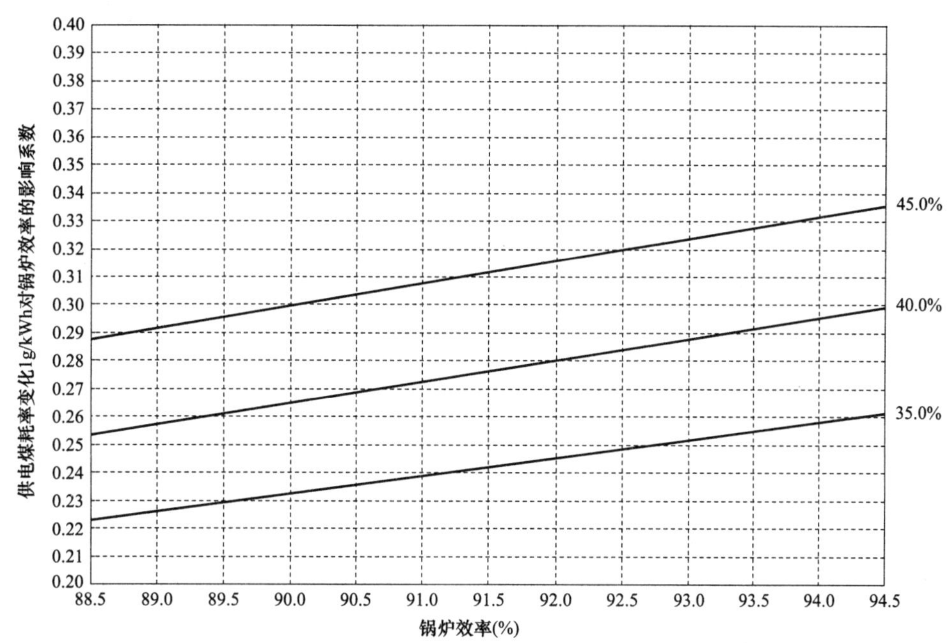

图 1－18　厂用电率为 4.0%，管道效率为定值，不同汽轮机效率时，供电煤耗率变化 1g/kWh 对锅炉效率的影响系数的关系曲线（$\Delta\eta_{gl}^{bh}\%$）/（Δb_{gd}^{bh}1g/kWh）

图 1－18 使用说明：

a. 图 1－18 适用于厂用电率为 4.0% 的情况。

b. 图例说明：横坐标为锅炉效率，适用范围为 88.0%～95.0%；纵坐标为供电煤耗率变化 1g/kWh 对锅炉效率的影响系数变化值。

c. 图 1－18 中，3 条不同原点、不同斜率的关系曲线，分别表示汽轮机效率为 35.0%、40.0%、45.0% 时，供电煤耗率变化 1g/kWh 对锅炉效率影响系数的关系值。

d. 从图上可以查得：厂用电率为 4.0%，汽轮机效率为 45.0%（管道效率为 98.5%），锅炉效率为 93.5% 时，供电煤耗率每变化 1g/kWh，锅炉效率的相应变化值为 0.335%。即在上述条件下，锅炉效率每变化 0.335 个百分点，供电煤耗率变化 1g/kWh。

5. 计算、编制厂用电率为 5.0%，供电煤耗率变化 1g/kWh 对锅炉效率的影响系数表

（1）用上述第 5 项方法计算、编制厂用电率为 5.0%，管道效率为 98.5%，锅炉效率为 87.0%～96.0%，汽轮机效率为 35.0%～45.0% 时，供电煤耗率变化 1g/kWh 对锅炉效率的影响系数，见表 1－25。

表 1-25 厂用电率为 5.0%，管道效率为定值，不同汽轮机效率时，供电煤耗率变化 1g/kWh 对锅炉效率的影响系数（$\Delta\eta_{gl}^{bh}\%$）/（Δb_{gd}^{bh} 1g/kWh）

汽轮机效率（%）	锅炉效率（%）						
	88.5	89.5	90.5	91.5	92.5	93.5	94.5
45.0	0.293	0.301	0.305	0.309	0.320	0.335	0.340
40.0	0.263	0.269	0.277	0.281	0.284	0.293	0.301
35.0	0.224	0.234	0.239	0.245	0.251	0.257	0.263

表 1-25 使用说明：

a. 表 1-25 适用于厂用电率为 5.0% 的情况。

b. 表中第一列数值为汽轮机效率，其取值范围为 35.0% ~45.0%。

c. 表中第二大列第一行及第二行中的各列为拟定的锅炉效率分档数值，其值适用范围为 88.5% ~94.5%（适用于 37.0% ~46.0%），其每一列数值适用于该值的 ±0.5% 范围内。例如：锅炉效率为 92.5% 时，此列下面的锅炉效率变化 1% 对发电煤耗率影响系数适用于 92% $<\eta_{gl}<$ 93%。

d. 第一列汽轮机效率值 35% ~45% 的右边，第二大列第一行及第二行各列锅炉效率值 88.5% ~94.5% 的下面，是厂用电率、汽轮机效率、管道效率为某一定值时，供电煤耗率变化 1g/kWh 对锅炉效率的影响系数。例如：由表 1-25 中的数值可知，厂用电率为 5.0%，汽轮机效率为 45.0%，管道效率为 98.5%，锅炉效率为 91.5% 左右（即 91% $<\eta_{gl}<$ 92%）时，供发电煤耗率变化 1g/kWh 对锅炉效率的影响影响系数为 0.306%。

（2）根据表 1-25 中的供电煤耗率变化 1g/kWh 对锅炉效率的影响系数，绘制厂用电率为 5.0%，管道效率为定值，不同汽轮机效率时，供电煤耗率变化 1g/kWh 对锅炉效率的影响系数的关系曲线，见图 1-19。

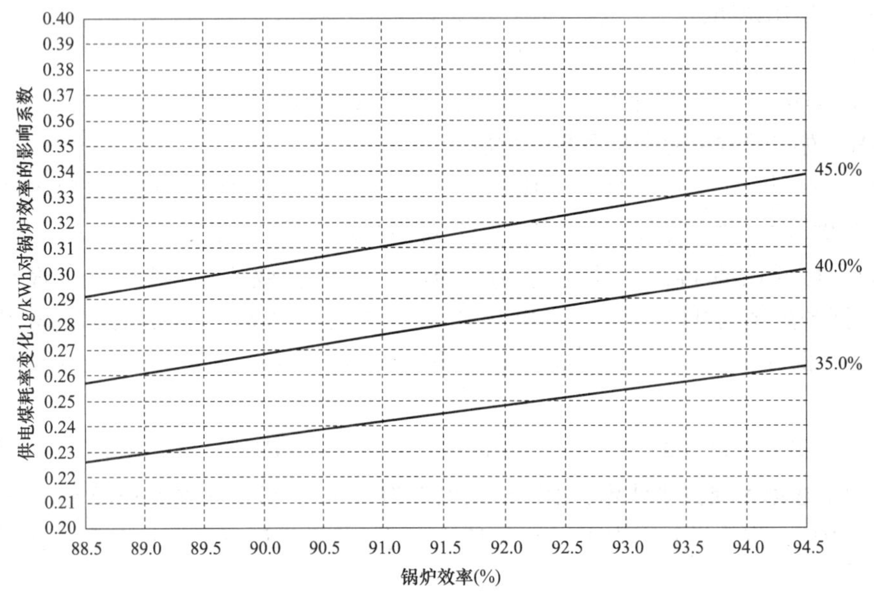

图 1-19 厂用电率为 5.0%，管道效率为定值，不同汽轮机效率时，供电煤耗率变化 1g/kWh 对锅炉效率的影响系数的关系曲线（$\Delta\eta_{gl}^{bh}\%$）/（Δb_{gd}^{bh}1g/kWh）

图 1－19 使用说明：

a. 图 1－19 适用于厂用电率为 5.0% 的情况。

b. 图例说明：横坐标为锅炉效率，适用范围为 88.0% ～95.0%；纵坐标为供电煤耗率变化 1g/kWh 对锅炉效率影响系数的变化值。

c. 图 1－19 中，3 条不同原点、不同斜率的关系曲线，分别表示汽轮机效率为 35.0%、40.0%、45.0% 时，供电煤耗率变化 1g/kWh 对锅炉效率影响系数的关系值。

d. 从图 1－19 中可以查得：厂用电率为 5.0%，汽轮机效率为 45.0%（管道效率为 98.5%），锅炉效率为 93.5% 时，供电煤耗率每变化 1g/kWh，锅炉效率的相应变化值为 0.335%。即在上述条件下，锅炉效率每变化 0.335 个百分点，供电煤耗率变化 1g/kWh。

6. 计算、编制厂用电率为 6.0%，供电煤耗率变化 1g/kWh 对锅炉效率的影响系数表

（1）用上述第 5 项方法计算、编制厂用电率为 6.0%，管道效率为 98.5%，锅炉效率为 87.0% ～96.0%，汽轮机效率为 35.0% ～45.0% 时，供电煤耗率变化 1g/kWh 对锅炉效率的影响系数，见表 1－26。

表 1－26　　厂用电率为 6.0%，管道效率为定值，不同汽轮机效率时，供电煤耗率变化 1g/kWh 对锅炉效率的影响系数（$\Delta\eta_{gl}^{bh}$%）/（Δb_{gd}^{bh} 1g/kWh）

汽轮机效率（%）	锅炉效率（%）						
	88.5	89.5	90.5	91.5	92.5	93.5	94.5
45.0	0.296	0.304	0.309	0.313	0.323	0.338	0.344
40.0	0.266	0.272	0.280	0.284	0.287	0.296	0.304
35.0	0.227	0.236	0.242	0.248	0.253	0.260	0.266

表 1－26 使用说明：

a. 表 1－26 适用于厂用电率为 6.0% 的情况。

b. 表中第一列数值为汽轮机效率，其取值范围为 35.0% ～45.0%。

c. 表中第二大列第一行及第二行中的各列为拟定的锅炉效率分档数值，其值适用范围为 88.5% ～94.5%（适用于 37.0% ～46.0%），其每一列数值适用于该值的 ±0.5% 范围内。例如：锅炉效率为 92.5% 时，此列下面的锅炉效率变化 1% 对发电煤耗率的影响系数适用于 92% $<\eta_{gl}<$ 93%。

d. 第一列汽轮机效率值 35% ～45% 的右边，第二大列第一行及第二行各列锅炉效率值 88.5% ～94.5% 的下面，是厂用电率、汽轮机效率、管道效率为某一定值时，供电煤耗率变化 1g/kWh 对锅炉效率的影响系数。例如：由表 1－26 中的数值可知，厂用电率为 6.0%，汽轮机效率为 45%，管道效率为 98.5%，锅炉效率为 91.5% 左右（即 91% $<\eta_{gl}<$ 92%）时，供发电煤耗率变化 1g/kWh 对锅炉效率的影响系数为 0.306%。

（2）根据表 1－26 中供电煤耗率变化 1g/kWh 对锅炉效率的影响系数，绘制厂用电率为 6.0%，管道效率为定值，不同汽轮机效率时，供电煤耗率变化 1g/kWh 对锅炉效率的影响系数的关系曲线，见图 1－20。

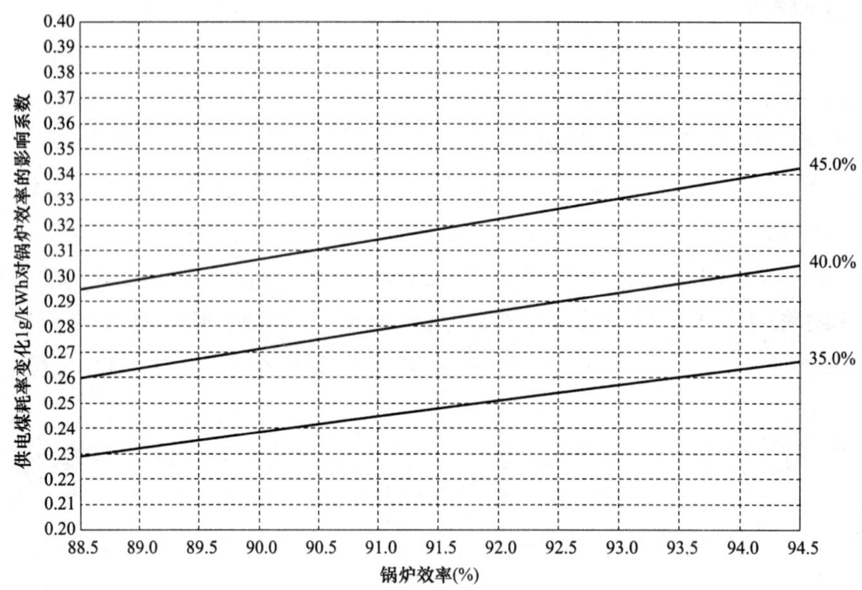

图 1－20　厂用电率为 6.0%，管道效率为定值，不同汽轮机效率时，供电煤耗率变化 1g/kWh 对锅炉效率的影响系数的关系曲线（$\Delta\eta_{gl}^{bh}$%）/（Δb_{gd}^{bh}1g/kWh）

图 1－20 使用说明：

a. 图 1－20 适用于厂用电率为 6.0% 的情况。

b. 图例说明：横坐标为锅炉效率，适用范围为 88.0% ~95.0%；纵坐标为供电煤耗率变化 1g/kWh 对锅炉效率的影响系数变化值。

c. 图 1－20 中，3 条不同原点、不同斜率的关系曲线，分别表示汽轮机效率为 35.0%、40.0%、45.0% 时，供电煤耗率变化 1g/kWh 对锅炉效率影响系数的关系值。

d. 从图 1－20 可以查得：厂用电率为 6.0%，汽轮机效率为 45.0%（管道效率为 98.5%），锅炉效率为 93.5% 时，供电煤耗率每变化 1g/kWh，锅炉效率的相应变化值为 0.335%。即在上述条件下，锅炉效率每变化 0.335 个百分点，供电煤耗率变化 1g/kWh。

7. 计算、编制厂用电率为 7.0%，供电煤耗率变化 1g/kWh 对锅炉效率的影响系数表

（1）用上述第 5 项方法计算、编制厂用电率为 7.0%，管道效率为 98.5%，锅炉效率为 87.0% ~96.0%，汽轮机效率为 45.0% ~35.0% 时，供电煤耗率变化 1g/kWh 对锅炉效率的影响系数，见表 1－27。

表 1－27　厂用电率为 7.0%，管道效率为定值，不同汽轮机效率时，供电煤耗率变化 1g/kWh 对锅炉效率的影响系数（$\Delta\eta_{gl}^{bh}$%）/（Δb_{gd}^{bh}1g/kWh）

汽轮机效率（%）	锅 炉 效 率（%）						
	88.5	89.5	90.5	91.5	92.5	93.5	94.5
45.0	0.299	0.308	0.312	0.316	0.327	0.342	0.347
40.0	0.269	0.275	0.283	0.287	0.29	0.299	0.308
35.0	0.229	0.239	0.244	0.251	0 + 256	0.262	0.269

表1－27使用说明：

a. 表1－27适用于厂用电率为7.0%的情况。

b. 表中第一列数值为汽轮机效率值，其取值范围为35.0%～45.0%。

c. 表中第二大列第一行及第二行中的各列为拟定的锅炉效率分档数值，其值适用范围为88.5%～94.5%（适用于37.0%～46.0%），其每一列数值适用于该值的±0.5%范围内。例如：锅炉效率为92.5%时，此列下面的锅炉效率变化1%对发电煤耗率的影响系数适用于92%＜η_{gl}＜93%。

d. 第一列汽轮机效率值35%～45%的右边，第二大列第一行及第二行各列锅炉效率值88.5%～94.5%的下面，是厂用电率、汽轮机效率、管道效率为某一定值时，供电煤耗率变化1g/kWh对锅炉效率的影响系数。例如：由表1－27中的数值可知，厂用电率为7.0%，汽轮机效率为45%，管道效率为98.5%，锅炉效率为91.5%左右（即91%＜η_{gl}＜92%）时，供电煤耗率变化1g/kWh对锅炉效率的影响系数为0.306%。

（2）根据表1－27中的供电煤耗率变化1g/kWh对锅炉效率的影响系数，绘制厂用电率为7.0%，管道效率为定值，不同汽轮机效率时，供电煤耗率变化1g/kWh对锅炉效率的影响系数的关系曲线，见图1－21。

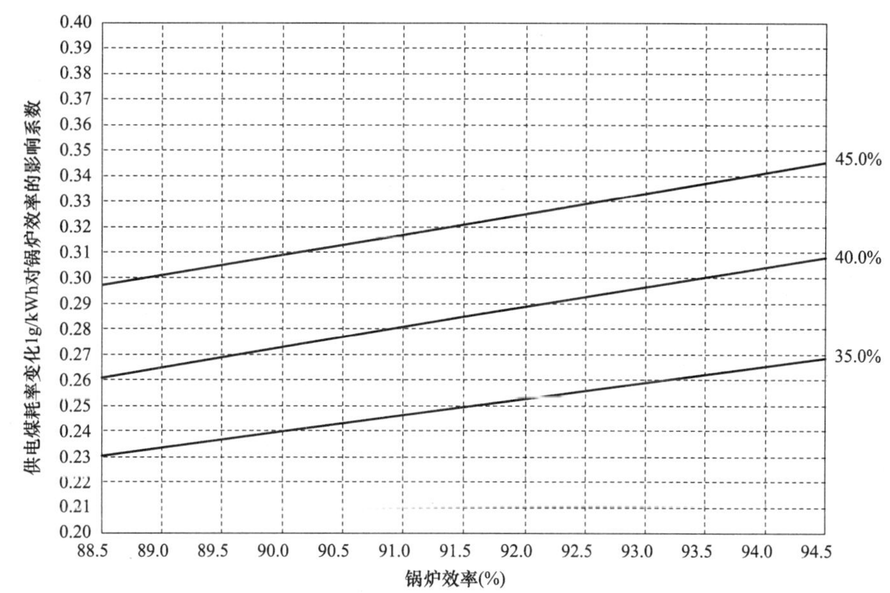

图1－21　厂用电率为7.0%，管道效率为定值，不同汽轮机效率时，供电煤耗率变化1g/kWh对锅炉效率影响系数的关系曲线（$\Delta\eta_{gl}^{bh}$%）/（Δb_{gd}^{bh}1g/kWh）

图1－21使用说明：

a. 图1－21适用于厂用电率为7.0%的情况。

b. 图例说明：横坐标为锅炉效率，适用范围为88.0%～95.0%；纵坐标为供电煤耗率变化1g/kWh对锅炉效率的影响系数变化值。

c. 图1－21中，3条不同原点、不同斜率的关系曲线，分别表示汽轮机效率为45.0%、40.0%、35.0%时，供电煤耗率变化1g/kWh对锅炉效率影响系数的关系值。

d. 从图1－21 可以查得：厂用电率为7.0%，汽轮机效率为45.0%（管道效率为98.5%），锅炉效率为93.5%时，供电煤耗率每变化1g/kWh，锅炉效率的相应变化值为0.335%。即在上述条件下，锅炉效率每变化0.335 个百分点，供电煤耗率变化1g/kWh。

8. 计算、编制厂用电率为8.0%，供电煤耗率变化1g/kWh 对锅炉效率的影响系数表

（1）用上述第5 项方法计算、编制厂用电率为8.0%，管道效率为98.5%，锅炉效率为87.0%～96.0%，汽轮机效率为35.0%～45.0%时，供电煤耗率变化1g/kWh 对锅炉效率的影响系数表，见表1－28。

表1－28　厂用电率为8.0%，管道效率为定值，不同汽轮机效率时，供电煤耗率变化1g/kWh 对锅炉效率的影响系数（$\Delta\eta_{gl}^{bh}$%）/（Δb_{gd}^{bh}1g/kWh）

汽轮机效率	锅炉效率（%）						
（%）	88.5	89.5	90.5	91.5	92.5	93.5	94.5
45.0	0.302	0.311	0.315	0.320	0.330	0.346	0.351
40.0	0.272	0.278	0.286	0.290	0.294	0.302	0.311
35.0	0.232	0.241	0.247	0.253	0.259	0.265	0.272

表1－28 使用说明：

a. 表1－28 适用于厂用电率为8.0%的情况。

b. 表中第一列数值为汽轮机效率，其取值范围为35.0%～45.0%。

c. 表中第二大列第一行及第二行中的各列为拟定的锅炉效率分档数值，其值适用范围为88.5%～94.5%（适用于37.0%～46.0%），其每一列数值适用于该值的±0.5%范围内。例如：锅炉效率为92.5%时，此列下面的锅炉效率变化1%对发电煤耗率的影响系数适用于92%＜η_{gl}＜93%。

d. 第一列汽轮机效率值35%～45%的右边，第二大列第一行及第二行各列锅炉效率值88.5%～94.5%的下面，是厂用电率、汽轮机效率、管道效率为某一定值时，供电煤耗率变化1g/kWh 对锅炉效率的影响系数。例如：由表1－28 中的数值可知，厂用电率为8.0%，汽轮机效率为45.0%，管道效率为98.5%，锅炉效率为91.5%左右（即91%＜η_{gl}＜92%）时，供电煤耗率变化1g/kWh 对锅炉效率的影响系数为0.306%。

（2）根据表1－28 中的供电煤耗率变化1g/kWh 对锅炉效率的影响系数，绘制厂用电率为8.0%，管道效率为定值，不同汽轮机效率时，供电煤耗率变化1g/kWh 对锅炉效率的影响系数的关系曲线，见图1－22。

图1－22 使用说明：

a. 图1－22 适用于厂用电率为8.0%的情况。

b. 图例说明：横坐标为锅炉效率，适用范围为88.0%～95.0%；纵坐标为供电煤耗率变化1g/kWh 对锅炉效率的影响系数变化值。

c. 图1－22 中，3 条不同原点、不同斜率的关系曲线，分别表示汽轮机效率为45.0%、40.0%、35.0%时，供电煤耗率变化1g/kWh 对锅炉效率影响系数的关系值。

d. 从图上可以查得：厂用电率为8.0%，汽轮机效率为45.0%（管道效率为98.5%），锅炉效率为93.5%时，供电煤耗率每变化1g/kWh，锅炉效率的相应变化值为0.335%。即

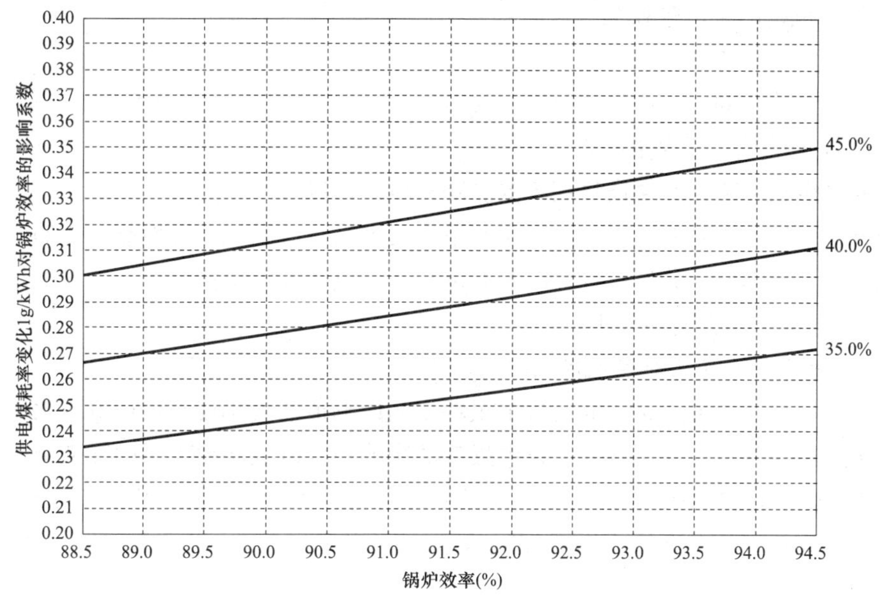

图 1－22 厂用电率为 8.0%，管道效率为定值，不同汽轮机效率时，供电煤耗率变化 1g/kWh 对锅炉效率的影响系数的关系曲线（$\Delta\eta_{gl}^{bh}\%$）/（$\Delta b_{gd}^{bh}1g/kWh$）

在上述条件下，锅炉效率每变化 0.335 个百分点，供电煤耗率变化 1g/kWh。

由表 1－24～表 1－28 可知，在规定的厂用电率：4.0%、5.0%、6.0%、7.0%、8.0%，汽轮机效率的绝对值为 35.0%～45.0%，管道效率为 98.5%，锅炉效率介于 88.0%～95.0% 时，供电煤耗率变化 1g/kWh 对锅炉效率影响系数的变化范围为 0.222%～0.351%，其变化幅度为 0.129%。因此，不同类型的机组，不同水平的汽轮机效率、锅炉效率及厂用电率，不能用同一个供电煤耗率变化 1g/kWh 对锅炉效率的影响系数。各专业人员必须用本厂汽轮机效率、锅炉效率、厂用电率的实际水平，选用适合本厂的供电煤耗率变化 1g/kWh 对锅炉效率的影响系数作为分析、计算的依据，以确保数据、结论的准确性。

第五节 供电煤耗率的定量分析

火力发电厂全厂供电煤耗率的定量分析，首先要分清供电煤耗率水平变化的主、客观因素，即查清、分明各机组供电煤耗率水平、厂用电率水平，各机组发电量权数变化，储煤场盘煤盈、亏煤量对全厂供电煤耗率水平的影响等。

一、机组供电煤耗率的直接影响因素

（1）机组的发电煤耗率。

（2）机组的厂用电率。

（3）机组的供电量。

（4）储煤场的盈、亏煤量。

二、发电厂全厂供电煤耗率的直接影响因素

（1）全厂各台机组的供电煤耗率水平。

（2）各台机组的供电量权数。

（3）全厂厂用电率。

（4）全厂供出电量。

（5）储煤场的盈、亏煤量。

三、发电煤耗率变化对供电煤耗率的影响分析、计算

发电煤耗率的变化是指，发电煤耗率水平受发电设备、系统经济性能变化的影响，致使发电煤耗率升高或降低。分析、计算时是假定在厂用电率为定值的情况下，发电煤耗率变化1g/kWh对供电煤耗率影响的大小。

（一）发电煤耗率变化对供电煤耗率的影响

（1）发电煤耗率变化1g/kWh对供电煤耗率的影响值的大小仅与厂用电率水平有关。

（2）发电煤耗率变化1g/kWh对供电煤耗的影响与发电煤耗率水平的高低无关。如：发电煤耗为400g/kWh和340g/kWh，发电煤耗率升高1g/kWh后，在厂用电率为5.0%不变的情况下，供电煤耗率的升高值均为1.053g/kWh；而当厂用电率为10.0%时，供电煤耗率的升高值均为1.111g/kWh，也相同。

（二）发电煤耗率变化对供电煤耗率的影响的计算公式

$$\Delta b_{gd}^{bh} = \frac{\Delta b_{fd}}{1 - L_{cy}} \tag{1-29}$$

式中 Δb_{gd}^{bh}——发电煤耗率变化后的供电煤耗率，g/kWh；

Δb_{fd}——发电煤耗率的变化值，g/kWh。

四、厂用电率变化对供电煤耗率的影响系数

厂用电率变化对供电煤耗率的影响系数是指厂用电率变化1%（百分点）对供电煤耗率的影响值。

（一）厂用电率变化对供电煤耗率的影响系数的计算公式一

$$b_{cy}^{gx} = \frac{b_{fd} \times \left(\frac{1}{1 - L_{cy}^{ed}} - \frac{1}{1 - L_{cy}^{bh}} \right)}{\Delta L_{cy}^{bh}} \tag{1-30}$$

$$\Delta L_{cy}^{bh} = | L_{cy}^{ed} - L_{cy}^{bh} | \tag{1-31}$$

式中 b_{cy}^{gx}——厂用电率变化对供电煤耗率的影响系数；

L_{cy}^{ed}——厂用电率额定值，%；

L_{cy}^{bh}——分析用拟厂用电率变化后的值，%；

ΔL_{cy}^{bh}——厂用电率变化值，%；

$| L_{cy}^{ed} - L_{cy}^{bh} |$——取绝对值。

（二）厂用电率变化对供电煤耗率的影响系数的计算公式二

$$\Delta b_{cy}^{gx} = \frac{b_{gd}^{ed} - b_{cy}^{bh}}{\Delta L_{cy}^{bh}} \tag{1-32}$$

式中 b_{gd}^{ed}——额定厂用电率下的供电煤耗率，g/kWh；

b_{cy}^{bh}——分析用拟厂用电率变化后的供电煤耗率，g/kWh。

（三）厂用电率变化对供电煤耗率的影响值的计算

$$\Delta b_{cy}^{gy} = b_{cy}^{gx} \times \Delta L_{cy}^{bh} \quad (1-33)$$

式中　Δb_{cy}^{gy}——厂用电率变化对供电煤耗率的影响值，g/kWh；

ΔL_{cy}^{bh}——厂用电率变化值,%。

（四）厂用电率变化1%对供电煤耗率的影响系数的计算

为方便各方面专业人员的日常指标分析工作，达到普及分析计算方法，提高工作效率，及时挖掘设备节能潜力，努力提高企业效益的目的，特计算厂用电率变化1%对供电煤耗率的影响系数。

厂用电率变化1%对供电煤耗率的影响系数是指，厂用电率变化1个百分点的绝对值后，供电煤耗率发生的相应变化后的数值，可用（Δb_{gd}^{bh}g/kWh）/（ΔL_{cy}^{bh}1%）表示。

厂用电率变化1%对供电煤耗率的影响值，可以用关系曲线和数表两种形式表示。

1. 编制厂用电率变化1%对供电煤耗率影响的数值表

厂用电率变化1%对供电煤耗率影响系数表的编制程序如下：

（1）确定发电煤耗率适用范围：计算选用300~400g/kWh。

（2）确定厂用电率适用范围：计算选用5.0%~11.0%。

（3）厂用电率变化1%对供电煤耗率的影响值的计算方法有两种：一是用上述计算方法直接计算；二是用发电煤耗率、厂用电率先计算供电煤耗率，然后再计算厂用电率变化1%对供电煤耗率的影响值。

（4）本次计算是用发电煤耗率、厂用电率先计算供电煤耗率，然后再计算厂用电率变化1%对供电煤耗率的影响值。用发电煤耗率、厂用电率计算供电煤耗率的公式为

$$b_{gd}^{bh} = \frac{b_{fd}}{1 - L_{cy}} \quad (1-34)$$

（5）根据上述确定的条件，用式（1-34）中的计算公式计算各种给定参数下的供电煤耗率，并填入表1-29中。

表1-29　发电煤耗率一定，不同厂用电率时的供电煤耗率

序号	厂用电率（%）	发电煤耗率（g/kWh）					
		400	380	360	340	320	300
	A	B	C	D	E	F	G
1	5.0	421.05	400.00	378.95	357.89	336.84	315.79
2	6.0	425.53	404.26	382.98	361.70	340.43	319.15
3	7.0	430.11	406.60	387.10	365.59	344.09	322.58
4	8.0	434.78	413.04	391.30	369.57	347.83	329.09
5	9.0	439.56	417.58	395.60	373.63	351.65	329.67
6	10.0	444.44	422.22	400.00	377.78	355.56	333.33
7	11.0	449.44	426.97	404.49	382.02	359.55	337.08
8	12.0	454.55	431.8	409.09	386.36	363.64	340.91

表 1－29 使用说明：

a. 表 1－29 中第一列下面为第 1，2，…，8 行。

b. 表 1－29 中第二（A）列下面为厂用电率 5%，6%，…，12%。

c. 表 1－29 中第二列右边、第三大列发电煤耗率下的 B，C，…，G 各列下面的数值是各种参数组合的供电煤耗率。

d. 表 1－29 的使用：查发电煤耗率为 300g/kWh、厂用电率为 6.0% 时对应的供电煤耗率。从表 1－29 中 A 列第二行 6.0% 的厂用电率向右直至 G 列发电煤耗率。

（6）计算厂用电率变化 1% 对供电煤耗率的影响系数。根据表 1－29 中各种组合参数时的供电煤耗率，计算厂用电率变化 1% 对供电煤耗率的影响系数。计算公式如下

$$b_{cy}^{gx}=\frac{|2_h\cdot B_l-1_h\cdot B_l|}{|2_h\cdot A_l-1_h\cdot A_l|} \tag{1-35}$$

式中 1_h，2_h，……第一行，第二行，…；

A_l、B_l，……第 A_l列，第 B_l列，…；

$|2_h\cdot B_l-1_h\cdot B_l|$——取绝对值；

$|2_h\cdot A_l-1_h\cdot A_l|$——取绝对值。

例：发电煤耗率为 320g/kWh，厂用电率由 7.0% 降到 6.0%，厂用电率变化 1% 对供电煤耗率的影响系数为 3.66（Δb_{gd}^{bh}g/kWh）/（ΔL_{cy}^{bh}1%）。计算方法如下

$$b_{cy}^{gx}=\frac{3\cdot F-2\cdot F}{3\cdot A_h-2\cdot A_h}=\frac{344.09-340.43}{7.0-6.0}=3.66(\Delta b_{gd}^{bh}\text{g/kWh})/(\Delta L_{cy}^{bh}1\%)$$

（7）根据表 1－29 中各种参数组合计算的供电煤耗率，再用计算公式（1－35），计算出所有参数组合间的厂用电率变化 1% 对供电煤耗率的影响系数，结果见表 1－30。

表 1－30　发电煤耗率一定，不同厂用电率时，厂用电率变化 1% 对供电煤耗率的影响系数（Δb_{gd}^{bh}g/kWh）/（ΔL_{cy}^{bh}1%）

发电煤耗率（g/kWh）	厂用电率（%）						
	5.5	6.5	7.5	8.5	9.5	10.5	11.5
400	4.49	4.57	4.68	4.78	4.88	4.99	5.10
380	4.26	4.35	4.44	4.54	4.64	4.74	4.85
360	4.03	4.12	4.21	4.30	4.40	4.49	4.59
340	3.83	3.89	3.97	4.06	4.15	4.24	4.34
320	3.58	3.66	3.74	3.82	3.91	3.96	4.09
300	3.36	3.43	3.51	3.58	3.66	3.75	3.83

表 1－30 使用说明：

a. 表中第一列中数值为发电煤耗率，适用范围为 300～400g/kWh。

b. 表中第二大列第一行及第二行各列的厂用电率值，适用于其值的 ±0.5% 范围内。例如：厂用电率为 6.5% 时，此列下数值适用于 6% ＜厂用电率＜7%。

c. 表中第一列发电煤耗率数值的右边，第二大列第一行及第二行各列厂用电率数值的下面是发电煤耗率、厂用电率为某一定值时，厂用电率每变化 1% 对供电煤耗率的影响系

数。例如：发电煤耗率为340g/kWh，厂用电率为7.5%左右（即7% <厂用电率<8%）时，供电煤耗率的相应变化值为3.97g/kWh。即在上述条件下，厂用电率每变化0.252个百分点，供电煤耗率变化1g/kWh。

2. 绘制厂用电率变化1%对供电煤耗率的影响系数的关系曲线

由表1－30中数值可以绘制出厂用电率为5.5%、6.5%、7.5%、8.5%、9.5%、10.5%、11.5% 7条不同发电煤耗率时，厂用电率变化1%对供电煤耗率的影响系数的关系曲线，见图1－23。

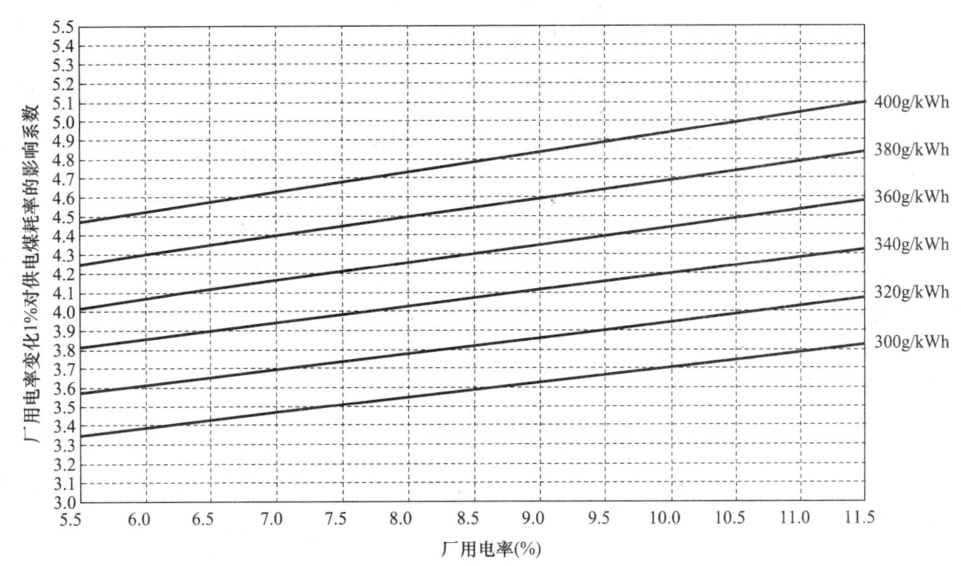

图1－23　发电煤耗率一定，不同厂用电率时，

厂用电率变化1%对供电煤耗率的影响系数的关系曲线（Δb_{gd}^{bh}g/kWh）/（ΔL_{cy}^{bh}1%）

图1－23使用说明：

a. 图例说明：横坐标为厂用电率，适用范围为5.0%～12.0%。

b. 纵坐标为厂用电率变化1%对供电煤耗率影响系数的变化值，供电煤耗率变化值为3～5g/kWh。

c. 图中不同原点、不同斜率的6条关系曲线分别表示发电煤耗率为300、320、340、360、380、400g/kWh时，发电煤耗率在厂用电率变化1%对供电煤耗率影响系数的关系曲线。

d. 从图1－23中可以查得不同发电煤耗率水平和厂用电率水平下，厂用电率每变化1%影响供电煤耗率的相应变化值。如发电煤耗率为360g/kWh，厂用电率为7.5%时，厂用电率变化1%影响供电煤耗率的相应变化值为4.21g/kWh。

（五）供电煤耗率变化1g/kWh对厂用电率的影响值的计算

供电煤耗率变化对厂用电率的影响系数，在经济指标理论关系上是不存在的，但在指标数理逻辑关系上是有的。它是指当发电煤耗率、厂用电率一定时，供电煤耗率每变化1g/kWh影响厂用电率的相应变化值。

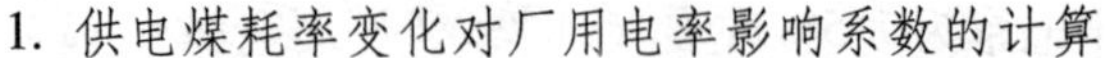

1. 供电煤耗率变化对厂用电率影响系数的计算

由前面叙述可知，厂用电率对供电煤耗率的影响系数是指厂用电率变化 1%，影响供电煤耗率变化（升高或降低）的克数，即表达为（Δb_{gd}^{bh}g/kWh)/(ΔL_{cy}^{bh}1%）。而供电煤耗率变化对厂用电率的影响系数，则是指供电煤耗率每变化 1g/kWh，影响厂用电率的相应变化值。因此，厂用电率变化 1% 对供电煤耗率的影响系数的倒数，即为供电煤耗率变化 1g/kWh 而引起的厂用电率的相应变化值，即可表达为（ΔL_{cy}^{bh}%）/(Δb_{gd}^{bh}1g/kWh)。

供电煤耗率变化 1g/kWh 对厂用电率的影响系数的计算公式为

$$\Delta b_{gd}^{cx} = \frac{1}{\Delta b_{cy}^{gx}} \tag{1-36}$$

式中 Δb_{gd}^{cx}——供电煤耗率变化 1g/kWh 对厂用电率的影响系数，(ΔL_{cy}^{bh}%）/(Δb_{gd}^{bh}1g/kWh)；

Δb_{cy}^{gx}——厂用电率变化 1% 对供电煤耗率的影响系数，(Δb_{gd}^{bh}g/kWh)/(ΔL_{cy}^{bh} 1%）。

2. 编制供电煤耗率变化 1g/kWh 对厂用电率影响系数的数值表

（1）选定厂用电率变化范围：计算选定的厂用电率变化范围为 5.0% ~12.0%。

（2）选定发电煤耗率变化范围：计算选定的发电煤耗率变化范围为 300 ~400g/kWh。

（3）计算供电煤耗率变化 1g/kWh 对厂用电率的影响系数的计算方法为：用厂用电率变化对供电煤耗率的影响系数反推，具体公式如下

$$\Delta L_{gd}^{cx} = \frac{1}{\Delta b_{cy}^{gx}} \tag{1-37}$$

（4）用式（1-37），根据表 1-30 中各种状态参数下厂用电率变化 1% 对供电煤耗率的影响系数，计算供电煤耗率变化 1g/kWh 对厂用电率的影响系数，并将计算结果填入表 1-31 中。

表 1-31　供电煤耗率变化 1g/kWh 对厂用电率的影响系数（ΔL_{cy}^{bh}%）/(Δb_{gd}^{bh}1g/kWh)

发电煤耗率 (g/kWh)	厂用电率 (%)						
	5.5	6.5	7.5	8.5	9.5	10.5	11.5
400	0.224 7	0.218 8	0.213 7	0.209 2	0.204 9	0.200 4	0.196 1
380	0.234 7	0.229 9	0.225 2	0.220 3	0.215 5	0.211 0	0.206 2
360	0.248 1	0.247 2	0.237 5	0.235 6	0.227 3	0.222 7	0.217 9
340	0.261 1	0.257 1	0.251 9	0.246 3	0.241 0	0.235 8	0.230 4
320	0.279 3	0.273 2	0.267 4	0.260 4	0.255 8	0.252 5	0.244 5
300	0.297 6	0.291 5	0.284 9	0.279 3	0.273 2	0.266 7	0.261 1

表 1-31 使用说明：

a. 表中第一列数值为发电煤耗率的变化幅度和范围，其适用范围为 300 ~400g/kWh。

b. 表中第二大列第一行和第二行中的各列数值为厂用电率，其适用范围为 5.0% ~12.0%，其每一列厂用电率值适用于 ±0.5% 的范围内。例如：厂用电率为 6.5% 时，此列下数值适用于 $6\% < L_{cy} < 7\%$。

c. 表中第一列发电煤耗率值300～400g/kWh 的右边，第二大列第一行和第二行各列厂用电率7.5%～11.5%的下面，为发电煤耗率、厂用电率为某一定值，供电煤耗率每变化1g/kWh 时，影响厂用电率的相应变化值，即供电煤耗率变化1g/kWh 对厂用电率的影响系数。在设定的条件下，发电煤耗变化1g/kWh，将引起厂用电率变化0.196 1%～0.297 6%（百分点）。例如：发电煤耗率为320g/kWh，厂用电率为5.5%左右（即5% $< L_{cy} <$ 6%）时，供电煤耗率每变化1g/kWh，影响厂用电率的相应变化值为0.297 6%，即在上述条件下，厂用电率每变化0.297 6%，约使供电煤耗率变化1g/kWh。

3. 绘制供电煤耗率变化1g/kWh 对厂用电率的影响系数的关系曲线

根据表1－31中供电煤耗率变化1g/kWh 对厂用电率的影响系数，可绘制出6条不同斜率、不同厂用电率时，供电煤耗率变化1g/kWh 对厂用电率的影响系数的关系曲线，见图1－24。

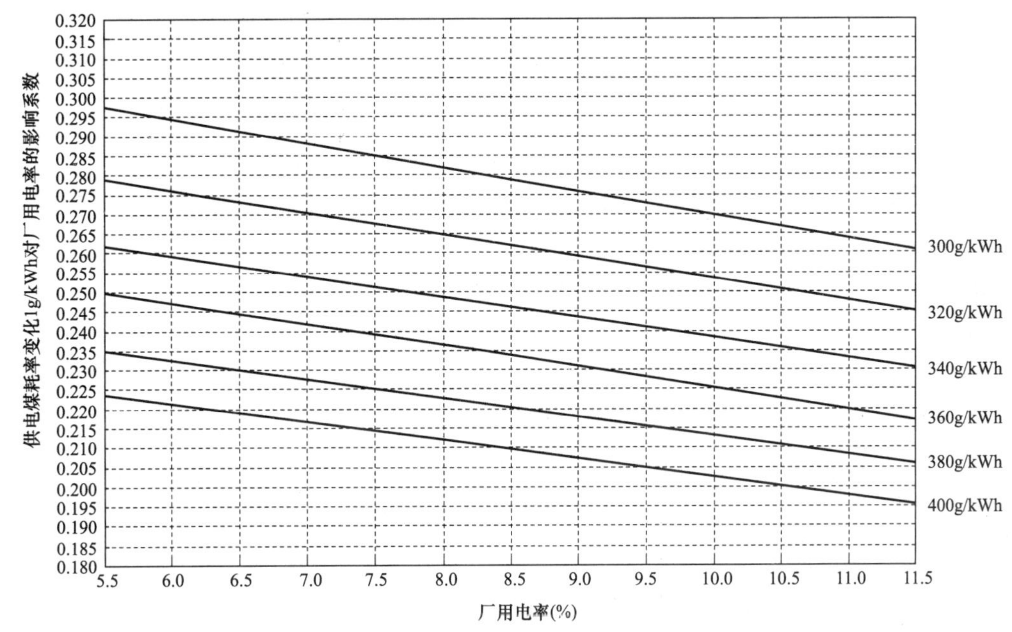

图1－24　发电煤耗率一定，不同厂用电率时，
供电煤耗率变化1g/kWh 对厂用电率影响系数的关系曲线（ΔL_{cy}^{bh}%）/（Δb_{gd}^{bh}1g/kWh）

图1－24使用说明：

a. 横坐标为厂用电率，取值范围为6.0%～12.0%。

b. 纵坐标为供电煤耗率变化1g/kWh 对厂用电率的影响系数，取值范围为0.10%～0.35%。

c. 由图1－24可知，发电煤耗率为360g/kWh，厂用电率为7.5%时，供电煤耗率变化1g/kWh 对厂用电率的影响系数为0.237 5%。

五、机组供电煤耗率变化对全厂供电煤耗率的影响

各机组供电煤耗率变化对全厂供电煤耗率的影响是指，被分析机组的供电煤耗率指标（本期）与选定作为比较基础（基期）的机组供电煤耗率进行分析比较。本期指标是指需要分析的当月、本季度、本年度的供电煤耗率指标；用作分析、比较的基础（基期）供电煤耗率指标，可以是同期值、计划值、设计值、历史水平值、先进水平值等。分析计算方法

是：用基期供电煤耗率乘以本期供电量权数后，即可得到基期供电煤耗率在本期供电量权数下的分析计算用全厂供电煤耗率，即在本期供电量权数不变的前提下，用各机组基期供电煤耗率求得发电厂分析计算用供电煤耗率。用本期的全厂供电煤耗率减去分析计算用全厂供电煤耗率后，即可得到本期机组供电煤耗率与基期机组供电煤耗率比较时对全厂供电煤耗率影响的总值。计算公式如下

$$\Delta b_{\text{mh}}^{\text{qc}} = (b_{1\text{g}}^{\text{bq}} \times m_{1\text{g}}^{\text{bq}} + b_{2\text{g}}^{\text{bq}} \times m_{2\text{g}}^{\text{bq}} + \cdots + b_{n\text{g}}^{\text{bq}} \times m_{n\text{g}}^{\text{bq}}) - (b_{1\text{g}}^{\text{jq}} \times m_{1\text{g}}^{\text{bq}} + b_{2\text{g}}^{\text{jq}} \times m_{2\text{g}}^{\text{bq}} + \cdots + b_{n\text{g}}^{\text{jq}} \times m_{n\text{g}}^{\text{bq}}) \tag{1-38}$$

即

$$\Delta b_{\text{mh}}^{\text{qc}} = \sum_{i=1}^{n} m_{i\text{g}}^{\text{bq}} (b_{i\text{g}}^{\text{bq}} - b_{i\text{g}}^{\text{jq}}) \tag{1-39}$$

式中 $\Delta b_{\text{mh}}^{\text{qc}}$——各机组本期供电煤耗率与基期比较时对厂供电煤耗率的影响总值，g/kWh；

$b_{1\text{g}}^{\text{bq}}$，$b_{2\text{g}}^{\text{bq}}$，…，$b_{n\text{g}}^{\text{bq}}$——1，2，…，$n$ 号机组本期供电煤耗率，g/kWh；

$m_{1\text{g}}^{\text{bq}}$ （$b_{1\text{g}}^{\text{bq}} - b_{1\text{g}}^{\text{jq}}$）——1 号机组供电煤耗率本期与基期比较时对厂供电煤耗率的影响值，g/kWh；

$m_{n\text{g}}^{\text{bq}}$ （$b_{n\text{g}}^{\text{bq}} - b_{n\text{g}}^{\text{jq}}$）——$n$ 号机组供电煤耗率本期与基期比较时对厂供电煤耗率的影响值，g/kWh；

$m_{i\text{g}}^{\text{bq}}$——机组本期供电量权数；

$m_{i\text{g}}^{\text{bq}}$ （$b_{i\text{g}}^{\text{bq}} - b_{i\text{g}}^{\text{jq}}$）——各机组供电煤耗率本期与基期比较时对厂供电煤耗率的影响值，i = 1，2，…，n，g/kWh。

六、机组供电量权数变化对全厂供电煤耗率影响的计算

机组供电量权数变化对全厂供电煤耗率的影响指被分析比较的机组供电量权数（本期）的变化对全厂供电煤耗率的影响。首先要选定一个分析比较对应的基础（基期）值，如同期值、计划值、设计值、历史水平值、先进水平值等。分析计算的方法是：用选定的基期机组供电煤耗率乘以本期机组供电量权数的方法，即可求得机组基期供电煤耗率在本期机组供电量权数下加权平均的分析计算用全厂供电煤耗率，用此厂供电煤耗率减去基期全厂供电煤耗率，即可得到各机组本期供电量权数变化对厂供电煤耗率的影响值。计算公式如下

$$\Delta b_{\text{qs}}^{\text{qc}} = (b_{1\text{g}}^{\text{jq}} \times m_{1\text{g}}^{\text{bq}} + b_{2\text{g}}^{\text{jq}} \times m_{2\text{g}}^{\text{bq}} + \cdots + b_{n\text{g}}^{\text{jq}} \times m_{n\text{g}}^{\text{bq}}) - (b_{1\text{g}}^{\text{jq}} \times m_{1\text{g}}^{\text{jq}} + b_{2\text{g}}^{\text{jq}} \times m_{2\text{g}}^{\text{jq}} + \cdots + b_{n\text{g}}^{\text{jq}} \times m_{n\text{g}}^{\text{jq}}) \tag{1-40}$$

即

$$\Delta b_{\text{qs}}^{\text{qc}} = \sum_{i=1}^{n} b_{i\text{g}}^{\text{jq}} (m_{i\text{g}}^{\text{bq}} - m_{i\text{g}}^{\text{jq}}) \tag{1-41}$$

式中 $\Delta b_{\text{qs}}^{\text{qc}}$——各机组本期供电量权数与基期供电量权数比较时对厂供电煤耗率影响的总值，g/kWh；

$b_{1\text{g}}^{\text{jq}}$，$b_{2\text{g}}^{\text{jq}}$，…，$b_{n\text{g}}^{\text{jq}}$——1，2，…，$n$ 号机组基期供电煤耗率，g/kWh；

$m_{1\text{g}}^{\text{jq}}$，$m_{2\text{g}}^{\text{jq}}$，…，$m_{n\text{g}}^{\text{jq}}$——1，2，…，$n$ 号机组基期供电量权数；

$m_{1\text{g}}^{\text{bq}}$，$m_{2\text{g}}^{\text{bq}}$，…，$m_{n\text{g}}^{\text{bq}}$——1，2，…，$n$ 号机组本期供电量权数；

$b_{i\text{g}}^{\text{jq}}$——各机组基期供电煤耗率，g/kWh；

$m_{i\text{g}}^{\text{bq}}$——各机组本期供电量权数；

m_{ig}^{jq}——各机组基期供电量权数。

七、全厂供电煤耗率分析的要求

火力发电厂全厂供电煤耗率的定量分析，主要是要通过供电量权数构成比例、供电煤耗率水平变化分析、计算下列因素对供电煤耗率的影响值：

（1）机组供电量权数构成比例与对比期（基期）比较时，供电量权数变化后对全厂供电煤耗率的影响值。

（2）各机组本期供电煤耗率水平与对比期（基期）比较时，供电煤耗率水平变化后对全厂供电煤耗率的影响值的和。

（3）各机组本期供电煤耗率水平与对比期（基期）比较时，各机组供电煤耗率的变化值和各自对全厂供电煤耗率的影响值。

（4）储煤场盘煤后，盈、亏调整煤量对供电煤耗率的影响值。

八、各单元机组供电煤耗率水平、供电量权数变化对全厂供电煤耗率的影响分析及计算

由前述机组供电煤耗率变化对全厂供电煤耗率的影响分析、计算公式：$\Delta b_{mh}^{qc} = \sum_{i=1}^{n} m_{ig}^{bq}(b_{ig}^{bq} - b_{ig}^{jq})$ 和机组供电量权数变化对全厂供电煤耗率影响的分析、计算公式：$\Delta b_{qs}^{qc} = \sum_{i=1}^{n} b_{ig}^{jq}(m_{ig}^{bq} - m_{ig}^{jq})$ 的原理编排出各单元机组供电煤耗率水平、机组供电量权数变化对全厂供电煤耗率的影响计算表，详见表 1－32。

表 1－32 计算结果说明：

（1）基期、本期供电量及栏［2］、［4］、［5］、［6］、［7］、［8］、［10］中的全厂数值（指标）等于分机数值之和，而栏［1］、［3］、［9］中的全厂指标、数值均不等于分机指标数值之和。但栏［6］全厂≠栏［1］×栏［4］，而等于各分机之和。

（2）栏［1］中的全厂基期供电煤耗率等于基期分机供电煤耗率与基期供电量权数的乘积之和。

（3）栏［3］中的全厂本期供电煤耗率等于本期分机供电煤耗率与本期供电量权数的乘积之和。

（4）栏［6］为供电量权数变化后的分析、计算用全厂供电煤耗率，等于分机数值之和，但不等于栏［1］中的全厂供电煤耗率与栏［4］中的全厂数值的积。

（5）栏［9］中的分析、计算用全厂供电煤耗率变化值等于栏［3］中的全厂供电煤耗率减去栏［1］中的全厂供电煤耗率，但不等于分机供电煤耗率变化值之和。

（6）栏［10］中的全厂机组供电煤耗率的变化值等于栏［7］中的全厂供电煤耗率减去栏［6］中的分析、计算用全厂供电煤耗率，但不等于分机供电煤耗率变化值的和。

（7）栏［9］中的全厂数值为各机组本期供电量权数、供电煤耗率与基期比较时对全厂供电煤耗率影响值的总值。栏［9］中全厂数值＝栏［8］中全厂数值＋栏［10］中全厂数值。其他 1～n 号机的各机数值，是各机组本期供电煤耗率与基期比较期时的变化（差）值。

（8）栏［8］中全厂数值为本期各机组供电量权数与基期比较时对全厂供电煤耗率影响的总值。其他 1～n 号机的各机数值，是计算过程数值，不是该机组供电量权数变化对全厂供电煤耗的影响值。

表 1－32　各单元机组供电煤耗率水平、机组供电量权数变化对全厂供电煤耗率的影响计算表

单元机组	供电量（万 kWh）		基期		本期		乘积			供电煤耗率变化值（g/kWh）		
	基期	本期	供电煤耗率	供电量权数	供电煤耗率	供电量权数	基期供电煤耗×基期供电量权数	基期供电煤耗×本期供电量权数	本期供电煤耗×本期供电量权数	供电量权数变化影响全厂供电煤耗率的变化值	机组分析比较期间供电煤耗率的变化值	机组供电煤耗率变化对全厂煤耗率的影响值
			[1]	[2]	[3]	[4]	[5]＝[1]×[2]	[6]＝[1]×[4]	[7]＝[3]×[4]	[8]＝[6]－[5]	[9]＝[3]－[1]	[10]＝[7]－[6]
全厂												
1												
2												
3												
⋮												
⋮												
n												

（9）栏［10］中全厂数值为各机组本期供电煤耗率与基期比较时对全厂供电煤耗率影响的总值。其他 1 ~ n 号机的各机数值，是各机组本期供电煤耗率与基期比较时，各自对全厂供电煤耗的影响值。

（10）栏［9］中全厂数值 = 发电煤耗变化值（应换算到供电煤耗值）+ 厂用电率变化对供电煤耗的影响值。分析计算差值应在某一差值范围内，差值过大时应查明原因。

（11）分析、比较期（基期、本期）遇有无数值（新投产、拆除、检修、停备）时，权数填“0”，指标填该期平均值。

（12）栏［2］、［4］中权数全厂数值必须等于 1（下同）。各机供电量权数之和不为 1 时，要视实际情况人为地将某一机组供电量权数按数值尾数大小采取强进、强舍，否则会造成机组供电煤耗率与厂供电煤耗率之间的分析误差。

九、两机组间供电量权数变化对厂供电煤耗率影响的分析、计算

为方便专业管理人员、运行人员及检修人员开展经常性分析工作中的估计性计算，达到普及分析计算方法，提高工作效率，及时挖掘设备节能潜力，努力提高企业效益的目的，特计算两机组间供电量权数变化对厂供电煤耗率的影响系数。

两机组间供电量权数变化对厂供电煤耗率的影响，是指 m、n 任意两台机组间供电量权数变化对厂供电煤耗率的影响。一个发电厂任意两台（单元）及以上机组之间的供电煤耗水平存在一定差异，它们之间的发电量（权数）因设备计划检修、设备故障检修、机组带负荷程度等原因而异。机组煤耗水平对全厂煤耗水平的影响分析极为必要，为了达到普及分析计算方法，提高工作效率的目的，可先计算出两机组间供电量权数变化对厂供电煤耗率的影响值。

（一）两机组间供电量权数变化对全厂供电煤耗率影响的计算公式

$$\delta b_{qs}^{bh} = (b_{mg} - b_{ng}) \times \Delta QS_{lj}^{bh} \tag{1-42}$$

$$= \Delta b_{mn}^{mh} \times \Delta QS_{lj}^{bh} \tag{1-43}$$

式中　δb_{qs}^{bh}——两机组间供电量权数变化对供电煤耗率的影响值，g/kWh；

b_{mg}、b_{ng}——拟分析比较的 m、n 两机组的供电煤耗率，g/kWh；

ΔQS_{lj}^{bh}——拟分析比较的 m、n 两机组供电量权数变化值；

Δb_{mn}^{mh}——拟分析比较的 m、n 两机组煤耗率的差值，g/kWh。

（二）两机组间供电量权数变化 1% 对全厂供电煤耗率影响值的分析、计算

两机组间供电量权数变化 1%（绝对值，下同）对全厂供电煤耗率的影响，是指 m、n 任意两台机组间供电量权数变化 1% 对全厂供电煤耗率的影响。计算公式如下

$$\delta b_{qs}^{1\%} = 0.01 \times \Delta b_{mn}^{mh} \tag{1-44}$$

式中　$\delta b_{qs}^{1\%}$——两机组间供电量权数变化 1% 对全厂供电煤耗率的影响值，g/kWh。

（三）机组间供电量权数变化 1% 对全厂供电煤耗率的影响数值表

机组间供电量权数变化 1% 对全厂供电煤耗率影响数值表的编制程序如下：

1. 确定各单元机组设计参数额定负荷下的供电煤耗率

为了说明问题，根据需要，本次计算选用了一个典型、假定的由 3 台单元机组组成的电厂。其中，机组供电煤耗率和机组间供电量权数见表 1－33。

表 1-33　　机组供电煤耗率和机组间供电量权数

项　目	一单元	二单元	三单元
单元机组设备容量（MW）	100	200	300
单元机组供电煤耗率（g/kWh）	402	375	330
单元机组供电量权数	0.23	0.42	0.35

2. 计算机组间供电量权数变化 1% 对全厂供电煤耗率的影响值

根据上述机组间供电量权数变化 1% 对全厂供电煤耗率影响的计算公式（$\delta b_{qs}^{1\%}=0.01\times\Delta b_{mn}^{mh}$），计算任意两台机组间供电量权数变化 1% 对全厂供电煤耗率影响的数值，结果见表 1-34。

表 1-34　　机组间供电量权数变化 1% 对全厂供电煤耗率的影响值　　g/kWh

机组	一单元	二单元	三单元
一单元	—	0.27	0.72
二单元	0.27	—	0.45
三单元	0.72	0.45	—

从表 1-34 中可看出：

（1）供电煤耗率高的一单元机组供电量权数减少 1%（百分点，下同），而供电煤耗率较低的二单元机组供电量权数增加 1%，使全厂的供电煤耗率下降 0.27g/kWh。

（2）供电煤耗率高的一单元机组供电量权数减少 1%，而供电煤耗率低的三单元机组供电量权数增加 1%，使全厂的供电煤耗率下降 0.72g/kWh。

（3）供电煤耗率低的三单元机组供电量权数减少 1%，而供电煤耗率高的二单元机组供电量权数增加 1%，使发电厂的供电煤耗率升高 0.45g/kWh。

十、机组供电煤耗率的变化对全厂供电煤耗率影响的分析、计算

各机组供电煤耗率的变化对全厂供电煤耗率的影响，是指某机组本期供电煤耗率与基期供电煤耗率比较时对全厂供电煤耗率的影响值。

（一）机组供电煤耗率变化对全厂供电煤耗率影响的计算公式

$$\delta b_{mh}^{bh}=(b_{ig}^{bq}-b_{ig}^{jq})\times m_{ig}^{bq}$$
$$=\Delta b_{ig}^{bh}\times m_{ig}^{bq} \quad (1-45)$$

式中　δb_{mb}^{bh}——某机组本期供电煤耗率与基期供电煤耗率比较时对全厂供电煤耗率的影响值，g/kWh；

Δb_{ig}^{bh}——某机组本期供电煤耗率与基期供电煤耗率的差值，g/kWh。

（二）机组供电煤耗率变化 1g/kWh 对厂供电煤耗率影响的分析、计算

机组供电煤耗率变化 1g/kWh 对厂供电煤耗率影响，是指某一机组本期供电煤耗率与基期供电煤耗率比较时，变化 1g/kWh 对全厂供电煤耗率的影响值。计算公式如下

$$\delta b_{mh}^{1g}=1\times m_{ig}^{bq}=m_{ig}^{bq} \quad (1-46)$$

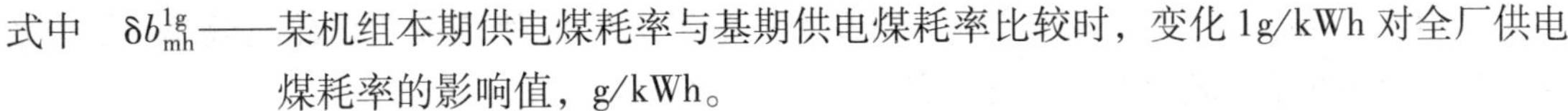

式中　δb_{mh}^{1g}——某机组本期供电煤耗率与基期供电煤耗率比较时，变化 1g/kWh 对全厂供电煤耗率的影响值，g/kWh。

（三）机组供电煤耗率变化 1g/kWh 对厂供电煤耗率影响数值表的编制

根据上述各单元机组供电煤耗率、单元机组供电权数，用机组供电煤耗率变化 1g/kWh 对全厂供电煤耗率的影响计算公式（$\delta b_{mh}^{1g} = m_{ig}^{bq}$）可计算出各单元机组供电煤耗率变化 1g/kWh 对全厂供电煤耗率的影响值（见表 1－35）。

表 1－35　单元机组供电煤耗率变化 1g/kWh 对全厂供电煤耗率的影响值　g/kWh

单元机组供电煤耗率变化	一单元	二单元	三单元
影响全厂供电煤耗率相应变化值	0.23	0.42	0.35

十一、单元机组供电量权数、供电煤耗率变化对全厂供电煤耗率影响的计算

各单元机组供电量权数、供电煤耗率变化对全厂供电煤耗率的影响，是指本期各单元机组供电量权数、供电煤耗率与基期各单元机组供电量权数、供电煤耗率比较时对全厂供电煤耗率的影响值。根据各机组供电量权数变化对全厂供电煤耗率影响的计算公式和各机组供电煤耗率变化对全厂供电煤耗率影响的计算公式可得：单元机组供电量权数、供电煤耗率变化对全厂供电煤耗率影响的计算公式如下

$$\begin{aligned}\Delta b_{qm}^{qc} &= \Delta b_{qs}^{qc} + \Delta b_{mh}^{qc} \\ &= b_{cg}^{bq} - b_{cg}^{jq}\end{aligned} \tag{1－47}$$

式中　Δb_{qm}^{qc}——比较期间单元机组供电量权数、供电煤耗率变化对全厂供电煤耗率影响的总值，g/kWh；

b_{cg}^{bq}——本期全厂供电煤耗率，g/kWh；

b_{cg}^{jq}——基期全厂供电煤耗率，g/kWh。

十二、供电煤耗率的定量综合平衡分析

（1）机组供电量权数构成比例与对比（基期）期比较时，供电量权数变化后对全厂供电煤耗率的影响值。

（2）各机组供电煤耗率水平与对比（基期）期比较时，供电煤耗率水平变化后对全厂供电煤耗率的影响值。

（3）各机组供电煤耗率水平与对比（基期）期比较时，各机组供电煤耗率的变化值和各自对全厂供电煤耗率的影响值。

（4）查明汽轮机综合效率与对比（基期）期比较时，对全厂供电煤耗率的影响值。

（5）查明锅炉综合效率，与对比（基期）期比较时，对全厂供电煤耗率的影响值。

（6）关于管道效率对供电煤耗率的影响，现实计算中已计入供电煤耗率。但由于管道效率的影响因素很多，其中包括诸多不确定因素，且机组运行中的各项损失很难测定，更难以进行定量计算，因此，在日常供电煤耗率计算中只能默认其存在的客观性。机组设备、系统正常运行过程中，管道效率基本是一个定值，只有当高温设备、系统保温发生较大损坏时，管道效率才有变化。因此，管道效率变化对供电煤耗率的影响分析，另作专题分析。

1）管道效率正常运行值：视汽包炉、直流炉的补水率不同，火电厂的广义管道效率一

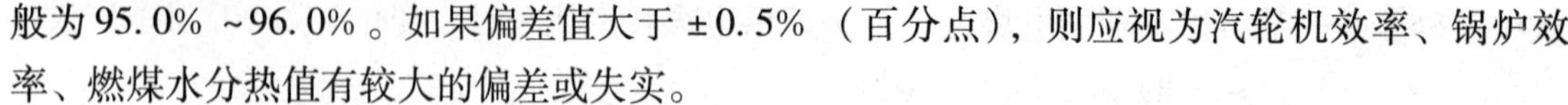

般为95.0% ~96.0%。如果偏差值大于±0.5%（百分点），则应视为汽轮机效率、锅炉效率、燃煤水分热值有较大的偏差或失实。

2）广义管道效率反平衡计算方法

$$\eta_{gd}=\frac{0.12286}{b_{fd}\times\eta_{qj}\times\eta_{gl}} \tag{1-48}$$

式中 η_{gd}——广义管道效率,%；

0.122 86——电的热当量与标准煤热量的折算系数；

b_{fd}——发电煤耗率，g/kWh；

η_{qj}——汽轮发电机绝对电效率,%；

η_{gl}——锅炉效率,%。

（7）查明全厂供电煤耗率与对比期（基期）比较时，各项影响因素的影响值偏差是否符合正常规律。

发电厂锅炉综合（全厂，下同）效率、汽轮机综合效率等变化对全厂发电煤耗率影响的分析计算，是要查明全厂供电煤耗率升高、降低的原因，同时计算出汽轮机综合效率，锅炉综合效率，同期储煤场盘点煤的盈、亏煤调整等对全厂供电煤耗率影响的具体数值。按行业现行发电煤耗率计算办法规定的要求，考核期应以储煤场盘点煤的结果（盈、亏）进行调整，当储煤场盈、亏煤量对发电煤耗率的影响过大时，应进行专题分析。分析计算方法见表1－36。

表1－36　汽轮机效率、锅炉效率等对发电煤耗影响的综合分析计算表

指标	单位	本期	基期	比较	对煤耗率的影响值（g/kWh）	
					发电	供电
		[1]	[2]	[3]	[4] $=\frac{[3]}{系数}$	[5] $=\frac{[4]}{1-厂用电率}$
发电煤耗率	g/kWh					
汽轮机效率	%					
锅炉效率	%					
盘煤调整值	g/kWh					

表1－36使用说明：

（1）表栏［4］中的发电煤耗率变化值约等于汽轮机效率变化值、锅炉效率变化值、储煤场盘点煤的调整等对发电煤耗的影响值之和。每次分析数据的差值应稳定在某一数值上下。如分析数据差值突然增大，则应进一步查明主蒸汽流量、汽轮机效率、锅炉效率、储煤场盘点煤调整值的准确性。

（2）表中供电煤耗率的影响值，由栏［4］中的发电煤耗率，以及汽轮机效率变化值、锅炉效率变化值、煤场盘点煤的调整等对发电煤耗率的影响值，用栏［5］中的计算公式求得。供电煤耗率的影响值换算时采用的厂用电率应为基期厂用电率。

（3）按行业现行发电煤耗率计算办法规定中“以煤场盘煤调整后的煤耗数据上报及考核”的要求，考核期应以储煤场盘点煤结果（盈、亏）进行调整，当出现煤场盈、亏煤量对发电煤耗率的影响过大时，应进行专题分析。

第六节　单元机组的空载供电煤耗率

供电负荷是指单元机组的发电负荷（发电量）除以扣除发电辅机设备的用电负荷，即用电量（衡量发电辅机设备用电量的指标为厂用电率）后，向电网供出的电负荷。

供电负荷对供电煤耗率的影响，其实质就是机组空载用能——空载煤耗率对机组运行煤耗率水平的影响，也即是机组负荷率对煤耗率的影响。

一、供电煤耗率的构成

单元机组的供电煤耗率由空载煤耗率和等微增煤耗率（简称微增煤耗率，下同）两部分组成，用公式表达为

$$b_{gd} = b_{wz}^{gd} + b_{kz}^{gd} \qquad (1-49)$$

式中　b_{gd}——汽轮发电机组的供电煤耗率，g/kWh；

b_{wz}^{gd}——汽轮发电机组的供电微增煤耗率，g/kWh；

b_{kz}^{gd}——汽轮发电机组的供电空载煤耗率，g/kWh。

二、供电微增煤耗率的计算

就汽轮发电机组而言，供电微增煤耗率是指汽轮发电机组在3000r/min空载运行时，每增加1kWh的电量所耗用的标准煤量，单位用g/kWh、kg/kWh表示。计算公式如下

$$b_{wz}^{gd} = \frac{B_{wz}}{P_{gd}^{sj}} \qquad (1-50)$$

式中　b_{wz}^{gd}——机组自“零”负荷，增长供电负荷所耗用的标准煤量，kg；

P_{gd}^{sj}——汽轮发电机组运行时的（随机负荷）供电负荷（供电量），kWh。

三、空载供电煤耗率的计算

就汽轮发电机组而言，空载供电煤耗率是指汽轮发电机组维持在3000r/min空载运行时耗用的能量折算为标准煤量，机组在不同负荷下占机组供电煤耗率的数值。

汽轮发电机组的空载供电煤耗率，在日常计算、统计时已包含在供电煤耗率内。具体来说，是包含在汽轮发电机绝对电效率和发电煤耗率内。供电煤耗率是衡量火电单元机组运行经济性的总指标。空载供电煤耗率的计算主要有以下作用：

（1）机组计算出了空载供电煤耗率，便可简单、快捷地分析计算出机组在任意负荷下的设计供电煤耗率水平。

（2）机组的空载供电煤耗率，可以用来分析随机统计供电煤耗率的水平是否达到设计供电煤耗率水平，或机组的运行供电煤耗率水平是否偏离设计值，且偏离设计值多少。

（一）空载供电煤耗率的影响因素

（1）机组空载用能（标准煤）量（单元机组的经济性能，特别是汽轮机通流部分间隙磨损增大）。

（2）厂用电率水平。

（二）空载供电煤耗率的计算

空载供电煤耗率的计算是先计算出机组空载用能或发电空载煤耗率，然后再按不同的厂用电率水平计算出空载供电煤耗率。本节只给出发电空载煤耗率的简易计算公式。关于发电

空载煤耗率的计算方法、条件、计算公式等详细情况详见第二章第七节的相关内容。

1. 空载发电煤耗率的简易计算公式

$$b_{kz}^{fd}=\frac{B_{kz}}{P_{fd}} \tag{1-51}$$

式中 b_{kz}^{fd}——空载发电煤耗率，kg/kWh 或 g/kWh；

B_{kz}——空载用标准煤量，kg/h；

P_{fd}——随机发电负荷，kWh。

2. 空载供电煤耗率的计算

空载供电煤耗率的计算方法有两种：一是用单元机组空载发电煤耗率及机组相应的厂用电率，计算机组空载供电煤耗率；二是用单元机组空载用能（标准煤）量及机组随机供电负荷，直接计算机组空载供电煤耗率。

（1）用单元机组空载煤耗率、机组相应的厂用电率计算机组空载供电煤耗率的计算公式如下

$$b_{kz}^{gd}=\frac{b_{kz}^{fd}}{1-L_{cy}} \tag{1-52}$$

式中 b_{kz}^{gd}——单元机组空载供电煤耗率，kg/kWh 或 g/kWh；

b_{kz}^{fd}——单元机组空载发电煤耗率，kg/kWh 或 g/kWh；

L_{cy}——单元机组厂用电率，%。

（2）用机组空载用能（标准煤）量、机组随机供电负荷计算机组空载供电煤耗率的计算公式如下

$$b_{kz}^{gd}=\frac{B_{kz}}{P_{gd}} \tag{1-53}$$

式中 B_{kz}——单元机组空载用标准煤量，kg/h；

P_{gd}——随机供电量，kWh。

（三）根据机组设计热力特性求解空载供电煤耗率的计算程序

关于机组空载用能（标准煤）量的计算程序，本书不作详述。为方便使用，本书只给出用机组设计热力特性计算空载供电煤耗率的简易计算表，见表 1－37。详细情况见第二章。

表 1－37　　空载供电煤耗率计算表

序号	指　标	单　位	计算公式	计算数值		
				[1]	……	[5]
1	负荷率	%	—	100	……	30
2	发电负荷	MW				
3	主蒸汽流量	t/h				
4	耗汽率	kg/kWh	$\frac{\text{主蒸汽流量}}{\text{发电负荷}}$			
5	主蒸汽压力	MPa				
6	主蒸汽温度	℃				

续表

序号	指　　标	单　位	计算公式	计算数值		
				[1]	……	[5]
7	主蒸汽焓	kJ/kg				
8	机侧给水温度	℃				
9	机侧给水焓	kJ/kg				
10	高压缸排汽压力	MPa				
11	高压缸排汽温度	℃				
12	高压缸排汽焓	kJ/kg				
13	再热蒸汽流量	t/h				
14	再热蒸汽压力	MPa				
15	再热蒸汽温度	℃				
16	再热蒸汽焓	kJ/kg				
17	减温水量	t/h				
18	减温水温度	℃				
19	减温水焓	kJ/kg				
20	补水温度	℃				
21	补水焓	kJ/kg				
22	汽轮机热耗率	kJ/kWh				
23	供电负荷	kWh				
24	空载用标准煤量	g、t				
25	空载供电煤耗率一	g/kWh	$\frac{\text{空载用标准煤量}}{\text{供电负荷}}$			
26	空载发电煤耗率	g/kWh	$\frac{\text{空载用标准煤量}}{\text{发电负荷}}$			
27	机组随机厂用电率	%				
28	空载供电煤耗率二	g/kWh	$\frac{\text{空载发电煤耗率}}{1-\text{机组随机厂用电率}}$			

（四）机组随机供电负荷与空载供电煤耗率关系表的编制

机组随机供电负荷与空载供电煤耗率速见表，可根据表 1 – 37 中的空载用标准煤量和随机供电负荷、随机厂用电率计算得出。计算公式为

$$b_{kz}^{gd}=\frac{B_{kz}}{P_{gd}}$$

或

$$b_{kz}^{gd}=\frac{b_{kz}^{fd}}{1-L_{cy}}$$

速见表中只可查到各计算点的相应空载供电煤耗率，当需要精确到间隔 10% 以内的其他负荷下相应的空载供电煤耗率值时，就必须用内插法计算。某 600MW 汽轮发电机组空载供电煤耗率与供电负荷率的关系见表 1 – 38。

表 1-38　某 600MW 汽轮发电机组空载供电煤耗率与发电负荷率的关系

项　目	参　数　值							
汽轮发电机组发电负荷率（%）	100	90	80	70	60	50	40	30
汽轮发电机组发电负荷（MW）	600	540	480	420	360	300	240	180
汽轮发电机组空载发电煤耗率（g/kWh）	15.6	17.3	19.5	22.3	26.0	31.2	39.0	52.0
汽轮发电机组空载供电煤耗率（g/kWh）	16.4	18.2	20.5	23.7	27.4	32.8	41.1	54.7

表 1-38 使用说明：

a. 表 1-38 中的汽轮发电机组空载供电煤耗率，计算时选用的厂用电率为 5%。

b. 表 1-38 中参数为某 600MW 机组空载供电煤耗率与发电负荷率的关系数据，仅适用于该机组，不适用于其他机组。有关数据表明：同类型、同容量机组在 70% 发电负荷时，机组空载发电煤耗率相差 3.2g/kWh 左右。因此，不可借用表中数据，否则会影响供电煤耗率指标分析的正确性和准确性。

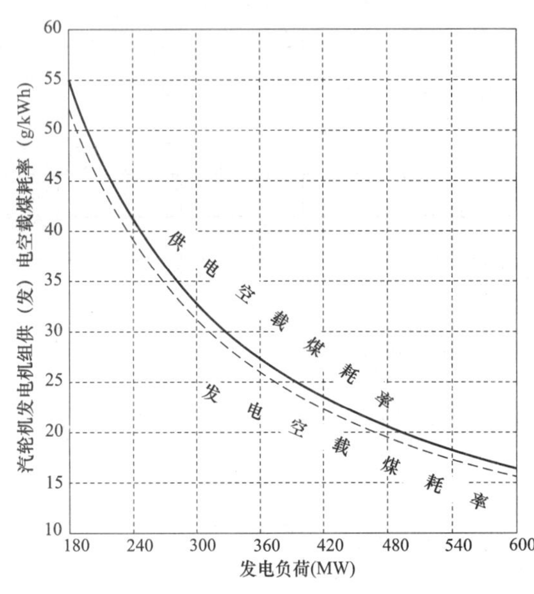

图 1-25　单元机组不同负荷下，发电负荷与供（发）电空载煤耗率的关系曲线

由表 1-38 可看出，汽轮发电机组发电负荷为 30% 时，空载供电煤耗率为 54.7g/kWh，比额定（100%）负荷时高出 38.3g/kWh，也就是单元机组的发电煤耗率要升高 38.3g/kWh。

（五）汽轮发电机组空载供电煤耗率与发电负荷率关系曲线的绘制

根据表 1-38 中汽轮发电机组空载供电煤耗率与发电负荷率的关系数值，可以绘制出汽轮发电机组空载供电煤耗率与发电负荷率的关系曲线，如图 1-25 所示，从而为日常分析、计算工作提供更快、更精确的任意发电负荷下机组的空载发电煤耗率，达到帮助专业工作人员提高工作效率的目的。

四、厂用电率变化对空载供电煤耗率的影响系数

（一）空载供电煤耗率与厂用电率的关系

汽轮发电机组空载供电煤耗率随机组运行中负荷率、厂用电率水平的变化而变化。因此，机组空载煤耗率不是一个固定值。当厂用电率变化达到 1.0% 左右时就要进行修正，以提高指标分析的正确性。

1. 厂用电率变化对空载供电煤耗率影响的计算

可用供电煤耗率计算公式（$b_{gd}=\dfrac{b_{fd}}{1-L_{cy}}$）计算额定负荷和正常运行最低区间内厂用电

率变化对空载供电煤耗率的影响，以掌握空载供电煤耗率与空载发电煤耗率、厂用电率的关系。计算结果见表1－39。从表1－39中可以看出，空载发电煤耗率一定厂用电率1.64%（百分点，下同）~0.82%平均值为1.23%。可见，分析计算比较时不可忽视不同厂用电率时对空载供电煤耗率的影响，以确保分析、计算、比较的精确度和准确性。

表1－39　空载发电煤耗率一定，空载供电煤耗率与厂用电率的关系

序号	厂用电率（%）	发电空载煤耗率（g/kWh）				
		20	17.5	15	12.5	10
	A	B	C	D	E	F
1	4.0	20.83	18.23	15.63	13.02	10.42
2	5.0	21.05	18.42	15.79	13.16	10.53
3	6.0	21.28	18.62	15.96	13.30	10.64
4	7.0	21.51	18.82	16.13	13.44	10.75
5	8.0	21.74	19.02	16.30	13.59	10.87
6	9.0	21.98	19.23	16.48	13.74	10.99
7	10.0	22.22	19.44	16.66	13.89	11.11
8	11.0	22.47	19.66	16.85	14.05	11.24

（1）表中第一列为序号，分别为1、2、…、8行。

（2）表中第二（A）列为厂用电率，分别为4%、5%、…、11%。

（3）表中第三大列及B、C、…、F为空载发电煤耗率值，分别为20~10g/kWh。

（4）表中A列下各厂用电率右边，第三大列下的B~F列下面的数值分别为空载供电煤耗率。

（5）例如：空载发电煤耗率在17.5g/kWh，厂用电率为5%时，相应的空载供电煤耗率为18.42%

2. 绘制空载供电煤耗率与厂用电率的关系曲线

根据表1－39中空载供电煤耗率与厂用电率的关系数据，绘制空载供电煤耗率与厂用电率的关系曲线，如图1－26所示。

（二）厂用电率变化对空载供电煤耗率的影响系数的计算

厂用电率变化对空载供电煤耗率的影响系数是指，在一定的空载发电煤耗下，厂用电率变化1%对空载供电煤耗率的影响值，可以表达为（Δb_{gd}^{bh}g/kWh）/（ΔL_{cy}1%）。

1. 厂用电率变化对空载供电煤耗率影响系数的计算

根据表1－39中空载供煤耗率与厂用电率的关系数据，计算厂用电率变化1%对供电空载煤耗率的影响系数，方法如下

$$K_{cyd}^{gd}=\frac{2\cdot B-1\cdot B}{2\cdot A-1\cdot A}$$

根据表1－39中空载供电煤耗率与厂用电率的关系和上述计算公式，计算出各组厂用电

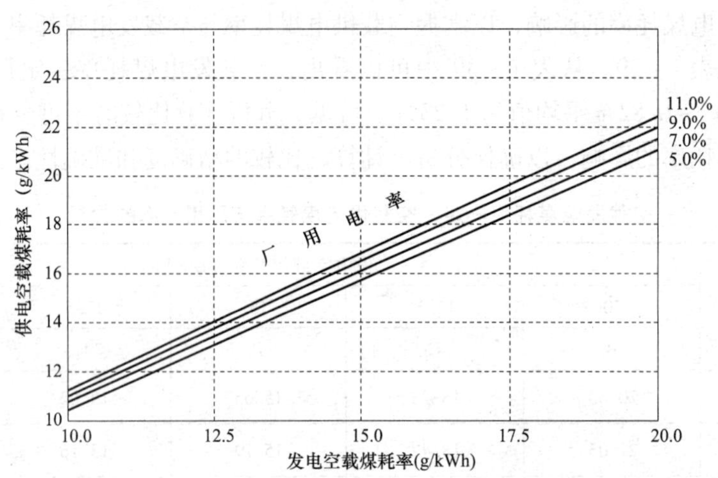

图 1－26　空载发电煤耗率一定，不同厂用电率下，
供电空载煤耗率与厂用电率的关系曲线

率在不同空载发电煤耗率下，厂用电率变化 1% 对空载供电煤耗率的影响系数，并填入表 1－40 中。

表 1－40　空载发电煤耗率一定，不同厂用电率下，厂用电率变化 1% 对空载供电煤耗率的影响系数（Δb_{gd}^{bh} g/kWh）/（ΔL_{cy}1%）

厂用电率（%）	空载发电煤耗率（g/kWh）				
	20	17.5	15	12.5	10
4.5	0.22	0.19	0.16	0.14	0.11
5.5	0.23	0.20	0.17	0.14	0.11
6.5	0.23	0.20	0.17	0.14	0.11
7.5	0.23	0.20	0.17	0.15	0.11
8.5	0.24	0.21	0.18	0.15	0.12
9.5	0.24	0.21	0.18	0.16	0.12
10.5	0.25	0.22	0.19	0.16	0.13

表 1－40 使用说明：

a. 表中第一列为厂用电率，适用范围为 5.0% ～11.0% 。

b. 表中第二大列为空载发电煤耗率，适用范围为 20～10g/kWh。

c. 表中第一列厂用电率的右边，第二大列空载发电煤耗率的下面各组数值为厂用电率变化 1% 对空载供电煤耗率的影响系数。

2. 绘制厂用电率变化 1% 对空载供电煤耗率影响系数的关系曲线

根据表 1－40 中厂用电率变化 1% 对空载供电煤耗率的影响系数，绘制厂用电率变化 1% 对供电空载煤耗率的影响系数的关系曲线，见图 1－27。

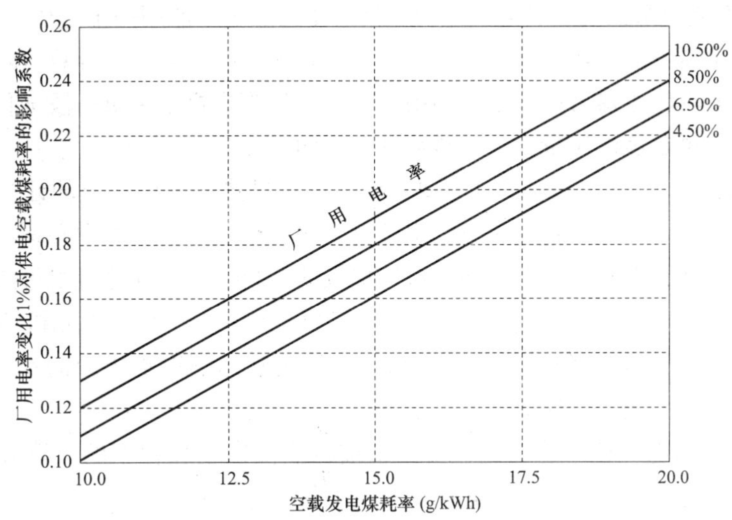

图 1－27　空载发电煤耗率一定，不同厂用电率时，
厂用电率变化 1% 对供电空载煤耗率的影响系数的关系曲线（Δb_{gd}^{bh}g/kWh)/(ΔL_{cy}^{bh}1%）

第七节　发、供电煤耗率计算与管理要点

火力发电厂的总体工作，宏观上可分为安全与经济两大方面。其中，运行管理、检修管理、企业管理，锅炉、汽轮机、电气、热工、化学、燃料、除灰等各方面的专业管理，企业的技术管理、专业管理、经营管理等一切工作都要围绕企业的安全与经济做好各自职责范围内的专业管理工作。本节主要阐述火力发电厂的动力经济管理工作，即火力发电厂发、供电煤耗率的计算和管理要点，主要包括以下 6 个方面：

（1）发、供电煤耗率及锅炉效率、汽轮机效率计算公式（方法）要正确。

（2）发电用进厂的煤炭量、进入锅炉的煤炭量计量要准确，要有代表性。

（3）进入电厂的煤炭和进入锅炉的煤炭的热值要准确，要有代表性。

（4）计算发、供电煤耗率及锅炉效率、汽轮机效率所用参数测点位置应符合计算要求，且具有代表性，表计准确。

（5）按行业发、供电煤耗率的计算规定：发、供电煤耗率用正平衡计算，用反平衡校核。因此，电厂应建立《发、供电煤耗率计算与管理制度》，并每天编制有正、反平衡的发、供电煤耗率，锅炉效率，汽轮机效率及各项技术经济指标的《生产日报》，并定期进行正、反平衡的发、供电煤耗率的全面核对、分析和比较。以确保发、供电煤耗率的正确性和准确性。

（6）能耗指标管理工作要到位。

一、计算公式要正确

（1）电厂发、供电煤耗率及锅炉效率、汽轮机效率等计算公式，应有熟悉发电设备、系统的节能专业工程师负责编写，会同锅炉、汽轮机专业工程师、统计师共同审定。

自立公式时，要正确理解计算指标的定义与要求。理论公式是原则性的，机组（全厂）指标计算公式要根据机组设备、系统的具体特点确定。

1）再热蒸汽流量系数是随发电负荷的变化而变化的，不能用一个定值。

进入汽轮机中压缸的再热蒸汽流量，一般不设置流量表。因此，计算汽轮机效率时，要根据制造厂提供的汽轮机热力计算说明书中的参数，计算出机组带负荷段全程的再热蒸汽流量系数，并绘制出再热蒸汽流量系数与负荷的关系图。

2）再热蒸汽减温水量和热量的计算要正确。汽轮机热耗率保证值的计算，一般不考虑再热器喷水减温水量。因此，在汽轮机效率计算、热力系统平衡计算中必须考虑这一点，否则计算、统计数值就不准确。根据设备制造厂提供的资料显示，部分机组再热器的减温水喷水量约为锅炉出力的2%。再热器的减温水喷水量每变化1%，约使单元机组供电煤耗率升高0.6g/kWh。个别机组运行中再热器的调温喷水量实际达到锅炉出力的4%左右，这就是某些单元机组供电煤耗偏离设计值的原因之一。

（2）进入发、供电煤耗率的煤量，要严格按行业发供电煤耗率的计算规定执行。专业人员在发、供电煤耗率管理工作中，必须认真贯彻执行电力行业“要严格分开发电（供热）用能与非生产用能”的规定。下列用电量及燃料消耗量（或用汽折算的燃料量）不计入煤耗：

1）新设备或大修后设备的烘炉、煮炉、暖机、空载运行的电力和燃料的消耗量。

2）设备在未移交生产前的带负荷试运行期间耗用的电量和燃料。

3）计划大修及基建、更改工程施工用的电力和燃料的消耗量。

4）做热效率和其他试验的机组，在试验期间由于经常变化调整操作而多耗的电力和燃料。

5）发电机作调相运行时耗用的电力和燃料。

6）厂外运输用自备机车、船舶等耗用的电力和燃料。

7）输配电用的升、降压变压器（不包括厂用变压器）、变波机、调相机等消耗的电力。

8）修配车间、副业、综合利用及非生产用（食堂、宿舍、幼儿园、学校、医院、服务公司和办公室）的电力和燃料。

二、发电用煤量的管理要点

（1）计量进入电厂煤炭量用的轨道衡必须定期校验，计量误差应在合格范围内，做到准确、有代表性。

（2）燃料运输途中损失（运损）的煤量：以矿发大票煤量为准的电厂，进厂煤量必须严格按行业统一规定计算运损，并入账；以进厂检斤煤量为准的电厂，不得再扣除燃料运输途中损失的煤量，并以进厂检斤煤量入账。

（3）储煤场的存煤损失（存损）煤量，必须按行业统一规定计算。存损率一般为当月日均存煤量的0.5%，不得另作其他规定。如有的电厂规定储煤场盘盈煤，不扣除运损，其影响分析如下：对一个年供电50亿kWh的电厂，当燃煤收到基低位热值为23 000kJ/kg、储煤场日均存煤10万t时，约使供电煤耗率升高0.94g/kWh。有的电厂储煤场，其储煤量高达20万、30万t，则对供电煤耗率的影响更大。

（4）入炉煤计量装置必须按规定校验，计量误差在使用期间应保持在合格范围内，做到准确，有代表性。

（5）入炉煤皮带秤后不能有除尘浇水，要尽量减少入炉煤除尘浇水对皮带秤称重计量

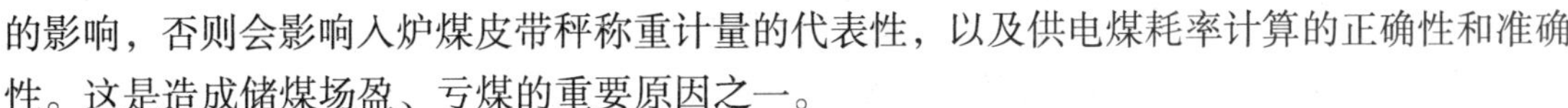

的影响，否则会影响入炉煤皮带秤称重计量的代表性，以及供电煤耗率计算的正确性和准确性。这是造成储煤场盈、亏煤的重要原因之一。

三、进入电厂的煤炭、进入锅炉的煤炭热值取样的准确性、代表性

(1) 进入电厂的燃料必须车车取样、批批化验，加权计算进场燃料的热值，做到准确，有代表性。

(2) 进入锅炉的煤量热值取样、制样、化验必须符合规定。热值、水分要准确，有代表性。

(3) 取样、制样的方法要正确，取样量要符合要求，煤样保存要符合规定，水分损失要在规定的允许范围内。

(4) 要充分认识、尽量减少进入锅炉的煤炭的除尘浇水对热值取样的代表性的影响。入炉煤取样点后的除尘浇水，会使入炉煤的实际热值偏低，是造成供电煤耗率不准、储煤场盈亏煤的主要原因之一。

(5) 化学专业主管和专业人员要定期检查、分析入厂煤、入炉煤取样的准确性、代表性，以及入厂煤、入炉煤的热值差、水分差的数理关系是否合理。

四、正平衡计算煤耗率的管理要点

(1) 正平衡计算煤耗率，要按规定经常与反平衡计算煤耗率校核，因为正平衡计算煤耗率与锅炉、汽轮机设备及其系统的各项技术经济指标没有直接的因果关系。

(2) 发供电煤耗率计算必须按有关规定，严格区分发电用煤和非生产用煤。

(3) 正平衡计算煤耗率时，必须严格按称重煤量计算，不得随时调整发电用煤量。月度、年度调整煤量不得超过其相对用煤总量的0.2%。

(4) 确实必须调整盈亏煤量时，必须查明盈亏煤的原因，否则就是储煤场出现严重亏煤的潜在可能。

五、反平衡计算煤耗的管理要点

(1) 用锅炉输入热量、产出热及锅炉反平衡效率计算反平衡煤耗时，必须注意：

1) 蒸汽参数的影响，如果流量表是非智能表，则必须进行修正。蒸汽流量修正计算公式如下

$$\text{实际流量} = \text{运行工况流量} \times \sqrt{\frac{\text{运行工况蒸汽比重}}{\text{设计工况蒸汽比重}}}$$

2) 再热蒸汽流量未配置流量表时，要按设计特性求得再热蒸汽流量的计算系数。计算参数是变量，不可用定值。

3) 再热蒸汽喷水减温水量，要按减温水实际用量和实际温度计算，否则会使计算的煤耗率数值偏低，造成储煤场亏煤。

4) 锅炉效率的计算公式要正确。

(2) 用电厂效率计算反平衡煤耗率时，全厂的电厂效率不能采用加权计算的锅炉综合效率、汽轮机综合效率计算，否则将造成储煤场严重亏煤。

六、计算煤耗率所用参数测点的位置必须符合煤耗率计算的要求

(1) 计算煤耗率所用参数测点的位置不得远离计算点。参数偏离计算要求或不符合标准时，必须经查定试验确定修正值。

(2) 计算锅炉产出热量所用的参数要靠近锅炉侧，主要参数有：

1) 锅炉过热器出口主蒸汽压力、温度。

2) 锅炉再热器进、出口压力、温度。

3) 省煤器入口给水温度。

4) 锅炉燃烧调整所用的锅炉出口氧量，计算锅炉排烟损失所用的锅炉排出烟气的氧量的测点位置要符合计算要求。如锅炉排出烟气的氧量无测点，则漏风率对氧量的影响，在尾部烟道漏风率变化大时应及时修正，以确保排烟损失计算的准确性。

5) 计算锅炉排烟损失的入口风温度时，必须采用送风机入口风温度，不得采用掺入其他热源后的空气预热器的入口温度，否则锅炉效率将偏高。这是储煤场发生亏煤的重要原因之一。

(3) 计算汽轮机绝对电效率所用的参数要靠近汽轮机侧，主要参数有：

1) 汽轮机自动主汽门前的主蒸汽压力、温度。

2) 高压缸排汽压力、温度。

3) 进入汽轮机中压缸的再热蒸汽的压力、温度。

4) 高压加热器出口（直通门、旁路门后）的给水温度。

七、计量管理要点

(1) 热工专业应按规定定期校验主蒸汽参数等各项技术经济指标表计，并核对它们的数理关系。

(2) 发电量、厂用电量表设计参数、系数变化时，应及时书面通知统计部门。

(3) 主蒸汽等各种流量表一次测量元件、参数变更调整后，应通知统计部门和节能工程师。

(4) 计量表计不准，需要调整煤耗时，应根据热工仪表校验报告的试验误差进行。

(5) 锅炉、汽轮机专业工程师应定期检查各项运行参数和技术经济指标，检查机组效率是否达到定额（考核）值，以及它们的数理关系。

八、能耗指标管理工作要到位

1. 谁来管

应是发电公司（厂）的全体员工。具体的说：

(1) 按工作性质：运行、检修、维护、管理等。

(2) 按专业：燃料、锅炉、汽轮机、电气、热工、化学、水工等。

2. 怎么管

要做到制度化、规范化、简单化、方便化。

(1) 指标管理要制度化：有分工、有责任、有责任人、有考核、有奖惩。

(2) 指标分析工作要规范化：明确分析计算方法，统一分析、计算方法及格式（分析用表），并提供必要的设备技术特性、参数等技术资料。

(3) 指标分析工作要简单、方便、可操作。节能工程师要为有关专业人员提供有关资料，如节能工作手册（设备性能、参数、影响值）、历史指标、同类先进指标等资料，分析计算专用表格纸等。

3. 组织要落实

组织要落实，是指发电公司（厂）劳动部门有关文件中，对厂、车间、班组的节能（技术经济指标）管理有人员设置、职能管理的要求。只有这样，节能管理的工作才能落到实处，能耗指标管理工作才能做到时时、处处、事事有人管。

4. 指标分析工作分析职责要到位

专业人员要正确认识分析工作的重要性，只有通过分析，才能正确认识事物的本质，从而及时发现问题，做好工作。

发电设备、系统正常运行过程中每小时记录一次状态参数，设备检修中记录每项工作的工艺、质量数据，各项特性试验中也要记录大量状态参数。记录的数据，必须去粗取精，做好统计；有关专业人员要按各自的职责对有关数据进行分析，从中找出设备、系统潜在的问题，提出针对性措施，最终使问题得到解决。这就是管理工作的闭环运行模式：记录→统计→分析→找问题→提措施→解决问题→进入下一个循环。有关分析工作的要求：一是记录数据要正确，有代表性，符合计算、分析要求；二是指标分析工作要做到规范化、格式化，以便进行经常性的专业分析工作，达到提高分析工作的速度、质量和效率的目的。具体要求如下：

（1）运行抄表员、主值、班长要分析表单记录的准确性和数理关系，并对数据正确、准确性负责。例如，同一参数的几只（块）表计指示值是否相同，或在允许范围内；锅炉、汽轮机之间的同一参数的数理关系是否正常，并符合关系逻辑。

（2）统计人员每天要分析（日报表）供电煤耗率与厂用电率，发电煤耗率和发电煤耗与汽轮机效率、锅炉效率的数理关系，目的是检查正、反平衡煤耗率计算的准确性。

（3）锅炉、汽轮机专业工程师应定期分析机组效率及技术经济指标的准确性和先进性。遇较大变化时，应提出书面报告，报主管领导、有关部门和专业人员。

（4）化学专业工程师要定期检查、分析入厂煤、入炉煤取样的准确性、代表性，以及入厂煤、入炉煤热值差、水分差的数理关系。

（5）节能专业工程师每月分析一次供电煤耗率及各项技术经济指标的完成情况（与同期或计划对比），并提出书面报告，报主管领导、有关部门和专业人员。

（6）节能专业工程师每年做一次机组经济性能的全面分析（与同期、设计值、国内外同类型机组对比分析），并提出书面报告，报主管领导、有关部门和专业人员。

（7）热工专业人员定期检查、分析计量仪表指示值的准确性。

供电煤耗率的专题分析方法及要求，详见第十章。

5. 运行经济管理工作要到位

（1）运行人员要树立整体节能意识，不断分析、总结运行方式对经济指标的影响，保持经济的运行方式，使各项运行参数达到额定值，并稳定运行，以提高全厂经济性。

（2）开展磨煤机制粉系统经济性与锅炉效率，锅炉一、二次风配比与炉膛燃烧工况（炉膛温度场），循环水泵耗电率与机组经济性、给水泵系统等运行方式的耗差分析，实现优化运行。

（3）成立以运行副总工程师为首，由运行、燃料、生技部门专业人员参加的燃煤参配煤小组，根据到达煤种和锅炉对煤种性能的要求，以及来煤煤种变化及时进行研究，以确定掺烧方式和掺烧配比，并通知有关部门执行。

(4) 锅炉司炉要掌握入炉煤质的情况，根据煤质分析报告及炉膛燃烧工况及时进行燃烧调整；经常检查各项运行指标是否达到额定（考核）值，如有偏差要分析原因并及时调整。对影响燃烧等经济运行的各项设备缺陷，要写好设备缺陷记录，并通知检修，及时消除。

(5) 为保持炉膛及尾部受热面清洁、提高传热效率，应制定锅炉吹灰制度，按照规定及时做好锅炉的吹灰和清焦工作，以使锅炉经常处于最佳工况下运行。

(6) 制定点火和助燃用油定额，并纳入考核。锅炉运行人员要努力提高操作技术，千方百计节约点火和助燃用油。

(7) 制定凝汽器胶球清洗制度，认真做好凝汽器胶球清洗工作。加强凝汽器清洗、清理、除垢、管理等工作，确保凝汽器端差年平均值在4℃以下。

(8) 保持给水回热加热器系统正常运行，充分利用低一级抽汽，使给水回热系统达到最佳的经济运行方式。

1) 节能工程师要定期检查高、低压加热器端差、受热度是否达到设计值，偏离时，要及时查明原因，并督促有关部门解决。

2) 规定和控制高、低压加热器启停过程中的温度变化速率，防止温度急剧变化。

3) 维持高、低压加热器在正常水位下运行。

4) 保持高压加热器旁路阀门的严密性，使给水温度达到设计值。高压加热器投入率应保持在95%以上。

5) 低压加热器是影响设备、系统运行经济性的重要因素，一旦发生故障停用，要及时维修，保持投入率在99%以上。

(9) 制定循环水塔运行、维护、管理制度。做好循环水塔运行工况的定时表单记录、定期检查、及时维护，确保淋水密度均匀，保持较高的冷却效率。冬天做好防冻措施，在凝汽器铜管能承受的情况下，循环水温度应稳定在10℃左右运行。

(10) 加强化学监督，做好水处理工作，严格按照锅炉排污规定做好定期和连续排污监督工作，防止锅炉和凝汽器、加热器等受热面以及汽轮机通流部分发生腐蚀、结垢和积盐。

(11) 加强对各种运行仪表的管理，做到装设齐全、准确可靠。运行和各级专业管理人员要按各自的专业职责定期核对各种表单、统计、计算数据的正确性和数理关系，发现问题，应查明原因，并及时纠正。

(12) 具备条件的200MW及以上机组的主要技术经济指标要实现在线监测。定额值可以是设计值、考核值、本设备经过努力可以达到的先进值。运行人员应随时监视、分析机组责任范围内各项小指标的完成情况，及时进行调整，随时掌握运行指标与定额值的差距和辛勤劳动获省煤节电奖的金额，以激励运行人员不断改进操作，不断降低机组热耗。

6. 燃料管理在煤耗管理中的重要性

燃料管理与设备经济性能管理、运行能耗指标管理、计算方法等4个方面在煤耗管理中具有同等重要性。

(1) 做好车底清扫工作，特别要做好冬季车底的清扫工作。

(2) 认真做好进厂煤管理工作，做到车车计量、检斤，车车取样检质，分批化验，并做好亏吨、亏卡索赔工作。

(3) 做好储煤场的管理，合理分类堆放。对储存烟煤等高挥发分煤种的储煤场，要定

期测温，并采取措施，防止自燃和煤的发热量损失。

（4）进厂燃料计量用轨道衡等计量设备要按国家规定按时进行校验。入炉煤皮带秤及分炉计量装置应按规定进行实物校验。

（5）进厂煤、入炉煤机械化自动采样、制样装置应定期进行校验，以确保原煤样的代表性，并按规定进行工业分析。

（6）为确保进厂煤、入炉煤采样、制样的代表性，主管负责人要不定期检（抽）查进厂煤、入炉煤采样、制样的正确性。燃料采样、制样、化验人员要经过专业培训，做到持证上岗。

（7）由燃料主管部门组织财务、节能、统计等部门的主管领导或专业人员，每月（季）共同对储煤场进行盘点工作，发生较大盈亏时，应分析原因，并按部颁煤耗计算办法的有关规定进行处理。

（8）制定燃料统计管理制度，做好进厂煤应用基热量（值）、全水分（表面水分、固有水分）等指标的统计、分析、管理工作，每月写出指标统计分析报告。

（9）进厂煤量应按轨道衡、汽车衡进厂时检斤计量的重量统计，并作为计（核）算供电煤耗的依据，不得用矿方大票数量或扣掉运损的重量代替。

标煤单价的专题分析方法、要求将在第十章中进行介绍。

7. 设备检修工程中的节能工作

设备经济性能是决定单元机组煤耗率水平的基础，设备检修工程是恢复、提高设备经济性能的重要环节和目的。

（1）加强设备检修管理，认真做好热力设备、系统的大、小修和日常维护工作。机组大、小修后各项运行经济指标应达到设计值（达到或好于大、小修前的水平），列入热态评价、验收项目，并纳入考核。

具体考核指标如下：

1）锅炉考核指标：锅炉出口过热蒸汽压力、温度，再热蒸汽温度，排烟温度，炉膛出口烟气含氧量，飞灰可燃物，锅炉尾部的过热器、省煤器、预热器、除尘器、烟道等设备的漏风率，制粉系统漏风率，锅炉大修后效率恢复值等。

2）汽轮机考核指标：凝汽器漏真空速度、端差，给水温度，汽轮机主汽门前主蒸汽压力、温度，再热蒸汽温度，凝汽器胶球清洗投入（运）率、收球率，汽轮机大修后效率恢复值等。

（2）设备大、小修中要彻底清洗（理）锅炉受热面、汽轮机通流部分、凝汽器和加热器等设备，以提高热效率。

（3）汽轮机大修中对通流部分，应彻底精修，提高流道圆滑性，改善调速汽门重叠度，减少节流损失。

（4）循环水冷却塔应根据设备运行状况，做好清淤、维护和检修工作；每次大修前，应进行彻底检修、清淤，确保淋水密度均匀，确保冷却效率经常保持在设计水平。循环水温度年平均值达到或好于设计值。

（5）为减少回转式空气预热器的漏风，检修锅炉设备时，应认真调整风罩式回转空气预热器各部分间隙，使之达到最佳（设计）状态，并做好日常维护和运行管理工作。

(6)保持热力设备、管道及阀门的保温完好，采用新材料、新工艺，努力降低散热损失。保温效果的检测应列入大、小修竣工验收项目，并纳入考核。当年没有大、小修任务的设备也必须至少检测一次。当周围环境温度为25℃时，保温层表面温度不得超过50℃。

(7)建立设备、系统查漏堵漏管理制度。检修时要消除设备七漏（漏汽、漏水、漏油、漏风、漏粉、漏煤、漏热），设备、阀门及结合面的泄漏率应达到或好于一流火力发电厂考核标准。

(8)机、炉大、小修前后热力特性试验分析要能指导生产。机、炉大、小修前后热力特性试验分析、比较：一是要具体到各项影响因素，各项技术指标的影响值各为多少。大修后试验数据要与大修前、设计值、上次大修后试验值进行比较和分析，并定量到各个指标，找出差距，查明原因。二是要会同锅炉、汽轮机等专业工程师共同进行分析，确认影响因素，针对存在的问题，提出解决办法和措施，确保试验要能用于指导生产，要能为领导决策提供依据。

机、炉大、小修前后热力特性试验要及时发送到有关领导、处室及专业工程师。大修前试验报告应为技术经济指标、节能工作，提出要求、重点、措施，以供决策和参考；大修后试验报告应对机组运行参数、经济性能作出评价，对未达到考核定额（设计值、预定目标值）的指标和影响机组效率的设备、系统缺陷，应提出问题、措施和要求，以供下一阶段继续改进。

第八节　供电煤耗率的校核与控制

供电煤耗率水平管理是火力发电机组检修管理、运行管理、燃料管理、能耗指标管理等工作的全员管理。首先，领导、部门、专业主管乃至全体员工要有供电煤耗率水平的管理意识，要用好的管理理念，管理出好的供电煤耗率水平；其次，管理工作方面要有一套供电煤耗率水平真实性的校核思路、方法，确保供电煤耗率水平的真实性；再就是要有一套控制供电煤耗率真实水平的管理模式，并形成规范严谨、可操作性强、非概念性的管理制度和考核办法。

几十年来，电力行业关于能耗指标（节能）管理已形成了以一流火电厂节能管理考核为指导原则的理念。后来出现的经济性评价是一流火电厂节能管理考核的细化，增加了可操作性，有关版本繁多。但在总体水平、规范、标准方面，尚需进一步提高、完善。目前出现的火电厂对标管理，其方法是评出同类型机组供电煤耗率水平最佳的样板，供其他同类型机组找差距，改进工作，从而达到节能降耗的目的。但其后续工作还很多，也是当前存在的主要问题之一。

(1)按管理哲学的观点，“法”就是基层建立规章制度。一是基层企业自身建立、健全必要的规章和管理制度；二是行业建立通用、覆盖行业管理要求、高水平的管理制度。就能耗指标管理而言，必须有一部包含设备运行能耗指标、设备经济性能管理、设备更新改造经济性能管理等节能管理工作的管理、考核、评价标准。

(2)按管理哲学的观点，中层专业管理者要忠于企业、忠于技术，做好管理及评价工作，当好各级领导的参谋、助手，使能耗指标管理出高水平。

(3)做好供电煤耗率真实水平的校核与控制。一是用指标数理关系，确保供电煤耗率计算的真实性、正确性、代表性；二是管理、控制好燃料自订货、矿发、进厂、入炉煤的水分和热值的真实性、准确性、代表性。

（4）做好节约能源的专业培训，并普及到全体员工。

一、供电煤耗率的影响因素与校验

供电煤耗率水平的直接影响因素为发电煤耗率和厂用电率。

（一）发电煤耗率的影响因素与管道效率

发电煤耗率水平的直接影响因素包括汽轮机效率、锅炉效率、管道效率、入炉煤热值。

从数理关系看：已知发电煤耗率、汽轮机效率、锅炉效率，便可通过管道效率判断它们之间的数理关系是否正确。不同设备的单元机组，其管道效率的正常运行值应为94.5%～97.0%。

发电煤耗率与汽轮机效率、锅炉效率、管道效率间的数理关系式可表达为

$$b_{fd}=\frac{0.123}{\eta_{qj}\times\eta_{gl}\times\eta_{gd}} \tag{1-54}$$

式中　0.123——电热当量与标准煤热值的比值；

b_{fd}——发电煤耗率，g/kWh；

η_{qj}——汽轮机绝对电效率，%；

η_{gl}——锅炉效率，%；

η_{gd}——广义管道效率，%。

（二）管道效率

关于管道效率有两种概念或理解：一是狭义管道效率；二是广义管道效率。

1. 狭义管道效率

狭义管道效率是指汽轮机、锅炉设备之间主蒸汽、再热蒸汽、给水等高温管道、阀门的散热损失量占输送总热量的比例，具体包括主蒸汽管道效率、再热蒸汽管道效率、给水管道效率等，单位为%。

狭义管道效率在《热力发电厂》等理论书上，一般取值为99.0%左右（不含再热蒸汽管道的散热损失）。而该书计算例题中，计算结果为98.68%（也不含再热蒸汽管道、给水管道的散热损失）。华东电管局薛玉兰高级工程师和上海电力学院老师的论文中，理论分析计算的狭义管道效率（不含给水管道热损失）为98.25%。

2. 广义管道效率

广义管道效率应包括锅炉与汽轮机之间高温管道、阀门的散热损失量，锅炉、汽轮机及主、辅机设备、系统的汽、水泄漏损失，锅炉吹灰用汽热损失，锅炉连续排污热损失、伴热等计算汽轮机效率、锅炉效率时，未包括的各项热损失量之和与锅炉总产出热量的比例。

可见，广义管道效率就是机组正常运行的管道效率。一般可用运行的发电煤耗率反求管道效率。

《热力发电厂》专业书中，200MW机组计算实例的广义管道效率为94.69%。论文中的广义管道效率为94.60%。虽然是理论上的分析、计算，但有其可信度，可供参考。

600MW单元机组的广义管道效率如下：

（1）超临界单元机组，根据发电标准煤耗率反求、推算的广义管道效率为96.70%；

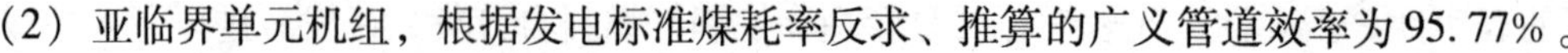

（2）亚临界单元机组，根据发电标准煤耗率反求、推算的广义管道效率为95.77%。

3. 广义管道效率的计算

单元机组的广义（运行）管道效率，很难用试验方法测定、计算。因此，一般情况下只可通过发电煤耗率反求、推算。用发电煤耗率、锅炉效率、汽轮机效率反推管道效率的计算公式如下

$$\eta_{gd}=\frac{0.123}{b_{fd}\times\eta_{qj}\times\eta_{gl}} \quad (1-55)$$

反求、计算的广义管道效率应为95.0%～97.5%。如果偏差太大，则表明发电煤耗率、锅炉效率、汽轮机效率三个指标是偏离实际值的。

（三）发电煤耗率与入炉煤热值的关系式

1. 发电煤耗率原则计算公式

$$b_{fd}=\frac{B_{bz}}{W_{fd}} \quad (1-56)$$

式中 B_{bz}——标准煤量，t；

W_{fd}——发电量，kWh。

2. 发电用标准煤量原则计算公式

$$B_{bz}=\frac{B_{sj}\times Q_{net,ar}}{29\ 271.2} \quad (1-57)$$

式中 B_{sj}——天然煤量，t；

$Q_{net,ar}$——进入锅炉燃烧的煤炭的低位热值，kJ/kg；

29 271.2——标准煤量热值，kJ/kg。

从上述计算公式可以看出：进入锅炉燃烧的煤炭的低位热值，是计算发电用标准煤量的决定性因素。煤炭的低位热值又取决于燃煤的全水分。可见，燃煤水分、入炉煤低位热值偏离正常值，是影响发电煤耗率准确性的重要因素。

（四）供电煤耗率的直接影响因素与校验

1. 供电煤耗率的直接影响因素及其数理关系

供电煤耗率变化的直接可定量影响因数是发电煤耗率及厂用电率。

从供电煤耗率与发电煤耗率、厂用电率间的数理关系看，供电煤耗率的水平取决于发电煤耗率、厂用电率的水平。

供电煤耗率的原则计算公式如下

$$b_{gd}=\frac{b_{fd}}{1-L_{cy}} \quad (1-58)$$

式中 b_{gd}——供电煤耗率，g/kWh；

b_{fd}——发电煤耗率，g/kWh；

L_{cy}——厂用电率，%。

从供电煤耗率原则计算公式的数理关系可以看出：用发电煤耗率、厂用电率反求、计算的供电煤耗率与原计算的供电煤耗率数值不一致，则发电煤耗率、厂用电率与供电煤耗率的计算值必定有一个是不正确的，应通过检查更正。

2. 用管道效率校验供电煤耗率

从管道效率与供电煤耗率、厂用电率、汽轮机效率、锅炉效率的数理关系看，已知供电煤耗率（或发电煤耗率、厂用电率）、汽轮机效率、锅炉效率，就可以通过管道效率判断其他指标之间的数理关系是否正确。管道效率的正常值应为95.0%～97.0%。管道效率与供电煤耗率、厂用电率、汽轮机效率、锅炉效率的数理关系式为

$$\eta_{gd}=\frac{0.123}{b_{gd}(1-L_{cy})\times\eta_{gl}\times\eta_{qj}} \tag{1-59}$$

二、发电煤耗率准确性的检验、校核

（一）供电煤耗率评价的依据

供电煤耗率的评价首先要分清行业常用煤耗率的称谓，用于评价供电煤耗率的指标有以下两个。

1. 设计保证值供电煤耗率

设计保证值供电煤耗率是用鉴定试验（参数）值修正到设计状态、参数下的设计值，用来评价单元机组设备、系统在设计状态、参数下是否达到设计要求。机组试验状态为单元机组与外界隔绝，锅炉设备不许吹灰、排渣、排污，热力循环系统不可补水等。

2. 单元机组运行供电煤耗率

单元机组运行供电煤耗率是用来评价单元机组设备、系统在正常运行状态、参数下是否达到设计要求，也就是机组建设时可行性研究报告或初步设计说明书中的运行发电煤耗率。即单元机组在正常生产模式下，允许锅炉设备吹灰、排渣、排污，热力循环系统补水，其中还包括单元机组启、停用燃料等。单元机组运行发电煤耗率一般比设计保证值发电煤耗率高10g/kWh左右，多用来评价单元机组运行经济性能和管理水平，设备管理、健康水平好，可比设计水平低4g/kWh左右。

（二）发电煤耗率的类别

发电煤耗率在单元机组建设可行性研究报告或初步设计说明书中往往有设计保证值发电煤耗率、运行发电煤耗率、还贷发电煤耗率三个指标。

1. 设计保证值发电煤耗率

设计保证值发电煤耗率是指用汽轮机保证值热耗率、锅炉设计效率、狭义管道效率计算的发电煤耗率，一般用来衡量、评价单元机组的锅炉、汽轮机设备、系统再设计参数下，各项指标是否达到设计值。

（1）发电煤耗率比较，需要修正。

1）机组投产后热力特性鉴定试验，试验参数未达到设计指示时，可修正到设计工况；与设计值比较。

2）设备改造后热力特性鉴定实验，试验参数未达到设计指示时，可修正到改造设计工况；与改造设计值比较，与改造前比较。

3）机组设备大修后热力特性鉴定试验，试验参数未达到设计指示时，可修正到设计值；与大修前比较，与设计值比较。

（2）试验参数修正到设计参数值的用途。

试验参数修正到设计参数后的热耗率、汽轮机效率、锅炉效率，只可用于鉴定设备性能

是否达到设计要求（水平），不可用来评价单元机组设备、系统的运行经济性能。

2. 运行发电煤耗率

运行发电煤耗率是用汽轮机运行效率、锅炉运行效率、广义管道效率计算的发电煤耗率，主要用来衡量、评价单元机组实际的运行发电煤耗率水平。

3. 还贷发电煤耗率

还贷发电煤耗率，是在运行发电煤耗率的基点上，再考虑其他因素后，有还贷能力的发电煤耗率。

（三）发、供电煤耗率准确性的检验、校核

发电煤耗率可以用单元机组的锅炉、汽轮机效率，汽轮机的汽耗率，汽轮机的速度级压力校验、校核。

1. 用汽轮机组的汽耗率校核发、供电煤耗率

汽轮机组的汽耗率变化就是发电煤耗率，其数字几乎相同，只是数量级的差异。

汽轮机组的汽耗率每变化 0.01kg/kWh，使发电煤耗率变化 1g/kWh 左右，供电煤耗率变化 1.05g/kWh 左右。每台机组都可具体计算出供电煤耗率变化 1g/kWh，汽轮机汽耗率的相应变化值（kg/kWh），也都可用于检查供电煤耗率计算的准确性。

2. 用汽轮机效率、锅炉效率校核供电煤耗率

（1）根据单元机组的汽轮机效率、锅炉效率水平，计算其变化范围内对发、供电煤耗率的影响系数。

（2）用汽轮机效率、锅炉效率的变化值与其各自对供电煤耗率的影响系数进行平衡验算。平衡计算公式如下

$$\Delta b_{gd}^{bh} = \Delta \eta_{qj}^{bh} \times \Delta b_{qj}^{gx} + \Delta \eta_{gl}^{bh} \times \Delta b_{gl}^{gx} \tag{1-60}$$

或

$$\Delta b_{gd}^{bh} = \frac{\Delta \eta_{qj}^{bh}}{\Delta \eta_{gd}^{jx}} + \frac{\Delta \eta_{gl}^{bh}}{\Delta \eta_{gd}^{gx}} \tag{1-61}$$

式中 Δb_{gd}^{bh}——汽轮机效率、锅炉效率变化影响供电煤耗率的响应变化值，g/kWh；

$\Delta \eta_{qj}^{bh}$——汽轮机效率变化值，%；

Δb_{qj}^{gx}——汽轮机效率变化 1% 对供电煤耗率的影响系数；

$\Delta \eta_{gl}^{bh}$——锅炉效率变化值，%；

Δb_{gl}^{gx}——锅炉效率变化 1% 对供电煤耗率的影响系数；

$\Delta \eta_{gd}^{jx}$——供电煤耗率变化 1g/kWh 对汽轮机效率的影响系数；

$\Delta \eta_{gd}^{gx}$——供电煤耗率变化 1g/kWh 对锅炉效率的影响系数。

上式计算的汽轮机效率、锅炉效率变化后影响供电煤耗率的响应变化值，与比较差值不一致时，在较小差值范围内，可能是计算误差，或汽轮机效率、锅炉效率变化对供发电煤耗率的影响系数的代表性不够，也可能是表计误差等。

3. 用汽轮机组的速度级压力校核汽轮机组的汽耗率及发、供电煤耗率

速度级压力一般又称为调节级后压力，是汽轮机运行的安全性、经济性的主要监视参数之一。速度级压力是汽轮机进汽量的一次测量元件，是汽轮机运行经济性变化的反映，也是

校核汽轮机组的进汽量、汽耗率、发电煤耗率水平的客观的、重要的依据。

使用速度级压力来校核其他技术经济指标时，还要用第一级抽汽口压力、高压缸排汽压力、第三级抽汽口压力来判断它们是否支持速度级压力的变化。第一、二、三抽汽口压力升高值与速度级压力的变化趋势应一致，特别是第一、二抽汽口压力变化与速度级压力的变化应一致，否则应检查、校对各压力表的准确性后再作判断。为此，建议做好速度级压力、温度等相关表计的校验和管理，做好额定负荷下的运行参数记录，并定期进行监视、分析，掌握好汽轮机效率、发电煤耗率的变化是否客观及符合实际。

用速度级压力校核汽轮机组的汽耗率、发电煤耗率时，只需将汽耗率、发电煤耗率除以（1－厂用电率）便可得到速度级压力变化对供电煤耗率的影响值。

速度级压力变化与进汽量、汽耗率、发电煤耗率的变化成正比。因此，可用速度级压力变化率来分析进汽量、汽耗率、发电煤耗率的变化值。分析方法如下：

（1）速度级压力与发电负荷的关系曲线，见图1－28。

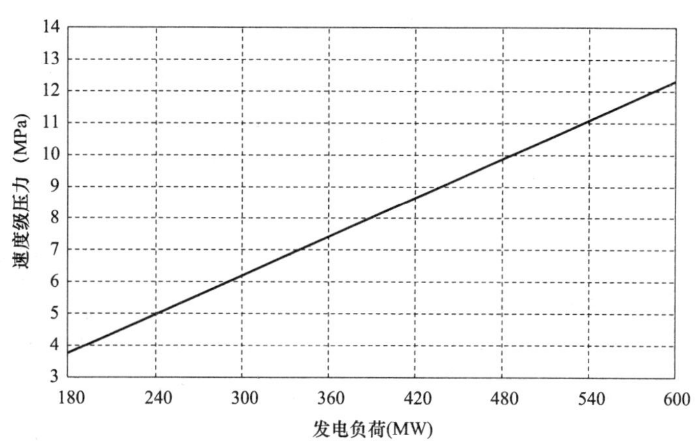

图1－28　汽轮机发电负荷与速度级压力的关系曲线

（2）速度级压力变化率的计算

$$\Delta L_{sdj}^{bL}=\frac{p_{01}^{ed}-p_{01}^{sj}}{p_{01}^{ed}} \tag{1-62}$$

式中　ΔL_{sdj}^{bL}——速度级压力变化率，%；

p_{01}^{ed}——速度级压力设计（额定）值，MPa；

p_{01}^{sj}——速度级压力实际值，MPa。

（3）速度级压力变化率对蒸汽流量影响值的估算公式

$$\Delta D_{sdj}^{bh}=D\times(1-\Delta L_{sdj}^{bL}) \tag{1-63}$$

式中　ΔD_{sdj}^{bh}——速度级压力变化率对进汽量的影响值，t；

D——蒸汽流量，t。

（4）速度级压力变化率对汽耗率影响值的估算公式

$$\Delta d_{sdj}^{bh}=d\times(1-\Delta L_{sdj}^{bL}) \tag{1-64}$$

式中　Δd_{sdj}^{bh}——速度级压力变化率对汽耗率的影响值，kg/kWh；

d——汽耗率，kg/kWh。

（5）速度级压力变化率对供电煤耗率影响值的估算公式

$$\Delta b_{sdj}^{bh} = \frac{b_{fd}}{1 - L_{cy}} \times (1 - \Delta L_{sdj}^{bL}) \qquad (1-65)$$

式中 Δb_{sdj}^{bh}——速度级压力变化率对发电煤耗率的影响值，g/kWh；

b_{fd}——发电煤耗率，g/kWh。

三、汽轮机效率的校核与重点监督指标

（1）计算汽轮机组各项指标对汽轮机效率及发电煤耗率的影响系数。

（2）汽轮机效率的校核。汽轮机效率的变化值应等于参数变化对汽轮机效率的影响值、凝汽器真空度变化对汽轮机效率的影响值、给水回热系统变化对汽轮机效率的影响值、汽轮机通流部分变化对汽轮机效率的影响值之和。平衡分析计算公式如下

$$\Delta b_{fd}^{bh} = \Delta b_{qj}^{bh} + \Delta b_{gl}^{bh} + \Delta b_{gd}^{bh} + \Delta b_{tl}^{bh} \qquad (1-66)$$

式中 Δb_{fd}^{bh}——分析期发电煤耗率的变化总值，g/kWh；

Δb_{qj}^{bh}——汽轮机效率变化对发电煤耗率的影响值，g/kWh；

Δb_{gl}^{bh}——锅炉效率变化对发电煤耗率的影响值，g/kWh；

Δb_{gd}^{bh}——管道效率变化对发电煤耗率的影响值，g/kWh；

Δb_{tl}^{bh}——通流部分间隙变化对发电煤耗率的影响值，g/kWh。

（3）确定汽轮机组对运行经济性影响的重点指标。

1）汽轮机背压。汽轮机背压原用绝对压力（ata）表示，现用 kPa 表示，1ata = 98.1kPa。汽轮机背压与真空度的关系：真空度 =(1 - 背压) ×100% 。

2）凝汽器真空。凝汽器真空受大气压力影响。因此，凝汽器真空不是一个直观的显示指标，它要经过计算为凝汽器内压力，才能成为一个参数指标。

凝汽器真空与背压的关系式为

$$\text{汽轮机背压（ata）} = \frac{\text{大气压力} - \text{凝汽器真空}}{98.1} \qquad (1-67)$$

汽轮机背压与凝汽器内压力不受大气压力影响。

3）凝汽器真空度（与排汽温度的关系）。

4）排汽温度。排汽温度可以用来校验背压、真空度。

5）循环水入口温度。火电机组循环水入口温度设计值一般为 20℃。，一般情况下，该温度越低越好，对机组运行经济性有利，发电煤耗率越低，但不能超过极限真空。循环水温度降低 1℃，发电煤耗率降低 1g/kWh。年发电量 1 亿 g/kWh 时，一年可节约 100t 标准煤；年发电量 50 亿 g/kWh 时，一年就可节约 5000t 标准煤。

凝汽器的极限真空（度）又称最有利真空（度），是指凝汽器真空度达到一定的真空度时，对单元机组经济性不再有利，相反地，随着凝结水量的降低，也降低了汽轮机组的运行经济性。凝汽器的极限真空可通过实验测定。

6）循环水温升。循环水温升是指凝汽器循环水出口温度与循环水入口温度的差值。

额定负荷下，循环水温升设计值一般为 8.5℃左右。运行值应维持在设计值运行，但一般情况下由于认识不足，管理意识不强，重视程度不够，在表面上看循环水温升运行统计值均达到要求，但负荷率仅有 75% 左右。如查看额定负荷运行下的循环水温升，绝大部分都

超过设计值。循环水温升升高1℃，发电煤耗率升高1g/kWh。年发电量1亿g/kWh时，一年就要浪费100t标准煤；年发电量50亿g/kWh时，一年则浪费5000t标准煤。

a. 循环水温升计算公式

$$\Delta t = t_{xh}^{ck} - t_{xh}^{rk} \tag{1-68}$$

式中　Δt——循环水温升,℃;

t_{xh}^{ck}——循环水出口温度,℃;

t_{xh}^{rk}——循环水入口温度,℃。

凝汽器循环水温升设计值为8.5℃左右时，凝汽器铜管内循环水的流速一般为2m/s左右。当凝汽器铜管内循环水的流速低于1.5m/s时，凝汽器铜管内结垢速度会加快。影响凝汽器循环水温升升高的原因主要有凝汽器铜管结垢、铜管堵杂物、循环水泵效率降低等，应引起有关专业人员的重视。

b. 凝汽器循环水温升理论计算公式

$$\Delta t = \frac{520(530)}{60} \tag{1-69}$$

式中　Δt——循环水温升,℃;

520（530）——由循环水带走的汽化潜热，kcal/kg;

60——循环倍率（冷却1kg蒸汽需用60kg左右的循环水量）。

（4）汽轮机组设计、运行循环水倍率计算公式

$$m_{bl} = \frac{W_{xh}}{D_{pq}} \tag{1-70}$$

式中　m_{bl}——循环倍率;

W_{xh}——循环水量，t/h;

D_{pq}——汽轮机低压缸排入凝汽器的排汽量，t/h。

（5）凝汽器端差。凝汽器端差是指汽轮机排汽温度与循环水出口温度的差值。

凝汽器端差设计值一般为3～4℃，运行值应在4℃以内。目前运行水平已达到2℃左右。凝汽器端差降低1℃，可降低发电煤耗率1g/kWh。年发电量1亿g/kWh时，一年可节约100t标准煤；年发电量50亿g/kWh时，一年就可节约5000t标准煤。凝汽器端差计算公式为

$$\delta t = t_{pq} — t_{xh}^{ck} \tag{1-71}$$

式中　δt——凝汽器端差,℃;

t_{pq}——汽轮机排汽温度,℃;

t_{xh}^{ck}——循环水出口温度,℃。

凝汽器端差设计值计算公式

$$\delta t_{sj} = t_{pq} - t_{xh}^{rk} - \Delta t \tag{1-72}$$

（6）给水回热系统的监督管理。

（7）通流部分间隙对运行经济性的影响。通流部分间隙对运行经济性的影响不易直接计算，难以作定量分析，但可以用推理、分析的方法作定性分析。分析结果仅作为判断性的参考。通流部分间隙增大，影响机组效率降低的平衡分析方法计算式为

$$\Delta b_{tl}^{bh} = \Delta b_{gd}^{bh} - (\Delta b_{qj}^{bh} + \Delta b_{gl}^{bh} + \Delta b_{gdx}^{bh}) \tag{1-73}$$

式中 Δb_{tl}^{bh}——通流部分间隙变化对供电煤耗率的影响值，g/kWh；

Δb_{gd}^{bh}——分析期供电煤耗率的变化总值，g/kWh；

Δb_{qj}^{bh}——汽轮机效率变化对供电煤耗率的影响值，g/kWh；

Δb_{gl}^{bh}——锅炉效率变化对供电煤耗率的影响值，g/kWh；

Δb_{gdx}^{bh}——管道效率变化对供电煤耗率的影响值，g/kWh。

管道效率变化对发电煤耗率的影响，一般情况下变化不大，可视为常数。若单元机组设备、系统汽水泄漏变化较大，以补水率变化1%影响发电煤耗率3g/kWh左右进行修正；当锅炉、汽轮机设备或高温管道保温损坏严重时，应视损坏程度适当考虑其对煤耗率的影响。

四、锅炉效率的校核与重点监督指标

锅炉效率的校核，主要是校核锅炉效率及影响锅炉效率的重点指标是否达到设计值。

（一）计算锅炉设备各项指标对锅炉效率及发电煤耗率的影响系数

（二）查清计算排烟损失 q_2 的 k 值的设计值

排烟损失（q_2）一般为4.8%左右，接近锅炉热损失的74%。因此，锅炉效率计算是否正确是锅炉效率准确性的关键。统计、试验计算的反平衡锅炉效率大都接近或达到设计值。是否真正达到设计值，节能、锅炉、统计专业人员应研究锅炉效率各项损失计算参数、方法是否与设计值一致，特别是计算排烟损失 q_2 的 k^{ed} 值是否符合燃用煤炭的特性，其他损失是否与设计值接近。如果日常统计和试验值一致或接近，则说明锅炉效率真实、有代表性，否则应检查统计、试验计算反平衡锅炉效率的参数、方法与设计值的差异，并查清更正，使统计、试验锅炉效率更接近锅炉设备经济性能，单元机组的技术经济指标更准确，更有代表性。

1. 根据设计参数反求设计计算用 k^{ed} 值

设计计算锅炉效率排烟损失（q_2）中的 k^{ed} 值，是根据煤炭性质、元素计算的，是可信的、具有代表性的。因此，分析锅炉效率是否达到设计值时，首先要查清 k^{ed} 值。有关排烟损失（q_2）计算中的 k^{ed} 值的计算方法如下：

（1）排烟损失简化计算公式

$$q_2^{ed} = k^{ed} \times (t_{py}^{ed} - t_{rf}^{ed})/100 \qquad (1-74)$$

式中 q_2^{ed}——锅炉额定负荷下的排烟损失，%；

k^{ed}——锅炉额定负荷下排烟损失 q_2 的计算用值；

t_{py}^{ed}——锅炉额定负荷下的排烟温度，℃；

t_{rf}^{ed}——锅炉设计计算用的送风机入口风温度，℃。

（2）k^{ed} 值的计算一般通过排烟损失简化计算公式反求。计算公式如下

$$k^{ed} = \frac{q_2^{ed}}{t_{py}^{ed} - t_{rf}^{ed}} \times 100 \qquad (1-75)$$

2. 根据设计排烟处氧量（O_{py}^{ed}）计算空气预热器、锅炉尾部烟道漏风率变化对锅炉效率影响的 k_{lf}^{ed} 值的常系数（x）

（1）尾部烟道漏风率变化对锅炉效率影响的 k_{lf}^{bh} 值的常系数（x）。影响排烟损失 q_2 计算的其他因素，还有锅炉炉膛烟气出口氧量和尾部烟道漏风率等，影响这两个指标的因素很

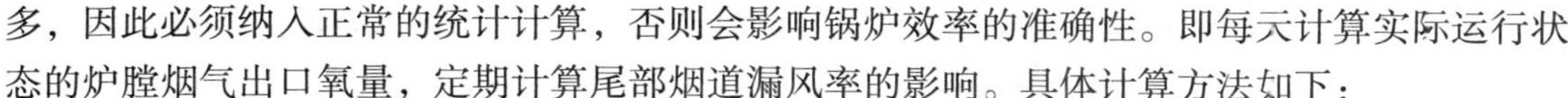

多，因此必须纳入正常的统计计算，否则会影响锅炉效率的准确性。即每天计算实际运行状态的炉膛烟气出口氧量，定期计算尾部烟道漏风率的影响。具体计算方法如下：

1）首先计算设计工况下炉膛烟气出口氧量和尾部烟道漏风率的 $k_{\mathrm{lf}}^{\mathrm{ed}}$ 值的常系数（x）。

2）定期计算尾部烟道漏风率的 $k_{\mathrm{lf}}^{\mathrm{ed}}$ 值的常系数（x）。

3）每日用排烟出口处的实际氧计算 $k_{\mathrm{lf,o}}^{\mathrm{ed}}$ 值，并计算排烟损失 q_2。

4）每天实际计算排烟损失 q_2 用 $k_{\mathrm{lf,o}}^{\mathrm{ed}}$ 的计算，具体公式如下

$$k_{\mathrm{lf,o}}^{\mathrm{ed}}=1-\frac{3.45\times\dfrac{1}{4.7\times O_{\mathrm{py}}^{\mathrm{cd}}}+x}{100} \tag{1-76}$$

式中　$k_{\mathrm{lf,o}}^{\mathrm{ed}}$——统计锅炉效率计算排烟损失用值。

（2）常系数 x 的计算，具体计算公式如下

$$x=1-\frac{3.45\times\dfrac{1}{4.7\times O_{\mathrm{py}}^{\mathrm{cd}}}-k_{\mathrm{lf}}^{\mathrm{ed}}}{100} \tag{1-77}$$

式中　x——计算尾部烟道漏风率变化对锅炉效率影响的 $k_{\mathrm{lf}}^{\mathrm{ed}}$ 值的常系数。

有了设计排烟处氧量（$O_{\mathrm{py}}^{\mathrm{cd}}$）计算的 x 值，锅炉效率便可涵盖空气预热器、锅炉尾部烟道漏风率变化对锅炉效率的影响。

3. 确定锅炉设备对运行经济性影响的重点指标

（1）炉膛出口烟气中的氧量。炉膛出口烟气中氧量的设计定额值，运行中不可随意提高。炉膛出口烟气中的氧量提高1%，将使单元机组发电煤耗率升高1.5g/kWh左右。

（2）排烟温度。排烟温度是否达到设计值，判断的标准不是汽轮机额定负荷下的运行值，更不是运行统计值，而应是同负荷下的设计值。排烟温度比设计值高10℃，将使单元机组发电煤耗率升高1.3g/kWh左右。

（3）送风机入口风温度。送风机入口风温度，必须是送风机入口处的室内的空气温度，否则将造成锅炉效率偏高，发电煤耗率偏低，煤场亏煤。

（4）锅炉尾部烟道及空气预热器漏风率。

（5）飞灰可燃物。

（6）锅炉尾部烟气温度降与各受热面介质温升等指标的监督与管理。要定期（每月一次）做好额定（同负荷）工况下的记录，并观察、分析其变化趋势，发现问题及时分析原因，提出对策，及时改进。

五、入炉煤水分、热值决定发、供电煤耗率水平的代表性、准确性

1. 热值差的校验

热值差的校验，是用水分差来校验热值差的数理关系是否相符。

煤炭的全水分变化1%，在正常燃用的电煤热值范围内，将影响燃煤的热值变化250～335kJ/kg（60～80kcal/kg）。

2. 水分对热值的影响

入炉煤水分、热值偏低，代表性不够，影响发电煤耗率虚低。它的影响远远大于汽轮机指标、锅炉指标、厂用电率等指标的影响。在一定条件下，是发电煤耗率偏离实际水平的根

源所在。例如：发电煤耗率水平为300g/kWh，煤炭的热值为21 000kJ/kg，入炉水分变化1%，发电煤耗率将虚降3.5g/kWh左右。

3. 如何管理入炉煤热值

关于燃料的管理工作，如果只注重管理燃料的入炉煤热值，有关燃料的管理将会是一筹莫展；如果燃料管理从订货合同开始，管好四个环节、三个过程、三个指标、三个差值，就能出色地做好燃料的管理工作。

四个环节：订货合同、煤炭矿发、进厂验收、入炉耗用。

三个过程：订货—矿发、矿发—进厂、进厂—入炉。

三个指标：热值、水分、灰分。

三个差值：热值差、水分差、灰分差。

4. 分环节、分阶段、分指标，落实职责，管好每一个指标

具体要求、方法详见第八章第三节燃料经济指标四个阶段、三个过程的控制与管理。

第二章 发电煤耗率

本章内容，一是研究、讨论发电煤耗率指标的影响因素；二是研究、讨论汽轮机效率、锅炉效率、管道效率变化对发电煤耗率影响系数的计算方法，并最终通过计算，分析、汇总出各汽轮机设备效率、锅炉设备效率、管道效率变化对全厂发电煤耗率的影响值，分清各单元机组的发电煤耗率，哪一个单元完成好，哪一个单元没有达到目标值，且差距是多少；三是研究计算各单元机组发电煤耗率水平变化、各单元机组发电量权数对全厂发电煤耗率的影响，分清主、客观因素的影响；四是讲解单元机组空载发电煤耗率的计算方法以及汽轮发电机组空载用能在带负荷程度变化时对机组发电煤耗率的影响；五是讲解发电煤耗率的校验分析方法；六是讲解发电煤耗率与水平的认识、分析、讨论、意见；七是单元机组设计保证值发电煤耗率的影响因素分析。

发电煤耗率是单元机组发电煤耗率的总称。发电煤耗率在行业、专业管理中，根据其性质不同，主要有以下两种分类方法：

1. 按发电煤耗率的性质分

按性质的不同，发电煤耗率可分为保证值发电煤耗率、设计运行值发电煤耗率、商业还贷发电煤耗率三种。

（1）保证值发电煤耗率：行业管理中用来评价锅炉设备、汽轮机设备是否达到制造厂设计水平的指标或依据。

（2）设计运行值发电煤耗率：电业生产过程中用来评价锅炉设备、汽轮机设备及其热力系统设备在正常生产运行中应达到的指标或考核要求的基础值。在电厂工程设计资料中，设计运行值发电煤耗率往往又有两种含义。一种是表示单元机组在额定负荷下的电厂效率、发电煤耗率；另一种是表示单元机组在规定年度设备设计利用小时下的单元机组电厂效率、发电煤耗率。

（3）商业还贷发电煤耗率：电厂工程设计时，考虑还贷能力核定的煤耗率水平。目前，只有少数机组设计文件中有此指标。

2. 按发电煤耗率的构成分

按构成的不同，发电煤耗率可分为汽轮发电机组发电空载煤耗率、汽轮发电机组微增发电煤耗率。

（1）汽轮发电机组发电空载煤耗率是单元机组发电煤耗率构成中的重要组成部分，是用来分析、衡量单元机组带负荷程度（发电平均负荷）变化时，在单元机组发电煤耗率中的份额、影响值或增加值。

（2）汽轮发电机组微增发电煤耗率：用作并列运行的发电厂（单元机组）间最经济的负荷分配的指标或依据。

本章所述的发电煤耗率，主要指运行发电煤耗率。火力发电厂中，发电煤耗率一般也用电厂（发电）效率或电厂（发电）热耗率表示。

（1）发电煤耗率：表示发电厂单元机组的锅炉、汽轮机设备及其热力系统运行的经济性，即指每发1kWh的电能所耗用的标准煤量，单位为g/kWh。

（2）电厂效率：单元电机组每发1kWh的电能对所耗用煤炭的利用程度，单位为%。

（3）电厂热耗率：单元机组每发1kWh的电能所耗用的热量，单位为kJ/kWh。

发电煤耗率是火力发电厂发电设备、系统及热力系统运行经济性的总指标（不含辅机设备、热力系统运行耗用的电能）。发电煤耗率水平是发电厂各方面工作总的反映，包括设备健康水平，设备检修工艺、检修质量，机组运行、调整操作水平，能耗指标管理、燃料管理、检修管理、更改工程管理等各方面的专业管理工作水平。

单元发电机组的发电煤耗率与锅炉效率、汽轮机效率、管道效率、供热比、燃料管理水平等有关。

全厂发电煤耗率水平，除与单元发电机组的发电煤耗率水平有关外，还与单元机组发电量权数、燃料质量、数量管理水平有关。供热电厂（机组）的发电煤耗率水平还与供热参数、供热比等有关。

第一节　发电煤耗率直接影响的因果

一、机组发电煤耗率的影响因素

单元机组发电煤耗率的影响因素很多。从数理关系上讲，直接影响计算值发电煤耗率水平的因素是汽轮机效率、锅炉效率和管道效率。具体来说就是锅炉、汽轮机、电气设备及系统的各项技术经济指标。本节按照技术经济指标体系的分级管理原则，对与指标直接有关的下一级经济指标进行介绍。

单元机组发电煤耗率的影响因素有：

（1）汽轮发电机绝对电效率水平。

（2）锅炉效率水平。

（3）管道效率水平。

（4）燃料质量、管理水平。

（5）供热机组的供热参数。

（6）机组的供热负荷等因素。

本节所讲指标是可定量的、直接影响发电煤耗率水平的下一级指标，包括锅炉效率、汽轮机效率、管道效率等三项，而不包括其下一级影响锅炉效率、汽轮机效率、管道效率的各项指标。关于影响煤耗率水平的燃料质量指标对发、供电煤耗率的影响在第八章中阐述，供热机组的供热负荷、供热比等对发、供电煤耗率影响在第九章中单独分析、讨论。

影响发电煤耗率指标的因素，一台单元机组的锅炉、汽轮机设备及其系统技术经济指标约有100多项。由于各个电厂发电的主、辅设备及系统各不相同，因此构成单元机组技术经济指标体系的指标数目也各异。

管理者要掌握并管理好发电煤耗率水平的变化值或变化趋势，要防止发电煤耗率渐变趋势的升高，使发电煤耗率水平达到并保持在设计值或定额水平运行（发电煤耗率水平变化是指发电机组运行的发电煤耗率水平，受设备、系统等某些因素的影响，造成机组发电煤耗率的上升或下降）。

发电煤耗率的水平变化对企业的影响，简单地说就是发电煤耗率每升高 1g/kWh，浪费多少煤炭，多支出多少燃料费用；或者发电煤耗率每降低 1g/kWh 能节约多少煤炭，企业能增加多少利润。

1g/kWh 煤耗率对企业经济效益的影响可用下列三组数据说明：

（1）发电煤耗率降低 1g/kWh，对 1 亿 kWh 的发电量来说，可节约 100t 标准煤，如果标准煤单价为 350 元/t，则可节约发电燃料费用 35 000 元。

（2）如果电厂年发电量为 100 亿 kWh，发电煤耗率降低 1g/kWh，一年就可节约 1 万 t 标准煤，如果标准煤单价为 350 元/t，则一年可节约燃料费用 350 万元。

（3）如果电厂年发电量为 100 亿 kWh，则发电煤耗率降低 4g/kWh，一年就可节约 4 万 t 标准煤，如果标准煤单价为 350 元/t，则一年可节约燃料费用 1400 万元。

二、关于发电煤耗率变化对企业经济效益影响的计算、分析

（一）发电煤耗率变化、发电量变化对标准煤量影响的计算公式

$$\Delta B_{bz} = \Delta b_{fd} \times W_{fd} \tag{2-1}$$

式中　ΔB_{bz}——发电煤耗率变化影响发电用标准煤量的变化值，kg 或 t；

Δb_{fd}——发电煤耗率的变化值，kg/kWh 或 g/kWh；

W_{fd}——分析、计算期发电量，kWh。

（二）发电煤耗率变化对企业经济效益的影响

发电企业具有资金密集、技术密集、生产人员少、管理人员少、发电煤耗率影响因素多、设备运行经济性指标变化频率高、节能潜力大等特点。为了帮助电业生产管理者、领导者建立发电煤耗率变化对企业经济效益影响的意识，方便生产管理者、领导者深入研究发电煤耗率变化对企业经济效益影响的分析、研究，特将发电煤耗率变化对发电用煤量影响值的计算结果通过表格化、曲线化提供给电业工作者，特别是节能专业工程师，以便电业生产者、管理者、领导者充分使用有限的时间，进一步提高工作效率，将专业工作做得更好，为企业争取更大的经济效益。

1. 计算编制不同发电量下，发电煤耗率变化值与标准煤数量的关系表

发电煤耗率升高 1g/kWh 浪费多少煤炭，发电煤耗率降低 1g/kWh 节约多少标准煤，是企业领导、专业管理人员经常关心，并要进行计算的工作。为了方便广大电业生产管理者，简化计算方法，准确定量，提高计算准确性，提高工作效率，特编制了不同发电量时，发电煤耗率变化值与标准煤数量的关系表，见表 2－1。

表 2－1　　不同发电量时，发电煤耗率变化值与标准煤数量的关系　　t

发电量	发电煤耗变化值（g/kWh）					
（$\times 10^8$kWh）	1	2	3	4	5	10
1	100	200	300	400	500	1×10^3
2	200	400	600	800	1000	2×10^3

续表

发电量	发电煤耗变化值（g/kWh）					
（×10⁸kWh）	1	2	3	4	5	10
3	300	600	900	1200	1500	3×10^3
4	400	800	1200	1600	2000	4×10^3
5	500	1000	1500	2000	2500	5×10^3
10	1000	2000	3000	4000	5000	1×10^4
50	5000	10 000	15 000	20 000	25 000	5×10^4
100	10 000	20 000	30 000	40 000	50 000	1×10^5

表2－1使用说明：

（1）表2－1中第一列1～100为发电量数值，表示分析计算拟用的分析期发电量，单位为$\times10^8$kWh，或亿kWh，或$\times10^5$MWh。

（2）表2－1中第二大列第一行及第二行各列数值为发电煤耗率变化值，即1～10g/kWh。

（3）表2－1中第一列右面，第二大列第一行及第二行各发电煤耗率变化值1～10g/kWh下面的各列、各行数值为各发电煤耗率变化值和不同发电量时对应的标准煤量变化值，单位为t。

【例2－1】 某电厂2005年年发电量为50亿kWh，2005年发电煤耗率较2004年降低了3g/kWh，从表2－1中可查得2005年由于发电煤耗率降低而节约了标准煤15 000t。

【例2－2】 某电厂2005年年发电量为54亿kWh，2005年发电煤耗率较2004年升高了2g/kWh，从表2－1中可查得50亿kWh多耗用标准煤为10 000t，4亿kWh多耗用标准煤为800t。可见，2005年由于发电煤耗率升高2g/kWh，多耗用了10 800（10 000＋800）t标准煤。

2. 绘制发电量与发电煤耗率变化对发电用煤量影响的曲线

用表2－1中发电煤耗率变化时，不同发电量数值对应的对标准煤量的影响值，可以绘制出发电煤耗率变化时，不同发电量数值对应的与标准煤量的关系曲线，见图2－1。

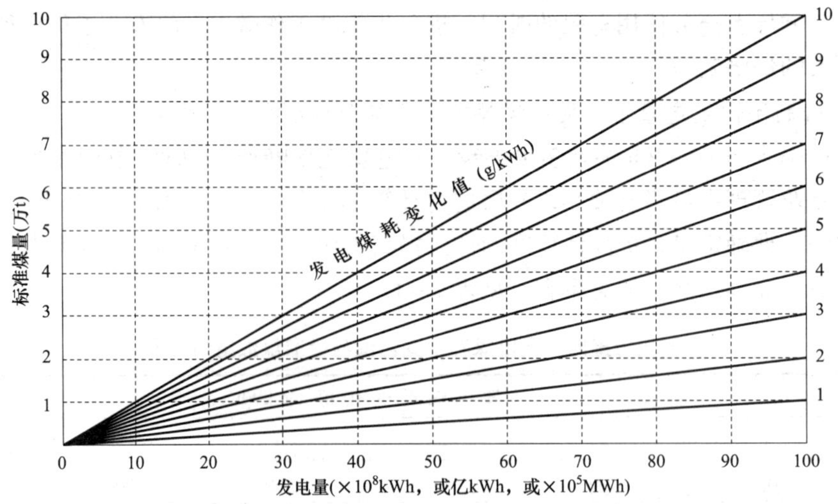

图2－1　不同发电量时，发电煤耗率变化与标准煤量的关系曲线

图 2－1 的使用说明：

（1）横坐标：计算用电量（1～100），单位为亿 kWh，或 $\times 10^8$kWh，或 $\times 10^5$MWh。

（2）纵坐标：标准煤量值，单位为万 t。

（3）从原点出发的不同斜率的 10 条斜线为发电煤耗率变化值（1～10g/kWh）。

【例 2－3】 发电煤耗率升高 4g/kWh，计算用电量为 50 亿 kWh 时，多耗用标准煤 2 万 t。

【例 2－4】 发电煤耗率降低 5g/kWh，计算用电量为 80 亿 kWh 时，可节约标准煤（50 亿 kWh：25 000t＋30 亿 kWh：15 000t）4 万 t。

（三）发电煤耗率变化对燃料成本的影响

发电燃料成本的影响因素：一是发电煤耗率的水平（即发电煤耗率的变化值，g/kWh）；二是发电用标准煤单价（元/t）。发电燃料成本变化值的计算公式如下

$$\Delta CB_{fd}^{rl} = \Delta b_{fd} \times BM_{dj} \tag{2-2}$$

式中　ΔCB_{fd}^{rl}——发电燃料成本变化值，元；

Δb_{fd}——发电煤耗率变化值，g/kWh；

BM_{dj}——发电标准煤单价，元/t。

第二节　发电煤耗率的计算

本书主要讲解发电煤耗率指标的计算方法。发电煤耗率的计算方法，按指标计算方法、性质来分，可分为正平衡发电煤耗率计算方法和反平衡发电煤耗率计算方法两种。本节仅介绍计算原理、原则计算公式以及计算知识、要求和注意事项。关于发电煤耗率的详细统计、计算程序、操作方法和统计管理要求及具体做法，详见发、供电煤耗率计算、统计、管理办法。

电力行业关于发、供煤耗率计算方法的规定是：执行《火力发电厂按入炉煤量正平衡计算发、供电煤耗实施管理办法》规定。其中，总则 1.2 条规定：火力发电厂发、供电煤耗率统一以入炉煤量计量和入炉煤机械采样分析的低位发热量按正平衡计算、反平衡校核，以煤场盘煤调整后的煤耗数据上报及考核。

一、正平衡发电煤耗率计算

正平衡发电煤耗率计算公式如下

$$b_{fd} = \frac{B_{fd}}{W_{fd}} \tag{2-3}$$

式中　b_{fd}——发电煤耗率，g/kWh；

B_{fd}——称重计量的发电用标准煤量，kg/h 或 t/h；

W_{fd}——计算期发电量，kWh。

二、反平衡发电煤耗率计算

反平衡发电煤耗率的计算方法有以下三种：

（1）用锅炉产汽量和锅炉反平衡效率计算发电用标准煤量、天然实际煤量及发电标准煤耗率。

（2）用单元机组“电厂效率”，或全厂发电“电厂效率”计算发电标准煤耗率、发电

用标准煤量、发电用天然实际煤量。

（3）母管制机组直接用汽轮机效率、锅炉效率计算发电标准煤耗率、发电用标准煤量、天然实际煤量。

关于发电煤耗率的计算，电力行业在《火力发电厂按入炉煤量正平衡计算发、供电煤耗实施管理办法》中明文规定按正平衡计算，反平衡校核。可见，反平衡计算的发电煤耗率，是用来校核正平衡计算的发电煤耗率的准确性，这充分说明了反平衡计算发电煤耗率的必要性、重要性。反平衡计算发电煤耗率的原理和实践都反映出：反平衡计算的发电煤耗率与锅炉效率、汽轮机效率及其各项技术经济指标的状态、变化密切相关，直接反映在计算、统计的发电煤耗率之中。这充分说明：反平衡发电煤耗率的计算与管理是火力发电厂煤耗管理中不可缺少的重要组成部分。因此，各机组、各火力发电厂必须建立反平衡煤耗的计算与管理制度，每天编制有正、反平衡指标的《生产日报》，有关专业人员要按职责要求，每天或定期分析发电煤耗率等技术经济指标的准确性，确保煤耗率水平的真实性，达到及时发现发电设备、系统运行中能耗指标的潜在问题，提出措施，采取对策并及时解决，保持各项能耗指标在一个较好的水平上运行，并不断提高。

（一）锅炉反平衡计算发电煤耗率的方法

锅炉反平衡计算发电煤耗率的方法是：用锅炉产出汽量（热量）、自耗热量、排污热量及锅炉反平衡效率等计算锅炉耗用天然煤量、标准煤量，然后再计算发电标准煤耗率。

1. 锅炉产出总热量的计算公式

$$Q_{gl}^{z}=\frac{1}{10^{3}}\{D_{gl}^{gr}(h_{gl}^{gr}-h_{gl}^{gs})+D_{gl}^{zr}(h_{zr}^{ck}-h_{zr}^{rk})+D_{zr}^{jw}(h_{zr}^{jw}-h_{gl}^{gs})+\sum[D_{zy}(h_{zy}-h_{gl}^{gs})]+D_{pw}^{s}(h_{pw}^{s}-h_{gl}^{gs})\}+Q_{qt}^{rl} \tag{2-4}$$

式中 Q_{gl}^{z}——锅炉产出的总热量，kJ；

D_{gl}^{gr}——锅炉过热器出口蒸汽流量，kg/h；

h_{gl}^{gr}——锅炉过热器出口蒸汽焓，kJ/kg；

h_{gl}^{gs}——锅炉省煤器给水入口焓，kJ/kg；

D_{gl}^{zr}——锅炉再热蒸汽流量，kg/h；

h_{zr}^{ck}——锅炉再热器出口蒸汽出口焓，kJ/kg；

h_{zr}^{rk}——锅炉再热器出口蒸汽入口焓，kJ/kg；

D_{zr}^{jw}——再热器喷水减温水流量，kg/h；

h_{zr}^{jw}——再热器喷水减温水入口焓，kJ/kg；

D_{zy}——锅炉自用蒸汽（含吹灰、伴热等）流量，kg/h；

h_{zy}——锅炉自用蒸汽焓，kJ/kg；

D_{pw}^{s}——锅炉排污水流量，kg/h；

h_{pw}^{s}——锅炉排污水饱和蒸汽焓，kJ/kg；

Q_{qt}^{rl}——从锅炉直接供出其他的用热量，kJ/kg。

2. 锅炉再热蒸汽流量系数计算

锅炉再热蒸汽出口一般不配置流量表，专业工作人员，日常计算、统计时均采用《汽轮机热力特性计算说明书》提供的资料计算出锅炉出口再热蒸汽流量系数，再计算再热蒸汽流量。再热蒸汽流量系数一般为0.9左右。但单元机组在不同负荷下，再热蒸汽流量系数不是一个固定值，而是有一定规律的线性函数关系。节能专业工程师应根据制造厂提供的《汽轮机热力特性计算说明书》资料中给出的各负荷点的主蒸汽流量与再热蒸汽流量进行计算，并绘制成曲线，供统计及有关专业人员使用。

（1）再热蒸汽流量计算公式如下

$$D_{gl}^{zr} = k_{zr} \times D_{gl}^{gr} \tag{2-5}$$

$$K_{zr} = \frac{D_{gl}^{zr}}{D_{gl}^{gr}} \tag{2-6}$$

式中　K_{zr}——再热蒸汽流量系数；

D_{gl}^{zr}——再热蒸汽流量设计值，kg/h；

D_{gl}^{gr}——过热蒸汽流量设计值，kg/h。

（2）再热蒸汽流量系数曲线。再热蒸汽流量系数对不同容量、不同参数、不同型号的机组而言是不同的，每一台机组不同负荷下的再热蒸汽流量系数变化规律也不同。因此，每一台机组都要用本机组设计工况参数计算本机组的再热蒸汽流量系数，以确保汽轮机效率计算的准确性。因为200～600MW汽轮机绝对电效率每变化0.11%～0.16%（效率的绝对值——百分点），影响机组发电煤耗率变化1g/kWh左右。为使用方便，以下特举两例，以供参考。

1）某300MW机组定压、滑压运行再热蒸汽流量系数计算程序，见表2－2。

表2－2　　某300MW机组定压、滑压运行时再热蒸汽流量系数计算表

序号	方式	指标名称	单位	计算数据			
1	定压运行	带负荷程度	%	100	90	50	30
2		发电负荷	MW	300	270	150	90
3		主蒸汽压力	MPa	16.67	16.67	16.67	16.67
4		主蒸汽温度	℃	537	537	532.1	516
5		主蒸汽流量	t/h	903.1	798.2	446.1	284.1
6		再热蒸汽压力	MPa	3.20	2.855	1.627	1.035
7		再热蒸汽温度	℃	537	537	512	487
8		再热蒸汽流量	t/h	754.8	671.7	385.3	247.5
9		再热蒸汽流量系数	—	0.8356	0.8416	0.8636	0.8755
10	滑压运行	主蒸汽压力	MPa	—	—	9.26	7.41
11		主蒸汽温度	℃	—	—	532	516
12		主蒸汽流量	t/h	—	—	439.8	266.3
13		再热蒸汽压力	MPa	—	—	1.614	0.981
14		再热蒸汽温度	℃	—	—	512	487
15		再热蒸汽流量	t/h	—	—	382.6	234.9
16		再热蒸汽流量系数	—	—	—	0.8701	0.8821

从表 2 -2 中可以看出：300MW 机组 100% 负荷定压运行时，再热蒸汽流量系数为 0.835 6，30% 负荷定压运行时，再热蒸汽流量系数为 0.875 5，比额定负荷时大 4.78%；30% 负荷滑压运行时，再热蒸汽流量系数为 0.882 1，比额定负荷时大 5.57%，说明用固定流量系数，将使再热蒸汽流量偏小，影响汽轮机效率，发、供电煤耗率偏离正常值，进而失去准确性。

根据表 2 -2 中第 9 项定压运行再热蒸汽流量系数、第 16 项滑压运行再热蒸汽流量系数，可以绘制定压、滑压运行再热蒸汽流量系数与发电负荷的关系曲线，见图 2 -2。

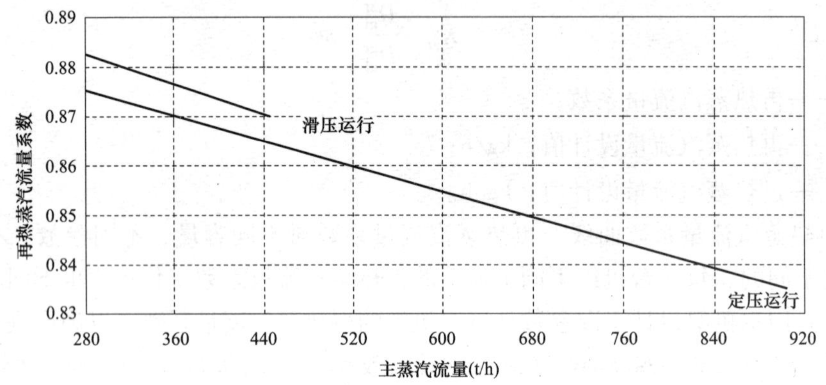

图 2 -2　某 300MW 机组在定压、滑压运行时，
再热蒸汽流量系数与主蒸汽流量（发电负荷）的关系曲线

2）某 600MW 机组滑压运行再热蒸汽流量系数计算，见表 2 -3。

表 2 -3　　某 600MW 机组滑压运行时再热蒸汽流量系数计算表

序号	指标名称	单位	计算数据				
1	带负荷程度	%	100	75	50	40	30
2	发电负荷	MW	600	450	300	240	180
3	主蒸汽压力	MPa	16.67	12.6	8.58	7.03	5.51
4	主蒸汽温度	℃	537	537	537	532.4	523.7
5	主蒸汽流量	t/h	1774.5	1300.7	862.2	704.6	552.4
6	再热蒸汽压力	MPa	3.193	2.101	1.636	1.340	1.046
7	再热蒸汽温度	℃	537	537	537	523	499
8	再热蒸汽流量	t/h	1482.0	1109.5	751.4	618.9	489.1
9	再热蒸汽流量系数	—	0.835 0	0.853 0	0.871 5	0.878 5	0.885 5

从表 2 -3 可以看出，某 600MW 机组 100% 负荷滑压运行时，再热蒸汽流量系数为 0.835 0；30% 负荷滑压运行时，再热蒸汽流量系数为 0.885 5，比额定负荷时大 6.05%，说明用固定流量系数，将使再热蒸汽流量偏小，影响汽轮机效率，发、供电煤耗率偏离正常值，进而失去准确性。

由表 2 -3 中计算数据，绘制出的某 600MW 机组滑压运行时再热蒸汽流量系数与主蒸汽流量（发电负荷）的关系曲线，见图 2 -3。

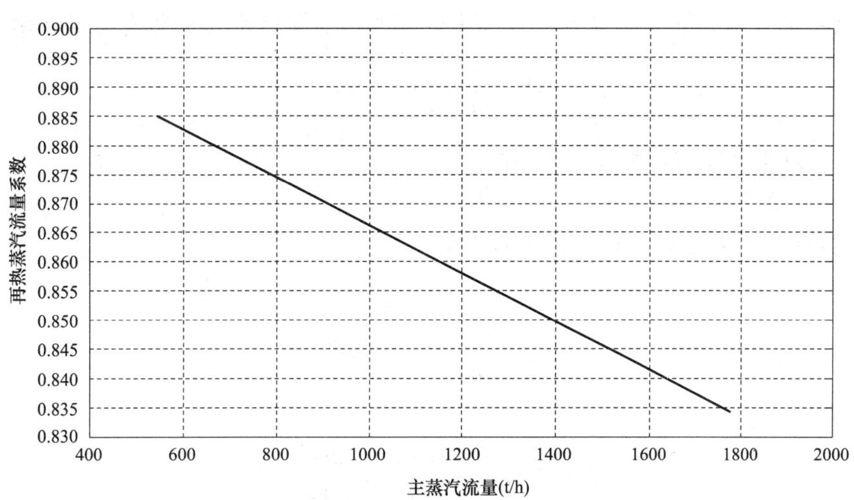

图2-3　某600MW机组在滑压运行时，再热蒸汽流量系数与主蒸汽流量（发电负荷）的关系曲线

3. 用锅炉产出总热量计算锅炉耗用天然煤量

$$B_{gl}^{t}=\frac{Q_{gl}^{z}}{Q_{net,ar}^{t}\times\eta_{gl}^{fp}} \tag{2-7}$$

式中　B_{gl}^{t}——锅炉耗用的天然煤量，t；

$Q_{net,ar}^{t}$——锅炉耗用的天然煤低位热量，kJ/kg；

η_{gl}^{fp}——锅炉及平衡效率,%。

4. 用锅炉产出总热量计算锅炉耗用标准煤量

$$B_{gl}^{b}=\frac{Q_{l}^{z}}{29\ 271.2\times\eta_{gl}^{fp}} \tag{2-8}$$

式中　B_{gl}^{b}——锅炉耗用的标准煤量，t；

η_{gl}^{fp}——锅炉反平衡效率,%；

29 271.2——标准煤的热值，kJ/kg。

5. 发电耗用天然煤量的计算公式

$$B_{fd}^{t}=B_{gl}^{t}-B_{zy}^{t}+B_{qt}^{t} \tag{2-9}$$

式中　B_{fd}^{t}——发电耗用天然煤量，t；

B_{qt}^{t}——机组启停耗用的天然煤量，t；

B_{zy}^{t}——自用天然煤量，t。

6. 发电耗用标准煤量的计算公式

$$B_{fd}^{b}=B_{gl}^{b}-B_{zy}^{b}+B_{qt}^{b} \tag{2-10}$$

式中　B_{fd}^{b}——发电耗用标准煤量，t；

B_{qt}^{b}——机组启停耗用的标准煤量，t；

B_{zy}^{b}——自用标准煤量，t。

7. 用反平衡计算的发电用煤量计算反平衡发电标准煤耗率（简称发电煤耗率，下同）

$$b_{fd}^{fp}=\frac{B_{fp}^{b}}{W_{fd}}\quad(g/kWh)\tag{2-11}$$

式中 b_{fd}^{fp}——反平衡发电煤耗率，g/kWh；

W_{fd}——计算期发电量，kWh。

（二）用电厂效率计算发电煤耗率的方法

1. 原则计算公式

$$b_{fd}=\frac{0.123}{\eta_{dc}}\quad(g/kWh)\tag{2-12}$$

式中

$$0.122\ 857\ 1=\frac{3600.648}{29\ 271.2}=\frac{860}{7000}\approx0.123$$

0.123（0.122 857 1）——分析比较时可用；正式计算发电煤耗率水平时，最好用实际比值，以减少误差，提高可比性；

3600.648（860）——电热当量，1kWh 的电能能发出相当于 3600kJ（860kcal）的热量；

29 271.2（7000）——标准煤热量，kJ/kg（7000kcal/kg）；

η_{dc}——电厂效率，%。

2. 用单元制发电机组的电厂效率计算单元机组发电煤耗率的公式

$$b_{fd}^{dy}=\frac{0.123}{\eta_{dc}^{dy}}\tag{2-13}$$

式中 b_{fd}^{dy}——单元发电机组发电煤耗率，g/kWh；

η_{dc}^{dy}——单元发电机组（系统）电厂效率，%。

3. 单元制全厂发电煤耗率的计算

用单元机组发电煤耗率计算全厂发电煤耗率的方法是：先用单元机组电厂效率计算出单元机组发电标准煤耗率，再计算全厂发电煤耗率，有两种计算方法：① 用单元机组发电煤耗率加权平均计算全厂发电标准煤耗率；② 用单元机组发电用标准煤量计算全厂发电标准煤耗率。具体方法如下：

（1）用单元机组发电煤耗率计算全厂发电煤耗率。用单元制发电机组的电厂效率计算全厂发电煤耗率，就是用单元机组发电煤耗率、发电量权数，采用加权平均的方法计算全厂的发电煤耗率。计算公式如下

$$b_{fd}^{qc}=\sum_{i=1}^{n}(b_{fd}^{dy}\times m_{dy})\tag{2-14}$$

或

$$b_{fd}^{qc}=\sum_{i=1}^{n}\left(\frac{0.123}{\eta_{dc}^{dy}}\times\frac{W_{fd}^{dy}}{W_{fd}^{qc}}\right)\tag{2-15}$$

式中 b_{fd}^{qc}——全厂发电煤耗率，g/kWh；

b_{fd}^{dy}——单元发电煤耗率，g/kWh；

m_{dy}——1 ~ n 号单元机组发电量权数；

η_{dc}^{dy}——1 ~ n 号单元机组电厂效率,%；

W_{fd}^{dy}——1 ~ n 号单元机组发电量，kWh；

W_{fd}^{qc}——全厂发电量，kWh。

（2）单元机组发电量权数计算公式。单元机组发电量权数，就是单元机组的发电量占计算期全厂发电量的比例。各单元机组发电量权数之和必须等于1，否则计算结果误差大。计算公式如下

$$m_{dy} = \frac{W_{fd}^{dy}}{W_{fd}^{qc}} \tag{2-16}$$

（3）用单元机组发电用标准煤量计算全厂发电标准煤耗率的计算公式

$$b_{fd}^{qc} = \frac{\sum_{i=1}^{n} B_{fd}^{dy}}{W_{fd}^{qc}} \tag{2-17}$$

式中　$\sum_{i=1}^{n} B_{fd}^{bz}$——各单元机组发电用煤量之和，kg 或 t。

（4）单元发电用标准煤量的计算公式

$$B_{fd}^{dy} = \sum (b_{fd}^{dy} \times W_{fd}^{dy}) \tag{2-18}$$

（三）用汽轮机效率、锅炉效率直接计算发电标准煤耗率

用汽轮机效率、锅炉效率直接计算发电标准煤耗率的方法，适用于计算母管制发电系统的发电煤耗率。

母管制发电系统是指由两台锅炉、两台汽轮机及以上机组的蒸汽热力系统组成的一个发电系统。母管制发电厂可以是一个母管制发电系统和一台单元机组组成；也可以是一个母管制发电系统和多台单元机组组成；还可以是多个母管制发电系统和一台单元机组组成；或多个母管制发电系统和多台单元机组组成。

1. 母管制系统发电煤耗率的计算方法

母管制系统发电煤耗率，是根据发电煤耗率的计算要素，发电量与锅炉供给发电耗用的蒸汽流量推理出来的。可以用以发电量为主，分摊耗发电用蒸汽流量的方法计算，也可以用锅炉供出蒸汽流量为主，锅炉蒸汽量供发电量的分摊方法来计算。具体计算公式如下：

（1）以锅炉蒸发量为主体的用汽轮机效率、锅炉效率计算母管制系统发电煤耗率的公式如下

$$b_{fd}^{mg} = \frac{0.123 \times W_{mg} \times \sum_{i=1}^{n} \frac{D_{li}}{\eta_{li}}}{D_{mg} \times \eta_{gd} \times \sum_{i=1}^{n} (W_i \times \eta_{ji})} = \times 100 \quad (g/kWh) \tag{2-19}$$

式中　b_{fd}^{mg}——母管制系统发电煤耗率，g/kWh；

W_{mg}——母管制系统 1，2，…，n 号机组的发电量之和，kWh；

D_{li}——母管制系统 1，2，…，n 号锅炉蒸汽流量，t/h；

η_{li}——母管制系统 1，2，…，n 号锅炉效率,%；

D_{mg}——母管制系统 1，2，…，n 号锅炉蒸汽流量之和，t/h；

η_{gd}——管道效率，%；

W_i——母管制系统 1，2，…，n 号机组发电量，kWh；

η_{ji}——母管制系统 1，2，…，n 号汽轮机效率，%。

如果一个电厂仅有一个母管制系统，则母管制系统的发电煤耗率就是全电厂的发电煤耗率。

（2）以汽轮发电机电量为主体的，用汽轮机效率、锅炉效率计算发电煤耗率的计算公式为

$$b_{fd}^{mg} = \frac{0.123 \times D_{mg} \times \sum_{i=1}^{n} \frac{W_i}{\eta_i}}{W_{mg} \times \eta_{gd} \times \sum_{i=1}^{n} (D_{li} \times \eta_{li})} \times 100 \quad (g/kWh) \tag{2-20}$$

2. 母管制系统电厂全厂发电煤耗率的计算方法

母管制系统电厂是指由两个或两个以上的母管制发电系统组成的电厂，其发电煤耗率计算方法如下：

（1）用母管制系统的发电煤耗率和发电量用加权平均计算母管制系统全厂发电煤耗率

$$b_{fd}^{qc} = \sum_{i=1}^{n} \left(b_{fd}^{mg} \times \frac{W_{fd}^{mg}}{W_{fd}^{qc}} \right) \quad (g/kWh) \tag{2-21}$$

或

$$b_{fd}^{qc} = \sum_{i=1}^{n} (b_{fd}^{mg} \times m_{mg}) \tag{2-22}$$

式中 W_{fd}^{mg}——母管制系统发电量，10^4kWh；

b_{fd}^{mg}——母管制系统发电煤耗率，g/kWh；

m_{mg}——母管制系统发电量权数。

母管制系统发电量权数计算公式为

$$m_{mg} = \frac{W_{fd}^{mg}}{W_{fd}^{qc}} \tag{2-23}$$

（2）用母管制系统发电量用标准煤量计算全厂发电煤耗率

$$b_{fd}^{qc} = \frac{\sum_{i=1}^{n} B_{fd}^{mg}}{W_{fd}^{qc}} \quad (g/kWh) \tag{2-24}$$

式中 B_{fd}^{mg}——母管制系统机组发电用煤量之和，t/h。

3. 母管制系统、单元制机组全厂发电煤耗率的计算

（1）用母管制系统、单元制机组发电煤耗率计算全厂发电煤耗率

$$b_{fd}^{qc} = \sum_{i=1}^{n} \left(\frac{W_{fd}^{mg}}{W_{fd}^{qc}} \times b_{fd}^{mg} + \frac{W_{fd}^{dy}}{W_{fd}^{qc}} \times b_{fd}^{dy} \right) \quad (g/kWh) \tag{2-25}$$

或

$$b_{fd}^{qc} = \sum_{i=1}^{n} (b_{fd}^{dy} \times m_{dy} + b_{fd}^{mg} \times m_{mg}) \tag{2-26}$$

（2）用母管制系统、单元制机组发电用标准煤量计算全厂发电煤耗率

$$b_{fd}^{qc} = \frac{\sum_{i=1}^{n} (B_{fd}^{mg} + B_{fd}^{dy})}{W_{fd}^{qc}} \tag{2-27}$$

三、电厂效率的计算

电厂效率 = 汽轮机效率 × 锅炉效率 × 管道效率。但实际运用结果表明，该电厂效率计算公式仅适用于单元机组或单炉带单机的发电系统，计算此电厂效率再计算发电煤耗率，不能直接用于单元制发电厂、母管制发电厂、单炉带单机和单元制组合发电厂、单炉带单机和母管制组合的发电厂等各种类型的发电厂，而应用“加权平均”计算“全厂综合锅炉效率、全厂综合汽轮机效率”，计算出全厂的电厂效率后再计算全厂的发电煤耗率，其主要原因和有关情况如下：

某电厂装有 12（2 台）、15、25、30MW 等 5 台中温、中压机组，总容量为 94MW。常年用电厂效率计算发电煤耗率（该电厂效率是用加权平均计算的全厂综合锅炉效率、全厂综合汽轮机效率计算的）。20 世纪 70 年代中期，由于运行方式重组发生较大的变化，储煤场在偶尔有亏煤、盈煤，多年基本平衡的状况下突然出现亏煤 7000t 的严重事态。虽经多方查找、分析、计算，但均未果。深入分析计算方法对统计、计算发电煤耗率水平准确性、代表性、真实性的影响后发现：用加权平均计算锅炉综合效率、汽轮机综合效率计算的全厂电厂效率，再计算发电厂全厂发电煤耗率。这种计算方法，使互不相关的锅炉流量、汽轮机发电量都对其他的汽轮机、锅炉发电系统产生了不应有的影响，使发电厂全厂的电厂效率值偏离正确值。两年的实际数据分析表明：用加权平均计算的全厂综合锅炉、综合汽轮机效率计算出来的全厂发电煤耗率比正确值偏差 10g/kWh 左右。偏差大小与机组参数、容量、煤耗率水平、发电量权数等经济性能指标有较大的关系，验算中找到最大的月影响值为 15g/kWh，这是造成煤场大量亏煤或盈煤的主要原因。为了验证该计算公式在实践中的适用性，又对同样采用电厂效率计算发电煤耗率的装有 6 台同参数、同容量的 100MW 单元机组的某厂做了两年运行实际统计，并对发电煤耗率的两种计算方法进行了验算和分析，结果表明：对发电煤耗的影响值月度为 +0.1 ~ -0.8g/kWh，年度平均偏差为 0.5g/kWh 左右。可见，对同参数、同容量，机组设计效率、运行效率水平稍有差异，发电量权数稍有变化，单元机组发电煤耗水平虽然相差不大的发电厂来说，将对煤耗产生一定影响。

（一）单元机组电厂效率的计算

单元机组电厂效率计算公式如下

$$\eta_{dc}^{dy} = \eta_{qj}^{dy} \times \eta_{gl}^{dy} \times \eta_{gd} \tag{2-28}$$

式中 η_{dc}^{dy}——单元机组电厂效率，%；

η_{qj}^{dy}——单元汽轮发电机组绝对电效率，%；

η_{gl}^{dy}——单元锅炉效率，%；

η_{gd}——电厂（狭义）管道效率（选用 98.5% 左右，下同），%。

（二）母管制系统电厂效率的计算

1. 以锅炉蒸发量为主体的母管制系统电厂效率计算公式

$$\eta_{dc}^{mg} = \frac{D_{mg} \times \eta_{gd} \times \sum_{i=1}^{n} (W_i^{fd} \times \eta_i^{qj})}{W_{mg} \times \sum_{i=1}^{n} \frac{D_i^{gl}}{\eta_i^{gl}}} \tag{2-29}$$

式中 η_{dc}^{mg}——母管制系统电厂效率，%；

η_{gd}——母管制系统管道效率（98.5%左右），%；

D_{mg}——母管制系统锅炉流量之和，t/h；

W_{mg}——母管制系统机组电量之和，kWh；

W_i^{fd}——第 i 号汽轮发电机发电量，kWh；

D_i^{gl}——第 i 号锅炉流量，t/h；

η_i^{qj}——第 i 号汽轮机效率，%；

η_i^{gl}——第 i 号锅炉效率，%。

如果一个电厂仅有一个母管制系统，则母制系统的电厂效率就是全厂的电厂效率。如果一个电厂由两个或两个以上母管制系统组成，则全厂的电厂效率可用母管制系统的电厂效率，即用系统电量加权求得。

2. 以汽轮发电机电量为主体的母管制系统电厂效率计算公式

$$\eta_{dc}^{mg} = \frac{W_{mg} \times \eta_{gd} \times \sum_{i=1}^{n} (D_i^{gl} \times \eta_i^{gl})}{D_{mg} \times \sum_{i=1}^{n} \frac{W_i^{fd}}{\eta_i^{qj}}} \tag{2-30}$$

（三）全厂电厂效率的计算

1. 单元机组全厂电厂效率的计算

单元制发电厂是指该厂所有发电机组均为单元机组。单元机组全厂电厂效率的计算公式如下

$$\eta_{dc}^{qc} = \sum_{i=1}^{n} \left(\eta_{dc}^{dy} \times \frac{W_{fd}^{dy}}{W_{dy}^{qc}} \right) \tag{2-31}$$

或

$$\eta_{dc}^{qc} = \frac{\sum_{i=1}^{n} (\eta_{dc}^{dy} \times W_{fd}^{dy})}{W_{fd}^{qc}} \tag{2-32}$$

或

$$\eta_{dc}^{qc} = \sum (\eta_{dc}^{dy} \times m_{qs}^{dy}) \tag{2-33}$$

式中 η_{dc}^{qc}——发电厂全厂电厂效率，%；

W_{fd}^{dy}——单元汽轮发电机组的发电量，kWh；

W_{fd}^{qc}——全厂发电量，kWh；

m_{qs}^{dy}——单元机组发电量权数。

单元机组发电量权数计算公式

$$m_{qs}^{dy}=\frac{W_{fd}^{dy}}{W_{fd}^{qc}} \tag{2-34}$$

2. 母管制系统全厂电厂效率计算公式

$$\eta_{mc}^{qc}=\sum_{i-1}^{n}\left(\eta_{dc}^{mg}\times\frac{W_{fd}^{mg}}{W_{fd}^{qc}}\right) \tag{2-35}$$

或

$$\eta_{mc}^{qc}=\frac{\sum_{i=1}^{n}(\eta_{dc}^{mg}\times W_{fd}^{mg})}{W_{fd}^{qc}} \tag{2-36}$$

或

$$\eta_{dc}^{qc}=\sum_{i=1}^{n}(\eta_{dc}^{mg}\times m_{mg}^{qs}) \tag{2-37}$$

式中　η_{mc}^{qc}——母管制系统的全厂电厂效率，%；

η_{dc}^{mg}——单元制系统电厂效率，%；

W_{fd}^{mg}——母管制系统发电量，kWh；

m_{mg}^{qs}——母管制系统发电量权数。

母管制系统发电量权数计算公式

$$m_{qs}^{dy}=\frac{W_{fd}^{mg}}{W_{fd}^{qc}} \tag{2-38}$$

3. 单元制系统、母管制系统全厂电厂效率计算公式

$$\eta_{dc}^{qc}=\sum_{i=1}^{n}\left(\eta_{dc}^{dy}\times\frac{W_{fd}^{dy}}{W_{fd}^{qc}}+\eta_{dc}^{mg}\times\frac{W_{fd}^{mg}}{W_{fd}^{qc}}\right) \tag{2-39}$$

或

$$\eta_{dc}^{qc}=\frac{\sum_{i=1}^{n}(\eta_{dc}^{dy}\times W_{fd}^{dy}+\eta_{dc}^{mg}\times W_{fd}^{mg})}{W_{fd}^{qc}} \tag{2-40}$$

或

$$\eta_{dc}^{qc}=\sum_{i=1}^{n}(\eta_{dc}^{dy}\times m_{dy}+\eta_{dc}^{mg}\times m_{mg}) \tag{2-41}$$

第三节　汽轮机效率对发电煤耗率的影响系数

汽轮机效率变化对发电煤耗率的影响系数，是指锅炉效率、管道效率为某一定值，汽轮机效率变化1%对发电煤耗率的影响值。汽轮机效率变化对发电煤耗率的影响系数与汽轮机效率水平、锅炉效率水平、管道效率水平有关，可以通过计算求得。

一、汽轮机效率变化对发电煤耗率的影响系数

具体来说，汽轮机效率变化对发电煤耗率的影响系数是指，在锅炉效率、管道效率一定

的条件下，在不同的汽轮机效率范围内，汽轮机效率变化1%（汽轮机效率的绝对值）对发电煤耗率的影响值，可以表达为（Δb_{fd}^{bh} g/kWh）/（$\Delta\eta_{qj}^{bh}$ 1%）。

（一）汽轮机效率变化对发电煤耗率影响系数的计算公式一

计算汽轮机效率变化对发电煤耗率的影响系数时，汽轮机效率的变化值由专业人员根据分析计算的需要自己选定，可以是0.5%，1.0%，2.0%，…。计算汽机效率变化对发电煤耗率的影响系数，是相对额定负荷设计参数的初始状态下的发电煤耗率与汽机效率变化（锅炉效率、管道效率不变）后的发电煤耗率差值的相对数，用（Δb_{fd}^{bh} g/kWh）/（$\Delta\eta_{qj}^{bh}$ 1%）表达。计算公式如下

$$\Delta b_{qj}^{fx} = \frac{|b_{qj}^{bh} - b_{qj}^{ed}|}{\Delta\eta_{qj}^{bh}} \tag{2-42}$$

式中 Δb_{qj}^{fx}——汽轮机效率变化对发电煤耗率的影响系数，（Δb_{fd}^{bh} g/kWh）/（$\Delta\eta_{qj}^{bh}$ 1%）；

$|b_{qj}^{bh} - b_{qj}^{ed}|$——取绝对值；

b_{qj}^{ed}——设计工况额定负荷下的发电煤耗率，g/kWh；

b_{qj}^{bh}——汽轮机效率变化后的发电煤耗率，g/kWh；

$\Delta\eta_{qj}^{bh}$——拟定的汽轮机效率变化值，%。

汽轮机效率变化值的计算公式

$$\Delta\eta_{qj}^{bh} = |\eta_{qj}^{ed} - \eta_{qj}^{bh}| \tag{2-43}$$

式中 η_{qj}^{ed}——设计工况额定负荷下的汽轮机效率值，%；

η_{qj}^{bh}——拟定的汽轮机效率变化后的汽轮机效率值，%。

（二）汽轮机效率变化对发电煤耗率影响系数的计算公式二

$$\Delta b_{qj}^{xs} = \frac{\left|\dfrac{0.123}{\eta_{gl}^{ed} \times \eta_{gd} \times \eta_{qj}^{bh}} - \dfrac{0.123}{\eta_{gl}^{ed} \times \eta_{gd} \times \eta_{qj}^{ed}}\right|}{\Delta\eta_{qj}^{bh}} \tag{2-44}$$

或

$$\Delta b_{qj}^{xs} = \frac{\dfrac{0.123}{\eta_{gl}^{ed} \times \eta_{gd}}\left|\dfrac{1}{\eta_{qj}^{bh}} - \dfrac{1}{\eta_{qj}^{ed}}\right|}{\Delta\eta_{qj}^{bh}} \tag{2-45}$$

式中 $\left|\dfrac{0.123}{\eta_{gl}^{ed} \times \eta_{gd} \times \eta_{qj}^{bh}} - \dfrac{0.123}{\eta_{gl}^{ed} \times \eta_{gd} \times \eta_{qj}^{ed}}\right|$——取绝对值；

$\left|\dfrac{1}{\eta_{qj}^{bh}} - \dfrac{1}{\eta_{qj}^{ed}}\right|$——取绝对值；

η_{gl}^{ed}——锅炉额定工况设计效率，%；

η_{gd}——管道效率，一般选用98.5%。

（三）汽轮机效率变化1%对发电煤耗率的影响系数

汽轮机效率变化1%对发电煤耗率影响系数的计算方法有两种，既可用上述计算公式计算，也可用数值表和曲线两种形式表示。

1. 选定计算用参数

用发电煤耗率计算公式，直接计算汽轮机效率变化1%对发电煤耗率的影响系数。计算

程序如下：

（1）选定汽轮机效率变化范围：计算选定的汽轮机效率变化范围为37.0%～46.0%。

（2）选定锅炉效率变化范围：计算选定的锅炉效率变化范围为87.0%～96.0%。

（3）选定管道效率：计算选定的管道效率为98.5%。管道效率选定的高或低对汽轮机效率变化1%对发电煤耗率影响系数的影响不大，因为结果是两组计算数值的差值。

2. 用汽轮机效率、锅炉效率、管道效率计算发电煤耗率，再计算汽轮机效率变化1%对发电煤耗率的影响系数

（1）发电煤耗率计算公式

$$b_{fd} = \frac{0.123}{\eta_{qj} \times \eta_{gl} \times \eta_{gd}} \tag{2-46}$$

（2）用上述发电煤耗率的计算公式，计算出选定各组合参数的发电煤耗率，并将发电煤耗率计算数值填入表2-4中。

表2-4　管道效率为定值，不同锅炉效率、汽轮机效率时的发电煤耗率　g/kWh

序号	汽轮机效率（%）	锅炉效率（%）			
		96.0	93.0	90.0	87.0
	A	B	C	D	E
1	37.0	351.1	362.5	374.6	387.5
2	38.0	341.9	352.9	364.7	377.3
3	39.0	333.1	343.9	355.4	367.6
4	40.0	324.8	335.3	346.5	358.4
5	41.0	316.9	327.1	338.0	349.7
6	42.0	309.3	319.3	330.0	341.3
7	43.0	302.2	311.9	322.3	333.4
8	44.0	295.3	304.8	315.1	325.8
9	45.0	288.7	298.0	308.0	318.6
10	46.0	282.4	291.6	301.3	311.7

（3）根据表2-4中的数值，绘制管道效率为定值，不同锅炉效率、汽轮机效率时的发电煤耗率关系曲线，见图2-4。

3. 计算汽轮机效率变化1%对发电煤耗率的影响系数

（1）汽轮机效率变化1%对发电煤耗率影响系数的计算方法

$$\Delta b_{qj}^{fx} = \frac{|1_h \cdot B_l - 2_h \cdot B_l|}{|2_h \cdot A_l - 1_h \cdot A_l|} \tag{2-47}$$

式中　1_h，2_h，…——第一行，第二行，…；

A_l，B_l，…——第A列，第B列，…；

$|1_h \cdot B_l - 2_h \cdot B_l|$——取绝对值；

$|2_h \cdot A_l - 1_h \cdot A_l|$——取绝对值。

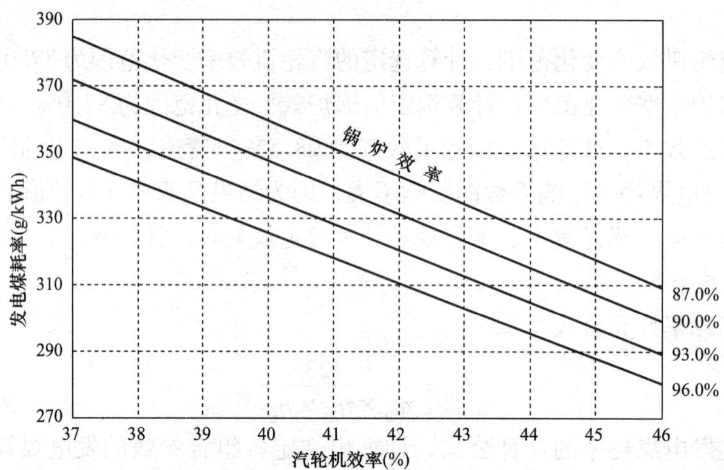

图2－4　管道效率为定值，不同锅炉效率、汽轮机效率与发电煤耗率的关系曲线

由表2－4及上述公式可计算管道效率为98.5%，锅炉效率为93.0%，汽轮机效率由45.0%降到44.0%，汽轮机效率变化1%对发电煤耗率的影响系数，即

$$\Delta b_{qj}^{fx}=\frac{8\cdot C-9\cdot B}{9\cdot A-8\cdot A}=\frac{304.8-298.0}{45.0-44.0}=6.8(\Delta b_{fd}^{bh}g/kWh)/(\Delta\eta_{qj}^{bh}1\%)$$

（2）根据上述（1）中的计算方法，用表2－4中各种组合参数求出的发电煤耗率计算的汽轮机效率变化1%对发电煤耗率的影响系数见表2－5。

表2－5　管道效率为定值，不同锅炉效率时，汽轮机效率变化1%对发电煤耗率的影响系数（Δb_{fd}^{bh}g/kWh)/($\Delta\eta_{qj}^{bh}$1%)

锅炉效率（%）	汽轮机效率（%）								
	37.5	38.5	39.5	40.5	41.5	42.5	43.5	44.5	45.5
96.0	9.2	8.8	8.4	8.0	7.4	7.1	6.7	6.6	6.3
93.0	9.5	9.1	8.7	8.3	7.9	7.4	7.0	6.8	6.4
90.0	9.9	9.5	9.0	8.6	8.2	7.7	7.3	7.1	6.7
87.0	10.2	9.8	9.4	8.9	8.5	8.1	7.8	7.2	6.9

表2－5使用说明：

a. 表中第一列数值为锅炉效率值，其值范围为87.0%～96.0%。

b. 表中第二大列第一行及第二行中的各列为拟定的汽轮机效率分档数值，其值适用范围为37.5%～45.5%，其每一列数值适用于该值的±0.5%范围内。例如：汽轮机效率为40.5%时，此列下面的汽轮机效率变化1%对发电煤耗率的影响系数适用于40%$<\eta_{qj}<$41%。

c. 第一列锅炉效率值96.0%～87.0%的右边，第二大列第一行及第二行各列汽轮机效率值37.5%～45.5%下面的，是锅炉效率、管道效率为某一定值时，汽轮机效率变化1%对发电煤耗率的影响系数。例如：锅炉效率为90.0%，管道效率为98.5%，汽轮机效率为39.5%左右（即39%$<\eta_{qj}<$40%）时，汽轮机效率变化1%对发电煤耗率的影响系数为9.0g/kWh。

d. 在表2－5规定的锅炉效率的绝对值为87.0%～96.0%，汽轮机效率为37.0%～

46.0%，管道效率为某一定值，汽轮机效率变化1%时，发电煤耗率影响系数的变化范围为6.3~10.2g/kWh，变化幅度为3.9g/kWh。因此，不同类型的机组、不同水平的汽轮机效率、锅炉效率，不能用同一个汽轮机效率变化1%对发电煤耗率的影响系数。各专业人员，必须用本厂汽轮机效率、锅炉效率的水平选用适合本厂的汽轮机效率变化1%对发电煤耗率的影响系数作为分析、计算的依据，以确保数据、结论的准确性。

4. 绘制汽轮机效率变化1%对发电煤耗率影响系数的关系曲线

根据表2-5中汽轮机效率变化1%对发电煤耗率的影响系数，可以绘制出4条锅炉效率分别为87.0%、90.0%、93.0%、96.0%时汽轮机效率变化1%与对发电煤耗率影响系数的线性函数关系曲线，见图2-5。

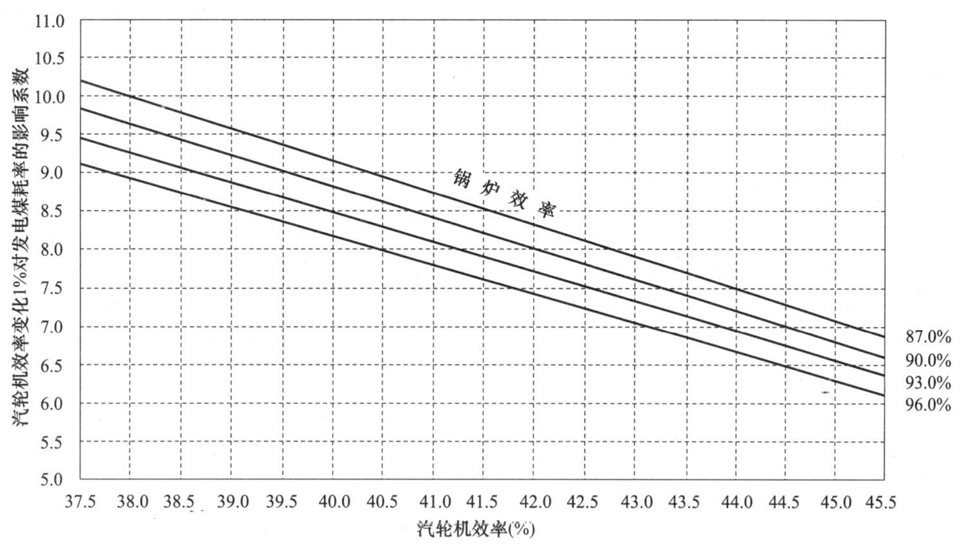

图2-5　管道效率为定值，不同锅炉效率时，

汽轮机效率变化1%对发电煤耗率影响系数的关系曲线（Δb_{fd}^{bh}g/kWh）/（$\Delta\eta_{qj}^{bh}$1%）

图2-5使用说明：

（1）图中横坐标为汽轮机效率，适用范围为37.0%~46.0%；纵坐标为发电煤耗率变化1g/kWh对汽轮机效率的影响系数。

（2）由图2-5可以查得：锅炉效率为93.0%（管道效率为98.5%），汽轮机效率为39.5%时，汽轮机效率每变化1%，影响发电煤耗率的相应变化值为8.7g/kWh。即在上述条件下，汽轮机效率每变化0.115个百分点，发电煤耗率变化1g/kWh。

二、发电煤耗率变化对汽轮机效率的影响系数

发电煤耗率变化对汽轮机效率的影响，在指标关系中是不存在的。但在数理逻辑关系上是可以理解的，是有用的。

（一）发电煤耗率变化对汽轮机效率影响系数的计算

由于汽轮机效率变化对发电煤耗率的影响系数是指汽轮机效率变化1%，影响发电煤耗率变化（升高或降低）的克数，而发电煤耗率变化对汽轮机效率影响系数是指发电煤耗率每变化1g/kWh，影响汽轮机效率的相应变化值，因此，汽轮机效率变化1%对发电煤耗率

影响系数的倒数即为发电煤耗率变化 1g/kWh 引起的汽轮机效率的相应变化值，即可表达为 $(\Delta\eta_{qj}^{bh}\%)/(\Delta b_{fd}^{bh}1g/kWh)$。计算公式如下

$$\Delta\eta_{fd}^{jx}=\frac{1}{\Delta b_{qj}^{fx}} \tag{2-48}$$

式中　$\Delta\eta_{fd}^{jx}$——发电煤耗率变化 1g/kWh 对汽轮机效率的影响系数。

（二）发电煤耗率变化对汽轮机效率的影响系数的表示形式

发电煤耗率变化 1g/kWh 对汽轮机效率的影响系数的表示形式，有数值表和关系曲线两种。

1. 编制发电煤耗率变化 1g/kWh 影响汽轮机效率变化的数值表

发电煤耗率变化 1g/kWh 对汽轮机效率的影响系数可用汽轮机效率变化 1% 对发电煤耗率的影响系数反推，计算公式为 $\Delta\eta_{fd}^{jx}=\frac{1}{\Delta b_{qj}^{fx}}$，计算结果见表 2-6。

表 2-6　管道效率为定值，不同锅炉效率时，发电煤耗率变化 1g/kWh 对汽轮机效率的影响系数 $(\Delta\eta_{qj}^{bh}\%)/(\Delta b_{fd}^{bh}1g/kWh)$

锅炉效率	汽轮机效率（%）								
（%）	37.5	38.5	39.5	40.5	41.5	42.5	43.5	44.5	45.5
96.0	0.106	0.112	0.118	0.124	0.131	0.135	0.141	0.152	0.159
93.0	0.103	0.109	0.115	0.119	0.125	0.130	0.135	0.147	0.156
90.0	0.100	0.105	0.110	0.115	0.120	0.125	0.130	0.141	0.149
87.0	0.097	0.102	0.107	0.111	0.116	0.120	0.125	0.139	0.145

表 2-6 使用说明：

a. 表中第一列数值为锅炉效率，其取值范围为 87.0%～96.0%。

b. 表中第二大列第一行和第二行中各列数值为汽轮机效率，其取值范围为 37.5%～45.5%，适用范围为 37.0%～46.0%，其每一列的汽轮机效率值适用于 ±0.5% 的范围内。例如：汽轮机效率为 41.5% 时，此列下数值适用于 $41\%<\eta_{qj}<42\%$。

c. 表中第一列锅炉效率值的右边，第二大列第一行和第二行各列汽轮机效率的下面为锅炉效率、管道效率为某一定值，发电煤耗率每变化 1g/kWh 时，影响汽轮机效率的相应变化值，即发电煤耗率变化 1g/kWh 对汽轮机效率的影响系数。由表可知，在设定条件下，发电煤耗率变化 1g/kWh，将引起汽轮机效率变化 0.097%～0.159%（百分点）。例如：锅炉效率在 90%，管道效率在 98.5%，汽轮机效率为 39.5% 左右（即 $39\%<\eta_{qj}<40\%$）时，发电煤耗率每变化 1g/kWh，影响汽轮机效率相应变化值为 0.11%。即在上述条件下，汽轮机效率变化 0.11 个百分点，发电煤耗率变化 1g/kWh。

2. 绘制发电煤耗率变化 1g/kWh 对汽轮机效率影响系数的关系曲线

根据表 2-6 中数据，可绘制出 4 条管道效率为 87.0%、90.0%、93.0%、96.0% 时发电煤耗率变化 1g/kWh 对汽轮机效率影响系数的一次线性函数曲线，见图 2-6。

从图 2-6 上可以查得，锅炉效率为 93.0%（管道效率为 98.5%），汽轮机效率为 37.5% 时，发电煤耗率每变化 1g/kWh，汽轮机效率的相应变化值为 0.103%。即在上述条件下，汽轮机效率每变化 0.103 个百分点，发电煤耗率变化 1g/kWh。

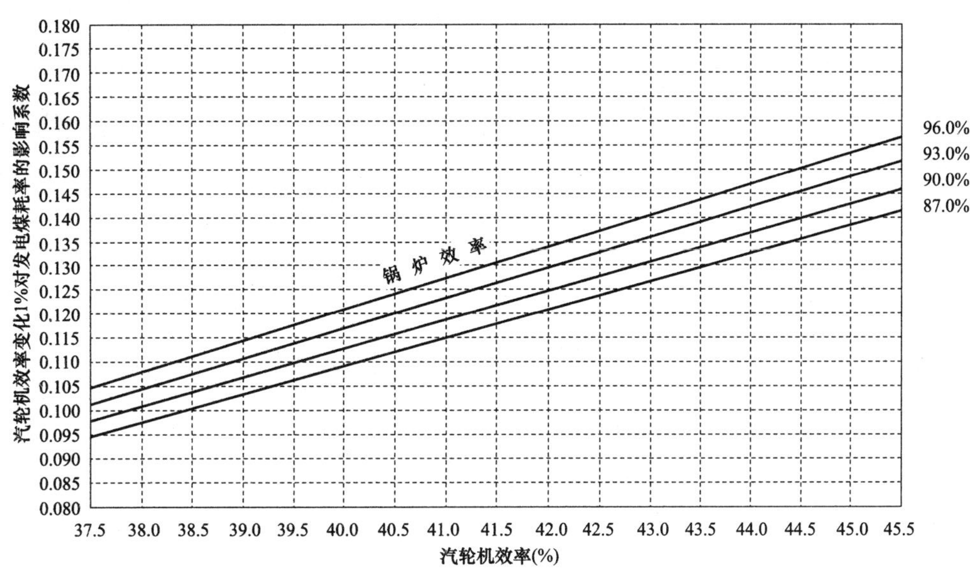

图2－6　管道效率为定值，不同锅炉效率时，发电煤耗率变化1g/kWh对汽轮机效率影响系数的关系曲线（$\Delta\eta_{qj}^{bh}$%）/（Δb_{bh}^{fd}1g/kWh）

（三）汽轮机效率对发电煤耗率影响系数的计算程序表

管道效率为定值，不同锅炉效率时，汽轮机效率变化1%对发电煤耗率影响系数的计算见表2－7。

表2－7　管道效率为定值，不同锅炉效率时，汽轮机效率变化1%对发电煤耗率影响系数的计算表

序号	指　　标		单位	计算结果
1	型号			
2	机号			定州1号
3	设计值	容量	MW	600
4		主蒸汽压力	MPa	16.7
5		主蒸汽温度	℃	537
6		锅炉效率（取值）	%	0.920 0
7		汽轮机热耗率	kJ/kWh（kcal/kWh）	7795.807（1862.0）
8		汽轮机效率	%	0.461 868 9
9		管道效率	%	0.980 0
10		电厂效率（⑥×⑧×⑨）	%	0.416 421
11		系数		0.122 857 1
12		发电煤耗率	g/kWh	0.295 030 9
13	汽轮机效率变化对发电煤耗率的影响系数	汽轮机效率变化后（⑧＋1）	%	0.471 868 9
14		电厂效率（⑥×⑬×⑨）	%	0.425 437
15		发电煤耗率（⑪/⑭）	g/kWh	0.288 778 6
16		（⑫－⑮）×1000 （Δb_{fd}^{bh}g/kWh）/（$\Delta\eta_{qj}^{bh}$1%）		6.252 3

续表

序号	指　　标	单位	计算结果
17	发电煤耗率变化 1g/kWh 对汽轮机效率的影响系数（1/⑯）$(\Delta\eta_{qj}^{bh}\%)/(\Delta b_{fd}^{bh}\,g/kWh)$		0.159 941 06

注　表中○内数字为指标序号。

第四节　锅炉效率对发电煤耗率的影响系数

锅炉效率变化对发电煤耗率的影响系数值的大小与锅炉效率水平、汽轮机效率水平、管道效率水平有关，可通过计算求得。

一、锅炉效率变化对发电煤耗率的影响系数

锅炉效率变化对发电煤耗率的影响系数是指，在一定的汽轮机效率、管道效率条件下，在不同的锅炉效率范围内，锅炉效率变化 1% 对发电煤耗率的影响值（g/kWh），可以用 $(\Delta b_{fd}^{bh}\,g/kWh)/(\Delta\eta_{gl}^{bh}\,1\%)$ 表达。

（一）锅炉效率变化对发电煤耗率影响系数的计算公式一

计算锅炉效率变化对发电煤耗率的影响系数时，锅炉效率的变化值由专业人员根据分析计算的需要自己选定，其间隔可以为 0.5%，1.0%，2.0%，…。计算锅炉效率变化对发电煤耗率的影响系数，是相对额定负荷设计参数的初始状态下的发电煤耗率与锅炉效率变化（汽轮机效率、管道效率不变）后的发电煤耗率差值的相对数，用 $(\Delta b_{fd}^{bh}\,g/kWh)/(\Delta\eta_{gl}^{bh}\,1\%)$ 表达。计算公式如下

$$\Delta b_{gl}^{fx} = \frac{|b_{gl}^{bh} - b_{gl}^{ed}|}{\Delta\eta_{gl}^{bh}} \tag{2-49}$$

式中　Δb_{gl}^{fx}——锅炉效率变化 1% 对发电煤耗率的影响系数，$(\Delta b_{fd}^{bh}\,g/kWh)/(\Delta\eta_{gl}^{bh}\,1\%)$；

b_{gl}^{ed}——设计工况额定负荷下的发电煤耗率，g/kWh；

b_{gl}^{bh}——锅炉效率变化后的发电煤耗率，g/kWh；

$\Delta\eta_{gl}^{bh}$——拟定的锅炉效率变化值，%。

锅炉效率变化值的计算公式

$$\Delta\eta_{gl}^{bh} = |\eta_{gl}^{ed} - \eta_{gl}^{bh}| \tag{2-50}$$

式中　$|\eta_{gl}^{ed} - \eta_{gl}^{bh}|$——取绝对值；

η_{gl}^{ed}——设计工况额定负荷下的锅炉效率值，%；

η_{gl}^{bh}——拟定的锅炉效率变化后锅炉效率值，%。

虚拟的锅炉效率变化值是分析、计算者的假定值，可以是 0.5%，1.0%，2.0%，…，也可根据计算者要求的精度任意选择。

（二）锅炉效率变化对发电煤耗率影响系数的计算公式二

$$\Delta b_{gl}^{fx} = \frac{\left|\dfrac{0.123}{\eta_{qj}^{ed}\times\eta_{gd}\times\eta_{gl}^{bh}} - \dfrac{0.123}{\eta_{qj}^{ed}\times\eta_{gd}\times\eta_{gl}^{ed}}\right|}{\Delta\eta_{gl}^{bh}} \tag{2-51}$$

或

$$\Delta b_{gl}^{fx}=\frac{\frac{0.123}{\eta_{qj}^{ed}\times\eta_{gd}}-\left|\frac{1}{\eta_{gl}^{bh}}-\frac{1}{\eta_{gl}^{ed}}\right|}{\Delta\eta_{gl}^{bh}} \tag{2-52}$$

式中　Δb_{gl}^{fx}——锅炉效率变化对发电煤耗率的影响值,(Δb_{gl}^{bh} g/kWh)/($\Delta\eta_{qj}^{bh}$ 1%);

η_{qj}^{ed}——汽轮机效率,%;

η_{gl}^{ed}——锅炉效率设计值,%;

η_{gl}^{bh}——拟定变化后的锅炉效率值,%。

(三) 锅炉效率变化1%对发电煤耗率的影响系数

锅炉效率变化1%对发电煤耗率的影响系数是指，锅炉效率变化1%对发电煤耗率的影响值的大小。一般有两种计算方法：① 利用上述计算公式计算；② 用发电煤耗率计算公式，直接计算。

锅炉效率变化1%对发电煤耗率的影响系数，可用数值表和曲线两种形式表示。

1. 确定计算用参数

(1) 选定锅炉效率变化范围：计算选定的锅炉效率变化范围为88.0%~95.0%。

(2) 选定汽轮机效率变化范围：计算选定的汽轮机效率变化范围为35.0%~45.0%。

(3) 选定管道效率：计算选定的管道效率为98.5%。管道效率选定的高或低对锅炉效率变化1%对发电煤耗率影响系数的影响不大，因为是两组计算数值的差值。

2. 用汽轮机效率、锅炉效率、管道效率计算发电煤耗率

$$b_{fd}=\frac{0.123}{\eta_{qj}\times\eta_{gl}\times\eta_{gd}} \tag{2-53}$$

3. 各组合参数的发电煤耗率的计算

用上述发电煤耗率计算公式，计算出选定各组合参数的发电煤耗率，并填入发电煤耗率计算表2　8中。

表2-8　　管道效率为定值，不同汽轮机效率时，锅炉效率与发电煤耗率的关系　　g/kWh

序号	锅炉效率（%）	汽轮机效率（%）		
		45	40	35
	A	B	C	D
1	88.0	315.0	354.3	405.0
2	89.0	311.4	350.4	400.4
3	90.0	308.0	346.5	396.0
4	91.0	304.6	342.7	391.6
5	92.0	301.3	338.9	387.4
6	93.0	298.0	335.3	383.2
7	94.0	294.9	331.7	379.1
8	95.0	291.8	328.2	375.1

4. 汽轮机效率与发电煤耗率的关系曲线

用表2－8中的数据，绘制管道效率为定值，不同锅炉效率时，汽轮机效率与发电煤耗率的关系曲线，见图2－7。

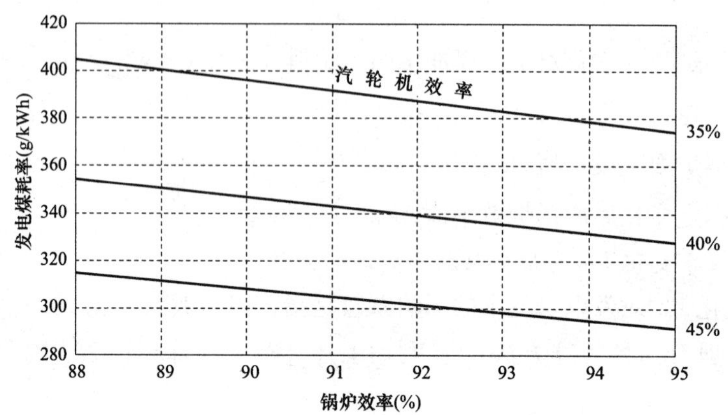

图2－7　管道效率为定值，不同汽轮机效率、锅炉效率与发电煤耗率的关系曲线

5. 计算锅炉效率变化1%对发电煤耗率的影响系数

用表2－8中的发电煤耗率计算锅炉效率变化1%对发电煤耗率的影响系数的计算方法如下

$$\Delta b_{gl}^{fx}=\frac{|1_h\cdot B_l-2_h\cdot B_l|}{|2_h\cdot A_l-1_h\cdot A_l|}$$

式中　$1_h,2_h,\cdots$——第一行，第二行，…；

$A_l,B_l,\cdots$——第A列，第B列，…；

$|1_h\cdot B_l-2_h\cdot B_l|$——取绝对值；

$|2_h\cdot A_l-1_h\cdot A_l|$——取绝对值。

由此可得，管道效率为98.5%，汽轮机效率为40.0%，锅炉效率由93.0%降至92.0%时，汽轮机效率变化1%对发电煤耗率的影响系数为

$$\Delta b_{gl}^{fx}=\frac{5\cdot C-6\cdot C}{6\cdot A-5\cdot A}=\frac{338.9-335.3}{93.0-92.0}=3.6(\Delta b_{fd}^{bh}\,g/kWh)/(\Delta\eta_{qj}^{bh}\,1\%)$$

6. 编制锅炉效率变化1%对发电煤耗率影响系数的数值关系表

用上述计算公式，根据表2－8中的各种参数组合计算出各自的发电煤耗率，以及所有组合参数间的锅炉效率变化1%对发电煤耗率的影响系数，并填入表2－9中。

表2－9　管道效率为定值，不同汽轮机效率时，锅炉效率变化1%对发电煤耗率的影响系数（Δb_{fd}^{bh}g/kWh）/（$\Delta\eta_{gl}^{bh}$1%）

汽轮机效率	锅炉效率（%）						
（%）	88.5	89.5	90.5	91.5	92.5	93.5	94.5
45.0	3.6	3.5	3.4	3.3	3.2	3.15	3.1
40.0	4.0	3.9	3.8	3.75	3.7	3.65	3.6
35.0	4.7	4.5	4.4	4.3	4.2	4.1	4.0

表2－9使用说明：

（1）表中第一列数值为汽轮机效率，其取值范围为45.0%～35.0%。

（2）表中第二大列第一行及第二行中各列为拟定的锅炉效率分档数值，其值适用范围为88.0%～95.0%，其每一列数值适用于该值的±0.5%范围内。例如：锅炉效率为92.5%时，此列下面的锅炉效率变化1%对发电煤耗率的影响系数适用于92%$<\eta_{gl}<$93%。

（3）第一列汽轮机效率45.0%～35.0%右边，第二大列第一行及第二行各列锅炉效率值88.5%～94.5%的下面，是汽轮机效率、管道效率为某一定值时，锅炉效率变化1%对发电煤耗率的影响系数。例如：汽轮机效率为45.0%，管道效率为98.5%，锅炉效率为92.5%左右（即92%$<\eta_{gl}<$93%）时，锅炉效率变化1%对发电煤耗率的影响系数为3.2g/kWh。

（4）表2－9中，汽轮机效率的绝对值为35.0%～45.0%，锅炉效率为88.0%～95.0%，当管道效率为某一定值时，锅炉效率变化1%对发电煤耗率影响系数的变化范围为3.1～4.7g/kWh，变化幅度为1.6g/kWh。因此，不同类型的机组，不同水平的汽轮机效率及锅炉效率，不能用同一个锅炉效率变化1%对发电煤耗率的影响系数。各专业人员，必须用本厂汽轮机效率、锅炉效率的实际水平，选用适合本厂锅炉效率变化1%对发电煤耗率的影响系数作为分析、计算的依据，以确保数据、结论的准确。

7. 绘制锅炉效率变化1%对发电煤耗率影响系数的关系曲线

根据表2－9中锅炉效率变化1%对发电煤耗率的影响系数，可绘制出3条汽轮机效率分别为45.0%、40.0%、35.0%时，锅炉效率变化1%对发电煤耗率的影响系数的一次线性关系曲线，见图2－8。

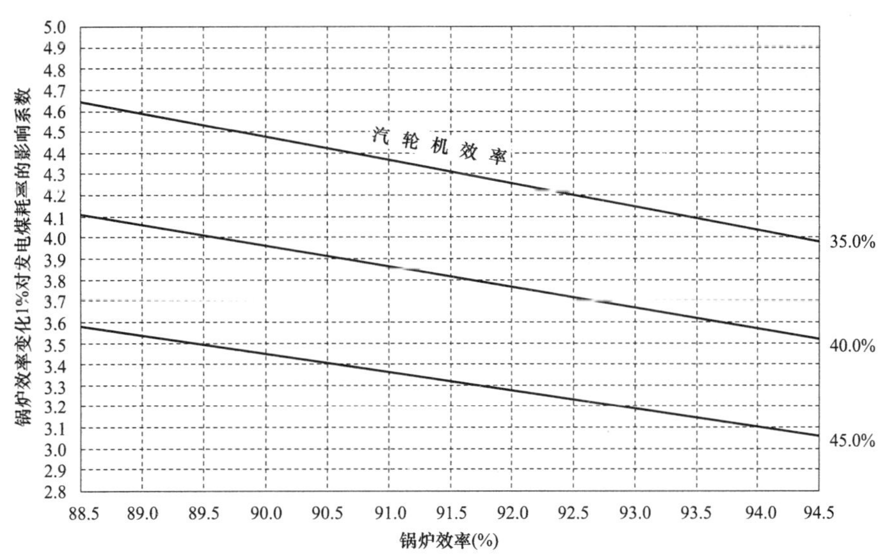

图2－8　管道效率为定值，不同汽轮机效率时，

锅炉效率变化1%对发电煤耗率的影响系数的关系曲线（b_{fd}^{bh}g/kWh）/（$\Delta\eta_{gl}^{bh}$1%）

从图2－7上可以查得，锅炉效率为93.5%（管道效率为98.5%），汽轮机效率为45.0%时，锅炉效率每变化1%，影响发电煤耗率的相应变化值为3.1g/kWh。

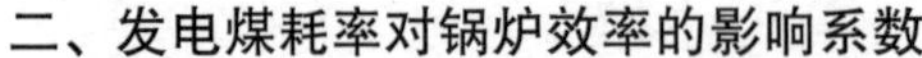

二、发电煤耗率对锅炉效率的影响系数

发电煤耗率对锅炉效率的影响系数是指，在一定的汽轮机效率下，当管道效率为常数，在不同的锅炉效率值的范围内，发电煤耗率每变化1g/kWh影响锅炉效率的相应变化值，在分析工作中也常叫做发电煤耗率变化对锅炉效率的影响系数。

（一）发电煤耗率变化对锅炉效率影响系数的计算

发电煤耗率变化对锅炉效率的影响系数是指发电煤耗率每变化1g/kWh影响锅炉效率的相应变化值。因此，可用锅炉效率变化1%对发电煤耗率的影响系数反推发电煤耗率变化1g/kWh引起锅炉效率的相应变化值，其公式可表达为

$$\Delta\eta_{fd}^{lx} = \frac{1}{\Delta b_{gl}^{fx}} \tag{2-54}$$

式中　$\Delta\eta_{fd}^{lx}$——发电煤耗率变化1g/kWh对锅炉效率的影响系数。

（二）发电煤耗率变化1g/kWh对锅炉效率的影响系数

发电煤耗率变化1g/kWh对锅炉效率的影响系数，是指发电煤耗率变化1g/kWh引起锅炉效率的相应变化值，可以表达为（$\Delta\eta_{gl}^{bh}$%）/（Δb_{fd}^{bh}1g/kWh）。一般可以用数值表和关系曲线两种方式表示。

（1）发电煤耗率变化1g/kWh对锅炉效率影响系数的计算公式

$$\Delta\eta_{fd}^{lx} = \frac{1}{\Delta b_{gl}^{fx}} \tag{2-55}$$

（2）编制发电煤耗率变化1g/kWh对锅炉效率影响系数的数值表。

根据计算公式（2-55），用表2-9中锅炉效率变化1%对发电煤耗率的影响系数的数值，计算发电煤耗率变化1g/kWh对锅炉效率的影响系数，并将计算结果填入表2-10中。

表2-10　管道效率为定值，不同汽轮机效率时，发电煤耗率变化1g/kWh对锅炉效率的影响系数（$\Delta\eta_{gl}^{bh}$%）/（Δb_{fd}^{bh}1g/kWh）

汽轮机效率	锅炉效率（%）						
（%）	88.5	89.5	90.5	91.5	92.5	93.54	94.5
45.0	0.278	0.286	0.290	0.294	0.304	0.318	0.323
40.0	0.250	0.256	0.263	0.267	0.270	0.278	0.286
35.0	0.213	0.222	0.227	0.233	0.238	0.244	0.250

表2-10使用说明：

1）表中第一列为汽轮机效率值，其适用范围为35.0%～45.0%。

2）表中第二大列第一行和第二行中的各列数值为锅炉效率，其适用范围为88.0%～95.0%，其每一列锅炉效率值适用于±0.5%的范围内。例如：锅炉效率为91.5%时，此列下数值适用于91%$<\eta_{gl}<$92%。

3）表中第一列汽轮机效率值35.0%～45.0%的右边，第二大列第一行和第二行各列锅炉效率值88.5%～94.5%的下面，是汽轮机效率、管道效率为某一定值时，发电煤耗率每变化1g/kWh时影响锅炉效率的相应变化值，即发电煤耗率变化1g/kWh对锅炉效率的影响系数。由表可知，在设定的条件下，发电煤耗率变化1g/kWh，将引起锅炉效率变化

0.213% ~0.323%。其中，汽轮机效率为45.0%，管道效率为98.5%，锅炉效率为92.5%左右（即92% $<\eta_{gl}<$ 93%）时，发电煤耗率每变化1g/kWh，影响汽轮机效率的相应变化值为0.304%。即在上述条件下，汽轮机效率变化0.304个百分点，发电煤耗率变化1g/kWh。

（3）绘制发电煤耗率变化1g/kWh影响锅炉效率变化的关系曲线。根据表2－10中发电煤耗率变化1g/kWh对锅炉效率的影响系数，可绘制出管道效率为定值，汽轮机效率分别为45.0%、40.0%、35.0%时，发电煤耗率变化1g/kWh对锅炉效率影响系数的一次线性关系曲线，见图2－9。

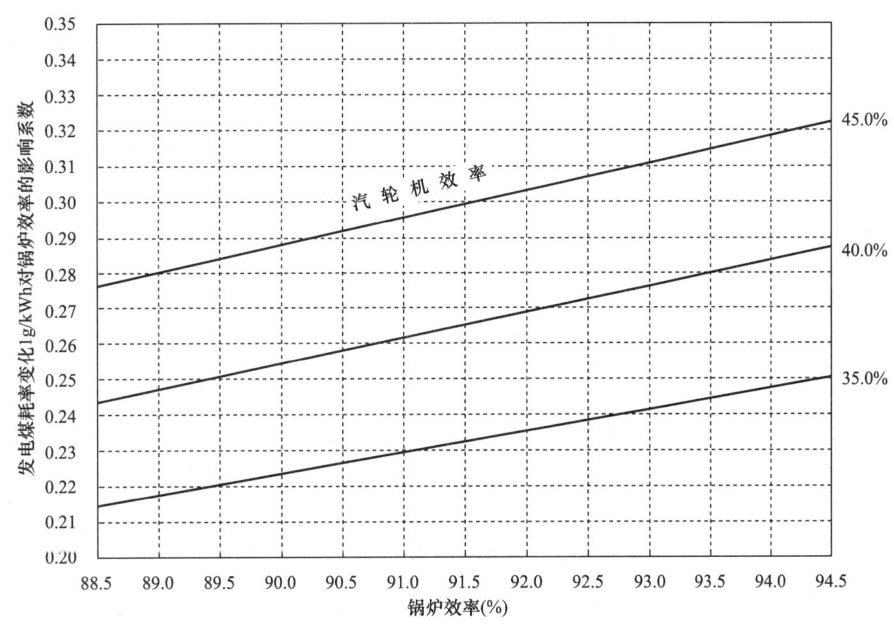

图2－9　管道效率为定值，不同汽轮机效率时，发电煤耗率变化1g/kWh对锅炉效率的影响系数的关系曲线（$\Delta\eta_{gl}^{bh}$%）/（Δb_{fd}^{bh}1g/kWh）

从图2－9上可以查得，管道效率为98.5%，汽轮机效率为40.0%，锅炉效率为92.5%时，发电煤耗率每变化1g/kWh，锅炉效率的相应变化值为0.270%。即在上述条件下，锅炉效率每变化0.270个百分点，发电煤耗率变化1g/kWh。

（三）发电煤耗率变化1g/kWh对锅炉效率的影响系数的计算程序表

为帮助各类专业人员充分利用有限的工作时间，提高工作效率，特给出简化的锅炉效率变化对发电煤耗率影响系数的计算程序表，见表2－11。

表2－11　管道效率为定值，不同汽轮机效率时，发电煤耗率变化1g/kWh对锅炉效率的影响系数计算程序表

序号	指　标	单　位	计算结果
1	型号		
2	机号		4号机

续表

序号	指　标		单　位	计算结果
3	设计值	容量	MW	300
4		主蒸汽压力	MPa	16.7
5		主蒸汽温度	℃	537
6		锅炉效率	%	0.920 0
7		汽轮机热耗率	kJ/kWh（kcal/kWh）	7963（1902）
8		汽轮机效率	%	0.452 155 6
9		管道效率	%	0.980 0
10		电厂效率（⑥×⑧×⑨）	%	0.407 663 5
11		系数		0.122 857 1
12		发电煤耗率（⑪/⑩）	g/kWh	0.301 368 8
13	锅炉效率变化对发电煤耗率的影响系数	锅炉效率变化后（⑥+1）	%	0.930 0
14		电厂效率（⑬×⑧×⑨）	%	0.412 094 6
15		发电煤耗率（⑪/⑭）	kg/kWh	0.298 128 3
16		影响系数［（⑫－⑮）×1000］$(\Delta b_{fd}^{bh}$ g/kWh$)/(\Delta \eta_{gl}^{bh}$ 1%）		3.240 419 1
17	发电煤耗率变化 1g/kWh 对锅炉效率的影响系数（1/⑯）$(\Delta \eta_{gl}^{bh}\%)/(\Delta b_{fd}^{bh}$ 1g/kWh）			0.308 602

注　表中○内数字表示指标序号。

第五节　管道效率变化对发电煤耗率的影响系数

管道效率变化对发电煤耗率的影响系数是指汽轮机效率、锅炉效率为某一定值，管道效率变化1%对发电煤耗率的影响值。管道效率变化对发电煤耗率的影响系数的大小与锅炉效率水平、汽轮机效率水平、管道效率水平有关，可以通过计算求得。

关于管道效率，有两种概念或理解。一是狭义管道效率；二是广义管道效率。

（1）狭义管道效率。狭义管道效率是指汽轮机、锅炉设备间主蒸汽、再热蒸汽、给水等高温管道、阀门的热损失量占输送总热量的比例，包括主蒸汽管道效率、再热蒸汽管道效率、给水管道效率等，单位为%。

《热力发电厂》等理论书中，狭义管道效率一般取值为99.0%左右（不含再热蒸汽管道的热损失），而该书计算例题中计算结果为98.68%（不含再热蒸汽管道、给水管道的热损失）。

（2）广义管道效率。广义管道效率是指包括锅炉与汽轮机高温管道、阀门的热损失量，锅炉、汽轮机及主辅机设备、系统的汽水泄漏损失，锅炉吹灰用汽热损失，锅炉连续排污热损失等计算汽轮机效率、锅炉效率时未包括的各项热损失量之和与锅炉总产出热量的比例。

可见，广义管道效率就是机组正常运行时的管道效率，也就是用运行的发电煤耗率、锅炉效率、汽轮机效率反求管道效率，但不含单元机组带负荷程度变化对发电煤耗率的影响。

据相关资料，200MW机组计算实例的广义管道效率为94.69%；论文中的广义管道效率为

94.60%；超临界机组广义管道效率为96.70%左右；亚临界机组广义管道效率为95.77%左右。

发电煤耗率计算中，狭义管道效率一般取用98.5%左右；广义管道效率一般取95.5%左右。本节主要介绍广义管道效率（以下简称管道效率）影响管道效率的因素，因为广义管道效率已包含了狭义管道效率。

影响管道效率的直接因素有：

（1）主蒸汽管道保温质量。

（2）热力设备、系统工质的泄漏程度。

（3）再热蒸汽管道保温质量。

（4）锅炉、汽轮机等设备的保温质量。

（5）给水管道的保温质量。

（6）厂用蒸汽、热的合理使用程度及保温质量。

（7）锅炉连续排污的合理度及回收程度。

（8）主蒸汽、再热蒸汽管道、阀门的压力损失。

电力生产过程中，一般不计算单元机组或全厂管道效率。正平衡计算发、供电煤耗率时，与发、供电量及煤量有关；反平衡计算发、供电煤耗率时，一般是根据汽轮机效率、锅炉效率、煤场盘煤结果用比重的经验，与发电煤耗率水平的平衡取用一个经验数值。这是因为，单元机组正常生产过程中管道效率很难测量准确和计算准确。因此，单元机组发电煤耗率水平的准确性、代表性给管道效率留下一个未知的空间，影响了发电煤耗率的准确性、代表性、可比性；也给人为调整发、供电煤耗率水平留下了一个较大的空间。据了解到的情况：某厂600MW机组锅炉效率、发电煤耗率都达到或稍好于保证值设计水平，用锅炉效率、汽轮机效率、发电煤耗率反求的月度管道效率却在99%左右，个别月份已达到102%左右。该汽轮机设计效率为47.05%，实际统计计算的汽轮机运行效率却只有42.50%左右。如扣除空载用能的影响，汽轮机效率仍偏低1.60%左右，这主要是计算程序的问题；另外，某热电厂200MW机组用月度锅炉效率、汽轮机效率、发电煤耗率反求的月度管道效率最高竟达到140%以上。

管道效率变化对发电煤耗率的影响系数是指：在锅炉效率、汽轮机效率一定的特定条件下，在不同的管道效率范围内，管道效率变化1%对发电煤耗率的影响值。

一、管道效率变化对发电煤耗率影响系数的计算公式

（一）管道效率变化对发电煤耗率影响系数的计算公式一

$$\Delta b_{gdx}^{fx} = \frac{|b_{gd}^{ed} - b_{gd}^{bh}|}{\Delta \eta_{gd}^{bh}} \tag{2-56}$$

式中　Δb_{gdx}^{fx}——管道效率变化对发电煤耗率的影响系数；

b_{gd}^{ed}——设计工况额定负荷下的发电煤耗率，g/kWh；

b_{gd}^{bh}——管道效率变化后的发电煤耗率，g/kWh；

$|b_{gd}^{ed} - b_{gd}^{bh}|$——取绝对值；

$\Delta \eta_{gd}^{bh}$——拟定的管道效率变化值，%。

管道效率变化值的计算公式如下

$$\Delta\eta_{gd}^{bh} = |\eta_{gd}^{ed} - \eta_{gd}^{bh}| \tag{2-57}$$

式中 η_{gd}^{ed}——设计（选定）工况额定负荷下的管道效率值，%；

η_{gd}^{bh}——拟定的管道效率变化后管道效率值，%；

$|\eta_{gd}^{ed} - \eta_{gd}^{bh}|$——取绝对值。

虚拟的管道效率，是分析、计算者的假定值。虚拟管道效率的变化值可以是 0.5%，1.0%，2.0%，…，也可根据计算者要求的精度任意选择。

（二）管道效率变化对发电煤耗率影响系数的计算公式二

$$\Delta b_{qgd}^{fx} = \frac{\left|\dfrac{0.123}{\eta_{gl}^{ed}\times\eta_{gd}^{ed}\times\eta_{qj}^{ed}} - \dfrac{0.123}{\eta_{gl}^{ed}\times\eta_{gd}^{bh}\times\eta_{qj}^{ed}}\right|}{\Delta\eta_{gd}^{bh}} \tag{2-58}$$

或

$$\Delta b_{gd}^{fx} = \frac{\dfrac{0.123}{\eta_{gl}^{ed}\times\eta_{qj}^{ed}}\left|\dfrac{1}{\eta_{gd}^{ed}} - \dfrac{1}{\eta_{gd}^{bh}}\right|}{\Delta\eta_{gd}^{bh}} \tag{2-59}$$

式中 η_{gl}^{ed}——设计工况额定负荷下的锅炉效率,%；

η_{gd}^{ed}——设计工况额定负荷下的管道效率，一般取用 98.5%,%；

η_{qj}^{ed}——设计工况额定负荷下的汽轮机效率,%；

η_{gd}^{bh}——选定的变化后的管道效率，%；

$\left|\dfrac{0.123}{\eta_{gl}^{ed}\times\eta_{gd}^{ed}\times\eta_{qj}^{ed}} - \dfrac{0.123}{\eta_{gl}^{ed}\times\eta_{gd}^{bh}\times\eta_{qj}^{ed}}\right|$——取绝对值；

$\left|\dfrac{1}{\eta_{gd}^{ed}} - \dfrac{1}{\eta_{gd}^{bh}}\right|$——取绝对值。

二、管道效率变化 1% 对发电煤耗率的影响系数的计算

管道效率变化 1% 对发电煤耗率的影响系数有两种计算方法：① 用上述计算公式计算；② 先计算发电煤耗率，再计算管道效率变化 1% 对发电煤耗率的影响系数。

管道效率变化 1% 对发电煤耗率的影响系数，可以用数值表和曲线两种形式表示。

1. 确定计算管道效率变化 1% 对发电煤耗率影响系数所用参数范围

（1）选定管道效率变化范围：本次计算选定的管道效率变化范围为 94.0% ~98.0%。

（2）选定锅炉效率变化范围：本次计算选定的锅炉效率变化范围 88.0% ~94.0%。

（3）选定汽轮机效率：本次计算选定的汽轮机效率为 34.0% ~48.0%。

2. 管道效率变化 1% 对发电煤耗率的影响系数的计算方法

（1）用汽轮机效率、锅炉效率、管道效率计算发电煤耗率的计算公式如下

$$b_{fd} = \frac{0.123}{\eta_{qj}\times\eta_{gl}\times\eta_{gd}} \tag{2-60}$$

（2）根据上述计算公式，用上述确定的汽轮机效率、管道效率变化范围的数值，分别计算锅炉效率为 94.0%、92.0%、90.0%、88.0% 时各组合参数的发电煤耗率。

1）计算、编制锅炉效率为 94.0%，汽轮机效率为 34.0% ~48.0%，不同管道效率所对应的发电煤耗率，并填入表 2-12 中。

表 2－12　锅炉效率为 94.0%，汽轮机效率一定时，不同管道效率所对应的发电煤耗率　g/kWh

序号	管道效率（%）	汽轮机效率（%）							
		34.0	36.0	38.0	40.0	42.0	44.0	46.0	48.0
	A	B	C	D	E	F	G	H	I
1	94.0	408.95	386.23	365.90	347.60	331.05	316.00	302.26	289.67
2	95.0	404.64	382.16	362.05	343.59	327.57	312.67	299.80	286.62
3	96.0	400.43	379.18	358.28	340.36	324.14	309.42	295.57	283.64
4	97.0	396.30	374.28	354.58	336.85	320.81	306.23	292.92	280.71
5	98.0	392.25	370.46	350.96	333.42	317.54	303.11	289.93	277.85

2）计算、编制锅炉效率为 92.0%，汽轮机效率为 34.0%～48.0%，不同管道效率所对应的发电煤耗率，并填入表 2－13 中。

表 2－13　锅炉效率为 92.0%，汽轮机效率为定值时，不同管道效率所对应的发电煤耗率　g/kWh

序号	管道效率（%）	汽轮机效率（%）							
		34.0	36.0	38.0	40.0	42.0	44.0	46.0	48.0
	A	B	C	D	E	F	G	H	I
1	94.0	417.83	394.62	373.85	355.16	338.25	322.87	308.84	295.97
2	95.0	413.43	390.47	369.92	351.42	334.69	319.47	305.58	292.85
3	96.0	409.13	386.40	366.06	347.76	331.20	316.15	302.40	289.80
4	97.0	404.91	382.42	362.29	344.18	327.79	312.69	299.28	286.81
5	98.0	400.78	378.52	358.59	340.66	324.44	309.69	296.22	283.89

3）根据表 2－13 中的数据，绘制锅炉效率为 92.0%，汽轮机效率为定值时，不同管道效率与发电煤耗率的关系曲线，见图 2－10。锅炉效率为 94.0%、90.0%、88.0%，汽轮机效率为定值时，不同管道效率与发电煤耗率的关系曲线相同。

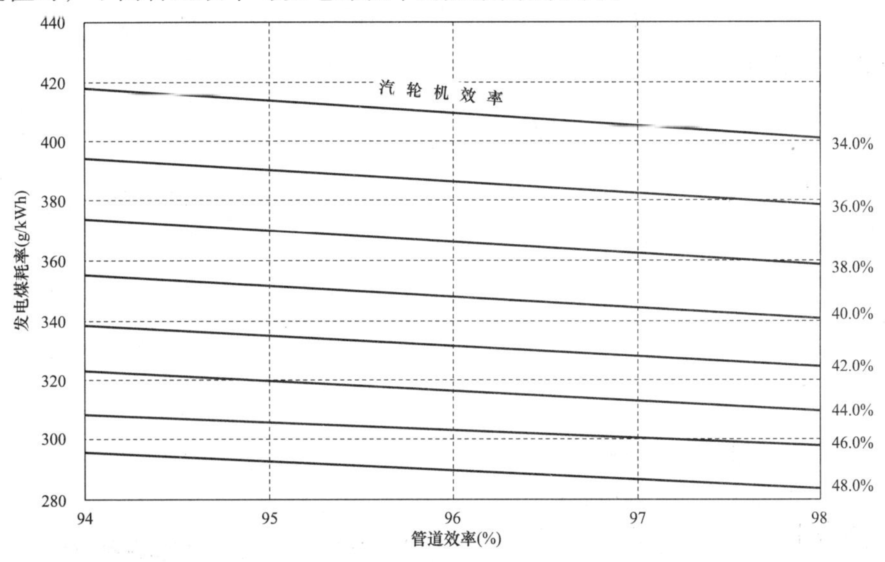

图 2－10　锅炉效率为 92.0%，汽轮机效率为定值，不同管道效率与发电煤耗率的关系曲线

4）计算锅炉效率为90.0%，汽轮机效率为34.0%～48.0%，不同管道效率所对应的发电煤耗率，并填入表2－14中。

表2－14　锅炉效率为90.0%，汽轮机效率为定值时，不同管道效率所对应的发电煤耗率　g/kWh

序号	管道效率（%）	汽轮机效率（%）							
		34.0	36.0	38.0	40.0	42.0	44.0	46.0	48.0
	A	B	C	D	E	F	G	H	I
1	94.0	427.12	403.39	382.16	363.05	345.76	330.05	315.70	302.54
2	95.0	422.63	399.15	378.14	359.23	342.13	326.57	312.38	299.36
3	96.0	418.22	394.99	374.20	355.49	338.56	323.17	309.12	296.24
4	97.0	413.91	390.92	370.34	351.82	335.07	319.84	305.93	293.19
5	98.0	409.69	386.93	366.56	348.23	331.65	316.58	302.81	290.20

5）计算锅炉效率为88.0%，汽轮机效率为34.0%～48.0%时，不同管道效率所对应的发电煤耗率，并填入表2－15中。

表2－15　锅炉效率为88.0%，汽轮机效率为定值时，不同管道效率所对应的发电煤耗率　g/kWh

序号	管道效率（%）	汽轮机效率（%）							
		34.0	36.0	38.0	40.0	42.0	44.0	46.0	48.0
	A	B	C	D	E	F	G	H	I
1	94.0	436.83	412.56	390.85	371.30	353.62	337.55	332.87	309.42
2	95.0	432.23	408.22	386.73	367.40	349.90	334.00	319.47	306.16
3	96.0	427.73	403.97	382.70	363.57	346.26	330.52	316.15	302.97
4	97.0	423.32	399.80	378.76	359.82	342.69	327.11	312.89	299.85
5	98.0	419.00	395.72	374.89	356.15	339.19	323.77	309.69	296.79

（3）用发电煤耗率计算管道效率变化1%对发电煤耗率影响系数的计算公式如下：

1）理论计算公式

$$\Delta b_{gdx}^{fx}=\frac{b_{gd}^{ed}-b_{gd}^{bh}}{\Delta\eta_{gd}^{bh}} \tag{2-61}$$

2）用表2－12～表2－15中发电煤耗率，计算管道效率变化1%对发电煤耗率的影响系数。具体计算方法如下

$$\Delta b_{gdx}^{fx}=\frac{|1_h\cdot B_l-2_h\cdot B_l|}{|2_h\cdot A_l-1_h\cdot A_l|}$$

式中　1_h，2_h，…——第一行，第二行，…；

A_l，B_l，…——第一列，第二列，…；

$|1_h\cdot B_l-2_h\cdot B_l|$——取绝对值；

$|2_h\cdot A_l-1_h\cdot A_l|$——取绝对值。

（4）计算锅炉效率为94.0%时管道效率变化1%对发电煤耗率的影响系数。

1）根据2）中计算方法，用表2－12中的各种参数组合计算出各自的发电煤耗率，再

计算所有组合参数间的锅炉效率为 94.0%，汽轮机效率为某一定值时，管道效率变化 1% 对发电煤耗率的影响系数，并填入表 2－16 中。

表 2－16　锅炉效率为 94.0%，汽轮机效率为定值时，管道效率变化 1% 对发电煤耗率的影响系数（Δb_{fd}^{bh}g/kWh）/（$\Delta\eta_{gd}^{bh}$1%）

汽轮机效率（%）	管道效率（%）			
	94.5	95.5	96.5	97.5
34.0	4.31	4.21	4.13	4.08
36.0	4.07	3.98	3.90	3.82
38.0	3.85	3.77	3.70	3.62
40.0	3.65	3.59	3.51	3.43
42.0	3.48	3.43	3.33	3.29
44.0	3.33	3.25	3.19	3.12
46.0	3.18	3.11	3.05	2.99
48.0	3.06	2.98	2.93	2.86

表 2－16 使用说明：

a. 本表适用于锅炉效率为 94.0% 的情况。

b. 表中第一列为汽轮机效率，适用范围为 34.0% ~48.0%。

c. 表中第二大列第一、第二行为管道效率，其适用范围为 94.0% ~98.0%。每组管道效率的适用范围为 ±0.5%。例如：管道效率为 95.5% 时，其对应数值适用的管道效率为 95.0% ~96.0%。

d. 表中第一列汽轮机效率的右边，第二大列第一行和第二行各列管道效率的下面为管道效率变化 1% 对发电煤耗率的影响系数。

e. 由表可知，锅炉效率为 94.0%，汽轮机效率为 46.0%，管道效率为 96.5% 时，管道效率变化 1% 对发电煤耗的影响系数为 3.05g/kWh。

2）绘制锅炉效率为 94.0% 时管道效率变化 1% 对发电煤耗率的影响系数。根据表 2－16 中的数值，绘制锅炉效率为 94.0%，汽轮机效率为定值，管道效率变化 1% 对发电煤耗率的影响系数的关系曲线，见图 2－11。

（5）计算锅炉效率为 92.0% 时管道效率变化 1% 对发电煤耗率的影响系数。

1）根据上述 2）中计算方法，用表 2－13 中各种参数组合计算出各自的发电煤耗率，再计算所有参数组合间的锅炉效率为 92.0%，汽轮机效率为定值时，管道效率变化 1% 对发电煤耗率的影响系数，并填入表 2－17 中。

表 2－17 使用说明：

a. 本表适用于锅炉效率为 92.0% 的情况。

b. 表中第一列为汽轮机效率，其适用范围为 34.0% ~48.0%。

c. 表中第二大列第一、第二行为管道效率，其适用范围为 94.0% ~98.0%。每组管道效率适用范围为 ±0.5%。例如：管道效率为 95.5% 时，其对应数值适用的管道效率为 95.0% ~96.0%。

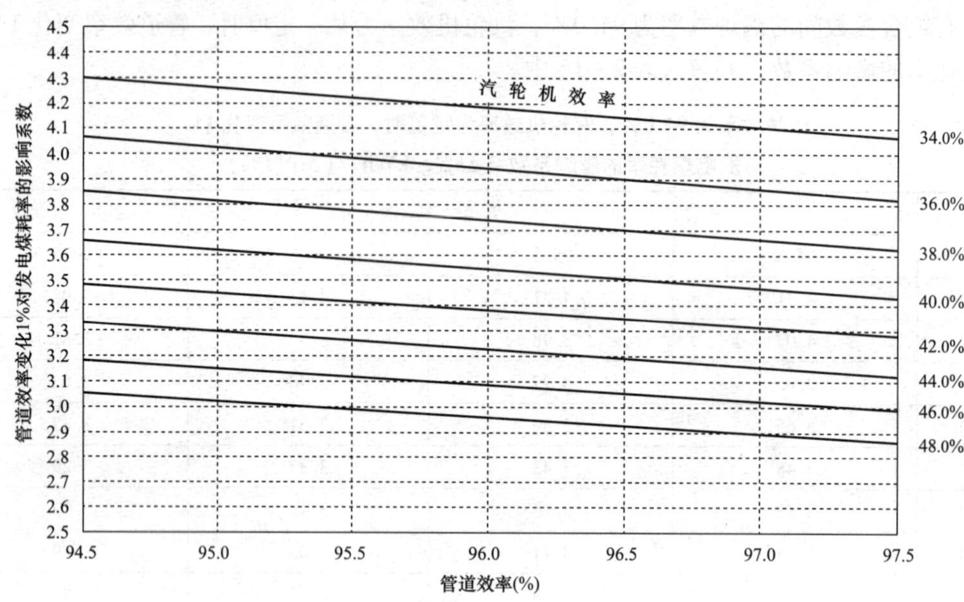

图 2－11　锅炉效率为 94.0%，汽轮机效率为定值，

管道效率变化 1% 对发电煤耗率的影响系数的关系曲线（Δb_{fd}^{bh}g/kWh）/（$\Delta\eta_{gd}^{bh}$1%）

表 2－17　　锅炉效率为 92.0%，汽轮机效率为定值时，管道效率变化 1%对发电煤耗率的影响系数（Δb_{fd}^{bh}g/kWh）/（$\Delta\eta_{gd}^{bh}$1%）

汽轮机效率	管道效率（%）			
（%）	94.5	95.5	96.5	97.5
34.0	4.40	4.30	4.22	4.13
36.0	4.15	4.07	3.98	3.90
38.0	3.93	3.86	3.77	3.70
40.0	3.74	3.66	3.58	3.52
42.0	3.56	3.49	3.41	3.35
44.0	3.40	3.32	3.26	3.20
46.0	3.26	3.20	3.12	3.06
48.0	3.12	3.05	2.99	2.92

d. 表中第一列汽轮机效率的右边，第二大列第一行和第二行各列管道效率的下面为管道效率变化 1% 对发电煤耗率的影响系数。

e. 由表 2－17 可知，锅炉效率为 92.0%，汽轮机效率为 44.0%，管道效率为 95.5%时，管道效率变化 1% 对发电煤耗的影响系数为 3.32g/kWh。

2）绘制锅炉效率为 92.0% 时管道效率变化 1% 对发电煤耗率的影响系数。根据表 2－17 中数值，绘制锅炉效率为 92.0%，汽轮机效率为定值时，管道效率变化 1% 对发电煤耗率影响系数的关系曲线，见图 2－12。

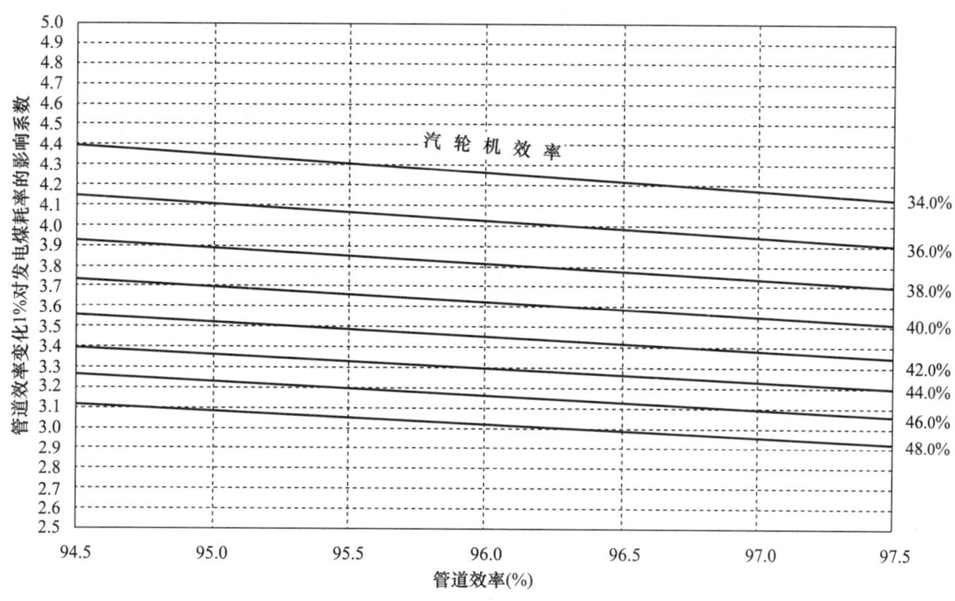

图 2－12　锅炉效率为 92.0%，汽轮机效率为定值，
管道效率变化 1% 对发电煤耗率的影响系数的关系曲线（Δb_{fd}^{bh}g/kWh）/（$\Delta\eta_{gd}^{bh}$1%）

（6）计算锅炉效率为 90.0% 时管道效率变化 1% 对发电煤耗率的影响系数。

1）根据上述 2）中计算方法，用表 2－14 中的各种参数组合计算出各自的发电煤耗率，再计算所有参数组合间锅炉效率为 90.0%，汽轮机效率为定值时，管道效率变化 1% 对发电煤耗率的影响系数，并填入表 2－18 中。

表 2－18　　锅炉效率为 90.0%，汽轮机效率为定值时，管道效率变化 1%
对发电煤耗率的影响系数（Δb_{fd}^{bh}g/kWh）/（$\Delta\eta_{gd}^{bh}$1%）

汽轮机效率（%）	管道效率（%）			
	94.5	95.5	96.5	97.5
34.0	4.49	4.41	4.31	4.22
36.0	4.24	4.16	4.07	3.99
38.0	4.02	3.94	3.86	3.78
40.0	3.82	3.74	3.67	3.59
42.0	3.63	3.57	3.49	3.42
44.0	3.48	3.40	3.33	3.26
46.0	3.32	3.26	3.19	3.12
48.0	3.18	3.12	3.05	2.99

表 2－18 使用说明：

a. 本表适用于锅炉效率为 90.0% 的情况。

b. 表中第一列为汽轮机效率，其适用范围为 34.0%～48.0%。

c. 表中第二大列第一、第二行为管道效率，其适用范围为 94.0%～98.0%。每组管道

效率适用范围为 ±0.5%。例如：管道效率为 95.5% 时，其对应数值适用的管道效率为 95.0% ~96.0%。

d. 表中第一列汽轮机效率的右边，第二大列第一行和第二行各列管道效率的下面为管道效率变化 1% 对发电煤耗率的影响系数。

e. 由表可知，锅炉效率为 90.0%，汽轮机效率为 42.0%，管道效率为 94.5% 时，管道效率变化 1% 对发电煤耗率的影响系数是 3.63g/kWh。

2）绘制锅炉效率为 90.0% 时管道效率变化 1% 对发电煤耗率的影响系数的关系曲线。根据表 2-18 中数值，绘制锅炉效率为 90.0%，汽轮机效率为定值时，管道效率变化 1% 对发电煤耗率的影响系数的关系曲线，见图 2-13。

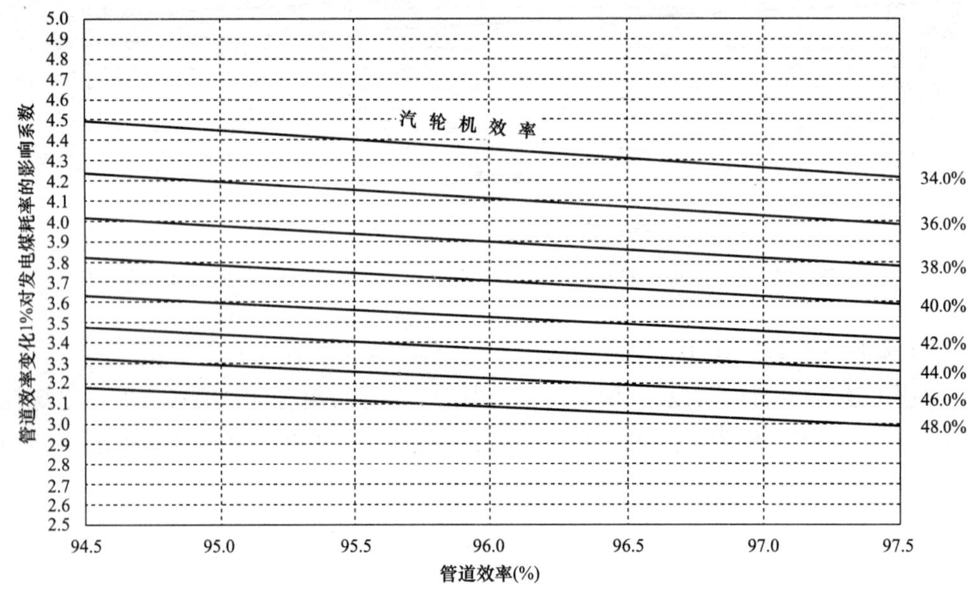

图 2-13　锅炉效率为 90.0%，汽轮机效率为定值，

管道效率变化 1% 对发电煤耗的率影响系数的关系曲线（Δb_{fd}^{bh}g/kWh）/（$\Delta \eta_{gd}^{bh}$1%）

（7）计算锅炉效率为 88.0% 时管道效率变化 1% 对发电煤耗率的影响系数。

1）根据上述 2）中计算方法，用表 2-15 中的各种参数组合计算出各自的发电煤耗率，再计算所有参数组合间锅炉效率为 88.0%，汽轮机效率为定值时，管道效率变化 1% 对发电煤耗率的影响系数，并填入表 2-19 中。

表 2-19　锅炉效率为 88.0%，汽轮机效率为定值，管道效率变化 1% 对发电煤耗率的影响系数（Δb_{fd}^{bh}g/kWh）/（$\Delta \eta_{gd}^{bh}$1%）

汽轮机效率	管道效率（%）			
（%）	94.5	95.5	96.5	97.5
34.0	4.60	4.50	4.41	4.32
36.0	4.34	4.25	4.17	4.08
38.0	4.12	4.03	3.94	3.87
40.0	3.90	3.83	3.75	3.67

续表

汽轮机效率	管道效率（%）			
（%）	94.5	95.5	96.5	97.5
42.0	3.72	3.64	3.57	3.50
44.0	3.55	3.48	3.41	3.34
46.0	3.40	3.32	3.26	3.20
48.0	3.26	3.19	3.12	3.06

表 2－19 使用说明：

a. 本表适用于锅炉效率为 88.0% 的情况。

b. 表中第一列为汽轮机效率，适用范围为 34.0% ～48.0% 。

c. 表中第二大列第一、第二行为管道效率，适用范围为 94.0% ～98.0% 。4 组管道效率分别为 94.5% 、95.5% 、96.5% 、97.5% ，每组管道效率适用范围为 ±0.5% 。例如：管道效率为 95.5% 列对应的数值适用于管道效率为 95.0% ～96.0% 的情况。

d. 表中第一列汽轮机效率值的右边，第二大列第一行和第二行管道效率值的下面为管道效率变化 1% 对发电煤耗率的影响系数。

e. 锅炉效率为 88.0% ，汽轮机效率为 48.0% ，管道效率为 94.5% 时，管道效率变化 1% 对发电煤耗率的影响系数为 3.26g/kWh。

2）绘制锅炉效率为 88.0% ，管道效率变化 1% 对发电煤耗率的影响系数的关系曲线。

根据表 2－19 中的数值，绘制锅炉效率为 88.0% ，汽轮机效率为定值，管道效率变化 1% 对发电煤耗率的影响系数的关系曲线，见图 2－14。

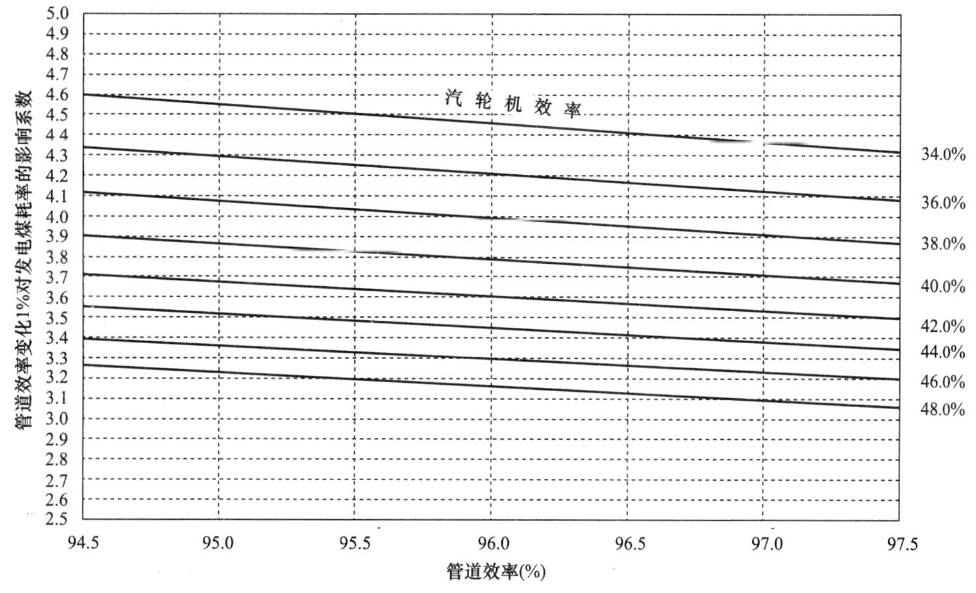

图 2－14　锅炉效率为 88.0% ，汽轮机效率为定值，
管道效率变化 1% 对发电煤耗率的影响系数的关系曲线（Δb_{fd}^{bh}g/kWh）/（$\Delta\eta_{gd}^{bh}$1%）

表2-16~表2-19数据分析说明：

（1）管道效率对发电煤耗率的影响系数：以锅炉效率为主体分为4组，锅炉效率分析、计算值为94.0%、92.0%、90.0%、88.0%，汽轮机效率分析、计算值范围为34.0%~48.0%，管道效率的分析、计算值范围为94.0%~98.0%。当锅炉效率为某一定值，汽轮机效率为34.0%~48.0%时，管道效率变化1%，发电煤耗率将变化2.86~4.66g/kWh，变化幅度为1.8g/kWh。因不同类型的机组容量、参数不同，高温设备、系统保温水平、状态不同，设备系统泄漏程度不同，管道率变化对发电煤耗率的影响系数也有差异。各专业人员必须根据本厂设备系统的特点、保温状态选用合适的、接近实际的管道效率对发电煤耗率的影响系数，以确保数据、结论的准确性。

（2）汽轮机效率一定时，管道效率、锅炉效率越低，管道效率变化对发电煤耗率的影响系数越大。

（3）汽轮机效率一定时，管道效率、锅炉效率越高，管道效率变化对发电煤耗率的影响系数越小。

（4）锅炉效率一定时，管道效率、汽轮机效率越低，管道效率变化对发电煤耗率的影响系数越大。

（5）锅炉效率一定时，管道效率、汽轮机效率越高，管道效率变化对发电煤耗率的影响系数越小。

第六节　机组发电煤耗率水平、电量权数对全厂发电煤耗率影响的定量分析

火力发电厂全厂发电煤耗率的定量分析，首先要分清主、客观因素，即明确各机组发电煤耗率水平，发电量权数变化，煤场盘煤盈、亏煤量对全厂发电煤耗率水平的影响值各为多少。有关机组可定量分析的因素（汽轮机效率、锅炉效率、管道效率三大因素）已在本章第一节中作了说明，本节不再赘述。本节主要进行机组发电量权数变化、机组发电煤耗率水平变化对全厂发电煤耗水平影响的定量分析。

一、各单元机组发电煤耗率变化对全厂发电煤耗率影响的分析、计算

各单元机组发电煤耗率变化对全厂发电煤耗率的影响，是指将要分析的发电煤耗率指标（本期）与选定作为比较基础（基期）的发电煤耗率进行分析比较，比较的基础可以是同期值、计划值、设计值、历史水平值、先进水平值等。分析、计算方法是：用基期发电煤耗率乘以本期发电量权数后，得到基期发电煤耗率在本期发电量权数下的分析计算用全厂发电煤耗率，即在本发电量权数不变的前提下，用各机组基期发电煤耗率求得的发电厂分析计算用发电煤耗率，再用本期厂发电煤耗率减去分析计算用全厂发电煤耗率后，即可得到本期机组发电煤耗率与基期机组发电煤耗率比较时对全厂发电煤耗率影响的总值。计算公式如下

$$\Delta b_{mh}^{qc}=(b_{1g}^{bq}\times m_{1g}^{bq}+b_{2g}^{bq}\times m_{2g}^{bq}+\cdots+b_{ng}^{bq}\times m_{ng}^{bq})-(b_{1g}^{jq}\times m_{1g}^{bq}+b_{2g}^{jq}\times m_{2g}^{bq}+\cdots+b_{ng}^{jq}\times m_{ng}^{bq}) \tag{2-62}$$

即
$$\Delta b_{mh}^{qc} = \sum_{i=1}^{n} m_{ig}^{bq}(b_{ig}^{bq} - b_{ig}^{jq}) \tag{2-63}$$

式中　Δb_{mh}^{qc}——各机组本期发电煤耗率与基期比较时对全厂发电煤耗率影响总值，g/kWh；

b_{1g}^{bq}，b_{2g}^{bq}，…，b_{ng}^{bq}——1，2，…，n 号机组本期发电煤耗率，g/kWh；

m_{1g}^{bq}（$b_{1g}^{bq}-b_{1g}^{jq}$）——1 号机组发电煤耗率本期与基期比较时对全厂发电煤耗率的影响值，g/kWh；

m_{ng}^{bq}（$b_{ng}^{bq}-b_{ng}^{jq}$）——n 号机组发电煤耗率本期与基期比较时对全厂发电煤耗率的影响值，g/kWh；

m_{ig}^{bq}（$b_{ig}^{bq}-b_{ig}^{jq}$）——i 号（$i=1$，2，…，n）机组发电煤耗率本期与基期比较时对全厂发电煤耗率的影响值，g/kWh；

m_{ig}^{bq}——各机组本期供电量权数。

二、各单元机组发电量权数变化对全厂发电煤耗率影响的计算

各单元机组发电量权数变化对全厂发电煤耗率的影响是指被分析比较机组（本期）发电量权数变化对全厂发电煤耗率的影响。分析时，首先要选定一个分析比较对应的基础（基期）值，如同期值、计划值、设计值、历史水平值、先进水平值。在分析比较本期机组发电量权数与基期发电量权数变化对厂发电煤耗率的影响时，可用选定的基期机组发电煤耗率乘以本期机组发电量权数的方法，即可求得机组基期电煤耗率在本期机组发电量权数下加权平均的分析计算用全厂发电煤耗率，用分析计算用全厂发电煤耗率减去基期全厂发电煤耗率，即可得到由于各机组本期发电量权数变化对全厂发电煤耗率的影响值，具体计算公式如下

$$\Delta b_{qs}^{qc} = (b_{1g}^{jq} \times m_{1g}^{bq} + b_{2g}^{jq} \times m_{2g}^{bq} + \cdots + b_{ng}^{jq} \times m_{ng}^{bq}) - (b_{1g}^{jq} \times m_{1g}^{jq} + b_{2g}^{jq} \times m_{2g}^{jq} + \cdots + b_{ng}^{jq} \times m_{ng}^{jq}) \tag{2-64}$$

即
$$\Delta b_{qs}^{qc} = \sum_{i=1}^{n} b_{ig}^{jq}(m_{ig}^{bq} - m_{ig}^{jq}) \tag{2-65}$$

式中　Δb_{qs}^{qc}——各机组本期发电量权数与基期发电量权数比较时对全厂发电煤耗率影响的总值，g/kWh；

b_{1g}^{jq}，b_{2g}^{jq}，…，b_{ng}^{jq}——1，2，…，n 号机基期发电煤耗率，g/kWh；

m_{1g}^{jq}，m_{2g}^{jq}，…，m_{ng}^{jq}——1，2，…，n 号机基期发电量权数；

m_{1g}^{bq}，m_{2g}^{bq}，…，m_{ng}^{bq}——1，2，…，n 号机本期发电量权数；

b_{ig}^{jq}——各机组基期发电煤耗率，g/kWh；

m_{ig}^{bq}——各机组本期电量权数；

m_{ig}^{jq}——各机组基期供电量权数。

三、全厂发电煤耗率分析的要求

火力发电厂全厂发电煤耗率的定量分析，主要是通过发电量权数构成比例、发电煤耗率水平变化分析、计算查明下列因素对发电煤耗率的影响值：

（1）机组发电量权数构成比例与对比（基期）期比较时，发电量权数变化后对全厂发电煤耗率的影响值。

（2）各机组发电煤耗率水平与对比（基期）期比较时，发电煤耗率水平变化后对全厂发电煤耗率的影响值。

（3）各机组发电煤耗率水平与对比（基期）期比较时，各机组发电煤耗率的变化值和各自对全厂发电煤耗率的影响值。

四、单元机组发电量权数、发电煤耗率水平变化对全厂发电煤耗率水平影响的分析、计算表

单元机组发电量权数、发电煤耗率水平变化对全厂发电煤耗率水平影响的分析计算方法是，将本期、基期的发电量填入表2－20规定栏中，同时将本期、基期的发电煤耗率水平、发电量权数分别填入表2－20的栏［1］、［2］、［3］、［4］中，然后按表中给定的计算关系式进行计算。根据计算结果，就可以编写出内容具体、数据真实、符合实际的分析报告。

表2－20使用说明：

（1）基期、本期供电量及栏［2］、［4］、［5］、［6］、［7］、［8］、［10］的全厂数值（指标）等于分机数值之和，栏［1］、［3］、［9］中的全厂指标、数值均不等于分机指标数值之和。但栏［6］全厂数值≠栏［1］×栏［4］，而等于各分机之和。

（2）栏［1］中的“全厂基期发电煤耗率”等于基期分机发电煤耗率与基期发电量权数的乘积之和。

（3）栏［3］中的“全厂本期发电煤耗率”等于本期分机发电煤耗率与本期发电量权数的乘积之和。

（4）栏［6］是发电量权数变化后的“分析、计算用全厂发电煤耗率”，等于分机数值之和，但不等于栏［1］中的“全厂发电煤耗率”与栏［4］中的“全厂数值”的乘积。

（5）栏［9］中的“分析、计算用全厂发电煤耗率变化值”，等于栏［3］中的“全厂发电煤耗率”减去栏［1］中的“全厂发电煤耗率”，但不等于分机发电煤耗率变化值之和。

（6）栏［10］中的“全厂机组发电煤耗率的变化值”，等于栏［7］中的“全厂发电煤耗率”减去栏［6］中的“分析、计算用全厂发电煤耗率”的数值，但不等于分机发电煤耗率变化值的和。

（7）栏［8］中“全厂数值”为本期各机组发电量权数与基期比较时对全厂发电煤耗率影响的总值。其他1～n号机各机数值是计算过程数值，不是该机组发电量权数变化对全厂发煤耗率的影响值。

（8）栏［9］中“全厂数值”为本期各机组发电量权数、发电煤耗率与基期比较时对全厂发电煤耗率影响的总值。栏［9］“全厂数值”＝栏［8］“全厂数值”＋栏［10］“全厂数值”。其他1～n号机各机数值，是各机组本期发电煤耗率与基期比较时的变化（差）值。

（9）栏［10］中“全厂数值”为本期各机组发电煤耗率与基期比较时对全厂发电煤耗率影响的总值。其他1～n号机各机数值，是各机组本期发电煤耗率与基期比较时，各自对全厂发电煤耗的影响值。

（10）栏［9］中“全厂数值”＝栏［3］中发电煤耗率变化值。每次分析、计算时，差值应在某一差值范围内。差值过大时，应查明原因（其他表号为原书中的标号）。

（11）分析、比较期（基期、本期）遇无数值的情况（新投产、拆除、检修、停备）时，权数填“0”，指标填该期平均值。

表 2－20　　发电厂汽轮发电机组发电量权数、发电煤耗率水平变化对全厂发电煤耗率的影响的计算、分析表

单元机组	发电量（万 kWh）		基期		本期		乘积			发电煤耗率变化值(g/kWh)		
	基期	本期	发电煤耗率	发电量权数	发电煤耗率	发电量权数	基期发电煤耗×基期发电量权数	基期发电煤耗×本期发电量权数	本期发电煤耗×本期发电量权数	发电量权数变化影响全厂发电煤耗变化值	机组分析比较期间发电煤耗率的变化值	机组发电煤耗率变化对全厂煤耗的影响值
			[1]	[2]	[3]	[4]	[5]=[1]×[2]	[6]=[1]×[4]	[7]=[3]×[4]	[8]=[6]－[5]	[9]=[3]－[1]	[10]=[7]－[6]
全厂												
1												
2												
3												
⋮												
n												

(12) 表中栏[2]、[4]权数全厂数值必须为1(下同)。各机供电量权数之和不为1时，要视实际情况人为地对某一机供电量组权数按数值尾数大小采取强进、强舍，否则会造成机组供电煤耗率与厂供电煤耗率之间的分析误差。

五、某台机组发电煤耗率变化对全厂发电煤耗率的影响的分析、计算

某台机组发电煤耗率变化对全厂发电煤耗率的影响是指，某机组本期某台发电煤耗率与基期发电煤耗率比较时对全厂发电煤耗率的影响值。

(一) 计算公式

$$\delta b_{mh}^{bh} = (b_{ig}^{bq} - b_{ig}^{jq}) \times m_{ig}^{bq} = \Delta b_{ig}^{bh} \times m_{ig}^{bq} \tag{2-66}$$

式中 δb_{mh}^{bh}——某机组本期发电煤耗率与基期发电煤耗率比较时对全厂发电煤耗率的影响值，g/kWh；

Δb_{ig}^{bh}——某机组本期发电煤耗率与基期发电煤耗率的差值，g/kWh。

(二) 机组发电煤耗率变化1g/kWh对全厂发电煤耗率影响的分析、计算

机组发电煤耗率变化1g/kWh对全厂供电煤耗率影响是指，某一机组本期发电煤耗率与基期发电煤耗率比较时，变化1g/kWh对全厂发电煤耗率的影响值。计算公式如下

$$\delta b_{mh}^{lg} = 1 \times m_{ig}^{bq} = m_{ig}^{bq} \tag{2-67}$$

式中 δb_{mh}^{lg}——某机组本期发电煤耗率与基期发电煤耗率比较时，变化1g/kWh对全厂发电煤耗率的影响值，g/kWh。

(三) 机组发电煤耗率变化1g/kWh对全厂发电煤耗率影响的数值表

根据例表中提到的各单元机组发电煤耗率、单元机组发电权数，用机组发电煤耗率变化1g/kWh对全厂发电煤耗率影响的计算公式(当 $b_{fd}=1$g/kWh时，$b_{mh}^{lg}=m_{ig}^{bq}$)可计算出各单元机组发电煤耗率变化1g/kWh对全厂发电煤耗率的影响值(见表2-21)。

表2-21　单元机组发电煤耗率变化1g/kWh对全厂发电煤耗率的影响值　g/kWh

单元机组发电煤耗率变化	一单元	二单元	三单元
影响厂发电煤耗率相应变化值	0.23	0.42	0.35

六、两机组间发电量权数变化对全厂发电煤耗率影响的分析、计算

两机组间发电量权数变化对全厂发电煤耗率的影响是指，m、n 任意两台机组间发电量权数变化对全厂发电煤耗率的影响。计算公式如下

$$\begin{aligned}\delta b_{qs}^{bh} &= (b_{mg} - b_{ng}) \times \Delta QS_{lj}^{bh} \\ &= \Delta b_{mn}^{mh} \times \Delta QS_{lj}^{bh}\end{aligned} \tag{2-68}$$

式中 δb_{qs}^{bh}——两机组间发电量权数变化对煤耗率的影响值，g/kWh；

b_{mg}、b_{ng}——拟分析比较的 m、n 两机组的发供电煤耗率，g/kWh；

ΔQS_{lj}^{bh}——拟分析比较的 m、n 两机组的发电量权数变化值；

Δb_{mn}^{mh}——拟分析比较的 m、n 两机组的煤耗率差值，g/kWh。

(一) 两机组间发电量权数变化1%对全厂发电煤耗率影响的分析、计算

两机组间发电量权数变化1%(绝对值，下同)对全厂发电煤耗率的影响是指，m、n 任意两台机组间发电量权数变化1%对全厂发电煤耗率的影响。计算公式如下

$$\delta b_{qs}^{1\%} = 0.01 \times \Delta b_{mn}^{mh} \tag{2-69}$$

式中　$\delta b_{qs}^{1\%}$——两机组间发电量权数变化 1% 对全厂发电煤耗率的影响值，g/kWh。

（二）机组间发电量权数变化 1% 对全厂发电煤耗率影响的数值表

一发电厂装有 3 台（3 个单元）锅炉、汽轮发电机组，各机组发电煤耗率水平和机组发电量权数见表 2－22。用机组间发电量权数变化 1% 对全厂发电煤耗率的影响公式（2－69），可计算出任意两台机组间发电量权数变化 1% 对全厂发电煤耗率影响的数值，见表 2－23。

表 2－22　　机组发电煤耗率和机组间发电量权数

指　　标	一单元	二单元	三单元
单元机组设备容量（MW）	100	200	300
单元机组发电煤耗率（g/kWh）	402	375	330
单元机组发电量权数	0.23	0.42	0.35

表 2－23　　机组间发电量权数变化 1% 对全厂发电煤耗率影响的数值表　　g/kWh

单　　元	一单元	二单元	三单元
一单元	—	0.27	0.72
二单元	0.27	—	0.45
三单元	0.72	0.45	—

从表 2－23 中可得出：

（1）发电煤耗率高的一单元机组发电量权数减少 1%，发电煤耗率较低的二单元机组发电量权数增加 1%，使全厂的发电煤耗率下降 0.27g/kWh。

（2）发电煤耗率高的一单元机组发电量权数减少 1%，发电煤耗率低的三单元机组发电量权数增加 1%，使全厂的发电煤耗率下降 0.72g/kWh。

（3）发电煤耗率低的三单元机组发电量权数减少 1%，发电煤耗率高的二单元机组发电量权数增加 1%，使发电厂的发电煤耗率升高 0.45g/kWh。

七、单元机组发电量权数、发电煤耗率变化对全厂发电煤耗率影响的计算

各单元机组发电量权数、发电煤耗率变化对全厂发电煤耗率的影响是指，本期各单元机组发电量权数、发电煤耗率与基期各单元机组发电量权数、发电煤耗率比较时对全厂发电煤耗率的影响值。具体计算公式如下

$$\begin{aligned}\Delta b_{qm}^{qc} &= \Delta b_{qs}^{qc} + \Delta b_{mh}^{qc} \\ &= b_{cg}^{bq} - b_{cg}^{jq}\end{aligned} \tag{2-70}$$

式中　Δb_{qm}^{qc}——比较期间单元机组发电量权数、发电煤耗率变化对全厂发电煤耗率影响的总值，g/kWh；

b_{cg}^{bq}——本期全厂发电煤耗率，g/kWh；

b_{cg}^{jq}——基期全厂发电煤耗率，g/kWh。

八、发电煤耗率的定量综合分析

（1）机组发电量权数构成比例与对比期（基期）比较时，发电量权数变化对全厂发电煤耗率的影响值。

(2) 各机组发电煤耗率水平与对比期（基期）比较时，发电煤耗率水平变化对全厂发电煤耗率的影响值。

(3) 各机组发电煤耗率水平与对比期（基期）比较时，各机组发电煤耗率的变化值和各自对全厂发电煤耗率的影响值。

(4) 查明汽轮机综合效率，与对比期（基期）比较时，对全厂发电煤耗率的影响值。

(5) 查明锅炉综合效率，与对比期（基期）比较时，对全厂发电煤耗率的影响值。

(6) 关于管道效率对发电煤耗率的影响，现实计算中已计入发电煤耗率。但因管道效率的影响因素很多，其中又有很多不确定因素，且机组运行中的各项损失很难测定，更难以进行定量计算。因此，日常发电煤耗率的计算中只能默认其存在客观性。机组设备、系统正常运行中的管道效率基本是一个定值，只有当高温设备、系统保温发生较大损坏时，管道效率才有变化（有关问题在管道效率及其指标章节中阐述）。

(7) 查明全厂发电煤耗率与对比期（基期）比较时，各项影响因素的影响值偏差是否符合正常规律。

锅炉效率、汽轮机效率等变化对发电煤耗率影响的分析、计算，发电厂锅炉综合（全厂，下同）效率，汽轮机综合效率等变化对全厂发电煤耗率影响的分析、计算，是要查明全厂发电煤耗率升高、降低的原因。其中，包括汽轮机综合效率，锅炉综合效率，同期煤场盘煤盈、亏调整等对全厂发电煤耗率影响的具体数值各为多少。分析计算方法见表2－24。

表2－24　　汽轮机效率、锅炉效率等对发电煤耗影响的综合分析计算表

指标	单位	本期［1］	基期［2］	比较［3］	对发电煤耗率的影响值（g/kWh）［4］＝［3］/系数
发电煤耗率	g/kWh				
汽轮机效率	%				
锅炉效率	%				
盘煤调整值	g/kWh				

表2－24使用说明：

(1) 栏［4］中发电煤耗率变化值，约等于汽轮机效率变化值、锅炉效率变化值、煤盘煤调整等对发电煤耗率的影响值之和。每次分析数据的差值应稳定在某一数值上下。如分析数据差值突然增大，应进一步查明主蒸汽流量表、汽轮机效率、锅炉效率、煤场盘煤调整值的准确性。

(2) 栏［4］中的对供电煤耗率的影响值，由栏［4］中的计算公式求得。供电煤耗率影响值换算时采用的厂用电率应为基期厂用电率。

(3) 按行业现行发电煤耗率计算办法规定，以煤场盘煤调整后的煤耗数据上报及考核的要求，考核期应以煤场盘煤结果（盈、亏）进行调整，当煤场盈、亏煤量对发电煤耗率影响过大时，应进行专题分析。

第七节　单元机组空载发电煤耗率的计算与定量分析

汽轮发电机组空载煤耗率是指，汽轮发电机组维持在3000r/min，空载运行时的用能折算的标准煤量，机组在不同负荷下占机组发电煤耗率的数值，是分析机组负荷率变化对发电煤耗率影响的客观的、重要的因素之一。

一、发电煤耗率的构成

汽轮发电机组的发电煤耗率由空载煤耗率和等微增煤耗率（简称微增煤耗率，下同）两部分组成，用公式表达为

$$b_{fd}=b_{kz}+b_{wz} \tag{2-71}$$

式中　b_{fd}——汽轮发电机组的发电煤耗率，g/kWh；

b_{kz}——汽轮发电机组的空载煤耗率，g/kWh；

b_{wz}——汽轮发电机组的微增煤耗率，g/kWh。

二、汽轮发电机组空载煤耗率计算公式

汽轮发电机组空载煤耗率就是汽轮发电机组空载用能除以发电量的比值。计算公式如下

$$b_{kz}=\frac{B_{kz}}{P_{fd}^{sj}} \tag{2-72}$$

式中　B_{kz}——汽轮发电机组维持3000r/min运行时耗用能的标准煤量，kg/h；

P_{fd}^{sj}——汽轮发电机组运行时的（随机负荷）发电量，kWh。

三、微增煤耗率的计算

汽轮发电机组微增煤耗率是指，汽轮发电机组在3000r/min空载运行时，每增加发1kWh电量所耗用的标准煤量，单位用g/kWh、kg/kWh表示。

汽轮发电机组微增煤耗率又称等微增煤耗率。这就是说，汽轮发电机组在正常运行发电负荷下，每增加1kWh负荷，其耗用的标准煤量相等。

计算公式如下

$$b_{wz}=\frac{B_{wz}}{P_{fd}^{sj}} \tag{2-73}$$

式中　B_{wz}——机组自零负荷增长负荷发电所耗用的标准煤量，kg。

四、空载煤耗率的计算方法

汽轮发电机组的空载煤耗率，日常统计计算时已包含在发电煤耗率内。具体来说，是包含在汽轮发电机绝对电效率内。空载煤耗率的计算主要有下列作用：

（1）机组计算出了空载煤耗率，可以简单、快捷地分析计算出机组在任意负荷下的设计发电煤耗率水平。

（2）机组的空载煤耗率，可以用来分析随机统计发电煤耗率的水平是否达到设计发电煤耗率水平，或机组的运行发电煤耗率水平是否偏离设计值，且偏离设计值多少。

汽轮机机组空载煤耗率的计算方法有三种。

（1）用设备制造厂提供的机组设备热力计算说明书中，汽轮机热耗率保证值工况下的各种负荷（100%、90%、75%、50%、30%）资料，以及机组发电热耗率计算。

（2）用设备制造厂汽轮机热力计算说明书中提供的热流图上的工况设计参数计算。首先计算出各种工况参数，而后计算汽轮机组的热耗率，其他方法同第一种方法。

（3）如设备制造厂未提供要求的热力特性工况，则可用精确度较高的机组热力特性试验测取机组的热力工况进行计算。首先通过机组试验工况参数求得各种负荷下的汽轮机组热

耗率，其他方法、步骤同第一、第二种方法。

（一）汽轮机空载用能的计算条件

（1）计算汽轮机空载用能，必须有 4 个或以上点的工况参数的热力特性，否则计算出来的空载用能的准确性、代表性较差。如果只有 3 个工况参数的热力特性，则计算出空载用能量偏差较大。

（2）如果机组有不经济点（过负荷汽门），则经济点后还必须有两个工况参数的热力特性，才能求出可靠性较高的经济点后的微增耗热率。

（3）用作计算的工况参数的热力特性必须是同一条件获取的。如制造厂提供的机组的热耗保证值工况（THA——机组的热耗率验收工况）下的 100%（额定负荷）、75%、50%、30% 等负荷。

通过锅炉、汽轮机热力特性试验计算获得的机组热力特性，必须在统一的运行条件下（试验机组系统不外供用汽、不补水、不排污，循环水温度、循环水量等统一），在较短的间隔时间内，统一精度的仪器设备，统一一种计算方法的计算结果。

（二）用机组发电负荷与耗热量特性曲线计算空载煤耗率

对汽轮发电机组来说，在正常运行负荷范围内，负荷的变化与能量的消耗可视为一次线性函数关系。有的汽轮发电机组在正常负荷范围内的热耗量特性是一条有折点的两条一次线性函数，即有两个等微增热耗率。折点为专业上说的经济负荷点。折点以下带负荷时，微增热耗率小，运行经济性好；折点以上带负荷时，微增热耗率相对经济负荷点以前负荷为大，运行经济性差。图 2－15 所示为两台汽轮机组的典型能（热）耗特性曲线。

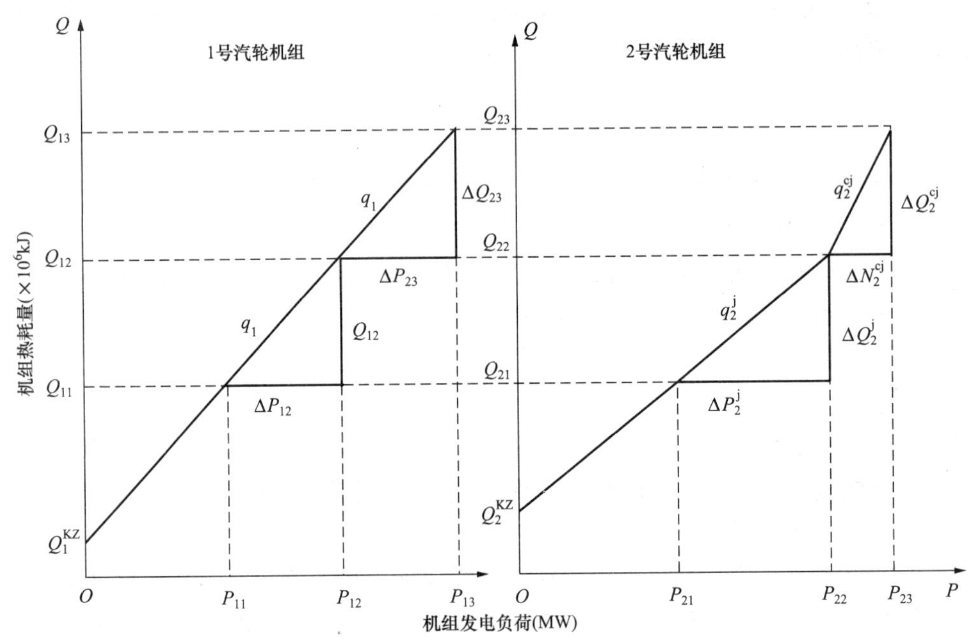

图 2－15　1 号、2 号汽轮机组热力特性曲线

从图 2－15 可以看出：

（1）两台汽轮发电机组的热耗特性是不相同的。其中，1 号汽轮发电机组在正常负荷范

围内的热耗量特性是一条一次线性函数，只有一个等微增热耗率；2 号汽轮发电机组在正常负荷范围内的热耗量特性是一条有折点的两条一次线性函数，即有两个等微增热耗率。

（2）1 号汽轮发电机组的空载热耗量（Q_1^{kz}）小于 2 号汽轮发电机组的空载载热耗量（Q_2^{kz}），即 $Q_1^{kz} < Q_2^{kz}$。

（3）2 号汽轮发电机组经济点前发电负荷的等微增热耗率（q_2^j），小于 1 号汽轮发电机组发电等微增热耗率（q_1），即 $q_2^j < q_1$。

（4）1 号汽轮发电机组发电等微增热耗率（q_1），小于 2 号汽轮发电机组经济点后（超经济）发电等微增热耗率（q_2^{cj}），即 $q_1 < q_2^{cj}$。

（5）由（3）、（4）可以看出，1、2 号机组在正常带负荷运行中，等微增热耗率排序是 $q_2^j < q_1 < q_2^{cj}$。因此，当机组处在低负荷运行时的长负荷程序时：① 2 号汽轮发电机组发电负荷先带到经济点负荷；② 1 号汽轮发电机组负荷带到额定负荷；③ 2 号汽轮发电机组自经济点带到额定负荷。

（6）1 号汽轮发电机组热耗特性方程

$$Q_1 = Q_1^{kz} + q_1 P_1 \tag{2-74}$$

式中 Q_1——1 号汽轮发电机组热耗量，kJ 或 10^6kJ（下同）；

Q_1^{kz}——1 号汽轮发电机组空载热耗量，10^6kJ；

q_1——1 号汽轮发电机组发电等微增热耗率，kJ/kW；

P_1——1 号汽轮发电机组发电负荷，kW 或 10^4kW（下同）。

（7）1 号汽轮发电机组发电等微增热耗率计算公式

$$q_1 = \frac{Q_{12} - Q_{11}}{P_{12} - P_{11}} \tag{2-75}$$

或

$$q_1 = \frac{\Delta Q_{12}}{\Delta P_{12}} \tag{2-76}$$

式中 ΔQ_{12}——1 号汽轮发电机组与负荷变化对应的热耗量增加值，10^6kJ；

ΔP_{12}——1 号汽轮发电机组负荷变化值，10^4kW。

（8）2 号汽轮发电机组热耗特性方程

$$Q_2 = Q_2^{kz} + q_2^j P_2^j + q_2^{cj}(P_2^{cj} - P_2^j) \tag{2-77}$$

式中 Q_2——2 号汽轮发电机组热耗量，10^6kJ；

Q_2^{kz}——2 号汽轮发电机组空载热耗量，10^6kJ；

q_2^j——2 号汽轮发电机组经济点前发电等微增热耗率，kJ/kW；

P_2^j——2 号汽轮发电机组经济点前发电负荷，10^4kW；

q_2^{cj}——2 号汽轮发电机组经济点后超经济发电等微增热耗率，kJ/kW；

P_2^{cj}——2 号汽轮发电机组经济点后超经济发电负荷，10^4kW。

（9）2 号汽轮发电机组经济点前发电等微增热耗率计算公式

$$q_1 = \frac{Q_{22} - Q_{21}}{P_{22} - P_{21}} \tag{2-78}$$

$$q_1 = \frac{\Delta Q_j}{\Delta P_j} \tag{2-79}$$

式中 ΔQ_j——2号汽轮发电机组经济点前负荷变化对应的热耗量增加值，10^6kJ；

ΔP_j——2号汽轮发电机组经济负荷点前的负荷变化值，10^4kW。

（10）2号汽轮发电机组经济点后（超经济）发电等微增热耗率计算公式

$$q_1 = \frac{Q_{23} - Q_{22}}{P_{23} - P_{22}} \tag{2-80}$$

$$q_2^{cj} = \frac{\Delta Q_2^{cj}}{\Delta P_2^{cj}} \tag{2-81}$$

式中 ΔQ_2^{cj}——2号汽轮发电机组负荷变化对应经济点后的热耗量增加值，10^6kJ；

ΔP_2^{cj}——2号汽轮发电机组经济负荷点后（超经济）的负荷变化值，10^4kW。

（11）计算空载用热量

$$Q_{kz} = Q_{jz} - q_{wz} \times \Delta P_{fd} \tag{2-82}$$

式中 Q_{kz}——汽轮机发电机组空载用热量，10^6kJ；

Q_{jz}——汽轮机发电机组总用热量，10^6kJ；

q_{wz}——汽轮机机组微增热耗率，kJ/kWh；

ΔP_{fd}——汽轮机发电机组的发电（增）量，kWh。

（12）空载用标准煤量的计算

$$B_{kz} = \frac{Q_{kz}}{29\ 271.2} \tag{2-83}$$

式中 B_{kz}——空载用标准煤量，kg。

五、空载煤耗率计算程序表

根据本节前面所述的空载煤耗率计算方法，可归纳为两种计算表格。具体格式如下：

（1）用热流图中的设计参数或机组热力试验参数计算空载煤耗率，见表2-25。

（2）用汽轮机保证值热耗率计算空载煤耗率，见表2-26。

表2-25　汽轮发电机组设计参数或机组热力试验参数计算空载煤耗率

序号	指　标	单位	计算公式	计算数值		
1	负荷率	%	—	100	……	30
2	发电负荷	MW				
3	主蒸汽流量	t/h				
4	耗汽率	kg/kWh	③/②			
5	主蒸汽压力	MPa				
6	主蒸汽温度	℃				
7	主蒸汽焓	kJ/kg				
8	机侧给水温度	℃				
9	机侧给水焓	kJ/kg				

续表

序号	指　　标	单位	计算公式	计算数值		
10	汽轮机用热	kJ/kg	⑦－⑨			
11	汽轮机用热量	10^6kJ				
12	高压缸排汽压力	MPa				
13	高压缸排汽温度	℃				
14	高压缸排汽焓	kJ/kg				
15	再热蒸汽流量	t/h				
16	再热蒸汽压力	MPa				
17	再热蒸汽温度	℃				
18	再热蒸汽焓	kJ/kg				
19	用再热蒸汽热	kJ/kg	⑱－⑭			
20	用再热蒸汽热量	10^6kJ				
21	减温水量	t/h				
22	减温水温度	℃				
23	减温水焓	kJ/kg				
24	补水温度	℃				
25	补水焓	kJ/kg				
26	减温水用热	kJ/kg	㉓－㉕			
27	减温水热量	10^6kJ	㉑×㉖			
28	汽轮机耗用热量	10^6kJ	⑪＋⑳＋㉗			
29	汽轮机热耗率	kJ/kWh	㉘/②			
31	计算耗用热量	10^6kJ	㉘（①－⑤）			
32	计算发电量	kWh	②（①－⑤）			
33	微增煤耗率	g/kWh	㉛/㉜			
34	发电微增用热量	10^6kJ	②×①×㉝			
35	机组空载用热量	10^6kJ	㉘－㉞			
36	空载用标准煤量	g、t	㉟/29 271.2			
37	空载发电煤耗率	g/kWh	㊱/②			

注　表中○内数字为指标序号。

表 2－26　　　　**用汽轮机保证值热耗率计算空载煤耗率**

序号	指　　标	单位	计算公式	计算数值		
1	负荷率	%	—	100	……	30
2	发电负荷	MW				
3	主蒸汽流量	t/h				
4	耗汽率	kg/kWh	③/②			
5	主蒸汽压力	MPa				
6	主蒸汽温度	℃				

续表

序号	指　　标	单位	计算公式	计算数值		
7	主蒸汽焓	kJ/kg				
8	机侧给水温度	℃				
9	机侧给水焓	kJ/kg				
10	高压缸排汽压力	MPa				
11	高压缸排汽温度	℃				
12	高压缸排汽焓	kJ/kg				
13	再热蒸汽流量	t/h				
14	再热蒸汽压力	MPa				
15	再热蒸汽温度	℃				
16	再热蒸汽焓	kJ/kg				
17	减温水量	t/h				
18	减温水温度	℃				
19	减温水焓	kJ/kg				
20	补水温度	℃				
21	补水焓	kJ/kg				
22	汽轮机热耗率	kJ/kWh				
23	汽轮机耗用热量	10^6kJ	㉒×②			
24	计算耗用热量	10^6kJ	㉓（①-⑤）			
25	计算发电量	kWh	②（①-⑤）			
26	微增煤耗率	g/kWh	㉔/㉕			
27	发电微增用热量	10^6kJ	②×①×㉖			
28	机组空载用热量	10^6kJ	㉓-㉗			
29	空载用标准煤量	g、t	㉘/29 271.2			
30	空载发电煤耗率	g/kWh	㉙/②			

（3）编制汽轮发电机组负荷与空载发电煤耗率速见表。根据表2-25、表2-26中汽轮发电机组空载发电煤耗率计算的空载用标准煤量，可计算出该单元机组在各种负荷下的汽轮发电机组的空载发电煤耗率，结果见表2-27。

表2-27　　600MW汽轮发电机组空载发电煤耗率与发电负荷率的关系

项　　目	参　数　值							
汽轮机发电负荷率（%）	100	90	80	70	60	50	40	30
汽轮机发电负荷（MW）	600	540	480	420	360	300	240	180
汽轮机空载发电煤耗率（g/kWh）	20.5	22.8	25.6	29.3	34.2	41.0	51.3	68.3

表2-27使用说明：

1）表2-27中参数为某600MW机组空载发电煤耗率与发电负荷率的关系数据，仅适用于该机组，不适用于其他机组。有关数据表明：同类型、同容量机组在70%发电负荷时，机组空载发电煤耗率相差3g/kWh左右。因此，表中数据不可借用，否则会影响发电煤耗率指标分析的准确性。

2）从表 2－27 中可见，在 30% 发电负荷时，汽轮发电机组空载发电煤耗率为 68.3g/kWh，比额定负荷时高出 47.8g/kWh，也就是单元机组的发电煤耗率要升高 47.8g/kWh。

（4）绘制汽轮机发电机组空载发电煤耗率与发电负荷率的关系曲线。根据表 2－27 中数值，可以绘制出汽轮发电机组空载发电煤耗率与发电负荷率的关系曲线，见图 2－16。如果图中坐标分度适中，可为日常分析、计算工作提供更快、更精确、机组任意发电负荷下的空载发煤耗率。

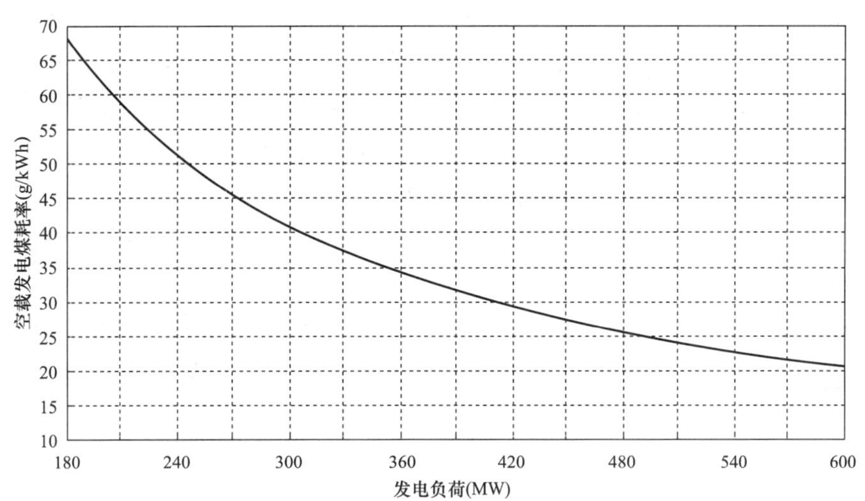

图 2－16　汽轮发电机组空载发电煤耗率与发电负荷的关系曲线

第八节　发电煤耗率的校验方法

机组发电煤耗率已普遍采用正平衡计算，正平衡煤耗率的计算仅决定于供电负荷与皮带秤称重煤量，与锅炉效率及其指标、汽轮机效率及其指标无关。因此，日常无从检查计算煤耗率的准确性、正确性以及与机组经济性能变化的互动关系。

反平衡发电煤耗率的计算、统计在新建的大容量机组中日已淡出。新的大容量机组 SIC 系统中虽有锅炉效率、汽轮机效率、反平衡发电煤耗率计算程序，可以阅读，查询，但却没有较详细地纳入生产日报，也没有统计卡片、台账，不便于日常分析、检查正平衡计算的发电煤耗率的正确性与偏离程度。一流火力发电厂考核标准——节能管理考核要求发供电煤耗率通过正平衡计算，反平衡校核。为此，建议将反平衡发电煤耗率计算纳入统计、生产日报，以方便经常用锅炉效率、汽轮机效率来分析、检查正平衡计算的发电煤耗率的变化与单元机组运行经济性变化的一致性。

发电煤耗率计算的准确性以及发电煤耗率水平的变化是经常发生的，分析，校验是统计人员、专业管理人员及主管领导的日常工作。简单而快捷的分析、计算方法，是帮助、保证管理者日常进行深入细致的专业管理工作的基础条件。这就是本节介绍发电煤耗率的分析、校验方法的初衷。

正、反平衡两种方法计算的煤耗率，因种种因素的影响都会偏离实际值。分析反平衡发电煤耗率，直接可定量的因素有单元机组的发电汽耗率、汽轮机效率及其指标、锅炉效率及其指标、汽轮机速度级压力等3种方法4个指标，可用来检验发电煤耗率水平的真实性，以及发电煤耗率变化与机组经济指标变化的一致性。有关方法如下。

一、用汽轮机的发电汽耗率校验发电煤耗率

汽轮机组的发电汽耗率是指每发1kWh的电量所耗用的主蒸汽量。汽轮机组的汽耗率与单元机组的发电煤耗率的关系尤为直观。可以说，汽轮机组的汽耗率就是单元机组的发电煤耗率，虽然两数值（量）不相等，但很近似。汽轮机组的汽耗率与单元机组发电煤耗率的关系在数值上相差一个数量级，即0.01kg（汽耗率）/kWh≈1g（煤耗率）/kWh，或者说10g（汽耗率）/kWh≈1g（煤耗率）/kWh。这是一个概数，具体数（比例）值可通过计算求得。该比值，专业上也叫做汽轮机的汽耗率对发电煤耗率的影响系数。

（一）用汽轮机的汽耗率校验发电煤耗率

用汽轮机的汽耗率校验发电煤耗率，就是看汽耗率变化值对发电煤耗率的影响值与发电煤耗率的变化值是否一致。汽轮机的汽耗率变化对发电煤耗率的影响值，定为汽轮机汽耗率的变化对发电煤耗率的影响系数。分析计算结果表明，汽耗率与发电煤耗率的数理关系大概是：汽耗率变化0.01kg/kWh左右，发电煤耗率变化1g/kWh。汽耗率变化对发电煤耗率影响系数的计算公式如下

$$\Delta b_{fd}^{fx} = \frac{d_{qh}^{ed}}{b_{fd}^{ed}} \tag{2-84}$$

式中 Δb_{fd}^{fx}——汽轮机的汽耗率对发电煤耗率的影响系数，(Δb_{fd}^{bh}g/kWh)/(Δd_{qh}^{bh}0.01kg/kWh)；

b_{fd}^{ed}——发电煤耗率，g/kWh；

d_{qh}^{ed}——汽轮机的汽耗率，kg/kWh。

（二）汽轮机的汽耗率变化对发电煤耗率影响的计算

$$\Delta b_{fd}^{bh} = \Delta b_{gd}^{qx} \times \Delta d_{qh}^{bh} \tag{2-85}$$

式中 Δb_{fd}^{bh}——发电煤耗率的变化值，g/kWh；

Δd_{qh}^{bh}——汽耗率的变化值，kg/kWh。

二、用汽轮机效率、锅炉效率校验发电煤耗率

（一）用汽轮机效率、锅炉效率校验发电煤耗率的准确性

用汽轮机效率、锅炉效率校验发电煤耗率的准确性，就是用汽轮机效率、锅炉效率变化对发电煤耗率的影响值之和与发电煤耗率变化值比较，看是否一致。

一台单元发电机组的容量参数一定，汽轮机效率、锅炉效率水平的变化幅度也就稳定在一个范围内。因此，可以用本单元机组的汽轮机效率、锅炉效率变化对发电煤耗率的影响系数分析，看汽轮机效率、锅炉效率水平的变化值引起发电煤耗率的变化值与原发电煤耗率的变化值是否一致。如果校验、计算的发电煤耗率变化值与原计算指标变化差值一致，则说明原计算正确，否则就是计算不准确，应查明发生偏差的原因。

发电煤耗率变化的平衡式如下

$$\Delta b_{fd}^{bh} = \Delta \eta_{qj}^{bh} \times \Delta b_{qj}^{fx} + \Delta \eta_{gl}^{bh} \times \Delta b_{gl}^{fx} \tag{2-86}$$

式中 Δb_{fd}^{bh}——发电煤耗率的变化值，g/kWh；

$\Delta\eta_{qj}^{bh}$——汽轮机效率的变化值,%；

Δb_{qj}^{fx}——汽轮机效率变化1%对发电煤耗率的影响系数，$(\Delta b_{fd}^{bh} g/kWh)/(\Delta\eta_{qj}^{bh} 1\%)$；

$\Delta\eta_{gl}{}^{bh}$——锅炉效率的变化值,%；

Δb_{gl}^{fx}——锅炉效率变化1%对发电煤耗率的影响系数，$(\Delta b_{fd}^{bh} g/kWh)/(\Delta\eta_{gl}^{bh} 1\%)$。

如果汽轮机效率、锅炉效率变化值对发电煤耗率的影响值之和与原计算指标变化差值一致，则说明原计算正确，否则就是计算不准确，应查明发生偏差的原因。

（二）用汽轮机设备、系统的技术经济指标校验汽轮机效率的代表性和正确性

汽轮机设备、系统的技术经济指标的代表性、正确性，可从以下影响设备、系统运行经济性的4项影响因素来分析，看其有关指标是否达到设计值、定额值：

（1）主蒸汽参数、再热蒸汽参数。

（2）汽轮机凝汽器及循环水系统。

（3）给水加热器及回热系统。

（4）汽轮机通流部分的间隙、清洁（积垢）状况（程度）和健康（完好）状况（程度）。

汽轮机设备、系统运行经济性的总指标可用汽轮机效率（热耗率）或汽轮机汽耗率、汽轮机的速度级压力等具有同等说服力的总指标来分析、判断。汽轮机效率或汽耗率、速度级压力，可用其下一级可定量分析的指标：主蒸汽压力、温度，再热蒸汽压力、再热蒸汽压力降，凝汽器真空度（循环水入口温度、循环水温升、凝汽器端差），高压加热器出口给水温度及高压加热器、低压加热器的温升（受热度）、端差等来分析、判断。汽轮机在正常运行中的效率变化值等于上述可定量指标变化的影响值之和，用公式表示为

$$\eta_{qj}^{bh} = \Delta p_{zqy}^{bh} \times \Delta\eta_{zqy}^{jx} + \Delta t_{zqw}^{bh} \times \Delta\eta_{zqw}^{jx} + \Delta t_{zrw}^{bh} \times \Delta\eta_{zrw}^{jx} + \Delta p_{zry}^{bh} \times \Delta\eta_{zry}^{jx} + \Delta t_{xhs}^{bh} \times \Delta\eta_{xhs}^{jx} + \Delta t_{ws}^{bh} \times \Delta\eta_{ws}^{jx} + \Delta t_{dc}^{bh} \times \Delta\eta_{dc}^{jx} + \Delta t_{gs}^{bh} \times \Delta\eta_{gs}^{jx} \tag{2-87}$$

式中　η_{qj}^{bh}——汽轮机效率的变化值,%；

Δp_{zqy}^{bh}——主蒸汽压力的变化值，MPa；

$\Delta\eta_{zqy}^{jx}$——主蒸汽压力变化1MPa对汽轮机效率的影响系数；

Δt_{zqw}^{bh}——主蒸汽温度的变化值,℃；

$\Delta\eta_{zqw}^{jx}$——主蒸汽温度变化1℃对汽轮机效率的影响系数，$(\Delta\eta_{qj}^{bh}\%)/(\Delta p_{zqw}^{bh} 1℃)$；

Δt_{zrw}^{bh}——再热蒸汽温度的变化值,℃；

$\Delta\eta_{zrw}^{jx}$——再热蒸汽温度变化1℃对汽轮机效率的影响系数，$(\Delta\eta_{qj}^{bh}\%)/(\Delta t_{zrw}^{bh} 1℃)$；

Δp_{zry}^{bh}——再热蒸汽压力降的变化值，MPa；

$\Delta\eta_{zry}^{jx}$——再热蒸汽压力降变化1MPa对汽轮机效率的影响系数，$(\Delta\eta_{qj}^{bh}\%)/(\Delta p_{zry}^{bh} 1MPa)$；

Δt_{xhs}^{bh}——循环水入口温度的变化值,℃；

$\Delta\eta_{xhs}^{jx}$——循环水入口温度变化1℃对汽轮机效率的影响系数，$(\Delta\eta_{qj}^{bh}\%)/(\Delta t_{xr}^{bh} 1℃)$；

Δt_{ws}^{bh}——循环水温升的变化值,℃；

$\Delta\eta_{ws}^{jx}$——循环水温升变化1℃对汽轮机效率的影响系数，$(\Delta\eta_{qj}^{bh}\%)/(\Delta t_{ws}^{bh} 1℃)$；

Δt_{dc}^{bh}——凝汽器端差的变化值,℃；

$\Delta\eta_{dc}^{jx}$——凝汽器端差变化1℃对汽轮机效率的影响系数，$(\Delta\eta_{qj}^{bh}\%)/(\Delta t_{dc}^{bh} 1℃)$；

Δt_{gs}^{bh}——高压加热器出口给水温度的变化值,℃；

$\Delta\eta_{gs}^{jx}$——高压加热器出口给水温度变化 1℃ 对汽轮机效率的影响系数,$(\Delta\eta_{qj}^{bh}\%)/(\Delta t_{gs}^{bh}1℃)$。

汽轮机效率的 4 项影响因素，都直接反映在汽轮机效率或汽轮机汽耗率、汽轮机的速度级压力等 3 个同一性质的汽轮机运行经济性的指标上。上面讲述的对汽轮机效率影响的可定量分析的 8 个指标的影响值，与 4 项因素的影响值并不相等。这是因为 8 个指标的影响值不完全等于 4 项因素的影响值，因此，它们之间有一个差值。该差值，对某一台机组而言，它将稳定在一个变化不大的数值范围内，专业工作分析者在实践中可以找到，并作为分析、判断的依据。如果差值变大，则查速度级压力、汽耗率变化值，应检查通流部分问题。

（三）用锅炉设备、系统的技术经济指标校验锅炉效率的代表性、正确性

锅炉设备、系统的技术经济指标的代表性、正确性，可从以下影响设备、系统运行经济性的各项影响因素来分析，看其有关指标是否达到设计值和定额值：

(1) 排烟损失 q_2。

(2) 机械不完全燃烧损失 q_4。

(3) 锅炉散热损失 q_5。

锅炉设备、系统运行经济性的总指标可用锅炉效率来分析、判断。锅炉效率可用其下一级可定量分析的指标：锅炉排烟温度、送风机入风空气温度、锅炉炉膛排烟氧量、空气预热器及锅炉尾部烟道漏风系数、飞灰可燃物、锅炉（本体保温表面温度）散热损失等指标来分析、判断。正常运行过程中，锅炉效率的变化值等于上述可定量指标变化的影响值之和，用公式表示为

$$\eta_{gl}^{bh}=\Delta t_{py}^{bh}\times k_{py}^{lx}+\Delta t_{rf}^{bh}\times k_{rf}^{lx}+\Delta O_{O_2}^{bh}\times k_{O_2}^{lx}+\Delta\alpha_{Lf}^{bh}\times k_{Lf}^{lx}+\Delta h_{fh}^{bh}\times k_{fh}^{lx}+\Delta q_{5sr}^{bh}\quad(2-88)$$

式中 η_{gl}^{bh}——锅炉效率的变化值,%；

Δt_{py}^{bh}——锅炉排烟温度的变化值,℃；

k_{py}^{lx}——锅炉排烟温度变化 1℃ 对锅炉效率的影响系数，$(\Delta\eta_{gl}^{bh}\%)/(\Delta t_{py}^{bh}1℃)$；

Δt_{rf}^{bh}——锅炉送风机入口空气温度的变化值,℃；

k_{rf}^{lx}——锅炉送风机入口空气温度变化 1℃ 对锅炉效率的影响系数,$(\Delta\eta_{gl}^{bh}\%)/(\Delta t_{rf}^{bh}1℃)$；

$\Delta O_{O_2}^{bh}$——锅炉排出烟氧量的变化值,%；

$k_{O_2}^{lx}$——锅炉排出烟氧量变化 1% 对锅炉效率的影响系数，$(\Delta\eta_{gl}^{bh}\%)/(\Delta O_{O_2}^{bh}1\%)$；

$\Delta\alpha_{Lf}^{bh}$——空气预热器及锅炉尾部烟道漏风系数的变化值；

k_{Lf}^{lx}——空气预热器及锅炉尾部烟道漏风系数变化 0.1 对锅炉效率的影响系数，$(\Delta\eta_{Lf}^{bh}\%)/(\Delta\alpha_{Lf}^{bh}0.1)$；

Δh_{fh}^{bh}——锅炉细（飞）灰可燃物的变化值,%；

k_{fh}^{lx}——锅炉细（飞）灰可燃物变化 1% 对锅炉效率的影响系数，$(\Delta\eta_{fh}^{bh}\%)/(\Delta h_{fh}^{bh}1\%)$；

Δq_{5sr}^{bh}——锅炉散热损失的增加影响锅炉效率的降低值,%。

对于锅炉散热损失，制造厂都会给定一个额定负荷下的设计值，它的计算条件是锅炉炉体表面温度不高于环境温度（25℃）。锅炉炉体表面温度达到设计要求，不高于控制标准，

则其影响就不存在，也就不必考虑。实践表明，有一定数量的锅炉炉体表面温度远远高于规定标准的环境温度25℃。例如：某电厂多台200MW单元机组的670t/h配套锅炉，一年4次监督检查中，锅炉高温设备、管道保温质量有57%达不到考核要求，保温质量严重低下，保温表面温度有44点处在90℃以上，占锅炉检测点次的37%；最高处的保温表面温度高达110℃，其中主蒸汽管道为113℃，炉墙外壁、燃烧器外壁为112℃。

锅炉高温设备保温表面温度超过标准时，一般难以定量计算出q_5损失的增加值，必要时可请电科院专业人员协助试验、测量和计算。最好的办法是及时完善高温设备的保温，使其达到行业控制标准。

锅炉效率的影响因素较为直观，主要反映在设备运行中的6项经济性指标上。因此，只要这些指标的表计准确，取样、化验准确，计算正确，按职责要求，经常分析，发现问题及时解决，就能保持锅炉效率在较好的水平上运行。

三、用汽轮机速度级压力校验发电煤耗率的准确性

用汽轮机速度级压力校验发电煤耗率的准确性，就是用机组运行发电负荷下的速度级压力与设计值比较，速度级压力变化是主蒸汽流量增加引起的，而汽耗率的变化就是发电煤耗率的变化。

汽轮机速度级压力，在某种程度上体现了汽轮机的进汽量，是比较准确的。近年来，一些大容量机组就是根据这一原理，将速度级压力作为汽轮机、锅炉主蒸汽流量表的一次信号。若将速度级压力作为汽轮机主蒸汽流量表的一次信号，并对速度级蒸汽温度的影响进行自动修正，使其成为智能的蒸汽流量表，则效果就将更加完美。

汽轮机速度级压力这一运行参数，实质上既是安全运行参数，又是经济运行参数。例如，汽轮机通流部分间隙变化及叶片损坏、冲蚀、积垢等使汽轮机效率降低，同负荷下进汽流量增加，速度级压力升高。又如，汽轮机运行技术经济指标变化，同负荷下汽轮机进汽流量也随之发生变化。这是一种定性分析，因为目前还没有手段可以测量各段通流部分的漏汽量。这种定性分析方法，只适用于当单元机组系统运行中发电煤耗率水平偏离正常值较大的情况，可用机组发电煤耗率与机组系统各小指标对煤耗率影响的差值来判定，而这是一种估计性的定性分析，难以做到准确定量。具体估计分析方法为：

（1）平时要掌握汽轮机组经济性能，特别是：

1）p_0'（速度压力，下同）与D（主蒸汽流量，下同）的关系曲线，以及与汽轮机组汽耗率、发电煤耗率的关系。

2）汽轮机组汽耗率、发电煤耗率与各项小指标变化对发电煤耗率的关系（差值）。

（2）如果发电煤耗率变化较大，而汽轮机效率、锅炉效率变化不大，则可能是流量表的问题。如果流量表经校验后表计计量正确，则应检查汽轮机效率、锅炉效率及其相关的小指标变化对煤耗率的影响。

（3）汽耗率（发电煤耗率）增（或突然）大，发电煤耗率与小指标影响的差距增大部分即可视为通流部分的影响。这首先要确定：

1）使用速度级压力来校核其他技术经济指标时，还要用第一级抽汽口压力、高压缸排汽压力、第三级抽汽口压力来看它们是否支持速度级压力的变化。第一、二、三抽汽口压力升高值与速度级压力的变化趋势应一致，特别是第一、二抽汽口压力变化与速度级压力变化

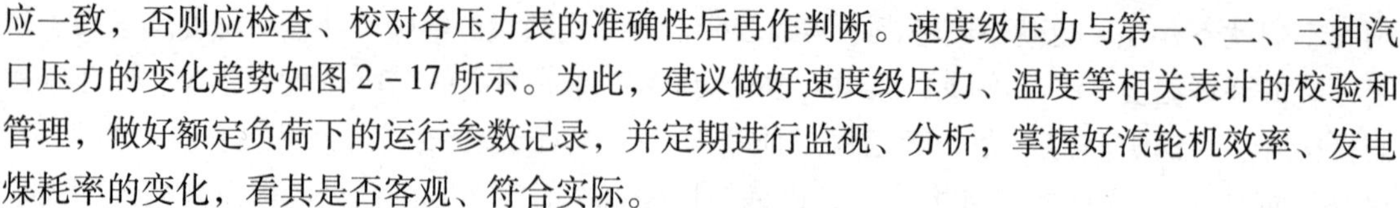

应一致，否则应检查、校对各压力表的准确性后再作判断。速度级压力与第一、二、三抽汽口压力的变化趋势如图 2－17 所示。为此，建议做好速度级压力、温度等相关表计的校验和管理，做好额定负荷下的运行参数记录，并定期进行监视、分析，掌握好汽轮机效率、发电煤耗率的变化，看其是否客观、符合实际。

2）p_0'与 D 的关系，p_0'与 P_{fd}（发电负荷，下同）的关系变化是否符合规律。

（4）确定分析结果（偏差值）时，要注意运行参数与设计值是否一致，如有偏差，特别是较大时应进行修正。

（5）速度级压力变化与进汽量、汽耗率、发电煤耗率的变化为正比关系。因此，可用速度级压力变化率来分析进汽量、汽耗率、发电煤耗率的变化值。分析方法如下：

1）校核速度级压力与发电负荷的关系曲线。

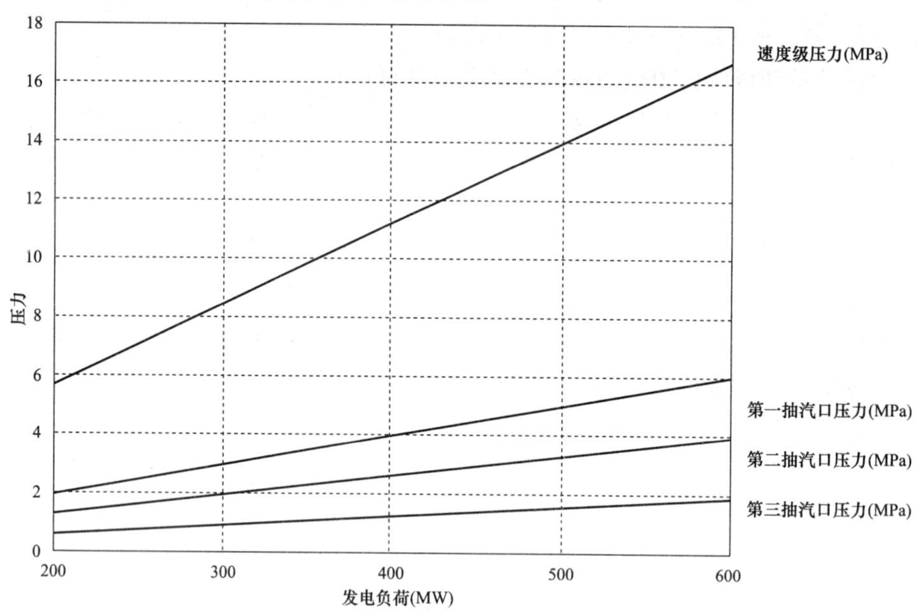

图 2－17　发电负荷与速度级压力及第一、第二、第三抽汽口压力的关系曲线

2）速度级压力变化率计算

$$\Delta L_{sdj}^{bL}=\frac{p_{01}^{ed}-p_{01}^{sj}}{p_{01}^{ed}} \tag{2-89}$$

式中　ΔL_{sdj}^{bL}——速度级压力变化率，%；

p_{01}^{ed}——速度级压力设计（额定）值，MPa；

p_{01}^{sj}——速度级压力实际值，MPa。

3）速度级压力变化率对蒸汽流量影响值的估算公式

$$\Delta D_{sdj}^{bh}=D_{sj}\times\Delta L_{sdj}^{bL} \tag{2-90}$$

式中　ΔD_{sdj}^{bh}——速度级压力变化率对进汽量的影响值，t；

D_{sj}——蒸汽流量设计值，t。

4）速度级压力变化率对汽耗率影响值的估算公式

$$\Delta d_{sdj}^{bh}=d_{sj}\times\Delta L_{sdj}^{bL} \tag{2-91}$$

式中　Δd_{sdj}^{bh}——速度级压力变化率对汽耗率的影响值，kg/kWh；

d_{sj}——汽耗率设计值，kg/kWh。

5）速度级压力变化率对发电煤耗率影响值的估算公式

$$\Delta b_{sdj}^{bh} = b_{fd}^{sj} \times \Delta L_{sdj}^{bL} \tag{2-92}$$

式中　Δb_{sdj}^{bh}——速度级压力变化率对发电煤耗率的影响值，g/kWh；

b_{fd}^{sj}——发电煤耗率设计值，g/kWh。

第九节　发电煤耗率与水平

本章前面所讲的发电煤耗率，主要是指单元机组的运行发电煤耗率，而单元机组的发电煤耗率有保证值发电煤耗率、设计额定负荷运行值发电煤耗率、设计运行小时下运行值发电煤耗率、汽轮发电机组空载煤耗率等。

目前，电力行业主管部门对发电企业的考核、要求，是以设备设计的、机组建成投产鉴定试验的保证值指标为依据。因此，电力生产企业难以完成上级主管部门下达的供电煤耗率的指标任务；为了完成以保证值发电煤耗率为基础的发电煤耗率任务，正常发电运行的管道效率就必须达到99%左右。一般情况下，单元机组的运行管道效率应为95.0%～96.0%。部分分析、计算资料显示：反求、推算管道效率时，有时超过100%，更离奇的是有的热电厂管道效率高达142%；有的电厂入炉煤日化验报告上的数据每天更改，严重的一天更改几次。可见，发电煤耗率没有反映真实情况。

鉴于上述情况，应以电厂工程设计资料中的设计运行值发电煤耗率作为煤耗率考核的基础。以下见解可供行业内有关专业人员分析、讨论、纠正和提高。

本节主要介绍对目前行业煤耗率考核定额（标准）值及电力生产企业发电煤耗率管理影响最大、有直接关系的保证值发电煤耗率、设计运行值发电煤耗率、汽轮发电机组空载煤耗率等3个发电煤耗率指标。

一、发电煤耗率的分类

按发电煤耗率的性质，可分为保证值发电煤耗率、设计运行值发电煤耗率、商业还贷煤耗率3种。

按发电煤耗率的构成，可分为汽轮发电机组发电空载煤耗率、汽轮发电机组微增发电煤耗率。

（1）保证值发电煤耗率：用来评价锅炉设备、汽轮机设备是否达到制造厂设计水平的指标或依据。

（2）设计运行发电煤耗率：用来评价锅炉设备、汽轮机设备及其热力系统设备在正常生产运行中应达到的指标或考核要求的基础值。设计运行发电煤耗率在电厂工程设计资料中往往又有两种含义。一种是表示单元机组在额定负荷下的电厂效率、发电煤耗率；另一种是表示单元机组年度设备设计利用小时下的单元机组电厂效率、发电煤耗率。

（3）汽轮发电机组发电空载煤耗率：单元机组发电煤耗率构成中的重要组成部分，主要用来分析、衡量单元机组带负荷程度（发电平均负荷）变化时，在单元机组发电煤耗率中的份额、影响值或增加值。

(4) 汽轮发电机组微增发电煤耗率：用作并列运行的发电厂（单元机组）间最经济的负荷分配的指标或依据。

(5) 商业还贷煤耗率：电厂工程设计时，考虑还贷能力核定的煤耗率水平。目前，只有少数机组设计文件中有此指标。

二、保证值发电煤耗率的计算

机组建成投产鉴定试验的保证值发电煤耗率，试验条件的最大特点是热力系统不补水，锅炉设备不吹灰、除尘，锅炉不排污等；锅炉、汽轮机设备及其系统运行参数、指标达不到设计值时，可以按规定修正到设计值。这是单元机组正常发电运行中不允许，也是可能实现的。

（一）保证值发电煤耗率的计算

保证值发电煤耗率是用单元机组汽轮发电机额定负荷下的保证值发电热耗（效）率（下同）、锅炉设计值效率、管道（狭义管道）效率取值 99.0% 或 98.5% 计算的发电煤耗率，计算公式为

$$b_{fd}^{bz} = \frac{0.122\ 86}{\eta_{qj}^{bz} \times \eta_{gl}^{ed} \times \eta_{gd}^{xy}} \tag{2-93}$$

式中　b_{fd}^{bz}——保证值发电煤耗率，g/kWh；

0.122 86——电热当量与标准煤热值的比值；

η_{qj}^{bz}——汽轮机保证值绝对电效率，%；

η_{gl}^{ed}——设计值额定负荷下锅炉效率，%；

η_{gd}^{xy}——狭义管道效率，取值为 99.0% 或 98.5%，%。

为了分清不同条件、状态下的管道效率，此处暂定义为狭义管道效率和广义管道效率。狭义管道效率中不包括单元机组正常生产过程中，反平衡计算发电煤耗率时的吹灰、除尘，热力系统补水，锅炉排污等锅炉效率、汽轮机效率未计入的热损失。

（二）设计运行值发电煤耗率的计算

设计运行值发电煤耗率，常见于电厂工程设计资料中主要技术经济指标部分的运行指标，一般常以全厂（单元机组）热效率或发电运行设计标准煤耗率等表示。

设计运行值发电煤耗率，在电厂工程设计资料中具有两种含义。一种是表示单元机组在额定负荷下的电厂效率、发电煤耗率，可以反求额定发电负荷下的广义管道效率，一般为 95.0% 左右；另一种是表示含有单元机组年度设备设计利用小时的单元机组的电厂效率、发电煤耗率，这时，单元机组年度设计的单元机组电厂效率、发电煤耗率中包括广义管道效率和空载发电煤耗率两部分的影响，一般情况下，广义管道效率为 91.0% 左右。

1. 用电厂效率计算发电煤耗率

$$b_{fd} = \frac{0.122\ 86}{\eta_{dc}} \tag{2-94}$$

式中　b_{fd}——发电煤耗率，g/kWh；

η_{dc}——电厂效率，%。

2. 设计运行值发电煤耗率

设计运行值发电煤耗率是用单元机组设计运行值汽轮机效率、设计值锅炉效率、正常生产运行的广义管道效率（实际应为 96.0% 左右）计算的发电煤耗率，其计算公式为

$$b_{fd}^{yx} = \frac{0.12286}{\eta_{qj}^{yx} \times \eta_{gl}^{ed} \times \eta_{gd}^{gy}} \tag{2-95}$$

式中　b_{fd}^{yx}——设计运行值发电煤耗率，g/kWh；

η_{qj}^{yx}——汽轮机机组正常生产运行时的绝对电效率,%；

η_{gl}^{ed}——设计值额定负荷下的锅炉效率,%；

η_{gd}^{gy}——广义管道效率,%。

广义管道效率中包括单元机组正常生产过程中的锅炉排污、吹灰、除尘、取样、伴热、热力系统补水等锅炉效率、汽轮机效率等未计入的全部热损失。

3. 设计运行值发电煤耗率、全厂热效率与广义管道效率

单元机组的设计运行值发电煤耗率、全厂热效率在设计资料中大部分可以查到（见表2－28）也有少数机组无此指标。

表2－28　　设计资料中的设计运行值发电煤耗率、全厂热效率与广义管道效率

汽轮机机组型号	保证值、设计值			运行工况设计值			
	发电煤耗率（g/kWh）	汽轮机效率（%）	锅炉效率（%）	发电煤耗率（g/kWh）	推算管道效率（%）	电厂效率（%）	推算管道效率（%）
C300/237－16.7/0.39/537/537	303.1	45.66	91.57	310.0	94.79	—	—
N300－16.67/537/537－8	295.7	45.60	92.50	307.0	94.88	40.10	95.07
N300－16.67/535/535	297.4	44.21	92.33	325.5	90.46	37.76	90.50
CZK287－16.67/538/538	300.8	44.34	93.78	308.8	96.10	—	—
N600－16.67/537/537	296.0	45.85	93.61	310.0	92.34	—	—

注　1. N300－16.67/535/535型机组全厂运行指标中，全厂热效率为37.76%，发电煤耗率为325.5g/kWh；技术经济指标中，发电煤耗率控制在330g/kWh，全厂热效率大于35.00%。

2. N600－16.67/537/537型机组经济性能指标中，发电煤耗率为296g/kWh；全厂运行指标中，运行值发电煤耗率为310g/kWh。经济分析指标中，商业还贷发电煤耗率为315g/kWh。

由表2－28可知：

（1）机组设计资料中，确有设计运行值发电煤耗率指标，不同的设计资料均可查到。

（2）设计保证值发电煤耗率与设计运行值发电煤耗率的差值确实存在，已查到的数值为6.9～28.1g/kWh。

（3）根据设计运行发电煤耗率推算的广义管道效率为90.46%～96.10%；根据设计值电厂效率推算的广义管道效率为90.50%～95.07%；理论计算的广义管道效率为94.60%～94.69%。分析认为，一般情况下广义管道效率为96.0%左右。

（4）表2－28中N300－16.67/535/535型汽轮机推算的广义管道效率为90.46%，N600－16.67/537/537型汽轮机推算的广义管道效率为92.34%，其中都包括机组带负荷程度（空载发电煤耗率）对机组发电煤耗率的影响。

三、单元机组带负荷程度对发电煤耗率的影响

单元机组带负荷程度对发电煤耗率的影响包括汽轮发电机组发电空载煤耗率的影响、锅炉设备散热损失对发电煤耗率的影响，以及低负荷运行时，设备缺陷（含先天不足）影响单元机组运行参数达不到设计值时对发电煤耗率的影响三部分。以下仅分析前面两部分设备

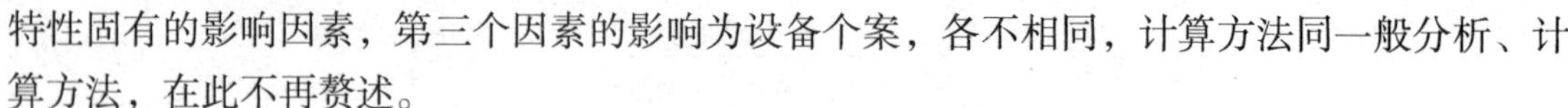

特性固有的影响因素，第三个因素的影响为设备个案，各不相同，计算方法同一般分析、计算方法，在此不再赘述。

（一）汽轮发电机组发电空载煤耗率

汽轮发电机组发电空载煤耗率是指，汽轮发电机组维持3000r/min运转时，用能折算的标准煤量在机组带负荷发电时，构成不同发电负荷下发电煤耗率的相应基数值。一般情况下，各类汽轮发电机组在额定负荷下的发电空载煤耗率为15～25g/kWh。

汽轮发电机组发电空载煤耗率，是分清影响单元机组带负荷程度变化与发电煤耗率水平变化因素的关键。了解、掌握机组发电空载煤耗率，就能进一步分清客观因素与主观因素造成的各项指标变化对发电煤耗率的影响值。

1. 汽轮发电机组发电空载煤耗率的计算

汽轮发电机组发电空载煤耗率的计算方法有两种：① 有4个点以上发电负荷与对应的热耗率指标时，可直接计算汽轮发电机组发电空载煤耗率；② 有4个点以上发电负荷与对应的主蒸汽流量等运行参数的情况下，可先计算各负荷点的热耗量，再计算汽轮发电机组发电空载煤耗率。

（1）计算单元机组微增热耗率

$$\Delta q_{wz} = \frac{P_{ed}q_{ed} - P_n q_n}{P_{ed} - P_n} \tag{2-96}$$

式中 Δq_{wz}——单元机组微增热耗率，g/kWh；

P_{ed}——额定发电负荷，kW；

q_{ed}——额定发电负荷（有不经济负荷点除外）下的热耗率，kJ/kWh；

P_n——分析、计算时选用的发电负荷，kW；

q_n——与分析、计算选用的发电负荷对应的热耗率，kJ/kWh。

（2）计算单元汽轮发电机组发电空载煤耗率

$$b_{kz} = \frac{Q_{ed} - P_n \times \Delta q_{wz}}{29\,271.2 \times P_n \times \eta_{gl} \times \eta_{gd}} \tag{2-97}$$

式中 b_{kz}——单元汽轮发电机组发电空载煤耗率，g/kWh；

Q_{ed}——额定发电负荷（有不经济负荷点除外）下的热耗量，kJ；

η_{gl}——锅炉效率设计值，%；

η_{gd}——广义管道效率，%。

（3）部分型号不同发电负荷下的单元汽轮发电机组发电空载煤耗率

根据部分不同容量、不同型号单元汽轮发电机组发电空载煤耗率的分析可知：

1）已检测到的不同容量、不同型号单元汽轮发电机组额定发电负荷（下同）下的发电空载煤耗率为12.5～22.1g/kWh，详细情况见表2－29。

表2－29　单元机组发电负荷与空载发电煤耗率的关系　g/kWh

汽轮机机组型号	带负荷程度与空载发电煤耗率					
	100%	90%	80%	70%	50%	30%
100MW凝汽式汽轮机	17.8	19.8	22.3	25.4	35.6	59.3

续表

汽轮机机组型号	带负荷程度与空载发电煤耗率					
	100%	90%	80%	70%	50%	30%
200MW 凝汽式汽轮机	13.7	15.2	17.1	19.6	27.4	45.7
200MW 凝汽式汽轮机	20.7	23.0	25.9	29.6	41.4	69.0
K－200－130－3	16.0	17.8	20.0	22.9	32.0	53.3
300MW 凝汽式汽轮机	18.1	20.1	22.6	25.9	36.2	60.3
N300－16.7/537/537	12.5	13.9	15.6	17.9	25.0	41.7
N300－16.67/537/537	15.2	16.9	19.0	27.4	30.4	50.7
CZK287/N330－16.67/538/538	22.1	24.6	27.6	31.6	44.2	73.7
K500－240	19.6	21.8	24.5	28.0	39.2	65.3
N600－24.2/566/566	15.6	17.3	19.5	22.3	31.2	52.0
N600－16.67/537/537	17.7	19.7	22.1	25.3	35.4	59.0
N600－16.67/535/535	20.5	22.8	25.6	29.3	41.0	68.3

2）单元汽轮发电机组的发电空载煤耗率与发电负荷不是一次线性关系。各负荷段空载发电煤耗率不能采用全程负荷的平均值。

3）同容量、同类型单元汽轮发电机组的发电空载煤耗率水平（数值）也不相同。200、300、600MW 机组均如此，额定负荷下分别为 7.0、5.6、4.9g/kWh。详细情况见表 2－29。

4）单元机组发电负荷降低到 70% 运行，发电煤耗率要升高 5.4～9.5g/kWh；若发电负荷再降低到 50% 运行，则发电煤耗率要升高 12.5～22.1g/kWh。可见，机组降低发电负荷运行对发电煤耗率的影响是如此之大。

5）单元机组的发电空载煤耗率与机组运行经济性能有关。机组通流部分间隙明显增大、机组进行较大的更新改造或机组运行经济性明显降低时，应用试验数据重新计算，以确保指标分析数据的准确性，切忌随意套用同类型机组的数据。

（二）锅炉设备带负荷程度对发电煤耗率的影响

锅炉设备带负荷程度对发电煤耗率的影响主要是锅炉设备散热损失对发电煤耗率的影响。

1. 锅炉设备散热损失对发电煤耗率的影响

锅炉设备额定负荷下的散热损失是固定的，随着负荷的降低，散热损失相对值则相应增加。计算公式为

$$q_5 = q_5^{e} \times \frac{D_e}{D_{sj}} \tag{2-98}$$

式中　q_5——锅炉设备运行中随机负荷时的散热损失，%；

q_5^e——锅炉设备额定负荷下的散热损失，%；

D_e——锅炉额定负荷，t/h；

D_{sj}——锅炉设备在正常运行中的实际负荷，t/h。

锅炉设备的散热损失具有两方面的含义：一是锅炉本体设备的辐射散热损失，是制造厂用来检验、衡量锅炉设备是否达到设计要求的指标；二是锅炉设备整体的散热损失，是用来计算、衡量锅炉设备在正常运行中，散热损失值的大小、水平，及计算正常发电运行时的锅

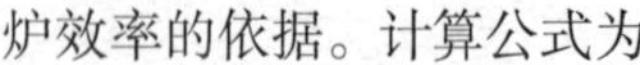

炉效率的依据。计算公式为

$$q_5 = 5.82D_e^{-0.38} \quad (\%) \tag{2-99}$$

用上式计算的锅炉额定负荷下的散热损失（q_5）值见表 2-30。

表 2-30　锅炉额定负荷下的散热损失（q_5）值　%

序号	指标		单位	各种容量锅炉额定负荷下的散热损失（q_5）值							
1	锅炉额定负荷		t/h	35	75	120	220	410	670	1004	2008
2	$q_5 = 5.82D_e^{-0.38}$计算值		%	1.51	1.13	0.94	0.75	0.60	0.49	0.42	0.32
3	散热损失曲线	炉本体	%	0.78	0.68	0.52	0.35	0.24	0.20	0.20	0.20
4		锅炉组	%	1.10	0.94	0.78	0.61	0.47	0.40	0.33	0.32
5	制造厂设计值		%	—	—	—	0.50	0.40	—	0.19	0.17
6	散热损失偏小值		%				0.25	0.20		0.23	0.15
7	发电煤耗率偏低值		g/kWh				1.0	0.77		0.77	0.50
8	发电用煤偏少	标准煤	t				250	385		1155	1410
9		天然煤	t				350	539		1617	2100

从表 2-30 中可以看出：

（1）锅炉设备额定负荷时，用公式计算的锅炉炉组设备散热损失比锅炉试验规程曲线资料的数值大。

（2）目前电力行业计算锅炉效率均用制造厂提供的锅炉本体的散热损失计算锅炉效率。锅炉炉组设备的散热损失比锅炉整体的散热损失大。就 600MW 机组而言，锅炉效率偏高 0.15% 左右，发电煤耗率偏低 0.47g/kWh。设备利用小时按 5000h 计算，一年将减少出账发电用标准煤 1410t 左右。

（3）表 2-30 中的数值是一般情况下的推算、估计值，非某一设备的实际值，仅供参考。

2. 各种容量锅炉、带负荷程度变化时对锅炉效率的影响（见表 2-31）

表 2-31　各种容量锅炉、带负荷程度变化时对锅炉效率的影响　%

负荷系数（%）	锅炉额定出力（t/h）						
	75	120	220	410	670	1004	2008
100	1.13	0.94	0.75	0.60	0.49	0.42	0.32
90	1.26	1.04	0.83	0.67	0.54	0.47	0.36
80	1.42	1.18	0.94	0.75	0.61	0.53	0.40
70	1.61	1.34	1.07	0.87	0.70	0.60	0.46
60	1.88	1.56	1.25	1.00	0.82	0.70	0.53
50	2.26	1.88	1.50	1.20	0.98	0.84	0.64

注　表中数值是一般情况下的推算、估计值，非某一设备的实际值，仅供参考。

3. 锅炉容量降低到变化50%负荷运行时对发电煤耗率的影响（见表2-32）

表2-32　　锅炉容量降低到变化50%负荷运行时对发电煤耗率的影响　　g/kWh

项　目	锅炉额定出力（t/h）						
	75	120	220	410	670	1004	2008
额定负荷散热损失值（%）	2.26	1.88	1.50	1.20	0.98	0.84	0.64
50%负荷散热损失的增加值（%）	1.13	0.94	0.75	0.60	0.49	0.42	0.32
发电煤耗率升高值（g/kWh）	6.28	4.27	2.88	2.31	1.75	1.40	1.00

注　表中锅炉容量降低到变化50%负荷运行时，热损失值相应增加对发电煤耗率的影响值是一般情况下的推算、估计值，非某一设备的实际值，仅供参考。

（三）设备缺陷运行参数达不到设计值对发电煤耗率的影响

设备缺陷运行参数达不到设计值有两种情况：一是设备设计先天不足；二是后天产生的设备缺陷。设备缺陷产生的对单元机组发电煤耗率的影响，其结果是一致的。设备缺陷迫使机组运行时运行参数达不到设计值，有以下几种情况：

（1）凝汽器结垢，凝汽器端差高于设计（定额、正常）值。

（2）锅炉炉膛出口烟气中的氧含量高于设计值。

（3）锅炉排烟温度高于设计值。

（4）喷水减温水量大于设计值。

（5）高压加热器出口给水温度低于设计值等。

以上因素的影响是设备个案，各不相同，计算方法同一般分析、计算方法，在此不再赘述。

第十节　单元机组设计保证值发电煤耗率的影响因素

单元机组设计保证值供电煤耗率的影响因素有单元机组的热力特性、蒸汽参数等级、汽轮机凝汽冷却方式、发电设备生产厂用电率、燃料煤炭质量、制造厂设计水平与制造工艺质量、地域气候条件等。本节以600MW机组为例进行了全面、综合的分析，为相关、专业工作者提供参考。

单元机组供电煤耗率水平与发电设备辅机厂用电率及造价有关，机组间厂用电率的最大差值可达3%左右，影响供电煤耗率相差10.0～17g/kWh，这主要是选型与造价的问题。因此，以下以单元机组发电煤耗率为依据进行分析。

这里所讲的发电煤耗率均为设备设计保证值发电煤耗率。设备正常运行的发电煤耗率水平，则需增加锅炉吹灰、补水等其他正常生产运行中的其他损失（约使发电煤耗率升高7～10g/kWh），单元机组空载发电煤耗率（发电平均负荷70%约为7.8g/kWh）的影响等。

以下所用机组参数、指标变化对单元机组发电煤耗率的影响系数，非用作分析600W机组特性计算的数值。因此，分析结果属非实际影响值，而是一个大概值，仅供参考。参数、指标变化对单元机组发电煤耗率的影响值与机组指标变化对效率、效率变化对发电煤耗率影

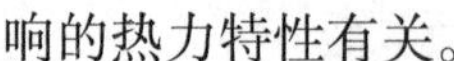

响的热力特性有关。

一、单元机组的热力特性对发电煤耗率的影响

汽轮发电机组热力特性（带负荷程度）对发电煤耗率的影响包括三部分：一是汽轮发电机组发电空载煤耗率对发电煤耗率的影响；二是锅炉设备散热损失对发电煤耗率的影响；三是低负荷运行时，设备缺陷（含先天不足）影响单元机组运行参数达不到设计值时对发电煤耗率的影响等。以下仅介绍前两个设备固有特性的影响因素，第三个因素的影响是设备个案，情况各不相同，计算方法同一般分析、计算方法，此处不再赘述。

1. 汽轮发电机组带负荷程度对发电煤耗率的影响

单元机组的发电煤耗率由汽轮发电机组发电空载煤耗率和微增发电煤耗率两部分组成。

汽轮发电机组带负荷程度对发电煤耗率的影响是指，汽轮发电机组空载发电煤耗率随着发电负荷的降低而升高。该影响是客观的，机组投产后，运行工作中不可为。

汽轮发电机组发电空载煤耗率是指，汽轮发电机组维持3000r/min运转时的用能折算为标准煤量，在机组带负荷发电时，构成不同发电负荷下的发电煤耗率的相应基数值。

发电空载煤耗率的大、小与汽轮机通流部分间隙有关，正常运行中仅与发电负荷有关。一般情况下，600MW各类汽轮发电机组在额定负荷时的发电空载煤耗率为15～23g/kWh。在70%发电负荷时，发电空载煤耗率比额定负荷时升高6.7～8.8g/kWh。当发电负荷降低到50%时，发电空载煤耗率则比额定负荷时高出15.6～20.5g/kWh，即单元机组的发电煤耗率要升高15.6～20.5g/kWh。

微增发电煤耗率在机组正常发电负荷变化范围内是一个固定值。

2. 锅炉设备带负荷程度对发电煤耗率的影响

锅炉设备带负荷程度对发电煤耗率的影响主要是指锅炉设备散热损失对发电煤耗率的影响。

如前所述，锅炉设备的散热损失具有两方面的含义（定义）。对2008t/h锅炉，其锅炉本体设备的辐射散热损失为0.20%，而锅炉整体设备的散热损失则为0.32%。

锅炉设备的散热损失与锅炉高温设备、管道保温有关。在保温达到标准的情况下（下同），锅炉设备在额定负荷时的散热损失 q_5 对某一定容量锅炉设备来讲，是固定、不变的定值。在锅炉设备正常运行中，散热损失 q_5 随着负荷的降低而相应增加。

与600MW汽轮机配套的2008t/h锅炉，锅炉设备蒸汽负荷降低到70%运行时，发电煤耗率升高0.47g/kWh左右；锅炉设备蒸汽负荷降低到50%运行时，发电煤耗率则升高1.0g/kWh左右。

二、发电设备厂用电率对单元机组供电煤耗率的影响

单元机组生产厂用电率变化1%影响供电煤耗率相应变化4g/kWh左右，影响值大小与发电煤耗率水平、厂用电率水平有关。超临界机组厂用电率设计值为4.0%～6.7%，影响供电煤耗率水平相差14.0g/kWh左右；亚超临界机组厂用电率设计值为4.0%～8.35%（空气直冷机组），影响供电煤耗率水平相差17.0g/kWh左右。

三、汽轮机凝汽冷却方式对单元机组发电煤耗率的影响

从统计数据分析认为，超临界、亚临界参数机组，在华北、华东、华中、南方、东北、西北等 6 个地区，采用闭式循环冷却与开放式直流冷却方式，除个案外，80.95% 的汽轮机设计背压为 5.0kPa 左右，说明汽轮机组可以达到相同的经济水平。

汽轮机凝汽冷却方式对机组运行经济性的影响主要反映在汽轮机的背压上。上面所讲的汽轮机组设计、计算数值对设备经济性影响不大。但是，若认识与管理不到位，则闭式循环冷却的设备运行经济性与开放式直流冷却相差很多，发电煤耗率将高出 5g/kWh 左右，甚至更多。

空气直接冷却仅统计到 4 台机组，背压为 15～16kPa。与闭式循环冷却和开放式直流冷却相比，汽轮机背压要高出 10kPa，约使发电煤耗率高出 20g/kWh。

超临界、亚临界参数汽轮机凝汽冷却方式对单元机组发电煤耗率影响的具体情况如下：

（一）超临界参数汽轮机凝汽冷却方式对单元机组发电煤耗率的影响

超临界参数汽轮机凝汽冷却方式与机组设计背压统计见表 2－33。

表 2－33　超临界参数汽轮机凝汽冷却方式与机组设计背压统计

<table>
<tr><th rowspan="2">序号</th><th rowspan="2">主蒸汽压力等级</th><th rowspan="2">汽轮机凝汽冷却方式</th><th colspan="2">华　北</th><th colspan="2">华　东</th><th colspan="2">华　中</th><th colspan="2">南　方</th></tr>
<tr><th>机组（台）</th><th>背压（kPa）</th><th>机组（台）</th><th>背压（kPa）</th><th>机组（台）</th><th>背压（kPa）</th><th>机组（台）</th><th>背压（kPa）</th></tr>
<tr><td>1</td><td rowspan="10">超临界参数</td><td rowspan="4">闭式循环冷却</td><td>4</td><td>5.0</td><td>3</td><td>5.0</td><td>4</td><td>5.0</td><td>—</td><td>—</td></tr>
<tr><td>2</td><td>2</td><td>12.0</td><td>2</td><td>6.0</td><td>—</td><td>—</td><td>—</td><td>—</td></tr>
<tr><td>3</td><td colspan="2" rowspan="2">12.0kPa（进口机组）</td><td colspan="2" rowspan="2">6.0kPa（第三汽轮机厂）</td><td colspan="2" rowspan="2">—</td><td colspan="2" rowspan="2">—</td></tr>
<tr><td>4</td></tr>
<tr><td>5</td><td rowspan="6">开式直流冷却</td><td>1</td><td>5.0</td><td>21</td><td>5.0</td><td>3</td><td>5.0</td><td>1</td><td>5.0</td></tr>
<tr><td>6</td><td colspan="2" rowspan="5">—</td><td colspan="2" rowspan="5">—</td><td colspan="2" rowspan="5">—</td><td>4</td><td>6.0</td></tr>
<tr><td>7</td><td colspan="2" rowspan="4">5.0kPa（第一汽轮机厂）；6.0kPa（第一、第二汽轮机厂各 2 台）</td></tr>
<tr><td>8</td></tr>
<tr><td>9</td></tr>
<tr><td>10</td></tr>
</table>

从表 2－33 中可以看出，超临界参数汽轮机凝汽冷却方式对机组设计背压的影响是：

（1）华北、华东、华中、南方 4 个地区，汽轮机凝汽冷却方式统计到的采用闭式循环冷却的 15 台机组中，有 11 台机组设计背压为 5.0kPa 左右，所占比例为 73.33%。另外，华东 2 台第三汽轮机厂生产的背压为 6.0kPa，华北 2 台进口机组的背压为 12.0kPa，数据可能有误。

（2）上述 4 个地区，汽轮机凝汽冷却方式统计到的采用开放式直流冷却的 30 台机组中，有 26 台机组设计背压为 5.0kPa 左右。另外，华东 4 台机组背压为 6.0kPa，其中第一、第二汽轮机制造厂各 2 台。

综上所述，两种冷却方式的 45 台机组中的 37 台（占总数的 82.22%）机组背压均为 5.0kPa 左右。可见，闭式循环冷却与开放式直流冷却对机组设备设计经济性的影响不大。

（二）亚临界参数汽轮机凝汽冷却方式对单元机组经济性的影响

亚临界参数汽轮机凝汽冷却方式与机组设计背压统计见表 2－34。

表 2－34　　亚临界参数汽轮机凝汽冷却方式与机组设计背压统计

<table>
<tr><th rowspan="2">主蒸汽压力等级</th><th rowspan="2">汽轮机凝汽冷却方式</th><th colspan="2">华　北</th><th colspan="2">华　东</th><th colspan="2">南　方</th><th colspan="2">西　北</th><th colspan="2">东　北</th></tr>
<tr><th>机组（台）</th><th>背压（kPa）</th><th>机组（台）</th><th>背压（kPa）</th><th>机组（台）</th><th>背压（kPa）</th><th>机组（台）</th><th>背压（kPa）</th><th>机组（台）</th><th>背压（kPa）</th></tr>
<tr><td rowspan="14">亚临界参数</td><td rowspan="4">闭式循环冷却</td><td>13</td><td>约 5.0</td><td>2</td><td>4.9</td><td>4</td><td>6.1</td><td>2</td><td>4.9</td><td>2</td><td>4.9</td></tr>
<tr><td>2</td><td>3.8</td><td>—</td><td>—</td><td>—</td><td>—</td><td>—</td><td>—</td><td>—</td><td>—</td></tr>
<tr><td>2</td><td>5.6</td><td>—</td><td>—</td><td>—</td><td>—</td><td>—</td><td>—</td><td>—</td><td>—</td></tr>
<tr><td colspan="2">3.8kPa（进口、华北）；5.6kPa（第二汽轮机厂、华北）</td><td colspan="2">—</td><td colspan="2">—</td><td colspan="2">—</td><td colspan="2">—</td></tr>
<tr><td rowspan="4">开式直流冷却</td><td>4</td><td>约 5.0</td><td>13</td><td>约 5.0</td><td>5</td><td>5.9</td><td>2</td><td>4.5</td><td>—</td><td>—</td></tr>
<tr><td>2</td><td>4.5</td><td>1</td><td>4.0</td><td>3</td><td>6.0</td><td>—</td><td>—</td><td>—</td><td>—</td></tr>
<tr><td>2</td><td>5.3</td><td>3</td><td>9.3</td><td>—</td><td>—</td><td>—</td><td>—</td><td>—</td><td>—</td></tr>
<tr><td colspan="2">4.5kPa（河北、第一汽轮机厂）；5.3kPa（山东、第三汽轮机厂）</td><td colspan="2">4.0kPa（浙江、进口）；9.3kPa（浙江、进口）</td><td colspan="2">—</td><td colspan="2">—</td><td colspan="2">—</td></tr>
<tr><td rowspan="6">空气直接冷却</td><td>2</td><td>16.0</td><td>—</td><td>—</td><td>—</td><td>—</td><td>—</td><td>—</td><td>—</td><td>—</td></tr>
<tr><td>2</td><td>16.0</td><td>—</td><td>—</td><td>—</td><td>—</td><td>—</td><td>—</td><td>—</td><td>—</td></tr>
<tr><td colspan="2" rowspan="4">16.0kPa（河北、其他）；15.0kPa（陕西；第一、第二汽轮机厂）</td><td>—</td><td>—</td><td>—</td><td>—</td><td>—</td><td>—</td><td>—</td><td>—</td></tr>
<tr><td>—</td><td>—</td><td>—</td><td>—</td><td>—</td><td>—</td><td>—</td><td>—</td></tr>
<tr><td>—</td><td>—</td><td>—</td><td>—</td><td>—</td><td>—</td><td>—</td><td>—</td></tr>
<tr><td>—</td><td>—</td><td>—</td><td>—</td><td>—</td><td>—</td><td>—</td><td>—</td></tr>
</table>

从表 2－34 中可以看出，亚临界参数汽轮机凝汽冷却方式对机组设计背压的影响是：

（1）华北、华东、西北、东北 4 个地区，汽轮机凝汽冷却方式统计到的采用闭式循环冷却的 27 台机组中，有 23 台机组的设计背压为 5.0kPa，所占比例为统计机组的 85.19%。另外，南方地区 4 台第三汽轮机厂生产的机组背压为 6.1kPa。

（2）上述 5 个地区，汽轮机凝汽冷却方式统计到的采用开放式直流冷却的 34 台机组中，有 28 台机组设计背压为 5.0kPa 左右，占统计机组的 82.35%。另外，南方地区背压为 5.9～6.0kPa 的机组 8 台，华东背压为 9.3kPa 的法国进口机组 3 台。

综上所述，两种冷却方式的 45 台机组中，37 台（占总数的 82.22%）机组的背压均为 5.0kPa 左右。可见，闭式循环冷却与开放式直流冷却对机组设备设计经济性的影响不大。

（3）南方地区装有 12 台亚临界参数汽轮机，凝汽冷却方式是：4 台闭式循环冷却、8 台开放式直流冷却，机组设计背压分别为 6.1、5.9、6.0kPa，比其他地区偏高 1kPa。

（4）空气直接冷却仅统计到 4 台机组，背压为 15～16kPa。与闭式循环冷却和开放式直流冷却相比，汽轮机背压将高出 10kPa，约使发电煤耗率高出 20g/kWh。

四、蒸汽参数对单元机组发电煤耗率的影响

600MW 机组主蒸汽参数对发电煤耗率的影响值一般为 13.2g/kWh。其中，超临界机组主蒸汽压力一般为 25.4～24.7MPa，主蒸汽温度一般为 571～543℃，再热蒸汽温度一般为 569～566℃。亚临界机组主蒸汽压力一般为 17.5～16.7MPa，主蒸汽温度一般为 541～537℃，再热蒸汽温度一般为 543～537℃。如果按超临界机组主蒸汽压力与亚临界机组相差 8MPa 计算，则发电煤耗率相差 10g/kWh 左右；如果超临界机组主蒸汽温度与亚临界机组相差 30℃，则发电煤耗率相差 1.7g/kWh 左右。如果超临界机组再蒸汽温度与亚临界机组相差 30℃，则发电煤耗率相差 1.5g/kWh 左右。

五、地域气候条件对单元机组发电煤耗率的影响

地域气候条件对火力发电机组的影响主要有两方面：一是影响汽轮机组的凝汽背压；二是影响燃料煤炭的质量。本节主要介绍地区气温对火电机组背压的影响。

从华北、华东、华中、南方、东北、西北 6 个地区统计数据的分析来看，超超临界、亚临界机组在华北、华东、华中、东北、西北 5 个地区对闭式循环冷却与开放式直流冷却机组设计背压的影响甚微。但从机组运行的经济性看，闭式循环冷却机组的运行经济性远远低于开放式直流冷却机组。

南方地区装有 12 台亚临界参数汽轮机，闭式循环冷却与开放式直流冷却机组设计背压分别为 5.9～6.1kPa，比其他地区偏高 1kPa，约影响发电煤耗率 2.0g/kWh。

六、制造厂设计水平与制造工艺、质量对单元机组发电煤耗率的影响

同等级参数的机组，由于各制造厂设计水平与制造工艺、质量的不同，单元机组的经济性能也有一定的差异。但单元机组设计参数主要取决于钢材性能，而汽轮机设备的经济性能与钢材性能关系更大，同时与设备的成熟程度也有直接关系。锅炉效率受煤炭质量的影响较大，难以评价，因此仅对汽轮机效（热耗）率作一简单分析。为了不涉及具体制造厂，文中隐去国内三大动力设备制造厂名称，而称第一、第二、第三汽轮机制造厂。

1. 600MW 超临界参数机组

（1）汽轮机组设计热耗率、汽轮机效率排名如下：

1）第一汽轮机制造厂，热耗率设计值为 7516.0kJ/kWh，汽轮机效率设计值为 47.90%。

2）第二汽轮机制造厂，热耗率设计值为 7526.0kJ/kWh，汽轮机效率设计值为 47.83%。

3）第三汽轮机制造厂，热耗率设计值为 7570.0kJ/kWh，汽轮机效率设计值为 47.56%。

进口汽轮机组热耗率设计值为 7648.0kJ/kWh，汽轮机效率设计值仅为 47.07%，排在最后。

就汽轮机效率设计值而言，第二名与第一名发电煤耗率仅相差 0.5g/kWh 左右。第三名比第一名发电煤耗率升高 2.0g/kWh 左右，设备利用小时按一年 5500h 计算（下同），多耗标准煤 6600t。标准煤价按 1000 元/t（下同）计算，则一年多支出燃料费用 660 万。

值得注意的是，进口机组汽轮机效率设计最高值比国产第一名机组低 0.83%，约使发电煤耗率升高 5.0g/kWh，多耗标准煤 16 500t，一年多支出燃料费用 1650 万元。进口机组

中汽轮机效率最低的比国产第一名机组低 2.79%，约使发电煤耗率升高 17.0g/kWh，多耗标准煤 56 100t，一年多支出燃料费用 5610 万。

(2) 按汽轮机效率平均水平比较，名次如下：

1) 第一汽轮机制造厂，汽轮机效率设计值为 47.88%。

2) 第二汽轮机制造厂，汽轮机效率设计值为 47.78%。

3) 第三汽轮机制造厂，汽轮机效率设计值为 47.50%。

进口机组汽轮机效率设计平均值仅为 46.09%。

2. 亚临界参数机组

(1) 汽轮机组设计热耗率、汽轮机效率排名如下：

1) 第二汽轮机制造厂，热耗率设计值为 7652.1kJ/kWh，汽轮机效率设计值为 47.05%。

2) 第一汽轮机制造厂，热耗率设计值为 7734.9kJ/kWh，汽轮机效率设计值为 46.54%。

3) 第三汽轮机制造厂，热耗率设计值为 7736.0kJ/kWh，汽轮机效率设计值为 46.54%。

进口汽轮机组热耗率设计值为 7762.0kJ/kWh，汽轮机效率设计值仅为 46.38%，排在最后。

就汽轮机效率设计值而言，第二、第三名的发电煤耗率比第一名高出 3.0g/kWh 左右。设备利用小时按一年 5500h 计算（下同），一年将多耗标准煤 9900t。标准煤价按 1000 元/t（下同）计算，一年将多支出燃料费用 990 万。

值得注意的是，进口机组汽轮机效率设计值比国产第一名机组低 0.67%，约使发电煤耗率升高 4.0g/kWh，一年多耗标准煤 13 200t，多支出燃料费用 1320 万元。进口机组汽轮机效率最低的比国产第一名机组低 2.52%，约使发电煤耗率升高 15.0g/kWh，多耗标准煤 52 975t，一年多支出燃料费用 5290 万。

(2) 按汽轮机效率平均水平比较，名次如下：

1) 第二汽轮机制造厂，汽轮机效率平均设计值为 46.69%。

2) 第三汽轮机制造厂，汽轮机效率平均设计值为 46.46%。

3) 第一汽轮机制造厂，汽轮机效率平均设计值为 46.35%。

进口机组汽轮机效率设计平均值仅为 46.34%。

七、煤炭质量对单元机组发电煤耗率的影响

煤炭质量对单元机组发电煤耗率的影响是指煤炭的收到基热值、收到基全水分、收到基灰分 3 个煤炭质量指标。这 3 个指标变化对锅炉效率、发电煤耗率的影响，目前尚无完整的数学模型。根据有关资料、计算结果和实践经验，分析、推算如下：

(1) 收到基水分变化 1%（百分点，下同），煤炭热值变化 251 ~ 335kJ/kg。

(2) 收到基灰分变化 1%（百分点，下同），煤炭热值变化 376 ~ 418kJ/kg。

(3) 收到基热值变化 1000kJ/kg 影响发电煤耗率变化 0.8 ~ 1.1g/kWh。

由此可推算出：

(1) 收到基水分变化 1%，影响发电煤耗率变化 0.25 ~ 0.34g/kWh。

（2）收到基灰分变化1%，影响发电煤耗率变化0.38～0.42g/kWh。

以上收到基热值、收到基全水分、收到基灰分对发电煤耗率的影响，仅供参考，暂不可用作考核依据。

八、设备缺陷对单元机组发电煤耗率的影响

设备先天不足性缺陷，影响单元机组运行参数达不到设计值对单元机组发电煤耗率的影响有以下几种情况：

（1）凝汽器端差偏高。

（2）锅炉炉膛出口烟气中的氧含量偏高。

（3）锅炉排烟温度高于设计值。

（4）喷水减温水量。

（5）高压加热器出口给水温度低于设计值等。

以上因素的影响是设备个案，各不相同，计算方法同一般分析、计算方法，不再赘述。

第三章　汽轮机组技术经济指标

本章内容，一是研究、讨论汽轮机设备技术经济指标的影响因素；二是研究、讨论汽轮机设备各项可定量分析的技术经济指标变化对汽轮机组效率、单元机组发电煤耗率影响系数的计算方法，并最终通过计算，分析并求出各项可定量分析的技术经济指标对单元汽轮机设备效率、单元机组发电煤耗率影响结果的汇总值；分清各项指标，哪一个指标完成好，哪一个指标没有达到目标值，差距是多少；三是研究、计算各汽轮机设备效率水平变化、发电量权数对全厂汽轮机综合效率的影响，分清主、客观因素并计算其影响值；四是讲解单元机组循环温升、端差设计值的计算方法，并重点讲解汽轮机凝汽器设备运行指标对单元机组运行经济性的影响；五是讲解汽轮机汽耗率、速度级压力在汽轮机效率、发电煤耗率管理中的重要性，以及汽轮机汽耗率、速度级压力对汽轮机效率、发电煤耗率影响系数的计算方法；六是讲解汽轮机设备经济性能的管理要点，以及汽轮机设备大修工程及其间隔内汽轮机效率的自然衰减值、汽轮机设备大修工程中的效率恢复（相对衰减）值、汽轮机设备绝对衰减（老化）值的分析、计算方法。

汽轮机设备及其回热系统的经济性能综合指标为汽轮机效率或汽轮机热耗率。影响汽轮机效率或汽轮机热耗率指标的因素有蒸汽参数、汽轮机机组的内效率（含汽轮机通流部分间隙变化）、凝汽器设备及其系统运行参数、给水加热器及其系统的运行参数等各项指标。

汽轮机设备及其回热系统的技术经济指标按其可以辨别的性质分类，可分为可定量分析指标和可定性分析指标。

可定量分析的运行技术经济指标是指，该指标的数值变化对其上一级指标的影响可以计算出一个具体的影响数值。如第二章所讲的不同容量的单元机组，汽轮机效率变化0.10% ~ 0.16%，影响其上一级指标——发电煤耗率升高或降低1g/kWh。汽轮机效率变化对发电煤耗率影响值的大小与锅炉效率、汽轮机效率有关。汽轮机效率、锅炉效率越低，当锅炉效率为某一定值时，汽轮机效率变化1%（百分点），约影响发电煤耗率变化11g/kWh；汽轮机效率、锅炉效率越高，当锅炉效率为某一定值时，汽轮机效率变化1%（百分点），约影响发电煤耗率变化6g/kWh。汽轮机设备及其回热系统中，对汽轮机效率而言，可定量分析的技术经济指标有主蒸汽参数、再热蒸汽参数，汽轮机高压缸、中压缸、低压缸内效率，凝汽器真空度及高压加热器给水温度。

关于汽轮机高压缸、中压缸、低压缸内效率，在汽轮机组日常正常运行中一般不具备计算的条件。只有专业人员在特定的条件下，通过专门试验测取有关参数后计算才能获取。本文不作讨论。

可定性分析的运行技术经济指标是指，该指标的数值变化对上一级指标具有明显的影响，但在机组正常运行中不能通过运行指示参数计算获取定量的影响值。例如凝汽器真空严密性（漏真空速度），漏入的空气直接影响凝汽器设备的热交换效率，使凝汽器温度升高，凝汽器端差增大，从而使发电煤耗率升高，但单元机组正常运行过程中，可测量的参数不够，不具备计算条件，不能获取其对上一级的影响值；又如，凝汽器清洁度指标是影响凝汽器真空度的因素，但在机组正常运行过程也不能通过运行参数计算并获取定量的影响值。以上因素对运行经济性的影响，已反映在凝汽器端差、凝汽器真空度、汽轮机效率、发电煤耗率等指标中。因此，可定性分析的运行技术经济指标也应加强管理，这是保持机组发电煤耗率在更好水平的重要途径。

一、汽轮机设备及其回热系统可定量计算、分析的运行经济性指标

（1）汽轮发电机组平均负荷。

（2）主蒸汽温度。

（3）主蒸汽压力。

（4）再热蒸汽温度。

（5）再热蒸汽压力降。

（6）凝汽器真空度。

（7）凝汽器循环水入口温度。

（8）凝汽器循环水温升（受热度）。

（9）凝汽器端差。

（10）高压加热器出口给水温度。

二、汽轮机设备及其回热系统可定性分析的运行经济性指标

（1）汽耗率。

（2）速度级压力。

（3）排汽温度。

（4）凝汽器胶球清洗投入运行率。

（5）凝汽器胶球清洗收球率。

（6）凝汽器漏真空速度。

（7）凝汽器清洁度。

（8）凝汽器凝结水过冷却度。

（9）凝汽器铜管内循环水流速。

（10）循环水塔温度降。

（11）循环水塔冷却效率。

（12）湿冷冷却塔冷却幅高。

（13）空冷塔初始温差。

（14）高压加热器投入率。

（15）加热器上端差。

（16）加热器下端差。

（17）加热器温升。

第一节　汽轮机效率、热耗率、汽耗率、速度级压力

汽轮机效率、热耗率、汽耗率、速度级压力4个指标之间关系密切，均表示了汽轮机运行时机组的经济性能。例如，汽轮机热耗率（汽轮机效率）的状态、水平及汽耗率变化直接反映发电煤耗率的变化；速度级压力的变化与汽轮机热耗率同样反映着机组总的运行经济性能。

（一）汽轮机效率、热耗率、汽耗率、速度级压力的定义

汽轮机效率、汽轮机热耗率是汽轮机设备及其回热系统运行经济性可定量计算、分析的，同一个性质有两个名称的指标，能够显示出汽轮机运行经济性能。

（1）汽轮机效率：汽轮发电机组的绝对电效率，即用蒸汽的热能转换成电能时对蒸汽热能的利用程度，单位为%。

（2）汽轮机热耗率：汽轮发电机组每发1kWh的电量所耗用的蒸汽热量，单位为kJ/kWh。

汽轮机汽耗率、速度级压力两个指标，是校核汽轮机运行经济性的两个可定性分析的总指标，可用来核对汽轮机效率及发电煤耗率。

（3）汽轮机汽耗率：汽轮机组每发出1kWh的电量所耗用的主蒸汽的数量，单位为kg/kWh。

本书第二章中已经讲过，汽轮机的汽耗率每升高0.01kg/kWh，发电煤耗率就要升高1g/kWh左右；汽轮机的汽耗率每降低0.01kg/kWh，发电煤耗率也就要降低1g/kWh左右。但汽轮机的汽耗率对汽轮机效率的影响不能直接定量。这是因为汽耗率代表了汽轮机运行的总经济性，它包括了蒸汽参数在内的全部对汽轮机效率产生影响的各项因素的影响值，又因蒸汽参数变化较大，稳定性较差，要计算出它对汽轮机效率影响值的大小，过程较为繁杂。而且，已知汽轮机效率，再计算汽耗率变化对汽轮机效率影响值的必要性就不大了。因此，专业管理工作中，常常把汽耗率作为定性指标，但它比定量指标还直观。它是一个非常重要的技术经济指标，在专业管理工作中必须天天计算、天天分析、天天比较，这样才能掌握汽耗率水平的变化来校核发电煤耗率的真实性。但一定要注意保持主蒸汽流量表的准确性，真实性。

（4）汽轮机速度级压力：汽轮机设备第一级叶轮后的运行工况参数的一个写真，是认识、掌握、分析、研究设备特性的一个重要指标。汽轮机速度级压力反映汽轮机的进汽量，用速度级压力变化值或变化率可计算出本机组速度级压力变化0.1MPa对汽轮机效率、发电煤耗率的影响值，也可计算出本机组速度级压力变化0.1%对汽轮机效率、发电煤耗率的影响值，从而提高判断汽轮机效率、发电煤耗率变化的准确性及日常分析工作的速度。

（二）汽轮机效率、热耗率、汽耗率、速度级压力间的相互关系

汽轮机效率、热耗率分别表示汽轮发电机组发电用能的利用程度和单位电能所耗用的热量；汽轮机的汽耗率则体现了单元机组的总指标——发电煤耗率接近真实的水平，并可用来校验汽轮机效率、热耗率的准确性；速度级压力则可用来校验汽耗率（主蒸汽流量）的准确性，以及汽轮机效率、热耗率的正确性。

由此可以看出，以上4个指标均为反映汽轮机组运行经济性的同一性质的指标。4个指标在运行过程中受到的影响因素相同，受到影响的最终结果也相同，只是表示的方式不同而

已。专业工作人员要深刻认识、理解汽轮机效率、热耗率、汽耗率、速度级压力 4 个指标，这对提高专业工作人员的分析能力和管理水平有极大的帮助。

（三）汽轮机效率、热耗率、汽耗率、速度级压力的作用、特点

汽轮机效率、热耗率两个指标，是汽轮机专业最常用的评价汽轮机运行经济性的总指标。汽轮机效率、热耗率可以用来定量分析、判断汽轮机组的运行经济性变化对发电煤耗率的影响值，明示机组节能降耗的潜力所在。

汽轮机汽耗率、速度级压力两个指标，是从另外两个方面显示汽轮机组的运行经济性，并可用来分析、判断汽轮机效率、热耗率、发电煤耗率 3 个指标的准确性。

各汽轮机组可根据机组的热力特性，计算出各种负荷下汽耗率变化 0.01kg/kWh 对汽轮机效率、发电煤耗率的影响值，供日常指标分析用，以提高指标分析的准确性及分析速度。

汽轮机汽耗率指标的特点是：能显示汽轮机效率、单元机组发电煤耗率水平，而且直观、简单、明了，如 100～600MW 单元汽轮机组发电汽耗率变化 0.01kg/kWh，则单元机组发电煤耗率相应变化 1g/kWh 左右；又如 100～600MW 单元汽轮机组发电汽耗率变化 0.01kg/kWh，单元汽轮机机组效率相应变化 0.10%～0.15%。单元汽轮机组汽耗率的变化，引起汽轮机机组效率的相应变化值的幅度与机组参数、容量有关。机组容量越大，单元汽轮机组发电汽耗率变化 0.01kg/kWh，引起汽轮机机组效率的相应变化值的幅度也越大。例如，100MW 单元汽轮机组发电汽耗率变化 0.01kg/kWh，引起汽轮机组效率的相应变化值为 1.10% 左右；而 600MW 单元汽轮机组发电汽耗率变化 0.01kg/kWh，引起汽轮机组效率的相应变化值为 1.50% 左右。

汽轮机速度级压力指标的特点是：汽轮机速度级压力既是一个经济性指标，又是一个安全性指标，而且是一个敏感性很强、灵敏度较高的参数，既能及时反映汽轮机通流部分积盐垢后间隙的变化，运行经济性降低的程度，又能及时反映通流部分间隙增加、隔板脱落等影响汽轮机组经济、安全方面的异常情况。这里主要讨论速度级压力在汽轮机运行中对汽轮机组运行经济性的影响。汽轮机速度级压力反映了汽轮机的进汽量，现代大机组的蒸汽流量表的一次测量信号就是速度级压力。因此，在同参数、同工况、同负荷下，速度级压力的变化反映了汽轮机运行经济性——汽轮机效率水平的变化。

某型号机组用速度级压力计算主蒸汽流量的经验公式为

$$D_{qj}=\frac{p_0'\times 1800\times\sqrt{791.00/(t_0'+273.00)}}{18.30} \tag{3-1}$$

式中　D_{qj}——主蒸汽流量，t/h；

p_0'——速度级压力，MPa；

t_0'——速度级温度，℃。

第二节　汽耗率对汽轮机效率、发电煤耗率的影响系数

汽耗率、速度级压力两指标，能从不同角度最直观、最及时、最准确地反映出汽轮机设备、系统整体运行的经济性。专业工程师应随时监测这两个指标，并通过指标的变化，及时发现汽轮机设备、系统安全、经济方面的异常变化。本节主要讲解汽耗率、速度级压力指标

变化对汽轮机效率、发电煤耗率影响系数的计算的方法，以供专业工作人员日常工作中快速地分析、判断机组运行经济性的变化。

一、汽耗率的计算

汽耗率是指汽轮发电机组每发 1kWh 的电量所耗用的蒸汽量，单位为 kg/kWh。它是汽轮发电机组运行经济性的综合性指标之一，是快速监督、分析、判断汽轮机组效率、单元机组发电煤耗率最直观、最准确的方法之一。汽耗率计算公式如下

$$d = \frac{D_{zq}}{P_{fd}} \tag{3-2}$$

式中 d——汽轮机耗汽率，kg/kWh；

D_{zq}——进入汽轮机的主蒸汽流量，kg/h、t/h；

P_{fd}——汽轮发电机组的发电负荷（发电量），kW。

一般情况下，汽轮发电机组的汽耗率每变化 0.01kg/kWh，将影响发电煤耗率相应变化 1g/kWh 左右。

二、汽耗率变化对汽轮机效率的影响系数

汽耗率变化对汽轮机效率的影响系数是指汽轮机组的汽耗率每变化 0.01kg/kWh 对汽轮机效率的影响值，可以表达为（$\Delta\eta_{qj}^{bh}$%）/（Δd_{qh}^{bh}0.01g/kWh），计算公式如下

$$\Delta\eta_{qh}^{jx} = \frac{\eta_{qj}^{de} - \eta_{qj}^{bh}}{\Delta d_{qh}^{bh}} \tag{3-3}$$

式中 $\Delta\eta_{qh}^{jx}$——汽耗率变化对汽轮机效率的影响系数，（$\Delta\eta_{qj}^{bh}$%）/（Δd_{qh}^{bh}0.01kg/kWh）；

η_{qj}^{de}——指定耗汽率下的汽轮机效率值，%；

η_{qj}^{bh}——假定汽耗率变化后的汽轮机效率值，%；

Δd_{qh}^{bh}——汽耗率变化值，kg/kWh。

三、汽耗率变化对发电煤耗率的影响系数

汽耗率变化对发电煤耗率的影响系数是指汽轮机组的汽耗率每变化 0.01kg/kWh 影响发电煤耗率的变化值，可以表达为（Δb_{fd}^{bh}g/kWh）/（Δd_{qh}^{bh}0.01g/kWh），计算公式如下

$$\Delta b_{qh}^{fx} = \frac{b_{fd}^{de} - b_{fd}^{bh}}{\Delta d_{qh}^{bh}} \tag{3-4}$$

式中 Δb_{qh}^{fx}——汽耗率变化对发电煤耗率的影响系数，（Δb_{fd}^{bh}g/kWh）/（Δd_{qh}^{bh}0.01kg/kWh）；

b_{fd}^{de}——指定汽耗率下的发电煤耗率，kg/kWh；

b_{fd}^{bh}——假定汽耗率变化后的发电煤耗率，kg/kWh；

Δd_{qh}^{bh}——汽耗率变化值，kg/kWh。

第三节　速度级压力对汽轮机效率、发电煤耗率的影响系数

速度级压力变化对汽轮机效率、发电煤耗率的影响系数是指汽轮机速度级压力变化对汽轮机效率、发电煤耗率影响值的大小。如果速度级压力表是准确的，则速度级压力代表进入汽轮机主蒸汽的流量；如果运行参数符合设计值的分析条件，则其发电煤耗率水平就代表机

组运行的真实水平。这是分析、校核单元机组发电煤耗率水平的最简单、最有效、最准确的方法。

速度级压力是指汽轮机第一级叶轮后的压力，是汽轮机组内进入蒸汽量变化的象征，是显示汽轮机通流部分间隙变化、异常信息的窗口，是汽轮发电机组运行经济性的综合性指标之一，也是快速监督、分析、判断汽轮机组效率，单元机组发电煤耗率最直观、最准确的方法之一，但应用时较用汽耗率分析、比较的难度大些。速度级压力变化对汽轮机效率、发电煤耗率的影响系数的计算方法如下。

一、速度级压力变化 0.1MPa 对汽轮机效率、发电煤耗率的影响系数的计算

（一）速度级压力变化 0.1MPa 对汽轮机效率的影响系数

汽轮机速度级压力变化 0.1MPa 对汽轮机效率的影响系数是指汽轮机速度级压力变化 0.1MPa 对汽轮机效率的影响值，可以表达为（$\Delta\eta_{qj}^{bh}$%）/（Δp_{sdy}^{bh}0.1MPa），计算公式如下

$$\Delta\eta_{sdy}^{jx}=\frac{\eta_{sdy}^{de}-\eta_{sdy}^{bh}}{\Delta d_{qh}^{bh}} \tag{3-5}$$

式中　$\Delta\eta_{sdy}^{jx}$——速度级压力变化 0.1MPa 对汽轮机效率的影响系数，（$\Delta\eta_{qj}^{bh}$%）/（Δp_{sdy}^{bh}0.1MPa）；

η_{sdy}^{de}——指定速度级压力下的汽轮机效率值，%；

η_{sdy}^{bh}——假定速度级压力变化后的汽轮机效率值，%；

Δd_{qh}^{bh}——汽耗率变化值，kg/kWh。

（二）速度级压力变化 0.1MPa 对发电煤耗率的影响系数

汽轮机速度级压力变化 0.1MPa 对发电煤耗率的影响系数是指汽轮机速度级压力变化 0.1MPa 对发电煤耗率的影响值，可以表达为（Δb_{fd}^{bh}g/kWh）/（Δp_{sdy}^{bh}0.1MPa），计算公式如下

$$\Delta b_{sdy}^{fx}=\frac{b_{sdy}^{de}-b_{sdy}^{bh}}{\Delta p_{sdy}^{bh}} \tag{3-6}$$

式中　Δb_{sdy}^{fx}——速度级压力变化 0.1MPa 对发电煤耗率的影响系数，（Δb_{fd}^{bh}g/kWh）/（Δp_{sdy}^{bh}0.1MPa）；

b_{sdy}^{de}——指定速度级压力下的发电煤耗率，%；

b_{sdy}^{bh}——假定速度级压力变化后的发电煤耗率，%；

Δp_{sdy}^{bh}——假定的速度级压力变化，MPa。

二、速度级压力变化 1% 对汽轮机效率、发电煤耗率的影响系数的计算

（一）速度级压力变化 1% 对汽轮机效率的影响系数

汽轮机速度级压力变化 1% 对汽轮机效率的影响系数是指汽轮机速度级压力变化 1%，对汽轮机效率的影响值，可以表达为（$\Delta\eta_{qj}^{bh}$%）/（Δp_{sdy}^{bh}1%），计算公式如下

$$\Delta\eta_{sdy}^{jx}=\frac{\eta_{sdy}^{de}-\eta_{sdy}^{bh}}{\Delta p_{sdy}^{bh}} \tag{3-7}$$

式中　$\Delta\eta_{sdy}^{jx}$——速度级压力变化 1% 对汽轮机效率的影响系数，（$\Delta\eta_{qj}^{bh}$%）/（Δp_{sdy}^{bh}1%）；

η_{sdy}^{de}——指定速度级压力下的汽轮机效率值，%；

η_{sdy}^{bh}——假定速度级压力变化1%后的汽轮机效率值,%；

Δp_{sdy}^{bh}——假定的速度级压力变化，1%。

（二）速度级压力变化1%对发电煤耗率的影响系数

汽轮机速度级压力变化1%对发电煤耗率的影响系数是指汽轮机速度级压力变化1%对发电煤耗率的影响值，可以表达为（Δb_{fd}^{bh}g/kWh）/（Δp_{sdy}^{bh}1%），计算公式如下

$$\Delta b_{sdy}^{fx} = \frac{b_{sdy}^{de} - b_{sdy}^{bh}}{\Delta p_{sdy}^{bh}} \tag{3-8}$$

式中 Δb_{sdy}^{fx}——速度级压力变化1%对发电煤耗率的影响系数，（Δb_{fd}^{bh}g/kWh）/（Δp_{sdy}^{bh}1%）；

b_{sdy}^{de}——指定速度级压力下的发电煤耗率,%；

b_{sdy}^{bh}——假定速度级压力变化1%后的发电煤耗率,%；

Δp_{sdy}^{bh}——假定的速度级压力变化值，1%。

第四节 汽轮机热耗率、汽轮机效率计算

本节所讲的汽轮机热耗率、汽轮机效率计算，是指原则性的计算。计算各单元机组的经济性能指标时，一定要根据机组热力系统热平衡的实际情况，先计算本机组的发电用能，再计算汽轮机热耗率及汽轮机效率。

一、非再热汽轮发电机组热耗率的原则性计算公式

$$q_{qj} = \frac{D_{zq}(h_{zq} - h_{gs})}{P_{fd}} = d_{qj}(h_{zq} - h_{gs}) \tag{3-9}$$

式中 q_{qj}——汽轮机热耗率，kJ/kWh、kcal/kWh；

D_{zq}——进入汽轮机的主蒸汽流量，kg/h、t/h；

h_{zq}——进入汽轮机的主蒸汽焓，kJ/kg；

h_{gs}——汽轮机高压加热器出口（直通门后）给水焓，kJ/kg；

P_{fd}——汽轮发电机组负荷、发电量，kW；

d_{qj}——汽轮机的汽耗率，kg/kWh。

二、再热汽轮发电机组热耗率的原则性计算公式

$$q_{qj} = \frac{D_{zq}(h_{zq} - h_{gs}) + D_{zr}(h_{zr} - h_{gy}) - D_{jw}(h_{cj} - h_{hs})}{P_{fd}} \tag{3-10}$$

式中 D_{zr}——进入汽轮机中压缸的再热蒸汽流量，kg/h、t/h；

h_{zr}——进入汽轮机中压缸的再热蒸汽焓，kJ/kg；

h_{gy}——汽轮机高压缸的排汽焓，kJ/kg；

D_{jw}——给水泵抽头减温水流量，kg/h、t/h；

h_{cj}——给水泵抽头出口的减温水焓，kJ/kg；

h_{hs}——补给水焓，kJ/kg。

三、汽轮发电机组绝对电效率的计算

汽轮发电机组的绝对电效率也称汽轮机效率。计算公式如下

$$\eta_{qj} = \frac{3600}{q_{qj}} \times 100 \tag{3-11}$$

式中 η_{qj}——汽轮机组效率（汽轮发电机组绝对电效率），%；

3600——电的热当量；

q_{qj}——汽轮机组热耗率，kJ/kWh 或 kcal/kWh。

第五节 蒸汽参数的因果

蒸汽参数是单元机组中锅炉设备产品的质量指标，对锅炉设备的运行经济性没有直接的影响，但在单元机组运行中，蒸汽参数直接影响到使用蒸汽的汽轮机的运行经济性，即汽轮机效率。在单元机组系统中，影响机组经济运行的蒸汽参数包括主蒸汽压力、主蒸汽温度、再热蒸汽温度、再热蒸汽压力降 4 个指标。

主蒸汽压力、主蒸汽温度、再热蒸汽温度、再热蒸汽压力降是单元设备运行中可操作、调整、控制的指标。运行中对参数的要求、应达到的标准在汽轮机设备侧，是以蒸汽进入汽轮机主汽门前测点处为准——达到汽轮机设计参数。对单元机组运行经济性的影响，是以蒸汽参数对汽轮机设备运行经济性的影响为准。

有关蒸汽参数对单元机组运行经济性的影响的因果讨论如下。

一、主蒸汽压力

主蒸汽压力是指进入汽轮机前的蒸汽压力，测点位置应在主蒸汽门前。现代大型汽轮机组已开始采用全程滑压运行设计。额定负荷或高负荷运行时，主蒸汽压力应在设计值的额定参数下运行，并要求压线运行；较低负荷下，汽轮机、锅炉可采用滑压运行方式，以提高电厂的运行经济性。一般情况下，机组在 25% 负荷时采用滑压运行方式可提高电厂运行经济性 2.50% 左右，可降低发电煤耗率 8.5g/kWh 左右。

汽轮发电机组在额定负荷下运行，主蒸汽压力降低 1MPa，使汽轮机效率降低 0.2% 左右，而发电煤耗升高 1.4/kWh 左右。

（一）主蒸汽压力的影响因素

（1）锅炉设备的健康水平。

（2）锅炉设备的带负荷程度。

（3）锅炉燃用煤炭的热值是否符合锅炉设备设计的要求。

（4）锅炉燃用煤炭的挥发分是否符合锅炉设备设计的要求。

（5）锅炉燃用煤炭的水分是否符合锅炉设备设计的要求。

（6）蒸汽系统的阻力是否超过设计值。

（7）锅炉设备、汽轮机设备主蒸汽压力表的准确性。

（二）主蒸汽压力变化对汽轮机效率的影响系数

主蒸汽压力变化对汽轮机效率的影响系数是指汽轮机主蒸汽压力变化 1MPa 后，影响汽轮机效率的相应变化值，可以表达为（$\Delta\eta_{qj}^{bh}$%）/（Δp_{zqy}^{bh}1MPa）。

汽轮机设备制造厂提供的主蒸汽压力变化对汽轮机热耗率修正的数值可用两种方式、两种形式表示。

1. 主蒸汽压力变化对汽轮机热耗率的修正方法在数值上的两种表示形式

（1）主蒸汽压力变化对汽轮机热耗率的修正值，以变化量的绝对值，即汽轮机主蒸汽压力变化 1MPa 与影响汽轮发电机组热耗率变化的数值表示，单位为 kJ/kWh 或 kcal/kWh，分析、计算时，可直接用来计算对汽轮机效率的影响值。

（2）主蒸汽压力变化对汽轮机热耗率的修正值，以变化值占机组热耗率的百分率的相对值，即以汽轮机主蒸汽压力变化 1MPa 后，影响汽轮发电机组热耗率变化的数值占机组热耗率的百分率表示，单位为%。分析、计算时，需要先计算其对热耗率的影响值，然后再计算其对汽轮机效率的影响值。

2. 主蒸汽压力变化对汽轮机热耗率修正值的两种表达形式

（1）主蒸汽压力变化对汽轮机热耗率的修正值，以影响值绝对量或百分比与主蒸汽压力变化值的关系曲线表达。变化规律直观，但取值准确度差。

（2）主蒸汽压力变化对汽轮机热耗率的修正值，以数值表的方式表达，直观、分析、计算使用方便，准确度较高。

上述 2 种方式、两种形式在汽轮机热力特性计算说明书中，常以影响值的绝对量或百分比与主蒸汽压力变化值的关系曲线的方式表达；近年来则多用汽轮机主蒸汽压力变化值与影响汽轮发电机组热耗率变化的数值表或关系曲线表示。

3. 主蒸汽压力变化对汽轮机效率影响系数的计算公式

$$\Delta\eta_{zqy}^{jx} = \frac{|\eta_{zqy}^{bh} - \eta_{zqy}^{ed}|}{\Delta ZB_{zqy}^{bh}} \tag{3-12}$$

或

$$\Delta\eta_{zqy}^{jx} = \frac{3600\left|\frac{1}{q_{zqy}^{bh}} - \frac{1}{q_{zqy}^{ed}}\right|}{\Delta ZB_{zqy}^{bh}} \tag{3-13}$$

式中 $\Delta\eta_{zqy}^{jx}$——汽轮机主蒸汽压力变化 1MPa 影响汽轮机效率相应变化的系数，（$\Delta\eta_{zqy}^{bh}$%）/（ΔZB_{zqy}^{bh}1MPa）；

η_{zqy}^{bh}——汽轮机主蒸汽压力变化后的汽轮机效率，%；

η_{zqy}^{ed}——汽轮机额定主蒸汽压力的汽轮机效率，%；

$|\eta_{zqy}^{bh} - \eta_{zqy}^{ed}|$——计算时取绝对值；

q_{zqy}^{bh}——汽轮机主蒸汽压力变化后的汽轮机热耗率，kJ/kWh；

q_{zqy}^{ed}——汽轮机额定主蒸汽压力的设计汽轮机热耗率，kJ/kWh；

$\left|\frac{1}{q_{zqy}^{bh}} - \frac{1}{q_{zqy}^{ed}}\right|$——计算时取绝对值；

ΔZB_{zqy}^{bh}（或 Δp_{zqy}^{bh}）——汽轮机主蒸汽压力的变化值。

4. 汽轮机主蒸汽压力变化后的汽轮机热耗率

（1）汽轮机主蒸汽压力变化后的汽轮机热耗率计算。汽轮机主蒸汽压力变化后的汽轮机热耗率的相应变化值以 q_{zqy}^{bh}（kJ/kWh）表示，计算公式为

$$q_{zqy}^{bh} = q_{zqy}^{ed} + \Delta q_{zqy}^{bh} \tag{3-14}$$

（2）汽轮机主蒸汽压力变化后的汽轮机热耗率的相应变化值以百分率（%）表示时，具有两种表达方式：

1）汽轮机热耗率的相应变化值的计算公式

$$\Delta q_{zqy}^{bh} = q_{zqy}^{ed} \times \Delta\alpha_{rh}^{bh} \tag{3-15}$$

式中　$\Delta\alpha_{rh}^{bh}$——热耗率值变化率,%。

2）汽轮机主蒸汽压力变化后的汽轮机热耗率的计算公式

$$q_{zqy}^{bh} = q_{zqy}^{ed} + \Delta q_{zqy}^{bh} = q_{zqy}^{ed}(1 + \Delta\alpha_{rh}^{bh}) \tag{3-16}$$

式中　Δq_{zqy}^{bh}——汽轮机主蒸汽压力变化引起汽轮机热耗率的变化值，kJ/kWh。

5. 主蒸汽压力变化对汽轮机效率影响系数的计算

从制造厂提供的《汽轮机热力特性计算说明书》中可查得主蒸汽压力变化对汽轮机热耗率的修正曲线或计算结果表。但近年来，由于商业竞争日趋激烈，制造厂提供的设计计算资料越来越少，且提供的资料内容也不尽一致。目前正是新、旧资料共用阶段。为方便专业人员查阅，以下叙述过程中将几种形式一一列举，以供参考。

（1）计算主蒸汽压力变化1MPa对汽轮机效率的影响系数。

主蒸汽压力变化与汽轮机热耗率修正值的关系见表3-1。

表3-1　　主蒸汽压力变化与汽轮机热耗率修正值的关系

指　标	单位	计　算　结　果				
主蒸汽压力 p_{zqy}	MPa	15.2	15.7	16.2	16.7	17.2
主蒸汽温度 t_{zqy}	℃	537	537	537	537	537
$\Delta p_{zqy} = p_{zqy} - p_{zqy}^{ed}$	MPa	-1.5	-1.0	-0.5	0	+0.5
热耗率修正值 Δq	kJ/kWh	+61.25	+39.57	+18.42	0	+16.79

根据表3-1中的主蒸汽压力变化对汽轮机热耗率修正数值，计算汽轮机组主蒸汽压力变化1MPa对汽轮机效率的影响系数的程序如下：

1）确定主蒸汽压力变化范围：计算时，设主蒸汽压力从16.7MPa降到15.2MPa。

2）从表3-1中读取与主蒸汽压力值16.7、15.2MPa相对应的热耗率变化值。主蒸汽压力16.7MPa，是设计参数下的额定压力值，汽轮机组热耗率变化值为0；15.2MPa为计算者随意选定的计算组合值，其相应的热耗率变化值为+61.25kJ/kWh。

3）确认汽轮机组额定参数工况下的热耗率为8177.66kJ/kWh

4）由公式 $q_{zqy}^{bh} = q_{zqy}^{ed} + \Delta q_{zqy}^{bh}$，计算汽轮机主蒸汽压力变化后的汽轮机热耗率，得

$$q_{zqy}^{bh} = 8177.66 + 61.25 = 8238.91\text{kJ/kWh}$$

5）由公式 $\eta_{qj}^{ed} = \dfrac{3600}{q_{qj}^{ed}}$，可计算出额定参数工况下的汽轮机组效率 $\eta_{qj}^{ed} = 44.02\%$；主蒸汽压力变化1.5MPa后，汽轮机组效率 $\eta_{qj}^{bh} = 43.70\%$。

6）利用公式 $\Delta\eta_{zqy}^{jx} = \dfrac{\eta_{zqy}^{bh} - \eta_{zqy}^{ed}}{\Delta ZB_{zqy}^{bh}}$ 计算主蒸汽压力变化1MPa对汽轮机效率的影响系数，得

$$\Delta\eta_{zqy}^{jx} = \frac{|43.70 - 44.02|}{16.7 - 15.2} = 0.21$$

7）上述计算结果表明，汽轮机组主蒸汽压力变化1MPa对汽轮机效率的影响系数为0.21%。

（2）计算以kcal/kWh表示主蒸汽压力变化与汽轮机热耗率修正值时，主蒸汽压力变化

1MPa 对汽轮机效率的影响系数。

《汽轮机热力特性计算说明书》中，主蒸汽压力变化与汽轮机热耗率修正值的关系曲线（以 kcal/kWh 表示）如图 3 - 1 所示。

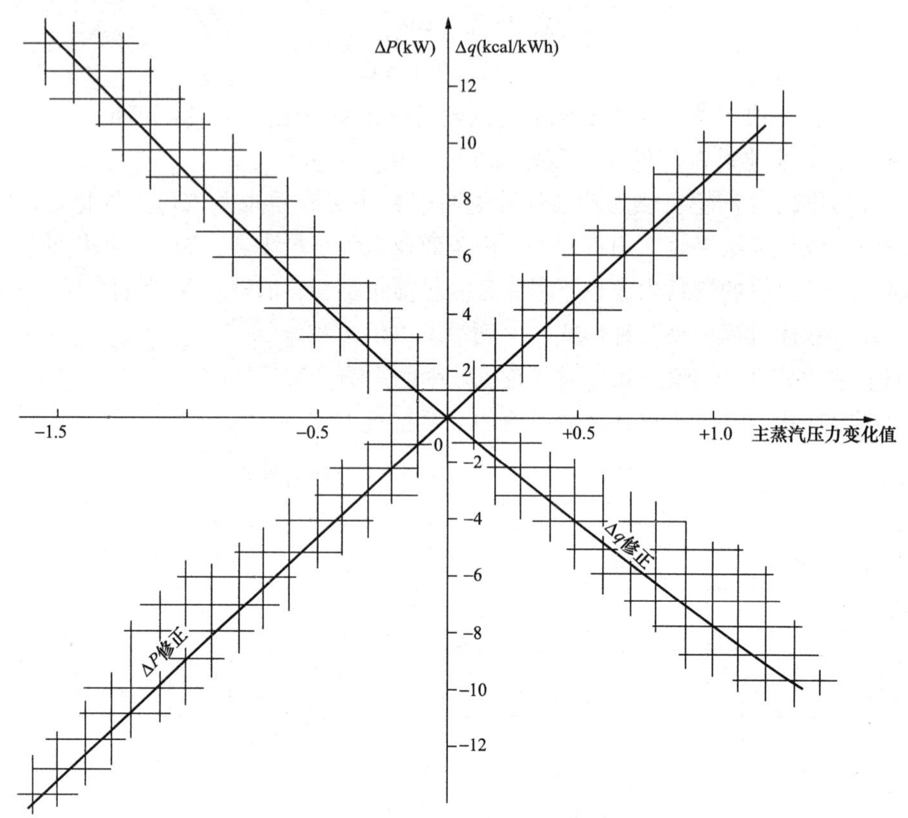

图 3 - 1　主蒸汽压力变化与汽轮机热耗修正率的关系曲线

根据图 3 - 1 中数据，计算主蒸汽压力变化 1MPa 对汽轮机效率的影响系数时，额定负荷、参数与主蒸汽压力变化与汽轮机热耗率修正值的单位应一致。以下计算是将图 3 - 1 中的 kcal/kWh 换算为 kJ/kWh 计算的。计算方法如下：

1）确定主蒸汽压力变化范围：本次计算选取的主蒸汽压力变化范围为由 16.7MPa 降到 15.7MPa，即降低 1MPa。

2）由图 3 - 1 可知，16.7MPa 为机组的额定压力值，对应的汽轮机组热耗率变化值为 0；15.7MPa 为计算者随意选定的计算组合值，其相应的热耗率变化值为 9.45kcal/kWh（约等于 39.57kJ/kWh）。

3）确认汽轮机组额定工况热耗率为 1953.2kcal/kWh，约等于 8177.66kJ/kWh。

4）利用公式 $q_{zqy}^{bh} = q_{zqy}^{ed} + \Delta q_{zqy}^{bh}$，计算汽轮机主蒸汽压力变化后的汽轮机热耗率，得

$$q_{zqy}^{bh} = 8177.66 + 39.57 = 8217.23 \text{kJ/kWh}$$

5）由公式 $\eta_{qj}^{ed} = \frac{3600}{q_{qj}^{ed}}$ 计算出额定参数工况下的汽轮机组效率 $\eta_{qj}^{ed} = 44.02\%$；主蒸汽压力变化 1.0MPa 后，汽轮机组效率为 $\eta_{qj}^{bh} = 43.81\%$。

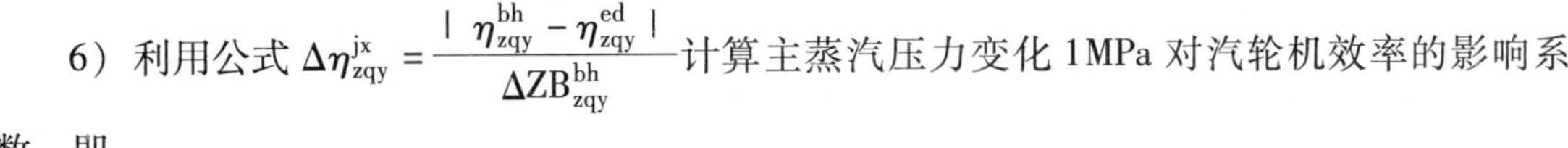

6）利用公式 $\Delta\eta_{zqy}^{jx}=\frac{|\eta_{zqy}^{bh}-\eta_{zqy}^{ed}|}{\Delta ZB_{zqy}^{bh}}$ 计算主蒸汽压力变化 1MPa 对汽轮机效率的影响系数，即

$$\Delta\eta_{zqy}^{jx}=\frac{|43.81-44.02|}{16.7-15.7}=0.21$$

7）结论：该汽轮机组主蒸汽压力变化 1MPa 对汽轮机效率的影响系数为 0.21%。

（3）计算以百分率（%）表示主蒸汽压力变化对汽轮机热耗率修正值时，主蒸汽压力变化 1MPa 对汽轮机效率的影响系数。

《汽轮机热力特性计算说明书》中，主蒸汽压力变化对热耗率特性修正值（以百分率表示）的关系曲线如图 3－2 所示。

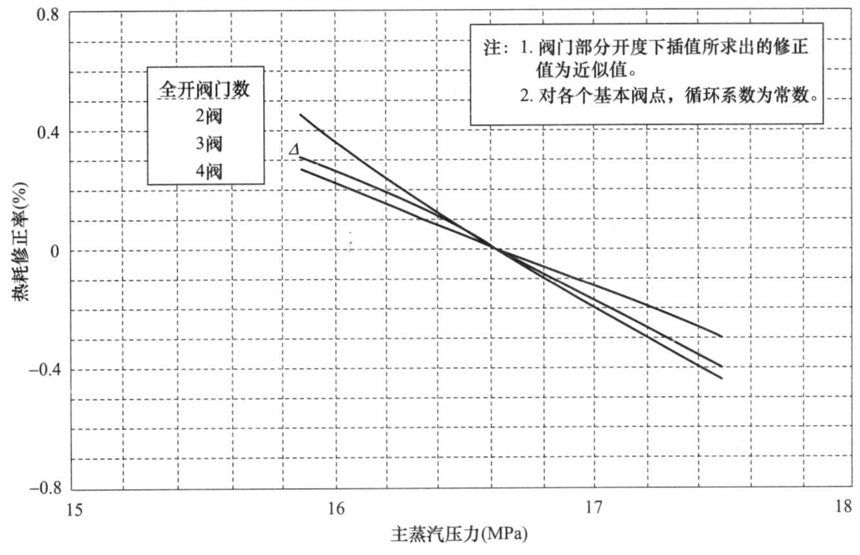

图 3－2　主蒸汽压力变化与汽轮机热耗修正率的关系曲线

热耗率特性修正值以百分率（%）表示，是指主蒸汽压力变化对汽轮机热耗率的修正计算结果，以热（量）变化值（kJ/kWh）占机组设计参数额定负荷下的热耗率的比例表示。

计算汽轮机组主蒸汽压力变化 1MPa 对汽轮机效率的影响系数的方法如下：

1）确定主蒸汽压力变化范围：本次计算，设主蒸汽压力从 17.0MPa 降到 16.0MPa，即降低 1MPa。选用图 3－2 中 3 阀全开时主蒸汽压力与热耗率修正的关系曲线。

2）由图 3－2 查得 17.0MPa 汽轮机组的热耗率变化值为 −0.18%；16.0MPa 为计算者随意选定的计算组合值，其相应的热耗率变化值为 +0.27%，即主蒸汽压力变化 1MPa，汽轮机组热耗率相应变化 0.45%（|+0.27%|+|−0.18%|）。

3）确认汽轮机组额定工况热耗率为 7795.7kJ/kWh。

4）利用公式 $\Delta q_{zqy}^{bh}=q_{zqy}^{ed}\times\Delta\alpha_{rh}^{bh}$，计算主蒸汽压力变化后热耗率的相应变化值（$\Delta q_{zqy}^{bh}$ = 7795.7kJ/kWh × 0.45% = 35.08kJ/kWh）。

5）利用公式 $q_{zqy}^{bh}=q_{zqy}^{ed}+\Delta q_{zqy}^{bh}$ 或 $q_{zqy}^{bh}=q_{zqy}^{ed}(1+\Delta\alpha_{rh}^{bh})$，计算汽轮机主蒸汽压力变化后汽轮机热耗率的相应变化值（q_{zqy}^{bh} = 7795.7 + 35.08 = 7830.78kJ/kWh 或 q_{zqy}^{bh} = 7795.7kJ/kWh ×

1. 004 5 =7830. 78kJ/kWh）。

6）利用公式 $\eta_{qj}^{ed}=\frac{3600}{q_{qj}^{ed}}$，计算出额定参数工况下汽轮机组的效率 $\eta_{qj}^{ed}=46.18\%$；主蒸汽压力变化 1. 0MPa 后，汽轮机组效率 $\eta_{qj}^{bh}=45.97\%$。

7）利用公式 $\Delta\eta_{zqy}^{jx}=\frac{\eta_{zqy}^{bh}-\eta_{zqy}^{ed}}{\Delta ZB_{zqy}^{bh}}$，计算主蒸汽压力变化 1MPa 对汽轮机效率的影响系数，得

$$\Delta\eta_{zqy}^{jx}=\frac{46.18-45.97}{16.7-15.7}=0.21$$

8）结论：该汽轮机组主蒸汽压力变化 1MPa 对汽轮机效率的影响系数为 0. 21%。

（三）汽轮机主蒸汽压力变化对发电煤耗率的影响系数的计算

汽轮机主蒸汽压力变化对发电煤耗率的影响系数是指汽轮机主蒸汽压力变化 1MPa 后，影响发电煤耗率的相应变化值。

1. 汽轮机主蒸汽压力变化对发电煤耗率的影响系数的计算公式

$$b_{zqy}^{fx}=\frac{b_{zqy}^{bh}-b_{zqy}^{ed}}{\Delta ZB_{zqy}^{bh}}=\frac{\frac{0.123}{\eta_{gl}^{ed}\times\eta_{gd}^{ed}}\left|\frac{1}{\eta_{zqy}^{bh}}-\frac{1}{\eta_{zqy}^{ed}}\right|}{\Delta ZB_{zqy}^{bh}} \tag{3-17}$$

式中 b_{zqy}^{fx}——汽轮机主蒸汽压力变化对发电煤耗率的影响系数，（Δb_{fd}^{bh} g/kWh）/（Δp_{zqy}^{bh} 1MPa）；

b_{zqy}^{bh}——汽轮机主蒸汽压力变化后的发电煤耗率，g/kWh；

b_{zqy}^{ed}——汽轮机主蒸汽压力额定参数下的设计发电煤耗率，g/kWh。

2. 汽轮机主蒸汽压力变化对发电煤耗率的影响系数的计算

（1）确定主蒸汽压力变化范围：本次计算时，设主蒸汽压力是由 16. 7MPa 降到 15. 2MPa。

（2）由表 3－1 可知，主蒸汽压力 16. 7MPa，是设计参数下的额定压力值，其对应的汽轮机组热耗率变化值为 0；15. 2MPa 为计算者随意选定的计算组合值，其相应的热耗率变化值为 +61. 25kJ/kWh。

（3）确认汽轮机组额定参数工况下的热耗率为 8177. 7kJ/kWh。

（4）利用公式 $q_{zqy}^{bh}=q_{zqy}^{ed}+\Delta q_{zqy}^{bh}$，计算汽轮机主蒸汽压力变化后的汽轮机热耗率，得

$$q_{zqy}^{bh}=8177.66+61.25=8238.91\text{kJ/kWh}$$

（5）利用公式 $\eta_{qj}^{ed}=\frac{3600}{q_{qj}^{ed}}$，可计算出额定参数工况下汽轮机组的效率 $\eta_{qj}^{ed}=44.02\%$；主蒸汽压力变化 1. 5MPa 后，汽轮机组效率 $\eta_{qj}^{bh}=43.70\%$。

（6）利用公式 $b_{fd}^{ed}=\frac{0.123}{\eta_{qj}^{ed}\times\eta_{gl}^{ed}\times\eta_{gd}^{ed}}$，分别计算锅炉额定效率（$\eta_{gl}^{ed}=92\%$），管道额定效率（$\eta_{gl}^{ed}=98\%$），汽轮机组额定效率（$\eta_{qj}^{ed}=44.02\%$）下的发电煤耗率（结果为 309. 91g/kWh）和主蒸汽压力变化后汽轮机组效率 $\eta_{qj}^{bh}=43.70\%$ 时的发电煤耗率（结果为 312. 18g/kWh）。

（7）利用公式 $\Delta b_{zqy}^{fx}=\frac{b_{zqy}^{bh}-b_{zqy}^{de}}{\Delta ZB_{zqy}^{bh}}$，计算主蒸汽压力变化 1MPa 对发电煤耗率的影响系数，得

$$\Delta b_{zqy}^{fx}=\frac{312.18-309.91}{16.7-15.2}=1.51g/kWh$$

（8）上述计算结果表明，汽轮机组主蒸汽压力变化 1MPa 对发电煤耗率的影响系数为 1.51%。

（四）汽轮机主蒸汽压力变化对汽轮机效率、发电煤耗率的影响值的计算

1. 汽轮机主蒸汽压力变化对汽轮机效率的影响值的计算

$$\Delta\eta_{zqy}^{qj}=\Delta\eta_{zqy}^{fx}\times\Delta ZB_{zqy}^{bh} \tag{3-18}$$

式中　$\Delta\eta_{zqy}^{qj}$——汽轮机主蒸汽压力变化对汽轮机效率的影响值，%。

2. 汽轮机主蒸汽压力变化对发电煤耗率影响值的计算

$$\Delta b_{zqy}^{fd}=b_{zqy}^{fx}\times\Delta ZB_{zqy}^{bh} \tag{3-19}$$

式中　Δb_{zqy}^{fd}——汽轮机主蒸汽压力变化对发电煤耗率的影响值，g/kWh。

（五）汽轮机主蒸汽压力变化对汽轮机效率、发电煤耗率的影响系数的计算程序

汽轮机主蒸汽压力变化对汽轮机运行经济性的影响常以热值和设计热耗率的百分率表示。为了帮助各专业人员充分利用有限的工作时间、提高工作效率，特给出以下两种简化的计算程序表，见表 3-2 和表 3-3。

表 3-2　汽轮机主蒸汽压力变化对汽轮机效率、发电煤耗率的影响系数的计算程序表

（主蒸汽压力变化对热耗率的修正值以热值 kJ/kWh 表示）

	序号	参　数	单位	计算数据
用表 3-1、图 3-3 中热耗率的修正值计算	1	汽轮机组额定负荷	MW	300
	2	汽轮机主蒸汽额定压力（或选定）	MPa	16.7
	3	汽轮机主蒸汽额定温度	℃	537
	4	汽轮机再热蒸汽额定温度	℃	537
	5	汽轮机组设计热耗率	kJ/kWh	8177.66
	6	汽轮机效率设计值	%	44.02
	7	锅炉效率设计值	%	92.0
	8	管道效率设计值	%	98.0
	9	发电煤耗率设计值	g/kWh	309.81
主蒸汽压力变化对汽轮机效率的影响系数	10	汽轮机主蒸汽压力变化后的压力值（自定）	MPa	15.2
	11	汽轮机主蒸汽压力的变化值（|②-⑩|）	MPa	1.5
	12	汽轮机主蒸汽压力额定值的修正值	kJ/kWh	0
	13	汽轮机主蒸汽压力变化后的修正值	kJ/kWh	+61.25
	14	汽轮机组热耗率的修正系数值（|⑬-⑫|）	kJ/kWh	+61.25
	15	主蒸汽压力变化后的热耗率值（⑤+⑭）	kJ/kWh	8238.91
	16	主蒸汽压力变化后的汽轮机效率（3600/⑮）	%	43.70
	17	主蒸汽压力变化引起汽轮机效率的变化值（|⑯-⑥|）	%	0.32
	18	主蒸汽压力变化 1MPa 对汽轮机效率的影响系数（⑰/⑪）	%	0.21

续表

	序号	参　　数	单位	计算数据
主蒸汽压力变化对发电煤耗率的影响系数	19	主蒸汽压力变化后的电厂效率（⑦×⑧×⑯）	%	39.40
	20	计算系数	—	0.122 857
	21	主蒸汽压力变化后的发电煤耗率（⑳/⑲）	g/kWh	311.82
	22	主蒸汽压力变化后的发电煤耗率变化值（｜㉑－⑨｜）	g/kWh	2.01
	23	主蒸汽压力变化 1MPa 对发电煤耗率的影响系数（㉒/⑪）	g/kWh	1.34

注　括号中表达式为各参数计算公式，○内数字为参数序号。

表 3－3　　汽轮机主蒸汽压力变化对汽轮机效率、发电煤耗率影响系数的计算程序表（主蒸汽压力变化对热耗率的修正值以% 表示）

	序号	参　　数	单位	计算数据
用图 3－4 中热耗率的修正值计算	1	汽轮机组额定负荷	MW	300
	2	汽轮机主蒸汽额定压力	MPa	16.7
	3	汽轮机主蒸汽额定温度	℃	537
	4	汽轮机再热蒸汽额定温度	℃	537
	5	汽轮机组设计热耗率	kJ/kWh	7795.7
	6	汽轮机效率设计值	%	46.18
	7	锅炉效率设计值	%	92.0
	8	管道效率设计值	%	98.0
	9	发电煤耗率设计值	g/kWh	295.08
主蒸汽压力变化对汽轮机效率的影响系数	10	汽轮机主蒸汽压力选定值	MPa	17.0
	11	汽轮机主蒸汽压力变化后的压力值	MPa	16.0
	12	汽轮机主蒸汽压力的变化值（｜②－⑩｜）	MPa	1.0
	13	汽轮机主蒸汽压力选定值的修正系数	%	－0.18
	14	主蒸汽压力选定值的修正值（⑤×⑬）	kJ/kWh	－14.01
	15	主蒸汽压力选定值修正后的热耗率（⑤＋⑭）	kJ/kWh	7781.69
	16	主蒸汽压力选定值修正后的汽轮机效率（3600/⑮）	%	46.26
	17	汽轮机主蒸汽压力变化后的修正系数	%	＋0.27
	18	主蒸汽压力变化后汽轮机热耗率的修正值（⑤×⑰）	kJ/kWh	＋21.05
	19	主蒸汽压力变化后的热耗率（⑤＋⑱）	kJ/kWh	7816.75
	20	主蒸汽压力变化后的汽轮机效率（3600/⑮）	%	46.05
	21	主蒸汽压力变化引起汽轮机效率的变化值（｜⑳－⑯｜）	%	0.21
	22	主蒸汽压力变化 1MPa 对汽轮机效率的影响系数（⑰/⑫）（$\Delta\eta_{qj}^{bh}$%）/（Δp_{zqy}^{bh}1MPa）		0.21

续表

	序号	参　　数	单位	计算数据
主蒸汽压力变化对发电煤耗率的影响系数	23	主蒸汽压力选定值的电厂效率（⑦×⑧×⑯）		1.71
	24	计算系数	—	0.122 857
	25	主蒸汽压力选定值的发电煤耗率（㉔/㉓）		294.55
	26	主蒸汽压力变化后的电厂效率（⑦×⑧×⑳）	%	41.52
	27	主蒸汽压力变化后的发电煤耗率（㉔/㉖）	g/kWh	2495.91
	28	主蒸汽压力变化后发电煤耗率的变化值（|㉕－㉗|）	g/kWh	1.36
	29	主蒸汽压力变化1MPa对发电煤耗率的影响系数（㉙/⑫）（Δb_{fd}^{bh}g/kWh）/（Δp_{zqy}^{bh}1MPa）		1.36

注　括号中表达式为各参数计算公式，○内数字为参数序号。

二、主蒸汽温度

主蒸汽温度是指进入汽轮机前的测点温度，测点位置在主蒸汽门前，单位为℃。额定负荷或高负荷运行时，主蒸汽温度应在设计值的额定参数下运行，并要求压线运行；较低负荷下，汽轮机、锅炉采用滑压运行方式时，主蒸汽温度也应达到设备设计额定参数运行。20世纪60年代，锅炉、汽轮机组开始滑压运行时，滑压运行方式是某些达不到额定主蒸汽温度的机组用来提高锅炉运行主蒸汽温度的措施。

汽轮发电机组在额定负荷下运行时，主蒸汽温度降低10℃，使汽轮机效率降低0.12%左右，影响发电煤耗升高0.9/kWh左右。

关于电厂锅炉、汽轮机组主蒸汽参数压红线的问题，目前仍有争议。分析认为，应以汽轮机进汽参数为准，理由如下：

（1）汽轮机进汽参数是直接影响汽轮机运行经济性的一个主要参数。而对锅炉设备来说，蒸汽参数仅是一个运行质量参数。

（2）如果以锅炉出口蒸汽参数为准压红线，那么汽轮机侧的蒸汽参数就不一定能达到设计值，做到压红线。例如，某些厂的锅炉设备运行中，蒸汽温度达到额定值，压上了红线，但汽轮机侧蒸汽温度确没有达到设计值，没有压红线，锅炉出口至汽轮机入口的最大温度降低值达到8℃左右。

（3）以汽轮机进汽参数为准压红线，一能确保汽轮机进汽参数达到额定值；二能及时发现汽轮机、锅炉之间蒸汽参数表计的误差，有问题可以及时校验、调整，确保主蒸汽参数表计准确无误；三能及时发现主蒸汽系统保温等影响电厂经济运行的设备问题，并及时处理，确保发电设备在良好的经济状态下运行。

（一）主蒸汽温度的影响因素

（1）锅炉设备的健康水平。

（2）锅炉设备的带负荷程度。

（3）主蒸汽管道保温是否符合技术监督要求标准。

（4）锅炉燃用煤炭的热值是否符合锅炉设备设计的要求。

（5）锅炉燃用煤炭的挥发分是否符合锅炉设备设计的要求。

（6）锅炉燃用煤炭的水分是否符合锅炉设备设计的要求。

（7）锅炉设备、汽轮机设备主蒸汽温度表的准确性。

（二）主蒸汽温度变化对汽轮机效率的影响系数的计算

主蒸汽温度变化对汽轮机效率的影响系数是指，汽轮机主蒸汽温度变化1℃后，影响汽轮机效率的相应变化值，可以表达为（$\Delta\eta_{qj}^{bh}\%$）/（$\Delta t_{zqw}^{bh}1℃$）。

汽轮机设备制造厂提供的主蒸汽温度变化对汽轮机热耗率修正的数值，可用两种方式、两种形式表示。

1. 主蒸汽温度变化对汽轮机热耗率的修正方法在数值上的两种表示形式

（1）主蒸汽温度变化对汽轮机热耗率的修正值以变化的绝对值，即汽轮机主蒸汽温度变化1℃与影响汽轮发电机组热耗率变化的数值表示，单位为kJ/kWh或kcal/kWh。分析、计算时，可直接用来计算对汽轮机效率的影响值。

（2）主蒸汽温度变化对汽轮机热耗率的修正值，以变化值占机组热耗率的百分率的相对值，即以汽轮机主蒸汽温度变化1℃后影响汽轮发电机组热耗率变化的数值占机组额定负荷热耗率的百分率表示，单位为%。分析、计算时，需先计算其影响值，然后再计算对汽轮机效率的影响值。

2. 主蒸汽温度变化对汽轮机热耗率的修正值在表示达方式上的两种形式

（1）主蒸汽温度变化对汽轮机热耗率的修正值，以影响值的绝对量或百分比与主蒸汽温度变化值的关系曲线的方式表达。变化规律直观，但取值准确度差。

（2）主蒸汽温度变化对汽轮机热耗率的修正值，以数值表的方式表达，直观，分析、计算使用方便，准确度较高。

上述两种方式、两种形式在汽轮机热力特性计算说明书中，常以影响值的绝对量或百分率与主蒸汽温度变化值的关系曲线的方式表达；近年来，多用汽轮机主蒸汽温度变化值与影响汽轮发电机组热耗率变化的数值表或关系曲线表示。

3. 主蒸汽温度变化对汽轮机效率影响系数的计算公式

$$\Delta\eta_{zqw}^{jx}=\frac{\left|\eta_{zqw}^{bh}-\eta_{zqw}^{ed}\right|}{\Delta ZB_{zqw}^{bh}}=\frac{3600\left|\dfrac{1}{q_{zqw}^{bh}}-\dfrac{1}{q_{zqw}^{ed}}\right|}{\Delta ZB_{zqw}^{bh}} \tag{3-20}$$

式中 $\Delta\eta_{zqw}^{jx}$——汽轮机主蒸汽温度变化1℃影响汽轮机效率的相应变化值，可以表达为（$\Delta\eta_{qj}^{bh}\%$）/（$\Delta t_{zqw}^{bh}1℃$）；

η_{zqw}^{bh}——汽轮机主蒸汽温度变化后的汽轮机效率，%；

η_{zqw}^{ed}——汽轮机额定主蒸汽温度的汽轮机效率，%；

$\left|\eta_{zqw}^{bh}-\eta_{zqw}^{ed}\right|$——计算时取绝对值；

q_{zqw}^{bh}——汽轮机主蒸汽温度变化后的汽轮机热耗率，kJ/kWh；

q_{zqw}^{ed}——汽轮机额定主蒸汽温度的设计汽轮机热耗率，kJ/kWh；

$\left|\dfrac{1}{q_{zqw}^{bh}}-\dfrac{1}{q_{zqw}^{ed}}\right|$——计算时取绝对值；

ΔZB_{zqw}^{bh}——汽轮机主蒸汽温度的变化值。

4. 汽轮机主蒸汽温度变化后的汽轮机热耗率的计算

（1）汽轮机主蒸汽温度变化后的汽轮机热耗率的相应变化值以 kJ/kWh 表示时，有

$$q_{zqw}^{bh} = q_{zqw}^{de} + \Delta q_{zqw}^{bh} \tag{3-21}$$

（2）汽轮机主蒸汽温度变化后的汽轮机热耗率的相应变化值以百分率（%）表示时，有

1）汽轮机热耗率的相应变化值的计算公式

$$\Delta q_{zqw}^{bh} = q_{zqw}^{ed} \times \Delta \alpha_{rh}^{bh} \tag{3-22}$$

式中　$\Delta \alpha_{rh}^{bh}$——热耗率值变化率，%。

2）汽轮机主蒸汽温度变化后的汽轮机热耗率的计算公式

$$\begin{aligned} q_{zqw}^{bh} &= q_{zqw}^{de} + \Delta q_{zqw}^{bh} \\ &= q_{zqw}^{de}\ (1 + \Delta \alpha_{rh}^{bh}) \end{aligned} \tag{3-23}$$

式中　Δq_{zqw}^{bh}——汽轮机主蒸汽温度变化引起汽轮机热耗率的变化值，kJ/kWh。

5. 主蒸汽温度变化对汽轮机效率影响系数的计算

从制造厂提供的《汽轮机热力特性计算说明书》中可查得主蒸汽温度等参数变化对汽轮机热耗率的修正曲线图或计算数值表。但近年来，由于商业竞争日趋激烈，制造厂提供的设计计算资料越来越少，而且提供的资料内容也不尽一致。目前正是新、旧资料共用阶段。为方便专业工程师参考，以下叙述过程中将几种形式一一列举。

（1）计算主蒸汽温度变化对汽轮机热耗率的修正值以 kJ/kWh 表示时，主蒸汽温度变化1℃对汽轮机热耗率的影响系数。

主蒸汽温度变化与汽轮机热耗率修正值（以 kJ/kWh 表示）的关系见表 3－4。

表 3－4　　　主蒸汽温度变化与汽轮机热耗率修正值的关系

指　标	单位	计算结果				
主蒸汽温度 t_{zqw}	℃	517	527	532	537	542
主蒸汽压力 p_{zqw}	MPa	16.7	16.7	16.7	16.7	16.7
$\Delta t_{zqw} = t_{zqw} - t_{zqw}^{de}$	℃	－20	－10	－5	0	＋5
热耗率修正值 Δq_{zqw}	kJ/kWh	＋44.80	＋20.52	＋9.63	0	＋8.79

用表 3－4 中数值计算汽轮机组主蒸汽温度变化 1℃对汽轮机效率的影响系数的具体步骤如下：

1）确定主蒸汽温度变化范围：本例计算时，设主蒸汽压力是从 537℃降到 517℃。

2）从表 3－4 中读取与主蒸汽温度值 537、517℃相对应的热耗率变化值。主蒸汽温度 537℃是设计参数下的额定温度值，对应的汽轮机组热耗率变化值为 0；517℃为计算者随意选定的计算组合值，其相应的热耗率变化值为 44.80kJ/kWh。

3）确认汽轮机组额定参数工况下的热耗率为 8177.66kJ/kWh。

4）用公式 $q_{zqw}^{bh} = q_{zqw}^{ed} + \Delta q_{zqw}^{bh}$ 计算汽轮机主蒸汽温度变化后的汽轮机热耗率，得 $q_{zqw}^{bh} =$

8177.66 + 44.80 = 8222.46kJ/kWh。

5）根据公式 $\eta_{qj}^{ed}=\frac{3600}{q_{qj}^{ed}}$可计算出额定参数工况下的汽轮机组的效率 $\eta_{qj}^{ed}=44.02\%$；主蒸汽温度变化20℃后，汽轮机组效率 $\eta_{qj}^{bh}=43.78\%$。

6）利用公式 $\Delta\eta_{zqw}^{jx}=\frac{|\eta_{zqw}^{bh}-\eta_{zqw}^{de}|}{\Delta ZB_{zqw}^{bh}}$计算主蒸汽温度变化1℃对汽轮机效率的影响系数，得

$$\Delta\eta_{zqw}^{jx}=\frac{|43.78-44.02|}{537-517}=0.012$$

7）上述计算结果表明，汽轮机组主蒸汽温度变化1℃对汽轮机效率的影响系数为0.012%/℃。

（2）计算主蒸汽温度变化对汽轮机热耗率修正曲线以 kcal/kWh 时，主蒸汽温度变化1℃对汽轮机效率的影响系数。

制造厂提供的《汽轮机热力特性计算说明书》中，主蒸汽温度变化与汽轮机热耗率修正值（以 kcal/kWh 表示）的关系如图3－3所示。

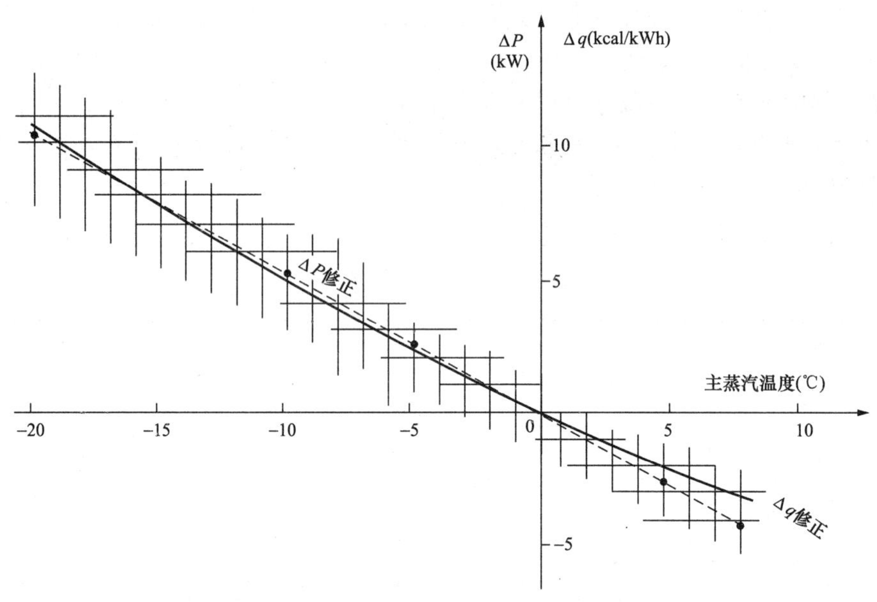

图3－3　主蒸汽温度变化与汽轮机热耗率的修正值的关系曲线

根据图3－3中数据计算主蒸汽温度变化1℃对汽轮机效率的影响系数的具体步骤如下：

1）确定主蒸汽温度变化范围：本例计算时，设主蒸汽温度是从537℃降到527℃，即降低10℃。

2）从图3－5中读取汽轮机组热耗率变化值：537℃为机组额定温度值，其相应的汽轮机组热耗率变化值为0；527℃为计算者随意选定的计算组合值，其相应的热耗率变化值为

+10.0kJ/kWh。

3）确认汽轮机组额定工况热耗率为 kJ/kWh。

4）利用公式 $q_{zqw}^{bh}=q_{zqw}^{ed}+\Delta q_{zqw}^{bh}$ 计算汽轮机主蒸汽温度变化后的汽轮机热耗率，得 $q_{zqw}^{bh}=1953.2+10.0=1963.2$kJ/kWh。

5）利用公式 $\eta_{qj}^{ed}=\dfrac{3600}{q_{qj}^{ed}}$，可计算出额定参数工况下的汽轮机组的效率 $\eta_{qj}^{ed}=44.03\%$；主蒸汽温度变化10℃后，汽轮机组效率 $\eta_{qj}^{bh}=43.81\%$。

6）利用公式 $\Delta\eta_{zqw}^{jx}=\dfrac{|\eta_{zqw}^{bh}-\eta_{zqw}^{ed}|}{\Delta ZB_{zqw}^{bh}}$ 计算主蒸汽温度变化1℃对汽轮机效率的影响系数，得

$$\Delta\eta_{zqw}^{jx}=\frac{|43.81-44.03|}{537-527}=0.022$$

7）结论：该汽轮机组主蒸汽温度变化1℃对汽轮机效率的影响系数为0.022（$\Delta\eta_{qj}^{bh}$%）/（Δt_{zqw}^{bh}1℃）。

（3）计算主蒸汽温度变化对汽轮机热耗率特性修正值以百分率（%）表示时，汽轮机组主蒸汽温度变化1℃对汽轮机效率的影响系数。

《汽轮机热力特性计算说明书》中，主蒸汽温度变化与热耗率特性修正值以百分率（%）表示的关系曲线如图3-4所示。

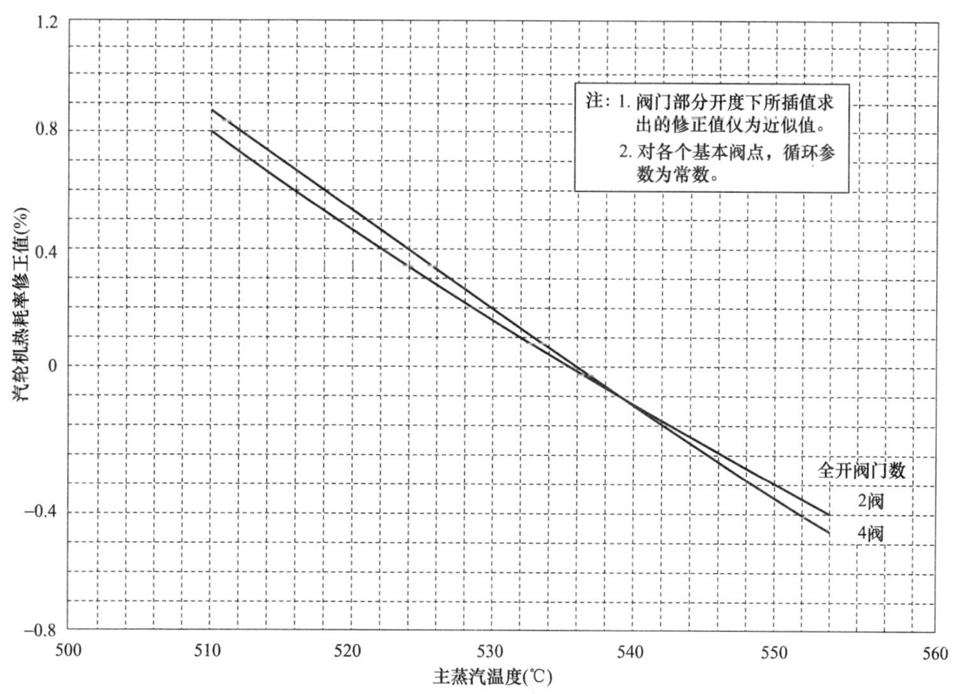

图3-4　主蒸汽温度变化与汽轮机热耗率修正值的关系曲线

热耗率特性修正值以百分率（%）表示，是指主蒸汽温度变化对汽轮机热耗率的

修正结果，以热（量）值变化值占机组设计参数额定负荷下的热耗率的比例（百分数）表示。

主蒸汽温度变化对汽轮机热耗率特性的修正值以百分率（%）表示，其具体计算步骤如下：

1）确定主蒸汽温度变化范围：本例计算时，设主蒸汽温度由547℃降到527℃，即降低20℃。

2）从图3－4中读取汽轮机组热耗率值：547℃时，汽轮机组热耗率变化值为－0.30%；527℃为计算者随意选定的计算组合值，其相应的热耗率变化值为＋0.32%，主蒸汽温度变化20℃，汽轮机组热耗率相应变化0.62%（0.62%＝|＋0.32%|＋|－0.30%|）。

3）确认汽轮机组额定工况热耗率为7795.7kJ/kWh。

4）利用公式 $\Delta q_{zqw}^{bh}=q_{zqw}^{ed}\times\Delta\alpha_{rh}^{bh}$，计算主蒸汽温度变化后的热耗率变化值，即 $\Delta q_{zqw}^{bh}=7795.7\times0.62\%=48.33$kJ/kWh。

5）利用公式 $q_{zqw}^{bh}=q_{zqw}^{ed}+\Delta q_{zqw}^{bh}$ 或 $q_{zqw}^{bh}=q_{zqw}^{ed}(1+\Delta\alpha_{rh}^{bh})$，计算汽轮机主蒸汽温度变化后的汽轮机热耗率，得 $q_{zqw}^{bh}=7795.7+48.33=7844.03$kJ/kWh 或 $q_{zqw}^{bh}=7795.7\times1.0062=7844.03$kJ/kWh。

6）利用公式 $\eta_{qj}^{ed}=\dfrac{3600}{q_{qj}^{ed}}$ 可计算出额定参数工况下的汽轮机组的效率 $\eta_{qj}^{ed}=46.18\%$；主蒸汽温度变化20℃后，汽轮机组效率 $\eta_{qj}^{bh}=45.89\%$。

7）利用公式 $\Delta\eta_{zqw}^{jx}=\dfrac{\eta_{zqw}^{bh}-\eta_{zqw}^{ed}}{\Delta ZB_{zqw}^{bh}}$ 计算主蒸汽温度变化20℃对汽轮机效率的影响系数，得

$$\Delta\eta_{zqw}^{jx}=\frac{46.18-45.89}{547-527}=0.0145$$

8）结论：该汽轮机组主蒸汽温度变化1℃对汽轮机效率的影响系数为0.0145（$\Delta\eta_{qj}^{bh}\%$）/（$\Delta t_{zqw}^{bh}1$℃）。

（三）汽轮机主蒸汽温度变化对发电煤耗率影响系数的计算

汽轮机主蒸汽温度变化对发电煤耗率的影响系数是指，汽轮机主蒸汽温度变化1℃后，影响发电煤耗率相应变化的数值，可以表达为（Δb_{fd}^{bh}g/kWh）/（$\Delta t_{zqw}^{bh}1$℃）。

1. 汽轮机主蒸汽温度变化对发电煤耗率的影响系数的计算公式

$$\Delta b_{zqw}^{fx}=\frac{b_{zqw}^{bh}-b_{zqw}^{ed}}{\Delta ZB_{zqw}^{bh}}=\frac{\dfrac{0.123}{\eta_{gl}^{ed}\times\eta_{gd}^{ed}}\left(\dfrac{1}{\eta_{zqw}^{bh}}-\dfrac{1}{\eta_{zqw}^{ed}}\right)}{\Delta ZB_{zqw}^{bh}}\tag{3－24}$$

式中 Δb_{zqw}^{fx}——汽轮机主蒸汽温度变化对发电煤耗率的影响系数，（Δb_{fd}^{bh}g/kWh）/（$\Delta t_{zqw}^{bh}1$℃）；

b_{zqw}^{bh}——汽轮机主蒸汽温度变化后的发电煤耗率，g/kWh；

b_{zqw}^{ed}——汽轮机主蒸汽温度额定参数下的设计发电煤耗率，g/kWh。

2. 汽轮机主蒸汽温度变化对发电煤耗率的影响系数的计算

从制造厂提供的《汽轮机热力特性计算说明书》中可查得主蒸汽温度变化对汽轮机热耗率的修正曲线图或计算数据表，见表3－4。以下给出具体计算步骤：

（1）确定主蒸汽温度变化范围：本例计算时，设主蒸汽温度由537℃降低到517℃。

（2）从表3－4中读取与主蒸汽温度537、517℃相对应的热耗率变化值。主蒸汽温度537℃是设计参数下的额定温度值，其相应的汽轮机组热耗率变化值为0；517℃为计算者随意选定的计算组合值，其相应的热耗率变化值为＋44.80kJ/kWh。

（3）确认汽轮机组额定参数工况下的热耗率为8177.66kJ/kWh。

（4）利用公式 $q_{zqw}^{bh}=q_{zqw}^{ed}+\Delta q_{zqw}^{bh}$，计算汽轮机主蒸汽温度变化后的汽轮机热耗率，得 $q_{zqw}^{bh}=8177.66+44.80=8222.46$kJ/kWh。

（5）利用公式 $\eta_{qj}^{ed}=\frac{3600}{q_{qj}^{ed}}$，计算出额定参数工况下的汽轮机组效率

$\eta_{qj}^{ed}=44.02\%$；主蒸汽温度变化1.5℃后，汽轮机组效率 $\eta_{qj}^{bh}=43.78\%$。

（6）利用公式 $b_{fd}^{ed}=\frac{0.123}{\eta_{qj}^{ed}\times\eta_{gl}^{ed}\times\eta_{gd}^{ed}}$，分别计算得锅炉额定效率（$\eta_{gl}^{ed}=92.0\%$）、管道额定效率（$\eta_{gd}^{ed}=98.0\%$）、汽轮机组额定效率（$\eta_{qj}^{ed}=44.02\%$）下的发电煤耗率为309.91g/kWh，主蒸汽温度变化后汽轮机组效率 $\eta_{qj}^{bh}=43.78\%$ 时的发电煤耗率为311.61g/kWh。

（7）利用公式 $\Delta b_{zqw}^{fx}=\frac{b_{zqy}^{bh}-b_{zqw}^{ed}}{\Delta ZB_{zqw}^{bh}}$，计算主蒸汽温度变化1℃对发电煤耗率的影响系数，得

$$\Delta b_{zqw}^{fx}=\frac{312.18-309.91}{16.7-15.2}=0.085\text{g/kWh}$$

（8）上述计算结果表明，汽轮机组主蒸汽温度变化1℃对发电煤耗率的影响系数为0.085（Δb_{fd}^{bh}g/kWh）/（Δt_{zqw}^{bh}1℃）。

（四）汽轮机主蒸汽温度变化对汽轮机效率、发电煤耗率的影响值的计算

1. 汽轮机主蒸汽温度变化对汽轮机效率的影响值的计算

$$\Delta\eta_{zqw}^{qj}-b_{zqw}^{fx}\times\Delta ZB_{zqw}^{bh}\tag{3-25}$$

式中　$\Delta\eta_{zqw}^{qj}$——汽轮机主蒸汽温度变化对汽轮机效率的影响值，%。

2. 汽轮机主蒸汽温度变化对发电煤耗率的影响值的计算

$$\Delta b_{zqw}^{fd}=b_{zqw}^{fx}\times\Delta ZB_{zqw}^{bh}\tag{3-26}$$

式中　Δb_{zqw}^{fd}——汽轮机主蒸汽温度变化对发电煤耗率的影响值，g/kWh。

（五）汽轮机主蒸汽压力变化对汽轮机效率、发电煤耗率影响系数的计算程序

汽轮机主蒸汽温度变化对汽轮机运行经济性的影响常以热值和设计热耗率的百分率表示。下面分别介绍两种计算程序。

1. 主蒸汽温度变化对汽轮机热耗率的修正值以kJ/kWh表示时，汽轮机主蒸汽温度变化1℃对汽轮机效率、发电煤耗率影响系数的计算表

用表3－4或图3－3中热耗率的修正值计算主蒸汽温度变化1℃对汽轮机效率、发电煤耗率的影响系数，见表3－5和表3－6。

表3-5　汽轮机主蒸汽温度变化对汽轮机效率、发电煤耗率的影响系数的计算程序表
（主蒸汽温度变化对汽轮机热耗率的修正值以kJ/kWh表示）

	序号	指　　标	单位	计算数据
用表3-4图3-3中热耗率的修正值计算	1	汽轮机组额定负荷	MW	300
	2	汽轮机主蒸汽额定压力	MPa	16.7
	3	汽轮机主蒸汽额定温度（或选定）	℃	537
	4	汽轮机再热蒸汽额定温度	℃	537
	5	汽轮机组设计热耗率	kJ/kWh	8177.66
	6	汽轮机效率设计值	%	44.02
	7	锅炉效率设计值	%	92.0
	8	管道效率设计值	%	98.0
	9	发电煤耗率设计值	g/kWh	309.81
主蒸汽温度变化对汽轮机效率的影响系数	10	汽轮机主蒸汽温度变化后的温度值（自定）	℃	15.2
	11	汽轮机主蒸汽温度的变化值（|②-⑩|）	℃	1.5
	12	汽轮机主蒸汽温度额定值修正系数	kJ/kWh	0
	13	汽轮机主蒸汽温度变化后的修正系数	kJ/kWh	+61.25
	14	汽轮机组热耗率修正系数（|⑬-⑫|）	kJ/kWh	+61.25
	15	主蒸汽温度变化后的热耗率值（⑤+⑭）	kJ/kWh	8238.91
	16	主蒸汽温度变化后的汽轮机效率（3600/⑮）	%	43.70
	17	主蒸汽温度变化引起汽轮机效率的变化值（|⑯-⑥|）	%	0.32
	18	主蒸汽温度变化1℃对汽轮机效率的影响系数（⑰/⑪）（$\Delta\eta_{qj}^{bh}$%）/（Δt_{zqw}^{bh}1℃）		0.21
主蒸汽温度变化对发电煤耗率的影响系数	19	主蒸汽温度变化后的电厂效率（⑦×⑧×⑯）	%	
	20	计算系数	—	0.122 86
	21	主蒸汽温度变化后的发电煤耗率（⑳/⑲）	g/kWh	311.82
	22	主蒸汽温度变化后发电煤耗率的变化值（|㉑-⑨|）	g/kWh	2.01
	23	主蒸汽温度变化1℃对发电煤耗率的影响系数（㉒/⑪）（Δb_{fd}^{bh}g/kWh）/（Δt_{zqw}^{bh}1℃）		1.34

注　表中括号内表达式为各参数计算公式，○内数字为各参数序号。

2. 主蒸汽温度变化对汽轮机热耗率的修正值以百分率（%）表示时，汽轮机主蒸汽温度变化1℃对汽轮机效率、发电煤耗率影响系数的计算表

根据图3-4中数值，计算主蒸汽温度变化1℃对汽轮机效率、发电煤耗率影响系数，详见表3-6。

表 3－6　汽轮机主蒸汽温度变化对汽轮机效率、发电煤耗率影响系数的计算程序表

[主蒸汽温度变化对热耗率的修正值以百分率（%）表示]

	序号	指　　标	单位	计算数据
用图 3－4 中热耗率的修正值计算	1	汽轮机组额定负荷	MW	300
	2	汽轮机主蒸汽额定压力	MPa	16.7
	3	汽轮机主蒸汽额定温度（或选定）	℃	537
	4	汽轮机再热蒸汽额定温度	℃	537
	5	汽轮机组设计热耗率	kJ/kWh	7795.7
	6	汽轮机效率设计值	%	46.18
	7	锅炉效率设计值	%	92.0
	8	管道效率设计值	%	98.0
	9	发电煤耗率设计值	g/kWh	295.08
主蒸汽温度变化对汽轮机效率的影响系数	10	汽轮机主蒸汽温度选定值	℃	17.0
	11	汽轮机主蒸汽温度变化后的温度值	℃	16.0
	12	汽轮机主蒸汽温度的变化值（|②－⑩|）	℃	1.0
	13	汽轮机主蒸汽温度选定值的修正系数	%	－0.18
	14	主蒸汽温度选定值的修正值（⑤×⑬）	kJ/kWh	－14.01
	15	主蒸汽温度选定值修正后的热耗率（⑤＋⑭）	kJ/kWh	7781.69
	16	主蒸汽温度选定值修正后的汽轮机效率（3600/⑮）	%	46.26
	17	汽轮机主蒸汽温度变化后的修正系数	%	＋0.27
	18	主蒸汽温度变化后汽轮机热耗率的修正值（⑤×⑰）	kJ/kWh	＋21.05
	19	主蒸汽温度变化后的热耗率（⑤＋⑱）	kJ/kWh	7816.75
	20	主蒸汽温度变化后的汽轮机效率（3600/⑮）	%	46.05
	21	主蒸汽温度变化引起汽轮机效率的变化值（|⑳－⑯|）	%	0.21
	22	主蒸汽温度变化 1℃对汽轮机效率的影响系数（⑰/⑫）（$\Delta\eta_{qj}^{bh}$%）/℃（Δt_{zqw}^{bh}1℃）		0.21
主温度变化对发电煤耗率的影响系数	23	主蒸汽温度选定值的电厂效率（⑦×⑧×⑯）		41.71
	24	计算系数	—	0.122 86
	25	主蒸汽温度选定值的发电煤耗率（㉔/㉓）		294.55
	26	主蒸汽温度变化后的电厂效率（⑦×⑧×⑳）	%	41.52
	27	主蒸汽温度变化后的发电煤耗率（㉔/㉖）	g/kWh	295.91
	28	主蒸汽温度变化后发电煤耗率的变化值（|㉕－㉗|）	g/kWh	1.36
	29	主蒸汽温度变化 1℃对发电煤耗率的影响系数（㉙/⑫）（Δb_{fd}^{bh} g/kWh）/（Δt_{zqw}^{bh}1℃）		1.36

注　表中括号内表达式为各参数计算公式，○内数字为各参数序号。

三、再热蒸汽温度

再热蒸汽温度是指中压缸再热蒸汽门前的温度，单位为℃。额定负荷或高负荷运行时，再热蒸汽温度应在设计值的额定参数下运行，并要求压线运行；较低负荷下锅炉、汽轮机采用滑压运行方式时，再热蒸汽温度也应达到设备设计额定参数运行。20 世纪 60 年代初，锅炉、汽轮机组采用滑压运行的初始，滑压运行方式曾是作为某些达不到额定再热蒸汽温度的机组，用来提高提高锅炉运行再热蒸汽温度的措施。

汽轮发电机组在额定负荷下运行时，再热蒸汽温度降低 1℃，汽轮机效率降低 0.011% 左右，发电煤耗则升高 0.08g/kWh 左右。

关于电厂锅炉、汽轮机组再热蒸汽温度压红线运行的问题，应以汽轮机进入中压缸的蒸汽参数为准，其理由同主蒸汽参数，此处不再重复叙述。

（一）再热蒸汽温度的影响因素

（1）锅炉设备的健康水平。

（2）锅炉设备的带负荷程度。

（3）再热蒸汽管道保温是否符合技术监督要求标准。

（4）锅炉燃用煤炭的热值是否符合锅炉设备设计的要求。

（5）锅炉燃用煤炭的挥发分是否符合锅炉设备设计的要求。

（6）锅炉燃用煤炭的水分是否符合锅炉设备设计的要求。

（7）锅炉设备、汽轮机设备主蒸汽压力表的准确性。

（二）再热蒸汽温度变化对汽轮机效率影响系数的计算

再热蒸汽温度变化对汽轮机效率的影响系数是指，汽轮机再热蒸汽温度变化 1℃后，影响汽轮机效率的相应变化值，可以表达为（$\Delta\eta_{qj}^{bh}$%）/（Δt_{zrw}^{bh}1℃）。

汽轮机设备制造厂提供的再热蒸汽温度变化对汽轮机热耗率的修正数值，可由两种方式、两种形式表示。

1. 再热蒸汽温度变化对汽轮机热耗率的修正方法在数值上的两种表示形式

（1）再热蒸汽温度变化对汽轮机热耗率的修正值，以变化量的绝对值，即汽轮机再热蒸汽温度变化 1℃与影响汽轮发电机组热耗率变化的数值，单位为 kJ/kWh 或 kcal/kWh。分析、计算时，可直接用来计算对汽轮机效率的影响值。

（2）再热蒸汽温度变化对汽轮机热耗率的修正值，以变化值占机组热耗率的百分率的相对值表示，即汽轮机再热蒸汽温度变化 1℃后，影响汽轮发电机组热耗率变化的数值，以其占机组额定负荷热耗率的百分率表示，单位为%。分析、计算时，需先计算其影响值，然后再计算它对汽轮机效率的影响值。

2. 再热蒸汽温度变化对汽轮机热耗率修正值的两种表示形式

（1）再热蒸汽温度变化对汽轮机热耗率的修正值，以影响值的绝对值或百分比与再热蒸汽温度变化值的关系曲线的方式表达，变化规律直观，但取值准确度差。

（2）再热蒸汽温度变化对汽轮机热耗率的修正值，以数值表的方式表达，直观，分析、计算使用方便，准确度较高。

上述两种方式、两种形式以往常以影响值的绝对量或百分比与再热蒸汽温度变化值的关系曲线表达；近年来多用汽轮机再热蒸汽温度变化值与影响汽轮发电机组热耗率变化的数值表或关系曲线表示。

3. 再热蒸汽温度变化对汽轮机效率的影响系数的计算公式

$$\Delta\eta_{zrw}^{jx} = \frac{|\eta_{zrw}^{bh} - \eta_{zrw}^{ed}|}{\Delta ZB_{zrw}^{bh}}$$

$$=\frac{3600\left|\frac{1}{q_{zrw}^{bh}}-\frac{1}{q_{zrw}^{ed}}\right|}{\Delta ZB_{zrw}^{bh}} \tag{3-27}$$

式中　$\Delta\eta_{zrw}^{jx}$——汽轮机再热蒸汽温度变化1℃影响汽轮机效率的相应变化值，（$\Delta\eta_{qj}^{bh}$%）/（Δt_{zrw}^{bh}1℃）；

η_{zrw}^{bh}——汽轮机再热蒸汽温度变化后的汽轮机效率，%；

η_{zrw}^{ed}——额定再热蒸汽温度下的汽轮机效率，%；

$|\eta_{zrw}^{bh}-\eta_{zqw}^{ed}|$——计算时取绝对值；

q_{zrw}^{bh}——汽轮机再热蒸汽温度变化后的汽轮机热耗率，kJ/kWh；

q_{zrw}^{ed}——额定再热蒸汽温度下的设计汽轮机热耗率，kJ/kWh；

$\left|\frac{1}{q_{zrw}^{bh}}-\frac{1}{q_{zrw}^{ed}}\right|$——计算时取绝对值；

ΔZB_{zrw}^{bh}——汽轮机再热蒸汽温度的变化值，℃。

4. 汽轮机再热蒸汽温度变化后的汽轮机热耗率的计算

（1）汽轮机再热蒸汽温度变化后的汽轮机热耗率的相应变化值以kJ/kWh表示时，其计算公式为

$$q_{zrw}^{bh}=q_{zrw}^{ed}+\Delta q_{zrw}^{bh} \tag{3-28}$$

（2）汽轮机再热蒸汽温度变化后的汽轮机热耗率的相应变化值以百分率（%）表示时，其计算公式如下：

1）汽轮机热耗率相应变化值的计算公式

$$\Delta q_{zrw}^{bh}=q_{zrw}^{ed}\times\Delta\alpha_{zrw}^{bh} \tag{3-29}$$

式中　$\Delta\alpha_{zrw}^{bh}$——汽轮机热耗率值变化率，%。

2）汽轮机再热蒸汽温度变化后的汽轮机热耗率的计算公式

$$\begin{aligned}q_{zrw}^{bh}&=q_{zrw}^{ed}+\Delta q_{zrw}^{bh}\\&=q_{zrw}^{ed}(1+\Delta\alpha_{zrw}^{bh})\end{aligned} \tag{3-30}$$

式中　Δq_{zrw}^{bh}　汽轮机再热蒸汽温度变化引起汽轮机热耗率的变化值，kJ/kWh。

5. 再热蒸汽温度变化对汽轮机效率的影响系数的计算

从制造厂提供的设计资料——汽轮机热力特性计算说明书中可查得再热蒸汽温度变化对汽轮机热耗率的修正曲线图或计算数据表。但近年来，制造厂提供的设计计算资料越来越少，而且提供资料的内容也尽不一致，因此在叙述过程中把几种形式都一一列举，以供参考、使用。

（1）计算再热蒸汽温度变化对汽轮机热耗率的修正值以kJ/kWh表示，再热蒸汽温度变化1℃对汽轮机效率的影响系数。

从制造厂提供的设计资料——汽轮机热力特性计算说明书中可查得再热蒸汽温度变化对汽轮机热耗率的修正值以kJ/kWh表示的数据表，见表3-7。

表3-7　再热蒸汽温度变化与汽轮机热耗率修正值以kJ/kWh表示的关系表

指　标	单位	计　算　结　果				
再热蒸汽温度 t_{zqw}	℃	507	517	527	537	547

续表

指　标	单位	计　算　结　果				
再热压损系数 Δp_{zqy}	MPa	0.111	0.111	0.111	0.111	0.111
热耗率 q_{qj}^{ed}	kJ/kWh	8239.20	8217.43	8197.34	8177.66	8158.00
相对热耗差 $\Delta q/q_{qj}^{ed}$	%	0.753	0.486	0.241	0.00	-0.241
热耗率修正值 Δq_{zrw}	kJ/kWh	+61.59	+39.74	+19.71	0.00	19.71

用表3-7中再热蒸汽温度变化对汽轮机热耗率修正数值表，计算汽轮机组再热蒸汽温度变化1℃对汽轮机效率影响系数的程序如下：

1）确定再热蒸汽温度变化范围：本例计算时，取再热蒸汽温度变化范围为537℃降到517℃。

2）从表3-7中读取与再热蒸汽温度值537、517℃相对应的热耗率变化值。再热蒸汽温度537℃是设计参数下的额定温度值，汽轮机组热耗率变化值为0；517℃为计算者随意选定的计算组合值，其相应的热耗率变化值为+39.74kJ/kWh。本组数值说明了该汽轮机组在其他条件不变，再热蒸汽温度从额定值537℃降到517℃时，再热蒸汽温度变化1℃对汽轮机效率的影响系数。

3）确认汽轮机组额定参数工况下的热耗率为8177.66kJ/kWh。

4）用公式 $q_{zrw}^{bh}=q_{zrw}^{de}+\Delta q_{zrw}^{bh}$，计算汽轮机再热蒸汽温度变化后的汽轮机热耗率，得 $q_{zrw}^{bh}=8177.66+39.74=8217.40$kJ/kWh。

5）用公式 $\eta_{qj}^{ed}=\dfrac{3600}{q_{qj}^{ed}}$，可计算出额定参数工况下的汽轮机组的效率为 $\eta_{qj}^{ed}=44.02\%$；再热蒸汽温度变化20℃后，汽轮机组效率为 $\eta_{qj}^{bh}=43.81\%$。

6）用公式 $\Delta\eta_{zrw}^{jx}=\dfrac{\eta_{zqw}^{bh}-\eta_{zqw}^{ed}}{\Delta ZB_{zrw}^{bh}}$计算再热蒸汽温度变化1℃对汽轮机效率的影响系数，得

$$\Delta\eta_{zrw}^{jx}=\frac{|43.81-44.02|}{537-517}=0.011$$

7）上述计算结果表明，汽轮机组再热蒸汽温度变化1℃对汽轮机效率的影响系数为0.011（$\Delta\eta_{qj}^{bh}\%$）/（$\Delta t_{zrw}^{bh}1℃$）。

（2）计算再热蒸汽温度变化对汽轮机热耗率修正值以kcal/kWh表示再热蒸汽温度变化1℃对汽轮机效率的影响系数。

在制造厂提供的设计资料——《汽轮机热力特性计算说明书》中，由再热蒸汽温度变化对汽轮机热耗率特性修正值以kcal/kWh表示的曲线关系图，可查得再热蒸汽温度变化对汽轮机热耗率修正值以kcal/kWh表示的关系数值，如图3-5所示。

根据再热蒸汽温度变化对汽轮机热耗率修正值的关系曲线计算汽轮机组再热蒸汽温度变化1℃对汽轮机效率的影响系数。具体方法如下：

1）确定再热蒸汽温度变化范围：本次计算中，取再热蒸汽温度变化范围为537℃降到527℃，即降低10℃。

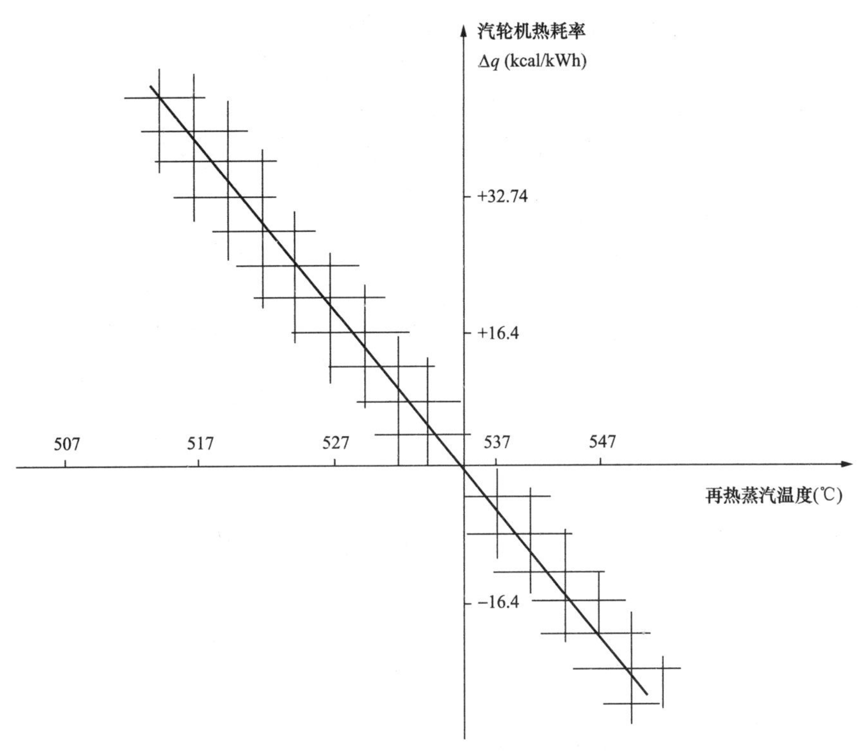

图 3－5　再热蒸汽温度变化对汽轮机热耗率修正值的关系曲线

2）从图 3－5 中读取再热蒸汽温度 537℃时汽轮机组热耗率的变化：537℃是机组设计参数的额定温度值，汽轮机组热耗率变化值为 0；527℃为计算者随意选定的计算组合值，其相应的热耗率变化值为 +4.7kcal/kWh。本组数值为该汽轮机组在其他条件不变，再热蒸汽温度从额定值 537℃降到 527℃时，再热蒸汽温度变化 1℃对汽轮机效率的影响系数。

3）确认汽轮机组额定工况热耗率为 1953.2kcal/kWh。

4）用公式 $q_{zrw}^{bh}=q_{zrw}^{cd}+\Delta q_{zrw}^{bh}$，计算汽轮机再热蒸汽温度变化后的汽轮机热耗率，得 $q_{zrw}^{bh}=1953.2+4.7=1957.9$kJ/kWh。

5）用公式 $\eta_{qj}^{ed}=\dfrac{3600}{q_{qj}^{ed}}$，可计算出额定参数工况下的汽轮机组的效率 $\eta_{qj}^{ed}=44.03\%$；再热蒸汽温度变化 10℃后，汽轮机组效率 $\eta_{qj}^{bh}=43.92\%$。

6）用公式 $\Delta\eta_{zrw}^{jx}=\dfrac{\eta_{zrw}^{bh}-\eta_{zrw}^{ed}}{\Delta ZB_{zrw}^{bh}}$，计算再热蒸汽温度变化 1℃对汽轮机效率的影响系数。

$$\Delta\eta_{zrw}^{jx}=\frac{|43.92-44.03|}{537-527}=0.011$$

7）结论：该汽轮机组再热蒸汽温度变化 1℃ 对汽轮机效率的影响系数为 0.011（$\Delta\eta_{qj}^{bh}\%$）/（$\Delta t_{zrw}^{bh}1$℃）。

（3）计算再热蒸汽温度变化对汽轮机热耗率的修正值以百分率（%）表示，再热蒸汽温度变化 1℃对汽轮机效率的影响系数。

从制造厂提供的设计资料——《汽轮机热力特性计算说明书》中可查得再热蒸汽温度

变化对汽轮机热耗率的修正值以百分率（%）表示的关系数据，见图3－6。

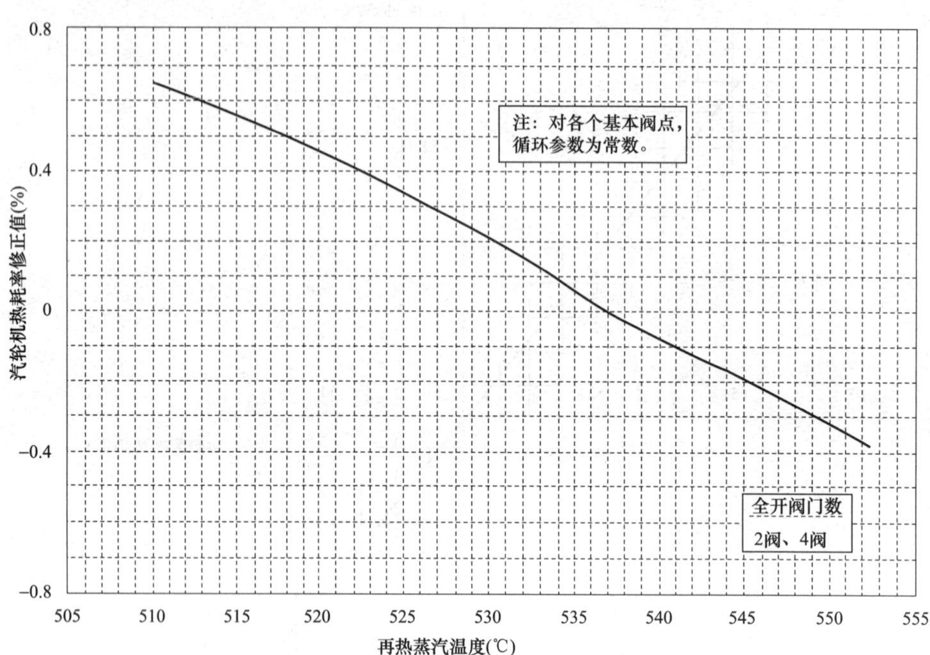

图3－6　汽轮机再热蒸汽温度变化对汽轮机热耗率修正值的关系曲线

热耗率特性修正值以百分率（%）表示，是指再热蒸汽温度变化对汽轮机热耗率修正计算的结果，以热（量）值变化值（kJ/kWh）占机组设计参数额定负荷下的热耗率的比例（百分数）表示。图3－6就是用再热蒸汽温度变化与热耗率相应变化比例（百分数）的关系曲线表示。

再热蒸汽温度变化对汽轮机热耗率特性的修正值以百分率（%）表示，与再热蒸汽温度变化对汽轮机热耗率特性修正值用热耗率变化值表示，计算汽轮机组再热蒸汽温度变化1℃对汽轮机效率的影响系数的方法是不同的。

1）确定再热蒸汽温度变化范围：本次计算中，取再热蒸汽温度变化范围为547℃降到527℃，即降低20℃。

2）从图3－6中读取再热蒸汽温度为547℃时汽轮机组热耗率的变化值－0.24%；527℃为随意选定的计算组合值，其相应的热耗率变化值为＋0.29%，即再热蒸汽温度变化20℃，汽轮机组热耗率相应变化（$\Delta\alpha_{rh}^{bh}$）0.53%（$\Delta\alpha_{rh}^{bh}=0.53\%=|-0.24\%|+|+0.29\%|$）。本组数值为该汽轮机组在其他条件不变，再热蒸汽温度从额定值547℃降到527℃时，再热蒸汽温度变化1℃对汽轮机效率的影响系数。

3）确认汽轮机组额定工况热耗率为7795.7kJ/kWh。

4）用公式 $\Delta q_{zrw}^{bh}=q_{zrw}^{ed}\times\Delta\alpha_{rh}^{bh}$，计算再热蒸汽温度变化后的热耗率相应的变化值：

547℃时　$\Delta q_{zrw}^{bh}=7795.7\text{kJ/kWh}\times(-0.24\%)=18.71\text{kJ/kWh}$

527℃时　$\Delta q_{zrw}^{bh}=7795.7\text{kJ/kWh}\times0.29\%=22.61\text{kJ/kWh}$

5）用公式 $q_{zrw}^{bh}=q_{zrw}^{de}+\Delta q_{zrw}^{bh}$ 或 $q_{zrw}^{bh}=q_{zrw}^{de}(1+\Delta\alpha_{rh}^{bh})$，计算汽轮机再热蒸汽温度变化后的汽轮机热耗率的相应值：

547℃时　$q_{zrw}^{bh}=7795.7-18.71=7776.99\text{kJ/kWh}$

527℃时　$q_{zrw}^{bh}=7795.7+22.61=7818.31\text{kJ/kWh}$

6）用公式 $\eta_{qj}^{ed}=\frac{3600}{q_{qj}^{ed}}$，可计算得计算工况参数下的汽轮机组的效率 $\eta_{qj}^{ed}=46.29\%$；再热蒸汽温度变化20℃后，汽轮机组效率 $\eta_{qj}^{bh}=46.05\%$。

7）用公式 $\Delta\eta_{zrw}^{jx}=\frac{\eta_{zqw}^{bh}-\eta_{zqw}^{ed}}{\Delta ZB_{zqw}^{bh}}$，计算再热蒸汽温度变化20℃对汽轮机效率的影响系数，得

$$\Delta\eta_{zrw}^{jx}=\frac{|46.05-46.29|}{547-527}=0.012$$

8）结论：该汽轮机组再热蒸汽温度变化1℃对汽轮机效率的影响系数为0.012（$\Delta\eta_{qj}^{bh}\%$）/（$\Delta t_{zrw}^{bh}1℃$）。

（三）汽轮机再热蒸汽温度变化对发电煤耗率的影响系数的计算

汽轮机再热蒸汽温度变化对发电煤耗率的影响系数是指，汽轮机再热蒸汽温度变化1℃后，影响发电煤耗率相应变化的数值，可以表达为（Δb_{fd}^{bh}g/kWh）/（$\Delta t_{zrw}^{bh}1℃$）。

1. 汽轮机再热蒸汽温度变化对发电煤耗率的影响系数的计算公式

$$\Delta b_{zrw}^{fx}=\frac{b_{zrw}^{bh}-b_{zrw}^{ed}}{\Delta ZB_{zrw}^{bh}}=\frac{\frac{0.123}{\eta_{gl}^{de}\times\eta_{gd}^{ed}}\left(\frac{1}{\eta_{zrw}^{bh}}-\frac{1}{\eta_{zrw}^{ed}}\right)}{\Delta ZB_{zrw}^{bh}}\tag{3-31}$$

式中　Δb_{zrw}^{fx}——汽轮机再热蒸汽温度变化对发电煤耗率的影响系数，（Δb_{fd}^{bh}g/kWh）/（$\Delta t_{zrw}^{bh}1℃$）；

b_{zrw}^{bh}——汽轮机再热蒸汽温度变化后的发电煤耗率，g/kWh；

b_{zrw}^{ed}——汽轮机再热蒸汽温度额定参数下的设计发电煤耗率，g/kWh。

2. 汽轮机再热蒸汽温度变化对发电煤耗率的影响系数的计算

从制造厂提供的《汽轮机热力特性计算说明书》中可查得再热蒸汽温度等参数变化对汽轮机热耗率的修正曲线图或计算结果表。但近年来，由于商业竞争日趋激烈，制造厂提供的设计计算资料越来越少，而且提供的资料的内容也不尽一致。目前正是新、旧资料共用阶段。为方便专业工程师参考，使用以下将把几种形式一一列举。

（1）确定再热蒸汽温度变化范围：本次计算，取再热蒸汽温度变化范围为537℃降到517℃。

（2）从表3-7中读取与再热蒸汽温度值537、517℃相对应的热耗率变化值。再热蒸汽温度537℃是设计参数下的额定温度值，其相应的汽轮机组热耗率变化值为0；517℃为随意选定的计算组合值，其相应的热耗率变化值为+39.74kJ/kWh。本组数值为该汽轮机组在其他条件不变，再热蒸汽温度从额定值537℃降到517℃时，再热蒸汽温度变化1℃对汽轮机效率的影响系数。

（3）确认汽轮机组额定参数工况下的热耗率为8177.66kJ/kWh。

（4）用公式 $q_{zrw}^{bh}=q_{zrw}^{ed}+\Delta q_{zrw}^{bh}$，计算汽轮机再热蒸汽温度变化后的汽轮机热耗率，得 $q_{zrw}^{bh}=8177.66+39.74=8217.40\text{kJ/kWh}$。

（5）用公式 $\eta_{qj}^{ed}=\frac{3600}{q_{qj}^{ed}}$，可计算得额定参数工况下的汽轮机组的效率 $\eta_{qj}^{ed}=44.02\%$；再

热蒸汽温度变化20℃后，汽轮机组效率 $\eta_{qj}^{bh}=43.81\%$ 。

（6）用公式 $b_{fd}=\dfrac{0.123}{\eta_{qj}^{ed}\times\eta_{gl}^{ed}\times\eta_{gd}^{ed}}$，计算得锅炉额定效率（$\eta_{qj}^{de}=92\%$）、管道额定效率（$\eta_{gl}^{de}=98\%$）、汽轮机组额定效率（$\eta_{qj}^{ed}=44.02\%$）下的发电煤耗率为309.91g/kWh，再热蒸汽温度变化后汽轮机组效率 $\eta_{qj}^{bh}=43.81\%$ 时的发电煤耗率为311.04g/kWh。

（7）用公式 $\Delta b_{zrw}^{fx}=\dfrac{|\ b_{zrw}^{bh}-b_{zrw}^{de}\ |}{\Delta ZB_{zrw}^{bh}}$，计算再热蒸汽温度变化1℃对发电煤耗率的影响系数，得

$$\Delta b_{zrw}^{fx}=\frac{|311.04-309.91|}{537-517}=0.057\text{g/kWh}$$

（8）结论：上述计算结果表明，汽轮机组再热蒸汽温度变化1℃对发电煤耗率的影响系数为0.057（Δb_{fd}^{bh}g/kWh）/（Δt_{zrw}^{bh}1℃）。

（四）再热蒸汽温度变化对汽轮机效率、发电煤耗率的影响值的计算

（1）汽轮机再热蒸汽温度变化对汽轮机效率影响值的计算。计算公式如下

$$\Delta\eta_{zrw}^{qj}=b_{zrw}^{fx}\times\Delta ZB_{zrw}^{bh} \tag{3-32}$$

式中　$\Delta\eta_{zrw}^{qj}$——汽轮机再热蒸汽温度变化对汽轮机效率的影响值,%。

（2）汽轮机再热蒸汽温度变化对发电煤耗率影响值的计算。计算公式如下

$$\Delta b_{zrw}^{fd}=b_{zrw}^{fx}\times\Delta ZB_{zrw}^{bh} \tag{3-33}$$

式中　Δb_{zrw}^{fd}——汽轮机再热蒸汽温度变化对发电煤耗率的影响值，g/kWh。

（五）汽轮机再热蒸汽温度变化对汽轮机效率、发电煤耗率的影响系数的计算程序表

以上已经阐述了汽轮机再热蒸汽温度变化对汽轮机效率、发电煤耗率的影响系数的计算原理和方法，但操作和计算起来还是有一定难度，较为繁杂。

汽轮机再热蒸汽温度变化对汽轮机运行经济性的影响，常以热值kJ/kWh和设计热耗率的百分点（%）表示。下面分别介绍两种计算程序表。

（1）再热蒸汽温度变化对汽轮机热耗率的修正值以热值（kJ/kWh）表示时，汽轮机再热蒸汽温度变化1℃对汽轮机效率、发电煤耗率影响系数的计算程序表，见表3－8。

表3－8　汽轮机再热蒸汽温度变化对汽轮机效率、发电煤耗率影响系数的计算程序表

（再热蒸汽温度变化对汽轮机热耗率的修正值以kJ/kWh表示）

	序号	指　　标	单位	计算数据
用表3－4和图3－5中热耗率的修正值计算	1	汽轮机组额定负荷	MW	300
	2	汽轮机主蒸汽额定压力	MPa	16.7
	3	汽轮机主蒸汽额定温度（或选定）	℃	537
	4	汽轮机再热蒸汽额定温度	℃	537
	5	汽轮机组设计热耗率	kJ/kWh	8177.66
	6	汽轮机效率设计值	%	44.02
	7	锅炉效率设计值	%	92.0
	8	管道效率设计值	%	98.0
	9	发电煤耗率设计值	g/kWh	309.81

续表

	序号	指 标	单位	计算数据
再热蒸汽温度变化对汽轮机效率的影响系数	10	汽轮机再热蒸汽温度变化后的温度值（自定）	℃	15.2
	11	汽轮机再热蒸汽温度的变化值（丨②-⑩丨）	℃	1.5
	12	汽轮机再热蒸汽温度额定值修正系数	kJ/kWh	0
	13	汽轮机再热蒸汽温度力变化后的修正系数	kJ/kWh	+61.25
	14	汽轮机组热耗率修正系数值（丨⑬-⑫丨）	kJ/kWh	+61.25
	15	再热蒸汽温度变化后的热耗率值（⑤+⑭）	kJ/kWh	8238.91
	16	再热蒸汽温度变化后的汽轮机效率（3600/⑮）	%	43.70
	17	再热蒸汽温度变化引起汽轮机效率的变化值（丨⑯-⑥丨）	%	0.32
	18	再热蒸汽温度变化1℃对汽轮机效率的影响系数（⑰/⑪）（$\Delta\eta_{gj}^{bh}$%）/（Δt_{zrw}^{bh}1℃）		0.21
再热蒸汽温度变化对发电煤耗的影响系数	19	再热蒸汽温度变化后的电厂效率（⑦×⑧×⑯）	%	
	20	计算系数	—	0.122 86
	21	再热蒸汽温度变化后的发电煤耗率（⑳/⑲）	g/kWh	311.82
	22	再热蒸汽温度变化后发电煤耗的变化值（丨㉑-⑨丨）	g/kWh	2.01
	23	再热蒸汽温度变化1℃对发电煤耗率的影响系数（㉒/⑪）（Δb_{fd}^{bh}g/kWh）/（Δt_{zrw}^{bh}1℃）		1.34

注 表中括号内表达式为对应参数的计算公式，○内数字代表各参数序号。

（2）再热蒸汽温度变化对汽轮机热耗率的修正值以百分率（%）表示时，汽轮机主蒸汽温度变化1℃对汽轮机效率、发电煤耗率的影响系数的计算程序表。

本例：计算图3-4中热耗率的修正值以百分率（%）时，再热蒸汽温度变化1℃对汽轮机效率、发电煤耗率的影响系数。

表3-9 汽轮机再热蒸汽温度变化对汽轮机效率、发电煤耗率的影响系数的计算程序表

［再热蒸汽温度变化对汽轮机热耗率的修正值以百分率（%）表示］

	序号	指 标	单 位	计算数据
用图3-6中热耗率的修正值计算	1	汽轮机组额定负荷	MW	
	2	汽轮机主蒸汽额定压力	MPa	
	3	汽轮机主蒸汽额定温度	℃	
	4	汽轮机再热蒸汽额定温度（或选定）	℃	
	5	汽轮机组设计热耗率	kJ/kWh	
	6	汽轮机效率设计值	%	
	7	锅炉效率设计值	%	
	8	管道效率设计值	%	
	9	发电煤耗率设计值	g/kWh	

续表

	序号	指　　标	单　位	计算数据
再热蒸汽温度变化对汽轮机效率的影响系数	10	汽轮机蒸汽温度选定值	℃	
	11	汽轮机再热蒸汽温度变化后的温度值	℃	
	12	汽轮机再热蒸汽温度的变化值（｜②－⑩｜）	℃	
	13	汽轮机再热蒸汽温度选定值的修正系数	%	
	14	再热蒸汽温度选定值的修正值（⑤×⑬）	kJ/kWh	
	15	再热蒸汽温度选定值修正后的热耗率（⑤+⑭）	kJ/kWh	
	16	再热蒸汽温度选定值修正后的汽轮机效率（3600/⑮）	%	
	17	汽轮机再热蒸汽温度变化后的修正系数	%	
	18	再热蒸汽温度变化后汽轮机热耗的修正值（⑤×⑰）	kJ/kWh	
	19	再热蒸汽温度变化后的热耗率（⑤+⑱）	kJ/kWh	
	20	再热蒸汽温度变化后的汽轮机效率（3600/⑮）	%	
	21	再热蒸汽温度变化引起汽轮机效率的变化值（｜⑳－⑯｜）	%	
	22	再热蒸汽温度变化1℃对汽轮机效率的影响系数（⑰/⑫）（$\Delta\eta_{qj}^{bh}$%）/（Δt_{zrw}^{bh}1℃）		
再热蒸汽温度变化对发电煤耗率的影响系数	23	再热蒸汽温度选定值的电厂效率（⑦×⑧×⑯）		
	24	计算系数	—	
	25	再热蒸汽温度选定值的发电煤耗率（㉔/㉓）		
	26	再热蒸汽温度变化后的电厂效率（⑦×⑧×⑳）	%	
	27	再热蒸汽温度变化后的发电煤耗率（㉔/㉖）	g/kWh	
	28	再热蒸汽温度变化后发电煤耗变化值（｜㉕－㉗｜）	g/kWh	
	29	再热蒸汽温度变化1℃对发电煤耗率的影响系数（㉙/⑫）（Δb_{fd}^{bh}g/kWh）/（Δt_{zrw}^{bh}1℃）		

注　表中括号内表达式为对应参数的计算公式，○内数字代表各参数序号。

四、单元机组再热蒸汽压力降

单元机组再热蒸汽压力降（压损）是指汽轮机高压缸的排汽压力，经过锅炉再热器设备和再热蒸汽冷段、热段管道，至汽轮机中压缸进汽门前的压力的降低值，是关系到汽轮机运行经济性的重要参数之一，单位为MPa。

汽轮发电机组在额定负荷下运行，单元机组再热蒸汽压力降降低0.1MPa，使汽轮机效率降低0.10%（百分点）左右，影响发电煤耗升高0.8g/kWh左右。

（一）单元机组再热蒸汽压力降的影响因数

（1）锅炉设备的健康水平。

（2）锅炉设备的带负荷程度。

（3）再热蒸汽运行温度。

（4）锅炉燃用煤炭的热值是否符合锅炉设备设计的要求。

（5）锅炉燃用煤炭的挥发分是否符合锅炉设备设计的要求。

（6）锅炉燃用煤炭的水分是否符合锅炉设备设计的要求。

（7）再热蒸汽系统阻力的变化是否超过设计值。

（8）锅炉设备、汽轮机设备再热蒸汽压力表的准确性。

（9）再热蒸汽系统的内漏程度。

（二）单元机组再热蒸汽压力降（压损）的变化对汽轮机效率的影响系数的计算

再热蒸汽压力降（压损）的变化对汽轮机效率的影响系数是指，汽轮机再热蒸汽压力降（压损）变化 0.1MPa 后，影响汽轮机效率相应变化的数值，可以表达为（$\Delta\eta_{qj}^{bh}\%$）/（$\Delta p_{zry}^{bh}0.1MPa$）。

汽轮机设备制造厂提供的再热蒸汽压力降（压损）变化对汽轮机热耗率修正的数值，可用 2 种形式、3 种方式表示。

1. 再热蒸汽压力降（压损）变化对汽轮机热耗率的修正方法在数值上的 3 种表达方式

（1）再热蒸汽压损系数变化 1% 对汽轮机热耗率的修正值，以变化的千焦、千卡的绝对值表示，即汽轮机再热蒸汽压损系数变化 1% 与影响汽轮发电机组热耗率变化（Δq^{bh}）的数值，单位：kJ/kWh 或 kcal/kWh，可直接用来计算对汽轮机效率的影响值。

（2）再热蒸汽压力降（压损）变化对汽轮机热耗率的修正值，以变化的千焦、千卡的绝对值表示，即汽轮机再热蒸汽压力降（压损）变化 0.1MPa 与影响汽轮发电机组热耗率变化（Δq^{bh}）千焦、千卡的数值，单位：kJ/kWh 或 kcal/kWh。分析、计算时，可直接用来计算对汽轮机效率的影响值。

（3）再热蒸汽温度变化对汽轮机热耗率的修正值，以变化值占机组热耗率的百分率的相对值表示，即汽轮机再热蒸汽压力降（压损）变化 0.1MPa 后，影响汽轮发电机组热耗率变化（Δq^{bh}）的相对数值，以其占机组额定负荷热耗率的百分率表示，单位:%。分析、计算时需要先计算其影响值，然后再计算其对汽轮机效率的影响值。

2. 再热蒸汽压力降（压损）变化对汽轮机热耗率的修正值的 2 种表示形式

（1）再热蒸汽压力降（压损）变化对汽轮机热耗率的修正值，以影响值的千焦或百分比与再热蒸汽压力降（压损）变化值的关系曲线的方式表达，变化规律直观、取值准确度差。

（2）再热蒸汽压力降（压损）变化对汽轮机热耗率的修正值，以数值表的方式表达，表达直观，分析、计算使用方便，准确度较高。

上述 2 种形式、3 种方式在汽轮机热力特性计算说明书中，以往常见的为分别以再热蒸汽压损系数变化 1% 对汽轮机热耗率的修正值，变化的千焦、千卡的绝对值的数值表和关系曲线，以及影响值的千焦或百分比与再热蒸汽压力降（压损）变化值的关系曲线的方式表达；近年来多用汽轮机再热蒸汽压力降（压损）变化值与影响汽轮发电机组热耗率变化（Δq^{bh}）千焦的数值表或关系曲线表示。

（3）单元机组再热蒸汽压力降的变化对汽轮机效率的影响系数的计算公式。

$$\Delta\eta_{zry}^{jx} = \frac{\left|\eta_{zry}^{bh} - \eta_{zry}^{ed}\right|}{\Delta ZB_{zry}^{bh}} = \frac{3600\left|\dfrac{1}{q_{zry}^{bh}} - \dfrac{1}{q_{zry}^{ed}}\right|}{\Delta ZB_{zry}^{bh}} \qquad (3-34)$$

式中　$\Delta\eta_{zry}^{jx}$——单元机组再热蒸汽压力降变化1MPa影响汽轮机效率相应变化的系数（数值）（$\Delta\eta_{qj}^{bh}$%）/（Δp_{zry}^{bh}0.1MPa）；

η_{zry}^{bh}——单元机组再热蒸汽压力降变化后的汽轮机效率,%；

η_{zry}^{ed}——单元机组额定再热蒸汽压力降的汽轮机效率,%；

$|\eta_{zry}^{bh}-\eta_{zry}^{ed}|$——计算时取绝对值；

q_{zry}^{bh}——单元机组再热蒸汽压力降变化后的汽轮机热耗率，kJ/kWh；

q_{zry}^{ed}——单元机组额定再热蒸汽压力降的设计汽轮机热耗率，kJ/kWh；

$\left|\frac{1}{q_{zry}^{bh}}-\frac{1}{q_{zry}^{ed}}\right|$——计算时取绝对值；

ΔZB_{zry}^{bh}——单元机组再热蒸汽压力降的变化值。

3. 单元机组再热蒸汽压力降变化后的汽轮机热耗率的计算

（1）单元机组再热蒸汽压力降变化后的汽轮机热耗率的相应变化值以热值（kJ/kWh）表示，计算公式为

$$q_{zry}^{bh}=q_{zry}^{de}+\Delta q_{zry}^{bh} \tag{3-35}$$

（2）单元机组再热蒸汽压力降变化后的汽轮机热耗率的相应变化值以百分率（%）表示，计算公式为：

1）汽轮机热耗率的相应变化值的计算公式

$$\Delta q_{zry}^{bh}=q_{zry}^{ed}\times\Delta\alpha_{rh}^{bh} \tag{3-36}$$

式中　$\Delta\alpha_{rh}^{bh}$——热耗率值变化率,%。

2）单元机组再热蒸汽压力降变化后的汽轮机热耗率的计算公式

$$\begin{aligned}q_{zry}^{bh}&=q_{zry}^{ed}+\Delta q_{zry}^{bh}\\&=q_{zry}^{ed}(1+\Delta\alpha_{rh}^{bh})\end{aligned} \tag{3-37}$$

式中　Δq_{zry}^{bh}——单元机组再热蒸汽压力降变化引起汽轮机热耗率的变化值，kJ/kWh。

4. 再热蒸汽压力降（压损）的变化对汽轮机效率的影响系数的计算

从制造厂提供的设计资料——《汽轮机热力特性计算说明书》中可查得单元机组再热蒸汽压力降（压损）变化对汽轮机热耗率的修正曲线图或计算数据表。但近年来，制造厂提供的设计计算资料越来越少，而且提供资料的内容也不尽一致。目前正是新、旧资料共用阶段。为方便专业工程师参考、使用，下面将几种形式一一列举。

（1）计算再热蒸汽压损系数变化1%对汽轮机热耗率的修正值以kJ/kWh表示时，再热蒸汽压损系数变化1%对汽轮机效率的影响系数。

在再热蒸汽压损系数变化1%对汽轮机效率的影响系数的计算中，要正确认识再热蒸汽压损系数的定义。从数值的表面看，它是一个相对的百分数，但实质上它的基数和一般百分数的基数不同。它的基数是各单元机组再热蒸汽系统设计、制造时确定的，是从高压缸排汽至中压缸主汽门前的压力损失值，视单元机组系统的阻力和压力损失而定，与再热蒸汽系统压力、蒸汽流速、阻力有关，也与设备的健康水平有关。

从《汽轮机热力特性计算说明书》中查得的再热蒸汽压损系数变化对汽轮机热耗率的修正值以kJ/kWh表示的数据见表3-10。

表 3－10　单元机组再热蒸汽压损系数变化 1% 与汽轮机热耗率修正值的关系表

指　　标	单位	计　算　结　果				
再热蒸汽压损系数	—	0.071 1	0.091 1	0.101 1	0.111 1	0.141 1
再热蒸汽温度 t_{zrw}	℃	537	537	537	537	537
相对热值差 $\Delta q/q_{qj}^{ed}$	%	－0.34	－0.17	－0.092	0	＋0.26
热耗率修正值 Δq	kJ/kWh	－27.80	－13.90	－7.52	0	＋21.26

用表 3－10 中单元机组再热蒸汽压损系数变化对汽轮机热耗率的修正数值，计算单元机组再热蒸汽压损系数变化 1% 对汽轮机效率的影响系数。

1）确定单元机组再热蒸汽压损系数变化范围：本次计算，取单元机组再热蒸汽压损系数变化为从 0.111 1 降到 0.071 1。

2）从表 3－10 中读取与单元机组再热蒸汽压损系数 0.111 1、0.071 1 相对应的热耗率变化值。再热蒸汽压损系数 0.111 1 是设计参数额定负荷下的压损系数，对应的汽轮机组热耗率变化值为 0；0.071 1 为计算者随意选定的计算组合值，其相应的热耗率变化值为 －27.80kJ/kWh。本组数值为该汽轮机组在其他条件不变、单元机组再热蒸汽压力降（压损）从额定值 0.111 1 降到 0.071 1 时，单元机组再热蒸汽压损系数变化 1% 对汽轮机效率的影响系数。

3）确认汽轮机组额定参数工况下的热耗率为 8177.66kJ/kWh。

4）用公式 $q_{zry}^{bh}=q_{zry}^{ed}+\Delta q_{zry}^{bh}$，计算汽轮机单元机组再热蒸汽压损系数变化后的汽轮机热耗率，得 $q_{zry}^{bh}=8177.66-27.80=8149.90$kJ/kWh。

5）用公式 $\eta_{qj}^{ed}=\dfrac{3600}{q_{qj}}$，可计算出额定参数工况下的汽轮机组的效率 $\eta_{qj}^{ed}=44.02\%$；单元机组再热蒸汽压损系数变化 0.04 后，汽轮机组效率 $\eta_{qj}^{bh}=44.17\%$。

6）用公式 $\eta_{zry}^{jx}=\dfrac{|\eta_{zry}^{bh}-\eta_{zry}^{ed}|}{\Delta ZB_{zry}^{bh}\times 100}$，计算单元机组再热蒸汽压损系数变化 1% 对汽轮机效率的影响系数，得

$$\eta_{zry}^{jx}=\frac{|44.17-44.02|}{(0.111\,1-0.071\,1)\times 100}=0.037\,5$$

7）结论：上述计算结果表明，汽轮机组单元机组再热蒸汽压损系数变化 1% 对汽轮机效率的影响系数为 0.037 5（$\Delta\eta_{qj}^{bh}\%$）/（$\Delta p_{zry}^{bh}1\%$）。

(2) 计算再热蒸汽压力降（压损）变化对汽轮机热耗率的修正值以压力降（压损）表示时，再热蒸汽压力降（压损）变化 0.1MPa 对汽轮机效率的影响系数。

再热蒸汽压力降（压损）变化 0.1MPa 对汽轮机效率的影响系数是专业管理人员、运行人员最直观、最便于分析用的指标。因此，在此增加了此项分析计算方法。

首先，用表 3－10 中的再热蒸汽压损系数计算出相应的再热蒸汽压损值，并填入表3－11中。然后，根据再热蒸汽压力降（压损）变化值（MPa）与汽轮机热耗率修正值的相关数值，计算再热蒸汽压力降（压损）变化 0.1MPa 对汽轮机效率的影响系数。

表3-11　单元机组再热蒸汽压力降（压损）变化与汽轮机热耗率修正值的关系表

指　标	单位	计　算　结　果				
再热蒸汽压损系数	—	0.071 1	0.091 1	0.101 1	0.111 1	0.141 1
再热蒸汽压损	MPa	0.420 3	0.428 2	0.432 1	0.436 0	0.447 8
再热蒸汽温度 t_{zrw}	℃	537	537	537	537	537
相对热值差 $\Delta q/q_{qj}^{ed}$	%	-0.34	-0.17	-0.092	0	+0.26
热耗率修正值 Δq	kJ/kWh	-27.80	-13.90	-7.52	0	+21.26

用表3-11中的单元机组再热蒸汽压损变化值对汽轮机热耗率修正数值的关系值，计算单元机组再热蒸汽压力降（压损）变化0.1MPa对汽轮机效率的影响系数。

1）确定单元机组再热蒸汽压损系数变化范围：本次计算，取单元机组再热蒸汽压损系数变化范围为从0.436 0MPa降到0.420 3MPa。

2）从表3-11中读取与单元机组再热蒸汽压损值从0.436 0MPa降到0.420 3MPa相对应的热耗率变化值。再热蒸汽压损系数0.436 0是设计参数额定负荷下的压损值，汽轮机组热耗率变化值为0；0.420 3为随意选定的计算组合值，其相应的热耗率变化值为-27.80kJ/kWh。本组数值为该汽轮机组在其他条件不变、单元机组再热蒸汽压损值从额定值0.436 0MPa降到0.420 3MPa时，单元机组再热蒸汽压损值变化0.1MPa对汽轮机效率的影响系数。

3）确认汽轮机组额定参数工况下的热耗率为8177.66kJ/kWh。

4）根据公式 $q_{zry}^{bh}=q_{zry}^{ed}+\Delta q_{zry}^{bh}$，计算汽轮机单元机组再热蒸汽压损系数变化后的汽轮机热耗率，得 $q_{zry}^{bh}=8177.66-27.80=8149.90$kJ/kWh。

5）根据公式 $\eta_{qj}^{ed}=\dfrac{3600}{q_{qj}}$，可计算出额定参数工况下的汽轮机组的效率 $\eta_{qj}^{ed}=44.02\%$；单元机组再热蒸汽压损系数变化0.04后，汽轮机组效率 $\eta_{qj}^{bh}=44.17\%$。

6）根据公式 $\eta_{zry}^{jx}=\dfrac{|\eta_{zry}^{bh}-\eta_{zry}^{ed}|}{\Delta ZB_{zry}^{bh}\times 100}$，计算单元机组再热蒸汽压损变化0.1MPa对汽轮机效率的影响系数，得

$$\eta_{zry}^{jx}=\frac{|44.17-44.02|}{(0.436\,0-0.420\,3)\times 100}=0.1$$

7）结论：上述计算结果表明，汽轮机组单元机组再热蒸汽压损变化0.1MPa对汽轮机效率的影响系数为0.1（$\Delta\eta_{qj}^{bh}\%$）/（$\Delta p_{zry}^{bh}1\%$）。

（3）计算再热蒸汽压损系数变化1%对汽轮机热耗率的修正值以kcal/kWh表示时，再热蒸汽压损系数变化1%对汽轮机效率的影响系数。

从制造厂提供的设计资料——《汽轮机热力特性计算说明书》中可查得再热蒸汽压损系数变化对汽轮机热耗率的修正值以kcal/kWh表示的数据，见图3-7。

根据表3-7中单元机组再热蒸汽压损系数变化对汽轮机热耗率修正数值的关系值，计算单元机组再热蒸汽压损系数变化1%对汽轮机效率的影响系数。计算方法如下：

1）确定单元机组再热蒸汽压损系数变化范围：本次计算，取单元机组再热蒸汽压损系

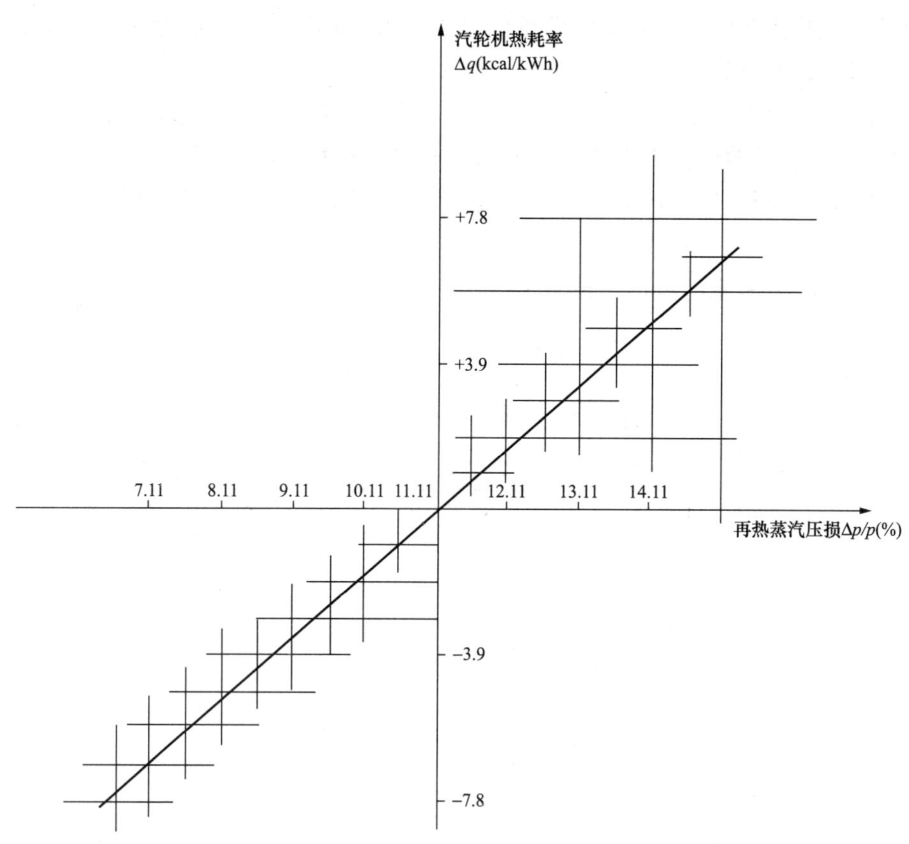

图3-7　单元机组再热蒸汽压损变化与汽轮机热耗率修正值的关系曲线

数变化范围为从0.111 1降到0.071 1。

2）从表3-11中读取与单元机组再热蒸汽压损系数0.111 1、0.071 1相对应的热耗率变化值。再热蒸汽压损系数0.111 1是设计参数额定负荷下的压损系数，汽轮机组热耗率变化值为0；0.071 1为随意选定的计算组合值，其相应的热耗率变化值为-6.60kcal/kWh。本组数值为该汽轮机组在其他条件不变、单元机组再热蒸汽压力降（压损）从额定值0.111 1降到0.071 1时，单元机组再热蒸汽压损系数变化1%对汽轮机效率的影响系数。

3）确认汽轮机组额定参数工况下的热耗率为1953.2kJ/kWh。

4）根据公式 $q_{zry}^{bh}=q_{zry}^{ed}+\Delta q_{zry}^{bh}$，计算汽轮机单元机组再热蒸汽压损系数变化后的汽轮机热耗率，得 $q_{zry}^{bh}=1953.2-6.60=1946.6$kJ/kWh。

5）根据公式 $\eta_{qj}^{ed}=\dfrac{860}{q_{qj}}$，可计算出额定参数工况下的汽轮机组的效率 $\eta_{qj}^{ed}=44.03\%$；单元机组再热蒸汽压损系数变化0.04后，汽轮机组效率 $\eta_{qj}^{bh}=44.18\%$。

6）用公式 $\Delta\eta_{zry}^{jx}=\dfrac{|\eta_{zry}^{bh}-\eta_{zry}^{ed}|}{\Delta p_{zry}^{bh}\times 100}$，计算单元机组再热蒸汽压损系数变化1%对汽轮机效率的影响系数，得

$$\eta_{zry}^{jx}=\frac{|44.18-44.03|}{(0.1111-0.0711)\times 100}=0.0375$$

7）结论：上述计算结果表明，汽轮机组单元机组再热蒸汽压力损耗率变化1%对汽轮机效率的影响系数为0.037 5（$\Delta\eta_{qj}^{bh}$%）/（Δp_{zry}^{bh}1%）。

（4）计算单元机组再热蒸汽压力损耗率变化对汽轮机热耗率特性修正值以百分率（%）表示时，单元机组再热蒸汽压力损耗率变化1%对汽轮机效率的影响系数。

再热蒸汽压力损耗率是指再热蒸汽压力损失值占高压缸排汽压力的比例，单位为%。

从《汽轮机热力特性计算说明书》中可查得再热蒸汽压力损耗率变化对汽轮机热耗率的修正值以kcal/kWh表示的数据，见图3－8。

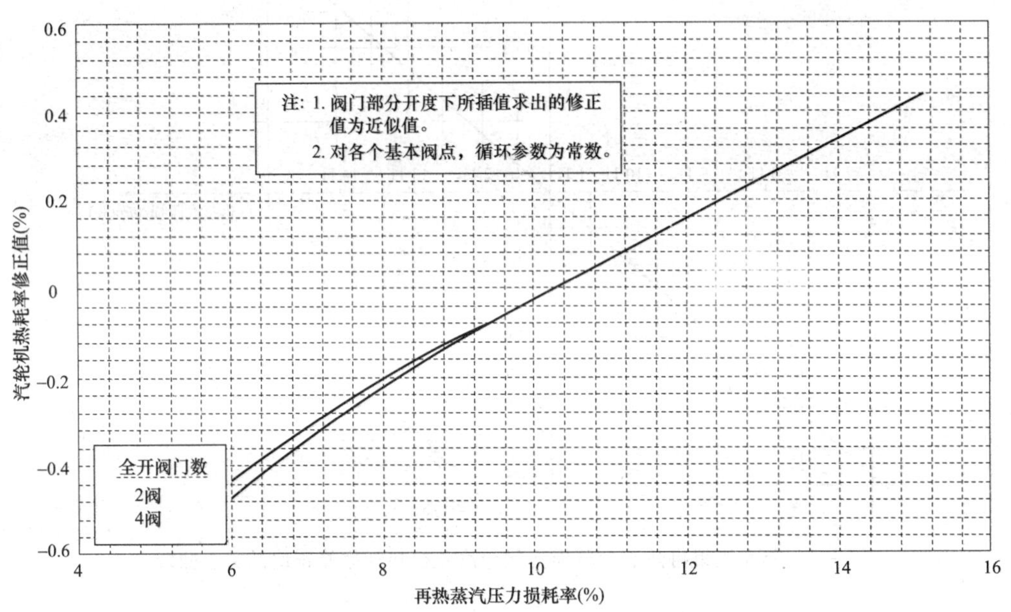

图3－8　单元机组再热蒸汽压力损耗率变化与汽轮机热耗率修正值的关系曲线

用图3－8中单元机组再热蒸汽压力损耗率变化对汽轮机热耗率的修正曲线，可计算汽轮机组单元机组再热蒸汽压力损耗率变化1%对汽轮机效率的影响系数。

热耗率特性修正值以百分率（%）表示，是指单元机组再热蒸汽压力损耗率变化对汽轮机热耗率修正计算结果，以热（量）值变化值（kJ/kWh）占机组设计参数额定负荷下的热耗率的比例（百分率）表示。

单元机组再热蒸汽压力损耗率变化对汽轮机热耗率特性的修正值以百分率（%）表示，与单元机组再热蒸汽压力损耗率变化对汽轮机热耗率特性的修正值用热耗率以kJ/kWh值表示，用于计算汽轮机组单元机组再热蒸汽压力损耗率变化1%对汽轮机效率的影响系数的方法是不同的。

1）确定单元机组再热蒸汽压力损耗率变化范围：本次计算取单元机组再热蒸汽压力损耗率变化范围为从14%降到10%，即降低4%。

2）从图3－8中读取单元机组再热蒸汽压力损耗率为14%时对应的汽轮机组热耗率变化值：14%对应的汽轮机组热耗率变化值为＋0.34%；10%为随意选定的计算组合值，其相应的热耗率变化值为－0.03%。由此可知，单元机组再热蒸汽压力损耗率变化4%，汽轮机组热耗率相应变化0.37%（$\Delta\alpha_{rh}^{bh}=0.37\%=|+0.34\%|+|-0.03\%|$）。本组数值为该汽轮

机组在其他条件不变、单元机组再热蒸汽压力损耗率从额定值 14% 降到 10% 时，单元机组再热蒸汽压力损耗率变化 1% 对汽轮机效率的影响系数。

3）确认汽轮机组额定工况热耗率为 7795.66kJ/kWh。

4）根据公式 $\Delta q_{zry}^{bh}=q_{zry}^{ed}\times\Delta\alpha_{rh}^{bh}$，计算单元机组再热蒸汽压力降变化后的热耗率相应的变化值：

再热蒸汽压力损耗率为 14% 时，$\Delta q_{zry}^{bh}=7795.66\times0.34\%=26.51$kJ/kWh；

再热蒸汽压力损耗率为 10% 时，$\Delta q_{zry}^{bh}=7795.66\times(-0.03\%)=-2.34$kJ/kWh。

5）利用公式 $q_{zry}^{bh}=q_{zry}^{ed}+\Delta q_{zry}^{bh}$或 $q_{zry}^{bh}=q_{zry}^{ed}(1+\Delta\alpha_{rh}^{bh})$，计算汽轮机单元机组再热蒸汽压力降变化后的汽轮机热耗率的相应值，有：

再热蒸汽压力损耗率为 14% 时，$q_{zry}^{bh}=7795.66+26.51=7822.17$kJ/kWh；

再热蒸汽压力损耗率为 10% 时，$q_{zry}^{bh}=7795.66-2.34=7793.32$kJ/kWh。

6）利用公式 $\eta_{qj}^{ed}=\dfrac{3600}{q_{qj}^{ed}}$，可计算出再热蒸汽压力损耗率为 14% 时的汽轮机组的效率 $\eta_{qj}^{ed}=46.02\%$；单元机组再热蒸汽压力损耗率为 10% 时，汽轮机组效率 $\eta_{qj}^{bh}=46.19\%$。

7）利用公式 $\eta_{zry}^{jx}=\dfrac{|\eta_{zry}^{bh}-\eta_{zry}^{ed}|}{\Delta p_{zry}^{bh}}$，计算主单元机组再热蒸汽压力损耗率变化 1% 对汽轮机效率的影响系数，得

$$\eta_{zry}^{jx}=\frac{|46.18-45.97|}{14-10}=0.05$$

8）结论：该单元机组再热蒸汽压力损耗率变化 1% 对汽轮机效率的影响系数为 0.05（$\Delta\eta_{qj}^{bh}\%$）/（$\Delta p_{zry}^{bh}1\%$）。

（三）单元机组再热蒸汽压损系数变化对发电煤耗率的影响系数的计算

单元机组再热蒸汽压损系数变化对发电煤耗率的影响系数是指，汽轮机单元机组再热蒸汽压损系数变化 1% 后，影响发电煤耗率相应变化的数值。

1. 单元机组再热蒸汽压损系数变化对发电煤耗率的影响系数的计算公式

$$b_{zry}^{fx}=\frac{|b_{zry}^{bh}-b_{zry}^{ed}|}{\Delta p_{zry}^{bh}}=\frac{\dfrac{0.123}{\eta_{gl}^{ed}\times\eta_{gd}^{ed}}\left|\dfrac{1}{\eta_{zry}^{bh}}-\dfrac{1}{\eta_{zry}^{ed}}\right|}{\Delta ZB_{zry}^{bh}} \tag{3-38}$$

式中　b_{zry}^{fx}——单元机组再热蒸汽压损系数变化对发电煤耗率的影响系数，（Δb_{fd}^{bh}g/kWh）/（$\Delta p_{zqy}^{bh}1\%$）；

b_{zry}^{bh}——单元机组再热蒸汽压损系数变化后的发电煤耗率，g/kWh；

b_{zry}^{ed}——单元机组再热蒸汽压损系数额定参数设计发电煤耗率，g/kWh；

$|b_{zry}^{bh}-b_{zry}^{ed}|$——取绝对值；

$\left|\dfrac{1}{\eta_{zry}^{bh}}-\dfrac{1}{\eta_{zry}^{ed}}\right|$——取绝对值。

2. 单元机组再热蒸汽压损系数变化对发电煤耗率的影响系数的计算

从制造厂提供的设计资料——《汽轮机热力特性计算说明书》中可查得单元机组再热蒸汽压损系数等参数变化对汽轮机热耗率的修正曲线图或计算结果表。但近年来，制造厂提供的设计计算资料越来越少，而且提供的资料的内容也不尽一致。目前正是新、旧资料共用阶段。为方便专业工程师参考、使用，以下将对几种形式一一列举。

1）确定单元机组再热蒸汽压损系数变化范围：本次计算中，取单元机组再热蒸汽压损系数变化范围为从0.111 1降到0.071 1。

2）从表3－11中读取与单元机组再热蒸汽压损系数0.111 1、0.071 1相对应的热耗率变化值。单元机组再热蒸汽压损系数0.111 1是设计参数下的额定压损系数，其对应的汽轮机组热耗率变化值为0；0.071 1为随意选定的计算组合值，其相应的热耗率变化值为－27.80kJ/kWh。本组数值为该汽轮机组在其他条件不变、单元机组再热蒸汽压损系数从额定值0.111 1降到0.071 1时，单元机组再热蒸汽压损系数变化1%对汽轮机效率的影响系数。

3）确认汽轮机组额定参数工况下的热耗率为8177.66kJ/kWh。

4）用公式 $q_{zry}^{bh}=q_{zry}^{ed}+\Delta q_{zry}^{bh}$，计算汽轮机单元机组再热蒸汽压损系数变化后的汽轮机热耗率，得 $q_{zry}^{bh}=8177.66-27.80=8149.86$kJ/kWh。

5）用公式 $\eta_{qj}^{ed}=\dfrac{3600}{q_{qj}^{ed}}$，可计算出额定参数工况下的汽轮机组的效率 $\eta_{qj}^{ed}=44.02\%$；单元机组再热蒸汽压损系数变化1.5MPa后，汽轮机组效率 $\eta_{qj}^{bh}=44.17\%$。

6）利用公式 $b_{fd}^{ed}=\dfrac{0.123}{\eta_{qj}^{ed}\times\eta_{gl}^{ed}\times\eta_{gd}^{ed}}$，计算出锅炉额定效率（$\eta_{gl}^{ed}=92\%$）、管道额定效率（$\eta_{gd}^{ed}=98\%$）和汽轮机组额定效率（$\eta_{qj}^{ed}=44.02\%$）下的发电煤耗率为309.55g/kWh，单元机组再热蒸汽压损系数变化后汽轮机组效率 $\eta_{qj}^{bh}=43.70\%$ 时的发电煤耗率为308.50g/kWh。

7）利用公式 $b_{zry}^{fx}=\dfrac{b_{zry}^{bh}-b_{zry}^{ed}}{\Delta ZB_{zry}^{bh}}$，计算单元机组再热蒸汽压损系数变化1%对发电煤耗率的影响系数，得

$$b_{zry}^{fx}=\frac{312.18-309.91}{0.111\,1-0.071\,1}=0.26(\Delta b_{fd}^{bh}\text{g/kWh})/(\Delta p_{zqy}^{bh}1\%)$$

8）结论：上述计算结果表明，汽轮机组单元机组再热蒸汽压损系数变化1%对发电煤耗率的影响系数为0.26(Δb_{fd}^{bh}g/kWh)/(Δp_{zqy}^{bh}1%)。

（四）单元机组再热蒸汽压损系数变化对汽轮机效率、发电煤耗率的影响值的计算

1. 单元机组再热蒸汽压损系数变化对汽轮机效率的影响值的计算

$$\Delta\eta_{zry}^{qj}=b_{zry}^{fd}\times\Delta p_{zry}^{bh}\tag{3-39}$$

式中　$\Delta\eta_{zry}^{qj}$——单元机组再热蒸汽压损系数变化对汽轮机效率的影响值,%。

2. 单元机组再热蒸汽压损系数变化对发电煤耗率的影响值的计算

$$\Delta b_{zry}^{fd}=\Delta b_{zry}^{fx}\times\Delta p_{zry}^{bh}\tag{3-40}$$

式中　Δb_{zry}^{fd}——单元机组再热蒸汽压损系数变化对发电煤耗率的影响值，g/kWh。

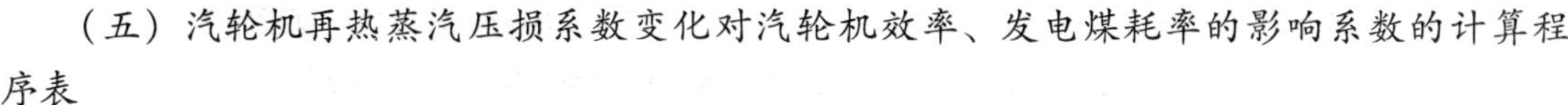

（五）汽轮机再热蒸汽压损系数变化对汽轮机效率、发电煤耗率的影响系数的计算程序表

本节上述内容已经阐述了汽轮机再热蒸汽压损系数变化对汽轮机效率、发电煤耗率的影响系数的计算原理和方法，但操作和计算起来还是具有一定的难度，较为繁杂。为了帮助各类专业人员充分利用有限的工作时间、提高工作效率，特提出简化了计算程序的计算表，方便各类专业人员在计算机上自动计算。

汽轮机再热蒸汽压损系数变化对汽轮机运行经济性的影响常以热值和设计热耗率的百分点表示。下面分别介绍两种常用的计算程序表，分别见表3－12和表3－13。

表3－12　单元机组再热蒸汽压损变化对汽轮机效率、发电煤耗率影响系数的计算程序表

（再热蒸汽压损变化对汽轮机热耗率的修正值以kJ/kWh表示）

	序号	指标（计算式）	单位	指标值
用表3－1、图3－3中热耗率的修正值计算	1	汽轮机组额定负荷	MW	300
	2	汽轮机主蒸汽额定压力	MPa	16.7
	3	汽轮机主蒸汽额定温度	℃	537
	4	汽轮机再热蒸汽额定温度	℃	537
	5	汽轮机组设计热耗率	kJ/kWh	8177.66
	6	汽轮机效率设计值	%	44.02
	7	锅炉效率设计值	%	92.0
	8	管道效率设计值	%	98.0
	9	发电煤耗率设计值	g/kWh	309.81
再热蒸汽压损变化对汽轮机效率的影响系数	10	再热蒸汽压损系数额定（或选定）值	—	
	11	再热蒸汽压损系数变化后的压损系数（自定）	—	15.2
	12	再热蒸汽压损系数的变化值（|⑩－⑪|）	—	1.5
	13	再热蒸汽压损系数额定值的修正系数	kJ/kWh	0
	14	再热蒸汽压损系数变化后的修正系数	kJ/kWh	
	15	再热蒸汽压损对热耗率的修正系数值（|⑭－⑬|）	kJ/kWh	＋61.25
	16	再热蒸汽压损变化后的热耗率（⑤＋⑮）	kJ/kWh	8238.91
	17	再热蒸汽压损变化后的汽轮机效率（3600/⑯）	%	43.70
	18	再热蒸汽压损变化引起汽轮机效率的变化值（|⑰－⑥|）	%	0.32
	19	再热蒸汽压损变化1%对汽轮机效率的影响系数（⑱/⑫）$(\Delta\eta_{qj}^{bh}\%)/(\Delta p_{zry}^{bh}1\%)$		0.21
再热蒸汽压损变化对发电煤耗率的影响系数	20	再热蒸汽压损变化后的电厂效率（⑦×⑧×⑰）	%	
	21	计算系数	—	0.122 9
	22	再热蒸汽压损变化后的发电煤耗率（⑳/⑲）	g/kWh	311.82
	23	再热蒸汽压损变化后的发电煤耗变化值（|㉑－⑨|）	g/kWh	2.01
	24	再热蒸汽压损变化1%对发电煤耗率的影响系数（㉒/⑪）$(\Delta b_{fd}^{bh}g/kWh)/(\Delta p_{zqy}^{bh}1\%)$		1.34

注　表中括号内表达式为对应参数的计算公式，○内数字代表各参数序号。

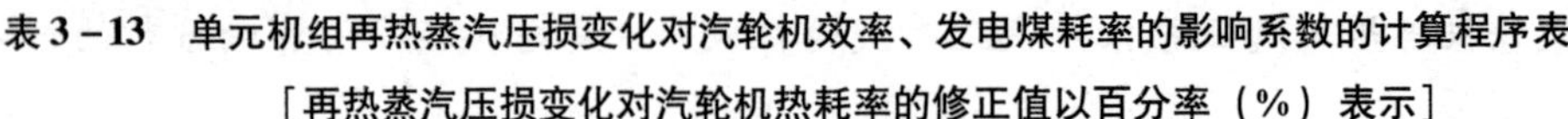

表 3-13　单元机组再热蒸汽压损变化对汽轮机效率、发电煤耗率的影响系数的计算程序表
[再热蒸汽压损变化对汽轮机热耗率的修正值以百分率（%）表示]

	序号	指标（或选定）	单位	指标值
用图 3-4 中热耗率的修正值计算	1	汽轮机组额定负荷	MW	
	2	汽轮机主蒸汽额定压力	MPa	
	3	汽轮机主蒸汽额定温度	℃	
	4	汽轮机再热蒸汽额定温度	℃	
	5	汽轮机组设计热耗率	kJ/kWh	
	6	汽轮机效率设计值	%	
	7	锅炉效率设计值	%	
	8	管道效率设计值	%	
	9	发电煤耗率设计值	g/kWh	
再热蒸汽压损变化对汽轮机效率的影响系数	10	再热蒸汽压损系数选定值	—	
	11	再热蒸汽压损变化后的系数	—	
	12	再热蒸汽压损系数的变化值（∣⑩-⑪∣）	—	
	13	再热蒸汽压损选定值的修正系数	%	
	14	再热蒸汽压损系数选定值的修正值（⑤×⑬）	kJ/kWh	
	15	再热蒸汽压损系数选定值的热耗率（⑤+⑭）	kJ/kWh	
	16	再热蒸汽压损系数选定值的汽轮机效率（3600/⑮）	%	
	17	再热蒸汽压损变化后的修正系数	%	
	18	再热蒸汽压损变化后的热耗率修正值（⑤×⑰）	kJ/kWh	
	19	再热蒸汽压损系数变化后的热耗率（⑤+⑱）	kJ/kWh	
	20	再热蒸汽压损变化后的汽轮机效率（3600/⑲）	%	
	21	再热蒸汽压损变化引起汽轮机效率的变化值（∣⑳-⑯∣）	%	
	22	再热蒸汽压损系数变化 1% 对汽轮机效率的影响系数（⑰/⑫）（$\Delta\eta_{qj}^{bh}$%）/（Δp_{zry}^{bh}1%）		
再热蒸汽压损变化对发电煤耗率的影响系数	23	再热蒸汽压损选定值的电厂效率（⑦×⑧×⑯）	%	
	24	计算系数	—	
	25	再热蒸汽压损系数选定值的发电煤耗率（㉔/㉓）	g/kWh	
	26	再热蒸汽压损变化后的电厂效率（⑦×⑧×⑳）	%	
	27	再热蒸汽压损变化后的发电煤耗率（24/㉖）	g/kWh	
	28	再热蒸汽压损变化后发电煤耗的变化值（∣㉕-㉗∣）	g/kWh	
	29	再热蒸汽压损系数变化 1% 对发电煤耗率的影响系数（㉙/⑫）（Δb_{fd}^{bh}g/kWh）/（Δp_{zqy}^{bh}1%）		

注　表中括号内表达式为对应参数的计算公式，○内数字代表各参数序号。

第六节　凝汽器指标

凝汽器设备是对汽轮机乃至火电厂运行经济性影响最大、最关键的设备之一。凝汽器设备运行经济性的总指标是凝汽器真空度（汽轮机背压、凝汽器真空、排汽温度），凝汽器真空度的影响因素很多，但所有的影响因素都反映在凝汽器循环水入口温度、凝汽器循环水温升、凝汽器端差等3个可定量分析的指标上。凝汽器真空度每降低1%（一个百分点，下同），约使发电煤耗率升高3g/kWh。凝汽器循环水入口温度、凝汽器循环水温升、凝汽器端差每升高1℃，都使发电煤耗率升高1g/kWh以上。在夏季，由于凝汽器真空度降低而出现影响机组限制负荷、带不到额定出力时，凝汽器循环水入口温度、凝汽器循环水温升、凝汽器端差每升高1℃，约使发电煤耗率升高3.5g/kWh。

凝汽器真空度、排汽温度、汽轮机背压、凝汽器真空等4个指标都是表达凝汽器设备运行经济性的同一个指标，只是表达方式不同、形态参数不同而已。排汽温度、凝汽器真空在机组运行中由热工测量表计直接显示，为运行操作、调整提供依据；汽轮机背压是机组设计计算用参数；凝汽器真空度（含凝汽器真空）是汽轮机运行经济性的表述参数（指标）。

一、排汽温度

排汽温度是指蒸汽在汽轮机内做功后排入凝汽器时的蒸汽温度，单位:℃。排汽温度是一个受凝汽器循环水入口温度、循环水温升、凝汽器端差、机组带负荷程度等因素影响的综合指标，是汽轮机运行中非常重要的间接指标。排汽温度变化，就是汽轮机运行经济性的变化，由于主观努力不到位，排汽温度每升高1℃，都表示机组发电煤耗率将升高1g/kWh以上。在夏季，当凝汽器真空度降低而出现影响机组限制负荷、带不到额定出力时，排汽温度每升高1℃，都表示发电煤耗率将升高3.5g/kWh左右。排汽温度的变化是循环水入口温度、循环水温升，凝汽器端差变化的直接反映。排汽温度与循环水入口温度、循环水温升、凝汽器端差的关系式为

$$t_{pq}=t_{xh}^{rk}+t_{xh}^{ws}+t_{nq}^{dc} \tag{3-41}$$

式中　t_{pq}——汽轮机排汽温度,℃；

t_{xh}^{rk}——凝汽器循环水入口温度,℃；

t_{xh}^{ws}——凝汽器循环水温升,℃；

t_{nq}^{dc}——凝汽器端差,℃。

从式（3-41）可见，排汽温度受循环水温度、循环水温升、凝汽器端差等的影响。具体地说，排汽温度受水塔运行效果，凝汽器铜管结垢、堵杂物，循环水量、凝汽器真空系统严密性，凝汽器胶球清洗等因素的影响。

二、凝汽器真空

凝汽器真空是凝汽器内小于大气压力的负压值，单位：kPa（曾用mmHg表示），是汽轮机凝汽器运行的一个状态参数，也是机组操作、控制的依据和计算汽轮机背压、凝汽器真空度的依据。

三、汽轮机背压

（一）汽轮机背压的计算

汽轮机背压是指汽轮机排汽压力的绝对压力值，单位：kPa，计算公式为

$$p_{by}=\frac{p_{dq}-p_{zk}}{98.1} \tag{3-42}$$

式中 p_{by}——汽轮机背压，kPa；

p_{dq}——大气压力，kPa；

p_{zk}——凝汽器内负压的真空值，kPa；

98.1——一个工程大气压力，kPa。

（二）汽轮机凝汽器压力变化对汽轮机效率的影响系数

凝汽器运行的经济总指标常用压力和真空度表示。在单位改制前用绝对压力（p_{nqy}）ata表示；真空（V_{nzk}）是凝器内压力的负值（负压程度:%），现用kPa表示。

汽轮机凝汽器内的绝对压力（ata）也就是汽轮机的背压，以往在运行中测量、监视，常用真空水银柱表或负压表示，现用kPa的绝对值或负压（-kPa）值表示。

进行凝汽器运行经济性的影响分析时，以往常用凝汽器真空度或真空水银柱衡量。国家在统一实行法定计量单位后，用kPa作为压力单位。三者之间的关系如下：

（1）真空度与凝汽器内绝对压力的关系：真空度 = $(1-p_{nqy})\times 100$；

（2）凝汽器内压力kPa与凝汽器内绝对压力ata的关系：1kPa≈0.01ata；

（3）凝汽器内压力kPa与凝汽器真空度（V_{nzk}）的关系：1kPa≈1%的V_{nzk}，即可表达为：1kPa=0.009 81ata≈0.01ata；1kPa=0.981%真空度≈1%真空度。本书用kPa值表示。衡量凝汽器压力对单元机组运行经济性的影响时，其影响值稍大于真空度指标。

1. 汽轮机设备制造厂提供的凝汽器压力变化对汽轮机热耗率修正的数值，可用两种形式、两种方式表示

（1）凝汽器压力变化对汽轮机热耗率的修正方法在数值上表示有以下两种方式。

1）凝汽器压力变化对汽轮机热耗率的修正值以变化的千焦、千卡的绝对值表示，即用凝汽器压力变化1kPa影响汽轮发电机组热耗率变化（Δq^{bh}）的千焦、千卡的数值表示，单位：kJ/kWh或kcal/kWh。分析、计算时，可直接用来计算对汽轮机效率的影响值。

2）凝汽器压力变化对汽轮机热耗率的修正值以变化值占机组热耗率的百分率的相对值表示，即凝汽器压力1kPa后，影响汽轮发电机组热耗率变化（Δq^{bh}）的数值，以其占机组额定负荷热耗率的百分率表示，单位:%。分析、计算时，需要先计算其影响值，再计算其对汽轮机效率的影响值。

（2）凝汽器压力变化对汽轮机热耗率的修正值在表达上有两种方式。

1）凝汽器压力变化对汽轮机热耗率的修正值，以影响值的千焦或百分比与凝汽器压力变化值的关系曲线的方式表达。该方式变化规律直观、取值准确度差。

2）凝汽器压力变化对汽轮机热耗率的修正值，以数值表的方式表达。该方式表达直观，分析、计算使用方便，准确度较高。

上述两种形式、两种方式在《汽轮机热力特性计算说明书》中，以往常见的是分别以影响值的千焦或百分比与凝汽器压力变化值的关系曲线的方式表达；近年来多用凝汽器压力

变化值与影响汽轮发电机组热耗率变化（Δq^{bh}）千焦的数值表或关系曲线表示。

2. 汽轮机凝汽器压力变化对汽轮机效率影响系数的计算公式

汽轮机凝汽器压力变化对汽轮机效率的影响系数是指，汽轮机凝汽器压力变化 1kPa 后，影响汽轮机效率相应变化的数值，可以表达为（$\Delta\eta_{qj}^{bh}\%$）/（$\Delta p_{nqy}^{bh}1kPa$）。

凝汽器压力变化对汽轮机效率的影响系数的计算，本书以现有资料、凝汽器绝对压力的性能为例进行讲解。其他，如真空度、凝汽器内压力等性能的计算方法是类似。凝汽器压力变化对汽轮机效率的影响系数的计算公式如下

$$\Delta\eta_{nqy}^{jx} = \frac{|\eta_{nqy}^{bh} - \eta_{nqy}^{ed}|}{\Delta V_{nqy}^{bh}} = \frac{3600\left|\frac{1}{q_{nqy}^{bh}} - \frac{1}{q_{nqy}^{ed}}\right|}{\Delta V_{nqy}^{bh}} \tag{3-43}$$

式中 $\Delta\eta_{nqy}^{jx}$——凝汽器压力变化 1kPa 对汽轮机效率的影响系数，（$\Delta\eta_{qj}^{bh}\%$）/（Δp_{nqy}^{bh} 1kPa）；

η_{nqy}^{bh}——凝汽器压力变化后的汽轮机效率，%；

η_{nqy}^{ed}——额定凝汽器压力的汽轮机效率，%；

$|\eta_{nqy}^{bh} - \eta_{nqy}^{ed}|$——计算时取绝对值；

q_{nqy}^{bh}——汽轮机凝汽器压力变化后的汽轮机热耗率，kJ/kWh；

q_{nqy}^{ed}——汽轮机额定凝汽器压力的设计汽轮机热耗率，kJ/kWh；

$\left|\frac{1}{q_{nqy}^{bh}} - \frac{1}{q_{nqy}^{ed}}\right|$——计算时取绝对值；

ΔV_{nqy}^{bh}——汽轮机凝汽器压力的变化值。

3. 凝汽器压力变化后的汽轮机热耗率的计算

（1）汽轮机凝汽器压力变化后的汽轮机热耗率的相应变化值以热值（kJ/kWh）表示，有

$$q_{nqy}^{bh} = q_{nqy}^{ed} + \Delta q_{nqy}^{bh} \tag{3-44}$$

（2）汽轮机凝汽器压力变化后的汽轮机热耗率的相应变化值以百分率（%）表示，有：

1）汽轮机热耗率的相应变化值的计算公式

$$\Delta q_{nqy}^{bh} = q^{ed} \times \Delta\alpha_{rh}^{bh} \tag{3-45}$$

式中 $\Delta\alpha_{rh}^{bh}$——热耗率值变化率，%。

2）汽轮机凝汽器压力变化后的汽轮机热耗率的计算公式

$$q_{nqy}^{bh} = q_{nqy}^{ed} + \Delta q_{nqy}^{bh} = q_{nqy}^{ed}(1 + \Delta\alpha_{rh}^{bh}) \tag{3-46}$$

式中 Δq_{nqy}^{bh}——汽轮机凝汽器压力变化引起汽轮机热耗率的变化值，kJ/kWh。

4. 汽轮机凝汽器压力变化后的汽轮机热耗率的计算

从制造厂提供的设计资料——《汽轮机热力特性计算说明书》中可查得凝汽器压力变化对汽轮机热耗率的修正曲线图或计算结果表。但近年来，制造厂提供的设计计算资料越来越少，而且提供资料的内容也不尽一致。目前正是新、旧资料共用阶段。为方便专业工程师

参考、使用，以下将几种形式一一列举。

（1）计算凝汽器压力变化与汽轮机热耗率的修正值以 kJ/kWh 表示时，凝汽器压力变化 1kPa 对汽轮机效率的影响系数。

从《汽轮机热力特性计算说明书》中可查得凝汽器压力变化与汽轮机热耗率的修正值以热值（kJ/kWh）表示的数值关系表，见表3－14。利用表3－14 中数据，可计算出主蒸汽压力变化 1kPa 对汽轮机效率的影响系数。

表3－14　汽轮机凝汽器压力变化与汽轮机热耗率修正值的关系表

指标	单位	数值						
凝汽器压力	ata	0.038 1	0.042 2	0.046 8	0.054 6	0.070 9	0.092	0.107 4
	kPa	3.74	4.14	4.59	5.34	6.70	0.903	10.50
热耗率差	kcal/kWh	－2	－2.5	－3.3	0	+13.1	+34.9	+53.5
	kJ/kWh	－8.4	－10.5	－13.8	0	+54.8	+146.1	+224.0
循环水温度	℃	13	15	17	20	25	30	33

用表3－14 中汽轮机凝汽器压力变化对汽轮机热耗率的修正值以热值（kJ/kWh）表示时的数据，计算凝汽器压力变化 1kPa 对汽轮机效率的影响系数。具体计算程序如下：

1）确定凝汽器压力变化范围：本次计算，取凝汽器压力变化范围为从 5.34kPa 升高到 10.50kPa。

2）从表3－14 中读取与主凝汽器压力值5.34、10.50kPa 相对应的热耗率变化值。凝汽器压力 5.34kPa 是设计参数下的额定压力值，其对应的汽轮机组热耗率变化值为 0；10.50kPa 为随意选定的计算组合值，其相应的热耗率变化值为＋224.0kJ/kWh。本组数值计算结果为该汽轮机组在其他条件不变、凝汽器压力从额定值 5.34kPa 升高到 10.50kPa 时，凝汽器压力变化 1kPa 对汽轮机效率的影响系数。

3）确认汽轮机组额定参数工况下的热耗率为 8177.66kJ/kWh。

4）利用公式 $q_{nqy}^{bh}=q_{nqy}^{ed}+\Delta q_{nqy}^{bh}$，计算汽轮机凝汽器压力变化后的汽轮机热耗率，得 $q_{nqy}^{bh}=8177.66+224.0=8401.16$kJ/kWh。

5）利用公式 $\eta_{qj}=\dfrac{3600}{q_{qj}}$，可计算出额定参数工况下的汽轮机组的效率 $\eta_{qj}^{ed}=44.02\%$；凝汽器压力变化 5.16kPa 后，汽轮机组效率 $\eta_{qj}^{bh}=42.85\%$。

6）利用公式 $\eta_{nqy}^{jx}=\dfrac{\eta_{nqy}^{bh}-\eta_{nqy}^{ed}}{\Delta p_{nqy}^{bh}}$计算凝汽器压力变化 1kPa 对汽轮机效率的影响系数，得

$$\eta_{nqy}^{jx}=\frac{42.85-44.02}{10.50-5.34}=0.227$$

7）结论：上述计算结果表明，汽轮机组凝汽器压力变化 1kPa 对汽轮机效率的影响系数为 0.227（$\Delta\eta_{qj}^{bh}\%$）/（$\Delta p_{nqy}^{bh}1$kPa）。

（2）计算凝汽器压力变化与汽轮机热耗率修正值以 kJ/kWh 表示时，凝汽器压力变化 1kPa 对汽轮机效率的影响系数。

从制造厂提供的设计资料——《汽轮机热力特性计算说明书》中可查得凝汽器压力变

化与汽轮机热耗率的修正值以 kcal/kWh 表示时的数值关系曲线，如图 3－9 所示。

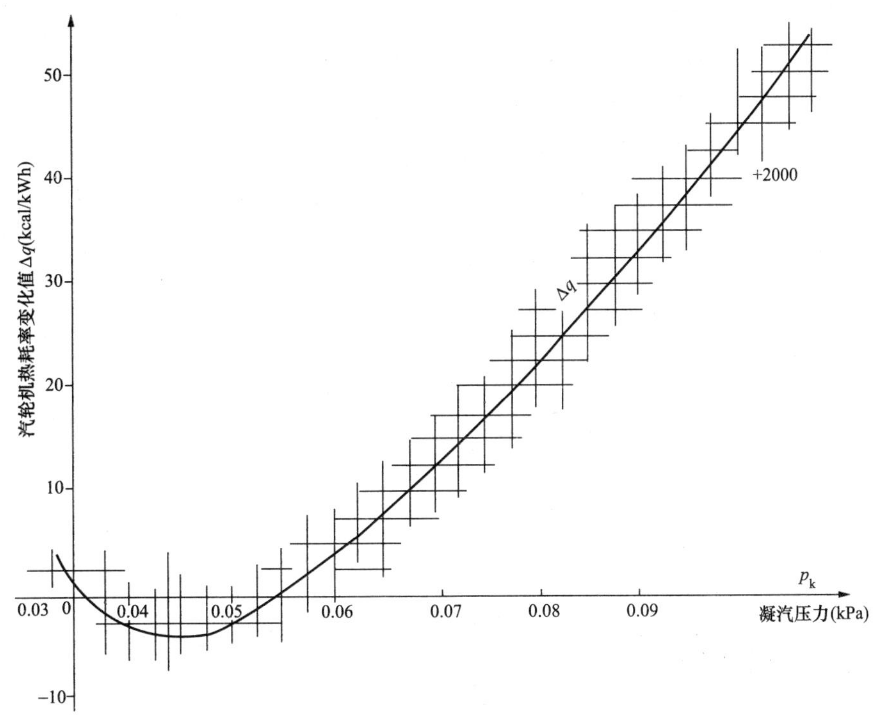

图 3－9　汽轮机凝汽器压力变化与汽轮机热耗率修正值的关系曲线
［汽轮机凝汽器压力变化对汽轮机热耗率的修正值以热值（kcal/kWh）表示］

用图 3－9 中汽轮机凝汽器压力变化对汽轮机热耗率修正值以热值（kcal/kWh）表示时的数据，计算凝汽器压力变化 1kPa 对汽轮机效率的影响系数。具体计算程序如下：

1）确定凝汽器压力变化范围：本次计算中，取凝汽器压力变化范围为从 6.00kPa 升高到 10.00kPa。

2）从图 3－9 中读取与主凝汽器压力值 6.00、10.00kPa 相对应的热耗率变化值。凝汽器压力 6.00kPa，凝汽器压力值高于设计值，汽轮机组热耗率变化值为 4.8kcal/kWh；10.00kPa 为随意选定的计算组合值，其相应的热耗率变化值为＋47.5kcal/kWh。本组数值计算结果为该汽轮机组在其他条件不变、凝汽器压力从额定值 6.00kPa 到 10.00kPa 时，凝汽器压力变化 1kPa 对汽轮机效率的影响系数。

3）确认汽轮机组额定参数工况下的热耗率为 1953.2kcal/kWh。

4）用公式 $q_{nqy}^{bh}=q_{nqy}^{ed}+\Delta q_{nqy}^{bh}$，计算汽轮机凝汽器压力变化后的汽轮机热耗率，得 $q_{nqy}^{bh}=1953.2+(47.5-4.8)=1995.9$kcal/kWh。

5）利用公式 $\eta_{qj}=\dfrac{3600}{q_{qj}}$，可计算出额定参数工况下的汽轮机组的效率 $\eta_{qj}^{ed}=44.03\%$；凝汽器压力变化 4.0kPa 后，汽轮机组效率 $\eta_{qj}^{bh}=43.09\%$。

6）利用公式 $\eta_{nqy}^{qj}=\dfrac{\eta_{nqy}^{bh}-\eta_{nqy}^{ed}}{\Delta p_{nqy}^{bh}}$计算凝汽器压力变化 1kPa 对汽轮机效率的影响系数，得

$$\eta_{nqy}^{qj}=\frac{44.03-43.70}{10.00-6.00}=0.235$$

7）结论：上述计算结果表明，汽轮机组凝汽器压力变化 1kPa 对汽轮机效率的影响系数为 0.235（$\Delta\eta_{qj}^{bh}\%$）/（$\Delta p_{nqy}^{bh}1kPa$）。

（3）计算凝汽器压力变化与汽轮机热耗率的修正值以百分率（%）表示时，凝汽器压力变化 1kPa 对汽轮机效率的影响系数。

从制造厂提供的设计资料——《汽轮机热力特性计算说明书》中可查得凝汽器压力变化与汽轮机热耗率的修正值以百分率（%）表示的数值关系曲线，如图 3－10 所示。

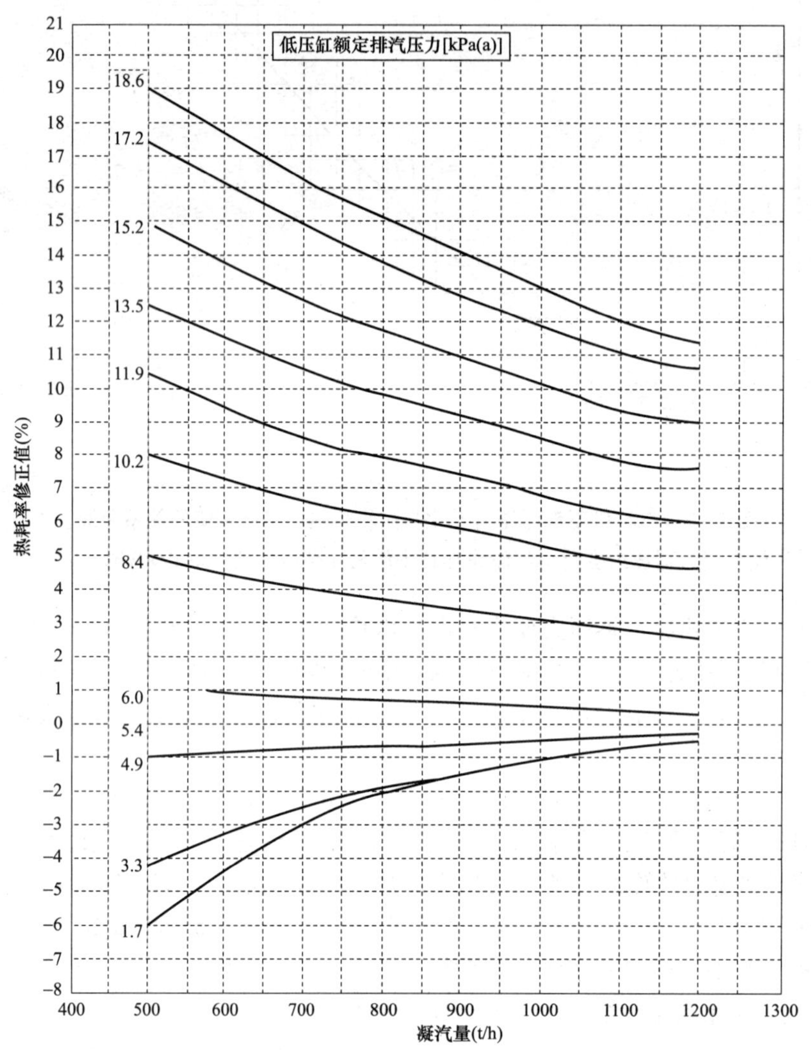

图 3－10　汽轮机凝汽器压力变化与汽轮机热耗率修正值的关系曲线

热耗率特性修正值以百分率（%）表示是指，凝汽器压力变化对汽轮机热耗率的修正计算结果，以热（量）值变化值（kJ/kWh）占机组设计参数额定负荷下的热耗率的比例（百分数）表示。

凝汽器压力变化对汽轮机热耗率特性的修正值以百分率（%）表示，与凝汽器压力变化对汽轮机热耗率特性修正值用热耗率变化值表示，分别用于计算汽轮机组凝汽器压力变化 1kPa 对汽轮机效率的影响系数的方法是不同的。计算中，应首先将热耗率变化的百分率数值计算出相应的热值。

用图 3－10 中汽轮机凝汽器压力变化对汽轮机热耗率修正值以热值的百分率（%）表示时的数据，计算凝汽器压力变化 1kPa 对汽轮机效率的影响系数。具体计算程序如下：

1）确定凝汽量：额定负荷时 1120.2t/h，其中汽轮机排汽量为 1054.6t/h；给水泵汽轮机排汽量为 65.6t/h。本次计算取凝汽量为 1100.0t/h。

2）确定凝汽器压力变化范围：本次计算，取凝汽器压力变化范围为从 5.4kPa 升高到 13.5kPa，即升高 8.1kPa。

3）从图 3－10 可知，汽轮机额定负荷凝汽器压力为 5.4kPa 时，汽轮机组热耗率变化值为 0；13.5kPa 为随意选定的计算组合值，其相应的热耗率变化值为 +7.8%，凝汽器压力变化 8.1kPa，汽轮机组热耗率相应变化（$\Delta\alpha_{rh}^{bh}$）为 7.8%（$\Delta\alpha_{rh}^{bh}=7.8\%=|+7.8\%|-|0.0\%|$）。本组数值计算结果为该汽轮机组在其他条件不变、凝汽器压力从额定值 5.4kPa 升高到 13.5kPa 时，凝汽器压力变化 1kPa 对汽轮机效率的影响系数。

4）确认汽轮机组额定工况热耗率为 7795.7kJ/kWh。

5）利用公式 $\Delta q_{nqy}^{bh}=q_{nqy}^{ed}\times\Delta\alpha_{rh}^{bh}$，计算凝汽器压力变化后的热耗率的相应变化值，得 $\Delta q_{nqy}^{bh}=7795.7\times7.8\%=608.1$kJ/kWh。

6）利用公式 $q_{nqy}^{bh}=q_{nqy}^{ed}+\Delta q_{nqy}^{bh}$ 或 $q_{nqy}^{bh}=q_{nqy}^{ed}(1+\Delta\alpha_{rh}^{bh})$，计算汽轮机凝汽器压力变化后的汽轮机热耗率的相应值，得 $q_{nqy}^{bh}=7795.7+608.1=8403.8$kJ/kWh 或 $q_{nqy}^{bh}=7795.7\times1.078=8403.8$kJ/kWh。

7）利用公式 $\eta_{qj}=\dfrac{3600}{q_{qj}}$，可计算出额定参数工况下的汽轮机组的效率 $\eta_{qj}^{ed}=46.18\%$；凝汽器压力变化 1.0kPa 后，汽轮机组效率 $\eta_{qj}^{bh}=42.84\%$。

8）利用公式 $\eta_{nqy}^{jx}=\dfrac{\eta_{nqy}^{bh}-\eta_{nqy}^{ed}}{\Delta p_{nqy}^{bh}}$凝汽器压力变化 1kPa 对汽轮机效率的影响系数，得

$$\eta_{nqy}^{jx}=\frac{46.18-42.84}{13.5-5.4}=0.4124$$

9）结论：该汽轮机组凝汽器压力变化 1kPa 对汽轮机效率的影响系数为 0.4124（$\Delta\eta_{qj}^{bh}\%$）/（Δp_{nqy}^{bh}1kPa）。

（三）汽轮机凝汽器压力变化对发电煤耗率的影响系数的计算

汽轮机凝汽器压力变化对发电煤耗率的影响系数是指，汽轮机凝汽器压力变化 1kPa 后，影响发电煤耗率相应变化的数值，可以表达为（$\Delta b_{fd}^{bh}\%$）/（Δp_{nqy}^{bh}1kPa）。

1. 汽轮机凝汽器压力变化对发电煤耗率的影响系数的计算公式

$$b_{nqy}^{fx}=\frac{b_{nqy}^{bh}-b_{nqy}^{ed}}{\Delta ZB_{nqy}^{bh}}=\frac{\dfrac{0.123}{\eta_{gl}^{ed}\times\eta_{gd}^{ed}}\left(\dfrac{1}{\eta_{nqy}^{bh}}-\dfrac{1}{\eta_{nqy}^{ed}}\right)}{\Delta ZB_{nqy}^{bh}} \tag{3-47}$$

式中 b_{nqy}^{fx}——汽轮机凝汽器压力变化对发电煤耗率的影响系数，（$\Delta b_{fd}^{bh}\%$）/（Δp_{nqy}^{bh}1kPa）；

b_{nqy}^{bh}——汽轮机凝汽器压力变化后的发电煤耗耗率，g/kWh；

b_{nqy}^{ed}——汽轮机凝汽器压力额定参数下的设计发电煤耗率，g/kWh。

2. 汽轮机凝汽器压力变化对发电煤耗率的影响系数的计算

从制造厂提供的设计资料——《汽轮机热力特性计算说明书》中可查得凝汽器压力等参数变化对汽轮机热耗率的修正曲线图或计算结果表。但近年来，制造厂提供的设计计算资料越来越少，而且提供资料的内容也不尽一致。目前正是新、旧资料共用阶段。为方便专业工程师参考、使用，以下将几种形式一一列举。

1）确定凝汽量：额定负荷时1120.2t/h，其中汽轮机排汽量为1054.6t/h；给水泵汽轮机排汽量为65.6t/h。本次计算取凝汽量1100.0t/h。

2）确定凝汽器压力变化范围：本次计算，取凝汽器压力变化范围为从5.4kPa升高到13.5kPa，即升高8.1kPa。

3）从图3－10可知，汽轮机额定负荷凝汽器压力为5.4kPa时，汽轮机组热耗率变化值为0；13.5kPa为随意选定的计算组合值，其相应的热耗率变化值为+7.8%，凝汽器压力变化8.1kPa，汽轮机组热耗率相应变化（$\Delta\alpha_{rh}^{bh}$）7.8%（$\Delta\alpha_{rh}^{bh}=7.8\% = |+7.8\%| - |0.0\%|$）。本组数值计算结果为该汽轮机组在其他条件不变、凝汽器压力从额定值5.4kPa升高到13.5kPa时，凝汽器压力变化1kPa对汽轮机效率的影响系数。

4）确认汽轮机组额定参数工况下的热耗率为8177.7kJ/kWh。

5）利用公式$\Delta q_{nqy}^{bh} = q_{nqy}^{ed} \times \Delta\alpha_{rh}^{bh}$，计算凝汽器压力变化后的热耗率相应的变化值，得$\Delta q_{nqy}^{bh} = 7795.7 \times 7.8\% = 608.1$kJ/kWh。

6）用公式$q_{nqy}^{bh} = q_{nqy}^{ed} + \Delta q_{nqy}^{bh}$或$q_{nqy}^{bh} = q_{nqy}^{ed}(1+\Delta\alpha_{rh}^{bh})$，计算汽轮机凝汽器压力变化后的汽轮机热耗率的相应值，得$q_{nqy}^{bh} = 7795.7 + 608.1 = 8403.8$kJ/kWh或$q_{nqy}^{bh} = 7795.7 \times 1.078 = 8403.8$kJ/kWh。

7）利用公式$\eta_{qj}^{ed} = \dfrac{3600}{q_{qj}^{ed}}$，可计算出额定参数工况下的汽轮机组的效率$\eta_{qj}^{ed} = 46.18\%$；凝汽器压力变化1.0kPa后，汽轮机组效率$\eta_{qj}^{bh} = 42.84\%$。

8）利用公式$b_{fd} = \dfrac{0.123}{\eta_{qj}^{ed} \times \eta_{gl}^{ed} \times \eta_{gd}}$，计算出锅炉额定效率（$\eta_{gl}^{ed} = 92\%$）、管道额定效率（$\eta_{gd}^{ed} = 98\%$）、汽轮机组额定效率（$\eta_{qj}^{ed} = 46.18\%$）下的发电煤耗率为295.07g/kWh，凝汽器压力变化后汽轮机组效率$\eta_{qj}^{bh} = 43.70\%$时的发电煤耗率为318.08g/kWh。

9）利用公式$b_{nqy}^{fd} = \dfrac{b_{nqy}^{bh} - b_{nqy}^{ed}}{\Delta p_{nqy}^{bh}}$，计算凝汽器压力变化1kPa对发电煤耗率的影响系数，得

$$b_{nqy}^{fd} = \frac{318.08 - 295.07}{13.5 - 5.4} = 2.84$$

10）结论：上述计算结果表明，汽轮机组凝汽器压力变化1kPa对发电煤耗率的影响系数为2.84（$\Delta b_{fd}^{bh}\%$）/（Δp_{nqy}^{bh}1kPa）。

（四）汽轮机凝汽器压力变化对汽轮机效率、发电煤耗率的影响值的计算

1. 汽轮机凝汽器压力变化对汽轮机效率影响值的计算

$$\Delta\eta_{nqy}^{qj} = \Delta b_{nqy}^{fx} \times \Delta p_{nqy}^{bh} \qquad (3-48)$$

式中　Δb_{nqy}^{fx}——凝汽器压力变化1kPa对汽轮机效率的影响系数，（$\Delta\eta_{nqy}^{qj}\%$）/（Δp_{nqy}^{bh}1kPa）；

$\Delta\eta_{nqy}^{qj}$——汽轮机凝汽器压力变化对汽轮机效率的影响值,%。

2. 汽轮机凝汽器压力变化对发电煤耗率影响值的计算

$$\Delta b_{nqy}^{fd} = \Delta b_{nqy}^{fd} \times \Delta p_{nqy}^{bh} \tag{3-49}$$

式中　Δb_{nqy}^{fd}——汽轮机凝汽器压力变化对发电煤耗率的影响值，g/kWh。

（五）汽轮机凝汽器压力变化对汽轮机效率、发电煤耗率影响系数的计算程序表

汽轮机主蒸汽压力变化对汽轮机运行经济性的影响常以热值和设计热耗率的百分率表示。下面分别介绍两种计算程序表，分别见表3－15和表3－16。

表3－15　汽轮机凝汽器压力变化对汽轮机效率、发电煤耗率的影响系数的计算程序表

（汽轮机凝汽器压力变化对汽轮机热耗率修正值以kJ/kWh表示）

	序号	指标（或选定）	单位	计算数据
用表3－1、图3－3中热耗率的修正值计算	1	汽轮机组额定负荷	MW	300
	2	汽轮机主蒸汽额定压力（或选定）	MPa	16.7
	3	汽轮机主蒸汽额定温度	℃	537
	4	汽轮机再热蒸汽额定温度	℃	537
	5	汽轮机背压		
	6	汽轮机组设计热耗率	kJ/kWh	8177.66
	7	汽轮机效率设计值	%	44.02
	8	锅炉效率设计值	%	92.0
	9	管道效率设计值	%	98.0
	10	发电煤耗率设计值	g/kWh	309.81
凝汽器压力变化对汽轮机效率的影响系数	11	汽轮机凝汽器压力变化后的压力值（自定）	MPa	15.2
	12	汽轮机凝汽器压力的变化值（｜②－⑪｜）	MPa	1.5
	13	汽轮机凝汽器压力额定值修正系数	kJ/kWh	0
	14	汽轮机凝汽器压力变化后的修正系数	kJ/kWh	+61.25
	15	汽轮机组热耗率修正系数值（｜⑭－⑬｜）	kJ/kWh	+61.25
	16	凝汽器压力变化后的热耗率值（⑤＋⑮）	kJ/kWh	8238.91
	17	凝汽器压力变化后的汽轮机效率（3600/⑯）	%	43.70
	18	凝汽器压力变化引起汽轮机效率的变化值（｜⑰－⑥｜）	%	0.32
	19	凝汽器压力变化1kPa对汽轮机效率的影响系数（⑱/⑫）（$\Delta\eta_{qj}^{bh}$%）/（Δp_{nqy}^{bh}1kPa）		0.21
压力变化对发电煤耗率的影响系数	20	凝汽器压力变化后的电厂效率（⑦×⑧×⑰）	%	
	21	计算系数	—	0.122 86
	22	凝汽器压力变化后的发电煤耗率（㉑/⑳）	g/kWh	311.82
	23	凝汽器压力变化后发电煤耗率的变化值（｜㉒－⑨｜）	g/kWh	2.01
	24	凝汽器压力变化1kPa对发电煤耗率的影响系数（㉓/⑫）（Δb_{fd}^{bh} g/kWh）/（Δp_{nqy}^{bh}1kPa）		1.34

注　表中括号内表达式为对应参数的计算公式，○内数字代表各参数序号。

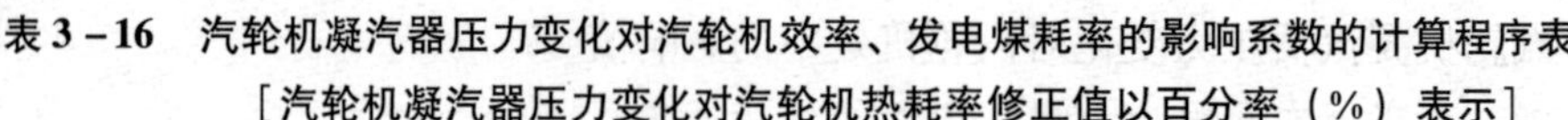

表3-16 汽轮机凝汽器压力变化对汽轮机效率、发电煤耗率的影响系数的计算程序表

[汽轮机凝汽器压力变化对汽轮机热耗率修正值以百分率（%）表示]

	序号	指标（或选定）	单位	计算数据
用图3-4中热耗率的修正值计算	1	汽轮机组额定负荷	MW	600
	2	汽轮机主蒸汽额定压力	MPa	16.7
	3	汽轮机主蒸汽额定温度	℃	537
	4	汽轮机再热蒸汽额定温度	℃	537
	5	汽轮机组设计热耗率	kJ/kWh	7795.7
	6	汽轮机效率设计值	%	46.18
	7	锅炉效率设计值	%	92.0
	8	管道效率设计值	%	98.0
	9	发电煤耗率设计值	g/kWh	295.08
凝汽器压力变化对汽轮机效率的影响系数	10	汽轮机凝汽器压力选定值	kPa	5.4
	11	汽轮机凝汽器压力变化后的压力值	kPa	13.5
	12	汽轮机凝汽器压力的变化值（|②-⑩|）	kPa	8.1
	13	汽轮机凝汽器压力选定值修正系数	%	0
	14	凝汽器压力选定值修正值（⑤×⑬）	kJ/kWh	0
	15	凝汽器压力选定值修正后的热耗率（⑤+⑭）	kJ/kWh	0
	16	凝汽器压力选定值修正后的汽轮机效率（3600/⑮）	%	46.18
	17	汽轮机凝汽器压力变化后的修正系数	%	+7.8
	18	凝汽器压力变化后汽轮机热耗率的修正值（⑤×⑰）	kJ/kWh	+608.06
	19	凝汽器压力变化后的热耗率（⑤+⑱）	kJ/kWh	8403.8
	20	凝汽器压力变化后的汽轮机效率（3600/⑮）	%	42.84
	21	凝汽器压力变化引起汽轮机效率的变化值（|⑳-⑯|）	%	3.34
	22	凝汽器压力变化1kPa对汽轮机效率的影响系数（⑰/⑫）（$\Delta\eta_{qj}^{bh}$%）/（Δp_{nqy}^{bh}1kPa）		8.1
凝汽器压力变化对发电煤耗率的影响系数	23	凝汽器压力选定值的电厂效率（⑦×⑧×⑯）		41.64
	24	计算系数	—	0.122 86
	25	凝汽器压力选定值的发电煤耗率（㉔/㉓）		295.07
	26	凝汽器压力变化后的电厂效率（⑦×⑧×⑳）	%	38.24
	27	凝汽器压力变化后的发电煤耗率（㉔/㉖）	g/kWh	318.08
	28	凝汽器压力变化后发电煤耗率的变化值（|㉕-㉗|）	g/kWh	23.01
	29	凝汽器压力变化1kPa对发电煤耗率的影响系数（㉙/⑫）（Δb_{fd}^{bh} g/kWh）/（Δp_{nqy}1kPa）		2.84

注 表中括号内表达式为对应参数的计算公式，○内数字代表各参数序号。

（六）不同排汽温度下，循环水入口温度、循环水温升、凝汽器端差、排汽温度变化对凝汽器真空度、发电煤耗率影响系数的计算

排汽温度是循环水入口温度、循环水温升、凝汽器端差三者之和，3个指标中任何一个指标发生变化都会引起排汽温度变化。可见，这4个指标（参数）在同一状态、同一条件

下，对其上一级指标的影响是同一数值。但分析、计算时，排汽温度与循环水入口温度、循环水温升、凝汽器端差三者不可重复计算，更不可以与凝汽器真空度重复。

1. 循环水入口温度、循环水温升、凝汽器端差、排汽温度等变化1℃对凝汽器真空度影响系数的计算

循环水入口温度、循环水温升、凝汽器端差、排汽温度等变化1℃对凝汽器真空度的影响系数是指，上述四个温度中任何一个温度变化1℃对凝汽器真空度的影响值，其数值都是相同的。排汽温度的变化值包括循环水入口温度、循环水温升、凝汽器端差等3个温度的变化值，不可重复计算。分析原因时，要具体到循环水入口温度、循环水温升、凝汽器端差3个指标的影响值各为多少，达到原因清楚，措施具体、可行。

循环水入口温度、循环水温升、凝汽器端差、排汽温度等变化1℃对凝汽器真空度影响系数的计算，是以水和水蒸气的热力学性质为基础进行计算的。计算程序如下：

（1）排汽温度等变化1℃影响凝汽器真空度影响系数的计算公式

$$\Delta V_{nqw}^{vx}=\frac{V''_{nq}-V'_{nq}}{t''_{pq}-t'_{pq}} \tag{3-50}$$

式中　ΔV_{nqw}^{vx}——排汽温度等变化1℃对凝汽器真空度的影响系数，（ΔV_{nqw}^{bh}%）/（Δt_{wd}^{bh}1℃）；

t'_{pq}、t''_{pq}——计算时设定的两个排汽温度，℃；

V'_{nq}、V''_{nq}——与设定的两个排汽温度对应的凝汽器真空度，%；

$|V''_{nq}-V'_{nq}|$——取绝对值；

$|t''_{pq}-t'_{pq}|$——取绝对值。

在相同的排汽温度下，循环水入口温度、循环水温升、凝汽器端差三个指标每变化1℃，对凝汽器真空度、汽轮机效率、发电煤耗率的影响系数相同。

（2）设定排汽温度变化范围。对汽轮机而言，一般为20～55℃。

（3）根据计算设定的排汽温度值，查出对应的排汽压力值（kPa）。

（4）计算凝汽器内的绝对压力（ata），具体计算公式为

$$p_{nq}^{jd}=\frac{p_{by}}{98.1} \tag{3-51}$$

式中　p_{nq}^{jd}——凝汽器内的绝对压力（ata）；

p_{by}——汽轮机的排汽压力，kPa；

98.1——绝对压力（ata）的标准值，kPa。

（5）将用上述第（4）项计算公式的计算结果填入表3－17中C列。

表3－17　不同排汽温度下循环水入口温度、循环水温升、凝汽器端差、排汽温度等变化1℃对凝汽器真空度、发电煤耗率的影响数值表

序号	汽轮机排汽温度		循环水入口温度、循环水温升、凝汽器端差、排汽温度等变化1℃	
	适用范围	平均值	凝汽器真空度的相应变化值	发电煤耗率的相应变化值
	℃	℃	（ΔV_{nkd}^{bh}%）/（Δt_{wd}^{bh}1℃）	（Δb_{fd}^{bh}g/kWh）/（Δt_{wd}^{bh}1℃）
	A	B	C	D
1	17.5～23.5	20.5	0.153	0.459

续表

序号	汽轮机排汽温度		循环水入口温度、循环水温升、凝汽器端差、排汽温度等变化1℃	
	适用范围	平均值	凝汽器真空度的相应变化值	发电煤耗率的相应变化值
	℃	℃	(ΔV_{nkd}^{bh}%) / (Δt_{wd}^{bh}1℃)	(Δb_{fd}^{bh}g/kWh) / (Δt_{wd}^{bh}1℃)
	A	B	C	D
2	24.1~28.6	26.4	0.204	0.612
3	29.0~32.6	30.8	0.256	0.768
4	32.6~35.9	32.5	0.279	0.837
5	36.2~38.8	37.5	0.354	1.068
6	39.0~41.3	40.2	0.400	1.200
7	41.5~43.6	42.6	0.438	1.314
8	43.8~45.6	44.7	0.511	1.533
9	45.8~47.5	46.7	0.535	1.650
10	47.7~49.3	48.5	0.569	1.707
11	49.4~50.9	50.2	0.607	1.821
12	51.1~52.4	51.8	0.700	2.100
13	52.6~53.8	53.2	0.758	2.274
14	54.0~55.1	54.6	0.827	2.481

表3-17使用说明：

a. 表中C列、D列数值适用于与A列同一行的汽轮机排汽温度的变化值范围。

b. 表中C列、D列数值是B列平均数值的对应数值。查表时：

当查表值小于B列值，则对应的凝汽器真空度的相应变化值、发电煤耗率的相应变化值小于同一行的C列、D列数值；

当查表值大于B列值，则对应的凝汽器真空度的相应变化值、发电煤耗率的相应变化值大于同一行的C列、D列数值。

c. B列值适用于A列值同一行的数值变化范围。

d. 例：汽轮机排汽温度为37.5℃时，当循环水入口温度、循环水温升、凝汽器端差、排汽温度等变化1℃，凝汽器真空度的相应变化值为0.354%，发电煤耗率的相应变化值为1.068g/kWh，其适用范围为排汽温度在36.2~38.8℃之间，必要时可作内插修正。

2. 循环水入口温度、循环水温升、凝汽器端差、排汽温度等变化1℃对发电煤耗率的影响系数的计算

循环水入口温度、循环水温升、凝汽器端差、排汽温度等变化1℃对发电煤耗率的影响系数是指，上述四个温度中任何一个温度变化1℃对发电煤耗率的影响值，其数值都是相同的。排汽温度的变化值包括循环水入口温度、循环水温升、凝汽器端差等三个温度的变化值，不可重复计算。分析原因时，要具体到循环水入口温度、循环水温升、凝汽器端差三个

指标的影响值各为多少，达到原因清楚，措施具体、可行。

（1）计算本机组额定负荷下，真空度变化1%对发电煤耗率的影响系数。

（2）计算得出，机组额定负荷下，真空度变化1%对发电煤耗率的影响值为3.0（g/kWh）/（1%真空度）左右。

（3）真空度变化值对发电煤耗率的影响值的计算公式

$$b_{fd}^{bh} = \Delta V_{zkd}^{bh} \times \Delta b_{zkd}^{fx} \tag{3-52}$$

式中　b_{fd}^{bh}——凝汽器真空度变化对发电煤耗率的影响值，g/kWh；

ΔV_{zkd}^{bh}——真空度变化值,%；

Δb_{zkd}^{fx}——真空度变化1%对发电煤耗率的影响系数，（Δb_{fd}^{bh}g/kWh）/（ΔV_{nkd}^{bh}1%）。

（4）将式（3-52）的计算结果填入表3-17中D列。

3. 绘制不同排汽温度下循环水入口温度、循环水温升、凝汽器端差、排汽温度等变化1℃对凝汽器真空度、发电煤耗率影响系数的关系曲线

（1）根据表3-17中B列的排汽温度、C列的凝汽器真空度，绘制不同排汽温度下，循环水入口温度、循环水温升、凝汽器端差、排汽温度等变化1℃与凝汽器真空度相应的关系曲线，见图3-11。

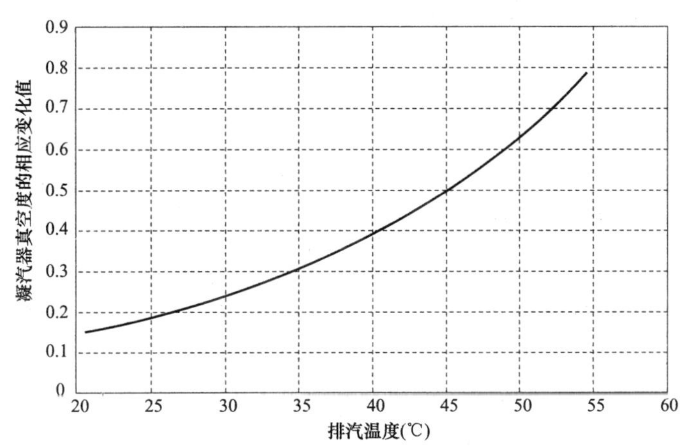

图3-11　不同排汽温度下，循环水入口温度、循环水温升、凝汽器端差、排汽温度变化1℃与凝汽器真空度相应变化值的关系曲线

（2）根据表3-17中B列的排汽温度、C列的发电煤耗率的相应变化值，绘制不同排汽温度下循环水入口温度、循环水温升、凝汽器端差、排汽温度等变化1℃对发电煤耗率影响系数的关系曲线，见图3-12。

四、凝汽器真空度

凝汽器真空度是指汽轮机凝汽器内的压力比一个工程大气压力低（小）的程度，单位:%。它是表示汽轮机凝汽器运行经济性的一个综合性的重要指标也是与汽轮机排汽温度相对应的指标。

（一）凝汽器真空度的计算公式

$$V_{zkd} = (1 - p_{by}) \times 100 \tag{3-53}$$

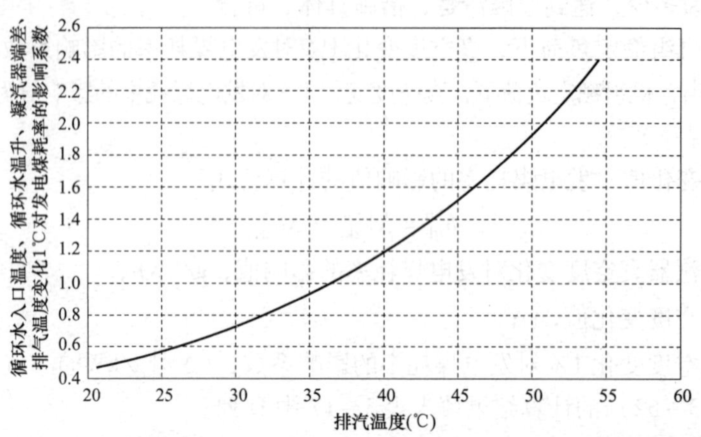

图 3-12　不同排汽温度下，循环水入口温度、循环水温升、凝汽器端差、排汽温度变化1℃对发电煤耗率的影响系数

或

$$V_{zkd}=1-\frac{p_{dq}-p_{zk}}{98.1}\times 100 \qquad (3-54)$$

式中　V_{zkd}——凝汽器真空度，%；

p_{dq}——大气压力，mmHg；

p_{zk}——水银柱，mmHg。

关于凝汽器真空度的计算，目前，有的专业手册把凝汽器真空度的计算公式写为 $V_{zk}=100p_{zk}/p_{dq}$。有的发电厂用此式统计、计算汽轮机凝汽器的真空度，此数值是不合适的，没有代表性，也不准确。凝汽器真空度虽不是一个考核指标，但数据不正确则容易误导，从而影响领导决策的准确性。因此，实际中一般不采用此式计算凝汽器真空度。

（二）凝汽器真空度、排汽温度、汽轮机背压三者之间的关系

凝汽器真空度是凝汽器内压力低于1个绝对压力的负压值的百分数值；排汽温度是汽轮机背压下的饱和温度；汽轮机背压是凝汽器内的绝对压力值。排汽温度和汽轮机背压是互相对应的。因此，凝汽器真空度与排汽温度、汽轮机背压是互相对应的。凝汽器真空度不但是凝汽器运行的一个经济指标，而且也是汽轮机，乃至发电厂的一个重要经济指标。凝汽器真空度变化1个百分点，影响汽轮机效率变化0.30%左右，煤耗变化3g/kWh左右。因此，凝汽器真空度的计算值、统计值准确、无误，可为领导决策提供可靠的依据。热工表计要定期效验，热力经济管理人员要定期校核凝汽器真空度、汽轮机排汽温度、汽轮机背压三者之间的关系，以确保凝汽器真空度准确、无误。

生产实践、管理工作中，对凝汽器真空度、汽轮机排汽温度、汽轮机背压三个参数认识不够，对计算用参数的表计管理不到位，主要表现在统计报表中，凝汽器真空度计算数值不够准确，偏离正确值；表计不准，误差大。

（三）汽轮机排汽温度与背压、凝汽器真空度的数理关系

汽轮机排汽温度与背压、凝汽器真空度的数理关系表，见表3-18。

表 3－18　　汽轮机排汽温度与背压、凝汽器真空度的数理关系表

背　压	0.0	0.1	0.2	0.3	0.4	0.5	0.6	0.7	0.8	0.9
1	98.98	98.88	98.78	98.67	98.57	98.47	98.37	98.27	98.16	98.06
	6.9	8.1	9.4	10.7	11.9	13.0	13.9	14.8	15.8	16.7
2	97.96	97.86	97.76	97.65	97.55	97.45	97.35	97.25	97.14	97.04
	17.5	18.2	18.9	19.7	20.4	21.1	21.7	22.3	22.9	23.5
3	96.94	96.84	96.76	96.63	96.53	96.43	96.33	96.23	96.13	96.02
	24.1	24.6	25.0	25.7	26.2	26.7	27.1	27.6	28.1	28.6
4	95.92	95.82	95.72	95.62	95.51	95.41	95.31	95.21	95.11	95.00
	29.0	29.4	29.8	30.2	30.7	31.0	31.4	31.8	32.1	32.6
5	94.90	94.80	94.70	94.60	94.49	94.39	94.29	94.19	94.19	93.98
	32.6	33.2	33.6	33.9	34.3	34.6	34.9	35.2	35.5	35.9
6	93.88	93.78	93.68	93.58	93.47	93.37	93.27	93.17	93.07	92.96
	36.2	36.5	36.8	37.1	37.4	37.6	37.9	36.2	38.5	38.8
7	92.86	92.76	92.66	92.56	92.45	92.35	92.25	92.15	92.05	91.94
	39.0	39.3	39.5	39.8	40.1	40.3	40.6	40.8	41.0	41.3
8	91.0	91.0	91.0	91.0	91.0	91.0	91.0	91.0	91.0	90.92
	41.5	41.8	42.0	42.2	42.5	42.7	42.9	43.1	43.3	43.6
9	90.82	90.72	90.62	90.52	90.41	90.31	90.21	90.11	90.01	89.90
	43.8	44.0	44.2	44.4	44.6	44.8	45.0	45.2	45.4	45.6
10	89.80	89.70	89.60	89.50	89.39	89.29	89.19	89.09	88.99	88.89
	45.8	45.0	46.2	46.4	46.6	46.8	47.0	47.2	47.3	47.5
11	88.78	88.68	88.58	88.48	88.38	88.27	88.17	88.07	87.97	87.87
	47.7	47.9	48.1	48.2	48.4	48.6	48.8	48.9	49.1	39.3
12	87.76	87.66	87.56	87.46	87.36	87.25	87.15	87.05	86.95	86.85
	49.4	49.6	49.8	49.9	50.1	50.3	50.4	50.6	50.7	50.9
13	86.74	86.64	86.54	86.44	86.34	86.23	86.13	86.03	85.93	85.83
	51.1	51.2	51.4	51.5	51.7	51.8	52.0	52.1	52.3	52.4
14	85.72	85.62	85.52	85.42	85.32	85.21	85.11	85.01	84.91	84.81
	52.6	52.7	52.9	53.0	53.1	53.3	53.4	53.6	53.7	53.8
15	84.70	84.60	84.50	84.40	84.30	84.19	84.09	83.99	83.89	83.79
	54.0	54.1	54.3	54.4	54.5	54.7	54.8	55.0	55.2	55.5

表 3－18 使用说明：

（1）第一列是背压值，范围为 1～15kPa。

（2）第一行是背压值，范围为 0～0.9kPa。

（3）第一列右边、第一行下面的各组数值为背压对应的凝汽器真空度和排汽温度。

（4）例：汽轮机背压为 4.9kPa 时，排汽温度为 32.6℃，凝汽器真空度为 95.00%；汽轮机背压为 5.4kPa 时，排汽温度为 34.3℃，凝汽器真空度为 94.49%。

（四）编制汽轮机排汽温度与凝汽器真空度、背压的数理关系表

表 3－18 中汽轮机背压与排汽温度、凝汽器真空度、背压的数理关系，在使用中需要用内插方法确定排汽温度与凝汽器真空度、背压的实际值，使用不方便、准确性差。为方便领导和专业人员日常工作，根据设计典型参数和生产要求，将表 3－18 精简为表 3－19，如将汽轮机设计常用背压（kPa）与原用绝对压力（ata）相对应，将各参数列出，便于理解、认识和运用汽轮机背压、排汽温度、凝汽器真空度与凝汽器真空的关系。

表 3－19　　精简后的汽轮机排汽温度与凝汽器真空度、背压的数理关系表

排汽温度（℃）	凝汽器真空度（%）	汽轮机背压		排汽温度（℃）	凝汽器真空度（%）	汽轮机背压	
		压力（kPa）	绝对压力（ata）			压力（kPa）	绝对压力（ata）
1	2	3	4	1	2	3	4
13.0	98.47	1.5	0.015 3	41.5	91.84	8.0	0.081 5
17.5	97.96	2.0	0.203 9	43.8	90.82	9.0	0.091 7
24.1	96.94	3.0	0.030 6	45.8	89.80	10.0	0.109 4
28.6	96.02	3.9	0.040 0	47.7	88.78	11.0	0.112 1
32.6	95.00	4.9	0.049 9	49.4	87.76	12.0	0.122 3
34.3	94.49	5.4	0.055 1	51.1	86.74	13.0	0.132 5
35.9	93.98	5.9	0.060 1	52.6	85.52	14.0	0.142 7
39.0	92.86	7.0	0.071 4	54.0	84.70	15.0	0.152 9

（五）绘制汽轮机排汽温度与凝汽器真空度、背压（kPa）的关系曲线

（1）根据表 3－19 中第 1 列排汽温度、第 2 列凝汽器真空度对应的各行数值，可以绘制汽轮机排汽温度与凝汽器真空度的关系曲线，见图 3－13。

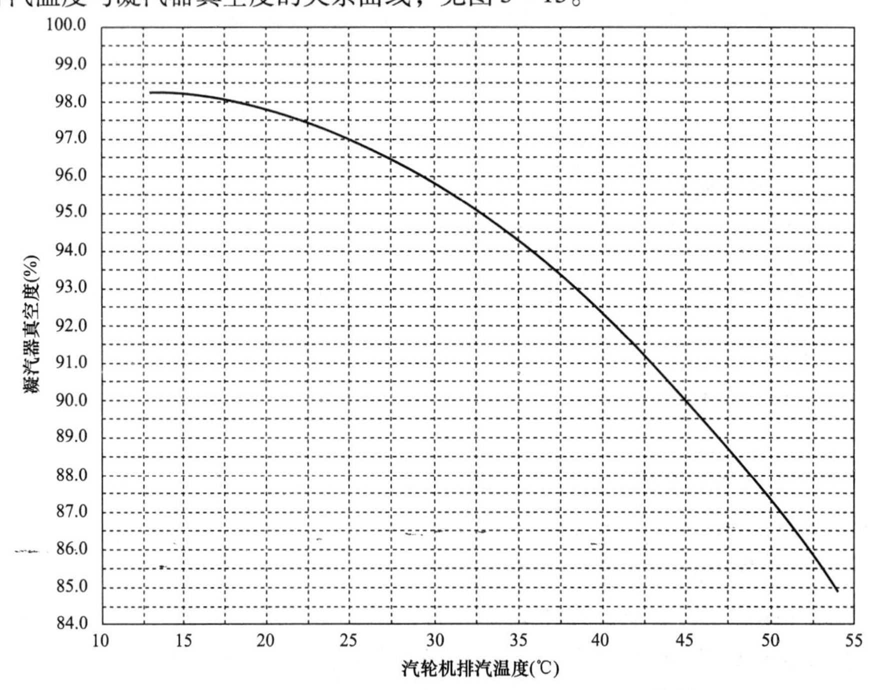

图 3－13　汽轮机排汽温度与凝汽器真空度的关系曲线

（2）根据表 3－19 中第 1 列排汽温度、第 2 列汽轮机背压（凝汽器绝对压力）对应的各行数值，可以绘制汽轮机排汽温度与汽轮机背压的关系曲线，见图 3－14。

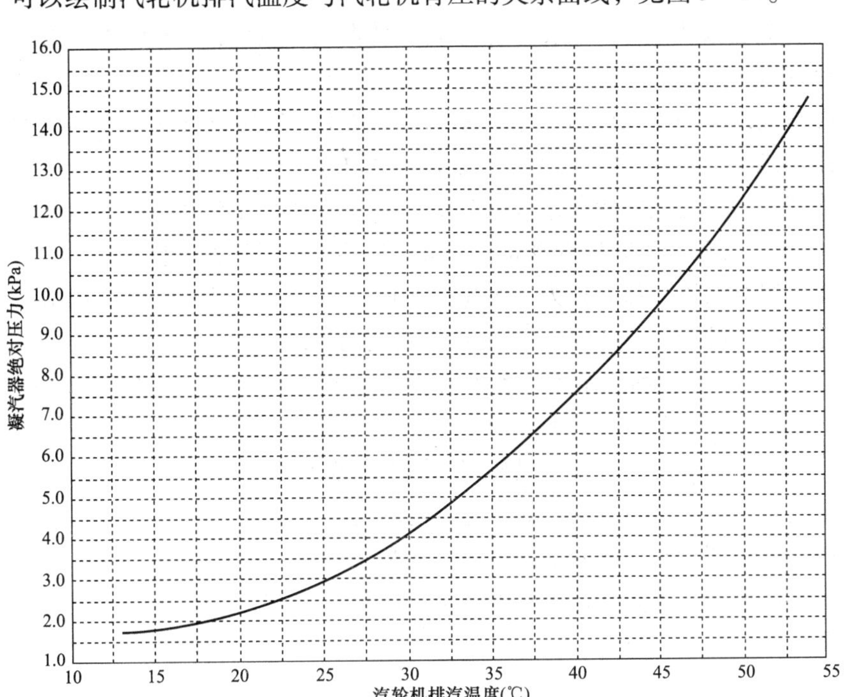

图 3－14　汽轮机排汽温度与汽轮机背压的关系曲线

（六）影响凝汽器压力、真空度、排汽温度的因素

影响凝汽器压力、真空度、排汽温度的直接因素有循环水入口温度、循环水温升、凝汽器端差、机组带负荷程度等。

1. 循环水入口温度

循环水入口温度是指进入汽轮机凝汽器前的循环水温度，单位:℃，是关系到汽轮机运行经济性的十分重要的指标之一。循环水入口温度，视各厂水源、循环水运行方式而定。一般情况下，循环水入口温度变化 1℃，影响煤耗率变化 1g/kWh 左右，约等于 10℃的主蒸汽温度变化对煤耗率的影响值；当循环水入口温度升高，并使排汽温度或凝汽器真空达到极限值而限制汽轮发电机组负荷时，1℃的循环水入口温度影响煤耗升高 3.5g/kWh 以上，这与循环水塔清洁程度、冷却效率、循环水塔水量分配和调整等因素有关。

（1）循环水入口温度对单元机组发电煤耗率水平的重要性。目前，蒸汽参数压红线已得到足够重视，但对循环水入口温度对发电厂运行经济性的认识，部分人员还远远不够。为数不少的发电厂循环水入口温度没有达到设计值，循环水冷却水塔维护、管理不到位，运行工况调整不及时，致使部分电厂冬季循环水冷却塔出口水温在 20℃左右运行，更有甚者高达 25℃左右。一般电厂年平均循环水入口温度均在 22℃左右或以上。可见，有 3g/kWh 左右发电煤耗率的潜力。因此，要进一步提高广大职工对循环水入口温度对汽轮机运行经济性影响的认识，把循环水入口温度的全年平均值降到设计值或以下，电厂一定会取得几克煤耗的收益。影响循环水入口温度的直接因素有循环水冷却塔出水温度、湿冷冷却塔冷却幅高、空冷塔初始温差、空气温度、空气湿度、风速等。

（2）循环水入口温度运行值的标准与要求。

1）湿冷塔机组循环水入口温度年度完成值是否低于设计值1℃以内，因为机组年度发电负荷一般都在80%或以下。

2）湿冷塔机组循环水入口温度冬季应降到稍高于凝汽器设备能承受的温度，或稍高于凝汽器设备的极限真空的温度，而不是在设计值20℃运行即可。

3）空冷塔机组：建立空冷岛入口风温度、出口风温度、空冷岛空气温升、空冷岛端差等日、月、年统计台账，为监督空冷岛、分析汽轮机运行经济性提供依据。

4）单元机组凝汽器冷却方式为一次灌流循环，冬季循环温度应保持在稍高于凝汽器设备能承受的温度，或稍高于凝汽器设备的极限真空的温度。

5）冬季湿冷塔、一次灌流循环的浇（化）冰水应严格控制，并做好防冻、防结冰措施。

（3）影响循环水入口温度的因素。

1）对循环水入口温度高对发电煤耗率的影响认识和重视程度。

2）水塔设备的健康水平、运行效率是否达到设计水平。

3）水塔是否定期清理水池底部沉积的淤泥和杂物。

4）水塔淋水设施是否完好，淋水密度是否均匀。

5）空气温度。

6）空气湿度。

7）风速（空气流动的速度）大小。

8）补入循环冷却系统的补水量。

9）机组带负荷程度。

10）循环水冷却塔设备管理职责。

（4）循环水的指标。

1）循环水冷却塔出水温度。

2）循环水冷却塔效率。水塔效率计算公式如下

$$\eta_{sd}=\frac{t_{dc}-t_{n}}{t_{dc}-t_{sq}^{kq}} \tag{3-55}$$

式中 η_{sd}——循环水塔冷却效率，%；

t_{dc}——循环水塔冷却水池出水温度，℃；

t_{n}——自然（河）水温度，℃；

t_{sq}^{kq}——湿球空气温度，℃。

3）湿冷冷却塔冷却幅高。湿冷冷却塔冷却幅高是指冷却塔出口水温度高于大气湿球温度（理论冷却极限）的数值，具体表达式为

$$\Delta t_{fg}=t_{dc}-t_{sq}^{kq} \tag{3-56}$$

式中 Δt_{fg}——湿冷冷却塔冷却幅高，℃；

t_{dc}——湿冷冷却塔出口水温度，℃；

t_{sq}^{kq}——大气湿球温度，℃。

4）空冷塔初始温差。空冷塔初始温差是表征海勒系统空冷塔散热性能的重要参数，具

体表达式为

$$\Delta t_{kl}^{cs} = t_{kl}^{xr} - t_{dq} \tag{3-57}$$

式中　Δt_{kl}^{cs}——空冷塔初始温差，℃；

t_{kl}^{xr}——空冷塔入口循环水温度，℃；

t_{dq}——大气温度，℃。

当环境温度（大气温度 t_{dq}）一定时，空冷塔入口循环水温度取决于空冷塔初始温差，在一定的散热和设计气温下，空冷塔初始温差取决于空冷系统的大小。

5）循环水冷却塔的循环水温降。循环水冷却塔的循环水温降是指循环水进入冷却水塔的温度与出冷却水塔的温度的差值，单位：℃。循环水冷却塔的循环水温降计算公式为

$$\Delta t_{xh}^{wj} = t_{sd}^{jk} - t_{sd}^{ck} \tag{3-58}$$

式中　Δt_{xh}^{wj}——循环水冷却塔水温降，℃；

t_{sd}^{jk}——冷却水塔进口温度，℃；

t_{sd}^{ck}——冷却水塔出口温度，℃。

循环冷却塔冷却效果，以冷却水塔的出口水温度与相应时间内湿球温度差不大于7℃为考核标准。

循环水冷却塔设备的管理、运行、检修、定期检查、定期维护、定期清淤等各方面的职责必须形成制度，各项工作必须落实到岗位（责任人）。一般情况下，循环水温度变化1℃影响煤耗变化1g/kWh左右，约等于10℃左右主蒸汽温度、再热蒸汽温度变化对煤耗的影响值；当循环水温度升高，并使排汽温度或凝汽器真空达到极限值而限制汽轮发电机组负荷时，1℃循环水温度影响煤耗升高3.5g/kWh以上。所以，全体电力员工必须高度重视循环水温度的管理。

2. 循环水温升

循环水温升是指循环水在凝汽器内的受热程度，或循环水在凝汽器内温度升高的数值，是关系到汽轮机运行经济性的十分重要的小指标之一，单位：℃。同一负荷下，循环水温升多少，说明了循环水量的大小。额定负荷下应为8.5℃左右，高于8.5℃时，说明循环水量小，未达到设计用水量的要求；低于8.5℃时，则循环水量大。循环水温升变化与循环水泵出力、循环水系统阻力、凝汽器铜管结垢、堵杂物造成的循环水量变化有直接关系，它对运行经济性——煤耗的影响值同循环水入口温度。

设计值的凝汽器循环水温升有两种计算方法：一是用排入凝汽器的蒸汽量计算；二是用经验公式计算。

（1）用排入凝汽器的蒸汽量计算循环水温升的设计值，具体计算公式如下

$$\Delta t = \frac{D_{xh}}{D_{Pq}} \tag{3-59}$$

式中　D_{xh}——循环水流量，t/h；

D_{Pq}——排入凝汽器的蒸汽量，t/h。

（2）用经验公式计算循环水温升的设计值。《汽轮机热力计算说明书》中虽然没有具体说明循环水温升的具体数值，但在循环水泵选型时是有规定的。一般情况下，循环倍率为60倍，即凝汽器冷却1kg汽轮机排汽需要60kg循环水。排入凝汽器的1kg蒸汽，需由循环

水带走的汽化潜热：中温中压小容量机组约为530kcal/kg（2219.00kJ/kg），高温高压大容量机组约为520kcal/kg（2177.14kJ/kg）。计算凝汽器循环水温升设计值的经验公式为

$$\Delta t = \frac{h}{m} \tag{3-60}$$

式中 Δt——凝汽器循环水温升,℃；

h——排入凝汽器蒸汽的汽化潜热，一般为530～520kcal/kg；

m——冷却蒸汽的循环水倍率，一般为60。

将上述数值代入上述公式便可求得凝汽器循环水温升为8.83～8.67℃。

（3）循环水温升运行统计值的计算公式如下

$$\Delta t = t_{xh}^{ck} - t_{xh}^{rk} \quad (℃) \tag{3-61}$$

式中 t_{xh}^{ck}——循环水出口温度,℃；

t_{xh}^{rk}——循环水入口温度,℃。

（4）影响循环水温升的循环水量的因素有：

1）进口水位低。

2）旋转滤网堵杂草、杂物。

3）二次滤网堵杂草、杂物。

4）凝汽器铜管堵杂草、杂物。

5）收球网堵杂草、杂物。

6）水泵出力降低。

7）凝汽器铜管结垢程度。

8）凝汽器铜管泄漏，被堵管数多。

9）凝汽器铜管内循环水流速低。

10）机组带负荷程度。

11）机组经济性能的优劣。

循环水流速是指循环水在凝汽器铜管内的流动速度，单位：m/s，设计值一般为2m/s左右。大于2m/s而过高时，凝汽器铜管易受冲刷；小于1.7m/s而过低时，凝汽器铜管易结垢，特别是当凝汽器铜管低于1.5m/s及以下时，凝汽器铜管结垢加快。循环水流速的大小与凝汽器铜管结垢、堵杂物、循环水系统阻力等有关，是一个应引起高度重视的指标。

循环水流速计算公式为

$$v_{xh}^{ss} = \frac{D_{xh}^{Sl}}{A_{tg}^{mj}} \quad (m/s) \tag{3-62}$$

式中 v_{xh}^{ss}——循环水流速，m/s；

D_{xh}^{Sl}——循环水量，m^3/s；

A_{tg}^{mj}——凝汽器铜管通流面积，m^2。

3. 凝汽器端差

凝汽器端差是指汽轮机排汽温度与凝汽器循环水出口温度的差值，是发电厂运行经济性的一个十分重要的指标，单位:℃，与凝汽器真空系统严密性和凝汽器铜管结垢、堵杂物有关。凝汽器端差变化对运行经济性——煤耗的影响值同循环水入口温度。

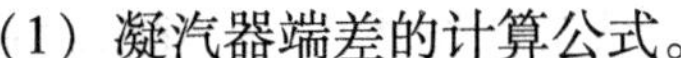

（1）凝汽器端差的计算公式。

《汽轮机热力计算说明书》中没有具体说明凝汽器循端差的数值是多少，但通过排汽温度与凝汽器循环水温升、凝汽器端差之间的相互关系就可以推算出凝汽器端差的设计值，具体推算过程如下

因为

$$\Delta t = t_{xh}^{ck} - t_{xh}^{rk}$$

$$\delta t = t_{pq} - t_{xh}^{ck}$$

$$t_{pq} = t_{xh}^{rk} + \Delta t + \delta t$$

所以

$$\delta t = t_{pq} - (t_{xh}^{rk} + \Delta t) \tag{3-63}$$

式中　Δt——凝汽器循环水温升，℃；

t_{xh}^{ck}——循环水出口温度，℃；

t_{xh}^{rk}——循环水入口温度，℃；

δt——凝汽器端差，℃；

t_{pq}——汽轮机排汽温度，℃。

排汽温度就是汽轮机背压下的饱和温度；凝汽器循环水入口温度设计值：开式循环为15℃左右，闭式循环为20℃左右。

将上述数值代入上述公式便可求得各设计条件下的凝汽器端差。例如：凝汽器循环水入口温度设计值，开式循环为15℃，设计背压为0.04ata，排汽温度为28.6℃，则凝汽器端差为4.8℃。计算式如下

$$\delta t = 28.6 - (15 + 8.8) = 4.8℃$$

凝汽器循环水入口温度设计值，闭式循环为20℃，设计背压为0.05ata，排汽温度为32.5℃，则凝汽器端差为3.8℃。计算式如下

$$\delta t = 32.5 - (20 + 8.7) = 3.8℃$$

机组运行中的凝汽器端差，在额定负荷下，年平均值应达到4℃以下或设计值。凝汽器端差与机组带负荷水平、循环水入口温度、凝汽器铜管的清洁程度等有关。凝汽器端差对机组运行经济性的影响极大，一般情况下，凝汽器端差变化1℃，影响煤耗变化1g/kWh左右，约等于10℃左右主蒸汽温度、再热蒸汽温度变化对煤耗的影响值；当凝汽器端差升高，并使排汽温度或凝汽器真空达到极限值而限制汽轮发电机组负荷时，1℃的凝汽器端差将影响煤耗升高3.5g/kWh以上。所以，全体电力员工必须高度重视凝汽器端差的管理。

关于凝汽器端差，如果采取有力措施，加强管理，年平均值保持在4℃左右是完全可以做到的。这样，发电厂就会取得几克煤耗的收益。

（2）影响凝汽器端差的直接因素。

1）领导的认识、重视程度。

2）凝汽器铜管结垢。

3）凝汽器胶球清洗装置的运行效果，包括胶球清洗收球率，胶球清洗装置的运行率，投球数量，胶球本身的质量、作用，破损的碎球，磨损的小球，胶球定期清理，管理的质量。

4）凝汽器漏真空系统的严密性等。

5）凝汽器铜管内的循环水流速。

6）循环水质、防结垢的性能。

a. 凝汽器铜管结垢。凝汽器铜管结垢，使循环水与排汽热交换效率下降，凝汽器端差升高。某厂100MW机组循环的水运行方式，由开式循环改为闭式循环，又由于循环水处理未能及时跟上，凝汽器铜管结垢厚度最大达到1.5mm左右，机组夏季最大限负荷达到30%左右。

b. 凝汽器胶球清洗装置的运行率。凝汽器胶球投入（运）率是指凝汽器胶球计算投入运行时间占计算期汽轮机运行时间的比例，单位:%。凝汽器胶球计算投入运行时间是指，计算日按规定要求进行了投球清洗工作，则计算投入运行时间同汽轮机运行时间。计算公式为

$$q_{yx}^{lv}=\frac{t_{jq}^{yx}}{t_{qj}^{yx}}\times 100 \quad (\%) \tag{3-64}$$

式中 q_{yx}^{lv}——凝汽器胶球投运率,%；

t_{jq}^{yx}——胶球计算投入运行时间；

t_{qj}^{yx}——计算期汽轮机运行时间。

影响凝汽器胶球清洗装置运行率的直接因素有：

① 凝汽器胶球清洗设备、系统的健康水平。

② 凝汽器铜管内堵胶球。

③ 凝汽器铜管内堵杂草、杂物。

④ 凝汽器铜管内结垢。

⑤ 凝汽器胶球清洗设备、系统的设备缺陷是否及时消除。

⑥ 凝汽器胶球清洗设备、系统的运行维护是否到位。

⑦ 凝汽器胶球清洗设备、系统运行的管理工作是否到位。

c. 凝汽器胶球清洗装置收球率。凝汽器胶球清洗装置收球率是指凝汽器胶球清洗运行后收回球的数量占计算期投球总数量的比例，可以是一次的，也可以是一段时间的每次收回球量之和占投入球总数量的比率，单位:%。计算公式为

$$q_{sq}^{lv}=\frac{q_{sq}^{sl}}{q_{sq}^{zs}}\times 100 \quad (\%) \tag{3-65}$$

式中 q_{sq}^{lv}——凝汽器胶球收球率,%；

q_{sq}^{sl}——计算期收球数，个；

q_{sq}^{zs}——计算期投球总数，个。

影响凝汽器胶球胶球清洗收球率的直接因素有：

① 收球网的完好程度。

② 收球网的严密性。

③ 二次滤网的完好程度。

④ 凝汽器铜管结垢程度。

⑤ 凝汽器铜管堵杂物。

⑥ 凝汽器铜管循环水的流速是否达到设计要求。

⑦ 胶球的质量、胶球是否变形。

⑧ 凝汽器水室是否有死角、旋流。

⑨ 胶球清洗系统通畅程度等。

d. 凝汽器（严密性）漏真空速度。凝汽器漏真空速度是表征凝汽器及真空系统严密性

的一个指标，是指凝汽器真空系统在抽气器停止抽气的状态下空气漏入凝汽器，凝汽器内压力增长的速度，用每分钟增长的压力值表示，单位：Pa/min。能源部 1990 年 10 月颁布的《火力发电厂节约能源规定（试行）》中对凝汽器的要求是：保持汽轮机在最有利的背压下运行，每月进行一次真空严密性试验。当 100MW 及以上机组真空下降速度大于 400Pa/min（3mmHg/min）、100MW 以下机组大于 667Pa/min（5mmHg/min）时，应及时检查泄漏原因，并及时消除。凝汽器漏真空速度是影响凝汽器运行经济性和汽轮机组带负荷的一个重要指标，与凝汽器及其真空系统的严密性有关，其计算公式如下

$$v_{zk}^{sd} = \frac{\Delta p_{nq}^{zc}}{t_{sy}^{sj}} \tag{3-66}$$

式中　v_{zk}^{sd}——凝汽器漏真空速度，Pa/min；

Δp_{nq}^{zc}——试验期凝汽器内压力增长值，Pa；

t_{sy}^{sj}——试验时间，min。

真空系统严密性试验规定：机组负荷应稳定在额定负荷的 80% 以上，真空不低于 10kPa，关闭连接抽气器的空气门（最好停真空泵），30s 后开始每半分钟记录机组真空值一次，共记录 8min，取其中后 5min 的真空下降值，计算每分钟真空平均下降值。

影响凝汽器及其系统真空严密性的直接因素有：

① 凝汽器设备与其他系统的连接部分。

② 抽气器设备的效率及其健康水平。

③ 低压加热器的真空部分。

④ 低位水箱进入凝汽器的真空部分。

⑤ 凝结水泵的真空部分。

⑥ 其他进入凝汽器疏水管路系统的真空部分。

⑦ 凝汽器水位高。

⑧ 凝汽器内气路短路或损坏。

e. 凝汽器铜管结垢程度（凝汽器铜管清洁度）

凝汽器铜管清洁度是指凝汽器铜管运行中的清洁程度，是一个相对指标，其绝对值因设备、运行参数而异，设备之间可比性不强，单位:%。计算公式为

$$凝汽器铜管清洁度 = \frac{实际清洁系数}{设计清洁系数} \times 100 \quad (\%) \tag{3-67}$$

设计清洁系数一般取 0.85～0.95。

实际清洁系数的计算公式为

$$实际清洁系数 = \frac{排汽在凝汽器中的放热量}{6000 \times 传热系数 \times 对数平均温度差} \times 100 \quad (\%) \tag{3-68}$$

排汽在凝汽器中的放热量的计算公式为

$$排汽在凝汽器中的放热量 = 0.53 \times 汽轮机排汽量 + 0.21 \tag{3-69}$$

式中　0.53——汽轮机排汽的汽化潜热 530 的定值；

0.21——系数。

汽轮机排汽量可用设计数据或试验方法求得，并绘制成汽轮机排汽量与速度级压力的特

性曲线。对定型的汽轮机组来说，在一定负荷下，汽轮机的排汽量与汽轮机速度级压力呈一次线性函数关系，图例见图 3－15。

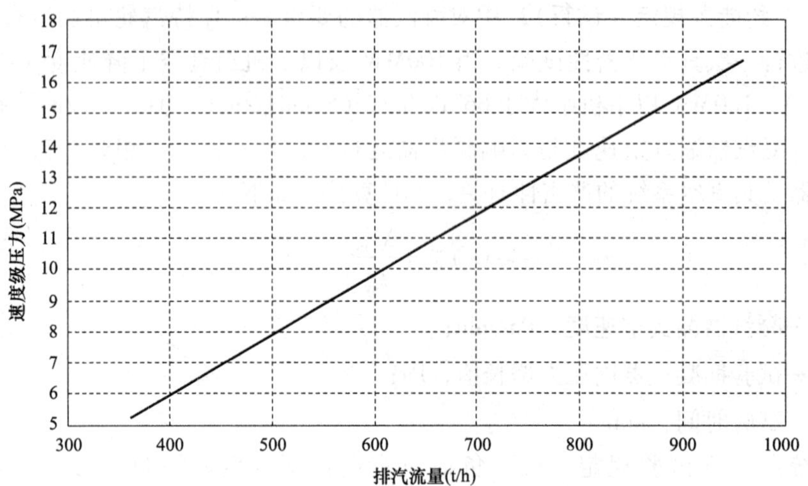

图 3－15　汽轮机速度级压力与排汽流量的关系曲线

传热系数的计算公式为：传热系数＝基本传热系数×管材修正系数×循环水温度修正系数。基本传热系数由循环水流速查图 3－16 查得，管材修正系数一般取用 1.01，循环水温度修正系数可查图 3－17。

循环水流速的计算公式为

$$\text{循环水流速}=\frac{530\times\text{汽轮机排汽量}}{3600\times\text{凝汽器通路面积}\times\text{循环水温升}}\quad(\mathrm{m/s})\tag{3-70}$$

式中　530——汽轮机排汽的汽化潜热；

3600——单位换算中小时的秒数值。

循环水对数平均温度差计算公式为

$$\text{循环水对数平均温度差}=\frac{\text{循环水出口温度}-\text{循环水入口温度}}{\ln\dfrac{\text{排汽温度}-\text{循环水入口温度}}{\text{排汽温度}-\text{循环水出口温度}}}$$

即

$$\theta_{\mathrm{m}}=\frac{t_{\mathrm{xh}}^{\mathrm{ck}}-t_{\mathrm{xh}}^{\mathrm{rk}}}{\ln\dfrac{\theta_1}{\theta_2}}\tag{3-71}$$

式中　θ_{m}——循环水对数平均温度差，可以根据 θ_1、θ_2 从图 3－18 中查得；

θ_1——排汽温度－循环水入口温度；

θ_2——排汽温度－循环水出口温度。

4. 凝结水过冷却度

凝结水过冷却度是指复水温度比排汽温度低的差值，单位:℃。差值过大，则说明复水的热量让循环水带走了，降低了机组的运行经济性，一般应小于 2℃。

（1）凝结水过冷却度计算公式

$$\delta=t_{\mathrm{py}}-t_{\mathrm{xh}}^{\mathrm{ck}}\tag{3-72}$$

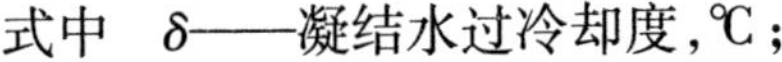

式中　δ——凝结水过冷却度，℃；

t_{py}——排汽温度，℃；

t_{xh}^{ck}——凝结水温度，℃。

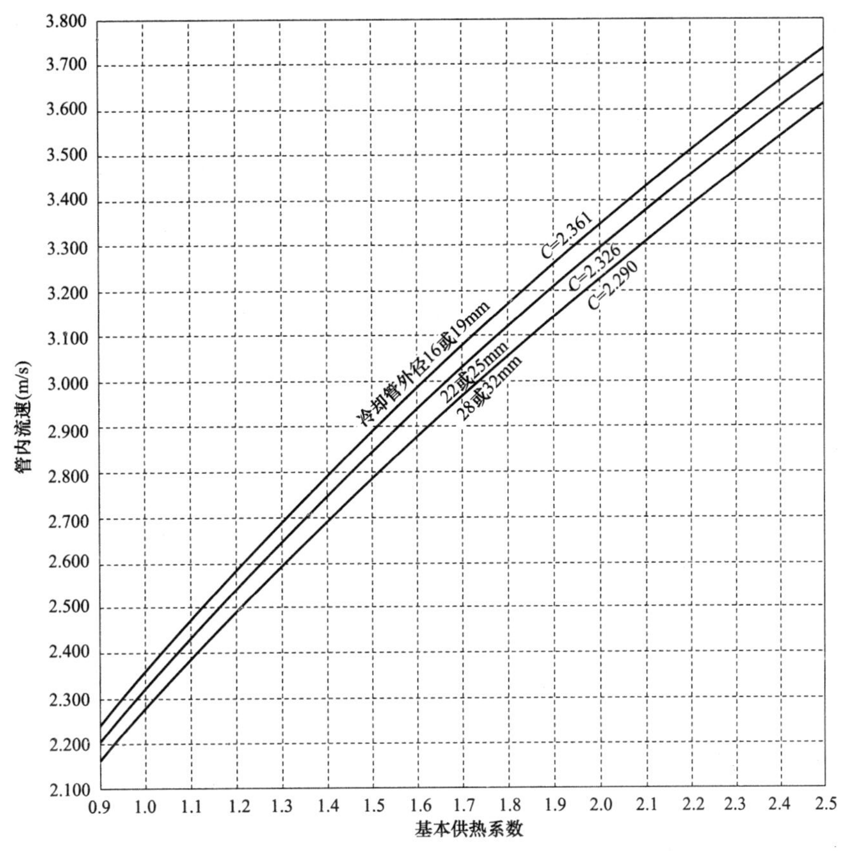

图 3－16　基本传热系数与循环水管内流速的关系曲线

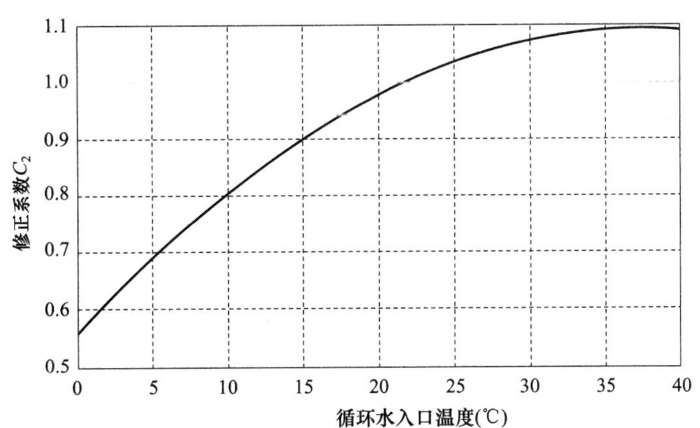

图 3－17　循环水温度修正系数图

（2）凝结水过冷却度的影响因素。

1）进入凝汽器的疏水量大，且水的温度高。

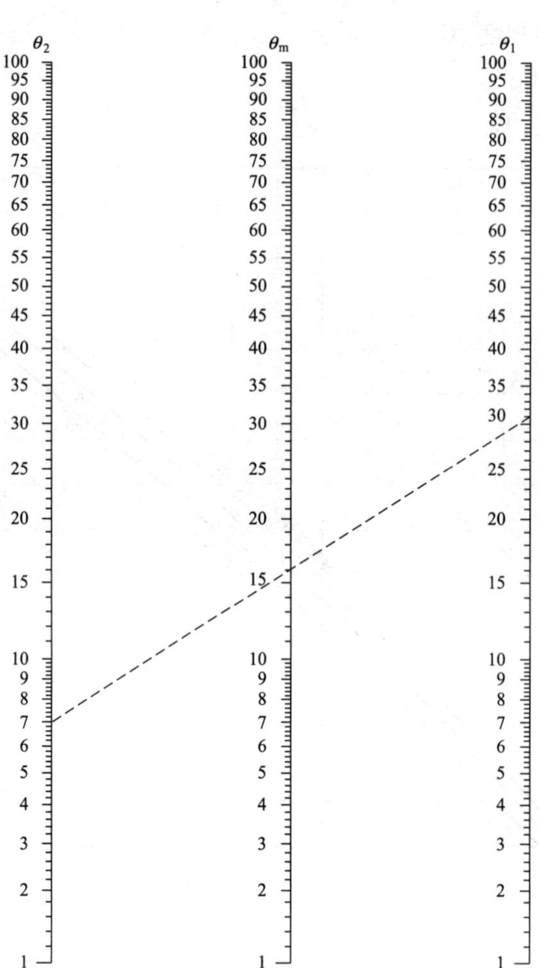

例：θ_1=31℃，θ_2=7℃，则θ_m=16℃

图 3－18　循环水对数平均差图

2）凝汽器真空系统严密性差。

3）凝汽器铜管结垢。

4）抽气器效率低。

5）热水井水位高。

6）抽气器、加热器系统短路。

第七节　给水回热、加热系统运行指标

给水回热、加热系统的运行经济性是指汽轮机给水回热、加热系统的低压加热器、高压加热器的各级加热器的运行经济性，是汽轮机运行经济性的重要参数之一。目前，给水回热、加热系统的运行经济性控制指标仅是末级给水高压加热器后的给水温度，且较为重视；但对高、低加热器的温升（受热度）及端差的重视程度却远远不够，特别是对低压加热器的运行管理还远远不够，个别电厂 1 号低压加热器没有加热度（温升），没有

低压加热器的监督管理指标。各级高、低给水加热器的温升、端差应达到设计的额定值运行。

一、影响给水回热系统运行经济性的直接因素

（1）高、低给水加热器的各级疏水水位是否正常。

（2）高、低给水加热器的各级水室的严密性。

（3）高、低给水加热器的各级管系的漏泄程度。

（4）高、低给水加热器的各级管系的堵管程度。

（5）高、低给水加热器的各级加热度是否符合设计要求。

（6）高、低给水加热器的各级端差是否符合设计要求。

（7）各级高、低给水加热器内的设计压力是否符合设计要求。

（8）高压加热器直通门（旁路门）的严密性。

（9）高、低给水加热器的各级疏水系统的运行方式是否符合设计要求。

（10）末级给水高压加热器监视、控制表计的位置应在高压加热器直通门后。

（11）给水温度是否达到设计值，及其准确性、真实性和代表性。

（12）高压加热器投入率是否达到考核要求。

二、影响给水温度及回热系统的经济指标

1. 加热器温升

加热器温升表示工质在加热器中的受热程度，单位:℃。计算公式如下

$$\Delta t_{ws}=t_{jk}-t_{ck} \tag{3-73}$$

式中　Δt_{ws}——给水在加热器中的受热程度,℃;

t_{jk}——进入加热器的给水温度,℃;

t_{ck}——加热器出口的给水温度,℃。

2. 加热器上端差

加热器上端差是指加热器进口蒸汽压力下的饱和温度与加热器被加热工质的出口温度之差，单位:℃。计算公式如下

$$\Delta t_{ws}=t_{jk}-t_{ck} \tag{3-74}$$

$$\Delta t_{sdc}=t_{rk}^{bh}-t_{ck}^{gs} \tag{3-75}$$

式中　Δt_{sdc}——加热器上端,℃;

t_{rk}^{bh}——加热器进口蒸汽压力下的饱和温度,℃;

t_{ck}^{gs}——加热器被加热工质的出口温度,℃。

3. 加热器下端差

加热器下端差是指被加热工质进入疏水冷却器（或疏水冷却段）时的温度与离开疏水冷却器（或疏水冷却段）的疏水温度之差，单位:℃，计算公式如下

$$\Delta t_{ws}=t_{jk}-t_{ck} \tag{3-76}$$

$$\Delta t_{xdc}=t_{gz}^{jr}-t_{ss} \tag{3-77}$$

式中　Δt_{xdc}——加热器下端差,℃;

t_{gz}^{jr}——被加热工质进入疏水冷却器（或疏水冷却段）时的温度,℃;

t_{ss}——离开疏水冷却器（或疏水冷却段）的疏水温度,℃。

4. 高压加热器出口给水温度

高压加热器出口给水温度是指末级高压加热器、直通（旁路）门后的温度。给水温度降低对发电煤耗的影响如下：

（1）100MW 机组，高压加热器给水受热度每降低 10% 运行，发电煤耗率升高 0.7g/kWh。

（2）200MW 机组，高压加热器给水受热度每降低 10% 运行，发电煤耗率升高 1g/kWh。

（3）300MW 机组，高压加热器给水受热度每降低 10% 运行，发电煤耗率升高 1.4g/kWh。

一般情况下，给水温度降低 1℃，影响汽轮机效率降低 0.011%（百分点）左右，影响发电煤耗率升高 0.1g/kWh。

5. 高压加热器投入率

高压加热器投入率是指汽轮机回热系统的高压加热器运行小时与计算期汽轮机小时的比例，单位:%。它与检修工艺、检修质量、高压加热器启动方式、运行操作水平、运行中给水压力的稳定程度等有关。

（1）高压加热器投入率计算公式

$$L_{gj}^{tl}=\frac{h_{gt}^{yx}}{h_{jy}}\times 100 \quad (\%) \tag{3-78}$$

式中 L_{gj}^{tl}——高压加热器投入率,%；

h_{gt}^{yx}——计算期高压加热器运行小时，h；

h_{jy}——计算期汽轮机运行小时，h。

（2）高压加热器投与不投对发电煤耗率的影响。

1）100MW 机组，热耗率变化 1.9%，发电煤耗率变化 7g/kWh。

2）200MW 机组，热耗率变化 2.6%，发电煤耗率变化 10g/kWh。

3）300MW 机组，热耗率变化 4.6%，发电煤耗率变化 14g/kWh。

高压加热器投入率每降低 1%，使发电煤耗率升高的情况如下：

1）100MW 机组，发电煤耗率升高 0.07g/kWh。

2）200MW 机组，发电煤耗率升高 0.1g/kWh。

3）300MW 机组，发电煤耗率升高 0.14g/kWh。

三、高压加热器停止运行对运行经济性影响的计算

高压加热器停止运行对运行经济性的影响是指高压加热器全切除对发电煤耗率的影响值。汽轮机设备制造厂在《汽轮机技术热力特性计算书》或汽轮机特性热力性能数据资料中，都有厂家提供的机组高压加热器全切除工况的热耗率，即额定负荷、额定进汽参数、额定背压、补水率为 0 的运行工况图，以及厂家提供的机组的热耗率保证值工况（THA——机组的热耗率验收工况），即汽轮机在额定负荷、额定进汽参数、额定背压、回热系统正常投运、补水率为 0 时的工况。

根据上述两组数据分别计算出各自运行工况的发电煤耗率，其发电煤耗率的差值就是高压加热器停止运行后对运行经济性的影响值，其计算程序见表 3－20。

表 3－20　　高压加热器全切对发电煤耗率影响值的计算程序表

序号	指　　标		单位	数值
1	保证值设计工况	机组额定出力	MW	600
2		主蒸汽压力	MPa	16.7
3		主蒸汽温度	℃	537
4		再热蒸汽压力	MPa	3.19
5		再热蒸汽温度	℃	537
6		给水温度	℃	273.0
7		锅炉效率（取值）	%	92.80
8		保证值汽轮机热耗率	kJ/kWh kcal/kWh	7795.7
9		保证值汽轮机效率	%	46.19
10		管道效率	%	98.00
11		电厂效率（⑦×⑨×⑩）	%	42.01
12		系数		0.1228571
13		保证值发电煤耗率（⑫/⑪）	g/kWh	292.45
14	高压加热器全切工况	高压加热器全切工况汽轮机热耗率	kJ/kWh	8072.6
15		汽轮机效率（3600/⑭）	%	44.60
16		电厂效率（⑦×⑩×⑮）	%	40.56
17		高压加热器全切发电煤耗率（⑫/⑯）		302.90
18		高压加热器全切对发电煤耗率的影响值（⑰－⑬）	g/kWh	10.45
19		高压除氧器出口水温度	℃	164.5
20		高压加热器给水受热度（⑥－⑲）		108.5
21		给水温度变化1℃对发电煤耗率的影响系数（⑱/⑳）（Δb_{fd}^{bh}g/kWh）/（Δt_{gs}^{bh}1%）		0.096 3

表 3－20 计算结果说明：

（1）600MW 机组高压加热器全切对发电煤耗率的影响值为 10.45g/kWh。

（2）给水温度变化 1℃对发电煤耗率的影响系数为 0.096 3g/kWh。

（3）表中括号内表达式为对应参数的计算公式，○内数字代表各参数序号。

1. 收集计算用设计指标

（1）从机组设计资料中查出下列设计值：

1）锅炉设计效率。

2）汽轮机保证值热耗率。

3）高压加热器全切时汽轮机运行热耗率。

（2）选取计算用管道效率，一般选用狭义管道效率，取值为 98.00%。因为计算结果取用相对，所以选用狭义管道效率或广义管道效率，对计算结果的影响不大。

2. 高压加热器停止运行后对运行经济性影响值的计算方法

（1）计算汽轮机保证值热耗率的汽轮机效率。

（2）计算高压加热器全切时汽轮机运行热耗率的汽轮机效率。

（3）根据上述设计锅炉效率、汽轮机效率、管道效率，分别计算汽轮机保证值效率、高压加热器全切时汽轮机效率下的两组发电煤耗率。

（4）用汽轮机保证值效率计算的发电煤耗率，减去高压加热器全切时根据汽轮机效率计算的发电煤耗率，两者之差即为高压加热器全切对发电煤耗率的影响值。

3. 计算给水温度变化对发电煤耗率的影响系数

给水温度变化对发电煤耗率的影响系数是指给水温度变化1℃对发电煤耗率的影响值，可以表达为（Δb_{fd}^{bh}g/kWh）/（Δt_{gs}^{bh}1℃）。

（1）给水温度变化1℃对发电煤耗率的影响系数的计算公式

$$\Delta b_{gs}^{fx} = \frac{b_{fd}^{bz} - b_{fd}^{gq}}{\Delta t_{gs}^{bh}} \tag{3-79}$$

式中 Δb_{gs}^{fx}——给水温度变化1℃对发电煤耗率的影响系数，（Δb_{fd}^{bh}g/kWh）/（Δt_{gs}^{bh}1℃）；

b_{fd}^{bz}——保证值发电煤耗率，g/kWh；

b_{fd}^{gq}——高压加热器全切发电煤耗率，g/kWh；

Δt_{gs}^{bh}——给水温度变化值，℃。

（2）编制高压加热器全切对发电煤耗率影响值的计算程序表。根据上述计算公式和设计参数，编制高压加热器全切对发电煤耗率影响的计算程序表，见表3-20。

4. 不同类型汽轮机组高压加热器全切工况对汽轮机热耗率、发电煤耗率的影响

不同类型汽轮机组高压加热器全切工况对汽轮机热耗率、发电煤耗率的影响值表，见表3-21。

表3-21　不同类型汽轮机组高压加热器全切工况对汽轮机热耗率、发电煤耗率的影响值表

机组型号	给水温度设计值（℃）	汽轮机热耗率增加值（%）	发电煤耗率增加值（g/kWh）
N6-35-1	164.5	1.00	4.8
N12-35-1	164.5	1.90	8.5
N25-35	164.2	3.50	15
51-50-3	169.5	2.33	8.4
N100-90/35	222.0	1.90	7.0
N125-135/550/550	239.0	2.30	7.4
N200-130/535/535	240.0	2.57	8.3
N300-165/550/550	263.1	4.60	11.0
N600-16.7/537/537	273.0	3.48	10.5
N600-24.2/566/566	274.0	2.89	8.2

注　高压加热器全切工况对发电煤耗率的影响值仅供参考。分析给水温度对发电煤耗率的影响时，应根据本机组热力特性，计算给水温度变化1℃对发电煤耗率的影响系数。

第八节 汽轮机指标变化对汽轮机效率、发电煤耗率影响的综合分析

汽轮机的技术经济指标，从汽轮机效率到主蒸汽参数、凝汽器运行参数、给水回热加热系统送出的给水温度，约有几十个，各项指标变化对汽轮机效率、发电煤耗率的影响值有大有小，影响的因素也不一样，变化多端。可见，汽轮机小指标变化对汽轮机效率、发电煤耗率影响的综合分析工作十分重要。通过对技术经济指标的分析，从中找出机组设备、系统运行指标存在的问题，提出措施和解决办法，是指标管理者至关重要的工作内容和任务。

一、汽轮机小指标对汽轮机效率、发电煤耗率的影响系数表

本章第三~五节讲述了蒸汽参数、凝汽器运行参数、给水温度等指标对汽轮机效率、发电煤耗率影响系数的计算方法。可根据制造厂提供的机组设备热力特性，计算汽轮机指标变化对汽轮机效率、发电煤耗率的影响系数，并填入汽轮机小指标对汽轮机效率、发电煤耗率的影响系数表中，见表3－22。

表3－22　汽轮机小指标对汽轮机效率、发电煤耗率的影响系数表

序号	指标名称	指变化值	汽轮机小指标对汽轮机效率的影响系数（%/单位指标）			汽轮机小指标对发电煤耗率的影响系数［(g/kWh)/单位指标］		
			100MW	200MW	600MW	100MW	200MW	600MW
1	平均负荷（万kWh）	1.0	—	—	—			
2	主蒸汽压力（MPa）	1.0	0.2	0.20		1.9	1.5	
3	主蒸汽温度（℃）	1.0	0.011	0.013		0.10	0.11	
4	再热蒸汽温度（℃）	1.0	—	0.011		—	0.10	
5	再热蒸汽压降（MPa）	1.0	—			—		
6	给水温度（℃）	1.0	0.012	0.011		0.11	0.10	
7	凝汽器真空度（%）	1.0	0.31	0.305		3.00	3.00	
8	循环水入口温度（℃）	1.0	0.106	0.115		1.00	1.00	
9	凝汽器循环水温升（℃）	1.0	0.106	0.115		1.00	1.00	
10	凝汽器端差（℃）	1.0	0.106	0.115		1.00	1.00	

表3－22使用说明：

（1）表3－22中指标变化值是指指标在额定值时，该指标向上或向下变化的1个单位值。

（2）“影响系数”栏内，“汽轮机效率,%”是指主蒸汽温度等汽轮机小指标每变化1个单位值，对汽轮机效率的相应影响值（百分点），如主蒸汽温度每变化1℃，对200MW机组而言，约影响汽轮机效率变化0.013%。

（3）“影响系数栏”内的“发电煤耗率，g/kWh”是指主蒸汽温度等汽轮机小指标每变化1个单位值，对发电煤耗率的相应影响值（g/kWh），如主蒸汽温度每变化1℃，对

200MW 机组而言，约影响发电煤耗率变化 0.11g/kWh。

（4）本表提供的系数仅供同类机组参考，各种不同类型的机组应根据设计提供的特性数据计算出切合本厂机组实际的影响系数，不可套用，否则将影响指标分析的正确性、真实性。

二、汽轮机小指标变化对汽轮机效率、发电煤耗率影响的综合分析

本节主要通过表 3-22 中由制造厂提供的本机组设备热力特性计算的汽轮机指标变化对汽轮机效率、发电煤耗率影响系数，定量地计算汽轮机各项小指标变化对汽轮机效率、发电煤耗率的影响值。分析方法是把拟分析的本期指标选作比较的基期指标，而将汽轮机小指标变化对汽轮机效率、发电煤耗率的影响系数值填入表 3-23 中，就可以进行分析计算。从计算结果中可以查出每一台机、每一个指标变化对汽轮机效率、发电煤耗率的影响值，并可编写汽轮机小指标变化对发电煤耗率影响的分析报告。

表 3-23　　汽轮机小指标变化对汽轮机效率、发电煤耗率的影响值的分析比较

序号	指标			1号机	2号机	3号机	5号机	6号机	厂合计
1	汽轮机效率（%）		本期						
			基期						
			比较						
	效率对影响煤耗系数								
	煤耗影响值（g/kWh）								
2	主蒸汽温度（℃）		本期						
			基期						
			比较						
	系数	效率	影响值						
		煤耗							
3	主蒸汽压力（MPa）		本期						
			基期						
			比较						
	系数	效率	影响值						
		煤耗							
4	再热蒸汽温度（℃）		本期						
			基期						
			比较						
	系数	效率	影响值						
		煤耗							
5	再热蒸汽压力降（MPa）		本期						
			基期						
			比较						
	系数	效率	影响值						
		煤耗							

续表

序号	指标			1号机	2号机	3号机	5号机	6号机	厂合计
6	凝汽器真空度（%）		本期						
			基期						
			比较						
	系数	效率	影响值						
		煤耗							
7	凝汽器循环水入口温度（℃）		本期						
			基期						
			比较						
	系数	效率	影响值						
		煤耗							
8	凝汽器循环水温升（℃）		本期						
			基期						
			比较						
	系数	效率	影响值						
		煤耗							
9	凝汽器端差（℃）		本期						
			基期						
			比较						
	系数	效率	影响值						
		煤耗							
10	给水温度（℃）		本期						
			基期						
			比较						
	系数	效率	影响值						
		煤耗							
11	汽轮机发电平均负荷（kW）		本期						
			基期						
			比较						
	系数	效率	影响值						
		煤耗							
影响值合计	汽轮机效率（%）								
	发电煤耗（g/kWh）								

表3－23使用说明：

（1）表3－23指标栏中的系数："效率"、"煤耗"是指该指标每变化1个单位数值时，对汽轮机效率的影响系数值和对发电煤耗率的影响系数，可从表3－22中查得。影响值是指各项指标变化对汽轮机、发电煤耗率的实际影响值。计算方法为：影响系数乘以该指标变化的差值。

（2）正常情况下，第1项汽轮机效率变化值对煤耗的影响值应等于第2、3、4、5、6、10、11项之和。汽轮机效率变化值与小指标变化影响效率的合计值应稳定在一定数值范围内。存在较大差值时，应首先检查比较期汽轮机效率计算值是否正确，一是查明汽轮机效率变化与汽耗率变化是否对应；二是查明汽耗率变化与速度级压力变化是否对应。如果效率差值仍大，则应检查通流部分变化情况（应首先确认有关表计准确无误）；三是发生在大小修后，上述两种情况均正常，则应检查电量表的倍数（齿轮变比，TV、TA变比）是否正确。

（3）全厂汽轮机效率对煤耗影响系数的合计值应为各机组汽轮机效率对煤耗影响系数的加权平均值。

（4）全厂汽轮机效率对煤耗的影响值可以是机组影响值的加权平均值，也可以是全厂汽轮机综合效率变化值除全厂汽轮机效率变化对煤耗影响系数的计算值。

（5）表3－23中的第6项，凝汽器真空度对汽轮机效率、煤耗率的影响值应等于第7项（凝汽器循环水入口温度）、第8项（凝汽器循环水温升）、第9项（凝汽器端差）的影响值之和。差值大时，应首先检查真空度与排汽温度是否对应，然后检查有关表计是否准确。比较应是设计工况下的设计参数。运行参数相差较大时，应进行修正。计算影响值时，第6项与第7项、第8项、第9项不可重复计算。

（6）第6项的凝汽器真空度、第10项的给水温度应在相同负荷下进行比较，不能用额定负荷的设计值与随机的实际负荷比较。因机组负荷变化对汽轮机组效率、煤耗率的影响是客观存在的，所以机组负荷对汽轮机组效率、煤耗的影响，应归纳在第11项的汽轮机发电平均负荷变化对汽轮机组效率、煤耗的影响值内。

（7）关于汽轮机平均负荷变化对发电煤耗影响的分析估算方法：

1）由p_0'（速度压力，下同）与P_{fd}（发电负荷，下同）的关系曲线，查出P_{fd}与p_0'的对应数值。

2）由p_0'与D（主蒸汽流量，下同）的关系曲线，查出p_0'与D的对应数值。

3）根据P_{fd}与D的对应数值，绘制出P_{fd}与D的关系曲线。通过计算，绘制出P_{fd}与Q（热耗量）的关系曲线。或由机组设计热力计算数据直接绘制出$P_{fd}-D$的关系曲线和P_{fd}与Q的关系曲线。

4）根据P_{fd}与D的关系曲线和P_{fd}与Q的关系曲线，可以分别得出运行负荷段的汽耗量方程和热耗量方程。

汽耗量方程如下

$$D = D_{kz} + dP_{fd} \tag{3-80}$$

式中 D_{kz}——汽轮机组空载用汽量，t/h；

d——汽轮机组微增汽耗率，kg/kWh。

热耗量方程如下

$$Q = Q_{kz} + qP_{fd} \tag{3-81}$$

式中 Q_{kz}——汽轮机组空载用热量，kJ/h；

q——汽轮机组微增热耗率，kJ/kWh。

5）根据上述方程给出的汽轮机组空载用热量，可以计算出机组在不同负荷下，空载用热量在发电负荷变化时对发电煤耗率的影响值，见式（3－82）并可以绘制出相应的关系曲线。

$$\Delta b_{kz}^{fh}=\frac{Q_{kz}}{29\ 271.2}\left(\frac{1}{P_{sj}}-\frac{1}{P_{ed}}\right) \tag{3-82}$$

式中　Δb_{kz}^{fh}——机组空载热耗量在发电负荷变化时，对发电煤耗率的影响值，g/kWh；

P_{sj}——机组运行的实际负荷，kW；

P_{ed}——机组额定负荷，kW。

三、汽轮机指标变化对汽轮机效率、发电煤耗率的影响值的计算

前面已经介绍了汽轮机指标变化对汽轮机效率、发电煤耗率的影响系数，这里主要讲解汽轮机各项指标变化值对汽轮机效率、发电煤耗率影响值的计算方法。具体方法如下。

1. 汽轮机小指标变化后对汽轮机效率的影响值的计算

$$\Delta\eta_{jz}^{yx}=\eta_{qj}^{ed}-\eta_{qj}^{bh} \tag{3-83}$$

$$\Delta\eta_{jz}^{yx}=\eta_{qj}^{ed}+\Delta\eta_{qj}^{bh} \tag{3-84}$$

式中　$\Delta\eta_{jz}^{yx}$——汽轮机小指标变化对汽轮机效率的影响值,%；

η_{qj}^{ed}——汽轮机设计值（额定值、基础值）效率,%；

η_{qj}^{bh}——汽轮机指标变化后的汽轮机效率值,%。

2. 汽轮机小指标对汽轮机效率、发电煤耗率的影响值的计算

（1）汽轮机指标变化对汽轮机效率的影响值的计算

$$\Delta\eta_{jz}^{yx}=\Delta\eta_{zb}^{jx}\times\Delta ZB_{jz}^{bh} \tag{3-85}$$

式中　$\Delta\eta_{qj}^{bh}$——汽轮机小指标变化对汽轮机效率的影响值,%；

$\Delta\eta_{zb}^{jx}$——汽轮机指标变化对汽轮机效率的影响系数；

ΔZB_{jz}^{bh}——汽轮机指标的变化值。

（2）汽轮机指标变化对发电煤耗率的影响值的计算

$$\Delta b_{jzf}^{yx}=\Delta b_{jz}^{fx}\times\Delta ZB_{jz}^{bh} \tag{3-86}$$

式中　Δb_{jzf}^{yx}——汽轮机指标变化对发电煤耗率的影响值，g/kWh；

Δb_{jz}^{fx}——汽轮机指标变化对发电煤耗率的影响系数。

四、汽轮机组发电量权数变化、效率水平变化对全厂汽轮机综合效率影响的分析

汽轮机设备运行经济性是评价、分析电厂运行经济性的三大影响因素之一。在分析汽轮机设备运行经济性时，除了要分析各机组效率水平变化、汽轮机各项技术经济指标变化对电厂经济性的影响外，还要分析各汽轮机设备间发电量权数、汽轮机组效率水平变化对全厂汽轮机效率及全厂运行经济性的影响。

汽轮机综合效率影响因素的分析，是火力发电厂技术经济指标分析方法中的第三级分析。这一级分析是要查明发电厂汽轮机综合效率变化是由汽轮发电机组间发电权数变化引起，还是由哪一台汽轮机组效率变化而造成的。

第三级的汽轮机综合效率影响因素分析方法与第一级的供电煤耗率分析方法、原理相同。因此，本节不再做计算理论推导和过多的文字叙述，仅对汽轮机综合效率的影响因素分

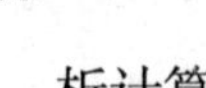

析计算表（见表3－24）作详细的使用说明。

表3－24　机组发电量权数、汽轮机组效率水平变化对全厂汽轮机综合效率影响的分析计算表

单元机组	发电量（万kWh）		基期		本期		乘积			汽轮机效率变化值（%）		
			汽轮机效率（%）	发电量权数	汽轮机效率（%）	发电量权数	基期汽轮机效率×基期发电量权数	基期汽轮机效率×本期发电量权数	本期汽轮机效率×本期发电量权数	发电量权数变化影响厂汽轮机效率的变化值	机组分析比较期间的汽轮机效率变化值	汽轮机机组效率变化对全厂效率的影响值
	基期	本期	[1]	[2]	[3]	[4]	[5]＝[1]×[2]	[6]＝[1]×[4]	[7]＝[3]×[4]	[8]＝[6]－[5]	[9]＝[3]－[1]	[10]＝[7]－[6]
全厂												
1												
2												
3												
4												
5												
6												
⋮												
n												

表3－24计算结果说明：

（1）基期、本期发电量及栏［2］、［4］、［5］、［6］、［7］、［8］、［10］的全厂数值（指标）等于分机数值之和。其他，如栏［1］、［3］的全厂指标、数值均不等于分机指标、数值之和。但全厂［6］≠［1］×［4］，而等于各分机数值之和。

（2）栏［1］的全厂基期汽轮机效率等于基期分机效率与基期分机发电量权数的乘积之和。加权平均计算的全厂汽轮机综合效率不可用于计算全厂的电厂效率。

（3）栏［3］中的全厂本期汽轮机效率等于本期分机效率与本期分机发电量权数的乘积之和。加权平均计算的全厂汽轮机综合效率不可用于计算全厂的电厂效率。

（4）栏［6］是汽轮机发电量权数变化后的分析、计算用全厂汽轮机效率，等于分机数值之和，但不等于栏［1］中的全厂汽轮机效率与栏［4］中的全厂数值的乘积。

（5）栏［9］中的分析、计算用全厂汽轮机效率变化值等于栏［3］中的全厂汽轮机效率减去栏［1］中的全厂汽轮机效率，但不等于分机效率变化值之和。

（6）栏［10］中的全厂汽轮机效率的变化值等于栏［7］中的全厂汽轮机效率值减去栏［6］中的分析、计算用全厂汽轮机效率，但不等于分机效率变化值的和。

（7）栏［8］中全厂数值为各汽轮机组本期发电量权数与基期比较时，对全厂汽轮机综合效率影响的总值。其他1～n号机的各机数值是计算过程数值，不是该机组发电量权数变化对全厂汽轮机综合效率的影响值。

(8) 栏[9]中全厂数值为各汽轮机组本期发电量权数、汽轮机效率与基期比较时对全厂汽轮机综合效率影响的总值。栏[9]全厂数值=栏[8]全厂数值+栏[10]全厂数值。其他1~n号机的各机数值，是本期各汽轮机组效率与基期比较时的变化(差)值。

(9) 栏[10]中全厂数值为本期各汽轮机组效率与基期比较时，对全厂汽轮机综合效率影响的总值。其他1~n号机的各机数值，是本期各汽轮机组效率与基期比较时，各自对全厂汽轮机综合效率的影响值。

(10) 分析、比较期(基期、本期)遇有无数值(新投产、拆除、检修、停备)时，权数填0，指标填该期平均值。

(11) 表中栏[2]、[4]权数全厂数值必须等于1(下同)。各机发电量权数之和不为1时，要视实际情况人为地对某一机发电量组权数按数值尾数大小采取强进、强舍，否则会造成机组发电煤耗率与厂发电煤耗率之间的分析误差。

第九节 汽轮机设备经济性能管理

汽轮机设备经济性能管理是指汽轮机组设备、系统在发电、生产过程中经济性能降低，通过检修修复损坏了的部件；用经济性能高的设备替代、更换经济性能低的设备，以达到保持、提高设备的经济性能。火电厂生产者在设备大修(A级检修)前，要查明、分清汽轮机设备效率降低的原因；管理者提出改进方案；检修者执行后，管理者做好设备经济性能的鉴定、评价。

汽轮机组设备、系统在发电、生产过程中，由于凝汽器真空系统运行工况恶化，给水回热加热系统运行工况偏离设计状态，汽轮机内部通流部分间隙磨损、增大等种种原因，致使汽轮机组绝对电效率降低的现象称为汽轮机组效率的衰减。汽轮机组绝对电效率的衰减又分为自然衰减、相对衰减(恢复值)和绝对衰减3种。汽轮机组的绝对电效率，习惯上一般称为汽轮机(组)效率(下同)。

此次引用的数据，是某厂6台100MW汽轮机组几十年中统计到的50台次机组大修前后鉴定试验报告的资料、数据。分析时，第一台机组运行时间已长达40年。

6台100MW汽轮发电机组运行中效率的绝对衰减值年均约为0.025%，与设计值比较，绝对衰减率年均约为设计效率值的0.066%。

一、汽轮机效率衰减的影响因素

影响汽轮机效率衰减的因素主要有以下4个方面：

(1) 汽轮机通流部分的动、静部分的间隙，动、静叶片的积垢、冲蚀等。

(2) 凝汽器系统的真空严密性，凝汽器铜管积垢、堵杂物，凝汽器铜管内循环水的流速等。

(3) 给水回热的高压加热器、低压加热器及其系统运行参数工况达不到设计要求等。

(4) 主蒸汽压力、温度及再热蒸汽温度达不到设计(定额)值。

(一) 汽轮机组通流部分影响机组效率衰减的因素

汽轮机组通流部分间隙变化，是影响机组效率衰减的重要因素。机组大修工程也是调整通流部分的间隙，以达到最佳状态，从而提高汽轮机组效率的主要手段。但大修工程的效果保持多长时间，也是需要进一步研究的重要课题。汽轮机组通流部分影响机组效率衰减的因素有：

（1）启停操作水平。汽轮机组设备启停操作不当，以及机组设备运行工况的不稳定性都会造成通流部分轴封、隔板汽封等磨损，间隙增大，从而影响机组效率降低。

（2）启动参数。单元机组设备在启动过程中，因启动参数控制不合理，汽轮机启动用蒸汽过热度低，致使启动过程中进入机组蒸汽的湿度大，也会造成首级叶片的冲蚀。特别是经常启停的调峰机组，如果启停参数控制得不严格，那么首叶片的冲蚀将更为突出。

（3）汽水品质。锅炉汽水品质差、锅炉设备运行工况不稳定，都会造成主蒸汽品质不合格，从而致使汽轮机动、静叶片积盐垢。

（4）低负荷运行。汽轮机组经常或长时间处于低负荷运行，或经常变工况运行，因流经后部部分叶片的蒸汽湿度增大，造成叶片冲蚀。

（二）汽轮机凝汽器系统影响机组效率衰减的因素

汽轮机排汽至凝汽器的真空度，即使在设备大修后也大都达不到设计工况运行，是影响汽轮机组效率衰减的主要因素。汽轮机凝汽器系统影响机组效率衰减的因素有：

（1）真空严密性。凝汽器及其系统的真空严密性不合格。

（2）铜管积垢。凝汽器铜管积垢，凝汽器冷却效率降低。

（3）循环水量少。循环水泵出力降低，凝汽器铜管积垢、堵杂物等都会造成凝汽器循环水量减少而降低凝汽器冷却效率。同时，循环水量减少，造成凝汽器铜管内的循环水流速降低，加快了凝汽器铜管的积垢，造成了恶性循环。

（三）汽轮机给水回热系统影响机组效率衰减的因素

（1）加热器受热面。给水回热系统高、低压加热器受热面积垢或因管系泄漏造成受热面积减少。

（2）加热器运行参数。给水回热系统高、低压加热器运行参数和工况达不到设计要求，包括抽气参数，各加热器受热度、端差、水位，空气系统的运行工况等。特别是低一级压力的加热器达不到设计工况运行，而由高一级压力的加热器来完成时，将造成整个给水回热加热器系统效率降低。

（3）高压加热器直通（旁路）门的严密性。

（四）主蒸汽、再热蒸汽参数对机组效率衰减的影响

（1）主要是指主蒸汽压力、温度达不到设计（定额）值。

（2）再热蒸汽温度达不到设计（定额）值。

（3）再热器、过热器喷水减温水量超过设计值，降低了单元机组的运行经济性。

二、汽轮机组效率的自然衰减值

汽轮机效率的自然衰减是指汽轮机设备及系统在两次大修间隔期内，汽轮机组在生产中效率的自然降低现象。

分析、统计数据表明，某厂6台100MW汽轮机组效率的自然衰减平均值为0.71%（百分点，下同），单台机组最大达到1.76%，见表3－25。此外，有7台次机组两次大修间隔期内汽轮机效率降低值在1.05%以上；有5台次机组两次大修间隔期内汽轮机效率降低值在－0.18%以下。

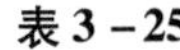

表 3-25　　汽轮机组大修间隔内效率的自然衰减值

指　　标	平均值	最大值	最小值
汽轮机组大修间隔内效率自然衰减值（效率百分点,%）	+0.71	+1.76	+0.40

有关数据表明，有3台汽轮机组的15次大修的间隔期在3~4年之间，汽轮机组大修间隔期机组效率自然衰减值并非与时间成正比。

1. 主要影响因素

（1）分析数据表明，37次大修间隔期内，汽轮机组效率自然衰减情况与汽轮机组启、停操作水平有直接的关系，-0.18%以下有5次。

（2）其次，凝汽器系统的真空系统运行工况恶化。

2. 汽轮机组效率自然衰减的计算

汽轮机组设备及系统在两次大修间隔期内，汽轮机组效率的自然降低称为汽轮机组效率的自然衰减，具体计算公式为

$$\Delta\eta_{qj}^{zj} = \eta_{qj}^{sh} - \eta_{qj}^{bq} \tag{3-87}$$

式中　$\Delta\eta_{qj}^{zj}$——汽轮机设备两次大修间隔期间的效率降低值,%；

η_{qj}^{sh}——汽轮机设备上一次大修后的效率,%；

η_{qj}^{bq}——汽轮机设备本次大修前的效率,%。

三、汽轮机组大修后效率的相对衰减值

汽轮机组大修后效率的相对衰减（或称提高）值，是指汽轮机组设备及系统在两次大修间隔期内，汽轮发电机组效率发生了自然降低的现象，经大修工程标准项目工作后，汽轮机组效率能够恢复（提高）的效率值，即为机组运行中暂时的降低值，亦称汽轮机组效率相对衰减值，见表3-26。

表 3-26　　汽轮机组效率的相对衰减值

指　　标	平均值	最大值	最小值
汽轮机组大修后效率恢复（相对衰减值）值（效率百分点,%）	0.49	1.77	-1.00
汽轮机组大修后效率恢复率（相对衰减率,%）	80.60	94.94	69.31

鉴定分析数据表明，机组大修工程后，85%台次以上汽轮机组的效率是有较多的提高。机组效率恢复值平均水平达到80%以上，部分机组效率恢复值能达到90%以上。有的机组的提高值甚至超过了本次大修间隔期内机组效率的降低值。这种现象说明，本次大修工程工艺质量好，或大修工程中有重大的设备恢复性工程，把以往大修工程中机组效率没有得到恢复的效率也恢复了，但少数机组大修后，机组设备的效率仍是降低的。

1. 汽轮机组大修工程后汽轮机效率恢复的主要因素

（1）汽轮机通流部分的机组效率恢复（提高）值最大。大修后，汽轮机效率平均提高0.62%，占总恢复值的69.66%。单台汽轮机效率大修后最大提高（恢复）为0.99%。

（2）大修后，汽轮机凝汽器设备、系统效率平均提高（恢复）0.22%，占总恢复值的24.72%。单台汽轮机效率大修后最大提高（恢复）为0.82%。

2. 汽轮机设备检修后效率恢复值的计算公式

$$\Delta\eta_{qj}^{hf} = \eta_{qj}^{bh} - \eta_{qj}^{bq} \tag{3-88}$$

式中 $\Delta\eta_{qj}^{hf}$——汽轮机设备检修后的效率恢复（相对衰减）值,%；

η_{qj}^{bh}——本次汽轮机设备检修后的效率,%；

η_{qj}^{bq}——本次汽轮机设备检修前的效率,%。

四、汽轮机效率绝对衰减值的分析

汽轮机组效率的绝对衰减值是指，汽轮机设备及其系统在长时间的运行中，由于动、静叶的冲蚀及积垢，通流部分间隙调整达不到设计水平，回热系统等设备老化等原因造成的经济性能的降低值。常规大修工程项目中，汽轮机组设备、系统效率能恢复效率的降低值。若要恢复这一部分效率的绝对衰减值，必须对进行效率衰减的设备、部位进行更新、改造，才能得以恢复。

鉴定分析数据表明：

大修间隔期内，汽轮机组效率绝对衰减值为0.025%/年，其中最大为0.064%/年，最小为0.007%/年。

大修间隔期内，汽轮机组效率绝对衰减率的平均值为设计值的0.066%/年，其中最大为0.16%/年，最小为0.018%/年。

汽轮机效率绝对衰减值有以下3种含义：

（1）以汽轮机自建成投产鉴定汽轮机效率为准，经多年运行至分析日止的汽轮机效率的绝对降低值，在运行期内以年为单位的汽轮机效率绝对降低的平均值，可表达为 $\Delta\eta_{qj}^{jd}$/年。

（2）在汽轮机建成投产鉴定汽轮机效率不准（无代表性）时，经多年运行至分析日止的汽轮机效率的绝对降低值，在运行期内以年为单位的汽轮机效率绝对降低的平均值，可表达为 $\Delta\eta_{qj}^{jd}$/年。

（3）汽轮机组发生典型异常后，以上次大修后特性鉴定实验和设备异常修复后的特性鉴定试验设备的经济性能为依据，计算、评价设备异常而造成的汽轮机组效率的绝对降低值。

1. 汽轮机效率绝对衰减值的计算公式

$$\Delta\eta_{qj}^{jd} = \frac{\eta_{qj}^{cs} - \eta_{qj}^{jz}}{N_{fx}^{ns}} \tag{3-89}$$

式中 $\Delta\eta_{qj}^{jd}$——汽轮机效率的绝对衰减值,%/年；

η_{qj}^{cs}——计算汽轮机效率绝对衰减值的初始值,%；

η_{qj}^{jz}——计算汽轮机效率绝对衰减值的终止值,%；

N_{fx}^{ns}——汽轮机效率绝对衰减值计算的年数，年。

2. 影响汽轮机效率绝对衰减的因素

（1）汽轮机设备故障，通流部分的动、静部分的间隙不能恢复到正常状态。

（2）高压段及末几级动、静叶片的冲蚀等。

（3）凝汽器通流面积减少，大修工程不能解决的部分的影响。

（4）高压加热器泄漏，通流面积减少，大修工程不能解决的部分的影响。

五、汽轮机设备经济性能管理要点

（1）汽轮机设备大修前后的鉴定试验报告中，机组效率变化值要按下述 5 个方面分清各自的变化值是多少：

1）主蒸汽压力、温度，再热蒸汽温度变化对汽轮机效率的影响值各是多少。

2）再热器、过热器喷水减温的水量变化对汽轮机效率的影响值各是多少。

3）凝汽器设备经济性能变化对汽轮机效率的影响值是多少。

4）给水加热器、回热系统经济性能变化对汽轮机效率的影响值各是多少。

5）汽轮机组通流部分经济性能变化对汽轮机效率的影响值是多少。

（2）汽轮机组大修后，头两年效率降低较快，通流部分间隙应如何调整需进一步研究。建议大修工程通流部分间隙标准应切合实际，而不做过高的、不必要的要求；另外，汽轮机组通流部分设计者应设计出最佳、最优的通流部分间隙。

（3）汽轮机组大修工程质量、汽轮机组大修工程后机组效率恢复（提高）值应作为竣工验收和考核的内容，以提高机组设备的运行经济性。

（4）不断提高汽轮机组的启动、停机的操作水平，确保汽轮机设备保持在较高经济性能的状态下运行，以提高企业效益。

第四章 锅炉机组技术经济指标

本章内容，一是讨论、研究锅炉设备技术经济指标的影响因素；二是讨论、研究锅炉设备各项可定量分析的技术经济指标变化对单元机组锅炉效率、单元机组发电煤耗率影响系数的计算方法，并最终通过计算，分析、求出各项可定量分析的技术经济指标对单元锅炉设备效率、单元机组发电煤耗率影响结果的汇总值；分清锅炉各项指标，哪一个指标完成得好，哪一个指标没有达到目标值，差距是多少；三是研究、计算各锅炉设备效率水平变化、各锅炉设备蒸汽流量权数对全厂锅炉综合效率的影响值，分清主、客观因素的影响值各是多少；四是分析、讨论、计算锅炉设备带负荷程度变化时，锅炉散热损失对发电煤耗率的影响；五是认识锅炉设备运行中的燃料损失及其计算方法。

锅炉效率是锅炉设备经济性能综合性的总指标。影响锅炉效率的因素有排烟损失、一氧化碳损失、机械未完全燃烧损失、散热损失、灰渣潜热损失、石子煤损失等各类指标。其次，影响单元机组发电煤耗率、单元机组供电煤耗率的运行参数还有锅炉过热器出口的主蒸汽参数、再热蒸汽参数、再热蒸汽喷水减温用水量等。

锅炉设备、热系统的技术经济按其可以辨别的性质分类，可分为可定量分析指标和可定性分析指标。

可定量分析的运行技术经济指标是指该指标的数值变化，对其上一级指标的影响，可以计算出一个具体的影响值。如第二章讲过的不同容量的单元机组，锅炉效率变化 0.20% ~0.33% （百分点），约影响其上一级指标——发电煤耗率升高或降低 1g/kWh 左右。锅炉效率变化对发电煤耗率影响值的大小与汽轮机效率水平、锅炉效率水平有关。汽轮机效率、锅炉效率越低，锅炉效率变化 1% （百分点），约影响发电煤耗率变化 5g/kWh；汽轮机效率、锅炉效率越高，锅炉效率变化 1% （百分点），约影响发电煤耗率变化 3g/kWh。锅炉设备、热力系统中对锅炉效率可定量分析的技术经济指标有排烟温度、送风机入口空气（风）温度、锅炉尾部烟道漏风（率）系数、锅炉炉膛出口氧量、排出烟气中的一氧化碳、飞（细）灰可燃物、大（粗）灰（渣）可燃物、锅炉墙体散热损失、锅炉排出灰渣带走热损失等，此外还有锅炉设备和热系统中的锅炉过热器出口的主蒸汽温度、主蒸汽压力、再热蒸汽温度、再热蒸汽压力降、再热蒸汽喷水减温水量、石子煤热损失等，但它们对运行经济性的影响，已反映在排烟温度、飞灰可燃物、锅炉效率、发电煤耗率等指标中。因此，可定性分析的运行经济性指标也应加强管理，它是保持机组发电煤耗率在更好水平的重要因素。

可定性分析的运行技术经济性指标是指该指标的数值变化，对上一级指标有明显的影响，但在机组正常运行中不能通过运行指示参数计算获取定量的影响值。如电站锅炉燃用的煤炭的热值对发电煤耗率水平的计算有很大的影响，特别是当煤炭的热值比设计值偏差大时，对煤耗率的影响也较大，特别是当煤炭的全水分、灰分、热值比设计值偏差大时，对煤耗率的影响也较大。但单元机组正常运行中，可测量的参数不够，不具备计算条件，不能获取其对上一级的影响值；燃料煤炭的挥发分对锅炉燃烧工况（炉膛温度、炉膛结焦、火焰中心等）、灰渣可燃物（含碳量）有较大的影响，但在锅炉机组正常运行中，也不能通过运行参数计算获取定量的影响值、锅炉的高温设备及管道保温不良引起的散热损失、锅炉尾部烟气流的温度降与受热面的介质温升等。

第一节　锅炉效率及其计算

锅炉效率是评价锅炉设备、系统对能源利用程度的一个指标。它是指锅炉燃用燃料煤（油、天然气）生产蒸汽耗用燃料的利用率（程度），单位:%。一般情况下，燃用低挥发分的无烟煤、高灰分的烟煤的电站锅炉，其效率为88%～91%；燃用烟煤的电站锅炉，其效率为92%～94%；燃油的电站锅炉效率为94.5%左右。

本节主要讨论锅炉效率的计算方法。锅炉效率的计算分锅炉正平衡效率计算和锅炉反平衡效率计算两种。

一、锅炉正平衡效率计算

锅炉正平衡效率是锅炉产出热量与锅炉输入热量的比值。锅炉输入热量，是指用皮带秤等计量设备计量的锅炉耗用的燃料（煤炭、天然气、燃料油）量和对应的燃料热值计算的总热量；锅炉产出热量是指锅炉产出并输送给汽轮机的蒸汽热量，以及锅炉的自用热量（吹灰、排污、伴热、取暖等耗用和损失的热量）。因为计算锅炉输入热量的入炉煤量和入炉煤发热量，以及锅炉输出热量和自用热量时难以做到测量、计算准确。所以，日常专业管理工作中很少应用。锅炉正平衡效率测定、试验常延伸到单元机组正平衡发电煤耗率查定试验。

锅炉正平衡效率计算公式

$$\eta_{gl}^{zp}=\frac{Q_{gl}^{cc}}{Q_{gl}^{sr}}\times 100 \tag{4-1}$$

式中　η_{gl}^{zp}——锅炉正平衡效率,%；

Q_{gl}^{cc}——锅炉产出热量，$\times 10^6$kJ；

Q_{gl}^{sr}——锅炉输入热量，$\times 10^6$kJ。

1. 锅炉产出热量计算公式

$$Q_{gl}^{cc}=D_{gl}^{zq}\left(h_{gl}^{zq}-h_{gl}^{sr}\right)+D_{gl}^{zr}\left(h_{zr}^{ck}-h_{zr}^{rk}\right)+D_{zr}^{jw}\left(h_{zr}^{ck}-h_{zr}^{jw}\right)+D_{ch}\times h_{ch}+D_{br}\times h_{br}+D_{pw}\times h_{pw}+\cdots \tag{4-2}$$

式中　D_{gl}^{zq}——锅炉过热器出口蒸汽流量，kg/h；

h_{gl}^{zq}——锅炉过热器出口蒸汽焓，kJ/kg；

h_{gl}^{sr}——锅炉省煤器入口给水焓，kJ/kg；

D_{gl}^{zr}——锅炉再热器出口蒸汽流量，kg/h；

h_{zr}^{ck}——锅炉再热器出口蒸汽焓，kJ/kg；

h_{zr}^{rk}——锅炉再热器入口蒸汽焓，kJ/kg；

D_{zr}^{jw}——锅炉再热器喷水减温水流量，kg/h；

h_{zr}^{jw}——锅炉再热器喷水减温水入口水焓，kJ/kg；

D_{ch}——锅炉吹灰用蒸汽流量，kg/h；

h_{ch}——锅炉吹灰用蒸汽焓，kJ/kg；

D_{br}——锅炉伴热用蒸汽流量，kg/h；

h_{br}——锅炉伴热用蒸汽焓，kJ/kg；

D_{pw}——锅炉排污排出水量，kg/h；

h_{pw}——锅炉排污排出水焓，kJ/kg。

注：锅炉伴热、采暖等用蒸汽等有回水热量时，应从用热中减去回水热量。

2. 锅炉再热器出口蒸汽流量

锅炉再热蒸汽出口一般不配置流量表。锅炉再热器出口蒸汽流量可根据制造厂提供的资料，计算出锅炉出口再热蒸汽流量系数（K_{zr}），再根据锅炉出口主蒸汽流量、再热蒸汽流量系数计算锅炉再热蒸汽流量（D_{zr}）。再热蒸汽流量系数一般为0.9左右。

（1）再热蒸汽流量计算公式

$$D_{gl}^{zr} = K_{zr}^{sj} \times D_{gl}^{gr} \tag{4-3}$$

式中 D_{gl}^{zr}——锅炉再热器出口的再热蒸汽流量，kg/h；

K_{zr}^{sj}——锅炉设计再热蒸汽流量系数；

D_{gl}^{gr}——锅炉过热器出口的主蒸汽流量，kg/h。

（2）再热蒸汽流量系数计算公式

$$K_{zr}^{sj} = \frac{D_{gl}^{gr}}{D_{gl}^{zr}} \tag{4-4}$$

式中 K_{zr}^{sj}——锅炉设计再热蒸汽流量系数；

D_{gl}^{zr}——锅炉设计再热器出口的再热蒸汽流量，kg/h；

D_{gl}^{gr}——锅炉设计过热器出口的主蒸汽流量，kg/h。

再热蒸汽流量系数对不同容量、不同参数、不同型号的机组是不相同的，每一台机组不同负荷下的再热蒸汽流量系数变化率也是不相同的。因此，每一台机组都要用本机组设计工况参数计算本机组的再热蒸汽流量系数，以确保汽轮机效率计算的准确性。100～600MW汽轮机绝对电效率每变化0.10%～0.15%（效率的绝对值，百分点），约影响机组的发电煤耗率变化1g/kWh。

为方便日常专业管理工作，专业人员可根据制造厂提供的资料，计算出单元机组各种负荷下的再热蒸汽流量系数。计算方法及计算公式详见第二章第一节中的再热蒸汽流量系数的计算部分。

3. 锅炉输入热量计算公式

$$Q_{gl}^{sr} = \sum (B_{rl} \times Q_{net,ar}) \tag{4-5}$$

式中 B_{rl}——锅炉耗用的天然燃料（煤炭、天然气、燃料油）量，kg；

$Q_{net,ar}$——锅炉耗用的天然燃料（煤炭、天然气、燃料油）收到基发热量，kJ/kg。

二、锅炉反平衡效率计算

反平衡锅炉效率是用100减去排烟损失、化学未完全燃烧损失、机械未完全燃烧损失、散热损失、灰渣的物理热损失等，单位:%。

（一）锅炉效率反平衡计算公式

$$\eta_{gl}^{fp}=100-q_2-q_3-q_4-q_5-q_6$$

或

$$\eta_{gl}^{fp}=100-(q_2+q_3+q_4+q_5+q_6) \quad (4-6)$$

式中　η_{gl}^{fp}——锅炉反平衡效率；

q_2——排烟损失,%；

q_3——可燃气体未完全燃烧损失,%；

q_4——机械未完全燃烧损失,%；

q_5——散热损失,%；

q_6——灰渣的物理热损失,%。

锅炉效率变化0.18%～0.32%（百分点），影响发电煤耗率相应变化1g/kWh。本文所指发电煤耗率和各项小指标对锅炉效率、发电煤耗的影响系数，因机组容量不同、锅炉效率水平不同、汽轮机效率水平不同，各项小指标对锅炉效率、发电煤耗的影响系数也不同，因此仅供参考（下同）。

1. 排烟损失计算

（1）排烟损失计算公式一

$$q_2=k_{py}(t_{py}-t_{rf}) \quad (4-7)$$

式中　k_{py}——排烟损失系数；

t_{py}——预热器出口（烟气流方向）的排烟温度,℃；

t_{rf}——送风机入口（自然）风温度,℃。

排烟损失系数计算用的k_{py}值，与排烟温度测点处氧量值的大小有关，与煤炭成分的元素有关。一般情况下，当锅炉设备的性能和燃料品种确定后，就可以计算出一个简化的、日常统计和计算用的排烟损失系数k_{py}值。计算公式如下：

1）排烟损失系数k_{py}值计算公式一

$$k_{py}=3.45\times\frac{1}{1-\dfrac{4.7\times O_2}{100}}+0.37 \quad (4-8)$$

式中　3.45——k_{py}值计算系数（根据煤质计算）；

0.37——k_{py}值修正系数（根据排烟损失确定）；

O_2——低温预热器出口（烟气流方向）烟气中的氧量,%。

2）排烟损失系数k_{py}值计算公式二。在日常的锅炉效率计算中，往往出现统计锅炉效率比锅炉设计效率高的现象，其原因有两个。其一，制造厂设计文件上提供的锅炉效率是保证值，比其计算实际值要低，其值相差多少可从锅炉设计计算资料中找出，供锅炉效率分析时参考；其二，计算排烟损失用的k_{py}值系数不一致、不相同。为了方便比较，可用设计参数反求设计时计算排烟损失用的k值系数，以提高统计计算锅炉效率与设计锅炉效率的可比

性。计算公式如下

$$K_{sj}=q_2^{sj}\times\frac{100}{t_{py}^{sj}-t_{rf}^{sj}} \tag{4-9}$$

式中 K_{sj}——设计计算排烟损失时用的 k 值系数；

q_2^{sj}——设计锅炉效率计算用的排烟损失，%；

t_{py}^{sj}——设计锅炉效率计算用的排烟温度，℃；

t_{rf}^{sj}——设计锅炉效率计算用的送风机入口温度，℃。

（2）排烟热损失计算公式二

$$q_2=\frac{k_1(t_{py}-t_{rf})}{100} \tag{4-10}$$

其中

$$k_1=(x\times\alpha_{py}+c)\times\frac{100-q_4}{100} \tag{4-11}$$

式中 k_1——排烟损失系数，简化计算数值；

x——系数：

煤及重油，$x=3.5+0.021W_n$；

泥煤，$x=3.35+0.02W_n$；

α_{py}——排出烟气中的过量空气系数；

c——系数：

无烟煤及劣质煤，$c=0.35+0.055W_n$；

烟煤及褐煤，$c=0.49+0.055W_n$；

泥煤，$c=0.82+0.052W_n$；

重油，$c=0.493+0.058W_n$；

W_n——燃料的导出水分，%。

导出水分计算公式如下

$$W_n=\frac{W_{ar}^{lq}}{Q_{net,ar}^{lq}}\times1000 \tag{4-12}$$

式中 W_{ar}^{lq}——入锅炉煤收到基水分，%。

2. 锅炉排烟损失计算的注意要点

（1）锅炉入风温度应是引风机入口处的自然风的温度，不可用掺入再循环风后的风温或前置式预热器（暖风器）后的风温。

（2）前置式预热器的效益不可计入锅炉效率，而应计入热源设备。如前置式预热器的热源是汽轮机组的抽汽，则抽汽潜热利用的效益应计入汽轮机效率，否则锅炉效率偏高，汽轮机效率偏低。

（3）计算 q_2 损失的氧量应为锅炉预热器出口（烟气流方向）处的氧量。无测点时，即可用锅炉出口氧量加上尾部漏风增加的氧量，否则锅炉效率偏高。

（4）尾部漏风率变化较大时，应根据漏风试验结果及时调整（修正）计算 q_2 损失的氧量值。

（二）可燃气体未完全燃烧损失计算

可燃气体未完全燃烧损失是指，燃料碳在燃烧过程中由于氧气不足、燃烧不完全而生成一氧化碳所造成的损失。计算现代锅炉设计效率时，一氧化碳损失 q_3 一般规定为 0.5%。可燃气体未完全燃烧损失计算公式如下

$$q_3 = 3.2 \times w_{CO} \times \alpha \tag{4-13}$$

式中 w_{CO}——烟气中一氧化碳含量,%；

α——氧化碳测点处的过量空气系数。

（三）机械未完全燃烧损失计算

机械未完全燃烧损失包括飞灰热损失和灰渣热损失。

1. 机械未完全燃烧损失计算公式

$$q_4 = q_4^{fh} + q_4^{hz} \tag{4-14}$$

式中 q_4^{fh}——机械未完全燃烧损失中的飞灰损失,%；

q_4^{hz}——机械未完全燃烧损失中的灰渣（粗灰、大灰）损失,%。

（1）飞灰热损失计算公式

$$q_4^{fh} = \frac{32\ 616 \times \alpha_{fh} \times C_{fh}}{100 - C_{fh}} \times \frac{A_{ar}}{Q_{net,ar}} \tag{4-15}$$

式中 α_{fh}——飞灰量占总灰分的比例,%；

C_{fh}——飞灰中可燃物的含量,%；

A_{ar}——煤的炉前收到基灰分,%；

$Q_{net,ar}$——煤的炉前收到基低位热量，kJ/kg。

（2）灰渣热损失计算公式

$$q_4^{hz} = \frac{32\ 616 \times \alpha_{hz} \times C_{hz}}{100 - C_{hz}} \times \frac{A_{ar}}{Q_{net,ar}} \tag{4-16}$$

式中 α_{hz}——灰渣量占总灰分的比例,%；

C_{hz}——灰渣中可燃物的含量,%。

2. 机械未完全燃烧损失计算的注意要点

（1）q_4 应有灰渣（粗灰）损失计算说明。设计 q_4 损失值为多少，其中飞灰损失、灰渣损失各为多少。

（2）计算用的灰平衡数值。设计锅炉效率计算用的灰平衡值，其中飞灰、灰渣各为多少。

关于灰渣损失的计算。因灰量小，灰渣损失值也小，一般不用每天取样、化验、计算。新投产的机组，应进行几次查定试验，以确定该炉的灰渣损失值，作为新炉投产后日常锅炉效率统计、计算的依据；正常运行的机组，应以大修后热力试验测定的粗灰损失值作为日常锅炉效率计算的依据。

（四）散热损失计算

散热损失 q_5 的计算是指，锅炉设备运行反平衡锅炉效率计算中的散热损失计算，一般根据设备制造厂提供的额定负荷散热损失的额定值进行计算。

1. 锅炉运行散热损失 q_5 的统计、计算公式

$$q_5 = \frac{D_{ed}}{D_{sj}} \times q_5^{ed} \tag{4-17}$$

式中 D_{ed}——锅炉设计的额定流量，t/h；

D_{sj}——锅炉运行的实际流量，t/h；

q_5^{ed}——锅炉额定流量下的散热损失值,%。

2. 锅炉额定负荷下散热损失 q_5 的计算公式

$$q_5 = 5.82D_e^{-0.38} \ (\%) \tag{4-18}$$

式中 D_e——锅炉额定流量，t/h。

根据式（4-18），计算各种额定容量与锅炉散热损失值的数据，供读者参考、使用。有关情况见表4-1。

表4-1　**锅炉额定流量（负荷）下的散热损失（q_5）值**

序号	指　标		单位	各种容量锅炉额定负荷下的散热损失（q_5）值							
1	锅炉额定负荷		t/h	35	75	120	220	410	670	1004	2008
2	按式（4-18）计算		%	1.51	1.13	0.94	0.75	0.60	0.49	0.42	0.32
3	散热损失曲线	炉本体	%	0.78	0.68	0.52	0.35	0.24	0.20	0.20	0.20
4		锅炉组	%	1.10	0.94	0.78	0.61	0.47	0.40	0.33	0.32
5	制造厂设计值		%	—	—	—	0.50	0.40	—	0.19	0.17
6	散热损失偏小值		%				0.25	0.20		0.23	0.15
7	发电煤耗率偏低值		g/kWh				1.0	0.77		0.77	0.50
8	发电用煤偏少	标准煤	t/年				250	385		1155	1500
		天然煤	t/年				350	539		1617	2100

表4-1使用说明：

a. 表4-1中第二行，锅炉在额定负荷下散热损失 q_5 值是根据式（4-18）计算的。该公式摘自《电站锅炉性能试验规程》（GB/T 10184—1988）中附录F额定负荷下锅炉散热损失计算。

b. 图4-1中的虚线是锅炉设备整体炉组的散热损失，仅供考核锅炉本体设计热效率使用。

c. 日常评价锅炉设备运行经济性的反平衡锅炉效率中的散热损失（q_5），多年来沿用的是考核锅炉本体设计热效率的散热损失值，因此使散热损失偏小，锅炉效率偏高，发电煤耗率偏低，是造成正、反平衡计算发电煤耗率偏差的原因之一。

d. 火力发电机组用考核锅炉本体设计热效率的散热损失计算反平衡发电煤耗率，600MW机组约使发电煤耗率偏低0.5g/kWh，50MW机组约使发电煤耗率偏低1.0g/kWh。

e. 发电煤耗率偏低对储煤场的影响是储煤场会出现因计算不准、误差性质的少出账亏煤现象。若年设备利用小时按5000h计算，天然煤收到基低位热值以20 908kJ/kg计算，则600MW机组每年由于计算误差造成的亏煤为2100t；100MW机组每年为539t。一台机组一年如此，5台机组，长年如此将是一个问题，专业技术人员应注意和关注以上情况供主管领导、专业工程师参考。

f. 鉴于上述分析，建议锅炉设备运行统计计算、锅炉运行鉴定试验效率计算的散热损失值，应用图4-1中锅炉设计额定负荷对应实线查出的散热损失值。以减少锅炉效率虚高、发电煤耗率偏低的现象。

g. 借此指出锅炉设备统计计算效率，或投产鉴定试验的锅炉效率总是易于达到或好于设计效率值。其他原因还有计算排烟损失用的 k_{py} 值是否符合煤种、煤质的实际，否则也是影响锅炉效率产生偏差的因素。详细情况见本节“二、”中有关排烟损失计算用 k_{py} 值的核算、k_{py} 值对排烟损失 q_2 的影响、对锅炉效率的影响、对发电煤耗率的影响。

3. 额定负荷下的锅炉散热损失曲线

锅炉在额定负荷下散热损失曲线图，摘自 GB/T 10184—1988 中附录 F 额定负荷下锅炉散热损失（见图 4－1），可供参考和使用。

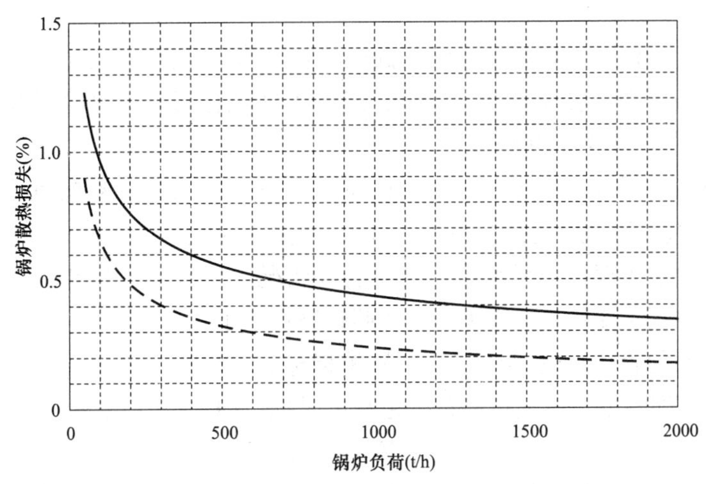

图 4－1　额定负荷下的锅炉散热损失曲线

注：1. 图中实线表示锅炉设备运行中的散热损失值。

2. 图中虚线表示仅供考核锅炉本体设计热效率的散热损失值。

（五）灰渣物理热损失计算

灰渣物理热损失是指炉渣、飞灰排出锅炉设备时所带走的显热损失量占输入热量的比例。现代锅炉设计计算时将给一个定值。

灰渣物理热损失计算的有关规定是：

折算灰分计算公式如下

$$q_6 = \frac{A_{ar}}{100 \times Q_{net,ar}}\left[\frac{\alpha_{hz}(t_{ch} - t_{rf}) \times c_{ch}}{100 - c_{hz}} + \frac{\alpha_{fh}(t_{py} - t_{rf}) \times c_{fh}}{100 - c_{fh}}\right] \tag{4-19}$$

式中　t_{ch}——从炉膛排出的炉渣温度,℃；

c_{hz}——粗灰（炉渣）比热容，kJ/（kg·K）；

c_{fh}——飞灰比热容，kJ/（kg·K）。

对于固态排渣煤粉炉，炉渣温度可取 800℃；炉渣的比热容可取 0.96kJ/（kg·K）；对于液态排渣煤粉炉，炉渣温度 $t_{ch} = t_3 + 100$（t_3 为煤灰的融化温度 FT,℃），炉渣的比热容可取 1.10kJ/（kg·K）；

鉴于排烟温度一般介于 100～200℃，飞灰的比热容一般可取 0.82kJ/（kg·K）。

当燃煤的折算灰分小于 10%（即折算灰分 $A_{zs} = \frac{4187 \times A_{ar}}{Q_{net,ar}} < 10\%$ 时），固态排渣火室炉

可忽略粗灰的物理热损失；火床炉及液态排渣炉、旋风炉可忽略飞灰的物理热损失。

对于燃油及燃气锅炉，粗灰的物理热损失可以忽略。

第二节　锅炉可定量分析指标的因果

锅炉设备、系统运行中效率的影响因素有很多，如锅炉排烟温度，炉膛出口烟气中氧量，飞灰可燃物，入炉煤收到基低位热量，燃煤挥发分，锅炉尾部烟道漏风系数，锅炉设备墙体保温材料的性能、质量、完好程度等。锅炉运行经济性的指标的影响因素，大体可分为以下4个方面：

（1）燃料质量指标。入炉煤的收到基低位热量、水分、灰分、燃煤挥发分，煤粉细度，燃煤灰分特性的灰熔融性变形温度（ST）、灰熔融性软化温度（DT）、灰熔融性半球温度（HT）、灰熔融性流动温度（FT）等。

（2）锅炉设备、系统的健康水平。炉膛漏风系数，空气预热器漏风系数，锅炉尾部烟道漏风系数，锅炉设备、系统保温材料的性能、质量、完好程度等。

（3）燃烧条件、工况。热风温度、风粉混合状况、二次风出口扩散角度、煤粉出口燃烧回流状况、炉膛温度及炉膛温度场、燃烧调整操作水平。

（4）锅炉效率的直接影响、可定量分析的指标。送风机入口风温度、炉膛出口烟气中的氧含量、锅炉排烟温度、飞灰可燃物、粗灰可燃物、锅炉空气预热器漏风系数、锅炉尾部漏风系数等，并能对锅炉效率、发电煤耗率、供电煤耗率进行最终的定量分析。

锅炉设备、系统运行效率的影响因素很多，按各项指标对运行经济性能可否用来度量的程度来分类，一般可分为可定量分析指标和可定性分析指标两大类。

本节主要介绍锅炉运行可定量分析指标。一是讨论、研究锅炉可定量分析指标的影响因素；二是讨论、研究锅炉各项可定量分析指标对锅炉效率、发电煤耗率的影响系数的计算方法；三是讨论、研究各项锅炉小指标对锅炉效率、发电煤耗率的影响数值的计算方法，以供专业人员深入细致地分析、研究和管好指标参考。

可定量分析的运行技术经济指标是指，该指标的数值变化，对其上一级指标的影响，可以通过计算，求出一个具体的影响数值。如第二章讲过的不同容量的单元机组，锅炉效率变化0.18%～0.32%（百分点），约影响其上一级指标——发电煤耗率升高或降低1g/kWh。锅炉效率变化对发电煤耗率影响值的大小与汽轮机效率水平、锅炉效率水平有关。汽轮机效率、锅炉效率越低，锅炉效率变化1%（百分点），约影响发电煤耗率变化5g/kWh；汽轮机效率、锅炉效率越高，锅炉效率变化1%（百分点），约影响发电煤耗率变化3g/kWh。

锅炉运行经济指标中，可定量分析的指标有：

（1）送风机入口空气（风）温度。

（2）锅炉排烟温度。

（3）锅炉尾部烟道漏风（率）系数。

（4）锅炉炉膛出口烟气中氧含量。

（5）一氧化碳含量。

（6）飞（细）灰可燃物。

（7）大（粗）灰（渣）可燃物。

锅炉可定量分析指标从管理、控制的职责来分，可分为可定量、运行可控指标和可定量、运行非可控指标。

可定量、运行可控指标是指，该指标在设备运行中，通过调整、操作，可控制其水平，并能提高设备运行经济性能的指标，如锅炉排烟温度、锅炉炉膛出口氧量、飞（细）灰可燃物等。

可定量、运行非可控指标是指，该指标在设备运行中，一般的调整、操作不能改变其运行水平，只有通过设备检修、改造才能较大幅度地提高设备经济运行水平，如锅炉墙体散热损失、再热蒸汽喷水减温水量、石子煤热量损失、再热蒸汽压力降等。

一、排烟损失的因果

锅炉排烟损失的影响因素（指标）有：

（1）锅炉空气预热器（烟气流动方向）出口的排烟温度。

（2）炉膛出口烟气中的氧含量。

（3）炉膛漏风系数或炉本体漏风率。

（4）锅炉空气预热器及尾部烟道漏风系数或漏风率。

（5）送风机入口风温度。

（一）锅炉排烟温度

锅炉排烟温度是锅炉运行中可控制、调整的一个综合性指标，它在很大程度上体现了锅炉燃烧时通风量是否合理，如果通风量不合适，炉膛温度偏低，炉膛介质吸热呈4次方减少，则排烟温度升高，降低了锅炉运行经济性，浪费燃料；锅炉尾部烟道、空气预热器漏风等都会使排烟温度降低，排烟温度低于露点，则空气预热器低温段将发生结露、堵灰、腐蚀，以致造成损坏设备；空气漏入点后的排烟温度降低，使介质受热度减少，增加了排烟损失，降低了锅炉效率。

排烟温度升高1℃，影响锅炉效率降低0.05%（百分点）左右、煤耗升高0.14g/kWh左右。

1. 锅炉排烟温度的影响因素有：

（1）锅炉炉膛燃烧室温度。

（2）锅炉炉膛漏风系数或漏风率。

（3）送风机入口风温度。

（4）一次（送粉）风温度。

（5）二次风温度、扩散角、回流工况。

（6）三次风（制粉系统排出的风粉混合体）的温度、风量。

（7）炉膛出口烟气中的氧含量。

（8）炉膛温度场。

（9）燃煤水分。

（10）锅炉炉膛墙体保温材料质量的优劣、完整程度。

（11）四角喷燃的切圆工况。

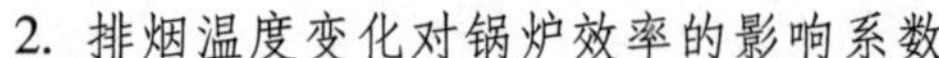

2. 排烟温度变化对锅炉效率的影响系数

排烟温度变化对锅炉效率的影响系数是指排烟温度每变化1℃，影响锅炉效率变化值的大小。有关计算表明，排烟温度变化1℃，锅炉效率约变化0.05%（百分点）。锅炉排烟温度变化对锅炉效率的影响系数的计算，可用排烟损失 q_2 的简化计算公式反推。计算方法有以下两种。

（1）用计算排烟损失 q_2 的简化公式，计算锅炉排烟温度变化对锅炉效率的影响系数。

排烟损失 q_2 的简化计算公式如下

$$q_2 = \frac{K(t_{py} - t_{rf})}{100} \tag{4-20}$$

其中

$$K = 3.45 \times \frac{1}{1 - \frac{4.7 \times O_2}{100}} + 0.37 \tag{4-21}$$

式中 3.45——K值的计算系数（根据煤质计算）；

0.37——K值修正（调整）系数（根据设计排烟损失确定）；

O_2——低温预热器出口（烟气流方向）烟气中的氧含量,%；

用 q_2 的计算公式计算排烟温度对锅炉效率影响时，锅炉入风温度、烟气中氧含量、锅炉尾部漏风系数等指标选用设计值，或者是一个具有代表性的数值。然后用要比较的排烟温度（或本期排烟温度）计算一个 q_2' 损失，再用选定作为比较基础的排烟温度设计值（或基期排烟温度）计算一个 q_2'' 的损失，q_2'、q_2'' 的差值即为排烟温度变化的影响值（锅炉效率的百分点）。

（2）排烟温度变化对锅炉效率的影响系数的计算。排烟温度变化对锅炉效率的影响系数是指排烟温度每升高或降低1℃对锅炉效率的影响值，可表达为（$\Delta\eta_{gl}^{bh}$%）/（Δt_{py}1℃）。计算公式如下

$$\Delta\eta_{py}^{lx} = K\frac{|t_{py}^{sj} - t_{py}^{ed}|}{100 \times \Delta t_{py}^{bh}} \tag{4-22}$$

$$\Delta t_{py}^{bh} = |t_{py}^{sj} - t_{py}^{ed}| \tag{4-23}$$

$$\Delta\eta_{py}^{lx} = \frac{K}{100} \tag{4-24}$$

式中 $\Delta\eta_{py}^{lx}$——排烟温度变化对锅炉效率的影响系数，（$\Delta\eta_{gl}^{bh}$%）/（Δt_{py}1℃）；

t_{py}^{sj}——排烟温度运行实际值,℃；

t_{py}^{ed}——排烟温度设计额定值,℃；

$|t_{py}^{sj} - t_{py}^{ed}|$——取绝对值；

Δt_{py}^{bh}——锅炉排烟温度变化值,℃。

3. 排烟温度变化对发电煤耗率的影响系数的计算

排烟温度变化对发电煤耗率的影响系数是指排烟温度每升高或降低1℃引起发电煤耗率产生的变化值，可表达为（Δb_{fd}^{bh}g/kWh）/（Δt_{py}^{bh}1℃）。计算公式如下

$$\Delta b_{py}^{fx}=\frac{|b_{py}^{bh}-b_{py}^{ed}|}{\Delta t_{py}^{bh}}=\frac{\frac{0.123}{\eta_{qj}^{ed}\times\eta_{gd}^{ed}}\left|\frac{1}{\eta_{gl}^{bh}}-\frac{1}{\eta_{gl}^{ed}}\right|}{\Delta t_{py}^{bh}} \tag{4-25}$$

式中　Δb_{py}^{fx}——锅炉排烟温度变化1℃对发电煤耗率的影响系数，（Δb_{fd}^{bh}g/kWh）/（Δt_{py}^{bh}1℃）；

b_{py}^{ed}——锅炉效率、汽轮机效率、管道效率设计值下的发电煤耗率，g/kWh；

b_{py}^{bh}——汽轮机效率、管道效率为设计值时，排烟温变化后的锅炉效率下的发电煤耗率，g/kWh；

$|b_{py}^{bh}-b_{py}^{ed}|$——取绝对值；

Δt_{py}^{bh}——锅炉排烟温度的变化值,℃；

η_{gl}^{bh}——排烟温度变化后的锅炉效率,%；

η_{gl}^{ed}——额定参数下锅炉的设计效率,%；

η_{qj}^{ed}——汽轮机效率设计值,%；

η_{gd}^{ed}——管道效率设计值,%；

$\left|\frac{1}{\eta_{gl}^{bh}}-\frac{1}{\eta_{gl}^{ed}}\right|$——取绝对值。

4. 排烟温度变化对锅炉效率、发电煤耗率的影响系数的计算程序

（1）计算 q_2损失用的 K 值。用 K 值简化计算公式计算 K 值，即

$$K=3.45\times\frac{1}{1-\frac{4.7\times O_2}{100}}+0.37$$

1）确定煤质影响系数为3.45。

2）确定空气预热器烟气出口烟气中氧含量的设计值 O_2。

3）计算（$4.7\times O_2$）/100。

4）计算1/（$4-4.7\times O_2/100$）。

5）确认 q_2损失 K 调整系数（0.37）。

6）计算 K 值。

（2）根据式（4－22），计算排烟温度变化对锅炉效率的影响系数。具体步骤如下：

1）确定排烟温度设计（基础）值（t_{py}^{ed}）。

2）确定排烟温度实际值（t_{py}^{sj}）。

3）计算排烟温度变化值（$|t_{py}^{sj}-t_{py}^{ed}|$）。

4）确定计算用送风机入口风温度设计值。

（3）根据式（4－25），计算排烟温度变化对发电煤耗率的影响系数。具体步骤如下：

1）确定计算发电煤耗率用的设计汽轮机效率、锅炉效率、管道效率。

2）确定排烟温度变化值，并计算出排烟温度变化后的锅炉效率。

3）用排烟温度变化后的锅炉效率、汽轮机效率设计值、管道效率设计值计算排烟温度变化后的发电煤耗率。

4）计算排烟温度变化后的发电煤耗率与设计参数下发电煤耗率的差值。

5）计算排烟温度变化对发电煤耗率的影响系数。

5. 排烟温度变化对锅炉效率、发电煤耗率的影响系数的计算程序表

根据排烟温度变化对锅炉效率、发电煤耗率的影响系数的计算程序，编制排烟温度变化对锅炉效率、发电煤耗率的影响系数的计算程序表，见表4－2。

表4－2　排烟温度变化对锅炉效率、单元机组发电煤耗率影响系数的计算程序表

序号	指标与计算		单位	计算结果
1	q_2损失K值计算	q_2煤质影响系数	—	
2		空气预热器烟气出口设计氧量O_2	%	
3		$(4.7\times O_2)/100$	—	
4		$1/(1-4.7\times O_2/100)$	—	
5		①×④	—	
6		q_2损失K调整系数	—	
7		K×⑤＋⑥	—	
8	排烟温度变化对锅炉效率的影响系数	排烟温度设计值	℃	
9		排烟温度比较基础值	℃	
10		排烟温度变化值（｜⑧－⑨｜）	℃	
11		送风机入口风温度	℃	
12		⑩/（100×｜⑧－⑨｜）	—	
13		排烟温度变化对锅炉效率的影响系数（⑦×⑫），$(\Delta\eta_{gl}^{bh}\%)/(\Delta t_{py}^{bh}1℃)$		
14	排烟温度变化对发电煤耗率的影响系数	汽轮机效率设计值	%	
15		锅炉效率设计值	%	
16		管道效率设计值	%	
17		根据式［0.122 9/（⑭×⑮×⑯）］，计算设计发电煤耗率	g/kWh	
18		计算排烟温度变化后的锅炉效率	%	
19		用公式［0.122 9/（⑭×⑱×⑯）］计算变化的发电煤耗率	g/kWh	
20		｜⑰－⑲｜	g/kWh	
21		排烟温度变化对发电煤耗率的影响系数（⑳/⑩）$(\Delta b_{fd}^{bh}g/kWh)/(\Delta t_{py}^{bh}1℃)$	—	

注　表中各表达式为对应参数的计算公式，○内数字代表各参数序号。

（二）送风机入口风温度变化对锅炉效率的影响系数的计算

送风机入口的进风温度就是计算锅炉效率用的锅炉入风温度，是计算排烟损失的一个主要参数，单位:℃。锅炉设计计算用入风温度为30℃。入风温度过低，易使空气预热器入口段结露、堵灰，降低运行经济性。如果是为防止预热器低温段结露、积灰，装有前置式预热器等类型的暖风器或烟气再循环后的温度不可用来计算锅炉效率；也不可将取自锅炉炉顶的高温风、锅炉夹道的高温风的温度作为计算锅炉的入风温度，用来计算锅炉效率的参数。因为这两部分的热量都是由锅炉燃烧煤炭或其他热源供给的，否则，锅炉效率偏高，发电煤耗

率偏低，是造成储煤场亏煤的因素（锅炉房的热风可以用，但不可以计入锅炉效率、发电煤耗率）。同样，空气预热器入风温度高于为预热器防止结露要求的温度是不可取的，它会使排烟温度升高，排烟损失虚降，锅炉效率虚增，从而影响锅炉效率，使之偏离真实水平。锅炉设备运行中，在有条件的情况下可利用自然条件或其他废热提高送风机入口空气温度，可以说是越高越好，这是提高锅炉效率的一项简单的措施，但不应是利用其他热源的结果。

锅炉入风温度提高 1℃，可提高锅炉效率 0.05% 左右，降低发电煤耗率 0.14g/kWh 左右。

1. 送风机入口风温度的影响因素

（1）自然环境温度的变化。

（2）送风机取风口的位置。具体有以下几种情况：

1）锅炉房外：露天布置锅炉，对锅炉效率无影响。

2）锅炉房内：半露天布置锅炉，对锅炉效率无影响。

3）锅炉房炉顶：锅炉布置对锅炉效率影响不大。

4）厂房封闭型锅炉：室内炉本体与尾部烟道的夹道顶部。

（3）为防止低温空气预热器结露，配有前置式预热器（暖风器）、烟气再循环等设备的电厂，在计算锅炉效率时，不应将混有其他热源的空气预热器入口风的温度作为计算锅炉排烟损失 q_2 的锅炉入风温度，否则将造成：

1）计算用锅炉入风温度偏高，锅炉效率虚高，发电煤耗率虚降，煤烧了，没有出账，储煤场显示亏煤。

2）锅炉排烟温度升高，锅炉效率降低，发电煤耗率升高。

3）发电煤耗率的准确性、真实性差。

鉴于上述情况，在单元机组内可作如下处理：

1）前置式预热器（暖风器）等设备用汽轮机组的抽汽，可用机组供抽汽（热）的方式计算为汽轮机效率的提高，电厂发电煤耗率的降低。

2）烟气再循环，过量送入再循环烟气，会造成锅炉送风中的氧量偏低（低于正常空气中的氧量值），在相同的送风量下，会影响锅炉的正常燃烧；增加过多的送风量，则增加了锅炉的排烟损失，降低了锅炉效率。

2. 送风机入风温度变化对锅炉效率的影响系数

送风机入风温度（简称锅炉入风温度，下同）变化对锅炉效率的影响系数是指，锅炉入风温度每变化 1℃，影响锅炉效率的变化值。有关计算表明，锅炉入风温度变化 1℃，约影响锅炉效率变化 0.05%（百分点），可表达为（$\Delta\eta_{gl}^{bh}$0.05%）/（Δt_{rf}^{bh}1℃）。锅炉入风温度变化对锅炉效率的影响系数的计算，可用排烟损失 q_2 的简化计算公式反推。计算方法有以下两种。

（1）用计算排烟损失 q_2 的简化公式，计算锅炉入风温度变化对锅炉效率的影响系数。

排烟损失 q_2 的简化计算公式如下

$$q_2 = \frac{K(t_{py} - t_{rf})}{100}$$

其中

$$K = 3.45 \times \frac{1}{1 - \frac{4.7 \times O_2}{100}} + 0.37$$

式中 3.45——K 值的计算系数（根据煤质计算）；

0.37——K 值修正（调整）系数（根据排烟损失确定）；

O_2——低温预热器出口（烟气流）烟气中氧含量，%。

用 q_2 的计算公式计算锅炉入风温度对锅炉效率影响时，锅炉排烟温度、低温预热器出口（烟气流）烟气中氧含量、锅炉尾部漏风系数等指标选用设计值，或者是一个具有代表性的数值。然后用需要比较的锅炉入风温度（或本期锅炉入风温度）计算一个 q_2' 损失，再用选定作为比较基础的锅炉入风温度设计值（或基期锅炉入风温度）计算一个 q_2'' 的损失，q_2'、q_2'' 的差值即为锅炉入风温度变化的影响值（锅炉效率的百分点）。

（2）锅炉入风温度变化对锅炉效率影响系数的计算。锅炉入风温度变化对锅炉效率影响系数是指锅炉入风温度变化 1℃ 对锅炉效率的影响值，可表达为（$\Delta\eta_{gl}^{bh}$%）/（Δt_{rf}1℃）。锅炉入风温度变化对锅炉效率影响系数的计算公式如下

$$\Delta\eta_{rf}^{lx} = K \frac{|t_{rf}^{sj} - t_{rf}^{ed}|}{100 \times \Delta t_{rf}^{bh}} \tag{4-26}$$

$$\Delta t_{rf}^{bh} = |t_{rf}^{sj} - t_{rf}^{ed}| \tag{4-27}$$

$$\Delta\eta_{rf}^{lx} = \frac{K}{100} \tag{4-28}$$

式中 $\Delta\eta_{rf}^{lx}$——锅炉入风温度变化对锅炉效率的影响系数，（$\Delta\eta_{gl}^{bh}$%）/（Δt_{rf}^{bh}1℃）；

t_{rf}^{sj}——锅炉入风温度运行实际值，℃；

t_{rf}^{ed}——锅炉入风温度设计额定值，℃；

$|t_{rf}^{sj} - t_{rf}^{ed}|$——取绝对值；

Δt_{rf}^{bh}——锅炉入风温度变化值，℃。

3. 锅炉入风温度变化对发电煤耗率的影响系数的计算

锅炉入风温度是指送风机入口温度。锅炉入风温度变化对发电煤耗率的影响系数是指锅炉入风温度变化 1℃ 对发电煤耗率的影响值，可表达为（Δb_{fd}^{bh}g/kWh）/（Δt_{rf}^{bh}1℃），具体计算公式如下

$$\Delta b_{rf}^{fx} = \frac{|b_{rf}^{bh} - b_{rf}^{ed}|}{\Delta t_{rf}^{bh}} = \frac{\frac{0.123}{\eta_{qj}^{ed} \times \eta_{gd}^{ed}} \left| \frac{1}{\eta_{gl}^{bh}} - \frac{1}{\eta_{gl}^{ed}} \right|}{\Delta t_{rf}^{bh}} \tag{4-29}$$

式中 Δb_{rf}^{fx}——锅炉入风变化对发电煤耗率的影响系数，（Δb_{fd}^{bh}g/kWh）/（Δt_{rf}1℃）；

b_{rf}^{ed}——锅炉效率、汽轮机效率、管道效率设计值下的发电煤耗率，g/kWh；

b_{rf}^{bh}——汽轮机效率、管道效率为设计值，锅炉入风温变化后的锅炉效率计算的发电煤耗率，g/kWh；

$|b_{rf}^{bh} - b_{rf}^{ed}|$——取绝对值；

Δt_{rf}^{bh}——锅炉入风温度的变化值，℃；

η_{gl}^{bh}——锅炉入风温度变化后的锅炉效率，%；

η_{gl}^{ed}——额定参数下锅炉的设计效率,%；

η_{qj}^{ed}——汽轮机效率设计值,%；

η_{gd}^{ed}——管道效率设计值,%；

$\left|\frac{1}{\eta_{gl}^{bh}}-\frac{1}{\eta_{gl}^{ed}}\right|$——取绝对值。

4. 送风机入口风温度变化对锅炉效率、发电煤耗率影响系数的计算程序

（1）计算 q_2 损失用的 K 值，计算公式见式（4－21）。具体步骤为：

1）确定煤质影响系数为3.45。此值可能有偏差，下列计算可调。

2）根据锅炉尾部烟道及空气预热器漏风系数，确定空气预热器（烟气流方向）烟气出口设计氧含量值。

3）计算 $4.7\times O_2/100$。

4）计算 $1/(1-4.7\times O_2/100)$。

5）计算 $3.45\times 1/(1-4.7\times O_2/100)$。

6）根据式（4－21），确定 q_2 损失 K 调整系数。

（2）利用公式（4－26），计算送风机入风温度变化对锅炉效率的影响系数。具体步骤如下：

1）确定锅炉入风温度设计值 t_{rf}^{ed}。

2）确定锅炉入风温度比较基础值 t_{rf}^{sj}。

3）计算锅炉入风温度变化值 Δt_{rf}^{bh}。

（3）利用公式（4－29），计算锅炉入风变化对发电煤耗率的影响系数。具体步骤如下：

1）确定计算发电煤耗率用设计汽轮机效率、锅炉效率、管道效率，计算设计发电煤耗率。

2）确定锅炉入风温度变化值，并计算出锅炉入风温度变化后的锅炉效率。

3）用锅炉入风温度变化后的锅炉效率，汽轮机效率设计值、管道效率设计值计算锅炉入风温度变化后的发电煤耗率。

4）计算锅炉入风温度变化后的发电煤耗率与设计参数下发电煤耗率的差值。

5）计算锅炉入风温度变化对单元机组发电煤耗率的影响系数。

5. 锅炉入风温度变化对锅炉效率、单元机组发电煤耗率的影响系数的计算程序表

根据锅炉入风温度变化对锅炉效率、单元机组发电煤耗率的影响系数的计算程序，编制锅炉入风度变化对锅炉效率、发电煤耗率的影响系数的计算程序表，见表4－3。

表4－3　送风机入口风温度变化对锅炉效率、单元机组发电煤耗率的影响系数的计算程序表

序号	指标及计算		单位	计算结果
1	q_2损失K值计算	q_2煤质影响系数	—	
2		空气预热器烟气出口设计氧量	%	
3		（4.7×②）/100	—	
4		1/（1－③）	—	
5		①×④	—	
6		q_2损失k调整系数	—	
7		K值（⑤＋⑥）	—	

续表

序号	指标及计算		单位	计算结果
8	入风温度变化对锅炉效率的影响系数	锅炉入风温度设计值	℃	
9		锅炉入风温度比较基础值	℃	
10		锅炉入风温度变化值（｜⑧－⑨｜）	℃	
11		锅炉排烟风温度	℃	
12		⑩/（100×｜⑧－⑨｜）	—	
13		入风温度变化对锅炉效率的影响系数（⑦×⑫）（$\Delta\eta_{gl}^{bh}\%$）/（Δt_{rf}^{bh}℃）	—	
14	入风温度变化对发电煤耗率的影响系数	汽轮机效率设计值	%	
15		锅炉效率设计值	%	
16		管道效率设计值	%	
17		用公式［0.122 9/（⑭×⑮×⑯）］计算设计发电煤耗率	g/kWh	
18		计算锅炉入风温度变化后的锅炉效率	%	
19		用公式［0.122 9/（⑭×⑱×⑯）］计算变化发电煤耗率	g/kWh	
20		｜⑰－⑲｜	g/kWh	
21		计算入风温度变化对发电煤耗率的影响系数（⑳/⑩）（Δb_{fd}^{bh} g/kWh）/（Δt_{rf}^{bh}℃）	—	

注 表中各表达式为对应参数的计算公式，○内数字代表参数序号。

（三）烟气中氧含量高于设计值对锅炉效率的影响系数的计算

空气中氧气含量为空气含总量的21%，空气中的氧气在炉膛与燃料中的炭燃烧后生成二氧化碳，未完全燃烧的生成一氧化碳，未参与燃烧的氧量即为烟气中的氧含量。炉膛运行中监测、记录的氧量值应是锅炉炉膛出口处烟气中的氧量，但一般因锅炉炉膛出口处烟气温度较高，氧量测点均在高温过热器后。计算排烟损失的氧量应是烟气流，空气预热器烟气出口处（空气预热器空气入口后）的氧含量，即计算排烟损失的氧量应在锅炉运行中监测、记录的炉膛出口烟气氧含量值的基数上再加上空气预热器漏风（含尾部烟道漏风）引起的烟气中的氧含量增加值。

锅炉出口氧量变化1%（百分点），约影响锅炉效率变化0.46%（百分点），发电煤耗率变化1.6g/kWh。

1. 烟气中含氧量高的影响因素

（1）锅炉本体严密性差，漏风率不合格。

（2）炉膛内燃烧时，燃料炭与燃烧用风（空气）中的氧气混合、结合不好，氧气未得到充分利用，剩余氧气多。

（3）送风量偏大。

（4）空气预热器漏风率不合格。

（5）锅炉尾部严密性差，漏风率不合格。

（6）氧量测量点代表性不够。

（7）氧量测量元件或表计准确性差。

2. 烟气中氧含量变化对锅炉效率的影响系数的计算

烟气中氧含量变化对锅炉效率的影响系数是指烟气中氧含量变化1%（百分点）对锅炉效率的影响值，可表达为（$\Delta\eta_{gl}^{bh}\%$）/（$\Delta O_2^{bh}1\%$）。氧量变化对锅炉效率的影响，从排烟损失简化计算公式可以看到，是在排烟损失q_2损失K值之上。因此，可用设计值的烟气中氧含量或标准值（用作比较的基础氧量值），以及拟作为变化后的氧含量值分别用下面排烟损失q_2损失K值计算公式计算出K_1、K_2，并代入排烟损失简化计算公式中，就可以求得基础氧量值和拟作为变化后的氧量值的两组排烟损失值，这两组氧量的单位变化值就是烟气中氧量高于设计值对锅炉效率的影响系数。计算方法有以下两种。

（1）用计算排烟损失q_2的简化公式，计算锅炉出口烟气中氧量变化对锅炉效率的影响系数。排烟损失q_2的简化计算公式一如下

$$q_2=\frac{K(t_{py}-t_{rf})}{100} \tag{4-30}$$

排烟损失q_2损失的K值的计算公式如下

$$K=3.45\times\frac{1}{1-\frac{4.7\times O_2}{100}}+0.37$$

式中 q_2——排烟损失,%；

K——排烟损失系数；

t_{py}——排烟温度,℃；

t_{rf}——锅炉入风温度,℃；

O_2——低温预热器烟气（烟气流方向）出口处氧量,%。

用上面（1）中的排烟损失q_2的简化计算式（4－30）、排烟损失q_2损失K值计算式（4－21）计算。具体方法如下：

1）确定下列参数设计值：排烟温度、送风机入口空气温度、炉膛出口处烟气氧量、尾部烟道漏风系数、空气预热器入口处烟气氧量。

2）确定烟气氧量变化值。

3）用排烟损失q_2损失K值计算式（4－21），分别计算设计工况额定参数时的K_{ed}；比较工况拟选定的用作比较的氧气量值实际值K_{sj}，其他计算参数不变。

4）用式（4－21）计算出的额定参数时的K_{ed}和用作比较的氧气值实际值K_{sj}，再用式（4－30）分别计算出额定参数时的q_2^{ed}、用作比较氧气量值实际值的q_2^{sj}。

5）用4）中两组q_2损失计算出的q_2差值（q_2的差值就是锅炉效率的差值），除以拟定的氧气量差便可求得烟气中含氧量高于设计值对锅炉效率的影响系数。

（2）烟气中氧含量变化（高于设计值）对锅炉效率的影响系数的计算公式二。烟气中氧含量变化对锅炉效率的影响系数是指烟气中氧含量变化1%（百分点）对锅炉效率的影响值，表达式为（$\Delta\eta_{gl}^{bh}\%$）/（$\Delta O_2^{bh}1\%$），计算公式如下

$$\Delta\eta_{O_2}^{lx}=\frac{K_{O_2}(t_{py}^{ed}-t_{rf}^{ed})}{100} \tag{4-31}$$

式中 $\Delta\eta_{O_2}^{lx}$——烟气中含氧量高于设计值对锅炉效率的影响系数；

K_{O_2}——氧量高于设计值的损失计算系数。

K_{O_2}的计算公式如下

$$K_{O_2}=\frac{3.45\times\left|\dfrac{1}{1-\dfrac{4.7\times O_2^{sj}}{100}}-\dfrac{1}{1-\dfrac{4.7\times O_2^{ed}}{100}}\right|}{\Delta O_2^{bh}} \tag{4-32}$$

式中 O_2^{ed}——锅炉出口烟气中氧含量、尾部烟道漏风率均为设计值时，预热器出口处烟气中的氧含量,%；

O_2^{sj}——拟选定作为比较的预热出口处烟气中的氧含量（在炉膛出口氧量、锅炉尾部烟道漏风率为设计值时）,%；

ΔO_2^{bh}——拟选定作为比较的烟气中的氧含量与设计值的差值,%；

$\left|\dfrac{1}{1-\dfrac{4.7\times O_2^{sj}}{100}}-\dfrac{1}{1-\dfrac{4.7\times O_2^{ed}}{100}}\right|$——取绝对值。

预热器出口处烟气中的氧含量等于炉膛出口（过热器出口）处氧含量加尾部烟道漏风率增加的氧含量。

3. 烟气中氧含量变化对单元机组发电煤耗率的影响系数的计算

烟气中氧含量变化对单元机组发电煤耗率的影响系数是指，烟气中氧含量变化1%（百分点）对单元机组发电煤耗率的影响值，可表达为（Δb_{fd}^{bh}g/kWh）/（ΔO_2^{bh}1%）。计算公式如下

$$\Delta b_{O_2}^{fx}=\frac{|b_{O_2}^{bh}-b_{O_2}^{ed}|}{\Delta t_{O_2}^{bh}}=\frac{\dfrac{0.123}{\eta_{qj}^{ed}\times\eta_{gd}^{ed}}\times\left|\dfrac{1}{\eta_{O_2}^{bh}}-\dfrac{1}{\eta_{O_2}^{ed}}\right|}{\Delta O_2^{bh}} \tag{4-33}$$

式中 $\Delta b_{O_2}^{fx}$——锅炉烟气中氧含量变化1%对发电煤耗率的影响系数，（Δb_{fd}^{bh}g/kWh）/（$\Delta\eta_{O_2}^{bh}$1%）；

$b_{O_2}^{ed}$——锅炉效率、汽轮机效率、管道效率设计值下的发电煤耗率，g/kWh；

$b_{O_2}^{bh}$——锅炉烟气中含氧量变化后的锅炉效率、汽轮机效率、管道效率在设计值下的发电煤耗率，g/kWh；

$|b_{O_2}^{bh}-b_{O_2}^{ed}|$——取绝对值；

ΔO_2^{bh}——锅炉烟气中含氧量的变化值；

$\eta_{O_2}^{bh}$——锅炉烟气中氧含量变化后的锅炉效率,%；

$\eta_{O_2}^{ed}$——额定参数下锅炉的设计效率,%；

η_{qj}^{ed}——汽轮机效率设计值,%；

η_{gd}^{ed}——管道效率设计值,%；

$\left|\dfrac{1}{\eta_{O_2}^{bh}}-\dfrac{1}{\eta_{O_2}^{ed}}\right|$——取绝对值。

4. 烟气中氧含量变化对锅炉效率、单元机组发电煤耗率的影响系数的计算程序

（1）确定炉膛出口烟气中的氧含量、空气预热器及尾部烟道漏风系数、烟气在预热器出口处（烟气流方向）的氧含量的设计值。

（2）确定拟选用作为比较计算用的炉膛出口烟气中的氧含量。

（3）用公式 $\Delta\eta_{O_2}^{lx}=\frac{|\eta_{O_2}^{bh}-\eta_{O_2}^{ed}|}{\Delta O_2^{bh}}$计算氧含量变化1%对锅炉效率的影响系数。

（4）计算设计值的锅炉效率（$\eta_{O_2}^{ed}$）、氧含量变化后的锅炉效率（$\eta_{O_2}^{bh}$）。

1）计算排烟损失（q_2）用的 K 值计算公式（4－21），分别计算设计工况额定参数时的 K_{ed}值、比较工况拟选定的用作比较的实际氧含量值的 K_{sj}值（其他计算参数不变）。

2）用排烟损失 q_2的简化公式（4－20），分别计算出设计的额定参数工况下的 q_2^{ed}损失值和用作比较的氧含量实际值的 q_2^{sj}损失值。

3）其他条件不变，用上述2）中计算的 q_2^{ed}损失值与 q_2^{sj}损失值，计算出设计值的锅炉效率（$\eta_{O_2}^{ed}$）、氧量变化后的锅炉效率（$\eta_{O_2}^{bh}$）。

4）用3）中锅炉效率的差值除以拟定的氧含量差便可求得烟气中含氧量高于设计值对锅炉效率的影响系数。

5）用公式 $\Delta b_{O_2}^{fx}=\frac{|b_{O_2}^{bh}-b_{O_2}^{ed}|}{\Delta ZB_{O_2}^{bh}}$计算锅炉中氧含量变化1%对发电煤耗率的影响系数。具体步骤如下：

① 确定单元机组汽轮机效率、锅炉效率、管道效率的设计值，并计算单元机组设计发电煤耗率。

② 根据上述确定用作比较的氧含量的实际值计算的 q_2^{sj}损失值，计算出锅炉中氧含量变化后的锅炉实际效率。

③ 用锅炉中氧含量变化后的锅炉效率、汽轮机效率设计值、管道效率设计值计算锅炉氧含量变化后的发电煤耗率。

④ 计算锅炉氧含量变化后的发电煤耗率与设计参数下发电煤耗率的差值。

⑤ 计算锅炉氧含量变化对单元机组发电煤耗率的影响系数。

5. 烟气中氧含量变化对锅炉效率、单元机组发电煤耗率的影响系数的计算程序表

根据上述烟气中氧含量变化对锅炉效率、单元机组发电煤耗率的影响系数的计算公式和计算方法，编制炉膛出口烟气中氧含量高于设计值对锅炉效率、单元机组发电煤耗率的影响系数的计算程序表，见表4－4。

表4－4　炉膛出口烟气中氧含量高于设计值对锅炉效率、单元机组发电煤耗率的影响系数的计算程序表

序号	指标		单位	×号炉
1	设计值	锅炉效率	%	
2		汽轮机效率	%	
3		管道效率	%	
4		发电煤耗率［0.122 86/（①×②×③）］	g/kWh	
5		炉膛出口烟气氧含量	%	
6		空气预热器漏风系数	—	
7		锅炉尾部烟道漏风系数	—	
8		烟气预热器出口处氧含量	%	
9		锅炉排烟温度	℃	
10		送风机入口空气温度	℃	
11		烟温差（⑨－⑩）	℃	

续表

序号	指标		单位	×号炉
12	氧含量变化对锅炉效率的影响系数	拟选定的烟气中氧含量	%	
13		烟气中氧含量的变化值（⑤－⑫）	%	
14		1－[4.7×⑤/100]	—	
15		计算额定参数 K 值（1/⑭）	—	
16		额定参数下的排烟损失值（⑮×⑪）	%	
17		1－[4.7×⑫/100]	—	
18		计算选定的烟气氧含量 K 值（1/⑰）	—	
19		计算选定参数下的排烟损失值（⑱×⑪）	%	
20		烟气中氧含量变化后的锅炉效率变化值（|⑲－⑯|）	%	
21		烟气中氧含量变化对锅炉效率的影响系数（⑳/⑫）（$\Delta\eta_{gl}^{bh}$%）/（ΔO_2^{bh}1%）	—	
22	发电煤耗率的影响系数	烟气中氧含量变化后的锅炉效率变化值（①－⑳）	%	
23		氧量变化后的发电煤耗率［0.122 86/（⑰×②×③）］	g/kWh	
24		氧量变化后发电煤耗率的变化值（|⑰－④|）	g/kWh	
25		烟气氧量变化对发电煤耗率的影响系数（㉔/⑩）（Δb_{fd}^{bh} g/kWh）/（ΔO_2^{bh}1%）	—	

（四）锅炉空气预热器、尾部漏风系数（率）变化对锅炉效率、发电煤耗率的影响系数的计算

锅炉空气预热器、尾部烟道漏风系数与漏风率，是一个指标两种表示方法、两个名称，其计算方法不同，数值也不同。不能用一个数值既表示漏风系数，变一下数量级又表示漏风率两个指标。

锅炉尾部漏风系数是指，锅炉烟气自炉膛出口处烟道开始，至除尘器烟气出口烟道处止的烟道、设备漏风程度，即烟气中的空气过剩量的增加值。表示空气预热器、尾部烟道的严密性和设备健康水平。它包括空气预热器漏入烟气中的空气量和自锅炉炉膛出口处烟道开始的过热器、省煤器、空气预热器、除尘器烟气出口烟道处止的全部烟道漏入烟气中的空气量。漏风系数可以分段测空气预热器、省煤器、除尘器，以及在尾部烟道内的再热器、过热器等各自的烟道漏风系数，并可用计算公式计算出各自的漏风系数或漏风率。

锅炉空气预热器、尾部漏风系数（率）变化 1%（百分点），约影响锅炉效率变化 0.03%（百分点），发电煤耗变化 0.1g/kWh。

1. 锅炉空气预热器、尾部烟道漏风系数（率）的影响因素

（1）空气预热器设备结构的严密性。

（2）锅炉尾部各段设备墙体的密封性。

2. 漏风系数的计算

（1）空气预热器漏风系数的计算公式

$$\Delta\alpha_{ky}=\alpha''-\alpha' \tag{4-34}$$

式中 $\Delta\alpha_{ky}$——空气预热器的漏风系数；

α'——空气预热器进口烟气中的过量空气系数；

α''——空气预热器出口烟气中的过量空气系数。

1）空气预热器进口烟气中过量空气系数的计算公式

$$\alpha' = \frac{21}{21 - O_2^{rk}} \tag{4-35}$$

式中 21——空气中的氧含量；

O_2^{rk}——空气预热器入口氧含量。

2）空气预热器出口烟气中过量空气系数的计算公式

$$\alpha'' = \frac{21}{21 - O_2^{ck}} \tag{4-36}$$

式中 O_2^{ck}——空气预热器出口氧含量。

3）用过量空气系数计算烟气中氧含量的公式。

已知：锅炉（膛）出口氧含量 O_2^{lc}、锅炉（膛）出口过量空气系数 α^{lc}；求：空气预热器出口氧含量 O_2^{ck}。

$$O_2^{ck} = \frac{21(\alpha^{lc} - 1)}{\alpha^{lc}} \tag{4-37}$$

式中 O_2^{ck}——空气预热器出口氧含量,%；

α^{lc}——锅炉（膛）出口氧含量。

（2）空气预热器漏风率的计算公式

$$L_{\Delta\alpha} = \frac{\alpha'' - \alpha'}{\alpha'} \times 90\% = \frac{\Delta\alpha}{\alpha'} \times 90\% \quad (\%) \tag{4-38}$$

式中 $L_{\Delta\alpha}$——空气预热器漏风率。

（3）锅炉设备漏风系数控制要求：

炉膛：0.05；再热器：0.02；过热器：0.02；

预热器：管式，每级0.05；回转式：达到设计要求；

省煤器：一级，0.03；两级，每级0.02；

除尘器：0.05（电除尘0.03）；烟道：每10m 0.01。

能源部1990年10月颁布的《火力发电厂节约能源规定（试行）》中第三十五条规定：400t/h及以上锅炉每月测一次漏风系数，400t/h以下锅炉每半年测试一次漏风系数。

鉴于设备结构不断改进、新材料的推广应用和工艺质量的不断提高，近年投产的电站锅炉的空气预热器及尾部烟道墙的严密性有了极大的提高。空气预热器及尾部烟道墙体的漏风系数一般都达到或好于设计水平；又因领导的普遍重视，检修工艺、质量的不断提高，空气预热器及尾部烟道墙体的漏风系数都能保持或达到设计水平。为此建议：新投产或检修后锅炉设备的空气预热器及尾部烟道漏风系数2～3个月内测一次，如果漏风系数都达到设计要求，并保持较好的水平的状态下，可每3～6个月测试一次空气预热器及尾部烟道漏风系数。

3. 锅炉尾部烟道漏风率变化对锅炉效率的影响系数

锅炉尾部烟道（含空气预热器、省煤器、尾部烟道墙体等）漏风率变化对锅炉效率的影响，在排烟损失简化计算公式中可以看到，漏风系数的影响主要是在计算 q_2（排烟）损失的 K 值的氧量值上，即漏风系数增加了排出烟气量，增加了排烟损失。因此，可用设计值的漏风系数或标准值（用作比较的基础漏风系数值），以及拟作为变化后的氧量值，分别根据排烟损失 q_2 损失的 K 值计算公式计算出 K_1、K_2，并代入排烟损失简化计算公式，就可以求得基础漏风系数值和拟作为变化后的漏风系数值的两组排烟损失值。这两组氧量的单位变化值除以漏风系数变化值的商，即为烟气中漏风系数变化对锅炉效率的影响系数。

（1）用计算排烟损失 q_2 的简化公式，计算锅炉尾部出漏风系数变化对锅炉效率的影响系数。

排烟损失 q_2 的简化计算公式如下

$$q_2 = \frac{K(t_{py} - t_{rf})}{100}$$

排烟损失 q_2 损失的 K 值计算公式如下

$$K = 3.45 \times \frac{1}{1 - \frac{4.7 \times O_2}{100}} + 0.37$$

式中 q_2——排烟损失,%；

K——排烟损失系数；

t_{py}——排烟温度,℃；

t_{rf}——锅炉入风温度,℃；

O_2——低温空气预热器烟气（烟气流方向）出口处氧含量,%。

（2）漏风系数变化对锅炉效率的影响系数的计算方法。漏风系数变化对锅炉效率的影响系数，是指锅炉尾部烟道、空气预热器漏风系数变化 1%（0.01，绝对值）对锅炉效率的影响值，可以表达为（$\Delta\eta_{gl}^{bh}\%$）/（$\Delta\alpha^{bh}0.01$）。

漏风系数变化对锅炉效率的影响系数的计算方法有两种，程序如下：

1）漏风系数变化对锅炉效率的影响系数的计算方法一。

用上面第（1）项中的排烟损失 q_2 的简化计算公式、过量空气系数计算氧量的公式、排烟损失 q_2 损失的 K 值计算公式计算。计算公式如下

$$\Delta\eta_{\Delta\alpha}^{lx} = \frac{|q_2^{ed} - q_{2\Delta\alpha}^{sj}|}{\Delta ZB_{\Delta\alpha}^{bh}} \tag{4-39}$$

式中 $\Delta\eta_{\Delta\alpha}^{lx}$——锅炉尾部烟道、空气预热器漏风系数变化 1% 对锅炉效率的影响值（$\Delta\eta_{gl}^{bh}\%$）/（$\Delta\alpha^{bh}0.01$）；

q_2^{ed}——设计值计算的排烟损失,%；

$q_{2\Delta\alpha}^{sj}$——实际分析值计算的排烟损失,%；

$|q_2^{ed} - q_{2\Delta\alpha}^{sj}|$——取绝对值。

① 确定下列参数设计值：锅炉效率、排烟温度、送风机入口空气温度、炉膛出口处烟气氧量、尾部烟道漏风系数、空气预热器入口处烟气氧量。

② 确定尾部烟道漏风系数变化值。

③ 计算锅炉（膛）过量空气系数。

④ 利用公式（4－37）计算空气预热器空气流方向入口处排出烟气中的氧含量。

⑤ 用计算排烟损失 q_2 的 K 值计算公式，分别计算设计工况额定参数时的 K_{ed} 值；比较工况拟选定的用作比较的漏风系数实际值 K_{sj}，其他计算参数不变。

⑥ 用上面 K 值计算公式计算出的额定参数时的 K_{ed} 和用作比较的漏风系数实际值 K_{sj}，再用排烟损失 q_2 的简化计算公式，分别计算出额定参数时的 q_2^{ed}、用作比较漏风系数实际值的 q_2^{sj}。

⑦ 用⑤中计算的 q_2 差值除以拟定的漏风系数差除以漏风系数变化，便可求得尾部烟道漏风系数变化对锅炉效率的影响系数。

2）锅炉尾部烟道漏风系数变化对锅炉效率的影响系数的计算方法二。

锅炉尾部烟道漏风系数变化对锅炉效率的影响系数计算公式二为

$$\Delta\eta_{\Delta\alpha}^{lx}=\frac{|\eta_{gl}^{ed}-\eta_{\Delta\alpha}^{sj}|}{\Delta\alpha^{bh}} \tag{4-40}$$

式中 $\Delta\eta_{\Delta\alpha}^{lx}$——锅炉尾部烟道、空气预热器漏风系数变化 1% 对锅炉效率的影响值，（$\Delta\eta_{gl}^{bh}$%）/（$\Delta\alpha^{bh}$0.01）；

η_{gl}^{ed}——锅炉效率设计值，%；

$\eta_{\Delta\alpha}^{sj}$——漏风系数变化后的锅炉效率，%；

$|\eta_{gl}^{ed}-\eta_{\Delta\alpha}^{sj}|$——取绝对值；

$\Delta\alpha^{bh}$——漏风系数变化值，%。

① 漏风系数变化对锅炉效率的影响系数的计算公式

$$\Delta\eta_{\Delta\alpha}^{lx}=\frac{K_{\Delta\alpha}\ (t_{py}^{ed}-t_{rf}^{ed})}{100} \tag{4-41}$$

式中 $\Delta\eta_{\Delta\alpha}^{lx}$——锅炉尾部烟道漏风系数变化对锅炉效率的影响系数。

② 锅炉尾部烟道漏风系数变化后 K_0 值的计算公式

$$K_0=3.45\times\left|\frac{1}{1-\frac{4.7\times O_2^{sj}}{100}}-\frac{1}{1-\frac{4.7\times O_2^{ed}}{100}}\right| \tag{4-42}$$

式中 O_2^{ed}——炉膛出口烟气氧量、尾部烟道漏风系数均为设计值时，预热器出口处的烟气氧量值，%；

O_2^{sj}——选定作为比较的尾部烟道漏风系数，在炉膛出口烟气氧量为设计值时，预热器出口处的烟气氧含量值，%；

$\left|\frac{1}{1-\frac{4.7\times O_2^{sj}}{100}}-\frac{1}{1-\frac{4.7\times O_2^{ed}}{100}}\right|$——取绝对值。

预热器出口处烟气中氧含量值等于炉膛出口（过热器出口）处的氧含量值加尾部烟道漏风率增加的氧含量值。

4. 锅炉尾部烟道漏风系数变化对单元机组发电煤耗率的影响系数的计算

锅炉尾部烟道漏风系数变化对单元机组发电煤耗率的影响系数是指，锅炉尾部烟道漏风系数变化 1%（0.01，绝对值）对单元机组发电煤耗率的影响值，可表达为

$(\Delta b_{fd}^{bh} g/kWh) / (\Delta\alpha^{bh} 0.01)$。计算公式如下

$$\Delta b_{\Delta\alpha}^{fx} = \frac{|b_{\Delta\alpha}^{bh} - b_{\Delta\alpha}^{ed}|}{\Delta\alpha^{bh}} = \frac{\frac{0.123}{\eta_{qj}^{ed} \times \eta_{gd}^{ed}} \left| \frac{1}{\eta_{gl}^{bh}} - \frac{1}{\eta_{gl}^{ed}} \right|}{\Delta\alpha^{bh}} \tag{4-43}$$

式中 $\Delta b_{\Delta\alpha}^{fx}$——锅炉尾部烟道漏风系数变化1%对发电煤耗率的影响系数，$(\Delta b_{fd}^{bh} g/kWh) / (\Delta\alpha^{bh} 0.01)$；

$b_{\Delta\alpha}^{ed}$——锅炉效率、汽轮机效率、管道效率为设计值时的发电煤耗率，g/kWh；

$b_{\Delta\alpha}^{bh}$——锅炉尾部烟道漏风系数变化后的锅炉效率、汽轮机效率、管道效率为设计值时的发电煤耗率，g/kWh；

$|b_{\Delta\alpha}^{bh} - b_{\Delta\alpha}^{ed}|$——取绝对值；

$\Delta\alpha^{bh}$——锅炉尾部烟道漏风系数变化值；

η_{gl}^{bh}——锅炉尾部烟道漏风系数变化后的锅炉效率,%；

η_{gl}^{ed}——额定参数下锅炉的设计效率,%；

η_{qj}^{ed}——汽轮机效率设计值,%；

η_{gd}^{ed}——管道效率设计值,%；

$\left| \frac{1}{\eta_{gl}^{bh}} - \frac{1}{\eta_{gl}^{ed}} \right|$——取绝对值。

5. 锅炉尾部烟道漏风系数变化对锅炉效率、单元机组发电煤耗率的影响系数的计算程序

（1）确定锅炉效率、汽轮机效率、管道效率、炉膛出口烟气中含氧量、空气预热器及尾部烟道漏风系数、烟气在预热器出口处的含氧量的设计值。

（2）确定锅炉尾部烟道漏风系数的变化。

（3）利用式（4－37）计算空气预热器入口处排出烟气的氧含量。

（4）利用排烟损失 q_2 损失的 K 值计算公式（4－21），分别进行如下计算：

1）计算设计工况额定参数时的 K_{ed} 值；比较工况拟选定的用作比较的实际 O_2 值的 K_{sj} 值（其他计算参数不变）。

2）用排烟损失 q_2 的简化公式（4－20）分别计算出设计的额定参数工况下的 q_2^{ed} 损失值和用作比较的 O_2 实际值的 q_2^{sj} 损失值。

3）用上述1）、2）两项计算的 q_2 差值，除以拟定的 O_2 差，便可求得尾部漏风系数变化对锅炉效率的影响系数。

（5）用公式 $K_{\Delta\alpha}^{mh} = \frac{|b_{\Delta\alpha}^{bh} - b_{\Delta\alpha}^{ed}|}{\Delta\alpha^{bh}}$ 计算锅炉尾部漏风系数变化对发电煤耗率的影响系数。

1）用单元机组汽轮机效率、锅炉效率、管道效率的设计值，计算单元机组设计发电煤耗率。

2）根据上述参数确定用作比较的尾部漏风系数实际值计算的 q_2^{sj} 损失值，并计算出锅炉尾部漏风系数的锅炉实际效率。

3）用锅炉尾部漏风系数变化后的锅炉效率、汽轮机效率设计值、管道效率设计值计算锅炉氧含量变化后的发电煤耗率。

4）计算锅炉尾部漏风系数变化后的发电煤耗率与设计参数下的发电煤耗率的差值。

5）计算锅炉尾部漏风系数变化对单元机组发电煤耗率的影响系数。

6. 编制锅炉尾部漏风系数变化对锅炉效率、单元机组发电煤耗率的影响系数的计算程序表

根据上述讲的锅炉尾部漏风系数变化对锅炉效率、单元机组发电煤耗率的影响系数的计算公式和计算方法，编制锅炉尾部漏风系数变化对锅炉效率、单元机组发电煤耗率的影响系数的计算程序表，见表4－5。

表4－5　锅炉尾部漏风系数变化1%对锅炉效率、单元机组发电煤耗率的影响系数的计算程序表

序　号	指	标	单　位	×号炉
1	设计值	锅炉效率	%	
2		汽轮机效率	%	
3		管道效率	%	
4		发电煤耗率［0.122 86/（①×②×③）］	g/kWh	
5		炉膛出口烟气中的氧含量	%	
6		炉膛出口过量空气系数	—	
7		空气预热器漏风系数	—	
8		锅炉尾部烟道漏风系数（含空气预热器）	—	
9		烟气预热器出口处氧量	%	
10		烟气预热器出口处过量空气系数	—	
11		锅炉排烟温度	℃	
12		送风机入口空气温度	℃	
13		烟温差（⑪－⑫）	℃	
14	漏风系数变化1%对锅炉效率的影响系数	拟选定的锅炉尾部漏风系数	—	
15		锅炉尾部漏风系数变化的变化值（⑧－⑭）	—	
16		计算烟气预热气出口处氧量（⑩项有可不计算）	%	
17		1－4.7×⑤/100	—	
18		计算额定参数K值（1/⑰）	—	
19		额定参数下的排烟损失值（⑱×⑬）		
20		1－4.7×⑯/100	%	
21		计算选定的烟气氧量K值（1/⑳）	—	
22		计算选定参数下的排烟损失值（㉑×⑬）	%	
23		尾部漏风系数变化后的锅炉效率变化值（｜⑲－㉒｜）	%	
24		尾部漏风系数变化1%对锅炉效率的影响系数（㉓/⑮）（$\Delta\eta_{gl}^{bh}$%）/（$\Delta\alpha^{bh}$0.01）		
25	漏风系数变化1%对发电煤耗率的影响系数	尾部漏风系数变化后的锅炉效率（①－㉓）	%	
26		尾部漏风系数变化后的发电煤耗率［0.122 86/（㉕×②×③）］	g/kWh	
27		尾部漏风系数变化后的发电煤耗率的变化值（｜㉖－④｜）	g/kWh	
28		尾部漏风系数变化对发电煤耗率的影响系数（㉗/⑮）（Δb_{fd}^{bh}g/kWh）/（$\Delta\alpha^{bh}$0.01）	—	

注　表中括号内表达式为对应参数的计算公式，○内数字代表各参数序号。

二、机械未完全燃烧损失

锅炉机械未完全燃烧损失是指燃料煤在炉内燃烧时未能燃尽，而残存在灰渣中的部分碳元素造成的损失。燃烧煤粉锅炉的机械未完全燃烧损失，一般又分为飞灰（细灰）可燃物损失和灰渣（炉渣、大渣）可燃物损失两部分。

（一）飞灰可燃物、灰渣可燃物损失的影响因素

（1）输送煤粉的送粉温度。

（2）喷燃器的扩散角、回流工况与燃料特性的适应程度。

（3）风粉混合程度。

（4）燃料特性对喷燃器出口周围温度的适应程度。

（5）炉膛火焰中心温度的强度与炉膛温度场对燃料燃烧需求的适应程度。

（6）锅炉本体保温的完好程度。

（7）喷燃器主体保温的完好程度。

（8）煤粉细度符合炉内燃烧工况的程度。

（9）燃料特性对锅炉设计性能的适应程度，如燃料煤的挥发分、燃料煤的燃煤灰分特性的灰熔融性变形温度（DT）、灰熔融性软化温度（ST）、灰熔融性半球温度（HT）、灰熔融性流动温度（FT）等。

（二）飞灰可燃物损失

飞灰可燃物损失是指由烟道经除尘器排出的细灰中的含碳量占总灰量的比例，表示燃料煤在炉膛内小颗粒细灰中碳的未燃尽程度，单位:%，与输送煤粉的送粉温度、风粉混合程度、喷燃器出口周围的温度、炉膛温度等有关。

飞灰可燃物升高1%（百分点），影响锅炉效率降低0.16%左右、发电煤耗升高0.6g/kWh左右。

1. 飞灰可燃物损失简化计算公式

$$q_4^{fh}=\frac{332.27\times\alpha_{fh}\times C_{fh}}{100-C_{fh}}\times\frac{A_{ar}}{Q_{net,ar}} \tag{4-44}$$

式中 q_4^{fh}——飞灰损失,%；

α_{fh}——灰平衡中的飞灰比例；

C_{fh}——飞灰可燃物,%；

A_{ar}——入炉煤收到基灰分,%；

$Q_{net,ar}$——入炉煤收到基低位发热量，kJ/kg。

2. 飞灰可燃物变化对锅炉效率的影响系数的计算

飞灰可燃物变化对锅炉效率的影响系数是指飞灰可燃物变化1%（百分点）对锅炉效率的影响值的大小，可表达为（$\Delta\eta_{gl}^{bh}$%）/（ΔC_{fh}1%）。飞灰可燃物指标变化对锅炉效率的影响系数的计算公式如下

$$\Delta\eta_{fh}^{lx}=\frac{\frac{332.27\times\alpha_{fh}\times A_{ar}}{Q_{net,ar}}\left|\frac{C_{fh}^{ed}}{100-C_{fh}^{ed}}-\frac{C_{fh}^{sj}}{100-C_{fh}^{sj}}\right|}{\Delta C_{fh}^{bh}} \tag{4-45}$$

式中 $\Delta\eta_{fh}^{lx}$——飞灰可燃物变化1%对锅炉效率的影响系数，（$\Delta\eta_{gl}^{bh}$%）/（ΔC_{fh}1%）；

C_{fh}^{ed}——飞灰可燃物分析比较的基础（设计）值,%；

C_{fh}^{sj}——飞灰可燃物分析比较的实际值,%；

$\left|\frac{C_{fh}^{ed}}{100-C_{fh}^{ed}}-\frac{C_{fh}^{sj}}{100-C_{fh}^{sj}}\right|$——取绝对值；

ΔC_{fh}^{bh}——灰中可燃物变化值,%。

3. 飞灰可燃物变化对单元机组发电煤耗率的影响系数

飞灰可燃物变化对单元机组发电煤耗率的影响系数是指飞灰可燃物变化1%对单元机组发电煤耗率的影响值，可以表达为（Δb_{fh}^{bh}g/kWh）/（ΔC_{fh}^{bh}1%）。计算公式为

$$\Delta b_{fh}^{fx}=\frac{|b_{fh}^{bh}-b_{fh}^{ed}|}{\Delta C_{fh}^{bh}}=\frac{\dfrac{0.123}{\eta_{qj}^{ed}\times\eta_{gd}^{ed}}\left|\dfrac{1}{\eta_{gl}^{bh}}-\dfrac{1}{\eta_{gl}^{ed}}\right|}{\Delta C_{fh}^{bh}} \tag{4-46}$$

式中　Δb_{fh}^{fx}——飞灰可燃物变化1%对发电煤耗率的影响系数，（Δb_{fh}^{bh}g/kWh）/（$\Delta\eta_{gl}^{bh}$1%）；

b_{fh}^{ed}——锅炉效率、汽轮机效率、管道效率为设计值时的发电煤耗率，g/kWh；

b_{fh}^{bh}——飞灰可燃物变化后的锅炉效率、汽轮机效率、管道效率为设计值时的发电煤耗率，g/kWh；

$|b_{fh}^{bh}-b_{fh}^{ed}|$——取绝对值；

ΔC_{fh}^{bh}——飞灰可燃物变化值；

η_{gl}^{bh}——飞灰可燃物变化后的锅炉效率,%；

η_{gl}^{ed}——额定参数下锅炉的设计效率,%；

η_{qj}^{ed}——汽轮机效率设计值,%；

η_{gd}^{ed}——管道效率设计值,%；

$\left|\frac{1}{\eta_{gl}^{bh}}-\frac{1}{\eta_{gl}^{ed}}\right|$——取绝对值。

4. 飞灰可燃物变化1%对锅炉效率的影响系数的计算程序

（1）确定设计值参数指标：灰平衡中飞灰可燃物的比例、飞灰可燃物的设计值或飞灰可燃物损失值（q_4）。

（2）确定拟选用作为比较计算用的飞灰可燃物值。

（3）利用q_4损失计算公式（4-44）计算设计值、拟用作分析用的q_4损失。

（4）计算设计值的锅炉效率（η_{fh}^{ed}）、飞灰可燃物变化后的锅炉效率（η_{fh}^{bh}）。

（5）利用公式$\Delta\eta_{fh}^{lx}=\left|\frac{\eta_{fh}^{bh}-\eta_{fh}^{ed}}{\Delta C_{fh}^{bh}}\right|$计算飞灰可燃物变化1%对锅炉效率的影响系数。

5. 飞灰可燃物变化1%对单元机组发电煤耗率的影响系数的计算程序

飞灰可燃物变化1%对锅炉效率、单元机组发电煤耗率的影响系数的计算程序如下：

（1）确定灰平衡中飞灰比例、飞灰可燃物、飞灰损失值q_4^{fh}、空气预热器出口处排烟氧量、空气预热器出口处排出烟气中的氧含量、锅炉排烟温度、送风机入口空气温度、锅炉效率、汽轮机效率、管道效率等。

（2）计算设计（基础）值飞灰可燃物损失值q_4^{fh}。

（3）计算单元机组设计发电煤耗率。

（4）计算设计实际值飞灰可燃物损失值 q_4^{fh}。

（5）计算飞灰可燃物变化后的锅炉效率。

（6）计算飞灰可燃物变化 1% 对锅炉效率的影响系数。

（7）计算飞灰可燃物变化 1% 后的单元机组发电煤耗率。

（8）计算飞灰可燃物变化 1% 对单元机组发电煤耗率的影响系数。

6. 飞灰可燃物变化对锅炉效率的影响系数的计算程序表

根据上述飞灰可燃物变化对锅炉效率、单元机组发电煤耗率影响系数的计算公式和计算程序可列出飞灰可燃物变化对锅炉效率、发电煤耗率的影响系数的计算表，如设计资料不齐全时，可根据其他资料，用计算公式推理计算。

表 4－6　　飞灰可燃物变化对锅炉效率、发电煤耗率的影响系数的计算程序表

序号	指　　标		单　位	×号炉
1	设计值	锅炉效率	%	
2		汽轮机效率	%	
3		管道效率	%	
4		发电煤耗率［0.122 86/（①×②×③）］	g/kWh	
5		炉膛出口烟气中的氧含量	%	
6		锅炉尾部（含空气预热器）漏风系数	—	
7		空气预热器出口处排烟的氧含量	%	
8		锅炉排烟温度	℃	
9		送风机入口空气温度	℃	
10		烟温差（⑪－⑫）	℃	
11		灰平衡中的飞灰比例	—	
12		飞灰可燃物（基础值）	%	
13		飞灰损失值 q_4^{fh}	%	
14	飞灰可燃物对锅炉效率的影响系数	入炉煤收到基低位热值	kJ/kg	
15		入炉煤收到基灰分	%	
16		飞灰可燃物实际值	%	
17		飞灰可燃物变化值	%	
18		（332.27×⑪×⑮）/⑭	—	
19		⑫/（100－⑫）	—	
20		设计（基础）飞灰可燃物损失值 q_4^{fh}（⑱×⑲）	%	
21		⑯/（100－⑯）	—	
22		实际飞灰可燃物损失值 q_4^{fh}（⑱×㉑）	%	
23		飞灰可燃物变化锅炉效率差值（|⑳－㉒|）	%	
24		飞灰可燃物变化对锅炉效率影响系数（㉓/⑰）（$\Delta\eta_{gl}^{bh}$1%）/（ΔC_{fh}^{bh}1%）	—	

续表

序号	指　标		单　位	×号炉
25	发电煤耗率的影响系数	飞灰可燃物变化后的锅炉效率（①－㉓）	%	
26		飞灰可燃物变化后的发电煤耗率［0.122 86/（㉕×②×③）］	g/kWh	
27		飞灰可燃物变化后的发电煤耗率的变化值（|㉖－④|）	g/kWh	
28		飞灰可燃物变化对发电煤耗率的影响系数（㉗/⑮）（Δb_{fd}^{bh} g/kWh）/（ΔC_{fh}^{bh}1%）		

注　表中括号内表达式为对应参数的计算公式，○内数字代表各参数序号。

（三）灰渣可燃物损失

灰渣可燃物损失是指燃料煤中的炭在炉膛内燃烧时，与灰渣结成较大颗粒或大块，并落在炉膛下的灰斗里的灰渣中的含碳量值占灰量的比例，表示燃料煤在炉膛中较大灰渣里的炭的未燃尽程度，单位:%，与输送煤粉的送粉温度、风粉混合程度、喷燃器出口周围的温度、炉膛温度等有关。

灰渣中的可燃物含量虽然较飞灰中的可燃物高，但其在灰平衡中的比例小得多，煤粉锅炉灰平衡中灰渣的比例一般仅为10%左右，对响锅炉效率、发电煤耗的影响较小。当灰平衡中的比例较大时，还应计算、分析其对锅炉效率、发电煤耗率的影响。

1. 灰渣可燃物损失简化计算公式

$$q_4^{hz}=\frac{332.27\times\alpha_{hz}\times C_{hz}}{100-C_{hz}}\times\frac{A_{ar}}{Q_{net,ar}} \tag{4-47}$$

式中　q_4^{hz}——灰渣损失,%；

α_{hz}——灰平衡中灰渣可燃物的比例；

A_{ar}——入炉煤收到基灰分,%；

$Q_{net,ar}$——入炉煤收到基低位热量，kJ/kg。

2. 灰渣可燃物变化对锅炉效率的影响系数的计算

灰渣可燃物变化对锅炉效率的影响系数是指灰渣可燃物变化1%（百分点）对锅炉效率影响值的大小，可表达为（$\Delta\eta_{gl}^{bh}$%）/（ΔC_{hz}^{bh}1%）。灰渣可燃物指标变化1%对锅炉效率影响系数的计算公式如下

$$\Delta\eta_{hz}^{lx}=\frac{\dfrac{332.27\times\alpha_{hz}\times A_{ar}}{Q_{lw}}\left|\dfrac{C_{hz}^{ed}}{100-C_{hz}^{ed}}-\dfrac{C_{hz}^{sj}}{100-C_{hz}^{sj}}\right|}{\Delta ZB_{hz}^{bh}} \tag{4-48}$$

式中　$\Delta\eta_{hz}^{lx}$——灰渣可燃物变化对锅炉效率的影响系数，（$\Delta\eta_{gl}^{bh}$%）/（ΔC_{hz}^{bh}1%）；

α_{hz}——灰平衡中灰渣可燃物的比例；

C_{hz}^{sj}——灰渣可燃物分析比较的实际值,%；

$\left|\dfrac{C_{hz}^{ed}}{100-C_{hz}^{ed}}-\dfrac{C_{hz}^{sj}}{100-C_{hz}^{sj}}\right|$——取绝对值；

ΔZB_{hz}^{bh}——灰渣可燃物变化值,%。

3. 灰渣可燃物变化对单元机组发电煤耗率的影响系数

灰渣可燃物变化对单元机组发电煤耗率的影响系数是指，灰渣可燃物变化 1% 对单元机组发电煤耗率的影响值，可以表达为（Δb_{fd}^{bh}g/kWh）/（ΔC_{hz}^{bh}1%）。计算公式如下

$$\Delta b_{hz}^{fx}=\frac{|b_{hz}^{bh}-b_{hz}^{ed}|}{\Delta ZB_{hz}^{bh}}=\frac{\frac{0.123}{\eta_{qj}^{ed}\times\eta_{gd}^{ed}}\left|\frac{1}{\eta_{gl}^{bh}}-\frac{1}{\eta_{gl}^{ed}}\right|}{\Delta ZB_{fh}^{bh}} \tag{4-49}$$

式中 Δb_{hz}^{fx}——灰渣可燃物变化 1% 对单元机组发电煤耗率的影响系数，（Δb_{fd}^{bh}g/kWh）/（ΔC_{hz}^{bh}1%）；

b_{hz}^{ed}——锅炉效率、汽轮机效率、管道效率为设计值时的发电煤耗率，g/kWh；

b_{hz}^{bh}——灰渣可燃物变化后的锅炉效率、汽轮机效率、管道效率为设计值时的发电煤耗率，g/kWh；

$|b_{hz}^{bh}-b_{hz}^{ed}|$——取绝对值；

ΔZB_{hz}^{bh}——灰渣可燃物变化值；

η_{gl}^{bh}——灰渣可燃物变化后的锅炉效率，%；

η_{gl}^{ed}——额定参数下锅炉的设计效率，%；

η_{qj}^{ed}——汽轮机效率设计值，%；

η_{gd}^{ed}——管道效率设计值，%；

$\left|\frac{1}{\eta_{gl}^{bh}}-\frac{1}{\eta_{gl}^{ed}}\right|$——取绝对值。

4. 灰渣可燃物变化对锅炉效率的影响系数的计算程序

（1）确定设计值参数指标：灰平衡中灰渣可燃物的比例、灰渣可燃物的设计值或灰渣可燃物损失值（q_4）。

（2）确定拟选用作为比较计算用的灰渣可燃物。

（3）利用 q_4 损失计算公式（4－47）计算设计值及拟作分析用的 q_4 损失。

（4）计算设计值的锅炉效率（η_{hz}^{ed}）、灰渣可燃物变化后的锅炉效率（η_{hz}^{bh}）。

（5）利用公式 $\Delta\eta_{hz}^{lx}=\frac{|\eta_{hz}^{bh}-\eta_{hz}^{ed}|}{\Delta C_{hz}^{bh}}$ 计算灰渣可燃物变化 1% 对锅炉效率的影响系数。

5. 灰渣可燃物变化对发电煤耗率影响系数的计算程序

灰渣可燃物变化对锅炉效率、单元机组发电煤耗率的影响系数的计算程序如下：

（1）确定设计工况：灰平衡中灰渣比例、灰渣可燃物、灰渣损失值 q_4^{hz}、空气预热器出口处排烟氧量、空气预热器出口处排烟氧量、锅炉排烟温度、送风机入口空气温度、锅炉效率、汽轮机效率、管道效率等。

（2）利用公式（4－47）计算灰渣可燃物损失值 q_4^{hz}。

（3）利用公式 $b_{fd}=\frac{0.122\ 86}{\eta_{qj}\times\eta_{gl}\times\eta_{gd}}$ 计算单元机组设计发电煤耗率。

（4）利用公式（4－47）计算设计实际值灰渣可燃物损失值 q_4^{hz}。

（5）利用公式 $\Delta\eta_{hz}^{bh}=|q_4^{ed}-q_4^{sj}|$ 计算可燃物变化后的锅炉效率。

（6）利用公式 $\eta_{hz}^{bh}=\eta_{hz}^{ed}+\Delta\eta_{hz}^{bh}$ 计算灰渣可燃物变化后的锅炉效率。

(7) 利用设计汽轮机效率、管道效率、灰渣可燃物变化后的锅炉效率，计算灰渣可燃物变化后的单元机组发电煤耗率。

(8) 利用公式 $\Delta b_{hz}^{fx}=\dfrac{b_{hz}^{ed}-b_{hz}^{bh}}{\Delta C_{hz}^{bh}}$ 计算灰渣可燃物变化对单元机组发电煤耗率的影响系数。

6. 灰渣可燃物变化对锅炉效率的影响系数的计算程序表

根据上述灰渣可燃物变化对锅炉效率、单元机组发电煤耗率的影响系数的计算公式和计算程序可列出灰渣可燃物变化 1% 对锅炉效率、发电煤耗率的影响系数的计算表，见表 4-7。设计资料不全时，可根据其他资料，利用计算公式推理计算。

表 4-7　灰渣可燃物变化 1% 对锅炉效率、发电煤耗率的影响系数的计算程序表

序号	指标		单位	×号炉
1	设计值	锅炉效率	%	
2		汽轮机效率	%	
3		管道效率	%	
4		发电煤耗率 [0.122 86/①×②×③]	g/kWh	
5		炉膛出口烟气中的氧含量	%	
6		锅炉尾部（含空气预热器）漏风系数	—	
7		空气预热器出口处排烟氧含量	%	
8		排烟温度（锅炉空气预热器出口处）	℃	
9		送风机入口空气温度	℃	
10		烟温差（⑧-⑨）	℃	
11		灰平衡中灰渣比例	—	
12		灰渣可燃物（基础值）	%	
13		灰渣损失值 q_4^{hz}	%	
14	飞灰可燃物对锅炉效率的影响系数	入炉煤收到基低位热值	kJ/kg	
15		入炉煤收到基灰分	%	
16		灰渣可燃物实际值	%	
17		灰渣可燃物变化值	%	
18		(332.27×⑪×⑮)/⑭	—	
19		⑫/(100-⑫)	—	
20		设计（基础）灰渣可燃物损失值 q_4^{hz}（⑱×⑲）	%	
21		⑯/(100-⑯)	—	
22		实际灰渣可燃物损失值 q_4^{hz}（⑱×㉑）	%	
23		灰渣可燃物变化锅炉效率差值（|⑳-㉒|）	%	
24		灰渣可燃物变化对效率影响系数（㉓/⑰）（$\Delta\eta_{gl}^{bh}$%）/（ΔC_{hz}^{bh}1%）	—	
25	发电煤耗率的影响系数	灰渣可燃物变化后的锅炉效率（①-㉓）	%	
26		灰渣可燃物变化后发电煤耗率 [0.122 86/(㉕×②×③)]	g/kWh	
27		灰渣可燃物变化后发电煤耗率的变化值（|㉖-④|）	g/kWh	
28		灰渣可燃物变化对发电煤耗率的影响系数（㉗/⑮）（Δb_{fd}^{bh} g/kWh）/（ΔC_{hz}^{bh}1%）	—	

注　表中括号内表达式为对应参数的计算公式，○内数字代表各参数序号。

三、锅炉运行经济指标变化对锅炉效率、发电煤耗率的影响系数汇总表

锅炉运行经济指标对单元机组发、供电煤耗率水平有着重要的影响，锅炉效率降低1%，影响发电煤耗率升高3~6g/kWh；影响汽轮机运行经济性的主蒸汽参数、再热蒸汽参数都与锅炉设备运行操作、调整有关。因此，锅炉设备运行操作、调整、管理人员都必须掌握、牢记锅炉运行经济指标变化对锅炉效率、发电煤耗率的影响大小；专业主管必须根据设备设计性能计算出各项指标变化后对锅炉效率、发电煤耗率的影响系数，形成文件后发至有关岗位、专业管理部门和专业管理人员。特别是要把锅炉运行经济指标变化对锅炉效率、发电煤耗率的影响系数汇成总表，以统一标准，方便使用。

表4-8　锅炉运行经济指标变化1个单位值对锅炉效率、发电煤耗率的影响系数汇总表

序号	指标名称	指标变化值	锅炉小指标变化1个单位值对锅炉效率的影响系数（$\Delta\eta_{gl}^{bh}\%$）/（单位指标）			锅炉小指标变化1个单位值对发电煤耗率的影响系数（Δb_{fd}^{bh}g/kWh）/（单位指标）		
			100MW	200MW	600MW	100MW	200MW	600MW
1	排烟温度（℃）	1.00	0.052	0.041		0.20	0.14	
2	入风温度（℃）	1.00	0.052	0.041		0.20	0.14	
3	氧量（%）	1.00	0.34	0.46		1.30	1.60	
4	飞灰可燃物（%）	1.00	0.16			0.61		
5	尾部漏风率（%）	1.00	0.03			0.10		
6	过热器出口蒸汽 压力（MPa）	1.00	0.20	0.20		0.19	0.15	
7	过热器出口蒸汽 温度（℃）	1.00	0.011	0.013		0.10	0.11	
8	再热器蒸汽温度（℃）	1.00	—	0.011		—	0.10	

表4-8使用说明：

（1）表中指标变化值是指标在额定值时，该指标向上或向下变化的1个单位值，如1℃、1MPa、1%（百分点）。

（2）影响系数栏内的"（$\Delta\eta_{gl}^{bh}\%$）/（单位指标）"是指排烟温度等锅炉小指标每变化1个单位值对锅炉效率的相应影响值（百分点），如排烟温度每变化1℃，对200MW机组而言，约影响锅炉效率变化0.041%。

（3）影响系数栏内的"（Δb_{fd}^{bh}g/kWh）/（单位指标）"是指排烟温度等锅炉小指标每变化1个单位值对发电煤耗率的相应影响值（g/kWh），如排烟温度每变化1℃，对200MW机组而言，约影响发电煤耗率变化0.14g/kWh。

（4）本表提供的系数仅供同类机组参考，各种类型的锅炉应根据设计提供的特性数据计算出切合本厂锅炉实际的影响系数。

四、锅炉可定量、运行非可控指标

反平衡锅炉效率计算中的可燃气体未完全燃烧损失，散热损失、灰渣的物理热损失等指标都可用公式计算出来，而指标的影响因素确不是锅炉运行中操作、调整能改变的。只有通过检修、维护才能达到提高指标的运行水平。

(一) 可燃气体未完全燃烧热损失

可燃气体未完全燃烧热损失，是指锅炉排出烟气中可燃气体（CO、CH_4、H_2、C_mH_n）成分未完全燃烧而造成的热量损失占输入热量的比例，单位:% 。目前，电站大型锅炉设计中可燃气体未完全燃烧热损失一般取 0.5% 。

锅炉运行中产生 0.1% （百分点）的一氧化碳，约使锅炉效率降低 0.4% （百分点），约使发电煤耗升高 1.4g/kWh。

可燃气体未完全燃烧热损失的影响因素有：

(1) 炉膛风量不足。

(2) 风、粉入炉后混合不好。

(3) 燃料碳未达到完全燃烧。

(4) 炉膛温度及炉膛温度场。

(5) 燃烧过程中煤粉颗粒与氧结合的程度。

(6) 燃烧过程中氧气量的满足程度、接触程度等。

(二) 散热损失

散热损失是指锅炉设备的炉墙、金属结构及炉体范围内的炉墙、汽水管道、烟风道等设备向周围环境中散热的损失量占锅炉总输入热量的比例，单位:% 。小容量电站锅炉散热损失设计值为 0.5% 左右，大容量电站锅炉散热损失设计值为 0.2% 左右。

制造厂提供的额定负荷下的散热损失值，是指锅炉设备墙体、金属结构及炉体范围内的汽、水管道，烟、风道保温等设备在环境温度为 25℃ 时，其表面温度不超过 50℃。如果锅炉设备保温达不到设计条件的要求，则散热损失就要大于设计值。正常生产统计指标中不能如实计算，锅炉效率下降，发电煤耗率升高，结果是煤场亏煤。据调查，某厂 200MW 单元机组的锅炉高温设备、管道保温质量一年 4 次检查，其结果是有 57% 达不到考核要求，保温质量严重低下，保温表皮温度有 44 处在 90℃ 以上，占锅炉检测点次的 37% 。最高点温度一年 4 次均在 110℃。

散热损失的主要影响因素有：

(1) 锅炉设备的墙体及尾部烟道保温的完好程度。

(2) 锅炉设备及空气预热器的健康水平。

(3) 高温汽、水管道，高温烟、风管道保温的完好程度。

(4) 喷燃器外壳的保温完好程度。

(5) 看火门、人孔门的严密性及保温的完好程度。

(6) 巡检后看火门、人孔门是否随手关闭。

(7) 灰渣排放设备保温的完好程度。

(三) 灰渣的物理热损失

灰渣的物理热损失是指炉渣、飞灰排出锅炉设备时所带走的显热占输入热量的比例，单位:% 。这部分热损失基本上是不可抗拒的，影响的因素已包含在其他指标中。如排烟温度管理好了，排烟温度达到或好于设计值。那么飞灰排出时所带走的显热损失就可以减少了。

五、锅炉指标变化对锅炉效率、发电煤耗率影响值的计算

本节前面讲了锅炉指标变化对锅炉效率、发电煤耗率的影响系数，这里主要是讲锅炉各项指标变化值对锅炉效率、发电煤耗率影响值的计算方法。具体方法如下：

1. 锅炉小指标变化后对锅炉效率影响值的计算

$$\Delta\eta_{lz}^{yx}=\eta_{gl}^{ed}-\eta_{gl}^{bh} \tag{4-50}$$

$$\Delta\eta_{lz}^{yx}=\eta_{gl}^{ed}+\Delta\eta_{gl}^{bh} \tag{4-51}$$

式中 $\Delta\eta_{lz}^{yx}$——锅炉小指标变化对锅炉效率的影响值,%；

η_{gl}^{ed}——锅炉设计值（额定值、基础值）效率,%；

η_{gl}^{bh}——锅炉指标变化后的锅炉效率值,%。

2. 锅炉小指标对锅炉效率、发电煤耗率的影响值的计算

（1）锅炉指标变化对锅炉效率的影响值的计算

$$\Delta\eta_{lz}^{yx}=\Delta\eta_{zb}^{lx}\times\Delta ZB_{gl}^{bh} \tag{4-52}$$

式中 $\Delta\eta_{lz}^{yx}$——锅炉小指标变化对锅炉效率的影响值,%；

$\Delta\eta_{zb}^{lx}$——锅炉指标变化对锅炉效率的影响系数；

ΔZB_{gl}^{bh}——锅炉指标的变化值。

（2）锅炉指标变化对发电煤耗率影响值的计算

$$\Delta b_{lzf}^{yx}=\Delta b_{lz}^{fx}\times\Delta ZB_{gl}^{bh} \tag{4-53}$$

式中 Δb_{lzf}^{yx}——锅炉指标变化对发电煤耗率的影响值，g/kWh；

Δb_{lz}^{fx}——锅炉指标变化对发电煤耗率的影系数。

第三节　锅炉设备直接影响发电煤耗率的指标

锅炉设备直接影响发电煤耗率的指标是指锅炉设备产品质量指标（主蒸汽参数、再热蒸汽参数）和生产过程消耗指标（喷水减温水量）等。这些指标虽然发生在锅炉生产过程和产品中，不直接影响设备生产运行的经济性指标——锅炉效率，但这些指标的优劣却影响单元机组内的汽轮机效率，或直接影响发电煤耗率。可见，这些指标的直接责任者是锅炉设备、运行操作、调整人员。锅炉操作、调整人员应熟知这些指标对电厂运行经济性影响的大小，针对设备特点，研究操作、调整方法，确保锅炉设备直接影响发电煤耗率的各项指标维持和稳定在更优的水平运行。

锅炉设备直接影响发电煤耗率的指标有：

（1）锅炉过热器出口的主蒸汽温度。

（2）锅炉过热器出口的主蒸汽压力。

（3）锅炉再热器出口的再热蒸汽温度。

（4）再热蒸汽压力降。

（5）再热器喷水减温用水量。

（6）石子煤热量损失等。

（一）锅炉产蒸汽质量指标

过热器出口的主蒸汽温度、主蒸汽压力、锅炉再热器出口的再热蒸汽温度等三项指标，是影响汽轮机经济运行用蒸汽质量的关键指标。主蒸汽温度、再热蒸汽温度每降低10℃，

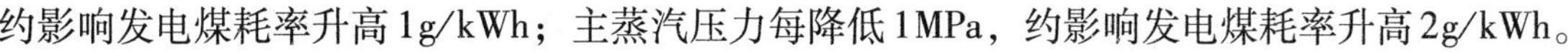

约影响发电煤耗率升高1g/kWh；主蒸汽压力每降低1MPa，约影响发电煤耗率升高2g/kWh。

1. 主蒸汽压力

主蒸汽压力是指锅炉过热器出口的过热蒸汽压力，是决定电厂、汽轮机运行经济性的最主要的参数之一。单位：MPa。机组运行中，在额定负荷和额定压力运行负荷下，锅炉过热器出口的蒸汽压力应以汽轮机主汽门前的蒸汽压力达到设计的额定值压红线运行为准。在低负荷情况下，可根据汽轮机滑压运行需要而定。指标统计可按额定参数和滑压运行两种情况分别进行统计、分析、考核（下同）。

2. 主蒸汽温度

主蒸汽温度是指锅炉过热器出口的过热蒸汽温度，是决定电厂、汽轮机运行经济性的最主要的参数之一，单位：℃。锅炉运行中，任何负荷下都应以汽轮机主汽门前的蒸汽温度达到设计的额定值、压红线运行为准。

3. 再热蒸汽温度

再热蒸汽温度是指锅炉再热器出口的再热蒸汽温度，也是决定电厂、汽轮机运行经济性的最主要的参数之一，单位：℃。任何负荷下，锅炉设备都应以汽轮机进汽门前的再热蒸汽温度达到设计的额定值、压红线运行为准。

（二）锅炉再热器喷水减温水量

高参数、大容量机组再热器大多有喷水减温装置。喷水用减温水一般取自给水泵中间抽头的低温水，这部分减温水直接转化成再热蒸汽，大大地降低了单元机组的运行经济性。据了解，计算汽轮机热耗保证值时，未考虑再热器喷水对汽轮机运行经济的影响。某厂200MW机组基建时期提供的技术资料表明：锅炉额定负荷时，再热器温度调整用减水量约为锅炉出力的2%，制造厂资料表明，单元机组热耗值增加0.36%，约使发电煤耗增加1.134g/kWh。可见，再热器的调温喷水量达到锅炉出力的1%，约使单元机组发电煤耗增加0.6g/kWh。据调查，该电厂再热器的调温喷水量，最大时达到锅炉出力的5%左右，约使单元机组发电煤耗增加3g/kWh，应引起专业管理人员注意，并加强管理。

1. 锅炉再热器喷水减温水量增加的影响因素

（1）锅炉送风量大（含锅炉墙体严密性差、漏风量大）、炉膛燃烧室出口烟气中含氧量大、排烟气量增加。

（2）炉膛燃烧室温度偏低，减少了燃烧室内烟气与汽水的热交换，使膛出口排出烟气温度升高。

（3）炉膛出口排出烟气温度高，增加了再热蒸汽与烟气的热交换量，使再热器喷水减温水量增加。

2. 锅炉再热器喷水减温水量对单元机组运行经济性的影响的计算

锅炉再热器喷水减温水量对单元机组运行经济性的影响，设计提供的资料是提醒用户汽轮机保证值热耗率是按再热器无喷水计算的，并通知用户再热器喷水减温水量对汽轮机机组的关系数值。再热器喷水减温水量对单元机组发电煤耗率的影响的计算方法如下：

（1）再热器用喷水减温水后对发电煤耗率的影响的计算公式

$$\Delta b_{pj} = b^{ed} - b^{pj} \qquad (4-54)$$

式中　Δb_{pj}——再热器用喷水减温水后对发电煤耗率的影响值，g/kWh；

b^{ed}——单元机组设计值（汽轮机保证值设计热耗率、设计值锅炉效率、管道效率）发电煤耗率，g/kWh；

b^{pj}——再热器用喷水减温水后发电煤耗率，g/kWh。

（2）再热器用喷水减温水后发电煤耗率计算公式

$$b^{pj}=\frac{0.12286}{\eta_{qj}^{pj}\times\eta_{gl}^{ed}\times\eta_{gd}^{ed}} \tag{4-55}$$

式中 η_{qj}^{pj}——再热器用喷水减温水后的汽轮机效率，%；

η_{gl}^{ed}——设计值锅炉效率，%；

η_{gd}^{ed}——设计值管道效率，%；

0.122 86——电热当量与标准煤的热值比。

（3）再热器用喷水减温水后的汽轮机效率的计算公式

$$\eta_{qj}^{pj}=\frac{3600}{q_{qj}^{bz}+\Delta q_{pj}} \tag{4-56}$$

式中 3600——电热当量；

q_{qj}^{bz}——汽轮机保证值热耗率，kJ/kWh；

Δq_{pj}——再热器用喷水减温水后的汽轮机热耗率的增加值，kJ/kWh。

（三）石子煤热量损失

石子煤热量损失率是指石子煤清理装置清理出来的石子煤损失的热量占计算期总用热量的比例，单位:%。该损失率可纳入锅炉效率计算，列入 q_4 单计或列为 q_7 损失，但需进一步统一认识。

石子煤损失量是指石子煤清理装置清理出来的石子煤损失量折算成的标准煤量，单位：kg。标准煤量除以单元机组发电量，就是对发电煤耗率的影响值。

石子煤损失大小与煤炭质量、设备的健康水平有关，已引起关注，并且进行计算。但是，目前还没有统一纳入锅炉效率等经济指标的计算，不便于电厂效率、供电煤耗率的管理、分析。如今，多数电厂都是在技术经济指标分析时作一次性分析、计算，因此就有管理不到位的时候，进而影响电厂整体的经济指标管理和企业的经济效益。为此建议，将石子煤损失列为 q_7 损失，纳入锅炉效率计算；石子煤损失值大、且煤质稳定时，也可纳入 q_4 损失计算，但需设计院提供锅炉灰平衡数据。

1. 石子煤热损失的影响因素

（1）煤炭质量。

（2）煤炭中石子的含量。

（3）石子煤清理设备的健康水平。

（4）石子煤清理设备的效率水平。

2. 石子煤热损失的计算

石子煤热损失的计算目前还没有统一的规定，拟提出如下设想，供参考。

（1）按 q_4 损失计算，简化计算公式如下

$$q_{sz}=\frac{32866\times\alpha_{sz}\times C_{sz}}{100-C_{sz}}\times\frac{A_{ar}}{Q_{net,ar}} \tag{4-57}$$

式中 q_{sz}——石子煤损失,%;

α_{sz}——石子煤、飞灰、粗灰比例;

C_{sz}——石子煤可燃物(热值),%;

A_{ar}——入炉煤收到基灰分,%;

$Q_{net,ar}$——入炉煤收到基低位热量,kJ/kg。

(2)石子煤损失列为 q_7 损失计算,计算公式如下

$$q_7 = \frac{Q_{net,ar}^{sz} \times B_{sz}}{Q_{net,ar}^{tm} \times B_{rm}} \tag{4-58}$$

式中 q_7——石子煤损失,%;

$Q_{net,ar}^{sz}$——石子煤收到基低位热值,kJ/kg;

B_{sz}——石子煤煤量,t;

$Q_{net,ar}^{tm}$——燃用煤炭(天然)收到基低位热值,kJ/kg;

B_{rm}——燃用煤炭煤量。

(3)计算标准煤量。石子煤损失用石子煤损失量、石子煤低位热值计算标准煤量,再计算发、供电煤耗率。计算公式如下

$$B_{bz}^{sz} = \frac{B_{sz} \times Q_{net,ar}^{sz}}{29\ 307.6} \tag{4-59}$$

式中 B_{bz}^{sz}——石子煤折算的标准煤量,t;

29 307.6——标准煤量热值,kJ/kg。

(4)石子煤对发电煤耗率影响的计算。石子煤损失对发电煤耗率的影响,要视实际情况进行计算。在目前还没有统一的计算方法之前,为统一口径、便于比较,还是将石子煤损失折算到标准煤量,计算出对发电煤耗率的影响值,做到心中有数,以便采取措施,将石子煤损失降到最小。

用石子煤计算的标准煤除以计算用(机组或全厂)发电量,即为对单元机组或全厂发电煤耗率的影响值。计算公式如下

$$\Delta b_{fd}^{sz} = \frac{B_{bz}^{sz}}{W_{fd}^{l}} \tag{4-60}$$

式中 Δb_{fd}^{sz}——石子煤对发电煤耗率的影响值,g/kWh;

W_{fd}^{l}——计算石子煤对发电煤耗率影响的(单元机组或全厂)发电量,kWh。

石子煤对单元机组发电煤耗率的影响值折算到对全厂的影响值的计算公式如下

$$\Delta b_{sf}^{qc} = \Delta b_{sf}^{dy} \times m_{qs}^{jz} \tag{4-61}$$

式中 Δb_{sf}^{qc}——石子煤对全厂发电煤耗率的影响值,g/kWh;

Δb_{sf}^{dy}——石子煤对单元机组发电煤耗率的影响值,g/kWh;

m_{qs}^{jz}——单元机组的发电量权数。

以上仅仅是石子煤对单元机组运行经济性影响计算的设想、建议,仅供参考。如何统一、规范计算公式,还需专业工作者共同研究、确定。

(四)锅炉设备检修工程的经济性能管理

锅炉设备检修工程的经济性能管理是指设备大修工程前后的锅炉效率管理。锅炉效率是

锅炉设备经济性能的总指标，是决定单元机组发电煤耗率水平的关键指标之一。检修工程后锅炉设备的效率未达到规定目标，影响单元机组发电煤耗率，是运行人员努力所不能解决的。锅炉设备检修工程后的锅炉效率在不同的情况下应达到下列要求：

（1）锅炉设备大修工程前的效率低于设计值的，大修工程后的效率应达到设计值。

（2）锅炉设备大修工程前的效率高于设计值的，大修工程后的效率应达到或保持大修前的高水平。

（3）锅炉设备大修工程前的效率低于设计值，大修工程后又达不到设计值时，应制订目标值，并列入热态验收，考核锅炉设备大修工程效率恢复率。

锅炉设备大修工程后，锅炉效率恢复率应有考核定额，并列入热态验收，进行严格考核。有关指标的计算方法如下：

1. 锅炉设备检修后的锅炉效率恢复率

锅炉设备检修后的锅炉效率恢复率，是指锅炉设备检修后锅炉效率较大修前的提高值占锅炉设备大修工程前锅炉效率的百分率。检修后的效率要恢复、提高到上一个大修期内效率降低值的85%以上。计算公式如下

$$L_{lx}^{hl}=\frac{\Delta\eta_{gl}^{hz}}{\eta_{gl}^{xq}} \tag{4-62}$$

式中 L_{lx}^{hl}——锅炉设备检修后锅炉效率的恢复率,%；

$\Delta\eta_{gl}^{hz}$——锅炉设备本次检修后的锅炉效率的恢复值,%；

η_{gl}^{xq}——锅炉设备本次大修工程前的锅炉效率,%。

2. 锅炉设备大修工程后锅炉效率恢复值

锅炉设备检修后效率恢复值，是指锅炉设备经过检修后，其效率较大修前的效率的恢复性的提高值。检修前，锅炉运行效率低于设计值的应提高到设计值，单位:%。锅炉设备检修后效率恢复值的计算公式如下

$$\Delta\eta_{gl}^{hz}=|\eta_{gl}^{xh}-\eta_{gl}^{xq}| \tag{4-63}$$

式中 $\Delta\eta_{gl}^{hz}$——锅炉设备检修后效率恢复值,%；

η_{gl}^{xq}——锅炉设备检修前的效率,%；

η_{gl}^{xh}——锅炉设备检修后的效率,%；

$|\eta_{gl}^{xh}-\eta_{gl}^{xq}|$——取绝对值。

3. 锅炉设备效率的自然衰减值

锅炉设备及系统在两次大修间隔期内，锅炉效率的自然降低（衰减）值称为锅炉设备效率的自然衰减值，表达式如下

$$\Delta\eta_{gl}^{zsj}=\eta_{gl}^{sh}-\eta_{gl}^{bq} \tag{4-64}$$

式中 $\Delta\eta_{gl}^{zsj}$——锅炉设备两次大修间隔期间效率的自然衰减（降低）值,%；

η_{gl}^{sh}——锅炉设备上一次大修后的效率,%；

η_{gl}^{xq}——锅炉设备本次大修前的效率,%。

第四节 锅炉可定性指标对单元机组运行经济性的影响

锅炉可定性指标是指该指标变化对锅炉效率、单元机组发电煤耗率有明显影响的锅炉指

标，如入炉煤水分、入炉煤挥发分、前置式预热器出口温度等。一般情况下，生产运行过程中很难用指标变化值直接计算出一个定量的对设备运行经济性的影响数值，但在专业管理工作中却是不可忽视的。管理者在专业工作中应深入研究，掌握潜在的问题，做深入细致的工作，才能把专业管理工提高到一个较高的水平。

锅炉运行可定性分析的指标有：

（1）入炉煤水分的代表性、准确性。

（2）入炉煤灰分的代表性、准确性。

（3）入炉煤热值的代表性、准确性。

（4）入炉煤挥发分偏离设计值的影响。

（5）锅炉负荷（平均流量）。

（6）前置式预热器出口温度。

（7）煤粉细度。

（8）磨煤机制粉系统漏风率。

（9）助燃用油量。

（10）锅炉点火启动用能。

（11）锅炉本体高温设备及附属管道保温表面温度等。

（一）入炉煤水分

煤炭中的水分有外在水分、内在水分和化合水分三种形式。

外在水分又称表面水分，空气干燥时即易失去，它受外界环境（如下雨、刮风、环境温度等）影响较大。

内在水分又称湿存水分，是吸附于煤质内部的水分。内在水分不易消失，一般在50℃时开始蒸发，150℃时蒸发完。

化合水分是煤炭中的结晶水，含量很少，不易测定，通常在200℃时才开始蒸发，500℃时才蒸发完。

工业分析指的水分包括内在水分和外在水分，一般称作收到基全水分。

水分不能燃烧，而且燃烧过程中水分蒸发还要吸收一部分热量。一般状态下，蒸发1kg水分，大约需要吸收2508kJ的热量。当入炉煤水分增加时，炉膛火焰温度下降，又因炉膛受热面的吸热与炉膛温度成4次方的关系，故炉膛吸热大幅度减少，炉膛出口烟气温度升高，加大了尾部烟道内受热面的热交换量，易引起再热蒸汽超温、排烟温度升高，从而降低单元机组的运行经济性。

煤炭中的水分过多，直接威胁输煤系统运行的连续性。若表面水分含量大于8%，会出现煤斗堵塞现象，使磨煤机出力下降，降低运行经济性，特别是直吹式制粉系统（不设中间煤粉仓）会因煤粉中断而影响机组安全运行。煤炭中的水分含量过大，超过制粉系统设计的干燥能力，也会使磨煤机出力降低而影响机组带不到设计的额定出力，从而影响并降低电厂的运行经济性。

除尘浇水位置不当，入炉煤取样热值、皮带秤称重量不是进入炉膛燃烧的实际值，则对发电煤耗率的准确性和煤场煤量平衡（盈、亏）都有一定的影响。这里主要讨论发电厂在给锅炉上煤（输送、转运）过程中的除尘浇水，在皮带秤、入炉煤热值取样点的不同位置，对入炉煤热值、皮带秤称重煤量在正、反平衡计算煤耗时的代表性（影响），以及对计算煤耗率、煤场的影响。通常，有以下4种情况（仅供参考）。

1. 第一种情况

除尘浇水的合理（对正平衡计算煤耗而言）位置，应是在入炉煤热值取样点和皮带秤称重计量前（见示意流程）。这样，除尘浇水就不会构成对正、反平衡计算发电煤率的影响，但对电厂经济效益的影响依然存在。有关流程及影响分析如下：

除尘浇水 入炉煤热值取样点 皮带秤 （入炉煤热值取样点）

煤————→×————→×————→×————→（×）————→煤入炉

（1）正平衡计算煤耗率时：

1）除尘浇水在入炉煤热值取样点之前，入炉煤热值具有代表性，正平衡计算的发电用标准煤量及发电煤耗率准确。

2）皮带秤在除尘浇水后，入炉实际煤称重正确，发电用天然煤量具有代表性。计算因素不会影响到煤场盈、亏煤。

（2）反平衡煤耗率计算时：除尘浇水在入炉煤热值取样点前，入炉煤热值具有代表性，反平衡计算发电用标准煤量及发电煤耗率准确。反平衡计算的发电用实际煤量符合实际，计算因素不会影响到煤场盈、亏煤。

2. 第二种情况

除尘浇水在入炉煤热值采样点后，入炉煤热值采样点在皮带秤后（见示意流程）。除尘浇水对正、反平衡计算发电煤耗率和煤场盈、亏煤的影响。有关流程及影响分析如下：

皮带秤 入炉煤热值取样点 除尘浇水

煤————→×————→×————→×————→煤入炉

（1）正平衡计算煤耗率时：

1）计算标准煤量的热值没有代表性。因为热值取样点后有除尘浇水，所以计算标准煤量的热值较真正（实际）入炉煤低位热值偏高。因此，用皮带秤称重煤量计算出来的发电用标准煤量偏大，发电煤耗率也随之偏高。这是影响煤场盈煤的因素。

2）因除尘浇水在皮带秤和入炉煤热值取样点后，故进入锅炉实际燃用的煤炭的热值，较皮带秤称重时计算标准煤量的热值偏低（因入炉煤水分增加，影响热量降低），而且进入锅炉燃烧的实际煤重量也较经皮带秤称重的发电用煤量增加（增加值为除尘浇水的重量）了，所以影响了入炉煤重量和发电煤耗率的准确性。

（2）反平衡煤耗率计算时：

1）用锅炉产出热量等计算方法计算发电用标准煤量与入炉煤热值取样点、除尘浇水无直接关系，所以发电煤耗率正确。

2）因取样点后有除尘浇水，使计算实际煤的热值比实际入炉煤的热值偏高，所以计算出来的实际耗用煤量偏低。这是影响煤场亏煤的因素。

3）按煤耗计算办法规定，煤场亏煤仍须调入煤耗，则发电厂的煤耗更偏高。

3. 第三种情况

除尘浇水在入炉煤热值采样点后、除尘浇水在皮带秤前（见示意流程）。除尘浇水对发电煤耗和煤厂盈、亏煤的影响。有关流程及影响分析如下：

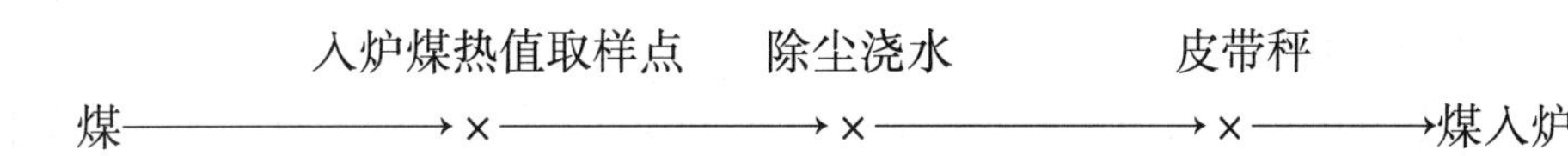

（1）正平衡计算煤耗时：

1）计算标准煤量的热值没有代表性，因为在入炉煤热值取样点后有除尘浇水，所以取样的热值较皮带秤重称的入炉煤实际热值偏高。因此，用皮带秤秤重煤量计算的发电用标准煤量偏大、发电煤耗率偏高。这是影响煤场盈煤的因素。

2）因经皮带秤重称的入炉煤量含有除尘浇水的重量，因此皮带秤秤重煤量较入炉煤热值取样点的煤量有所增加（除尘浇水的重量），所以计算求得的标准煤量更偏大，也进一步影响发电煤耗率偏大。煤场呈盈煤现象。煤场的盈煤量与除尘浇水对煤耗率的影响须进一步研究。

（2）反平衡煤耗计算时：

1）用锅炉产出热量等计算方法计算发电用标准煤量与入炉煤热值取样点、除尘浇水无直接关系，所以计算的反平衡计算的煤耗率正确。

2）因为除尘浇水在入炉煤热值取样点后，取样点入炉煤热值较实际入炉煤热值高，所以计算出来的实际用煤量偏小，这是影响储煤场亏煤的原因。储煤场亏煤又再次调入发电煤耗，则使发电煤耗率偏高。

4. 第四种情况

除尘浇水在皮带秤后，除尘浇水在入炉煤热值采样点前（见示意流程）。除尘浇水对发电煤耗和煤场盈、亏煤的影响。有关流程及影响分析如下：

皮带秤　　　除尘浇水　　　入炉煤热值取样点

煤——→×——→×——→×——→煤入炉

（1）正平衡计算煤耗时：

1）皮带秤后有除尘浇水，入炉煤热值取样点又在除尘浇水后，因此，皮带秤称重时煤炭的热值高于入炉煤取样点的热值（实际入炉煤热值），正平衡计算的标准煤量偏小，使发电煤耗率偏低。这是影响储煤场亏煤的因素。

2）正平衡计算时，因为入炉煤热值取样点热值较皮带秤称重时煤炭的偏低，所以使发电用标准量偏小了，但由于除尘浇水在皮带秤后，进入锅炉燃烧的实际煤的重量增加了，增加量为除尘浇水的重量（相对皮带秤称重煤量而言）。水在炉内燃烧也要多消耗一部分煤炭。这不但浪费了煤炭，也影响煤耗率的真实水平。

（2）反平衡煤耗计算时：入炉煤热值正确，具有代表性，对煤耗、煤场没有影响。

（二）入炉煤灰分

煤炭灰分是指煤炭在天然状态下所含矿物质的总称，单位:%。煤中的灰分直接影响燃料进入锅炉后的着火速度和炉内燃烧火焰的稳定，是电站锅炉对煤质要求的主要指标之一。当煤炭中的灰分增加时，煤炭的含碳量等可燃物质的成分相对减少，同时矿物质变成灰分时还要吸收热量，煤炭的发热量就越低。同时，灰渣排出时还要带走热量。因此，煤炭的灰分比例越大，在炉内的理论燃烧温度越低，炉膛温度也就越低，则煤炭的燃尽程度就越差，飞灰和排渣的热损失也就越大；当煤炭的灰分超过设计值过多时，则因磨煤机、制粉系统出力达不到要求而限制了整个单元机组的出力。

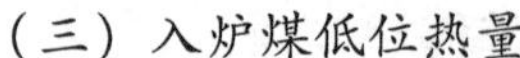

(三) 入炉煤低位热量

煤炭发热量是发电用煤的一个主要指标，但它又不是一个独立的变量。煤炭的发热量与挥发分、固定炭、灰分、水分以及氢、氧等元素有关。

进入锅炉燃烧煤炭的低位发热量，习惯上称为入炉煤低位发热量或入炉煤收到基低位发热量，是指1kg燃料煤在炉膛内燃烧可能产生的可用的热量，单位：kJ/kg。由皮带机械自动取样化验测得的收到基低位发热量是电站锅炉对煤质要求的一个主要指标。如果入炉煤低位发热量比设计值低，将造成炉膛燃烧温度偏低，着火困难，容积热强度、热负荷达不到设计要求，燃烧不稳定，锅炉带不到额定出力，进而影响锅炉运行经济性和电力企业的经济效益。

(四) 煤的挥发分

挥发分不是煤中的固有物质，而是煤在特定温度下的热分解产物。将煤样放在隔绝空气的坩埚内加热到900℃后保持7min，分解出来的气体和汽态产物，除去其中的水分后的数量占试样量的比例就是挥发分，通常以空气干燥基挥发分表示，单位:%，是燃料在锅炉炉膛内燃烧的一个重要煤炭质量参数。煤炭中的挥发分在煤粉受热时首先析出，并着火燃烧，对煤炭的迅速着火、快速燃尽和稳定燃烧都有着不可估量的作用。如果煤的发热量符合设计要求，而挥发分偏低，则煤粉入炉后，挥发分析出少，着火迟，喷燃器出口温度偏低。煤粉燃烧推迟、炉膛燃烧温度低、火焰中心向后墙逼近，使后墙温度升高，灰粒由于来不及固化而黏附在后墙水冷壁管表面上，形成结渣；同时，由于着火推迟，炉膛温度低，煤粉来不及燃烧就排出炉外，热损失增大。为了保持稳定燃烧，防止灭火可投油助燃，又由于油价昂贵，就更不经济了。反之，如果挥发分偏大，煤粉入炉后着火提前，则前墙温度高，易引起烧坏喷燃器和前墙结渣，虽然随着可燃基挥发分的提高，锅炉的飞灰可燃物和机械未燃烧损失可以相对减少，但总的来说锅炉效率还是降低的，从而降低了电厂的经济性。煤炭挥发分过大，还容易引起磨煤机、制粉系统自燃、爆炸而影响制粉系统的经济、安全运行。

(五) 前置式预热器出口风温度

前置式预热器（烟气再循环）等设备是为提高空气预热器进口风的温度，以达到控制、防止空气预热器空气入口的低温段结露、堵灰、腐蚀为目的的措施。

前置式预热器等设备用外来热源提高了空气预热器的空气入口温度，这部分热量不应计入锅炉效率，而应计入热源供应的主设备。如果前置式预热器出口风温度视作锅炉送风温度，这部分热量计入锅炉效率，则锅炉效率偏高；而对热量供给设备而言，其设备效率偏低。这样造成两设备之间效率的虚增和虚降，影响对设备运行经济性的评价是不公平的，也是不合理的。

冬天，北方为防止低温预热器结露，前置式预热器出口温度需提高到60℃左右，约使锅炉效率提高2.5%，不同容量锅炉的单元机组，其锅炉效率对发电煤耗率的影响就有7.5~10.0g/kWh。当然，实际情况下没有这么大，只是锅炉效率失去了可比性。前置式预热器提高了空气预热器的送风温度，也提高了锅炉排烟温度，排烟温度升高，使锅炉效率降低，是电厂运行经济性降低的原因。如果前置式预热器的热源是汽轮机的抽汽，那么又利用了一部分汽轮机的汽化潜热，又提高了单元机组的运行经济性。但因排烟温度升高对单元机

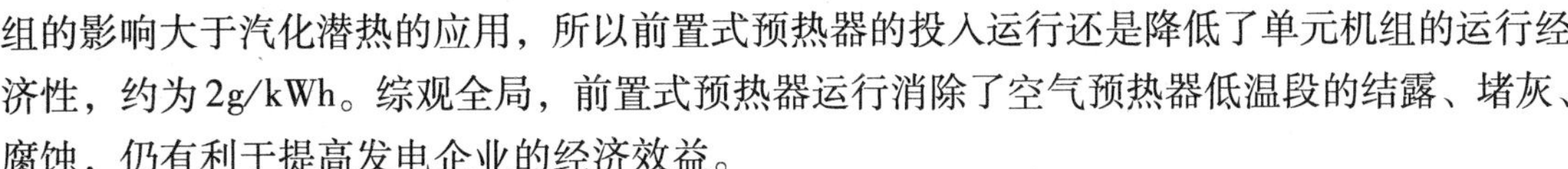

组的影响大于汽化潜热的应用，所以前置式预热器的投入运行还是降低了单元机组的运行经济性，约为2g/kWh。综观全局，前置式预热器运行消除了空气预热器低温段的结露、堵灰、腐蚀，仍有利于提高发电企业的经济效益。

（六）锅炉平均负荷

锅炉平均负荷（流量）是指锅炉在计算期内生产的蒸汽总量按每小时计算的锅炉产汽量，表明了锅炉在计算期内运行带负荷的程度或水平，单位：t/h。

锅炉平均负荷是计算 q_5（散热损失）的参数，为锅炉效率损失值的0.5%～0.2%（百分点,），小容量锅炉的 q_5会更大，是锅炉效率降低的客观因素。

（七）磨煤机产量

磨煤机产量是指磨煤机制粉系统每小时生产的煤粉细度合格的煤粉数量，单位：t/h。

磨煤机产量的影响因素有：

（1）钢球装载量是否最佳。

（2）煤粉细度的合格程度。

（3）磨煤机出口温度的高低。

（4）磨煤机出、入口风压差。

（5）磨煤机制粉系统的漏风程度。

（6）中间储仓式钢球磨煤机系统的粗粉分离器的效率水平。

（7）细粉分离器的效率水平。

（8）运行人员的操作、调整水平。

（八）煤粉细度

煤粉细度是指磨煤机磨出或煤粉分离器出口进入燃烧系统的煤粉颗粒大小程度的比例。煤粉细度一般以标准筛来确定，电厂常用的标准筛是70（或90）号标准筛。70号标准煤筛的规定标准是每平方厘米煤粉筛的面积上有4900个孔。煤粉细度是指磨煤机磨制的煤粉经70（或90）号标准煤粉筛筛后，在筛面上残留的粗煤粉的量占试样量的比例，单位:%。煤粉细度与煤粉在炉膛内的燃烧程度有着密切的关系。煤粉颗粒越小，则煤粉在炉膛内的燃烧越易完善，飞灰、粗灰损失越小，锅炉效率越高。煤粉颗粒越小，则磨煤机耗电率越高。因此，煤粉细度不可能无限地小，应是有限制的。煤粉细度应在磨煤机产量、磨煤机单耗、煤粉细度、飞灰可燃物四者之间通过试验确定各自最佳值的范围，以供运行人员在运行中进行合理的调整操作，确保机组带负荷和电厂的最佳经济性。

（九）磨煤机制粉系统漏风率

磨煤机制粉系统漏风率是指负压磨煤机制粉系统正常运行中，漏入磨煤机制粉系统的空气量占磨煤机入口风量（含高温风、再循环风）的比例，表示球磨机制粉系统负压部分漏风的程度，单位:%。

磨煤机制粉系统漏风率大，漏入制粉系统的空气量增大，增加了进入锅炉的低温风量，不利于炉膛燃烧工况，影响到锅炉运行的经济性。

1. 中间储仓式钢球磨煤机制粉系统漏风率的计算公式

$$\Delta\alpha_{mj}=\frac{F_{pf}^{ck}-F_{mj}^{rk}}{F_{zf}}\times 100 \quad (\%) \qquad (4-65)$$

式中 $\Delta\alpha_{mj}$——磨煤机制粉系统漏风率,%；

F_{pf}^{ck}——排粉机出口风量，m^3；

F_{mj}^{rk}——磨煤机入口高温风量，m^3；

F_{zf}——磨煤机总风量（高温风 + 再循环风），m^3。

2. 磨煤机制粉系统漏风率的影响因素

（1）磨煤机制粉系统的严密性。

（2）磨煤机设备的健康水平。

3. 磨煤机制粉系统漏风率应达到的标准

（1）中间储仓式钢球磨煤机的漏风率

干燥介质 磨煤机出力 （t/h）	空气	烟气与空气
	（以干燥剂数量为基数） 漏风率（%）	
10～20	35	40
21～50	25	30
51～70	20	25

（2）负压直吹式钢球磨煤机漏风率，一般为中间储仓式钢球磨煤机漏风率的 70%。

（3）在负压下工作的其他类型磨煤机漏风率。

锤击式：10%；

中速磨：20%；

风扇磨：20%。

能源部 1990 年 10 月颁布的《火电厂节约能源规定》第三十五条规定：400t/h 及以上锅炉每月测一次漏风系数，400t/h 以下锅炉半年测一次漏风系数。

（十）助燃用油量

助燃用油量是指锅炉设备带负荷运行中，负荷过低或煤质不好、锅炉燃烧状态不稳定时，为了维持锅炉燃烧工况稳定，确保锅炉设备安全运行，确保单元机组满足电网带负荷要求而耗用的助燃用油量，单位：t。

助燃用油量的影响因素有：

（1）煤炭质量低，偏离设计值太多。

（2）锅炉负荷低于设计最低负荷。

（3）锅炉设备事故、异常。

（4）单元机组甩负荷，锅炉处于异常状态。

（5）锅炉运行操作、调整水平跟不上。

（6）锅炉点火启动用能。

（十一）锅炉点火启动用能

锅炉点火启动用能是指单元机组启动点火开始至汽轮发电机设备系统并入电网运行，并带负荷止耗用的能量。锅炉启动一般分为冷态启动和热态启动两种情况。

1. 冷态启动用能（煤、天然气、油）量

指锅炉设备检修、停备 24h 以上的启动，自点火开始至汽轮发电机设备系统并列带负荷

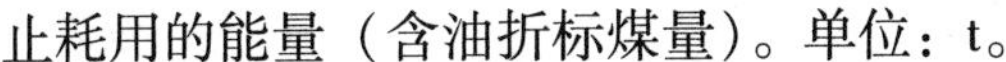

止耗用的能量（含油折标煤量）。单位：t。

2. 热态启动用煤量

指锅炉、汽轮机设备处在热备用状态中的再次启动，自锅炉点火开始至汽轮发电机设备系统并入电网，并带负荷止的耗煤量（含油折标准煤量），单位：t。

锅炉点火启动用能必须建立用能管理制度，根据设备性能确定各种启动方式每小时耗用的煤炭量、天然气量、油量，并按月计入发电煤耗率，否则将导致煤场亏煤。

第五节　锅炉指标对锅炉效率、发电煤耗率影响的综合分析计算

锅炉指标分析分为两部分，一是本章前面所讲的锅炉经济指标变化对锅炉效率、发电煤耗率的影响系数，分析单元炉组各项技术经济指标对锅炉效率、发电煤耗率的影响值，并汇总对炉组、全厂的综合影响值的计算方法；二是分析单元炉组间蒸汽量权数变化对锅炉效率的影响，分析各单元炉组锅炉效率变化各自对全厂锅炉综合效率的影响的计算方法。

一、锅炉指标变化对锅炉效率、发电煤耗率影响值的分析

锅炉设备运行经济指标在运行中经常随着设备的健康水平，运行条件，操作、调整水平变化。运行操作、调整人员和专业管理人员要及时分析，随时掌握指标变化对设备运行经济性的影响，运行人员及时进行调整，专业管理人员针对指标存在问题，提出对策，制订措施，抓紧落实，是确保各项指标经常保持在更佳水平的方法、措施。为方便专业管理工作，规范分析，简化易行，应设计适合本厂特点的锅炉小指标变化对锅炉效率、发电煤耗率影响的分析比较表。

1. 设计、编制锅炉指标变化对锅炉效率、发电煤耗率影响的分析、比较、计算程序表（见表 4－9）

表 4－9　锅炉指标变化对锅炉效率、发电煤耗影响值的分析、比较、计算程序表

序号	指　标		1 号炉	2 号炉	3 号炉	厂合计
1	锅炉效率（%）	本期				
		基期				
		比较				
	锅炉效率对煤耗影响系数					
	效率对发电煤耗率影响值（g/kWh）					
2	排烟温度（℃）	本期				
		基期				
		比较				
	对锅炉效率影响系数：					
	对锅炉效率的影响值（%）					
	对影响发煤耗率系数：					
	对发煤耗率影响值（g/kWh）					

续表

序号	指标		1号炉	2号炉	3号炉	厂合计
3	入风温度（℃）	本期				
		基期				
		比较				
	对锅炉效率影响系数：					
	对锅炉效率的影响值（%）					
	对影响发煤耗率系数：					
	对发煤耗率影响值（g/kWh）					
4	锅炉氧量（%）	本期				
		基期				
		比较				
	对锅炉效率影响系数：					
	对锅炉效率的影响值（%）					
	对影响发煤耗率系数：					
	对发煤耗率影响值（g/kWh）					
5	尾部漏风系数（%）	本期				
		基期				
		比较				
	对锅炉效率影响系数：					
	对锅炉效率的影响值（%）					
	对影响发煤耗率系数：					
	对发煤耗率影响值（g/kWh）					
6	飞灰可燃物（%）	本期				
		基期				
		比较				
	对锅炉效率影响系数：					
	对锅炉效率的影响值（%）					
	对影响发煤耗率系数：					
	对发煤耗率影响值（g/kWh）					
锅炉小指标影响值合计	锅炉效率（%）					
	发电煤耗（g/kWh）					

表4－9使用说明：

（1）表4－9中指标栏中的系数：效率、煤耗栏是指该指标每变化1个单位数值对锅炉效率的影响系数和对发电煤耗率的影响系数，可从表4－8中查得；影响值是指各项指标变化对锅炉效率、发电煤耗率的实际影响值，计算方法为影响系数与该指标变化值的乘积。

（2）全厂锅炉效率对煤耗影响系数的合计值应为各炉组效率对煤耗影响系数的加权平均值，即全厂锅炉效率变化对煤耗的影响系数。

（3）全厂锅炉效率对煤耗的影响值可以是炉组效率变化对煤耗影响值的加权平均值，也可以是全厂锅炉综合效率变化值除以全厂锅炉效率变化对煤耗影响系数的计算值。

（4）全厂锅炉效率变化对煤耗的影响值与锅炉小指标变化对煤耗值的差距，与锅炉反平衡计算的效率应一致，与锅炉正平衡计算的效率应在一定范围内变化。变化太大时，都应查明原因。

（5）排烟损失（q_2）影响值应等于第2、3、4、5项之和。

（6）第1项锅炉效率变化值应等于排烟损失（q_2）影响值、飞灰损失（q_4）影响值、散热损失（q_5）影响值，灰的物理潜热损失（q_6）影响值之和。

2. 分析表的使用方法

（1）把拟议分析的本期指标选作比较的基期指标并填入表4－9中。

（2）将锅炉指标变化对锅炉效率的影响系数和锅炉指标变化对发电煤耗率的影响系数填入表4－9中。

（3）计算各项指标的变化值。

（4）计算各项指标变化对锅炉效率、发电煤耗率的影响值。

3. 分析计算结果，编写分析报告

（1）分析各项指标的变化值和影响值。理顺指标变化值、影响值，由大到小查出每一台锅炉、每一个指标变化对锅炉效率、发电煤耗率的影响值。

（2）编写锅炉指标变化对锅炉效率、发电煤耗率影响的分析报告，要突出重点。

（3）报告中要写明哪些指标完成得好及其原因，哪些指标完成得不好及其影响因素，并提出建议及措施。

二、锅炉机组间蒸汽量权数、锅炉效率水平变化对全厂锅炉综合效率的影响的分析、计算

锅炉设备运行经济性是评价、分析电厂经济性的三大影响因素之一。分析锅炉设备运行经济性时，除了要分析各炉组效率水平的变化和锅炉各项技术经济指标变化对电厂经济性的影响外，还要分析各锅炉设备间蒸汽量权数、炉组效率水平变化对锅炉效率和全厂运行经济性的影响。炉组蒸汽量权数、炉组效率水平变化对全厂锅炉综合效率影响的分析计算方法见表4－10。

表4－10　锅炉蒸汽量权数、锅组效率水平变化对全厂锅炉综合效率影响的计算、分析表

<table>
<tr><th rowspan="3">单元机组</th><th colspan="2" rowspan="2">锅炉蒸发量（t）</th><th colspan="2">基期</th><th colspan="2">本期</th><th colspan="3">乘积</th><th colspan="3">锅炉效率变化值（%）</th></tr>
<tr><th>锅炉效率（%）</th><th>蒸发量权数</th><th>锅炉效率（%）</th><th>蒸发量权数</th><th>基期锅炉率×基期蒸发量权数</th><th>基期锅炉率×本期蒸发量权数</th><th>本期锅炉率×本期蒸发量权数</th><th>蒸发量权数变化影响厂锅炉效率的变化值</th><th>炉组分析比较期间锅炉效率的变化值</th><th>炉组效率变化对全厂锅炉效率的影响值</th></tr>
<tr><th>基期</th><th>本期</th><th>[1]</th><th>[2]</th><th>[3]</th><th>[4]</th><th>[5]＝[1]×[2]</th><th>[6]＝[1]×[4]</th><th>[7]＝[3]×[4]</th><th>[8]＝[6]－[5]</th><th>[9]＝[3]－[1]</th><th>[10]＝[7]－[6]</th></tr>
<tr><td>全厂</td><td>3 021 464</td><td>2 810 049</td><td>89.70</td><td>1.000 0</td><td>90.08</td><td>1.000 0</td><td>89.70</td><td>89.41</td><td>90.09</td><td>－0.29</td><td>＋0.39</td><td>＋0.68</td></tr>
<tr><td>1</td><td>260 500</td><td>393 590</td><td>84.40</td><td>0.086 2</td><td>86.19</td><td>0.140 1</td><td>7.28</td><td>11.82</td><td>12.08</td><td>＋4.549</td><td>＋1.79</td><td>＋0.26</td></tr>
<tr><td>2</td><td>1 273 491</td><td>989 697</td><td>89.88</td><td>0.421 5</td><td>90.60</td><td>0.352 2</td><td>37.88</td><td>31.66</td><td>31.91</td><td>－6.228</td><td>＋0.72</td><td>＋0.25</td></tr>
</table>

续表

单元机组	锅炉蒸发量（t）		基期		本期		乘积			锅炉效率变化值（%）		
			锅炉效率（%）	蒸发量权数	锅炉效率（%）	蒸发量权数	基期锅炉率×基期蒸发量权数	基期锅炉率×本期蒸发量权数	本期锅炉率×本期蒸发量权数	蒸发量权数变化影响厂锅炉效率的变化值	炉组分析比较期间锅炉效率的变化值	炉组效率变化对全厂锅炉效率的影响值
	基　期	本　期	[1]	[2]	[3]	[4]	[5]=[1]×[2]	[6]=[1]×[4]	[7]=[3]×[4]	[8]=[6]-[5]	[9]=[3]-[1]	[10]=[7]-[6]
3	1 487 473	1 426 762	90.47	0.492 3	90.80	0.507 7	44.54	45.93	46.10	+1.39	+0.33	+0.17
4												
5												
6												
⋮												
n												

表4-10计算结果说明：

（1）基期、本期蒸发量及栏［2］、［4］、［5］、［6］、［7］、［8］、［10］的全厂数值（指标）等于分机数值之和，其他，如栏［1］、［3］、［6］、［9］的全厂指标、数值均不等于分机指标、数值之和。但栏［6］合计≠栏［1］全厂指标×栏［4］全厂指标；栏［6］合计等于各分机指标之和。

（2）栏［1］中的全厂基期锅炉效率等于基期分炉效率与基期分炉蒸发量权数的乘积之和。加权平均计算的全厂锅炉综合效率不可用作计算全厂的电厂效率。

（3）栏［3］中的全厂本期锅炉效率等于本期分炉效率与本期分炉蒸发量权数的乘积之和。加权平均计算的全厂锅炉综合效率用作计算全厂的电厂效率。

（4）栏［6］是锅炉蒸发量权数变化后的“分析、计算用全厂锅炉效率”等于：分炉数值之和，但不等于栏［1］中的全厂锅炉效率与栏［4］中的全厂数值的乘积。

（5）栏［9］中的“分析、计算用全厂锅炉效率变化值”等于栏［3］中的“全厂锅炉效率”减去栏［1］中的“全厂锅炉效率”，但不等于分炉效率变化值之和。

（6）栏［10］中的“全厂锅炉效率的变化值”等于栏［7］中的“全厂锅炉效率值”减去栏［6］中的“分析、计算用全厂锅炉效率”的数值，但不等于分炉效率变化值的和。

（7）栏［8］中“全厂数值”为本期各锅炉蒸汽量权数与基期比较时对全厂锅炉综合效率影响的总值，其他，如1～n号炉各炉组的数值是计算过程数值，不是该炉组蒸汽量权数变化对全厂锅炉综合效率的影响值。

（8）栏［9］中“全厂数值”为本期各锅炉蒸汽量权数、锅炉效率与基期比较时对全厂锅炉综合效率影响的总值。栏［9］中“全厂数值”=栏［8］“全厂数值”+栏［10］“全厂数值”。其他，1～n号炉各炉组数值是本期各锅炉效率与基期比较时的变化

（差）值。

（9）栏［10］中“全厂数值”为本期各锅炉效率与基期比较时对全厂锅炉综合效率影响的总值。其他，如1～n号炉各炉组数值是本期各锅炉效率与基期比较时，各自对全厂锅炉综合效率的影响值。

（10）分析、比较期（基期、本期）无数值（新投产、拆除、检修、停备）时，权数填“0”，指标填该期平均值。

（11）栏［2］、栏［4］权数全厂数值必须为1（下同）。各机供电量权数之和不为1时，要视实际情况人为地对某一机供电量组权数按数值尾数大小采取强进强舍，否则会造成机组供电煤耗率与厂供电煤耗率之间的分析误差。

锅炉综合效率影响因素的分析，是火力发电厂技术经济指标分析方法中的第三级分析。这一级分析是要查明发电厂锅炉综合效率变化是由锅炉炉组间蒸汽权数变化引起的，还是哪一台汽轮机组效率变化造成的。

第三级锅炉综合效率影响因素的分析方法与第一级供电煤耗率的分析方法、原理相同，因此本节不再作计算理论推导和过多的文字叙述，仅就锅炉综合效率影响因素分析计算使用、计算结果作详细说明。

第六节　锅炉设备带负荷程度对发电煤耗率的影响

锅炉设备带负荷程度对发电煤耗率的影响主要是锅炉设备散热损失对发电煤耗率的影响。

一、锅炉带负荷程度对发电煤耗率的影响

（一）锅炉设备散热损失对发电煤耗率的影响

锅炉设备额定负荷下的q_5散热损失是固定的，随着负荷的降低，q_5散热损失相对值则随着锅炉负荷的降低而相应增加。计算公式如下

$$q_5 = q_5^e \times \frac{D_e}{D_{sj}} \tag{4-66}$$

式中　q_5——锅炉设备运行中随机负荷下的散热损失，%；

q_5^e——锅炉设备额定负荷下的散热损失，%；

D_e——锅炉额定负荷，t/h；

D_{sj}——锅炉设备在正常运行中的实际负荷，t/h。

锅炉设备的散热损失有两个含义（定义）。一是锅炉本体设备的辐射散热损失，是制造厂用来检验、衡量锅炉设备是否达到设计要求的指标；二是锅炉设备整体的散热损失，是用来计算、衡量锅炉设备在正常运行中，q_5散热损失值的大小、水平，是计算正常发电运行锅炉效率的依据。计算公式为

$$q_5 = 5.82 D_e^{-0.38} \quad (\%) \tag{4-67}$$

用式（4－67）计算的锅炉额定负荷下的散热损失（q_5）值见表4－11。从表4－11中可以看出：

表 4－11　　锅炉额定负荷下的散热损失（q_5）值

序号	指　标		单位	各种容量锅炉在额定负荷下的散热损失（q_5）值（%）				
1	锅炉额定负荷		t/h	220	410	670	1004	2008
2	按式（4－67）计算		%	0.75	0.60	0.49	0.42	0.32
3	散热损失曲线	炉本体	%	0.35	0.24	0.20	0.20	0.20
4		锅炉组	%	0.61	0.47	0.40	0.33	0.32
5	制造厂设计值		%	0.50	0.40	—	0.19	0.17
6	散热损失偏小值		%	0.25	0.20		0.23	0.15

（1）额定负荷下，用式（4－67）计算的锅炉炉组设备散热损失比锅炉试验规程曲线资料中的数值大。

（2）目前，电力行业计算锅炉效率均用制造厂提供的锅炉本体的散热损失计算锅炉效率。锅炉炉组设备的散热损失比锅炉本体的散热损失大。就600MW机组而言，锅炉效率偏高0.15%左右，发电煤耗率将偏低0.47kWh。设备利用小时按5000h计算，一年减少发电用标准煤量1410t左右。

（3）表4－11中的数值是一般情况下的推算、估计值，非某一设备的实际值，仅供参考。

（二）各种容量锅炉、带负荷程度变化时对锅炉效率的影响

表4－12中的数值是一般情况下的推算、估计值，非某一设备的实际值，仅供参考。

表 4－12　　各种容量锅炉、带负荷程度变化时对锅炉效率的影响　　%

负荷系数（%）	锅炉额定出力（t/h）						
	75	120	220	410	670	1004	2008
100	1.13	0.94	0.75	0.60	0.49	0.42	0.32
90	1.26	1.04	0.83	0.67	0.54	0.47	0.36
80	1.42	1.18	0.94	0.75	0.61	0.53	0.40
70	1.61	1.34	1.07	0.87	0.70	0.60	0.46
60	1.88	1.56	1.25	1.00	0.82	0.70	0.53
50	2.26	1.88	1.50	1.20	0.98	0.84	0.64

（三）锅炉容量降低到变化50%负荷运行时对发电煤耗率的影响

表4－13中，锅炉容量降低到变化50%负荷运行时，热损失值相应增加对发电煤耗率的影响值是一般情况下的推算、估计值，非某一设备的实际值，仅供参考。

表 4－13　　锅炉容量降低到变化50%负荷运行时，散热损失值相应增加对发电煤耗率的影响值

项　目	锅炉额定出力（t/h）						
	75	120	220	410	670	1004	2008
额定负荷时的散热损失值（%）	2.26	1.88	1.50	1.20	0.98	0.84	0.64
50%负荷运行时散热损失值增加值（%）	1.13	0.94	0.75	0.60	0.49	0.42	0.32
发电煤耗率升高值（g/kWh）	6.28	4.27	2.88	2.31	1.75	1.4	1.00

二、锅炉排烟损失对发电煤耗率的影响

锅炉排烟损失对发电煤耗率的影响，是指计算锅炉排烟损失用 k 值的代表性、准确性对锅炉效率的影响，进而对发电煤耗率产生的影响，是影响发电煤耗率偏离实际值的主要因素，也是影响储煤场亏煤的主要原因之一。

目前，锅炉设备运行统计效率大都达到设计值，或好于设计值。建议对计算锅炉反平衡效率的各项损失与设计值比较以下，并查找各项损失偏离设计值的大小和原因。如：排烟损失值偏离设计值较多，则可用排烟损失，反推、计算锅炉排烟损失用 k 值，两者是否一致。必要时，可重新校核、计算 k 值。并进行调整。具体方法如下：

（一）用排烟热损失简化计算公式校核 k_{py}

1. 排烟热损失简化计算公式

$$q_2 = \frac{k_{py}(t_{py} - t_{rf})}{100} \tag{4-68}$$

式中　k_{py}——排烟损失系数；

t_{py}——预热器出口（烟气流方向）的排烟温度，℃；

t_{rf}——送风机入口（自然）风温度，℃。

2. 用排烟热损失简化计算公式校核 k_{py}^{sj}

（1）计算设计排烟热损失 k_{py}^{sj} 值

$$k_{py}^{sj} = q_2 \frac{100}{t_{py}^{sj} - t_{rf}^{sj}} \tag{4-69}$$

式中　k_{py}^{sj}——设计排烟损失系数；

t_{py}^{sj}——额定负荷下锅炉预热器出口（烟气流方向）排烟温度的设计值，℃；

t_{rf}^{sj}——送风机入口（自然）风温度设计值，℃。

（2）将用式（4-69）计算的设计排烟损失系数 k_{py}^{sj} 与统计计算用 k_{py}^{js} 值对比，看是否一致。值得注意的是，分析排烟热损失 q_2 的条件应是：① 送风机入口（自然）风温度与设计值基本一致；② 排烟温度应是额定负荷下运行值。

（二）计算排烟损失系数 k_{py} 值

排烟损失系数 k_{py} 值与排烟温度测点处氧量值的大小有关，也与煤炭成分的元素有关。一般情况下，当锅炉设备的性能和燃料品种确定后，就可计算出一个简化的、日常统计和计算用的排烟损失系数 k_{py} 值。计算公式如下

1. 排烟损失系数 k_{py} 值简化计算公式

$$k_{py} = 3.45 \times \frac{1}{1 - \frac{4.7 \times O_2}{100}} + 0.37 \tag{4-70}$$

式中　3.45——k_{py} 值计算系数（根据煤质计算）；

0.37——k_{py} 值修正系数（根据排烟损失确定）；

O_2——低温预热器出口（烟气流方向）烟气中的氧量，%。

2. 排烟损失系数 k_{py} 值计算公式

$$q_2 = \frac{k_{py}(t_{py} - t_{rf})}{100}$$

$$k_{py}=(x\alpha_{py}+c)\times\frac{100-q_4}{100} \quad (4-71)$$

式中 k_{py}——排烟损失系数；

x——系数：

煤及重油，$x=3.5+0.021W_n$；

泥煤，$x=3.35+0.02W_n$；

α_{py}——排出烟气中的过量空气系数；

c——系数：

无烟煤及劣质煤，$c=0.35+0.055W_n$；

烟煤及褐煤，$c=0.49+0.055W_n$；

泥煤，$c=0.82+0.052W_n$；

重油，$c=0.493+0.058W_n$；

W_n——燃料的导出水分，%。

导出水分计算公式如下

$$W_n=\frac{W_{ar}^{lq}}{Q_{net,ar}^{lq}}\times 1000 \quad (4-72)$$

式中 W_{ar}^{lq}——入锅炉煤收到基水分，%。

第七节 锅炉设备运行中的燃料损失

锅炉设备正常运行中耗用的燃料（标准煤）煤量，由锅炉做功煤量和损失煤量两部分组成。做功煤量的热量转变为蒸汽热能；损失煤量是指锅炉运行中未做功的煤量。未做功的煤量包括排烟损失、灰渣损失等锅炉热损失折合而成的煤量，是锅炉耗用燃料的重要组成部分。锅炉设备运行中的燃料（标准煤）损失量与锅炉效率、锅炉负荷有关，详细情况见表4-14。

表4-14 锅炉运行中的损失煤量

序号	锅炉设备	1号炉		2号炉		3号炉		4号炉	
	指　标	负荷比例	标准煤损失比例	负荷比例	标准煤损失比例	负荷比例	标准煤损失比例	负荷比例	标准煤损失比例
1	锅炉热力特性试验数值，经计算整理后的性能指标	54.55	0.126	77.14	0.103	64.29	0.077	56.52	0.161
2		63.64	0.116	82.86	0.097	71.43	0.076	65.22	0.149
3		72.72	0.102	88.57	0.093	78.57	0.071	73.91	0.145
4		81.82	0.103	94.29	0.090	85.71	0.077	82.61	0.146
5		90.91	0.101	100.0	0.091	92.86	0.080	91.30	0.153
6		100.0	0.101	—	—	100.0	0.083	100.0	0.178
7	平均值	—	0.108	—	0.077	—	0.077	—	0.155
8	最小值与平均值的差	—	-0.007	—	-0.006	—	-0.006	—	-0.010
9	最大值与平均值的差	—	+0.018	—	+0.008	—	+0.008	—	+0.023

续表

<table>
<tr><td rowspan="2">序号</td><td colspan="3">锅炉设备</td><td colspan="2">1 号炉</td><td colspan="2">2 号炉</td><td colspan="2">3 号炉</td><td colspan="2">4 号炉</td></tr>
<tr><td colspan="3">指 标</td><td>负荷比例</td><td>标准煤损失比例</td><td>负荷比例</td><td>标准煤损失比例</td><td>负荷比例</td><td>标准煤损失比例</td><td>负荷比例</td><td>标准煤损失比例</td></tr>
<tr><td>10</td><td rowspan="7">试验值锅炉效率</td><td rowspan="6">试验工况</td><td>①</td><td colspan="2">87.75</td><td colspan="2">89.75</td><td colspan="2">92.48</td><td colspan="2">84.00</td></tr>
<tr><td>11</td><td>②</td><td colspan="2">89.10</td><td colspan="2">90.75</td><td colspan="2">92.09</td><td colspan="2">85.20</td></tr>
<tr><td>12</td><td>③</td><td colspan="2">89.50</td><td colspan="2">90.87</td><td colspan="2">92.59</td><td colspan="2">86.00</td></tr>
<tr><td>13</td><td>④</td><td colspan="2">89.85</td><td colspan="2">90.75</td><td colspan="2">90.76</td><td colspan="2">85.50</td></tr>
<tr><td>14</td><td>⑤</td><td colspan="2">90.00</td><td colspan="2">90.50</td><td colspan="2">91.98</td><td colspan="2">83.20</td></tr>
<tr><td>15</td><td>⑥</td><td colspan="2">89.90</td><td colspan="2">—</td><td colspan="2">91.40</td><td colspan="2">82.50</td></tr>
<tr><td>16</td><td colspan="2">平均值</td><td colspan="2">89.35</td><td colspan="2">90.52</td><td colspan="2">91.88</td><td colspan="2">84.40</td></tr>
</table>

锅炉设备运行中的燃料损失量是锅炉耗用煤量之一，其性质决定了平时的锅炉指标分析工作中要用更直观的锅炉效率替代它。锅炉设备运行中的燃料损失量指标，是单元机组在电网并列运行中参加电网机组间负荷分配时的一个指标，用于计算各种负荷工况下发电用煤量，在此仅作为锅炉指标知识进行介绍。

锅炉设备运行中的燃料损失量计算公式如下

$$\Delta B_{bz}^{ss}=0.0915D_{fh}\frac{100-\eta_{gl}}{\eta_{gl}} \tag{4-73}$$

式中 ΔB_{bz}^{ss}——锅炉设备正常运行中的燃料（标准煤）损失量，t/h 或 t；

D_{fh}——锅炉负荷，t/h；

η_{gl}——锅炉效率，%。

第五章 管道效率指标

管道效率是决定火力发电厂发、供电煤耗率五大因素之一。其他4项因素分别为锅炉效率、汽轮机效率、厂用电率、燃料因素。管道效率在供电煤耗率管理中的重要性及其影响值的大小不容忽视。管道效率降低1%，约使发电煤耗率升高3.5g/kWh，但管道效率在发电煤耗率的计算管理中的作用，专业人员应充分认识，并引起的高度重视。目前，有的电厂发电煤耗率达到了设计值的好水平，其管道效率值（水平）也比正常运行的实际值96%偏高3.5%左右，甚至达到100%左右；更有甚者，某热电厂月度管道效率高达140%左右，出现了不可能存在的水平。如何使指标的构成更接近实际、更真切，是管理者管理水平的体现，值得管理者深思。

管道效率在专业技术、理论书中都有，但文字定义、概念表述不够清晰。总体上有两种概念或理解：一是狭义管道效率；二是广义管道效率。

1. 狭义管道效率

狭义的管道效率，是指汽轮机、锅炉设备及其两者之间的主蒸汽、再热蒸汽、给水等高温管道的散热损失量和管道及阀门的节流损失等总量占输送总热量的比例，有主蒸汽管道效率、再热蒸汽管道效率、给水管道效率等，单位:%。

狭义管道效率：在《热力发电厂》等理论书中的取值一般为99.0%左右（不含再热蒸汽管道的散热损失），而该书计算例题中计算结果为98.68%（也不含再热蒸汽管道的散热损失）。在发电煤耗率的分析、估计计算中，狭义管道效率常取用98.5%左右。如果含再热蒸汽管道的散热损失，则实际狭义管道效率应在98.0%左右。分析过程中，计算发电煤耗率时，狭义管道效率取值的大小对分析计算的差值影响不大。

2. 广义管道效率

广义的管道效率，应包括单元机组设备，及其高温管道、阀门的散热损失量，以及锅炉、汽轮机及主辅机设备、系统的汽、水泄漏损失，锅炉吹灰，锅炉定期、连续排污热损失等汽轮机效率、锅炉效率未包括的各项热损失，即各项热损失量之和与锅炉总产出热量的比例，单位:%。管道效率很难准确测量和准确计算。

除规定的发电厂管道热损失外，广义管道效率还包括厂用汽等各项损失，理论计算结果为94.7%左右。如果单元机组的高温设备、管道、阀门保温不良，散热损失增大，则理论计算管道效率更低，但设计的厂用汽量一般偏大。可见，在上述两项因素不易确定时，广义管道效率分别为：汽包型锅炉一般应在95.0%左右；直流型锅炉一般应在96%左右。本节主要介绍广义管道效率（以下简称管道效率），因为广义管道效率已包含了狭义管道效率。

3. 管道效率的影响因素

（1）补水率。

（2）锅炉、汽轮机及热力系统的汽、水损失率。

（3）锅炉设备的连续排污率。

（4）设备取样、伴热，锅炉吹灰等自用汽、水损失。

（5）生活用汽、用热损失。

（6）对外供热的汽、水损失。

（7）锅炉、汽轮机设备启停汽、水损失。

（8）锅炉、汽轮机设备、系统事故、异常时的汽水损失。

（9）高温管道、阀门压力损失。

（10）高温设备、管道、阀门保温表面散热损失。

第一节　补水率指标体系

补水率是指补入锅炉、汽轮机设备及其热力系统，并参与汽、水系统循环的除盐水补充量占计算期内锅炉总蒸发量的比例，单位:%。

补水率指标对电业生产而言，是具有安全、经济双重意义的指标。补水率对锅炉、汽轮机设备安全的影响，是指补入锅炉、汽轮机设备及其热力系统化学除盐水中的含盐量、含氧量是否超过补水水质的要求。补水水质超过了规定标准，将造成锅炉汽水管路和汽轮机叶片积盐垢或腐蚀；补水率对电厂运行经济性的影响，是指电业生产过程中锅炉、汽轮机设备及其热力系统泄漏，电厂自用汽、水损失热量对单元机组发电煤耗率的影响。一般情况下，就补水率本身而言，补水率升高1%（百分点），约使单元机组发电煤耗率升高1.7g/kWh。

一、补水率指标体系

补水率又分为发电补水率、供热补水率、非发电补水率，如图5－1所示。补入热力设备、系统的这些除盐水参加了发电生产的全过程，因此又可称为生产补水率。

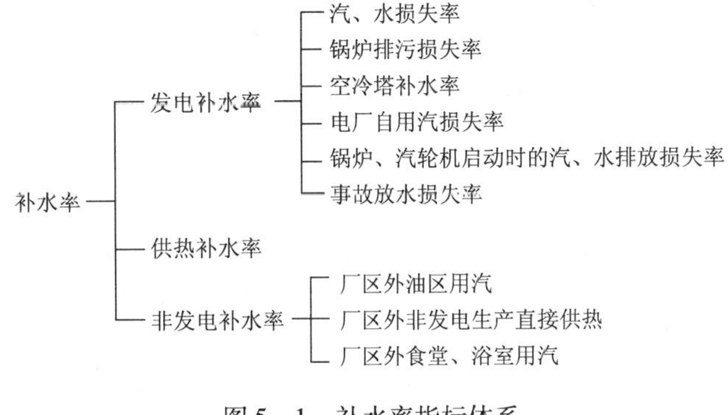

图5－1　补水率指标体系

1. 发电补水率

发电补水率包括锅炉、汽轮机设备、系统泄漏等汽、水损失率；空冷塔补水率；锅炉连续排污损失率；电厂自用汽损失率；锅炉、汽轮机启动时的汽、水排放损失率；事故、异常放水损失率等。

2. 供热补水率

供热补水率是指直接对外供热（汽、水），汽、水不能回收部分的补水率。

3. 非发电补水率

非发电补水率包括厂区外油区用汽、厂区外非发电生产直接供热、厂区外食堂、浴室等用汽的补水率。

在补水率指标统计工作中，应严格按行业颁布的《火电厂节约能源规定》，做好补水率分项统计，以便于管理，便于分析和查找补水率升高的原因，及时采取措施，确保补水率能持久地保持在一个较好的水平。补水率分项统计，首先应分为发电补水率、供热补水率、非发电补水率。其次，单元机组启、停频繁汽、水排放的损失量（率）及事故、异常放水的损失量（率）大的电厂也应做好这两项损失对全厂补水率影响的统计。北方寒冷地区要做好冬季机房采暖补水率的统计。特别是20世纪中、后期建成的老厂，做好补水率的分项统计具有更重要的意义。

补水率不应包括下列生产用除盐水量：

充分理解补水率定义的规定认为，除盐水在生产工作中用完后就作为废水排放掉，而未进入锅炉、汽轮机设备参与热力系统循环的检修用水，均不应计入（生产）补水率，而应记作生产过程中发电设备用除盐水量。这是因为，这部分除盐水没有参加锅炉、汽轮机设备和热力系统循环，不会对锅炉、汽轮机设备的安全和经济造成危害。

二、补水率的影响因素

（1）锅炉、汽轮机主、辅机设备，汽、水系统管路和阀门的内漏和外漏。

（2）连续排污扩容器水位、二次汽回收是否正常。

（3）锅炉蒸汽吹灰运行是否优化，吹灰程度最佳，汽、水损失量最少。

（4）设备、系统检修后是否清理干净。

（5）启动过程中化学分析、监督工作到位，水质合格是否及时回收。

（6）单元机组启、停过程中放汽是否全部回收。

（7）正常运行中设备系统的疏水回收利用程度。

（8）外供汽疏水是否按规定回收。

（9）生活、非发电直接用汽、用热是否严格控制，凝结水的回收利用程度。

（10）生产机房蒸汽采暖是否取消，疏水是否回收。

（11）化学取样用水回收利用程度。

（12）冬季伴热用水回收利用程度。

三、补水率计算

补水率的计算公式在火力发电厂达标考核标准、一流火力发电厂考核标准中曾经出现过两种计算方法：一种是以锅炉实际蒸汽产量为基准计算补水率；另一种是以锅炉设计额定出力乘以运行小时计算的额定蒸发量为基准计算补水率。这两种计算方法有各自不同的含义：以锅炉实际蒸汽产量为基准计算补水率，表示锅炉运行中的实际补水程度，与单元机组负荷率水平有关，可比性较差；以锅炉额定蒸发量为基准计算补水率，表示锅炉运行中的补水水平，与单元机组负荷率水平无关，同类型、同期可比性较强。这是因为，热力设备、系统中泄漏点，泄漏断面积，运行压力一定时，其汽水泄漏量也就一定，所以与单元机组负荷率水平关系不大。

补水率水平对安全、经济都有影响。管好了对安全有利，并有1g/kWh左右发电煤耗率的潜力，应列入考核，加强管理。在分析、对比、竞赛、考核中，应用锅炉额定蒸发量为基准计算补水率为佳。这是因为，用额定蒸发量计算的补水率，排除了单元机组负荷率对补水率指标水平的影响，可比性强。

1. 以锅炉额定蒸发量为基准计算补水率的计算公式

$$L_{ed}^{bs}=\frac{D_{qc}^{bs}}{D_{ed}^{gl}}\times 100\% \tag{5-1}$$

式中　L_{ed}^{bs}——以锅炉额定蒸发量为基准计算的全厂补水率,%；

D_{qc}^{bs}——统计期全厂补水总量，t；

D_{ed}^{gl}——统计期内全厂锅炉额定负荷时的总蒸发量，t。

2. 锅炉额定负荷时总蒸发量计算公式

$$D_{ed}^{gl}=\sum\left(D_{ed}\times t_{gl}^{yx}\right) \tag{5-2}$$

式中　D_{ed}^{gl}——锅炉额定负荷时全厂计算总蒸发量，t；

D_{ed}——锅炉设计额定负荷，t/h；

t_{gl}^{yx}——统计期锅炉运行小时，h。

3. 以锅炉实际蒸汽产量为基准计算补水率的计算公式

$$L_{sj}^{bs}=\frac{D_{qc}^{bs}}{D_{sj}^{gl}}\times 100\% \tag{5-3}$$

式中　L_{sj}^{bs}——用锅炉实际蒸汽产量计算的全厂补水率,%；

D_{sj}^{gl}——统计期内全厂锅炉实际总蒸发量，t。

注：现时补水率计算通用实际蒸发量，有关文件、计算方法、规定均用锅炉实际蒸发量计算实际补水率，故本书均用实际蒸发量计算补水率。待认识统一，电力行业部门修改补水率计算办法并正式下文后再实施。

四、补水率对发电煤耗率的影响

补水率对发电煤耗率的影响很难有一个确切的数值，因为单元机组的补水量中，汽、水损失量的比例很难确定。所以，补水率对发电煤耗率的影响难以计算准确。根据推测、估算，补水率每升高1%，约影响发电煤耗率升高1.7g/kWh（仅供参考）。设计工况的补水率对发电煤耗率影响的计算详见第二节。

五、火力发电厂补水率定额标准

《一流火力发电厂考核标准》（2000年版）规定的标准是：

单机容量≥300MW的机组，补水率≤1.5%；

单机容量<300MW的机组，补水率≤2.0%。

值得注意的是，曾误将《热力发电厂水处理设备》一书中的汽、水损失率的选型推荐标准列为火力发电厂汽、水损失率的考核标准。有关影响，至今在专业管理中未能明确。

之所以把热力发电厂水处理设备汽、水损失率的选型推荐标准列为火力发电厂汽、水损失率的考核标准，是因为在实践中经常会有专业人员说“在《火力发电厂节约能源规定（试行)》、《华北电业管理局创建无渗漏发供电企业的考核办法》中都是这样规定的”。能源部1991年颁发的《火力发电厂节约能源规定（试行)》和1994年10月10日版《华北电业管理局创建无渗漏发供电企业的考核办法》，两者都是把热力发电厂水处理设备选型标准中的汽、水损失率选型推荐标准列为考核标准，并曾沿用了一段时间。为此，必须有一个明确的说法，具体可查阅《热力发电厂水处理》一书。有关规定具体如下：

（1）《热力发电厂水处理》设备选型标准中，厂内汽水循环损失为：

100～200MW 以下机组，不大于锅炉额定蒸发量的 2.0%；

100MW 以下机组，不大于锅炉额定蒸发量的 3.0%。

（2）1991 年能源部颁布的《火力发电厂节约能源规定（试行）》和 1994 年 10 月 10 日颁布的《华北电业管理局创建无渗漏发供电企业的考核办法》中规定，汽、水损失率应达到以下标准：

200MW 及以上机组，不大于锅炉额定蒸发量的 1.5%；

100～200MW 以下机组，不大于锅炉额定蒸发量的 2.0%；

100MW 以下机组，不大于锅炉额定蒸发量的 3.0%。

（一）汽、水损失率

汽、水损失率是指锅炉、汽轮机及其汽、水循环系统运行中，汽、水泄漏损失的水量占锅炉蒸发量的比例，单位:%。发电企业生产过程中实际的汽、水损失率为 0.3%～0.7%。

1. 汽、水损失率计算公式

$$L_{qs}=\frac{D_{qs}}{D_{gl}}\times 100\% \tag{5-4}$$

式中 L_{qs}——汽、水损失率；

D_{qs}——发电汽、水损失量；

D_{gl}——计算期锅炉总蒸发量。

2. 发电汽、水损失量计算公式

$$D_{qs}=D_{bs}-(D_{dw}^{gq}+D_{zy}+D_{dw}^{gs}+D_{sh}+D_{pw})-D_{ln}^{fh} \tag{5-5}$$

式中 D_{bs}——发电锅炉补充水量，t；

D_{dw}^{gq}——对外供汽量，t；

D_{zy}——电厂自用汽量，t；

D_{dw}^{gs}——对外供水量，t；

D_{sh}——吹灰用汽量，t；

D_{pw}——锅炉排污量，t；

D_{ln}^{fh}——冷凝水返回量，t。

3. 发电汽、水损失量的试验测定方法

（1）机组稳定在某一恒定负荷下运行，特别是锅炉要稳定在某一恒定负荷下运行。

（2）锅炉停止吹灰、机组停止向系统外供汽（热）等影响锅炉负荷稳定的因素。

（3）高压除氧器水箱维持在允许的高水位运行。

（4）运行方式符合试验要求即可开始试验。记录下开始时间、高压除氧器水箱开始水位，并按试验规定做好有关记录，直到试验终止时间为止。

（5）根据记录数据，计算单元机组系统泄漏率：

1）试验期间锅炉蒸发量（kg/h）。

2）高压除氧器水箱水耗用量（kg/h）。

3）单元机组系统泄漏率（%）。

4. 发电设备汽、水泄漏（点）损失控制标准

有关发电设备汽、水泄漏损失控制标准，电力行业虽没有单一明确的统一标准（文件），但国家电力公司在《一流火力发电厂考核标准》中，对发电设备的健康水平要求很高。除了考核补水率外，还有考核发电设备泄漏、严密性的具体要求：

发电设备、公用系统及辅助系统不得有严重漏点。循环水泵房、供水（暖）泵房、油泵房设备无渗漏点；灰浆泵渗漏点少于3点；化学设备无渗点；给排水等设施无滴漏；除灰管路无滴漏。考核机组应无严重漏点，单台机组设备系统渗漏点控制标准，见表5－1。

表5－1　单台机组设备系统渗漏点控制标准

机组	100MW以下	100MW及以上	100MW母管制	200MW国产及以上	200MW以上进口
渗漏点	3	4	机3、炉2	5	3
一般漏点	1	2	机2、炉2	3	1

这些考核要求虽然是对单元机组方方面面的考核，但其中就包括对锅炉、汽轮机设备及热力系统泄漏点的考核要求。单元机组考核标准控制、允许渗点、漏点就很少，能够分到汽水方面的漏点就更少。可见，对汽、水损失率方面的考核更严，要做的工作很多。单元机组的汽、水损失率一般应为0.3%～0.7%，很多电厂汽、水损失率实际为1%左右。工作做好了，有1g/kWh煤耗率的潜力。

（二）锅炉设备排污率

锅炉设备排污率是指锅炉设备在生产蒸汽过程中，为保证蒸汽品质合格及设备安全而排放掉的浓度较高的炉水量占锅炉蒸汽量的比例，单位:%。锅炉设备运行中的连续排污量，应根据锅炉运行中汽、水品质的状况，由炉水浓度计算结果来决定实际的排污量进行排污。锅炉设备排污又分为连续排污和定期排污。锅炉运行中的排污率一般为锅炉蒸发量的0.3%～1.0%。

1. 用锅炉排污量计算排污率

$$L_{pw}=\frac{D_{pw}}{D_{gl}}\times 100\% \tag{5-6}$$

式中 L_{pw}——锅炉排污率,%；

D_{pw}——锅炉排污量，kg或kg/h；

D_{gl}——计算期锅炉蒸发量，kg或kg/h。

当锅炉有排污计量装置时，可以直接测量锅炉排污率。

2. 用炉水盐平衡计算锅炉排污率

当锅炉没有排污计量装置时，不能直接测量锅炉排污率（量）。此时，可以用锅炉汽、水盐平衡或用补水率法计算锅炉排污率。

用锅炉汽、水盐平衡计算锅炉排污率的方法，是用给水带入锅炉的盐分（量）应等于蒸汽带走的盐分（量）与随同排污排走的盐分（量）之和的平衡来计算。因此，可以用给水、排污水（炉水）及饱和蒸汽中的盐分来计算锅炉排污率。计算公式如下

$$L_{pw}=\frac{S_{gs}-S_{bh}}{S_{pw}-S_{gs}}\times 100\% \tag{5-7}$$

式中 S_{gs}——给水某物质含量，mg/kg；

S_{bh}——饱和蒸汽某物质含量，mg/kg；

S_{pw}——排污水中某物质含量，mg/kg。

因为排污水排除的是锅炉的炉水，所以 S_{pw} 可以锅炉炉水中某物质的含量（S_{ls}）来代替，由此，式（5-7）可以写成

$$L_{pw}=\frac{S_{gs}-S_{bh}}{S_{ls}-S_{gs}}\times 100\% \tag{5-8}$$

式中 S_{ls}——锅炉炉水中的某物质含量，mg/kg。

用炉水盐平衡计算锅炉排污率时应注意：

（1）以化学除盐水或蒸馏水作为补给水的锅炉，计算排污率时应按给水和炉水的全硅量进行计算。

（2）以软化水作为补给水的锅炉，可按总含盐或含钠计算排污率。

（3）以软化水作为补给水的中、低压锅炉，还可以按氯离子含量或钠含量，根据简化式（5-8）计算排污率，即

$$L_{pw}=\frac{S_{gs}}{S_{ls}-S_{gs}}\times 100\% \tag{5-9}$$

3. 用补水率法计算锅炉排污率

用补水率法计算锅炉排污率的方法（程序）如下：

（1）机组稳定在某一恒定负荷下运行，特别是锅炉要稳定在某一恒定负荷下运行。

（2）锅炉停止吹灰、机组停止向系统外供汽（热）等影响锅炉负荷稳定的因素。

（3）高压除氧器水箱维持在允许的高水位运行。

（4）运行方式符合试验要求即可开始试验。记录下开始时间、高压除氧器水箱开始水位，并按试验规定做好有关记录，直到试验终止时间为止。

（5）根据记录数据计算单元机组系统泄漏率：

1）试验期间锅炉蒸发量（kg/h）。

2）高压除氧器水箱水耗用量（kg/h）。

3）单元机组系统泄漏率［2）/1）］,% 。

单元机组系统泄漏率计算公式如下

$$L_{da}^{xl}=\frac{D_{xL}}{D_{gl}}\times 100\% \tag{5-10}$$

式中 L_{da}^{xl}——单元机组系统泄漏率,%；

D_{xL}——试验期间单元机组系统汽、水泄漏量（高压除氧器水箱耗用水量），kg/h；

D_{gl}——试验期间锅炉蒸发量，kg/h。

（6）开锅炉连续排污门，记录下开始时间、高压除氧器水箱开始水位，并按试验规定做好有关记录，直到试验终止时间为止。

（7）根据记录数据计算锅炉排污率：

1）试验期间锅炉蒸发量（kg/h）。

2）高压除氧器水箱水耗用量（kg/h）。

3）计算排污水量（高压除氧器水箱水耗用量—高压除氧器水箱水耗用量）。

计算排污水量计算公式如下

$$D_{pw} = D_{xp} - D_{gl} \tag{5-11}$$

式中 D_{pw}——试验期间排污水量，kg/h；

D_{xp}——试验期间泄漏水量、排污水量的总量；

D_{gl}——试验期间锅炉排污水量，kg/h。

4）计算排污率。排污率计算公式如下

$$L_{pw}^{gl} = \frac{D_{pw}}{D_{gl}} \times 100\% \tag{5-12}$$

式中 L_{pw}^{gl}——试验期间排污率,%。

（三）电厂自用汽（水）损失率（量）

电厂自用汽（水）损失率（量）是指统计期生产用汽，而水不能回收的锅炉吹灰、燃料雾化、仪表伴热、燃料解冻、厂区内油区用汽、生产厂房取暖、厂区办公楼采暖、化学生水加热器等损失的水量，占计算期锅炉总蒸发量的比例，单位:%。电厂自用汽（水）损失率计算公式如下

$$L_{zy} = \frac{D_{zy}}{\sum D_{gl}} \times 100\% \tag{5-13}$$

式中 L_{zy}——电厂自用汽（水）损失率,%；

D_{zy}——电厂自用汽（水）损失（量），t。

（四）空冷塔补水率

空冷塔补水率是指统计期内空冷塔泄漏水损失量占计算期锅炉蒸发量的比例，单位,%。空冷塔补水率计算公式如下

$$L_{kl} = \frac{D_{kl}}{\sum D_{gl}} \times 100\% \tag{5-14}$$

式中 L_{kl}——空冷塔补水率,%；

D_{kl}——空冷塔补水量，t。

（五）锅炉、汽轮机启动、停止时的汽、水损失率（量）

锅炉、汽轮机启动、停止时的汽、水损失率是指锅炉、汽轮机设备及热力循环系统启动、停止时的汽、水损失量占计算期锅炉蒸发量的比例，单位:%。这是因为，单元机组启动、停止时的放汽、放水都是参与锅炉、汽轮机及热力系统循环的介质。这部分除盐水进入热力循环系统时带入的盐量、氧量都是对设备、系统的安全、经济构成一定影响的因素，因此应计入补水率，并作为分析热力设备系统安全、经济的依据。锅炉、汽轮机启动、停止时的汽、水排放损失率的计算公式如下

$$L_{qt} = \frac{D_{qt}}{\sum D_{gl}} \times 100\% \tag{5-15}$$

式中 L_{qt}——锅炉、汽轮机启动、停止时的汽、水排放损失率,%；

D_{qt}——锅炉、汽轮机启动、停止时的汽、水排放损失量，t。

（六）事故、异常的汽、水损失率（量）

事故、异常的汽、水损失率是指锅炉、汽轮机设备及热力循环系统发生事故、异常时的汽、水损失量占计算期锅炉总蒸发量的比例，单位:%。这是因为，单元机组事故、异常时的放汽、水，都是参与锅炉、汽轮机设备及热力循环系统的介质。这部分除盐水进入热力循环系统时带入的盐量、氧量都是对热力设备、系统的安全、经济构成一定影响的因素，因此应计入补水率，并作为分析热力设备系统安全、经济的依据。事故、异常汽、水损失率计算公式如下

$$L_{sg}=\frac{D_{sg}}{\sum D_{gl}}\times 100\% \tag{5-16}$$

式中 L_{sg}——事故、异常汽、水损失率,%；

D_{sg}——事故、异常汽、水损失量，t。

六、供热补水率

供热补水率的计算实际上分为两部分：第一部分是蒸汽生产设备、系统至蒸汽供出计量点前的汽、水损失率，事实上已计算在单元机组补水率内；第二部分是蒸汽供出计量点后和用户的汽、水损失率（补水率），这部分供出蒸汽的凝结水除少量泄漏损失外，其他应全部回收。如果这部分直接对外供汽（热）的凝结水不能回收，则应单独计算为供热补水率，并作为分析热力设备系统安全、经济的依据。

供热补水率是热电厂向社会供汽（热）时，指对外供热计量点后，凝结水未能回收的损失量占计算期锅炉总蒸汽量的比例，单位:%。供热补水率计算公式如下

$$L_{gr}=\frac{D_{gr}}{\sum D_{gl}}\times 100\% \tag{5-17}$$

式中 L_{gr}——蒸汽供出计量点后和用户的供热补水率,%；

D_{gr}——蒸汽供出计量点后和用户的供热补水量，t。

七、非发电补水率

非发电补水率是指厂区外油区用汽、厂区外非发电生产直接供热、厂区外食堂、浴室用汽等水的损失量占计算期内锅炉总蒸发量的比例。

上述用汽、用水，从表面看不是发电设备的生产用水，可以不计入生产补水率，而从这部分汽的生产和对设备影响的实质来分析，这部分汽、水是锅炉生产的，是单元机组的循环介质的一部分。这部分除盐水进入热力设备、循环系统时带入的盐量、氧量都是对设备、系统的安全、经济构成一定影响的因素，因此应计入补水率。

1. 非发电补水率的影响因素

（1）厂区外职工生活区用热、用水量。

（2）厂区外食堂、浴室用汽、用水量。

（3）厂内外关系单位（银行、商店）用热、用水量。

（4）厂区外油区用汽、用水量。

（5）非生产（三产）办公楼用热、用水量。

2. 非发电补水率计算公式

$$L_{ff}=\frac{D_{ff}}{\sum D_{gl}}\times 100\% \tag{5-18}$$

式中　L_{ff}——非发电补水率,%；

D_{ff}——非发电用汽、用水量，t。

第二节　补水率对发电煤耗率的影响系数

单元机组补水率的设计值一般为3%。补水率对运行经济性的影响，就是指补水率为3%的运行方式对发电煤耗率的影响值。补水率对发电煤耗率的影响系数是指补水率变化1%对发电煤耗率的影响值，可以表达为（Δb_{fd}^{bh}g/kWh）/（ΔL_{bs}^{bh}1%）。

《汽轮机技术热力特性计算书》或汽轮机特性热力性能数据资料中，有厂家提供的机组在补水率为3%工况的热耗率，即额定负荷、额定进汽参数、额定背压的运行工况图；而有的厂家提供的机组的热耗率保证值工况（THA——机组的热耗率验收工况），即是汽轮机在额定负荷、额定进汽参数、额定背压、回热系统正常投运、补水率为0%时的工况。

用上述两组数据分别计算出各自运行工况的发电煤耗率，其发电煤耗率的差值就是补水率为3%运行工况对发电煤耗率的影响值，进而可计算出补水率变化1%对发电煤耗率的影响系数。

但是，国内多数汽轮机厂都是将补水率为3%和夏季背压11.8kPa合为机组的铭牌工况，即是汽轮机在额定负荷、额定进汽参数、回热系统正常投运、补水率为3%的夏季背压工况。这种工况将补水率为3%和夏季（循环水入口温度高）背压11.8kPa对发电煤耗率的影响合在一起，不便于分清两项的影响各为多少。其次，补水率和背压的影响合在一起时制造厂所给的热耗率偏低。根据补水率为3%的夏季背压运行工况计算的汽轮机热耗率，机组运行发电煤耗率与用机组的保证值工况热耗率计算的发电煤耗率仅差10g/kWh左右，偏小。

一、计算补水率变化1%对发电煤耗率的影响系数

（1）从机组设计资料中查出下列设计值：

1）锅炉效率。

2）汽轮机热耗率。

（2）选取计算用管道效率，一般用狭义管道效率，取值为98.00%。因为计算结果取用相对，所以选用狭义管道效率或广义管道效率，对计算结果影响不大。

（3）计算补水率变化1%对发电煤耗率的影响系数的计算公式

$$\Delta L_{bs}^{fx}=\frac{b_{fd}^{bz}-b_{bs}^{3\%}}{\Delta L_{bs}^{bh}} \tag{5-19}$$

式中　ΔL_{bs}^{fx}——补水率变化1%对发电煤耗率的影响系数，（Δb_{fd}^{bh}g/kWh）/（ΔL_{bs}^{bh}1%）；

b_{fd}^{bz}——保证值发电煤耗率，g/kWh；

$b_{bs}^{3\%}$——3%补水率发电煤耗率，g/kWh；

ΔL_{bs}^{bh}——3%补水率变化值,%（百分点）。

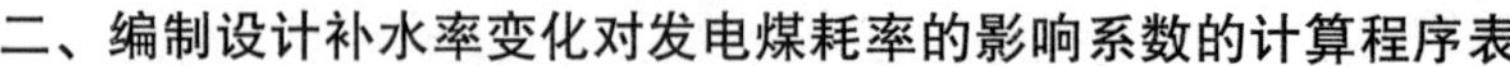

二、编制设计补水率变化对发电煤耗率的影响系数的计算程序表

根据上述计算公式和已确定的汽轮机保证值热耗率、锅炉效率、管道效率和汽轮机补水率3%的热耗率，编制单元机组设计补水率变化1%对发电煤耗率的影响系数的计算程序表，见表5－2。

表5－2　单元机组设计补水率变化1%对发电煤耗率的影响系数的计算程序表

序号	指标		单位	数值
1	保证值设计工况	机组额定出力	MW	—
2		主蒸汽压力	MPa	23.44
3		主蒸汽温度	℃	540
4		再热蒸汽压力	MPa	3.51
5		再热蒸汽温度	℃	540
6		给水温度	℃	264.8
7		锅炉效率（取值）	%	91.96
8		THA工况下的汽轮机热耗率	kJ/kWh、kcal/kWh	8116.88
9		汽轮机效率	%	44.34
10		管道效率	%	98.00
11		电厂效率（⑦×⑨×⑩）	%	39.96
12		系数		0.122 857 1
13		保证值发电煤耗率（⑫/⑪）	g/kWh	307.45
14	3%补水率工况	3%补水率工况下的汽轮机热耗率	kJ/kWh	8181.42
15		汽轮机效率	%	44.01
16		电厂效率（⑦×⑮×⑩）	%	39.66
17		3%补水率发电煤耗率（⑫/⑯）		309.76
18		3%补水率对发电煤耗率的影响值（⑰－⑬）	g/kWh	2.31
19		补水率变化1%对发电煤耗率的影响值系数（⑰/3）（Δb_{fd}^{bh} g/kWh）/（ΔL_{bs}^{bh}1%）		0.77

注　表中括号内表达式为对应参数的计算公式，○内数字为各参数序号。

表5－2计算结果说明：

（1）3%补水率对发电煤耗率的影响值为2.31g/kWh。

（2）补水率变化1%对发电煤耗率的影响系数为0.77（Δb_{fd}^{bh}g/kWh）/（ΔL_{bs}^{bh}1%）。

第三节　高温设备、管道保温表面温度的散热损失与管理

高温设备、管道、阀门保温表面温度高于周围空气温度而产生散热损失是必然的，但高温设备、管道、阀门保温表面温度高于周围空气温度，超过国家规定标准则是不允许的。高温设备、管道、阀门（主蒸汽、再热蒸汽、给水）的散热损失在国家和行业标准中都有规定。企业必须按标准、要求做好热力设备、系统保温管理工作，减少热能损失，以进一步提

高企业的经济效益。

一、高温设备、管道、阀门散热损失的影响因素

（1）设备投产时、设备大修后的验收对保温的工艺、质量，是否逐项进行检测，全面按标准验收，是否全部达到合格标准。

（2）日常维护性检修工作中，拆卸、变动后的高温设备、管道、阀门的保温是否按规定和标准恢复，并达到要求。

（3）保温材料的质量。

（4）高温设备、管道、阀门保温施工的工艺、质量。

二、高温设备、管道、阀门保温表面温度的监督与管理

根据能源部1990年10月颁布的《火力发电厂节约能源规定（试行）》的要求，火力发电厂高温设备、管道、阀门的保温监督、管理应纳入正常生产管理工作的议事日程，减少无形的能源损失、浪费，努力节约能源，持久地保持企业有较好的经济效益。有关具体要求如下：

1. 标准

当周围环境为25℃时，锅炉、汽轮机等热力设备、管道及阀门保温层表面温度不得超过50℃。

2. 保温材料、工艺、质量要求

保持热力设备、管道及阀门的保温完好，采用新材料、新工艺，努力降低散热损失。

3. 高温设备、管道保温监督、检测周期

（1）保温材料、保温质量、专业管理基础好的单元机组，连续两年以上无不合格点时，保温效果的检测应列入大修竣工验收项目；当年没有大修任务的设备也必须检测一次。

（2）保温材料、保温质量、专业管理到位率差的单元机组，视情况应每3个月或半年检查一次。

（3）个别设备、个别点保温不合格的，可重点监测。

4. 高温设备、管道保温监督、管理要求

（1）建立高温设备、管道、阀门的保温监督、管理制度。

（2）高温设备、管道、阀门的保温监督、管理应纳入各专业、各岗位职责。

（3）明确各专业、各岗位保温监督、管理职任人。

（4）高温设备、管道、阀门的保温监督、管理应纳入各专业、各岗位月度、季度、年度工作总结。

（5）发现保温不合格时，应及时处理。当时不能处理的缺陷，应纳入计划，在停机或机组检修时安排处理。

三、高温设备、管道、阀门散热损失对运行经济性的影响

锅炉炉膛燃烧温度为1200℃左右时，锅炉设备的散热为0.2%～0.5%（百分点）。但在电力企业的管理工程中，还有提高认识、得到应有的重视的必要。例如，检测到的某厂4台200MW单元机组的锅炉高温设备、管道、阀门保温质量一年4次检查结果中，有57%达不到考核标准。保温质量严重低下，保温表皮温度有44处（点）在90℃以上，占锅炉检测总点次的37%。最高点（处）温度一年4次均在110℃。

锅炉保温不良，使锅炉散热损失 q_5 增加、锅炉效率降低。锅炉效率每降低 0.20% ~ 0.32%（百分点），使发电煤耗率升高 1g/kWh；汽轮机设备及其他高温管道、阀门保温不良，散热损失增加，使单元机组广义管道效率降低、发电煤耗率升高。管道效率变化对发电煤耗率的影响与锅炉效率水平、汽轮机效率水平、管道效率水平有关。不同管道效率、锅炉效率、汽轮机效率对发电煤耗率的影响值如下：

（1）锅炉效率为 94.0%，汽轮机效率为 46.0%，管道效率为 96.5% 时，管道效率变化 1% 对发电煤耗率的影响值是 3.05g/kWh。

（2）锅炉效率为 90.0%，汽轮机效率为 40.0%，管道效率为 95.5% 时，管道效率变化 1% 对发电煤耗率的影响值是 3.74g/kWh。

（3）同样的锅炉效率，管道效率、汽轮机效率越高，管道效率变化对发电煤耗率的影响值越小。例如，同样的锅炉效率（94.0%），汽轮机效率为 48.0%，管道效率为 97.5% 时，管道效率变化 1% 对发电煤耗率的影响值是 2.86g/kWh。

（4）同样的锅炉效率，管道效率、汽轮机效率越低，管道效率变化对发电煤耗率的影响值越大。例如，同样的锅炉效率（94.0%），汽轮机效率为 34.0%，管道效率为 94.5% 时，管道效率为变化 1% 对发电煤耗率的影响值是 4.31g/kWh。

（5）同样的汽轮机效率，管道效率、锅炉效率越高，管道效率变化对发电煤耗率的影响值越小。例如，汽轮机效率为 42.0%，锅炉效率为 94.0%，管道效率为 98.5% 时，管道效率变化 1% 对发电煤耗的影响值是 3.72g/kWh。

管道效率变化对发电煤耗率影响的具体计算和管道效率变化 1% 对发电煤耗率的影响的大小，详见第二章第五节。

第四节　生 产 用 除 盐 水

补水率定义的规定认为，除盐水在生产工作中用作凝汽器真空系统灌水查漏、锅炉酸洗后系统清洗等用水，用完后就作为废水排放掉，而未进入锅炉、汽轮机设备参与热力系统循环的检修用水，均不应计入（生产）补水率，而应记作生产过程中发电设备用除盐水量。这是因为，这部分除盐水没有参加锅炉、汽轮机设备和热力系统循环，不会对锅炉、汽轮机设备的安全和经济造成危害。下列生产用除盐水不应计入补水率：

（1）凝汽器真空系统灌水查漏用水。

（2）锅炉酸洗后系统清洗用水。

（3）发电机定子、转子冷却用水。

（4）锅炉、汽轮机主辅机设备大修、小修、临时性检修中的一次性清洗设备管路系统用水等。

第五节　管道效率对运行经济性的影响

管道效率变化对运行经济性的影响主要体现在锅炉、汽轮机热力设备、系统高温部件的散热损失；单元机组汽、水泄漏，锅炉排污放水，锅炉吹灰等自用汽、水损失，补水处理进入系统时用热等。本节主要内容包括：管道效率变化对发电煤耗率的影响系数的计算；运用单元机组设计补水率为3%时给定的热耗率、单元机组运行发电煤耗率，通过计算、分析，确定管道效率、补水率对发电煤耗率的影响的计算。

管道效率变化对发电煤耗率的影响系数，是指在一定的锅炉效率、汽轮机效率的特定条件下，在不同的管道效率范围内管道效率变化1%对发电煤耗率的影响值，可表达为（Δb_{fd}^{bh} g/kWh）/（$\Delta\eta_{gd}^{bh}$1%）。管道效率变化对发电煤耗率的影响系数的大、小与汽轮机效率水平、锅炉效率水平、管道效率水平有关，可以通过计算求得。

1. 管道效率变化对发电煤耗率影响系数的计算公式一

$$\Delta b_{gd}^{fx}=\frac{|b_{gd}^{ed}-b_{gd}^{bh}|}{\Delta\eta_{gd}^{bh}} \tag{5-20}$$

式中　Δb_{gd}^{fx}——管道效率变化对发电煤耗率的影响系数，（Δb_{fd}^{bh}g/kWh）/（$\Delta\eta_{gd}^{bh}$1%）；

b_{gd}^{ed}——设计工况额定负荷下的发电煤耗率，g/kWh；

b_{gd}^{bh}——管道机效率变化后的发电煤耗率，g/kWh；

$|b_{gd}^{ed}-b_{gd}^{bh}|$——取绝对值；

$\Delta\eta_{gd}^{bh}$——拟定的管道效率变化值，%。

管道效率变化值的计算公式如下

$$\Delta\eta_{gd}^{bh}=|\eta_{gd}^{ed}-\eta_{gd}^{bh}|$$

式中　η_{gd}^{ed}——设计（选定）工况额定负荷下的管道效率值，%；

η_{gd}^{bh}——拟定的管道效率变化后管道效率值，%；

$|\eta_{gd}^{ed}-\eta_{gd}^{bh}|$——取绝对值。

虚拟的管道机效率是分析、计算者的假定值，可以是0.5%，1.0%，2.0%，…，也可以根据计算者要求的精度任意选择。

2. 管道效率变化对发电煤耗率影响系数的计算公式二

$$\Delta b_{qj}^{xs}=\frac{\left|\dfrac{0.123}{\eta_{gl}^{ed}\times\eta_{gd}^{ed}\times\eta_{qj}^{ed}}-\dfrac{0.123}{\eta_{gl}^{ed}\times\eta_{gd}^{bh}\times\eta_{qj}^{ed}}\right|}{\Delta\eta_{gd}^{bh}} \tag{5-21}$$

或

$$\Delta b_{gd}^{fx}=\frac{\dfrac{0.123}{\eta_{gl}^{ed}\times\eta_{qj}^{ed}}\left|\dfrac{1}{\eta_{gd}^{ed}}-\dfrac{1}{\eta_{gd}^{bh}}\right|}{\Delta\eta_{gd}^{bh}} \tag{5-22}$$

式中　η_{gl}^{ed}——设计工况额定负荷下的锅炉效率，%；

η_{gd}^{ed}——设计工况额定负荷下的管道效率，一般取98.5%，%；

η_{qj}^{ed}——设计工况额定负荷下的汽轮机效率，%；

η_{gd}^{bh}——选定的变化后的管道效率，%；

$\left|\dfrac{0.123}{\eta_{gl}^{ed}\times\eta_{gd}^{ed}\times\eta_{qj}^{ed}}-\dfrac{0.123}{\eta_{gl}^{ed}\times\eta_{gd}^{bh}\times\eta_{qj}^{ed}}\right|$——取绝对值；

$\left|\dfrac{1}{\eta_{gd}^{ed}}-\dfrac{1}{\eta_{gd}^{bh}}\right|$——取绝对值。

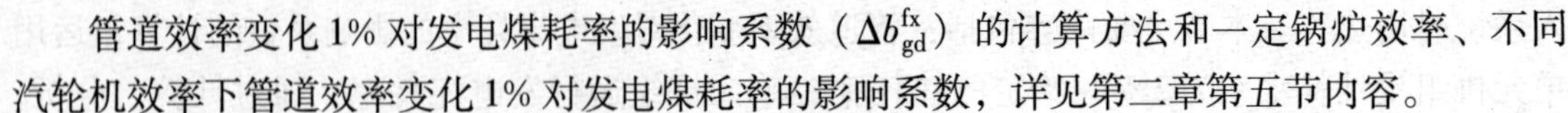

管道效率变化1%对发电煤耗率的影响系数（Δb_{gd}^{fx}）的计算方法和一定锅炉效率、不同汽轮机效率下管道效率变化1%对发电煤耗率的影响系数，详见第二章第五节内容。

3. 发电煤耗率变化1g/kWh对管道效率的影响系数

发电煤耗率变化1g/kWh对管道效率的影响系数（$\Delta \eta_{fd}^{gdx}$），是指发电煤耗率变化1g/kWh引起管道效率在数理关系上的相应变化值，可以表达为（$\Delta \eta_{gd}^{bh}$%）/（Δb_{fd}^{bh}1g/kWh）。可见，发电煤耗率变化1g/kWh对管道效率的影响系数与管道效率变化1%对发电煤耗率的影响系数（Δb_{gd}^{fx}）互为倒数，即

$$\Delta b_{gd}^{fx} = \frac{1}{\Delta \eta_{fd}^{gdx}} \tag{5-23}$$

发电煤耗率变化对管道效率的影响计算方法，详见第二章第五节内容，需要时可用式（5-23）反求。

第六章 发电负荷指标

本章主要内容，一是单元机组发电负荷对发电煤耗率的影响的分析与计算方法；二是正确认识并管理好衡量单元机组发电设备、系统健康水平的指标；三是影响单元机组发电设备、系统发电能力的指标。

汽轮发电机组的发电负荷、发电量是企业生存和赢利的根本。汽轮发电机机组的发电负荷是单元机组设备、系统健康水平的总体反映，它可表明锅炉、汽轮机、发电机、主变压器等设备、系统能否带到满负荷，是设备健康的真实水平。四大件设备有一个设备存在影响带负荷的缺陷，单元机组就不可能带到额定负荷，发电量就会减少，发电煤耗率就会升高。单元机组正常运行时，影响机组发电煤耗率水平的因素是单元机组运行的带负荷程度。使发电煤耗率升高的原因是：发电负荷降低运行时，汽轮机的空载用能量在发电煤耗率中的比例（数值）增大，即单元机组的空载煤耗率增大。当机组发电负荷降到70%时，将使单元机组的空载发电煤耗率升高6.7~8.8g/kWh，详见表6-1。

表6-1　600MW机组空载发电煤耗率与发电平均负荷的关系

单元机组平均负荷变化与发电煤耗率的关系		汽轮机组发电平均负荷（MW）								
		600	540	480	420	360	300	240	180	
N600-24.2/566/566型		15.6	17.3	19.5	22.3	26.0	31.2	39.0	52.0	
发电负荷	600MW降到540MW	1.7g/kWh		—						
	600MW降到480MW	3.9g/kWh			—					
	600MW降到420MW	6.7g/kWh				—				
	600MW降到360MW	10.4g/kWh					—			
	600MW降到300MW	15.6g/kWh						—		
	600MW降到240MW	23.4g/kWh							—	
	600MW降到180MW	36.4g/kWh								
负荷变化10%时煤耗率的变化值		—	1.7	2.2	2.8	3.7	5.2	7.8	13.0	—
N600-16.7/537/537型		20.5	22.8	25.6	29.3	34.2	41.0	51.3	68.3	
发电负荷	600MW降到180MW	47.8g/kWh								
	600MW降到240MW	30.8g/kWh							—	
	600MW降到300MW	20.5g/kWh						—		
	600MW降到360MW	13.7g/kWh					—			
	600MW降到420MW	8.8g/kWh				—				
	600MW降到480MW	5.1g/kWh			—					
	600MW降到540MW	2.3g/kWh		—						
负荷变化10%时煤耗率的变化值			2.3	2.8	3.7	4.9	6.8	10.3	17.0	

表6-1使用说明：

（1）表中第一列第一行为汽轮机设备型号，单元机组平均负荷变化与发电煤耗率的相应变化值（不带刮号）。

（2）第二大列下、第一行各列数值为单元汽轮发电机组的平均发电负荷，分别为600（额定值），540，…，180MW等8个负荷点。

（3）第一列第二行N600－24.2/566/566为汽轮机设备型号，其对应右边第二大列下、第二行中各列数值为单元汽轮发电机组的空载发电煤耗率，单位为g/kWh。N600－24.2/566/566型汽轮机组，发电负荷从600MW降到180MW，单元机组的空载发电煤耗率由15.6g/kWh升高到52.0g/kWh。

（4）第一列第三～第九行为N600－24.2/566/566型汽轮机组发电负荷自额定值600MW降到540，…，180MW等8个负荷点，其对应的第二大列下的第三行～第九行的各行数值分别为该汽轮发电机组的发电负荷自额定负荷降至各负荷点时，空载发电煤耗率的增加值。

例如，第一大列第六行发电负荷由600MW降到360MW时，从其右边的对应行（第二大列下的第六行）中可以查到，空载发电煤耗率要增加10.4g/kWh。也就是说，该机组的发电煤耗率，由于汽轮机组空载用能的影响，比设计额定负荷时升高了10.4g/kWh。

（5）第一大列第十行N600－24.2/566/566是汽轮发电机组的型号，其对应的第二大列下第十行中各列数值为N600－24.2/566/566型汽轮机组发电负荷每降低10%时空载发电煤耗率的变化值。例如，发电负荷从600MW降到540MW（第二大列第十行中），单元机组的发电负荷降低10%，空载发电煤耗率升高1.7g/kWh；又如汽轮机组发电负荷从240MW降到180MW（第二大列第十行中），单元机组的发电负荷降低10%，空载发电煤耗率升高13.0g/kWh。

（6）第一列第十一行N600－16.7/537/537为汽轮机设备型号，其右边第二大列下、第十一行中各列数值为单元汽轮发电机组的空载发电煤耗率，单位为g/kWh。

N600－16.7/537/537型汽轮发电机组，发电负荷从600MW降到180MW时，单元机组的空载发电煤耗率由20.5g/kWh升高到68.3g/kWh。

（7）第一列第十二～第十八行为N600－16.7/537/537型汽轮机组，发电负荷自额定值600MW降到540，…，180MW等8个负荷点，其对应的第二大列下的第十二～第十八行的各行数值，分别为该汽轮发电机组的发电负荷自额定负荷降至各负荷点时，空载发电煤耗率的增加值。

例如，第一大列第十四行发电负荷由600MW降到300MW时，从其右边的对应行（第二大列下的第十四行）中可以查到，空载发电煤耗率要增加20.5g/kWh。也就是说，该机组的发电煤耗率，由于汽轮机组空载用能的影响，比设计值高出20.5g/kWh。

（8）第一大列第十九行的N600－16.7/537/537为汽轮发电机组的型号，其对应的第二大列下、第十九行中的各列数值为N600－16.7/537/537型汽轮机组发电负荷每降低10%时空载发电煤耗率的变化值。例如，发电负荷从600MW降到540MW时，单元机组的发电负荷降低10%，空载发电煤耗率升高2.3g/kWh；又如汽轮机组发电负荷从240MW降到180MW时，单元机组的发电负荷降低10%，空载发电煤耗率升高17.0g/kWh。

（9）表内两组数值仅仅表示N600－16.7/537/537型汽轮机和N600－24.2/566/566型

汽轮机两厂两种类型的汽轮机组各自空载发电煤耗率的水平，不是同参数、同类型汽轮机组的通用值。其他机组应用设计热力特性、参数计算求得，否则会影响指标分析的正确性和准确性。

影响汽轮发电机组发电负荷、发电量指标的因素可分为两类：一类是显示单元机组发电设备、系统发电能力的指标；另一类是影响单元机组发电设备、系统发电量水平的指标。单元机组的发电负荷、发电量、发电煤耗率则是运行技术经济指标的关键所在。本章主要介绍与发电负荷、发电量等运行经济性有直接关系的指标。

影响单元机组发电负荷、发电量指标的因素有：

（1）单元机组发电负荷。

（2）汽轮发电机平均负荷。

（3）发电负荷率。

（4）汽轮发电机运行小时。

（5）发电设备利用小时。

（6）发电设备可调小时。

（7）可调电量。

（8）强迫停运次数。

（9）强迫停运小时。

（10）强迫停运率。

（11）强迫停运次数。

（12）非计划停运次数。

（13）非计划停运率。

（14）发电最高负荷。

（15）高峰电量比。

（16）高峰点平均负荷。

（17）高峰负荷满点率。

（18）低谷电量比。

（19）非峰谷电量比。

（20）等效可用系数。

（21）发电设备等效可用小时。

（22）燃料接卸率。

（23）燃料计划到货率。

（24）煤炭质量偏离设计值较多。

（25）设备故障限制机组带负荷能力。

第一节　单元机组带负荷程度对发电煤耗率的影响

单元机组低负荷运行，或因设备故障、缺陷带不到额定负荷而迫使机组降低发电负荷运行时，将降低单元机组的运行经济性，使发、供电煤耗率升高。这是因为，锅炉、汽轮发电机设备、系统启动达到带负荷条件并稳定运行时，就有一个维持机组（3000r/min）空负荷运转的空载用能量。具体计算到各种发电负荷时，就是机组各种发电负荷下的空载煤耗率。而汽轮机组的热力特性显示，一般汽轮机机组有1~2个等微增的热耗率特性。

一般情况下，一台汽轮机组只有一个等微增热耗率特性，即汽轮机组自零负荷开始，到机组带到额定负荷，汽轮机组每增加1kW的发电负荷时，其耗用的热耗率是一个固定不变的热耗率（kJ/kWh），也就是专业上所讲的汽轮机的等微增热耗率特性。

但有的汽轮发电机组却具有两个等微增热耗率特性，是指汽轮发电机组自零负荷开始，到机组带到额定负荷的过程中，机组的微增热耗率特性有一个折（拐）点，即自零负荷开始，到机组负荷带到折点处为止，汽轮发电机组的发电负荷与热耗量特性关系线的斜率较折点后的斜率小，即汽轮机组的微增热耗率相对较小，也称经济负荷区；自折点起，到额定负荷为止，汽轮发电机组的发电负荷与热耗量特性关系线的斜率较折点前的斜率大，即汽轮机组的微增热耗率增大，专业上也称过负荷区。经济负荷区的微增热耗率低、微增发电煤耗率低，均小于过负荷区的微增热耗率、微增发电煤耗率。

一、发电负荷、平均负荷、负荷率、平均负荷率

发电负荷、平均负荷是单元机组运行的状态、工况，与机组运行经济性有直接关系的指标。而负荷率、平均负荷率则是说明某一时间段（天、月、季、年）内单元机组或电厂参加运行机组在某一正点瞬间的带负荷的均衡程度。单元机组发电负荷、平均负荷除以额定负荷的比值，与负荷率的定义不相符，将负荷率混同为一个指标，是不合理的。

1. 发电负荷

发电负荷是指汽轮发电机组瞬间做功能力的大小，是单元机组功率的瞬间指示值，单位：kW。例如，600MW汽轮机组瞬间的做功能力为600MW，1h的做功量是600MWh，即该单元机组1h的发电量为600MWh。

2. 汽轮发电机平均负荷

汽轮发电机平均负荷是指发电量除以机组计算期的运行时间（h）的商，单位：kW，反映了单元机组统计运行期间带负荷、发电的程度。发电平均负荷降低10%，约使发电煤耗率升高1%，即发电煤耗率变化3g/kWh左右。汽轮发电机平均负荷计算公式如下

$$P_{pj}^{fh}=\frac{W_{fd}^{l}}{h_{yx}^{xh}} \tag{6-1}$$

式中 P_{pj}^{fh}——汽轮发电机组平均负荷，kW、MW、万kW、10^4kW；

W_{fd}^{l}——计算期发电量，kWh、MWh、万kWh、10^4kWh；

h_{yx}^{xh}——计算期运行小时数，h。

目前，电力行业中部分专业人员常常错将机组发电平均负荷除以额定负荷所得的商当作负荷率，与以往专业理论书中的概念不一致，这个概念是不合理的。

3. 发电负荷率

发电负荷率是电网、电厂运行指标，是指发电负荷均衡性的一个指标，定义为单元机组

计算期正点负荷平均值与计算期正点最高负荷的比率，单位:%，反映了发电设备带负荷程度的差异。发电负荷率数值大，表明带负荷均衡，发电设备能力利用程度高。负荷率分日、月、季、年指标。

发电负荷率计算公式如下

$$L_{fd}^{fl} = \frac{P_{pj}^{fh}}{P_{zg}^{fh}} \tag{6-2}$$

式中　L_{fd}^{fl}——发电负荷率,%；

P_{pj}^{fh}——报告期平均负荷，kW；

P_{zg}^{fh}——报告期最高负荷，kW。

4. 月平均负荷率

月平均负荷率是将报告期每日的负荷率相加，除以报告期的日历天数而得，用以说明报告期负荷的平均程度，反映调整负荷的成效。计算公式如下

$$L_{yp}^{fl} = \frac{\sum L_{fd}^{fl}}{T_{tl}^{ts}} \tag{6-3}$$

式中　L_{yp}^{fl}——月平均发电负荷率,%；

$\sum L_{fd}^{fl}$——报告期平均负荷率，kW；

T_{tl}^{ts}——报告期日历天数，天。

二、发电平均负荷与发电煤耗率

单元机组的发电煤耗率水平，除与设备的经济性能、设备的健康水平有关外，还与单元机组的发电平均负荷有关，而且影响的幅度和数值还很大。如以两台600MW机组为例：型号分别为N600－24.2/566/566和N600－16.7/537/537型的汽轮机，额定负荷时，空载发电煤耗率分别为15.6g/kWh和20.5g/kWh，占额定负荷运行煤耗率的5.29%～6.72%；在50%负荷运行时，空载发电煤耗率分别为31.2g/kWh和41.0g/kWh，两机组间相差9.5g/kWh；在180MW发电负荷时，空载发电煤耗率分别为52.0g/kWh和68.3g/kWh，两机组间相差16.3g/kWh，与额定负荷比较，则分别增加了36.4g/kWh和47.8g/kWh。

汽轮机组空载发电煤耗率的计算详见第二章第七节。本节主要是用其方法的计算结果（见表6－1），分析发电平均负荷与空载发电煤耗率的关系、空载发电煤耗率对运行发电煤耗率的影响值、发电负荷降低与机组空载发电煤耗率升高的相互关系。

表6－2　　某600MW机组空载发电煤耗率与发电负荷的关系表　　g/kWh

汽轮机型号	汽轮机组发电平均负荷（MW）							
	600	540	480	420	360	300	240	180
N600－24.2/566/566	15.6	17.3	19.5	22.3	26.0	31.2	39.0	52.0
N600－16.7/537/537	20.5	22.8	25.6	29.3	34.2	41.0	51.3	68.3

表6－2使用说明：

（1）第一列汽轮机型号右面、第二大列各组发电负荷下的数值，为单元机组各发电负

荷下相应的空载发电煤耗率。

（2）N600－24.2/566/566 型机组，当发电平均负荷为 600MW 时，机组空载发电煤耗率为 15.6g/kWh。

（3）N600－16.7/537/537 型机组，当发电平均负荷为 240MW 时，机组空载发电煤耗率为 51.3g/kWh。

三、绘制单元机组空载发电煤耗率与发电负荷的关系图

表 6－1 中的空载发电煤耗率与发电平均负荷的关系表中是按发电负荷变化 10% 的间隔计算的，不便于领导和专业人员日常工作中频繁地在运行发电负荷范围内使用；关键数据清晰、明了、直观，便于专业人员开展工作，从而节省时间，提高工作效率。为此，建议根据表 6－1 中数据绘制出发电负荷与空载发电煤耗率的关系曲线和发电负荷变化与空载发电煤耗率变化的关系曲线。

1. 绘制发电负荷与空载发电煤耗率的关系曲线

根据表 6－1 中数据编制发电负荷与空载发电煤耗率的关系表，见表 6－2，并绘制发电负荷与空载发电煤耗率的关系曲线，见图 6－1。

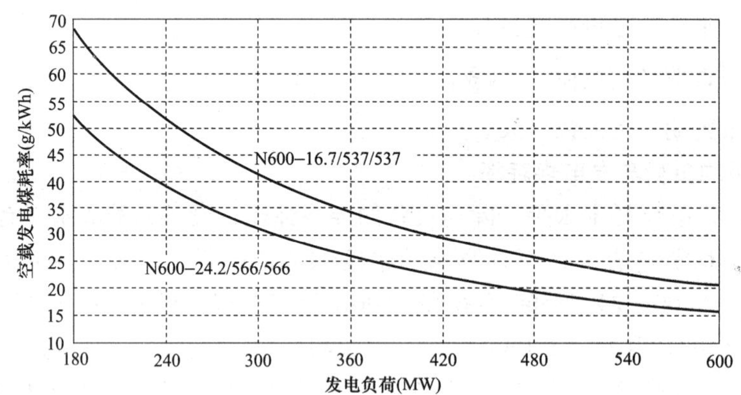

图 6－1　某 600MW 机组空载发电煤耗率与发电负荷的关系曲线

2. 绘制发电负荷变化与空载发电煤耗率变化的关系曲线

根据表 6－1 中数据，编制发电负荷区间降低额定负荷的 10% 与空载发电煤耗率增加值的关系表，见表 6－3，并绘制发电负荷区间降低额定负荷的 10% 与空载发电煤耗率增加值的关系曲线，见图 6－2。

表 6－3　某 600MW 机组发电负荷区间降低额定负荷的 10% 与机组空载发电煤耗率升高值的关系表　g/kWh

汽轮机型号	汽轮机组发电平均负荷（$\times10^4$kWh）							
	60	57±3	51±3	45±3	39±3	33±3	27±3	21±3
N600－24.2/566/566	0.0	1.7	2.2	2.8	3.7	5.2	7.8	13.0
N600－16.7/537/537	0.0	2.3	2.8	3.7	4.9	6.8	10.3	17.0

表 6－3 使用说明：

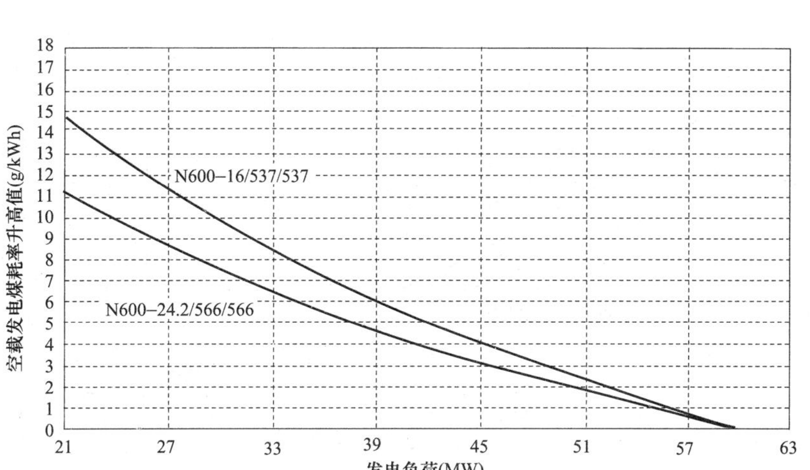

图 6－2　某 600MW 机组发电负荷区间降低额定负荷的 10% 与空载发电煤耗率升高值的关系曲线

（1）第一列汽轮机型号右面、第二大列各组发电负荷下的数值，为单元机组发电负荷区间内降低额定负荷的 10% 与空载发电煤耗率的升高值。

（2）对于 N600－24.2/566/566 型机组，在（51 ±3）$\times 10^4$kWh 范围内，机组空载发电煤耗率的升高值为 2.2g/kWh 左右。

（3）对于 N600－16.7/537/537 型机组，在（21 ±3）$\times 10^4$kWh 范围内，机组空载发电煤耗率的升高值为 17.0g/kWh 左右。

3. 发电负荷降低与机组空载发电煤耗率升高的关系

根据表 6－1 中数据，编制汽轮机组发电负荷降低与机组空载发电煤耗率升高的关系表，见表 6－4，并绘制汽轮机组发电负荷降低与机组空载发电煤耗率升高的关系曲线，见图 6－3。

表 6－4　某 600MW 汽轮机组发电负荷降低与机组空载发电煤耗率升高值的关系表　g/kWh

汽轮机型号	汽轮机组发电负荷（$\times 10^4$kWh）							
	60	540	480	420	360	300	240	180
N600－24.2/566/566	0	1.7	3.9	6.7	10.4	15.6	23.4	36.4
N600－16.7/537/537	0	2.3	5.1	8.8	13.7	20.5	30.8	47.8

表 6－4 使用说明：

（1）第一列汽轮机型号右面、第二大列中各组发电负荷下面的数值，为单元机组发电负荷自额定负荷降到该负荷时，机组空载发电煤耗率的升高值。

（2）对于 N600－24.2/566/566 型机组，发电负荷自额定负荷降到 540MW 时，机组空载发电煤耗率的升高值为 1.7g/kWh。

（3）对于 N600－16.7/537/537 型机组，发电负荷自额定负荷降到 180MW 时，机组空载发电煤耗率的升高值为 47.8g/kWh。

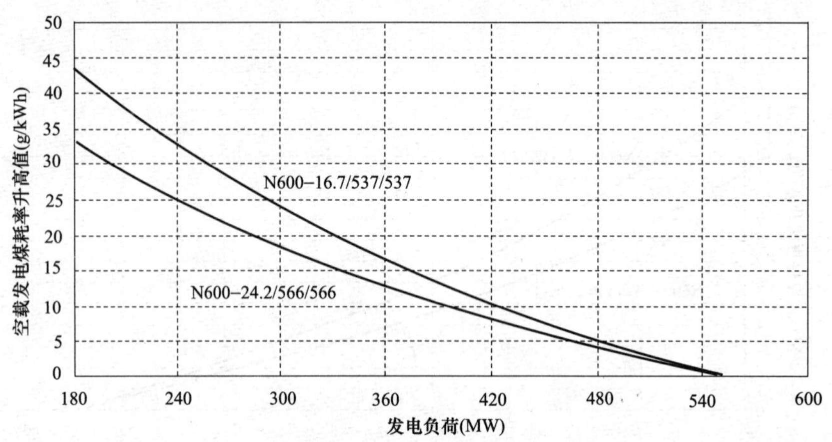

图 6-3　某 600MW 机组发电负荷降低与机组空载发电煤耗率升高值的关系曲线

第二节　衡量单元机组发电能力的指标

单元机组发电设备、系统发电能力的指标，代表了单元机组的健康水平和发电能力，也代表了电厂的经济效益。例如，汽轮发电机运行小时、发电设备可调小时一年内能达到 8760h，或接近 8760h，说明单元机组全年运行或接近全年运行，也说明设备健康、安全情况好、管理水平高，显示了该发电厂的综合实力。

单元机组发电设备、系统的发电能力指标包括：

(1) 汽轮发电机运行小时。

(2) 发电设备利用小时。

(3) 发电设备可调小时。

(4) 可调电量。

(5) 发电最高负荷。

(6) 高峰电量比。

(7) 高峰负荷满点率。

(8) 高峰点平均负荷。

(9) 非峰谷电量比。

(10) 低谷电量比。

(11) 燃料接卸率。

(12) 燃料计划到货率。

本节主要介绍单元机组发电设备、系统的发电能力指标的定义、计算、影响因素，以方便领导、专业管理人员拓宽思路，节省时间，提高工作效率。

一、汽轮发电机运行小时

汽轮发电机运行小时是指从汽轮发电机组从并入电网时开始，至汽轮发电机组与电网解列为止的连续运行时间，即是汽轮发电机组并入电网处于带负荷运行状态的累计时间，单位：h。年

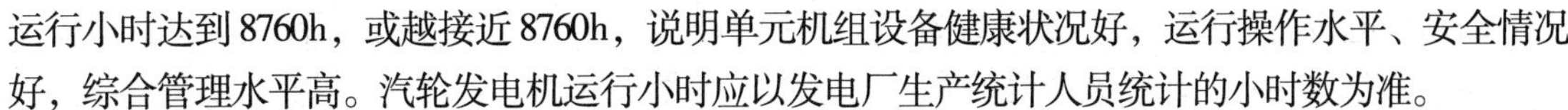

运行小时达到8760h，或越接近8760h，说明单元机组设备健康状况好，运行操作水平、安全情况好，综合管理水平高。汽轮发电机运行小时应以发电厂生产统计人员统计的小时数为准。

二、发电设备利用小时

发电设备利用小时是指实际发电量除以发电设备铭牌容量的商，单位：h，一般常以年为统计时段，表示发电设备的年利用程度，以生产统计或综合统计专业人员统计数据为准。计算公式为

$$h_{ly}=\frac{W_{js}^{fd}}{P_{mp}} \tag{6-4}$$

式中　h_{ly}——发电设备利用小时，h；

W_{js}^{fd}——计算期发电量，kWh；

P_{mp}——发电设备铭牌容量，kW。

三、发电设备平均利用小时

发电设备利用小时的计算公式，在能源部综合计划司1989年4月版的《电力工业生产统计指标解释》中，用的是发电设备平均利用小时。具体计算方法如下：

1. 发电设备平均利用小时计算公式

$$h_{ly}^{pj}=\frac{W_{js}^{fd}}{P_{pj}} \tag{6-5}$$

式中　h_{ly}^{pj}——发电设备平均利用小时，h；

W_{js}^{fd}——计算期发电量，kWh；

P_{pj}——发电设备平均容量，kW。

2. 发电设备平均容量计算公式一

$$P_{pj}=P_{qc}+P_{bz}^{pj}+P_{bj}^{pj} \tag{6-6}$$

式中　P_{pj}——报告期发电设备平均利用容量，kW；

P_{qc}——报告期初发电设备容量，kW；

P_{bz}^{pj}——报告期新增发电设备平均容量，kW；

P_{bj}^{pj}——报告期减少发电设备平均容量，kW。

3. 报告期发电设备平均利用容量计算公式二

$$P_{pj}=P_{qc}+\frac{P_{xz}\times h_{tc}^{qm}}{h_{bq}^{rl}}+\frac{P_{js}\times h_{pc}^{qm}}{h_{pc}^{qm}} \tag{6-7}$$

式中　P_{pj}——报告期发电设备平均利用容量，kW；

P_{qc}——报告期初发电设备容量，kW；

P_{xz}——新增发电设备容量，kW；

h_{tc}^{qm}——新增设备容量自投产至报告期末的日历小时，h；

h_{bq}^{rl}——新增设备容量自投产至报告期末的日历小时，h；

P_{js}——减少发电设备容量，kW；

h_{pc}^{qm}——该机组自批准拆除至报告期末的日历小时，t。

4. 发电设备利用小时与发电设备平均利用小时的分析比较

（1）编制发电设备利用小时与发电设备平均利用小时的分析比较表

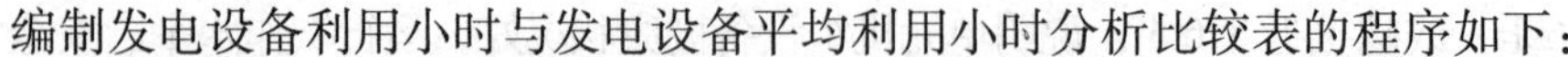

编制发电设备利用小时与发电设备平均利用小时分析比较表的程序如下：

1）用式（6－6）计算投产月的发电设备平均容量。

2）用投产月的发电设备平均容量计算新机投产月平均利用小时。

3）用式（6－2）计算有新机投产的发电设备的利用小时。

4）将计算用参数填入表6－5中。

5）按表6－5中的公式计算各项指标，并填入该表中。

（2）表6－5数据及计算结果分析：

1）新机组发电设备平均负荷：随着投产月内机组带负荷程度的不同，机组平均负荷值亦相差较大。例如，100MW新机投产月平均负荷为3.822万～7.887万kWh。而对于200MW机组，投产月平均负荷为8.227万～15.904万kWh。

2）新机组发电设备平均容量：随着投产月内该机组运行小时的长短和带负荷程度的不同，以及新机投产月运行小时与自投产日至计算期末日历小时的比值的大小不同，发电设备平均容量亦相差较大。100MW新机投产月发电设备平均容量在1.125万～8.48万kW。对200MW机组而言，新机组投产月发电设备平均容量为2.742万～18.844万kW。

3）新机组投产月发电设备平均利用小时与发电设备运行小时之比：由于新机组投产月发电设备平均容量用于计算发电设备利用小时的代表性不够，因此发电设备平均利用小时分别是发电设备运行小时的0.769～3.943倍。其中，5台100MW机组新机投产月发电设备平均利用小时除4号机投产当月运行时间较长（630小时55分钟）、带负荷较高（平均负荷7.887万kW）、发电设备平均利用小时较发电设备运行小时低（其比值为0.93倍）外，其他各发电机组新机投产月的发电设备平均利用小时分别是运行小时的2.405～3.943倍；5台200MW机组中，新机投产月发电设备平均利用小时也有2台分别是发电设备运行小时的3.696倍和1.37倍。可见，新机组投产月发电设备平均利用小时这个指标在实际工作中的确无实际意义。

4）新机组投产月发电设备平均利用小时与发电设备利用小时之比：通过新机发电设备平均容量计算出来的发电设备平均利用小时比用正确方法（理论书籍上的计算方法）计算的发电设备利用小时高出8倍之多。其中，5台100MW机组新机投产月发电设备平均利用小时比发电设备利用小时高出1.17～6.684倍；5台200MW机组新机投产月发电设备平均利用小时比发电设备利用小时高出1.063～7.25倍。

5）计算结果的分析、比较和说明：从表6－5中可以看到：同样的计算条件（数据）下，用发电设备利用小时和发电设备平均利用小时两种公式的计算结果是：当无新机组投产时，计算结果是相等的；当有新机组投产时，发电设备利用小时与发电设备平均利用小时的计算结果是不相等的。例如，对8台新机组投产月的计算、分析表明，报告期发电设备平均利用小时大于报告期发电设备利用小时。分析者认为，报告期发电设备平均利用小时是没有代表性的。当投产期小时数占计算期日历小时数的比例越小时，报告期发电设备平均利用小时比报告期发电设备利用小时大得越多。例如，当投产期小时数占计算期日历小时数比例为0.113时，报告期发电设备平均利用小时仅是报告发电设备利用小时的8.68倍，而当投产期小时数占计算期日历小时数比例为0.848时，报告表期发电设备平均利用小时仅为报告发电设备利用小时的1.17倍。同理，有老机组退役时，发电设备利用小时与发电设备平均利用小时的计算结果也是不相等的。

表 6－5　　新机投产月发电设备利用小时、平均利用小时分析、计算表

序号	发电设备铭牌出力（MW）	投产日期（年. 月）	发电量（×10^4kWh）	运行小时（时/分）	平均负荷（×10^4kW）	投产月发电设备平均容量（×10^4kW）	投产月发电设备平均利用小时（h）	发电设备利用小时（h）	投产月发电设备平均利用小时与运行小时之比	发电设备平均利用小时与设备利用小时之比	运行时间率
	[1]	[2]	[3]	[4]	[5] $=\frac{[1]}{[4]}$	[6]	[7] $=\frac{[3]}{[6]}$	[8] $=\frac{[3]}{[1]}$	[9] $=\frac{[7]}{[4]}$	[10] $=\frac{[7]}{[8]}$	[11] $=\frac{[4]}{\text{分析计算月的日历小时}}$
1	100	1961. 4	437	114/20	3. 822	1. 588	275	44	2. 406	8. 250	0. 159
2	100	1964. 5	371	83/42	4. 432	1. 125	330	37	3. 943	8. 684	0. 113
3	100	1970. 12	4978	630/55	7. 887	8. 480	587	498	0. 930	1. 170	0. 848
4	100	1973. 3	1391	177/22	7. 842	2. 364	583	139	3. 290	4. 194	0. 238
5	100	1974. 10	1325	171/50	7. 707	2. 310	574	133	3. 341	4. 316	0. 231
6	200	1975. 7	1035	120/01	10. 147	2. 742	377	52	3. 696	7. 250	0. 161
7	200	1988. 10	784	95/20	8. 227	10. 435	75	39	0. 787	1. 923	0. 128
8	200	1989. 12	6305	435/28	14. 474	18. 844	335	315	0. 769	1. 063	0. 585
9	200	1991. 8	4337	280/16	15. 472	11. 253	386	217	1. 370	1. 770	0. 389
10	200	1995. 10	5199	326/55	15. 903	18. 495	281	280	0. 860	1. 086	0. 439

表 6－5 使用说明：

（1）表中栏［1］，［2］，…，［10］表示排列的栏数。

（2）表中栏［5］，［7］…，［11］的运算式表示该栏的数值是其他两栏数值运算的结果。

6）绘制新机组投产月运行时间率和发电设备平均利用小时与发电设备运行小时之比的关系图。

根据表6－5中的运行时间率和新机组投产月发电设备平均利用小时与发电设备运行小时的之比编制表6－6，并绘制新机组投产月运行时间率和发电设备平均利用小时与发电设备运行小时之比的关系曲线，见图6－4。

表6－6　新机组投产月发电设备平均利用小时与发电设备运行小时之比和运行时间率的关系表

运行时间率	0.159	0.113	0.848	0.238	0.231	0.161	0.128	0.585	0.389	0.439
平均利用小时与运行小时比（倍数）	2.406	3.943	0.930	3.290	3.341	3.696	0.787	0.769	1.370	0.860

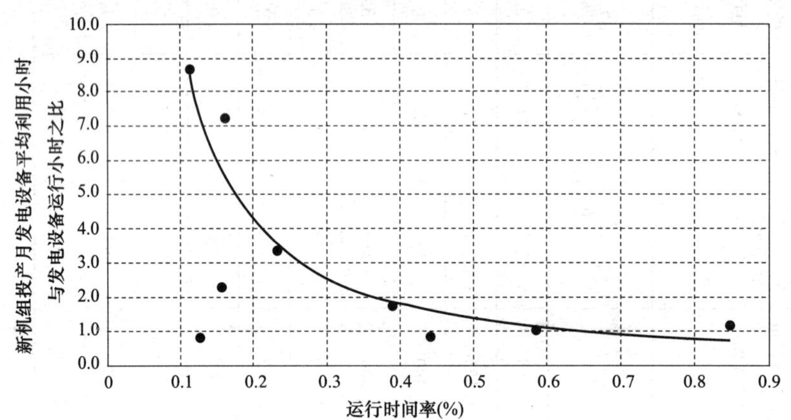

图6－4　新机组投产月发电设备平均利用小时与发电设备运行小时之比和运行时间率的关系曲线

7）绘制新机组投产月运行时间率和发电设备平均利用小时与发电设备利用小时之比的关系图

根据表6－5中的运行时间率和新机组投产月发电设备平均利用小时与发电设备利用小时之比编制表6－7，并绘制运行时间率和新机组投产月发电设备平均利用小时与发电设备运行小时之比的关系曲线，见图6－5。

表6－7　新机组投产月发电设备平均利用小时与发电设备利用小时之比和运行时间率的关系表

运行时间率	0.159	0.113	0.848	0.238	0.231	0.161	0.128	0.585	0.389	0.439
平均利用小时与利用小时比（倍数）	8.250	8.684	1.170	4.194	4.316	7.250	1.923	1.063	1.770	1.086

四、发电设备可调小时

发电设备可调小时是指发电厂的发电设备按调度命令可以参加运转的时间，单位：h。电业统计中，发电设备可调小时通常按发电厂综合可调出力和单机可调小时计算。以调度专业或可靠性专业人员统计数据为准，报出（出厂）数据不可数出多门，一定要做到一个统计数在厂内各部门、各种报表上只能有一个统一的数据。发电设备可调小时计算公式为

$$h_{kd}^{dc} = \frac{\sum(h_{dj}^{kd} \times P_{dj}^{rl})}{W_{qc}^{rl}} \tag{6-8}$$

式中　h_{kd}^{dc}——全厂可调小时，h；

h_{dj}^{kd}——机组可调小时，h；

P_{dj}^{rl}——机组可调容量，kW；

W_{qc}^{rl}——全（电）厂发电设备容量，kW。

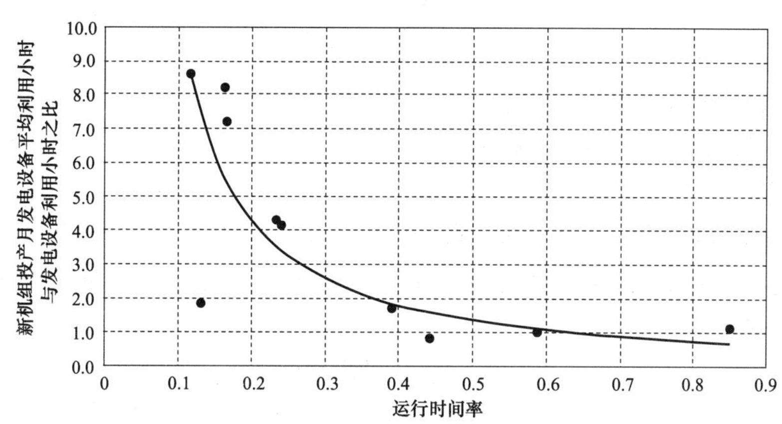

图 6-5　新机组投产月发电设备平均利用小时与发电设备利用小时之比和运行时间率的关系曲线

五、可调电量

可调电量是指用发电设备可调小时乘以全厂发电设备容量而计算出来的发电设备可以发出的电量值，也可以用单元机组发电设备可调小时乘以单元机组的发电设备容量相加计算得发电设备理论上可以发的电量值，单位：kWh。可调电量计算公式为

$$W_{kd}^{dl} = h_{qc}^{kd} \times P_{qc}^{rl} \tag{6-9}$$

其中

$$W_{kd}^{dl} = \sum(h_{jz}^{kd} \times P_{jz}^{rl}) \tag{6-10}$$

式中　W_{kd}^{dl}——全厂可调电量，kWh；

h_{qc}^{kd}——全厂发电设备可调小时，h；

P_{qc}^{rl}——全厂发电设备容量，kW；

h_{jz}^{kd}——单元机组发电设备可调小时，h；

P_{jz}^{rl}——单元机组发电设备容量，kW。

六、发电最高负荷

发电最高负荷分为单元机组发电最高负荷和发电厂（全厂）发电最高负荷两个指标。

单元机组发电最高负荷是指某一时期（日、月、季、年）内，该单元机组每小时正点记录的负荷中数值最大的一个，单位：kW。

发电厂发电最高负荷是指某一时期（日、月、季、年）内，每小时正点记录的各单元

机组负荷之和中，同一正点相加数值最大的一个全厂机组带到的一个最大的全厂的发电负荷，单位：kW。要注意的是，不可用不同的正点的单元机组最大负荷相加得出的全厂负荷统计为全厂发电最高负荷。

七、高峰发电量比例

高峰发电量比例是指高峰时段的发电量占计算期总发电量的比例，单位：%。高峰时间段：8:00～11:00、17:00～21:00 共 7h；高峰电价：0.46～0.85 元/kWh，直接影响到社会、电网、电厂的经济效益。高峰发电量比例的计算公式为

$$L_{gf}^{bl}=\frac{W_{gf}^{dl}}{W_{js}^{zd}}\times 100\% \tag{6-11}$$

式中 L_{gf}^{bl}——高峰发电量比例,%；

W_{gf}^{dl}——高峰时段发电量，kWh；

W_{js}^{zd}——计算期的总发电量，kWh。

八、高峰点平均发电负荷

高峰时段的发电量除以计算期时间段的小时数所得数值即为高峰点平均发电负荷，单位：kW，与运行人员的责任心、调整操作水平、负荷压红线稳定运行的水平有关。高峰点平均发电负荷的计算公式为

$$P_{gf}^{pj}=\frac{W_{gf}^{dl}}{h_{gf}} \tag{6-12}$$

式中 P_{gf}^{pj}——高峰点平均发电负荷，kW；

W_{gf}^{dl}——高峰时段发电量，kWh；

h_{gf}——计算期高峰时段小时数，h。

九、高峰负荷满点率

高峰负荷满点率是指高峰时段整点带满负荷的点数与计算期高峰时段整总点数的比例，单位：%，与发电设备健康水平、运行人员的责任心和调整水平有关。高峰负荷满点率计算公式为

$$L_{gf}^{md}=\frac{D_{gf}^{md}}{D_{gf}^{zd}} \tag{6-13}$$

式中 L_{gf}^{md}——高峰负荷满点率,%；

D_{gf}^{md}——高峰时段带到满负荷的点数；

D_{gf}^{zd}——计算期时段应带到高峰负荷的总点数。

电网高峰负荷点能否多发、多供，关键要看发电厂能否管理好高峰时间段单元机组的发电负荷和发电量。某发电厂为管好高峰时段的发电量，达到多发、多供，特制定了《高峰时段发电量管理办法》，并建立了考核、奖励机制。一年后，对某发电厂 6 台 100MW 机组进行了考核前、后的统计数分析，对比两年的统计数据后，考核收到了明显的效果。主要表现为，高峰负荷时段：主观不满点数减少 66.43%，高峰电量损失减少 57.89%，高峰时段一年内平均为电网多提供了 1.1MW 的发电负荷的能力，电厂收到了 695.7 万 kWh 高峰电量的效益。详细情况见表 6－8。

表 6－8　　《高峰时段发电量管理办法》考核前后效益对照表

指　标	主观不满点数	满点率（%）	损失电量（万 kWh）	高峰点平均负荷（万 kW）
考核前	828	94. 15	1201. 8	9. 25
考核后	278	97. 98	506. 1	9. 36
比　较	－550	＋3. 83	－695. 7	＋0. 11

主观不满点是指：

（1）发电设备有缺陷，在电网高峰负荷时段单元机组带不到额定出力。

（2）运行值班人员监盘、调整不精心，单元机组未能稳定在额定出力下运行，电量没有发足。

（3）整点抄表记录不认真，少记录了高峰电量。

（4）发电设备因电网频率、调峰、调频、旋转备用等原因带不到额定出力统计为客观不满点，不考核电厂内部。

十、非峰谷时段发电量比例

非峰谷时段发电量比例是指非峰谷时段的发电量占计算期总发电量的比例，单位:% 。非峰谷时段：6:00～8:00、11:00～12:00、13:00～17:00、21:00～22:00，共 8h；非峰谷电价：0. 312～0. 510 元/kWh。非峰谷时段负荷压不下来将影响电网频率升高，浪费燃料，威胁厂设备安全及电网系统安全运行。非峰谷时段发电量比例计算公式为

$$L_{fg}^{bl}=\frac{W_{fg}^{dl}}{W_{js}^{zd}}\times100\% \qquad (6-14)$$

式中　L_{fg}^{bl}——非峰谷时段的发电量比例,% ；

W_{fg}^{dl}——非峰谷时段的发电量，kWh；

W_{js}^{zd}——计算期总的发电量，kWh。

十一、低谷发电量比例

低谷发电量比例是指低谷时段的发电量占计算期总发电量的比例，单位:% 。低谷时间段：0:00～6:00、12:00～13:00、22:00～24:00，共 9h；低谷电价：0. 17～0. 19 元/kWh。低谷时段负荷压不下来将影响电网频率升高，浪费燃料，威胁电厂设备安全和电网系统安全运行。低谷发电量比例计算公式为

$$L_{dg}^{bl}=\frac{W_{dg}^{dl}}{W_{js}^{zd}}\times100\% \qquad (6-15)$$

式中　L_{dg}^{bl}——低谷时段发电量比例,% ；

W_{dg}^{dl}——低谷时段的发电量，kWh；

W_{js}^{zd}——计算期总的发电量，kWh。

十二、燃料接卸率

燃料接卸率表示燃料到厂后的接卸程度，单位:% 。燃料接卸率计算公式为

$$L_{rl}^{jx}=\frac{B_{rl}^{jx}}{B_{rl}^{dd}}\times100\% \qquad (6-16)$$

式中　L_{rl}^{jx}——燃料接卸率；

B_{rl}^{jx}——燃料接卸量；

B_{rl}^{dd}——计算期燃料到达量。

十三、燃料计划到货率

燃料计划到货率表示燃料计划的发运到达程度，单位:%。燃料计划到货率计算公式为

$$L_{rl}^{dh}=\frac{B_{rl}^{jx}}{B_{js}^{jh}}\times 100 \tag{6-17}$$

式中 L_{rl}^{dh}——燃料计划到货率,%；

B_{rl}^{jx}——燃料接卸量，t；

B_{js}^{jh}——计算期燃料计划量，t。

第三节　影响单元机组发电量水平的指标

影响单元机组发电设备、系统发电量水平的指标是指受设备异常、故障直接影响到的单元机组的发电量，影响到电厂经济效益的指标。例如，非计划停运率、强迫停运率等指标，说明单元机组设备健康状况不佳、安全情况不好、管理水平还有待提高，指出该发电厂还需要进一步做工作，提高综合管理能力。

单元机组发电设备、系统的发电水平指标有：

（1）发电量。

（2）发电设备等效可用小时。

（3）等效可用系数。

（4）强迫停运次数。

（5）强迫停运小时。

（6）强迫停运率。

（7）非计划停运次数。

（8）非计划停运小时。

（9）非计划停运率等指标。

本节主要介绍单元机组发电设备、系统的发电水平指标的定义、计算和影响因素，方便领导、专业管理人员拓宽思路，节省时间，提高工作效率。

一、发电量

发电量是指汽轮发电机做功的（累计）量，单位：kWh。发电量在社会、企业的需求量和作用在不同的时间段里各不相同，又分为高峰负荷、低谷负荷、非峰谷负荷三种，其社会效益、电力价格、企业效益也各不相同。发电量与设备健康水平，运行操作水平，多发、巧发等有关。电力生产企业管理好发电负荷和发电量，可提高企业效益，为社会作更大的贡献。

二、发电设备等效可用小时

表示发电设备可用小时内可带额定出力的相对小时数，即将单元机组因主、辅机设备故障和缺陷迫使机组不能在额定出力下运行而降低出力的影响值，折算到机组额定出力的时间，并从机组可用小时中减去，单位：h，以可靠性专业统计数据为准。发电设备等效可用

小时计算公式为

$$h_{dx}^{ky}=h_{ky}-h_{jc}^{dx} \tag{6-18}$$

式中　h_{dx}^{ky}——发电设备等效可用小时，h；

h_{ky}——发电设备可用小时，h；

h_{jc}^{dx}——降低出力等效停运小时，h。

发电设备故障、缺陷降低出力等效停运小时计算公式为

$$h_{jc}^{dx}=\frac{P_{sb}^{jc}}{P_{ed}}\times h_{jc}^{ty} \tag{6-19}$$

式中　h_{jc}^{dx}——降低出力等效停运小时，h；

P_{sb}^{jc}——机组运行中发电设备故障、缺陷迫使机组（不能在额定出力运行）降低的出力值，kW；

P_{ed}——单元机组设备额定出力，kW；

h_{jc}^{ty}——机组降低出力停运小时，h。

三、运行小时等效可用系数

运行小时等效可用系数表示发电设备可利用的程度，单位:%。运行小时等效可用系数计算公式为

$$X_{dx}^{ky}=\frac{h_{ky}-h_{jc}^{dx}}{h_{jq}}\times 100\% \tag{6-20}$$

式中　X_{dx}^{ky}——等效可用系数,%；

h_{ky}——可用小时，h；

h_{jc}^{dx}——降低出力等效停运小时，h；

h_{jq}——计算期小时，h。

四、强迫停运次数

强迫停运次数是指电厂单元机组设备三类强迫停运的总次数。强迫停运状态分为以下三类，单位：次。

（1）机组需立即停止运行或被迫不能投入运行的状态（如启动失败）。

（2）机组虽不需立即停运，但需在6h以内停运的状态。

（3）机组可延至6h以后，但需在72h以内停运的状态。

五、强迫停运小时

强迫停运小时是指机组处于三类强迫停运状态的合计小时数，单位：h。强迫停运小时计算公式为

$$h_{qp}=h_1^{qp}+h_2^{qp}+h_3^{qp} \tag{6-21}$$

式中　h_{qp}——强迫停运小时，h；

h_1^{qp}——一类强迫停运小时，h；

h_2^{qp}——二类强迫停运小时，h；

h_3^{qp}——三类强迫停运小时，h。

六、强迫停运率

强迫停运率是用三类强迫停运小时的和除以三类强迫停运小时加机组运行小时和的商。

强迫停运率计算公式为

$$L_{qt}=\frac{h_{qt}}{h_{qt}+h_{yx}} \tag{6-22}$$

式中 L_{qt}——强迫停运率,%；

h_{qt}——强迫停运小时，h；

h_{yx}——运行小时，h。

七、非计划停运次数

非计划停运次数是指电站单元机组设备五类非计划停运的总次数。非计划停运状态共分五类，除前面的一、二、三类强迫停运状态属非计划停运状态外，还有第四类非计划停运状态（机组可延至72h以后，但需在下次计划停运前停运的状态）和第五类非计划停运状态（处于计划停运的机组因故超过原定计划期限的延长停运状态），单位：次。

八、非计划停运小时

非计划停运小时是指机组处于五类非计划停运状态的合计停运小时数，单位：h。

$$h_{fjh}=h_1^{qp}+h_2^{qp}+h_3^{qp}+h_4^{fjh}+h_5^{fjh} \tag{6-23}$$

式中 h_{fjh}——非计划停运小时，h；

h_4^{fjh}——四类非计划停运小时，h；

h_5^{fjh}——四类非计划停运小时，h。

九、非计划停运率

非计划停运率是非计划停运小时除以非计划停运小时与运行小时和的商。非计划停运率计算公式为

$$L_{fjh}=\frac{h_{fjh}}{h_{fjh}+h_{yx}} \tag{6-24}$$

式中 L_{fjh}——非计划停运率,%；

h_{fjh}——非计划停运小时，h；

h_{yx}——运行小时，h。

第七章　厂用电率指标

本章内容，一是讲单元机组锅炉、汽轮机设备系统在发电生产过程中主要辅机设备用电单耗、用电率的定义、影响因素、计算方法；二是讲辅机设备用电率与厂用电率；三是讲辅机设备用电率与厂用电率的定量分析方法。厂用电率是影响火电厂供电煤耗率水平的五大因素之一。目前，大容量单元机组的厂用电率约为4.5%，投产10年以上容量较小的单元机组的厂用电率约为8.0%。一般情况下，厂用电率降低1%（百分点，下同），约影响供电煤耗率升高4g/kWh。可见，单元机组间由于辅机选型、投资不一，辅机效率相差幅度较大，约使供电煤耗率相差16g/kWh。因此，由于辅机选型不同，就是同类型机组的供电煤耗率也不可相比。

影响单元机组厂用电率水平的主要因素有：

（1）辅机设备的技术含量，单元机组建设期的投资额度。

（2）投产后的检修、维护、辅机设备改造。

（3）生产期的优化运行，运行中的操作、调整。

（4）单元机组的带负荷程度等。

厂用电率是指发电厂发电辅机设备的自用电量占计算期单元机组或全厂发电量的百分比，单位:%。目前，在运行单元机组的厂用电率为4.5%～10%，厂用电率每变化1%，将影响供电煤耗率变化5.10～3.36g/kWh。厂用电率每变化0.1961%～0.2976%（百分点），将影响供电煤耗变化1g/kWh。

厂用电量是指发电厂发电的辅机设备为主机发电所耗用的自用电量，单位：kWh。厂用电率的计算公式为

$$L_{cy}=\frac{W_{cy}}{W_{fd}}\times 100\% \tag{7-1}$$

式中　L_{cy}——厂用电率,%；

W_{cy}——厂用电量，kWh；

W_{fd}——计算期发电量，kWh。

厂用电率表征了电厂辅机设备的运行经济性，与各辅机效率及主机设备、系统经济性能有关。厂用电率越低，在相同的负荷下，供电量越多，供电煤耗率越低，电厂运行经济性越高。在运行单元机组影响发电厂的厂用电率的主要因素有：

（1）磨煤机用电率、磨煤机单耗。

（2）排粉机用电率、排粉机单耗。

（3）送风机用电率、送风机单耗。

（4）引风机用电率、引风机单耗。

(5) 一次风机用电率。

(6) 电气除尘器用电率。

(7) 脱硫设备用电率。

(8) 给水泵耗电率、给水泵单耗。

(9) 循环水泵用电率。

(10) 凝结水泵用电率。

(11) 机力循环水冷却塔用电率等。

(12) 脱硝设备用电率。

第一节 锅炉设备及其系统主要辅机设备的单耗、用电率

单元机组厂用电率主要由锅炉、汽轮机设备及其系统的辅机设备用电率(量)构成。其中，锅炉设备、系统的辅机设备用电率远大于汽轮机设备、系统辅机设备用电率，而且，运行人员的操作、调整与汽轮机相比有更大的潜力，降低0.25%(百分点)左右，就能降低单元机组发电煤耗率1g/kWh。锅炉设备、系统在发电生产过程中用电的主要设备有辅机设备、磨煤机及其制粉系统、送风机、引风机、电除尘器、脱硫设备、脱硝设备等。

一、磨煤机单耗

磨煤机单耗是指磨煤机每磨制1t煤粉所耗用的电量，单位：kWh/t，表征了磨煤机设备的运行经济性。

(一) 影响磨煤机单耗的主要因素

(1) 煤炭的可磨性系数。

(2) 钢球磨煤机的装球量。

(3) 钢球磨煤机的装煤量。

(4) 磨煤机出、入口压差。

(5) 磨煤机出口风温度。

(6) 磨煤、制粉系统设备的效率及健康水平。

(7) 运行人员的调整、操作水平和监盘质量等。

(二) 磨煤机单耗计算公式

$$\mathrm{Dh}_{\mathrm{mm}} = \frac{W_{\mathrm{mm}}^{\mathrm{yd}}}{M_{\mathrm{mf}}} \tag{7-2}$$

式中 $\mathrm{Dh}_{\mathrm{mm}}$——磨煤机单耗，kWh/t；

$W_{\mathrm{mm}}^{\mathrm{yd}}$——磨煤机用电量，kWh；

M_{mf}——计算期磨煤机磨制出的煤粉量，t。

二、磨煤机用电率

磨煤机用电率是指磨煤机磨制煤粉时所耗用的电量占计算期发电量的百分比，单位:%，与磨煤机设备磨制煤粉、煤炭质量，以及单元机组的经济性能有关。

(一) 影响磨煤机用电率的主要因素

(1) 磨煤机用电率与单元机组发电煤率有关，即与锅炉、汽轮机设备、系统的经济性

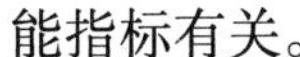

能指标有关。

（2）燃料收到基热量、矸石含量、煤炭的可磨性系数等质量指标。

（3）钢球磨煤机的装球量。

（4）钢球磨煤机的装煤量。

（5）磨煤机出、入口压差。

（6）磨煤机出口风的温度。

（7）磨煤、制粉系统的设备效率及健康水平。

（8）运行人员的调整操作水平、监盘质量等。

（二）磨煤机用电率计算公式

$$L_{mm}=\frac{W_{mm}}{W_{fd}}\times100\% \tag{7-3}$$

式中　L_{mm}——磨煤机用电率,%；

W_{mm}——磨煤机用电量，kWh；

W_{fd}——计算期的发电量，kWh。

三、排粉机单耗

排粉机单耗是指排粉机为磨煤机磨制1t煤粉排出风、粉混合物所耗用的电量，单位：kWh/t，表征了排粉机设备的运行经济性能。

（一）影响排粉机单耗的主要因素

（1）排粉机设备的效率。

（2）制粉系统的严密性（漏风率）。

（3）磨煤机的运行经济性等。

（二）排粉机单耗计算公式

$$Dh_{pf}=\frac{W_{pf}}{M_{mf}} \tag{7-4}$$

式中　Dh_{pf}——排粉机单耗，kWh/t；

W_{pf}——排粉机设备用电量，kWh；

M_{mf}——计算期磨煤机磨制出的煤粉量，t。

四、排粉机耗电率

排粉机耗电率是指排粉机用电量占计算期发电量的百分比，单位:%，与排粉机、制粉系统、煤炭质量，以及单元机组的运行经济性有关。

（一）影响排粉机用电率的主要因素

（1）磨煤机燃料收到基热量、矸石含量、煤炭的可磨性系数等质量指标。

（2）与发电煤耗率有关的锅炉、汽轮机设备、系统的经济性能指标。

（3）排粉机设备的效率。

（4）制粉系统的严密性（漏风率）。

（5）磨煤机的运行经济性等。

（二）排粉机耗电率的计算公式

$$L_{pf}=\frac{W_{pf}}{W_{fd}}\times100\% \tag{7-5}$$

式中 L_{pf}——排粉机设备的用电率,%;

W_{pf}——排粉机设备的用电量，kWh;

W_{fd}——计算期的发电量，kWh。

五、送风机单耗

送风机单耗是指送风机在锅炉中生产1t蒸汽时所耗用的电量，单位：kWh/t，表征了送风机及其系统的运行经济性。

（一）影响送风机单耗经济性的主要因素

（1）送风机设备的效率。

（2）送风设备系统的阻力。

（3）空气预热器及风系统设备的健康水平。

（4）送风系统调整门的开度、阻力等。

（二）送风机单耗计算公式

$$Dh_{sf}=\frac{W_{sf}}{D_{gl}^{zq}} \tag{7-6}$$

式中 Dh_{sf}——送风机单耗，kWh/t;

W_{sf}——送风机设备的用电量，kWh;

D_{gl}^{zq}——计算期锅炉的蒸汽量，t。

六、送风机耗电率

送风机用电率是指送风机在锅炉中生产蒸汽时耗用的电量占计算期相应发量电量的比例，单位:%，与送风机设备、系统，煤炭质量，以及单元机组的运行经济性有关。

（一）影响送风机设备、系统用电率的主要因素

（1）送风机设备的效率。

（2）送风设备系统的阻力。

（3）空气预热器及风系统设备的健康水平。

（4）送风系统调整门的开度、阻力。

（5）与发电煤耗率有关的锅炉、汽轮机设备、系统的经济性能指标等。

（二）送风机用电率计算公式

$$L_{sf}=\frac{W_{sf}}{W_{fd}}\times 100\% \tag{7-7}$$

式中 L_{sf}——送风机用电率,%;

W_{sf}——送风机设备用电量，kWh;

W_{fd}——计算期的相应发电量，kWh。

七、引风机单耗

引风机单耗是指引风机在为锅炉生产1t蒸汽时所耗用的电量，单位：kWh/t，表征了引风机设备、引风系统的运行经济性。

（一）影响引风机运行经济性的主要因素

（1）引风机设备的效率。

（2）排烟系统阻力。

（3）空气预热器的漏风程度和设备的健康水平。

（4）炉膛墙体、尾部烟道等设备的严密性、漏风程度等健康水平。

（5）烟道堵灰、阻力增加等。

（二）引风机设备、系统用电单耗的计算公式

$$\mathrm{Dh}_{xf}=\frac{W_{xf}}{D_{gl}^{zq}} \tag{7-8}$$

式中　Dh_{xf}——引风机设备用电单耗，kWh/t；

W_{xf}——引风机设备的用电量，kWh；

D_{gl}^{zq}——计算期锅炉的蒸汽量，t。

八、引风机设备用电率

引风机设备用电率是指引风机在锅炉生产蒸汽时耗用的电量占计算期发电量的百分比，单位:%，与引风机设备、系统，煤炭质量，以及单元机组的运行经济性有关。

（一）影响引风机设备、系统用电率的主要因素

（1）与发电煤耗率有关的锅炉、汽轮机设备、系统的经济性能指标等。

（2）引风机设备的效率。

（3）锅炉设备排烟系统的阻力。

（4）空气预热器。

（5）炉膛墙体、尾部烟道等设备的严密性、漏风程度等设备的健康水平。

（6）烟道堵灰、阻力增加等。

（二）引风机用电率的计算公式

$$L_{xf}=\frac{W_{xf}}{W_{fd}}\times 100\% \tag{7-9}$$

式中　L_{xf}——送风机用电率,%；

W_{xf}——送风机设备用电量，kWh；

W_{fd}——计算期相应的发电量，kWh。

九、输煤系统用电率

输煤系统用电率是指输煤设备系统的卸煤、上煤、转运燃料的机械设备耗用的电量占计算期发电量的比例，单位:%，与燃料系统，煤炭质量，以及单元机组的运行经济性有关。

（一）影响输煤系统用电率的主要因素

（1）输煤机械设备、系统电动机效率及输煤机械设备的经济能性能。

（2）输煤皮带上煤时的煤层厚度等。

（3）煤炭接卸、转运过程中设备的运行效率。

（4）与发电煤耗率有关的锅炉、汽轮机设备、系统的经济性能指标等。

（二）输煤设备系统用电率的计算公式

$$L_{sm}=\frac{W_{sm}}{W_{fd}}\times 100\% \tag{7-10}$$

式中　L_{sm}——输煤设备系统用电率,%；

W_{sm}——输煤设备系统用电量，kWh；

W_{fd}——计算期发电量，kWh。

十、除灰设备系统用电率

除灰设备系统用电率是指传输、输送锅炉灰渣、粉煤灰的机械设备耗用的电量占计算期发电量的百分比，单位:%，与除灰设备、系统，煤炭质量，以及单元机组的运行经济性有关。

（一）影响输煤设备系统用电率的主要因素

（1）煤炭的质量，主要为灰分。

（2）输送灰渣的灰水比、距离。

（3）输送干灰的方式、距离。

（4）除灰系统设备的效率。

（5）除灰机械设备经济性能及单元机组设备、系统的经济性等。

（6）与发电煤耗率有关的锅炉、汽轮机设备、系统的经济性能指标等。

（二）除灰系统用电率计算公式

$$L_{ch}=\frac{W_{ch}}{W_{fa}}\times 100\% \tag{7-11}$$

式中 L_{ch}——除灰系统耗电率,%；

W_{ch}——除灰系统耗用电量，kWh；

W_{fa}——计算期发电量，kWh。

十一、电除尘设备系统用电率

电除尘设备系统用电率是指电除尘设备耗用的电量占计算期发电量的百分比，单位:%，表征了电除尘设备的运行经济性。

（一）影响电除尘设备系统用电率的主要因素

（1）煤炭中灰分的高低。

（2）除尘设备的效率。

（二）电除尘设备系统用电率计算公式

$$L_{dc}=\frac{W_{dc}}{W_{fa}}\times 100\% \tag{7-12}$$

式中 L_{dc}——电除尘设备系统耗电率,%；

W_{dc}——电除尘设备系统耗用电量，kWh；

W_{fa}——计算期发电量，kWh。

十二、脱硫设备系统用电率

脱硫设备系统用电率是指脱硫设备耗用的电量占计算期发电量的百分比，单位:%，表征了脱硫设备的运行经济性。

（一）影响脱硫设备系统用电率的主要因素

（1）煤炭中硫分的高低。

（2）脱硫设备的效率。

（二）脱硫设备系统用电率计算公式

$$L_{tl}=\frac{W_{tl}}{W_{fa}}\times 100\% \tag{7-13}$$

式中　L_{tl}——脱硫设备系统耗电率,%；

W_{tl}——脱硫设备系统耗用电量，kWh；

W_{fa}——计算期发电量，kWh。

第二节　汽轮机设备及其系统主要辅机设备的单耗、用电率

汽轮机设备、系统在发电生产过程中的主要用电辅机设备有凝结水泵、循环水泵、空冷岛设备、电动给水泵、各类疏水泵等。

一、凝结水泵用电率

凝结水泵用电率是指汽轮机凝结水泵输送凝结水耗用的电量占计算期单元机组发电量的百分比，单位:%，表示凝结水泵、凝结水系统的运行经济性。

（一）影响凝结水泵用电率的主要因素

（1）与发电煤耗率有关的锅炉、汽轮机设备、系统的经济性能指标。

（2）进入凝汽器的疏水量超设计值。

1）低压加热器疏水运行方式的变更。

2）凝汽器铜管泄漏。

3）补水量增大，超过正常。

（3）凝结水泵的设备效率。

（4）凝结水系统的阻力。

（二）凝结水泵用电率计算公式

$$L_{nb}=\frac{W_{nb}}{W_{fd}}\times 100 \tag{7-14}$$

式中　L_{nb}——凝结水泵用电率,%；

W_{nb}——凝结水泵用电量，kWh；

W_{fd}　计算期单元机组的发电量，kWh。

二、循环水泵用电率

循环水泵用电率是指循环水泵为发电用循环水所耗用的电量占计算期发电量的百分比，单位:%，表示循环水泵、循环水系统的运行经济性。

（一）影响循环泵用电率的主要因素

（1）循环水泵的效率。

（2）循环水入口拦污栅堵杂草、杂物。

（3）凝汽器循环水入口二次滤网堵杂物、杂草。

（4）凝汽器铜管结垢、堵草、堵杂物。

（5）凝汽器循环水出口憋空气。

（6）凝汽器循环水出口收球网堵杂物、杂草。

（二）循环水泵用电率计算公式

$$L_{xh}=\frac{W_{xh}}{W_{fd}}\times 100 \tag{7-15}$$

式中 L_{xh}——循环水泵耗电率,%;

W_{xh}——循环水泵耗用电量，kWh;

W_{fd}——计算期发电量，kWh。

三、机力冷却水塔耗电率

机力冷却水塔用电率是指机力冷却水塔为冷却凝汽器用循环水所耗用的电量占计算期发电量的百分比，单位:%，表示机力冷却水塔风机运行的经济性。

（一）影响机力冷却水塔用电率的主要因素

（1）冷却水塔风机设备的效率。

（2）冷却水塔的清洁程度，堵草、堵杂物的程度。

（3）冷却通风系统阻力变化。

（4）冷却水塔的淋水密度、均匀性等。

（二）机力冷却水塔用电率的计算公式

$$L_{jl}=\frac{W_{jl}}{W_{fd}}\times 100 \tag{7-16}$$

式中 L_{jl}——机力冷却水塔耗电率,%;

W_{jl}——机力塔风机耗用电量，kWh;

W_{fd}——计算期发电量，kWh。

四、给水泵单耗

给水泵单耗是指给水泵每给锅炉供1t水所耗用的电量（kWh），表示给水泵及其给水系统的运行经济性，单位：kWh/t或千瓦时/吨水。如用锅炉蒸汽流量代表给水量，则给水泵单耗偏高。

（一）影响给水泵用电单耗的主要因素

（1）给水泵效率。

（2）给水系统阻力。

（3）系统运行调整方式。

（4）运行人员调整、操作水平等。

（二）给水泵设备用电单耗的计算公式

$$Dh_{gs}=\frac{W_{gs}}{D_{gs}}\times 100 \tag{7-17}$$

式中 Dh_{gs}——给水泵用电单耗，kWh/t;

W_{gs}——给水泵耗用的电量，kWh;

D_{gs}——计算期给水流量，t。

五、给水泵用电率

给水泵耗电率是指给水泵为供给锅炉给水所耗用电量占计算期单元机组发电量的百分比，单位:%，与给水泵、给水系统及单元机组的运行经济性有关。

（一）影响给水泵用电率的主要因素

（1）给水泵再循环门的严密性和泄漏程度。

（2）锅炉排污率。

（3）与给水泵效率。

（4）给水系统阻力。

（5）系统运行调整方式。

（6）运行人员的调整、操作水平。

（7）与发电煤耗率有关的锅炉、汽轮机设备、系统的经济性能指标等。

（二）给水泵用电率的计算公式

$$L_{gs}=\frac{W_{gs}}{W_{fd}}\times 100 \tag{7-18}$$

式中　L_{gs}——给水泵用电率,%；

W_{gs}——给水泵耗用电量，kWh；

W_{fd}——计算期单元机组的发电量，kWh。

六、空冷塔设备系统用电率

空冷塔（空冷岛）设备系统耗电率是指空冷塔设备系统所耗用电量占计算期单元机组发电量的百分比，单位:%，表示空冷塔设备系统运行的经济性。

（一）影响空冷塔设备系统用电率的主要因素

（1）空冷塔设备系统的清洁程度。

（2）空冷塔设备系统阻力。

（3）空冷塔风机的效率。

（4）空冷塔风机的出力。

（二）空冷塔设备系统用电率的计算公式

$$L_{kl}=\frac{W_{kl}}{W_{fd}}\times 100 \tag{7-19}$$

式中　L_{kl}——空冷塔设备系统用电率,%；

W_{kl}——空冷塔设备系统耗用电量，kWh；

W_{fd}——计算期单元机组的发电量，kWh。

第三节　辅机设备的用电率与厂用电率

辅机设备用电率与厂用电率的关系，对单元机组而言，是以单元机组发电量为基数的百分率；对全厂而言，是以全厂发电量为基数的百分率。

（一）厂用电率计算公式

发电厂的厂用电率分为单元机组厂用电率和全厂厂用电率两种，计算方法如下：

1. 用单元机组厂用电量计算单元机组的发电厂用电率

$$L_{cy}^{dy}=\frac{W_{cy}^{dy}}{W_{fd}^{dy}}\times 100 \tag{7-20}$$

式中　L_{cy}^{dy}——单元机组的厂用电率，%；

W_{cy}^{dy}——单元机组的厂用电量，kWh；

W_{fd}^{dy}——单元机组的发电量，kWh。

2. 用全厂的厂用电量计算全厂的发电厂用电率

$$L_{cy}^{qc} = \frac{W_{cy}^{qc}}{W_{fd}^{qc}} \times 100 \quad (7-21)$$

式中 L_{cy}^{qc}——全厂的发电厂用电率,%;

W_{cy}^{qc}——全厂的发电厂用电量，kWh;

W_{fd}^{qc}——全厂的发电量，kWh。

（二）单元机组厂用电率与各辅机设备用电率的关系

1. 用单元辅机设备的用电率计算单元机组的厂用电率

单元机组的厂用电率等于各辅机设备的用电率之和，可用下式表达：

$$L_{cy}^{dy} = L_{fj}^{mm} + L_{fj}^{pf} + L_{fj}^{sf} + L_{fj}^{yf} + L_{fj}^{yc} + L_{fj}^{dc} + L_{fj}^{tl} + L_{fj}^{nb} + L_{fj}^{xh} + L_{fj}^{gs} + L_{fj}^{jl} + \cdots + L_{qt} \quad (7-22)$$

式中 L_{cy}^{dy}——单元机组的厂用电率,%;

L_{fj}^{mm}——磨煤机用电率,%;

L_{fj}^{pf}——排粉机用电率,%;

L_{fj}^{sf}——送风机用电率,%;

L_{fj}^{yf}——引风机用电率,%;

L_{fj}^{yc}——一次风机用电率,%;

L_{fj}^{dc}——电气除尘器用电率,%;

L_{fj}^{tl}——脱硫设备用电率,%;

L_{fj}^{nb}——凝结水泵用电率,%;

L_{fj}^{xh}——循环水泵用电率,%;

L_{fj}^{gs}——给水泵耗电率,%;

L_{fj}^{jl}——机力循环水冷却塔用电率等,%;

L_{qt}——单元机组其他设备（含照明）用电率,%。

2. 用单元机组的发电量权数、厂用电率计算全厂的发电厂用电率

$$L_{cy}^{qc} = m_1 \times L_1^{dy} + m_2 \times L_2^{dy} + \cdots + m_n \times L_n^{dy} \quad (7-23)$$

式中 L_{cy}^{qc}——全厂的发电厂用电率,%;

m_1、m_2、…、m_n——1单元、2单元、…、n单元机组的发电量权数；

L_1^{dy}、L_2^{dy}、…、L_n^{dy}——1单元、2单元、…、n单元机组的发电厂用电率。

3. 单元机组发电量权数计算公式

$$m = \frac{W_{dy}^{cy}}{W_{qc}^{cy}} \quad (7-24)$$

式中 m——单元机组的厂用电量权数；

W_{dy}^{cy}——单元机组的厂用电量，kWh;

W_{qc}^{cy}——全厂的厂用电量，kWh。

由式（7-20）~式（7-24）可以看出，辅机设备的用电率与单元机组厂用电率的数值是等量的，即1%的辅机用电率就等于1%厂用电率。一般情况下，发电厂用电率量变化

0.25%（百分点），影响供电煤耗率变化 1g/kWh 左右。而辅机设备的用电率变化 0.25%（百分点），也影响供电煤耗率变化 1g/kWh。

第四节　辅机用电率对厂用电率、供电煤耗率的定量分析

第一章第五节中已经对厂用电率变化 1% 对供电煤耗率的影响系数和供电煤耗率变化 1g/kWh 对厂用电率的影响系数的计算方法、计算程序作了介绍，并按设定的发电煤耗率、厂用电率范围计算出了各种指标的影响系数。本章不再重复。本节主要内容包括：单元辅机用电率变化对全厂的厂用电率影响的计算；厂用电率变化对供电煤耗率的影响的计算；辅机厂用电率变化对供电煤耗率影响的综合分析；单元机组发电量权数、厂用电率变化对全厂的厂用电率影响的分析计算等四个方面。

（一）单元辅机用电率变化对全厂厂用电率的影响的计算

1. 单元辅机用电率变化对全厂厂用电率的影响的计算公式

$$\Delta L_{qc}^{fj} = \Delta L_{fj}^{bh} \times m_i \tag{7-25}$$

式中　ΔL_{qc}^{fj}——单元辅机用电率变化对全厂的厂用电率的影响值,%；

ΔL_{fj}^{bh}——单元辅机用电率变化值,%；

m_i——单元发电量占全厂发电量的比例（权数）。

2. 单元厂用电率变化对全厂厂用电率的影响的计算公式

$$\Delta L_{qc}^{dy} = \Delta L_{dy}^{bh} \times m_i \tag{7-26}$$

式中　ΔL_{qc}^{dy}——单元厂用电率变化对全厂的厂用电率的影响值,%；

ΔL_{dy}^{bh}——单元厂用电率变化值,%。

（二）厂用电率变化对供电煤耗率的影响值

厂用电率变化对供电煤耗率的影响值等于厂用电率变化对供电煤耗率的影响系数乘以厂用电率变化值。厂用电率变化对供电煤耗率的影响系数在第一章第五节中已讲，本节从略。本节主要介绍厂用电率变化对供电煤耗率的影响值的计算。

1. 单元辅机用电率变化对单元供电煤耗率影响值的计算公式

$$\Delta b_{fj}^{dy} = \Delta b_{cy}^{gx} \times \Delta L_{fj}^{bh} \tag{7-27}$$

式中　Δb_{fj}^{dy}——单元辅机用电率变化对单元供电煤耗率的影响值，g/kWh；

Δb_{cy}^{gx}——厂用电率变化 1% 对供电煤耗率的影响系数，（Δb_{gd}^{bh}g/kWh）/（ΔL_{cy}^{bh}1%）；

ΔL_{fj}^{bh}——单元辅机用电率变化值,%。

2. 单元辅机用电率变化对全厂供电煤耗率的影响值的计算公式

$$\Delta b_{fj}^{qc} = \Delta b_{cy}^{gx} \times \Delta L_{fj}^{bh} \times m_i \tag{7-28}$$

式中　Δb_{fj}^{qc}——单元辅机用电率变化对全厂供电煤耗率的影响值，g/kWh；

m_i——辅机发电量权数。

3. 全厂厂用电率变化对全厂供电煤耗率影响值的计算公式

$$\Delta b_{qc}^{bh} = \Delta b_{cy}^{gx} \times \Delta L_{qc}^{bh} \tag{7-29}$$

式中　Δb_{qc}^{bh}——全厂厂用电率变化对全厂供电煤耗率的影响值，g/kWh；

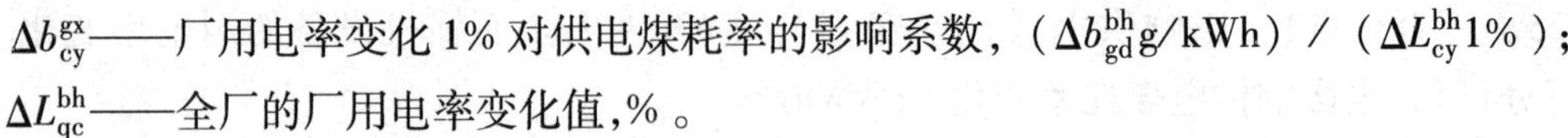

Δb_{cy}^{gx}——厂用电率变化 1% 对供电煤耗率的影响系数，（Δb_{gd}^{bh}g/kWh）／（ΔL_{cy}^{bh}1%）；

ΔL_{qc}^{bh}——全厂的厂用电率变化值,%。

（三）辅机厂用电率变化对供电煤耗率影响的综合分析

辅机厂用电率变化对供电煤耗率影响的综合分析，是分析各辅机用电率变化对单元机组、全厂供电煤耗率的影响值的分析计算表。

本分析表使用方法，是把拟分析的本期单元辅机用电率指标选作比较的基期单元辅机用电率指标，将厂用电率指标变化对供电煤耗的影响系数填入表 7－1 中，就可以用上述公式进行分析计算，从各项计算结果可以查出每一单元、每个辅机用电率指标变化对供电煤耗率的影响值，并可编写辅机用电率指标变化对供电煤耗率影响的分析报告。

表 7－1　　辅机用电率变化对供电煤耗率影响的综合分析计算表

序号	指　标		1 单元	2 单元	3 单元	4 单元	全厂合计
	厂用电率变化 1% 对单元（全厂）供电煤耗率的影响系数		(Δb_{gd}^{bh}g/kWh)/(L_{cy}^{bh}1%)	(Δb_{gd}^{bh}g/kWh)/(L_{cy}^{bh}1%)	(Δb_{gd}^{bh}g/kWh)/(L_{cy}^{bh}1%)	(Δb_{gd}^{bh}g/kWh)/(L_{cy}^{bh}1%)	(Δb_{gd}^{bh}g/kWh)/(L_{cy}^{bh}1%)
	单元机组供电量权数（m）						
1	给水泵用电率（%）	本期					
		基期					
		比较					
	对供电煤耗率的影响值（g/kWh）	单元					
		全厂 ×m					
2	磨煤机制粉系统用电率（%）	本期					
		基期					
		比较					
	对供电煤耗率的影响值（g/kWh）	单元					
		全厂 ×m					
3	送风机用电率（%）	本期					
		基期					
		比较					
	对供电煤耗率的影响值（g/kWh）	单元					
		全厂 ×m					
4	引风机用电率（%）	本期					
		基期					
		比较					
	对供电煤耗率的影响值（g/kWh）	单元					
		全厂 ×m					
5	循环泵用电率（%）	本期					
		基期					
		比较					
	对供电煤耗率的影响值（g/kWh）	单元					
		全厂 ×m					

续表

序号	指　标		1 单元	2 单元	3 单元	4 单元	全厂合计
	厂用电率变化 1% 对单元（全厂）供电煤耗率的影响系数		$(\Delta b_{gd}^{bh}$ g/kWh)/(L_{cy}^{bh}1%)	$(\Delta b_{gd}^{bh}$ g/kWh)/(L_{cy}^{bh}1%)	$(\Delta b_{gd}^{bh}$ g/kWh)/(L_{cy}^{bh}1%)	$(\Delta b_{gd}^{bh}$ g/kWh)/(L_{cy}^{bh}1%)	$(\Delta b_{gd}^{bh}$ g/kWh)/(L_{cy}^{bh}1%)
	单元机组供电量权数（m）						
5	增添指标项目	本期					
		基期					
		比较					
	对供电煤耗率的影响值（g/kWh）	单元					
		全厂 × m					
6	辅机影响合计	用电率(%)					
		供电煤耗率（g/kWh）					
7	单元（全厂）厂用电率	本期					
		基期					
		比较					
	对煤耗的影响值（g/kWh）						

表 7－1 使用说明：

（1）表中计算用的厂用电率指标变化对供电煤耗率影响的系数是指下列两种情况：

1）用本单元厂用电率水平计算出来的辅机用电率对本单元的煤耗影响系数。

2）用全厂厂用电率水平计算出来的全厂的厂用电率对全厂煤耗的影响系数。

如果单元厂用电率水平和用全厂的厂用电率水平相接近，则可用同一个系数。表中全厂系数合计值也可以是单元影响系数的加权平均值。

（2）表中第 2 行的厂用电率变化 1% 对供电煤耗率的影响系数，是指厂用电率每变化 1% 对供电煤耗率的影响值，g/kWh。

（3）表中辅机用电率变化对煤耗的影响值的计算方法是：对单元的影响是用厂用电率变化 1% 对供电煤耗率的影响系数值乘以厂用电率指标变化值（百分点）；对全厂的影响值，还需乘以本单元的供电量权数。

（4）“全厂合计”应为各单元指标的加权平均值。

（5）分析比较期各项用电率的差值之和应和分析比较期全厂的厂用电率变化差值基本相符，偏差太大时应进一步查明原因。如果是在机组大小修后，则应检查有关电量表的倍数（齿轮变比，TV、TA 变比）是否正确。

（6）分析项目中，可以根据辅机用电率的大小增添和调整项目。

（四）单元机组发电量权数、厂用电率水平变化对全厂厂用电率影响的分析计算

单元机组发电量权数、厂用电率变化对全厂的厂用电率影响的分析计算方法是，将本期、基期的发电量填入表 7－2 规定栏中，同时将本期、基期的厂用电率、发电量权数分别填入表 7－2 的栏［1］、［2］、［3］、［4］中，然后按表 7－2 中给定的计算关系式进行计算。根据计算结果，就可以编写出内容具体、数据真实、符合实际的分析报告。

表7-2　单元机组发电量权数、厂用电率变化对全厂的厂用电率影响的分析计算表

单元机组号	发电量（万kWh）		基期		本期		乘　积			厂用电率变化值(%)		
	基期	本期	厂用电率(%)	发电量权数	厂用电率(%)	发电量权数	基期厂用电率×基　期发电量权　数	基期厂用电率×本　期发电量权　数	本期厂用电率×本　期发电量权　数	发电量权数变化影响厂用电率的变化值	机组分析比较期间厂用电率的变化值	机组厂用电率变化对全厂厂用电率的影响值
			[1]	[2]	[3]	[4]	[5]=[1]×[2]	[6]=[1]×[4]	[7]=[3]×[4]	[8]=[6]-[5]	[9]=[3]-[1]	[10]=[7]-[6]
全厂												
1												
2												
3												
⋮												
n												

表7-2计算结果说明：

（1）基期、本期发电量及栏［2］、［4］、［5］、［6］、［7］、［8］、［10］的全厂数值（指标）等于分机数值之和。其他，如栏［1］、［3］、［9］的全厂指标、数值均不等于分机指标数值之和，但栏［6］全厂≠栏［1］×栏［4］，而等于各分机之和。

（2）栏［1］的“全厂基期厂用电率”等于基期分机厂用电率与基期发电量权数的乘积之和。

（3）栏［3］中的“全厂本期厂用电率”等于本期分机厂用电率与本期发电量权数的乘积之和。

（4）栏［6］是发电量权数变化后的“分析、计算用全厂的厂用电率”，等于分机数值之和，但不等于栏［1］中的“全厂的厂用电率”与栏［4］中的“全厂数值”的乘积。

（5）栏［9］中的“分析、计算用全厂的厂用电率变化值”，等于栏［3］中的“全厂的厂用电率”减去栏［1］中的“全厂的厂用电率”，但不等于分机厂用电率变化值之和。

（6）栏［10］中的“全厂机组厂用电率的变化值”，等于栏［7］中的“全厂的厂用电率”减去栏［6］中的“分析、计算用全厂的厂用电率的数值”，但不等于分机厂用电率变化值的和。

（7）表中栏［9］中“全厂数值”为各机组本期发电量权数、厂用电率与基期比较时对全厂厂用电率影响值的总值。栏［9］“全厂数值”=栏［8］“全厂数值”+栏［10］“全厂数值”。其他1～n号机的各机数值，是各机组本期厂用电率与基期比较期时的变化（差）值。

（8）表中栏［8］“全厂数值”为本期各机组发电量权数与基期比较时对全厂厂用电率影响的总值，其他1～n号机的各机数值是计算过程数值，不是该机组发电量权数变化对全

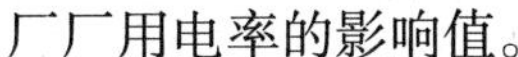

厂厂用电率的影响值。

（9）栏［10］中“全厂数值”为各机组本期厂用电率与基期比较时对全厂的厂用电率影响的总值，其他 1 ~ n 号机的各机数值，是各机组本期厂用电率与基期比较时，各自对全厂厂用电率的影响值。

（10）分析、比较期（基期、本期）遇有无数值（新投产、折除、检修、停备）时，权数填“0”，指标填该期平均值。

（11）栏［2］、［4］中权数全厂数值必须为 1（下同）。各机供电量权数之和不为 1 时，要视实际情况人为地对某一机组供电量权数按数值尾数大小采取强进、强舍，否则会造成机组供电煤耗率与厂供电煤耗率之间的分析误差。

第八章　燃料经济指标与煤耗率

火力发电厂的燃料成本约占电厂总成本的50%～75%。燃料的管理、数量、质量、价格指标直接关系到火电厂的安全生产、经济运行、煤耗率水平和经济效益。本章主要内容：一是讲燃料经济指标的影响因素的计算方法；二是讲标准煤单价分析定量到煤种煤量权数对标准煤单价的影响，煤种煤价对标准煤单价的影响，以及各煤种各自全厂标准煤单价的影响；三是讲燃料管理从定货合同开始，到燃料进入锅炉的全过程。本章讲的全过程管理仅是与火电厂经济效益有关的经济指标管理。燃料管理的控制点应为合同、矿发、进厂、入炉等四个环节，每一个环节中应控制好单价、数量、热值、水分、灰分、热值差、水分差、灰分差，并做好统计、计算、分析、管理工作，关键是职责、责任要到位。四是讲锅炉收到基热值、全水分、灰分对单元机组发电煤耗率的影响等。

燃料管理、燃料质量指标对电厂发电煤耗率的影响一般情况下应排在汽轮机设备后面，而大于锅炉设备、管道效率、辅机设备（定型后）用电率的影响。据有关资料分析计算，煤炭质量对发电煤耗率的影响如下：

（1）锅炉收到基低位热值变化1000kJ/kg（239.1kcal/kg），影响锅炉效率变化0.24%～0.30%，发电煤耗率变化0.80～1.00g/kWh。

（2）锅炉收到基低位热值变化4186.8kJ/kg（1000kcal/kg），影响锅炉效率变化1.0%～1.25%，发电煤耗率变化3.33～4.17g/kWh。

（3）锅炉收到基水分变化1%，影响锅炉效率变化0.06%～0.08%，发电煤耗率变化0.20～0.27g/kWh。

（4）锅炉收到基灰分变化1%，影响锅炉效率变化0.10%～0.12%，发电煤耗率变化0.32～0.40g/kWh。

以上煤质变化对发电煤耗率的影响仅供参考。

第一节　燃料经济指标

进厂燃料经济指标有标准煤单价、数量、质量方面共16项。

1. 燃煤价格的影响因素

（1）天然煤单价。

（2）煤炭的运费（运输里程与运价）。

（3）到站的取送车费。

（4）过衡检斤管理费。

（5）卸车劳务费。

（6）煤炭的收到基热值。

（7）煤炭的收到基水分。

（8）煤炭的收到基灰分。

（9）煤炭的含硫量等。

由于燃煤价格的影响因素很多，各煤种天然煤单价结构、比例、各项费用的取费标准又各不相同，不便于分析、比较。因此，在专业管理中通常将天然燃料单价折算为标准煤单价分析、比较。电力用煤炭的热值一般在12.6～27.2MJ/kg；启动、助燃用的燃油热值一般为41.868MJ/kg左右；天然气的热值一般为4.74MJ/m^3。

标准煤量计算公式

$$B_{bm}=\frac{Q_{net,ar}}{29\,307.6}\times B_{Sj} \tag{8-1}$$

式中　B_{bm}——标准煤量，t；

$Q_{net,ar}$——天然燃料收到基低位热值，MJ/kg；

B_{Sj}——天然燃料量，t；

29 307.6——标准煤热量，MJ/kg。

标准煤单价计算公式

$$J_{bm}=\frac{\sum(B_{tr}\times J_{tr})}{B_{bm}} \tag{8-2}$$

式中　J_{bm}——标准煤单价；元/t；

B_{tr}——天然燃料量，t；

J_{tr}——天然燃料单价，元/t。

2. 燃料数量指标

燃料数量指标是指电厂进厂燃料经过检斤验收收到的燃料数量与矿方发货（燃料）大票上的发货重量等有关的4项指标，不但是电厂经营的重要指标，还关系到发电厂供电煤耗率水平的正确性、准确性。

（1）进厂燃料检斤率。进厂燃料检斤率是指进厂燃料经过轨道衡、汽车衡、液位计量等计量装置检斤的燃料量占计算期矿发燃料总量的比例，单位:%。入厂燃料检斤率是衡量轨道衡、汽车衡等燃料计量衡器正常运行的程度，也是衡量燃料进厂检斤工作任务完成情况的一个指标。正常情况下，进厂燃料检斤率应达到100%。入厂煤检斤结果是与矿方结算、付款的依据，直接关系到发电厂的经济效益与供电煤耗率的正确性、准确性。计算公式为

$$L_{rL}=\frac{\sum B_{jc}}{\sum B_{kf}}\times 100 \tag{8-3}$$

式中　L_{rL}——进厂燃料检斤率，%；

B_{jc}——计算期进厂检斤收到的天然燃料总量，t；

$\sum B_{kf}$——计算期矿发天然燃料总量，t。

（2）进厂燃料检斤合格率。进厂燃料检斤合格率是指进厂燃料检斤合格的数量占计算

期进厂燃料检斤总量的比例，单位:%。进厂燃料检斤合格率是有关进厂燃料计量衡器与检斤工作质量的一个指标。只有检斤合格的燃料量才能作为发电厂与矿方结算、付款的依据。进厂燃料检斤合格率与火车机车的行进速度、整列车辆行进运行的稳定性等有关。进厂燃料检斤合格率的计算公式为

$$L_{jj}^{hg} = \frac{\sum B_{jj}^{hg}}{\sum B_{jj}^{zl}} \times 100 \tag{8-4}$$

式中 L_{jj}^{hg}——进厂煤检燃料合格率,%；

$\sum B_{jj}^{hg}$——检斤合格燃料量，t；

$\sum B_{jj}^{zl}$——计算期进厂检斤燃料总量，t。

（3）进厂燃料检斤亏吨率。进厂燃料检斤亏吨率是指进厂燃料检斤结果的亏吨煤量占计算期进厂检斤燃料总量的比例，单位:%。进厂燃料检斤亏吨率计算公式为

$$L_{jj}^{kd} = \frac{B_{jj}^{kd}}{B_{jj}^{zl}} \times 100 \tag{8-5}$$

式中 L_{jj}^{kd}——进厂燃料检斤亏吨率,%；

B_{jj}^{kd}——亏吨燃料数量，t。

（4）进燃料检斤亏吨量。进厂燃料检斤亏吨燃料数量，是指矿方矿发大票上的装车燃料量，比发电厂进厂时检斤结果（按规定扣除允许的运损燃料量后）缺少的燃料量，是矿方装车发运燃料数量不足，少给电厂的燃料数量，直接影响发电厂的经济利益。发电厂应向矿方索赔，矿方应按规定全额赔偿电厂。计算公式为

$$B_{jj}^{kd} = B_{kf}^{dp} - B_{jj} \tag{8-6}$$

式中 B_{jj}^{kd}——进燃料检斤亏吨数量，t；

B_{kf}^{dp}——矿发大票燃料数量，t；

B_{jj}——进厂燃料检斤数量，t。

（5）燃料运输途中损失数量。燃料运输途中损失数量（简称运损）是指燃料运输途中，按行业规定（允许）运损率计算的燃料损失数量。运损煤量计入成本，不计入发、供电煤耗率。

燃料运输损失率是行业规定燃料在铁路、公路、换装（水陆联运）运输途中允许的运输损失率，专业上一般简称“运损率”。行业规定的运损率为：铁路运输1.2%、换装（水陆联运）每次1%。

燃料运输途中损失数量计算公式如下

$$B_{ys} = B_{kf}^{dp} \times L_{ys} \tag{8-7}$$

式中 B_{ys}——燃料运输途中损失数量，t；

L_{ys}——运损率,%。

燃料运输途中损失量的计算应以矿发大票燃料数量为基数，不可以进厂燃料数检斤燃料数为基数计算。如果按进厂检斤燃料数为基数计算运损燃料量、计算进入发电厂的燃料数量，并依此计算发电煤耗率，则当运损率为1.2%时，发电煤耗率将偏低1.1856%。

盈吨车皮计算盈煤量时，应扣除运损煤量，否则进入燃料场数量增加，燃料储存场显示盈吨，发电煤耗率偏低。

（6）亏吨拒付、索赔率。亏吨拒付、索赔率是指，电厂对进厂燃料检斤出现的亏吨，经发电厂与矿方交涉后，矿方同意拒付、退赔的燃料款占计算期亏吨应退赔总燃料款的比例，单位:%。该指标可说明燃料管理人员根据发电厂进厂燃料检斤亏吨情况与矿方交涉、据理索赔的成果，以及亏吨索赔的程度。一般应努力做到百分之百索赔。亏吨拒付、索赔率与市场有关，与燃料管理人员业务水平、能力，以及矿方经营方针、信誉有关。亏吨拒付、索赔率计算公式为

$$L_{jf}^{sp}=\frac{K_{jf}^{sp}}{K_{kd}^{zk}}\times 100 \tag{8-8}$$

式中　L_{jf}^{sp}——亏吨拒付、索赔率,%；

K_{jf}^{sp}——矿方亏吨已退赔的燃料款，万元；

K_{kd}^{zk}——计算期矿方亏吨应退赔的燃料总款，万元。

（7）燃料场储存损失燃料量。燃料场储存损失燃料量是指，燃料在储存场存放期间，受刮风、下雨等因素影响造成的储存损失量（简称存损）。燃料场储存损失燃料量按行业规定的燃料场储存损失率计算。燃料场储存损失燃料率为0.5%。月燃料场堆放、储存损失燃料量计算公式如下

$$B_{sc}^{ss}=\sum B_{rj}^{sc}\times L_{sc}^{ss} \tag{8-9}$$

式中　B_{sc}^{ss}——月燃料场堆放、储存损失的燃料量，t；

$\sum B_{rj}^{sc}$——月内日均燃料储存量，t；

L_{sc}^{ss}——燃料储存损失率,%。

3. 燃料质量的指标

燃料质量指标是指矿方发给电厂的燃料质量指标是否达到定货合同规定的要求、计价质量的规定。质量指标是电厂安全、经济运行的重要条件。质量指标有进厂收到基热量、挥发分等8项指标。

（1）进厂燃料热量。进厂燃料热量是指进厂燃料收到基低位热量，单位：kJ/kg，是电站锅炉安全、经济运行的一个重要指标。要按设计煤种、热量选择供煤单位；按燃料订货合同要求进厂燃料收到基热量。与矿方煤质、信誉有关；与驻矿监装、发电厂对矿方的要求、态度有关；与发电厂取样的正确性、代表性有关，是考核进厂煤采、制、化工作的一个重要指标。

（2）进厂燃料灰分。进厂燃料灰分是指进厂燃料的收到基灰分，单位:%，是电站锅炉安全、经济运行的又一个重要指标，与进厂燃料收到基热量相互呼应，是与锅炉尾部设备、烟道磨损有关的重要指标。要防止矿方以次充好，如车皮底部装含矸率高的煤炭，车皮上面装质量好的煤炭等弄虚作假的欺骗行为。

（3）进厂燃料水分。进厂燃料水分是指进厂燃料的收到基全水分，单位:%。它是电站锅炉安全、经济运行的一个重要指标，关系到发电厂的经济效益及供煤耗率水平的正确性。进厂煤水分与气候（刮风、下雨、空气温度、季节）等有关，雨水多的地区要特别引起重视；对洗煤、水采煤的水分同样要引起重视。对上述原因造成进厂煤水分偏高的电厂，对水分差要进行修正。外水分过大的煤炭黏性较强，给卸车输煤以及制粉系统造成阻塞；水分过大的煤炭水分在燃烧过程中汽化需要吸热，使锅炉炉膛温度下降，使炉内热交换呈四次方下降，排烟温度升高，降低了锅炉效率，并将造成供电煤耗率升高、偏高，影响供电煤耗的正

确性和损害发电厂的经济效益。进厂煤水分偏高也是影响煤场亏煤的主要因素之一。

（4）进厂燃料挥发分。进厂燃料挥发分是指进厂燃料的干燥基挥发分，单位:%。进厂燃料挥发分是发电厂锅炉设备安全、经济运行的一个十分重要的指标。要做好烟煤、无烟煤共产地区到厂的验收工作，以防无烟煤进入发电厂。一旦无烟煤进入发电厂，要立即做好无烟煤进入发电厂的事后处理工作，以确保锅炉安全运行。进厂煤挥发分偏离设计值太多，会影响煤粉入炉时的着火速度、炉膛温度、燃料未燃尽程度（飞灰可燃物高低）、炉膛水冷壁结礁，进而影响锅炉设备的运行经济性。

（5）进厂燃料检质率。进厂燃料检质率是指进入电厂的燃料经过检质的煤量占计算期进厂燃料总量的比例，单位:%。进厂的煤检质是了解、掌握进入厂燃料质量的一个重要手段。它直接关系到发电厂锅炉设备安全、经济运行和发电厂的经济效益。进厂燃料应做到百分之百进行检质，是考核进厂燃料采、制、化工作的一个重要指标。计算公式为

$$L_{jz}=\frac{B_{jz}}{B_{jz}^{zl}}\times 100 \tag{8-10}$$

式中 L_{jz}——进厂燃料检质率,%；

B_{jz}——进厂燃料检质量，t；

B_{jz}^{zl}——计算期进厂检质的燃料总量，t。

（6）亏卡拒付、索赔率。亏卡拒付、索赔率是指，电厂对进厂燃料检质出现的亏卡，矿方同意拒付、退赔的燃料款占计算期亏卡应退赔总燃料款的比例，单位:%，可说明发电厂燃料管理人员根据发电厂进厂燃料检质亏卡情况与矿方交涉、据理索赔的成果，以及亏卡索赔的程度。亏卡拒付、索赔率与燃料管理人员业务水平、能力，矿方经营方针、信誉有关。计算公式为

$$L_{jz}=\frac{K_{sp}}{K_{jf}^{zk}}\times 100 \tag{8-11}$$

式中 L_{jz}——进厂燃料亏卡拒付、索赔率,%；

K_{sp}——矿方已退赔亏卡煤炭款，万元；

K_{jf}^{zk}——计算期矿方应退赔亏卡燃料总款，万元。

（7）进厂燃料与入炉燃料热值差。进厂燃料与入炉燃料热值差是指，燃料煤进入发电厂储存场后存放期间燃料的热值损失。该值与下列因素有关：① 煤炭自燃，堆放、管理水平；② 进厂煤、入炉煤热值取样的代表性、准确性；③ 进厂燃料、入炉燃料水分变化及代表性有关。燃料水分对热值的影响与煤炭质量（热值）有关，一般情况下，煤炭水分变化1%，影响煤炭热值变化168kJ/kg（40kcal/kg）~377kJ/kg（90kcal/kg）。

（8）进厂燃料与入炉燃料水分差。进厂燃料与入炉燃料水分差是指燃料进厂时的收到基水分与燃料入炉时的收到基水分的差值。该值与下列因素有关：① 燃料煤进厂后在煤场存放时煤炭表面水分的流失；② 天气变化（刮风、下雨、空气温度）；③ 卸煤、上煤、除尘、浇水。水分的丢失在重量的平衡上就是煤量。有的发电厂入炉燃料年平均水分比进厂燃料低1.8%，个别月份低到近3个百分点，不但是影响煤场煤炭重量平衡的一个是重要因素，同时也是影响进厂煤与入炉煤热量差的一个重要因素。

4. 燃料指标汇总分析表

燃料质量数量指标分析表见表8-1。

表 8－1　　**燃料质量数量指标分析表**

发电厂：

序号	指　标			单　位	定额（标准）	实际完成	比　较
1	进厂煤炭数量	进厂煤炭数量		t			
2		检斤煤炭数量		t			
3		检斤率		%	100		
4		检斤合格率		%	100		
5		检斤亏吨率		%	—		
6		亏吨索赔率		%	—		
7	进厂煤炭质量	检质煤炭数量		t			
8		检质率		%	100		
9		检质合格率		%	100		
10		检质亏卡率		%	—		
11		亏卡索赔率		%	—		
12		收到基热量		kJ/kg			
13		收到基全水分		%			
14		收到基表面水分		%			
15		收到基灰分		%			
16	入炉煤	收到基热量		kJ/kg			
17		收到基全水分		%			
18		收到基表面水分		%			
19		收到基灰分		%			
20	综合指标	进厂煤与入炉煤热值差		kJ/kg	502		
21		进厂煤与入炉煤水分差		—			
22		进厂煤与入炉煤表水面分差		—			
23		进厂煤与入炉煤灰分差		—			
24	发电用煤量			t			
25	其他用煤量（检修、试运、生活）			t			
26	储煤场情况	设计容积量		t			
27		年均储煤量		t			
28		盘煤周期		月、季			
29		盘煤平均盈亏煤量		t			
30		年内盘煤平均盈亏煤量范围		t			
31		盘煤用密度范围		t/m^3			
32		煤车清扫剩余煤量	冬季	kg/车	0.5		
33			春、秋、夏季	kg/车			
34		煤车清扫收回煤量		t			
35		煤车未清扫损失煤量		t			

第二节　标准煤单价分析

标准煤单价分析的目的：一是用定量的方法查明标准煤单价变化的原因。其中，各煤种标准煤单价变化对进厂（全厂、总的，下同）标准煤单价的影响值各为多少；煤种煤量结构变化对进厂标准煤单价的影响值是多少。二是为专业选择、组织编制用煤（煤种）计划和领导决策提供依据。标准煤单价分析的方法：一是用规范、简易的计算方法，定量地查明煤种标准煤单价、煤种煤量权数变化对进厂标准煤单价的影响值；三是对个别客观或特殊因素进行定量分析。

标准煤单价分析、管理是发电企业燃料成本管理的重要手段和主要内容，它包括燃料管理中各项经济活动的成效分析。经济活动分析是标准煤单价分析、发电企业燃料成本管理的重要组成部分。火电厂的燃料成本约占发电总成本的50%以上。燃料单价是决定燃料成本的最主要因素。管理人员要管好燃料成本，必须用定量分析方法查明煤种煤量权数、标准煤单价变化对进厂标准煤单价的影响值各是多少，供领导和专业管理人员依据煤质、煤价优选质优价廉的煤种组合，以实现煤质最优、进厂（总）标准煤单价最廉，燃料成本最低，不断提高电力企业的经济效益。这在电力企业独立核算、竞价上网，步入社会主义市场经济大潮的今天具有更大的现实意义。

我们在工作中常常遇到这样的情况：有时各煤种标准煤单价都完成了计划，但进厂标准煤单价却完不成计划；有时各煤种标准煤单价完成都不够好，但进厂标准煤单价却完成较好，这些都是煤种煤量权数变化引起的。本节将要介绍的就是怎样用简化、快速、定量的方法查明各种因素变化对进厂标准煤单价的影响值。这样既能提高工作效率，又能随时为领导决策提供可靠依据。标准煤单价的影响因素有以下两个：一是构成煤炭总量的各煤种的煤量权数；二是各煤种的标准煤单价。计算分析方法如下。

一、煤种煤量权数、标准煤量对标准煤单价的影响

1. 各煤种、煤量权数、标准煤单价变化对标准煤单价的影响的计算

各煤种煤量权数、标准煤单价变化对标准煤单价的影响，是指本期各煤种煤量权数、标准煤单价与基期各煤种煤量权数、标准煤单价比较时对标准煤单价影响的总值。根据各煤种煤量权数变化对标准煤单价影响的计算公式和各煤种标准煤单价变化对标准煤单价影响的计算公式，可计算得煤种煤量权数、标准煤单价变化对进厂标准煤单价影响，具体计算公式如下

$$\Delta M_{dj}^{jc} = \Delta M_{qs}^{jc} + \Delta M_{mz}^{jc} = M_{dj}^{bq} - M_{dj}^{jq} \tag{8-12}$$

式中　ΔM_{dj}^{jc}——比较期间煤种煤量权数、煤种标准煤单价变化对进厂标准煤单价影响的总值，元/t；

ΔM_{qs}^{jc}——煤种煤量权数变化对进厂标准煤单价的影响值，元/t；

ΔM_{mz}^{jc}——煤种标准煤单价变化对进厂标准煤单价的影响值，元/t；

M_{dj}^{bq}——本期进厂标准煤单价，元/t；

M_{dj}^{jq}——基期进厂标准煤单价，元/t。

2. 煤种煤量权数、标准煤单价变化对标准煤单价影响的计算表

各煤种煤量权数、标准煤单价变化对标准煤单价影响的分析计算表（见表8－2），可用来分析：

（1）集团公司、分公司分析各电厂结构（煤量权数）、标准煤单价变化对集团公司、分公司标准煤单价的影响值。

（2）集团公司、分公司分析煤种结构（煤量权数）、天然煤单价变化对集团公司、分公司标准煤单价的影响值。

（3）发电厂分析各矿煤种结构（煤量权数）、天然煤单价变化对发电厂标准煤单价的影响值。

（4）集团公司、分公司、发电厂分析本期计划与计划目标值之间煤种结构（煤量权数）、天然煤单价变化对集团公司、分公司标准煤单价的影响值。

（5）集团公司、分公司、发电厂分析本期实际与同期之间煤种结构（煤量权数）、天然煤单价变化对集团公司、分公司标准煤单价的影响值。

（6）集团公司、分公司、发电厂分析本期实际与本期计划之间煤种结构（煤量权数）、天然煤单价变化对集团公司、分公司标准煤单价的影响值。

表8－2　各煤种煤量权数、标准煤单价变化对进厂标准煤单价影响的分析计算表

煤种（矿别）	标准煤量（t）		基期		本期		乘积			标准煤煤种煤价变化值元/t（标准煤）		
			煤种标准煤价	标准煤量权数	煤种标准煤价	标准煤量权数	基期标煤单价×基期煤种煤量权数	基期标煤单价×本期煤种煤量权数	本期标煤单价×本期煤种煤量权数	标准煤煤种煤量权数变化影响进厂标准煤价的变化值	标准煤煤种煤价分析比较期间标准煤价的变化值	标准煤煤种煤价变化对进厂标准煤单价的影响值
	基期	本期	[1]	[2]	[3]	[4]	[5]＝[1]×[2]	[6]＝[1]×[4]	[7]＝[3]×[4]	[8]＝[6]－[5]	[9]＝[3]－[1]	[10]＝[7]－[6]
合计												
1												
2												
3												
4												
5												
6												
7												
8												
9												
10												

表8－2使用说明：

(1) 基期、本期标准煤量及栏［2］、［4］、［5］、［6］、［7］、［8］、［10］的全厂数值（指标）等于分煤种数值之和。其他，栏［1］、［3］、［9］的全厂指标、数值均不等于分煤种指标数值之和。

(2) 栏［1］的“全厂基期标准煤单价”等于基期分煤种标准煤单价与基期煤种煤量权数的乘积之和。

(3) 栏［3］中的“全厂本期标准煤单价”等于本期分煤种标准煤单价与本期煤种煤量权数的乘积之和。

(4) 栏［6］是煤种煤量权数变化后的“分析、计算用全厂标准煤单价”，等于分煤种数值之和，但不等于栏［1］中的“全厂标准煤单价”与栏［4］中的“全厂数值”的乘积。

(5) 栏［9］中的“分析、计算用全厂标准煤单价变化值”，等于栏［3］中的“全厂标准煤单价”减去栏［1］中的“全厂标准煤单价”，但不等于分煤种标准煤单价的变化值之和。

(6) 栏［10］中的“全厂分煤种标准煤单价的变化值”，等于栏［7］中的“全厂煤种标准煤单价”减去栏［6］中的“分析、计算用全厂煤种标准煤单价的数值”，但不等于分煤种标准煤单价变化值的和。

(7) 栏［9］中“全厂数值”为各煤种本期煤量权数、煤种标准煤单价与基期比较时对全厂煤种标准煤单价影响值的总值。栏［9］“全厂数值”＝栏［8］“全厂数值”＋栏［10］“全厂数值”。其他各煤种的数值，是各煤种本期标准煤单价与基期比较期时的变化（差）值。

(8) 栏［8］中“全厂数值”为本期各煤种煤量权数与基期比较时对全厂煤种标准煤单价影响的总值。其他各煤种数值，是计算过程数值，不是该煤种煤量权数变化对全厂标准煤单价的影响值。

(9) 栏［10］中“全厂数值”为各煤种本期标准煤单价与基期比较时对全厂标准煤单价影响的总值。其他各煤种数值，是各煤种本期标准煤单价与基期比较时，各自对全厂标准煤单价的影响值。

(10) 栏［2］、［4］权数全厂数值必须为1（下同）。各煤种煤电量权数之和不为1时，要视实际情况，人为地对某一煤种煤量权数按尾数数值大小采取强进、强舍，否则会造成各煤种标准煤单价与厂标准煤单价之间的分析误差。

二、两矿间煤种煤量权数变化对标准煤单价影响计算

两矿间煤种煤量权数变化对标准煤单价的影响，是指 m、n 任意两矿间煤种煤量权数变化对标准煤单价的影响，计算公式如下

$$\delta M_{\mathrm{qs}}^{\mathrm{jc}} = (M_{m\mathrm{k}}^{\mathrm{dj}} - M_{n\mathrm{k}}^{\mathrm{dj}}) \times \Delta \mathrm{QS}_{\mathrm{lk}}^{\mathrm{bh}}$$
$$= \Delta M_{\mathrm{lk}}^{\mathrm{dj}} \times \Delta \mathrm{QS}_{\mathrm{lk}} \tag{8-13}$$

式中 $\delta M_{\mathrm{qs}}^{\mathrm{jc}}$——各矿间煤种煤量权数变化对标准煤单价的影响值，元/t；

$\Delta \mathrm{QS}_{\mathrm{lk}}^{\mathrm{bh}}$——拟分析比较的两煤种间煤量权数变化值；

$M_{m\mathrm{k}}^{\mathrm{dj}}$、$M_{n\mathrm{k}}^{\mathrm{dj}}$——拟分析比较的两个矿的煤种标准煤单价，元/t；

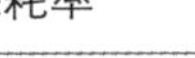

ΔM_{lk}^{dj}——拟分析比较的 m、n 两矿间煤种标准煤单价的差值，元/t（标准煤）。

三、两矿间煤种煤量权数变化 1% 对标准煤单价的影响的计算

两矿间煤种煤量权数变化 1%（1 个百分点）对标准煤单价的影响，是指 m、n 任意两矿间煤种煤量权数变化 1% 对标准煤单价的影响值，计算公式如下

$$\begin{aligned}\delta M_{qs}^{1\%} &= 0.01 \times (M_{mk}^{dj} - M_{nk}^{dj}) \\ &= 0.01 \times \Delta M_{lk}^{dj}\end{aligned} \tag{8-14}$$

式中　$\delta M_{qs}^{1\%}$——任意两矿煤种煤量权数变化 1% 对标准煤单价的影响值，元/t（标准煤）。

四、编制任意两矿间煤种煤量权数变化 1% 对标准煤单价影响的数值表

例如：有一发电厂燃用 7 种煤，其各煤种标准煤单价和煤种煤量权数见表 8-3。用煤种煤量权数变化 1% 对标准煤单价的影响公式（8-14）计算，可求得各煤种间煤量权数变化 ±1% 对标准煤单价的影响值，见表 8-4。

表 8-3　　各煤种标准煤单价和煤种煤量权数

指　　标	1 矿	2 矿	3 矿	4 矿	5 矿	6 矿	7 矿
标准煤单价（元/t）	186.00	197.00	202.0	209.0	219.0	227.0	236.0
煤量权数	0.30	0.24	0.21	0.12	0.07	0.05	0.01

表 8-4　　任意两矿间煤种煤量权数变化 ±1% 对标准煤单价的影响值　　元/t（标准煤）

煤种	1 矿	2 矿	3 矿	4 矿	5 矿	6 矿	7 矿
1 矿	—	0.11	0.16	0.23	0.33	0.41	0.50
2 矿	0.11	—	0.05	0.12	0.22	0.30	0.39
3 矿	0.16	0.05	—	0.07	0.17	0.25	0.34
4 矿	0.23	0.12	0.07	—	0.10	0.18	0.27
5 矿	0.33	0.22	0.17	0.10	—	0.08	0.17
6 矿	0.41	0.30	0.25	0.18	0.08	—	0，09
7 矿	0.50	0.29	0.34	0.27	0.17	0.09	—

表 8-4 使用说明：

（1）标准煤单价高的 7 号矿煤量权数减少 1%，而标准煤单价低的 1 号矿煤量权数增加 1%，能使进厂标准煤单价下降 0.50 元/t。

（2）标准煤单价低的 2 号矿煤量权数减少 1%，而标准煤单价高的 6 号矿煤量权数增加 1%，约使进厂标准煤单价升高 0.30 元/t。

五、某一煤种标准煤单价变化对标准煤单价的影响的计算

某一煤种标准煤单价变化对标准煤单价的影响，是指某一煤种本期煤种标准煤单价与基期煤种标准煤单价比较时，该煤种标准煤单价变化对标准煤单价的影响值。计算公式如下

$$\begin{aligned}\delta M_{dj}^{jc} &= (M_{ik}^{bq} - M_{ik}^{jq}) \times QS_{ik}^{bq} \\ &= \Delta M_{mz}^{dj} \times QS_{ik}^{bq}\end{aligned} \tag{8-15}$$

式中　δM_{dj}^{jc}——本煤种标准煤单价变化对标准煤单价的影响值，元/t；

ΔM_{mz}^{dj}——任意矿煤种本期、基期标准煤单价变化（差）值，元/t。

1. 煤种标准煤单价变化 1 元/t 对总标准煤单价影响计算

煤种标准煤单价变化 1 元/t 对总标准煤单价的影响，是指该煤种本期标准煤单价与基期标准煤单价比较时变化 1 元/t 时对标准煤单价的影响值。计算公式如下

$$\delta M_{mz}^{1y} = 1 \times QS_{ik}^{bq} = QS_{ik}^{bq} \quad (8-16)$$

式中 δM_{mz}^{1y}——煤种标准煤单价变化 1 元/t 对标准煤单价的影响值，元/t。

2. 编制煤种标准煤单价变化 1 元/t 对标准煤单价的影响的数值表

根据表 8－3 中提供的各煤种标准煤单价，用煤种标准煤单价变化 1 元对标准煤单价的影响的计算式（8－16），可以计算出各煤种本期标准煤单价变化 1 元/t 对标准煤单价的影响值，见表 8－5。

表 8－5　煤种标准煤单价变化 1 元/t 对标准煤单价的影响值　元/t

矿　别	1 矿	2 矿	3 矿	4 矿	5 矿	6 矿	7 矿
影响标准煤单价的相应变化值	0. 30	0. 24	0. 21	0. 12	0. 07	0. 05	0. 01

表 8－5 使用说明：

（1）1 号矿本期标准煤单价变化 1 元/t，影响标准煤单价变化 0. 30 元/t。

（2）5 号本期矿标准煤单价变化 1 元/t，影响标准煤单价变化 0. 07 元/t。

六、经济活动效益分析与特殊因素调整计算

标准煤单价分析计算时用的实际煤单价，应包括各煤种自矿发至到厂实际发生的全部费用。全部费用包括亏吨、亏卡索赔（质价不符）造成的损失和煤种发生的特殊费用等两部分。经济活动效益分析是指燃料管理人员对亏吨、亏卡向矿方索赔等活动对标准煤单价影响的定量分析，是量化燃料管理人员经济活动中为降低标准煤单价所作的贡献的大小。特殊因素调整计算是指，在当前实际工作中时常出现某一煤种政策性的费用调整、追加等对标准煤单价影响的定量分析。这是燃料专业管理人员在新的计划时段内组织煤炭货源和领导决策必须考虑的因素。影响标准煤单价变化需定量分析计算的具体因素还有：入厂煤热值、煤炭运输单价（含自备车）、装卸费用、来煤盈吨数量（不承付运费）、硫分拒付、新增项目费用、调价翘尾、支付不属于本期费用、运费增值税率调整及抵扣项目的调整和其他特殊费用等。煤种经济活动效益与特殊因素调整对煤种标准煤单价变化，对全厂标准煤单价影响的调整计算办法如下：

1. 经济活动效益和煤种特殊费用对煤种标准煤单价的影响的计算

$$\Delta M_{mz}^{dj} = \frac{f_{mz}}{B_{mz}} \quad (8-17)$$

式中 ΔM_{mz}^{dj}——经济活动效益或煤种特殊费用对煤种标准煤单价的影响值，元/t；

f_{mz}——经济活动效益或煤种特殊费用总金额，元；

B_{mz}——煤种标准煤量，t。

2. 经济活动效益或煤种特殊费用对全厂标准煤单价的影响的计算

$$\Delta M_{qc}^{dj} = \Delta M_{mz}^{dj} \times QS_{mz} \quad (8-18)$$

式中　ΔM_{qc}^{dj}——经济活动效益或煤种特殊费用变化对进厂标准煤单价的影响值，元/t；

QS_{mz}——煤种煤量权数。

3. 效益和煤种特殊费用调整后煤种标准煤单价的计算

$$M_{dz}^{dj}=M_{mz}^{dj}+\Delta M_{mz}^{dj} \tag{8-19}$$

式中　M_{dz}^{dj}——煤种特殊费用调整后的煤种标准煤单价，元/t。

煤种在效益或特殊费用对标准煤单价调整后，应对全部煤种进厂标准煤单价重新进行排序，并根据标准煤单价重新排序的结果，合理选择下一个计划时段内的煤种，以达到燃料结构组合最佳、进厂煤标准煤单价最低的目的。

第三节　燃料经济指标四个阶段、三个过程的控制与管理

火力发电厂燃料经济管理的总指标，主要是控制入炉标准煤单价。控制入炉标准煤单价与控制供电煤耗率相比，就其指标数量来讲，比单元机组少得多，但标准煤单价控制过程的环节、层次多，影响的因素多。所以，控制、管理标准煤单价工作的难度不亚于单元机组的供电煤耗率。特别是标煤单价的人为影响因素，要远远超过供电煤耗率。

标准煤单价在管理工作中要控制、管理好燃料四个阶段、三个过程中的数量、质量指标，即合同标准煤单价、矿发标准煤单价、进厂标准煤单价、入炉标准煤单价及煤炭数量、热值、水分、灰分等指标。从中找出标准煤单价发生异常变化的环节和影响指标。

标准煤单价与煤炭热值、煤种煤价有关。煤炭热值与水分、灰分等有关；煤炭供货涉及供应商多、供货矿点多，天然煤价不一致；煤种煤价结构复杂，取费项目多，而且标准又不一致；供货矿点到电厂的运输距离、运货价格各异等。因此可见，仅提出管住、管好标准煤单价一个指标的要求还是难以做好的。要管好各个环节以及各个环节中的每一个指标，才能管好标准煤单价。下面详细介绍燃料经济指标的控制与管理设想，可供参考。

一、燃料四个阶段、三个过程的经济指标体系

（一）基础指标

1. 天然煤量

（1）合同天然煤量合计、分矿合同煤量。

（2）合同计划煤量合计、分矿计划合同煤量。

（3）合同市场计划煤量合计、分矿合同市场计划煤量。

（4）合同其他（汽车）煤量合计、分矿合同其他（汽车）煤量。

（5）合同燃料油量、分矿合同油量。

2. 天然煤单价

（1）合同天然煤单价合计。

（2）计划天然煤单价、分矿计划天然煤单价。

（3）市场天然煤单价、分矿市场天然煤单价。

（4）其他（汽车）天然煤单价、分矿其他（汽车）天然煤单价。

（5）天然油单价、分矿天然油单价。

（二）燃料经济指标管理应控制的指标

1. 燃料经济指标

燃料经济指标是指燃料数量、质量、价格等指标。这些指标直接影响发、供电煤耗率的水平及电力企业的经济效益，如：

（1）标准煤单价。

（2）燃料煤热值。

（3）燃料煤水分。

（4）燃料煤灰分。

（5）燃料油质量指标。

（6）进厂煤亏吨率。

（7）进厂煤亏卡率。

（8）煤炭流、资金流。

（9）燃料其他指标等。

2. 标准煤单价

标准煤单价的控制，应是自合同煤标煤准单价到入炉煤标准煤单价的全过程的控制。具体控制项目、内容如下：

（1）合同煤标准煤单价：

1）合同煤标准煤单价（合计）。

2）合同计划煤标准煤单价。

3）合同市场煤标准煤单价。

4）合同其他（汽车）煤标准煤单价。

5）合同燃料油标准煤单价。

（2）矿发煤标准煤单价：

1）矿发煤标准煤单价（合计）。

2）矿发煤标准煤单价（合计）与合同煤标准煤单价（合计）的差值。

3）“矿发”计划煤标准煤单价。

4）“矿发”计划煤标准煤单价与合同计划煤标准煤单价的差值。

5）“矿发”市场煤标准煤单价。

6）“矿发”市场煤标准煤单价与合同市场煤标准煤单价的差值。

7）“矿发”合同其他（汽车）煤标准煤单价。

8）“矿发”合同其他（汽车）煤标准煤单价与合同其他（汽车）煤标准煤单价的差值。

9）“矿发”燃料油标准煤单价。

10）“矿发”燃料油标准煤单价与合同燃料油标准煤单价的差值。

（3）进厂煤标准煤单价：

1）进厂煤标准煤单价（合计）。

2）进厂煤标准煤单价（合计）与矿发煤标准煤单价（合计）的差值。

3）进厂计划煤标准煤单价。

4）进厂计划煤标准煤单价与矿发计划煤标准煤单价的差值。

5）进厂市场煤标准煤单价。

6）进厂市场煤标准煤单价与矿发市场煤标准煤单价的差值。

7）其他（汽车）进厂煤标准煤单价。

8）其他（汽车）进厂煤标准煤单价与矿发合同其他（汽车）煤标准煤单价的差值。

9）燃料油进厂标准煤单价。

10）燃料油进厂标准煤单价与矿发燃料油标准煤单价的差值。

（4）入炉煤标准煤单价：

1）入炉煤标准煤单价（合计）。

2）入炉煤标准煤单价（合计）与进厂煤标准煤单价（合计）的差值。

3）入炉油标准煤单价。

4）入炉油标准煤单价与进厂煤标准煤单价（合计）的差值。

3. 燃料煤热值

（1）合同煤热值：

1）合同煤热值（合计）。

2）合同计划煤热值。

3）合同市场煤热值。

4）合同其他（汽车）煤热值。

5）合同燃料油热值。

（2）矿发煤热值：

1）矿发煤热值（合计）。

2）矿发煤热值（合计）与合同煤热值（合计）的差值。

3）“矿发”计划煤热值。

4）“矿发”计划煤热值与合同计划煤热值的差值。

5）“矿发”市场煤热值。

6）“矿发”市场煤热值与合同市场煤热值的差值。

7）“矿发”其他（汽车）煤热值。

8）“矿发”其他（汽车）煤热值与合同其他（汽车）煤热值的差值。

9）“矿发”燃料油热值。

10）“矿发”燃料油热值与合同燃料油热值的差值。

（3）进厂煤热值：

1）进厂煤热值（合计）。

2）进厂煤热值（合计）与矿发煤热值（合计）的差值。

3）进厂计划煤热值。

4）进厂计划煤热值与矿发计划煤热值的差值。

5）进厂市场煤热值。

6）进厂市场煤热值与矿发市场煤热值的差值。

7）进厂其他（汽车）煤热值。

8）进厂其他（汽车）煤热值与矿发其他（汽车）煤热值的差值。

9）进厂燃料油热值。

10）进厂燃料油热值与矿发燃料油热值的差值。

（4）入炉煤热值：

1）入炉煤热值。

2）入炉煤热值与进厂煤热值（合计）的差值。

3）入炉燃料油热值。

4）入炉燃料油热值与进厂燃料油热值的差值。

4. 燃料煤水分

（1）合同煤水分：

1）合同煤水分（合计）。

2）合同计划煤水分。

3）合同市场煤水分。

4）合同其他（汽车）煤水分。

5）合同燃料油水分。

（2）“矿发”煤水分：

1）“矿发”煤水分（合计）。

2）“矿发”煤水分（合计）与合同煤水分（合计）的差值。

3）“矿发”计划煤水分。

4）“矿发”计划煤水分与合同计划煤热值水分的差值。

5）“矿发”市场煤水分。

6）“矿发”市场煤水分与合同市场水分煤水分的差值。

7）“矿发”其他（汽车）煤水分。

8）“矿发”其他（汽车）煤水分与合同其他（汽车）煤水分的差值。

9）“矿发”燃料油水分。

10）“矿发”燃料油水分与入炉燃料油热值的差值。

（3）进厂煤水分：

1）进厂煤水分（合计）。

2）进厂煤水分（合计）与矿发煤水分（合计）的差值。

3）进厂计划煤水分。

4）进厂计划煤水分与矿发计划煤水分的差值。

5）进厂市场煤水分。

6）进厂市场煤水分与矿发市场煤水分的差值。

7）进厂其他（汽车）煤水分。

8）进厂其他（汽车）煤水分与矿发其他（汽车）煤水分的差值。

9）进厂燃料油水分。

10）进厂燃料油水分与矿发燃料油水分的差值。

（4）入炉煤水分：

1）入炉煤水分。

2）入炉煤水分与进厂煤水分（合计）的差值。

3）入炉油水分。

4）入炉油水分与进厂燃料油水分的差值。

5. 燃料煤灰分

（1）合同煤灰分：

1）合同煤灰分（合计）。

2）合同计划煤灰分。

3）合同市场煤灰分。

4）合同其他（汽车）煤灰分。

（2）矿发煤灰分：

1）矿发煤灰分（合计）。

2）矿发煤灰分（合计）与合同煤灰分（合计）的差值。

3）“矿发”计划煤灰分。

4）“矿发”计划煤灰分与合同计划煤灰分的差值。

5）“矿发”市场煤灰分。

6）“矿发”市场煤灰分与合同市场煤灰分的差值。

7）“矿发”其他（汽车）煤灰分。

8）“矿发”其他（汽车）煤灰分与合同其他（汽车）煤煤灰分的差值。

（3）进厂煤灰分：

1）进厂煤灰分（合计）。

2）进厂煤灰分（合计）与矿发煤灰分（合计）的差值。

3）进厂计划煤灰分。

4）进厂煤灰分与“矿发”计划煤灰分的差值。

5）进厂市场煤灰分。

6）进厂市场煤灰分与“矿发”市场煤灰分的差值。

7）进厂其他（汽车）煤灰分。

8）进厂煤灰分与“矿发”其他（汽车）煤灰分的差值。

（4）入炉煤灰分：

1）入炉煤灰分。

2）入炉煤灰分与进厂煤灰分（合计）的差值。

6. 燃料油质量指标

（1）燃料油热值。

（2）燃料油水分。

7. 进厂煤炭亏吨率

（1）进厂煤炭亏吨率（合计）。

（2）进厂计划煤炭亏吨率。

（3）进厂市场煤炭亏吨率。

(4) 进厂其他(汽车)煤炭亏吨率。
(5) 进厂燃料油亏吨率。
8. 进厂煤亏卡率
(1) 进厂煤亏卡率(合计)。
(2) 进厂计划煤亏卡率。
(3) 进厂市场煤亏卡率。
(4) 进厂其他(汽车)煤亏卡率。
(5) 进厂燃料油亏吨率。
9. 煤炭流、资金流
(1) 煤炭流:
1) 上期未付款煤数量。
2) 本期已收煤数量。
3) 本期已承付煤款煤量。
4) 本期未付款煤数量。
(2) 资金流:
1) 上期未付款煤资金。
2) 本期已收煤资金。
3) 本期已承付煤款资金。
4) 本期未付款煤资金。
10. 燃料其他指标
(1) 进厂煤数量指标:
1) 检斤率。
2) 检斤合格率。
(2) 进厂煤质量指标:检质率。
(3) 燃料工作定性指标:
1) 进厂煤取样的正确性(抽查)。
2) 入炉煤取样的正确性(抽查)。
3) 入炉煤称重的代表性(称重后不可有除尘浇水)。
4) 入炉煤取样的代表性(取样点后不可有除尘浇水)。

二、燃料经济指标统计、分析表

标准煤单价统计分析表见表8-6。

表8-6　标准煤单价统计分析表

填报单位:　　　　填报日期:　　年　　月　　日

序号	燃煤性质	合同	矿发	矿发与合同差值	进厂	进厂与矿发差值	入炉	入炉与进厂差值
		①	②	③=①-②	④	⑤=②-④	⑥	⑦=④-⑥
1	计划煤						—	—
2	市场煤						—	—
3	其他(汽车)煤						—	—

续表

序号	燃煤性质	合同	矿发	矿发与合同差值	进厂	进厂与矿发差值	入炉	入炉与进厂差值
		①	②	③=①-②	④	⑤=②-④	⑥	⑦=④-⑥
4							—	—
5	燃料煤合计							
6	燃料油							
⋮								
平均								

注　标准煤单价单位：元/t；表中各数值用加权平均计算，精确到小数点后两位。

公司主管：　　燃料主管：　　审核人：　　填报人：

计划煤标准煤单价统计分析表见表8-7。

表8-7　　计划煤标准煤单价统计分析表

填报单位：　　　　填报日期：　　年　　月　　日

序号	矿　别	合同	矿发	矿发与合同差值	进厂	进厂与矿发差值
		①	②	③=①-②	④	⑤=②-④
1						
2						
3						
⋮						
平均						

注　标准煤单价单位：元/t；表中各数值用加权平均计算，精确到小数点后两位。

燃料主管：　　审核人：　　填报人：

市场煤标准煤单价统计分析表见表8-8。

表8-8　　市场煤标准煤单价统计分析表

填报单位：　　　　填报日期：　　年　　月　　日

序号	矿　别	合同	矿发	矿发与合同差值	进厂	进厂与矿发差值
		①	②	③=①-②	④	⑤=②-④
1						
2						
3						
⋮						
平均						

注　标准煤单价单位：元/t；表中各数值用加权平均计算，精确到小数点后两位。

燃料主管：　　审核人：　　填报人：

其他（汽车）煤标准煤单价统计分析表见表8-9。

表 8－9　　其他（汽车）煤标准煤单价统计分析表

填报单位：　　　　　　　　　　　　　　　　填报日期：　　　年　　月　　日

序号	矿　别	合同	矿发	矿发与合同差值	进厂	进厂与矿发差值
		①	②	③＝①－②	④	⑤＝②－④
1						
2						
3						
⋮						
平均						

注　标准煤单价单位：元/t；表中各数值用加权平均计算，精确到小数点后两位。

燃料主管：　　　　　　　　审核人：　　　　　　　　填报人：

燃料煤热值统计分析表见表 8－10。

表 8－10　　燃料煤热值统计分析表

填报单位：　　　　　　　　　　　　　　　　填报日期：　　　年　　月　　日

序号	燃煤性质	合同	矿发	矿发与合同差值	进厂	进厂与矿发差值	入炉	入炉与进厂差值
		①	②	③＝①－②	④	⑤＝②－④	⑥	⑦＝④－⑥
1	计划煤						—	—
2	市场煤						—	—
3	其他（汽车）煤						—	—
4							—	—
5							—	—
⋮							—	—
平均								

注　热值单位：kJ/kg；表中各数值用加权平均计算，精确到小数点后两位。

公司主管：　　　　　　燃料主管：　　　　　　审核人：　　　　　　填报人：

计划煤热值统计分析表见表 8－11。

表 8－11　　计划煤热值统计分析表

填报单位：　　　　　　　　　　　　　　　　填报日期：　　　年　　月　　日

序号	矿　别	合同	矿发	矿发与合同差值	进厂	进厂与矿发差值
		①	②	③＝①－②	④	⑤＝②－④
1						
2						
3						
⋮						
平均						

注　热值单位：kJ/kg；表中各数值用加权平均计算，精确到小数点后两位。

燃料主管：　　　　　　　　审核人：　　　　　　　　填报人：

市场煤热值统计分析表见表 8－12。

表 8－12　　市场煤热值统计分析表

填报单位：　　　　　　　　　　　　　　　　　　填报日期：　　　年　　月　　日

序号	矿　别	合同	矿发	矿发与合同差值	进厂	进厂与矿发差值
		①	②	③＝①－②	④	⑤＝②－④
1						
2						
3						
⋮						
平均						

注　热值单位：kJ/kg；表中各数值用加权平均计算，精确到小数点后两位。

燃料主管：　　　　　　　　　审核人：　　　　　　　　　填报人：

其他（汽车）煤热值统计分析表见表 8－13。

表 8－13　　其他（汽车）煤热值统计分析表

填报单位：　　　　　　　　　　　　　　　　　　填报日期：　　　年　　月　　日

序号	矿　别	合同	矿发	矿发与合同差值	进厂	进厂与矿发差值
		①	②	③＝①－②	④	⑤＝②－④
1						
2						
3						
⋮						
平均						

注　热值单位：kJ/kg；表中各数值用加权平均计算，精确到小数点后两位。

燃料主管：　　　　　　　　　审核人：　　　　　　　　　填报人：

燃料煤水分统计分析表见表 8－14。

表 8－14　　燃料煤水分统计分析表

填报单位：　　　　　　　　　　　　　　　　　　填报日期：　　　年　　月　　日

序号	燃煤性质	合同	矿发	矿发与合同差值	进厂	进厂与矿发差值	入炉	入炉与进厂差值
		①	②	③＝①－②	④	⑤＝②－④	⑥	⑦＝④－⑥
1	计划煤						—	—
2	市场煤						—	—
3	其他（汽车）煤						—	—
4							—	—
5							—	—
⋮							—	—
平均								

注　水分单位：%；表中各数值用加权平均计算，精确到小数点后两位。

公司主管：　　　　　燃料主管：　　　　　审核人：　　　　　填报人：

计划煤水分统计分析表见表 8－15。

表 8－15　　计划煤水分统计分析表

填报单位：　　　　　　　　　　　　　　　　填报日期：　　　年　　月　　日

序号	矿　别	合同	矿发	矿发与合同差值	进厂	进厂与矿发差值
		①	②	③＝①－②	④	⑤＝②－④
1						
2						
3						
⋮						
平均						

注　水分单位：%；表中各数值用加权平均计算，精确到小数点后两位。

燃料主管：　　　　　　审核人：　　　　　　填报人：

市场煤水分统计分析表见表 8－16。

表 8－16　　市场煤水分统计分析表

填报单位：　　　　　　　　　　　　　　　　填报日期：　　　年　　月　　日

序号	矿　别	合同	矿发	矿发与合同差值	进厂	进厂与矿发差值
		①	②	③＝①－②	④	⑤＝②－④
1						
2						
3						
⋮						
平均						

注　水分单位：%；表中各数值用加权平均计算，精确到小数点后两位。

燃料主管：　　　　　　审核人：　　　　　　填报人：

其他（汽车）煤水分统计分析表见表 8－17。

表 8－17　　其他（汽车）煤水分统计分析表

填报单位：　　　　　　　　　　　　　　　　填报日期：　　　年　　月　　日

序号	矿　别	合同	矿发	矿发与合同差值	进厂	进厂与矿发差值
		①	②	③＝①－②	④	⑤＝②－④
1						
2						
3						
⋮						
平均						

注　水分单位：%；表中各数值用加权平均计算，精确到小数点后两位。

公司主管：　　　　　　燃料主管：　　　　　　审核人：　　　　　　填报人：

燃料煤灰分统计分析表见表 8－18。

表 8－18　　**燃料煤灰分统计分析表**

填报单位：　　　　　　　　　　　　　　　　　填报日期：　　年　　月　　日

序号	燃煤性质	合同	矿发	矿发与合同差值	进厂	进厂与矿发差值	入炉	入炉与进厂差值
		①	②	③＝①－②	④	⑤＝②－④	⑥	⑦＝④－⑥
1	计划煤						—	—
2	市场煤						—	—
3	其他（汽车）煤						—	—
4							—	—
5							—	—
⋮								
平均								

注　水分单位:%；表中各数值用加权平均计算，精确到小数点后两位。

公司主管：　　　　燃料主管：　　　　审核人：　　　　填报人：

计划煤灰分统计分析表见表 8－19。

表 8－19　　**计划煤灰分统计分析表**

填报单位：　　　　　　　　　　　　　　　　　填报日期：　　年　　月　　日

序号	矿　别	合同	矿发	矿发与合同差值	进厂	进厂与矿发差值
		①	②	③＝①－②	④	⑤＝②－④
1						
2						
3						
⋮						
平均						

注　水分单位:%；表中各数值用加权平均计算，精确到小数点后两位。

公司主管：　　　　燃料主管：　　　　审核人：　　　　填报人：

市场煤灰分统计分析表见表 8－20。

表 8－20　　**市场煤灰分统计分析表**

填报单位：　　　　　　　　　　　　　　　　　填报日期：　　年　　月　　日

序号	矿　别	合同	矿发	矿发与合同差值	进厂	进厂与矿发差值
		①	②	③＝①－②	④	⑤＝②－④
1						
2						
3						
⋮						
平均						

注　水分单位:%；表中各数值用加权平均计算，精确到小数点后两位。

公司主管：　　　　燃料主管：　　　　审核人：　　　　填报人：

其他（汽车）煤灰分统计分析表见表 8－21。

表 8－21　　其他（汽车）煤灰分统计分析表

填报单位：　　　　填报日期：　　年　　月　　日

序号	矿　别	合同	矿发	矿发与合同差值	进厂	进厂与矿发差值
		①	②	③＝①－②	④	⑤＝②－④
1						
2						
3						
⋮						
平均						

注　水分单位：%；表中各数值用加权平均计算，精确到小数点后两位。

公司主管：　　燃料主管：　　审核人：　　填报人：

燃料煤盈吨、亏吨、亏卡统计表见表 8－22。

表 8－22　　燃料煤盈吨、亏吨、亏卡统计表

填报单位：　　　　填报日期：　　年　　月　　日

序号	燃煤性质	来煤量	盈吨		亏吨		亏卡	
			煤量	率	煤量	率	煤量	率
		t	t	%	t	%	t	%
1	计划煤							
2	市场煤							
3	其他（汽车）煤							
4								
⋮								
平均								

注　表中各数值用加权平均计算，精确到小数点后两位。

公司主管：　　燃料主管：　　审核人：　　填报人：

计划煤盈吨、亏吨、亏卡统计表见表 8－23。

表 8－23　　计划煤盈吨、亏吨、亏卡统计表

填报单位：　　　　填报日期：　　年　　月　　日

序号	矿　别	来煤量	盈吨		亏吨		亏卡	
			煤量	率	煤量	率	煤量	率
		t	t	%	t	%	t	%
1								
2								
3								
4								
⋮								
平均								

注　表中各数值用加权平均计算，精确到小数点后两位。

燃料主管：　　审核人：　　填报人：

市场煤盈吨、亏吨、亏卡统计表见表 8－24。

表 8－24　　市场煤盈吨、亏吨、亏卡统计表

填报单位：　　　　　　　　　　　　　　　　填报日期：　　年　　月　　日

序号	矿　别	来煤量	盈吨		亏吨		亏卡	
			煤量	率	煤量	率	煤量	率
		t	t	%	t	%	t	%
1								
2								
⋮								
平均								

注　表中各数值用加权平均计算，精确到小数点后两位。

公司主管：　　　　燃料主管：　　　　审核人：　　　　填报人：

其他（汽车）煤盈吨、亏吨、亏卡统计表见表 8－25。

表 8－25　　其他（汽车）煤盈吨、亏吨、亏卡统计表

填报单位：　　　　　　　　　　　　　　　　填报日期：　　年　　月　　日

序号	矿　别	来煤量	盈吨		亏吨		亏卡	
			煤量	率	煤量	率	煤量	率
		t	t	%	t	%	t	%
1								
2								
⋮								
平均								

注　表中各数值用加权平均计算，精确到小数点后两位。

公司主管：　　　　燃料主管：　　　　审核人：　　　　填报人：

燃料油标准煤单价统计分析表见表 8－26。

表 8－26　　燃料油标准煤单价统计分析表

填报单位：　　　　　　　　　　　　　　　　填报日期：　　年　　月　　日

序号	油品种类	合同	矿发	矿发与合同差值	进厂	进厂与矿发差值	入炉	入炉与进厂差值
		①	②	③＝①－②	④	⑤＝②－④	⑥	⑦＝④－⑥
1							—	—
2							—	—
平均								

注　标准煤单价单位：元/t；表中各数值用加权平均计算，精确到小数点后两位。

公司主管：　　　　燃料主管：　　　　审核人：　　　　填报人：

煤炭流、资金流统计分析表见表 8－27。

表 8－27　煤炭流、资金流统计分析表

填报单位：　　　　　　　　　　　　　　　　　　　　填报日期：　　年　月　日

燃料	上期末付		本期收		本期承付		本期末付		期末比较	
	数量	资金	数量	资金	数量	资金	数量	资金	数量	资金
	t	万元	t	万元	t	万元	t	万元	t	万元
燃煤										
燃油										

注　期末截止日期为盘煤前一天的已卸煤和已付款的煤量。

公司主管：　　　　燃料主管：　　　　审核人：　　　　填报人：

三、燃料经济指标填报提要

（一）燃料数量指标

1. 燃料数量（计划→矿发→进厂→入炉全过程管理）

（1）合同煤量。

1）计划煤量：国家年度定货会议分配，主管公司核定的年度计划电煤量。

2）市场煤量：国家年度定货会议分配，主管公司核定的年度市场煤量。

3）其他（汽车）煤量。

（2）矿发煤量。以供货方矿发大票为准。

（3）进厂煤量。

1）进厂煤量以称重计量煤量为准者，不可扣除运损，以进厂煤称重煤量为准记账，为进入煤场的煤量。

2）进厂煤量以矿发大票煤量为准记账时，按规定扣除运损后，为进入煤场的煤量。如有盈吨、亏吨煤量，则盈吨、亏吨煤量按规定处理。

（4）入炉煤量。

1）入炉煤以称重（皮带秤、料斗秤）装置称重为准者，称重装置后不可有除尘浇水，否则称重煤量不准，不能代表真正进入锅炉燃烧的实际煤重量。

2）反平衡计算煤耗率时，计算发电用天然煤的热值，必须是进入锅炉燃烧的实际热值，即入炉煤取样点后不可有除尘浇水，否则进入锅炉燃烧煤的热值将不准，不能代表真正进入锅炉燃烧的煤炭实际热量。

（5）燃油量。

1）矿发油量：以炼油厂发票油量为准。

2）进厂油量：进厂油量以称重计量为准者，不可扣除运损。以进厂称重油量为准记账，为进入油罐的油量；进厂油量以炼油厂发票油量为准记账时，按规定扣除运损后，为进入油罐的油量。如有盈吨、亏吨油量，则盈吨、亏吨油量按规定处理。

3）锅炉启动用油量：是指锅炉除 A、B、C 三级检修外的机组正常启动用油量，进入发电成本，进入发电煤耗率；A、B、C 三级检修后启动用油、各种试验用油，则进入检修成本，不计入发电煤耗率。

4）锅炉助燃用油：是指锅炉正常运行中，为稳定锅炉燃烧，确保机组正常发电用的助燃油。

5）其他用油量，按用途出账，不计入发电煤耗率。

2. 运损

（1）进厂煤量以进厂称重装置为准时，不可计算燃料煤运输途中的运输损失煤量。

（2）进厂煤量以矿发大票煤量计算发电用煤时，燃料煤运输途中的运输损失率由上级主管审定或认可。运输途中的燃料损失量，一律以矿发大票煤量为准进行计算。运损煤量只计入成本，不计入发电煤耗率。

3. 存损

不论月末煤场盘煤是亏煤还是盈煤，一律按日均、月平均存煤量的0.5%计算扣除。存损煤量则计入成本，不计入发电煤耗率。

4. 非生产用能

（1）非生产用能规定。按行业煤耗计算办法中"要严格分开发电（供热）用能与非生产用能的规定"，下列用电量及燃料消耗量（或用汽折算的燃料量）不计入煤耗：

1）新设备或大修后设备的烘炉、煮炉、暖机、空载运行的电力和燃料的消耗量。

2）新设备在未移交生产前带负荷试运行期间耗用的电量和燃料。

3）计划大修以及基建、更改工程施工用的电力和燃料。

4）做热力试验和其他试验的机组，在试验期间由于经常变化调整操作而多耗用的电力和燃料，可按该机组前5天的平均热效率和厂用电率计算。

5）发电机作调相机运行时耗用的电力和燃料。

6）厂外运输用自备机车、船舶等耗用的电力和燃料。

7）输配电用的升、降压变压器（不包括厂用变压器），变波机，调相机等消耗的电力。

8）修配车间、副业、综合利用及非生产用（食堂、宿舍、幼儿园、学校、医院、服务公司和办公室等）的电力和燃料。

（2）非生产用能计量点的计量装置必须配置齐全，并按规定效验。

（3）非生产用能计量装置的配备率、检测率、计量率均需达到100%。

（4）暂时未安装计量装置的非生产用能，可用分析、估计推算，但必须有详细的计算文件备查。

（5）非生产用能要有日记录，月、年统计台账（卡片）。

（6）发电设备、系统检修等电厂自用非发电（生产）用能，则计入发电成本，不计入煤耗。

（7）基（扩）建、三产、生活区等用能，不计入供电煤耗，并按规定收费，冲减发电成本。

5. 发电用煤量

发电用的天然煤量、标准煤量，燃料、统计、财务等各有关部门的数据要一致，并每季度核对一次。

6. 其他直接用能

（1）机组检修用能。

（2）调出（矿发未收）。

（3）其他单位或其他用途的煤量。

7. 煤炭流、资金流［月末盘煤计算中的暂估（收）煤量］

用“煤炭（实物）流、资金流”替代“月末盘煤计算中暂估（收）煤量”。月末暂估（收）煤量，燃料、财务等各有关部门的数据一致。建议：建立“月煤炭流、资金流报表、台账”。

8. 煤堆（罐）存煤比重

月末煤场盘煤、煤堆结存煤量、计算用比重（存煤堆积密度），最好自建厂开始用累计平均计算应遵循一贯性原则。老厂一般应追溯到10年以前的记录。如盘煤当月煤堆存煤比重要有5%及以上升高的调整，则必须有引起存煤量较大的变化，应有煤种煤质比重的测试报告，并报告主管上级备案。

9. 水分差调整

（二）燃料质量指标（合同→矿发→进厂→入炉全过程管理）

1. 燃料热值

（1）合同约定的煤炭热值。以年度（或每次）与煤炭供应方签订购货合同时约定的煤炭热值为准。合同中应约定煤炭热值低于合同约定时的规定。

（2）矿发燃料热值。以煤炭供应方，按批提供的化验报告数值为准。

（3）进厂燃料热值以进厂燃料取样化验热值为准。煤样要有代表性，取样、制样方法应正确。

（4）入炉燃料热值。以入炉前燃料取样化验热值为准。煤样要有代表性，取样、制样方法应正确。

2. 燃料煤水分

（1）合同煤水分。以供应方合同水分为准。

（2）矿发燃料水分。以供应方化验报告提供的数值为准。

（3）进厂燃料水分。以进厂燃料取样化验水分为准。煤样要有代表性，取样、制样方法应正确。

（4）入炉燃料水分。以入炉前燃料取样化验水分为准。煤样要有代表性，取样、制样方法应正确。

（三）标准煤单价分析建议（合同→矿发→进厂→入炉全过程管理）

1. 合同标准煤单价

应分清煤种煤量权数、煤种煤价构成变化的影响，燃料煤、燃料燃油分别计算和整体计算。

2. 矿发标准煤单价

应分清煤种煤量权数、煤种煤价构成变化的影响值。

3. 进厂标准煤单价

应分清煤种煤量权数、煤种煤价构成变化的影响值。

4. 入炉标准煤单价

（四）燃料指标综合分析建议

1. 燃料数量指标平衡分析

2. 燃料热值指标平衡分析

3. 燃料水分指标平衡分析

4. 燃料灰分指标平衡分析

5. 燃料标准煤单价平衡分析

（1）合同标准煤单价与矿发标准煤单价。

（2）进厂标准煤单价与矿发标准煤单价。

（3）入炉标准煤单价与进厂标准煤单价。

（4）燃料热值（水分分、灰分）指标对标准煤单价的影响。

（5）进厂煤亏吨对标准煤单价的影响。

（五）分析用模拟单位发电成本的计算

火力发电厂的发电燃料成本占发电总成本的50% ~70%，再加上燃料成本的影响因素多，特别是人为因素影响与操作。因此，管好发电燃料成本的意义重大。要管好发电燃料成本，在燃料管理工作中要控制并管好燃料成本，应管好定货合同、矿发、进厂、入炉“四个阶段、三个过程”的标准煤单价及热值、水分、灰分等质量、数量指标。其中，最关键的是要掌握日到达煤种煤价的构成的发电用标煤单价，并计算日、月模拟发电成本，看与定货合同是否一致。此思路、方法已在某公司编程使用，使用情况良好。现介绍、讨论如下，供燃料、发电成本管理者参考、研究、拓展。

1. 合同煤热值计算

$$Q_{net,ar}^{ht}=\sum(Q_{net,ar}^{jh}\times m_{ht}+Q_{net,ar}^{sh}\times m_{sh}+Q_{net,ar}^{qh}\times m_{qh})\tag{8-20}$$

或

$$Q_{net,ar}^{ht}=\frac{\sum(Q_{net,ar}^{jh}\times B_{jh}+Q_{net,ar}^{sh}\times B_{sh}+Q_{net,ar}^{qh}\times B_{qh})}{B_{jh}+B_{sh}+B_{qh}}\tag{8-21}$$

式中　$Q_{net,ar}^{ht}$——合同煤收到基平均热值，kJ/kg；

$Q_{net,ar}^{jh}$——计划合同煤收到基热值，kJ/kg；

m_{ht}——计划合同煤量权数；

$Q_{net,ar}^{sh}$——市场合同煤收到基热值，kJ/kg；

m_{sh}——市场合同煤量权数；

$Q_{net,ar}^{qh}$——其他（汽车）合同煤收到基热值，kJ/kg；

m_{qh}——其他（汽车）合同煤量权数；

B_{jh}——计划合同煤量，t；

B_{sh}——市场合同煤量，t；

B_{qh}——其他（汽车）合同煤量，t。

煤量权数计算公式如下

$$m_{qs}=\frac{B_{mz}}{B_{jq}}\tag{8-22}$$

式中　m_{qs}——煤种煤量计算期权数；

B_{mz}——计算期的煤种煤量，t；

B_{jq}——计算期耗用的煤炭总煤量，t。

2. 合同水分计算

$$M_{ar}^{ht} = \sum (M_{ar}^{jh} \times m_{jh} + M_{ar}^{sh} \times m_{sh} + M_{ar}^{qh} \times m_{qh}) \tag{8-23}$$

或

$$M_{ar}^{ht} = \frac{\sum (M_{ar}^{jh} \times B_{jh} + M_{ar}^{sh} \times B_{sh} + M_{ar}^{qh} \times B_{qh})}{B_{jh} + B_{sh} + B_{qh}} \tag{8-24}$$

式中 M_{ar}^{ht}——合同煤收到基平均全水分,%;

M_{ar}^{jh}——计划合同煤收到基全水分,%;

M_{ar}^{sh}——市场合同煤收到基全水分,%;

M_{ar}^{qh}——其他(汽车)合同煤收到基全水分,%。

3. 合同煤灰分计算

$$A_{ar}^{hj} = \sum (A_{ar}^{jh} \times m_{jh} + A_{ar}^{sh} \times B_{sh} + A_{ar}^{qh} \times m_{qh}) \tag{8-25}$$

或

$$A_{ar}^{hj} = \frac{\sum (A_{ar}^{jh} \times B_{jh} + A_{ar}^{sh} \times B_{sh} + A_{ar}^{qh} \times B_{qh})}{B_{jh} + B_{sh} + B_{qh}} \tag{8-26}$$

式中 A_{ar}^{hj}——合同煤收到基平均灰分,%;

A_{ar}^{jh}——计划合同煤收到基灰分,%;

A_{ar}^{sh}——市场合同煤收到基灰分,%;

A_{ar}^{qh}——其他(汽车)合同煤收到基灰分,%。

4. 日收到计划煤热值计算

$$Q_{net,ar}^{ri} = \sum (Q_{net,ar}^{mz} \times m_{mz}) \tag{8-27}$$

式中 $Q_{net,ar}^{ri}$——日收计划煤量收到基日均热值,kJ/kg;

$Q_{net,ar}^{mz}$——日收计划煤煤种热值,kJ/kg;

m_{mz}——日收计划煤煤种煤量权数。

5. 日计划煤水分

$$M_{ar}^{ri} = \sum (M_{ar}^{mz} \times m_{mz}) \tag{8-28}$$

式中 M_{ar}^{ri}——日收计划煤日均收到基水分,%;

M_{ar}^{mz}——日收计划煤煤种收到基水分,%;

m_{mz}——日收计划煤煤种煤量权数。

6. 日计划煤灰分

$$A_{ar}^{ri} = \sum (A_{ar}^{mz} \times m_{mz}) \tag{8-29}$$

式中 A_{ar}^{ri}——日收计划煤日均收到基灰分,%;

A_{ar}^{mz}——日收计划煤煤种收到基灰分,%;

m_{mz}——日收计划煤煤种煤量权数。

7. 月内当日、累计随机模拟发电单位燃料成本的计算方法

月内当日、累计随机模拟发电单位燃料成本,是根据月内日到达、累计燃料指标和月计

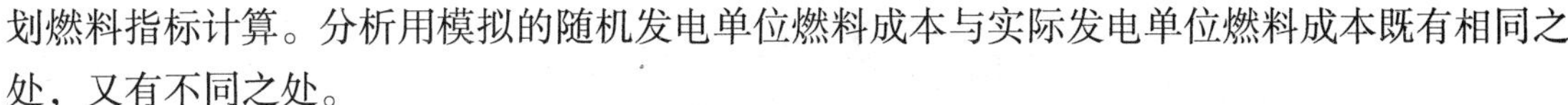

划燃料指标计算。分析用模拟的随机发电单位燃料成本与实际发电单位燃料成本既有相同之处，又有不同之处。

随机发电单位燃料成本与原统计计算的实际发电燃料单位成本的相同之处有以下两点：

其一、两个发电单位燃料成本都是以同一皮带秤称重计量的当天天然煤量为依据计算的。

其二、计算标准煤的天然煤热值是相同的，均是用日机械自动取样化验的热值计算日、月内累计耗用的标准煤量。

随机模拟发电单位燃料成本与原统计计算的实际发电单位燃料成本的不同之处有以下两点：

其一、计算发电单位燃料成本的煤种、煤质不同。随机发电单位燃料成本是用月内日到达、累计燃料指标和月计划燃料指标计算的，是供分析、指导、控制、管理性质的指标，不是实际发生的发电单位燃料成本。

其二、计算发电单位燃料成本用的天然煤单价不相同。随机发电单位燃料成本是以月内日到达、累计燃料煤价为依据进行计算；实际发电燃料单位成本是各公司（厂）按财务发电单位燃料成本规定计算的。

（1）日随机发电单位燃料成本的计算。

1）日随机发电单位燃料成本计算用“入炉（耗用）天然煤量”计算。发电日耗用天然煤量，正常是以皮带秤称重计量为准。因随机的日发电单位燃料成本是以日进厂天然平均单价计算。因此，日发电耗用天然煤量有下列两种情况：

a. 当日进厂的天然煤量等于或大于日发电用煤量（不论当日锅炉燃用的煤是当日进厂的天然煤量，还是储煤场存的煤量）时，日发电耗用天然煤量就取用当日皮带秤称重计量的煤量为计算依据。计算表达式为

$$B_{rcb}^{tr} = B_{rfd}^{pc} \tag{8-30}$$

式中　B_{rcb}^{tr}——日随机发电单位燃料成本计算用当日进厂的天然煤量，t；

B_{rfd}^{pc}——日发电耗用天然煤量（皮带秤称重计量煤量），t。

b. 当日进厂的天然煤量小于日发电用煤量（不论当日锅炉燃用的煤是当日进厂的天然煤量，还是储煤场存的煤量）时，日发电耗用天然煤量为当日进厂的天然煤量加不足部分的月计划煤量。日不足部分的月计划煤量，为日发电皮带秤称重计量煤量减当日进厂的天然煤量。计算表达式为

$$B_{rcb}^{tr} = B_{rjc}^{tr} + \Delta B_{yjh}^{tr} \tag{8-31}$$

式中　B_{rjc}^{tr}——当日进厂的天然煤量，t；

ΔB_{yjh}^{tr}——月计划计煤量，t。

计划预计煤量，是计算当日随机发电单位燃料成本的虚拟、替补煤量，是确保当日随机发电单位燃料成本接近实际的真实水平措施。计算公式如下

$$\Delta B_{yjh}^{tr} = B_{rfd}^{pc} - B_{rjc}^{tr} \tag{8-32}$$

2）当日进厂天然煤综合单价的计算。

a. 当日进厂天然煤量等于或大于日发电用煤量的天然煤综合单价的计算

$$DJ_{ri}^{tm}=\frac{\sum(B_{dr}^{mz}\times DJ_{ri}^{mz})}{\sum B_{ri}^{tm}} \tag{8-33}$$

式中 DJ_{ri}^{tm}——日耗用（入炉）综合天然煤单价，元/t；

B_{dr}^{mz}——日耗用（入炉）煤种天然煤（分煤种）煤量，t；

DJ_{ri}^{mz}——日耗用（入炉）煤种天然煤（分煤种）单价，元/t。

B_{ri}^{tm}——日耗用（入炉）或进厂天然煤煤量，t。

b. 当日进厂的天然煤量小于日发电用煤量的天然煤综合单价的计算

$$DJ_{ri}^{tm}=\frac{\sum(B_{dr}^{mz}\times DJ_{ri}^{mz})+\Delta B_{yjh}^{tr}\times DJ_{yjh}}{\sum B_{ri}^{tm}+\Delta B_{yjh}^{tr}} \tag{8-34}$$

3）日耗用（入炉）天然煤热值的计算。日耗用（入炉）天然煤热值，不论当日进厂天然煤量是小于、等于或大于日发电用煤量三种情况中的任何一种，其日耗用（入炉）天然煤热值均使用当日机械自动采样的热值。

4）日入炉（耗用）标准煤量的计算，公式如下

$$B_{bz}^{ri}=\frac{B_{rcb}^{tr}B_{rl}^{hy}\times Q_{net,ar}^{ri}}{29\ 307.6} \tag{8-35}$$

式中 B_{bz}^{ri}——日入炉（耗用）标准煤量，t；

B_{rcb}^{tr}——计算当日随机发电单位燃料成本用的天然煤（即皮带称重实际入炉煤）量，t；

$Q_{net,ar}^{ri}$——日入炉（耗用）机械自动采样天然煤热值，kJ/kg；

29 307.6——标准煤热值，kJ/kg。

5）日耗用煤炭费用（资金）的计算。当日进厂天然煤量等于或大于日发电用煤量时，日耗用煤炭费用（资金）计算公式为

$$MF_{ri}=\sum(B_{ri}^{tr}\times DJ_{ri}^{tr}) \tag{8-36}$$

式中 MF_{ri}——日用耗用天然煤费用（资金），元；

B_{ri}^{tr}——日用耗用天然煤量，t；

DJ_{ri}^{tr}——日用耗用天然煤煤种单价，元/t。

当日进厂的天然煤量小于日发电用煤量时，日耗用煤炭费用（资金）计算公式为

$$MF_{ri}=\sum(B_{ri}^{tr}\times DJ_{ri}^{tr})+\Delta B_{yjh}^{tr}\times DJ_{yjh} \tag{8-37}$$

式中 ΔB_{yjh}^{tr}——替补的月计划煤量，t；

DJ_{yjh}——月计划天然煤单价，元/t。

6）日耗用（入炉）标准煤单价的计算，公式如下

$$DJ_{ri}^{bm}=\frac{MF_{ri}}{B_{bz}^{ri}} \tag{8-38}$$

7）日随机发电单位成本的计算，公式如下

$$CB_{ri}^{sj}=\frac{MF_{ri}}{W_{ri}^{fd}} \tag{8-39}$$

式中　CB_{ri}^{sj}——日随机发电燃料单位成本，元/kWh；

W_{ri}^{fd}——日发电量，kWh。

(2)月内累计随机模拟发电单位燃料成本的计算。月内累计随机发电燃料单位成本，是衡量和检查该月已收到煤种煤价和月内计划煤种煤价构成的随机发电燃料单位成本水平的方法和手段，是虚拟的，不是实际发生的。随机发电燃料单位成本是用进厂煤炭计算的发电燃料单位成本，可以用来评估、检查、评价发电燃料单位成本水平变化的趋向，供上网电价决策。月实际发生的发电燃料单位成本仍按财务成本计算方法计算。

月内累计随机发电燃料成本的计算，有两种方法(情况)：① 用日燃料费用累计计算至累计日止的随机发电燃料累计单位成本。② 用日累计加剩余日"月计划天然煤单价"计算月内累计随机发电单位成本。

1)用日燃料费用累计计算至累计日止的随机发电燃料累计单位成本。此方法计算的随机发电燃料累计单位成本，在来煤价格构成与月计划比较偏差较大时，随机发电燃料累计单位成本代表性较差。

a. 月内日累计耗用(入炉)天然煤量计算公式

$$B_{lj}^{tr} = \sum_{i=1}^{n} B_{ri}^{tr} \tag{8-40}$$

式中　B_{lj}^{tr}——月内至统计日累计耗用（入炉）天然煤量，t；

B_{ri}^{tr}——日耗用（入炉）天然煤量，t。

b. 月内日累计耗用（入炉）标准煤量计算公式

$$B_{r,lj}^{bz} = \sum_{i=1}^{n} B_{ri}^{bz} \tag{8-41}$$

式中　$B_{r,lj}^{bz}$——月内至统计日累计耗用（入炉）标准煤量，t；

B_{ri}^{bz}——日耗用（入炉）标准煤量，t。

c. 月内日累计耗用（入炉）标准煤单价计算公式

$$DJ_{r,lj}^{bm} = \frac{\sum_{i=1}^{n}(MF_{ri})}{\sum_{i=1}^{n} B_{r,lj}^{bm}} \tag{8-42}$$

或

$$DJ_{r,lj}^{bm} = \frac{\sum_{i=1}^{n}(B_{ri}^{bm} \times DJ_{ri}^{bm})}{\sum_{i=1}^{n} B_{r,lj}^{bm}} \tag{8-43}$$

式中　$DJ_{r,lj}^{bm}$——月内至统计日耗用（入炉）的标准煤单价，元/t；

DJ_{ri}^{bm}——日耗用（入炉）天然煤（分煤种）单价，元/t；

MF_{ri}——日耗用（入炉）天然煤费用（资金），元/t。

d. 月内累计随机发电单位成本计算

$$CB_{lj}^{sj}=\frac{MF_{lj}}{W_{lj}^{fd}} \tag{8-44}$$

式中 CB_{lj}^{sj}——月内累计随机发电单位成本，元/kWh；

MF_{lj}——月内累计发电随机燃料费用，元；

W_{lj}^{fd}——月内累计发电量，kWh。

2）用日累计加剩余日“月计划天然煤单价加权”计算月内累计随机发电单位成本。这种计算方法计算的月内累计随机发电单位成本水平比较稳定。

月内日累计入炉（耗用）实际煤量是指2，3，…，31日止入炉（耗用）天然煤的累计煤量，用作计算累计日止的发电燃料单位成本的累计煤量。有关计算思路、方法如下（供参考、研究、拓展）：

a. 月内日累计耗用（入炉）天然煤热值计算

月内计算累计随机发电单位成本用收到基热值 $Q_{net,ar}^{lj}$ 的计算方法，是至统计日止际累计加剩余日预计加权计算。具体为：

统计日期	日历日期	$Q_{net,ar}^{r,lj}$	实际	+	预计	（日、月平均值）
2	1		（1	+	29）	
3	2		（2	+	28）	
⋮						
29	28					
30	29		（29	+	1）	
下月1日	30		（30	+	0）	

3号统计的2号天然煤热值，等于2天天然煤热值与天然煤量乘积的累计+28天预计天然煤热值与天然煤量的乘积，除以2天天然煤量+28天预计日均天然煤量，计算公式如下

$$Q_{net,ar}^{lj}=\frac{\sum(B_{r,jc}^{mz}\times Q_{net,ar}^{rjc,mz})+\sum(\Delta B_{yjh}\times Q_{net,ar}^{yjh})}{\sum B_{r,jc}^{mz}+\Delta B_{yjh}} \tag{8-45}$$

式中 $Q_{net,ar}^{lj}$——月内至统计日止累计耗用（入炉）的天然煤日平均热值，kJ/kg；

$B_{r,jc}^{mz}$——日进厂煤种煤量，t；

$Q_{net,ar}^{rjc,mz}$——日耗用（进厂－入炉）天然煤煤种热值，kJ/kg；

ΔB_{yjh}——月内剩余日预计尚需耗用的天然煤量，t；

$Q_{net,ar}^{yjh}$——月内剩余日预计尚需耗用天然煤的计划煤热值，kJ/kg。

b. 月内累计随机发电用天然煤费用（资金）

$$MF_{lj}=\sum(B_{ri,mz}^{tr}\times DJ_{ri,mz}^{tr})+\Delta B_{yjh}\times DJ_{yjh} \tag{8-46}$$

式中 MF_{lj}——月累计用耗用天然煤费用（资金），元；

$B_{ri,mz}^{tr}$——日用耗用天然煤量，t；

$DJ_{ri,mz}^{tr}$——日用耗用天然煤煤种单价，元/t；

DJ_{yjh}——月计划天然煤单价，元/t。

c. 月内累计随机发电单位成本计算

$$CB_{lj}^{sj}=\frac{MF_{lj}}{W_{lj}^{fd}} \tag{8-47}$$

式中 CB_{lj}^{sj}——月内累计随机发电单位成本，元/kWh；

MF_{lj}——月内累计发电随机燃料费用，元；

W_{lj}^{fd}——月内累计发电量，kWh。

d. 全月进厂标准煤量

$$B_{qy}^{bm}=\frac{\sum(B_{mz}^{tr}\times Q_{net,ar}^{mz})}{29\ 307.6} \tag{8-48}$$

式中 B_{qy}^{bm}——全月进厂标准煤量，t；

B_{mz}^{tr}——全月进厂各天然煤种煤量，t；

$Q_{net,ar}^{mz}$——全月进厂各天然煤种平均热值，kJ/kg。

e. 全月标准煤单价

$$DJ_{qy}^{bz}=\frac{B_{mz}^{tr}\times DJ_{mz}^{tr}}{B_{qy}^{bm}} \tag{8-49}$$

式中 DJ_{qy}^{bz}——全月标准煤单价，元/t；

B_{mz}^{tr}——全月各煤种进厂天然煤量，t；

DJ_{mz}^{tr}——全月进厂各天然煤种煤价，元/t。

四、煤炭质量指标的影响因素

（一）标准煤单价影响因素（以进厂实收煤量为依据或以矿发大票数量为准）

1. 矿发煤标煤单价影响因素

（1）矿发煤数量不准：

1）矿发煤计量不准。

2）矿发煤计装置不准（误差大）。

3）矿发时装煤量不够。

4）车皮装煤线划得不准。

（2）矿发煤热值：

1）矿发煤水分的正确性、代表性。

2）矿发煤灰分的正确性、代表性。

3）矿发煤人为责任的未按规定取样，煤样无代表性。

（3）矿发燃料油标煤单价：

1）矿发油计量的准确性。

2）矿发燃料油水分代表性、准确性。

2. 进厂煤标煤单价影响因素（以进厂实收煤量为依据或以矿发大票数量为准）

（1）进厂煤数量：

1）进厂煤计量不准。

2）进厂煤亏吨。

3）进厂煤车皮、汽车未卸尽（特别是冬天冻煤）。

4）进厂煤人为未卸（或未卸尽），即排空车。

5）运煤车皮内装有大石块、石子等大量杂物，未索赔。

6）存损计算的正确性、可比性。

7）运输损失计算、处理的正确性。

a. 以矿发大票数量记账，一律按规定扣运损。

b. 以进厂煤检斤数量记账，一律不可扣运损。

8）亏吨、亏卡矿方赔偿账务、计算处理的正确性。

（2）进厂煤热值：

1）进厂煤水分的正确性、代表性。

2）进厂煤灰分的正确性、代表性。

3）进厂煤人为责任的未按规定取样，煤样无代表性。

（3）进厂燃料油标准煤单价的影响因素。

1）进厂油计量的准确性。

2）进厂燃料油水分的代表性、准确性。

3. 入炉煤标准煤单价影响因素

（1）入炉煤数量：

1）入炉煤计量不准。

2）入炉煤量不正确（煤量计量装置后有浇水）。

3）反平衡计算煤量不准。

a. 反平衡计算发电煤耗率。

a）反平衡计算锅炉效率不准。

b）汽轮机效率不准。

c）管道效率不准。

b. 反平衡计算锅炉效率不准。

a）锅炉效率计算公式的正确性。

b）飞灰损失计算。

c）粗灰损失计算。

d）漏风系数的影响。

e）计算用参数表计的准确性。

f）计算用参数测点位置的正确性、代表性。

g）送风机入口风温度（送风机进口处的冷风温度）。

h）锅炉出口氧量。

c. 汽轮机效率不准。

a）汽轮机效率计算公式的正确性。

b）再热蒸汽流量系数。

c）再热蒸汽减温水。

d）计算用参数表计的准确性。

e）计算用参数测点位置的正确性。

f）主蒸汽参数。

g）再热蒸汽参数。

h）给水温度。

d. 管道效率不准。

a）估算、取值不准。

b）设备管道泄漏状况变化。

c）补水率水平变化。

d）高温设备、管道保温状况变化。

（2）入炉煤热值：

1）入炉煤水分的正确性、代表性。

2）入炉煤灰分的正确性、代表性。

3）入炉煤人为责任的未按规定取样，煤样无代表性。

（3）入炉油标准煤单价的影响因素。

1）入炉油计量的准确性。

2）入炉燃料油水分的代表性、准确性。

（二）燃料煤热值影响因素

1. 矿发煤热值影响因素

（1）矿发煤取样代表性不够：

1）取样点数不够。

2）取样深度不够。

3）取样量不够。

4）未按规定取样（随手、随地取点煤样，特别是冬天、夜间）。

5）样品代表性不够。

6）煤炭装车时，车皮底部装劣质煤，车皮表面装优质煤。

7）原煤样保存不好，水分丢失。

（2）制样未按规定缩分。

（3）制样称重不准。

（4）化验结果计算不准。

（5）化验结果记录笔误。

（6）矿发燃料油热值的影响因素。

（7）矿发燃料油水分的代表性。

2. 进厂煤热值的影响因素

（1）进厂煤取样代表性不够。

1）取样点数不够。

2）取样深度不够。

3）取样量不够。

4）未按规定取样（随手、随地取点煤样，特别是冬天、夜间）。

5）样品代表性不够。

6）装车后或运输途中燃煤水分增加。

7）原煤样保存不好，水分丢失。

（2）制样未按规定缩分。

（3）制样称重不准。

（4）化验结果计算不准。

（5）化验结果记录笔误。

（6）进厂燃料油热值影响因素。

（7）进厂油水分的代表性。

3. 入炉煤热值影响因素

（1）入炉煤取样代表性不够：

1）人工取样次数不够。

2）取样量不够。

3）未按规定取样。

4）样品代表性不够。

5）原煤样保存不好，水分丢失。

6）取样点后有浇水，入炉煤水分较取样点高。

（2）制样未按规定缩分。

（3）制样称重不准。

（4）化验结果计算不准。

（5）化验结果记录笔误。

（6）入炉燃料油热值影响因素。

（7）入炉油水分的代表性。

（三）燃料煤水分的影响因素

1. 矿发煤水分的影响因素

（1）矿发煤取样代表性不够：

1）取样点数不够。

2）取样深度不够。

3）取样量不够。

4）未按规定取样。

5）样品代表性不够。

6）煤炭装车时，车皮底部装劣质煤，车皮表面装优质煤。

7）原煤样保存不好，水分丢失。

（2）制样未按规定缩分。

（3）制样称重不准。

（4）化验结果计算不准。

（5）化验结果记录笔误。

（6）矿发燃料油水分：

1）矿发燃料油装车前，油在油罐停留时间短，水未被排出。

2）化验油取样时水分偏低。

2. 进厂煤水分影响因素

（1）进厂煤取样代表性不够：

1）取样点数不够。

2）取样深度不够。

3）取样量不够。

4）未按规定取样（随手、随地取点煤样，特别是冬天、夜间）。

5）样品代表性不够。

6）装车后或运输途中燃煤水分增加。

7）原煤样保存不好，水分丢失。

（2）制样未按规定缩分。

（3）制样称重不准。

（4）化验结果计算不准。

（5）化验结果记录笔误。

（6）进厂燃料油水分影响因素：

1）进厂时水中水分已开始向底部沉积。

2）进厂时取样油水分偏低。

3. 入炉煤水分影响因素

（1）入炉煤取样代表性不够：

1）人工取样次数不够。

2）取样量不够。

3）未按规定取样。

4）样品代表性不够。

5）原煤样保存不好，水分丢失。

6）取样点后有浇水，入炉煤水分较取样点高。

（2）制样未按规定缩分。

（3）制样称重不准。

（4）化验结果计算不准。

（5）化验结果记录笔误。

（6）入炉油水分影响因素：

1）油罐水分沉积在底部，被排掉。

2）油罐水分在底部，入炉油取样水分偏低。

（四）燃料煤灰分的影响因素

1. 矿发煤灰分的影响因素

（1）进厂煤取样代表性不够：

1）取样点数不够。

2）取样深度不够。

3）取样量不够。

4）未按规定取样。

5）样品代表性不够。

6）煤炭装车时，车皮底部装劣质煤，车皮表面装优质煤。

（2）制样未按规定缩分。

（3）制样称重不准。

（4）化验结果计算不准。

（5）化验结果记录笔误。

2. 进厂煤灰分的影响因素

（1）进厂煤取样代表性不够：

1）取样点数不够。

2）取样深度不够。

3）取样量不够。

4）未按规定取样。

5）样品代表性不够。

（2）制样未按规定缩分。

（3）制样称重不准。

（4）化验结果计算不准。

（5）化验结果记录笔误。

3. 入炉煤灰分的影响因素

（1）入炉煤取样代表性不够：

1）人工取样次数不够。

2）取样量不够。

3）未按规定取样。

4）样品代表性不够。

（2）制样未按规定缩分。

（3）制样称重误差大。

（4）化验结果计算不准。

（5）化验结果记录笔误。

第四节　锅炉燃料收到基热值、全水分、灰分对发电煤耗率的影响

煤炭质量指标变化对发电运行经济指标的影响，主要是指锅炉的煤炭收到基热值、全水分、灰分等的质量变化对锅炉效率及发电煤耗率的影响。

如果锅炉设备因缺陷（含设计先天不足）和煤炭质量变化导致锅炉产汽量品质降低，影响汽轮机效率降低；锅炉过热器、再热器减温喷水的用水量增加而使单元机组运行经济性降低，则需另行分析、计算。此分析也不包括锅炉原设计煤种为烟煤，后掺烧无烟煤的特例，因为煤质变化对设备运行经济性的影响与锅炉设备的性能、健康水平，运行人员的调整、操作水平，锅炉设备适用煤种改造的跟进速度、程度等因素有很大的关系。本节不作阐述。

收到基热值、全水分、灰分等煤质参数对锅炉效率、发电煤耗率的影响，目前尚无完整、成熟、直接可引用的数学模型。生产实践、资料和相关专业书籍中有关煤质指标对单元机组运行经济性的影响的分析、对比结果如下：

（1）锅炉收到基低位热值变化 1000kJ/kg（239. 1kcal/kg），影响锅炉效率变化 0. 24% ~0. 30%，发电煤耗率变化 0. 80 ~1. 00g/kWh。

（2）锅炉收到基低位热值变化 1000kcal/kg（4186. 8kJ/kg），影响锅炉效率变化 1. 0% ~1. 25%，发电煤耗率变化 3. 33 ~4. 17g/kWh。

（3）锅炉收到基水分变化 1%，影响锅炉效率变化 0. 06% ~0. 08%，发电煤耗率变化 0. 20 ~0. 27g/kWh。

（4）锅炉收到基灰分变化 1%，影响锅炉效率变化 0. 10% ~0. 12%，发电煤耗率变化 0. 32 ~0. 40g/kWh。

一、问题的提出与分析基点

鉴于近年来供火力发电机组的煤炭热值变化较大，偏离设计值较多。例如：某电厂设计锅炉收到基热值为 23 120kJ/kg，投产后实际运行值为 16 300kJ/kg 左右，运行值比设计值低 6820kJ/kg，锅炉效率比设计值低 1. 41% 左右，使发电煤耗率升高 5. 0g/kWh 左右。这是正常运行的分析值，而非正式试验，因此仅供参考。

20 世纪 50 年代中后期及 60 年代期间，某发电厂的中温中压煤粉炉曾烧用水分高、灰分高、热值在 13 000kJ/kg（3100kcal/kg）左右的钢铁厂洗煤。正常运行中，燃煤热值在 14 636kJ/kg（3500kcal/kg）左右。当时，锅炉设备健康水平正常、运行调整、操作水平较高，飞灰可燃物在 1% 左右，锅炉效率多年保持在 91. 00% ~91. 50%（统计时间内，绝大部分月均锅炉效率在 90% ~92%）。可见，与目前燃用热值为 22 164 ~22 999kJ/kg（5300 ~5500kcal/kg）的锅炉设备相比，煤炭质量差影响锅炉效率降低 2. 00% ~2. 50%（百分点）。部分同行专业管理、分析、研究人员看法基本一致。上述数据的分析结果认为，锅炉收到基热值 $Q_{net,ar}$变化 1000kJ/kg，影响锅炉效率变化 0. 24% ~0. 30%，发电煤耗率变化 0. 80 ~1. 00g/kWh；锅炉收到基热值在 W_{ar}变化 1% 影响热值变化值 70kJ/kg 时，W_{ar}变化 1%，影响锅炉效率变化 0. 07% ~0. 088%，发电煤耗率变化 0. 23 ~0. 29g/kWh；锅炉收到基热值在 A_{ar}变化 1% 影响热值变化值 97kJ/kg 时，A_{ar}变化 1%，影响锅炉效率变化 0. 097% ~0. 121%，发电煤耗率变化 0. 32 ~0. 40g/kWh。本分析不包括挥发分等煤质参数对锅炉效率的影响。

二、锅炉运行实践数据分析

1. 分析、计算用参数

（1）煤炭质量变化范围一：锅炉收到基热值 W_{ar} 变化 1%，影响煤炭热值变化 40 ~90kJ/kg（推算值）。

（2）煤炭质量变化范围二：锅炉收到基热值 A_{ar} 变化 1%，影响煤炭热值变化 80 ~110kJ/kg（推算值）。

（3）分析、计算用锅炉收到基煤炭的热值变化范围为 13 000kJ/kg（3100kcal/kg） ~22 999kJ/kg（5500kcal/kg）（推算值）。

（4）分析、计算用锅炉效率变化对发电煤耗率的影响系数为 0. 30（选用值）。

2. 表中数据使用约定

（1）锅炉收到基热值 W_{ar} 变化 1%、锅炉收到基热值 A_{ar} 变化 1%，对煤炭热值的影响值，应根据锅炉实际使用煤炭质量计算结果确定。

（2）锅炉效率变化对发电煤耗率的影响系数，应根据单元机组的锅炉效率、汽轮机效率、管道效率的计算结果确定。

3. 各种煤质情况下，锅炉收到基 W_{ar} 变化 1% 对锅炉效率、发电煤耗率的影响值

从表 8－28 中可以看出：同一锅炉收到基 W_{ar} 变化 1%，当影响 $Q_{net,ar}$ 的相应变化值为 167.3kJ/kg 时，W_{ar} 变化 1% 对发电煤耗率的影响值为 0.13～0.17g/kWh；而当影响 $Q_{net,ar}$ 的相应变化值为 376.3kJ/kg 时，W_{ar} 变化 1% 对发电煤耗率的影响值为 0.30～0.38g/kWh。可见，同样是收到基水分变化 1%，对发电煤耗率的影响值就相差 1.3 倍左右。

表 8－28　推算（假定）燃料 $Q_{net,ar}$ 变化 4186.8kJ/kg（1000kcal/kg）影响 η_{gl} 变化 1.00%～1.25%，当 M_{ar} 变化 1% 时，影响 η_{gl}、b_{fd} 的相应变化值表

序号	指标变化值与影响指标的变化值	M_{ar} 变化 1% 影响 $Q_{net,ar}$ 的相应变化值		当 M_{ar} 变化 1% 时影响 η_{gl}、b_{fd} 的相应变化值	
				η_{gl} 变化值	b_{fd} 变化值
		kJ/kg	kcal/kg	%	g/kWh
1	M_{ar} 变化 1% 对 η_{gl}、b_{fd} 的影响值	167.3	40	0.04～0.05	0.13～0.17
2		209.1	50	0.05～0.06	0.17～0.21
3		250.9	60	0.06～0.075	0.20～0.25
4		292.7	70	0.07～0.088	0.23～0.29
5		334.5	80	0.08～0.100	0.27～0.33
6		376.3	90	0.09～0.113	0.30～0.38

4. 各种煤质情况下，锅炉收到基 A_{ar} 变化 1% 对锅炉效率、发电煤耗率的影响值

从表 8－29 中可以看到：同一锅炉收到基 A_{ar} 变化 1%，当影响 $Q_{net,ar}$ 的相应变化值为 334.5kJ/kg 时，A_{ar} 变化 1% 则对发电煤耗率的影响值为 0.27～0.33g/kWh；而当影响 $Q_{net,ar}$ 的相应变化值为 460.0kJ/kg 时，A_{ar} 变化 1% 对发电煤耗率的影响值则为 0.37～0.46g/kWh。可见，同样是收到基灰分变化 1%，对发电煤耗率的影响值就相差 70%。

表 8－29　推算（假定）燃料 $Q_{net,ar}$ 变化 4186.8kJ/kg（1000kcal/kg）影响 η_{gl} 变化 1.00%～1.25%，当 A_{ar} 变化 1% 时，影响 η_{gl}、b_{fd} 的相应变化值表

序号	指标变化值与影响指标的变化值	A_{ar} 变化 1% 影响 $Q_{net,ar}$ 的相应变化值		当 A_{ar} 变化 1% 时影响 η_{gl}、b_{fd} 的相应变化值	
				η_{gl} 变化值	b_{fd} 变化值
		kJ/kg	kcal/kg	%	g/kWh
1	A_{ar} 变化 1% 对 η_{gl}、b_{fd} 的影响值	334.5	80	0.08～0.100	0.27～0.33
2		376.3	90	0.09～0.113	0.30～0.38
3		405.6	97	0.097～0.121	0.32～0.40
4		434.9	104	0.104～0.130	0.35～0.43
5		460.0	110	0.11～0.138	0.37～0.46

5. 燃料热变化对发电煤耗率的影响

（1）从表 8－30 中可以看出：当收到基低位热值变化 1000kJ/kg 时，影响锅炉效率变化 0.24%～0.30%，影响发电煤耗率变化 0.24～0.30g/kWh。

（2）从表 8－30 中可以看出：当收到基低位热值变化 1000kcal/kg（4186.8kJ/kg）时，影响锅炉效率变化 1.00%～1.25%，影响发电煤耗率变化为 3.33～4.180g/kWh。

表 8－30　推算（假定）燃料 $Q_{net,ar}$ 变化 4186.8kJ/kg（1000kcal/kg）影响 η_{gl} 变化 1.00%～1.25% 时，热值变化对影响 η_{gl}、b_{fd} 的数值表

指标变化值	$Q_{net,ar}$ 的变化值		$Q_{net,ar}$ 变化时影响 η_{gl}、b_{fd} 相应变化值	
	kJ/kg	kcal/kg	%	g/kWh
$Q_{net,ar}$ 变化 1000kJ/kg	1000.0	239.1	0.24～0.30	0.24～0.30
$Q_{net,ar}$ 变化 1000kcal/kg	4186.8	1000.0	1.00～1.25	3.33～4.18

三、资料中煤质变化对运行经济性的影响

目前专业技术资料及专业人员手中，都各自有锅炉燃料收到基低位热值、灰分、水分变化对单元机组发电煤耗率的影响系数，但因知识面、理解程度，数学模型的不确定性，以及分析方法，实践经验，应用程度等种种因素限制，部分数据与实际偏差较大。某专业资料用了较大篇幅、较多的试验数据，作了大量分析、计算，并得出了多种不同的结论，现将个人学习、理解、分析、计算、推算有关数值列于表 8－31 中，以供参考。主要情况如下：

（1）专业资料中的数据。锅炉收到基灰分 A_{ar} 变化 1% 时，对锅炉效率的影响值为 0.12%～0.25%，对发电煤耗率的影响为 0.34～0.80g/kWh。

（2）锅炉收到基灰分 M_{ar} 变化 1% 时，对锅炉效率的影响值为 0.08%，对发电煤耗率的影响为 0.26g/kWh。

（3）锅炉燃料收到基低位热值变化 1000kJ/kg 时，对锅炉效率的影响值为 0.50%～0.71%，对发电煤耗率的影响为 1.61～2.30g/kWh。

（4）锅炉燃料收到基低位热值变化 1000kcal/kg 时，对锅炉效率的影响值为 2.08%，对发电煤耗率的影响为 6.72g/kWh。

某资料中 M_{ar}、A_{ar} 变化 1% 时影响 η_{gl}、b_{fd} 的变化值见表 8－31。表中带"＊"符号的项为原资料数据，其他为分析、推算所得。

表 8－31　某资料中 M_{ar}、A_{ar} 变化 1% 时影响 η_{gl}、b_{fd} 的变化值

分析计算用参数	数值来源	指标变化与影响值			
		热　值		影响值	
				锅炉效率	发电煤耗率
		kJ/kg	kcal/kg	%	g/kWh
A_{ar} 对 η_{gl} 的影响	A_{ar} ↑1%：q_4 ↑0.056%，q_2 ↑0.086 6%			0.142 6	0.460
A_{ar} 变化，引起 $Q_{net,ar}$ 变化时：$Q_{net,ar}$：↓500kJ/kg 相当于 A_{ar}：↑2.13%	A_{ar} ↑2.13%：q_4 ↑0.112%，q_2 ↑0.137%			0.249	0.803 3
	分析、计算值	500	119.57	(0.249)	(0.803 3)
	分析值 A_{ar} ↑1%	234.7*	56.14	0.116 9*	0.337 1
	推算值	1000	239.14	0.498*	1.606 6*
	推算值	4186.8	1000	2.082*	6.718 2*

续表

分析计算用参数	数值来源	指标变化与影响值			
		热 值		影响值	
				锅炉效率	发电煤耗率
		kJ/kg	kcal/kg	%	g/kWh
试验、计算结果值	试验值	1000	239.14	0.711 5	2.295
	试验 A_{ar} ↑2.5%	1000	239.14	—	2.000
	A_{ar}：↑1.0%	400	95.66	—	0.800*
试验、分析计算值	相当 M_{ar}：↑1.92%	↓500	119.57	0.154	0.496 8
	推算 M_{ar}：↑1.0%	260.42	62.28	0.080*	0.259

四、分析结论

（1）根据推算（假定），锅炉收到基燃料低位热值变化 4186.8kJ/kg（1000kcal/kg），影响锅炉效率变化 1.00% ~1.25%。当 A_{ar}、M_{ar}变化 1% 时，影响锅炉效率、发电煤耗率的相应变化值见表 8 -28 ~ 表 8 -30。汇总到表 8 -32，有下列约定：

1）煤炭 M_{ar}、A_{ar}变化 1% 对 η_{gl}、b_{fd}的影响与 $Q_{net,ar}$等质量指标有关。在不同的 $Q_{net,ar}$时，M_{ar}、A_{ar}变化 1% 对 $Q_{net,ar}$的影响的绝对值是不同的；M_{ar}、A_{ar}变化 1% 对 η_{gl}、b_{fd}的影响也是不同的。因此，本节中 M_{ar}、A_{ar}变化 1% 对 η_{gl}、b_{fd}的影响值要慎用，以免影响指标分析的正确性、准确性。使用者最好根据本厂煤炭质量计算出 M_{ar}、A_{ar}变化 1% 对 η_{gl}、b_{fd}的影响值。

2）煤炭 M_{ar}、A_{ar}变化 1% 对 η_{gl}、b_{fd}的影响，还与汽轮机效率、管道效率有关。在不同的汽轮机效率、管道效率下，锅炉效率对发电煤耗率水平影响的相互关系值在 0.18% ~0.34% 左右。

3）表 8 -28 中锅炉收到基热值，在 M_{ar}变化 1% 影响热值变化 292.7kJ/kg（70kcal/kg）时，M_{ar}变化 1% 对锅炉效率、发电煤耗率的影响值。

4）表 8 -28 中锅炉收到基热值，在 A_{ar}变化 1% 影响热值变化值 405.6kJ/kg（97kcal/kg）时，A_{ar}变化 1% 对锅炉效率、发电煤耗率的影响值。

5）表中锅炉效率对发电煤耗率的影响系数为 0.30%。

表 8 -32　推算（假定）燃料 $Q_{net,ar}$变化 4186.8kJ/kg，影响 η_{gl}变化 1.00% ~1.25% 时，W_{ar}、A_{ar}变化 1%，影响 η_{gl}、b_{fd}的变化值与资料中数值的对照

序号	指标名称及变化值	燃料 $Q_{net,ar}$：由 22 999kJ/kg 降到 14 636kJ/kg，影响锅炉效率降低 2% ~2.5% 对发电煤耗率的分析、推算		某资料中摘录、推算的数值	
		煤质指标变化对锅炉效率、发电煤耗率的影响值			
		锅炉效率（%）	发电煤耗率（g/kWh）	锅炉效率（%）	发电煤耗率（g/kWh）
1	M_{ar}变化 1% 影响热值的变化	250.9 ~334.5kJ/kg（60 ~80kcal/kg，手册）			

续表

序号	指标名称及变化值	燃料 $Q_{net,ar}$：由 22 999kJ/kg 降到 14 636kJ/kg，影响锅炉效率降低 2% ~2.5% 对发电煤耗率的分析、推算		某资料中摘录、推算的数值	
		煤质指标变化对锅炉效率、发电煤耗率的影响值			
		锅炉效率（%）	发电煤耗率（g/kWh）	锅炉效率（%）	发电煤耗率（g/kWh）
2	A_{ar}变化 1% 影响热值的变化	358.1 ~387.1kJ/kg（92.6 ~94.5kcal/kg，手册）			
3		430kJ/kg（102.8kcal/kg，电科院提供）			
4	M_{ar}变化 1% 影响 η_{gl}、b_{fd}的变化	0.06 ~0.08	0.20 ~0.27	0.08	0.26
5	A_{ar}变化 1% 影响 η_{gl}、b_{fd}的变化	0.10 ~0.12	0.32 ~0.40	0.12 ~0.25	0.34 ~0.80
6	$Q_{net,ar}$变化 1MJ/kg 影响 η_{gl}、b_{fd}的变化	0.24 ~0.30	0.80 ~1.00	0.50 ~0.71	1.60 ~2.30
7	$Q_{net,ar}$变化 1000kcal/kg 影响 η_{gl}、b_{fd}的变化	1.0 ~1.25	3.33 ~4.17	2.10 ~5.00	6.72 ~9.62

（2）表 8 -32 中某资料中摘录、推算的数值，是收到数值中的最低值和最高值。

（3）某厂专业人员分析用数值。

1）锅炉燃料收到基水分变化 1%，对锅炉效率的影响值为 0.023%，对单元机组发电煤耗率的影响值为 0.075g/kWh。

2）锅炉燃料收到基灰分变化 1%，对锅炉效率的影响值为 0.012%，对单元机组发电煤耗率的影响值为 0.04g/kWh。

3）锅炉燃料收到基低位热值变化 1000kJ/kg，对锅炉效率的影响值为 0.12 723%，对单元机组发电煤耗率的影响值为 0.42g/kWh。

第九章　供热经济指标与煤耗率

本章内容一是讲供热指标的影响因素；二是讲采暖供热对发电煤耗率影响的分析、计算；三是讲供工业企业生产用压力蒸汽对发电煤耗率影响的分析、计算；四是讲背压机组供热对发电煤耗率影响的分析计算；五是讲热电联产机组供热参数、资料不齐全的分析思路和方法，以及采暖供热与工业企业生产用压力蒸汽供热对发电煤耗率影响的规律。

热电联产供热机组的供热形式，按其供热载体介质可分3种：① 冬季供社会取暖、生活用热水等供热；② 向工业企业供生产用压力蒸汽等用热；③ 向工业企业供生产用压力蒸汽，同时供冬季供社会取暖、生活用热水等。

热电联产机组发电过程中抽出用于供热的蒸汽，是抽用在汽轮机内一部分做过功的蒸汽，其社会贡献是可利用一部分纯凝汽式汽轮发电机发电时不可利用的排汽余（废）热，这样可以提高能源的利用率和社会效益。但目前排汽余（废）热利用的分配方法，是把余热利用的收益全部给了发电的一方。就冬季抽汽（2.5个绝对压力）供暖（热水），如果利益均分，供热方面应分得余（废）热利用1/3的效益。可见，排汽余（废）热利用效益的分配方面还存在一定问题，而且是不够公平合理的。以往电厂是国营单位，居民用热由国家统一支付，因此矛盾并不突出。在向市场经济的过渡中，居民用热的费用将逐步转型为由居民个人支付，工业企业生产用压力蒸汽也是企业独立核算，自负盈亏，效益支持企业生存。这样，抽汽供热中排汽余（废）热利用效益的分配就应该用㶲经济学的理论，对发电、供热用热量按热能的品位（质量）进行分配计算，把居民、企业的用热热价降到比较合理的位置，以求更合理。

热电联产机组供出热量中，有一部分热能是利用了汽轮机组的余热。单元机组在最大供热、发电负荷下，发电煤耗率可达到一个更好水平。其中，背压机组最大发电煤耗率为185g/kWh左右，热电联产冬季供热机组发电煤耗率为200g/kWh左右。

第一节　供热指标的影响因素

热电联产机组的供热指标有供热负荷、供热量、供热比、供电比、电热比、供热煤耗率、供热厂用电率、供热蒸汽压力、供热蒸汽温度、供热热水温度、供热补水率、回水量、回水温度、热网加热器效率、热网加热器温升、供热回水温度降等。本节主要介绍供热指标的定义、影响因素和计算方法。

一、供热负荷

供热负荷是指单位时间（1h）内供热量的大小，一般又分为供热指示负荷和供热平均负荷。

1. 供热指示负荷

供热指示负荷是指供热机组运行中向热用户供热状况的瞬间指示值，表示1h内的供热能力（量）。供热负荷单位：冬季供热负荷为GJ/h、10^6kJ/h或t/h；工业压力蒸汽负荷为GJ/h、10^6kJ/h或t/h。以热负荷表计指示、记录为准。

2. 供热平均负荷

供热平均负荷是指供热时段（计算期）每小时的平均供热状况（量）。供热负荷单位：冬季供热负荷为GJ/h、10^6kJ/h或t/h；工业压力蒸汽供热负荷为GJ/h、10^6kJ/h或t/h。供热平均负荷的计算公式如下

$$Q_{gr}^{pj}=\frac{\sum Q_{jq}}{\sum t_{jq}} \tag{9-1}$$

或

$$Q_{gr}^{pj}=\frac{\sum D_{jq}}{\sum t_{jq}} \tag{9-2}$$

式中　Q_{gr}^{pj}——供热平均负荷，GJ/h、10^6kJ/h或t/h；

$\sum Q_{jq}$——计算期（日、月、年）累计供出热量，GJ或10^6kJ；

$\sum D_{jq}$——计算期（日、月、年）累计供出蒸汽量、热水量，t；

$\sum t_{jq}$——计算期供热（日、月、年）累计小时数，h。

3. 供热负荷的影响因素

（1）供热机组设备、系统的健康水平，影响机组供热时段内带不到热用户约定的供热负荷。

（2）运行人员能否认真做到精心调整、操作，维持并稳定在热用户要求的最大热负荷下运行，确保用户的用热需要。

（3）冬季供热采暖负荷：

1）热电厂热网出口计量点处的热水流量要确保达到用户的要求。

2）热电厂出口计量点处的热水温度应达到用户规定值，并稳定在规定参数的上限运行。

（4）供工业企业用压力蒸汽负荷：

1）应满足热用户对用汽量的要求，并稳定在热用户规定的负荷运行。

2）供热蒸汽结算点的蒸汽压力，不得高于蒸汽流量表的设计值运行，否则非智能流量表的计量值偏小，计算时应对供汽流量进行修正。

3）供热蒸汽结算点的蒸汽温度，不得低于蒸汽流量表的设计值运行，否则非智能流量表的计量值偏小，结算时应对蒸汽流量进行修正。

（5）热用户产量、设备的健康水平对热负荷需求量减少造成的影响。

二、供热量

供热量是指热电厂在一定的计量时段（日、月、年）内，向用户（热力公司、企业）供出的热量。供热单位：采暖等用热水等为GJ、10^6kJ或t；工业用压力蒸汽为GJ、10^6kJ或t。

热电厂供出热量的计算分以下两种情况：

（1）供热机组供热抽出的热量。是用作热电厂内部计算发电煤耗率、供热煤耗率等指标的依据。热电厂机组的供热量计算用参数，则以汽轮机组抽汽口的抽出蒸汽的抽汽量、压力、温度为依据。

（2）热电厂供给用户的供热量，是与用户结算的依据。采暖等用热水以热电厂热网加热器出口或商定的结算点的热水流量、温度，回水流量、温度计算；工业用压力蒸汽以机组供出蒸汽量或商定的结算点计算，或以供热用压力蒸汽量、供热蒸汽温度、用户回水流量、回水温度为准计算供给用户的热量。计算供热成本时，应包括汽轮机抽汽口至结算点的散热损失。

1. 热电厂供热水的供热量计算

热电厂供热水的供热量，如在热电厂出口的结算点装有热量表，则按热量表计量为依据结算。如未装设热量表，则供热量按公式计算，该公式还可用来校核供热量表计的准确性，即

$$Q_{rw}=D_{rw}\times(h_{rw}-h_{hs})+D_{rw}^{bs}(h_{hs}-h_{trs}) \tag{9-3}$$

或

$$Q_{rw}=D_{rw}\times h_{rw}-D_{rw}^{hs}\times h_{hs}-D_{rw}^{bs}\times h_{trs}$$

式中 Q_{rw}——热电厂热网结算点供出热量，10^6kJ、GJ；

D_{rw}——热电厂热网结算点供出热水量，t；

h_{rw}——热电厂热网结算点供出热水焓，kJ/kg；

h_{hs}——热电厂热网处供热回水焓，kJ/kg；

D_{rw}^{bs}——热电厂外，用户热网供热补水量，t；

h_{trs}——补充用水（河水）焓，kJ/kg；

D_{rw}^{hs}——用户用热回到热电厂热网的回水量，t。

用户热网供热补水量计算公式

$$D_{rw}^{bs}=D_{rw}-D_{rw}^{hs} \tag{9-4}$$

2. 热电厂结算点供出压力蒸汽的供热量计算

热电厂供压力蒸汽的供热量，一般按供蒸汽量的吨数结算。需用供热量结算时，可用以下两个公式计算。

（1）压力蒸汽供热，用户无凝结水回水的供热量计算公式

$$Q_{gr}=D_{gq}(h_{gq}-h_{trs}) \tag{9-5}$$

式中 Q_{gr}——热电厂结算点供压力蒸汽的供出热量，10^6kJ、GJ；

D_{gq}——热电厂结算点供压力蒸汽的蒸汽量，t；

h_{gq}——热电厂结算点压力蒸汽的供汽焓，kJ/kg；

h_{trs}——补充用水（河水）焓，kJ/kg。

（2）压力蒸汽供热，用户有凝结水回水的供热量计算公式

$$Q_{gr}^{yh}=D_{gr}\times h_{gq}-D_{hs}\times h_{hs}+D_{bs}(h_{rs}^{hs}-h_{trs}) \tag{9-6}$$

式中 Q_{gr}^{yh}——压力蒸汽供热，用户有凝结水回水的供热量，10^6kJ、GJ；

D_{gr}——压力蒸汽供热用的蒸汽量，t；

h_{gq}——压力蒸汽供热用的蒸汽焓，kJ/kg；

D_{hs}——压力蒸汽供热的回水量，t；

D_{bs}——供热外系统的补（汽、水损失）水量，t；

h_{hs}——供给用户的回水焓，kJ/kg；

h_{rs}^{hs}——热水回水焓，kJ/kg；

h_{trs}——热力循环系统补充用水（河水）焓，kJ/kg。

3. 供热机组抽出热量的计算

供热机组抽出热量是指机组抽汽口抽出的热量，可用作计算机组供热比、供热煤耗率、供热厂用电率等指标的依据。一般有以下两种计算方法。

（1）抽汽口有供热抽汽量专用流量表的计算公式

$$Q_{gr}^{ck} = D_{ck}^{ck}(h_{ck} - h_{hs}) \tag{9-7}$$

式中　Q_{gr}^{ck}——机组抽汽口抽出的供热量，10^6kJ、GJ；

D_{ck}^{ck}——机组抽汽口抽出蒸汽量，t/h；

h_{ck}——机组抽汽口抽出蒸汽焓，kJ/kg；

h_{hs}——河水焓，kJ/kg。

（2）机组抽汽口无专用供热抽汽流量表，用结算点供出热量或供出蒸汽量计算抽汽口抽出热量。有两种表示方式：一是用供热量表示；二是用供蒸汽量表示。计算公式如下

$$Q_{gr}^{ck} = \frac{Q_{gr}^{js}}{\eta_{gd}^{cq} \times \eta_{jr}} \tag{9-8}$$

$$D_{gr}^{ck} = \frac{D_{gr}^{js}}{\eta_{gd}^{cq} \times \eta_{jr}} \tag{9-9}$$

式中　Q_{gr}^{ck}——供热机组抽汽口抽出的供热量，10^6kJ、GJ；

Q_{gr}^{js}——热网供热结算点的热水供热量，10^6kJ、GJ；

η_{gd}^{cq}——抽汽系统的管道效率,%；

η_{jr}——热网供热加热器的效率,%；

D_{gr}^{ck}——供热机组抽汽口抽出的供热抽汽量。

4. 供热量的影响因素

（1）供热机组设备、系统的健康水平，影响机组供热时段内带不到热用户约定的供热负荷。

（2）供热机组设备、系统故障发生非计划停运、检修，造成限制热用户供热负荷。

（3）供热机组设备检修延期，造成限制热用户供热负荷。

（4）运行人员能否精心调整，维持并稳定在热用户要求的最大热负荷下运行，确保用户的用热需要。

（5）冬季供热采暖负荷：

1）热电厂出口计量点处的热量要确保达到用户的要求。

2）热电厂出口计量点处的热水温度应达到用户规定值，并稳定在规定参数上运行。

（6）供工业企业用压力蒸汽负荷：

1）应满足热用户对用汽量的要求，并稳定在热用户规定的负荷运行。

2）供热蒸汽结算点的蒸汽压力，不得高于蒸汽流量表的设计值运行，否则非智能流量表的计量值偏小，计算时应对供汽流量进行修正。

3）供热蒸汽结算点的蒸汽温度，不得低于蒸汽流量表的设计值运行，否则非智能流量表的计量值偏小，计算时应对供汽流量进行修正。

（7）热用户产量、设备的健康水平对热负荷需求量的影响。

三、供热温度

供热温度是指热电厂向热力公司（用户）提供的压力蒸汽、热水的温度。蒸汽温度以热电厂与用户管辖权限分界处热电厂内测点为准；热水温度以热电厂内热网加热器出口温度（或商定的结算点温度）为准，单位：℃。

影响热用户供热温度的因素：

（1）压力蒸汽管路保温不良。

（2）热网加热器、供水管路保温不良。

（3）热网加热器水位不正常。

（4）机组发电负荷低，抽汽口压力未达到规定值。

（5）机组发电负荷变化，供热系统未及时进行调整。

（6）热用户用热量增大，热电厂调整不及时。

四、供热回水温度

供热回水温度是指热力公司向用户供热后，或工业企业压力蒸汽使用后的疏水返回到热电厂时水的温度，单位：℃。

供热回水度的影响因素：

（1）热用户回水管路系统的保温损坏，或状态不良。

（2）热用户设备的健康水平低下。

（3）热用户的回水量变化。

五、供热回水流量

供热回水流量是指热力公司向用户供热后返回到热电厂热网加热器前水的流量，或工业压力蒸汽用户疏水回到热电厂时的流量，单位：t/h。

影响供热回水流量变化的因素：

（1）热用户用热负荷的大小。

（2）热用户违反规定使用供热系统的热水。

（3）热用户内设备、系统泄漏。

（4）热用户返回热电厂的管路系统泄漏。

六、热网加热器效率

热网加热器效率是指热网加热器在进行热交换时热能的利用程度（率），单位：%。计算公式如下

$$\eta_{rw} = \frac{D_{jr}(h_{gr} - h_{rk})}{D_{rw}(h_{rw} - h_{ss})} \tag{9-10}$$

式中　η_{rw}——热网加热器效率,%；

D_{jr}——热网加热器的加热水量，t；

h_{gr}——热网加热器供出的热水焓，kJ/kg；

h_{rk}——热网加热器入口水焓，kJ/kg；

D_{rw}——热网加热器用汽量，t；

h_{rw}——热网加热器的进汽焓，kJ/kg；

h_{ss}——热网加热器疏水焓，kJ/kg。

影响热网加热器效率的因素：

（1）热网加热器保温状态是否良好。

（2）热网加热器水位是否正常。

（3）热网加热器内是否憋空气。

（4）热网加热器疏水是否正常。

（5）热网加热器内水路是否有短路现象。

（6）热网加热器内是否淤积杂物。

（7）热网加热器铜管汽侧、水侧是否积垢。

（8）热网加热器铜管的泄漏程度和堵杂物情况。

七、热网加热器温升

热网加热器温升是指供热热水在热网加热器内的受热（温度升高）程度，单位:℃。计算公式如下

$$\Delta t_{rw} = t_{rw}^{ck} - t_{rw}^{rk} \tag{9-11}$$

式中　Δt_{rw}——热网加热器温升,℃；

t_{rw}^{ck}——热网加热器出口水温度,℃；

t_{rw}^{rk}——热网加热器入口水温度,℃。

热网加热器温升的影响因素：

（1）热用户负荷的大小。

（2）加热器水位是否正常。

（3）加热器的供汽压力、温度。

（4）加热器水侧、汽侧的干净、清洁程度，是否淤积有污物、碎物。

（5）加热器堵管数量对加热面积的影响程度。

（6）加热器汽侧空气排除程度。

（7）加热器疏水是否正常。

（8）加热器内是否憋空气。

八、热网加热器端差

热网加热器端差是指热网加热器内蒸汽压力下的饱和温度与热网加热器出口水温度的差，单位:℃。计算公式如下

$$\delta t_{rw} = t_{bh} - t_{rw}^{ck} \tag{9-12}$$

式中 δt_{rw}——热网加热器端差,℃;

t_{bh}——热网加热器内蒸汽压力下的饱和温度,℃。

热网加热器端差的影响因素:

(1) 供热负荷程度。负荷越大，端差越大。

(2) 加热器进水温度。进水温度越低，端差越大。

(3) 加热器汽侧空气排除程度。憋空气量越多，端差越大。

(4) 加热器管壁结垢程度。加热器管壁积垢越多，端差越大。

(5) 供热载体用的循环水质。水质差，结垢快。

(6) 供热系统补水水质。水质差，结垢快。

九、供热回水温度降

供热回水温度降是指热网加热器出口温度与热力公司向用户供热后，返回到热电厂热网加热器前回水温度的降低值。计算公式如下

$$\Delta t_{gr} = t_{gr}^{ck} - t_{hs} \tag{9-13}$$

式中 Δt_{gr}——供热回水温度差,℃。

供热回水温度降的影响因素:

(1) 热用户的用热程度。

(2) 用户至热电厂回水管路保温完好程度。

(3) 管道的自然环境温度，特别是露天段的自然环境温度。

(4) 热用户的回水温度。

(5) 气候的自然温度。

(6) 用户换热器的结垢程度。

十、供热补水率

供热补水率是指热电厂向社会供热（汽）时，凝结水损失量占锅炉总蒸发量的比例。计算公式如下

$$L_{gr} = \frac{D_{gs}}{D_{gl}^{zf}} \tag{9-14}$$

式中 L_{gr}——供热补水率,%;

D_{gs}——向社会供热（汽）时凝结水损失量，t。

供热补水率的影响因素:

(1) 热电厂至热用户供汽管道的泄漏损失。

(2) 热用户供汽疏水的回收利用程度。

(3) 热用户内汽、水泄漏损失程度。

(4) 热用户违章用供热系统内的热水。

十一、热网补水率

热网补水率是指热网向社会供热时，热网循环系统水的损失量占热网循环水总量的比例。计算公式如下

$$L_{rw} = \frac{D_{rw}}{D_{rw}^{zxh}} \tag{9-15}$$

式中　L_{rw}——热网补水率,%；

D_{rw}——热网水损失量，t；

D_{rw}^{zxh}——热网水总循环量，t。

热网补水率的影响因素：

（1）热电厂与热用户供热回水管道的泄漏损失的大小。

（2）热用户违章用供热系统内的热水。

（3）热用户换热器的泄漏损失程度。

（4）热用户的排气放水损失。

十二、汽轮机组发电、供热总热耗量的计算

汽轮机组发电、供热总热耗量，是指锅炉生产后供给汽轮机的总热量，是分配、计算进入汽轮机组发电、供热用热量的基础值。计算公式如下

$$Q_{rd}^{z}=(D_0\times h_0-D_{gs}\times h_{gs})+D_{zr}^{zq}(h_{zr}^{zq}-h_{gp})+D_{zr}^{jw}(h_{zr}^{zq}-h_{zr}^{jw})+Q_{lg} \tag{9-16}$$

式中　Q_{rd}^{z}——汽轮机组发电、供热总的热耗量，GJ/h、10^6kJ/h；

D_0——进入汽轮机组发电、供热的主蒸汽流量，t/h；

h_0——进入汽轮机组发电、供热的主蒸汽焓，kJ/kg；

D_{gs}——锅炉给水（高压加热器出口）流量，t；

h_{gs}——高压加热器出口给水焓，kJ/kg；

D_{zr}^{zq}——进入汽轮机中压缸的再热蒸汽流量，t/h；

h_{zr}^{zq}——进入汽轮机中压缸的再热蒸汽焓，kJ/kg；

h_{gp}——高压缸排汽焓，kJ/kg；

D_{zr}^{jw}——再热器用喷水减温水流量，t；

h_{zr}^{jw}——再热器用喷水减温水焓，kJ/kg；

Q_{lg}——锅炉的热耗量。

十三、供热比

热电联产汽轮机组的总进汽（热）量包括供热用热、发电用热两部分。通常计算中是用供热用热、发电用热各占机组总热量的比例来表示，即供热比、发电比。

供热比是指统计计算期（时、日、月、年）内，用于供热的热量与进入汽轮机总热（供热用的热量＋发电用的热量）量的比例。供热比与发电比之和必须等于1，否则指标计算结果有误。供热比计算公式如下

$$\alpha_{gr}=\frac{Q_{gr}}{Q_{rd}^{z}} \tag{9-17}$$

或

$$\alpha_{gr}=1-\alpha_{fd} \tag{9-18}$$

式中　α_{gr}——计算期供热比（供热用热的份额、比例）；

Q_{gr}——计算期供热用的热量，GJ 或 $\times10^6$kJ；

Q_{rd}^{z}——计算期供热、发电用的总热量，GJ 或 $\times10^6$kJ；

α_{fd}——计算期发电比。

十四、发电比

发电比是指统计计算期（时、日、月、年）内，用于发电的热量与进入汽轮机总热

(发电用的热量+供热用的热量) 量的比例。发电比与供热比之和必须等于1，否则计算有误。发电比计算公式如下

$$\alpha_{fd}=\frac{Q_{fd}}{Q_{rd}^{z}} \tag{9-19}$$

或

$$\alpha_{fd}=1-\alpha_{gr} \tag{9-20}$$

式中 α_{fd}——计算期供热比（发电用热的份额、比例）；

Q_{fd}——计算期发电用的热量，GJ或10^6kJ；

Q_{rd}^{z}——计算期供热、发电用的总热量，GJ或10^6kJ。

十五、热电比

热电比是指统计计算期（时、日、月、年）内，每发1MWh电量所供出热量的相应比例。热电比的计算公式如下

$$R_d=\frac{\sum Q_{gr}}{\sum W_{fd}} \tag{9-21}$$

式中 R_d——统计计算期内的热电比，$\times10^6$kJ(或GJ)/$\times10^4$kWh；

$\sum Q_{gr}$——统计计算期内供出的热量，GJ或10^6kJ；

$\sum W_{fd}$——统计计算期内的发电量，10^4kWh。

十六、正平衡供热煤耗率

正平衡供热煤耗率是指供热机组发电、供热耗用的天然煤量，是在机组运行中用皮带秤称重计量的入炉天然煤量；用在同一时段内，有机械自动取样测得的入炉煤收到基低位热值计算的标准煤量为依据计算的供热煤耗率。

1. 影响正平衡供热煤耗率水平的因素

（1）供热的余热利用效益分配方法。

（2）进厂煤轨道衡等称重计量的准确性。

（3）入炉煤皮带秤称重计量的准确性、代表性（行业煤耗率计算规定：储煤场盘煤的盈亏煤量必须计入煤耗率）。

（4）入炉煤机械自动取样热值的准确性、代表性。

（5）供热量计算的正确性、代表性。

（6）供热负荷的大小。

（7）热电比的大小。

（8）供热参数的正确性。

（9）供热参数表计的准确性。

2. 正平衡供热标准煤耗率的计算方法

正平衡供热标准煤耗率是指热电联产机组发电、供热用的煤量，是经皮带秤等称重装置计量的煤量计算所得的煤耗率。计算方法如下

（1）发电、供热用标准煤总量的计算

$$B_{rd}^{bz}=\frac{B_{tr}\times Q_{net,ar}^{tr}}{29\ 271.2} \tag{9-22}$$

式中 B_{rd}^{bz}——供热机组发电、供热用标准煤总量，t；

B_{tr}——供热机组发电、供热用天然煤（皮带秤称重计量）总量，t；

$Q_{net,ar}^{tr}$——入炉煤（机械自动取样）收到基低位热值，kJ/kg；

29 271.2——标准煤热值，kJ/kg。

（2）供热机组正平衡供热用标准煤量的计算

$$B_{gr}^{bz}=B_{rd}^{bz}\times\alpha_{gr} \tag{9-23}$$

式中 B_{gr}^{bz}——供热机组正平衡供热用标准煤量，t（或 kg）；

B_{rd}^{bz}——供热机组发电、供热用标准煤总量，t（或 kg）；

α_{gr}——供热机组的供热比。

（3）供热机组正平衡供热标准煤耗率的计算

$$b_{gr}^{zp}=\frac{B_{gr}^{bz}}{Q_{gr}^{ck}} \tag{9-24}$$

式中 b_{gr}^{zp}——供热机组正平衡供热标准煤耗率，kg/10^6kJ 或 kg/GJ；

B_{gr}^{bz}——供热机组正平衡供热用标准煤量，t（或 kg）；

Q_{gr}^{ck}——供热机组计算期抽汽口抽出供热量，10^6kJ 或 GJ。

十七、反平衡供热标准煤耗率

反平衡供热标准煤耗率的计算有两种含义：一是机组发电、供热耗用的煤量，不是用皮带秤等计量装置称重计量的天然煤量，而是根据机组发电、供热用的总热量，用反平衡方法算出的耗用煤量计算的供热煤耗率；二是用机组供热结算点供出热量算出的机组抽汽口供出的热量计算的供热煤耗率。

1. 用锅炉产出热量、锅炉反平衡效率计算供热煤耗率的方法

用锅炉产出热量、锅炉反平衡计算供热煤耗率的方法是：用锅炉产出汽量（热量）、自耗热量、排污热量等及锅炉反平衡效率计算锅炉耗用天然煤量、标准煤量，然后再计算供热标准煤耗率。

（1）计算热、电联产机组锅炉总热量

$$\begin{aligned}Q_{gl}^{z}=\frac{1}{10^3}[&D_{gl}^{gr}(h_{gl}^{gr}-h_{gl}^{gs})+D_{gl}^{zr}(h_{zr}^{ck}-h_{zr}^{rk})+\\&D_{zr}^{jw}(h_{zr}^{ck}-h_{ps}^{jw})+D_{zy}(h_{zy}-h_{gl}^{gs})+D_{pw}^{s}(h_{pw}^{s}-h_{gl}^{gs})]+Q_{qt}^{rl}\end{aligned} \tag{9-25}$$

式中 Q_{gl}^{z}——锅炉产出的总热量，kJ 或 GJ；

D_{gl}^{gr}——锅炉过热蒸汽流量，kg/h；

h_{gl}^{gr}——锅炉过热器出口蒸汽焓，kJ/kg；

h_{gl}^{gs}——锅炉给水入口焓，kJ/kg；

D_{gl}^{zr}——锅炉再热器出口蒸汽流量，kg/h；

h_{zr}^{ck}——锅炉再热蒸汽出口焓，kJ/kg；

h_{zr}^{rk}——锅炉再热蒸汽入口焓，kJ/kg；

D_{zr}^{jw}——再热器喷水减温的减温水流量，kg/h；

h_{ps}^{jw}——锅炉喷水减温水焓（一般为给水泵抽头减温水温度），kJ/kg；

D_{zy}——锅炉自用蒸汽流量，kg/h；

h_{zy}——锅炉自用蒸汽焓，kJ/kg；

D_{pw}^{s}——排污水流量，kg/h；

h_{pw}^{s}——排污水饱和蒸汽焓，kJ/kg；

Q_{qt}^{rl}——锅炉其他用热量，kJ。

（2）计算热、电联产机组总耗用天然煤量

$$B_{rd}^{tr} = \frac{Q_{gl}^{z}}{Q_{net,ar}^{tr}} \tag{9-26}$$

式中 B_{rd}^{tr}——热、电联产机组总耗用天然煤量，kg 或 t；

$Q_{net,ar}^{tr}$——锅炉收到基天燃煤热值，kJ/kg。

（3）计算热、电联产机组总耗用标准煤量

$$B_{rd}^{bz} = \frac{Q_{gl}^{z}}{29\ 271.2} \tag{9-27}$$

式中 B_{rd}^{bz}——热、电联产机组总耗用标准煤量，kg 或 t；

29 271.2——标准煤热值，kJ/kg。

（4）热、电联产机组供热耗用天然煤量的计算

$$B_{gr}^{tr} = B_{rd}^{tr} \times \alpha_{gr} \tag{9-28}$$

式中 B_{gr}^{tr}——热、电联产机组供热耗用天然煤量，kg 或 t；

α_{gr}——供热比。

（5）热、电联产机组供热耗用标准煤量的计算

$$B_{gr}^{bz} = B_{rd}^{bz} \times \alpha_{gr} \tag{9-29}$$

式中 B_{gr}^{bz}——热、电联产机组供热耗用标准煤量，kg 或 t；

α_{gr}——供热比。

（6）反平衡供热标准煤耗率的计算

$$B_{gr}^{f} = \frac{B_{gr}^{bz}}{Q_{gr}^{jz}} \tag{9-30}$$

式中 B_{gr}^{f}——机组反平衡供热标准煤耗率，kg/GJ；

B_{gr}^{bz}——机组供热耗用标准煤量，kg；

Q_{gr}^{jz}——机组供出热量，GJ 或 $\times 10^{6}$kJ。

2. 用压力抽汽供热结算点供出热量计算反平衡供热煤耗率

用压力抽汽供热结算点供出热量计算反平衡供热煤耗率是指，以供热煤耗率用供热结算点供出热量为依据，反求汽轮机抽汽口供出的热量，并以其作为计算供热煤耗率的供热量计算出来的供热煤耗率。

（1）压力蒸汽抽汽口供热量的计算

$$Q_{gr}^{ck} = \frac{Q_{gr}^{js}}{\eta_{gd}} \tag{9-31}$$

式中 Q_{gr}^{ck}——机组抽汽口抽出供热量，GJ 或 10^6kJ；

Q_{gr}^{js}——压力蒸汽结算点的供热量，GJ 或 10^6kJ；

η_{gd}——抽汽口至结算点的管道效率,%。

（2）用抽汽口供出热量计算锅炉输出的供热量

$$Q_{gl}^{gr}=\frac{Q_{gr}^{ck}}{\eta_{gd}^{zz}} \tag{9-32}$$

式中 Q_{gl}^{gr}——锅炉输出的供热热量，GJ 或 10^6kJ；

Q_{gr}^{ck}——抽汽口供出热量，GJ 或 10^6kJ；

η_{gd}^{zz}——主蒸汽再热蒸汽管道效率,%。

（3）用锅炉供出热量计算锅炉供热耗用天然煤量

$$B_{gr}^{tr}=\frac{Q_{gl}^{gr}}{Q_{net,ar}^{tr}\times\eta_{gl}} \tag{9-33}$$

式中 B_{gr}^{tr}——锅炉供热耗用天然煤量，t；

$Q_{net,ar}^{tr}$——入炉煤收到基热值，kJ/kg；

η_{gl}——锅炉效率,%。

（4）用锅炉供出热量计算锅炉供热耗用标准煤量

$$B_{gr}^{bm}=\frac{Q_{gl}^{gr}}{29\ 271.2\times\eta_{gl}} \tag{9-34}$$

式中 B_{gr}^{bm}——锅炉供热耗用标准煤量，t。

（5）计算反平衡供热煤耗率

$$b_{gr}^{f}=\frac{B_{gr}^{bm}}{Q_{gr}^{gl}} \tag{9-35}$$

式中 b_{gr}^{f}——反平衡供热煤耗率，kg/10^6kJ 或 kg/GJ；

Q_{gr}^{gl}——锅炉供出热量，10^6kJ 或 GJ。

3. 采暖供热抽汽口供热量的计算

冬季采暖供热的低压抽汽，抽汽口一般都没有设置抽汽流量表。因此，抽汽口抽出的采暖供热量抽汽量需要反算才能求得抽汽供出热量。一般是用热网供出热水量、供水温度反求抽汽口供出热量，再用抽汽供出热量计算供热比，并可依次计算供热煤耗率等指标。同时，热网供出热量也可用于核对热电厂向热力公司供出热量的计量准确性。计算方法如下：

（1）基本热负荷机组供热量的计算

$$Q_{ir}=\sum\left(D_{ir}^{ck}\times h_{ir}^{ck}-D_{ih}\times h_{ih}\right)-D_{gr}^{bu}\times h^{bu} \tag{9-36}$$

式中 Q_{ir}——第 i 号机供出热量，GJ；

D_{ir}^{ck}——第 i 号机供出热水流量，t；

h_{ir}^{ck}——第 i 号机供出热水焓，kJ/kg；

D_{ih}——第 i 号机供热的回水流量，t；

h_{ih}——第 i 号机供热的回水焓，kJ/kg；

D_{gr}^{bu}——供热系统补水量，t；

h^{bu}——供热系统补水（河水）焓，kJ/kg。

（2）尖峰热负荷机组供热量

$$Q_{ir}^{jf} = \sum [(D_{ir}^{ck} \times h_{ir}^{ck} - D_{ih} \times h_{ih}) + (D_{ir}^{jf} \times h_{ir}^{jf} - D_{ih}^{jf} \times h_{ih}^{jf})] - D_{gr}^{bu} \times h^{bu} \tag{9-37}$$

式中 D_{ir}^{jf}——第 i 号机尖峰加热器供出热水流量，t；

h_{ir}^{jf}——第 i 号机尖峰加热器供出热水焓，kJ/kg；

D_{ih}^{jf}——第 i 号机尖峰加热器供热的回水流量，t；

h_{ih}^{jf}——第 i 号机尖峰加热器供热的回水焓，kJ/kg。

（3）以机组为单位计算供热量

$$Q_{gr} = \sum_{i=1}^{n} Q_{ir} + \sum_{i=1}^{n} Q_{ir}^{jf} - Q_c \tag{9-38}$$

式中 Q_{ir}——基本热负荷机组供热量，GJ；

Q_{ir}^{jf}——尖峰热负荷机组供热量，GJ；

Q_c——厂内采暖用热量，GJ。

（4）厂内采暖用热量的计算

$$Q_c = D_{cr}^{ck} \times h_{cr}^{ck} - D_{ch} \times h_{ch} - D_{gr}^{bu} \times h_{bu} \tag{9-39}$$

式中 D_{cr}^{ck}——厂内采暖用热水量，t；

h_{cr}^{ck}——厂内采暖用热水焓，kJ/kg；

D_{ch}——厂内采暖回水量，t；

h_{ch}——厂内采暖回水焓，kJ/kg。

（5）采暖供热抽汽口供热量的计算

$$Q_{gr}^{ck} = \frac{Q_{rw}^{ck}}{\eta_{gd} \times \eta_{rw}^{jr}} \tag{9-40}$$

式中 Q_{gr}^{ck}——采暖供热抽汽口的供热量，10^6kJ 或 GJ；

Q_{rw}^{ck}——热网加热器出口供出的热量，10^6kJ 或 GJ；

η_{gd}——抽汽口至热网加热器的管道效率,%；

η_{rw}^{jr}——热网加热器效率,%。

（6）用抽汽口供出热量计算锅炉输出的供热热量

$$Q_{gl}^{gr} = \frac{Q_{gr}^{ck}}{\eta_{gd}^{zz}} \tag{9-41}$$

式中 Q_{gl}^{gr}——锅炉输出的供热热量，GJ 或 $\times 10^6$kJ；

Q_{gr}^{ck}——抽汽口供出热量，GJ 或 10^6kJ；

η_{gd}^{zz}——主蒸汽、再热蒸汽管道效率,%。

（7）用锅炉供出热量计算锅炉供热耗用天然煤量

$$B_{gr}^{tr} = \frac{Q_{gl}^{gr}}{Q_{net,ar}^{tr} \times \eta_{gl}} \tag{9-42}$$

式中 B_{gr}^{tr}——锅炉供热耗用天然煤量，t；

$Q_{net,ar}^{tr}$——入炉煤收到基热值，kJ/kg；

η_{gl}——锅炉效率，%。

（8）用锅炉供出热量计算锅炉供热耗用标准煤量

$$B_{gr}^{bm}=\frac{Q_{gl}^{gr}}{29\ 271.2\times\eta_{gl}} \tag{9-43}$$

式中　B_{gr}^{bm}——锅炉供热耗用标准煤量，t。

（9）计算反平衡供热煤耗率

$$b_{gr}^{f}=\frac{B_{gr}^{bm}}{Q_{gr}^{gl}} \tag{9-44}$$

式中　b_{gr}^{f}——反平衡供热煤耗率，kg/10^{6}kJ 或 kg/GJ；

Q_{gr}^{gl}——锅炉供出热量，10^{6}kJ 或 GJ。

十八、供热厂用电率

根据行业指标统计、计算的要求：要严格分开发电（供热）用能与非生产用能的规定（参见有关电力行业节约能源法规、规定）。计算厂用电率时，应按规定扣减不计入厂用电率的电量。

1. 供热厂用电率的计算

供热厂用电率是指热、电联产机组每供出 10^{6}kJ 或 GJ 热量所耗用的厂用电量，单位：kWh/10^{6}kJ 或 kWh/GJ。计算公式如下

$$L_{cy}^{gr}=\frac{W_{gr}^{cy}}{Q_{gr}} \tag{9-45}$$

式中　L_{cy}^{gr}——供热厂用电率，kWh/10^{6}kJ；

W_{gr}^{cy}——计算期供热耗用的厂用电量，kWh；

Q_{gr}——计算期的供热量，10^{6}kJ 或 GJ。

2. 供热厂用电量的计算

供热厂用电量，是发电、供热混合厂用电量中为供热使用的厂用电量的份额（电量 kWh）与纯供热厂用电量的和。计算公式如下

$$W_{gr}=W_{cr}+W_{rd}\times\alpha_{r} \tag{9-46}$$

式中　W_{gr}——供热厂用电量，kWh；

W_{cr}——纯供热厂用电量，kWh；

W_{rd}——发电、供热混合厂用电量，kWh；

α_{r}——供热比。

3. 发电、供热混合厂用电量的计算

发电、供热混合厂用电量，是指单元机组设备系统中的辅机既为发电，又为供热提供服务的辅机的用电量，如磨煤机制粉系统、给水泵、送风机、引风机等。计算公式如下

$$W_{rd}=W_{z}-(W_{cr}+W_{cf}) \tag{9-47}$$

式中　W_{rd}——发电、供热共用厂用电量，kWh；

W_{z}——热电厂发电、供热总耗用的厂用电量，kWh；

W_{cf}——纯发电厂用电量，kWh。

4. 纯发电厂用电量的计算

纯发电厂用电量，是指单元机组设备系统中的辅机仅为发电提供服务的辅机的用电量，如循环水泵、凝结水泵等。计算公式如下

$$W_{cf}=W_{xh}+W_{nj}+\cdots \tag{9-48}$$

式中 W_{xh}——循环水泵用电量，kWh；

W_{nj}——凝结水泵用电量，kWh。

5. 纯供热厂用电量的计算

纯供热厂用电量，是指单元机组设备系统中的辅机仅为供热提供服务的辅机的用电量，如热网泵、热网疏水泵等。计算公式如下

$$W_{cr}=W_{rw}+W_{rs}+\cdots \tag{9-49}$$

式中 W_{rw}——热网泵用电量，kWh；

W_{rs}——热网疏水泵用电量，kWh。

第二节　采暖供热负荷对发、供电煤耗率的影响

冬季供采暖供热的热电联产机组有两种类型：一是单一冬季采暖供热型热电联产机组；二是既具有供工业企业压力抽汽供热，又兼有冬季采暖供热的双抽热电联产供热机组。这两种类型的冬季采暖供热机组，就供热对发电煤耗率的影响的分析计算原理和方法而言，两者是相同的、通用的。

冬季采暖供热负荷对机组发电煤耗率的影响，是指供热机组“供热负荷”变化对发电煤耗率的影响，是热电厂发电煤耗率水平的重要影响因素，也是机组发电煤耗率分析的重要内容。热电厂机组“供热”对发电煤耗率的影响，在热电厂供热机组发、供电煤耗率计算时已体现在汽轮机效率与发、供电煤耗率等指标计算中。“供热负荷”影响机组煤耗率水平变化的因素有两个方面：一是供热抽汽参数（抽汽压力、温度）；二是供热负荷（抽汽量）的大小。机组供热抽汽参数（抽汽压力、温度），是在机组设计时根据热用户的要求确定的，机组运行中一般变化不大，就是有变化也是在很小范围内，影响不大。但有一个基点：就是供热抽汽参数越低，越有利于提高机组的运行经济性。

本节主要介绍机组采暖供热“供热负荷”变化对发电煤耗率影响系数的计算；机组采暖供热负荷变化对发电煤耗率影响的分析、计算。

一、认识、熟悉、掌握、运用压力抽汽供机组设计热力特性

认识、熟悉、掌握、运用压力抽汽供热机组汽轮机、锅炉机组设备、系统的设计热力特性，是专业人员做好火力发电厂能耗指标管理的基本条件，它关系到指导火电厂热能动力设备、系统整个能耗指标的管理工作。下面主要介绍压力蒸汽供工业企业生产用热变化对热电联产机组煤耗率水平的影响。

1. 分析、计算用资料的来源

（1）汽轮机热力特性（说明书）或汽轮机热力特性计算书、汽轮机热力特性数据。主要内容包括：

1）主蒸汽、再热蒸汽参数。

2）汽轮机额定负荷下回热系统、凝汽器系统等的热力特性。

3）100%、80%、…、30%发电负荷工况，补水3%工况，高压加热器全切工况等设备系统运行工况参数。

（2）锅炉热力特性计算汇总。主要内容包括：

1）各种负荷下的设计锅炉效率及q_2、q_3、q_4、q_5、q_6等各项损失值。

2）设计、校验煤种煤质特性。

（3）电厂建设可行性研究报告。

（4）电厂初步设计说明书。

上述两个文件中有关单元机组的经济指标有：

（1）单元机组厂用电率。

（2）单元机组保证值发、供电煤耗率。

（3）单元机组正常发电煤耗率，即含3%补水率的机组正常发电煤耗率。

（4）单元机组还贷的运行发电煤耗率。

（5）电厂与制造厂洽谈纪要中有部分辅助设备设计特性说明等。

2. 供热负荷、发电负荷与主蒸汽流量关系（工况）图的制作规定（条件）

（1）新蒸汽压力、温度，生产抽汽室压力等参数的设计值。

（2）汽轮机中压缸主汽门前的再热蒸汽压力、温度。

（3）凝汽器循环水入口温度、循环水量设计额定值。

（4）给水加热器及回热系统按设计方案规定方式运行。

（5）通过高压加热器的给水流量等于新（主）蒸汽流量。

（6）热网加热器按设计方案规定方式运行。

（7）生产抽汽室压力、采暖抽汽室压力、热网回水温度符合设计要求。

（8）低压缸最小蒸汽流量符合设计要求。

3. 供热负荷、发电负荷与主蒸汽流量关系图的构成

根据供热机组设计参数绘制的供热负荷、发电负荷与锅炉负荷（主蒸汽流量）的关系图，见图9-1。

图9-1为供热负荷、发电负荷与主蒸汽流量关系图组合而成。有关情况如下：

（1）工况图是按热力工况分成热负荷曲线和电负荷曲线两组制作。

（2）汽轮机按供热负荷曲线运行时，热负荷、生产抽汽量决定发电负荷和主蒸汽流量。

（3）汽轮机按发电负荷曲线运行时，热负荷和电负荷可以任意调度。

（4）上下两个象限中的基本网线表示热负荷与不同的生产抽汽量关系的运行工况。

当主蒸汽流量和生产抽汽量不变时，降低热负荷会使电负荷增加。当热负荷降低时，电负荷的平均增加值在下象限中用一组细实线表示。

（5）切除生产抽汽和供热抽汽压力调节器的凝汽器工况，在上象限图中用“凝汽器工况线”表示。

（6）按热负荷曲线运行时的允许最小电负荷，根据机组设计时热力计算的规定或运行规程决定。

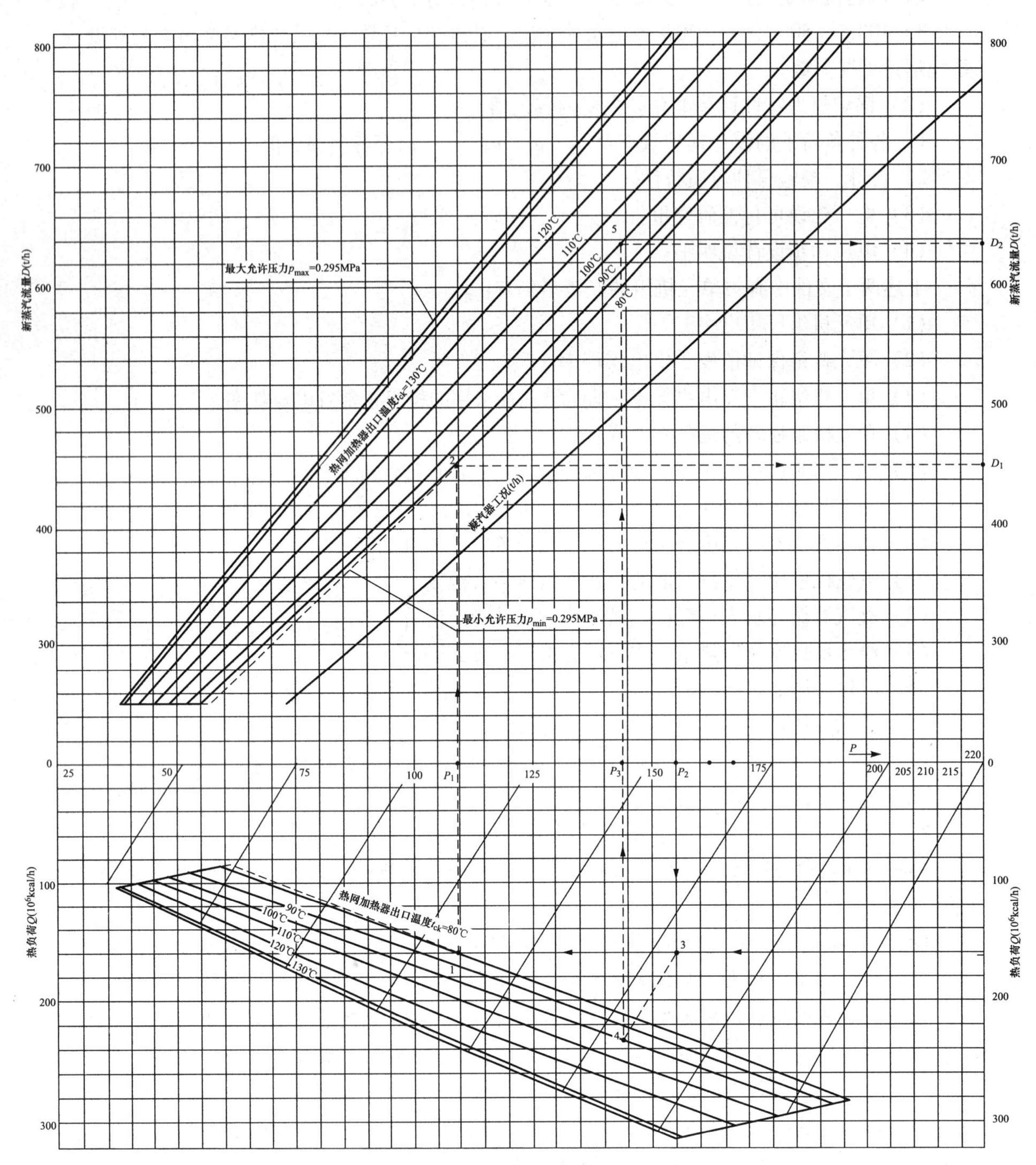

图 9－1　汽轮机CT 185/2207供热负荷、发电负荷子锅炉负荷的关系曲线

4. 供热负荷、发电负荷与主蒸汽流量的关系图中上、下两个图限的阅读

（1）下象限图中：

1）横坐标为发电负荷，单位为：MW。

2）纵坐标为供热负荷，单位为：GJ/h 或 10^6kJ/h。

3）图中：自左上方向右下方倾斜的关系变化线为生产抽汽量 D_{sc}^{cq}（自上向下变化幅度在 480 ~ 0t/h）。

4）图中：发电负荷横坐标上自上向左下方倾斜的一组细实曲线为发负荷曲线。

（2）上象限图中：

1）横坐标为发电负荷，单位为：MW。

2）纵坐标为主蒸汽流量，单位为：t/h 或 10^3kg/h。

3）图中：自右上方向左下方倾斜的一组关系线为生产抽汽量 D_{sc}^{cq}（自上向下递减，变化幅度在 480 ~ 0t/h）。

4）在生产抽汽量 D_{sc}^{cq}线上方斜率大于生产抽汽量的一组近乎平行的线为中压缸排出汽量线。中压缸排汽量线自上向下递减的幅度为 85 ~ 300t/h。

5）中压缸排出汽量 300t/h 左下的一条虚线延长后与实连的线为一条生产抽汽压力线。

6）在生产抽汽量 $D_{sc}^{cq}=0$ 的线条以及后面的延长线，是一条低压缸最大允许蒸汽流量线。

7）在生产抽汽量 D_{sc}^{cq}线最下方的一条直线为凝汽器工况线。

5. 发电负荷、供热负荷、供热抽汽量与主蒸汽流量关系图使用方法举例

（1）按热负荷曲线运行，确定主（新）蒸汽流量的方法。

已知：供热负荷 $Q_{gr}=335$GJ/h；生产抽汽量 $D_{sc}^{cq}=360$t/h。

确定：新蒸汽流量 D_{xq}、发电负荷 P_{fd}。

1）从下象限图纵坐标上，点出供热负荷 Q_1（$Q_{gr}=335$GJ/h），作水平线与生产抽汽量 $D_{sc}^{cq}=360$t/h线交于 1 点。

2）自 1 点向上作垂直线时，与下象限图的（发电）横坐标交于 P_1 点，再向上与上象限图中生产抽汽量为 360t/h 的曲线交于 2 点。

3）由 2 点作水平线到上象限图的纵坐标（新蒸汽流量 D_{xq}）交于 D_1 点，由此可知新蒸汽流量 D_{xq}为 719t/h。

4）在图中 P_1 点可以看到：新蒸汽流量 $D_{xq}=719$t/h 时，汽轮发电机的发电负荷为 114MW。

5）用上述类似的方法，可根据已知的发电负荷 P_{fd}和生产抽汽量 D_{sc}^{cq}，确定供热负荷 Q_{gr}和新蒸汽流量 D_{xq}。

（2）按电负荷曲线运行确定主（新）蒸汽流量的方法。

已知：发电负荷 $P_{fd}=102$MW，供热负荷 $Q_{gr}=335$GJ/h，生产抽汽量 $D_{sc}^{cq}=180$t/h。

确定：新蒸汽流量 D_{xq}。

1）在热负荷坐标上，从 Q_1 点的供热负荷 $Q_{gr}=335$GJ/h，作水平线与从发电负荷 $P_{fd}=102$MW 的 P_2点向下作的垂直线交于 3 点。

2）从 3 点作负荷平行于细实线的虚线到与生产抽汽量 $D_{sc}^{cq}=180$t/h 线，交于 4 点。

3）从 4 点作垂直线到和上象限中生产抽汽量 $D_{sc}^{cq}=180$t/h 的线，相交于 5 点。

4）自5点作水平线到新蒸汽流量D_{xq}坐标上的投影D_2点。D_2点确定到汽轮机去的新蒸汽流量$D_{xq}=547t/h$。

5）按相反的顺序，根据给定的新蒸汽流量D_{xq}、发电负荷P_{fd}、生产抽汽量D_{sc}^{cq}，可以确定供热负荷Q_{gr}。

（3）在凝汽工况下运行时，根据给定的发电负荷，由上象限中的“凝汽工况线”确定新蒸汽流量，或根据新蒸汽流量确定发电负荷。

二、供热机组在各种发电负荷下，不同供热负荷的发、供电煤耗率的计算

1. 计算要求

（1）确定供热期间机组运行中分析用发电负荷的区间，即确定负荷的最大值、最小值。

（2）确定分析、计算用发电负荷点数：机组在最大发电负荷与最小发电负荷区间，指标分析、计算用的负荷点。一般不应少于4点，最好选用5个负荷点，以保证指标分析、计算用分析系数的准确性。

（3）确定供热期间机组运行中供热负荷的最大值、最小值。

（4）确定分析、计算用供热负荷点数：机组在最大供热负荷与最小供热负荷区间，指标分析、计算用的负荷点。一般应不少于4点，最好选用5个负荷点，以保证指标分析、计算用分析系数的准确性。可见，上述确定的5个发电负荷点，每个发电负荷点下又要计算5个供热负荷的相应的发电煤耗率等指标。即要计算5组发电负荷下，各5组供热负荷的发电煤耗率等指标，即共计算25组指标。

（5）确定分析计算用热网加热器出口供水温度点数。根据采暖期间用户温度变化范围和分析、计算用热网加热器出口供出水温度要求而定。如热用户要求的热水温度变化不大，并经常稳定在某规定值，就计算一个热网加热器出口供水温度点的供热负荷变化对煤耗率的影响系数。如热用户要求的热水温度变化较大，且热网加热器用抽汽的压力、温度等参数变化也较大，则可根据变化范围选择计算2～3个点，以确保指标分析、计算的准确性。为此，要计算50～75组发电煤耗率等指标。

2. 供热机组在各种发电负荷下，不同供热负荷的发、供电煤耗率的计算

供热机组在各种发电负荷下，不同供热负荷的发、供电煤耗率的计算有两种方法。一是设计资料提供有各种供热负荷与相应发电负荷时汽轮机组的热耗率，这就可以直接计算汽轮机效率，供电煤耗率，发电负荷，供热负荷变化对发、供电煤耗率的影响系数，如单一冬季供采暖用热机组即可按此方法计算；二是制造厂未提供各种供热负荷与相应发电负荷时汽轮机组的热耗率，此时应根据制造厂提供的资料确定进入汽轮机的主蒸汽流量：根据确定用的分析、计算用的发电负荷，供热负荷，热网加热器出口供水温度。根据制造厂提供的发电负荷、供热负荷及热网加热器出口供水温度关系曲线，确定进入汽轮机的主蒸汽流量。

3. 根据计算要求收集、整理、确定计算用参数

（1）汽轮机主汽门前的蒸汽压力、温度。

（2）汽轮机中压缸主汽门前的再热蒸汽压力、温度。

（3）计算进入中压缸的再热蒸汽流量的流量系数。

（4）高压缸排汽压力、温度。

（5）机组设备系统正常发电、供热运行方式下的广义管道效率。如有不同负荷下的广

义管道效率，则分析、计算结果会更准确。如无实测或计算的不同负荷下的广义管道效率，则可采用额定负荷的广义管道效率。

（6）热网加热器效率。

（7）机组抽汽口至热网加热器的抽汽管道效率。

（8）单元机组的厂用电率。应是实测的不同负荷下的实际厂用电率，或正常运行工况下的分析、计算的不同负荷下的实际厂用电率，否则将影响分析、计算结果的准确性。

（9）热网加热器运行参数等，并填入计算表中。

（10）收集分析、计算用供热机组冷凝工况、供热工况设计参数。

1）NC200/140－12.7/535/535 型热电联产机组设计参数之一，见表 9－1 和表 9－2。

表 9－1　　NC200/140－12.7/535/535 型汽轮机在供热工况下的汽耗率、热耗率、汽轮机效率

工况	发电负荷（MW）	主蒸汽流量（t/h）	供热抽汽		汽轮机汽耗率（kg/kWh）	汽轮机热耗率（kJ/kWh）	汽轮机效率（%）	给水温度（℃）
			压力（MPa）	流量（t/h）				
1	160.308	670	0.245	450	4.179	4730.2	76.10	249.3
2	147.314	610	0.245	405	4.141	4875.5	73.83	243.9
3	132.061	549	0.245	366	4.157	4978.1	72.31	283.1
4	117.249	488	0.245	320	4.162	5175.3	69.56	231.8
5	101.859	427	0.245	275	4.192	5424.4	66.36	224.8
6	85.679	366	0.245	230	4.272	5752.2	62.58	217.1

表 9－2　　NC200/140－12.7/535/535 型汽轮机在冷凝工况下的汽耗率、热耗率、汽轮机效率

工况	发电负荷（MW）	主蒸汽流量（t/h）	汽轮机汽耗率（kg/kWh）	汽轮机热耗率（kJ/kWh）	汽轮机效率（%）	给水温度（℃）
1	219.179	670.0	3.057	8478.3	42.46	249.3
2	203.259	610.0	3.001	8445.8	42.62	243.8
3	180.000	533.9	2.966	8484.9	42.43	236.6
4	160.000	469.3	2.933	8516.7	42.88	229.7
5	140.000	407.4	2.910	8573.3	41.99	222.3
6	120.000	350.3	2.919	8690.9	41.42	214.8
7	100.000	294.7	2.946	8858.8	40.64	206.6

2）NC200/140－12.7/535/535 型热电联产机组设计参数之二，见表 9－3 和表 9－4。

表 9－3　　NC200/140－12.7/535/535 型汽轮机在供热工况下的汽耗率、热耗率、汽轮机效率、排汽量

供热抽汽压力 0.588MPa	主蒸汽流量（670t/h）				主蒸汽流量（610t/h）			
供热抽汽流量（t/h）	100	200	300	443	100	200	300	410
汽轮机发电负荷（MW）	208.82	188.97	169.01	141.10	189.10	169.00	148.53	127.20
汽轮机耗汽率（kg/kWh）	3.210	3.545	3.960	4.250	3.226	3.609	4.107	4.796
汽轮机热耗率（kJ/kWh）	7733.4	7721.4	6593.4	5362.2	7736.1	7162.7	5450.5	5349.4

续表

供热抽汽压力 0.588MPa	主蒸汽流量（670t/h）				主蒸汽流量（610t/h）			
汽轮机效率 （%）	46.55	46.62	54.60	67.14	46.54	50.26	66.05	67.30
汽轮机排汽量 （t/h）	372.7	392.7	212.4	97.0	334.77	254.52	173.97	84.78
供热抽汽压力 0.588MPa	主蒸汽流量（525t/h）				主蒸汽流量（435t/h）			
供热抽汽流量 （t/h）	100	200	300	410	100	200	240	270
汽轮机发电负荷 （MW）	160.94	139.95	119.37	111.46	129.17	107.51	99.21	93.04
汽轮机耗汽率 （kg/kWh）	3.262	3.751	4.398	4.710	3.368	4.046	4.385	4.075
汽轮机热耗率 （kJ/kWh）	7765.8	7102.9	6183.7	5681.0	7851.0	7010.3	6546.7	6131.7
汽轮机效率 （%）	46.36	50.68	58.22	53.88	45.85	51.35	54.97	58.71
汽轮机排汽量 （t/h）	283.78	203.17	122.21	88.88	228.14	147.08	114.54	90.03
供热抽汽压力 0.39MPa	主蒸汽流量（670t/h）				主蒸汽流量（610t/h）			
供热抽汽流量 （t/h）	100	200	300	445	100	200	300	405
汽轮机发电负荷 （MW）	215.44	196.35	177.02	150.31	196.39	176.90	151.37	138.05
汽轮机耗汽率 （kg/kWh）	3.110	3.412	3.785	4.458	3.106	3.450	3.880	4.418
汽轮机热耗率 （kJ/kWh）	7488.3	6952.3	6310.1	5035.6	7482.0	5893.9	6156.6	5118.3
汽轮机效率 （%）	48.07	51.78	57.05	71.69	48.12	52.22	58.47	70.34
汽轮机排汽量 （t/h）	366.77	285.04	203.00	83.46	331.60	249.69	167.40	80.56
供热抽汽压力 0.39MPa	主蒸汽流量（525t/h）				主蒸汽流量（435t/h）			
供热抽汽流量 （t/h）	100	200	300	340	100	200	240	265
汽轮机发电负荷 （MW）	167.79	147.67	128.12	120.81	135.59	114.95	107.06	102.37
汽轮机耗汽率 （kg/kWh）	3.129	3.555	4.098	4.346	3.208	3.784	4.063	4.249
汽轮机热耗率 （kJ/kWh）	7492.3	6798.5	5858.7	5375.0	7537.5	6651.4	6179.8	5834.1
汽轮机效率 （%）	48.05	52.95	61.45	66.98	47.76	54.12	58.25	61.71
汽轮机排汽量 （t/h）	280.74	198.49	115.88	82.71	225.32	142.66	109.48	88.69

表 9-4　　NC200/140-12.7/535/535 型汽轮机在冷凝工况下的汽耗率、热耗率、汽轮机效率

工况	汽轮发电机负荷（MW）	主蒸汽流量（t/h）	汽轮机汽耗率（kg/kWh）	汽轮机热耗率（kJ/kWh）	汽轮机效率（%）	背压（kPa）	给水温度（℃）
1	224.080	670	2.990	8281.62	43.47	5.20	249.48
2	207.500	610	2.940	8266.16	43.55	4.90	244.00
3	182.308	525	2.880	8270.52	43.52	4.50	235.65
4	154.035	435	2.824	8300.50	43.37	4.10	225.05
5	131.634	366	2.780	8328.17	43.23	3.43	216.59
6	104.419	290	2.777	8496.40	42.37	3.43	205.06

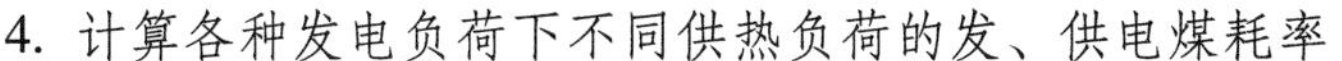
4. 计算各种发电负荷下不同供热负荷的发、供电煤耗率

制造厂提供的供热参数资料形式各不相同，一般均有汽轮机热力特性计算书或热力特性数据，其主要形式是以热流图表示，图中有机组各种负荷下运行工况的设计数据，如：

（1）主蒸汽、再热蒸汽参数。

（2）有 100%、80%、…、30% 各种发电负荷，不同供热负荷下的热耗率等参数。

（3）汽轮机额定负荷下回热系统、凝汽器系统等热力特性参数。

（4）有补水 3% 工况，高压加热器全切工况等设备系统运行工况参数等。

在没有热流工况图的情况下，可以用汽轮机运行规程中的汽轮机在供热工况下的蒸汽流量、发电负荷、热耗率、热效率和主机规范中的主蒸汽、再热蒸汽参数等作为计算依据。计算方法有以下两种：

（1）没有制造厂提供的汽轮机热耗率时，可以用主蒸汽、再热蒸汽参数，供热抽汽参数、供热状态下热网运行参数计算供热机组各种发电负荷下不同供热负荷的热耗率，然后再计算各种发电负荷下不同供热负荷的发、供电煤耗率。计算程序见表 9-5。

（2）有制造厂提供的汽轮机热耗率，可从表 9-5 中的第 42 项开始，直接计算各种发电负荷下不同供热负荷的发、供电煤耗率，计算程序较为简单。

表 9-5　不同供热负荷下，相应发电负荷时的发电煤耗率的计算表

序号	指　标	单位	1	2	3	4	5
1	*	GJ/h	996.5	904.5	799.7	695.0	590.3
2	发电负荷*	MW	147.31	132.06	117.25	101.86	85.68
3	锅炉蒸汽流量比率*	%	100	90	80	70	60
4	热网加热器出口温度	℃	120	120	120	120	120
5	进入汽轮机的主蒸汽的流量*	10^3kg/h	610	549	488	427	366
6	汽轮机汽耗率	kg/kWh	4.14	4.16	4.16	4.19	4.27
7	进入汽轮机的主蒸汽的压力	MPa	12.74	12.74	12.74	12.74	12.74
8	进入汽轮机的主蒸汽的温度	℃	535	535	535	535	535
9	主蒸汽焓	kJ/kg					
10	高压加热器出口给水温度	℃	243.9	238.1	231.8	224.8	217.1
11	高压加热器出口给水焓	kJ/kg	243.9	238.1	231.8	224.8	217.4
12	⑨-⑪	kJ/kg					
13	⑤×⑫	GJ/h					
14	高压缸排汽压力	MPa	2.43	2.43	2.43	2.43	2.43
15	高压缸排汽温度	℃	310	310	310	310	310
16	高压缸排汽焓	kJ/kg					
17	中压缸进汽压力	MPa	2.15	2.15	2.15	2.15	2.15
18	中压缸进汽温度	℃	535	535	535	535	535
19	中压缸进汽焓	kJ/kg					
20	再热蒸汽流量系数	—					
21	⑤×⑳	t/h					

续表

序号	指　　标	单位	1	2	3	4	5
22	⑲－⑯	kJ/kg					
23	㉑×㉒	GJ/h					
24	再热器减温喷水流量	kg/h					
25	给水泵抽头减温水温度	℃					
26	给水泵抽头减温水焓	kJ/kg					
27	⑲－㉖	kJ/kg					
28	㉔×㉗	GJh					
29	热网加热器送出水流量	t/h	2250	2250	2250	2250	2250
30	热网加热器送出水焓	kJ/kg					
31	㉙×㉚	GJ/h					
32	热网加热器回水流量	kg/h					
33	热网加热器回水温度	℃					
34	热网加热器回水焓	kJ/kg					
35	㉜×㉞	GJ/h					
36	热网加热器效率	%					
37	抽汽管道效率	%					
38	㊱×㊲	—	4875.5	4978.1	5175.3	5424.4	5752.2
39	抽汽口（㉛/㊳）	GJ/h	73.83	72.31	69.56	66.36	62.58
40	供出（㉛－㉟）	GJ/h	63.52	62.21	59.84	57.09	53.84
41	发电用（⑬＋㉓＋㉘－㊵）	GJ/h					
42	热耗率（㊶/②）	kJ/kWh	4944.6	5032.5	5229.3	5468.0	5786.2
43	机效率（3600/㊷）	%	72.81	71.54	68.84	65.84	62.22
44	机组运行管道效率	%	95.90	95.90	95.90	95.90	95.90
45	锅炉效率	%	91.04	91.04	91.04	91.04	91.04
46	电厂效率（㊸×㊹×㊺）	%	63.59	62.46	60.10	57.48	54.32
47	系数	—	0.122 857 1				
48	发电煤耗率（㊼/㊻）	g/kWh	193.3	196.7	204.3	213.8	226.1
49	厂用电率	%	8.50	8.50	8.50	8.50	8.50
50	①－㊾	—	0.915	0.915	0.915	0.915	0.915
51	供电煤耗率	g/kWh	211.2	215.0	223.3	233.6	247.1

注　1. 表中各表达式为相应参数的计算公式，○内数字代表相应参数的序号。

2. 表中带“＊”的“发电煤耗率”为“抽汽量每变化1t/h对应的发电煤耗率变化值”，为推算值。

说明：

1）表9－5中供热负荷、发电负荷、主蒸汽流量、汽轮机热耗率、锅炉效率、厂用电率等计算用参数仅取自汽轮机热力特性计算书、汽轮机热力特性数据资料或汽轮机运行规程中的数值。

2）如无“汽轮机热耗率”，则应用第二种方法计算。

3）表9－5仅是根据厂家提供资料数据计算的结果，不足以供热负荷变化对发、供电煤

耗率影响的分析。

4）为了计算各种发电负荷下，不同供热负荷时供热负荷变化对发、供电煤耗率影响系数，还必须计算4组发电负荷下相同供热负荷时的发、供电煤耗率。此处不再重复。

5）表9－5中所列程序是一般原则性的、理论性的程序。在使用过程中，应根据设备、系统，制造厂提供的具体资料、数据作切合实际的调整、修改，如热网加热器疏水回热系统、热网供热回热系统的运行等。

6）表9－5中的数据为单台机组的性能数据。机组容量、抽汽压力等级不同，分析时不能简化为用一个性能数据。不同容量、不同抽汽压力等级的供热机组都应分别计算各自的性能数据，以确保日常分析计算的准确性。

5. 编制发、供电煤耗率计算结果表

为方便、简化有关领导、工程技术人员和专业管理人员的日常分析管理工作。根据表9－5中计算结果，将计算用主要参数、数据及计算结果的发、供电煤耗率填入表9－6中，供随时使用，以提高工作效率。

表9－6　　采暖供热机组发、供电煤耗率等主要指标数据汇总

供热参数	发电负荷（MW）	蒸汽流量（t/h）	汽轮机热耗率（kJ/kWh）	热效率（%）	锅炉效率（%）	管道效率（%）	厂用电率（%）	煤耗率（g/kWh）	
								发电	供电
1	2	3	4	5	6	7	8	9	10
供热负荷（996.5GJ/h，或×10⁶kcal/h）抽汽压力0.245MPa（或2.5ata）	147.314 *	610	4944.61	72.81	91.04	95.90	8.50	193.3	211.2
	130.0	557	4454.76	80.81	91.04	95.90	8.50	174.1	190.3
	140.0	588	4752.02	75.76	91.04	95.90	8.50	185.8	203.0
	150.0	618	5011.60	71.83	91.04	95.90	8.50	195.9	214.1
	160.0	649	5237.69	68.73	91.04	95.90	8.50	204.7	223.7
供热负荷（904.3GJ/h，或×10⁶kcal/h）抽汽压力（MPa、ata）	132.061 *	549	5032.53	71.54	91.04	95.90	8.50	196.7	215.0
	130.0	543	4973.92	72.38	91.04	95.90	8.50	194.2	212.5
	140.0	573	5241.87	68.68	91.04	95.90	8.50	204.9	223.9
	150.0	604	5476.33	65.74	91.04	95.90	8.50	214.0	233.9
	160.0	634	5677.30	63.41	91.04	95.90	8.50	221.9	242.6
供热负荷（799.7GJ/h，或×10⁶kcal/h）抽汽压力（MPa、ata）	117.249 *	488	5229.31	68.84	91.04	95.90	8.50	204.3	223.3
	130.0	527	5885.19	61.17	91.04	95.90	8.50	218.2	238.5
	140.0	557	5815.47	61.90	91.04	95.90	8.50	227.4	248.5
	150.0	588	6020.62	59.79	91.04	95.90	8.50	235.3	257.1
	160.0	618	6196.46	58.10	91.04	95.90	8.50	242.2	264.7
供热负荷（695.0GJ/h，或×10⁶kcal/h）抽汽压力（MPa、ata）	101.859 *	427	5467.96	65.84	91.04	95.90	8.50	213.8	233.6
	130.0	513	6225.77	57.82	91.04	95.90	8.50	243.4	266.0
	140.0	543	6418.36	56.09	91.04	95.90	8.50	251.0	274.3
	150.0	574	6594.21	54.59	91.04	95.90	8.50	257.7	281.6
	160.0	604	6740.75	53.41	91.04	95.90	8.50	263.5	287.9

续表

供热参数	发电负荷（MW）	蒸汽流量（t/h）	汽轮机热耗率（kJ/kWh）	热效率（%）	锅炉效率（%）	管道效率（%）	厂用电率（%）	煤耗率（g/kWh）	
								发电	供电
供热负荷（590.3GJ/h，或×10⁶kcal/h）抽汽压力（MPa 或 ata）	85.679*	366	5786.16	62.22	91.04	95.90	8.50	226.1	247.1
	130.0	501	6904.03	52.14	91.04	95.90	8.50	269.9	295.0
	140.0	532	7058.94	51.00	91.04	95.90	8.50	275.9	301.6
	150.0	562	7192.92	50.05	91.04	95.90	8.50	281.2	307.3
	160.0	593	7310.15	49.25	91.04	95.90	8.50	285.8	312.3

注 1. 表 9－6 中的发电负荷、供热负荷、蒸汽流量、汽轮机热耗率、锅炉效率等数据均取自运行规程。

2. 表中带“＊”的“发电煤耗率”为“抽汽量每变化 1t/h 对应的发电煤耗率变化值”，为推算值。

6. 同一供热工况，不同发电负荷下的蒸汽流量、汽轮机热耗率、热效率推算与计算

供热机组正常发电、供热工况下，一定发电负荷时，单位供热抽汽量对单元机组经济性的影响值是不变的。供热抽汽量对机组经济效益的影响值，就是其汽化潜热的运用量，与发电量无关。一定抽汽供热负荷下，发电负荷变化时，增加单位发电量的用汽量，仍是单元机组的微增耗汽率。影响单元机组抽汽供热经济性的因素仅仅是供热负荷与发电负荷的比例的规律，同一供热工况，不同发电负荷下的蒸汽流量、汽轮机热耗率、热效率的推算与计算方法如下：

（1）设计算需用发电负荷的点数一般不少于 4 个。

（2）用单元机组微增耗汽率计算汽轮机组负荷变化后的主蒸汽流量。计算公式如下

$$D_{zq}^{bh}=D_{zq}^{jz}+\Delta W_{fd}^{bh}\times d_{wz} \tag{9-50}$$

式中 D_{zq}^{bh}——发电负荷变化后的主蒸汽流量，t/h；

D_{zq}^{jz}——发电负荷变化前的基准主蒸汽流量，t/h；

ΔW_{fd}^{bh}——发电负荷变化值，kWh；

d_{wz}——单元机组微增耗汽率，kg/kWh。

（3）汽轮机热耗率、热效率等其他计算同前。

三、热电联产机组在各种供热负荷下发电负荷变化与发、供电煤耗率的关系

表 9－6 中的计算结果，列出了供热机组在各种发电负荷下，不同供热负荷时的发、供电煤耗率水平。为了清晰、明显地体现出其内在规律，可用表 9－6 中发电负荷，供热负荷，发、供电煤耗率数据，绘制出供热机组在不同供热负荷下发电负荷与供煤耗率的关系曲线，以及供热机组在不同发电负荷下，供热负荷与供煤耗率的关系曲线。从关系曲线就可以一目了然地看出发电负荷，供热负荷，发、供电煤耗率等三者的相互影响、变化趋势及其线性函数关系。

（一）在各种供热负荷下，供热机组发电负荷与供煤耗率的关系

根据表 9－6 中第 1 栏供热负荷、第 2 栏发电负荷、第 10 栏供电煤耗率等数据，可绘制出供热机组在各种供热负荷下，发电负荷与供煤耗率的关系曲线，见图 9－2。

从图 9－2 可以看出：

（1）供热机组在同一发电负荷下，供热负荷越大，则供电煤耗越低。例如：发电负荷

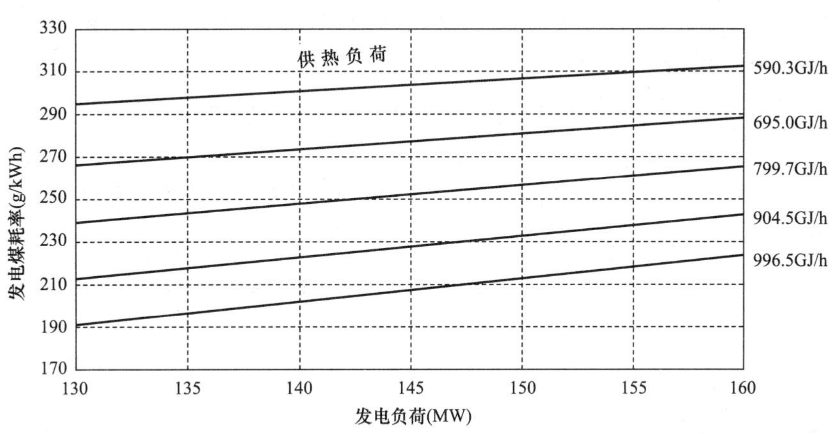

图9－2　某供热机组在各种供热负荷下，发电负荷与供电煤耗率的关系曲线

为140MW时，供热负荷为590.3GJ/h，供电煤耗率为301.6g/kWh；当供热负荷增大到996.5GJ/h时，则供电煤耗率降到203g/kWh。

（2）供热机组在同一发电负荷下，供热负荷越低，则供电煤耗越高。例如：供热负荷为695.0GJ/h时：发电负荷为160MW，供电煤耗率为287.9g/kWh。当发电负荷降到130MW时，供电煤耗率则降到266.0g/kWh。

（3）图9－2应用举例：发电负荷为140MW，供热负荷为695GJ/h时，供电煤耗率为274.3g/kWh。

（二）各种供热负荷下，供热机组发电负荷与发电煤耗率的关系曲线

根据表9－6中第1栏供热负荷、第2栏发电负荷、第9栏中的数据，可绘制出在不同供热负荷下，供热机组发电负荷与发电煤耗率的关系曲线，见图9－3。

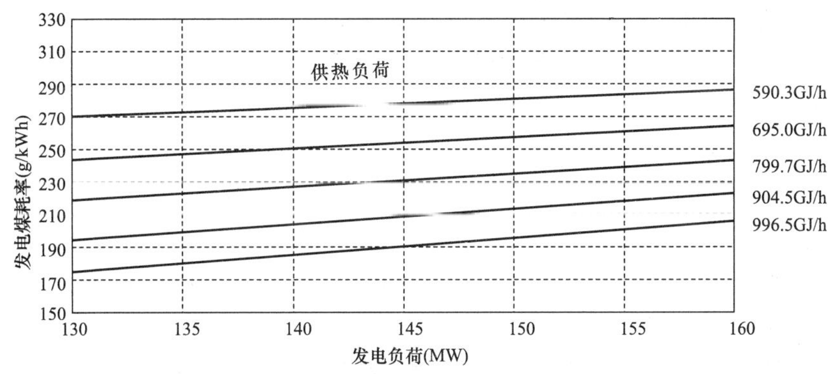

图9－3　某供热机组在各种供热负荷下，发电负荷与发电煤耗率的关系曲线

从图9－3中可以看出：

（1）在同一供热负荷下，供热机组发电负荷越大，发电煤耗越高。例如：供热负荷为590.3GJ/h，发电负荷为140MW时，发电煤耗率为275.9g/kWh；当发电负荷增大到160MW时，则发电煤耗率升高到285.8g/kWh。

（2）在同一供热负荷下，供热机组发电负荷越低，发电煤耗越低。例如：供热负荷为

695.0GJ/h 时，发电负荷为 160MW，发电煤耗率为 263.5g/kWh；当发电负荷降到 130MW 时，则发电煤耗率降到 243.4g/kWh。

（3）图 9－3 应用举例：发电负荷为 140MW，供热（负荷）量为 695GJ/h 时，发电煤耗率为 251.0g/kWh。

（三）在各种发电负荷下，供热机组供热负荷与供电煤耗率的关系曲线

根据表 9－6 中第 2 栏发电负荷、第 1 栏供热负荷、第 10 栏供电煤耗率提供的数据，可绘制出供热机组在各种供热负荷下，发电负荷与供电煤耗率的关系曲线，见图 9－4。

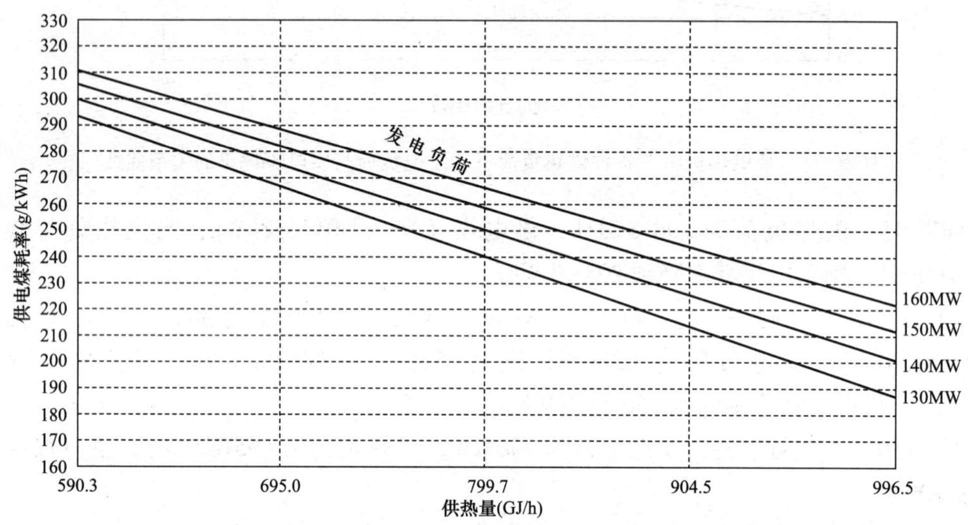

图 9－4　某供热机组在各种发电负荷下，供热负荷与供电煤耗率的关系曲线

从图 9－4 可以看出：

（1）在同一供热负荷下，供热机组发电负荷越小，供电煤耗率越低。例如：机组供热负荷为 800GJ/h 时，发电负荷为 160MW，供电煤耗率为 264.7g/kWh；当发电负荷降到 130MW 时，供电煤耗率则降到 238.5g/kWh。

（2）在同一供热负荷下，供热机组发电负荷越大，供电煤耗越高。例如：供热负荷为 1000GJ/h，发电负荷为 150MW 时，供电煤耗率为 214.1g/kWh；当发电负荷升到 160MW 时，供电煤耗率则升高到 223.7g/kWh。

（3）图 9－4 应用举例：供热负荷为 900GJ/h，发电负荷为 130MW 时，供电煤耗率为 212.5g/kWh。

（四）在各种发电负荷下，供热机组供热负荷与发电煤耗率的关系曲线

根据表 9－6 中第 2 栏发电负荷、第 1 栏供热负荷、第 9 栏发电煤耗率提供的数据，可绘制出各种发电负荷下，供热机组供热负荷与发电煤耗率的关系曲线，见图 9－5。

从图 9－5 可以看出：

（1）在同一发电负荷下，供热机组供热负荷越小，发电煤耗率越低。例如：机组发电负荷为 160MW 时，供热负荷为 800GJ/h，发电煤耗率为 242.2g/kWh；当发电负荷降到 130MW 时，发电煤耗率则降到 204.3g/kWh。

（2）在同一发电负荷下，供热机组供热负荷越大，发电煤耗越低。例如：发电负荷为

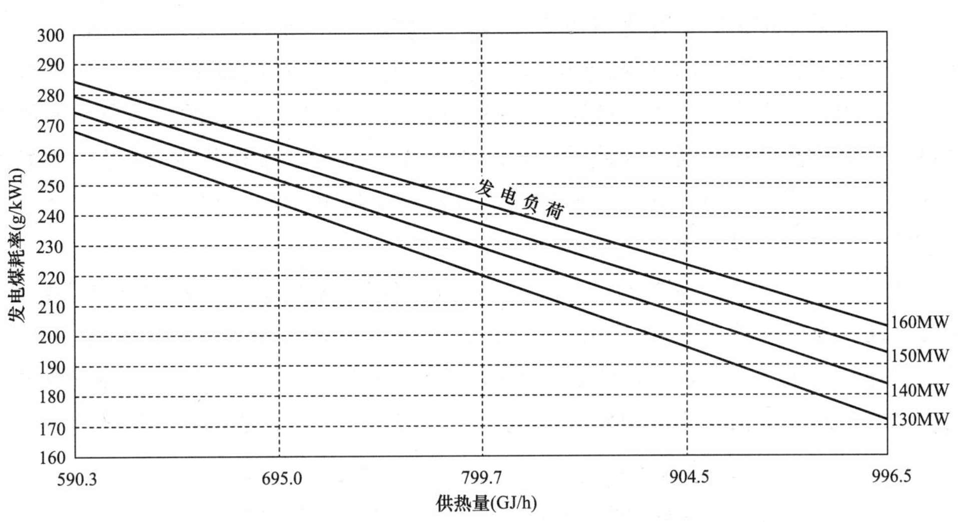

图9-5　某供热机组在各种发电负荷下，供热负荷与发电煤耗率的关系曲线

150MW时，供热负荷为590.3GJ/h，发电煤耗率为281.2g/kWh；当供热负荷升到996.5GJ/h时，发电煤耗率则降到195.9g/kWh。

（3）图9-5应用举例：发电负荷为150MW，供热负荷为800GJ/h时，发电煤耗率为235.3g/kWh。

四、供热负荷、发电负荷变化对供热机组供电煤耗率的影响系数

供热负荷（或发电负荷）、发电负荷（供热负荷）变化对供热机组供电煤耗率的影响系数是指，供热负荷（或发电负荷）为某一定值时，发电负荷（供热负荷）每变化10MW（1GJ/h）对供电煤耗率的影响值。

（一）供热机组发电负荷变化对机组供电煤耗率的影响系数的计算

供热机组发电负荷变化对机组供电煤耗率影响系数是指，供热负荷为某一定值时，发电负荷每变化10MW对供电煤耗率的影响值，可表达为$(\Delta b_{gd}^{bh}\ g/kWh)/(\Delta P_{fd}^{fh}\ 10MW)$。

供热负荷为某一定值时，发电负荷每变化10MW对供电煤耗率的影响系数的计算公式如下

$$\Delta b_{fh}^{gm}=\frac{b'_{gd}-b''_{gd}}{P'_{fd}-P''_{fd}} \tag{9-51}$$

$$=\frac{\Delta b_{gd}}{\Delta P_{fd}} \tag{9-52}$$

式中　Δb_{fh}^{gm}——供热机组供热负荷为某一定值时，发电负荷每变化10MW后对供电煤耗率的影响系数，可表达为$(\Delta b_{gd}^{bh}\ g/kWh)/(\Delta P_{fd}^{fh}\ 10MW)$；

P'_{fd}、P''_{fd}——供热机组拟分析用的两组发电负荷，MW；

b'_{gd}、b''_{gd}——供热机组与拟分析用的两组发电负荷相对应的两组供电煤耗率，g/kWh；

ΔP_{fd}——供热机组拟分析用的两组发电负荷之间的差值，MW；

Δb_{gd}——供热机组与拟分析用的两组发电负荷的差值相对应的供电煤耗率的差值，g/kWh。

供热负荷为某一定值时，发电负荷变化对供电煤耗率的影响系数，可用表 9－6 中第 1 列供热负荷、第 10 列供电煤耗率的数据差值与第 2 列发电负荷的差值计算。即机组在正常供热工况下，用某一设定的发电负荷段的供电煤耗率的差值与相应段的发电负荷差值，就可用计算可以求得供热负荷为某一定值时，发电负荷变 10MW 对发电煤耗率的影响系数。

单元供热机组供热负荷为某一定值时，发电负荷变化 10MW 对供电煤耗率的影响系数，可以用数值表和关系曲线两种方式表示。

1. 编制供热负荷为某一定值时，发电负荷变化 10MW 对供电煤耗率的影响系数表

根据上述计算公式和表 9－6 中第 1 栏供热负荷为某定值、第 2 栏发电负荷、第 10 栏供电煤耗率的数据，可计算出各种发电负荷与相应供电煤耗率组合的，单元供热机组供热负荷为某一定值时，发电负荷变化 10MW 对供电煤耗率的影响系数，详细数值见表 9－7。

表 9－7　供热机供热负荷为某一定值时，发电负荷变化 10MW 对供电煤耗率的影响系数(Δb_{gd}^{bh} g/kWh)/(ΔP_{fd}^{fh} 10MW)

发电负荷变化范围（MW）	供热量（GJ/h）				
	996.5	904.5	799.7	695.0	590.3
130～140	12.2	11.4	10.0	8.3	6.6
140～150	11.1	10.0	8.6	7.3	5.7
150～160	9.6	8.7	7.6	6.3	5.0

表 9－7 使用说明：

（1）本表数据为某型号、容量为 200MW 的机组的 0.245MPa 抽汽压力等级，设计锅炉效率、管道效率为一定值时的性能数据。机组型号、容量和压力等级不同时不能混用，以防影响分析结果的准确性。

（2）表中第 1 列数据为分析计算时选定的发电负荷变化范围值，第二大列第二行的 5 组供热负荷值为分析计算时选定的机组供热负荷。

（3）表中第 1 列右面，第二大列 5 组供热负荷下的各列、各行数据为供热机组供热量一定时，发电负荷变化 10MW 对供电煤耗率的影响系数。其定义为：机组供热机供热量一定时，发电负荷每变化 10MW，影响机组供电煤耗率相应变化的数值，可以表达为(Δb_{gd}^{bh} g/kWh)/(ΔP_{fd}^{fh} 10MW)。

（4）例如：供热量为 904.5GJ/h 时，机组发电负荷从 130MW 增加到 140MW，则该机组供电煤耗率要升高 11.40g/kWh，即可表达为(Δb_{gd}^{bh} 11.4g/kWh)/(ΔP_{fd}^{bh} 10MW)。

2. 绘制供热负荷为某一定值时，发电负荷变化 10MW 对供电煤耗率的影响系数的关系曲线

根据表 9－7 中数据绘制供热负荷为某一定值时，发电负荷变化 10MW 对供电煤耗率的影响系数的关系曲线，见图 9－6。

图 9－6 使用说明：

（1）本图数据为某型号机组在容量为 200MW，0.245MPa 抽汽压力等级，锅炉效率，管道效率为一定值时的性能数据。机组型号、容量和压力等级不同时不能使用，以防影响分析结果的准确性。

（2）图 9－6 中的关系曲线为供热机组供热量一定时，发电负荷每变化 10MW 对供电煤

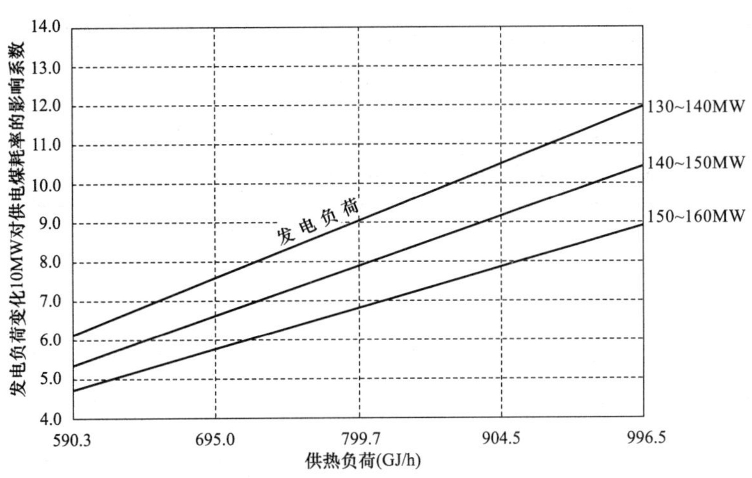

图 9－6　供热机组供热量一定时，发电负荷变化 10MW 对供电煤耗率的影响系数的关系曲线(Δb_{gd}^{bh} g/kWh)/(ΔP_{fd}^{fh} 10MW)

耗率的影响系数，可以表达为(Δb_{gd}^{bh} g/kWh)/(ΔP_{fd}^{bh} 10MW)。

(3) 例如：供热量为 800GJ/h，机组发电负荷为 145MW 时，发电负荷变化 10MW，则该机组供电煤耗率要升高 7.6g/kWh，可以表达为(Δb_{gd}^{bh}7.6g/kWh)/(ΔP_{fd}^{bh} 10MW)。

(二) 供热机组供热负荷变化对供电煤耗率的影响系数

供热机组供热负荷变化对供电煤耗率的影响系数是指，发电负荷为某一定值时，供热负荷每变化 1GJ/h 对供电煤耗率的影响值，可以表达为(Δb_{gr}^{gm} g/kWh)/(ΔQ_{gr}^{bh} 1GJ/h)。

发电负荷为某一定值时，供热机组供热负荷变化 1GJ/h 对供电煤耗率的影响系数的计算公式如下

$$\Delta b_{gr}^{gm} = \frac{b'_{gd} - b''_{gd}}{Q'_{gr} - Q''_{gr}} \tag{9-53}$$

$$= \frac{\Delta b_{gd}}{\Delta Q_{gr}} \tag{9-54}$$

式中　Δb_{gr}^{gm}——机组发电负荷为某一定值时，供热负荷变化 1GJ/h 对机组供电煤耗率的影响系数，可以表达为(Δb_{gd}^{bh} g/kWh)/(ΔQ_{gr}^{bh} 1GJ/h)；

Q'_{gr}、Q''_{gr}——供热机组拟分析用的两组供热负荷，GJ/h；

b'_{gd}、b''_{gd}——供热机组与拟分析用的两组供热负荷相对应的两组供电煤耗率，g/kWh；

ΔQ_{gr}——供热机组拟分析用的两组供热负荷的差值，GJ/h；

Δb_{gd}——供热机组与拟分析用的两组供热负荷的差相对应的供电煤耗率的差值，g/kWh。

供热机组发电负荷为某一定值时，供热负荷变化 1GJ/h 对供电煤耗率的影响系数，可以用数值表和关系曲线两种方式表示。

1. 发电负荷为某一定值时，供热负荷变化 GJ/h 对供电煤耗率的影响系数表

根据表 9－6 中第 2 栏发电负荷为某一定值时，第 1 栏供热负荷、第 10 栏供电煤耗率的数据，通过分析计算可以得出各种供热负荷与供电煤耗率组合的，发电负荷为某一定值时，

供热负荷变化对供电煤耗率影响的相互关系值，即发电负荷为某一定值时，供热负荷变化1GJ/h 对供电煤耗率的影响系数，详细数值见表 9－8。

表 9－8　　在各种发电负荷下，供热机组供热负荷变化 1GJ/h 对供电煤耗率的影响系数（Δb_{gd}^{bh} g/kWh）/（ΔQ_{gr}^{bh} 1GJ/h）

供热负荷变化范围（GJ/h）	发电负荷（MW）			
	130	140	150	160
996.5～904.5	0.241 3	0.227 2	0.215 2	0.205 4
904.5～799.7	0.248 1	0.234 7	0.221 3	0.210 9
799.7～695.0	0.262 7	0.246 4	0.234 0	0.221 5
695.0～590.3	0.277 0	0.260 7	0.245 5	0.233 0

表 9－8 使用说明：

（1）本表中的数据为某型号机组在容量为 200MW，抽汽压力等级为 0.245MPa，锅炉效率、管道效率为一定值时的性能数据。机组容量、压力等级不同时不能互用，以防影响分析结果的准确性。

（2）表中第一列数据为分析计算时选定的供热负荷量变化范围，第二大列第一行下面的四组数值为分析计算时选定的机组发电负荷值。

（3）表中第 1 列右边、第二行下方的其他各行、各列数据为机组发电负荷为某一定值时，供热负荷每变化 1GJ/h 对机组供电煤耗率的影响系数，可表达为（Δb_{gd}^{bh} g/kWh）/（ΔQ_{gr}^{bh} 1GJ/h）。

（4）例如：机组发电负荷为 150MW，供热量在 904.5～799.7GJ/h 范围内时，该机组供热量每变化 1GJ/h，供电煤耗率要相应变化 0.221 3g/kWh。即此时机组供热量每变化 1GJ/h，对供电煤耗率的影响系数为 0.221 3g/kWh，可以表达为（Δb_{gr}^{gm}0.221 3g/kWh）/（ΔQ_{gr}^{bh} 1GJ/h）。

2. 绘制发电负荷为某一定值时，供热负荷变化 1GJ/h 对供电煤耗率的影响系数的关系曲线

用表 9－8 中的影响系数值，可绘制出在各种发电负荷下，供热机组供热负荷变化1GJ/h 对供电煤耗率的影响系数的关系曲线，见图 9－7。

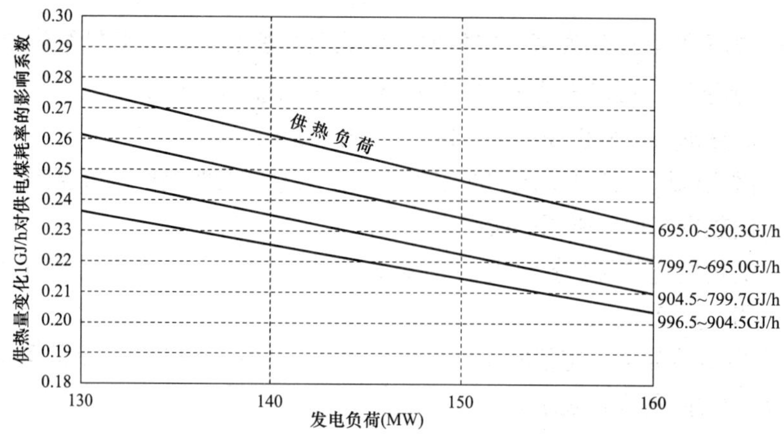

图 9－7　各种发电负荷下，供热机组供热负荷变化 1GJ/h 对供电煤耗率的影响系数的关系曲线（Δb_{gd}^{bh} g/kWh）/（ΔQ_{gr}^{bh} 1GJ/h）

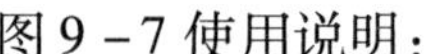

图 9－7 使用说明：

（1）本表数据为某型号机组在容量为 200MW，抽汽压力等级为 0.245MPa，锅炉效率、管道效率为一定值时的性能数据。机组容量、压力等级不同时不能使用，以防影响分析结果的准确性。

（2）图 9－7 中的关系曲线所表示的相关数据为发电负荷为某一定值时，供热负荷变化对供电煤耗率影响系数，其定义为：发电负荷为一定值时，供热负荷每变化 1GJ/h 对机组供电煤耗率影响系数，可以表达为$(\Delta b_{gd}^{bh}$ g/kWh$)/(\Delta Q_{gr}^{bh}$ 1GJ/h)。

（3）例如：机组发电负荷为 130MW，供热量为 950.5GJ/h 时，该机组供热量每变化 1GJ/h，供电煤耗率相应变化 0.241 3g/kWh，可以表达为$(\Delta b_{gd}^{bh}$0.241 3g/kWh$)/(\Delta Q_{gr}^{bh}$ 1GJ/h)。

五、供热机组供热负荷、发电负荷变化对机组发电煤耗率的影响系数

供热机组供热负荷（或发电负荷）、发电负荷（供热负荷）变化对发电煤耗率的影响系数是指，供热负荷（或发电负荷）为某一定值时，发电负荷（供热负荷）每变化 1MW（1GJ）对发电煤耗率的影响值。

（一）供热机组发电负荷变化对机组发电煤耗率的影响系数

供热机组发电负荷变化对机组发电煤耗率影响系数是指，供热负荷为某一定值时，发电负荷每变化 10MW 对发电煤耗率的影响值，可表达为$(\Delta b_{fd}^{bh}$ g/kWh$)/(\Delta P_{fd}^{bh}$ 10MW)。

供热负荷为某一定值时，发电负荷每变化 10MW 对发电煤耗率的影响系数的计算公式如下

$$\Delta b_{fd}^{fm} = \frac{b'_{fd} - b''_{fd}}{P'_{fd} - P''_{fd}} \tag{9-55}$$

即

$$\Delta b_{fd}^{fm} = \frac{\Delta b_{fd}}{\Delta P_{fd}} \tag{9-56}$$

式中　Δb_{fd}^{bh}——供热机组供热负荷为某一定值时，发电负荷变化 10MW 对发电煤耗率的影响系数，可表达为$(\Delta b_{fd}^{bh}$ g/kWh$)/(\Delta P_{fd}^{bh}$ 10MW)；

P'_{fd}、P''_{fd}——供热机组拟分析用的两组发电负荷，MW；

b'_{fd}、b''_{fd}——供热机组与拟分析用的两组发电负荷相对应的两组发电煤耗率，g/kWh；

ΔP_{fd}——供热机组拟分析用的两组发电负荷的差值，MW；

Δb_{fd}——供热机组与拟分析用的两组发电负荷的差相对应的供电煤耗的差值，g/kWh。

供热机组供热负荷为某一定值时，发电负荷变化对供电煤耗率的影响系数可以用数值表和关系曲线图两种方式表示。

1. 编制供热负荷为某一定值时，发电负荷变化 10MW 对发电煤耗率的影响系数表

用表 9－6 中第 1 列供热负荷为一定值，第 2 列发电负荷、第 9 列发电煤耗率的数据，计算供热负荷为某一定值时，发电负荷变化 10MW 对发电煤耗率的影响系数。即机组在正常供热工况下，用某一规定的发电负荷段的发电煤耗率的差值与相应段的发电负荷差值之比，就可计算求得，并编制供热负荷为某一定值时，发电负荷变化 10MW 对发电煤耗率的影响系数，详细数据见表 9－9。

表 9-9 供热机组的供热负荷一定时，发电负荷变化 10MW 对发电煤耗率的影响系数(Δb_{fd}^{bh}/kWh)/(ΔP_{fd}^{bh} 10MW)

发电负荷变化范围（MW）	供热量（GJ/h）				
	996.5	904.5	799.7	695.0	590.3
130~140	11.7	10.7	9.2	7.6	6.0
140~150	10.1	9.1	7.9	6.7	5.3
150~160	8.8	7.9	6.9	5.8	4.6

表 9-9 使用说明：

（1）本表数据为某型号机组在容量为 200MW，抽汽压力等级为 0.245MPa，锅炉效率、管道效率为某一定值时的性能数据。机组容量、压力等级不同时不能混用，以防影响分析结果的准确性。

（2）表中第一列数据为分析计算时选定的发电负荷变化范围值，第二大列第二行下的 5 组数据为分析计算时选定的机组供热负荷值。

（3）表第二大列 5 组供热负荷下的各列、各行数据为供热机组供热负荷一定时，发电负荷变化对发电煤耗率的影响数值，其定义为：供热机组供热负荷一定时，发电负荷每变化 10MW 对发电煤耗率的影响系数，可表达为(Δb_{fd}^{bh} g/kWh)/(ΔP_{fd}^{bh} 10MW)。

（4）例如：供热量为 904.5GJ/h，机组发电负荷从 140MW 增加到 150MW 时，该机组供电煤耗率将升高 9.1g/kWh，即供热量为 904.5GJ/h，机组发电负荷从 140MW 增加到 150MW 时，该机组发电负荷变化 10MW 对发电煤耗率的影响系数为(Δb_{fd}^{bh}9.1g/kWh)/(ΔP_{fd}^{bh} 10MW)。

2. 绘制供热负荷为定值时，发电负荷变化 10MW 对发电煤耗率的影响系数的关系曲线

用表 9-9 中的影响系数值，绘制供热负荷为一定值时，发电负荷变化 10MW 对发电煤耗率的影响系数的关系曲线，见图 9-8。

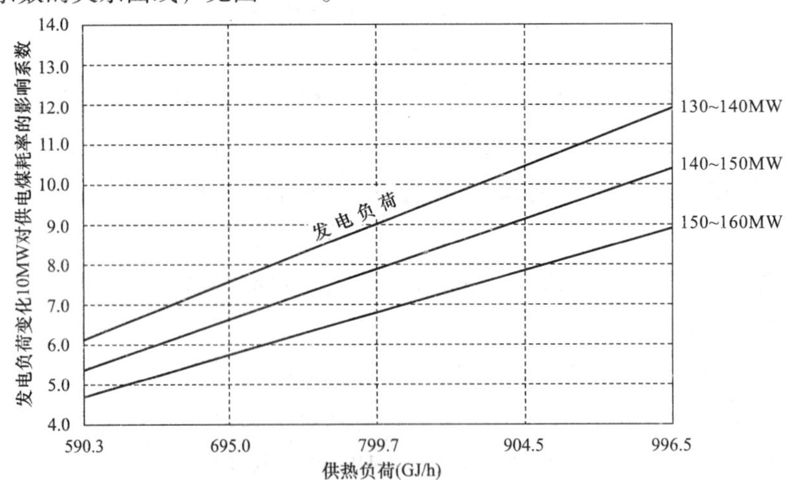

图 9-8 供热负荷一定时，供热机组发电负荷变化 10MW 对发电煤耗率的影响系数的关系曲线(Δb_{fd}^{bh} g/kWh)/(ΔP_{fd}^{bh} 10MW)

图 9－8 使用说明：

（1）本图数据为某型号机组在容量为 200MW，抽汽压力等级为 0. 245MPa，锅炉效率、管道效率为一定值时的特性数据。机组型号、容量和压力等级不同时不混用，以防影响分析结果的准确性。

（2）图 9－8 中的关系曲线为供热机组供热负荷为一定值时，发电负荷变化 10MW 对发电煤耗率影响的相关数值，其定义为：供热机组供热负荷一定时，发电负荷每变化 10MW 对机组发电煤耗率的影响系数，可表达为(Δb_{fd}^{fm} g/kWh)/(ΔP_{fd}^{bh} 1MW)。

（3）举例：供热量为 800GJ/h 时，机组发电负荷为 135MW 时，发电负荷变化 10MW，该机组发电煤耗率则升高 9. 2g/kWh。即供热量为 800GJ/h，机组发电负荷为 135MW 时，发电负荷变化 10MW 对发电煤耗率的影响系数为 9. 2g/kWh，可表达为(Δb_{fd}^{bh}9. 2g/kWh)/(ΔP_{fd}^{bh} 1MW)。

（二）供热机组供热负荷变化对发电煤耗率的影响系数

供热机组供热负荷变化对发煤耗率的影响系数是指，发电负荷为某一定值时，供热负荷每变化 1GJ/h 对发电煤耗率的影响值，可表达为(Δb_{fd}^{bh} g/kWh)/(ΔQ_{gr}^{bh} 1GJ/h)。

供热机组在发电负荷为某一定值时，供热负荷变化 1GJ/h 对发电煤耗率的影响系数的计算公式如下

$$\Delta b_{gr}^{fm} = \frac{b'_{fd} - b''_{fd}}{Q'_{gr} - Q''_{gr}} \tag{9-57}$$

即

$$\Delta b_{gr}^{fm} = \frac{\Delta b_{fd}}{\Delta Q_{gr}} \tag{9-58}$$

式中　Δb_{gr}^{fm}——供热机组在发电负荷为某一定值时，供热负荷变化 1GJ/h 对发电煤耗率的影响系数，可表达为(Δb_{fd}^{bh} g/kWh)/(ΔQ_{gr}^{bh} 1GJ/h)；

Q'_{gr}、Q''_{gr}——供热机组拟分析用的两组供热负荷，GJ/h；

b'_{fd}、b''_{fd}——供热机组与拟分析用的两组供热负荷相对应的两组发电煤耗率，g/kWh；

ΔQ_{gr}——供热机组拟分析用的两组供热负荷的差值，GJ/h；

Δb_{fd}——供热机组与拟分析用的两组供热负荷的差相对应的发电煤耗率的差值，g/kWh。

供热机组在发电负荷为某一定值时，供热负荷变化 1GJ/h 对发电煤耗率的影响系数可以用数值表和关系曲线两种方式表示。

1. 编制在发电负荷为某一定值时，供热负荷变化 1GJ/h 对发电煤耗率的影响系数表

根据表 9－6 中第 2 列发电负荷为某一定值时，第 1 列供热负荷、第 9 列发电煤耗率的数据，通过分析计算可以求得发电负荷为某一定值时，供热负荷变化 1GJ/h 对发电煤耗率的影响系数，并可编制相互的关系值表，详细情况见表 9－10。

表 9－10　在各种发电负荷下，供热机组供热负荷变化 1GJ/h 对发电煤耗率的影响系数(Δb_{fd}^{bh} g/kWh)/(ΔQ_{gr}^{bh} 1GJ/h)

供热负荷变化范围	发电负荷（MW）			
（GJ/h）	130	140	150	160
996. 5～904. 5	0. 218 5	0. 207 6	0. 196 7	0. 187 0
904. 5～799. 7	0. 229 0	0. 214 7	0. 203 2	0. 193 7
799. 7～695. 0	0. 240 7	0. 225 4	0. 213 9	0. 203 4
695. 0～590. 3	0. 253 1	0. 237 8	0. 224 5	0. 213 0

表 9－10 使用说明：

（1）本表数据为某型号机组在容量为 200MW，抽汽压力等级为 0.245MPa，锅炉效率、管道效率为一定值时，在各种发电负荷下，供热机组供热负荷变化 1GJ/h 对发电煤耗率的影响系数。机组型号、容量和压力等级不同时不能混用，以防影响分析结果的准确性。

（2）表中第一列数据为分析计算时选定的供热负荷变化范围，第二大列第 1 行及第二行的 4 组数据为分析计算时选定的机组发电负荷值。

（3）表中第一列右面、第二大列下 4 组发电负荷所对应的各列、各行数据，是供热机组发电负荷为某一定值时，供热负荷每变化 1GJ/h 对机组发电煤耗率的影响系数，可表达为 $(\Delta b_{fd}^{bh}$ g/kWh$)/(\Delta Q_{gr}^{bh}$ 1GJ/h$)$。

（4）举例：机组发电负荷为 150MW，供热负荷在 904.5～799.7GJ/h 范围内时，该机组供热负荷每变化 1GJ/h，发电煤耗率要相应变化 0.203 2g/kWh，即供热机组发电负荷一定值时，供热负荷每变化 1GJ/h 对机组发电煤耗率的影响系数是 0.203 2g/kWh，可以表达为 $(\Delta b_{fd}^{bh}$0.203 2g/kWh$)/(\Delta Q_{gr}^{bh}$ 1GJ/h$)$。

2. 绘制发电负荷为某一定值时，供热负荷变化对发电煤耗率的影响系数的关系曲线

根据表 9－10 中的影响系数，绘制发电负荷为某一定值时，供热负荷变化 1GJ/h 对发电煤耗率的影响系数的关系曲线，见图 9－9。

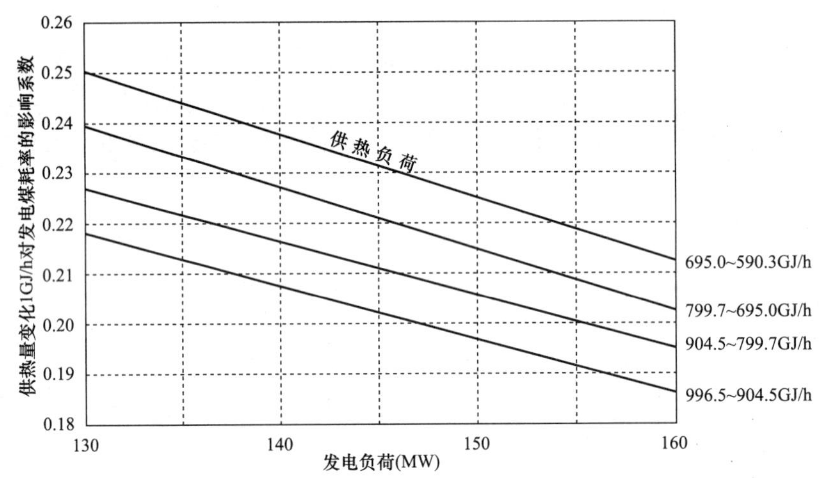

图 9－9　发电负荷一定时，供热机组供热负荷变化 1GJ/h 对发电煤耗率的影响系数的关系曲线 $(\Delta b_{fd}^{bh}$ g/kWh$)/(\Delta Q_{gr}^{bh}$ 1GJ/h$)$

图 9－9 使用说明：

（1）本图特性关系曲线为某型号机组在容量为 200MW，抽汽压力等级为 0.245MPa，锅炉效率、管道效率为一定值时的性能数据。机组容量、压力等级不同时不能混用，以防影响分析结果的准确性。

（2）图 9－9 中的关系曲线所表示的相关数据为发电负荷为某一定值时，供热负荷变化对发电煤耗率的影响数值。其定义为：发电负荷为某一定值时，供热负荷每变化 1GJ/h 对机组发电煤耗率变影响系数，可以表达为 $(\Delta b_{fd}^{bh}$ g/kWh$)/(\Delta Q_{gr}^{bh}$ 1GJ/h$)$。

（3）举例：如机组发电负荷为 130MW，供热负荷为 904.5～799.5GJ/h 时，该机组供热

量每变化 1GJ/h，发电煤耗率相应变化 0. 229 0g/kWh，即机组发电负荷为 130MW，供热负荷为 904. 5 ~ 799. 5GJ/h 时，该机组供热负荷每变化 1GJ/h 对发电煤耗率的影响系数为 0. 229 0g/kWh，即可表达为（Δb_{fd}^{bh}0. 229 0g/kWh）/（ΔQ_{gr}^{bh} 1GJ/h）。

第三节　工业生产用压力蒸汽供热对发电煤耗率的影响

供工业企业生产用压力蒸汽的热电联产供热机组，一般同时兼供冬季采暖供热。制造厂提供的资料各不相同，国产机组和进口机组也不相同，但分析的原理和思路是一样的，都是根据不同的设计参数、资料进行不同组合，用不同的方法进行计算，获取相同的在各种发电负荷、不同的供热负荷工况下，供热负荷变化对发、供电煤耗率的影响系数，就可达到同样的指标分析目的。对具有压力蒸汽供热和冬季采暖供热的热电联产机组，应分别分析、计算各种发电负荷下供热负荷变化对机组发、供电煤耗率的影响值。冬季采暖供热对机组发、供电煤耗率的影响的分析、计算方法同本章第二节。本节主要介绍压力蒸汽供工业企业生产用热负荷变化对机组煤耗率的影响。这种分析方法对两种供热负荷变化的相互影响的因素考虑得不够全面。分析的精确度有一定的影响，但误差不会太大。在工业生产中，分析供热负荷变化对煤耗率指标的定量影响是可取的。至于压力蒸汽供工业企业生产用热负荷和冬季采暖供热负荷各自变化后的相互间的影响，日常生产工作中是难以实现的。如果日常生产管理需要更高的要求，则压力蒸汽供工业企业生产供热负荷和冬季采暖供热负荷各自变化后对经济性的相互间的影响，应由设备制造厂研究提供。

一、认识、熟悉、掌握、运用采暖供热机组设计热力特性

认识、熟悉、掌握、运用采暖供热机组汽轮机、锅炉机组设备、系统设计热力特性，是专业人员做好火力发电厂能耗指标管理的基本条件。它关系到指导火电厂热能动力设备、系统整个能耗指标管理工作的需求。本节主要讨论工业生产用压力蒸汽供热热电联产机组的热力特性的分析、计算。

分析、计算用资料的来源如下。

（1）汽轮机热力特性（说明书）或汽轮机热力特性计算书、汽轮机热力特性数据。主要内容有：

1）主蒸汽、再热蒸汽参数。

2）汽轮机额定负荷下回热系统、凝汽器系统等热力特性。

3）100%、80%、…、30% 发电负荷工况，补水 3% 工况，高压加热器全切工况等设备、系统运行工况参数。

（2）锅炉热力特性计算汇总。主要内容有：

1）各种负荷下的设计锅炉效率，以及 q_2、q_3、q_4、q_5、q_6 等各项损失值。

2）设计、校验煤种煤质特性。

（3）电厂建设可行性研究报告。

（4）电厂初步设计说明书。

（3）、（4）两个文件中有关单元机组的经济指标有：

1）单元机组厂用电率。

2）单元机组保证值发、供电煤耗率。

3）单元机组正常发电煤耗率，即含3%补水率的机组的正常发电煤耗率。

4）单元机组还货运行发电煤耗率。

电厂与制造厂洽谈纪要中有部分辅助设备的设计特性说明等。

二、生产抽汽机组发电负荷、供热负荷变化对发、供电煤耗率的计算

供工业企业生产用压力蒸汽的热电联产供热机组一般同时兼供冬季采暖供热，但制造厂一般不提供汽轮机组单独供供工业企业生产用压力蒸汽的汽轮机组运行的各种组合的发电负荷、供热负荷热耗率指标。因此，计算机组发电负荷、供热负荷变化对发、供电煤耗率的影响系数时，只能直接用蒸汽流量、主蒸汽参数、再热蒸汽参数、给水温度等计算汽轮机组各种组合的发电负荷、供热负荷的热耗率，再计算各相应负荷组合的发、供电煤耗率和发电负荷，以及供热负荷变化对发、供电煤耗率的影响系数。

（1）计算要求。

1）确定供热期间机组运行中发电负荷的最大值、最小值。

2）确定分析、计算用发电负荷点数：机组在最大发电负荷与最小发电负荷区间，指标分析、计算用的负荷点。为了保证指标分析、计算用分析系数的准确性，负荷点一般不少于4个，最好选用5个。

3）确定供热期间机组运行中供热负荷的最大值、最小值。

4）确定分析、计算用供热负荷点数：机组在最大供热负荷与最小供热负荷区间，指标分析、计算用的负荷点。为了保证指标分析、计算用分析系数的准确性，负荷点一般不少于4个，最好选用5个。可见，上述确定的5个发电负荷点，每个发电负荷点下又要计算5个供热负荷下相应的发电煤耗率等指标。即要计算5组发电负荷下，各5组供热负荷下的发电煤耗率等指标，共计算25组指标。

5）确定分析、计算用生产抽汽点数：根据生产抽汽变化对分析、计算精确度用要求而定。如热用户要求的供热抽汽量变化不大，并经常稳定在某规定值，则可就计算一个供热抽汽量值的供热负荷变化对煤耗率的影响系数；如热用户要求的抽汽量变化较大，且抽汽的压力、温度等参数变化也较大，则可根据变化范围选择计算2～3个常用抽汽量点，以确保指标分析计算的准确性。为此，要计算50～75组发电煤耗率等指标。

（2）确定进入汽轮机的主蒸汽流量：根据确定的分析、计算用的发电负荷，供热负荷或供热抽汽量，用制造厂提供的发电负荷、供热负荷、供热抽汽量与主蒸汽流量的关系图，确定进入汽轮机的主蒸汽流量。

（3）根据计算要求收集、整理、确定计算用参数，如：

1）汽轮机主汽门前的蒸汽流量、压力、温度。

2）汽轮机中压缸主汽门前的再热蒸汽压力、温度。

3）进入中压缸的再热蒸汽流量的流量系数。

4）高压缸排汽压力、温度。

5）机组设备系统正常发电、供热运行方式下的广义管道效率。如有不同负荷下的广义管道效率，则分析、计算结果会更准确；如无实测或计算的不同负荷下的广义管道效率，则可用额定负荷下的广义管道效率。

6）机组抽汽口至生产抽汽结算点的管道效率。

7）单元机组的厂用电率。应是实测的不同负荷下的实际厂用电率，或正常运行工况下的分析计算的不同负荷下的实际厂用电率，否则影响分析计算结果的准确性。

（4）根据发电负荷、供热负荷、机组抽汽口的抽汽量等参数计算机组发、供电煤耗率等各项分析、计算需要用的指标，计算程序、计算方法和计算结果等详细情况见表9－11。

表9－11　　不同发电负荷下，相应供热负荷时的发、供电煤耗率的计算表

序号	指　　标	单位	1	2	3	4	5
1	负荷率	%					
2	发电负荷	MW					
3	供热负荷	GJ/h					
4	进入汽轮机的蒸汽的流量	t/h					
5	汽轮机热耗率	kJ/kWh					
6	进入汽轮机的蒸汽的压力	MPa					
	进入汽轮机的蒸汽的温度	℃					
7	进入汽轮机的蒸汽焓	kJ/kg					
8	高压加热器出口给水温度	℃					
9	高压加热器出口给水焓	kJ/kg					
10	⑦－⑨	kJ/kg					
11	④×⑩	GJ/h					
12	高压缸排汽压力	MPa					
13	高压缸排汽温度	℃					
14	高压缸排汽焓	kJ/kg					
15	中压缸进汽压力	MPa					
16	中压缸进汽温度	℃					
17	中压缸进汽焓	kJ/kg					
18	再热蒸汽流量系数	—					
19	④×⑱	t/h					
20	⑰－⑭	kJ/kg					
21	⑲×⑳	GJ/h					
22	再热器减温喷水流量	t/h					
23	给水泵抽头减温水温度	℃					
24	给水泵抽头减温水焓	kJ/kg					
25	⑰－㉔	kJ/kg					
26	㉒×㉕	GJ/h					
27	结算点的供生产抽汽量	t/h					
28	抽汽口至结算点的管道效率	%					
29	抽汽口抽汽量	t/h					
30	抽汽口抽汽压力	MPa					
31	抽汽口抽汽温度	℃					

续表

序号	指　标	单位	1	2	3	4	5
32	抽汽口抽汽焓	kJ/kg					
33	供热量（㉙×㉜）	GJ/h					
34	供热抽汽回水流量	t/h					
35	回到电厂的回水温度	℃					
36	回到电厂的回水焓	kJ/kg					
37	回热量（㉞×㊱）	GJ/h					
38	生产抽汽供热量（㉝－㊲）	GJ/h					
39	发电用（⑪＋㉑＋㉖－③）	GJ/h					
40	热耗率（㊴/②）	kJ/kWh					
41	机效率（3600/㊵）	%					
42	机组运行管道效率	%					
43	锅炉效率	%					
44	电厂效率（㊶×㊷×㊸）	%					
45	0.122 857 1	—					
46	发电煤耗率㊺/㊹	g/kWh					
47	厂用电率	%					
48	1－㊼	—					
49	供电煤耗率（㊻/㊽）	g/kWh					

注　表中括号内表达式为对应参数的计算公式，○内数字代表各参数序号。

（5）编制发、供电煤耗率计算结果表。根据表9－11中计算结果，将计算用主要参数、数据及计算结果的发、供电煤耗率填入表9－12中，供查阅。

表9－12　　工业企业压力蒸汽供热机组发、供电煤耗率等主要指标数据汇总

供热参数	发电负荷（MW）	蒸汽流量（t/h）	汽轮机		锅炉效率（%）	管道效率（%）	厂用电率（%）	煤耗率（g/kWh）	
			热耗率（kJ/kWh）	效率（%）				发电	供电
1	2	3	4	5	6	7	8	9	10
供热负荷（GJ/h或10^6 kcal/h）抽汽压力（MPa或ata）									
供热负荷（GJ/h或10^6 kcal/h）抽汽压力（MPa或ata）									

续表

供热参数	发电负荷（MW）	蒸汽流量（t/h）	汽轮机		锅炉效率（%）	管道效率（%）	厂用电率（%）	煤耗率（g/kWh）	
			热耗率（kJ/kWh）	效率（%）				发电	供电
1	2	3	4	5	6	7	8	9	10
供热负荷（GJ/h 或 10^6 kcal/h）抽汽压力（MPa 或 ata）									
供热负荷（GJ/h 或 10^6 kcal/h）抽汽压力（MPa 或 ata）									
供热负荷（GJ/h 或 10^6 kcal/h）抽汽压力（MPa 或 ata）									

根据表 9－12 中的第 1 栏供热负荷、第 2 栏中的发电负荷、第 9 栏的发电煤耗率、第 10 栏中的供电煤耗率等供热经济性能指标，可以制作下列性能关系曲线。

1）热电联产机组在压力抽汽供热负荷一定时，发电负荷与供电煤耗率的关系曲线。

2）热电联产机组在压力抽汽供热负荷一定时，发电负荷与发电煤耗率的关系曲线。

3）热电联产机组在压力抽汽发电负荷一定时，供热负荷与供电煤耗率的关系曲线。

4）热电联产机组在压力抽汽发电负荷一定时，供热负荷与发电煤耗率的关系曲线。

三、计算热电联产机组供热负荷、发电负荷变化对供电煤耗率的影响系数

根据表 9－12 中的第 1 栏供热负荷、第 2 栏中的发电负荷、第 9 栏的发电煤耗率、第 10 栏中的供电煤耗率等供热经济性能指标可以计算，并编制、绘制下列热电联产机组供热负荷、发电负荷变化对供电煤耗率的影响系数表和热电联产机组供热负荷、发电负荷变化对供电煤耗率的影响系数的关系曲线。具体方法、计算公式可参考本章第二节采暖供热负荷对机组煤耗率影响的分析。

（1）压力抽汽供热机组在供热负荷一定时，发电负荷变化 10W 对供电煤耗率的影响系数的数值表和关系曲线。

（2）压力抽汽供热机组在供热负荷一定时，发电负荷变化 10W 对发电煤耗率影响系数的数值表和关系曲线。

（3）压力抽汽供热机组在发电负荷一定时，供热负荷变化 1GJ/h 对供电煤耗率影响系数的数值表和关系曲线。

(4) 压力抽汽供热机组在发电负荷一定时，供热负荷变化1GJ/h对发电煤耗率影响系数的数值表和关系曲线。

第四节　背压供热机组负荷变化对发、供电煤耗率的影响

背压式热电联产供热机组，在型号、容量、主蒸汽参数、供热（背压）参数确定后，单元机组发电、供热运行的组合方式主要决定于供热负荷的大小，即汽轮发电机组呈现为以供热负荷（量）决定发电负荷。因此，汽轮发电机组的供热负荷与发电负荷就不可能有多种变化的组合，这就是背压式热电联产供热机组的特点。

背压热电联产供热机组设备、经济性能的特点是：锅炉、汽轮机容量小，主蒸汽参数相对较低，汽轮机效率高达74.0%，锅炉效率相对较低。因此，锅炉效率、汽轮机效率变化对发、供电煤耗率的影响系数等分析用指标，与纯凝发电机组、抽汽供热热电联产机组也相差甚远。为了为背压式热电联产供热机组的管理者提供一个相对可参考的锅炉效率、汽轮机效率变化对发、供电煤耗率影响系数，本节也作了专门计算，提供了一台容量为6000kW机组锅炉效率、汽轮机效率变化1%对发、供电煤耗率的影响系数。

背压热电联产供热主要讲述背压式热电联产供热机组，抽汽供热负荷(t/h或10^6kJ/h)与对应发电负荷下的发电煤耗率的关系特性；锅炉效率、汽轮机效率变化对发电煤耗率的影响系数的计算；发电负荷变化、锅炉效率变化、汽轮机效率变化对机组发电煤耗率的影响的计算；背压热电联产供热机组发电煤耗率变化对全厂发、供电煤耗率的影响的计算。

一、背压式热电联产供热机组发、供电煤耗率的计算

各种发电负荷下，背压供热机组发电煤耗率的计算方法有两种：一是由各种发电负荷设计工况的热耗率、锅炉效率直接计算发电煤耗率；二是根据机组各种发电负荷下的各种运行参数，如主蒸汽参数、背压参数、除氧器参数、回热系统参数、供热参数进行计算。本计算为由各种发电负荷设计工况的热耗率、锅炉效率直接计算发电煤耗率，即用表9-13中第1~6项、第40~55项进行计算。

（一）计算背压供热机组各种发电负荷下的发、供电煤耗率

背压供热机组各种发电负荷下的发、供电煤耗率的计算，属常规的热力特性计算。为方便有关专业人员查阅和参考，特将计算程序列于表9-13中。

表9-13　　背压供热机组各种发电负荷下的发、供电煤耗率的计算表

序号	指标名称		单位	热力特性参数			
1	汽轮发电机负荷		MW	7521	6035	4592	3035
2	进入汽轮机	主蒸汽流量	t/h	112	93	75	55
3		主蒸汽压力	MPa	3.43	3.43	3.43	3.43
4		主蒸汽温度	℃	435	435	435	435
5		主蒸汽焓	kJ/kg	2801.7	2801.7	2801.7	2801.7
6		主蒸汽热量	10^6kJ	313.79	260.56	210.13	154.9

续表

序号	指标名称		单位	热力特性参数			
7	加热器出口	给水温度	℃	150	150	150	150
8		给水焓	kJ/kg	634.3	634.3	634.3	634.3
9	热值差（⑤-⑧）		kJ/kg				
10	汽轮机耗用热量（②×⑨）		10^6kJ				
11	背压机	排汽量	t/h				
12		排汽压力	MPa				
13		排汽温度	℃				
14		排汽焓	kJ/kg				
15		排汽热量	10^6kJ				
16	除氧器	用汽量	t/h				
17		用汽压力	MPa				
18		用汽温度	℃				
19		用汽焓	kJ/kg				
20		自然水温度	℃				
21		自然水焓	kJ/kg				
22		焓值差（⑲-㉑）	kJ/kg				
23		用热量（⑯×㉒）	10^6kJ				
24	给水加热器	用汽量	t/h				
25		用汽压力	MPa				
26		用汽温度	℃				
27		用汽焓	kJ/kg				
28		疏水温度	℃				
29		疏水焓	kJ/kg				
30		焓值差（㉗-㉙）	kJ/kg				
31		用热量（㉔×㉚）	10^6kJ				
32	供热	蒸汽量	t/h				
33		蒸汽压力	MPa				
34		蒸汽温度	℃				
35		蒸汽焓	kJ/kg				
36		疏水温度	℃				
37		疏水焓	kJ/kg				
38		焓值差（㉟-㊲）	kJ/kg				
39		供热量（㉜×㊳）	10^6kJ				
40	（②-㊴）计算值发电用	热耗量（⑩-㊴）	10^6kJ	31.17	25.66	20.26	14.41
41		热耗率（㊵/①）	kJ/kWh				
42	热流图设计值	热耗率	kJ/kWh	4144	4252	4413	4747
43		热耗量（①×㊷）或图上	10^6kJ				

续表

序号	指标名称		单位	热力特性参数			
44	设计	汽轮机效率（3600/㊷或㊶）	%	73.43	71.13	67.17	60.40
45		锅炉效率	%	85.29	85.29	85.29	85.29
46	管道效率（选定值）		%	98.50	98.50	98.50	98.50
47	电厂效率（㊹×㊺×㊻）		%	61.69	59.76	56.43	50.74
48	发电煤耗率（0.122 86/㊼）		g/kWh	199.2	205.6	217.7	242.1
49	发电用煤量（㊽×①）		kg	1498.18	1240.80	999.68	734.77
50	厂用电率		%	8.5	8.5	8.5	8.5
51	供电煤耗率［㊾/（1－㊿）］		g/kWh	217.7	224.7	237.9	264.6
52	供热用热量（㊸或㊴）			282.62	234.91	189.87	140.49
53	供热比（52/⑥）			0.900 7	0.901 6	0.903 6	0.907 0
54	发电比（㊵或㊸/⑥）			0.099 3	0.098 4	0.096 4	0.093 0
55	供热用煤量［（㊾/54）×53］			15 087.41	13 589.23		
56	供热煤耗率55/52			53.38	53.68	54.62	56.24
57	电、热总煤量	㊾＋55					
58		⑩/（29 271.2×㊺×㊻）					

注 1. 机组的供热量㊴项、㊸项数值应相差不大。其中，㊸项的供热量是制造厂设计计算值，可信度较高；㊸项的数值发生的偏差，可能是参数取值、计算所致。

2. 第57项、58项发电、供热总用煤量为计算、分析参考值。

（二）供热量一定时，背压热电联产机组发电负荷与发电煤耗率的关系曲线

根据表9－13中第1项发电负荷与第48项发电煤耗率相对应的指标数据，可以绘制出供热量一定时，背压热电联产机组发电负荷与发电煤耗率的关系曲线，见图9－10。

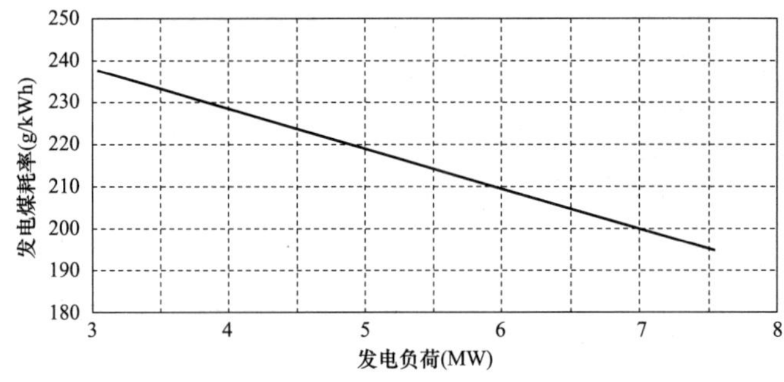

图9－10　供热量一定时，背压热电联产机组发电负荷与发电煤耗率的关系曲线

（三）在供热量一定时，背压热电联产机组发电负荷与供电煤耗率的关系曲线

根据表9－13中第1项发电负荷与第51项供电煤耗率相对应的指标数据，可以绘制出供热量一定时，背压热电联产机组发电负荷与供电煤耗率的关系曲线，见图9－11。

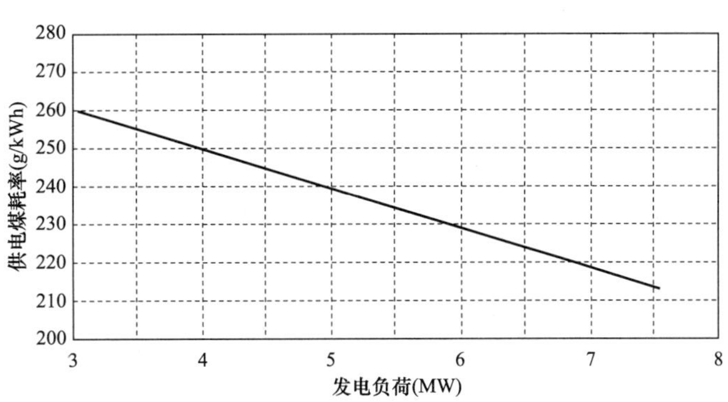

图9－11　供热量一定时，背压热电联产机组
发电负荷与供电煤耗率的关系曲线

二、背压供热机组汽轮机效率变化对发电煤耗率的影响系数

汽轮机效率变化对发电煤耗率的影响系数是指，锅炉效率、管道效率为某一定值时，汽轮机效率每变化1%（百分点）对发电煤耗率的影响值。

汽轮机效率变化对发电煤耗率的影响系数与汽轮机效率水平、锅炉效率水平、管道效率水平有关，可以通过计算求得。汽轮机效率变化对发电煤耗率的影响系数的计算方法，在第二章中已经讲过，但计算参数与背压机组不匹配，相差甚远，更不适用于背压热电联产机组。因此，本节仅简单讲地计算原理、方法，而主要是讲背压机组设计参数和正常运行参数范围内，汽轮机效率变化对发电煤耗率的影响系数的关系，变化规律，相同参数、型号的机组可借用、参考。

（一）汽轮机效率变化对发电煤耗率的影响系数

汽轮机效率变化对发电煤耗率的影响系数是指，在一定的锅炉效率、管道效率的特定条件下，在不同的汽轮机效率范围内，汽轮机效率变化1%（汽轮机效率的绝对值，百分点）对发电煤耗率的影响值，可以表达为(Δb_{fd}^{bh} g/kWh)/($\Delta\eta_{qj}^{bh}$ 1%)。

1. 汽轮机效率变化对发电煤耗率的影响系数的计算

计算汽轮机效率变化对发电煤耗率的影响系数时，汽轮机效率、锅炉效率应选在机组的设计值和机组正常运行中的变化范围内。汽轮机效率的变化间隔值，是专业人员根据分析计算的需要自己选定的，可以是0.5%、1.0%、2.0%、…。计算汽轮机效率变化对发电煤耗率的影响系数，是相对额定负荷设计参数的初始状态下的发电煤耗率与汽轮机效率变化（锅炉效率、管道效率不变）后的发电煤耗率差值的相对数值。计算公式如下

$$\Delta b_{qj}^{fx}=\frac{|b_{qj}^{bh}-b_{qj}^{ed}|}{\Delta\eta_{qj}^{bh}} \tag{9-59}$$

式中　Δb_{qj}^{fx}——汽轮机效率变化对发电煤耗率的影响系数，(Δb_{fd}^{bh} g/kWh)/($\Delta\eta_{qj}^{bh}$ 1%)；

$|b_{qj}^{bh}-b_{qj}^{ed}|$——取绝对值；

b_{qj}^{ed}——汽轮机效率在设计工况额定负荷下的发电煤耗率，g/kWh；

b_{qj}^{bh}——汽轮机效率变化后的发电煤耗率，g/kWh；

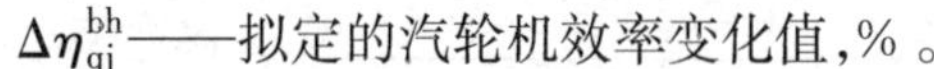

$\Delta\eta_{qj}^{bh}$——拟定的汽轮机效率变化值,%。

汽轮机效率变化值的计算公式

$$\Delta\eta_{qj}^{bh}=\eta_{qj}^{ed}-\eta_{qj}^{bh} \tag{9-60}$$

虚拟的汽轮机效率变化值（$\Delta\eta_{qj}^{bh}$）是分析、计算者的假定值，可以是0.5%、1.0%、2.0%、…，也可以根据计算者要求、需要精度的任意选择。

2. 计算管道效率为定值时，不同锅炉效率、汽轮机效率下的发电煤耗率

根据单元机组发电煤耗率的原则计算公式，计算各种锅炉效率、汽轮机效率下的发电煤耗率。计算公式为

$$b_{fd}=\frac{0.123}{\eta_{qj}\times\eta_{gl}\times\eta_{gd}} \tag{9-61}$$

或

$$b_{fd}=\frac{0.123}{\eta_{dc}} \tag{9-62}$$

式中 b_{fd}——发电煤耗率，g/kWh；

0.123——系数；

η_{qj}——汽轮机效率，分析计算取值为58.0%~74.0%；

η_{gl}——锅炉效率，分析计算取值为83.0%~86.0%；

η_{gd}——管道效率，分析计算取值为98.5%；

η_{dc}——电厂效率,%。

计算结果见表9-14。

表9-14 管道效率为定值时，不同锅炉效率、汽轮机效率下的发电煤耗率关系表 g/kWh

序号	汽轮机效率（%）	锅炉效率（%）				
		87.0	86.0	85.0	84.0	83
1	A	B	C	D	E	F
2	58.0	247.20	250.07	253.00	256.01	259.08
3	60.0	238.93	241.70	244.54	247.50	250.46
4	62.0	231.24	233.92	236.67	239.49	242.37
5	64.0	224.03	226.63	229.30	232.02	234.81
6	66.0	217.22	219.74	222.33	224.97	227.68
7	68.0	210.84	213.29	215.79	218.37	221.01
8	70.0	204.80	207.182	209.62	212.12	214.67
9	72.0	199.12	201.44	203.81	206.24	208.73
10	74.0	193.75	195.98	198.28	200.65	203.07

3. 计算管道效率为定值，不同锅炉效率时，汽轮机效率变化1%对发电煤耗率的影响系数

根据表9-14中的，管道效率为定值，不同锅炉效率、汽轮机效率下的发电煤耗率数值就可以计算出：管道效率为定值、不同锅炉效率时，汽轮机效率变化1%对发电煤耗率的影

响系数，可表达为(Δb_{fd}^{bh} g/kWh)/($\Delta \eta_{qj}^{bh}$ 1%)。计算公式为

$$\Delta b_{qj}^{fx} = \frac{2B - 3B}{3A - 2A} \tag{9-63}$$

式中　Δb_{qj}^{fx}——管道效率为定值，不同锅炉效率时，汽轮机效率变化1%对发电煤耗率的影响系数，可表达为(Δb_{fd}^{bh} g/kWh)/($\Delta \eta_{qj}^{bh}$ 1%)；

2B、3B——表9－14中第2行、第3行B列中的发电煤耗率数值；

3A、2A——表9－14中第3行、第2行A列中的锅炉效率数值。

用上述公式计算管道效率为定值、不同锅炉效率时，汽轮机效率变化1%对发电煤耗率的影响系数，并填入表9－15中第2～第6行的B列～I列中。

表9－15　　管道效率为定值、不同锅炉效率时，汽轮机效率变化1%对发电煤耗率的影响系数(Δb_{fd}^{bh} g/kWh)/($\Delta \eta_{qj}^{bh}$ 1%)

序号	锅炉效率（%）	汽轮机效率（%）							
		59.0	61.0	63.0	65.0	67.0	69.0	71.0	73.0
1	A	B	C	D	E	F	G	H	I
2	87.0	4.14	3.85	3.61	3.41	3.19	3.02	2.84	2.69
3	86.0	4.19	3.89	3.65	3.45	3.23	3.07	2.88	2.73
4	85.0	4.23	3.94	3.69	3.49	3.27	3.09	2.90	2.77
5	84.0	4.26	4.01	3.74	3.53	3.30	3.13	2.94	2.80
6	83.0	4.31	4.05	3.78	3.57	3.34	3.17	2.97	2.83

表9－15使用说明：

（1）表中第一大列数值为锅炉效率值，其取值范围为83.0%～87.0%。

（2）表中第二大列第一行及第二行中的各列为拟定的汽轮机效率分档数值，其值适用范围为58.0%～74.0%，其每一列数值适用于该值的±1.0%范围内。例如：汽轮机效率（E列）为65.0%时，此列下面的汽轮机效率变化1%对发电煤耗率的影响系数适用于64%＜η_{qj}＜66%。

（3）第一列锅炉效率值83.0%～87.0%右边，第二大列第一行及第二行各列汽轮机效率值59.0%～73.0%的下面，是锅炉效率、管道效率为某一定值时，汽轮机效率变化1%（百分点）对发电煤耗率的影响系数。例如：锅炉效率为86.0%，管道效率为98.5%，汽轮机效率为63.0%左右（即62%＜η_{qj}＜64%）时，汽轮机效率变化1%对发电煤耗率的影响系数为3.65g/kWh。

（4）在表9－15规定的锅炉效率的绝对值在83.0%～87.0%的范围内，汽轮机效率在58.0%～74.0%的范围内，当管道效率为某一定值时，汽轮机效率变化1%，对发电煤耗率的影响系数的变化范围为4.31～2.69g/kWh，变化幅度为1.62g/kWh。因此，不同类型的机组、不同水平的汽轮机效率、不同水平的锅炉效率，不能用同一个汽轮机效率变化1%对发电煤耗率影响的系数。各专业人员必须用本厂汽轮机效率的实际水平、锅炉效率的水平选用适合本厂的汽轮机效率变化1%对发电煤耗率影响的系数作为分析、计算的依据，以确保数据、结论的准确性，领导者决策的正确。

4. 汽轮机效率变化 1% 对发电煤耗率的影响系数的关系曲线

用表 9－15 中汽轮机效率变化 1% 对发电煤耗率的影响系数，可以绘制出 5 条锅炉效率分别为 87.0%、86.0%、85.0%、84.0%、83.0%，汽轮机效率变化 1% 对发电煤耗率的影响系数的线性函数关系曲线，见图 9－12。

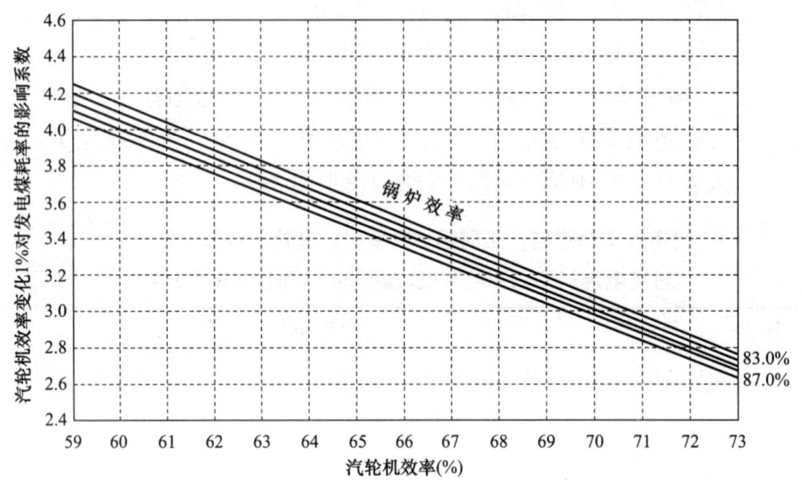

图 9－12　管道效率为定值，不同锅炉效率时，汽轮机效率变化 1% 对发电煤耗率影响系数的关系曲线（Δb_{fd}^{bh} g/kWh）/（$\Delta\eta_{qj}^{bh}$ 1%）

从图 9－12 上可以查得锅炉效率为 86.0%（管道效率为 98.5%），汽轮机效率为 71.0% 时，汽轮机效率每变化 1%，影响发电煤耗率的相应变化值为 2.88g/kWh，即在上述条件下，汽轮机效率每变化 0.347 个百分点，发电煤耗率变化 1g/kWh。

图 9－12 使用说明：

（1）图 9－12 适用于管道效率为定值，锅炉效率为 83.0% ~87.0%，汽轮机效率为 58.0% ~74.0% 的范围。

（2）图例说明：图中横坐标为汽轮机效率适用范围，为 58.0% ~74.0%；纵坐标为汽轮机效率变化 1% 对发电煤耗率的影响系数；不同原点、不同斜率的 5 条关系曲线分别表示锅炉效率为 83.0%、84.0%、85.0%、86.0%、87.0% 时，汽轮机效率变化 1% 对发电煤耗率的影响系数。

（二）发电煤耗率变化引起汽轮机效率的相应变化值

发电煤耗率变化引起汽轮机效率的相应变化值是指数理上的相互关系，可方便专业人员日常分析使用，以达到节省时间、提高工作效率的目的。具体是指在一定的锅炉效率下，当管道效率为常数，在不同的汽轮机效率值的范围内，发电煤耗率每变化 1g/kWh，影响汽轮机效率的相应变化值。

1. 发电煤耗率变化对汽轮机效率影响系数的计算

发电煤耗率变化引起汽轮机效率的相应变化值，在分析工作中也常叫做发电煤耗率变化对汽轮机效率的影响系数。

本节前面讲过的，汽轮机效率变化对发电煤耗率的影响系数是指，汽轮机效率变化

1%，影响发电煤耗率变化（升高或降低）的克数，即表达为（Δb_{fd}^{bh} g/kWh）/（$\Delta\eta_{qj}^{bh}$ 1%）。这里讲的“发电煤耗率变化对汽轮机效率的影响系数”，是指发电煤耗率每变化1g/kWh，影响汽轮机效率的相应变化值（$\Delta\eta_{qj}^{bh}$%）。即可用汽轮机效率变化 1% 对发电煤耗率的影响系数反推算，其倒数即为发电煤耗率变化 1g/kWh，引发电煤耗率变化对汽轮机效率的影响系数（$\Delta\eta_{fd}^{jx}$），可表达为（$\Delta\eta_{qj}^{bh}$%）/（Δb_{fd}^{bh} 1g/kWh）。计算公式如下

$$\Delta\eta_{fd}^{jx}=\frac{1}{\Delta b_{qj}^{fx}} \tag{9-64}$$

式中　$\Delta\eta_{fd}^{jx}$——发电煤耗率变化 1g/kWh 汽轮机效率的影响系数，（$\Delta\eta_{qj}^{bh}$%）/（Δb_{fd}^{bh} 1g/kWh）。

2. 发电煤耗率变化 1g/kWh 对汽轮机效率的影响系数

发电煤耗率变化 1g/kWh 对汽轮机效率的影响系数，可以用数值表和关系曲线两种方式表示。

（1）确定分析、计算用参数：

1）汽轮机效率为 59.0%、61.0%、…、73.0% 8 个点。

2）锅炉效率为 83.0%、84.0%、85.0%、86.0%、87.0% 5 个点。

3）管道效率为 98.5%。

（2）发电煤耗率计算用公式。发电煤耗率变化 1g/kWh 对汽轮机效率的影响系数，可用汽轮机效率变化 1% 对发电煤耗率的影响系数反推，计算公式为

$$\Delta\eta_{fd}^{jx}=\frac{1}{\Delta b_{qj}^{fx}} \tag{9-65}$$

式中　$\Delta\eta_{fd}^{jx}$——发电煤耗率变化 1g/kWh 对汽轮机效率的影响系数；

Δb_{qj}^{fx}——汽轮机效率变化 1% 对发电煤耗率的影响系数。

（3）编制发电煤耗率变化 1g/kWh 影响汽轮机效率变化的数值表并将计算结果——各种状态下的“发电煤耗率变化 1g/kWh 对汽轮机效率的影响系数”填入表 9-16 中。

表 9-16　管道效率为定值，不同锅炉效率时，发电煤耗率的变化 1g/kWh 对汽轮机效率的影响系数（$\Delta\eta_{qj}^{bh}$%）/（Δb_{fd}^{bh} g/kWh）

序号	锅炉效率（%）	汽轮机效率（%）							
		59.0	61.0	63.0	65.0	67.0	69.0	71.0	73.0
1	A	B	C	D	E	F	G	H	I
2	87.0	0.241 5	0.259 7	0.274 7	0.293 3	0.313 5	0.331 1	0.352 1	0.371 7
3	86.0	0.238 7	0.257 1	0.274 0	0.289 9	0.309 6	0.325 7	0.347 2	0.366 3
4	85.0	0.236 4	0.253 8	0.271 0	0.286 5	0.305 8	0.323 6	0.344 8	0.361 0
5	84.0	0.234 7	0.249 4	0.267 4	0.283 3	0.303 0	0.319 5	0.340 1	0.357 1
6	83.0	0.232 0	0.246 9	0.263 6	0.280 1	0.299 4	0.315 5	0.336 7	0.353 4

表 9-16 使用说明：

1）表中第一大列数值为锅炉效率值，其取值范围为 83.0%～87.0%。

2）表中第二大列第一行及第二行中的各列为拟定的汽轮机效率分档数值，其值适用范围为 58.0%～74.0%，其每一列数值适用于该值的 ±1.0% 范围内。例如：E 列中汽轮机效

率为65.0%时，此列下面的汽轮机效率变化1%对发电煤耗率的影响系数，适用于汽轮机效率64% <η_{qj}<66%。

3）第一列锅炉效率值83.0% ~87.0%的右边，第二大列第一行及第二行各列汽轮机效率值59.0% ~73.0%的下面，是锅炉效率、管道效率为某一定值时，发电煤耗率变化1g/kWh对汽轮机效率的影响系数。例如：管道效率为98.5%，锅炉效率为87.0%，汽轮机效率为71.0%左右，即70% <η_{qj}<72%时，发电煤耗率变化1g/kWh对汽轮机效率的影响系数为0.352 1%。

4）在表9－16中规定的锅炉效率的绝对值为83.0% ~87.0%，汽轮机效率为58.0% ~74.0%，管道效率为某一定值时，发电煤耗率变化1g/kWh，对汽轮机效率的影响系数的变化范围为0.232 0% ~0.371 7%，变化幅度为0.139 7%。因此，不同类型的机组、不同水平的汽轮机效率、不同水平的锅炉效率，不能用同一个发电煤耗率变化1g/kWh对汽轮机效率的影响系数。各专业人员必须根据本厂汽轮机效率的实际水平、锅炉效率的水平选用适合本厂的汽轮机效率变化1%对发电煤耗率影响的系数作为分析、计算的依据，以确保数据、结论的准确性，领导者决策的正确。

3. 发电煤耗率变化1g/kWh对汽轮机效率的影响系数的关系曲线

根据表9－16中发电煤耗率变化1g/kWh对汽轮机效率的影响系数的数值，可绘制出5条管道效率为定值，锅炉效率分别为83.0%、84.0%、85.0%、86.0%、87.0%时的发电煤耗率变化1g/kWh对汽轮机效率的影响系数的一次线性函数曲线，见图9－13。

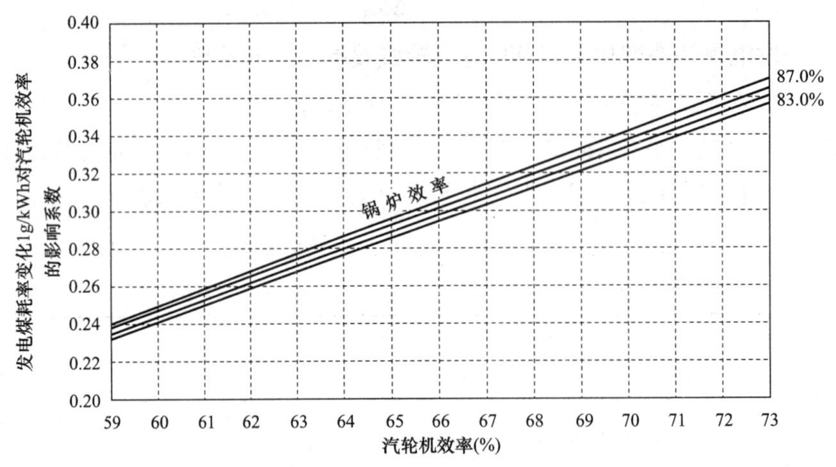

图9－13　管道效率为定值，不同锅炉效率时，发电煤耗率变化1g/kWh对汽轮机效率变化的影响系数曲线($\Delta\eta_{qj}^{bh}$%)/(Δb_{fd}^{bh} 1g/kWh)

三、背压供热机组锅炉效率对发电煤耗率的影响系数

锅炉效率变化对发电煤耗率的影响值是指，在汽轮机效率、管道效率一定的条件下，在不同的锅炉效率范围内，锅炉效率变化1%对发电煤耗率的影响值（g/kWh），可以用(Δb_{fd}^{bh} g/kWh)/($\Delta\eta_{gl}^{bh}$ 1%)表达。

锅炉效率变化对发电煤耗率的影响值与锅炉效率水平、汽轮机效率水平、管道效率水平有关，可以通过计算求得。

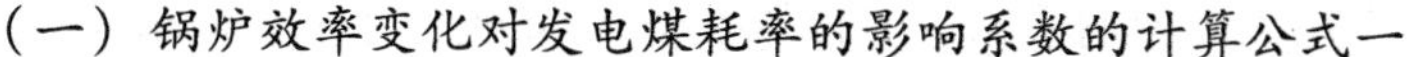

（一）锅炉效率变化对发电煤耗率的影响系数的计算公式一

计算锅炉效率变化对发电煤耗率的影响系数时，锅炉效率的变化值是专业人员根据分析计算的需要自己选定的，可以是0.5%、1.0%、2.0%、…。计算锅炉效率变化对发电煤耗率的影响系数，是相对额定负荷设计参数的初始状态下的发电煤耗率与锅炉效率变化（汽轮机效率、管道效率不变）后的发电煤耗率差值的相对数，用$(\Delta b_{fd}^{bh}\ g/kWh)/(\Delta\eta_{gl}^{bh}\ 1\%)$表达。计算公式如下

$$\Delta b_{gl}^{fx}=\frac{|b_{gl}^{bh}-b_{gl}^{ed}|}{\Delta\eta_{gl}^{bh}} \tag{9-66}$$

式中　Δb_{gl}^{fx}——锅炉效率变化1%对发电煤耗率的影响系数，$(\Delta b_{fd}^{bh}\ g/kWh)/(\Delta\eta_{gl}^{bh}\ 1\%)$；

b_{gl}^{ed}——设计工况额定负荷下的发电煤耗率，g/kWh；

b_{gl}^{bh}——锅炉效率变化后的发电煤耗率，g/kWh；

$|b_{gl}^{bh}-b_{gl}^{ed}|$——取绝对值；

$\Delta\eta_{gl}^{bh}$——拟定的锅炉效率变化值，%。

锅炉效率变化值的计算公式为

$$\Delta\eta_{gl}^{bh}=|\eta_{gl}^{ed}-\eta_{gl}^{bh}| \tag{9-67}$$

锅炉效率变化值是虚拟的分析、计算值，是假定值，可以是0.5%、1.0%、2.0%、…也可以根据计算者要求的精度任意选择。

（二）锅炉效率变化对发电煤耗率影响系数的计算公式二

$$\Delta b_{gl}^{fx}=\frac{\left|\dfrac{0.123}{\eta_{qj}^{ed}\times\eta_{gd}\times\eta_{gl}^{bh}}-\dfrac{0.123}{\eta_{qj}^{ed}\times\eta_{gd}\times\eta_{gl}^{ed}}\right|}{\Delta\eta_{gl}^{bh}} \tag{9-68}$$

或

$$\Delta b_{gl}^{fx}=\frac{\dfrac{0.123}{\eta_{qj}^{ed}\times\eta_{gd}}\left|\dfrac{1}{\eta_{gl}^{bh}}-\dfrac{1}{\eta_{gl}^{ed}}\right|}{\Delta\eta_{gl}^{bh}} \tag{9-69}$$

式中　Δb_{gl}^{fx}——锅炉效率变化对发电煤耗率的影响系数，$(\Delta b_{fd}^{bh}g/kWh)/(\Delta\eta_{gl}^{bh}\ 1\%)$；

η_{qj}^{ed}——汽轮机额定效率，%；

η_{gl}^{ed}——锅炉效率设计值，%；

η_{gl}^{bh}——拟定变化后的锅炉效率值，%；

$\left|\dfrac{0.123}{\eta_{qj}^{ed}\times\eta_{gd}\times\eta_{gl}^{bh}}-\dfrac{0.123}{\eta_{qj}^{ed}\times\eta_{gd}\times\eta_{gl}^{ed}}\right|$——取绝对值；

$\left|\dfrac{1}{\eta_{gl}^{bh}}-\dfrac{1}{\eta_{gl}^{ed}}\right|$——取绝对值。

（三）锅炉效率变化对发电煤耗率的影响系数

锅炉效率变化对发电煤耗率的影响系数，就是锅炉效率变化1%对发电煤耗率的影响值，一般有以下两种计算方法：

（1）用上述计算公式，计算锅炉效率变化1%（效率的绝对值，百分点，下同）对发电煤耗率的影响系数（值）。

（2）用发电煤耗率计算公式，计算锅炉效率变化1%对发电煤耗率的影响系数。

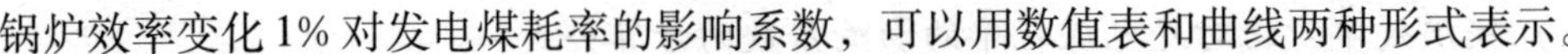

锅炉效率变化1%对发电煤耗率的影响系数，可以用数值表和曲线两种形式表示。

（1）用发电煤耗率计算公式，直接计算锅炉效率变化1%对发电煤耗率的影响系数。计算程序如下：

1）选定锅炉效率变化范围：本次计算选定的锅炉效率变化范围为83.0%～87.0%。

2）选定汽轮机效率变化范围：本次计算选定的汽轮机效率变化范围为58.0%～74.0%。

3）选定管道效率：本次计算选定的管道效率为98.5%。管道效率选定得高或低对锅炉效率变化1%对发电煤耗率的影响系数的影响不大，因为是两组计算数值的差值。

4）用汽轮机效率、锅炉效率、管道效率计算发电煤耗率，计算公式为式（9－61），然后再计算锅炉率变化1%对发电煤耗率的影响系数。

5）用上面发电煤耗率的计算公式，计算出选定各组合参数的发电煤耗率，并填入9－17发电煤耗率计算表中。

表9－17　管道效率为定值时，不同汽轮机效率、锅炉效率下的发电煤耗率关系　g/kWh

序号	汽轮机效率（%）	锅炉效率（%）							
		83.0	84.0	85.0	86.0	87.0	88.0	89.0	90.0
	A	B	C	D	E	F	G	H	I
1	58.0	259.09	256.01	253.01	250.07	247.20	244.38	241.63	238.94
2	60.0	250.48	247.50	244.55	241.71	238.93	236.22	233.57	230.98
3	62.0	242.38	239.49	236.68	233.93	231.24	228.62	226.05	223.54
4	64.0	234.82	232.03	229.30	226.64	224.03	221.45	218.96	216.53
5	66.0	227.69	224.98	222.33	219.75	217.22	214.75	212.34	209.98
6	68.0	221.01	218.38	215.81	213.30	210.85	208.45	206.11	203.82
7	70.0	214.68	212.12	209.62	207.18	204.80	202.47	200.20	197.97
8	72.0	208.73	206.24	203.82	201.44	199.13	196.86	194.65	192.48
9	74.0	203.07	200.65	198.29	195.98	193.75	191.55	189.39	187.29

6）计算锅炉效率变化1%对发电煤耗率的影响系数。用表9－17中发电煤耗率计算锅炉效率变化1%对发电煤耗率的影响系数。计算公式如下

$$\Delta b_{gl}^{fx}=\frac{|1_h\cdot B-2_h\cdot B|}{|2_h\cdot A-1_h\cdot A|}$$

式中　1_h，2_h，…——第一行，第二行，……；

A，B，…——第A列，第B列，……；

$|1_h\cdot B-2_h\cdot B|$——取绝对值；

$|2_h\cdot A-1_h\cdot A|$——取绝对值。

例如：计算管道效率为98.5%，汽轮机效率为66.0%，锅炉效率由86.0%升高到87.0%时，汽轮机效率变化1%对发电煤耗率的影响系数，得

$$\Delta b_{gl}^{fx}=\frac{5\cdot E-5\cdot F}{87.0-86.0}=\frac{219.75-217.22}{87.0-86.0}=2.53(\Delta b_{fd}^{hb}\ g/kWh)/(\Delta\eta_{gl}^{bh}\ 1\%)$$

由上式计算结果看出：当管道效率不变，锅炉效率为83.0%，汽轮机效率由58.0%，升高到60.0%时，汽轮机效率变化1%对发电煤耗率的影响系数是3.30（Δb_{fd}^{hb} g/kWh）/（$\Delta \eta_{gl}^{bh}$ 1%）。

7）用表9－17中的各种参数组合计算出各自的发电煤耗率，再用第6）中的计算公式，计算出所有参数组合间的锅炉效率变化1%对发电煤耗率的影响系数，并填入表9－18中。

表9－18　管道效率为定值、不同汽轮机效率时，锅炉效率变化1%对发电煤耗率的影响系数（Δb_{fd}^{hb} g/kWh）/（$\Delta \eta_{gl}^{bh}$ 1%）

序　号	汽轮机效率（%）	锅炉效率（%）						
		83.5	84.5	85.5	86.5	87.5	88.5	89.5
	A	B	C	D	E	F	G	H
1	58.0	3.08	3.00	2.94	2.87	2.80	2.75	2.69
2	60.0	2.98	2.94	2.84	2.78	2.71	2.65	2.59
3	62.0	2.89	2.81	2.75	2.69	2.62	2.57	2.51
4	64.0	2.79	2.73	2.66	2.61	2.58	2.49	2.43
5	66.0	2.71	2.65	2.58	2.53	2.47	2.41	2.36
6	68.0	2.63	2.57	2.51	2.45	2.40	2.34	2.29
7	70.0	2.56	2.50	2.44	2.38	2.33	2.27	2.23
8	72.0	2.49	2.42	2.38	2.31	2.27	2.21	2.17
9	74.0	2.42	2.36	2.31	2.23	2.20	2.16	2.10

表9－18使用说明：

a. 表中第一列数值为汽轮机效率值，其取值范围为58.0%～74.0%。

b. 表中第二大列第一行及第二行中各列数值为拟定的锅炉效率分档数值，其值适用范围为83.0%～90.0%，其每一列数值适用于该值的±0.5%范围内。例如：锅炉效率为88.5%时，此列下面的锅炉效率变化1%对发电煤耗率的影响系数适用于88.0%＜η_{gl}＜89.0%。

c. 第一列汽轮机效率58.0%～74.0%的右边，第二大列第一行及第二行各列锅炉效率值84.0%～90.0%的下面，是汽轮机效率、管道效率为某一定值时，锅炉效率变化1%（百分点），对发电煤耗率的影响系数。例如：汽轮机效率为70.0%，管道效率为98.5%，锅炉效率为89.5%左右（89%＜η_{gl}＜90%）时，锅炉效率变化1%对发电煤耗率的影响系数为2.23g/kWh。

d. 在表9－18中规定的汽轮机效率的绝对值在58.0%～74.0%的范围内，锅炉效率在83.0%～90.0%的范围内，管道效率、汽轮机效率为某一定值时，锅炉机效率变化1%，发电煤耗率的变化范围为2.10～3.08g/kWh，变化幅度为0.92g/kWh。因此，不同类型的机组、不同水平的汽轮机效率、不同水平的锅炉效率，不能用同一个锅炉效率变化1%对发电煤耗率的影响系数。各专业人员，必须用本厂汽轮机效率的实际水平、锅炉效率的水平选用适合本厂锅炉效率变化1%对发电煤耗率的影响系数作为分析、计算的依据，以确保数据、结论的准确，领导者决策的正确。

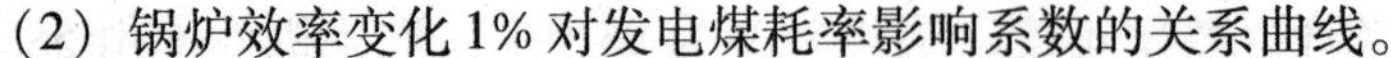

（2）锅炉效率变化1%对发电煤耗率影响系数的关系曲线。

根据表9－18中锅炉效率变化1%对发电煤耗率影响系数，可以绘制出9条汽轮机效率分别为58.0%、60.0%、…、74.0%，在不同汽轮机效率下，锅炉效率变化1%对发电煤耗率的影响系数的一次线性函数关系曲线，见图9－14。

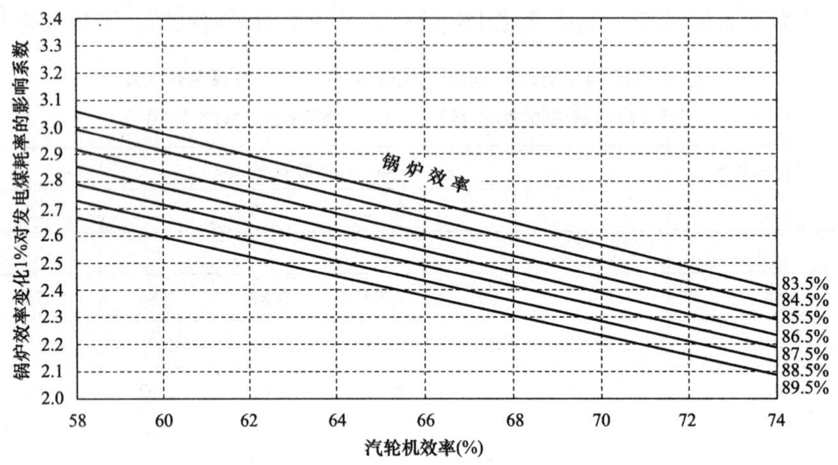

图9－14　管道效率为定值，不同汽轮机效率时，锅炉效率变化1%对发电煤耗率的影响系数的关系曲线（Δb_{fd}^{bh} g/kWh）/（ΔQ_{gr}^{bh} 1%）

从图9－14上可以查得，锅炉效率为88.5%（管道效率为98.5%），汽轮机效率为72.0%时，汽轮机效率每变化1%，影响发电煤耗率的相应变化值为2.21g/kWh。

（四）发电煤耗率变化引起锅炉效率的相应变化值

发电煤耗率变化引起锅炉效率的相应变化值是指数理上的相互关系，可方便专业人员日常分析使用，以达到节省时间、提高工作效率的目的。具体是指在一定的汽轮机效率下，管道效率为常数，在不同的锅炉效率值的范围内，发电煤耗率每变化1g/kWh，影响锅炉效率的相应变化值，在分析工作中也常叫做“锅炉效率变化对发电煤耗率的影响系数”。

1. 发电煤耗率变化对锅炉效率的影响系数的计算

本章本节前面讲过的，锅炉率变化对发电煤耗率的影响系数是指，锅炉效率变化1%，影响发电煤耗率变化（升高或降低）的克数，即表达为（Δb_{fd}^{bh} g/kWh）/（$\Delta \eta_{gl}^{bh}$ 1%）。这里讲的“发电煤耗率变化对锅炉效率的影响系数”，是指发电煤耗率每变化1g/kWh，影响锅炉效率的相应变化值（$\Delta \eta_{gl}^{bh}$%）。即可用锅炉效率变化1%对发电煤耗率的影响系数反推，其倒数即为发电煤耗率变化1g/kWh引起锅炉效率的相应变化值（$\Delta \eta_{gl}^{bh}$%），可表达为（$\Delta \eta_{gl}^{bh}$%）/（Δb_{fd}^{bh}1g/kWh）。

发电煤耗率变化对锅炉效率的影响系数的计算公式

$$\Delta \eta_{fd}^{lx} = \frac{1}{\Delta b_{gl}^{xs}} \tag{9-70}$$

式中　$\Delta \eta_{fd}^{lx}$——发电煤耗率变化1g/kWh对锅炉效率的影响系数，（$\Delta \eta_{gl}^{bh}$%）/（Δb_{fd}^{bh} 1g/kWh）。

2. 发电煤耗率变化1g/kWh对锅炉效率影响系数的数值表与关系曲线

发电煤耗率变化1g/kWh对锅炉效率的影响系数（$\Delta \eta_{fd}^{lx}$），可以用数值表和关系曲线两

种方式表示。

（1）发电煤耗率变化1g/kWh对锅炉效率的影响系数表。发电煤耗率变化1g/kWh对锅炉率的影响系数，可以用锅炉效率变化1%对发电煤耗率的影响系数用公式反推，计算结果可填入表9－19中。

表9－19　　管道效率为定值、不同汽轮机效率时，发电煤耗率变化1g/kWh对锅炉效率的影响系数（$\Delta\eta_{gl}^{bh}$%）/（Δb_{fd}^{bh} 1g/kWh）

序　号	汽轮机效率（%）	锅炉效率（%）						
		83.5	84.5	85.5	86.5	87.5	88.5	89.5
	A	B	C	D	E	F	G	H
1	58.0	0.324 7	0.333 3	0.340 1	0.348 4	0.357 1	0.363 6	0.371 7
2	60.0	0.335 6	0.340 1	0.352 1	0.359 7	0.369 0	0.377 4	0.386 1
3	62.0	0.346 0	0.355 9	0.363 6	0.371 7	0.381 7	0.389 1	0.398 4
4	64.0	0.358 4	0.366 3	0.375 9	0.383 1	0.387 6	0.401 6	0.411 5
5	66.0	0.369 0	0.377 4	0.387 6	0.395 3	0.404 9	0.414 9	0.423 7
6	68.0	0.380 2	0.389 1	0.389 4	0.408 2	0.416 7	0.427 4	0.436 7
7	70.0	0.390 6	0.400 0	0.409 8	0.420 2	0.429 2	0.440 5	0.448 4
8	72.0	0.401 6	0.413 2	0.420 2	0.432 9	0.440 5	0.452 5	0.460 8
9	74.0	0.413 2	0.423 7	0.432 9	0.448 4	0.454 5	0.463 0	0.476 2

表9－19使用说明：

1）表中第一列数值是汽轮机效率值，其适用范围为58.0%～74.0%。

2）表中第二大列第一行和第二行中的各列数值：83.5%～89.5%为锅炉效率，其适用范围为83.0%～90.0%，其每一列的锅炉效率值适用于±0.5%的范围内。例如：锅炉效率为85.5%时，此列下数值适用于85%＜η_{gl}＜86%。

3）表中第一列汽轮机效率值58%～74%的右边，第二大列第一行和第二行各列锅炉效率83.5%～89.5%的下面为汽轮机效率、管道效率为某一定值时，发电煤耗率每变化1g/kWh，影响锅炉效率的相应变化值，即发电煤耗率变化1g/kWh对汽轮机效率的影响系数。也就是说，在设定的条件下，发电煤耗变化1g/kWh，引起锅炉效率变化0.324 7%～0.476 2%（百分点）。例如：汽轮机效率为68%，管道效率为98.5%，锅炉效率为88.5%左右（即88.0%＜η_{gl}＜89.0%）时，发电煤耗率每变化1g/kWh，影响汽轮机效率的相应变化值为0.427 4%。即在上述条件下，汽轮机效率变化0.427 4个百分点，发电煤耗率变化1g/kWh。

（2）发电煤耗率变化1g/kWh对锅炉效率的影响系数的关系曲线。用表9－19中发电煤耗率变化1g/kWh对锅炉效率的影响系数，可绘制出管道效率为定值时，7条汽轮机效率分别为58.0%、60.0%、…、74.0%，发电煤耗率变化1g/kWh对锅炉效率的影响系数的一次线性函数曲线，见图9－15。

从图9－15上可以查得：管道效率为98.5%，汽轮机效率为66.0%，锅炉效率为86.5%时，发电煤耗率每变化1g/kWh，锅炉效率的相应变化值为0.395 3%。即在上述条件下，锅炉效率每变化0.395 3%（百分点），发电煤耗率变化1g/kWh。

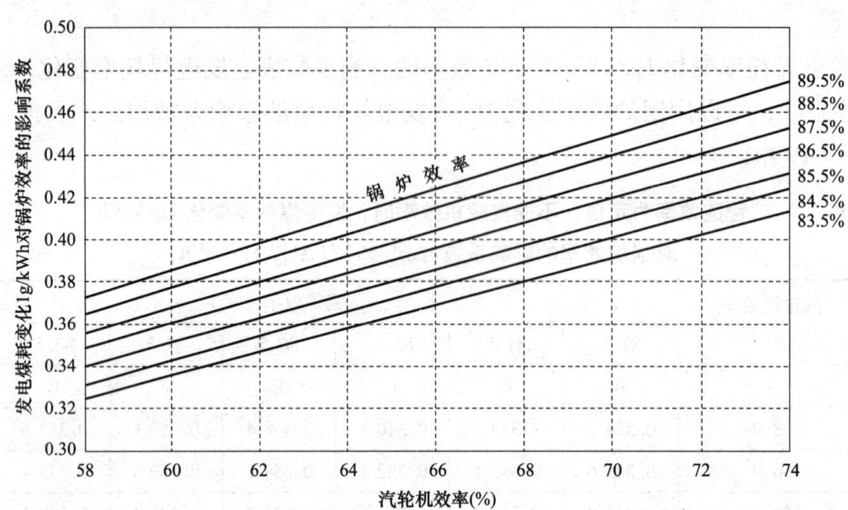

图9-15　管道效率为定值，不同汽轮机效率时，发电煤耗率变化1g/kWh对锅炉效率的影响系数的关系曲线($\Delta\eta_{gl}^{bh}$%)/(Δb_{fd}^{bh} 1g/kWh)

四、背压供热机组管道效率变化对发电煤耗率的影响系数

管道效率变化对发电煤耗率的影响系数是指，在汽轮机效率、锅炉效率一定的条件下，在不同的管道效率范围内，管道效率变化1%对发电煤耗率的影响值，可以用(Δb_{fd}^{bh} g/kWh)/($\Delta\eta_{gd}^{bh}$ 1%)表达。

管道效率变化对发电煤耗率的影响值与锅炉效率水平、汽轮机效率水平、管道效率水平有关，可以通过计算求得。

(一) 管道效率变化对发电煤耗率的影响系数的计算

1. 管道效率变化对发电煤耗率的影响系数的计算公式一

$$\Delta b_{gd}^{fx} = \frac{|b_{gd}^{ed} - b_{gd}^{bh}|}{\Delta\eta_{gd}^{bh}} \tag{9-71}$$

式中　Δb_{gd}^{fx}——管道效率变化对发电煤耗率的影响系数，(Δb_{fd}^{bh}g/kWh)/($\Delta\eta_{gd}^{bh}$ 1%)；

b_{gd}^{ed}——设计工况额定负荷下的发电煤耗率，g/kWh；

b_{gd}^{bh}——管道机效率变化后的发电煤耗率，g/kWh；

$|b_{gd}^{ed} - b_{gd}^{bh}|$——取绝对值；

$\Delta\eta_{gd}^{bh}$——拟定的管道效率变化值,%。

管道效率变化值的计算公式

$$\Delta\eta_{gd}^{bh} = \eta_{gd}^{ed} - \eta_{gd}^{bh} \tag{9-72}$$

虚拟的管道机效率是分析、计算者的假定值。虚拟管道效率变化值的间隔可以是0.5%、1.0%、2.0%、…，可以根据计算者要求的精度任意选择。

2. 管道效率变化对发电煤耗率的影响系数的计算公式二

$$\Delta b_{gd}^{fx} = \frac{\left|\dfrac{0.123}{\eta_{gl}^{ed} \times \eta_{gd}^{ed} \times \eta_{qj}^{ed}} - \dfrac{0.123}{\eta_{gl}^{ed} \times \eta_{gd}^{bh} \times \eta_{qj}^{ed}}\right|}{\Delta\eta_{gd}^{bh}} \tag{9-73}$$

或

$$\Delta b_{gd}^{fx}=\frac{\frac{0.123}{\eta_{gl}^{ed}\times\eta_{qj}^{ed}}\left|\frac{1}{\eta_{gd}^{ed}}-\frac{1}{\eta_{gd}^{bh}}\right|}{\Delta\eta_{gd}^{bh}}\tag{9-74}$$

式中　η_{gl}^{ed}——设计工况额定负荷下的锅炉效率,%；

η_{gd}——设计工况额定负荷下的管道效率，一般取98.5%；

η_{qj}^{ed}——设计工况额定负荷下的汽轮机效率,%；

η_{gd}^{bh}——选定的变化后的管道效率,%；

$\left|\frac{0.123}{\eta_{gl}^{ed}\times\eta_{gd}^{ed}\times\eta_{qj}^{ed}}-\frac{0.123}{\eta_{gl}^{ed}\times\eta_{gd}^{bh}\times\eta_{qj}^{ed}}\right|$——取绝对值；

$\left|\frac{1}{\eta_{gd}^{ed}}-\frac{1}{\eta_{gd}^{bh}}\right|$——取绝对值。

（二）管道效率变化1%对发电煤耗率的影响的计算

根据式（9－71）可计算出管道效率变化1%（效率的绝对值，百分点，下同）影响发电煤耗率变化的相互关系的系数，即管道效率变化1%对发电煤耗率的影响系数。

（1）管道效率变化1%对发电煤耗率的影响系数的计算

管道效率变化1%对发电煤耗率的影响系数的计算方法有两种：

1）用上述计算公式，计算管道效率变化1%（效率的绝对值，百分点，下同）对发电煤耗率的影响系数。

2）先计算发电煤耗率，然后计算管道效率变化1%对发电煤耗率的影响系数。

管道效率变化1%对发电煤耗率的影响系数，可以用数值表和曲线两种形式表示。

（2）本节采用先计算发电煤耗率，然后计算管道效率变化1%对发电煤耗率的影响系数的方法计算，具体计算程序如下：

1）选定管道效率变化范围：本计算选定的管道效率变化范围为94.0%～99.0%，管道效率不可能达到99%。但目前部分电厂根据发电煤耗率反求的管道效率却达到100%左右，个别厂甚至更高。为了分析、比较工作需要，有意识地提高了管道效率的上限。

2）选定锅炉效率变化范围：背压机组容量小，锅炉效率一般偏低，锅炉效率变化范围选定为83.0%～90.0%。

3）选定汽轮机效率：背压汽轮机效率高，故汽轮机效率变化范围选定为58.0%～74.0%。

4）用汽轮机效率、锅炉效率、管道效率计算发电煤耗率，计算公式为

$$b_{fd}=\frac{0.123}{\eta_{qj}\times\eta_{gl}\times\eta_{gd}}$$

（三）锅炉效率、汽轮机效率一定时，管道效率与发电煤耗率的关系数值表与关系曲线

（1）编制锅炉效率为83.0%，汽轮机效率为定值时，不同管道效率与发电煤耗率的关系数值表，并绘制关系曲线。

1）编制管道效率与发电煤耗率的关系数值表。

用上述第4）项发电煤耗率的计算公式，计算出选定的锅炉效率为83.0%，汽轮机效率

为58.0%、60.0%、…、74.0%，管道效率为93.0%、95.0%、…、99.0%时的发电煤耗率，并填入表9－20中。

表9－20　锅炉效率为83.0%，汽轮机效率为定值，不同管道效率时的发电煤耗率　g/kWh

序　号	汽轮机效率（%）	管道效率（%）			
		93.0	95.0	97.0	99.0
	A	B	C	D	E
1	58.0	274.42	268.65	263.11	257.79
2	60.0	265.28	259.69	254.34	249.20
3	62.0	256.72	251.31	246.13	241.16
4	64.0	248.70	243.46	238.44	233.62
5	66.0	241.16	236.08	231.22	226.54
6	68.0	234.07	229.14	224.41	219.88
7	70.0	227.38	222.59	218.00	213.60
8	72.0	221.06	216.41	211.95	207.67
9	74.0	215.09	210.56	206.22	202.05

表9－20使用说明：

a. 表9－20适用于锅炉效率为83.0%±1%的情况。

b. 表中第一大列数值为汽轮机效率值，其取值范围为58.0%～74.0%。

c. 表中第二大列第一行及第二行中的各列为拟定的管道效率分档数值，其值适用范围为93.0%～99.0%，其每一列数值适用于该值的±1%范围内。例如：C列中管道效率为95.0%时，此列下面的发电煤耗率适用于锅炉效率为83.0%±1%，管道效率为94.0%$<\eta_{gd}<$96.0%的情况。

d. 第二列汽轮机效率值58.0%～74.0%的右边，第三大列第一行及第二行各列管道效率值93.0%～99.0%的下面，是锅炉效率为83.0%，汽轮机效率、管道效率为某一定值时的发电煤耗率。例如：汽轮机效率为70.0%，管道效率为95.0%，锅炉效率为83.0%时对应的发电煤耗率为222.59g/kWh。

e. 由表9－20可知，锅炉效率为83.0%，汽轮机效率为58.0%～74.0%，管道效率为93.0%～99.0%，发电煤耗率变化值为202.05～274.42g/kWh时，发电煤耗率水平相差72.37g/kWh。

2）绘制管道效率与发电煤耗率的关系曲线。根据表9－20中锅炉效率为83.0%，汽轮机效率为某一定值，不同管道效率时与发电煤耗率的关系数值表，绘制锅炉效率为83.0%，汽轮机效率为58.0%、60.0%、…、74.0%，管道效率为93.0%、95.0%、97.0%、99.0%时与发电煤耗率的关系曲线，见图9－16。

图9－16使用说明：

a. 图9－16适用于锅炉效率为83.0%的情况。

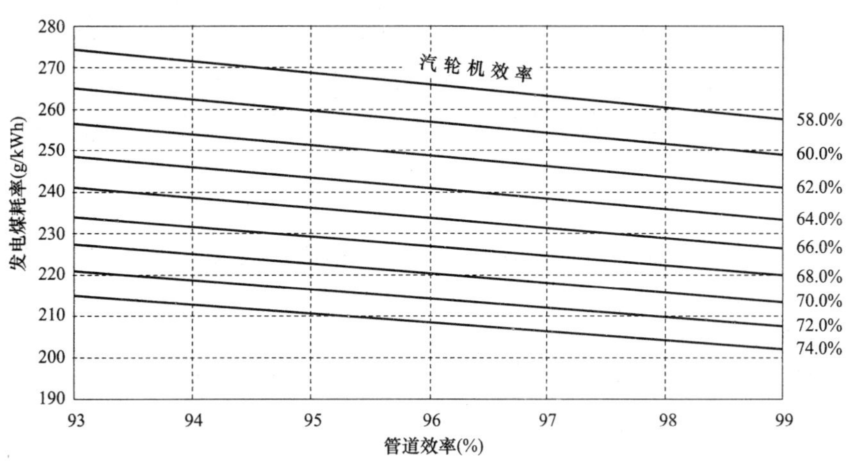

图 9－16 锅炉效率为 83.0%，汽轮机效率为定值时，管道效率与发电煤耗率的关系曲线

b. 图中横坐标为分析选定的管道效率值，其适用范围为 93.0% ～99.0% 。

c. 图中纵坐标为发电煤耗率，对应的锅炉效率为 83.0% 、汽轮机效率为58.0% ～74.0% 。

（2）编制锅炉效率为 86.0% ，汽轮机效率为定值，不同管道效率与发电煤耗率的关系数值表，并绘制关系曲线。

1）编制管道效率与发电煤耗率的关系数值表。用上述第 4）项发电煤耗率的计算公式，计算出选定的锅炉效率为 86.0% ，汽轮机效率为 58.0% 、60.0% 、…、74.0% ，管道效率为 93% ，95.0% ，…，99% 的发电煤耗率，并填入表 9－21 中。

表 9－21 锅炉效率为 86.0%，汽轮机效率为定值时，管道效率与发电煤耗率的关系 g/kWh

序 号	汽轮机效率（%）	管道效率（%）			
		93.0	95.0	97.0	99.0
	A	B	C	D	E
1	58.0	264.87	259.27	253.91	248.80
2	60.0	256.02	250.63	245.46	240.51
3	62.0	247.76	242.55	237.55	232.75
4	64.0	240.02	234.97	230.12	225.47
5	66.0	232.75	227.85	223.15	218.64
6	68.0	225.90	221.15	216.59	212.20
7	70.0	219.45	214.83	210.40	206.15
8	72.0	213.35	208.86	204.55	200.42
9	74.0	207.59	203.22	199.03	195.00

表 9－21 使用说明：

a. 表 9－21 适用于锅炉效率为 86.0% ±1% 的情况。

b. 表中第二大列的数值为汽轮机效率值，其取值范围为 58.0% ~74.0% 。

c. 表中第三大列第一行及第二行中的各列为拟定的管道效率分档数值，其值适用范围为 93.0% ~99.0%，其每一列数值适用于该值的 ±1% 范围内。例如：C 列中管道效率为 95.0% 时，此列下面的发电煤耗率适用于锅炉效率为 86.0% ±1%，管道效率 94.0% $<\eta_{gd}$ <96.0% 的情况。

d. 第二列汽轮机效率值 58.0% ~74.0% 的右边、第三大列第一行及第二行各列管道效率值 93.0% ~99.0% 的下面，是锅炉效率为 86.0%，汽轮机效率、管道效率为某一定值时的发电煤耗率。例如：汽轮机效率为 70.0%、管道效率为 95.0%，锅炉效率为 86.0% 时，对应的发电煤耗率为 214.83g/kWh。

e. 在表 9 – 21 中锅炉效率为 86.0%，汽轮机效率为 58.0% ~ 74.0%，管道效率在 93.0% ~99.0% 的范围内，发电煤耗率变化值在 195.00 ~264.87g/kWh 时，发电煤耗率水平相差 69.87g/kWh。

2）绘制管道效率与发电煤耗率的关系曲线。根据表 9 – 21 的关系数值，绘制锅炉效率为 86.0%，汽轮机效率为 58.0%、60.0%、…、74.0%，管道效率为 93.0%、95.0%、97.0%、99.0% 时与发电煤耗率的关系曲线，见图 9 – 17。

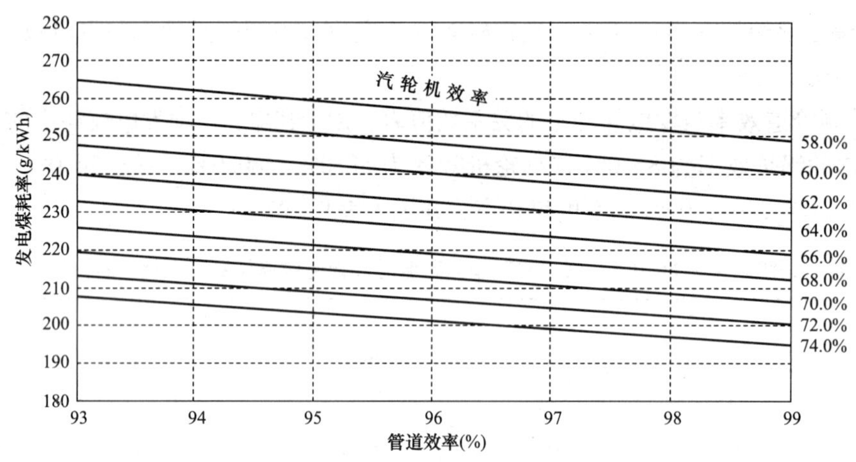

图 9 – 17　锅炉效率为 86.0%，汽轮机效率为定值时，管道效率与发电煤耗率的关系曲线

图 9 – 17 使用说明：

a. 图 9 – 17 适用于锅炉效率为 86.0% 的情况。

b. 图中横坐标为分析选定的管道效率值，其适用范围为 93.0% ~99.0% 。

c. 图中纵坐标为发电煤耗率，对应的锅炉效率为 86.0%，汽轮机效率为 58.0% ~74.0% 。

（3）编制锅炉效率为 88.0%，汽轮机效率为定值时，不同管道效率与发电煤耗率的关系数值表，并绘制关系曲线。

1）编制管道效率与发电煤耗率的关系数值表。用上述第 4）项发电煤耗率的计算公式，计算出选定的锅炉效率为 88.0%，汽轮机效率为 58.0%、60.0%、…、74.0%，管道效率为 93.0%、95.0%、…、99.0% 的发电煤耗率，并填入表 9 – 22 中。

表 9－22　锅炉效率为 88.0%，汽轮机效率为定值时，管道效率与发电煤耗率的关系　g/kWh

序　号	汽轮机效率（%）	管道效率（%）			
		93.0	95.0	97.0	99.0
	A	B	C	D	E
1	58.0	258.83	253.38	248.16	243.14
2	60.0	250.20	244.94	239.89	235.04
3	62.0	242.13	237.07	232.15	227.46
4	64.0	234.57	229.63	224.89	220.35
5	66.0	227.46	222.67	218.08	213.67
6	68.0	220.77	216.12	211.66	207.39
7	70.0	214.46	209.95	205.62	201.46
8	72.0	208.50	204.11	199.90	195.87
9	74.0	202.87	198.57	194.50	190.57

表 9－22 使用说明：

a. 表 9－22 适用于锅炉效率为 88.0% ±1% 的情况。

b. 表中第二大列数值为汽轮机效率值，其取值范围为 58.0% ～74.0%。

c. 表中第三大列第一行及第二行中的各列数值为拟定的管道效率分档数值，其值适用范围为 93.0% ～99.0%，其每一列数值适用于该值的 ±1% 范围内。例如：C 列中管道效率为 95.0% 时，此列下面的发电煤耗率适用于锅炉效率为 88.0% ±1%，管道效率 94.0% $< \eta_{gd} <$ 96.0% 的情况。

d. 第二列汽轮机效率值 58.0% ～74.0% 的右边，第三大列第一行及第二行各列管道效率值 93.0% ～99.0% 的下面，是锅炉效率为 88.0%，汽轮机效率、管道效率为某一定值时的发电煤耗率。例如：汽轮机效率为 70.0%，管道效率为 95.0%，锅炉效率为 88.0% 时，对应的发电煤耗率为 209.95g/kWh。

e. 在表 9－22 中锅炉效率为 88.0%，汽轮机效率为 58.0% ～74.0%，管道效率为 93.0% ～99.0%，发电煤耗率变化值在 190.57～258.83g/kWh 时，发电煤耗率水平相差 68.26g/kWh。

2）绘制管道效率与发电煤耗率的关系曲线。根据表 9－22 中锅炉效率为 88.0%，汽轮机效率为某一定值，不同管道效率时与发电煤耗率的关系数值，绘制锅炉效率为 88.0%，汽轮机效率为 58.0%、60.0%、…、74.0%，管道效率为 93.0%、95.0%、97.0%、99.0% 时与发电煤耗率的关系曲线，见图 9－18。

图 9－18 使用说明：

a. 图 9－18 适用于锅炉效率为 88.0% 的情况。

b. 图中横坐标为分析选定的管道效率值，其适用范围为93.0%～99.0%。

c. 图中纵坐标为发电煤耗率，对应的锅炉效率为 88.0%，汽轮机效率为 58.0% ～74.0%。

d. 编制锅炉效率为 91.0%，汽轮机效率为定值时，不同管道效率与发电煤耗率的关系数值表，并绘制曲线图。

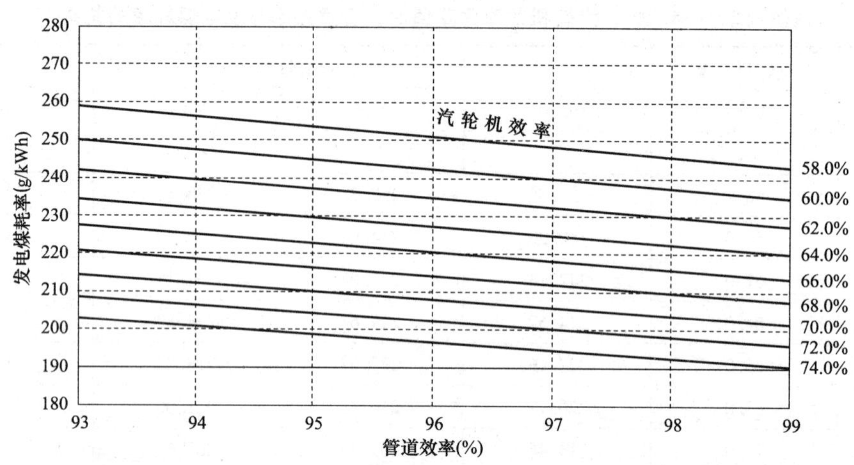

图 9－18　锅炉效率为 88.0%，汽轮机效率为定值时，管道效率与发电煤耗率的关系曲线

1）编制管道效率与发电煤耗率的关系数值表。用上述第 4）项发电煤耗率的计算公式，计算出选定的锅炉效率为 91.0%、汽轮机效率为 58.0%、60.0%、…、74.0%，管道效率为 93.0%、95.0%、…、99.0% 时的发电煤耗率，并填入表 9－23 中。

表 9－23　锅炉效率为 91.0%，汽轮机效率为定值时，管道效率与发电煤耗率的关系　　g/kWh

序　号	汽轮机效率（%）	管道效率（%）			
		93.0	95.0	97.0	99.0
	A	B	C	D	E
1	58.0	250.30	245.03	239.98	235.12
2	60.0	241.96	236.86	231.98	227.29
3	62.0	234.15	229.22	224.49	219.96
4	64.0	226.83	222.06	217.48	213.09
5	66.0	219.96	215.33	210.89	206.63
6	68.0	213.49	209.00	204.69	200.55
7	70.0	207.39	203.02	198.84	194.82
8	72.0	201.63	197.38	193.31	189.41
9	74.0	196.18	192.05	188.09	184.29

表 9－23 使用说明：

a. 表 9－23 适用于锅炉效率为 91.0% ±1% 的情况。

b. 表中第二大列数值为汽轮机效率值，其取值范围为 58.0%～74.0%。

c. 表中第三大列第一行及第二行中的各列数值为拟定的管道效率分档数值，其值适用范围为 93.0%～99.0%，其每一列数值适用于该值的 ±1% 范围内。例如：C 列中管道效率为 95.0% 时，此列下面的发电煤耗率适用于锅炉效率为 91.0% ±1%，管道效率 94.0% $<\eta_{gd}<$ 96.0% 的情况。

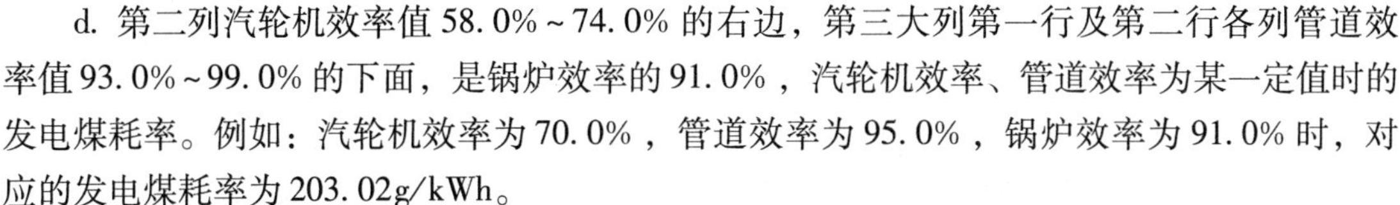
d. 第二列汽轮机效率值 58.0%～74.0% 的右边，第三大列第一行及第二行各列管道效率值 93.0%～99.0% 的下面，是锅炉效率的 91.0%，汽轮机效率、管道效率为某一定值时的发电煤耗率。例如：汽轮机效率为 70.0%，管道效率为 95.0%，锅炉效率为 91.0% 时，对应的发电煤耗率为 203.02g/kWh。

e. 表 9－23 中锅炉效率为 91.0%，汽轮机效率为 58.0%～74.0%，管道效率为 93.0%～99.0%，发电煤耗率变化值为 184.29～250.30g/kWh 时，发电煤耗率水平相差 66.01g/kWh。

2）绘制管道效率与发电煤耗率的关系曲线。根据表 9－23 中锅炉效率为 91.0%，汽轮机效率某一定值时，不同管道效率与发电煤耗率的关系数值，绘制锅炉效率为 91.0%，汽轮机效率为 58.0%、60.0%、…、74.0%，管道效率为 93.0%、95.0%、97.0%、99.0% 时与发电煤耗率的关系曲线，见图 9－19。

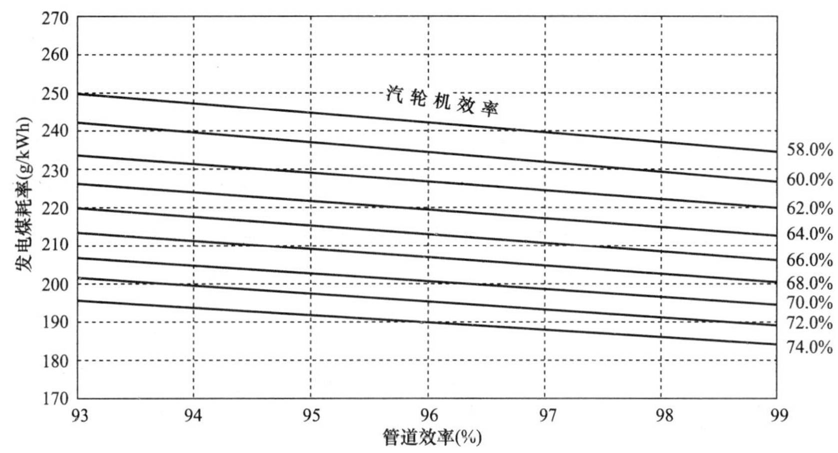

图 9－19　锅炉效率为 91.0%，汽轮机效率为定值时，管道效率与发电煤耗率的关系曲线

图 9－19 使用说明：

a. 图 9－19 适用于锅炉效率为 91.0% 的情况。

b. 图中横坐标为分析选定的管道效率值，其适用范围为 93.0%～99.0%。

c. 图中纵坐标为发电煤耗率，对应的锅炉效率为 91.0%，汽轮机效率为 58.0%～74.0%。

（四）计算管道率变化 1% 对发电煤耗率的影响系数

根据表 9－20～表 9－23 中的发电煤耗率值，计算各种组合参数的管道效率变化 1% 对发电煤耗率的影响系数。计算公式及举例（数据见表 9－23）如下。

1. 计算管道率变化 1% 对发电煤耗率的影响系数

$$\Delta b_{gdx}^{fx} = \frac{|1_h \cdot B_1 - 1_h \cdot C_1|}{|B \cdot \eta_{gd} - C \cdot \eta_{gd}|} = \frac{250.03 - 245.03}{93 - 95} = 2.64$$

或

$$\Delta b_{gdx}^{fx} = \frac{|2_h \cdot C_2 - 2_h \cdot D_2|}{|C \cdot \eta_{gd} - D \cdot \eta_{gd}|} = \frac{236.86 - 231.98}{95 - 97} = 2.44$$

式中 1_h，2_h，…——第 1 行，第 2 行；

B_1，…——B 列第一行；

$1_h \cdot B_1$——B 列第 1 行的发电煤耗率，g/kWh；

$1_h \cdot C_1$——C 列第 1 行的发电煤耗率，g/kWh；

$B \cdot \eta_{gd}$——B 列管道效率,%；

$C \cdot \eta_{gd}$——C 列管道效率,%；

$|1_h \cdot B_1 - 1_h \cdot C_1|$——取绝对值；

$|B \cdot \eta_{gd} - C \cdot \eta_{gd}|$——取绝对值；

$2_h \cdot C_2$——C 列第 2 行的发电煤耗率，g/kWh；

$2_h \cdot D_2$——D 列第 2 行的发电煤耗率，g/kWh；

$D \cdot \eta_{gd}$——D 列管道效率,%；

$|2_h \cdot C_2 - 2_h \cdot D_2|$——取绝对值；

$|C \cdot \eta_{gd} - D \cdot \eta_{gd}|$——取绝对值。

2. 编制锅炉效率为 83.0%，管道率变化 1% 对发电煤耗率影响系数的数值关系表

（1）根据上述计算公式，用表 9－20 中的各种管道效率、锅炉效率、汽轮机效率参数计算出的各种组合发电煤耗率，计算出设定内的管道效率变化 1% 对发电煤耗率的影响系数，可以表达为(Δb_{fd}^{bh} g/kWh)/($\Delta \eta_{gd}^{bh}$ 1%)，并填入管道效率变化 1% 对发电煤耗率的影响系数表 9－24 中。

表 9－24　锅炉效率为 83.0%、不同汽轮机效率时，管道效率变化 1% 对发电煤耗率的影响系数(Δb_{fd}^{bh} g/kWh)/($\Delta \eta_{gd}^{bh}$ 1%)

序　号	汽轮机效率（%）	管道效率（%）		
		94.0 ±1	96.0 ±1	98.0 ±1
	A	B	C	D
1	58.0	2.89	2.77	2.66
2	60.0	2.80	2.65	2.57
3	62.0	2.71	2.59	2.49
4	64.0	2.62	2.51	2.41
5	66.0	2.54	2.43	2.34
6	68.0	2.47	2.37	2.27
7	70.0	2.40	2.30	2.20
8	72.0	2.33	2.23	2.14
9	74.0	2.67	2.17	2.09

表 9－24 使用说明：

a. 表 9－24 适用于锅炉效率为 83.0% ±1% 的情况。

b. 表中第二大列数值为汽轮机效率值，其取值范围为 58.0%～74.0%。

c. 表中第三大列第一行及第二行中的各列数据为拟定的管道效率分档数值，其值适用范围为 93.0%～99.0%，其每一列数值适用于该值的 ±1.0% 范围内。例如：C 列中管道效

率为 96.0% 时，此列下面的发电煤耗率适用于锅炉效率为 83.0% ±1%，管道效率 95% $<\eta_{gd}<$ 97% 的情况。

d. 第二列汽轮机效率值 58.0%~74.0% 的右边，第三大列第一行及第二行各列管道效率值 94.0% ±1.0%~98.0% ±1.0% 下面的数值，是锅炉效率为 83.0%，汽轮机效率、管道效率为某一定值时管道效率变化 1.0% 对发电煤耗率的影响系数。例如：汽轮机效率为 70.0%，管道效率为 96.0%，锅炉效率为 83.0% 时对应的管道效率变化 1% 对发电煤耗率的影响系数，为 2.30g/kWh。即管道效率变化 1.0% 对发电煤耗率的影响值为 2.30g/kWh，可表达为(Δb_{fd}^{bh} g/kWh)/($\Delta\eta_{gd}^{bh}$ 1%)。

e. 由表 9－24 可知：锅炉效率为 83.0%，汽轮机效率为 58.0%~74.0%，管道效率为 93.0%～99.0% 时，管道效率变化 1% 对发电煤耗率的影响系数为 2.89~2.09g/kWh。管道效率变化 1% 对发电煤耗率的影响系数的差值为 0.80g/kWh。因此，专业人员在使用管道效率变化对发电煤耗率的影响系数时，应根据本单元机组的锅炉效率、汽轮机效率、管道效率的实际值确定管道效率变化 1% 对发电煤耗率的影响系数。必要时应用单元机组的实际锅炉效率、汽轮机效率、管道效率变化范围，编制本单位单元机组管道效率变化 1% 对发电煤耗率的影响系数的数值表，并绘制出更切合实际、更实用的管道效率变化 1% 对发电煤耗率的影响系数曲线，以提高发、供电煤耗率的准确性。

（2）绘制管道效率变化 1% 对发电煤耗率的影响系数曲线

根据表 9－24 中的数据绘制锅炉效率为 83.0%，汽轮机效率为定值，管道效率变化 1% 对发电煤耗率的影响系数曲线，见图 9－20。

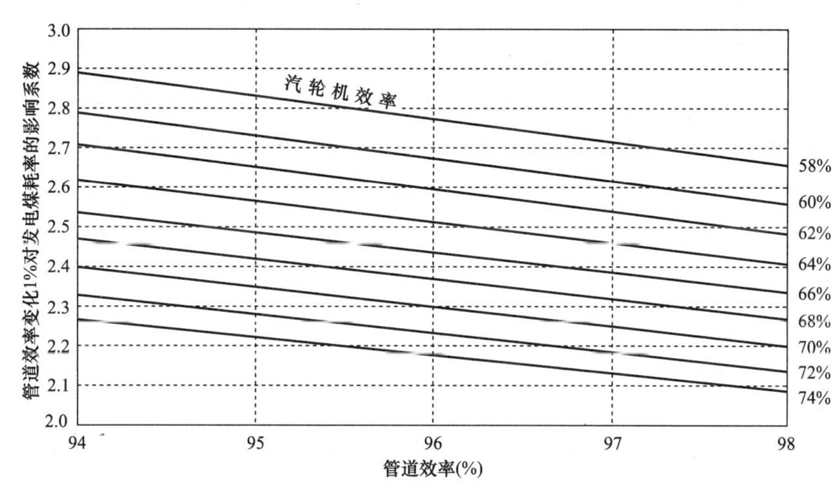

图 9－20　锅炉效率为 83.0%，不同汽轮机效率时，管道效率变化 1% 对发电煤耗率的影响系数的关系曲线(Δb_{fd}^{bh} g/kWh)/($\Delta\eta_{gd}^{bh}$ 1%)

图 9－20 使用说明：

a. 图 9－20 适用于锅炉效率为 83.0% 的情况。

b. 图中横坐标为分析选定的管道效率值，其适用范围为 93.0%~99.0%。

c. 图中纵坐标为管道效率变化 1% 对发电煤耗率的影响系数，对应的锅炉效率分别为 83.0%，汽轮机效率为 58.0%~74.0%。

3. 编制锅炉效率为86.0%，管道率变化1%对发电煤耗率影响系数的数值关系表

（1）根据上述1. 项中计算公式，用表9－17中的各种管道效率、锅炉效率、汽轮机效率参数计算出的各种组合发电煤耗率，计算出设定的管道效率变化1%对发电煤耗率的影响系数，可以表述为(Δb_{fd}^{bh} g/kWh)/($\Delta\eta_{gd}^{ed}$ 1%)，并填入表9－25中。

表9－25　锅炉效率为86.0%，不同汽轮机效率时，管道效率变化1%对发电煤耗率的影响系数(Δb_{fd}^{bh} g/kWh)/($\Delta\eta_{gd}^{bh}$ 1%)

序　号	汽轮机效率（%）	管道效率（%）		
		94.0±1	96.0±1	98.0±1
	A	B	C	D
1	58.0	2.80	2.68	2.56
2	60.0	2.70	2.59	2.48
3	62.0	2.61	2.50	2.40
4	64.0	2.53	2.43	2.33
5	66.0	2.45	2.35	2.26
6	68.0	2.38	2.28	2.20
7	70.0	2.31	2.22	2.13
8	72.0	2.25	2.16	2.07
9	74.0	2.19	2.10	2.02

表9－25使用说明：

a. 表9－25适用于锅炉效率为86.0%±1%的情况。

b. 表中第二大列数值为汽轮机效率值，其取值范围为58.0%～74.0%。

c. 表中第三大列第一行及第二行中的各列数据为拟定的管道效率分档数值，其值适用范围为93.0%～99.0%，其每一列数值适用于该值的±1%范围内。例如：C列中管道效率为96.0%时，此列下面的发电煤耗率适用于锅炉效率为86.0%±1%，管道效率95.0% $<\eta_{gd}<$ 97.0%的情况。

d. 第二列汽轮机效率值58.0%～74.0%的右边，第三大列第一行及第二行各列管道效率值94.0%±1%～98.0%±1%的下面，是锅炉效率为86.0%，汽轮机效率、管道效率为某一定值时管道效率变化1%对发电煤耗率的影响系数。例如：汽轮机效率为70.0%，管道效率为96.0%，锅炉效率为86.0%时对应的管道效率变化1%对发电煤耗率的影响系数为2.22g/kWh。即管道效率变化1%对发电煤耗率的影响值为2.20g/kWh，可表达为(Δb_{fd}^{bh}2.20g/kWh)/($\Delta\eta_{gd}^{bh}$ 1%)。

e. 由表9－25可知：锅炉效率为86.0%，汽轮机效率为58.0%～74.0%、管道效率为93.0%～99.0%时，管道效率变化1%对发电煤耗率的影响系数为2.80～2.02(Δb_{fd}^{bh} g/kWh)/($\Delta\eta_{gd}^{bh}$ 1%)。管道效率变化1%对发电煤耗率的影响系数的差值0.78(Δb_{fd}^{bh} g/kWh)/($\Delta\eta_{gd}^{bh}$ 1%)。因此，专业人员在使用管道效率变化对发电煤耗率的影响系数时，应根据本单元机组的锅炉效率、汽轮机效率、管道效率实际值确定管道效率变化1%对发电煤耗率的影响系数。必要时，应用单元机组的实际锅炉效率、汽轮机效率、管道效率变化范围，编制本单位单元机组管道效率变化1%对发电煤耗率的影响系数的数值表，并绘制出更

切合实际、更实用的管道效率变化1%对发电煤耗率的影响系数，以提高发、供电煤耗率的准确性。

（2）绘制管道效率变化1%对发电煤耗率影响系数的曲线。根据表9－25中的数据绘制锅炉效率为86.0%，汽轮机效率为定值，管道效率变化1%对发电煤耗率影响系数的曲线，见图9－21。

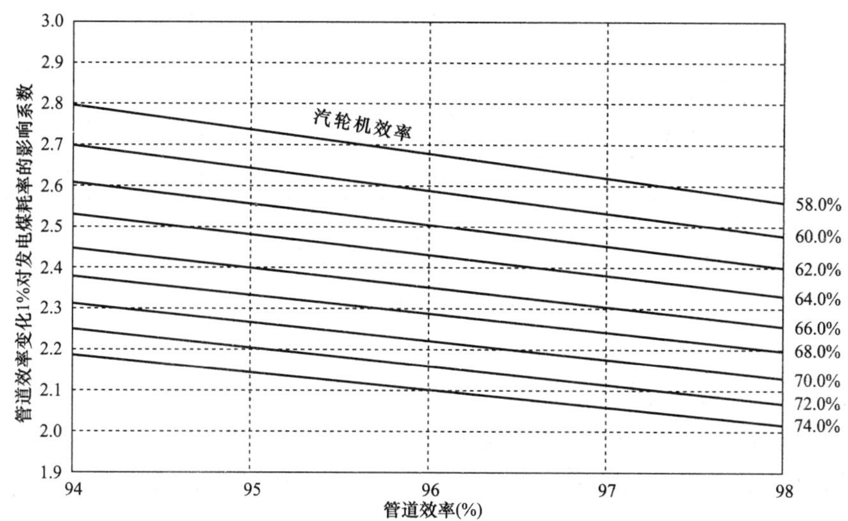

图9－21　锅炉效率为86.0%，不同汽轮机效率时，管道效率变化1%对发电煤耗率的影响系数的关系曲线(Δb_{fd}^{bh}g/kWh)/($\Delta\eta_{gd}^{bh}$ 1%)

图9－21使用说明：

a. 图9－21适用于锅炉效率为86.0%的情况。

b. 图中横坐标为分析选定的管道效率值，其适用范围为93.0%～99.0%。

c. 图中纵坐标为管道效率变化1%对发电煤耗率的影响系数，对应的锅炉效率为86.0%，汽轮机效率为58.0%～74.0%。

4. 编制锅炉效率为88.0%，管道率变化1%对发电煤耗率影响系数的数值关系表

（1）根据上述1项的计算公式，用表9－22中的各种管道效率、锅炉效率、汽轮机效率参数计算出的各种组合发电煤耗率，计算出设定内的管道效率变化1%对发电煤耗率的影响系数，可以表述为(Δb_{fd}^{bh} g/kWh)/(b_{gd}^{bh} 1%)，并填入表9－26中。

表9－26　锅炉效率为88.0%，不同汽轮机效率时，管道效率变化1%对发电煤耗率的影响系数(Δb_{fd}^{bh} g/kWh)/($\Delta\eta_{gd}^{bh}$ 1%)

序　号	汽轮机效率（%）	管道效率（%）		
		94.0±1	96.0±1	98.0±1
	A	B	C	D
1	58.0	2.73	2.61	2.51
2	60.0	2.63	2.53	2.43
3	62.0	2.53	2.46	2.35

续表

序　号	汽轮机效率(%)	管道效率(%)		
		94.0±1	96.0±1	98.0±1
	A	B	C	D
4	64.0	2.47	2.37	2.27
5	66.0	2.40	2.30	2.21
6	68.0	2.33	2.23	2.14
7	70.0	2.26	2.17	2.08
8	72.0	2.20	2.11	2.02
9	74.0	2.15	2.04	1.97

表9－26使用说明：

a. 表9－26适用于锅炉效率为88.0% ±1%的情况。

b. 表中第二大列数值为汽轮机效率，其取值范围为58.0% ~74.0% 。

c. 表中第三大列第一行及第二行中各列数据为拟定的管道效率分档数值，其值适用范围为93.0% ~99.0%，其每一列数值适用于该值的±1%范围内。例如：C列中管道效率为96.0%时，此列下面的发电煤耗率适用于锅炉效率为88.0±1%，管道效率95.0% $<\eta_{gd}<$ 97.0%的情况。

d. 第二列汽轮机效率值58.0% ~74.0%的右边，第三大列第一行及第二行各列管道效率值94.0% ±1% ~98.0% ±1%的下面，是锅炉效率为88.0%，汽轮机效率、管道效率为某一定值时管道效率变化1%对发电煤耗率的影响系数。例如：汽轮机效率为70.0%，管道效率为96.0%，锅炉效率为83%时对应的管道效率变化1%对发电煤耗率的影响系数，为2.17g/kWh。即管道效率变化1%对发电煤耗率的影响值为2.17g/kWh，可表达为(Δb_{fd}^{bh} g/kWh)/($\Delta\eta_{gd}^{bh}$ 1%)。

e. 由表9－26可知：锅炉效率为88.0%，汽轮机效率为58.0%~74.0%、管道效率为93.0%~99.0%时，管道效率变化1%对发电煤耗率的影响系数为2.73~1.97(Δb_{fd}^{bh} g/kWh)/($\Delta\eta_{gd}^{bh}$ 1%)。管道效率变化1%对发电煤耗率的影响系数的差值为0.76(Δb_{fd}^{bh} g/kWh)/($\Delta\eta_{gd}^{bh}$ 1%)。因此，专业人员在使用管道效率变化对发电煤耗率的影响系数时，应根据本单元机组的锅炉效率、汽轮机效率、管道效率实际值确定管道效率变化1%对发电煤耗率的影响系数。必要时应用单元机组的实际锅炉效率、汽轮机效率、管道效率变化范围，编制本单位单元机组管道效率变化1%对发电煤耗率的影响系数的数值表，并绘制出更切合实际、更实用的管道效率变化1%对发电煤耗率的影响系数曲线，以提高发、供电煤耗率的准确性。

(2) 绘制管道效率变化1%对发电煤耗率影响系数的关系曲线。根据表9－26中锅炉效率为88.0%，汽轮机效率为定值，管道效率变化1%对发电煤耗率的影响系数，绘制锅炉效率为88.0%，不同汽轮机效率时，管道效率变化1%对发电煤耗率影响系数的关系曲线，见图9－22。

图9－22使用说明：

a. 图9－22适用于锅炉效率为88.0%的情况。

b. 图中横坐标为分析选定的管道效率值，其适用范围为93.0%~99.0%。

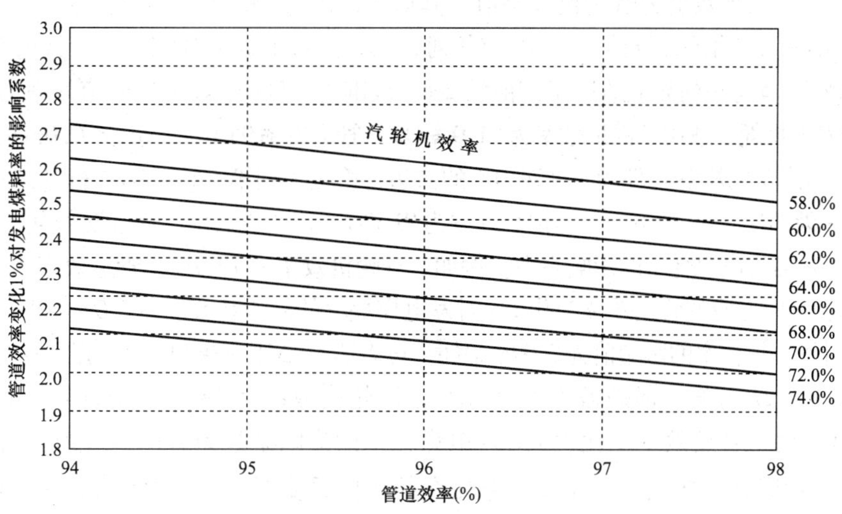

图 9－22　锅炉效率为 88.0%，不同汽轮机效率时，管道效率变化 1% 对发电煤耗率的影响系数的关系曲线（Δb_{fd}^{bh} g/kWh）/（$\Delta\eta_{gd}^{bh}$ 1%）

c. 图中纵坐标为管道效率变化 1% 对发电煤耗率的影响系数，对应的锅炉效率为 88.0%，汽轮机效率为 58.0%～74.0%。

5. 编制锅炉效率为 91.0% 时，管道效率变化 1% 对发电煤耗率的影响系数的数值关系表

（1）根据上述 1. 项中的计算公式，用表 9－23 中的各种管道效率、锅炉效率、汽轮机效率参数计算出的各种组合发电煤耗率，计算出设定内的管道效率变化 1% 对发电煤耗率的影响系数，可以表述为（Δb_{fd}^{bh} g/kWh）/（$\Delta\eta_{gd}^{bh}$ 1%），并填入表 9－27 中。

表 9－27　锅炉效率为 91.0%，汽轮机效率为定值时，管道效率变化 1% 对发电煤耗率的影响系数（Δb_{fd}^{bh} g/kWh）/（$\Delta\eta_{gd}^{bh}$ 1%）

序　号	汽轮机效率（%）	管道效率（%）		
		94.0±1	96.0±1	98.0±1
	A	B	C	D
1	58.0	2.64	2.53	2.43
2	60.0	2.55	2.44	2.35
3	62.0	2.47	2.37	2.27
4	64.0	2.39	2.29	2.20
5	66.0	2.32	2.22	2.13
6	68.0	2.25	2.19	2.07
7	70.0	2.19	2.09	2.01
8	72.0	2.13	2.04	1.95
9	74.0	2.04	1.98	1.90

表 9－27 使用说明：

a. 表 9－27 适用于锅炉效率为 91.0%±1% 的情况。

b. 表中第二大列数值为汽轮机效率值，其取值范围为58.0% ~74.0%。

c. 表中第三大列第一行及第二行中的各列为拟定的管道效率分档数值，其值适用范围为93.0%~99.0%，其每一列数值适用于该值的±1%范围内。例如：C列中管道效率为96.0%时，此列下面的发电煤耗率适用于锅炉效率为91.0±1%，管道效率95.0% $<\eta_{gd}<$97.0%的情况。

d. 第二列汽轮机效率值58.0% ~74.0%的右边，第三大列第一行及第二行各列管道效率值94.0% ±1%~98.0% ±1%的下面，是锅炉效率为91.0%，汽轮机效率、管道效率为某一定值时管道效率变化1%对发电煤耗率的影响系数。例如：汽轮机效率为70.0%，管道效率为96.0%，锅炉效率为83.0%时对应的管道效率变化1%对发电煤耗率的影响系数，为2.09g/kWh。即管道效率变化1%对发电煤耗率的影响值为2.09g/kWh，可表达为(Δb_{fd}^{bh} g/kWh)/($\Delta\eta_{gd}^{bh}$ 1%)。

e. 由表9－27可知：锅炉效率在91.0%，汽轮机效率在58.0%~74.0%，管道效率为93.0%~99.0%时，管道效率变化1%对发电煤耗率的影响系数为2.64~1.90(Δb_{fd}^{bh} g/kWh)/($\Delta\eta_{gd}^{bh}$ 1%)。管道效率变化1%对发电煤耗率的影响系数的差值0.74(Δb_{fd}^{bh} g/kWh)/($\Delta\eta_{gd}^{bh}$ 1%)。因此，专业人员在使用管道效率变化对发电煤耗率影响系数时，应根据本单元机组的锅炉效率、汽轮机效率、管道效率实际值确定管道效率变化1%对发电煤耗率的影响系数。必要时，应用单元机组的实际锅炉效率、汽轮机效率、管道效率变化范围，编制本单位单元机组管道效率变化1%对发电煤耗率的影响系数的数值表，并绘制出更切合实际、更实用的管道效率变化1%对发电煤耗率的影响系数，以提高发、供电煤耗率的准确性。

(2) 绘制管道效率变化1%对发电煤耗率影响系数的曲线。根据表9－27中，锅炉效率为91.0%，汽轮机效率为定值，管道效率变化1%对发电煤耗率的影响系数，绘制锅炉效率为91.0%，不同汽轮机效率时，管道效率变化1%对发电煤耗率影响系数的关系曲线，见图9－23。

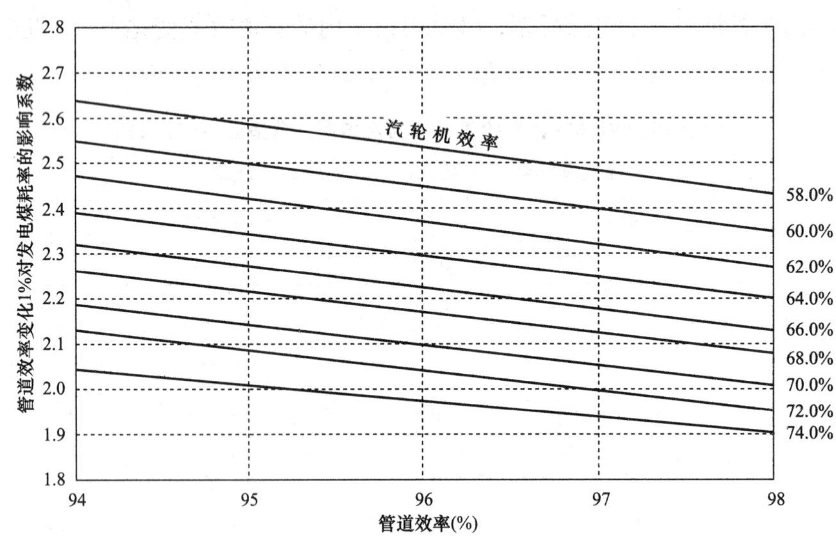

图9－23 锅炉效率为91.0%，不同汽轮机效率时，管道效率变化1%对发电煤耗率的影响系数的关系曲线(Δb_{fd}^{bh}g/kWh)/($\Delta\eta_{gd}^{bh}$ 1%)

图9－23使用说明：

a. 图9－23适用于锅炉效率为91.0%的情况。

b. 图中横坐标为分析选定的管道效率值，其适用范围为 93.0% ~99.0%。

c. 图中纵坐标为管道效率变化 1% 对发电煤耗率的影响系数，对应的锅炉效率为 91.0%，汽轮机效率为 58.0% ~74.0%。

（五）计算发电煤耗率变化 1g/kWh 对管道效率的影响系数

发电煤耗率变化 1g/kWh 对管道效率的影响系数（$\Delta\eta_{fd}^{gdx}$），是指发电煤耗率变化 1g/kWh 对管道效率的影响值（%）。而上面讲的管道效率变化 1% 对发电煤耗率的影响系数，是指管道效率变化 1% 对发电煤耗率的影响值（g/kWh）。两者互为倒数。即管道效率变化 1% 对发电煤耗率的影响系数（Δb_{gd}^{fx}）的倒数，就是发电煤耗率变化 1g/kWh 对管道效率的影响系数（$\Delta\eta_{fd}^{gdx}$），可以表达为（$\Delta\eta_{gd}^{bh}$%）/（Δb_{gd}^{bh}/g/kWh）。

1. 发电煤耗率变化 1g/kWh 对管道效率的影响系数（$\Delta\eta_{fd}^{gdx}$）的计算公式

$$\Delta\eta_{fd}^{gdx}=\frac{1}{\Delta b_{gd}^{fx}} \tag{9-75}$$

2. 编制锅炉效率、汽轮机效率为定值时，发电煤耗率变化 1g/kWh 对管道效率的影响系数的数值表

根据表 9-24 ~ 表 9-27 中锅炉效率、汽轮机效率为定值时，管道效率变化 1% 对发电煤耗率的影响系数，用上述第 1 项的公式计算锅炉效率、汽轮机效率为定值时，发电煤耗率变化 1g/kWh 对管道效率的影响系数（$\Delta\eta_{fd}^{gdx}$），并填入表 9-28 ~ 表 9-31 中。同时，绘制相应的发电煤耗率变化 1g/kWh 对管道效率影响系数的关系曲线。

（1）编制锅炉效率为 83.0%，不同汽轮机效率时，发电煤耗率变化 1g/kWh 对管道效率的影响系数（$\Delta\eta_{fd}^{gdx}$）的关系表，并绘制发电煤耗率变化 1g/kWh 对管道效率的影响系数的关系曲线。

1）编制锅炉效率为 83.0%，不同汽轮机效率时，发电煤耗率变化 1g/kWh 对管道效率的影响系数（$\Delta\eta_{fd}^{gdx}$）的关系表。

表 9-28　锅炉效率为 83.0%，不同汽轮机效率时，发电煤耗率变化 1g/kWh 对管道效率的影响系数（$\Delta\eta_{gd}^{bh}$%）/（Δb_{fd}^{bh} 1g/kWh）

序　号	汽轮机效率（%）	管道效率（%）		
		94.0 ±1	96.0 ±1	98.0 ±1
	A	B	C	D
1	58.0	0.346 0	0.361 0	0.375 9
2	60.0	0.357 1	0.377 4	0.389 1
3	62.0	0.369 0	0.386 1	0.401 6
4	64.0	0.381 7	0.398 4	0.414 9
5	66.0	0.393 7	0.411 5	0.427 4
6	68.0	0.404 9	0.421 9	0.440 5
7	70.0	0.416 7	0.434 8	0.454 5
8	72.0	0.429 2	0.448 4	0.467 3
9	74.0	0.374 5	0.460 8	0.478 5

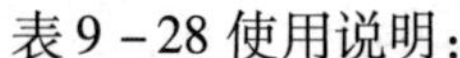

表 9 – 28 使用说明：

a. 表 9 – 28 适用于锅炉效率为 83.0% ±1% 的情况。

b. 表中第二大列数值为汽轮机效率值，其取值范围为 58.0% ~74.0% 。

c. 表中第三大列第一行及第二行中的各列为拟定的管道效率分档数值，其值适用范围为 93.0% ~99.0%，其每一列数值适用于该值的 ±1% 范围内。例如：C 列中管道效率为 96.0% 时，此列下面的发电煤耗率适用于锅炉效率为 83.0% ±1%，管道效率 95.0% $<\eta_{gd}<$ 97.0% 使用。

d. 第二列汽轮机效率值 58.0% ~74.0% 的右边，第三大列第一行及第二行的各列管道效率值 94.0% ±1% ~98.0% ±1% 的下面，是锅炉效率为 83.0%，汽轮机效率、管道效率为某一定值时发电煤耗率变化 1g/kWh 对管道效率的影响系数。例如：汽轮机效率为 70.0%、管道效率为 96.0%，锅炉效率为 83.0% 时对应的发电煤耗率变化 1g/kWh 对管道效率的影响系数为 0.434 8%，即发电煤耗率变化 1g/kWh 对管道效率的影响值为 0.434 8%，可表达为(Δb_{gd}^{bh} 0.434 8%)/(Δb_{fd}^{bh} 1g/kWh)。

e. 由表 9 – 28 可知：锅炉效率为 83.0%，汽轮机效率为 58.0% ~ 74.0%，管道效率为 93.0% ~ 99.0% 时，发电煤耗率变化 1g/kWh 对管道效率的影响系数为 0.346 0% ~ 0.478 5%。发电煤耗率变化 1g/kWh 对管道效率的影响系数的差值为 0.132 5%。因此，专业人员在使用发电煤耗率变化对管道效率的影响系数时，应根据本单元机组的锅炉效率、汽轮机效率、管道效率实际值确定该影响系数。必要时，应用单元机组的实际锅炉效率、汽轮机效率、管道效率变化范围，编制本单位单元机组发电煤耗率变化 1g/kWh 对管道效率的影响系数的数值表，并绘制出更切合实际、更实用的发电煤耗率变化 1g/kWh 对管道效率的影响系数曲线，以提高发、供电煤耗率的准确性。

2）根据表 9 – 28 中，锅炉效率为 83.0%，汽轮机效率为定值，发电煤耗率变化 1g/kWh 对管道效率的影响系数（$\Delta\eta_{fd}^{gdx}$），绘制锅炉效率为 83.0%，不同汽轮机效率时，发电煤耗率变化 1g/kWh 对管道效率的影响系数（$\Delta\eta_{fd}^{gdx}$）的关系曲线，见图 9 – 24。

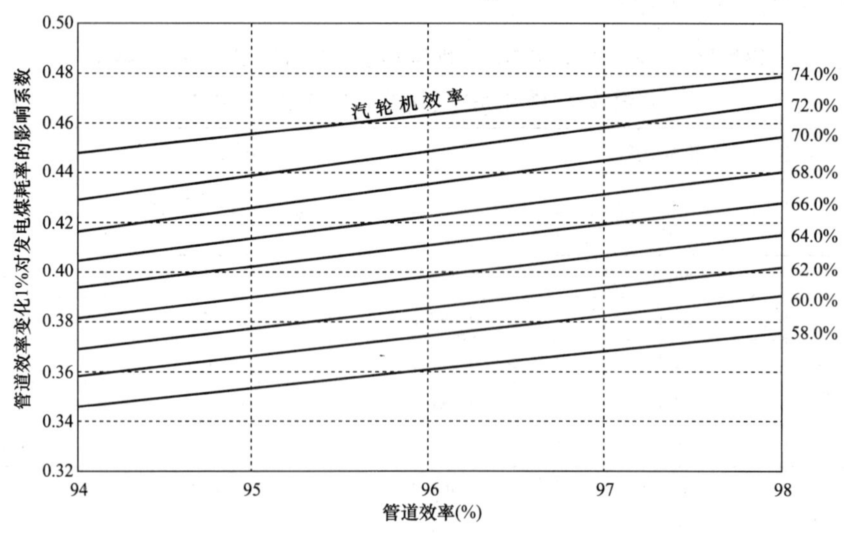

图 9 – 24　锅炉效率为 83.0%，不同汽轮机效率时，发电煤耗率变化 1g/kWh 对管道效率的影响系数的关系曲线($\Delta\eta_{gd}^{bh}$%)/(Δb_{fd}^{bh} 1g/kWh)

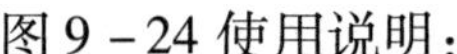

图9－24使用说明：

a. 图9－24适用于锅炉效率为83.0%的情况。

b. 图中横坐标为分析选定的管道效率值，其适用范围为93.0%～99.0%。

c. 图中纵坐标为发电煤耗率变化1g/kWh对管道效率的影响系数，对应的锅炉效率为83.0%，汽轮机效率为58.0%～74.0%。

（2）编制锅炉效率为86.0%，不同汽轮机效率时，发电煤耗率变化1g/kWh对管道效率的影响系数的关系表，并绘制发电煤耗率变化1g/kWh对管道效率影响系数的关系曲线。

1）编制锅炉效率为86.0%，不同汽轮机效率时，发电煤耗率变化1g/kWh对管道效率的影响系数的关系表，见表9－29。

表9－29　锅炉效率为86.0%，不同汽轮机效率时，发电煤耗率变化1g/kWh对管道效率的影响系数　%

序　号	汽轮机效率（%）	管道效率（%）		
		94.0±1	96.0±1	98.0±1
	A	B	C	D
1	58.0	0.357 1	0.373 1	0.390 6
2	60.0	0.370 4	0.386 1	0.413 2
3	62.0	0.378 8	0.400 0	0.416 7
4	64.0	0.395 3	0.411 5	0.429 2
5	66.0	0.408 2	0.425 5	0.442 5
6	68.0	0.420 2	0.438 6	0.454 5
7	70.0	0.432 9	0.450 5	0.469 5
8	72.0	0.444 4	0.463 0	0.483 1
9	74.0	0.456 6	0.476 2	0.495 0

表9－29使用说明：

a. 表9－29适用于锅炉效率为86.0%±1%的情况。

b. 表中第二大列数值为汽轮机效率值，其取值范围为58%～74%。

c. 表中第三大列第一行及第二行中的各列数据为拟定的管道效率分档数值，其值适用范围为93.0%～99.0%，其每一列数值适用于该值的±1%范围内。例如：C列中管道效率为96.0%时，此列下面的发电煤耗率适用于锅炉效率为86.0%±1%，管道效率95.0%<η_{gd}<97.0%的情况。

d. 第二列汽轮机效率值58.0%～74.0%的右边，第三大列第一行及第二行各列管道效率值94.0%±1%～98.0%±1%的下面，是锅炉效率为86.0%，汽轮机效率、管道效率为某一定值时发电煤耗率变化1g/kWh对管道效率的影响系数。例如：汽轮机效率为70.0%，管道效率为96.0%，锅炉效率为86.0%时对应的发电煤耗率变化1g/kWh对管道效率的影响系数为0.450 5%，即发电煤耗率变化1g/kWh对管道效率的影响值为0.450 5%，可表达为（$\Delta\eta_{gd}^{bh}$ 0.450 5%）/（Δb_{fd}^{bh} 1g/kWh）。

e. 在表9－29中锅炉效率为86.0%，汽轮机效率为58.0%～74.0%，管道效率为

93.0% ~99.0% 时，发电煤耗率变化 1g/kWh 对管道效率的影响系数为 0.357 1% ~ 0.495 0%。发电煤耗率变化 1g/kWh 对管道效率的影响系数的差值为 0.137 9%。因此，专业人员在使用发电煤耗率变化对管道效率的影响系数时，应根据本单元机组的锅炉效率、汽轮机效率、管道效率实际值确定该影响系数。必要时，应用单元机组的实际锅炉效率、汽轮机效率、管道效率变化范围，编制本单元机组发电煤耗率变化 1g/kWh 对管道效率的影响系数的数值表，并绘制出更切合实际、更实用的发电煤耗率变化 1g/kWh 对管道效率的影响系数关系曲线，以提高发、供电煤耗率的准确性。

（2）编制锅炉效率为 86.0%，不同汽轮机效率时，发电煤耗率变化 1g/kWh 对管道效率的影响系数（$\Delta\eta_{fd}^{gdx}$）的关系表，并绘制发电煤耗率变化 1g/kWh 对管道效率的影响系数的关系曲线。

根据表 9－29 中锅炉效率为 86.0%，汽轮机效率为定值时，发电煤耗率变化 1g/kWh 对管道效率的影响系数（$\Delta\eta_{fd}^{gdx}$），绘制锅炉效率为 86.0%，不同汽轮机效率时，发电煤耗率变化 1g/kWh 对管道效率的影响系数（$\Delta\eta_{fd}^{gdx}$）的关系曲线，见图 9－25。

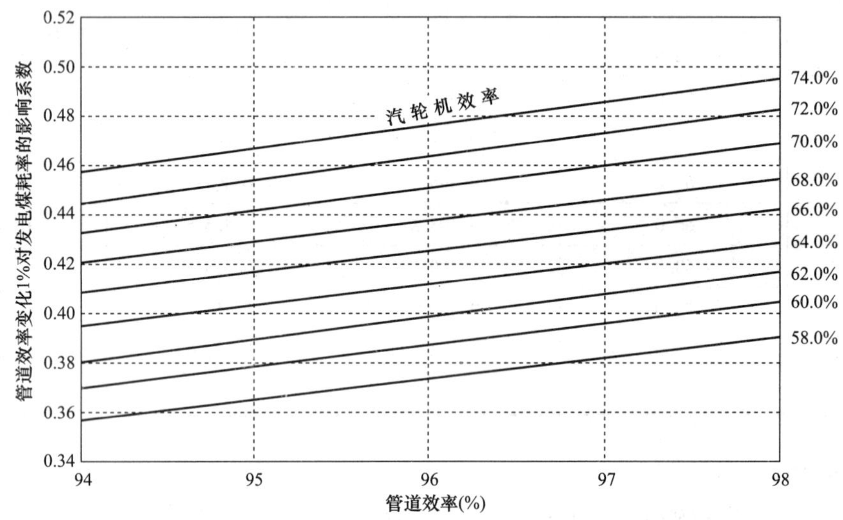

图 9－25　锅炉效率为 86.0%，不同汽轮机效率时，发电煤耗率变化 1g/kWh 对管道效率的影响系数的关系曲线（$\Delta\eta_{gd}^{bh}$%）/（Δb_{fd}^{bh} 1g/kWh）

图 9－25 使用说明：

a. 图 9－25 适用于锅炉效率 86.0% 的情况。

b. 图中横坐标为分析选定的管道效率值，其适用范围为 93.0% ~99.0%。

c. 图中纵坐标为发电煤耗率变化 1g/kWh 对管道效率的影响系数，对应的锅炉效率为 86.0%，汽轮机效率为 58.0% ~74.0%。

（3）编制锅炉效率为 88.0%，不同汽轮机效率时，发电煤耗率变化 1g/kWh 对管道效率的影响系数（$\Delta\eta_{fd}^{gdx}$）的关系表，并绘制发电煤耗率变化 1g/kWh 对管道效率的影响系数的关系曲线。

1）编制锅炉效率为 88.0%，不同汽轮机效率时，发电煤耗率变化 1g/kWh 对管道效率的影响系数（$\Delta\eta_{fd}^{gdx}$）的关系表，见表9－30。

表9－30　锅炉效率为88.0%，不同汽轮机效率时，发电煤耗率变化1g/kWh对管道效率的影响系数($\Delta\eta_{gd}^{bh}$%)/(Δb_{fd}^{bh} 1g/kWh)

序　号	汽轮机效率（%）	管道效率（%）		
		94.0±1	96.0±1	98.0±1
	A	B	C	D
1	58.0	0.336 3	0.383 1	0.398 4
2	60.0	0.380 2	0.395 3	0.411 5
3	62.0	0.395 3	0.406 5	0.425 5
4	64.0	0.404 9	0.421 9	0.440 5
5	66.0	0.416 7	0.434 8	0.452 5
6	68.0	0.429 2	0.448 4	0.467 3
7	70.0	0.442 5	0.460 8	0.495 0
8	72.0	0.454 5	0.473 9	0.495 0
9	74.0	0.465 1	0.490 1	0.507 6

表9－30使用说明：

a. 表9－30适用于锅炉效率为88.0%±1%的情况。

b. 表中第二大列数值为汽轮机效率值，其取值范围为58.0%～74.0%。

c. 表中第三大列第一行及第二行中的各列数据为拟定的管道效率分档数值，其值适用范围为93.0%～99.0%，其每一列数值适用于该值的±1%范围内。例如：C列中管道效率为96.0%时，此列下面的发电煤耗率适用于锅炉效率为88.0%±1%，管道效率95.0%＜η_{gd}＜97.0%的情况。

d. 第二列汽轮机效率值58.0%～74.0%的右边，第三大列第一行及第二行各列管道效率值94.0%±1%～98.0%±1%的下面，是锅炉效率为88.0%，汽轮机效率、管道效率为某一定值时发电煤耗率变化1g/kWh对管道效率的影响系数。例如：汽轮机效率为70.0%，管道效率为96.0%，锅炉效率为88.0%时对应的发电煤耗率变化1g/kWh对管道效率的影响系数为0.460 8%，即发电煤耗率变化1g/kWh对管道效率的影响值为0.460 8%，可表达为($\Delta\eta_{gd}^{bh}$0.460 8%)/(Δb_{fd}^{bh} 1g/kWh)。

e. 由表9－30可知：锅炉效率为88.0%，汽轮机效率为58.0%～74.0%、管道效率为93.0%～99.0%时，发电煤耗率变化1g/kWh对管道效率的影响系数为0.336 3%～0.507 6%。发电煤耗率变化1g/kWh对管道效率的影响系数的差值为0.171 3。因此，专业人员在使用发电煤耗率变化对管道效率的影响系数时，应根据本单元机组的锅炉效率、汽轮机效率、管道效率实际值确定该影响系数。必要时，应用单元机组的实际锅炉效率、汽轮机效率、管道效率变化范围，编制本单位单元机组发电煤耗率变化1g/kWh对管道效率的影响系数的数值表，并绘制出更切合实际、更实用的发电煤耗率变化1g/kWh对管道效率的影响系数曲线，以提高发、供电煤耗率的准确性。

2）根据表9－30中，锅炉效率为88.0%，汽轮机效率为定值时，发电煤耗率变化

1g/kWh对管道效率的影响系数（$\Delta\eta_{fd}^{gdx}$），绘制锅炉效率为88.0%，不同汽轮机效率时，发电煤耗率变化1g/kWh对管道效率的影响系数（$\Delta\eta_{fd}^{gdx}$）的关系曲线，见图9－26。

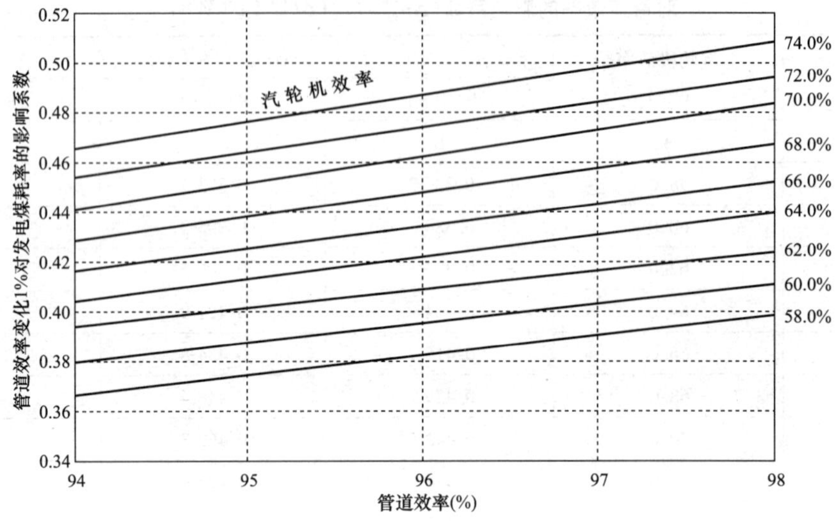

图9－26　锅炉效率为88.0%，不同汽轮机效率时，发电煤耗率变化1g/kWh对管道效率的影响系数的关系曲线（$\Delta\eta_{gd}^{bh}$%）/（Δb_{fd}^{bh} 1g/kWh）

图9－26使用说明：

a. 图9－26适用于锅炉效率为88.0%的情况。

b. 图中横坐标为分析选定的管道效率值，其适用范围为93.0%～99.0%。

c. 图中纵坐标为发电煤耗率变化1g/kWh对管道效率的影响系数，对应的锅炉效率为88.0%，汽轮机效率为58.0%～74.0%。

（4）编制锅炉效率为91.0%，不同汽轮机效率时，发电煤耗率变化1g/kWh对管道效率的影响系数的关系表，并绘制发电煤耗率变化1g/kWh对管道效率的影响系数的关系曲线。

1）编制锅炉效率为91.0%，不同汽轮机效率时，发电煤耗率变化1g/kWh对管道效率影响系数的关系表，见表9－31。

表9－31　锅炉效率为91.0%，不同汽轮机效率时，发电煤耗率变化1g/kWh对管道效率的影响系数（$\Delta\eta_{gd}^{bh}$%）/（Δb_{fd}^{bh} 1g/kWh）

序　号	汽轮机效率（%）	管道效率（%）		
		94.0±1	96.0±1	98.0±1
	A	B	C	D
1	58.0	0.373 9	0.395 3	0.411 5
2	60.0	0.392 2	0.409 8	0.425 5
3	62.0	0.404 9	0.421 9	0.440 5
4	64.0	0.418 4	0.436 7	0.454 5
5	66.0	0.431 0	0.450 45	0.469 5

续表

序　号	汽轮机效率（%）	管道效率(%)		
		94.0±1	96.0±1	98.0±1
	A	B	C	D
6	68.0	0.444 4	0.456 6	0.483 1
7	70.0	0.456 6	0.478 5	0.497 5
8	72.0	0.469 5	0.490 2	0.512 8
9	74.0	0.490 2	0.505 0	0.526 3

表 9－31 使用说明：

a. 表 9－31 适用于锅炉效率为 91.0% ±1% 的情况。

b. 表中第二大列数值为汽轮机效率值,其取值范围为 58.0% ~74.0%。

c. 表中第三大列第一行及第二行中的各列数据为拟定的管道效率分档数值,其值适用范围为 93.0% ~99.0%,其每一列数值适用于该值的 ±1% 范围内。例如:C 列中管道效率为 96.0% 时,此列下面的发电煤耗率适用于锅炉效率为 91.0 ±1%,管道效率 95.0% $<\eta_{gd}$ <97.0% 的情况。

d. 第二列汽轮机效率值 58.0%~74.0% 的右边,第三大列第一行及第二行各列管道效率值 94.0% ±1% ~98.0% ±1% 的下面,是锅炉效率为 91.0%,汽轮机效率、管道效率为某一定值时发电煤耗率变化 1g/kWh 对管道效率的影响系数。例如:汽轮机效率为 70.0%,管道效率为 96.0%,锅炉效率为 83.0% 时对应的发电煤耗率变化 1g/kWh 对管道效率的影响系数为 0.478 5%,即发电煤耗率变化 1g/kWh 对管道效率的影响值为 0.478 5%,可表达为($\Delta\eta_{gd}^{bh}$ 0.478 5%)/(Δb_{fd}^{bh} 1g/kWh)。

e. 由表 9－31 可知：锅炉效率为 91.0%，汽轮机效率为 58.0% ~74.0%，管道效率为 93.0% ~99.0% 时，发电煤耗率变化 1g/kWh 对管道效率的影响系数为 0.373 9% ~0.526 3%。发电煤耗率变化 1g/kWh 对管道效率的影响系数的差值为 0.152 4%。因此，专业人员在使用发电煤耗率变化对管道效率的影响系数时，应根据本单元机组的锅炉效率、汽轮机效率、管道效率实际值确定该影响系数。必要时，应用单元机组的实际锅炉效率、汽轮机效率、管道效率变化范围，编制本单位单元机组发电煤耗率变化 1g/kWh 对管道效率的影响系数的数值表，并绘制出更切合实际、更实用的发电煤耗率变化 1g/kWh 对管道效率的影响系数曲线，以提高发、供电煤耗率的准确性。

2）根据表 9－31 中，锅炉效率为 91.0%，汽轮机效率为定值时，发电煤耗率变化 1g/kWh对管道效率的影响系数（$\Delta\eta_{fd}^{gdx}$），绘制锅炉效率为 91.0%，不同汽轮机效率时，发电煤耗率变化 1g/kWh 对管道效率的影响系数（$\Delta\eta_{fd}^{gdx}$）的关系曲线，见图 9－27。

图 9－27 使用说明：

a. 图 9－27 适用于锅炉效率为 91.0% 的情况。

b. 图中横坐标为分析选定的管道效率值，其适用范围为 93.0% ~99.0%。

c. 图中纵坐标为发电煤耗率变化 1g/kWh 对管道效率的影响系数，对应的锅炉效率为 91.0%，汽轮机效率为 58.0% ~74.0%。

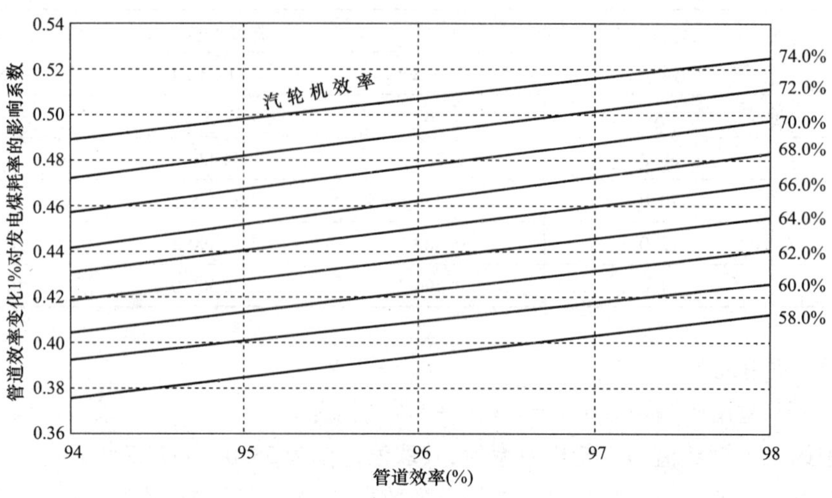

图 9－27　锅炉效率为 91.0%，不同汽轮机效率时，发电煤耗率变化 1g/kWh 对管道效率的影响系数的关系曲线（$\Delta\eta_{gd}^{bh}\%$）/（Δb_{fd}^{bh} 1g/kWh）

第五节　热电联产机组供热参数、资料不齐全的案例分析

制造厂提供的汽轮机设备和热力系统设计资料，在机组建成投产正常运行后，电厂专业管理人员往往找不到煤耗率分析计算需要的全部热力特性资料。分析原因可能有 3 个：① 供货方不清楚电厂的要求，提供的资料不够齐全；② 安装单位施工现场繁忙，使用交接不周，用后交还不及时，资料丢失；③ 机组建成投产、建设单位向电厂移交时，电厂档案验收人员没有掌握有关资料的要求、性质，未收齐应有的全部资料或由于管理人员专业知识水平面不到位，资料错编、错放。在电厂投产后，将给工程技术、专业正常管理带来极大不便，影响专业工作正常、深入地开展。特别是热电联产机组供热参数、资料简单而不齐全的案例是经常发生的，给分析供热负荷变化对发电煤耗率的影响带来不便。

某电厂具有压力抽汽供热、冬季采暖供热容量为 200MW 的热电联产机组，厂家提供的汽轮机热力特性资料中仅有各种负荷率的热流图，但压力抽汽供热没有发电负荷、供热负荷、压力抽汽量与进入汽轮机主蒸汽流量的关系图；采暖供热没有发电负荷、供热负荷、热网加热器出口温度与进入汽轮机主蒸汽流量的关系图。因此，很难计算机组正常运行负荷区间内各种发电负荷下供热负荷变化对发电煤耗率的影响系数，以及各种供热负荷下，发电负荷变化对发电煤耗率的影响系数；工程技术人员、专业管理人员难以快速、准确地计算出各种发电负荷下，供热负荷变化对发供电煤耗率的影响值。因而，只能按设备制造厂提供的热流图，计算各种发电负荷下、额定供热负荷时供热负荷变化对发电煤耗率的影响系数，从而给全面分析各种发电负荷下供热负荷变化对发电煤耗率的影响带来困难。有关各种发电负荷下，额定供热负荷时供热负荷变化对发电煤耗率的影响系数的计算介绍如下。

一、各种发电负荷下、额定供热负荷时发电煤耗率的计算

（1）收集计算用热电联产机组的设计参数，具体包括：

1）主蒸汽流量、压力、温度。

2）再热蒸汽压力、温度。

3）高压加热器出口给水温度。

4）额定负荷下的锅炉效率。

5）计算用的管道效率。

6）热电联产机组在纯凝工况下运行的设计值：发电负荷、主蒸汽流量、汽轮机热耗率等。

7）热电联产机组在单带采暖供热工况下运行的设计值：发电负荷、主蒸汽流量、采暖抽汽量、汽轮机热耗率等。

8）热电联产机组在同时带采暖供热、工业用压力抽汽供热工况下运行的设计值：发电负荷、主蒸汽流量、采暖抽汽量、工业用压力抽汽抽汽量、汽轮机热耗率等。

9）热电联产机组在单带工业用压力抽汽供热工况下运行的设计值：发电负荷、主蒸汽流量、汽轮机热耗率等。

（2）计算各种工况下的汽轮机效率，发、供电煤耗率等指标。主要指标有：

1）计算汽轮机效率。计算纯凝工况、单带采暖供热工况、同时带采暖供热和工业用压力抽汽供热、单带工业用压力抽汽供热等运行方式下的汽轮机效率。

2）计算发电煤耗率。计算纯凝工况、单带采暖供热工况、同时带采暖供热和工业用压力抽汽供热工况、单带工业用压力抽汽供热工况等运行方式下的发电煤耗率。

3）计算供电煤耗率。计算纯凝工况、单带采暖供热工况、同时带采暖供热和工业用压力抽汽供热工况、单带工业用压力抽汽供热工况等运行方式下的供电煤耗率。

（3）计算方法。

1）用单元机组电厂效率计算发电煤耗率。计算公式如下

$$b_{fd}^{ed}=\frac{0.123}{\eta_{dc}^{ed}} \tag{9-76}$$

式中　b_{fd}^{ed}——单元机组额定负荷下的设计发电煤耗率，g/kWh；

0.123　　系数，电热当量与标准煤热量的商；

η_{dc}^{ed}——单元机组设计电厂效率,%。

2）用设计工况下的热耗率计算汽轮机效率。计算公式如下

$$\eta_{qj}^{ed}=\frac{3600}{q_{qj}^{ed}} \tag{9-77}$$

式中　η_{qj}^{ed}——汽轮发电机组额定负荷设计绝对电效率,%；

3600——电热当量；

q_{qj}^{ed}——汽轮机组设计热耗率，kJ/kWh。

3）用设计锅炉效率、汽轮机效率、管道效率计算单元机组电厂效率。计算公式如下

$$\eta_{dc}^{sj}=\eta_{qj}^{ed}\times\eta_{gl}^{ed}\times\eta_{gd}^{ed} \tag{9-78}$$

式中　η_{dc}^{sj}——单元机组设计电厂效率,%；

η_{gl}^{ed}——设计锅炉效率,%；

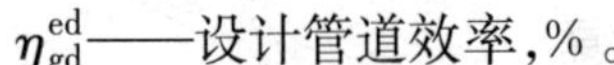

η_{gd}^{ed}——设计管道效率,%。

4）用厂用电率计算供电煤耗率。计算公式如下

$$b_{gd} = \frac{b_{fd}^{ed}}{1 - L_{cy}} \tag{9-79}$$

式中 b_{gd}——供电煤耗率，g/kWh；

L_{cy}——运行工况下的发电厂用电率,%。

5）计算程序与计算结果详见表 9－32。

表 9－32　　某厂 200MW 热电联产机组设计工况下的发电煤耗率计算表

序号	项目		单位	参数值					
	负荷率		%	100	90	80	70	60	50
1	主蒸汽压力		MPa	12.75	12.75	12.75	12.75	12.75	12.75
2	主蒸汽温度		℃	535	535	535	535	535	535
3	再热蒸汽压力		MPa	2.03	1.84	1.65	1.55	1.36	1.16
4	再热蒸汽温度		℃	535	535	535	535	535	535
5	给水温度		℃	238.7	233.0	226.8	221.7	214.3	206.1
6	锅炉效率（取值）		%	91.00	91.00	91.00	91.00	91.00	91.00
7	管道效率（取值）		%	98.00	98.00	98.00	98.00	98.00	98.00
8	纯凝	发电负荷	MW	201 850.7	180 127.7	160 180.3	14/176.5	120 180.5	100 172.5
9		主蒸汽流量	t/h	610	537.2	472.2	410	352.5	296.7
10		热耗率	kJ/kWh	8446.29	8466.43	8497.5	8552.89	8667.41	8833.37
11		汽轮机效率	%	42.63	42.53	42.37	42.10	41.54	40.76
12		电厂效率（锅炉效率×管道效率×汽轮机效率）	%	38.02	37.93	37.79	37.54	37.05	36.35
13		发电煤耗率（0.122 857 1/电厂效率）	g/kWh	323.14	323.91	325.11	327.27	331.60	337.98
14	0.25 MPa 供热	发电负荷	MW	—	—	—	106 195.3	91 260.5	75 680.4
15		主蒸汽流量	t/h	—	—	—	430	370	310
16		0.25MPa 抽汽量	t/h	—	—	—	250	200	150
17		工业抽汽量	t/h	—	—	—	—	—	—
18		热耗率	kJ/kWh	—	—	—	5794.19	6287.50	6981.97
19		汽轮机效率	%	—	—	—	62.14	57.27	51.57
20		电厂效率（锅炉效率×管道效率×汽轮机效率）	%	—	—	—	55.42	51.07	45.99
21		发电煤耗率（0.122 857 1/电厂效率）	g/kWh	—	—	—	221.68	240.57	267.14

续表

序号	项目		单位	参数值					
	负荷率		%	100	90	80	70	60	50
22	供暖抽汽工业抽汽	发电负荷	MW	140 075.5	126 919.1	113 675.4	—	—	—
23		主蒸汽流量	t/h	610	550	490	—	—	—
24		0.25MPa 抽汽量	t/h	340	290	240	—	—	—
25		工业抽汽量	t/h	60	60	60	—	—	—
26		热耗率	kJ/kWh	4827.9	5083.19	5390.3	—	—	—
27		汽轮机效率	%	74.58	70.83	66.80	—	—	—
28		电厂效率（锅炉效率×管道效率×汽轮机效率）	%	66.51	63.17	59.57	—	—	—
29		发电煤耗率（0.122 857 1/电厂效率）	g/kWh	184.72	194.49	206.24	—	—	—
30	工业抽汽	发电负荷	MW	188 027.7	—	—	—	—	—
31		主蒸汽流量	t/h	610	—	—	—	—	—
32		0.25MPa 抽汽量	t/h	—	—	—	—	—	—
33		工业抽汽量	t/h	60	—	—	—	—	—
34		热耗率	kJ/kWh	8083.73	—	—	—	—	—
35		汽轮机效率	%	44.54	—	—	—	—	—
36		电厂效率（锅炉效率×管道效率×汽轮机效率）	%	39.72	—	—	—	—	—
37		发电煤耗率（0.122 857 1/电厂效率）	g/kWh	309.31	—	—	—	—	—

二、各发电负荷下，供热负荷变化对煤耗的影响系数的计算

（1）根据各发电负荷下，供热负荷变化对煤耗的影响系数的计算需要，将表 9－32 中第 13 行纯凝发电煤耗率、第 21 行 0.25MPa 抽汽供暖发电煤耗率，第 29 行同时带采暖供热和工业用压力抽汽供热工况发电煤耗率、第 37 行工业用压力抽汽供热工况发电煤耗率填入计算表 9－33 中。

（2）将发电负荷、发电煤耗率对应的单带采暖供热工况、同时带采暖供热和工业用压力抽汽供热工况、单带工业用压力抽汽供热工况等运行方式下的抽汽量填入计算表 9－33 中的第 2、第 6、第 12 行。

表 9 - 33　各种发电负荷下，某 200MW 热电联产机组的供热负荷变化对煤耗的影响系数的分析、计算表

序号	1		2	3	4	5	6	7	8
	负荷率		%	100	90	80	70	60	50
1	纯凝发电煤耗率		g/kWh	323. 14	323. 91	325. 15	327. 27	330. 71	337. 98
2	带 0. 25MPa 抽汽供暖	抽汽量	t/h	—	—	—	250	200	150
3		发电煤耗率	g/kWh	—	—	—	221. 68	240. 57	267. 14
4		③ - ①	g/kWh	—	—	—	- 105. 59	- 90. 14	- 70. 84
5		系数(④/②)	(g/kWh)/t	0. 366 4 *	0. 387 0 *	0. 408 0 *	0. 422 4	0. 450 7	0. 472 3
6	带工业、0. 25MPa 抽汽	工业抽汽量	t/h	60	60	60	—	—	—
7		0. 25MPa 抽汽量	t/h	340	290	240	—	—	—
8		发电煤耗率	g/kWh	184. 72	194. 49	206. 24	—	—	—
9		⑧ - ①	g/kWh	- 138. 42	- 129. 42	- 118. 91	—	—	—
10		0. 25MPa(⑤ × ⑦)	t/h	- 124. 59	- 112. 23 *	- 97. 92 *	—	—	—
11		系数(⑩/⑦)	(g/kWh)/t	0. 366 4	0. 387 0 *	0. 408 0 *	—	—	—
12	带工业抽汽	抽汽量	t/h	60	—	—	—	—	—
13		发电煤耗率	g/kWh	309. 31	—	—	—	—	—
14		⑬ - ①或⑩ - ⑨	g/kWh	- 13. 83	- 17. 19 *	- 20. 99 *	—	—	—
15		系数(⑭/⑫)	(g/kWh)/t	0. 230 5	0. 286 5	0. 349 8	—	—	—

注　1. 表 9 - 33 中第 5、第 11、第 15 项系数可以表达为$(\Delta b_{fd}^{bh}$ g/kWh$)/(\Delta D_{cq}^{bh}$ 1t/h)，表示在该发电负荷下，供热抽汽量每变化(升高或降低)1t/h 时发电煤耗率的变化值(g/kWh)。例如：第 15 项中，100% 发电负荷、工业抽汽量为 60t/h 左右时，抽汽量每变化 1t/h，发电煤耗率变化 0. 230 5g/kWh。

2. 如要换算成供电煤耗率计算公式，则为 b_{gd}(供电煤耗率) $= \dfrac{b_{fd}(\text{发电煤耗率})}{1 - L_{cy}(\text{发电厂用电率})}$，可以表达为$(\Delta b_{gd}^{bh}$ g/kWh$)/(\Delta D_{cq}^{bh}$ 1t/h)。

3. 表中带“ * ”的“发电煤耗率”为“抽汽量每变化 1t/h 对应的发电煤耗率变化值”，为推算值。

(3) 计算各种发电负荷下，供热负荷变化对发电煤耗率的影响系数。计算公式如下

$$\Delta b_{cq}^{fx} = \frac{b_{cn}^{fd} - b_{gr}^{cq}}{D_{gr}^{cq}} \tag{9-80}$$

或

$$\Delta b_{cq}^{fx} = \frac{b_{cn}^{fd} - b_{gr}^{cq}}{Q_{gr}^{cq}} \tag{9-81}$$

式中　Δb_{cq}^{fx}——各种发电负荷下，供热（抽汽）负荷变化 1t/h（或 1G/J）对煤耗率的影响系数，可表达为$(\Delta b_{fd}^{bh}$ g/kWh$)/(\Delta D_{cq}^{bh}$ t/h)或$(\Delta b_{fd}^{bh}$ g/kWh$)/(\Delta Q_{cq}^{bh}$ GJ/h)；

b_{cn}^{fd}——纯凝汽运行工况下的发电煤耗率，g/kWh；

b_{gr}^{cq}——各种抽汽运行工况下发电煤耗率，g/kWh；

D_{gr}^{cq}——各种发电负荷下的供热抽汽(负荷)量，t/h；

Q_{gr}^{cq}——各种发电负荷下的供热负荷(量)，GJ/h 或 10^6 kJ/h。

(4) 推算在设计参数不齐时，热电联产机组供热负荷变化对发电煤耗率的影响系数

根据表9－33中数据，计算带0.25MPa抽汽供采暖的负荷工况、第5行的发电负荷为一定值时，抽汽负荷变化1t/h对发电煤耗率的影响系数。其中：100%、90%、80%负荷为推理计算数值；70%、60%、50%负荷为设计工况参数计算值。用上述6个工况点的发电负荷为一定值时，抽汽负荷变化1t/h对发电煤耗率的影响系数（见表9－34），绘制0.25MPa供采暖机组在发电负荷为一定值时，抽汽负荷变化1t/h对发电煤耗率的影响系数的推算比较图，见图9－28。

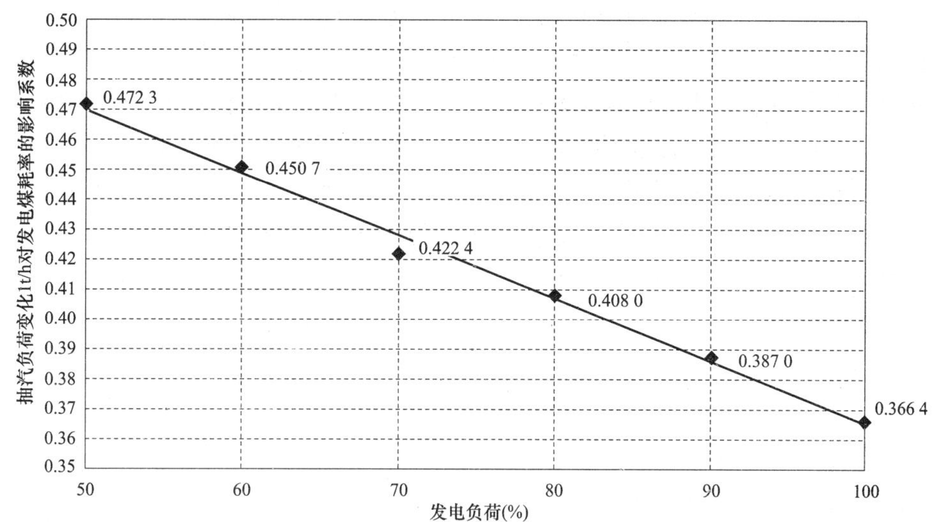

图9－28 0.25MPa供采暖机组发电负荷一定，抽汽负荷变化1t/h对发电煤耗率的影响系数的推算比较图(Δb_{fd}^{bh} g/kWh)/(ΔD_{gr}^{bh} 1t/h)

表9－34 0.25MPa供采暖机组发电负荷为一定值时，抽汽负荷变化1t/h对发电煤耗率的影响系数的推算比较表(Δb_{fd}^{bh} g/kWh)/(ΔD_{gr}^{cq} 1t/h)

指 标	计算值			推算值		
带负荷程度（%）	50	60	70	80	90	100
0.25MPa供采暖机组发电负荷为定值时，抽汽负荷变化1t/h对发电煤耗率的影响系数(Δb_{fd}^{bh} g/kWh)/(ΔD_{gr}^{cq} 1t/h)	0.472 3	0.450 7	0.422 4	0.408 0	0.387 0	0.366 4

供热机组在设计的正常发电、供热工况下运行时，一定发电负荷下，单位供热抽汽量对单元机组经济性的影响值是不变的。供热抽汽量对机组经济效益的影响值，就是其汽化潜热的运用量，与发电量无关；一定抽汽供热负荷时，发电负荷变化时，增加的单位发电量的用汽量仍是单元机组的微增耗汽率。影响单元机组抽汽供热经济性的因素仅仅是供热负荷与发电负荷的比例。

从图9－28可以深刻地理解到：供热机组高负荷有“供工业抽汽供热”、但“无采暖供热设计参数”。计算结果表明：供热机组同时有“工业抽汽供热负荷、采暖供热抽汽负荷”

时，两种抽汽负荷对该机组运行经济性的影响互不影响，其抽汽负荷变化对单元机组运行经济性的影响，都是单位抽汽量各自的影响。

推算的热电联产机组在设计参数不齐时的运行方式，在实际运行中并不可能实现。但对判断、掌握、分清机组同时供工业压力蒸汽供热和采暖供热时的供热负荷变化对发电煤耗率的影响系数具有重要意义。

1）推算供热负荷变化对发电煤耗率的影响系数的意义。

a. 能分清既供工业压力蒸汽供热，又供冬季采暖供热的热电联产机组在同时运行的方式中，供热负荷变化对发电煤耗率影响值的大小。

b. 同一发电负荷下，计算出两种运行方式的供热负荷变化各自对发电煤耗率的影响系数后，可推算出第三种运行方式的供热负荷变化对发电煤耗率的影响系数。

c. 计算数据、推算数据表明，在一定条件下，供热负荷变化对发电煤耗率的影响系数与发电负荷呈连续的一次线性关系。这有利于进一步细化供热负荷变化对发电煤耗率的影响系数，有利于提高供热负荷变化对煤耗率影响分析、计算的精确度、准确性，有利于进一步认识同时供工业压力蒸汽供热和采暖供热时对运行经济性的影响的相互关系。

2）推算方法应用举例。

a. 根据计算需要，将表9－32中的下列计算结果填入表9－33中：

① 纯凝汽运行方式的发电煤耗率。

② 冬季采暖供热抽汽量、发电煤耗率。

③ 同时带采暖供热和工业用压力抽汽供热的工业用压力蒸汽抽汽量、采暖供热抽汽量及发电煤耗率。

④ 单带工业用压力抽汽供热抽汽量、发电煤耗率等。

b. 按表9－32中的计算程序，计算下列供热运行工况的供热量变化对发电煤耗率的影响系数。

① 计算单带冬季抽汽供暖运行工况时，70%、60%、50%发电负荷下的供热抽汽量变化对发电煤耗率的影响系数。计算公式如下

$$\Delta b_{gr}^{fx}=\frac{b_{cn}^{fd}-b_{gr}^{cq}}{D_{gr}^{cq}}$$

② 计算单带工业抽汽供热运行工况时，100%发电负荷下的供热抽汽量变化对发电煤耗率的影响系数。计算公式如下

$$\Delta b_{gr}^{fx}=\frac{b_{cn}^{fd}-b_{gr}^{cq}}{D_{gr}^{cq}}$$

c. 用推算方法，计算下列供热运行工况下供热抽汽量变化对发电煤耗率的影响系数。

① 推算同时带工业抽汽供热、冬季抽汽供暖运行工况，100%发电负荷下冬季抽汽供暖运行时，供热抽汽量变化对发电煤耗率的影响系数。

已知：同时带工业抽汽供热、冬季抽汽供暖运行工况时，100%发电负荷下发电煤耗率为184.72g/kWh，比纯凝汽运行发电煤耗率323.14g/kWh降低了138.42g/kWh；单带工业抽汽供热运行工况时，100%发电负荷下供热抽汽量发电煤耗率为309.31g/kWh，供热抽汽

量变化对发电煤耗率的影响系数为0.230 5(g/kWh)/t，60t/h 工业抽汽量供热时，可降低发电煤耗率13.83g/kWh。

计算：100%发电负荷下，同时带工业抽汽供热、冬季抽汽供暖运行工况，冬季抽汽供暖运行时，供热量变化对发电煤耗率的影响系数。计算式为

$$\Delta b_{xs}=\frac{138.42\text{g/kWh}-13.83\text{g/kWh}}{340\text{t/h}(\text{供暖抽汽量})}=0.366\ 4(\text{g/kWh})/\text{t}$$

推（计）算结果为：同时带工业抽汽供热、冬季抽汽供暖运行工况，100%发电负荷下，冬季抽汽供暖运行供热抽汽量变化1t，对发电煤耗率的影响值为0.366 4g/kWh。

② 推算90%、80%发电负荷下，冬季采暖供热抽汽量变化对发电煤耗率的影响系数。

已知：冬季采暖供热100%、70%、60%、50%发电负荷下的供热抽汽量变化对发电煤耗率的影响系数为0.366 4、0.422 4、0.450 7、0.472 3(g/kWh)/t。

推算：冬季采暖供热，90%、80%发电负荷下，采暖供热抽汽量变化对发电煤耗率的影响系数。

用冬季采暖供热100%、70%、60%、50%发电负荷下供热量变化对发电煤耗率的影响系数，绘制发电负荷（横坐标）与供热抽汽量变化对发电煤耗率的影响系数（纵坐标）的关系曲线，见图9－28。

从图9－28可以看出：图中4个点中，50%、60%、100% 3个负荷点在一条直线上，70%符合点的系数仅偏差0.006 9(g/kWh)/t，相对偏差率仅为1.61%。可见，100%发电负荷下，同时带工业抽汽供热、冬季抽汽供暖运行工况时，冬季抽汽供暖供热抽汽量变化对发电煤耗率的影响值为0.366 4g/kWh的推算是正确的。

从图9－28中的关系曲线上可查得冬季采暖90%、80%发电负荷下供热量变化对发电煤耗率的影响系数分别为0.387 0(g/kWh)/t和0.408 0(g/kWh)/t。

③ 推算热电联产机组在同时带工业抽汽供热、冬季抽汽供暖运行工况和90%、80%发电负荷下，工业抽汽负荷变化对发电煤耗率的影响系数。

已知：热电联产机组在同时带工业抽汽供热、冬季抽汽供暖运行工况和90%、80%发电负荷下，工业供热抽汽量均为60t/h时，发电煤耗率分别为194.49、206.24g/kWh，发电煤耗率分别降低129.42、118.91g/kWh。

热电联产机组单带冬季采暖90%、80%发电负荷时，供热负荷变化对发电煤耗率的影响系数分别为0.387 0(g/kWh)/t和0.408 0(g/kWh)/t。

推算：热电联产机组同时带工业抽汽供热、冬季抽汽供暖运行工况时，在90%、80%发电负荷下，工业抽汽供热负荷变化对发电煤耗率影响系数。计算公式为

$$\Delta b_{xs}=\frac{129.42\text{g/kWh}-112.23\text{g/kWh}}{60\text{t/h}(\text{工业抽汽量})}=0.286\ 5(\text{g/kWh})/\text{t}$$

和

$$\Delta b_{xs}=\frac{118.91\text{g/kWh}-97.92\text{g/kWh}}{60\text{t/h}(\text{工业抽汽量})}=0.349\ 8(\text{g/kWh})/\text{t}$$

计算结果为：热电联产机组同时带工业抽汽供热、冬季抽汽供暖运行工况时，在90%、80%发电负荷下，工业供热抽汽量均为60t/h时，供热负荷变化1t对发电煤耗率的影响系数分别为0.286 5(g/kWh)/t和0.349 8(g/kWh)/t。

三、200MW 机组供热负荷对发电煤耗率的影响系数汇总表

将上述计算的供暖抽汽负荷每变化 1t/h 对发电煤耗率的影响系数、推算的供暖抽汽量每变化 1t/h 对发电煤耗率的影响系数全部填入某 200MW 机组供热负荷变化 1t/h 对发电煤耗的影响系数表中，见表 9－33。从表 9－33 可以一目了然地看到：

（1）某 200MW 机组供热负荷为 610t/h 时，工业抽汽负荷为 60t/h；0.25MPa 供暖抽汽负荷为 340t/h 时，发电煤耗率为 184.72g/kWh，比纯凝汽运行的发电煤耗率 323.14g/kWh 低 138.42g/kWh。供暖抽汽量每变化 1t/h，对发电煤耗率的影响系数如下。

1）发电负荷 100% 运行时，0.25MPa 供暖抽汽量每变化 1t/h，影响发电煤耗率变化 0.366 4g/kWh；1MPa 工业供热抽汽量每变化 1t/h，影响发电煤耗率变化 0.230 5g/kWh。

2）发电负荷 80% 运行时，0.25MPa 供暖抽汽量每变化 1t/h，影响发电煤耗变化 0.408g/kWh；1MPa 抽汽量每变化 1t/h，影响发电煤耗率变化 0.349 8g/kWh。

（2）某 200MW 机组供热负荷为 430t/h 时，工业抽汽量为 0t/h；0.25MPa 供暖抽汽量 250t/h 时，发电煤耗率 221.68g/kWh，比纯凝汽运行的发电煤耗率 327.27g/kWh 低 105.59g/kWh。0.25MPa 供暖抽汽量每变化 1t/h，影响发电煤耗率变化 0.422 4g/kWh。

（3）某 200MW 机组供热负荷为 610t/h 时，工业抽汽量为 60t/h，发电煤耗率为 309.31g/kWh，比纯凝汽运行的发电煤耗率 323.14g/kWh 低 13.83g/kWh。工业供热抽汽量每变化 1t/h，影响发电煤耗变化 0.230 5g/kWh。

（4）根据计算和推算 200MW 机组在仅带“0.25MPa 供暖抽汽”（不带“1MPa 工业抽汽”）的方式下运行时，供热量变化对发电煤耗率的影响情况如下。

1）100% 负荷下运行，0.25MPa 供暖抽汽量每变化 1t/h，影响发电煤耗率变化0.366 4g/kWh。

2）50% 负荷下运行，0.25MPa 供暖抽汽量每变化 1t/h，影响发电煤耗率变化0.472 3g/kWh。

3）100%～50% 负荷下运行，0.25MPa 抽汽量每变化 1t/h，影响发电煤耗率变化的平均值为 0.408 0g/kWh。

详细情况见表 9－35。

表 9－35　某 200MW 机组供热负荷变化 1t/h 对发电煤耗率的影响系数汇总

<table>
<tr><td>序号</td><td colspan="2">负荷率</td><td>%</td><td>100</td><td>90</td><td>80</td><td>70</td><td>60</td><td>50</td></tr>
<tr><td>1</td><td colspan="2">纯凝发电煤耗率</td><td>g/kWh</td><td>323.14</td><td>323.91</td><td>325.15</td><td>327.27</td><td>330.71</td><td>337.98</td></tr>
<tr><td>2</td><td rowspan="3">带 0.25MPa 供暖抽汽、未供 1MPa 工业抽汽</td><td>抽汽量</td><td>t/h</td><td>—</td><td>—</td><td>—</td><td>250</td><td>200</td><td>150</td></tr>
<tr><td>3</td><td>发电煤耗率</td><td>g/kWh</td><td>—</td><td>—</td><td>—</td><td>221.68</td><td>240.57</td><td>267.14</td></tr>
<tr><td>4</td><td>0.25MPa 抽汽量每变化 1t/h 对应的发电煤耗率的变化值</td><td>(g/kWh)/t</td><td>0.366 4*</td><td>0.387 0*</td><td>0.408 0*</td><td>0.422 4</td><td>0.450 7</td><td>0.472 3</td></tr>
<tr><td>5</td><td>带 0.25MPa 供暖抽汽、1MPa 工业抽汽</td><td>工业抽汽量</td><td>t/h</td><td>60</td><td>60</td><td>60</td><td>—</td><td>—</td><td>—</td></tr>
</table>

续表

序号	负荷率		%	100	90	80	70	60	50
6	带0.25MPa供暖抽汽、1MPa工业抽汽	0.25MPa 抽汽量	t/h	340	290	240	—	—	—
7		发电煤耗率	g/kWh	184.72	194.49	206.24	—	—	—
8		0.25MPa 抽汽量每变化 1t/h 对应的发电煤耗率的变化值	(g/kWh)/t	0.366 4 *	0.387 0 *	0.408 0 *	—	—	—
9		1MPa 抽汽量每变化 1t/h 对应的发电煤耗率的变化值	(g/kWh)/t	0.230 5 *	0.286 5 *	0.349 8 *	—	—	—
10	带1MPa工业抽汽、未供0.25MPa抽汽	抽汽量	t/h	60	—	—	—	—	—
11		发电煤耗率	g/kWh	309.31	—	—	—	—	—
12		1MPa 抽汽量每变化 1t/h 对应的发电煤耗率的变化值	(g/kWh)/t	0.230 5	—	—	—	—	—

注　1. 表9－34 中第4、9、12 项系数的单位“$(\Delta b_{fd}^{bh}$ g/kWh$)/(\Delta D_{gr}^{bh}$ 1t/h$)$”表示：在该发电负荷下，供热抽汽量每变化（升高或降低）1t 对应的发电煤耗率的变化值。例如：第 12 项中，100% 发电负荷，工业抽汽量为 60t/h 左右时，抽汽量每变化 1t/h，发电煤耗率变化 0.230 5g/kWh。

2. 如要换算成供电煤耗率，则计算公式为 b_{gd}（供电煤耗率）$=\dfrac{b_{fd}\text{（发电煤耗率）}}{1-L_{ey}\text{（发电厂用电率）}}$

3. 表中带“＊”的“发电煤耗率”和“抽汽量每变化 1t/h 对应的发电煤耗率的变化值”为推算值。

第六节　机组供热负荷变化对全厂发、供电煤耗率的影响

机组供热负荷变化对全厂煤耗率的影响值等于各机组影响值的加权平均值之和。机组供热负荷变化对全厂煤耗率的影响的大小，取决于该机组发、供电量占全厂供电量的比例的大小。机组供热负荷变化对全厂发、供电煤耗率的影响值的计算方法如下

$$\Delta b_{gr}^{qc} = \sum_{i=1}^{n} \Delta b_{igr}^{gx} \times \Delta Q_{igr}^{bh} \times m_i \tag{9-82}$$

式中　Δb_{gr}^{qc}——机组供热负荷变化对全厂发、供电煤耗率的影响值，g/kWh；

Δb_{igr}^{gx}——i 号供热机组供热负荷变化对机组发、供电煤耗的影响系数；

ΔQ_{igr}^{bh}——i 号供热机组供热负荷变化值，GJ/h；

m_i——i 号供热机组供电量占全厂发、供电量的比例（电量权数）。

本节所介绍的“火力发电厂技术经济指标分析方法”，可供电厂节能专工和有关专业技术人员用于月度、年度同期的分析比较，还可用作当前指标与设计值、指定要进行分析的指标作全面的、系统的分析比较，是一种相对可靠的定量分析；可查出供电煤耗率变化的原

因，是哪几项指标变化引起的，变化值是多少；是编制指标计划，制订节能组织措施、技术措施和领导决策的重要依据。目前，分析比较的方法还有很多，如国外的“最佳经济运行工况分析”、“最合理运行状态分析”和国内的“热偏差分析”、“等效热降法”等，它们都是把本节中经常变动的“基期”指标模拟成比较理想化的“最佳工况”，从而使“基期”数据标准化。计算结果指出：机组当前偏离“最佳工况”的情况是哪几项指标影响的，它有利于连续监视，并及时指导调整。其历史分析资料具有可比性，并可以看到机组设备经济性的变化趋势，可能动地提出对策、措施。只要节能专工、有关专业技术人员和运行人员长期坚持应用分析手段，就能随时掌握机组设备、系统的运行经济状态，保持设备、系统良好的经济性能，并能不断提高电厂的经济效益。

第十章　技术经济指标分析要求

技术经济指标分析工作，是专业管理人员正确认识指标、数据的关键，是做好指标管理的重要环节。分析工作的重要性在于：数字能证明一切。但是，数字、指标只能证明事物的表象，只有通过分析，才能正确认识事物的本质。分析工作是认识事物、发现问题、做好指标管理工作的重要手段。因此，我们要正确对待日常专业管理工作中的指标分析工作，做好指标分析，这样才能写出符合要求、实用性较强的指标分析报告。

参数、指标、数据的记录是设备、系统运行状况的记录；是设备、系统运行经济性能、水平的记录，是设备的历史档案；是管理者查出问题、管好设备的依据。

单元机组每小时记录一次运行经济性的参数、指标、数据，因为“发电”是一个大的系统工程，影响因素多、瞬息万变是其基本特点。一天、一个月、一个季度、半年的参数、指标、数据的代表性都不够。这些参数、指标、数据，只有在特定的条件下才可用于分析比较，如同负荷、同循环水温度、同蒸汽参数等。单元机组全年运行的平均参数才有一定的代表性，如负荷、循环水温度、蒸汽参数等差异较大时也必须进行修正，否则会影响指标分析结论的正确性。

参数、指标、数据的记录，经过整理、筛选，删去明显不合理的数据，即可作分析用指标。指标的分析是运用指标、认识指标、发现问题、制订措施、解决问题、提升指标水平的手段，能够运用好这一手段，就能达到指标分析的目的。

本章将深入阐述以下几个方面的内容：

(1) 经济指标分析意识。

(2) 指标分析管理的分工与职责。

(3) 火电厂供电煤耗率定量分析的要求。

(4) 火电厂发电煤耗率定量分析的要求。

(5) 汽轮机技术经济指标对汽轮机效率及发、供电煤耗率定量分析的要求。

(6) 锅炉技术经济指标对锅炉效率及发、供电煤耗率定量分析的要求。

(7) 锅炉、汽轮机设备大修前后热力特性鉴定试验的定量分析要求。

(8) 锅炉、汽轮机设备新机建成投产后，热力特性鉴定试验的定量分析要求。

(9) 标准煤单价分析要求。

(10) 火电厂储煤场盈、亏煤分析要求。

第一节　经济指标的分析意识

存在决定意识，意识决定人的思维，思维指导人的工作意识、意志。有了强烈的意识、

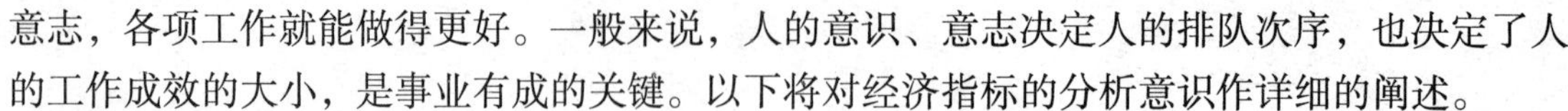

意志，各项工作就能做得更好。一般来说，人的意识、意志决定人的排队次序，也决定了人的工作成效的大小，是事业有成的关键。以下将对经济指标的分析意识作详细的阐述。

一、指标数据分析的目的

（1）指标数据分析就是要找出问题，找出亮点。

（2）针对问题提出措施，达到解决问题的目的。

（3）提高设备效率和企业效益。

（4）总结推广亮点，保持水平，提高水平。

二、指标数据分析的标准

（1）问题是否都找出来了？问题是否都理清了？

（2）解决问题的计划安排了没有？要有人负责，并正在解决；要有奖惩办法。

（3）设备效率提高了，企业效益提高了。

三、指标数据分析的方法

（1）从数海中寻找有用的指标、数据。指标所涉及的数据很多，有多少能说明问题的数据？指标分析就是要从数海中寻找有用的指标、数据。

（2）建立实用性强的专业分析台账，以利于日常专业分析、管理工作开展，有利于提高工作质量和工作效率。数据（指标）要经过统计、整理、归纳，成为设备经济性能的指标台账，并形成设备自然的、客观的规律，这就是指标对比、分析的第一步，这就是台账的作用和重要性。

（3）建立科学、规范的指标分析方法。指标、数据分析就是要用科学的方法找出数据之间的有机联系。要找出主要的、关键的指标（数据、问题），为专业工作决策提供依据。

1）分析方法要有理论的、科学的依据。

2）分析引用的数据要符合设备、系统性能、特性，确保评价、比较的正确性。

3）分析方法要规范、统一，确保分析结果的真实性、一致性。

4）分析工作的专业管理内容、程度要普及到各专业、各级有关人员，直至检修、运行操作人员，以调动全员的积极性。

（4）指标数据管理要形成闭环运行。记录（数据、情况、问题）→统计→分析→找问题→提措施→解决问题（完好）→进入下一个循环。这就是指标管理的闭环运行。

四、条件

（1）收集设备制造厂设计的经济性能指标。

（2）收集同类型设备经济性能指标。

（3）收集设备同工况下、有代表性的经济性能指标。

（4）不同工况下的经济性能指标不可进行比较。当条件不具备，必须用不同工况下的经济性能指标进行比较时，应进行各方面条件的修正。

五、关键

（1）专业管理人员的专业水平、综合能力。

（2）正视问题：面对客观实际，认识问题，发现问题。发现问题，就等于解决了一半。

（3）要有先进的指标管理意识和管理理念。

（4）管理哲学。通常体现在以下三个方面：

1）法：基层是建立规章制度。

2）忠：中层是忠于企业、忠于技术。

3）道：高层是法家的志同道合。

（5）要正确认识“管理”的意义。“管理”二字有“理”与“管”两层意思。只有先“理清”、“理顺”了，才能“管好”。

1）“管理”：是通过自己和他人去做工作。

2）要“理清”指标的关系。

3）要“理顺”指标管理的层次。

4）要认识指标的真谛，即认识指标的真实意义或道理，如凝汽器真空度、循环水温度、凝汽器循环水温升（循环水流速）、凝汽器端差、锅炉燃烧氧量。

5）“管理”要授权。

6）“管理”的敌人是习惯势力。

7）“管理”的技术是调动人的积极性。

（6）指标分析的分类。

1）运行指标与设计值比较（比较条件：额定负荷、凝汽器循环水温度为设计值）。

2）月、年（夏季、冬季）同期对比分析。

3）锅炉、汽轮机设备大修前后对比分析。

4）主、辅机设备改进前后对比分析。

5）单元机组技术经济指标异常变化前后对比分析。

6）与国内、外同类型设备先进水平的对比分析。

7）与本机组、本厂同类型设备历史最好水平的对比分析。

8）指标的定期监督分析（如给水回热加热系统监督分析，锅炉尾部烟道烟气温度降监督分析，锅炉、汽轮机设备及高温管道保温表面温度监督分析）。

第二节　经济指标分析、管理的分工与职责

发电设备、系统正常运行中每小时记录一次状态参数，记录的数据必须去粗取精，做好统计。有关专业人员要按各自的职责对有关数据进行分析，从中找出设备、系统潜在的问题，提出有针对性的措施，最终使问题得到解决。这就是指标管理工作的闭环运行模式：记录→统计→分析→找问题→提措施→解决问题→进入下一个循环。

电力企业的全体员工都要正确认识分析工作的重要性，但是必须分析数字所证明的是什么。因此，每一位员工，在每一个工序、每一岗位上都要正确认识分析工作的重要性，正确对待日常专业管理工作中的指标分析工作。分析工作是认识事物、发现问题、做好工作的重要手段。

（1）运行抄表员、主值、班长要分析表单记录的准确性和数理关系，并对数据的正确性、准确性负责。例如，同一个参数的几只（块）表计的指示值是否相同；锅炉、汽轮机之间的同一个参数的数理关系是否正常，并符合关系逻辑。

（2）统计人员每天要分析经过整理计算的指标、数据（生产日报表）的正确性。例如，

供电煤耗率与厂用电率、发电煤耗率的数理关系是否正确；发电煤耗率与汽论机效率的汽耗率的数理关系是否正确；发电煤耗率与汽轮机效率、锅炉效率的数理关系是否正确；汽轮机效率与汽轮机指标，锅炉效率与锅炉指标的数理关系是否正确。目的是检查正、反平衡计算煤耗率的准确性。

(3) 锅炉、汽轮机专业工程师应定期分析机组效率及技术经济指标准确性、先进性；遇较大变化时，应指出问题，提出措施和改进建议，并以书面报告的形式报主管领导、有关部门和专业人员，直到问题解决为止，要形成良好的闭式循环的管理模式。

(4) 化学专业工程师要定期检查和分析入厂煤、入炉煤取样的准确性、代表性，以及入厂煤、入炉煤热值差、水分差的数理关系；应指出问题，提出措施及改进建议，并以书面报告的形式报主管领导、有关部门和专业人员，直到问题解决为止，以形成良好的闭式循环的管理模式。

(5) 节能专业工程师每月要分析一次供电煤耗率及各项技术经济指标的完成情况，并与同期、计划或设计对比；应指出问题、提出措施及改进意见，并以书面报告的形式报送主管领导、有关部门和专业人员，直到问题解决为止，以形成良好的闭式循环的管理模式。

(6) 节能专业工程师每年作一次机组经济性能全面分析，可与同期、设计值、国内外同类型机组进行对比、分析；应指出问题，提出措施及改进建议，并以书面报告的形式报送主管领导、有关部门和专业人员，直到问题解决为止，以形成良好的闭式循环的管理模式。

(7) 热工专业人员要每月或定期检查、分析计量仪表指示值的准确性，应指出问题，提出措施及改进建议，并提出书面报告，报有关部门和专业人员。问题要及时解决，并在下一周期检查报告中作出回答。

第三节　技术经济指标的分析要求

技术经济指标分析就是对火电厂供电煤耗率及所有技术经济指标及其相互影响的定量分析。

技术经济指标分析工作的要求：一是数据记录要正确，有代表性，符合计算、分析要求；二是指标分析工作要做到规范化、格式化，以便于开展经常性、员工性的专业分析工作，达到提高分析工作的速度、质量和效率的目的。

本书第一至第九章已经分别介绍了供电煤耗率、发电煤耗率、锅炉效率、汽轮机效率、管道效率、厂用电率、供热负荷、标准煤单价等定量分析的计算方法以及储煤场盈亏煤原因的分析。本章不再具体讲解分析的方法，仅讲述供电煤耗率系统的、逐级分析的具体要求。

供电煤耗率分析，就其所属指标体系来讲可分为以下五级：

一级：供电煤耗率影响因素的定量分析要求。

二级：发电煤耗率影响因素的定量分析要求。

三级：锅炉效率、汽轮机效率、厂用电率、供热负荷（率）影响因素的定量分析要求。

四级：锅炉、汽轮机、管道指标影响因素的定量分析要求。

五级：锅炉、汽轮机、管理设备系统重点指标的影响因素，如凝汽器真空度、锅炉排烟损失、管道效率、锅炉补水率等。

一、供电煤耗率影响因素定量分析的要求

(1) 各台机组供电煤耗率水平变化对全厂供电煤耗率的影响值是多少（g/kWh）。

(2) 每台机组供电煤耗率水平变化对全厂供电煤耗率的影响值各是多少（g/kWh），哪台最好，哪台最差。

(3) 供电量权数变化对全厂供电煤耗率的影响值是多少（g/kWh）。其中，主要因素是什么，如单元机组设备检修、运行机组间供电量权数变化，由于机组间供电煤耗率水平的差异，对全厂供电煤耗率的影响值是多少（g/kWh）。

(4) 各台机组厂用电率水平变化对全厂供电煤耗率的影响值是多少（g/kWh）。

(5) 每台机组厂用电率水平变化对全厂的厂用电率的影响值各是多少（%）；对全厂供电煤耗率的影响值各是多少（g/kWh），哪台最好，哪台最差。

(6) 储煤场盘存煤结果：与同期比较，盈亏煤量对全厂供电煤耗率的影响是多少（g/kWh）。

二、发电煤耗率影响因素定量分析的要求

(1) 各台机组发电煤耗率水平变化对全厂发电煤耗率的影响值是多少（g/kWh）。

(2) 每台机组发电煤耗率变化对全厂发电煤耗率的影响值各是多少（g/kWh），哪台最好，哪台最差。

(3) 发电量权数变化对全厂发电煤耗率的影响值是多少（g/kWh）。其中，主要因素是什么，如单元机组设备检修、运行机组间发电量权数变化、机组间发电煤耗率的差异，对全厂发电煤耗率的影响值是多少（g/kWh）。

(4) 储煤场盘存煤结果，盈亏煤量的影响是多少（g/kWh）。

三、锅炉、汽轮机、厂用电、供热负荷影响因素定量分析的要求

1. 锅炉效率影响因素定量分析的要求

(1) 各台锅炉效率水平变化对全厂锅炉效率的影响值是各多少（%），对全厂发电煤耗率的影响值是多少（g/kWh）。

(2) 每台锅炉效率水平变化对全厂锅炉效率的影响值各是多少（%），对全厂发电煤耗率的影响值各是多少（g/kWh），哪台最好，哪台最差。

(3) 锅炉蒸发量权数变化对全厂锅炉效率的影响值是多少（%），对全厂发电煤耗率的影响值是多少（g/kWh）。其中，主要因素是什么，如锅炉设备检修、运行锅炉间锅炉蒸发量权数变化、由于锅炉间效率的差异，对全厂锅炉效率的影响值是多少（%）；对全厂发电煤耗率的影响值是多少（g/kWh）。

2. 汽轮机效率影响因素定量分析的要求

(1) 各台汽轮机效率水平变化对全厂汽轮机效率的影响值是多少（%）；对全厂发电煤耗率的影响值是多少（g/kWh）。

(2) 每台汽轮机效率水平变化对全厂汽轮机效率的影响值各是多少（%）；对全厂发电煤耗率的影响值各是多少（g/kWh），哪台最好，哪台最差。

(3) 单元机组汽轮机效率、发电量权数变化对全厂汽轮机效率的影响值各是多少（%）；对全厂发电煤耗率的影响值是多少（g/kWh）。其中，主要因素是什么，如汽轮机设备检修、运行汽轮机组间发电发量权数变化、由于汽轮机组间效率水平的差异，对全厂汽轮

机效率的影响值各是多少（%）；对全厂发电煤耗率的影响值是多少（g/kWh）。

3. 厂用电率影响因素定量分析的要求

（1）各单元机组厂用电率水平变化对全厂的厂用电率的影响值是多少（%），对全厂供电煤耗率的影响值是多少（g/kWh）。

（2）各单元机组厂用电率水平变化对全厂的厂用电率的影响值各是多少（%），对全厂供、发电煤耗率的影响值各是多少（g/kWh）。哪台最好，哪台最差。

（3）单元机组发量权数变化对全厂的厂用电率影响值是多少（%）；对全厂供电煤耗率的影响值是多少（g/kWh）。其中，主要因素是什么，如单元机组设备检修、运行单元机组间发电发量权数变化，由于单元机组间厂用电率水平的差异，对全厂的厂用电率的影响值各是多少（%），对全厂供电煤耗率的影响值是多少（g/kWh）。

4. 供热负荷变化对发电煤耗率影响的定量分析要求

供热负荷变化对发电煤耗率的影响已体现在汽轮机效率中，供热负荷每变化1GJ/h对发电煤耗率的影响与供热比的大小有关。供热负荷变化对发电煤耗率的影响是客观的，它在采暖供热负荷、工业抽汽供热负荷参数确定后，机组供热负荷变化对发电煤耗率的影响仅与发电负荷率、供电负荷有关。具体要求如下：

（1）根据机组设计参数，计算机组供热负荷变化1GJ/h对发电煤耗率的影响系数。

（2）计算本机组供热负荷变化对本机组发电煤耗率的影响值。

（3）计算本机组供热负荷变化对全厂发电煤耗率的影响值。

（4）计算本机组本期供热负荷变化与基期比较时，对本期机组发电煤耗率的影响值。

（5）计算本机组本期供热负荷变化与基期比较时，对本期全厂发电煤耗率的影响值。

四、汽轮机、锅炉指标对效率、发电煤耗率影响的定量分析要求

（一）汽轮机指标变化对汽轮机效率、发电煤耗率影响因素的定量分析要求

汽轮机指标变化对汽轮机效率、发电煤耗率可定量分析的指标有：主蒸汽温度、压力，再热蒸汽温度、压力降，凝汽器真空度（循环水入口温度、循环水温升、凝汽器端差），给水温度等。分析要求如下：

（1）根据设计锅炉效率、管道效率计算汽轮机效率变化1%对发电煤耗率的影响系数。

（2）根据厂家提供的设计热力特性资料，计算汽轮机指标每变化1个单位［1℃、1MPa、1%（百分点）］对汽轮机效率、发电煤耗率的影响系数。

（3）指标分析时：

1）计算每一个汽轮机指标变化对本汽轮机机组的效率（%）、单元机组发电煤耗率的影响值各是多少（g/kWh）。

2）计算每一个汽轮机指标变化对本全厂汽轮机效率（%）、全厂发电煤耗率的影响值各是多少（g/kWh）。

3）分析时，要指出每一个汽轮机指标与设计值或定额、同期、先进值的差距是多少。

4）分析时，要指出每一个汽轮机指标，哪一台机组好，哪一台机组差，数值是多少，影响值是多少。

（4）要指出指标好的原因，指标差的影响因素。

（二）锅炉指标变化对锅炉效率、发电煤耗率影响的定量分析要求

锅炉指标变化对锅炉效率、发电煤耗率可定量分析的指标有：排烟温度、送风机入口风的温度、炉膛出口氧量、空气预热器及锅炉尾部烟道漏风系数、飞灰可燃物等。

（1）根据设计汽轮机效率、管道效率计算锅炉效率变化1%对发电煤耗率的影响系数。

（2）根据厂家提供的设计资料，计算锅炉指标每变化1个单位［1℃、1%（百分点）］对锅炉效率、发电煤耗率的影响系数。

（3）指标分析时：

1）计算每一个锅炉指标变化对本炉组的效率（%）、单元机组发电煤耗率的影响值各是多少（g/kWh）。

2）计算每一个锅炉指标变化对本全厂锅炉效率（%）、全厂发电煤耗率的影响值各是多少（g/kWh）。

3）要指出每一个锅炉指标与设计值或定额、同期、先进值的差距是多少，影响值是多少。

4）要指出每一个锅炉指标，哪一台锅炉好，哪一台锅炉差，差值是多少，影响值是多少。

（4）要指出锅炉指标好的原因、指标差的影响因素。

五、辅机用电率变化对单元机组供电煤耗率的影响的定量分析要求

辅机用电率变化对单元机组供电煤耗率的影响的定量分析，主要是给水泵用电率、磨煤机制粉系统用电率、送风机用电率、引风机用电率、循环水泵用电率、一次风机用电率等。

（1）根据设计的厂用电率水平、发电煤耗率水平，计算厂用电率变化1%（百分点）对供电煤耗率的影响系数。因为厂用电率、辅机用电率都是辅机用电占单元机组发电量的比例。可见，它们值的权重是相同的，即1%的辅机用电率与1%的厂用电率对供电煤耗率的影响值是相同的。

（2）计算每一个辅机用电率变化对单元机组供电煤耗率的影响各是多少（g/kWh），对全厂供电煤耗率的影响是多少（g/kWh）。

（3）可分析辅机用电率对全厂供电煤耗率的影响值各是多少（g/kWh）。

（4）哪一台辅机用电率降低得多，是何原因；哪一台辅机用电率没有完成，是哪些因素造成的。

六、管道效率变化对全厂发电煤耗率影响的要求

（1）补水率变化对全厂发电煤耗率的影响值。

（2）锅炉过热器出口至汽轮机主汽门前的主蒸汽温度降是否合格。

（3）锅炉再热器出口至汽轮机中压缸进汽门前的再热蒸汽温度降是否合格。

（4）高温设备、高温管道保温表面温度是否合格。

（5）锅炉排污扩容器水位是否正常。

（6）设备、系统内漏和外漏是否正常。

（7）设备、系统排放回收是否符合要求。

七、技术经济指标分析报告的撰写要求

上述各项指标分析的要求、数据，可以说是面面俱到，指标分析时，只有收集了必要的数据，做了大量的分析计算，占有了分析需要的所有有关指标变化的大量的影响数据（结果），去其一般，取其精华、要点，加上写作、综合能力，就能写出一篇极具实用性的分析报告。具体撰写要求如下：

（1）各项指标变化的因素一定要分析清楚。见到报告，即见到主要（重点）结论，不能是翻遍文件才能见到。

（2）说明问题的重点、关键指标、数据必须齐全，便于查阅。

（3）分析的评价、结论有根有据，文字表达清楚。

（4）文字表述通俗易懂，文字精练、一目了然。

（5）标准、理念、修正，回归生产，服务生产，指导生产。

（6）针对问题提出的措施、建议要详细具体、切实可行，指导性和操作性一应并具。

第四节　汽轮机、锅炉设备热力特性鉴定试验分析要求

汽轮机、锅炉设备在其建成投产，或更新改造，或全面性大修前后都要进行单元机组的机组设备热力特性鉴定试验。各项热力特性试验中，都记录大量状态参数，而后通过分析，真正认识事物的本质。

一、汽轮机、锅炉设备检修前后热力特性鉴定试验分析要求

汽轮机、锅炉设备检修前的热力特性鉴定试验，目的是检查该设备检修前热力特性状况，在经济性能方面与上次大修后比较：效率有何变化（或降低多少），并用分析的方法查明是哪些原因影响的；与设计性能比较，哪些指标没有达到设计值，差距如何，哪些问题能在本次大修中解决。本次大修中没有条件解决的，要列入其他计划安排解决。

汽轮机、锅炉设备检修后的热力特性鉴定试验，目的是检查该设备检修后的热力特性状况，在经济性能指标方面与大修前比较：解决了哪些问题，有关指标状况变化如何，效率提高多少；哪些问题还没有解决，还有哪些新问题；与设计性能比较，有哪些差距，对机组经济性的影响有多大。哪些问题需要提出方案，列入计划，于下次大修中解决。

热机设备检修前后的热力特性鉴定试验，是设备检修、生产管理中一项十分重要的工作，是领导指挥生产的依据。节能工程师要认真做好汽轮机、锅炉设备检修前后热力特性鉴定试验的试验、分析、比较工作。汽轮机、锅炉设备检修前后热力特性鉴定试验分析的要求是：修后试验数据要与大修前、设计值、上次大修后试验值进行比较、分析。一是要具体到各项影响因素，各项技术指标的影响值各是多少，并定量到各个指标，找出差距，查明原因；二是要会同锅炉、汽轮机等专业工程师共同进行分析，确认影响因素，针对存在的问题，提出解决办法和措施，确保试验能用于指导生产，能为领导决策提供依据。

（一）汽轮机热力特性鉴定试验分析

汽轮机热力特性的影响因素有蒸汽参数、凝汽器运行工况、给水回热加热系统和汽轮机通流部分等四个方面。以及对汽轮发电机绝对电效率的影响值是多少。具体分析要求如下：

1. 蒸汽参数指标对运行经济性的影响

（1）主蒸汽温度变化值是多少，影响汽轮机效率降低多少。

（2）主蒸汽压力变化值是多少，影响汽轮机效率降低多少。

（3）再热蒸汽温度差值是多少，影响汽轮机效率降低多少。

（4）再热蒸汽压力降变化多少，影响汽轮机效率降低多少。

2. 凝汽器运行各项指标对运行经济性的影响

凝汽器真空度（或汽轮机背压）是凝汽器设备运行经济性的总指标。凝汽器真空度变化值是多少，对汽轮机效率的影响值是多少。其中，循环水温度、温升、端差的影响值各是多少。

（1）凝汽器循环水温度入口温度变化值是多少，对汽轮机效率的影响值是多少。

（2）凝汽器循环水温升是多少，变化值是多少，是否达到设计值，凝汽器铜管内循环水流速是多少，与设计值比较小多少，对汽轮机效率的影响值是多少。

（3）凝汽器的端差是多少，变化值是多少，是否达到设计值，与先进值比较差值是多少，对汽轮机效率的影响值是多少。

3. 加热器回热系统指标对运行经济性的影响

给水温度偏离设计值多少，对汽轮机效率的影响值是多少，并查明高压、低压加热器的给水温升、端差是否达到设计值。

高压加热器出口给水温度是给水、回热系统的唯一的终端考核指标。给水温度达到了设计规定值，并不能说明给水加热回热系统是在最佳的经济状态下运行。提高给水加热器运行经济性的原则是：尽量充分利用低一级压力的抽汽，减少下一级加热器用高一级压力的抽汽。给水加热回热系统监督管理的方法是：逐级计算高压、低压加热器的给水温升、端差。凡加热器温升、端差的运行指标达不到设计值时，应查明原因，及时纠正，确保高压、低压加热器在经济状态下运行。

4. 汽轮机通流部分变化对运行经济性的影响

汽轮机通流部分变化对运行经济性的影响，是指通流部分间隙增大，叶片积垢、水击、侵蚀后对运行经济性的影响。汽轮机通流部分变化对汽轮机效率的影响，一般情况下大于凝汽器设备真空度变化的影响，更大于蒸汽参数、给水温度变化的影响，是两次大修间隔之间影响汽轮机效率降低的主要因素之　。

汽轮机通流部分变化对运行经济性的影响很难用定量计算的方法确定。但从影响汽轮机效率的凝汽器真空度、蒸汽参数、给水温度、汽轮机通流部分等四大因素来分析，其中凝汽器真空度、蒸汽参数、给水温度等三方面的影响值可以用定量计算的方法确定。那么，汽轮机效率变化值扣减真空度、蒸汽参数、给水温度等三方面之后的差值，就可以认为是汽轮机通流部分变化对汽轮机效率的影响值。这种分析计算的定量虽然不够准确，但可供专业人员分析时参考。简单计算式可以写成

$$\Delta\eta_{tl} = \Delta\eta_{qj} - (\Delta\eta_{zk} + \Delta\eta_{cs} + \Delta\eta_{gs}) \tag{10-1}$$

式中　$\Delta\eta_{tl}$——汽轮机通流部分变化对汽轮机效率的影响值,%；

$\Delta\eta_{qj}$——汽轮机效率变化值,%；

$\Delta\eta_{zk}$——凝汽器真空度变化对汽轮机效率的影响值,%；

$\Delta\eta_{cs}$——蒸汽参数变化对汽轮机效率的影响值,%；

$\Delta\eta_{gs}$——给水温度变化对汽轮机效率的影响值,%。

分析、计算的要求和注意事项如下：

（1）凝汽器真空度、蒸汽参数、给水温度变化对汽轮机效率的影响系数，必须用本机组制造厂提供的热力特性计算，不得引用其他机组的影响系数，或估算、推算、借用其他的影响系数。

（2）指标变化数据要准确、具有代表性。

（3）检修过程中，要认真检查叶片积垢、水击、侵蚀的情况，并查看有关记录，听取有关专业工程师的分析意见。

（4）检修过程中，要认真查看汽轮机通流部分间隙的实际状况，请汽轮机检修专业工程师讲解、介绍汽轮机通流部分间隙变化情况。

（5）分析机组检修前后热力特性方程与汽轮机指标变化的结论是否吻合。

（6）查阅分析化学汽水品质监督报告，听取化学专业工程师的分析意见。

（7）查阅分析机组振动记录，并听取有关专业工程师的分析意见。

（8）查阅分析机组启、停过程中温升温降速度和机组振动记录，听取有关专业工程师的分析意见。

（9）针对发现的影响汽轮机效率的因素，提出措施和建议。

5. 汽轮机组检修后效率恢复值（率）

机组检修的目的是消除设备缺陷，提高设备健康、安全、经济运行水平。设备检修后经济运行水平提高的标志，是汽轮机效率水平较检修前提高了多少。其指标的名称为汽轮机组检修后效率恢复值。汽轮机组检修后效率恢复值的计算方法如下：

（1）汽轮机组检修间隔期内效率自然衰减值的计算。汽轮机组检修间隔期内效率的自然衰减值是指，汽轮机组上次检修后的效率与汽轮机组本次检修前的效率的差值，单位:%。具体表达式为

$$\Delta\eta_{zr}^{sj} = \eta_{sc}^{xh} - \eta_{bc}^{xq} \tag{10-2}$$

式中 $\Delta\eta_{zr}^{sj}$——汽轮机组检修间隔内效率自然衰减值,%；

η_{sc}^{xh}——汽轮机组上次检修后的效率,%；

η_{bc}^{xq}——汽轮机组本次检修前的效率,%。

（2）汽轮机组检修后效率恢复值的计算。汽轮机组检修后效率的恢复值是指，汽轮机组本次检修后的效率值与汽轮机组本次检修前的效率值的差值，单位:%。具体表达式为

$$\Delta\eta_{hf} = \eta_{bc}^{xh} - \eta_{bc}^{xq} \tag{10-3}$$

式中 $\Delta\eta_{hf}$——汽轮机组检修后效率恢复值,%；

η_{bc}^{xh}——汽轮机组本次检修后的效率值,%；

η_{bc}^{xq}——汽轮机组本次检修前的效率值,%。

（3）汽轮机组检修后效率恢复率的计算。汽轮机组检修后效率的恢复率是指，汽轮机组检修后效率恢复值占汽轮机组检修间隔内效率自然衰减值的比例，单位:%。具体表达式为

$$L_{hf}^{lv} = \frac{\Delta\eta_{hf}}{\Delta\eta_{zr}^{sj}} \times 100 \tag{10-4}$$

式中 L_{hf}^{lv}——汽轮机组检修后效率恢复率,%。

（4）汽轮机组检修后效率恢复值考核定额的计算。汽轮机组检修后效率恢复值考核定额，是考核要求机组检修后效率必须达到的提高值，单位:% 。具体表达式为

$$\Delta\eta_{hf}^{de}=\Delta\eta_{zr}^{sj}\times L_{hf}^{lv} \tag{10-5}$$

式中　$\Delta\eta_{hf}^{de}$——汽轮机组检修后效率恢复考核定额值,% 。

汽轮机组检修后效率恢复率定额，应在电厂汽轮机、锅炉设备检修工程热态评价验收中作明确的规定，如建议指标为：

1）工程质量评价为“优”——汽轮机组检修后效率恢复值考核定额率应达到90% 。

2）工程质量评价为“良”——汽轮机组检修后效率恢复值考核定额率应达到80% 。

3）工程质量评价为“合格”——汽轮机组检修后效率恢复值考核定额率应达到70% 。

（二）锅炉热力特性试验分析

锅炉设备热力特性试验分析的内容包括蒸汽参数、排烟损失、机械不完全燃烧损失、燃烧设备调节性能 4 个主要方面，以及对发电煤耗率、锅炉效率的影响值是多少。具体分析要求如下。

1. 蒸汽参数对发电煤耗率的影响

蒸汽参数是锅炉设备的产品质量指标，与锅炉效率没有直接的因果关系。对发电煤耗率的影响体现在汽轮机效率，是汽轮机效率四大影响因素之一。能否达到设计参数运行的关键在锅炉设备的健康水平和运行调整、操作水平，汽轮机专业无直接责任，而在单元机组内对发电煤耗率的影响的直接责任是锅炉专业。因此，管理锅炉设备的专业主管工程师、员工要掌握蒸汽参数达不到要求对发电煤耗率的影响大小，认真管理，确保汽轮机对蒸汽参数的要求。

（1）锅炉过热器出口的蒸汽压力偏离设计值是多少，对发电煤耗率的影响值是多少。

（2）锅炉过热器出口的蒸汽温度偏离设计值多少，对发电煤耗率的影响值是多少。

（3）再热器出口再热蒸汽温度偏离设计值多少，对发电煤耗率的影响值是多少。

2. 排烟损失

（1）炉膛出口烟气含氧量偏离设计值多少，对锅炉效率、发电煤耗率的影响值是多少。

（2）锅炉排烟温度偏离设计值是多少，对锅炉效率、发电煤耗率的影响值是多少。

（3）空气预热器及尾部烟道漏风系数偏离设计值多少，对锅炉效率、发电煤耗率的影响值各是多少。

（4）送风机入口风的温度是客观的，但对有前置式预热器等设备的，要严格要求达到规定，分析时要排除。

（5）送风机入口风温度对排烟温度、锅炉效率的影响，要作出正确的评价。

（6）负压制粉系统的漏风要以一定的方式进入锅炉内燃烧，漏风率大了，对磨煤机产量、锅炉燃烧工况不利，但也很难在这方面作出定量分析，专业人员必须注意，并做好管理工作。

3. 机械不完全燃烧损失

（1）飞灰可燃物含量偏离设计值多少，对锅炉效率、发电煤耗率的影响值是多少。

（2）灰渣可燃物含量偏离设计值多少，对锅炉效率、发电煤耗率的影响值是多少。

4. 燃烧设备调节性能

一次风、二次风风门开度状况，扩散角，回流工况等。

5. 锅炉大修后效率恢复值是否达到考核值

6. 直接影响发、供电率的指标

（1）再热器喷水减温水量超出设计值多少，对单元机组发电煤耗率的影响值是多少。

（2）石子煤排出量是多少，对单元机组发电煤耗率的影响值是多少。

（3）磨煤机制粉系统、送风机、引风机等用电单耗、用电率变化各是多少，对单元机组发电煤耗率的影响值各是多少。

（三）汽轮机、锅炉设备检修前后的热力特性鉴定试验分析报告的撰写要求

以上讲述了汽轮机、锅炉设备检修前后的热力特性鉴定试验分析报告的要求，可以说是面面俱到。特性试验报告分析也是这样，只有认清了指标、数据，所有有关指标变化、内在联系，对设备、系统经济性能的影响，去其一般，取其精华、要点，加上写作、综合能力，就能写出一篇实用性较强的分析报告。看到设备、系统大修前存在的缺陷、问题，可以有针对性地安排并做好重点工作；看到设备、系统大修后尚存的较大问题，可以安排下一步工作。分析报告的撰写要求如下：

（1）结论部分要写出哪些指标达到或好于设计值、本次大修后试验值是多少，对效率或煤耗的影响值各是多少；哪些指标未达到设计值、本次大修后试验值、本次大修前的水平，差值是多少，对效率或煤耗的影响值各是多少。

（2）要把差距、问题写到一目了然的程度，让各级领导和专业人员一看就明白设备、系统问题的所在，从而能针对问题进行思考、研究。试验人员一定要避免试验报告只提供试验数据，让各级领导和专业人员都来对试验数据进行全面的分析、研究。这样一是浪费各级领导和专业人员的时间；二是不易达到专业工作的应有深度。当然，针对部分必需的专题进行深度的研究也是必要和不可避免的。发现了问题，问题就等于解决了一半。认真、深入地研究问题，就能认识问题、解决问题。

（3）要用数字说话，定量尽量准确，注意少用定性的词句。

（4）问题要突出重点，从大到小排定。

（5）必要时，应先征求有关人员的意见，而后再提出建议与措施。

二、汽轮机、锅炉设备建成投产热力特性鉴定试验分析要求

火电机组建成投产时的热力特性鉴定试验，主要是评价热机设备、系统的各项技术经济性能指标是否达到设计要求，并对设备经济性能指标作一次全面的评价。设备技术经济指标性能评价的内容与要求如下。

（1）下列技术经济指标在额定负荷下应达到设计值：

1）汽轮机设备、系统在额定负荷、设计参数下运行时，汽轮机组发电热耗率或汽轮发电机绝对电效率。

2）汽轮机自动主汽门前的蒸汽压力、温度，中压缸的自动主汽门前的再热蒸汽温度、压力。

3）凝汽器入口循环水温度为20℃时，凝汽器真空度（背压）、凝汽器循环水温升、凝汽器端差、高压加热器出口给水温度。

4）锅炉额定负荷时，过热器出口蒸汽压力、温度，锅炉再热器出口再热蒸汽压力、温度，再热器喷水减温水量。

5）送风机入口温度为设计值（25、30℃等），并修正到额定出力时的排烟温度。

6）凝汽器真空系统严密性、空气预热器漏风系数、锅炉尾部烟道漏风系数、负压磨煤机制粉系统漏风系数应达到设计值或行业标准。

7）再热蒸汽压力降。

（2）锅炉、汽轮机设备投产验收时，下列指标未达到设计值时可以修正：

1）额定负荷、试验工况下，汽轮机组保证值热耗率是汽轮机设备的经济性能指标。影响经济性能的汽轮机自动主汽门前的蒸汽压力、温度，中压缸自动主汽门前的再热蒸汽温度，未达到设计值时可以进行修正。因为这些参数是锅炉蒸汽产品的质量，发生偏差的责任是锅炉设备的因素影响的，与汽轮机设备性能、质量无关。

2）汽轮机凝汽器循环水入口温度高于设计值，属于季节性自然温度变化影响的可以修正到设计值。

3）额定负荷、试验工况下的锅炉效率，送风机入口温度高于的设计值（25、30℃等），可以修正到设计值。

（3）锅炉、汽轮机设备的下列技术经济指标未达到设计值时，不可进行修正：

1）凝汽器真空度（汽轮机背压）达不到设计值，是凝汽器设备性能、抽气器设备性能、凝汽器真空系统严密性等设备因素造成的，不可以进行修正。

2）在送风机入口温度为设计值（25℃或30℃等）的情况下，排烟温度超过设计值时，不可以进行修正。

针对未达到设计要求的技术经济指标，向制造厂、基建方交涉和索赔。

（4）机组发、供电煤耗率的修正因素。新建成投产机组的发、供电煤耗率水平，应是正常生产发电运行中的实测锅炉效率、汽轮机效率、管道效率计算的煤耗率，应包括机组正常发电运行中的自用汽，如锅炉设备的吹灰用汽，锅炉设备、热力系统的正常补水，锅炉排污，机房设备冬季采暖等，仅可扣除由于自然的、客观的环境、条件因素的影响部分，如循环水入口温度偏离设计值、锅炉送风机入口风温度偏离设计值等。

汽轮机保证值热效（热耗）率计算的发电煤耗率不可作为评价单元机组运行发、供电煤耗率水平的依据，因为汽轮机保证值热耗率是专业管理工作中用来评价和衡量汽轮机设备、系统是否达到设计水平的依据。发、供电煤耗率的修正因素包括以下两个方面。

1）可修正因素：

a. 循环入口温度超过设计值，可以修正温度超过的部分。

b. 凝汽器背压（真空度）仅可修正循环入口温度超过设计值的部分。

c. 锅炉送风机入口风温度超过设计值，可以修正因送风机入口风温度超过设计值部分对排烟温度的影响。

2）不可修正因素：

a. 凝汽器背压（真空度）高于设计值时，一般不可进行修正。其中，由于循环入口温度超过设计值的部分的修正除外。

b. 高压加热器出口给水温度未达到设计值。

c. 主蒸汽参数、再热蒸汽参数未达到设计值。

d. 锅炉排烟温度未达到设计值时，一般不可进行修正，但送风机入口风温度超过设计值的修正除外。

e. 锅炉再热器的喷水减温水量超过设计部分不可进行修正。

f. 高压缸、中压缸、低压缸的效率未达到设计值，对汽轮机效率的影响不可进行修正。

g. 投产鉴定试验时的设备、系统缺陷对发供电煤耗率的影响不可进行修正。

（5）鉴定试验时，影响机组运行发电煤耗率水平的下列因素应修正到设计值，否则鉴定煤耗率偏低。机组投产后，正常运行的年平均发电煤耗率难以达到鉴定值。

1）鉴定试验时，循环水入口温度低于设计值，影响汽轮机背压降低、凝汽器真空度升高，使汽轮机效率比设计值偏高，使投产鉴定的发电煤耗率偏低。因此，应对循环水入口温度低于设计值的影响进行修正。

2）鉴定试验时，锅炉送风机入口风温度低于设计值，使排烟温度降低、锅炉效率升高，使投产鉴定的发电煤耗率偏低。因此，应对锅炉送风机入口温度低于设计值的影响进行修正。

（6）新机建成投产鉴定试验报告的撰写要求。新机建成投产的鉴定试验，一般都有电力技术管理的权威机构，如热工院或电科院负责。机组鉴定试验报告应面向生产，符合并满足生产需要：

1）应有机组试验过程中的参数、指标、数据，以供正常生产中分析对比、检查核对使用。

2）哪些指标、参数达到设计或好于设计水平，并应以数据证明。

3）哪些指标、参数未达到设计水平，差距是多少，分析可能原因是什么，并提出供参考的建设性意见。

4）标准理念、修正，回归生产，服务生产，指导生产。设备性能考核的修正，应有针对性说明。

5）单元机组设备、系统缺陷、经济指标未达到设计水平对锅炉、汽轮机效率和发、供电煤耗率的影响各是多少。

6）锅炉、汽轮机效率，发、供电煤耗率应有实际可达到的水平应是多少等。上述各项要求应有详细的文字说明。

7）报告说明问题的重点、关键指标、数据必须齐全，便于查阅。

8）见到报告，见到主要（重点）结论，不能是翻遍文件才能见到。

9）分析的评价、结论应有根有据，文字表达应清楚。

第五节　标准煤单价分析的要求

进厂煤的数量、质量、标准煤单价，是影响火电厂发电成本的最重要因素。认真做好标准煤单价的分析工作，是管好发电成本、提高火电厂经济效益的最为重要的手段，以达到煤质最优、进厂标准煤单价最廉、燃料成本最低的目的，为电力企业独立核算、竞价上网，步入社会主义市场经济大潮作出更大的贡献。标准煤单价的分析要求是：用定量的方法查明标准煤单价变化的原因。其中：

（1）标准煤单价分析计算时用的实际煤单价，应包括各煤种自矿发至到厂实际发生的

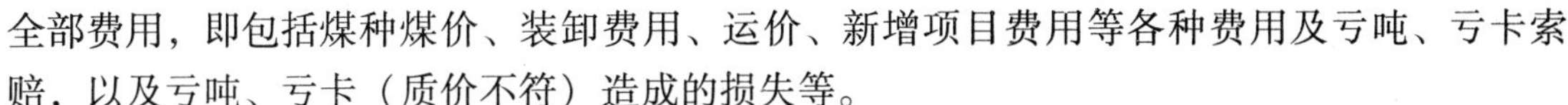

全部费用，即包括煤种煤价、装卸费用、运价、新增项目费用等各种费用及亏吨、亏卡索赔，以及亏吨、亏卡（质价不符）造成的损失等。

（2）用科学、规范的方法做好标准煤的分析工作。

（3）各煤种标准煤单价变化对进厂标准煤单价的影响值各是多少。

（4）每一煤种标准煤单价变化对全厂标准煤单价的影响值各是多少。

（5）煤种煤量结构变化对进厂标准煤单价的影响值是多少。

（6）依据煤质、煤价，根据发电用煤量的需求和市场煤炭供应的可能，按质优、价廉原则排定的各种煤种的组合方案，供领导和专业管理人员决策。

（7）量化燃料管理人员在日常工作中为降低标准煤单价作出贡献的大小，如亏吨、亏卡向矿方索赔等对标准煤单价影响的定量分析。

（8）量化实际工作中时常出现某一煤种政策性的费用调整、追加等对标准煤单价影响的定量分析。

第六节 储煤场盈、亏煤原因的分析要求

火力发电厂储煤场出现的盈、亏煤现象时有发生，也总有事发的内在原因。专业人员要全面地观察、综合地分析造成储煤场盈、亏煤量的因素；对煤场产生盈、亏煤的诸多因素要理顺、理清其内在联系；看清造成煤场盈、亏煤问题的实质；真正认识、查清造成煤场发生盈、亏煤的原因。具体要求如下。

一、检查煤耗率计算正确性对煤场盈、亏煤的影响

1. 锅炉反平衡效率计算准确性对煤场盈、亏煤的影响

（1）排烟损失计算。

1）入风温度必须是送风机入口处空气温度。

2）氧量值必须是空气预热器烟气出口的氧量。

3）尾部烟道、空气预热器的漏风系数必须对计算用氧量值进行修正。

（2）化学未完全燃烧损失应通过查定试验确定。

（3）机械未完全燃烧损失：大（粗）灰（渣）必须按灰平衡比例计算。

（4）灰渣的物理潜热损失应根据计算确定。

2. 汽轮发电机绝对电效率的计算准确性对煤场盈、亏煤的影响

（1）汽轮机进汽量应以智能表计量为准，否则应进行参数修正。

（2）汽轮机进汽热量计算应以汽轮机进汽参数为准，测点不应远离汽轮机主汽门。

（3）汽轮机再热蒸汽热量应以高压缸排汽、中压缸进汽参数为依据计算。测点位置不应远离中压缸主汽门。

（4）汽轮机回热系统的回热应以高压加热器出口焓值为准进行计算，测点不应远离高压加热器出口。

3. 发电厂管道效率对煤场盈、亏煤的影响

（1）锅炉排污率是否正确。

（2）锅炉补水率变化的影响。

(3) 高温设备、系统保温是否良好。

4. 用电厂效率计算发电厂反平衡煤耗率对煤场盈、亏煤的影响

不可用加权平均计算的全厂汽轮机综合效率、锅炉综合效率计算的电厂效率，再计算发电厂反平衡煤耗率。

二、发电用煤量计算的正确性及其对煤场盈、亏煤量的影响

(1) 运损煤量计算是否正确及其对储煤场盈、亏煤量的影响。

(2) 盈吨煤量计算是否正确及其对煤场盈、亏煤量的影响。

1) 盈吨车皮，必须按矿发大票煤炭重量全额扣除燃料运输途中的运输损失量，再计算该车皮的盈吨煤量。盈吨煤量必须计入进入煤场的煤量，计入煤耗率的煤量。

2) 当盈吨车皮不扣运损时，应按下列两种情况处理，否则煤场盈煤，煤耗率偏低。

a. 盈吨煤量为负值，其绝对值煤量小于规定运损允许值而又大于零时，不视为亏吨。

b. 当盈吨煤量计算值为正值时，应和其规定的运损额定值的煤量一并计入进入电厂的记账煤量、进入煤场煤量、发电用煤量。

(3) 亏吨煤量计算是否正确，对煤场盈、亏煤量的影响。

1) 亏吨索赔煤量，必须统计为进入煤场的煤量，也必须统计为发电用煤的煤量。

2) 亏吨不能索赔时，其亏吨煤量可统计为进入发电厂的账面上的煤量（为计算成本的煤量），而不可统计为进入煤场的煤量，也不可统计为发电用煤的煤量。

(4) 其他原因进入发电厂内煤场的煤量统计是否正确对煤场盈、亏煤的影响。

1) 发电厂进厂煤水分过高，并超过矿方供货合同水分的标准对煤场的影响。

2) 矿方因亏吨补赔给发电厂的煤量，或因煤炭质量差折算补赔给发电厂的煤量，都应计算为进入发电厂煤场的煤量，并统计为发电用煤的煤量。

3) 亏吨索赔煤款只可冲减燃料成本，不可折算为进入煤场煤量。

(5) 煤场其他用煤量对煤场盈、亏煤的影响。

1) 凡是从煤场支作他用的煤量，都应从煤场账面煤量上支出，不得计入发电用煤量。

2) 非生产用汽、采暖的折算煤量，必须从发电用煤量中减去。

(6) 储煤场存损计算的正确性对盈、亏煤量的影响。

1) 储煤场的“存损”应按月日均存煤量的 0.5% 计算，并扣除。

2) 不可随意规定储煤场盘煤结果“亏煤时扣运损”，“盈煤时不扣运损”。

三、检查入厂煤、入炉煤水分差对煤场盈、亏煤量的影响

(1) 入厂煤水分与入炉煤水分取样的正确性。

(2) 入厂煤水分、入炉煤水分制样的正确性。

(3) 入厂煤水分、入炉煤水分差与入厂煤热值、入炉煤热值差的数理关系是否正确。

四、检查入炉煤水分、热值对煤场盈、亏煤量的影响

(1) 入炉煤水分、热值取样位置的正确性。

(2) 入炉煤水分、热值取样的代表性。

(3) 皮带秤称重后不可有除尘浇水。

(4) 入炉煤水分取样点后不可有除尘浇水。

(5) 入炉煤热值取样点后不可有除尘浇水。

五、检查燃料管理对煤场盈、亏煤量的影响

（1）进厂煤计量的准确性对煤场平衡和盈、亏煤的影响。

（2）进厂燃料记账的正确性对煤场平衡和盈、亏煤的影响。

（3）煤场盘煤的准确性对煤场煤量的影响。

（4）煤场储煤比重的影响。

第十一章 火电机组经济指标优化运行

火电机组优化运行，是为了提高机组运行经济性，达到节约能源（节约燃料、节约用电），降低成本，提高企业经济效益的目的。

提高经济效益与节约能源，在某种程度上不可兼得。优化运行是节能工作的重要组成部分；提高经济效益是企业的直接经济利益。因此，有关部门要处理好节约能源与企业经济利益的关系。

靠管理者的技术业务水平、管理水平、管理能力、管理智慧，是优化运行、节约能源、获取节能效益比的关键。

火电机组的广义节能，由直接节能、结构节能、技术进步节能、合同节能等四个方面构成。

（1）直接节能：指运行人员通过精心操作、勤调整，各项参数稳定在设计的额定（参数）值运行，实现节能；发电设备、系统合理组合，相关指标稳定在最优化方式运行，实现节能；发电设备、系统通过精心检修、维护，保持健康水平，实现节能等。

（2）结构节能：指优化机组容量、参数、煤耗率水平的结构比例，达到节约能源的目的。例如，提高大容量、高参数、煤耗率水平低的机组的发电量比例；通过协议、合同，实现由大机组替代小机组发电；或多建煤耗率低的大容量机组，关停煤耗高的小容量机组等。

（3）技术进步节能：指采用新技术，对低效率老设备进行技术改造，达到节约能源的目的。例如，汽轮机组进行通流部分改造；辅机设备进行技术改造；300MW 以下机组改热电联产等。

（4）合同节能：指电厂方与先进技术持有方，用协议、合同的方式，由先进技术持有方提供具有先进技术的节能设备、资金，用电厂设备改造后运行中节约（减少）能源的费用来支付设备改造费用。

第一节 指标分析、耗差分析与优化运行

指标分析、耗差分析与优化运行的目的是一致的，是为了提高机组运行经济性，降低成本，提高企业的经济效益。指标分析与耗差分析是找出指标的差距（值），优化运行则是对设备、系统通过试验，找出达到最优指标的途径。

一、指标分析

指标分析是将要分析的指标与基准（期）指标进行比较，找出差值，提出问题，制订

措施，达到指导生产、服务生产的目的。

要分析的指标是本期指标，是分析期实际完成的指标，要安排的计划指标、设备大修后的指标水平、改进后的指标水平。

基（准）期指标是指标分析、比较的目标值，可以是设计值、定额值、历史最好水平、同类型先进水平、设备大修前的指标水平、改进前的指标水平。

电厂经济指标分析工作：领导、管理人员、专业人员年年做、月月做、天天做。例如，总（生产、经营）经理，节能、计划、统计、机炉专工，值长、运行人员等几乎时时刻刻都在做，只是内容、范围、目标不同而已。

二、耗差分析

耗差分析是20世纪70年代从国外引进的概念。耗差分析的实质、方法、思路、目标同日常的指标分析一样。

耗差分析与指标分析的不同之处在于：

耗差分析是指对指标进行的系统的、全面的分析工作，即是少数专业人员对指标进行的系统的、全面的分析。与指标分析一样，有的已编程，可由电脑来完成。

指标分析则是涵盖了指标分析的全部工作。除经常性的指标分析工作用编程、由电脑来完成外，专业人员还可以根据工作需要，进行各种各样不同设备、不同内容、不同阶段指标的分析工作。

三、在线的“指标分析、耗差分析”软件的作用

在线的“指标分析、耗差分析”软件的作用包括：

（1）找出（分清）各项指标与目标（标准）值的差距。

（2）告诉管理人员、运行人员各项指标存在的差值、效率的差值、煤耗的差值等各是多少。

上述两点在线“指标分析、耗差分析”软件的作用，仅起到表计、指示、提醒的作用。在某种程度上，主蒸汽参数、再热蒸汽温度等的偏差，运行人员可以在力所能及的范围内稳定在可以达到的数值上运行。至于造成指标偏差的原因，影响指标偏差的因素，分析、提出指标存在的问题，制订解决指标问题的措施，还需专业主管做深入细致的调查研究工作。

有的软件商说，该软件运用后，可以降低“几克”煤耗，那只是在软件使用时，由于以往对某些指标注意不够，某些指标未全程达到并稳定在规定值运行的原因。如果全体运行人员都能以主人翁的高度责任感，保持运行指标始终如一的达到，并保持在规定的数值下运行，则在线的“指标分析、耗差分析”软件的作用也就不大了。

指标分析、耗差分析的作用很大，毫不夸张地说，其用途无处不在，全员都应参加，如设备、系统的运行指标；设备、系统检修工程前后的评价；设备更新改造工程前后的评价；运行、检修，锅炉、汽轮机、节能、统计、计划、燃料、化学等专业主管及有关人员等都在其中。

指标分析、耗差分析的关键：一是建立一套科学、完整的分析方法，有分析工作的标；二是有一套完整的管理制度，分析工作责任落实到人；三是指标分析、管理工作要形成闭环运行、闭环管理。

四、指标的差值（损失）分类

指标的差值、损失可分为可控的损失与不可控的损失两种。

（1）可控的损失：指通过员工的努力，可以控制偏差，以致可以减少损失的指标，最终可以实现的目标值。

（2）不可控的损失：又称不可抗拒的损失，是指员工的努力一般是不可克服或消除的损失，但不包括通过设备更新改造可以控制的损失。

五、优化运行的目的

火电机组优化运行的目的是使设备、系统达到并稳定在更加经济的状态下运行，企业获取最大的效益。具体要求是：

（1）使指标分析达到设计值或定额值运行。

（2）对设备、系统运行中的指标，通过各种不同参数、方式组合的试验，寻求、得到指标的最优值，达到节能、提高企业经济效益的目的。

六、制订措施、解决问题

指标分析、耗差分析与优化运行的目的有：

（1）通过分析找出的指标差值、问题，为开展节能、优化运行提供依据。

（2）专业人员根据指标的差值、问题制订措施，并为节能、优化运行提出解决问题的办法。这是极为重要的一步。

（3）全体员工改进操作，进行调整，认真执行、落实各项措施、办法，实现节能，最终达到提高企业经济的目的。这是关键的一步。

指标分析、耗差分析与优化运行管理工作，是通过指标数据的获取→分析→找出问题→制订措施→实施改进→实现目标→进入下一个循环。在分析管理工作中，要形成闭式循环，这样就能使各项指标达到更优值运行，达到节约能源、提高企业的经济效益的目的。

可见，指标分析、耗差分析仅停留在能指出差值、表明问题，仅仅是优化运行工作的开始，还远远没有达到指标分析的目的。指标的差值有了，影响值有了，问题表明了，这仅是指标分析、耗差分析的第一步。谁来看出问题的实质，分析问题影响因素，提出解决问题的措施、办法，这才是分析工作的最终目的。因此，必须有具有较高水平的专业主管人员来做，或在指标分析、耗差分析软件中建立智能专家库，达到对设备指标存在的差值、问题指出影响因素，提出解决办法，达到对运行操作、调整等节能工作进行指导的目的。

第二节　技术经济指标的目标值

单元机组优化运行，从目前发展的趋势和认同来看，可分为狭义的优化运行和广义的优化运行两种。

（1）狭义的优化运行：指设备、系统运行参数、运行方式的优化组合，通过生产试验、实践，使设备、系统运行的技术经济指标达到最优状态，如凝汽器的循环水泵运行方式、制粉系统的煤粉细度、锅炉燃烧室的燃烧工况等。

（2）广义的优化运行：指单元机组设备、系统运行中的各项运行参数、技术经济指标达到最优（设计值、定额值）状态，其中还包含狭义优化运行的设备、系统运行参数、运

行方式的优化组合，使设备系统运行的技术经济指标达到最优状态。

单元机组优化运行，首先要确定一个方向、目标，即机组技术经济指标最优的目标值如设计值、定额值、同类型先进值等。

一、目标值

机组运行参数、指标很多，在制订目标值时首先应分清哪些参数、指标是可为的，经过员工的努力能够实现目标值；哪些参数、指标是员工一般操作、调整不可为的，是不可抗拒（不含更新、改造，采用新技术后可以实现的）的影响。运行参数、指标的目标值一般是设计值，或通过计算、核定的定额值等。

（一）设计值

单元机组技术经济指标的设计、运行参数很多，一般可分为设备保证值、操作控制值、管理监视值等。

1. 设备保证值

汽轮机组的热耗保证值工况，即 THA——机组的热耗率验收工况，是机组设备建成投产，交付生产单位时，在设备运行工况符合规定、参数达到设计值的特定条件下应达到试验值的指标，而不是机组投产后，设备、系统正常运行中应达到或可能达到的设计值。

机组的铭牌工况（TRL——出力保证值的验收工况），是机组在夏天循环水温度为33℃，设备、系统补水（除盐）率为 3% 的最差条件下，机组应达到的设计铭牌出力。同时，各项参数、汽轮机效率、锅炉效率、发电煤耗率、厂用电率、供电煤耗率等各项技术经济指标都应达到的设计值，而不是正常运行条件下允许的下限值。

2. 操作控制值

操作控制值是指由运行人员监视，通过调整操作达到并保持、稳定在设计值、定额值运行的指标，如锅炉过热器出口的主蒸汽压力、温度，再热器出口的再热蒸汽温度，锅炉炉膛出口烟气中的含氧量，锅炉排烟温度等。

3. 管理监视值

管理监视值是要求运行人员，各级、各专业管理人员定期分析、监视、管理的指标，如汽轮机给水回热系统的高、低加热器的出口温度、温升、端差，锅炉尾部烟道内各受热面的介质的温升、排烟烟气流的温度降，以及高温设备、管道保温表面温度等。

（二）定额值

定额值需要由专业人员计算确定、企业领导认定，上级主管核准运行技术经济指标。一般有以下 2 种情况 4 种形式。

1. 单元机组有设计值，用计算确定其考核定额指标

机组有设计值，但需经计算确定其考核定的指标，是指机组有的指标虽有设计值，但设备运行中是随负荷变化而变化；或随季节气候变化而变化的指标；受运行方式变化较大，影响因素太多，不能直接引用。因此，须经过计算、确定。

（1）随负荷变化而变化的指标的定额。随负荷变化而变化的指标，最明显的指标是单元机组的发电煤耗率。单元机组发电负荷有额定降到 50% 负荷运行，则一般情况下发电煤耗率要增加 15 ~ 23g/kWh。

（2）随季节气候变化而变化的指标。随季节气候变化而变化的指标，最明显的指标有

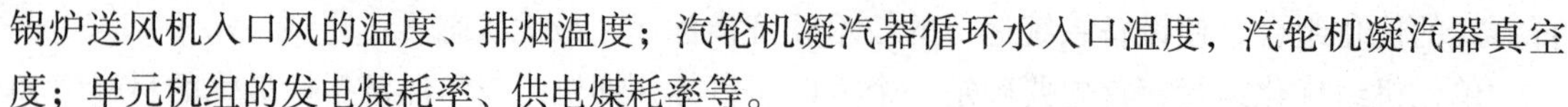

锅炉送风机入口风的温度、排烟温度；汽轮机凝汽器循环水入口温度，汽轮机凝汽器真空度；单元机组的发电煤耗率、供电煤耗率等。

2. 单元机组没有设计值，用计算能确定其考核定额指标的定额

（1）单元机组没有设计值，但却包含在其他指标内，经过对机组相关设计的理解、认识、运用就能计算确定其考核定额指标，如凝汽器循环水温升、凝汽器端差等。

（2）机组既没有设计值，技术依据也不足。因此，只能由专业人员研究、计算确定的指标，如辅机单耗、用电率等。

（3）与设备健康水平、管理水平有关的指标定额。

与设备健康水平、管理水平有关的指标定额，是指有的指标虽然有设计值（含没有设计值），但受设备健康水平、管理水平影响较大，指标水平偏离设计值、考核要求值较大，在一定时间内需要核定一个较为合适的指标考核定额，如锅炉补水率等。

二、目标值确定

目标值是指运行中应达到的运行参数或指标。其中，主蒸汽温度、再热蒸汽温度、锅炉炉膛出口烟气中氧的含量应在设计额定值下运行；主蒸汽压力在额定负荷下和规定在额定压力运行的发电负荷下，汽轮机主汽门前的蒸汽压力应达到额定压力运行。单元机组进入滑压运行负荷区段，主蒸汽压力与负荷按规定要求运行。压力不进入运行统计值，不进入指标考核。其他指标目标值确定方法与要求如下。

（一）设备设计值

1. 机组的铭牌工况

机组的铭牌工况：即 TRL——出力保证值的验收工况，汽轮机在额定进汽参数，回热系统正常投运，背压在夏季规定的背压工况，补水率为 3% 时，汽轮发电机组能连续在设计额定发电出力的功率下运行的工况。要求单元机组设备系统在夏天空气温度高、循环水温度高的条件下机组达到额定出力运行。在夏季，可以通过查定试验检查机组是否达到铭牌工况保证值。

2. 凝汽器真空度

机组运行中的凝汽器真空度，在额定负荷下，全年平均值应达到设计值。凝汽器真空度是随机组负荷率变化而变化的，在其他条件不变时，负荷越低，凝汽器真空度越高。凝汽器真空度还与凝汽器循环水入口温度有关，循环水入口温度越低，凝汽器真空度越高；反之，循环水入口温度越高，凝汽器真空度越低。因此，考核定额值应根据发电负荷和循环水入口温度确定。专业主管应编制设计工况下的凝汽器真空度与循环水入口温度、负荷率变化的关系曲线和速查表，并纳入节能手册，以方便各有关人员使用。

3. 给水温度

给水温度与发电负荷率有关，在额定负荷下，机组运行中的给水温度应达到设计值。考核定额值应为随机的同负荷下的设计值。因此，专业主管应将制造厂提供的给水温度与发电负荷的关系曲线复制，并编制速查表纳入节能手册，以方便各有关人员使用。

4. 循环水入口温度

机组运行中的循环水入口温度，在额定负荷下，全年平均值应达到设计值。循环水入口温度与气候（季节）、水塔运行效率有关。循环水入口温度变化对机组运行经济性的影响特

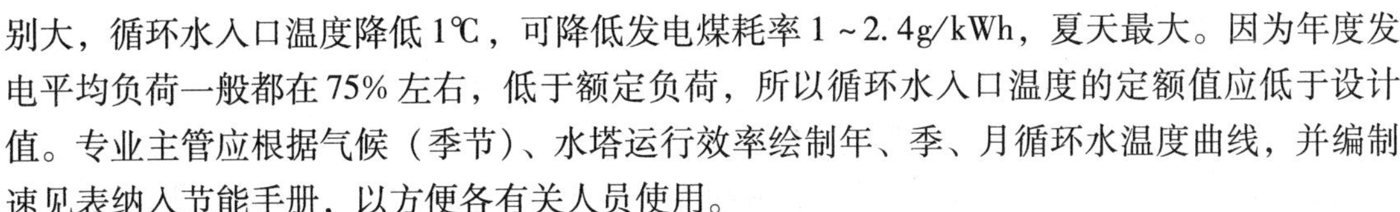

别大，循环水入口温度降低1℃，可降低发电煤耗率1～2.4g/kWh，夏天最大。因为年度发电平均负荷一般都在75%左右，低于额定负荷，所以循环水入口温度的定额值应低于设计值。专业主管应根据气候（季节）、水塔运行效率绘制年、季、月循环水温度曲线，并编制速见表纳入节能手册，以方便各有关人员使用。

5. 锅炉效率

锅炉运行效率的年平均值应达到各种负荷下的设计值。如因设备或燃料质量问题影响锅炉效率达不到设计值，管理者也应编制出锅炉在各种负荷下与锅炉效率的关系数值表，供有关人员使用。

6. 排烟温度

锅炉排出烟气温度的年平均值应达到各种负荷下的设计值。不同负荷下应有相应的排烟温度设计值。管理者应绘制锅炉负荷与排烟温度的关系曲线供有关人员使用。

7. 锅炉（送风机）入风温度

设计计算锅炉效率时，一般是按30℃或25℃计算的。寒冷地区为防止锅炉尾部烟道结露、积灰，一般配有暖风器（前置式预热器）、烟气再循环、室内取风等设备。应注意的是，要控制进入空气预热器的风温不应超过预热器防止结露要求的温度。计算锅炉效率时所用的锅炉入风温度，一定要选用送风机进口的空气温度。

8. 厂用电率

机组运行厂用电率的影响因素较多，往往只有一个额定负荷下的设计值，而主要辅机设备又无设计单耗和用电率。因此，每台机组可通过查（鉴）定试验和特定条件（机组稳定负荷）下的统计数据的分析、计算，确定机组负荷与厂用电率的关系值，并画成曲线，编制速查表。

（二）需经过计算确定的指标

1. 汽轮机组保证值热耗率

汽轮机组的热耗率保证值工况（THA——机组的热耗率验收工况）下，汽轮机在额定进汽参数，额定背压，回热系统正常投运，补水率为0%，发电机出线端发出功率为机组设计额定值。单元机组正常运行工况下，这个指标是达不到的，其原因如下：

热耗率保证值是一种纯试验工况，与正常的实际运行工况完全不同。热耗率保证值测取试验的具体要求有：

（1）试验过程中，要求负荷稳定。每个负荷点试验时间为2h左右，前1h为试验稳定运行工况，确保试验数据具有代表性，试验测量数据在最后1h。

（2）试验期间本机组系统不允许向外界供汽。

（3）试验期间不允许向本机组系统内补水。

（4）试验期间锅炉不允许吹灰。

（5）试验期间锅炉不允许排污。

（6）试验期间锅炉不允许排大渣。

（7）试验报告提供的热耗值，是将试验值修正到机组设计的额定参数。其中，可以修正的参数有主蒸汽压力、主蒸汽温度、再热蒸汽温度、汽轮机背压、高压加热器出口给水温度等。

2. 单元机组正常的实际运行工况热耗率

单元机组正常的实际运行工况，是指单元机组带负荷程度和机组正常运行发电广义管道效率下的热耗率。单元机组负荷程度和发电运行广义管道效率对发电煤耗率影响的设计值约为19g/kWh。其中，单元机组负荷程度影响约为8g/kWh；广义管道效率对发电煤耗率的影响约为11g/kWh。实际值应根据单元机组负荷程度下的空载发电煤耗率数值和包括补水率影响的广义管道效率的水平而定。考虑因素如下：

（1）机组运行所带负荷，应根据电网负荷变化需要，随时进行调整。

（2）单元机组运行中，根据系统汽水损失量，随时补进足够的补充中水。

（3）单元机组运行中，要根据设备系统需要按规定进行吹灰、排污、排大渣。

（4）单元机组运行中，要根据设备系统需要供给各种取样，伴热、采暖等用汽、用水。

（5）汽轮机组运行中的实际热耗率水平则是各种负荷、运行参数实际运行的结果，不进行任何修正。机组设备、系统中设计遗留的问题、设备缺陷、外界条件、自然环境等影响全都包含在内。

通过上述分析、比较可见，汽轮机运行的实际热耗率水平比汽轮机组的保证热耗率要高得多。目前机组设计资料大多提供运行发电煤耗率，可以通过提供的运行发电煤耗率求取机组运行的实际热耗率水平，或根据运行的实际情况，通过试验测取机组运行的实际热耗率水平。

3. 汽轮发电机组绝对电效率

汽轮发电机组绝对电效率（简称汽轮机效率），与汽轮机热耗率是同一性质的机组的经济性能指标。汽轮机效率是用汽轮机热耗率计算的（$\eta_{qj}=3600/q_{qj}$）。

4. 单元机组发电煤耗率

设计资料提供的单元机组发电煤耗率可分为设计保证值发电煤耗率、设计运行发电煤耗率、设计商业发电煤耗率等。

设计保证值发电煤耗率是根据制造厂提供的汽轮机效率、锅炉效率、管道效率计算的。其中，锅炉效率变化不大；管道效率计算时，常采用狭义管道效率，一般采用98.5%左右；汽轮机效率一般按汽轮机热耗率的保证值计算。

运行发电煤耗率是按单元机组实际运行所耗用的能量计算出来的实际汽轮机效率、锅炉效率和选定的广义管道效率计算的。其中，锅炉效率一般基本能达到设计值；管道效率设备运行中无法测定，据有关理论计算和设计资料分析，单元机组的实际管道效率约为95%，目前行业统计计算中，只能根据经验估计，而且估计值偏高。汽轮机效率受到负荷率变化，凝汽器真空度的高低，热力系统汽、水损失大小，热力设备系统补水率的大小的影响等。汽轮机效率变化最大。

据有关资料查明：某电厂600MW单元机组建设的有关文件中，有3个不同的发电煤耗率指标，分别是：

（1）设备额定负荷下“经济性能指标”中的发电煤耗率，296g/kWh，即汽轮机组保证热耗率下的发电煤耗率。

（2）单元机组运行发电煤耗率，310g/kWh。影响因素有：如负荷率在75%时，空载用能约影响供电煤耗率升高7g/kWh，补水率约影响供电煤耗率5g/kWh左右，其他影响因素还有汽水泄漏、吹灰等。

（3）商业经济分析用发电煤耗率，315g/kWh。

从上述某电厂600MW单元机组建设的有关文件中的3个不同的发电煤耗率指标来看，单元机组运行可达到的设计发电煤耗率水平，应是有关文件中的第二个单元机组运行发电煤耗率。

这一组单元机组设计运行发电煤耗率，分清了发电煤耗率中不可避免的客观因素的影响因素值，是电力员工通过努力可以达到的指标。

单元机组运行中，实际统计的发电煤耗率水平高于设计运行煤耗水平的数（差）值就是机组的潜力，就是人为可控因素对发电煤耗率的影响值。上面讲到的发电煤耗率，是额定负荷下的设计运行煤耗率。在实际运行中，随机统计的发电煤耗率仍有（应考虑）空载煤耗率（机组负荷率）的影响因素。

由此可见，发电机组煤耗率水平的考核值不是一个定值，而是一个随机组负荷率变化而变化的各发电负荷下的运行设计发电煤耗率。为此建议：

（1）建立“机组不同负荷率下的设计运行煤耗率”作为考核依据。

（2）行业主管上级在下达年度指标任务时，应考虑机组的空载煤耗率，机组运行工况对煤耗率的影响，单元机组设备的老化程度（汽轮机、锅炉效率的绝对衰减值）的影响等。

5. 供电煤耗率

单元机组运行供电煤耗率额定值，是根据机组不同负荷率下的设计运行煤耗率和厂用电率计算确定。

6. 凝汽器循环水温升

凝汽器循环水温升有两种计算方法：一是用排入凝汽器的蒸汽量计算；二是用经验公式计算。

（1）凝汽器循环水温升的经验公式计算。

凝汽器循环水温升：汽轮机热力计算说明书中虽然没有具体说明其数值是多少，但在循环水泵选型时是有规定的。一般情况下，循环倍率为60倍，即凝汽器冷却1kg，汽轮机排汽需要60kg循环水。排入凝汽器的1kg蒸汽，需由循环水带走的凝结放热：中温中压小容量机组约为530kcal/kg（2219.00kJ/kg），高温高压大容量机组约为520kcal/kg（2177.14kJ/kg）。

凝汽器循环水温升的计算公式为

$$\Delta t = \frac{h_{pq}^{qr}}{m_{xh}^{bv}} \tag{11-1}$$

式中　Δt——凝汽器循环水温升，℃；

h_{pq}^{qr}——排入凝汽器的蒸汽被循环水带走的凝结放热，一般为530～520kcal/kg；

m_{xh}^{bv}——冷却蒸汽的循环水倍率经验值，一般为60倍。

将上述数值代入上述公式便可求得凝汽器循环水温升（Δt）为8.83～8.67℃。

（2）用排入凝汽器的蒸汽量计算循环水温升。

1）设计循环水倍率计算公式

$$m_{xh}^{bv} = \frac{D_{xh}}{D_{qj}^{pq}} \tag{11-2}$$

式中 D_{xh}——循环水量，t/h；

D_{qj}^{pq}——排入凝汽器的蒸汽量，t/h。

2）循环水温升计算公式

$$\Delta t = \frac{h_{pq}^{qr}}{m_{xh}^{bv}} \tag{11-3}$$

式中 m_{xh}^{bv}——实际计算的冷却蒸汽的循环水倍率。

在额定负荷下，机组运行中凝汽器的循环水温升的全年平均值应达到设计值。循环水入温升与机组负荷率有关。循环水温升对机组运行经济性的影响特别大，循环水入温升每升高1℃，要使发电煤耗率升高1～2.4g/kWh，夏天最大。因此，专业主管应根据负荷率变化对循环水温升的影响，编制循环水温升与负荷率的关系曲线，并编制速查表纳入节能手册，以方便各有关人员使用。

7. 凝汽器端差

汽轮机热力计算说明书中，虽然没有具体说明凝汽器循端差的数值是多少，但通过排汽温度与凝汽器循环水温升、凝汽器端差之间的相互关系就可以推理、计算出凝汽器端差设计值，具体计算公式如下

因为

$$\Delta t = t_{xh}^{ck} - t_{xh}^{rk}$$

$$\delta t = t_{pq} - t_{xh}^{ck}$$

$$t_{pq} = t_{xh}^{rk} + \Delta t + \delta t$$

所以

$$\delta t = t_{pq} - (t_{xh}^{rk} + \Delta t) \tag{11-4}$$

式中 Δt——凝汽器循环水温升,℃;

t_{xh}^{ck}——循环水出口温度,℃;

t_{xh}^{rk}——循环水入口温度,℃;

δt——凝汽器端差,℃;

t_{pq}——汽轮机排汽温度,℃。

凝汽器端差的计算方法有：

（1）用设计背压求排汽温度，排汽温度就是汽轮机背压下的饱和温度。

（2）凝汽器循环水入口温度设计值：开式循环为15℃左右，闭式循环为20℃左右。

（3）用上述凝汽器循环水温升的经验公式计算循环水温升。

（4）将上述计算后的数值代入凝汽器端差计算公式，便可求得额定发电负荷下的设计凝汽器端差。例如：

1）凝汽器循环水入口温度设计值，开式循环为15℃，设计背压为0.04ata，排汽温度为28.6℃，则凝汽器端差为4.8℃。计算式如下

$$\delta t = 28.6℃ - (15℃ + 8.8℃) = 4.8℃$$

2）凝汽器循环水入口温度设计值，闭式循环为20℃，设计背压为0.05ata，排汽温度为32.5℃，则凝汽器端差为3.8℃。计算式如下

$$\delta t = 32.5℃ - (20℃ + 8.7℃) = 3.8℃$$

在额定负荷下，机组运行中凝汽器端差的全年平均值应达到4℃的设计值。凝汽器端差

与机组负荷率、循环水入口温度有关。凝汽器端差对机组运行经济性的影响特别大，凝汽器端差每降低1℃，发电煤耗率就可降低1g/kWh，夏天则更多。因此，专业主管应根据负荷率、循环水入口温度的影响，绘制循环水温度、负荷率与凝汽器端差的关系曲线，并编制速查表纳入节能手册，以方便有关人员使用。

8. 锅炉再热器喷水减温水量

高参数、大容量机组再热器大多有喷水减温装置。喷水用减温水一般取自给水泵中间抽头的低温水，这部分减温水直接转化成再热蒸汽，大大地降低了单元机组的运行经济性。某厂200MW机组基建时期提供的技术资料表明：汽轮机热耗保证值是按再热器无喷水计算的。合同技术条件中明确，锅炉在额定负荷下，再热器的调温喷水量约为锅炉出力的2%（即13t/h），相应使机热耗值增加0.36%，热耗率约增加7kcal/kWh，约使发电煤耗增加1.134g/kWh。可见，再热器的调温喷水量达到锅炉出力的1%，约使单元机组发电煤耗增加0.6g/kWh。据了解，该电厂再热器的调温喷水量，最大达到锅炉出力的5%左右，约使单元机组发电煤耗增加3g/kWh，是一个值得引起注意的问题。

再热器的调温喷水量的增大，主要是送风量大（含锅炉墙体严密性差、漏风量大），炉膛燃烧室出口烟气中含氧量大，炉膛燃烧室温度偏低，炉膛出口排出烟气温度高，影响烟气与受热面的热交换量，致使再热器的调温喷水量的增大、炉渣可燃物升高、排烟温度升高的劣性工况。

9. 石子煤损失

石子煤损失的大小与煤炭质量、设备健康水平有关。石子煤损失已引起关注，并且进行计算。但目前还没有统一纳入锅炉效率等经济指标的计算，不便于电厂效率、供电煤耗率的管理。目前，多数电厂大都是在技术经济指标分析时，做一次分析计算，因此就有管理不到位的时候，从而影响电厂整体的经济指标管理和企业的经济效益。为此建议：将石子煤损失列为“q_7”损失；对石子煤损失值大，且煤质稳定的，也可纳入“q_4”损失计算，但需要设计院提供锅炉灰平衡数据。

（1）按“q_4”损失计算。简化的计算公式如下

$$q_{sz}=\frac{32\ 866\times\alpha\times C}{100-C}\times\frac{A_y}{Q_{net,ar}} \tag{11-5}$$

式中　q_{sz}——石子煤损失，%；

α——石子煤、飞灰、粗灰比例；

C——石子煤可燃物（热值），%；

A_y——入炉煤应用基灰分，%；

$Q_{net,ar}$——入炉煤应用基低位热量，kJ/kg。

（2）石子煤损失列为“q_7”损失计算公式

$$q_7=\frac{Q_{net,ar}^{sz}\times B_{sz}}{Q_{net,ar}^{rm}\times B_{rm}} \tag{11-6}$$

式中　q_7——石子煤损失，%；

$Q_{net,ar}^{sz}$——石子煤低位热值，kJ/kg；

B_{sz}——石子煤煤量，t；

$Q_{net,ar}^{rm}$——燃用煤炭煤低位热值，kJ/kg；

B_{rm}——燃用煤炭煤煤量。

（3）计算标准煤量。

石子煤损失：用石子煤损失量、石子煤低位热值计算标准煤量，再计算发供电煤耗率。计算公式如下

$$B_{bz}=\frac{B_{sz}\times Q_{lw}^{sz}}{29\ 307.6} \tag{11-7}$$

式中 B_{bz}——标准煤量，t；

29 307.6——标准煤量热值，kJ/kg。

石子煤损失对发电煤耗率的影响，要视实际情况进行计算。在目前还没有统一计算方法之前，为统一口径，便于比较，还是将石子煤损失折算到标准煤量，计算出对发电煤耗率的影响值，做到心中有数，以便采取措施，将石子煤损失降到最小。

（三）管理监督值

机组运行的管理监视指标（运行参数）还没有受到应有的重视。建议有关专业主管将机组设计的监视、管理指标（运行参数）提到议事日程上来，加以重视。每月、季、半年，定期记录一次额定负荷下的运行参数，并填写分析台账，做好以下分析、监视、管理工作。

1. 汽轮机给水回热系统的监督管理

汽轮机给水回热系统的高、低加热器的出口温度、温升、端差是否达到设计值运行，关系到汽轮机组的热耗率水平。建议定期做好汽轮机给水回热系统的监督管理。具体做法是：每月一次，按规定格式记录额定发电负荷下的有关参数，并计算有关指标，填入监督记录卡片、台账，进行分析，发现较大变化或异常时，应做好分析记录，并形成书面报告，报送主管领导和有关部门及专业人员。记录的主要参数指标有：

（1）发电负荷，汽轮机速度级压力、温度，主蒸汽流量，主蒸汽压力、温度，再热蒸汽压力、温度。

（2）各段抽汽口的压力、温度。

（3）各级加热器内的压力、温度。

（4）计算各级加热器介质的温升。

（5）计算各级加热器的端差。

2. 锅炉尾部烟内道各受热面的监督管理

锅炉尾部烟内道各受热面的监督管理，是指做好锅炉尾部烟内道各受热面的介质的温升、排烟烟气流的温度降的监督管理。具体做法是：每月一次，按规定格式记录汽轮机额定发电负荷下锅炉设备的有关参数，并计算有关指标，填入监督记录卡片、台账，进行分析，发现较大变化或异常时，应做好分析记录，并形成书面报告，报送主管领导和有关部门及专业人员。记录的主要参数指标有：

（1）锅炉负荷，汽轮机发电机负荷，锅炉主蒸汽压力、温度，锅炉再热蒸汽压力、温度，送风机入口风温度，炉膛出口烟气中氧含量，排烟温度。

（2）代表性的入炉煤炭的热值、灰分、水分，空气预热器及尾部烟道漏风率，飞灰、灰渣可燃物。

（3）自炉膛出口，起烟气流方向各级受热面前后的烟气温度。

（4）自空气预热器入口起各段受热面的介质进出口温度。

（5）计算尾部各受热面前后烟气的温度降。

（6）计算尾部各受热面内介质的温升值。

3. 单元机组高温设备、高温管道保温的监督管理

单元机组高温设备、高温管道保温的监督管理，是指锅炉墙体（锅炉散热损失）、汽轮机本体及其高温管道保温表面温度的监督管理。具体做法是：每季度一次，按规定格式记录汽轮机设备、锅炉设备及高温管道保温表面温度，并计算有关指标，填入监督记录卡片、台账，进行分析，发现较大变化或异常时，应做好分析记录，并形成书面报告，报送主管领导和有关部门及专业人员。

（四）单元机组可控制的运行参数

单元机组设备运行中可控制的运行参数（指标）应保持在设计值，如单元机组的主蒸汽压力、主蒸汽温度、再热蒸汽温度、锅炉燃烧室出口烟气中的氧含量、锅炉飞灰可燃物、锅炉空气预热器及尾部烟道漏风率等。

1. 单元机组的主蒸汽压力

单元机组的主蒸汽压力是指锅炉过热器出口、汽轮机主蒸汽门前的蒸汽压力。滑压运行机组，滑压运行负荷段按滑压运行要求；不实行滑压运行的正压运行段，按机组设计值的额定压力要求。锅炉、汽轮机机组运行压力值统计，则应统计机组正压运行段的压力平均值，因为包括正压运行负荷段、滑压运行负荷段的机组全程的压力平均值，已失去表征机组运行压力参数（指标）水平的实际意义。

2. 单元机组的主蒸汽温度

单元机组的主蒸汽温度，是指锅炉过热器出口、汽轮机主蒸汽门前的蒸汽温度，应以汽轮机主蒸汽门前的蒸汽温度达到设计值为准。

3. 再热器出口的再热蒸汽温度

汽轮机中压缸再热蒸汽门前的再热蒸汽温度，应以汽轮机中压缸再热蒸汽门前的再热蒸汽温度达到设计值为准。

4. 锅炉燃烧室出口烟气中的氧含量

锅炉燃烧室出口烟气中的氧含量代表锅炉燃烧室的氧量，一般应用锅炉炉膛出口烟气中的氧含量。但由于炉膛出口烟气温度较高，因此一般装在烟气流的锅炉省煤器前。设计资料表明，锅炉省煤器前的过量空气系数与炉膛出口的过量空气系数是一样的。因此，锅炉控制“氧量”必须严格按设计要求控制、考核。理论上讲，燃烧过程中不产生一氧化碳，氮氧化物符合要求，“氧量”低一些好。氧量低，送风（含锅炉本体的漏风）量少，炉膛燃烧温度高，烟气与介质传热效率高，炉渣可燃物含量少，排烟温度低。

三、发电设备、系统的优化运行

发电设备、系统的优化运行，是指通过生产试验，使设备、系统运行的技术经济指标达到更优状态。

1. 汽轮机调速汽门的优化运行

汽轮机调速汽门的优化运行，一般有两种情况：一是汽轮机调速汽门重叠度的优化运

行；二是汽轮机调速汽门开启顺序优化运行。

（1）汽轮机调速汽门重叠度的优化运行。汽轮机调速汽门重叠度的优化运行，应通过专业鉴定试验确定，确定最佳的调速汽门重叠度，达到节流损失最小，以提高汽轮机组的运行经济性。特别是采用滑压运行的机组，更应受到应有的重视，节能潜力较大。

（2）汽轮机调速汽门开启顺序优化运行。汽轮机调速汽门开启顺序优化运行，目的是使进汽充满度合理和进汽空间得到充分利用。

2. 凝汽器循环水量运行方式的优化

循环水量优化运行的基点因素是：循环水量减少、循环水温升升高，影响发电煤耗率升高与循环水泵用电率降低，使单元机组供电煤耗率降低的平衡分析。该措施主要适用于循环水温度较低的冬季。循环水量减少，循环水温升升高1℃，约影响发电煤耗率升高1g/kWh；循环水量减少，循环水泵用电率降低0.25%（百分点），约使单元机组供电煤耗率降低1g/kWh。

凝汽器的循环水量减少，提高单元机组的运行经济性：用水量减少→循环水泵用电量减少→厂用电率降低→供电煤耗率降低→运行经济性提高。

循环水量减少，循环水温升升高，降低了单元机组的运行经济性：循环水量减少→凝汽器的循环水温升升高→凝汽器真空度降低→汽轮机热耗率升高→汽轮机效率降低→发电煤耗率升高→供电煤耗率升高→运行经济性降低。

循环水量减少，厂用电率降低、供电煤耗率降低值大于循环水量减少值；循环水温升升高，供电煤耗率升高，并达到最大值，即是循环水泵的最佳运行方式。

循环水泵供水运行方式：单元机组自循环供水系统、单元机组间联络管循环供水系统、变频装置等循环供水系统实现自动控制。

3. 制粉系统煤粉细度的优化

锅炉燃煤煤粉细度优化运行的基点因素是：煤粉细度降低、制粉系统用电率升高与煤粉细度降低、飞灰（细灰）可燃物降低、锅炉效率提高的平衡分析：

煤粉细度降低→磨煤机产量降低→磨煤机运行小时增加→制粉系统用电量增加→制粉系统厂用电率升高→供电煤耗率升高→运行经济性降低；

煤粉细度降低→飞灰（细灰）可燃物降低→锅炉效率提高→发电煤耗率降低→供电煤耗率降低→运行经济性提高。

4. 水塔的运行方式最优

（1）水塔的运行方式。循环水冷却塔最优运行方式的基本要求是淋水密度均匀、效率高。具体要求是：

1）分水槽、分水管通畅、不堵杂物。

2）溅水碟位置正确，溅水均匀。

3）循环水冷却塔淋水密度均匀。

4）水塔配水槽不溢流。

5）通风量、风速达到设计值。

6）冷却水量不过负荷。

7）冷却水塔定期检修、维护。

8）水塔水池定期清除杂物、淤泥。

9）全年凝汽器循环入口水温度不高于设计值（20℃）。

10）冬季有防冻措施，不结大冰垛子，循环水塔冷却水池出水温度应保持在8℃左右。

11）夏季凝汽器循环入口温度不高于设计值（33℃）。

（2）水塔效率最优。水塔效率计算公式如下

$$\eta_{sd}=\frac{t_1-t_n}{t_1-t_{sq}^{kq}} \tag{11-8}$$

式中　η_{sd}——循环水塔冷却效率,%；

t_1——循环水塔冷却水池出水温度,℃；

t_n——自然（河）水温度,℃；

t_{sq}^{kq}——湿球空气温度,℃。

5. 锅炉吹灰的优化

锅炉吹灰的基点是：做到吹干净，用汽少；不过吹，确保管子的安全。

6. 锅炉燃烧室燃烧工况的优化

锅炉燃烧室应建立一个优化的温度场，确保有较高而合理的炉膛温度。因为炉膛燃烧室的温度与汽水介质传热是4次方关系，就烟气与介质传热而言，炉膛燃烧室的温度是越高越好。但考虑到排放出的烟气中的氮氧化物含量的基点，应通过锅炉燃烧室的燃烧优化试验，可请电科院、热工研究院进行锅炉燃烧室燃烧工况的优化运行试验。

7. 单元机组启、停速度的优化

单元机组启、停过程的速度关系到系统工程的安全性和经济性，同时还关系到设备、系统金属的温升速度、温降速度，以及设备的安全性与经济性。应通过培训，提高运行操作人员的操作、调整水平，并进行单元机组启、停过程速度的优化试验，以达到提高单元机组的启、停过程安全性和经济性的目的。

8. 并列运行机组间经济负荷分配的优化

并列运行机组间的负荷分配，是按单元发电机组的微增煤耗率进行经济调度。从节约能源的角度来讲，应在电网内推行。电网要有一套经济调度管理制度。因目前电网电价的多元结构，涉及企业、投资方的利益，很难全面推行。但在一个电厂内，同属一个性质的几台机组间，可以按并列运行机组间负荷分配的原则进行经济调度。如果参与的机组多，则机组间微增煤耗率差距大，有1～2g/kWh发电煤耗率的潜力。

四、建立设备、系统能耗管理经济性评价制度

建立专业管理制度，是“管理哲学”的核心；专业人员忠于企业管理，是“管理哲学”的重要组成部分；建立设备、系统能耗管理经济性评价制度，则是“管理哲学”的主题要求。

设备、系统能耗管理经济性评价，是针对火电厂发电设备运行经济性、发电设备经济性能、能耗指标管理等全面、全方位的经济管理工作。它要求电力企业全体员工在电力生产过程中，都要按照《火力发电厂经济性评价》的要求，全面做好各自责任范围内发电设备系统的经济性工作。《火力发电厂经济性评价》对设备的检修、维护，运行的调整、操作，能耗指标管理的职责、职能都提出了要求和标准，具体包括：

1. 能耗管理

（1）组织管理体系。

（2）节能管理制度。

（3）节能基础工作。

（4）设备系统监督管理。

2. 运行经济性管理

（1）煤耗率计算与管理。

（2）汽轮机设备、系统运行经济性管理。

（3）锅炉设备、系统运行经济性管理。

（4）辅机设备用电管理。

（5）耗差分析、优化运行管理。

（6）技术经济指标分析管理。

（7）发电设备、系统运行经济指标管理。

3. 燃料指标管理

（1）燃料专业管理。

（2）燃料指标。

4. 设备经济性能管理

（1）汽轮机组检修经济性能管理（含检修工艺质量、检修质量指标、修后经济性能指标评价）。

（2）锅炉设备检修经济性能管理（含检修工艺质量、检修质量指标、修后经济性能指标评价）。

（3）热力设备系统检修质量管理。

（4）设备技改经济性能管理。

（5）大修间隔、工期及费用管理。

火力发电厂热力经济专业工程师，生产技术领导干部，锅炉、汽轮机、电气、热工、化学、燃料、除灰等专业管理人员应各自掌握《火力发电厂经济性评价》的内容和要求，并贯彻到生产管理的过程中。

五、建立指标竞赛、严格考核

指标竞赛、考核是确保各项技术经济指标全面完成任务，并经久保持机组处于更高的水平上运行。专业管理应做到以下几个方面。

（一）完善奖励政策、严格指标考核

火力发电厂“达标、创一流”的考核要求：一是要有本厂的“省煤、节电、节油、节水”奖励政策，调动职工积极性；二是要有小指标竞赛、考核、奖励办法。原部颁《火力发电厂节约能源规定》关于“奖惩”有六条规定，而原部颁《电力工业节能技术监督规定》则规定：节能奖单独使用，奖励对节能工作有直接贡献者，避免搞平均分配。目的是用激励机制使有限的资（奖）金达到节能降耗，多发少用，降低成本，提高发电厂的经济效益的目的。奖励政策和指标竞赛、考核、奖励办法是激励工作的两个层次。

1. 节约能源奖励政策

节约能源奖励政策，是发电厂对“省煤、节电、节油、节水”等奖励工作的准则，是厂内惩罚的“法”。主要包括下列内容：

（1）节约能源的奖励范围。

（2）节约能源奖的资金来源、金额（比例）。

（3）指标、项目（含合理化建议）节约能源奖金计算方法和最高限额。

（4）申报、审批办法。

（5）审批权限。

（6）发放、管理办法。

（7）惩罚原则与规定。

节约能源奖励政策可单独形成文件，也可纳入本厂《节约能源实施细则》。

2. 指标竞赛、考核、奖励办法

指标竞赛、考核、奖励办法是发电厂对“省煤、节电、节油、节水”等各项指标完成情况给予奖励的具体方法，其内容与操作程序如下：

（1）制订指标应完成的定额值与相应的奖金额。

（2）确定节能措施项目目标，完成日期与相应的奖金额。

（3）指标考核期分为月度、季度、年度。应按月度、季度、年度分别下达考核指标定额值及奖金额或奖金幅度，并按月度、季度、年度结算，兑现奖金，以保证奖励制度的激励机制的作用。

（4）指标的考核、竞赛、奖励办法应在考核期前，以书面形式下达到有关部门、班组。

（5）指标考核期末应及时公布竞赛、考核结果，并以会议或书面形式通知有关部门、班组。

（6）节能专工应做好指标竞赛、考核、奖金发放的统计、管理工作。

（二）技术经济指标逐级分解到位

技术经济指标逐级分解到班组，是指标管理的一种方法或手段，是确保厂、车间（科室）、班组、员工各级明确全年指标任务的管理方式，是将全厂全年的供煤耗率任务分解落实到各项小指标，其目的是以汽轮机、锅炉小指标的全面完成来确保全年全厂供电煤耗率指标的完成，也是分解期年度、季度、月度指标计划、指标考核的依据。技术经济指标逐级分解到班组的方法，一是按火电厂技术经济指标体系分解；二是按时间顺序分解。

按火电厂技术经济指标体系做好分解，目的是理清供电煤耗率与各级指标间的关系，便于指标责任到人。详细情况见技术经济指标分解图。

1. 指标体系的层次

（1）供电煤耗率：发电煤耗率、厂用电率。

（2）发电煤耗率：汽轮机效率、锅炉效率、管道效率。

（3）汽轮机效率：主蒸汽、再热蒸汽参数，凝汽器真空（循环水入口温度、循环水温升、凝汽器端差），给水温度等。

（4）锅炉效率：排烟温度、送风机入口风温度、锅炉尾部烟道漏风系数、炉膛出口烟气氧量、入炉煤低位热值、入炉煤挥发分、飞灰可燃物等。

（5）管道效率：锅炉补水率，汽水损失率，锅炉本体及高温管道保温外表皮温度，主蒸汽、再热蒸汽旁路系统的严密性等。

（6）厂用电率：给水泵单耗及用电率，送风机单耗及用电率，引风机单耗及用电率，磨煤机制粉系统单耗及用电率，循环水泵用电率等。

2. 技术经济指标分解

（1）技术经济指标分解图，如图 11－1 所示。

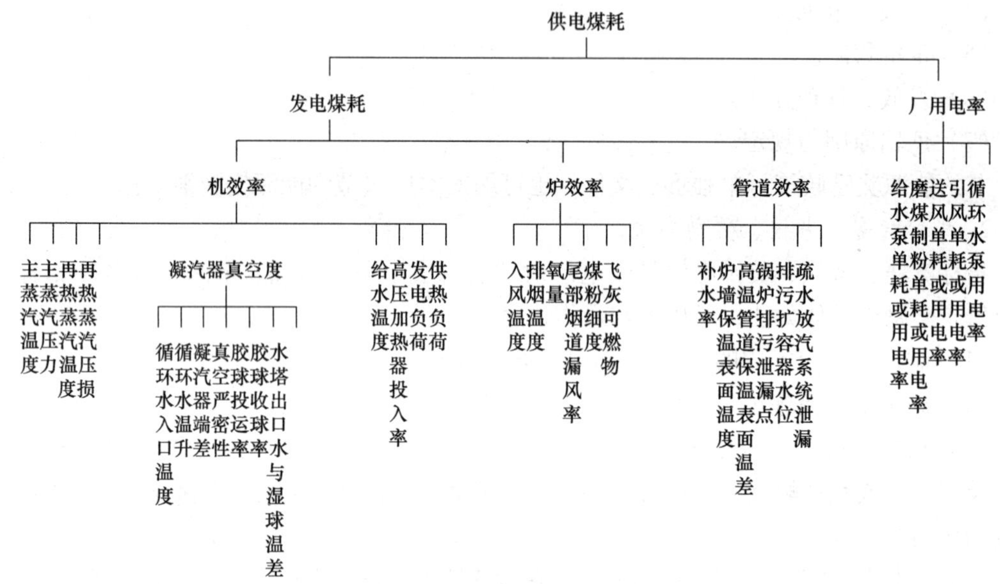

图 11－1　技术经济指标分解图

（2）按时间顺序分解表。按时间顺序分解表，是将技术经济指标分解图中的指标，按时间顺序年、季、月进行分解。这种方式明确了时间进程中的指标定额，便于掌握情况，确保全年指标任务的完成，详细情况见表 11－1。指标定额应分为：① 年度指标值；② 季度指标值；③ 月度指标值。

表 11－1　　技术经济指标按时间顺序分解表

指　标	单　位	年	1 季	1	2	3	……	4 季	10	11	12
供电煤耗	g/kWh										
发电煤耗	g/kWh										
汽轮机效率	%										
主蒸汽温度	℃										
:											
锅炉效率	%										
排烟温度	℃										
氧量											
:	%										
补水率											

续表

指　　标	单　　位	年	1季	1	2	3	……		4季	10	11	12
⋮	%											
厂用电率												
⋮												
制粉单耗	kWh/t											
⋮												

第三节　优化运行的节能新技术

在运行的发电设备，有的已运行10多年，甚至是20多年。设备结构、系统大多落后于近年来新投产的大容量新机组，辅机设备尤为突出。近年来，投产的新机组，包括电除尘、脱硫装置在内，厂用电率仅为5.0%左右；而在运行的老机组的厂用电率，不包括电除尘、脱硫装置，一般为7.5%左右，仅此就影响发电煤耗率10g/kWh以上。可见，改造老设备，可挖掘的节能潜力很大，而且设备改造的投资3年左右就可以收回。

一、电站锅炉微油点火技术

锅炉微油点火系统设置了煤粉预燃装置，采用增大煤粉局部浓度和提高煤粉的初始温度的方式，使煤粉在受热和点火过程中析出更多的挥发分，以利于不同煤种的冷态点火，这一点很适合我国电厂燃用多煤种以致混煤燃烧的实际情况。

锅炉微油点火技术利用压缩空气的高速射流将燃料油直接击碎，雾化成超细微粒进行燃烧，并利用燃烧产生的热量对燃料进行加热气化，使微油枪在正常燃烧过程中直接燃烧气体燃料，提高了燃烧效率及火焰温度，实现了煤粉的分级燃烧和能量逐级放大，满足了锅炉启、停及低负荷的需求；采用油枪升缩及油料精装置，保证油枪安全、稳定运行；增加DCS组态画面，引入DCS控制，自动化程度高，微油点火系统控制可以满足目前机组的自动化控制要求；在升炉初期便可投入电除尘器，符合锅炉启动时的环保要求；具有技术工艺先进、锅炉主设备改动量小、改造工期短、一次性投资小、运行维护费用低、安全可靠性高、系统操作简单方便等一系列优点。

主要技术性能指标：

（1）节油显著：实现电站锅炉以煤代油点火，节油率在95%以上。

（2）稳燃性好；具有超低负荷（30%）稳燃能力。

（3）可靠性高：采用多级气膜冷却，并对壁温实现自动控制，不会发生结焦和烧坏。

（4）安全性好：油煤火焰双重检测，点火过程全自动控制，运行安全可靠。

（5）利于环保：在锅炉升炉时便可投入电除尘器，符合锅炉启动时的环保要求。

（6）操作方便：对风速、煤粉浓度、煤质等参数变化无严格要求，适应能力强。

（7）维护量小：系统简单，维护工作量小，便于生产管理。

（8）适应性好：煤种适应能力强，可根据不同煤种调整燃烧方式和设计方案。

二、电机液体电阻调速装置

液体电阻调速基本原理：液体电阻启动调速器，是通过传动装置平滑地调整液体电阻中两极板间的距离，来改变串入电动机转子回路中的电阻，达到调整电动机转速的目的。电阻越大，电动机转速越低；电阻为零，电动机达到全速。电动机在调速运行状态下，电阻长期通电所产生的热量，有循环装置将液体强制泵入换热器，进行散热。换热用冷却水可以循环使用。

1. 液体电阻调速特点

（1）可对大型绕线异步电动机进行无级调速，调速比可达2:1。特殊需要，还可设计更大调速比的调速器。

（2）可兼作电动机启动之用，不必另外安装启动装置，而且具备液体电阻启动器启动电流为额定电流的1.3倍、启动平稳的优点。

（3）节能效果显著。好于液力耦合器，比交流电动机调频和绕线电动机串级稍差。

（4）结构简单，安全可靠。

（5）布置灵活，调节方便。

（6）因为风量与转速成正比，所以液体电阻调速器调节风量的线度更好。

2. 与其他调速装置的比较

（1）与液力耦合器比较。

（2）与变频器调速比较。

（3）与串级调速比较。

三、交流变频调速技术

交流变频调速技术是当代电力电子技术、微电子技术、控制技术、高度发展的产物。变频调速的主要工作原理是：通过微电子器件、电力电子器件和控制技术，将工频交流电源经过整流变成直流，再由GDR、IGBT等开关元件逆变为频率、幅值可调的交流电源驱动电动机。

交流电动机变频调速在频率范围内、动态响应、调速精度、低频转矩、输出特性、功率因素、工作效率、使用方便等方面是以往的交流调速方式无法比拟的。它具有体积小、重量轻、通用性强、工艺先进、保护功能完善、可靠性高、操作简便等优点。

变频调速是交流电动机调速的最新技术，通过改变定子的供电电源频率来改变旋转磁场的同步转速，从而改变转子的转速。对于交流电动机，转速与频率成正比，所以，连续调节电动机的频率能改变电动机的转速，笼型三相异步电动机采用变频方法可以实现无级变速，调节效率高、调速范围广，与其他调节装置相比，性能最佳。

四、液力耦合器

液力耦合器是利用液体的动能来传递功率的一种动力式传动设备。安装在电动机和风机（水泵）之间，可以在电动机转速不变的情况下，实现无级变速来改变风机的特性曲线和电动机的空载启动。液力耦合器在调速过程中，存在着固有的滑差功率损失，转动效率较低。液力耦合器装置技术比较成熟，在电厂风机中应用较多，取得了一定的节电效果，但不能盲目使用。经过调查得出，若风机的富裕量不过大，则节电效果不明显；若在锅炉带额定负荷时，采用液力耦合器不但不省电，甚至会多耗电。

五、电磁滑差调速电动机

电磁滑差调速电动机能实现无级变速，其控制设备简单、初投资低、维护方便，但在调速时，其转差功率以发热形式损耗掉，所以经济效益较低。

六、双速电动机

双速电动机成本较低、维护简单，但低速时的启动力矩小，往往需要在高速下启动，再切换到低速运行。运行人员不敢在运行中进行变速操作，开关的可靠性差。

七、晶闸管串级调速装置

晶闸管串级调速，就是在转子绕组回路中串接一个反电势，通过改变转差率来调节绕线式异步电动机转速的一种调节方法。该装置不仅可以对电动机进行无级变速，而且在调速时可将转差功率转化为机械能加到负载，或转化为电能返回电网，因而系统效率较高。该装置的初投资较高，调速装置需要进行维护，有时需采用绕线式电动机，增加了维修工作量。

第十二章　热能计量仪表与技术经济指标

仪表是设备、系统运行状态、健康水平的信息体现，是值班人员与设备、系统对话的眼睛；仪表信息是计算技术经济指标的依据，技术经济指标是设备、系统运行状态、健康水平的表征，两者的关系十分密切。仪表准确，但技术经济指标不一定正确、准确，这是因为技术经济指标的代表性、正确性还与技术经济指标计算要求的测点位置有关。技术经济指标的测点位置不同，其代表的信息的位置也就不同，测量结果的数值就有差异，对技术经济指标表述和计算结果的特定要求也就存在差异。可见，没有测点位置的正确性、代表性，也就没有技术经济指标的正确性、准确性。这就是本章要讲的技术经济指标的正确（代表）性和准确性的必要性。与技术经济指标有关的仪表有：发电机出口电量表、电厂上网电量表、各等级厂用电量表、设备系统蒸汽和水的温度表、压力表、蒸汽和水的流量表等。本章主要介绍技术经济指标对热能计量仪表的安装位置，热能计量表计指示的正确性，对技术经济指标对表计、管理等的要求。

第一节　热能计量仪表测点位置要求

本节所讲技术经济指标对热能计量仪表测点位置的要求是指，在对技术经济指标进行计算时，有关指标的测点位置的要求。指标是由仪表直接指示的表计计量获得和有关表计指示间接计算获得指标的有关仪表的测点位置，而不含电气、热工仪表专业对仪表测点位置的要求。技术经济指标的正确（代表）性、准确性对仪表测点位置的要求如下。

一、锅炉输出热量计算用的计量表计测点位置要求

锅炉输出热量计算用的计量表计测点位置要求，是要尽量靠近锅炉出口处、入口处。

1. 主要用途

（1）计算锅炉输出热量。

（2）用于计算锅炉反平衡效率。

（3）用于反平衡煤耗率计算方法之一的，用锅炉输出热量计算发电用煤量。

2. 主要表计及位置要求

（1）锅炉出口的主蒸汽压力表、温度表，应在锅炉过热蒸汽出口处。当锅炉出口的主蒸汽压力表、温度表测点远离计算要求时，应通过查（鉴）定试验确定修正值，以确保计算用参数的准确性，并达到提高计算指标正确性的目的。

（2）锅炉出口的再热蒸汽压力表、温度表，应在锅炉再热器蒸汽出口处。当锅炉出口的再热蒸汽压力表、温度表测点远离计算要求时，应通过查（鉴）定试验确定修正值，以

确保计算用参数的准确性，并达到提高计算指标正确性的目的。锅炉侧无再热蒸汽压力、温度测点和表计时，应通过查（鉴）定试验确定修正值，以确保计算用参数的准确性。

（3）锅炉入口的再热蒸汽压力表、温度表，应在锅炉再热器蒸汽入口处。锅炉入口的再热蒸汽压力值、温度值绝不能用汽轮机侧（高压缸排汽出口处）的压力值、温度值代替。如果装测点表计一时有困难，应通过查（鉴）定试验确定修正值，以确保计算用参数的准确性。

（4）锅炉出口主蒸汽流量表。

（5）锅炉再热蒸汽出、入口流量表。锅炉再热器蒸汽出、入口流量表，有的锅炉设备有一台流量表，有的锅炉设备则无流量表。锅炉再热器蒸汽出口有一台流量表者，一定要根据设备的实际情况计算设备的输出热量；锅炉再热器蒸汽出口无流量表时，可根据设备设计的再热蒸汽流量系数计算设备输出的再热蒸汽流量；

（6）锅炉给水入口温度表。

（7）锅炉燃用燃料热值、水分、灰分取样点应在贴近燃料进入锅炉处。特别要注意的是原煤样水分、灰分的代表性、正确性。

二、锅炉反平衡效率计算参数测点要求

1. 锅炉（出口）排烟温度测点位置

锅炉（出口）排烟温度测点位置，应在烟气流动方向的空气预热器空气入口交汇处。

锅炉出口排烟温度低于实际值1℃，影响锅炉效率降低0.04%（百分点）左右，影响发电煤耗升高0.13g/kWh。

2. 锅炉入风温度测点位置

锅炉入风温度测点位置，应在引风机前，应是引风机前的冷风（环境）温度。

应注意的是，锅炉入风温度不能用加入其他热源后的混合风温度代替。锅炉入风温度高于环境温度对煤耗率的影响是：锅炉入风温度高于环境温度1℃，影响锅炉效率降低0.04%（百分点）左右，影响发电煤耗升高0.13g/kWh。

3. 炉膛出口氧量测点位置

炉膛出口氧量测点位置应在炉膛出口处。如炉膛出口氧量测点在其他受热面后，则通过查（鉴）定试验确定修正值，以确保在设计氧量下运行。氧量值发生偏差对运行经济性的影响是：氧量低于设计值一个百分点（1%），影响锅炉效率降低0.45%（百分点）左右，影响发电煤耗升高1.5g/kWh。

4. 锅炉反平衡效率计算用氧量的测点

锅炉反平衡效率计算用氧量的测点位置，应在烟气流动方向的空气预热器空气入口交汇处。

5. 计算排烟损失的氧量测点位置

计算排烟损失的氧量测点位置，应与锅炉出口排烟温度为同一测点。

计算排烟损失的氧量时，如无测点，则可以用烟道漏风系数把测点处的氧量修正到锅炉出口排烟温度测点处的氧量。

三、汽轮机发电机绝对电效率计算用参数的测点位置的要求

1. 汽轮机主蒸汽参数测点位置

汽轮机主蒸汽压力表、温度表测点应在汽轮机自动主汽门前。

当汽轮机主蒸汽进口压力表、温度表测点远离计算要求时，应通过查（鉴）定试验确定修正值，以确保计算用参数的准确性。

2. 汽轮机高压缸排汽参数测点位置

汽轮机高压缸排汽压力表、温度表测点应在排汽出口处。

汽轮机高压缸排汽压力表、温度表测点远离计算要求时，应通过查（鉴）定试验确定修正值，以确保计算用参数的准确性。

3. 汽轮机中压缸再热蒸汽参数测点位置

汽轮机中压缸再热蒸汽进口压力表、温度表测点应在中压缸自动主汽门前。

汽轮机中压缸再热蒸汽进口压力表、温度表测点远离计算要求时，应通过查（鉴）定试验确定修正值，以确保计算用参数的准确性。

4. 汽轮机主蒸汽进口流量测点位置

汽轮机主蒸汽进口流量表一次测量元件若是喷嘴、孔板，则其测点位置应尽量靠近汽轮机主汽门。

5. 汽轮机中压缸再热蒸汽进口流量测点位置

汽轮机中压缸再热蒸汽进口一般无流量表。一般情况下，可选取制造厂的热力计算书中求得的，各设计工况下再热蒸汽进口流量与汽轮机主蒸汽进口流量的折算系数作为计算依据，绝不可用额定负荷下的流量的折算系数，作为任意负荷下再热蒸汽流量的折算系数。

6. 汽轮机高压加热器出口给水温度测点位置

汽轮机高压加热器出口给水温度测点应在高压加热器直通（旁路）门（管）后。

高压加热器出口给水温度测点远离计算要求时，应通过查（鉴）定试验确定修正值，以确保计算用参数的准确性。

汽轮机发电用热量的计算公式，一定要根据设备的实际情况计算设备的进入热量、输出热量、耗用热量，而不应将一般通用计算公式拿来就用，以确保技术结果的正确性。

7. 加热器计算用参数测点位置的要求

（1）计算抽汽量用压力表、温度表的测点应在汽轮机抽汽口出口处。

（2）加热器室内饱和温度，应是加热器室内压力下的饱和温度。

8. 凝汽器状态参数计算用表计测点位置的要求

（1）汽轮机背压、排汽温度、凝汽器真空的测点应在凝汽器的喉部。

（2）计算凝汽器端差的排汽温度测点应在凝汽器的喉部。

第二节　热能计量表计指示正确性的要求

本节重点阐述计量表计指示值（一个指标）的代表性和用计量表计指示值计算指标的正确性。在日常生产过程中，就某一计量仪表的指示值本身而言，其指示误差是达到表计试验规定的要求。但就设备、系统的运行流程工况来看，计量表计指示值（指标）的代表性和用计量表计指示值计算的指标就不一定符合设备、系统运行流程的实际情况（要求）。就生产过程中的实际情况分析来看，计量表计指示值（指标）和用计量表计指示值计算的指标经常出现下列三种情况：一是同一设备、系统的一个状态参数有几个计量表计时，各计量表计的指示值就会出现几个不同的数值，而且有时差值比较大；二是同一系统、两端设备的同一参数的差值常常出现超出常规的、实际应有值的范围；三是同一设备系统的同一状态参数用几种参数表示时，各计量表计指示的数值，其数理关系不相符合等。

产生上述三种差值的原因：一是表计测点的代表性、正确性；二是表计一次原件的材质、精确性；三是设备、系统的健康水平。本节所分析、研究的是表计测点的代表性、正确性和设备、系统的健康水平。设备、系统的健康水平是指：压力降低值大于设计值，则说明设备系统阻力大；温度降低值大于常规、规定值（或设计值），则说明高温设备、管道系统保温不良，散热损失大。根据热能计量表计要求，除按表计计量等级误差要求达到规定标准误差外，日常还应加强计量仪表、指标的代表性、正确性的分析、管理。

1. 同一指标几只表计间的指示值

同一指标几只表计间指示值，是指表示同一设备、系统的一个状态参数有几个计量表计时，各计量表计的指示值应是同一数值，或几个表计的测量数值的差值应在合理的范围内。例如：锅炉过热器出口过热蒸汽的几块压力表、温度表指示值的差值有时就很大，以致到了不能认可（同）的程度。热能指标管理者认为：过热器出口的过热蒸汽压力的偏差应在0.1MPa左右；过热器出口的过热蒸汽温度指示值的偏差应在1℃左右。

2. 同一系统、两端设备的指示值

同一系统、两端设备的指示值，要求同一系统、两端设备的同一参数的差值在合理的差值范围内，能正确表征设备系统的运行状态和设备系统的运行健康水平，如：

（1）主蒸汽参数。锅炉过热器出口的过热蒸汽压力、温度与汽轮机自动主汽门前的蒸汽压力、温度差值。

（2）再热蒸汽参数。锅炉再热器出口的再热蒸汽压力、温度与汽轮机中压缸进口再热蒸汽压力、温度的差值。

由于存在散热损失，锅炉出口的过热蒸汽温度、再热蒸汽温度到达汽轮机前会产生温度降，一般情况下，正常的温度降在4℃左右。但在生产过程中，不少电厂的这个差值经常为1℃左右，有时甚至出现汽轮机自动主汽门前的蒸汽温度高于锅炉过热器出口的过热蒸汽温度1℃左右的现象。出现这些现象时，如果表计本身没有问题，那么，都应视为不正常现象。这主要是计量表计的精确度和效验误差“±”方向不一致引起的，重点应放在计量表计的校验方面。计量表计误差造成汽轮机主蒸汽进口温度偏低1℃，约影响发电煤耗升高0.1g/kWh。对于不同容量的机组，一年如按5500h计算，则要多烧煤55～550t。各种容量机组的耗煤情况见表12－1。

表12－1　汽轮机蒸汽进口温度偏低1℃导致机组一年多耗的煤量

机组容量（MW）		100	200	300	350	500	800	1000
多耗煤量（t）	主蒸汽温度偏低	55	110	165	193	275	440	550
	再热蒸汽温度偏低	50	99	149	164	248	396	495

（3）再热蒸汽压力降。再热蒸汽压力降，是指汽轮机高压缸排汽压力与汽轮机中压缸进口再热蒸汽压力的差值，是单元机组的一个经济指标。一般有设计值，同时制造厂提供有再热蒸汽压力降变化对汽轮机热耗率影响的修正曲线。

汽轮机高压缸排汽压力与汽轮机中压缸进口再热蒸汽压力的差值简称再热蒸汽压差（压降、压损），一般常以百分点表示。计算公式为

$$\Delta p_{zr}=\frac{p_{gp}-p_{zr}}{p_{gp}}\times 100\% \tag{12-1}$$

式中 Δp_{zr}——再热蒸汽压差（压降、压损），%；

p_{gp}——汽轮机高压缸排汽压力，MPa；

p_{zr}——汽轮机中压缸进口再热蒸汽压力，MPa。

再热蒸汽压差值的大小主要取决于再热蒸汽系统阻力的大小。再热蒸汽压差值变化与下列因素有关：

1）系统阀门等的阻力。

2）流量测量装置。

3）系统泄漏。

再热蒸汽压降对设备运行经济性的影响：再热蒸汽压降增加1%，约影响发电煤耗率升高1.3g/kWh。再热蒸汽压降对设备运行经济性的影响，与单元机组设计参数和性能有关。

（4）机、炉间给水压力的差值。机、炉间给水压力的差值是指锅炉给水泵出口（止回阀前）压力与锅炉过热器出口的过热蒸汽压力的差值。

（5）汽轮机高压缸排汽温度与锅炉过热器入口温度的差值。

（6）汽轮机回热系统高压加热器出口给水温度与锅炉省煤器入口给水温度的差值。

（7）尾部烟道烟气在各受热面前后的温度的降低值与设计值的差值。

（8）尾部烟道各受热面内介质温度的温升偏离设计值等。

3. 同一设备系统的同一状态参数用几种参数表示时，其数理关系应相符

（1）凝汽器运行工况参数、指标，汽轮机背压与排汽温度、凝汽器真空度等。

（2）锅炉尾部烟道的漏风系数与漏风率等。

第三节　技术经济指标表计管理要求

技术经济指标表计管理要求，主要是讲与技术经济指标有关的部分，而不是热工计量专业管理的全部。用表计指示计量和表计指示计算的“技术经济指标”的代表性、正确性的真谛，是计量仪表的代表性、正确性。没有指标计量的代表性、正确性，也就没有指标的真实性、可信性。在日常的专业管理工作中，计量仪表的正确性得到了应有的重视和规范的管理。但技术经济指标表计指示值和DAS系统自动生成的记录值的管理工作却没有得到相应的重视，主要表现在：

（1）同一设备、系统的一个状态参数有几个（块）计量表计时，各计量表计的指示值常常会出现几个不同的数值。

（2）同一系统、两端设备的同一参数的差值常常出现超出常规的、实际应有值的范围的现象。

（3）同一设备系统的同一状态参数用几种（个）参数表示时，各计量表计指示的数值，

其数理关系常常出现不符合常规的、理论的异常，如：

1）锅炉过热器出口的几只（块）温度表、压力表指示值不一致。

2）汽轮机自动主汽门前的蒸汽温度高于锅炉过热器出口的过热蒸汽温度的现象。

3）汽轮机背压与排汽温度、凝汽器真空度三者间的关系不符合理论逻辑。

4）汽轮机速度级压力等表计自动记录与表计指标相差甚远。

可见，技术经济指标表计的指示值和DAS系统自动生成的记录值的管理工作应提到“表计指示（计量）管理”的重要议事日程上。本节主要讨论表计指示（计量）在火力发电厂的管理工作。

1. 热能计量管理专业

（1）火力发电厂热能计量表计测点位置的审查（核）工作，应列为有关专业设计审核（查）工作的重点内容之一。

（2）有关专业工程师（主管）在发电设备、系统的建设安装施工过程中，应做好热能计量表计测点位置代表性、正确性的检查、确认工作。

（3）有关专业工程师（主管）在发电设备、系统建设安装调试工作中，应用设计值来核查实际指示值的真实性、正确性。

（4）电能计量专业工程师（主管）应在电厂建设时期做好发电量、厂用电量表计参数、系数台账的建设。电能表台账应包括与电能表设计计算有关（影响）的各项参数。主要内容包括表计名称、型号、编码、设计值、变更情况、日期、系数、容量、TA变比、TV变比、齿轮变比、专职人。

（5）能计量专业工程师（主管）在电厂建设时期，应做好主蒸汽流量表等各种流量表一次测量元件、设计参数台账的建设。火电厂流量计量表的形式繁多，如喷嘴、孔板等。流量表台账应包括与流量设计计算有关（影响）的各项参数。主要内容包括表计名称、型号、编码、设计值、变更情况、日期、管材型号、管子内径、最大差压、最小差压、空板内径、材质、材质系数、温度系数、流量系数、最大流量、最小流量等。

（6）有关专业管理人员，应按规定定期校验主蒸汽参数等各项技术经济指标表计的准确性，并核对它们的数理关系。

（7）发电量、厂用电量表计参数、系数变化时，应及时书面通知统计部门。

（8）主蒸汽等各种流量表一次测量元件、参数变更调整后，应通知统计部门和节能工程师。

（9）计量表计不准、需要调整发电煤耗率时，应根据热工仪表校验报告的试验误差进行。

2. 热机专业

（1）锅炉、汽轮机专业工程师（主管）在锅炉、汽轮机设备、系统设计审查（核）工作中，应根据技术经济指标的计算要求，做好热能指标测点位置的审查（核）工作。

（2）锅炉、汽轮机专业工程师（主管）在发电设备、系统建设安装施工过程中，应做好热能计量表计测点位置代表性、正确性的检查、确认工作。

（3）锅炉、汽轮机专业工程师（主管）在发电设备、系统建设安装调试工作中，应用设计值来核查实际指示值的真实性、正确性。

(4) 锅炉、汽轮机专业工程师，应定期检查各项运行参数和技术经济指标、机组效率是否达到定额（考核）值，以及它们之间的数理关系。

(5) 汽轮机专业工程师应重点监视、管理好循环水温度及凝汽器运行参数。

(6) 锅炉专业工程师应重点监视、管理好炉膛出口氧量、排烟温度等。

3. 节能专业

(1) 节能专业（主管）工程师，应参加火力发电厂单元机组热能计量表计测点位置的审查（核）工作。

(2) 节能专业工程师（主管），在发电设备、系统建设安装、施工过程中，应做好热能计量表计测点位置代表性、正确性的检查、确认工作。

(3) 节能专业工程师（主管），在发电设备、系统建设安装调试工作中，应用设计值来核查实际指示值的真实性、正确性。

(4) 节能专业工程师要定期核对汽轮机背压、排汽温度、凝汽器真空度三者间的数理关系。

4. 指标分析的监督管理要求

(1) 运行抄表员、主值、班长要分析表单记录的准确性和数理关系，并对数据正确、准确性负责。

(2) 统计人员每周要分析（日报表）同一系统、两端设备同一参数的正确性、准确性，如锅炉设备出口与汽轮机设备入口主蒸汽压力、温度的差值，再热蒸汽温度差值等。

(3) 汽轮机专业工程师应定期分析汽轮机排汽温度与凝汽器真空、凝汽器真空度的数理关系。

(4) 锅炉专业工程师每月要作一次指标分析，看同一参数几只表的指示值是否符合要求。

(5) 化学专业工程师要定期检查、分析入厂煤、入炉煤取样的准确性、代表性，以及入厂煤、入炉煤热值差、水分差的数理关系。

(6) 节能专业工程师每月要作一次指标分析，锅炉设备出口与汽轮机设备入口的主蒸汽压力、温度差值，以及再热蒸汽温度差值是否在正常的范围内。

(7) 燃料专业管理人员应做好燃料取样、化验监督工作，确保入炉煤、入厂煤取样、化验的准确性和代表性。

(8) 有关专业要按规定共同做好入厂煤、入炉煤计量装置的校验，确保入厂煤、入炉煤量计量准确。

第十三章　火电厂能耗指标管理评价

管理哲学是：法、忠、道。

法：基层要建立、健全规章、管理制度，并认真贯彻、执行。全面落实，定期检查，不断改进，达到良好的闭环运行。

忠：中层管理人员要忠于企业，忠于专业技术。专业管理，尽忠、尽职做好专业技术管理工作。

道：高层要精诚合作，融为一体，提升企业，开拓发展。

安全、经济是电力生产企业的两大管理工作。本章的主题是电力生产能耗指标的因果。经济指标要结硕果，就要有一系列切实可行、行之有效的管理制度和办法。火力发电厂能耗指标管理评价制度（以下简称《评价》）就是检查、评价、指导单元机组运行经济性最全面、最系统、最有效的管理办法之一。

《评价》是根据《中华人民共和国节约能源法》、《火力发电厂节约能源规定》、《电力工业节约能源技术监督规定》《一流火力发电厂考核标准（节能管理部分）》等有关法律、法规、导则、文件制定的，是电力行业能耗指标管理工作标准、规定、要求的结晶。读了《评价》办法，就等于读了80%以上的节能文件的要求；按《评价》办法做好了节能工作，就等于做好了80%以上的节能工作。良好的闭环运行，一般电厂的节能潜力有3g/kWh左右的发电煤耗率。节能管理基础差的电厂节能潜力更大，甚至有5g/kWh以上的发电煤耗率潜力。

《评价》是针对发电设备运行经济性、发电设备经济性能、能耗指标管理等全面、全方位的经济管理工作。它能指导电力企业全体员工在电力生产过程中，全面做好责任范围内发电设备系统的经济性工作，对设备的检修、维护，运行调整、操作方法，能耗指标职责、职能管理都提出了要求和标准。如果全体员工在各自的工作岗位上都能按标准、要求做好各自责任范围内的经济性工作，火力发电厂设备、系统运行的经济水平将会不断提升，常年保持一个好的水平。

《评价》可供火力发电厂热力经济专业工程师，生产技术领导干部，锅炉、汽轮机、电气、热工、化学、燃料、除灰等专业管理人员阅读，用作检查工作、自我评价工作等的参考，也可供车间、班组开展能耗管理自我检查、评价工作时参考使用。《评价》内容包括能耗管理、运行经济性管理、燃料管理、设备经济性能管理、技术经济指标管理和计算等，适用于各火力发电企业。

（1）节能专业工程师全面检查、评价节能工作。

（2）锅炉、汽轮机、电气、热工、化学、燃料、除灰等专业工程师自我评价本专业的能耗指标管理工作。

（3）全体员工用本办法指导如何开展、管好责任范围内的本职工作。

（4）组织、实施本企业进行能耗指标评价。

（5）企业主管上级组织实施对所属企业的能耗指标评价。

《评价》工作应实行闭环动态管理，企业应结合技术经济指标实际水平和经济性评价内容，以2~3年为一个周期，按照“评价、分析、评估、整改”的过程循环推进，即按照本评价标准开展自评价或专家评价，对评价过程中发现的问题进行原因分析。根据影响程度对存在的问题进行评估和分类，按照评估结论对存在问题制订并落实整改措施，然后在此基础上进行新一轮的循环。

第一节　评价的基础知识

一、具体评价办法

能耗指标评价办法的实施，是管理哲学中“法”在基层能否得到认真贯彻、执行、全面落实的最重要、最关键的保证。具体做法有以下三种形式。

1. 纳入全体员工的日常工作

（1）将“办法”的标准、要求落实到各岗位的每一个员工。有关专业人员定期检查，作出评价，并纳入考核。

（2）国家每年开展一次“节能周”活动，作一次评价，或不定期请专业评价专家作一全面评价。

2. 企业自评

3. 专家评审

二、组织评审的操作要点

组织评审是指企业自评、专家评审。操作要点是：

（1）严格按照查评依据进行查评。

（2）各种查证方法配合应用。

要综合运用多种方法，如现场检查、查阅和分析资料、现场考问、实物检查或抽样检查、仪表指示观测和分析、调查和询问、现场试验或测试等对评价项目作出全面、准确的评价。

三、查评程序

1. 企业自我查评程序

（1）成立查评组：由生产副厂长或总经任组长，按专业分为若干小组，负责具体查评工作。

（2）宣传培训干部职工：明确评价的目的、必要性、指导思想和具体开展方法，解决为什么开展、怎样进行的问题，为企业正确而顺利地开展经济性评价创造有利条件。

（3）层层分解评价项目：落实责任制，各车间、科（处）室和各班组将评价项目层层分解，明确各自应查评的项目、依据、标准和方法。

（4）车间、班组进行自查：发现的问题登记在“经济性评价检查发现问题及整改措施表”上，车间汇总后上报。一般车间班组自查不要求打分。

（5）分专业开展查评活动：企业查评组分专业在车间班组查评的基础上查评设备系统

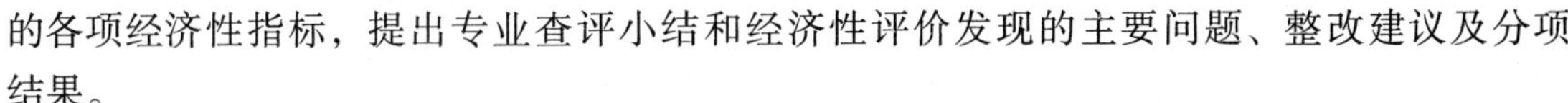

的各项经济性指标，提出专业查评小结和经济性评价发现的主要问题、整改建议及分项结果。

（6）整理查评结果，提出自查报告。经济性评价自查报告应包括自查总结，经济性评价总分表，评价结果明细表，分专业小结，经济性评价发现的主要问题、整改建议及分项结果。

2. 专家查评程序

（1）专家评价由完成自评价的企业向上级单位提出申请，上级单位组织专家或委托中介机构实施。

（2）经评专家组到达电厂后，被评单位应召开有自查专业组成员和全厂技术骨干参加的查评首次会，汇报自查情况，分别介绍专家组人员和被评单位专业联络员，使双方对应专业人员相识并建立联系。

（3）专家组通过一段时间的现场查看、询问、检查、核实，与企业领导和专业管理人员交换意见，完成专家查评工作。

（4）查评工作结束后，专家组应向上级单位和被评价企业提出书面评价报告，评价报告包括总体情况、主要问题和整改建议。

四、整改程序

（1）各单位在进行经济性评价后，应立即根据经济性评价报告组织有关部门制订整改计划，整改计划必须明确整改内容、整改措施、整改完成时限、工作负责人和验收人。部门整改计划应由部门负责人审查批准，全厂整改计划应由厂主管领导审查批准。全厂整改计划应上报上级主管部门。

（2）各单位应定期检查和督促各部门整改计划的完成情况，对未完成和整改效果不好的部门应进行考核。

（3）各单位应在整改年度中期和年末，对本单位经济性评价整改计划的完成情况进行总结，及时提出意见和建议，对未完成整改的项目和已完成的重点整改项目进行评估，必要时，应修改整改计划，实行闭环管理。

（4）各单位应将经济性评价整改计划和年度总结上报上级主管部门。

五、复查程序

（1）企业自我查评的复查可在查评的当年进行；专家评价应在评价后一年，一般由原查评的专家进行复查。

（2）复查前，要同评价时一样做好准备和动员工作。向专家组提供整改情况总结，整改情况总结应包括：

1）完成整改率：（完成整改项目数/应整改项目数）×100%。

2）部分整改率：（部分整改项目数/应整改项目数）×100%。

3）综合整改率：［（完成整改项目数＋部分整改项目数）/应整改项目数］×100%。

4）未整改率：（未整改项目数/应整改项目数）×100%。

对完成整改率、部分整改率和未整改率要分一般项目和重点项目。

（3）专家现场复查程序与初评相同，时间和专家人数可少于初评价。

（4）复查完成后应提出正式的复查报告。

第二节 评价标准分

评价总分为4 000分，评价内容及各部分的标准分如下。

一、发电设备、系统能耗管理 600分

(1) 组织管理体系 120分

(2) 节能管理制度 80分

(3) 节能培训 110分

(4) 节能规划与计划 60分

(5) 节能基础工作 230分

1) 节能管理手册 20分

2) 热力试验 80分

3) 能源计量 70分

4) 原始记录 15分

5) 设备系统监督管理 45分

二、运行经济性管理 1 400分

(1) 发电设备、系统运行经济性管理 960分

(2) 发电设备、系统运行经济指标 440分

三、燃料管理 400分

(1) 燃料专业管理 330分

1) 燃料计划管理 90分

2) 进厂燃料专业管理 50分

3) 燃料耗用管理 140分

4) 燃料统计管理 90分

(2) 燃料指标 70分

四、设备经济性能管理 1 600分

(1) 汽轮机组检修经济性能管理 710分

1) 汽轮机组检修工艺质量 220分

2) 汽轮机组检修质量指标 210分

3) 汽轮机组检修后经济性能指标 280分

(2) 锅炉设备检修经济性能管理 400分

1) 锅炉设备检修质量 300分

2) 锅炉设备检修后经济性能指标 100分

(3) 热机设备系统检修质量 100分

(4) 设备技改经济性能管理 200分

(5) 大修间隔、工期及费用管理 190分

由于设备系统等原因造成部分《评价》项目不能查评的，扣减相应项目（连同该项目）的标准分；对于本《评价》未涵盖的项目，可补充完善相应项目（连同项目）的标准分。

用相对得分率来衡量被评价系统的经济性能：

$$相对得分率 = (实得分/应得分) \times 100\%$$

对评价发现的主要问题进行重要性分级管理，本标准分为三级，按重要性级安排整改，其中最重要的为一级。

第三节　火电厂能耗指标管理评价办法

火电厂能耗指标管理评价办法见表13－1。

表13－1　　火电厂能耗指标管理评价办法

序　号	评　价　项　目	标准分	查　证　方　法	评分标准及评分办法	备　注
1	发电设备、系统能耗管理	600	查证资料以评价年度为主	评价考核年度发电设备、系统的能耗管理工作	
1.1	组织管理体系	120			
1.1.1	发电厂（发电公司、企业，下同）成立节能领导小组。生产厂长（生产副总经理，下同）或总工程师、总经济师任组长	10	（1）查看领导小组名单。 （2）名单与实际是否相同	（1）无领导小组名单，不得分。 （2）名单与实际不符，扣5分	
1.1.2	生产厂长每月主持有具体内容的经济指标分析会。会议要对下一步节能工作做出应有的安排、要求，有会议记录，并用会议纪要或简报的形式，发至责任单位（含班组）	20	（1）查看会议记录、内容。 （2）查看会议纪要、简报。 （3）查看专业、车间、班组有关人员对责任内容知晓程度	（1）主持人不符合规定，每次扣2分。 （2）缺一次会议记录和纪要、简报，各扣1分。 （3）会议内容不充实，扣15分。 （4）抽查车间、班组一处不落实，扣1分	
1.1.3	经济指标分析会要能指导生产，每年要有3项取得显著成效的项目	15	（1）查看资料。 （2）查看实际情况	（1）少一次显著成效的项目，扣5分。 （2）效果不显著，扣5～12分	
1.1.4	厂配备专职节能专业工程师，6项职责得到落实	10	（1）查看岗位设置情况。 （2）按《火力发电厂节约能源规定》的6项职责逐条检查落实情况	（1）无节能专业工程师，不得分。 （2）落实程度不全面，扣5～15分	
1.1.5	节能专业工程师的管理职责应赋予节能管理的全部管理职能	10	查看有关文件	（1）无明确规定，不得分。 （2）职能不全面，扣2～8分	

续表

序　号	评　价　项　目	标准分	查　证　方　法	评分标准及评分办法	备　注
1.1.6	节能专责工程师负责全厂节能监督管理	10	（1）查看有关文件。 （2）查看总结	（1）无条文规定，不得分。 （2）职责落实不全面，扣2～8分	
1.1.7	厂、车间、班组要有健全的、能发挥作用的三级节能网，人员变动要及时调整	10	（1）查看三级节能管理网。 （2）节能管理网与实际是否相同	（1）无三级节能管理网，不得分。 （2）节能管理网与实际不符，扣2～8分	
1.1.8	车间配备兼职节能专业工程师，有职责。每月（年）节能工作要有分析、总结	10	（1）核实车间节能工作是否有兼职人。 （2）检查职责落实情况。 （3）查看月、年节能工作分析、总结	（1）车间无兼职节能工程师，扣5～10分。 （2）职责落实不够，扣2～8分。 （3）月、年节能工作分析、总结缺一次，各扣1分。 （4）分析、总结不充实，扣2～8分	
1.1.9	班组设置兼职节能员，有职责。每月至少开展一次节能专业活动，并有记录	10	（1）核实班组节能员。 （2）查看每月节能专业活动，有具体内容，有记录	（1）抽查班组无节能员，扣5～10分。 （2）月节能专业活动缺一次，扣1分。 （3）节能专业活动不充实，扣2～8分	
1.1.10	班组职工能积极参与班组节能管理，并在节能工作中发挥作用。每个班组每年有一次有针对性典型事例	15	查看班组参与节能管理并发挥作用的典型事例	（1）班组一年内无有针对性的典型事例，扣5～15分。 （2）典型事例高度不够，扣2～12分	
1.2	节能管理制度	80			
1.2.1	建立相关的管理制度，做到认真学习、贯彻《节约能源法》、《火电厂节约能源规定》、《电力工业节能技术监督规定》、《火力发电厂节约用水导则》、《国家电力公司火电厂节约用油管理办法》、《电力工业发电企业计量器具配备规范》等法规、规定、办法	20	（1）检查厂、车间、班组学习贯彻记录等。 （2）检查各级人员对国家、行业的法规、规定、办法的掌握程度	（1）学习、贯彻不力，扣5～20分。 （2）各级有关人员对有关部分掌握不够，视情况扣5～15分	

续表

序　号	评　价　项　目	标准分	查　证　方　法	评分标准及评分办法	备　注
1.2.2	根据《节约能源法》、《火电厂节约能源规定》、《电力工业节能技术监督规定》制定《本厂节约能源实施细则》	20	检查《本厂节约能源实施细则》是否包含了三个文件对节能工作的全面要求	（1）无结合本厂的节约能源实施细则，不得分。 （2）《实施细则》未包含三个文件的全部要求，扣5～15分。 （3）可操作性差，扣5～15分	
1.2.3	制定《电厂奖惩制度》和《小指表竞赛办法》等各项与节能有关的管理制度，并根据需要及时制定新的工作制度	10	查看两个制度	（1）缺一个制度，扣5分。 （2）奖金力度不够，扣5分。 （3）可操作性差，扣2～8分	
1.2.4	制度要有可操作性。能指导节能管理工作的开展。制度要有执行监督责任人	10	查看有关制度	（1）制度无执行监督责任人，扣2～8分。 （2）监督执行不力，扣2～8分	
1.2.5	制度每年修改一次，并在年初发布"在执行的制度、办法"；明确"废止（除）的制度、办法"	10	（1）查看制度修改情况。 （2）查看发布在"执行制度、办法"、"废止（除）制度、办法"的通知	（1）一项制度未修改，扣2分。 （2）未发布在"执行制度"，明确"废止（除）制度"的通知，扣5分	
1.2.6	生产岗位配齐有关节能管理制度、文件（节能计划、考核指标）等，并有配备清单	10	查看有关节能管理制度、文件与配备清单是否相符	（1）无制度、文件配备清单，扣10分。 （2）制度、文件与配备清单不相符，缺1份扣2分；有过期文件，每件扣2分	
1.3	节能培训	110			
1.3.1	有节能培训管理制度	10	查看节能培训制度	（1）无培训制度，不得分。 （2）制度可操作性差，扣2～8分	
1.3.2	有节能中、长期培训规划和年度培训计划	10	查看节能中、长期培训规划和年度培训计划	（1）无节能中、长期培训规划和年度培训计划，各扣5分。 （2）内容不充实，扣2～8分	

续表

序号	评价项目	标准分	查证方法	评分标准及评分办法	备注
1.3.3	未经节能教育、培训的人员不得在耗能设备操作岗位上工作	20	（1）检查上岗培训、考核记录。 （2）考核在岗人员节能知识水平	（1）无培训上岗制度，不得分。 （2）未经培训，无证上岗，每人扣5分	
1.3.4	结合本厂设备、系统特点做好培训工作。普及节能知识，提高节能技术	10	（1）检查有关人员对有关特性的掌握。 （2）查看培训资料、考试资料	（1）抽查有关人员，一人不合格，扣2分。 （2）培训、考试不认真，扣2~8分	
1.3.5	经常开展节能技术问答和节能、节水宣传、教育，不断提高全员节能、节水意识	10	（1）检查宣传工作的安排、要求、总结。 （2）查看节能技术问答	（1）无具体安排，扣5~10分。 （2）内容不充实，扣2~8分。 （3）效果一般，扣2~8分	
1.3.6	每年6月，结合“全国节能周”办好本企业的节能周活动，全面做好节能宣传、教育，努力提高全员节能意识	10	查看节能周活动计划、安排、做法、总结	（1）无具体安排，扣5~10分。 （2）内容不充实，扣2~8分	
1.3.7	每年5月，结合“全国节水周”办好本企业的节水周活动，全面做好节水宣传、教育，努力提高全员节水意识	10	查看节能周活动计划、安排、做法、总结	（1）无具体安排，扣5~10分。 （2）内容不充实，扣2~8分	
1.3.8	节能培训月有检查、年有总结	10	查看月检查记录、年工作总结	（1）无检查记录、总结，扣5~10分。 （2）无检查记录、总结内容不充实，扣2~8分	
1.3.9	节能培训要纳入考核	10	查看考核记录	（1）无考核不得分。 （2）考核力度不够，扣2~8分	
1.3.10	节能专业工程师是节能培训责任人，对节能培训工作负责	10	查看规定、职责落实情况	（1）无规定不得分。 （2）职责落实不够，扣2~8分	
1.4	节能规划与计划	60			

续表

序　号	评　价　项　目	标准分	查　证　方　法	评分标准及评分办法	备　注
1.4.1	有中、长期节能滚动规划，每年修订滚动一次。项目应有经济效果、责任单位（责任人）、协作单位、责任领导人、完成日期是否明确	15	查看中、长期节能滚动规划	（1）无中、长期节能滚动规划，不得分。 （2）规划未按时滚动，扣10分。 （3）可操作性差，扣2～12分	
1.4.2	有年度节能措施计划，有月度作业计划，并下达到车间（值，下同）、班组、责任人。年度计划要有项目经济效果、责任单位（责任人）、协作单位、责任领导人、完成日期	15	查看厂、车间、班组年度、月度计划	（1）厂无年度措施计划，扣5～15分。 （2）厂、车间月度计划缺一份月度计划，扣2分。 （3）作业计划未下达到执行单位，每一单位扣5分。 （4）可操作性差，扣5～10分	
1.4.3	每年有节能推广或技改（革新）项目1～2项。年度节能技改项目完成率达到100%	20	查看年度计划安排、实施情况	（1）无推广或技改项目，不得分。 （2）项目完成值低于目标值，每1个百分点扣5分	
1.4.4	有节能月度、年度工作总结，有节能专项（项目）总结，并以书面形式报送上级主管领导及有关部门	10	查看月度、年度总结和节能专项总结	（1）月度总结缺一月，扣2分。 （2）无年度、节能专项总结，各扣4分。 （3）总结内容空洞，扣2～8分	
1.5	节能基础工作	230			
1.5.1	有结合本企业实际的《节能管理手册》。能指导节能管理工作的开展，能指导生产。《节能工作手册》应包括国家、行业节能文件；主、辅机参数；特性曲线；指标对煤耗的影响；同类型的先进水平等	20	查看《节能管理手册》是否包括节能管理、分析工作的基本资料	（1）无《节能管理手册》，不得分。 （2）《节能管理手册》内容不全面、不充实，扣1～15分	
1.5.2	热力试验	80			
1.5.2.1	有热力试验管理制度	10	查看热力试验制度	（1）无热力试验制度，不得分。 （2）制度不可操作，扣2～8分	

续表

序号	评价项目	标准分	查证方法	评分标准及评分办法	备注
1.5.2.2	热力试验应面向生产，服务生产，为一线解决生产问题。有年度、月度试验计划	10	查看年、月试验计划和热力试验工作总结	(1) 服务生产不够，扣2~8分。 (2) 无年度、月度试验计划，各扣2~5分	
1.5.2.3	汽轮机大修前后热力试验分析（下同）要量化到蒸汽参数、凝汽器系统、回热系统、通流部分等4个方面	30	查看热力试验报告	(1) 分析不全面，扣5~25分。 (2) 凝汽器系统、回热系统分析深度不够，各扣5~10分	
1.5.2.4	锅炉大修前后试验分析要量化到蒸汽参数，影响 q_2、q_4 的因素，q_5 是否达到设计值等方面	20	查看热力试验报告	(1) 分析不全面，扣2~15分。 (2) q_2、q_4、q_5 分析深度不够，分别扣10、3、4分	
1.5.2.5	大修或专题试验报告要以书面形式，经主管审核，总工程师批准后报送主管领导、有关部门，并送技术档案室存档，备查保存	10	(1) 查看试验报告审批情况。 (2) 查阅技术档案室备存情况	(1) 试验报告未按规定审批，扣2~8分。 (2) 技术档案室无备存试验报告，扣5分	
1.5.3	能源计量	70			
1.5.3.1	进厂燃料、水量，供出电、热、汽、水量以及厂内用电、用热必须100%配备计量器具；计量检测率100%；周期受检率100%	10	(1) 查看能源计量器具配备率、计量检测率、周期受检率台账。 (2) 查看能源计量器具周期受检报告	(1) 能源计量器具缺1台，扣2分。 (2) 计量检测率、周期受检率每降低1个百分点，扣2分	
1.5.3.2	建立主蒸汽、再热蒸汽、给水等能源计量表计设计参数台账。遇有变化，要及时通知节能专业工程师和统计员	10	(1) 查看能源计量表计设计参数台账、档案。 (2) 查看变更记录	(1) 无能源计量表计设计参数台账，不得分。 (2) 缺一块表计设计参数，扣2分。 (3) 缺一份变更记录，扣2分	
1.5.3.3	能源计量表计要有定期校验、超标（误差）报告制度	10	按校验制度查对校验情况	(1) 无校验、超标报告制度，扣2~10分。 (2) 定期校验、超标报告缺一次，扣2分	

续表

序 号	评 价 项 目	标准分	查 证 方 法	评分标准及评分办法	备 注
1.5.3.4	计量专工每月分析表计间数理关系，对表计指示、记录和数据正确性、代表性负责	10	查看每月分析记录及总结	（1）无分析管理制度，扣2～10分。 （2）缺一次分析记录或总结，扣2分。 （3）监督力度不够，扣2～8分	
1.5.3.5	建立MIS系统、DCS系统热力表计测点台账，并有鉴定意见	20	查看MIS系统、DCS系统热力表计测点台账	（1）MIS系统、DCS系统热力表计测点一点不合格，扣2分。 （2）无管理台账，扣20分	
1.5.3.6	有非生产用能管理制度	10	查看非生产用能管理制度	（1）无非生产用能管制度，不得分。 （2）制度可操作性差，扣2～8分	
1.5.4	有关能源消耗原始记录齐全、准确。记录人、审核人签字确认，并各负其责	15	（1）查看有关能源消耗记录并与实际核对，分析有关数据的数理关系。 （2）查看各级责任签字	（1）发现一处错误，扣2分。 （2）一次未签字，扣2分	
1.5.5	设备、系统监督管理	45			
1.5.5.1	有设备、系统监督管理制度	10	查看设备、系统监督管理制度	（1）无设备、系统监督制度，不得分。 （2）制度可操作性差，扣2～8分	
1.5.5.2	各设备、系统，各班组、车间、生产管理职能处室要有监督责任人。节能专业工程师负责全厂节能监督管理工作	15	（1）查看设备、系统及各级的管理人员责任制 （2）查看各级监督管理记录	（1）责任不落实，扣5～20分。 （2）抽查一处不落实，扣2分。 （3）监督不力，扣5～12分	
1.5.5.3	每年每个单元进行一次热力设备及系统监督查定，并做好单元系统能耗分析	20	查看单元热力设备及系统监督分析报告	（1）缺一分析报告不齐全，扣5～20分。 （2）分析报告内容不充实，扣2～15分	
2	运行经济性管理	1 400		评价考核年度发电设备、系统的经济运行管理工作	

续表

序　号	评　价　项　目	标准分	查　证　方　法	评分标准及评分办法	备　注
2.1	发电设备、系统运行经济性管理	960			
2.1.1	煤耗计算与管理	120			
2.1.1.1	有煤耗计算与管理制度	10	查看煤耗计算与管理制度	(1) 无煤耗计算与管理制度，不得分。 (2) 可操作差，扣2~8分	
2.1.1.2	煤耗计算方法符合行业标准和理论原理	20	(1) 查看煤耗计算方法。 (2) 严格分开生产用能与非生产用能。非生产用能不得计入供电煤耗率	(1) 不符合标准和理论原理，扣5~20分。 (2) 非生产用能未严格分开，扣10分	
2.1.1.3	计算用参数符合要求	20	核对计算用参数是否符合要求	一点不符合要求，扣2分	
2.1.1.4	(1) 日、月、年统计煤耗要用正平衡、反平衡两种计算方法同时进行计算统计。 (2) 每月进行一次正平衡、反平衡煤耗计算的校核分析，并记录在案	20	(1) 查看日、月、年统计报表。 (2) 查看正平衡、反平衡煤耗计算的校核分析报告	(1) 仅用一种方法计算，扣5~10分。 (2) 缺一个月分析，扣5分。 (3) 分析质量不高、不全面，扣2~8分	
2.1.1.5	分析单元机组运行煤耗水平与设计值的差距，定量分析各种影响因素，并提出措施和改进意见	20	查看分析报告	(1) 缺分析报告，扣5~20分。 (2) 原因不清、措施不力，扣5~15分	
2.1.1.6	月分析一次发电煤耗与汽耗率、速度级压力的关系	10	查看分析记录	(1) 缺分析记录，扣5~10分。 (2) 分析不认真，扣2~8分	
2.1.1.7	供电煤耗率等技术经济指标按年、季、月逐级分解到机、炉（班组），并作为考核依据	10	查看每年初是否将要执行的全年的供电煤耗指标逐级分解机、炉指标	(1) 未分解，不得分 (2) 指标分解不全面，扣2~8分	
2.1.1.8	通过查定试验确定汽轮机、锅炉启动用煤、用油、用水，并计入煤耗	10	(1) 查看汽轮机、锅炉启动用煤、用油、用水标准。 (2) 查看启动用油、用水等记录	(1) 无标准，不得分。 (2) 缺一次记录，扣3分	

续表

序　号	评　价　项　目	标准分	查　证　方　法	评分标准及评分办法	备　注
2.1.1.9	有发电量管理制度	10	查看发电量管理制度	（1）无发电量管理制度，不得分。 （2）制度不可操作，扣2~8分	
2.1.2	补水率计算与管理	70			
2.1.2.1	有补水率计算与汽水损失监督管理制度	10	查看补水率计算与汽水损失监督管理制度	（1）无补水率计算与汽水损失监督量管理制度，不得分。 （2）制度可操作性差，扣2~8分	
2.1.2.2	补水率统计计算方法符合行业（理论）标准。做好分项统计，并建立卡片、台账	10	（1）查看补水率统计计算方法。 （2）查看卡片、台账	（1）统计计算方法不符合规定，扣2~8分。 （2）分项统计、卡片、台账不健全，扣2~8分	
2.1.2.3	做好补水量的计量、监督管理工作	10	（1）检查计量表计是否齐全。 （2）查看计量表计校验记录	（1）计量表计不齐全，扣2~8分。 （2）未按规定校验，扣2~8分	
2.1.2.4	每月作一次锅炉炉水盐平衡分析计算。监督、检查锅炉排污率的合理性	10	查看炉水盐平衡计算记录	（1）未作炉水盐平衡计算，不得分。 （2）缺一次炉水盐平衡计算，扣2分	
2.1.2.5	每半年用查定试验方法，查定单元设备、系统汽水损失率	10	查看单元系统查定报告	（1）未进行查定试验，不得分。 （2）缺一次查定试验，扣2分	
2.1.2.6	运行负责锅炉、汽轮机设备、系统汽水泄漏监督。发现泄漏点，及时填写缺陷通知单，并报检修。检修负责及时消除泄漏异常	20	查看泄漏缺陷通知单，检查设备、系统汽水泄漏异常消除情况	（1）热力设备、系统汽水损失率大于0.7%（百分点），扣5~15分。 （2）设备、系统汽水泄漏异常消除超过规定，扣3~10分	
2.1.3	汽轮机设备、系统运行经济性管理	210			
2.1.3.1	汽轮机绝对电效率要有计算办法及其管理规定	10	检查汽轮机效率计算办法及其管理规定	（1）无计算办法及其管理规定，不得分。 （2）制度可操作性差，扣2~8分	

续表

序 号	评 价 项 目	标准分	查 证 方 法	评分标准及评分办法	备 注
2.1.3.2	分析汽轮机运行效率与设计值的差距，定量分析影响因素，并提出措施和改进意见	20	查看分析报告	（1）机组无分析报告算，扣5～20分。 （2）原因不清、措施不力，扣5～15分	
2.1.3.3	主蒸汽压力、温度，再热蒸汽温度压红线运行	10	查看表单、机组运行实时工况	参数不合格，扣2～10分	
2.1.3.4	每月监督、分析各台高、低压加热器的温升、端差，并与设计值比较，同时提出书面报告	20	查看加热器运行分析台账和分析报告	（1）无分析台账和分析报告，扣2～10分。 （2）每台加热器温升、端差未达到设计值，各扣1分	
2.1.3.5	建立循环水冷却塔运行管理制度	10	检查循环水冷却塔运行管理制度	（1）无运行管理制度，不得分。 （2）制度不可操作，扣2～8分	
2.1.3.6	定期检查循环水冷却塔淋水设备运行状况、淋水密度的均匀性，并及时进行调整	30	（1）查看水塔检查记录。 （2）抽查循环水冷却塔设备运行状况	（1）检查不认真，扣5～25分。 （2）淋水设备状况不良、淋水密度不均匀，扣5～25分。 （3）冷却塔循环水温度达不到设计值或大于33℃，扣5～20分	
2.1.3.7	每年入夏前做好水塔（含机力冷却水塔）淋水设备系统维修	50	查看水塔清淤、维修记录、验收记录	（1）水塔未清淤、维修，扣5～40分。 （2）水塔清淤、维修不彻底，扣5～40分。 （3）夏季循环水温度高，影响机组带负荷，扣5～50分	
2.1.3.8	每月做一次汽轮机凝汽器漏真空试验	10	查看凝汽器真空严密性试验方法，作试验记录	（1）试验方法不符合规定，扣2～10分。 （2）真空严密性超标一月台次，扣1分	
2.1.3.9	有凝汽器胶球清洗管理制度	10	检查凝汽器胶球清洗管理制度	（1）无管理制度，不得分。 （2）制度可操作性差，扣2～8分	

续表

序　号	评　价　项　目	标准分	查　证　方　法	评分标准及评分办法	备　注
2.1.3.10	凝汽器铜管无结垢	20	查看凝汽器铜管大、小修记录	（1）有微垢，扣10分。 （2）垢厚达到0.3mm，不得分	
2.1.3.11	凝汽器真空度准确、真实、有代表性，与排汽温度、背压数理关系一致	20	查看表单、报表	抽查真空度偏差0.5%以上，扣2～10分；偏差1.5%以上，不得分	
2.1.4	锅炉设备、系统运行经济性管理	200			
2.1.4.1	有锅炉效率计算办法及管理规定	10	检查锅炉效率计算办法及其管理规定	（1）无计算办法及其管理规定，不得分。 （2）制度可操作性差，扣2～8分	
2.1.4.2	分析锅炉运行效率与设计值的差距，定量查明影响因素，并提出措施和改进意见	10	查看分析报告	（1）无分析报告，不得分。 （2）原因不清、措施不力，扣2～8分	
2.1.4.3	锅炉燃煤热值、灰分、挥发分等主要成分达到或接近设计值	10	查看设计值，月、年煤质分析报告	（1）超过设计值20%，不得分。 （2）超过设计值14%，扣6分。 （3）超过设计值8%，扣3分	
2.1.4.4	要做好燃煤品种、质量（灰分、冲灰用水、硫分、超标罚款）对电厂经济性影响的分析	10	查看分析报告	（1）无分析报告算，不得分。 （2）分析报告内容不充实，扣2～8分	
2.1.4.5	磨煤机制粉系统要做最佳工况调整试验，确定最佳煤粉细度、钢球磨损率。做到根据钢球磨损率天天添加钢球，磨煤机运行5 000h或根据鉴定试验结果，清理钢球一次	30	（1）查看调整试验报告。 （2）清理钢球记录。 （3）添加钢球记录	（1）无调整试验报告，扣5～30分。 （2）超期未清钢球，扣5～25分。 （3）未实现天天添加钢球，扣5～20分。 （4）煤粉细度达不到考核要求，扣5～20分	
2.1.4.6	锅炉尾部烟道漏风系数：400t/h及以上每月测试一次。达到并长时间好于定额（考核）值，可每季测试一次；400t/h以下锅炉漏风系数每季测试一次	10	查看锅炉尾部烟道漏风系数试验记录和报告	（1）未进行分段试验，扣2～10分。 （2）缺一次试验，扣2分	

续表

序号	评 价 项 目	标准分	查 证 方 法	评分标准及评分办法	备 注
2.1.4.7	（1）负压磨煤机制粉系统漏风试验：400t/h 及以上锅炉每季测试一次。漏风率达到并长时间好于定额（考核）值，可每半年测试一次。 （2）400t/h 以下锅炉制粉系统漏风率，每半年测试一次	10	查看磨煤机制粉系统漏风率试验记录和报告	（1）未进行试验，不得分。 （2）缺一次，扣 2 分	
2.1.4.8	努力提高锅炉在低负荷下运行的能力，减少助燃用油。使锅炉在不投油助燃的最低稳定负荷分别达到： 烟煤为额定工况的 40% ~45%； 贫煤为额定工况的 45% ~50%； 无烟煤额定工况的 50% ~55%	20	查看点火、助燃用油记录	（1）达不到行业规定的最低稳定负荷投助燃用油，扣 5 ~20 分。 （2）由于配煤不当、煤质差造成投助燃用油，扣 5 ~15 分	
2.1.4.9	有锅炉吹灰管理制度，并做好吹灰工作	20	检查锅炉吹灰管理制度	（1）无吹灰管理制度，不得分。 （2）制度可操作性差，扣 2 ~8 分。 （3）未做吹灰工作，扣 10 分。 （4）由于尾部受热面堵灰或尾部漏风大而不能带满负荷，不得分	
2.1.4.10	定期监查、监督锅炉设备运行中一次风、二次风门挡板开度指示位置是否与实际位置相符	20	查看锅炉燃监测记录，核对风门开度记录	（1）无监查风门开度记录，不得分 （2）指示与实际位置不相符，扣 5 ~15 分	
2.1.4.11	每季测定一次（或根据需要）锅炉温度场，以指导燃烧	10	查看测量记录	（1）未进行，不得分。 （2）缺一次，扣 4 分	
2.1.4.12	人孔门、看火门等设备完整。设备运行中必须关严	20	检查现场	（1）发现一处，扣 4 ~20 分。 （2）发现一处严重漏点，扣 10 分	
2.1.4.13	有点火、助燃用油管理制度		检查制度，查看点火、助燃用油记录	（1）无制度、无记录、无考核，不得分。 （2）管理不严、用油量大，扣 2 ~8 分	

续表

序　号	评　价　项　目	标准分	查　证　方　法	评分标准及评分办法	备　注
2.1.4.14	用水冲灰的火电厂要制定除灰用水单耗指标，促使有关人员根据排灰量调整冲灰水量，在保证灰水流速的条件下，使灰水比维持在以下范围：高浓度灰浆泵出灰系统为1:3左右；普通灰浆泵出灰系统为1:10左右	20	检查除灰用水单耗指标计算分析记录	（1）无计算分析报告或记录，扣5~20分。 （2）指标超过考核标准，扣5~20分。 （3）除灰用水无计量装置，扣10分。 （4）水力除灰水对外排放而未回收，扣10分。 （5）干灰系统故障改用水力除灰的，扣10分	
2.1.5	辅机设备用电管理	90			
2.1.5.1	厂用电率、辅机单耗、辅机用电率要有计算办法和管理规定	10	检查厂用电率，辅机单耗、用电率计算办法和管理规定	（1）无计算办法及其管理规定，不得分。 （2）制度可操作性差，扣2~8分	
2.1.5.2	辅机设备运行效率要达到设计水平。超过1%，要写出分析报告，并提出改进意见	20	查看主要辅机效率试验报告、主要辅机特性	（1）缺一项，扣5~20分。 （2）试验报告分析不够、措施不力，扣5~15分	
2.1.5.3	制定辅机用电率、单耗定额	10	查看辅机用电率、单耗定额	（1）无辅机用电率、单耗定额，扣5~10分。 （2）定额不先进，扣5~10分	
2.1.5.4	重点管理好送风机、引风机、一次风机、磨煤机、排粉机、给水泵、循环水泵等重点辅机设备的用电率、单耗	20	查看送、引风机，磨煤机，排粉机，给水泵等辅机单耗水平	（1）无同类型水平，不得分。 （2）辅机单耗水平无分析，扣5~15分。 （3）单耗水平有30%设备低于同类型，扣5~20分	
2.1.5.5	辅机用电率、单耗纳入生产日报、月报。每月（季）进行一次平衡分析	10	查看报表、平衡分析报告	（1）重点辅机用电率、单耗不齐全，扣5~10分。 （2）未作平衡分析，扣5~10分	
2.1.5.6	辅机用电率、单耗列入小指标竞赛、考核	10	查看小指标竞赛、考核办法	（1）未纳入考核，扣5~10分。 （2）考核力度不够，扣2~8分	
2.1.6	耗差分析、优化运行管理	20			

续表

序　号	评 价 项 目	标准分	查 证 方 法	评分标准及评分办法	备 注
2.1.6.1	根据指标水平、负荷、运行方式有计划地做好磨煤机制粉系统、循环水泵、锅炉燃烧工况等设备、系统的优化运行分析、管理工作	10	查看设备、系统的优化运行分析报告	(1) 未开展优化运行分析、管理，扣5~10分。 (2) 开展力度不够，扣2~8分	
2.1.6.2	设备、系统优化运行方案必须进行查定试验。经计算、分析，确认其运行经济性。经主观领导批准后，方可确定为正式运行方案	10	查看设备、系统优化运行查定试验报告	(1) 无查定试验报告，每项扣5~10分。 (2) 查定试验报告定性不准，每项扣5分	
2.1.7	统计管理	70			
2.1.7.1	有统计（含生产指标、综合指标）管理制度	10	检查生产指标、综合指标统计管理制度	(1) 无统计管理制度，扣5~10分。 (2) 制度可操作性差，扣2~8分	
2.1.7.2	生产统计报表要能反映各项技术经济指标完成情况，生产动态，并指导生产	10	查看生产统计报表项目是否齐全，生产动态是否及时、完整	(1) 指标不齐全，扣2~10分。 (2) 动态不及时、完整，扣2~8分	
2.1.7.3	生产日报、月报、年报等报表按规定、及时报送主管公司、领导、责任岗位	10	查看报表报送情况、有关人员对指标完成情况的了解	(1) 报送不及时，扣2~8分。 (2) 有关人员对责任指标完成情况不了解，扣2~10分	
2.1.7.4	建立健全技术经济（含综合指标）指标日、月、季、年的卡片、台账，要能全面反映设备、系统，生产、技术经济指标，企业管理等全面情况。每5年汇总成册	20	查看日、月、季、年的卡片、台账是否包括生产指标、安全、成本、劳动人事、企业大事记等	(1) 卡片、台账不齐全，扣5~20分。 (2) 未按时汇总成册，扣10分	
2.1.7.5	每月月末与关联部门进行一次数据（发、供、用电量，煤量等）核对	10	查看数据核对记录	(1) 未作数据核对，不得分。 (2) 缺一次数据核对，扣2分	
2.1.7.6	数据报出要进行核对，分析数理关系是否准确。统计（计算）、审核、主管签字，各负其责	10	查看报出数据报表	(1) 报出数据错误一处，扣2分。 (2) 一次未签字，扣2分	

续表

序　号	评　价　项　目	标准分	查　证　方　法	评分标准及评分办法	备　注
2.1.8	用水管理	50			
2.1.8.1	要有用水管理制度	10	检查用水管理制度	（1）无用水管理制度，不得分。 （2）制度可操作性差，扣2~8分	
2.1.8.2	要有年度、月度用水计划，并下达到责任单位、责任人	10	查看年度、月度用水计划	（1）无用水计划，扣2~10分。 （2）不便于管理，扣2~8分	
2.1.8.3	用水监督要责任到人	10	查看责任制	（1）无明确责任监督管理人，扣10分。 （2）工作不到位，扣2~8分	
2.1.8.4	按月分析用水计划完成情况，有月、年用水工作总结	10	查看月分析，月、年用水工作总结	（1）缺一次分析、总结，各扣2分。 （2）内容不充实，扣2~8分	
2.1.8.5	每5年做一次水平衡试验，或按行业标准、地方标准做好水平衡试验工作	10	查看水平衡试验报告	（1）未按规定试验，不得分。 （2）试验报告对指导管理，扣2~8分	
2.1.9	技术经济指标分析管理	130			
2.1.9.1	运行抄表员、主值、班长要分析表单记录的准确性和数理关系，并对原始记录数据的正确性、准确性签字负责	10	查看表单记录	（1）表单记录准确性差，一处扣2分。 （2）责任人未签字，一人一次扣2分	
2.1.9.2	统计人员每天分析（日报表）供电煤耗与厂用电率、发电煤耗的数理关系，发电煤耗与机、炉效率的数理关系，发现问题及时解决，必要时，报有关专工	10	查看日报表上分析记录	（1）无分析，扣2~10分。 （2）分析深度不够，扣2~8分	
2.1.9.3	锅炉、汽轮机专业工程师每月分析机组效率及技术经济指标准确性和先进性。如遇较大变化，应提出书面报告，报主管领导、有关部门和节能专业工程师	10	查看分析记录	（1）无分析，扣2~10分。 （2）分析深度不够，扣2~8分	

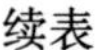

续表

序号	评价项目	标准分	查证方法	评分标准及评分办法	备注
2.1.9.4	化学专业工程师定期检查、分析入厂煤、入炉煤取样的准确性、代表性，以及入厂煤、入炉煤热值差与水分差的数理关系	10	查看检查、分析记录	(1) 无分析，扣2~10分。 (2) 分析深度不够，扣2~8分	
2.1.9.5	计量专业工程师每月作一次热工表计计量准确性的分析	10	查看分析记录	(1) 无分析，扣2~10分。 (2) 分析深度不够，扣2~8分	
2.1.9.6	节能专业工程师每月分析供电煤耗率及各项技术经济指标完成情况（与同期或计划对比），并提出书面报告，报主管领导、有关部门和专业人员	20	查看分析记录	(1) 无分析，扣2~10分。 (2) 分析深度不够，扣2~8分	
2.1.9.7	节能专业工程师每年作一次机组技术经济指标的全面分析（与同期、设计值、国内同类型机组、国外同类型机组对比分析），并提出书面报告，报主管领导、有关部门和专业人员	10	查看分析记录	(1) 无分析，扣2~10分。 (2) 分析深度不够，扣2~8分	
2.1.9.8	全厂供电煤耗率及各项技术经济指标完成情况的全面分析、比较，应具体到机、炉效率及指标等各项影响因素、主要指标的影响值各为多少，从而为领导指挥生产提供依据，以指导节能工作的深入开展	10	查看检查、分析记录	(1) 无分析，扣2~10分。 (2) 分析深度不够，扣2~8分	
2.1.9.9	节能专业工程师做好全厂综合性经济指标分析与管理：炉机之间蒸汽参数；正、反平衡煤耗；入厂煤、入炉煤热值差，水分差分析对煤耗水平的影响；补水率构成与水平等	20	查看分析记录	(1) 无分析，扣5~20分。 (2) 分析深度不够，扣5~15分	
2.1.9.10	每月进行标准煤单价分析，查明影响标准煤单价变化的因素。其中，煤种煤价、煤种煤量权数、其他因素各影响多少	20	查看分析报告	(1) 无分析报告，扣5~20分。 (2) 分析深度不够，扣5~15分	

续表

序　号	评　价　项　目	标准分	查　证　方　法	评分标准及评分办法	备　注
2.2	发电设备、系统运行经济指标	440		评价考核年度发电设备、系统的经济指标	
2.2.1	供电煤耗率：额定负荷下不得高于设计水平 1.0%（百分点）。正常运行煤耗水平达到行业管理考核标准	10	查看供电煤耗水平	（1）供电煤耗额定负荷下大于设计值的 1.0%，扣 5～10 分。 （2）供电煤耗达不到考核标准，扣 2～8 分	
2.2.2	发电设备、公用系统及辅助系统不得有严重漏点；循环水泵房、供水（暖）泵房、油泵房设备无渗漏点；灰浆泵渗漏点少于 3 点；化学设备无渗点；给排水等设施无滴漏；除灰管路无滴漏 机组铭牌 / 渗漏点 / 一般漏点 100MW 以下 / 3 / 1 100MW 及以上 / 4 / 2 100MW 母管制 / 机 3、炉 2 / 2、2 200MW 及以上（国产） / 5 / 3 200MW 及以上（进口） / 3 / 1	20	检查现场设备；查看设备缺陷记录；查看专业管理记录及年度专业工作总结 注：密封点有介质渗出的为渗点，有介质滴落的为漏点。油每 5min 滴落一滴、水每 5s 滴落一滴为严重漏点，油、水滴落超过上述时间的为一般漏点	（1）一处严重漏点，扣 5 分。 （2）一般漏点每超过 1 点，扣 2 分。 （3）一般渗点每超过 1 点，扣 2 分	
2.2.3	补水率：300MW 及以上机组，补水率≤1.5%；100～300MW 机组，补水率≤2.0%；100MW 以下机组，补水率≤2.5%	10	查看补水率计算及分项统计卡片、台账	补水率超过考核标准，每 0.1 个百分点扣 3 分	
2.2.4	综合耗水率要达到或好于设计值	10	查看综合耗水率计算与设计值	综合耗水率超过设计值，扣 2～10 分	
2.2.5	汽轮机运行经济指标	250	查看表单、日报、月报、年报		
2.2.5.1	汽轮发电机组绝对电效率不得低于设计水平	10	相同负荷下比较	达不到考核标准，扣 2～10 分	
2.2.5.2	主蒸汽压力（定压运行下）比设计值偏低值不大于 0.2MPa	10		达不到考核标准，扣 2～10 分	

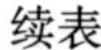

续表

序　号	评　价　项　目	标准分	查　证　方　法	评分标准及评分办法	备　注
2.2.5.3	主蒸汽温度、再热蒸汽温度比设计值偏低值不大于3℃	20		达不到考核标准，每降低1℃各扣2分	
2.2.5.4	循环水入口温度达到设计值	40		达不到考核标准，每超过0.1℃扣4分	
2.2.5.5	额定负荷下，循环水温升不大于9℃	40		达不到考核标准，每超过0.1℃扣4分	
2.2.5.6	高压加热器投入时，出口给水温度不低于设计值2℃（额定）	20	相同负荷下比较	达不到考核标准，每超过1℃扣2分	
2.2.5.7	高压加热器投入率达到97%及以上	10		达不到考核标准，每超过1%（百分点），扣3分	
2.2.5.8	凝汽器端差年平均值不大于5℃	50		达不到考核标准，凝汽器端差每超过0.2℃，扣5分	
2.2.5.9	凝汽器胶球清洗投运率大于98%，收球率大于95%	30		凝汽器胶球清洗未投入运行，扣30分；投运率、收球率每降低0.5个百分点，各扣4分	
2.2.5.10	凝汽器真空严密性（漏真空速度）达到考核标准：100MW及以上机组≤400Pa/min；100MW以下机组≤667Pa/min	10		凝汽器真空严密性达不到考核标准，每超过10Pa扣1分。 注：机组负荷稳定在额定负荷的80%以上，真空不低于10kPa，关闭连接抽汽器的空气门（最好停真空泵），30s后开始每半分钟记录机组真空值，共记录8min，取其中后5min计算每分钟真空平均下降值	
2.2.5.11	凝结水过冷却度不大于1℃	10		凝结水过冷却度每超过0.1℃，扣2分	
2.2.6	锅炉运行经济指标	150	查看表单、日报、月报、年报		
2.2.6.1	锅炉运行效率额定负荷下达到设计值	10	相同负荷下比较	效率达不到考核标准，扣2~10分	

续表

序　号	评　价　项　目	标准分	查　证　方　法	评分标准及评分办法	备　注
2.2.6.2	主蒸汽压力（定压运行下）比设计值的偏低值不大于0.2MPa	20	正压运行下比较，滑压运行时除外	达不到考核标准，扣2～10分	
2.2.6.3	主蒸汽温度、再热蒸汽温度比设计值的偏低值不大于3℃	20		达不到考核标准，每超过1℃各扣2分	
2.2.6.4	额定负荷下，排烟温度不高于设计值3℃	30	相同负荷下比较	达不到考核标准，每超过1℃各扣4分	
2.2.6.5	锅炉出口氧量额定负荷下达到设计值，低负荷运行时也要尽量达到或接近设计值	20		达不到考核标准，每超过0.1扣2分	
2.2.6.6	飞灰可燃物不高于设计值或不大于燃烧调整试验结论值	10		达不到考核标准，每超过0.1扣2分	
2.2.6.7	锅炉尾部烟道漏风率达到考核（控制）值：过热器每级2%；省煤器每级2%；空气预热器管式预热器5%；板式预热器7%；回转式空气预热器漏风量应不超过设计值，或不超过：蒸发量为670t/h及以下的锅炉10%；蒸发量大于670t/h的锅炉为15%。除尘器：电气除尘器3%；旋风式和湿式除尘器5%	10	查看表单、日报、月报、年报	锅炉尾部烟道漏风率达不到考核标准，每超过1%（百分点）扣4分	
2.2.6.8	磨煤机制粉系统漏风率达到考核（控制）值： 中间除仓式钢球磨煤机系统漏风率不应超过下列数值： 干燥介质 ／ 磨煤机出力（t/h） ／ 漏风率（%）（以干燥剂数量为基数） 空气 ／ 10～20 ／ 35 烟空混合 ／ 10～20 ／ 40 空气 ／ 20～50 ／ 25 烟空混合 ／ 20～50 ／ 30 空气 ／ 50～70 ／ 20 烟空混合 ／ 50～70 ／ 25 负压直吹式钢球磨煤机系统，一般为以上数据的70%。 在负压下工作的其他类型磨煤机：锤击式10%；中速磨20%；风扇磨20%	20	查看试验报告、月报、年报	磨煤机制粉系统漏风率达不到考核标准，每超过1%（百分点）扣2分	

续表

序　号	评　价　项　目	标准分	查　证　方　法	评分标准及评分办法	备　注
3	燃料管理	400		评价考核年度发电企业燃料的管理工作	
3.1	燃料管理工作	330			
3.1.1	燃料计划管理	90			
3.1.1.1	燃料管理有一套健全的计划、采购、调运、验收、耗用、储存、盘点管理制度	20	查检管理制度	（1）无管理制度，不得分。 （2）管理制度不健全，视情况扣6～24分。 （3）管理工作不到位，视情况扣6～24分	
3.1.1.2	燃料采购有计划、合同，有分析。燃料采购量能满足全年计划发电量的需要	30	查看采购计划、订货合同及采购燃料的分析资料	（1）无采购计划、订货合同，不得分。 （2）采购合同到货量达不到全年计划发电量的80%，不得分。 （3）需求量每降低10%，扣8分 （4）燃料分析不能指导管理工作，扣6～24分	
3.1.1.3	采购燃料基本符合设计煤种或经过试烧后确定的燃料种	30	查阅入厂燃料的分析资料、试烧鉴定	（1）煤种偏离设计煤种较大，影响锅炉的设计负荷变动，扣10～25分。 （2）燃料质量造成锅炉结焦、超温、制粉系统打炮，低负荷投助燃用油，发生事故一次，各扣10分	
3.1.1.4	燃料特性有元素分析、灰特性分析、可磨性系数，灰成分分析	10	查看燃料特性分析报告	（1）无分析资料，不得分。 （2）缺一种分析资料，扣3分	
3.1.2	进厂燃料管理	50			
3.1.2.1	入厂燃料应进行检斤、检卡	10	查看入厂燃料检斤、检卡记录、报告	（1）无检斤、检卡记录、报告，不得分。 （2）检斤、检卡记录、报告不齐全，扣3～8分。 （3）无自动采样装置，扣2分。 （4）人工采样代表性不够，扣5分。 （5）化学监督不够，扣5分	

续表

序　号	评　价　项　目	标准分	查　证　方　法	评分标准及评分办法	备　注
3.1.2.2	检斤、检卡计量、化验设备、仪器按要求进行标定	10	检查计量器具的鉴定记录	（1）超过规定日期两个月，不得分。 （2）低于两个月，视情况扣3～8分。 （3）计量器具未按规定标定或不及格者，扣3～8分。 （4）无效验、标定台账，扣2～6分	
3.1.2.3	采、制、化人员应经专业培训，持证上岗	10	检查上岗证	无上岗证，每人扣4分	
3.1.2.4	亏斤、亏卡燃料应做好索赔	20	查看亏斤、亏卡索赔记录	索赔工作不力、一次未索赔，扣5分	
3.1.3	燃料耗用管理	140			
3.1.3.1	入炉煤计量资料齐全	20	（1）查看入炉煤计量资料。 （2）查看入炉煤计量器具效验报告	（1）未作入炉煤计量和分析的，不得分。 （2）资料不齐全，扣4～12分。 （3）计量器具未按规定标定或一次校前误差不合格者，扣10分	
3.1.3.2	按规定做好入炉煤采、制、化管理工作	10	检查入炉煤采、制、化管理工作	（1）无机械化自动采样装置，扣5分。 （2）人工采样代表性不够，扣2～8分。 （3）化学监督工作不到位，扣2～8分	
3.1.3.3	燃料特性灰熔点、发热量、挥发分相差较大时应分堆存放。使用时进行合理参配，并及时通知锅炉运行人员，确保锅炉安全运行	20	（1）查看燃料参配记录及燃料变化情况。 （2）查看入炉燃料化验记录。 （3）查看燃料影响的安全记录	（1）未分堆存放、合理参配，不得分。 （2）燃料质量影响负荷、效率，造成结焦、超温，每次各扣4分。 （3）燃料配置不合理、发生低负荷投油，一次扣5分	
3.1.3.4	燃料储存科学合理，并做到账卡与实物相符	20	（1）查看燃料进出账、卡及相应的报表。 （2）现场查看燃料储存情况	（1）燃煤存放超过3个月以上，每超过1个月扣10分。 （2）存放的燃料发生自燃，每次扣4分。 （3）煤场无喷淋设备，造成煤尘飞扬损失，扣2～12分	

续表

序号	评价项目	标准分	查证方法	评分标准及评分办法	备注
3.1.3.5	（1）按规定进行煤场盘点工作。煤场盈亏煤量的调整应有主管厂长在盘煤会汇报会确定。（2）煤场实际存煤量的盈亏煤量不超过5%。（3）煤场建有储存煤量不低于3天储煤量的干煤棚	20	查看盘煤报告	（1）未按规定盘煤，缺一次扣5分。（2）专业人员随意用盈亏煤量调整煤耗，不得分。（3）来煤量和使用量及库存盘点后盈亏煤量超过5%，每1%扣2分。（4）无干煤棚，扣4分	
3.1.3.6	有入厂燃料卸车管理制度，随送随卸不超时，并做到卸完卸净，有卸车记录	30	（1）检查卸车管理制度。（2）查看卸车及检查记录	（1）无卸车管理制度，不得分。（2）超时被铁路罚款一次，扣5分。（3）燃料未卸净超过50kg/车皮，一次扣5分。（4）无卸车检查记录，不得分。（5）卸车记录不认真，扣5~15分	
3.1.3.7	有一套《标准煤单价分析办法》，按月查清煤种煤价、煤种煤量权数对标准煤单价的影响，并考虑其他因素对全厂经济影响	20	（1）查看《标准煤单价分析办法》。（2）查看分析资料	（1）无分析办法，不得分。（2）无分析资料，不得分。（3）分析资料不齐全、因素不清，扣10~18分	
3.1.4	燃料统计管理	50			
3.1.4.1	燃料报表要能反映收（数量、质量）、耗（数量）、存（数量），并能指导生产	10	查看燃料报表	（1）无日、月、年及专项报表不得分。（2）未按时报送主管公司、领导、处室、生产岗位，扣2~8分	
3.1.4.2	进厂燃料原始记录、卡片、台账、报表齐全，并能反映燃料管理全貌	10	查看原始记录、卡片、台账、报表	原始记录、卡片、台账、报表不齐全，扣1~10分	
3.1.4.3	数据、报表报出要经审核，统计、审核、主管签字负责	10	查看报表	（1）报出报表不符合考核要求，扣2~10分。（2）报出数据错一处，扣3分	
3.1.4.4	进厂燃料要分煤种、分批，按日、月、年做好检斤进厂实际煤量的统计，作为核对校核煤耗的依据	10	查看卡片、台账、报表	（1）未按要求统计，不得分。（2）管理不到位，扣2~10分	

续表

序　号	评　价　项　目	标准分	查　证　方　法	评分标准及评分办法	备　注
3.1.4.5	每月末与关联单位进行一次数据核对	10	查看数据核对记录	（1）无数据核对记录，不得分。 （2）数据核对不认真，扣2～10分	
3.2	燃料指标	70		评价考核年度燃料管理指标	
3.2.1	入厂煤检斤率100%	10	查看检斤记录、卡片、台账、报表	达不到考核标准，每低于1%扣2分	
3.2.2	入厂检斤合格率100%	10	查看检斤记录、卡片、台账、报表	达不到考核标准，每低于1%扣4分	
3.2.3	入厂煤检质率100%	10	查看化验报告、卡片、台账、报表	达不到考核标准，扣2～10分	
3.2.4	入厂煤、入炉煤热量差≤502kJ/kg	20	查看化验报告、卡片、台账、报表	达不到考核标准，每超过10kJ/kg，扣4分	
3.2.5	标准煤单价完成主管公司核定或计划值	20	查看任务书和标准煤单价计算	（1）达不到考核标准，每超过0.1元/t，扣2分。 （2）缺一次月分析，扣5分	
4	设备经济性能管理	1 600		评价考核年度或最近一次热机设备、系统大修后的经济性能	
4.1	汽轮机组检修经济性能管理	900		评价考核年度或最近一次汽轮机设备、系统大修后的经济性能	
4.1.1	汽轮机组检修工艺质量	220			
4.1.1.1	通流部分完整，通流部分间隙符合质量标准	30	查阅大修技术记录	（1）通流部分不完整不得分，并加扣4.1.1标准分的10%～30%。 （2）通流间隙不符合质量标准扣10～30分	
4.1.1.2	隔板汽封、围带汽封、端部轴封间隙符合质量标准	30	查阅大修技术记录	汽封或轴封间隙不符合质量标准，扣10～30分	
4.1.1.3	转子中心符合质量标准，有符合实际的冷热态中心预留值	20	查阅大修工艺规程及大修技术记录	不符合本条要求，扣6～20分	
4.1.1.4	大轴弯曲度合格；转子平衡状况良好；对轮晃度及连接符合质量标准	20	查阅大修记述记录	不符合本条要求，扣6～20分	

续表

序号	评价项目	标准分	查证方法	评分标准及评分办法	备注
4.1.1.5	通流部分清洁无结垢或结垢已被清除干净	20	查阅大修记录	(1) 通流部分结垢已被清除，扣10分。 (2) 结垢未被清除，扣20分	
4.1.1.6	汽缸结合面间隙符合质量标准	15	查阅大修技术记录	不符合标准，扣7~15分	
4.1.1.7	凝汽器堵管率在允许范围内；铜（钛、不锈钢）管清洁	25	查阅设备台账	不符合本条件要求，扣7~25分	
4.1.1.8	高、低压加热器堵管率在允许范围内	20	查阅设备台账	超出允许范围，扣6~20分	
4.1.1.9	循环水塔水池彻底清淤；淋水设备完好；除水器完好	25	查阅大修记录及报告	不符合本条要求，扣8~25分	
4.1.1.10	调节汽门重叠度符合设计要求	15	查阅大修技术记录	不符合本条要求，扣5~15分	
4.1.2	汽轮机组检修质量指标	210		评价考核年度或最近一次汽轮机设备、系统大修后的质量指标	
4.1.2.1	汽缸结合面不漏汽；轴封漏汽正常，轴封供汽能实现自动调节	20	现场检查	(1) 汽缸漏汽，不得分。 (2) 轴封漏汽异常，扣6~20分。 (3) 轴封供汽不能实现自动调节，扣10~20分	
4.1.2.2	各种转速下（特别是通过转子临界转速时）及正常运行时，轴承及轴振动均达到优良值；未发生过引起汽封严重磨损的摩擦振动	30	查阅机组大修后的振动记录	(1) 发生过严重摩擦振动的机组，不得分。 (2) 振动值超过优良标准，扣10~30分	
4.1.2.3	自动主汽门、调节汽门、再热主汽门、再热调节汽门的节流损失符合设计值	20	查阅机组大修后的热力试验报告	汽门节流损失达不到设计值，扣6~20分	
4.1.2.4	凝汽器循环水入口水温正常；循环水量符合设计值；凝汽器端差小于5℃；凝汽器胶球清洗装置能正常投入，收球率达到95%以上	30	查阅运行日报和定期工作记录	不符合本条要求，扣3~30分	
4.1.2.5	循环水塔淋水密度均匀；出口水温和水量能达到设计值，最高出口水温在33℃以下；空冷塔符合设计要求	20	查阅运行日报及现场检查	不符合本条要求，扣2~20分	

续表

序号	评价项目	标准分	查证方法	评分标准及评分办法	备注
4.1.2.6	各级高、低压加热器的温升、端差、出口温度等达到设计值；高压加热器出口给水温度达到设计值	20	查阅运行日报	（1）给水温度达不到设计值，不得分。 （2）其他达不到设计值，扣6～20分	
4.1.2.7	高、低压加热器投入率正常，达到98%以上	10	查阅有关报表	投入率达不到本条要求，视情况扣2～10分	
4.1.2.8	上、下缸温差符合设计要求；汽缸保温完好，表面温度按规定不大于50℃	20	查阅运行日报及现场抽查	（1）上、下缸温差不符合设计要求的机组，不得分。 （2）抽查发现1处保温缺损或表面温度超过50℃，扣4分	
4.1.2.9	调节级及各监视段压力、温度，高排温度等符合设计值	20	查阅运行日报	（1）超出设计值的机组，视情况扣10～30分。 （2）调节压力、温度超标的机组不得分	
4.1.2.10	凝汽器真空严密性达到优良标准	20	查阅定期工作记录	达不到优良标准的机组，扣6～20分	
4.1.3	汽轮机组大修后经济性能指标	280		评价考核年度或最近一次汽轮机设备、系统大修后的经济性能指标	
4.1.3.1	主蒸汽初参数、再热参数、背压及功率等达到设计值或规程要求	40	查阅运行日报	达不到要求的，扣10～40分	
4.1.3.2	机组热耗率和各缸效率达到设计值、性能鉴定试验结果或大修合同规定	40	查阅性能试验报告	（1）热耗率达不到要求的机组，不得分。 （2）单缸效率达不到要求的机组，扣20分	
4.1.3.3	机组每年热效率试验的降低值符合设备老化规律；汽轮机大修后效率恢复值应等于上一个大修间隔期内的效率降低值的90%	20	查阅大修前后及年度性能试验报告	达不到要求的机组，视情况扣6～30分	
4.1.3.4	系统汽水损失（内、外漏）达到优良标准	30	查阅化学日报及现场检查	达不到优良标准的机组，视情况扣10～30分	
4.1.3.5	给水泵、循环泵各种辅机用电率达到设计值或历史最好水平	40	查阅运行日报及统计报表	达不到要求的机组，扣12～40分	

续表

序　号	评　价　项　目	标准分	查　证　方　法	评分标准及评分办法	备　注
4.1.3.6	调节系统性能能满足机组经济调度要求	15	查阅调节系统性能试验报告	不能满足要求的机组，不得分	
4.1.3.7	机组性能能满足低负荷调峰或两班制运行要求	25	查阅性能试验报告	不能满足要求的机组，不得分	
4.1.3.8	机组大修后一年之内无临检	40	查阅可靠性统计报表	达不到要求的机组，不得分	
4.1.3.9	机组在各种状态下的启动性能和停机性能良好，符合运行规程要求未发生过因检修质量导致机组启动失败的事例	30	查阅启停机记录	（1）达不到要求的机组，扣10～30分 （2）发生过1次因检修质量导致启动失败的，不得分	
4.2	锅炉设备检修经济性能管理	400		评价考核年度或最近一次锅炉设备、系统大修后的经济性能	
4.2.1	锅炉设备检修质量	300		评价考核年度或最近一次锅炉设备、系统大修工作	
4.2.1.1	燃料装卸设备	20	（1）检查设备检修记录。 （2）卸车记录	（1）无检修记录，不得分。 （2）检修记录不完整，扣5～15分。 （3）考核期内设备故障延误卸车一次，扣5～15分	
4.2.1.2	燃煤分筛及破碎设备、燃油加热器	40	检查设备检修记录和运行记录	（1）无检修记录，不得分。 （2）检修记录不完整，扣5～15分。 （3）考核期内设备故障停运3天以上，一次扣10～35分。 （4）考核期内未经破碎的煤块造成皮带损坏，每发生一次扣10～35分。 （5）考核期内设备故障造成3天以上进入磨煤机的煤块粒度达不到要求，每月3次以上者，一次扣10～35分。 （6）考核期内燃油加热达不到要求，扣10～35分	

续表

序　号	评　价　项　目	标准分	查　证　方　法	评分标准及评分办法	备　注
4.2.1.3	除铁器、除木器设备	40	（1）检查设备检修记录。 （2）运行记录	（1）无检修记录，不得分。 （2）检修记录不完整，扣5～15分。 （3）考核期内木块铁块造成输煤皮带、给煤机损坏，每一次扣10分。 （4）考核期内木块铁块造成制粉系统运行不正常，扣10分	
4.2.1.4	磨煤机制粉系统	40	（1）检查设备检修记录。 （2）运行记录。 （3）试验报告。 （4）检查现场	（1）无检修记录，不得分。 （2）检修记录不完整，扣5～15分。 （3）未清理钢球，不得分。 （4）考核期内磨煤机出力达不到设计或大修前水平，扣20分。 （5）大修后制粉系统单耗达不到考核值或修前水平，扣5～15分。 （6）修后煤粉细度达不到考核值或修前水平，扣10分。 （7）细粉分离器效率低于85%，每2%扣5分。 （8）制粉系统风门挡板开度指示与实际位置不一致，扣15分。 （9）大修后磨煤机系统未做调整试验，扣10分	
4.2.1.5	锅炉受热面、尾部烟道彻底清灰	40	（1）查看检修记录。 （2）查看运行记录	（1）无检修记录，不得分。 （2）检修记录不完整，扣5～15分。 （3）未清灰，不得分。 （4）清灰不彻底，扣5～15分。 （5）排烟温度达不到设计水平或投产后的最好水平，扣5～15分	

续表

序号	评价项目	标准分	查证方法	评分标准及评分办法	备注
4.2.1.6	锅炉吹灰装置能达到正常投入运行	30	检查检修记录、运行记录	(1) 无检修记录，不得分。 (2) 检修记录不完整，扣5~15分。 (3) 吹灰装置不能投入运行，不得分。 (4) 吹灰装置投入运行率低于95%，每降低5%扣10分。 (5) 吹坏承压部件，每发生一次停炉故障扣10分。 (6) 虽未发生停炉故障，但一次吹坏10根管以上，扣10~25分	
4.2.1.7	锅炉尾部烟道中空气预热器的空气受热度、省煤器的给水加热度等是否达到设计值要求；烟气自炉膛出口沿各受热面处的入口、出口的温度值及温度降是否达到设计值要求	30	(1) 检查检修记录。 (2) 运行记录	(1) 无检修记录，不得分。 (2) 检修记录不完整，扣5~15分。 (3) 未进行分析，不得分。 (4) 偏离设计值鉴定试验值，扣5~15分	
4.2.1.8	风粉系统	30	(1) 检查检修记录。 (2) 检查现场。 (3) 检查运行记录	(1) 无检修记录，不得分。 (2) 检修记录不完整，扣5~25分。 (3) 一、二风门等开度指示与实际位置不一致，扣5~20分。 (4) 输粉管给粉机给粉不均匀或风量不均，造成锅炉灭火，每发生一次扣10分。 (5) 由于风速风量达不到要求造成炉膛出口烟温差超过50℃或燃烧器喷口烧坏，每发生一次扣10分	
4.2.1.9	燃烧器安装调整	30	(1) 检查检修记录。 (2) 检查现场。 (3) 检查运行记录。 (4) 查看试验报告	(1) 燃烧器安装角度及喷嘴位置无大修记录，不得分。 (2) 检修记录不完整，扣5~25分。 (3) 燃烧器、喷嘴大部分更换或进行改进后未做冷态动力场试验或热态调整试验，扣5~25分。	

续表

序　号	评　价　项　目	标准分	查　证　方　法	评分标准及评分办法	备　注
4.2.1.9	燃烧器安装调整	30	（1）检查检修记录。 （2）检查现场。 （3）检查运行记录。 （4）查看试验报告	（4）炉膛出口两侧烟温差达到 100℃ 以上，扣 5～25 分。 （5）造成汽温难以调节，扣5～25分。 （6）由于燃烧器的原因或燃烧调整不当，造成炉膛经常结焦或水冷壁高温腐蚀，扣10～35分。 （7）摆动燃烧器不能正常投入运行，扣10～35分	
4.2.2	锅炉设备检修后经济性能指标	100			
4.2.2.1	锅炉效率	20	查阅大修前后热力试验报告	（1）大修前后未做试验，不得分。 （2）试验分析不全面，扣2～20分。 （3）未达到考核值或达到历史好水平，扣2～20分	
4.2.2.2	主蒸汽、再热蒸汽参数	10	（1）查阅大修前后热力试验报告 （2）查阅表单。 （3）现场检查	（1）未达到设计值不得分。 （2）未达到考核值或达到历史好水平，扣2～10分	
4.2.2.3	燃烧室出口氧量	10	（1）查阅大修前后热力试验报告。 （2）查阅表单。 （3）现场检查	（1）未达到设计值，不得分。 （2）未达到设计值、试验鉴定值或考核值，扣 2～10分	
4.2.2.4	飞灰可燃物	10	（1）查阅大修前后热力试验报告。 （2）查阅化验报告。 （3）现场检查	（1）未达到设计值，不得分。 （2）未达到考核值或达到历史好水平，扣2～10分	
4.2.2.5	锅炉散热损失 q_5	10	查阅大修前后热力试验报告	（1）未测试，不得分。 （2）超过0.2%（百分点）及以上，扣2～10分	

续表

序号	评价项目	标准分	查证方法	评分标准及评分办法	备注
4.2.2.6	炉膛及锅炉尾部烟道（过热器、再热器、省煤器、空气预热器、除尘器）漏风。漏风率、漏风系数标准参照2.2.6.7条	10	（1）查看试验记录。 （2）检查现场	（1）锅炉尾部烟道漏风率达不到考核标准，每超过1%（百分点）扣4分。 （2）吸风机入口过量空气系数超过设计值，扣2～10分	
4.2.2.7	磨煤机制粉系统漏风率（漏风率考核标准参照2.2.6.7条）	10	（1）查看试验报告。 （2）检查现场	（1）未做鉴定试验，不得分。 （2）低于历史好水平，不得分。 （3）磨煤机制粉系统漏风率达不到考核标准，每超过1%（百分点）扣2分	
4.2.2.8	送、引风机，磨煤机制粉系统等主要辅机设备单耗	20	查阅查定分析报告	（1）无分析报告，不得分。 （2）同负荷下比较单耗增加10%，扣2～10分	
4.3	热机设备系统检修质量	100		评价考核年度或最近一次热力设备、系统大修的检修工作	
4.3.1	锅炉、汽轮机设备，主蒸汽、再热蒸汽、给水、锅炉排污系统的疏水、放汽、放水门承压部件的严密性（渗漏点考核标准见2.2.2）	20	（1）查看监督记录。 （2）现场检查	（1）一处严重漏点，扣5分。 （2）一般漏点，每超过1点扣2分。 （3）一般渗点，每超过1点扣2分	
4.3.2	高温设备、高温管道保温层表面温度应达到标准（当周围空气温度为25℃时，保温表面温度不得高于50℃）	30	（1）查看监督记录。 （2）现场检查及测量	每发现每一处（专项考核除外），扣4分	
4.3.3	锅炉排污扩容器运行水位是否正常	10	（1）查看检修记录。 （2）现场检查	（1）考核期内不能投入，不得分 （2）考核期内不能正常运行，视情节严重程度扣2～8分	

续表

序　号	评　价　项　目	标准分	查　证　方　法	评分标准及评分办法	备　注
4.3.4	锅炉侧、汽轮机侧同一参数的几块表计指示的正确性、一致性	20	（1）查看监督记录。 （2）现场检查。 （3）查阅表单	（1）无监督记录，不得分。 （2）同一参数表计间温度超过3℃或压力超过0.2MPa，扣5~20分	
4.3.5	主蒸汽压力、温度，再热蒸汽温度锅炉出口处与汽轮机入口处的差值应正常	20	（1）查看监督记录。 （2）现场检查。 （3）查阅表单	（1）无监督记录，不得分。 （2）同一参数炉、机间温度超过3℃或压力超过0.2MPa，扣5~20分	
4.4	设备技改经济性能管理	200		评价考核年度或最近一次热机设备、系统技术改造后的经济性能管理	
4.4.1	应按科学程序确定技（更）改工程项目（包括可研、初设等）	50	查阅立项文件	不符合要求的项目，扣15~50分	
4.4.2	按标准计算方法计算出的项目投资回报率应符合国家有关规定，一般投资回收年限不应超过5年	50	查阅立项文件	不符合要求的项目，扣15~50分	
4.4.3	应实行项目负责人制度，专人管理技（更）改工程项目；按计划完成工期，费用；工程质量达到考核指标的优良标准	50	查阅工程管理办法及竣工报告	（1）超工期、超费用，不得分。 （2）工程质量未达标的，本条不得分。 （3）质量达标，但未达到优良标准的，扣25分	
4.4.4	按规定完成设备改造前后的性能对比试验；设备改造后的性能应达到要求	50	查阅性能对比试验报告	（1）达不到改造目标要求的项目，不得分。 （2）改造不成功的项目，加扣4.4标准的25%	
4.5	大修间隔、工期及费用管理	190		评价考核年度或最近一次设备、系统大修间隔工期及费用	
4.5.1	大修间隔至少符合检修规程要求；应按状态检修要求适当延长大修间隔	60	查阅大修计划	（1）达不到规程要求的机组，不得分。 （2）符合规程要求的机组，得36分。 （3）延长大修间隔一年及以上的机组，可得满分	

续表

序号	评价项目	标准分	查证方法	评分标准及评分办法	备注
4.5.2	大修工期至少符合检修规程要求，应按状态检修要求适当缩短大修工期	60	查阅大修计划	（1）达不到规程要求的机组，不得分。 （2）符合规程要求的机组，得36分。 （3）缩短大修工期的机组，可得满分	
4.5.3	有停机快冷装置或技术措施，能正常投入或实施，具备停机24h后拆机的条件	30	查阅快冷规程	（1）无快冷装置或技术措施的机组，不得分。 （2）能实现要求的机组，得满分。 （3）其他，视情况扣10～30分	
4.5.4	大修计划定额及费用符合有关规程或管理制度的要求；大修实际定额及费用在计划范围之内	40	查阅大修计划及竣工报告	有1项不符合要求，不得分	

第四节　火电厂能耗指标评价表

火电厂能耗指标评价表见表13－2～表13－6。

表13－2　　火力发电厂能耗指标评价总分表

序号	项　目	应得分	实得分	得分率	主要问题
	经济性评价总分				
1	发电设备、系统能耗管理				
2	运行经济性管理				
3	燃料管理				
4	设备经济性能管理				

表13－3　　火力发电厂经济性评价明细表

序号	项　目	应得分	实得分	得分率	主要扣分原因
	经济性评价总分				
1	发电设备、系统能耗管理				
1.1	组织管理体系				
1.2	节能管理制度				
1.3	节能培训				
1.4	节能规划与计划				
1.5	节能基础工作				
1.5.1	节能管理手册				

续表

序号	项　　目	应得分	实得分	得分率	主 要 扣 分 原 因
	经济性评价总分				
1.5.2	热力试验				
1.5.3	能源计量				
1.5.4	原始记录				
1.5.5	设备系统监督管理				
2	运行经济性管理				
2.1	设备、系统运行经济性管理				
2.1.1	煤耗计算与管理				
2.1.2	补水率计算与管理				
2.1.3	汽轮机设备、系统运行经济性管理				
2.1.4	锅炉设备、系统运行经济性管理				
2.1.5	辅机设备用电管理				
2.1.6	耗差分析、优化运行管理				
2.1.7	统计管理				
2.1.8	用水管理				
2.1.9	技术经济指标分析管理				
2.2	发电设备、系统运行经济指标				
2.2.1	供电煤耗率				
2.2.2	渗、漏点				
2.2.3	补水率				
2.2.4	综合水耗率				
2.2.5	汽轮机运行经济指标				
2.2.6	锅炉运行经济指标				
3	燃料管理				
3.1	燃料专业管理				
3.2	燃料指标				
4	设备经济性能管理				
4.1	汽轮机组检修经济性能管理				
4.1.1	汽轮机组检修工艺质量				
4.1.2	汽轮机组检修质量指标				
4.1.3	汽轮机组检修后经济性能指标				
4.2	锅炉设备检修经济性能管理				
4.2.1	锅炉设备检修质量				
4.2.2	锅炉设备检修后经济性能指标				
4.3	热力设备系统检修质量				
4.4	设备技改经济性能指标				
4.5	大修间隔、工期及费用管理				

表 13－4　　火电厂经济性评价发现的主要问题、分项评分结果及整改建议表

（查评组用）

专业：　　　　　　评价人：　　　　　　第　页

项目序号	主要问题	应得分	应扣分	实得分	整改建议	严重等级

表 13－5　　火电厂经济性评价检查发现问题及整改建措施表

专业、班组：　　　　　　年　月　　　　　　第　页

项目序号	发现问题	整改措施	责任单位	责任人	完成日期	完成情况

表 13－6　　火电厂经济性评价分项整改结果统计表

专业、班组：　　　　　　年　月　　　　　　第　页

项目序号	标准分	评价实得分	复查实得分	整改情况	复查情况	严重性

第十四章　开拓思维　创新节能

火电厂单元机组的节能潜力有多大，至今还没有定论，还等待专业技术人员去开拓，去创新。其中，滑压运行方式，是书本上的理论在实践中的运用，突破认识禁区，国内外首创；全厂效率计算，是完善了《热力发电厂》等理论书中“全厂‘电厂效率’”的计算公式；他励磁用电量的归宿，是指出理论、认识有误，指标偏离实际；能耗指标管理的关键与要点，是节能管理的主线、核心，要点，也是领导、专业管理者管理节能的原则要求和要点。

本章汇集了作者关于节能、指标管理方面的4篇论文，均有不同程度的突破或提出了不同观点，在理论分析方面作了进一步的阐述、分析和总结，可供同行借鉴、参考、开拓思维，有利于火力发电厂节能工作的进一步拓展。其中：

《30MW汽轮机组低负荷首创滑压运行方式》是于20世纪60年代初期，针对节流调节式汽轮机低负荷时，锅炉产出的蒸汽压力大都（节流）损失在汽轮机的调速汽门。从运行方式上，改变了人们以往对蒸汽压力在动力设备运行中的客观认识。采取降低锅炉出口蒸汽压力运行，就可以达到提高单元机组运行经济性的认识过程。汽轮机低负荷时，采用“滑压运行”方式，并成功地应用于生产实践，大大地提高了汽轮机低负荷运行的经济性。

《发电厂全厂效率计算》完善了原《热力发电厂》等专业理论书中的发电厂“全厂‘电厂效率’”的计算公式。因原“电厂效率”的计算公式仅适用于单元制系统机组“电厂效率”的计算，而书中又未指明“全厂‘电厂’效率”如何计算。因而，实践中用加权平均计算的“全厂锅炉综合效率”、“全厂综合汽轮机效率”计算“全厂‘电厂效率’”是不正确、也没有代表性的。在特定的条件下，约使全厂发电煤耗率偏离正常值10g/kWh。对两年实际数据的分析计算结果表明，全厂发电煤耗率的最大偏差为15g/kWh。

《他励磁用电量的归宿》：在《电力工业生产指标解释》、行业《省煤节电工作条例》、《中国企业管理百科全书》发电厂生产考核指标试写条目第五十五条中规定：他（备用）励磁用电量的应计入厂用电量。理论、认识有误，这样发电量、总产值虚增，发电煤耗率偏低，发电厂用电率偏低，指标偏离实际。

《能耗指标管理关键与管理要点》：节能管理与行业管理、企业领导节能意识、节能专业管理水平和综合管理水平有关。在时间进程中，行业管理是不断变化的；企业领导节能意识因人而异，因人员调整而变；节能专业管理受人员设置、授权、分工、管理水平的影响。《能耗指标管理关键与管理要点》是火电厂达标、创一流“节能管理”的总结，是节能管理的主线、核心、要点，也是领导、专业管理者管理节能的原则要求和要点。

第一节　30MW 汽轮机组低负荷首创滑压运行方式

滑压运行方式是电力生产上的一项省煤节电新技术，于 1961 年 1 月提出，同年 2 月就在生产机组上进行了试验。多次生产试验证明，滑压运行具有良好的经济效果，后因主管不认同而停止。

1966 年 10 月，重新提出了滑压运行。通过多次生产试验再次证明：机组在 50% 负荷下采用滑压运行方式，较额定蒸汽压力运行能提高机组效率 2.5% 左右，使该负荷下单元机组发电煤耗率降低 15g/kWh。一台 30MW 调峰机组，一年能为国家节省标准煤 1 200t，折合人民币 30 000 元。1967 年 8 月 1 日，一台机组上正式采用滑压运行方式。

实行滑压运行方式机组的参数如下。

汽轮机：单缸、辐流、反动、凝汽式汽轮机

压力：设计正常 25kg/cm^2（表）

　　最大：28kg/cm^2（表）

　　运行：28kg/cm^2（表）

温度：设计正常：410℃

　　最大：440℃

　　运行：420℃

功率：30MW

调节方式：节流调节

锅炉：单汽鼓煤粉炉（苏制 TП－130）

出力：设计 130t/h，超出力运行 150t/h

汽包压力：35kg/cm^2

蒸汽温度：425℃

如同其他机组一样，多年来这台汽轮机在常规运行时电负荷变化的调整方式，是维持恒定的额定主蒸汽参数，用改变调速汽门的开度来控制进入汽轮机的主蒸汽流量，以满足电负荷的需要。这样，节流调节的汽轮机在低负荷运行时，调速汽门后的蒸汽压力比来自锅炉的汽压低很多，造成了很大的节流损失。例如，30MW 的节流调节机组在 50% 的负荷时，调速汽门仅开 20%，压力损失高达 50%，这是很不经济的。滑压运行方式就是根据这一点提出来的，目的就是为了最大限度地减少该压力损失，它是采用当汽轮机电负荷变化时，调速汽门保持在合理的最大开度不变，用改变锅炉主蒸汽压力（主蒸汽温度不变）来改变进入汽轮机的蒸汽量，以满足电负荷变化的需要。这样，调速汽门的压力损失始终保持在很小的范围内（仅为 2%～4%），从而增加了单位蒸汽在汽轮机内的做功本领（能力），提高了机组运行的经济性。

断流调节机组在低负荷运行时，带基本负荷的调速汽门也未全开，也有节流损失。一般情况下，原设计的调速汽门也未得到充分的利用，同样可采用滑压运行方式。

滑压运行的优点主要是可以提高单元机组运行的经济性。实验证明，节流调节式汽轮机，采用滑压运行较恒压运行，在 50% 负荷时，能提高机组效率 2.5% 左右。据国外资料介

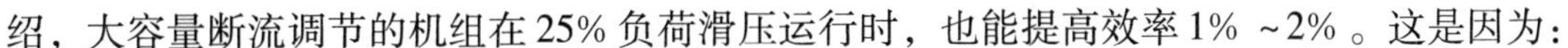

绍，大容量断流调节的机组在25%负荷滑压运行时，也能提高效率1%～2%。这是因为：

（1）减少了调速汽门的节流损失，提高了单位蒸汽的可用焓降。

（2）对于在低负荷运行时达不到额定汽温的锅炉，能促使其提高汽温（与结构有关），原因如下：

1）随着压力的降低，进入过热器的蒸汽饱和温度降低，因而使过热器中的蒸汽与烟气温度差增大，增加了过热器的吸热量。

2）随着压力的降低，蒸汽比热容减小，因而每增加10℃所需用的热量减少，在同样的烟气放热量下能得到更高的汽温。

（3）减少了调速汽门造成的温度损失，提高了进入调节级的汽温。例如，某厂30MW机组在50%负荷下能提高9℃左右，各抽汽口温度亦有相应的提高。

（4）低压缸最后几级湿汽损失减少，主要是因滑压运行使蒸汽在汽轮机内做功，膨胀线在焓熵图上向右上方移动的结果。同时，由于排汽温度少亦相应减少了水对叶片的侵蚀，因而有利于安全经济运行。

（5）凝汽器真空提高，减少了排汽损失。以上4项均提高了机组的经济性，因此，在同样的负荷下减少了排汽量，使凝结器的热负荷减少，从而提高了凝结器的真空，同时也就减少了排汽被循环水带走的热损失。

（6）辅机的消耗减少。由于以上各项原因，使相同负荷下耗汽量减少，即相应地减少了辅机耗电。

（7）滑压运行，对可调节的汽动给水泵或液压联轴接的给水泵，可大大地减少其输入耗量。对不具备上述条件而经常处于低负荷运行的机组，亦可配备低压力级的给水泵，从而获得经济收益。

某厂30MW机组在额定压力与滑压运行下的试验结果（54%负荷时约16 000kW）见表14－1。

表14－1　　某厂30MW机组在额定压力与滑压运行下的试验结果

项　目	单位	额定压力①	滑压②	②/①（%）
主蒸汽流量	t/h	77.8	73.74	94.8
发电机出力	kW	16 076	15 779	98.2
主汽门前汽压	ata	28.5	15.6	54.7
主汽门前汽温	℃	414.1	415.9	100.2
排汽压力	ata	0.036 0	0.023 7	65.8
冷却水温度	℃	3.5	3.5	100
调速汽门开度	%	20	60	300
锅炉效率	%	92	92	100
发电煤耗	g/kWh	477.5	465.4	97.4

滑压运行在30MW机组上取得了一定的效果，也还存在着一些问题：

（1）锅炉设备对负荷的敏感性及长负荷的速度适应性稍差。

（2）为了检查滑压运行对锅炉蒸汽品质的影响程度，专门做了热化学试验。结论认为，由于汽水分离器效果较好，最终对过热器蒸汽质量无明显影响，因此，在炉水浓度不超过导电度900/（$\Omega\cdot10^6$cm）的条件下，可以长期滑压运行。

(3) 该厂的蒸汽流量表是根据节流元件—孔板前后压力差间接测量的。因此在设计参数下，一定的差压对应于一定的体积流量。而在滑压运行时，随着负荷的减少，汽压下降（汽温不变），蒸汽密度减少，这时流量表就不能及时反映出真实的质量流量，所以，流量表必须用式（14－1）进行修正

$$D_{sj}=D_{zs}\sqrt{\frac{\gamma_{sj}}{\gamma_{she}}} \tag{14-1}$$

式中 D_{sj}——真实的质量流量；

D_{zs}——指示流量表指示值流量；

γ_{sj}——运行时实际参数下的蒸汽密度；

γ_{she}——流量表设计参数下的蒸汽密度。

此外，也可以在流量表上进行改造，以适应滑压运行的需要。

第二节　发电厂全厂效率计算公式

一、问题的提出

关于电厂效率的计算公式，一般都是与用电厂效率计算煤耗的计算公式同时出现，计算公式可综合如下

$$b^s=\frac{0.1229}{\eta_{cp}}\times 100\% \tag{14-2}$$

$$\eta_{cp}=\eta_g\times\eta_b\times\eta_p \tag{14-3}$$

式中 b^s——发电标准煤耗率，kg/kWh；

η_{cp}——电厂效率，%；

η_g——汽轮机绝对电效率，%；

η_b——锅炉效率，%；

η_p——管道效率，%。

目前，由于进入锅炉燃煤量的测量技术不过关，采用正平衡计算日发电煤耗有一定的困难，因此往往是用反平衡方法计算日发电标准煤耗，其方法之一，就是采用式（14－2）和式（14－3）计算。在实际使用过程中发现，上述电厂效率计算式（14－2）和式（14－3）仅适用于单元系统机组或只有一台机组的发电厂全厂效率的计算，而对具有两台机组以上的多台机组电厂（单元制或母管制）的全厂效率的计算，却没有给出具体的计算公式。电厂在用电厂效率计算全厂反平衡煤耗时，其机、炉综合效率是采用加权平均计算的。计算公式如下

$$\eta_g'=\frac{P_1}{P}\eta_{g1}+\frac{P_2}{P}\eta_{g2}+\cdots+\frac{P_n}{P}\eta_{gn} \tag{14-4}$$

$$\eta_b=\frac{D_{b1}}{D}\eta_{b1}+\frac{D_{b2}}{D}\eta_{b2}+\cdots+\frac{D_n}{D}\eta_{bn} \tag{14-5}$$

式中 η_g'——各台汽轮机加权平均的综合汽轮机绝对电效率，%；

η_b——各台炉加权平均的综合锅炉效率，%；

P——全厂汽轮发电机发电总负荷，kW；

D——全厂锅炉总负荷，t/h；

$\frac{P_n}{P}$——各台机的发电负荷比例，%；

$\frac{D_n}{D}$——各台炉的负荷比例，%；

η_{gn}——各台汽轮机的绝对电效率，%；

η_{bn}——各台锅炉的效率，%。

从上述公式中可以看出：全厂机、炉综合效率是用加权平均计算的。因一般情况下算术平均误差太大，在实际应用中发现用加权平均的机、炉综合效率计算全厂效率值与真实水平不一致。根据用电厂效率计算煤耗率公式的推导分析，具有多台机组发电厂的全厂效率计算公式中的机、炉综合效率用加权平均办法计算，理论上是不严密的。当机、炉组运行参数、耗汽率等完全一致时，这种计算方法计算出的全厂效率值与实际情况相符合；当机、炉组运行参数、耗汽率、效率值不一致时，全厂效率计算值与其实值之间出现偏差。而且，机组、炉组间效率、耗汽率、参数偏差越大时，则全厂效率值偏离真实水平也越大。为验证这一计算偏差情况，以两个电厂的实例进行了验算，对电厂 A（6 台 100MW 的单元机组）机组容量、设计参数、机炉效率设计值近似，验算结果表明，煤耗偏差 0.1～0.8g/kWh；对电厂 B［老厂，装有 1 台 15MW、2 台 12MW（为母管制）、1 台 30MW 机组］机组、炉组容量参数、效率相差较大，验算结果表明，煤耗偏差 5.4～15.5g/kWh。所以，用加权平均的机、炉综合效率计算全厂效率，与实际值偏差较大。

二、全厂效率公式和用全厂效率计算反平衡发电标准煤耗公式的推导

（一）全厂效率的正平衡计算公式

全厂效率是表示燃料煤或油在电能生产过程中被利用的程度，可用式（14－6）计算

$$\eta_{cp}=\frac{3\ 600\times P}{29\ 271\times B}\times 100\% \qquad (14-6)$$

式中　η_{cp}——全厂效率，%；

3 600——1kWh 的热当量，kJ/kWh；

P——发电负荷，kW；

29 271——1kg 标准煤的热量，kJ/kg；

B——发电用标准煤量，kg/h。

所以

$$\eta_{cp}=\frac{0.122\ 9}{b}\times 100\% \qquad (14-7)$$

式中　b——发电标准煤耗率，kg/kWh。

因此，知道了发电标准煤耗率，便可由式（14－7）计算出全厂效率。

式（14－7）所示计算方法是在有计量设备，能精确地测得发电量和发电用煤量的情况下，用正平衡方法计算出发电标准煤耗率后，再计算全厂效率，但当前还很难直接精确测得发电用煤量。因此，全厂效率通常是采用汽轮机绝对电效率、锅炉效率、管道效率的反平衡方法计算的。

（二）全厂效率反平衡计算公式

1. 单元机组系统的反平衡电厂效率计算公式

$$\eta_{ci}=\eta_{gi}\times\eta_{bi}\times\eta_{p} \qquad (14-8)$$

式中 η_{ci}——单元系统的电厂效率，%；

η_{gi}——汽轮机绝对电效率，%；

η_{bi}——锅炉效率，%；

η_{p}——系统管道效率，%。

2. 单元机组系统发电标准煤耗的反平衡计算公式

$$b_i = \frac{0.122\,9}{\eta_{ci}} \times 100\% \tag{14-9}$$

式中 b_i——单元系统发电标准煤耗，kg/kWh。

3. 全厂效率与用全厂效率计算反平衡发电标准煤耗公式的推导

发电厂单元机组发电标准煤耗率为单元机组发电用标准煤量与单元机组发电量的比值，因此，单元机组发电用标准煤耗量可由式（14-10）计算

$$b_i = \frac{B_i}{P_i} \tag{14-10}$$

式中 B_i——单元机组发电用标准煤量，kg/h；

P_i——单元机组发电负荷，kW。

发电厂全厂标准煤耗率为各单元系统发电用标准煤量之和与各单元机组系统发电量之和之比。由此可推导出全厂效率计算公式和用全厂效率计算全厂反平衡发电标准煤耗率的计算公式。由于发电厂有单元制与母管制，因此下面分别进行推导。

（1）单元制发电厂

$$b^{s} = \frac{B_1 + B_2 + \cdots + B_n}{P_1 + P_2 + \cdots + P_n} \tag{14-11}$$

$$= \frac{P_1}{P} \times b_1 + \frac{P_2}{P} b_2 + \cdots + \frac{P_n}{P} b_n$$

$$= \left(\frac{P_1}{P} \times \frac{0.122\,9}{\eta_{c1}} + \frac{P_2}{P} \times \frac{0.122\,9}{\eta_{c2}} + \cdots + \frac{P_n}{P} \times \frac{0.122\,9}{\eta_{cn}} \right) \times 100\%$$

代入式（14-12），得

$$\frac{1}{\eta_{cp}} = \frac{P_1}{P} \times \frac{1}{\eta_{c1}} + \frac{P_2}{P} \times \frac{1}{\eta_{c2}} + \cdots + \frac{P_n}{P} \times \frac{1}{\eta_{cn}}$$

$$= \sum \frac{P_i}{P} \times \frac{1}{\eta_{ci}} \tag{14-12}$$

从式（14-12）可以推导出全厂效率的计算公式，即

$$\eta_{cp} = \frac{P}{\sum_{i=1}^{n} \frac{P_i}{\eta_{ci}}} \tag{14-13}$$

从式（14-14）可推导出用全厂效率、全厂发电标准煤耗率的公式如下

$$b^{s} = \frac{0.122\,9}{\dfrac{P}{\sum_{i=1}^{n} \frac{P_i}{\eta_{ci}}}} \tag{14-14}$$

$$= \frac{0.1229}{P}\sum_{i=1}^{n}\frac{P_i}{\eta_{ci}} \times 100\% \qquad (14-15)$$

为了验证上述推导的用全厂效率计算发电标准煤耗率公式的正确性，下面选用同参数、容量、机组效率差异较小的电厂A和参数、容量、机组效率相差较大的电厂B，用本文推导的式（14－15）和用加权平均方法两种计算方法，分别计算发电标准煤耗率，并进行分析、比较。选出1978年、1979年具有代表性的两个月的数据，这两种计算方法的计算误差仅为±0.1kg/kWh左右。

（2）母管制电厂：有两种计算方式：一是以炉为主体；二是以机为主体。下面分别计算如下：

1）对于母管制系统，其全厂效率计算公式推导如下

$$b^z = \frac{B_1 + B_2 + B_3}{P_1 + P_2} = \frac{B_1 + B_2 + B_3}{P} \qquad (14-16)$$

假设把P分为与各台炉相匹配的发电负荷P_1'、P_2'、P_3'，机效率η_{g1}'、η_{g2}'、η_{g3}'

则
$$\frac{P_1'}{P} = \frac{D_1'}{D} \quad \frac{P_2'}{P} = \frac{D_2'}{D} \quad \frac{P_3'}{P} = \frac{D_3}{D}$$

$$\begin{aligned} b^s &= \frac{B_1 + B_2 + B_3}{P} \\ &= \frac{P_1' \times b_1 + P_2' \times b_2 + P_3' \times b_3}{P} \\ &= \frac{D_1}{D} \times b_1 + \frac{D_2}{D} \times b_2 + \frac{D_3}{D} \times b_3 \\ &= \left(\frac{D_1}{D} \times \frac{0.1229}{\eta_{c1}} + \frac{D_2}{D} \times \frac{0.1229}{\eta_{c2}} + \frac{D_3}{D} \times \frac{0.1229}{\eta_{c3}}\right) \times 100\% \end{aligned}$$

又
$$b^s = \frac{0.1229}{\eta_{cp}} \times 100\%$$

所以
$$\frac{1}{\eta_{cp}} = \frac{D_1}{D} \times \frac{1}{\eta_{c1}} + \frac{D_2}{D} \times \frac{1}{\eta_{c2}} + \frac{D_3}{D} \times \frac{1}{\eta_{c3}} = \frac{D_1}{D} \times \frac{1}{\eta_{g1}' \times \eta_{b1} \times \eta_p} + \frac{D_2}{D} \times \frac{1}{\eta_{g2}' \times \eta_{b2} \times \eta_p} + \frac{D_3}{D} \times \frac{1}{\eta_{g3}' \times \eta_{b3} \times \eta_p}$$

又因
$$\begin{aligned} \eta_g &= \frac{P_1}{P} \times \eta_{g1} + \frac{P_2}{P} \times \eta_{g2} \\ &= \frac{P_1}{P} \times \eta_{g1}' + \frac{P_2}{P} \times \eta_{g2}' + \frac{P_3}{P} \times \eta_{g3}' \end{aligned}$$

所以
$$\begin{aligned} &\left(\frac{P_1}{P} \times \eta_{g1} + \frac{P_2}{P} \times \eta_{g2}\right) \times D \\ &= D_1 \times \eta_{g1}' + D_2 \times \eta_{g2}' + D_3 \times \eta_{g3}' \end{aligned}$$

又因
$$D = D_1 + D_2 + D_3$$

所以

$$\left(\frac{P_1}{P} \times \eta_{g1} + \frac{P_2}{P} \times \eta_{g2}\right) \times D_1 + \left(\frac{P_1}{P} \times \eta_{g1} + \frac{P_2}{P} \times \eta_{g2}\right) \times D_2 + \left(\frac{P_1}{P} \times \eta_{g1} + \frac{P_2}{P} \times \eta_{g2}\right) \times D_3$$

$$= \eta'_{g1} \times D_1 + \eta'_{g2} \times D_2 + \eta'_{g3} \times D_3$$

所以
$$\eta'_{g1} = \eta'_{g2} = \eta'_{g3} = \frac{P_1}{P} \times \eta_{g1} + \frac{P_2}{P} \times \eta_{g2}$$

代入上式，得

$$\frac{1}{\eta_{cp}} = \frac{1}{D \times \eta_p \times \left(\frac{P_1}{P} \times \eta_{g1} + \frac{P_2}{P} \times \eta_{g2}\right) \times \left(\frac{D_1}{\eta_{b1}} + \frac{D_2}{\eta_{b2}} + \frac{D_3}{\eta_{b3}}\right)}$$

$$= \frac{P \times \left(\frac{D_1}{\eta_{b1}} + \frac{D_2}{\eta_{b2}} + \frac{D_3}{\eta_{b3}}\right)}{D \times \eta_p \times (P_1 \times \eta_{g1} + P_2 \times \eta_{g2})}$$

所以
$$\eta_{cp} = \frac{D \times \eta_p \times \sum_{i=1}^{m} (P_i \times \eta_{gi})}{P \times \sum_{i=1}^{n} \frac{D_i}{\eta_{bi}}} \qquad (14-17)$$

$$b^s = \frac{0.1229 \times P \times \sum_{i=1}^{n} \frac{D_1}{\eta_{bi}}}{D \times \eta_p \times \sum_{i=1}^{m} (P_i \times \eta_{gi})} \qquad (14-18)$$

2）又假设把 D 分为与各台机相匹配的锅炉负荷 D'_1、D'_2，炉效率 η'_{b1}、η'_{b2}，则按同样的方法推导出的公式为

$$\eta_{cp} = \frac{P \times \eta_p \times \sum_{i=1}^{m} (D_i \times \eta_{bi})}{P \times \sum_{i=1}^{n} \frac{P_i}{\eta_{gi}}} \qquad (14-19)$$

$$b^s = \frac{0.1229 \times D \times \sum_{i=1}^{n} \frac{P_1}{\eta_{gi}}}{D \times \eta_p \times \sum_{i=1}^{m} (D_i \times \eta_{bi})} \qquad (14-20)$$

三、两种计算方法的偏差和对发电标准煤耗的影响

两种全厂效率计算方法造成效率值的偏差和对用全厂效率计算的全厂反平衡煤耗值的影响，用电厂 A 和电厂 B 的运行记录计算分析如下：

电厂 A 自 1 号机组投产后，就采用汽轮机绝对电效率、锅炉效率、管道效率先计算出全厂效率，然后再用全厂效率计算反平衡煤耗，当时是一机两炉的单元系统，这种计算办法是可取的。2 号机组投产后，对原用全厂效率计算方法和用全厂效率计算反平衡煤耗的方法是否适用，未进行分析、推导，而是沿用下来，直至 6 台机组全部投产，至今还是沿用这个公式。电厂 A 采用这种计算方法时，电厂 B 曾进行了适应性验算和试用。结果表明，用前述机、炉综合效率计算全厂效率再计算的反平衡煤耗值与当时统计办法计算的反平衡煤耗值偏差较大，而未被采用。电厂 B 而后改用电厂 A 反平衡煤耗计算办法。在此以后，电厂 B 经常出现亏煤现象，特别是煤种间的亏、盈，造成管理上的困难、混乱，成为一个老大难问

题。为了查明电厂 B 煤场亏煤的原因，通过煤耗计算公式推导发现，A、B 两电厂现用煤耗计算公式无理论依据。为了进一步查明统计计算值与实际水平的偏差，用推导出来的公式和现用计算办法对 A、B 两电厂的运行实际情况进行了详细计算、分析、比较。具体情况见表 14－2。

从表 14－2 中可以看出，具有参数相同 6 台 100MW 机组的电厂 A 用两种全厂效率计算公式计算的结果为：全厂效率月偏差在－0.01%～＋0.08%，年平均为 0.04%；发电标准煤耗率月偏差在－0.1～＋0.8g/kWh，年平均为 0.5g/kWh。如年发电量按 42 亿 kWh 计算，则采用的计算方法要使煤厂亏煤 2 700t。具有参数、容量不同的四机五炉的电厂 B 计算的结果为：全厂效率月偏差在 0.20%～0.63%，年平均为 0.30%；发电标准煤耗月偏差 5.4～15.5g/kWh，年平均为 7.7g/kWh。如年发电量按 4 亿 kWh 计算，则采用的煤耗计算方法要使煤厂亏煤 4 700～6 500t。

表 14－2　　两种计算方法引起全厂效率、发电标准煤耗率的偏差

<table>
<tr><th rowspan="2">指　标</th><th rowspan="2" colspan="2">项　目</th><th colspan="2">电厂 A</th><th colspan="2">电厂 B</th></tr>
<tr><th>第一年</th><th>第二年</th><th>第一年</th><th>第二年</th></tr>
<tr><td rowspan="5">发电煤耗率
（g/kWh）</td><td colspan="2">年计算值［按式（14－2）计算］</td><td>366.4</td><td>358.9</td><td>555.8</td><td>542.8</td></tr>
<tr><td colspan="2">实际水平
［按式（14－15）和式（14－18）计算］</td><td>366.8</td><td>359.4</td><td>363.5</td><td>553.6</td></tr>
<tr><td rowspan="3">偏
差
值</td><td>年平均</td><td>+0.4</td><td>+0.5</td><td>+7.7</td><td>+10.8</td></tr>
<tr><td>月最大</td><td>+0.6</td><td>+0.8</td><td>+15.5</td><td>+14.7</td></tr>
<tr><td>月最小</td><td>-0.1</td><td>-0.1</td><td>+5.4</td><td>+8.0</td></tr>
<tr><td rowspan="5">电厂效率
（%）</td><td colspan="2">年计算值 $\eta_{cp}=\eta_g\times\eta_b\times\eta_p$</td><td>33.55</td><td>34.24</td><td>22.11</td><td>22.64</td></tr>
<tr><td colspan="2">实际水平
［按式（14－13）和式（14－17）计算］</td><td>33.51</td><td>34.20</td><td>21.81</td><td>22.20</td></tr>
<tr><td rowspan="3">偏
差
值</td><td>年平均</td><td>+0.04</td><td>+0.04</td><td>+0.30</td><td>+0.44</td></tr>
<tr><td>月最大</td><td>+0.05</td><td>+0.08</td><td>+0.63</td><td>+0.55</td></tr>
<tr><td>月最小</td><td>-0.01</td><td>-0.01</td><td>+0.20</td><td>+0.34</td></tr>
</table>

四、结论

（1）现用电厂效率计算公式 $\eta_{cp}=\eta_g\times\eta_b\times\eta_p$ 仅适用于单元机组系统的电厂效率计算或只有一台机组发电厂的全厂效率的计算，不通用于多台机组发电厂的全厂效率计算。但在多台机组的各机、炉参数、效率完全相同的情况下，两种计算方法所计算出的值相同。

（2）用电厂效率计算反平衡发电标准煤耗率的计算公式（14－2）仅适用于计算单元机组的系统煤耗或只有一台机组发电厂的全厂发电标准煤耗率的计算。

（3）从全厂效率计算公式和用全厂效率计算煤耗公式推导出的发电厂全厂效率的计算公式：单元制为公式（14－13）、母管制为公式（14－17）或公式（14－19）。

（4）用全厂效率计算反平衡发电标准煤耗率的公式：单元制为公式（14－15）、母管制为公式（14－18）或公式（14－20）。

（5）对于两炉供一机的单元系统或一炉供两机的单元系统，其系统的机、炉综合效率可用加权平均求得。

第三节 他励磁机用电量的归宿

他励磁机的用电量是应计入厂用电率，还是不应计入厂用电率，电力部的有关“解释”、“条例”也曾作了不同的规定。他励磁机运行时，他励磁机的用电量按两种不同的计算办法计算电厂生产指标时，将影响发电量偏差0.41%、发电标准煤耗率偏差1.46g/kWh，他励磁机的用电量是否计入厂用电率，应有符合它在生产过程中能量转换的正确计算方法。

一、问题的缘由

电力工业部计划司1980年9月版《电力工业生产指标解释》中规定，他励磁机的用电量应该计入厂用电率；电力工业部1980年5月版《电力网和火力发电厂省煤节电工作条例》中规定，他励磁机的用电量不计入厂用电率。这是两种截然不同的规定。电力工业部为了统一计算办法，于同年以（80）生调字99号文《关于省煤节电工作条例》的几点说明中改变了原规定，重新规定“他励磁机的用电量计入厂用电率”。1983年3月，水利电力部《中国企业管理百科全书》发电厂生产考核指标试写条目五十五，又把他励磁机的用电量说成是纯发电用电量。笔者认为这种说法也是欠妥的，有必要进行讨论。本文就主励磁机（同轴励磁机）和他励磁机（备用励磁机）耗用电能在汽轮发电机系统中的能量平衡作如下分析和讨论。

二、主励磁机运行

主励磁机通常也称同轴励磁机，即励磁机装在汽轮机、发电机的同一根轴上。正常运行中，发电机的励磁由主励磁机供给。在汽轮发电机系统中的能量平衡情况见图14－1。

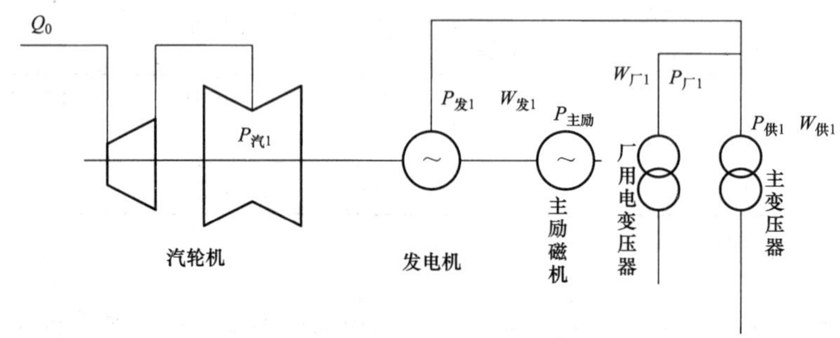

图14－1 主励磁机运行时能量流程平衡图

汽轮发电机组在额定功率下运行时，用作发电由锅炉进入汽轮机的热量为 Q_0，则汽轮机所做的功等于发电机发出的电功率和主励磁机运行时所耗用的电功率之和，可以用式（14－19）表示，即

$$P_{汽} = P_{发1} + P_{主励} \tag{14-21}$$

$$P_{发1} = P_{汽} - P_{主励} \tag{14-22}$$

式中 $P_{汽}$——汽轮机的率，kW；

$P_{发1}$——主励磁机运行时发电机发出的电功率，kW；

$P_{主励}$——主励磁机运行时耗用的功率，kW。

主励磁机运行时经主变压器送出的供电功率，等于汽轮机功率减去厂用变压器供给辅机设备用电的功率和主励磁机消耗的功率，可以用式（14－23）表示，即

$$P_{供1}=P_{汽}-P_{厂1}-P_{主励} \tag{14-23}$$

式中　$P_{供1}$——主励磁机运行时的供电功率，kW；

$P_{厂1}$——主励磁机运行时的厂用电功率，kW。

同理可推出经主变压器送出的供电量，为发电机发出的电量减去厂用变压器供给辅机设备的用电量，即

$$W_{供1}=W_{发1}-W_{厂1} \tag{14-24}$$

式中　$W_{供1}$——主励磁机运行时发电机组经主变压器送出的供电量，kWh；

$W_{发1}$——主励磁机运行时发电机组的发电量，kWh；

$W_{厂1}$——主励磁机运行时各辅机设备经厂用变压器耗用的电量，kWh。

三、他励磁机运行

他励磁机通常也称备用励磁机，是作为主励磁机故障不能运行时代替主励磁机供发电机励磁的备用励磁机。一般情况下，备用励磁机不装在发电机的同一根轴上，备用励磁机的原动机是电动机，电动机耗用的能量正常运行中是由厂用变压器供给的。从单元机组能量平衡的观点来看，他励磁机耗用的那部分能量仍由该汽轮发电机组供给，只是形式上汽轮机组做的功经由发电机组转换成电能，这部分电能再经厂用变压器供给他励磁机的原动机——电动机使用。在汽轮发电机系统中的能量平衡情况见图14－2。

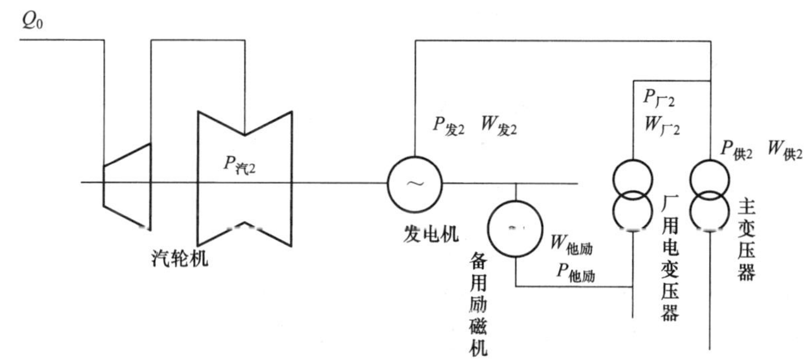

图14－2　他励磁机运行时能量流程平衡图

为了便于讨论、分析问题，假定他励磁机运行时，汽轮发电机组仍在额定功率下运行，用作发电进入汽轮机的热量和主励磁机运行时一样为Q_0，则汽轮机所做的功仍为$P_{汽}$，仍等于发电机发出的电功率$P_{发1}$和主励磁机耗用的电功率$P_{主励}$之和，不同的是，主励磁机耗用的那部分电能也由发电机转变为电能，经发电机电能表后，再经厂用变压器供给他励磁机。为了便于讨论、分析问题，暂略去发电机、主励磁机、厂用变压器及线路等损失不计，则汽轮机所做的功可用式（14－25）表示

$$P_{汽}=P_{发2}=P_{发1}+P_{主励} \tag{14-25}$$

式中　$P_{发1}$——他励磁机运行，进入汽轮机的热量为Q_0时，发电机发出的电功率，kW。

式（14－23）可写成

$$P_{发1} = P_{发2} - P_{主励}$$

$$P_{发1} = P_{汽} - P_{主励} \tag{14-26}$$

从式（14－22）和式（14－26）可以看出，汽轮发电机组在额定负荷下运行，进入汽轮机的热量均为 Q_0时，则汽轮发电机在他励磁机运行发出的电功率可式视为等于主励磁机运行时的电功率。他励磁机运行时，经主变压器向电网供出的电功率（$P_{供2}$），等于汽轮机所做的功率减去经厂用变压器供给辅机设备用的电功率，可用下式表示

$$P_{供2} = P_{汽} - P_{厂2} \tag{14-27}$$

因为

$$P_{厂2} = P_{厂1} + P_{他励}$$

所以

$$P_{供2} = P_{汽} - P_{厂1} - P_{他励} \tag{14-28}$$

式中　$P_{厂2}$——他励磁机运行时辅机设备（包括他励磁机）经厂用变压器的耗用电功率，kW。

从式（14－23）和式（14－28）可以看出：机组在额定功率下运行时，进入汽轮机热量均为 Q 的情况下，他励磁机运行（不计其他损失）和主励磁机运行时向电网供的电功率是相同的。

如果用主变压器电能表来计量汽轮机组经主变压器向电网供的电量，则汽轮发电机组向电网供的电量为发电机组发出的电量减去机组各辅机设备经厂用变压器耗用的电量，用下式表示为

$$W_{供2} = W_{发2} - W_{厂2}$$

因为

$$W_{厂2} = +W_{厂1} + W_{他励}$$

所以

$$W_{供1} = W_{发2} - W_{厂1} - W_{他励}$$

又因

$$W_{发2} = W_{发1} + W_{主励}$$

所以

$$W_{供2} = W_{发1} + W_{主励} - W_{厂1} - W_{他励}$$

由于

$$W_{主励} \approx W_{他励}$$

故

$$W_{供2} = W_{发1} - W_{厂1} \tag{14-29}$$

从式（14－24）和式（14－29）可以看出：在额定功率下，进入汽轮机热量为 Q_0，主励磁机运行和他励磁机运行时，经主变压器送往电网供的电量是相等的。

四、他励磁机用电量的归宿对电厂技术经济指标的影响

上述分析可以看出：当进入汽轮机的热量一定时，虽然他励磁机运行时发电机发出的功率或电量较主励磁机运行时大，其值为他励磁机耗用的功率或电量，但经主变压器送出的功率或电量则是相等的。因此，他励磁机的用电量应从发电量和厂用电量中同时减去，否则将影响电业生产指标统计的正确性。机组设计和正常运行中主励磁机耗用的能量是由蒸汽的热能通过汽轮机转换成机械能直接供给的，他励磁机是在主励磁机故障和特定的情况下才运行，是少数情况。如按电力工业部计划司规定的统计办法计算，则机组使用备用励磁机时发电标准煤耗率、发电厂用电率、发电量、产值、劳动生产率、发电单位成本率等多项技术经济指标与主励磁机运行时会发生不应有的偏差。以一台 100MW 汽轮机组为例，备用励磁机运行一年，则发电量虚增 300 万 kWh，总产值虚增 19.5 万元，发电标准煤耗率偏低 1.46g/kWh；发电厂用电率偏高 0.41%。由此可见，同类型机组由于励磁机运行方式的不同，指标计算基础变了，也不利于分析比较。有关规定中把励磁机用电量计入厂用电量，不从厂

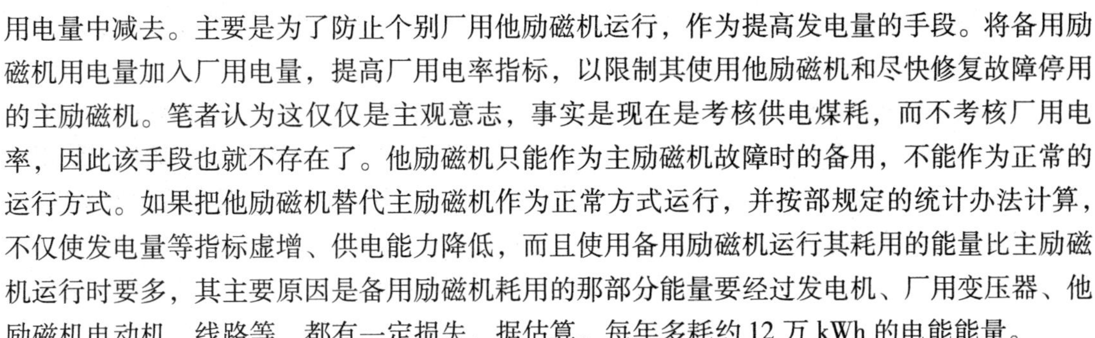

用电量中减去。主要是为了防止个别厂用他励磁机运行，作为提高发电量的手段。将备用励磁机用电量加入厂用电量，提高厂用电率指标，以限制其使用他励磁机和尽快修复故障停用的主励磁机。笔者认为这仅仅是主观意志，事实是现在是考核供电煤耗，而不考核厂用电率，因此该手段也就不存在了。他励磁机只能作为主励磁机故障时的备用，不能作为正常的运行方式。如果把他励磁机替代主励磁机作为正常方式运行，并按部规定的统计办法计算，不仅使发电量等指标虚增、供电能力降低，而且使用备用励磁机运行其耗用的能量比主励磁机运行时要多，其主要原因是备用励磁机耗用的那部分能量要经过发电机、厂用变压器、他励磁机电动机、线路等，都有一定损失，据估算，每年多耗约 12 万 kWh 的电能能量。

第四节　能耗指标管理的关键与管理要点

能耗指标管理在电力行业管理中越来越受重视。在实际工作中，往往受到种种因素的影响、冲击。几十年来，行业节能管理是几起几落。本文工作中的问题是重起的精要，是再度重视节能管理起点和全程做好节能管理的纲要。

节能管理与行业管理、企业领导节能意识、节能专业管理水平和综合管理水平有关。在时间进程中，行业管理是经常变化的；企业领导节能意识因人而异，因人员调整而变；节能专业管理受人员设置、授权、分工、管理水平的影响。《能耗指标管理关键与管理要点》是火电厂达标、创一流“节能管理”的总结，是节能管理的主线、核心、要点，是领导、专业管理者管理节能的原则要求和要点。

一、能耗指标管理的关键

节能管理是火力发电企业管理工作的重要组成部分。特别是在发电竞价上网、独立核算、进入市场经济的形势下，提高发电设备、系统技术经济指标的运行水平，努力降低发电成本已是当务之急。虽然部分火电厂节能工作达到了比较好的水平，但仍有许多不足之处，仍有较大潜力。只要领导者加强对节能工作的管理，各项技术经济指标水平就可以得到提高，达到更好的水平。

1. 认识不足，职责不清

节能管理是以节能工程师为主，并涉及炉、机、电、燃料、化学、热工等各个专业，运行、检修、维护、管理等各个部门的工作。节能管理由于认识不足和管理水平的局限，许多工作还只是停留在表面上，许多应该做的工作还没有能全部落实到岗位职责中。有些节能工作还没有提到议事日程，还没有得到应有的重视。主要表现为：

（1）厂长对节能工作领导不力。厂长每月要高标准地关心节能项目、指标任务的完成情况，并向有关专业人员提出要求或指导。可以说，厂长的节能意识越高，电厂的节能工作就能够做得更好，技术经济指标水平就会更好。

（2）主管节能的生产副厂长或总工程师对技术经济指标水平的优劣负有直接领导责任。每月要有一定时间检查节能工作，研究、部署、解决节能工作中的具体问题，并向有关专业人员提出要求或指导。

（3）车间主任、班长、工人，各级专业技术人员要把完成节能指标、节能项目当作己任。作为设备的主人、企业的主人，应有主人翁责任感，不能停留在领导布置什么工作，就完成什么任务。全体员工要用高标准要求工作，时时想着节能工作，事事按节能要求做好工作。

（4）技术经济指标标准不清，如凝汽器端差原部颁标准是6～8℃，管理好的全年平均值为6℃，不注重管理的则高达15℃以上，严重的单台机组达到20℃以上。循环水使用冷却水塔的年设计值温度一般为20℃，不注重管理的电厂冬天冷却塔出口温度还在23℃以上。要知道凝汽器端差、循环水温度每升高1℃影响发电煤耗升高1g/kWh左右。有关领导、专业管理人员对重点指标和本岗位责任范围内的指标必须掌握，并用它来领导工作、指导工作、研究工作、制订措施，使各项技术经济指标都达到标准，并保持在更好的水平。

（5）对热力设备、高温管道保温表面温度标准认识不足，措施贯彻不力。目前，高温设备、管道表面温度超标多，尚未得到应有的重视。我们必须按《火力发电厂节约能源规定》的要求，搞好高温设备、管道保温的管理工作。

（6）指标标准、完成情况下达基层少，直接责任人看不到、不清楚，节能信息须上下沟通。

2. 职能覆盖面小、管理难

做好节能工程师的专业管理工作，是发电厂节能工作优劣最重要、最关键的环节。目前，部分电厂节能工程师职能覆盖面小，专业管理工作难以到位。主要是：

（1）领导赋予节能工程师的职责不够，工作职能面覆盖小，影响节能管理工作全面开展。另外，节能工程师人员变动频繁，专业工作、专业资料交接不清，影响了节能工作的延续。

（2）节能管理专业制度不健全，工作无据可依。

（3）节能培训不够，专业业务能力不高，影响专业工作深层次地开展。

（4）专业管理人员工作缺乏主动性，缺乏深层次做好工作的意识。

3. 计算标准随意性大，考核管理不到位

补水率，机、炉效率等计算方法重视不够，不规范之处随处可见，其原因是：专业人员变动频繁，工作交接不清；专业人员学习不够，业务能力欠佳；管理人员缺少专业管理知识，有关这方面的规定、制度、文件又难及时见到。

指标计算方法不规范是普遍存在的问题。有的单位甚至人为地改变指标计算方法，这是不可取的。例如，补水率计算方法为水平而取舍内容。补水率是关系到热力设备系统安全、经济运行的一个重要指标。实际操作中，有的发电厂为了使补水率降低到某一个好水平，就随意把已进入热力系统循环的热备用机组启动用水、机组冷态启动用水、机组停炉快冷用水、冷态启动前机组水冲洗用水等不计算为补水率，从而影响了指标的真实性。

4. 指标管理考核不严

目前，部分电厂对机、炉效率等主要技术经济指标管理、考核不严，直接影响了电厂的运行经济性。针对当前的问题，笔者建议：

（1）指标考核纳入岗位工资，采用倒塔式结构形式。机组或全厂综合指标所占比例最大，按管理层次、责任逐级降低，操作者直接责任指标比例最小。这样，使直接责任重心放到全厂综合指标上，以个人直接责任的小指标来保证全厂综合指标的好水平。

（2）指标考核标准要实事求是。指标考核标准不应是设备设计水平，更不是同类型设

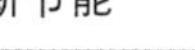

备的最好水平，应是设备健康状况下的较好水平，让直接责任者有一定的努力空间。

（3）在指标考核奖励工作中，凡达到考核标准就应该奖励。

5. 专项设备作用发挥不够

节能专项设备是指专为确保某设备、某一指标在最佳状态下运行的辅助设备，主要有循环水冷却塔、凝汽器胶球清洗装置、锅炉设备吹灰装置、锅炉排污扩器等。就目前部分电厂的情况来说，这些节能专项措施设备的管理、利用还远远未达到设计和应有的效果，其主要问题是认识不高，重视不够，研究不多，管理不严，制度不健全，考核、监督责任人不到位等。如果抓好这些节能专项设备的管理工作，切实发挥其作用，其相应的指标就会达到更好的水平。

二、能耗指标管理要点

节能工作水平决定电厂技术经济指标水平、发电燃料成本的高低。节能管理涉及炉、机、电、燃料、化学、热工等各个专业，运行、检修、维护、管理等各个工种的全体员工。节能管理工作能否能做好，取决于全体员工的节能意识，特别是一把手、主管领导和节能工程师的节能意识。要做好节能管理工作必须用制度来规范，用科学、现代、先进的方法来管理。

（一）健全制度，明确职责

工作的关键在管理。一是要理清节能管理的工作都包括哪些内容；二是要理顺每一项节能工作由谁负责，由谁去做，如何才能做好；三是必须用制度的形式来规范。

1. 建立、健全节能管理制度

节能管理的首要任务是认真贯彻《中华人民共和国节约能源法》、《火力发电厂节约能源规定》、《电力工业节能技术监督规定》，并结合设备系统特点制定本厂《节约能源实施细则》，达到使本厂的全部节能工作以厂规的形式固定下来。使各级、各部门职责、分工明确，以指导本厂节能工作深入、持久地开展。为确保《节约能源实施细则》得到全面落实，还应建立、健全节能培训管理制度，节能奖惩制度，燃料管理制度，燃料统计管理制度，电厂统计管理制度，补水率统计办法，补水率管理制度，非生产用能管理制度，机组、时段发电量管理制度，供电、供热煤耗、厂用电率计算办法，胶球清洗管理制度，冷却水塔管理制度，节能管理制度等。

2. 规范节能工程师的职责

节能工程师除了要有专业知识、业务能力，还必须具有一定的组织能力和开拓精神。厂长必须授予节能工程师包括与供电煤耗有关全部专业工作的职责，如供电煤耗计算方法的正确性，煤耗值计算的准确性；燃料进厂数量、质量的正确性，燃料储存管理的监督；全厂能耗综合性技术经济指标，机、炉设备及其系统各项技术经济指标的正确性；节能指标计划，技术、组织措施计划的制订、检查，形象进度的监督及总结；技术经济指标考核、竞赛、完成情况的检查、分析、总结；机、炉设备、系统的热力试验及监督等。

（二）做好节能培训，提高节能意识

节能工作贯穿自燃料进厂到电力送出电厂的全过程，涉及全体员工。员工的节能意识和节能专业工作水平直接关系到各项技术经济指标水平。领导和全体员工的节能意识则是电厂技术经济指标优劣的关键。因此，要按层次做好一把手，生产副厂长、总工程师，节能工程师，各级专业技术人员，一线直接责任者的培训工作，提高全员节能意识、节能管理水平和综合能力，提高节能岗位工作人员的操作水平和工艺水平，这样才能保持供电煤耗的最好水平。

（三）管好数据，用好数据

设备、系统的运行参数是衡量发电机组经济运行水平和指导生产的重要依据，因此节能管理首先要做好数据管理。数据管理包括表单记录、指标计算管理，任务是确保数据正确无误，能指导生产。

1. 管好数据，确保数据准确

数据原始记录十分重要，它关系到是否正确地反映设备、系统运行状况。就目前情况来看，数据或多或少都存在不真实性。这说明了对数据重要性认识的不足，专业管理工作还有不到位的地方。

指标计算方法不规范的原因，有的是专业水平低，有的是在指标计算时取其所需。这就掩盖了问题，损失了经济效益，浪费了能源。因此，必须规范指标计算方法，提高指标正确性。

2. 用好数据，指导生产

发电设备、系统的运行参数反映了设备、系统的健康状况和运行经济性。能否用好数据，并能做到指导生产，一要看专业人员的专业水平和综合能力，二要看主管领导和一把手对专业工作的重视程度和领导能力。

（1）统计数据、报表要按规定报送各级领导、专业人员、班组、工人。

（2）主管领导和一把手要重点查看和审阅原始记录、报表，并指导节能管理工作。

（3）各级专业技术人员要定期审阅与本岗位有关的原始记录、报表，并指导下一级专业人员的工作。

（4）各级专业技术人员要定期分析本岗位职责范围内各项技术经济指标的正确性，指出问题，提出措施，报送有关部门，并督促解决。

（5）节能工程师要定期对各项技术经济指标进行全面分析，指出问题，提出措施，以书面形式报送主管领导和有关专业主管，并督促解决。

（6）机组运行指标与设计值同类型比较，其差距才能说明其真实水平。只有把供电煤耗指标的差距找准，并细化到设备、系统的各项技术经济指标，才能制订出针对性强、力度大的降低煤耗措施，才能确保机组经常在更好的供电煤耗水平下运行。

3. 做好指标分析

技术经济指标分析工作是使热力设备及系统运行参数的原始记录和经过加工整理的各项技术经济指标，在生产中发挥作用的重要手段，也是确保机组各项技术经济指标经常在更佳的状态下运行的重要手段，是各级领导、专业技术人员、一线岗位员工的共同任务。要明确职责分工，做好经常性分析、定期分析、对比分析和专题分析。

（四）热力设备系统试验与监督

热力设备系统的经济性能是随设备健康水平、环境条件、辅机及系统运行方式等多方面因素变化而变化的，而且是不断变化着的。节能工程师和试验人员要定期、经常、及时地进行锅炉、汽轮机设备及热力系统的试验与监督工作。针对问题提出措施，报送有关领导和部

门，并督促解决。

（五）确定节能重点指标

机组设备、系统有几十项技术经济指标，正常运行中对经济性影响最大的是凝汽器真空度。真空度每降低 1 个百分点，发电煤耗升高 3g/kWh 左右。当前，必须提高对凝汽器各项技术经济指标的认识，并采取有力措施使其保持在最佳状态下运行。

（六）充分发挥节能专用设备的作用

节能专用设备有凝汽器胶球清洗设备、锅炉排污系统、锅炉吹灰器设备等，是专门为保持其服务设备、系统有良好指标水平而设置的。但目前有关设备、系统的健康水平、运行水平、管理水平的差距还很大，还没有达到应有的水平，发挥应有的作用。

附　　录

附录一

中华人民共和国节约能源法

（1997 年 11 月 1 日第八届全国人民代表大会常务委员会第二十八次会议通过　2007 年 10 月 28 日第十届全国人民代表大会常务委员会第三十次会议修订　自 2008 年 4 月 1 日起施行）

第一章　总　　则

第一条　为了推动全社会节约能源，提高能源利用效率，保护和改善环境，促进经济社会全面协调可持续发展，制定本法。

第二条　本法所称能源，是指煤炭、石油、天然气、生物质能和电力、热力以及其他直接或者通过加工、转换而取得有用能的各种资源。

第三条　本法所称节约能源（以下简称节能），是指加强用能管理，采取技术上可行、经济上合理以及环境和社会可以承受的措施，从能源生产到消费的各个环节，降低消耗、减少损失和污染物排放、制止浪费，有效、合理地利用能源。

第四条　节约资源是我国的基本国策。国家实施节约与开发并举、把节约放在首位的能源发展战略。

第五条　国务院和县级以上地方各级人民政府应当将节能工作纳入国民经济和社会发展规划、年度计划，并组织编制和实施节能中长期专项规划、年度节能计划。

国务院和县级以上地方各级人民政府每年向本级人民代表大会或者其常务委员会报告节能工作。

第六条　国家实行节能目标责任制和节能考核评价制度，将节能目标完成情况作为对地方人民政府及其负责人考核评价的内容。

省、自治区、直辖市人民政府每年向国务院报告节能目标责任的履行情况。

第七条　国家实行有利于节能和环境保护的产业政策，限制发展高耗能、高污染行业，发展节能环保型产业。

国务院和省、自治区、直辖市人民政府应当加强节能工作，合理调整产业结构、企业结构、产品结构和能源消费结构，推动企业降低单位产值能耗和单位产品能耗，淘汰落后的生产能力，改进能源的开发、加工、转换、输送、储存和供应，提高能源利用效率。

国家鼓励、支持开发和利用新能源、可再生能源。

第八条　国家鼓励、支持节能科学技术的研究、开发、示范和推广，促进节能技术创新与进步。

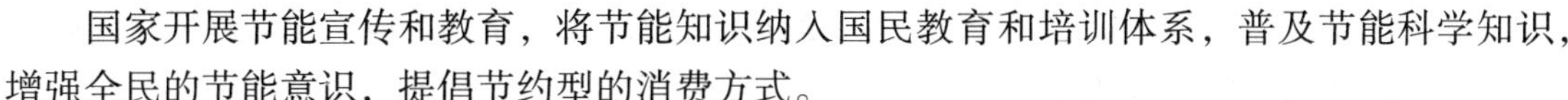

国家开展节能宣传和教育，将节能知识纳入国民教育和培训体系，普及节能科学知识，增强全民的节能意识，提倡节约型的消费方式。

第九条 任何单位和个人都应当依法履行节能义务，有权检举浪费能源的行为。

新闻媒体应当宣传节能法律、法规和政策，发挥舆论监督作用。

第十条 国务院管理节能工作的部门主管全国的节能监督管理工作。国务院有关部门在各自的职责范围内负责节能监督管理工作，并接受国务院管理节能工作的部门的指导。

县级以上地方各级人民政府管理节能工作的部门负责本行政区域内的节能监督管理工作。县级以上地方各级人民政府有关部门在各自的职责范围内负责节能监督管理工作，并接受同级管理节能工作的部门的指导。

第二章 节 能 管 理

第十一条 国务院和县级以上地方各级人民政府应当加强对节能工作的领导，部署、协调、监督、检查、推动节能工作。

第十二条 县级以上人民政府管理节能工作的部门和有关部门应当在各自的职责范围内，加强对节能法律、法规和节能标准执行情况的监督检查，依法查处违法用能行为。

履行节能监督管理职责不得向监督管理对象收取费用。

第十三条 国务院标准化主管部门和国务院有关部门依法组织制定并适时修订有关节能的国家标准、行业标准，建立健全节能标准体系。

国务院标准化主管部门会同国务院管理节能工作的部门和国务院有关部门制定强制性的用能产品、设备能源效率标准和生产过程中耗能高的产品的单位产品能耗限额标准。

国家鼓励企业制定严于国家标准、行业标准的企业节能标准。

省、自治区、直辖市制定严于强制性国家标准、行业标准的地方节能标准，由省、自治区、直辖市人民政府报经国务院批准；本法另有规定的除外。

第十四条 建筑节能的国家标准、行业标准由国务院建设主管部门组织制定，并依照法定程序发布。

省、自治区、直辖市人民政府建设主管部门可以根据本地实际情况，制定严于国家标准或者行业标准的地方建筑节能标准，并报国务院标准化主管部门和国务院建设主管部门备案。

第十五条 国家实行固定资产投资项目节能评估和审查制度。不符合强制性节能标准的项目，依法负责项目审批或者核准的机关不得批准或者核准建设；建设单位不得开工建设；已经建成的，不得投入生产、使用。具体办法由国务院管理节能工作的部门会同国务院有关部门制定。

第十六条 国家对落后的耗能过高的用能产品、设备和生产工艺实行淘汰制度。淘汰的用能产品、设备、生产工艺的目录和实施办法，由国务院管理节能工作的部门会同国务院有关部门制定并公布。

生产过程中耗能高的产品的生产单位，应当执行单位产品能耗限额标准。对超过单位产品能耗限额标准用能的生产单位，由管理节能工作的部门按照国务院规定的权限责令限期治理。

对高耗能的特种设备，按照国务院的规定实行节能审查和监管。

第十七条 禁止生产、进口、销售国家明令淘汰或者不符合强制性能源效率标准的用能产品、设备；禁止使用国家明令淘汰的用能设备、生产工艺。

第十八条 国家对家用电器等使用面广、耗能量大的用能产品，实行能源效率标识管理。实行能源效率标识管理的产品目录和实施办法，由国务院管理节能工作的部门会同国务院产品质量监督部门制定并公布。

第十九条 生产者和进口商应当对列入国家能源效率标识管理产品目录的用能产品标注能源效率标识，在产品包装物上或者说明书中予以说明，并按照规定报国务院产品质量监督部门和国务院管理节能工作的部门共同授权的机构备案。

生产者和进口商应当对其标注的能源效率标识及相关信息的准确性负责。禁止销售应当标注而未标注能源效率标识的产品。

禁止伪造、冒用能源效率标识或者利用能源效率标识进行虚假宣传。

第二十条 用能产品的生产者、销售者，可以根据自愿原则，按照国家有关节能产品认证的规定，向经国务院认证认可监督管理部门认可的从事节能产品认证的机构提出节能产品认证申请；经认证合格后，取得节能产品认证证书，可以在用能产品或者其包装物上使用节能产品认证标志。

禁止使用伪造的节能产品认证标志或者冒用节能产品认证标志。

第二十一条 县级以上各级人民政府统计部门应当会同同级有关部门，建立健全能源统计制度，完善能源统计指标体系，改进和规范能源统计方法，确保能源统计数据真实、完整。

国务院统计部门会同国务院管理节能工作的部门，定期向社会公布各省、自治区、直辖市以及主要耗能行业的能源消费和节能情况等信息。

第二十二条 国家鼓励节能服务机构的发展，支持节能服务机构开展节能咨询、设计、评估、检测、审计、认证等服务。

国家支持节能服务机构开展节能知识宣传和节能技术培训，提供节能信息、节能示范和其他公益性节能服务。

第二十三条 国家鼓励行业协会在行业节能规划、节能标准的制定和实施、节能技术推广、能源消费统计、节能宣传培训和信息咨询等方面发挥作用。

第三章 合理使用与节约能源

第一节 一般规定

第二十四条 用能单位应当按照合理用能的原则，加强节能管理，制定并实施节能计划和节能技术措施，降低能源消耗。

第二十五条 用能单位应当建立节能目标责任制，对节能工作取得成绩的集体、个人给予奖励。

第二十六条 用能单位应当定期开展节能教育和岗位节能培训。

第二十七条 用能单位应当加强能源计量管理，按照规定配备和使用经依法检定合格的能源计量器具。

用能单位应当建立能源消费统计和能源利用状况分析制度，对各类能源的消费实行分类计量和统计，并确保能源消费统计数据真实、完整。

第二十八条 能源生产经营单位不得向本单位职工无偿提供能源。任何单位不得对能源消费实行包费制。

第二节　工　业　节　能

第二十九条　国务院和省、自治区、直辖市人民政府推进能源资源优化开发利用和合理配置，推进有利于节能的行业结构调整，优化用能结构和企业布局。

第三十条　国务院管理节能工作的部门会同国务院有关部门制定电力、钢铁、有色金属、建材、石油加工、化工、煤炭等主要耗能行业的节能技术政策，推动企业节能技术改造。

第三十一条　国家鼓励工业企业采用高效、节能的电动机、锅炉、窑炉、风机、泵类等设备，采用热电联产、余热余压利用、洁净煤以及先进的用能监测和控制等技术。

第三十二条　电网企业应当按照国务院有关部门制定的节能发电调度管理的规定，安排清洁、高效和符合规定的热电联产、利用余热余压发电的机组以及其他符合资源综合利用规定的发电机组与电网并网运行，上网电价执行国家有关规定。

第三十三条　禁止新建不符合国家规定的燃煤发电机组、燃油发电机组和燃煤热电机组。

第三节　建　筑　节　能

第三十四条　国务院建设主管部门负责全国建筑节能的监督管理工作。

县级以上地方各级人民政府建设主管部门负责本行政区域内建筑节能的监督管理工作。

县级以上地方各级人民政府建设主管部门会同同级管理节能工作的部门编制本行政区域内的建筑节能规划。建筑节能规划应当包括既有建筑节能改造计划。

第三十五条　建筑工程的建设、设计、施工和监理单位应当遵守建筑节能标准。

不符合建筑节能标准的建筑工程，建设主管部门不得批准开工建设；已经开工建设的，应当责令停止施工、限期改正；已经建成的，不得销售或者使用。

建设主管部门应当加强对在建建筑工程执行建筑节能标准情况的监督检查。

第三十六条　房地产开发企业在销售房屋时，应当向购买人明示所售房屋的节能措施、保温工程保修期等信息，在房屋买卖合同、质量保证书和使用说明书中载明，并对其真实性、准确性负责。

第三十七条　使用空调采暖、制冷的公共建筑应当实行室内温度控制制度。具体办法由国务院建设主管部门制定。

第三十八条　国家采取措施，对实行集中供热的建筑分步骤实行供热分户计量、按照用热量收费的制度。新建建筑或者对既有建筑进行节能改造，应当按照规定安装用热计量装置、室内温度调控装置和供热系统调控装置。具体办法由国务院建设主管部门会同国务院有关部门制定。

第三十九条　县级以上地方各级人民政府有关部门应当加强城市节约用电管理，严格控制公用设施和大型建筑物装饰性景观照明的能耗。

第四十条　国家鼓励在新建建筑和既有建筑节能改造中使用新型墙体材料等节能建筑材料和节能设备，安装和使用太阳能等可再生能源利用系统。

第四节　交 通 运 输 节 能

第四十一条　国务院有关交通运输主管部门按照各自的职责负责全国交通运输相关领域的节能监督管理工作。

国务院有关交通运输主管部门会同国务院管理节能工作的部门分别制定相关领域的节能规划。

第四十二条　国务院及其有关部门指导、促进各种交通运输方式协调发展和有效衔接，优化交通运输结构，建设节能型综合交通运输体系。

第四十三条　县级以上地方各级人民政府应当优先发展公共交通，加大对公共交通的投入，完善公共交通服务体系，鼓励利用公共交通工具出行；鼓励使用非机动交通工具出行。

第四十四条　国务院有关交通运输主管部门应当加强交通运输组织管理，引导道路、水路、航空运输企业提高运输组织化程度和集约化水平，提高能源利用效率。

第四十五条　国家鼓励开发、生产、使用节能环保型汽车、摩托车、铁路机车车辆、船舶和其他交通运输工具，实行老旧交通运输工具的报废、更新制度。

国家鼓励开发和推广应用交通运输工具使用的清洁燃料、石油替代燃料。

第四十六条　国务院有关部门制定交通运输营运车船的燃料消耗量限值标准；不符合标准的，不得用于营运。

国务院有关交通运输主管部门应当加强对交通运输营运车船燃料消耗检测的监督管理。

第五节　公 共 机 构 节 能

第四十七条　公共机构应当厉行节约，杜绝浪费，带头使用节能产品、设备，提高能源利用效率。

本法所称公共机构，是指全部或者部分使用财政性资金的国家机关、事业单位和团体组织。

第四十八条　国务院和县级以上地方各级人民政府管理机关事务工作的机构会同同级有关部门制定和组织实施本级公共机构节能规划。公共机构节能规划应当包括公共机构既有建筑节能改造计划。

第四十九条　公共机构应当制定年度节能目标和实施方案，加强能源消费计量和监测管理，向本级人民政府管理机关事务工作的机构报送上年度的能源消费状况报告。

国务院和县级以上地方各级人民政府管理机关事务工作的机构会同同级有关部门按照管理权限，制定本级公共机构的能源消耗定额，财政部门根据该定额制定能源消耗支出标准。

第五十条　公共机构应当加强本单位用能系统管理，保证用能系统的运行符合国家相关标准。

公共机构应当按照规定进行能源审计，并根据能源审计结果采取提高能源利用效率的措施。

第五十一条　公共机构采购用能产品、设备，应当优先采购列入节能产品、设备政府采购名录中的产品、设备。禁止采购国家明令淘汰的用能产品、设备。

节能产品、设备政府采购名录由省级以上人民政府的政府采购监督管理部门会同同级有关部门制定并公布。

第六节　重点用能单位节能

第五十二条　国家加强对重点用能单位的节能管理。

下列用能单位为重点用能单位：

（一）年综合能源消费总量一万吨标准煤以上的用能单位；

（二）国务院有关部门或者省、自治区、直辖市人民政府管理节能工作的部门指定的年综合能源消费总量五千吨以上不满一万吨标准煤的用能单位。

重点用能单位节能管理办法，由国务院管理节能工作的部门会同国务院有关部门制定。

第五十三条　重点用能单位应当每年向管理节能工作的部门报送上年度的能源利用状况报告。能源利用状况包括能源消费情况、能源利用效率、节能目标完成情况和节能效益分析、节能措施等内容。

第五十四条　管理节能工作的部门应当对重点用能单位报送的能源利用状况报告进行审查。对节能管理制度不健全、节能措施不落实、能源利用效率低的重点用能单位，管理节能工作的部门应当开展现场调查，组织实施用能设备能源效率检测，责令实施能源审计，并提出书面整改要求，限期整改。

第五十五条　重点用能单位应当设立能源管理岗位，在具有节能专业知识、实际经验以及中级以上技术职称的人员中聘任能源管理负责人，并报管理节能工作的部门和有关部门备案。

能源管理负责人负责组织对本单位用能状况进行分析、评价，组织编写本单位能源利用状况报告，提出本单位节能工作的改进措施并组织实施。

能源管理负责人应当接受节能培训。

第四章　节能技术进步

第五十六条　国务院管理节能工作的部门会同国务院科技主管部门发布节能技术政策大纲，指导节能技术研究、开发和推广应用。

第五十七条　县级以上各级人民政府应当把节能技术研究开发作为政府科技投入的重点领域，支持科研单位和企业开展节能技术应用研究，制定节能标准，开发节能共性和关键技术，促进节能技术创新与成果转化。

第五十八条　国务院管理节能工作的部门会同国务院有关部门制定并公布节能技术、节能产品的推广目录，引导用能单位和个人使用先进的节能技术、节能产品。

国务院管理节能工作的部门会同国务院有关部门组织实施重大节能科研项目、节能示范项目、重点节能工程。

第五十九条　县级以上各级人民政府应当按照因地制宜、多能互补、综合利用、讲求效益的原则，加强农业和农村节能工作，增加对农业和农村节能技术、节能产品推广应用的资金投入。

农业、科技等有关主管部门应当支持、推广在农业生产、农产品加工储运等方面应用节能技术和节能产品，鼓励更新和淘汰高耗能的农业机械和渔业船舶。

国家鼓励、支持在农村大力发展沼气，推广生物质能、太阳能和风能等可再生能源利用技术，按照科学规划、有序开发的原则发展小型水力发电，推广节能型的农村住宅和炉灶等，鼓励利用非耕地种植能源植物，大力发展薪炭林等能源林。

第五章　激　励　措　施

第六十条　中央财政和省级地方财政安排节能专项资金，支持节能技术研究开发、节能技术和产品的示范与推广、重点节能工程的实施、节能宣传培训、信息服务和表彰奖励等。

第六十一条　国家对生产、使用列入本法第五十八条规定的推广目录的需要支持的节能技术、节能产品，实行税收优惠等扶持政策。

国家通过财政补贴支持节能照明器具等节能产品的推广和使用。

第六十二条　国家实行有利于节约能源资源的税收政策，健全能源矿产资源有偿使用制度，促进能源资源的节约及其开采利用水平的提高。

第六十三条　国家运用税收等政策，鼓励先进节能技术、设备的进口，控制在生产过程中耗能高、污染重的产品的出口。

第六十四条　政府采购监督管理部门会同有关部门制定节能产品、设备政府采购名录，应当优先列入取得节能产品认证证书的产品、设备。

第六十五条　国家引导金融机构增加对节能项目的信贷支持，为符合条件的节能技术研究开发、节能产品生产以及节能技术改造等项目提供优惠贷款。

国家推动和引导社会有关方面加大对节能的资金投入，加快节能技术改造。

第六十六条　国家实行有利于节能的价格政策，引导用能单位和个人节能。

国家运用财税、价格等政策，支持推广电力需求侧管理、合同能源管理、节能自愿协议等节能办法。

国家实行峰谷分时电价、季节性电价、可中断负荷电价制度，鼓励电力用户合理调整用电负荷；对钢铁、有色金属、建材、化工和其他主要耗能行业的企业，分淘汰、限制、允许和鼓励类实行差别电价政策。

第六十七条　各级人民政府对在节能管理、节能科学技术研究和推广应用中有显著成绩以及检举严重浪费能源行为的单位和个人，给予表彰和奖励。

第六章　法　律　责　任

第六十八条　负责审批或者核准固定资产投资项目的机关违反本法规定，对不符合强制性节能标准的项目予以批准或者核准建设的，对直接负责的主管人员和其他直接责任人员依法给予处分。

固定资产投资项目建设单位开工建设不符合强制性节能标准的项目或者将该项目投入生产、使用的，由管理节能工作的部门责令停止建设或者停止生产、使用，限期改造；不能改造或者逾期不改造的生产性项目，由管理节能工作的部门报请本级人民政府按照国务院规定的权限责令关闭。

第六十九条　生产、进口、销售国家明令淘汰的用能产品、设备的，使用伪造的节能产品认证标志或者冒用节能产品认证标志的，依照《中华人民共和国产品质量法》的规定处罚。

第七十条 生产、进口、销售不符合强制性能源效率标准的用能产品、设备的，由产品质量监督部门责令停止生产、进口、销售，没收违法生产、进口、销售的用能产品、设备和违法所得，并处违法所得一倍以上五倍以下罚款；情节严重的，由工商行政管理部门吊销营业执照。

第七十一条 使用国家明令淘汰的用能设备或者生产工艺的，由管理节能工作的部门责令停止使用，没收国家明令淘汰的用能设备；情节严重的，可以由管理节能工作的部门提出意见，报请本级人民政府按照国务院规定的权限责令停业整顿或者关闭。

第七十二条 生产单位超过单位产品能耗限额标准用能，情节严重，经限期治理逾期不治理或者没有达到治理要求的，可以由管理节能工作的部门提出意见，报请本级人民政府按照国务院规定的权限责令停业整顿或者关闭。

第七十三条 违反本法规定，应当标注能源效率标识而未标注的，由产品质量监督部门责令改正，处三万元以上五万元以下罚款。

违反本法规定，未办理能源效率标识备案，或者使用的能源效率标识不符合规定的，由产品质量监督部门责令限期改正；逾期不改正的，处一万元以上三万元以下罚款。

伪造、冒用能源效率标识或者利用能源效率标识进行虚假宣传的，由产品质量监督部门责令改正，处五万元以上十万元以下罚款；情节严重的，由工商行政管理部门吊销营业执照。

第七十四条 用能单位未按照规定配备、使用能源计量器具的，由产品质量监督部门责令限期改正；逾期不改正的，处一万元以上五万元以下罚款。

第七十五条 瞒报、伪造、篡改能源统计资料或者编造虚假能源统计数据的，依照《中华人民共和国统计法》的规定处罚。

第七十六条 从事节能咨询、设计、评估、检测、审计、认证等服务的机构提供虚假信息的，由管理节能工作的部门责令改正，没收违法所得，并处五万元以上十万元以下罚款。

第七十七条 违反本法规定，无偿向本单位职工提供能源或者对能源消费实行包费制的，由管理节能工作的部门责令限期改正；逾期不改正的，处五万元以上二十万元以下罚款。

第七十八条 电网企业未按照本法规定安排符合规定的热电联产和利用余热余压发电的机组与电网并网运行，或者未执行国家有关上网电价规定的，由国家电力监管机构责令改正；造成发电企业经济损失的，依法承担赔偿责任。

第七十九条 建设单位违反建筑节能标准的，由建设主管部门责令改正，处二十万元以上五十万元以下罚款。

设计单位、施工单位、监理单位违反建筑节能标准的，由建设主管部门责令改正，处十万元以上五十万元以下罚款；情节严重的，由颁发资质证书的部门降低资质等级或者吊销资质证书；造成损失的，依法承担赔偿责任。

第八十条 房地产开发企业违反本法规定，在销售房屋时未向购买人明示所售房屋的节能措施、保温工程保修期等信息的，由建设主管部门责令限期改正，逾期不改正的，处三万元以上五万元以下罚款；对以上信息作虚假宣传的，由建设主管部门责令改正，处五万元以上二十万元以下罚款。

第八十一条 公共机构采购用能产品、设备，未优先采购列入节能产品、设备政府采购名录中的产品、设备，或者采购国家明令淘汰的用能产品、设备的，由政府采购监督管理部门给予警告，可以并处罚款；对直接负责的主管人员和其他直接责任人员依法给予处分，并予通报。

第八十二条 重点用能单位未按照本法规定报送能源利用状况报告或者报告内容不实的，由管理节能工作的部门责令限期改正；逾期不改正的，处一万元以上五万元以下罚款。

第八十三条 重点用能单位无正当理由拒不落实本法第五十四条规定的整改要求或者整改没有达到要求的，由管理节能工作的部门处十万元以上三十万元以下罚款。

第八十四条 重点用能单位未按照本法规定设立能源管理岗位，聘任能源管理负责人，并报管理节能工作的部门和有关部门备案的，由管理节能工作的部门责令改正；拒不改正的，处一万元以上三万元以下罚款。

第八十五条 违反本法规定，构成犯罪的，依法追究刑事责任。

第八十六条 国家工作人员在节能管理工作中滥用职权、玩忽职守、徇私舞弊，构成犯罪的，依法追究刑事责任；尚不构成犯罪的，依法给予处分。

第七章 附 则

第八十七条 本法自 2008 年 4 月 1 日起施行。

附录二

电力工业节能技术监督规定

1 总则

1.1 为贯彻国家“资源开发和节约并举，把节约放在首位”的能源方针，强化电力企业节能管理，努力降低能耗，对电力工业实行节能技术监督，特制定本条例。

1.2 节能技术监督，即对影响发电、输变电设备经济运行的重要参数、性能和指标进行监督、检查、调整及评价。

1.3 节能技术监督是电力工业节能工作的组成部分，应贯穿于电力基建和生产全过程，按分阶段、分级管理原则，实行节能监督责任制。

1.4 节能技术监督指标实行考核制度，并设立节能奖。

1.5 通过对电力企业耗能设备及系统在设计、安装、调试、运行、检修、技术改造等阶段的节能技术监督，使其电、煤、油、汽、水等消耗达到最佳水平。

1.6 积极推广采用先进的节能技术、工艺、设备和材料，依靠技术进步，降低发供电设备和系统的能源消耗。

1.7 本条例适用于各电力集团公司、各省（市、区）电力公司（以下简称省电力公司）及发供电设备并入电网运行的企业。

2 监督机构和职责

2.1 电力系统的节能技术监督分为四级管理，即电力部（或国家电力公司，下同）、电力集团公司、省电力公司和发电厂、供电局（供电公司、电业局，下同）。

2.2 电力部为电力行业节能技术监督归口管理部门，其主要职责为：

2.2.1 贯彻执行国家有关节能技术监督的方针、政策、法规、标准、规程、制度等。

2.2.2 负责制定本行业或国家电力公司系统节能技术监督的方针政策、规定及技术措施、能耗标准等。

2.2.3 对电力建设和生产全过程的节能技术监督实行归口管理。

2.2.4 组织对电力集团公司、省电力公司的节能技术监督人员培训、考核、发证；对节能检测中心进行资质审查和认证；监督与指导电力集团公司、省电力公司的节能技术监督工作，协调各方面的关系。

2.2.5 组织对重大节能技术改造项目的技术论证，对能耗异常情况组织调查分析，并提出指导意见。

2.2.6 组织交流推广节能技术监督的工作经验和先进技术，定期发布节能信息及各类火电机组的主要经济指标完成情况。

2.2.7 制定节能考核和奖惩办法，并监督执行情况。

2.2.8 监督年度技术经济指标考核计划的实施。

2.3 各电力集团公司、省电力公司，由总工程师具体领导节能技术监督工作，其主要职责为：

2.3.1 贯彻执行国家和上级有关节能技术监督的方针、政策、法规、标准、规程、制度等。

2.3.2 监督本电网及发、供电企业供电煤耗、线路损耗指标完成情况及有关措施执行和规划制定情况。

2.3.3 对电网规划、设计进行节能技术监督。

2.3.4 对新建、扩建、技术改造工程进行节能全过程技术监督。能耗指标出现异常波动情况，组织技术诊断，分析原因，提出对策，督促解决。

2.3.5 编制节能技术监督报告，检查和督促发供电企业节能技术监督工作的开展。

2.3.6 总结交流节能技术监督经验，组织技术培训。

2.3.7 电力集团公司、省电力公司建立节能检测中心，挂靠在电力试研院所。中心在主管公司指导下，负责电网内发供电设备的节能检测、服务、节能新技术的推广及主管电力公司交办的节能技术监督等工作。

2.3.8 监督节能奖励办法的执行情况。

2.3.9 下达年度技术经济指标考核计划。

2.4 发电厂，供电局由分管节能的厂（局）长或总工程师负责节能技术监督工作，明确和健全节能技术监督网监督人员的职责及工作程序。

2.4.1 贯彻执行上级的节能技术监督规定，监督、检查基层生产单位（部门）的贯彻执行情况。

2.4.2 将能耗指标分解，逐级下达给有关部门、班组、并监督其执行情况。

2.4.3 定期召开节能分析例会，总结交流监督经验，分析节能效果及存在的问题，提出改进措施。

2.4.4 对本单位的技术改造项目进行节能技术监督，包括节能技术改造项目效果的测算评定和效益评估。

2.4.5 对燃料、电、水、汽等计量装置进行计量监督。

2.4.6 当能耗异常波动时，分析原因并提出整改措施。

2.4.7 及时上报节能技术监督报表、分析和总结材料。

2.4.8 监督节能奖惩办法的执行情况，表彰和奖励对节能作出贡献的部门和个人。

3 火电厂节能技术监督

3.1 基本建设

3.1.1 基本建设规划须贯彻执行国家的节约能源政策，合理、优化用能。优先选用高效大容量机组及高参数技术；提出节能的经济技术方案比较；发展热电联产。

3.1.2 新建、扩建和技改工程项目应贯彻降损节能的原则，执行国家《关于基本建设和技术改造工程项目可行性研究报告增列〈节能篇〉的暂行规定》；优化设备，确定先进合理的煤耗、电耗、水耗等设计指标。

3.1.3 火电机组在设计及安装时，应设必要的热力试验测点（见附件1），以保证机组热力性能试验数据的完整和可靠性。

3.1.4 严格按有关规程和标准要求进行系统及设备的安装调试。新投产火电机组，须按部颁《火力发电厂基本建设工程启动及竣工验收规程（1996年版）》规定的性能试验项目、技术经济指标考核项目并按国标或制造厂与项目法人确认的标准进行热力试验和技术经济指

标考核（见附件2）。

3.2 生产运行

3.2.1 实行电网的经济调度，以最合理的经济运行方式，取得电网的最佳效益。发电厂按照各台机组的热力特性、主要辅机的最佳组合，进行经济调度。

3.2.2 加强燃料管理，力争按锅炉设计煤质订货和进厂煤按煤种堆放；及时进行入炉煤的工业分析，提供运行人员掌握入炉煤煤种特征，进行燃料及燃烧调整；对入炉、入厂煤的应用基低位发热量、灰分、分析基挥发分进行监督。

3.2.3 火电厂能耗监督主要综合经济指标为供电煤耗及锅炉效率、机组热耗、厂用电率等。

3.2.4 对反映机组经济特性的参数和指标，如主蒸汽压力、温度，再热蒸汽温度，排烟温度、氧量、飞灰可燃物，给水温度，高加投入率，汽机端差、背压，主要辅机用电率等运行指标，进行监督、检查、调整、分析和考核。

3.2.5 按部颁《火电厂节约能源规定》的要求及有关规程规定，定期对锅炉漏风率、汽机严密性等进行测试；对凝汽器胶球清洗、锅炉受热面吹灰器等装置的投入情况及效果进行监督、考核。

3.2.6 主要系统和设备试生产、大修以及进行重大技术改造前后，都应进行性能试验，为节能技术监督提供依据。

3.2.7 对影响机组经济性较大，需要通过设备检修解决的缺陷，属标准检修项目，按相应标准进行检修及验收；对于非标准项目，制定欲达到的标准，检修完成后进行经济性能和指标的测试及考核。

3.2.8 根据热力系统和设备的优化分析，落实节能技术改造项目；对低效水泵和风机，积极采用调速技术和设备，降低用电量。

3.2.9 做好设备、管道及阀门的保温工作，使外壁温度在规定值内；定期进行散热损失测定，应用新工艺、新材料、减少散热损失。

3.3 能源计量

3.3.1 执行国家和部颁有关计量规程、制度和计量标准。

3.3.2 能源计量器具的选型、准确度、稳定度、测量范围和数量等，应能满足能源消耗定额、实行能耗定额管理、考核以及制定企业综合能源标准的需要。

3.3.3 发电厂进厂燃料、供电、供热及厂内用电、用热必须100%检测，并依此要求配备监测计量器具。发电厂的关口电能监测仪表，其不平衡率应符合部颁有关规定。

3.3.4 综合能源计量器具配备率达到100%，计量检测率95%，在用计量器具周期受检率达到100%。

3.3.5 发电厂配置的进厂、入炉煤计量及分炉计量装置、实物校验装置应定期进行校验；按规定周期对皮带秤进行实物校验。

3.3.6 监督进行每月煤场的盘点工作，发生差距较大的余亏，应分析原因，按有关规定合理处理。

4 电力网降损技术监督

4.1 电网应发展高压、超高压交流、直流输变电技术。电网、城网及农网规划及设计应有节能篇。基建、技改工程项目应贯彻降损节能的原则，所选设备应符合国家能耗标准。凡不符合节能要求工程项目，审批单位不应批准建设。监督降低线损技术措施纳入基建、技改及大修工程项目中实施情况。

4.2 无功补偿设备的配置应做到无功功率就地补偿，分压、分区平衡，符合《电力系统电压和无功电力技术导则》的有关要求。

4.3 城市电网的规划设计应符合《城市电力网规划设计导则》，根据现有实际情况和远景发展，城网应尽量简化变压层次；导线截面的选择，除按电气、机械条件校核外，并应按导线截面的经济电流密度考虑；配电电网的供电半径经济合理；合理选择节能及有载调压变压器。

4.4 电能计量装置应符合部颁规定，满足各级电压母线电量不平衡测量要求，生产、多经及生活用电分开计量。

4.5 各级调度部门应根据电力系统设备的技术状况、负荷潮流的变化，及时调整，使电网经济运行。在运行方式安排中，应根据线损理论计算值与实际线损统计值进行对比，实行分压、分线及分元件线损分析，提出有关降损措施。

4.6 各级调度或变电站运行人员应根据负荷变化规律及电压状况，及时投切无功补偿设备和调整发电机运行力率。加强调度衔接处结点和用户无功功率的监督与控制，达到部颁《电力系统电压质量和无功电力管理规定》的要求，使各级电压质量及功率因数达到规定范围。

4.7 按部颁《电力网电能损耗管理规定》要求，应定期组织负荷实测及线损理论计算。

4.8 各级电力部门应切实加强用电管理工作，减少内部责任差错，防止窃电及违章用电；应开展经常性用电稽查，降低管理线损，并定期提出用电稽查专题报告。

4.9 严格抄表周期，抄表例日不得随意变动，努力提高月末24点及月末三天内抄表的售电量占总售电量比例。

4.10 各类电能计量装置应按部颁规程、标准及规定进行定期检定（含现场检验）及调换。其中大用户和关口电能计量装置：

电能表调前合格率应达到99%；

电能表周期轮换率、校验率应达到100%；

高压互感器周期受检率、周期合格率应达到100%；

电压二次回路压降合格、周期受检率应达到100%。

4.11 关口电能表所在的发电厂、变电站的母线电量不平衡率应达到：

220kV及以上母线不大于±1%；

220kV以下母线不大于±2%。

5 管理

5.1 节能技术监督工作实行监督报告责任制。节能技术监督报告及指标应按规定时间上报，重要问题进行专题报告；节能技术监督报告应报主管领导和上级监督机构，亦可越级上报；按时编写节能分析报告和工作总结，并报上级主管部门。

5.2 节能技术监督工作实行考核制度。对各项监督指标实行逐级考核，根据完成情况进行奖罚并同企业称号评定等活动挂钩。节能奖单独使用，奖励对节能工作有直接贡献者，避免搞平均分配。

5.3　建立和健全节能技术监督的基础资料和档案管理。

5.4　加强对节能技术监督人员的培训和考核，按规定要求持证上岗。

5.5　加强节能工作的宣传，提高全员节能意识。

5.6　由于监督不力造成严重后果的，要追究当事者的责任。

5.7　对节能技术监督有突出贡献的单位和个人给予奖励。

6　附则

6.1　本规定自颁布之日起执行。

6.2　本规定由电力部负责解释。

6.3　各电力集团公司、省电力公司根据本规定制定实施细则。

附件 1：

200MW 及以上机组热力试验必要测点

1. 汽轮机

- 主凝结水流量（在最后一级低压加热器出口装设长颈或标准喷嘴）、压力及凝结水泵出口温度
- 主给水流量、压力、温度（1 号高压加热器出口管道）
- 给水泵汽轮机进汽流量、压力、温度（进汽管道）
- 过热器、再热器减温水流量、压力、温度（给水泵出口及泵抽头）
- 主蒸汽、再热蒸汽压力、温度（主汽门前）
- 高压调节级后压力、温度，中压缸和低压缸进汽压力、温度（进汽导管）
- 高压缸、主汽轮机、给水泵汽轮机排汽压力、温度（排汽管）
- 加热器进汽压力、温度（进汽口），进、出口水温度（加热器水侧），疏水温度（疏水管调节阀前）
- 除氧器进汽压力、温度，水箱压力
- 轴封供汽压力、温度

2. 锅炉

- 预热器进出口烟温及静压
- 排烟温度
- 汽包压力
- 过热器出口压力
- 原煤取样
- 沉降灰取样
- 飞灰取样
- 炉渣取样
- 给煤量
- 煤粉取样
- 磨煤机风量，进、出口压力
- 密封风风量
- 除尘器进、出口粉尘取样、静压
- 送、引风机和一次风机流量，进、出口静压及温度

注：其他试验数据可采用运行表计或数据采集系统。以上测点为必要测点，各类型机组还应根据实际系统、试验目的，进一步确定测点及位置。

附件2：

火电机组热力性能和技术经济指标报告

------------电厂-------#机组　　　　　　填表时间------------

试验性能数据：

序号	试验项目	单位	实际值	保证值（设计值）
1	锅炉效率	%		
2	锅炉最大连续出力	t/h		
3	锅炉断油最低出力	t/h		
4	制粉系统出力	t/h		
5	空预器漏风率（A/B）	%		
6	管道效率	%		
7	汽轮机效率	%		
8	热耗	kJ/kWh		
9	汽耗	kg/kWh		
10	汽轮机最大连续出力	MW		
11	真空严密性	kPa/min		
12	厂用电率	%		
13	发电煤耗	g/kWh		
14	供电煤耗	g/kWh		
15	额定工况	g/kWh		
16	最低出力工况	g/kWh		

附录三

火力发电厂节约能源规定（试行）

能　源　部

一九九〇年十月

第一章　总　　则

第一条　我国火力发电厂（以下简称火电厂）所耗燃料在一次能源生产总量中占有很大比重，降低火电厂煤耗对于缓解燃料的供应和促进国民经济的发展有着十分重要的意义，为推动火电厂节能，根据国务院颁发的《节约能源管理暂行条例》及能源部颁发的“《节约能源管理暂行条例》电力工业实施细则（试行）”制订本规定。

第二条　为促进火电厂降低煤耗，在发展电力工业的规划和设计中，应大力采用高参数大容量机组，积极发展热电联产，加速对现有中小凝汽机组的改造和严格限制在大电网内新建中小凝汽式机组。

第三条　为加强对节能工作领导，各电管局、省电力局（以下简称网、省局）应建立节能办公会议制度或节能领导小组，由主管生产的副局长主持，日常工作由节能办公室或由有关处室设专职人员归口管理。节能领导小组的职责是负责检查监督国家和能源部的节能方针、政策、法规、标准及有关节能指示的贯彻执行；制订本局火电厂节能规划；核定考核火电厂的主要能耗指标；监督节能措施的落实；及时总结经验和分析存在的问题，每季进行一次分析，每年进行一次总结并报部。

第四条　火电厂设立节能领导小组，由主管生产的副厂长主持，负责贯彻上级方针政策和落实下达的能耗指标；审定并落实本厂节能规划和措施；协调各部门间的节能工作。

第五条　装机容量在50MW及以上电厂应设置专职节能工程师。容量50MW以下电厂是否设置，根据电厂情况自行决定。

节能工程师职责是：

（一）在生产副厂长或总工程师领导下工作，负责厂节能领导小组的日常工作；

（二）协助厂领导组织编制全厂节能规划和年度节能实施计划；

（三）定期检查节能规划和计划的执行情况并向节能领导小组提出报告；

（四）对厂内各部门的技术经济指标进行分析和检查，总结经验，针对能源消耗存在的问题，向厂领导提出节能改进意见和措施；

（五）协助厂领导开展节能宣传教育，提高广大职工节能意识，组织节能培训，对节能工作进行指导；

（六）协助厂领导制定、审定全厂节能奖金的分配办法和方案。

第六条　部属科研院所。各局属电力试验研究所负责火电厂节能技术的开发和试验研究工作，对电厂的节能工作进行技术指导，开展节能监测，对电厂计量装置进行技术监督；开展专业技术培训和节能信息、情报交流。

第二章　基　础　管　理

第七条　火电厂应根据企业上等级和安全文明生产达标标准对能源消耗指标的要求和网、省局下达的综合能耗考核定额及单项经济指标，制订节约能源规划和年度实施计划。

第八条　火电厂能耗是企业经济承包责任制的一个重要组成部分，节能工作应纳入整个电厂的生产经营管理工作中。

第九条　火电厂依靠生产管理机构，充分发挥三级节能网的作用，开展全面的、全员的、全过程的节能管理。要逐项落实节能规划和计划，将项目标准依次分解到各有关部门、值、班组和岗位，认真开展小指标的考核和竞赛，以小指标保证大指标的完成。

第十条　火电厂除发电量、供热量、煤耗率、厂用电率综合指标以外，还应该根据各厂具体情况，制定、统计、分析和考核以下各项小指标。

锅炉：效率、过热蒸汽汽温汽压、再热蒸汽汽温、排污率、炉烟含氧量、排烟温度、锅炉漏风率、飞灰（灰渣）可燃物，煤粉细度合格率、制粉耗电率、风机耗电率、点火及助燃用油（或天然气）量等。

汽轮机：热耗率、真空度、凝汽器端差、凝结水过冷却度、给水温度、给水泵和循环水泵耗电率、高压加热投入率等。

热网：供热回水率等。

燃料：燃料到货率、检斤率、检质率、亏吨率、索赔率、配煤合格率、煤场结存量、入炉燃料量及质量等。

化学：自用水率、补充水率、汽水损失率、汽水品质合格率等。

热工：热工仪表、热工保护和热工自动的投入率和准确率。

第十一条　各火电厂要把实际达到的供电煤耗率同设计值和历史最好供电煤耗水平，以及国内外同类型机组最好水平进行比较和分析，找出差距，提出改进措施。如设备和运行条件变化，则由主管局核定供电煤耗水平。其他一些经济指标也要和历史最好水平或合理水平进行比较和分析。

第十二条　火电厂的标准煤耗率应按正平衡法计算，并以此数据上报及考核。

第十三条　网、省局每季度进行一次所属火电厂发电量、供热量、燃料消耗量、厂用电率、同类型机组平均单耗，全局平均单耗及其他主要能耗指标的统计和分析并报部。

第十四条　能源计量装置的配备和管理按国家和能源部的有关规定和要求执行。能源计量装置的选型，精确度、测量范围和数量，应能满足能源定额管理的需要，并建立校验、使用和维护制度。

第十五条　火电厂非生产用能要与生产用能严格分开，加强管理，节约使用。非生产用能应进行计量并按规定收费。

第三章　运　　行

第十六条　运行人员要树立整体节能意识，不断总结操作经验，使各项运行参数达到额定值稳定运行，以提高全厂经济性。

第十七条 凡燃烧非单一煤种的火电厂，要落实配煤责任制，可成立以运行副总工程师为首，由运行、燃料、生产等部门参加的燃煤调度小组，根据不同煤种及锅炉设备特性，研究确定燃烧方式和掺烧配比，并通知有关岗位执行。

第十八条 锅炉司炉要掌握入炉煤的变化，根据煤种分析报告及炉膛燃烧工况。及时调整燃烧操作，经常检查各项运行指标与额定值是否符合，如有偏差要分析原因并及时解决。凡影响燃烧调整的各项缺陷。要通知检修，及时消除。要按照规程规定及时做好锅炉的清焦和吹灰工作，以使锅炉经常处于最佳工况下运行。

第十九条 改善操作技术，努力节约点火用油和助燃用油。燃油锅炉要注意保持燃油加热温度和雾化良好。各网、省局和火电厂应根据各种不同类型的锅炉和运行条件，制定耗油定额，并加强管理，认真考核。

第二十条 保持汽轮机在最有利的背压下运行，每月进行一次真空严密性试验，当100MW 及以上机组真空下降速度大于 400 帕/分（3 毫米汞柱/分）、100MW 以下机组大于 667 帕/分（5 毫米汞柱/分）时，应检查泄漏原因，及时消除。在凝汽器铜管清洁状态和凝汽器真空严密性良好的状况下，绘制不同循环水温度时出力与端差关系曲线，作为运行监视的依据。

第二十一条 加强凝汽器的清洁，通常可采用胶球在运行中连续清洗凝汽器法，运行中停用半组凝汽器轮换清洗法或停机后用高压射流冲洗机逐根管子清洗等方法。

保持凝汽器的胶球清洗装置（包括二次滤网）经常处于良好状态，根据循环水质情况确定运行方式（每天通球清洗的次数和时间），胶球回收率应在 90% 以上。

第二十二条 保持高压加热器的投入率在 95% 以上。要规定和控制高压加热器启停中的温度变化速率，防止温度急剧变化。维持正常运行水位，保持高压加热器旁路阀门的严密性，使给水温度达到相应值。注意各级加热器的端差和相应抽汽的充分利用，使回热系统符合最经济的运行方式。

第二十三条 加强化学监督，搞好水处理工作，严格执行锅炉定期排污制度，防止锅炉和凝汽器、加热器等受热面以及汽轮机通流部分发生腐蚀、结垢和积盐。

第二十四条 冷水塔应按规定做好检查和维护工作，结合大修进行彻底清理和整修，并应采用高效淋水填料和新型喷溅装置，提高冷却效率。

第二十五条 对各种运行仪表必须加强管理，做到装设齐全，准确可靠。全厂热工自动调节装置的投入率要达到 85% 以上，对 100MW 及以上大机组的自动燃烧和汽温自动调节装置要考核利用率。

第二十六条 凡 200MW 及以上机组必须配备计算机进行运行监测。积极开发计算机应用程序、参照机组的设计值或热力试验后获得的最佳运行曲线，在运行中使用偏差法和等效热降法，监视分析机组的主要经济指标，及时进行调整，不断降低机组热耗。

第四章 燃 料 管 理

第二十七条 按照国家有关部门规定和上级要求，加强燃料管理，搞好燃料的计划和定点供应、调运验收、收发计量、混配掺烧等项工作。

第二十八条 努力提高计划内燃料到货率，抓好燃料检斤、检质和取样化验工作，对亏

吨、亏卡的部分，要会同有关部门索赔追回。

第二十九条 到厂燃料必须逐车（船）计量。装机容量在200MW及以上或年耗煤量在100万吨及以上经铁路进燃料的电厂，凡条件允许都必须安装使用电子轨道衡并加强维护保养。

第三十条 维护好电厂的燃料接卸装置，做到按规定的时间和要求将燃料卸完、卸净。

第三十一条 入炉煤必须通过合格的皮带秤计量，并建立实物或实物模型校磅制度。

第三十二条 用于煤质化验的煤样，应保证取样的代表性，要使用符合标准要求的机械化，自动取样制样装置，并按规程规定进行工业分析。

第三十三条 加强贮煤场的管理，合理分类堆放。对贮存的烟煤、褐煤，要定期测温，采取措施，防止自燃和发热量损失。煤场盘点应每月进行一次。

第五章 设备维修和试验

第三十四条 加强设备管理，搞好设备的检修和维护，坚持“质量第一”的方针，及时消除设备缺陷，努力维持设备的设计效率，使设备长期保持最佳状态。结合设备检修，定期对锅炉受热面、汽轮机通流部分、凝汽器和加热器等设备进行彻底清洗以提高热效率。

第三十五条 通过检修消除七漏（漏汽、漏水、漏油、漏风、漏粉、漏煤、漏热），阀门及结合面的泄漏率应低于千分之三。建立查漏堵漏制度，及时检查和消除锅炉漏风。400吨/时及以上锅炉漏风系数至少每月测试一次，400吨/时以下锅炉漏风系数每季测试一次，并使之不超过下述规定（以理论需要空气量的百分数表示）：

（一）锅炉本体（包括过热器、省煤器）

蒸发量为75吨/时以下的锅炉　12%

蒸发量为75吨/时至230吨/时的锅炉　8%

蒸发量为230吨/时以上的锅炉　5%

（二）空气预热器

管式空气预热器　5%

板式空气预热器　7%

回转式空气预热器漏风量应不超过：

蒸发量为670吨/时及以下的锅炉　15%

蒸发量大于670吨/时的锅炉　10%

（三）除尘器

电气除尘器　5%

旋风式和湿式除尘器　5%

（四）制粉系统

1. 中间贮仓式钢球磨煤机系统漏风率不应超过下表所列数值：

2. 负压直吹式钢球煤机系统，一般为表中数值的70%。

3. 在负压下工作的其他类型磨煤机：

锤击磨　10%

中速磨　　20%

风扇磨　　20%

干燥介质	磨煤机出力（吨/时）	漏风率（%）（以干燥剂数量为基数）
空气	10—20	35
烟气与空气混合		40
空气	20—50	25
烟气与空气混合		30
空气	50—70	20
烟气与空气混合		25

第三十六条　保持热力设备、管道及阀门的保温完好，采用新材料，新工艺，努力降低散热损失。保温效果的检测应列入大修竣工验收项目，当年没有大修任务的设备也必须检测一次。当周围环境为25℃，保温层表面温度不得超过50℃。

第三十七条　做好制粉系统的维护工作。通过测试得出钢球磨煤机的最佳钢球装载量以及按制粉量的补球数量，定期补加和定期筛选钢球。中速磨和风扇磨的耐磨部件应推广应用特殊耐磨合金钢铸造，以延长其使用寿命。

第三十八条　火电厂应加强热力试验工作，建立健全试验组织，充实试验人员和设备。要进行机炉设备大修前后的热效率试验及各种特殊项目的试验，作为设备改进的依据和评价；进行主要辅机的性能试验，提供监督曲线以及经济调度的资料和依据；参与新机组的性能验收试验，了解设备性能、提供验收意见。

第三十九条　应定期进行能量平衡的测试工作。能量平衡测试时，单元制锅炉—汽轮发电机组需同时进行测试，但不限定全厂所有机组同时进行。能量平衡测试工作，应至少每五年一次，其内容包括燃料、汽水、电量、热量平衡，并进行煤耗率、厂用电率及其影响因素分析。

第四十条　锅炉应进行优化燃烧调整试验，对煤粉细度及其分配均匀性，一次、二次风配比及总风量，炉膛火焰中心位置、磨煤机运行方式等进行调整试验，制订出针对常用炉前煤种在各种负荷下的优化调整运行方案。

第六章　技术革新和技术措施

第四十一条　不断进行技术革新、采用先进技术是提高电力生产经济性的重要途径。对行之有效的节能措施和成熟经验，要积极推广应用。各火电厂应认真逐台分析现有设备的运行状况，有针对性地编制中长期节能技术革新和技术措施规划，按年度计划实施，以保证节能总目标的实现。

第四十二条　火电厂对节能技术改造所需资金应优先安排，要提取一定比例的折旧基金和留成中的生产发展资金，用于节能技术改造。

第四十三条　加强大机组的完善化，提高其等效可用系数；增强调峰能力，提高机组效率。对于重大节能改造项目，要进行技术可行性研究，认真制订设计方案，落实施工措施，有计划地结合设备检修进行施工，并及时对改造后的效果作出考核评价。

第四十四条 对于再热汽温偏低的锅炉，应结合常用煤种的化学及物理性能，对照锅炉设计加以校核，进行有针对性的技术改造。

第四十五条 保持炉膛及尾部受热清洁，提高传热效率，安装并正常使用吹灰器，加强维护。对于质量差的长管吹灰器，应更换为合格的合金钢吹灰管枪。

第四十六条 锅炉加装预燃室和采用新型燃烧器。应根据燃煤品种、炉型结构和负荷变化幅度，选用合适的预燃室和燃烧器，以提高锅炉低负荷的燃烧稳定性，增加调峰能力，降低助燃和点火用油的消耗。

第四十七条 减少回转式空气预热器的漏风。结合检修，对现有风罩式回转空气预热器各部间隙进行调整和消缺，并加强维护和运行管理。对结构不合理、通过检修仍不能解决严重漏风问题的，要有计划地结合大修进行改造或更换。

第四十八条 保持锅炉炉顶及炉墙的严密性，采用新材料、新工艺或改造原有结构，解决漏风问题。

第四十九条 改造低效给水泵。采用新型叶轮、导流部件及密封装置，以提高给水泵效率。

第五十条 对国产200MW机组，经过研究核算，有足够的汽源供应时，可将电动给水泵改为汽动给水泵。

第五十一条 针对大机组在电网中带变动负荷的需要，将定速给水泵改为变速给水泵，或在原有定速给水泵上加装变速装置。

第五十二条 对大型锅炉的送风机、引风机，在可能条件下，加装变速装置或将电动机改造为双速。

第五十三条 对与制粉系统进行参数不相配合的粗、细粉分离器进行改造，以充分发挥磨煤机的潜力，降低制粉电耗。

第五十四条 改造汽轮机通流部分。精修通流部件，提高流道圆滑性，改善调速汽门重叠度，减少节流损失，同时采取改造汽封结构等措施，降低汽轮机热耗。

第五十五条 改造结构不合格、效率低的抽气器。如将国产汽轮机的单管短喉部射水抽气器改为新型高效抽气器或回转式真空泵。

第五十六条 对循环水泵特性进行测试，对效率偏低或参数与冷却水系统不相匹配的水泵进行有针对性的技术改造。

第五十七条 对运行小时较高的辅机配套的老式电动机，应结合检修，应用磁性槽泥或磁性槽楔等技术，有计划分步骤地改造为节能型电动机。

第五十八条 加速对中低压凝汽机组退役、报废和改造。除新建高参数大容量机组替代一些没有改造价值必须报废的机组外，对那些设备状况较好、附近又有较稳定热负荷的中低压凝汽机组，应改造为蒸汽供热或循环水供热机组。

第七章　经　济　调　度

第五十九条 电网调度要在保证电网安全的前提下，以最合理的运行方式，取得全网最佳经济效益，按照等微增和合理利用水电的原则，正确安排水、火电厂运行方式。要努力提高全网高参数大容量机组的发电比例，减少中小机组和烧油机组的发电比例并发挥其调峰作用。

第六十条 各火电厂要按电网调度要求和等微增准则，确定本厂和机组运行方式，进行电、热负荷的合理分配，使全厂经济运行。

第六十一条 通过试验编制主要辅机运行特性曲线，在运行中特别是低负荷运行时，对辅机进行经济调度。

第六十二条 供热机组的电负荷高于热负荷相对应的数值时，超出部分应按凝汽工况参加调度。

第八章 节 约 用 水

第六十三条 火电厂要加强用水的定额管理和考核，采取有效措施，千方百计节约用水。要进行水的计量，根据厂区水量和水质条件进行全厂的水量平衡，并以此为准进行运行控制和调整。

第六十四条 对于闭式循环冷却系统，要采取防止结垢和腐蚀的措施，并根据厂区供水水质条件，经过计算，制订出经济合理的循环水浓缩倍率范围。

第六十五条 采用干式除尘器的火电厂，粉煤灰应尽量干除，并积极扩大综合利用途径，在缺水地区推广干灰调湿堆贮工艺，减少水冲灰量。

采用水冲灰的火电厂要根据排灰量调整冲灰水量，在保证灰水流速的条件下，使灰水比维持在以下范围：

高浓度灰浆泵出灰系统　　1:3.0 左右

普通灰浆泵出灰系统　　1:1.0 左右

第六十六条 在缺水地区，要回收冲灰水及冲渣水、水内冷发电机的冷却水、轴瓦的冷却水及盘根的密封水，使之重复利用。若冲灰水属于结垢型，要采取有效的防垢措施。冷却塔要加装高效除水器，减少水的飞散损失。

第六十七条 要减少各种汽、水损失，合理降低排污率，做好机、炉等热力设备的疏水、排污及启、停时的排汽和放水的回收。火电厂各项正常汽、水损失率（不包括锅炉排污，机组起动或因事故而增加的汽、水损失，以及供热与燃油用汽的不回收部分），应达到以下标准：

200MW 及以上机组不大于锅炉额定蒸发量的 1.5%；

100MW 至 200MW 以下机组不大于锅炉额定蒸发量的 2.0%；

100MW 以下机组不大于锅炉额定蒸发量的 3.0%。

严格控制非生产用汽和注意回收凝结水，并单独计量防止浪费。

第六十八条 热电厂要加强供热管理，与用户协作，采取积极措施，按设计（或协议）规定数量返回合格的供热回水。

第九章 培 训

第六十九条 网、省局和火电厂要经常广泛开展节能的宣传和教育，提高广大职工的节能意识，发扬点滴节约精神，千方百计杜绝各个环节的能源浪费。

第七十条 网、省局和火电厂要制订节能管理人员和生产工人的培训制度，开办各种层

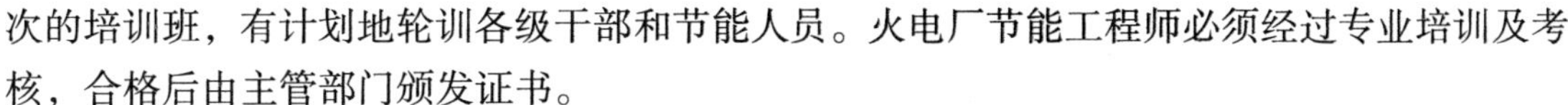

次的培训班，有计划地轮训各级干部和节能人员。火电厂节能工程师必须经过专业培训及考核，合格后由主管部门颁发证书。

第七十一条 节能培训内容包括全面节能管理、能量平衡分析，热力经济分析和计算、效率监控方法、主辅机经济调度和节能技术等。不同层次的培训班可选择不同的内容和深度。

第七十二条 加强信息交流和节能工作经验交流，推广现代化节能管理方法、节能技术改造和行之有效的节能措施。

第十章 奖 惩

第七十三条 加强思想政治工作，以调动广大职工开展节能活动的积极性，对节能工作采取精神鼓励与物质奖励相结合的原则，做到节约有奖，浪费当罚。

第七十四条 根据国家和能源部的规定，对火电厂节约、煤、油、电、水实行节能奖。

第七十五条 节能奖按照定额进行考核。

网、省局的供电煤耗定额由能源部核定、火电厂的供电煤耗定额由网、省局核定，并制订出相应的考核管理实行奖惩。

第七十六条 节能奖由主管局统一分配，各级节能管理部门要负责管好、用好，主要发给与节能工作有关的单位和个人，防止平均主义。火电厂节能奖的30%—40%必须用于奖励节能效果显著，对节能工作贡献大的单位和个人。

第七十七条 火电厂应积极开展小指标竞赛和合理化建议活动，表彰先进，促进节能工作广泛、深入发展，不断降低能耗。

第七十八条 能源部、网省局对节能工作有突出贡献的单位和个人，给以表彰；对长期完不成节能任务的，予以通报批评。

附录四

中华人民共和国电力行业标准

火力发电厂节水导则

DL/T 783—2001

Guide for water saving of thermal power plant

1 范围

本标准规定了火力发电厂节约用水应遵守的技术原则、应达到的技术要求和需采取的主要技术措施，适用于火力发电厂规划、设计、施工和生产运行中的节水工作。

2 引用标准

下列标准所包含的条文，通过在本标准中引用而构成为本标准的条文。本标准出版时，所示版本均为有效。所有标准都会被修订，使用本标准的各方应探讨使用下列标准最新版本的可能性。

CJ 25.1—89　生活杂用水标准

CJJ 34—90　城市热力网设计规范

DL/T 606—1996　火力发电厂能量平衡导则

DL 5000—1994　火力发电厂设计技术规程

DL/T 5046—1995　火力发电厂废水治理设计技术规程

DL/T 5068—1996　火力发电厂化学设计技术规程

3 总则

3.1 火力发电厂节水工作的任务是：认真研究各系统用水、排水的要求和特点，分析影响节水的各种因素，制定和实施一系列有效的技术措施，使有限的水资源在火力发电厂发挥其最大的综合经济效益和社会效益。

3.2 火力发电厂节水工作应遵守和执行国家现行的有关法律、法规和标准，并应考虑发电厂所在地区的有关法规。

3.3 火力发电厂节水应根据厂址地区的水资源条件，因地制宜，合理控制耗水指标。做到既要满足电厂安全、经济、文明生产的需要，又要符合当地水利规划、水资源利用规划和水资源保护管理规划的要求。

3.4 火力发电厂节水应依靠科技进步，不断总结经验，积极慎重地推广应用国内外先进节水技术，采用成熟的节水新工艺、新系统和新设备，努力降低各系统的用水量；同时应积极开发排水的重复利用技术，使废水资源化，不断提高复用水率和废水回收率，并通过全厂水量平衡及水质调查，优化用水流程，改进废水处理方式。

3.5 火力发电厂的节水管理应贯穿规划、设计、施工和生产运行的全过程，并应加强部门间、专业间的密切配合和相互协调。

3.5.1 火力发电厂的规划和设计应把节约用水作为一项重要的技术原则，为施工和生产过程中做好节水工作创造条件。工程可行性研究报告中应提出节水的原则性技术措施；初步设计文件中应提出节水的具体措施和设计水耗指标，并对设计方案进行必要的技术经济比较和论证，同时说明系统运行后可能出现的问题及解决办法；施工图中应有节水措施的详细设计。火力发电厂施工组织设计文件中应有具体节水措施。

3.5.2 火力发电厂的施工和运行应全面贯彻并正确实施设计的各项节水技术措施和要求。设备、管道安装前应做好清理、保护和保养，安装过程中和安装后的清洗都要采用正确的程序和方法，机组启动前应做好水系统的调整和试验，保证达标投产；生产运行中应加强对各系统水量、水质的计量、监测和控制，并应加强对水系统设备、管道的检修和维护，做到汽水系统严密无泄漏，启动过程中汽水损失少，正常运行后经常处于最佳状态。生产中还应根据技术的发展、水源条件的变化和环保要求的日趋严格，进行必要的技术改造，使火力发电厂的节水水平不断提高。

4　各系统的节约用水

4.1 冷却系统的节约用水

4.1.1 火力发电厂设备的冷却方式和冷却用水，应根据水源条件通过技术经济比较确定。

4.1.1.1 在靠近煤源且其他建厂条件良好而水资源匮乏的地区，经综合技术经济比较认为合理时，宜采用空冷式汽轮机组。

4.1.1.2 滨海火力发电厂的主机凝汽器冷却水应使用海水，辅机宜采用海水开式与淡水闭式相结合的冷却系统。

4.1.2 采用海水冷却的火力发电厂应采取可靠的防腐蚀及防生物附着措施。

海水系统中的关键设备和部件，宜采用耐腐蚀材料制造。与耐腐蚀材料相连接的其他金属材料，宜采用阴极保护与耐久涂层或其他衬里联合保护。

4.1.3 火力发电厂冷却水量的确定应与汽轮机和凝汽设备供应商密切配合，并与整个冷却水系统的优化统一考虑，应根据历年月平均的水位、水温和气象条件，结合汽轮机特性和系统布置按 DL 5000 的规定进行优化计算。

4.1.4 火力发电厂在运行中应根据水源水温和气象条件的季节性变化及机组负荷的增减等因素，对冷却水系统进行水量调节。调节手段可根据具体条件进行选择，通常有：循环水泵动叶调节、改变循环水泵转速、选择最佳水泵运行台数、调节用水管路阀门开度等。

4.1.5 冷却水系统中的冷却塔应装设除水器。在大风地区建造的逆流式自然通风冷却塔，其填料底部至集水池间宜装设挡风隔板，集水池周围应设回水台。

4.1.6 火力发电厂用水系统管路设计应能灵活切换，方便地隔离被检修的分支系统和设备，以减少检修放水量。当冷却塔大修需放尽水池中存水时，应考虑其排水利用的可能性。

4.1.7 闭式辅机冷却水系统的补水率不应超过 0.5% 。

4.2 除灰渣和烟气净化系统的节约用水

4.2.1 火力发电厂除灰渣和烟气净化方式的选择，应把节约用水作为一个重要因素来考虑，并根据燃料及其灰渣特性、灰渣量、灰渣综合利用条件、厂外输灰渣距离、交通运输条件、环保及节能要求等，经综合技术经济比较后确定。

4.2.1.1 严重缺水地区和条件合适的火力发电厂宜采用干式除尘、干式除灰渣及干贮灰场。当环保要求烟气脱硫时，上述地区的火力发电厂应考虑采用有利于节水的脱硫技术。

4.2.1.2 采用水力除灰系统的火力发电厂（海水除外），灰浆的浓度应采用高浓度（水灰

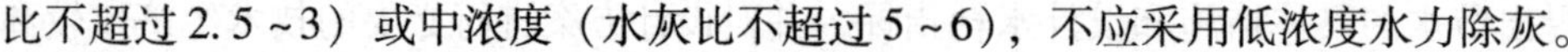

比不超过2.5~3）或中浓度（水灰比不超过5~6），不应采用低浓度水力除灰。

4.2.1.3 滨海电厂当采用水力除灰渣方式时，宜尽量利用海水。

4.2.2 当采用干式除尘和厂外高浓度或中浓度水力输灰系统时，厂内宜采用干灰集中后再加水制成灰浆的水力除灰系统。

4.2.3 锅炉排渣装置宜采用节水型设备。排渣设备取出的干渣和制粉系统排出的石子煤可采用带式输送机集中至高位渣斗后装车外运。当炉底渣和石子煤在厂内采用水力集中时，宜采用压力管道输送至脱水仓，经脱水后用汽车外运。

4.2.4 火力发电厂在生产运行中应加强对除尘、除灰渣用水量的管理。灰渣水力输送的水灰比应按照设计要求严格控制。

4.3 其他系统的节约用水

4.3.1 锅炉补给水处理系统的设计和设备选择，应保证汽包锅炉的正常排污率不超过以下限值：

a）凝汽式电厂，1%；

b）供热式电厂，2%。

4.3.2 火力发电厂的热力系统应具有高度的严密性，应加强对生产和生活用汽、水的管理，使全厂汽水损失率控制在以下范围之内：

a）200MW及以上机组，低于锅炉额定蒸发量的1.5%；

b）100MW~200MW机组，低于锅炉额定蒸发量的2.0%；

c）100MW以下机组，低于锅炉额定蒸发量的3.0%。

4.3.3 为了减少机组启动过程中的汽水损失，单元式机组宜采用滑参数方式启动。对于装设有凝结水精处理装置的电厂，在机组启动前应确保该装置能正常投运。

4.3.4 火力发电厂输煤系统和锅炉房的积尘清扫宜采用气力真空吸尘与水力清扫相结合的方式。

4.3.5 应加强对生活用水的管理，做到用水有计量，对公共浴室、食堂、卫生间、招待所等场所宜采用节水型龙头和器具。

5 各系统排水的重复利用

5.1 一般要求

5.1.1 火力发电厂各系统的排水，应按照“清污分流”的原则分类回收和重复利用。水质、水温能满足生产工艺要求的应直接复用，水质或水温不能满足生产、生活要求的宜经过处理或降温后再利用，并应力求使水质处理的工艺最简单和最经济。

5.1.2 火力发电厂排水重复利用的方式一般有：

a）循环使用——排水经简单处理或降温后仍用于原工艺流程；

b）串用（或梯级使用）——在水质、水温能够满足另一流程要求的条件下，上游流程的排水使用于下游对水质、水温要求不高的流程；

c）处理后回用——不适合串用的各类废（污）水，经收集处理后变为可用水回用。

5.1.3 火力发电厂的废水处理应优先采用“以废治废”的综合处理原则，并按DL/T 5046执行。

5.1.4 为了便于处理和利用各类非经常性废排水，火力发电厂应设置一定容积的废水贮存池（箱）。

5.2　冷却水的重复利用

5.2.1　水源条件受限制的火力发电厂，凝汽器的冷却水应采用带冷却塔的循环供水或混合供水系统。

5.2.2　带冷却塔的循环冷却水系统的浓缩倍率应根据水源条件（水量、水质和水价等）、节约用水要求、环境保护要求、水处理费用及药品来源等因素经技术经济比较后确定。按DL/T 5068 的规定，一般控制在 3～5 倍。在下列特殊情况下可采用更高的浓缩倍率：

a）严重缺水地区、生水水费很高或生水水质很好；

b）受当地环境保护法规的约束，要求零排放者等。

但必须经充分的技术经济论证和具有有效的防垢、防腐蚀的循环冷却水处理系统与设备并制定水务管理方案。

5.2.3　带冷却塔的循环冷却水系统一般可采用以下方法防垢：

a）加硫酸；

b）加阻垢剂（加药种类和加药量应通过模拟试验确定）；

c）补充水石灰软化处理法或弱酸氢离子交换处理法等；

d）上述方法的联合处理。

5.2.4　凝汽器的冷却水排水（直流供水系统）或排污水（循环供水系统），宜直接或经过简单处理后作为除灰渣或其他系统的供水水源。

5.2.5　火力发电厂的辅机冷却水排水宜循环使用或梯级使用。

5.2.5.1　采用循环供水系统时，主厂房辅机开式循环冷却水系统宜与主机凝汽器冷却水系统一起考虑。循环冷却水系统的补充水宜先补入辅机冷却水系统，以满足梯级使用的要求。

5.2.5.2　空冷汽轮机组的辅机冷却水宜采用带冷却塔的单独循环冷却水系统。

5.2.5.3　水冷式空调装置的冷却水应循环使用。

5.2.6　辅机冷却水系统宜采用压力排水以便于回收。

5.3　除灰渣和烟气净化系统水的重复利用

5.3.1　锅炉排渣装置的溢流水，经澄清和冷却后宜循环使用或作为冲灰渣用水。

5.3.2　当锅炉灰渣和制粉系统排出的石子煤在厂内采用水力集中并采用脱水仓、浓缩机或沉灰渣池进行脱水或浓缩时，其排水经澄清后应循环使用。

5.3.3　贮灰渣场的澄清水一般不宜外排，应根据澄清水的水量、水质、灰渣场与电厂之间的距离、电厂的水源条件及环保要求等，经综合技术经济比较后确定回收利用方式。已投运的低浓度水力除灰渣系统的火力发电厂，应进行灰水回收再利用，回收水一般供除灰渣系统循环使用。

灰渣场防尘喷洒用水应利用灰渣场的澄清水。

5.3.4　新建灰渣场的回水率可根据水力除灰渣系统设计的水灰比、灰水量、灰渣场所在地的水文、气象、地质等情况，经科学分析或参照同类电厂的实际运行经验确定。

5.3.5　灰水回收利用时应注意研究出现结垢的可能性。当存在结垢问题时，应根据工程具体情况采取必要的防治措施。一般厂内闭路循环系统宜采用加酸或炉烟处理（利用烟气中的 SO_2 或 CO_2）或加阻垢剂等方法处理；厂外回水宜加阻垢剂或其他方法处理。阻垢剂的种类和有效剂量宜通过试验确定。

5.3.6 采用湿式石灰石—石膏法烟气脱硫的火力发电厂，石膏脱水后的废水宜循环利用。

5.4 热力系统水的回收再利用

5.4.1 热力设备和管道应设置完善的疏水、放水和锅炉排污水回收利用系统。设备、管道的经常性疏水和疏水扩容器、连续排污扩容器所产生的蒸汽，应回收至热力系统直接利用。设备、管道的启动疏水、事故及检修放水、锅炉排污水等水质稍差，可直接用作热网水的补充水或降温后作为锅炉补给水处理的原水、汽轮机凝汽器循环冷却水或除灰系统的补充水。

5.4.2 设置汽轮机旁路装置的再热式机组应充分发挥旁路回收工质的功能，减少机组启停过程和机炉负荷不平衡时的锅炉排汽量。

5.4.3 热水热力网宜采用闭式双管制系统，热网水循环使用。闭式热网水的正常补水率应按 CJJ 34 的规定执行，不宜大于循环水量的 1% 。热网加热器的凝结水宜回收至热力系统直接利用。当水质较差时，应根据水质情况进行单独处理，也可直接作为热网水的补充水，或降温后作为凝汽器循环冷却水或除灰渣系统的补充水。

5.4.4 蒸汽热力网的凝结水，应根据凝结水的水质、回水量及火力发电厂的水源条件等经技术经济比较后确定回收方案。采用间接加热的热交换器应符合 CJJ34 的规定，其凝结水回收率不应小于 80% 。回收的凝结水，当水质合格时宜回到热力系统直接利用；当水质较差时，应根据水质情况进行单独处理，也可直接作为热网水的补充水或降温后作为凝汽器循环冷却水或除灰渣系统的补充水。

5.5 生活污水的回收处理再利用

5.5.1 火力发电厂的生活污水经处理满足用水要求后宜用于水力除灰渣或生活、生产杂用水系统，也可作为凝汽器循环冷却水的补充水。

5.5.2 根据不同的回用要求，生活污水处理可以采取不同的工艺流程：

a）当生活污水经处理后作为除灰系统补充用水时，应根据污水水质和工艺要求，经计算后确定采用一级或二级处理；

b）当生活污水经处理后作为生活、生产杂用水时，还应进行进一步处理，使其达到 CJ 25.1 要求的水质标准；

c）当生活污水处理后作为循环冷却水系统补充用水时，其工艺流程应根据循环水水质稳定处理要求来确定，必要时可增加深度处理；

d）生活污水处理消毒装置的设置，应根据污水重复利用和排放要求综合确定。

5.5.3 靠近城市的火力发电厂，经充分论证和技术经济比较认为可靠和合理时，可利用经处理后满足用水要求的城市污水作为循环冷却水和生活、生产杂用水的供水水源。

5.6 含油污水的回收处理再利用

5.6.1 火力发电厂的含油污水，一般单独收集和处理，处理后用于除灰渣系统或作为工业杂用水。

5.6.2 含油污水处理系统主要应收集下列污水：

a）油罐脱水；

b）卸油栈台、油泵房、主厂房区及柴油机房等含油场所的冲洗水；

c）油罐区防火堤内、整体道床卸油线和卸油栈台等含油场所的地面雨水等。

5.6.3 含油污水处理系统设计方案应根据工程建设规模、燃油类别、污水量、污水水质及处理后要达到的水质要求确定。一般可采用以下流程：

a）含油污水→隔油池→油水分离器→回收利用；

b）含油污水→隔油池→气浮池→回收利用。

5.7 其他生产废水的回收处理再利用

5.7.1 火力发电厂的其他生产废水一般包括：

a）锅炉补给水处理系统再生排水；

b）凝结水精处理系统再生排水；

c）锅炉化学清洗系统排水；

d）锅炉空气预热器冲洗排水；

e）机组启动时的排水；

f）原水预处理装置排水；

g）化学试验室排水；

h）主厂房及输煤系统地面冲洗排水、煤场排水等；

i）锅炉烟气侧排水。

这些生产废水经处理后一般宜用于除灰渣系统或作为工业杂用水。

5.7.2 上述生产废水可根据电厂规模和环保要求采用集中处理或分散处理。

5.7.3 酸性废水和碱性废水宜收集到一起先使其自行中和，根据中和后的水质，再进一步处理，水质合格后回收利用。当水力除灰渣系统的灰水呈碱性时，亦可利用酸性废水作冲灰渣补充水。

5.7.4 对预处理装置的排污水、煤场及输煤系统冲洗排水、地面冲洗排水等含悬浮物的废水，一般应先进行初沉淀，再集中进行沉淀或絮凝、澄清处理。

5.7.5 对于锅炉无机酸清洗排水、空气预热器冲洗排水、凝结水精处理系统再生排水等含重金属（铁、铜等）的废水，当采用集中处理时，可采用氧化、pH 值调整和絮凝、澄清为主的工艺流程，其设施应与其他废水（酸碱废水、含悬浮物废水）统筹安排；当进行分散处理时，可采用氧化、pH 值调整的简易工艺流程，处理后的水可考虑用于水力除灰渣系统。

5.7.6 当锅炉采用 EDTA 清洗时，回收 EDTA 后的废液经中和处理满足用水要求后，可作为水力除灰系统的补充水。

6 水量平衡和节水评价指标

6.1 水量平衡

6.1.1 火力发电厂设计中应进行水量平衡。已投产运行的火力发电厂，应按 DL/T 606 的规定定期进行水平衡测试。通过水量平衡工作，查清全厂的用水状况，综合协调各种取、用、排、耗水之间的关系，找出节水的薄弱环节，采取改进措施，确定合理的用水流程和水质处理工艺，控制耗水指标在允许的范围之内。

6.1.2 根据水平衡体系划分的范围不同，火力发电厂的水量平衡可以分为：全厂水量平衡、车间（或分场）水量平衡、单项用水系统水量平衡和设备水量平衡。

6.1.3 火力发电厂的水量平衡工作应绘制水量平衡图并应进行有关的计算。水量平衡图一般采用方框图的形式，图中应示出各类水用户、废水回收处理设施、各种水的来源、流程和流向，标出各点的水流量。对于一个划定的水平衡体系，其总进水量与总排水量及总损失水量应平衡。

本导则的附录A给出了典型火力发电厂水量平衡图示例，可供绘制具体火力发电厂水量平衡图时参考。

6.2 节水评价指标

6.2.1 火力发电厂节约用水的整体水平一般采用全厂发电水耗率和全厂复用水率等指标来评价。

6.2.2 火力发电厂设计全厂发电水耗率（又称全厂装机水耗率）和设计全厂复用水率分别按式（1）和式（2）计算

$$b_s = \frac{Q_{x,s}}{N} \tag{1}$$

$$\phi_s = \frac{Q_{f,s}}{Q_{z,s}} \times 100 = \frac{Q_{z,s} - Q_{x,s}}{Q_{z,s}} \times 100 \tag{2}$$

式中 b_s——设计全厂发电水耗率，$m^3/(s \cdot GW)$；

$Q_{x,s}$——设计全厂新鲜水消耗量，即设计从水源总取水量，包括厂区和厂前区生产及生活正常耗水量，不包括厂外生活区耗水量和临时及事故耗水量（如机组化学清洗、消防等耗水量），当火力发电厂冷却系统有排水返还水源（如采用直流、混流或混合供水系统）时，设计全厂水消耗量应等于从水源的总取水量中扣除返还水源的排水量后的设计总净取水量，m^3/s；

N——设计全厂机组额定总发电装机容量，GW；

ϕ_s——设计全厂复用水率，%；

$Q_{f,s}$——设计全厂复用水量，包括正常情况下设计循环水量、串用水量和回收利用的水量（多次复用水量应重复计入），m^3/s；

$Q_{z,s}$——设计全厂总用水量，包括厂区和厂前区各系统正常生产、生活所使用的新鲜淡水与复用水量，不包括厂外生活区用水和事故及临时用水量，m^3/s。

6.2.3 火力发电厂实际运行的全厂发电水耗率和实际运行的全厂复用水率分别按式（3）和式（4）计算

$$b = \frac{Q_x}{W} \tag{3}$$

$$\phi = \frac{Q_f}{Q_z} \times 100 = \frac{Q_z - Q_x}{Q_z} \times 100 \tag{4}$$

式中 b——实际全厂发电水耗率，$m^3/(MW \cdot h)$；

Q_x——考核期内全厂实际总耗水量，即全厂实际从水源总取水量，包括厂区和厂前区生产、生活耗水量，不包括厂外生活区耗水量，当火力发电厂冷却系统有排水返还水源（例如采用直流、混流或混合供水系统）时，全厂实际总耗水量应等于从水源的实际总取水量中扣除返还水源的实际排水量后的实际总净取水量，m^3；

W——考核期内全厂实际总发电量，$MW \cdot h$；

ϕ——实际全厂复用水率，%；

Q_f——考核期内全厂实际复用水量，包括循环水量、串用水量和回收利用水量（多次复用水量应重复计入），m^3；

Q_z——考核期内实际全厂总用水量，包括厂区和厂前区各系统生产、生活所使用的新鲜水和复用水量，不包括厂外生活区用水量，m^3。

6.2.4 单机容量为125MW及以上新建或扩建的凝汽式电厂全厂发电水耗率不应超过表1范围的上限（考核指标），并力求降至表1范围的下限（期望指标）。

表1　单机容量为125MW及以上新建或扩建的凝汽式电厂全厂发电水耗率指标

m^3/（s·GW）

供水系统	单机容量≥300MW	单机容量<300MW
采用淡水循环供水系统	0.60~0.80（2.16~2.88）	0.70~0.90（2.52~3.24）
采用海水直流供水系统	0.06~0.12（0.216~0.432）	0.10~0.20（0.36~0.72）
采用空冷机组	0.13~0.20（0.468~0.72）	0.15~0.30（0.54~1.08）

注　括号内数字系理论值，单位为m^3/（MW·h）。

6.2.5 单机容量为125MW及以上新建或扩建的循环供水凝汽式电厂全厂复用水率不宜低于95%，严重缺水地区单机容量为125MW及以上新建或扩建的凝汽式电厂全厂复用水率不宜低于98%。

6.2.6 为保证全厂指标控制在规定的范围之内，宜根据全厂水量平衡的结果，将全厂耗水指标分解为车间或用水单元的分指标并进行分级考核。

7　水量计量和水质监测

7.1 火力发电厂的用水和排水系统应配置必要的水量计量和水质监测装置，以便运行人员对全厂水系统的运行情况进行全面监视，随时掌握系统中各处的水量和水质，根据节水的要求进行有效控制。

7.2 水量计量装置应根据火力发电厂用水和排水的特点、介质的性质、使用场所和功能要求进行选择。测点应布置合理，安装应符合技术要求，并应定期进行校验、检查、维护和修理，以保证计量数据的准确性。

7.3 火力发电厂水量计量仪表的配置应结合水平衡测试的需要，并满足合格率、检测率和计量率的要求。

一级用水计量（全厂各种水源的计量）的仪表配备率、合格率、检测率和计量率均应达到100%。

二级用水计量（各车间及厂区生产用水计量）的仪表配备率、合格率、检测率均应达到95%以上，计量率应达到90%。

三级用水计量（各设备和设施用水、生活用水计量）一般宜配置计量仪表，计量率应达到85%。

水表的精确度等级不应低于2.5级。

7.4 一般宜在下列各处设置累计式流量表：

取水泵房（地表和地下水）的原水管；

原水入厂区后的总管；

进入主厂房的工业用水总管；

供预处理装置或化学水处理室的原水总管及化学水处理室的除盐水出水总管；

生活用水总管及送至生活区的总水管；

循环冷却水补充水管；

除灰渣系统用水管；

烟气净化系统用水管；

每日用水达到10m^3 以上的用水单元（设备、车间）；

热网供汽及回水管；

热水网的供、回水管和补水管；

非生产用汽总管；

车间和设备的排水口；

各类废（污）水处理装置出口；

排至厂外的废（污）水排放口；

贮灰场灰水回收总管和排放口；

其他需要计量处。

7.5 火力发电厂用、排水系统水质采样点的布置应考虑对各类水质分别取得有代表性的水样。水质监测仪表的选择和化验室仪器的配备应满足电力行业规定的监测项目的要求。当选用水质自动监测仪器时，仍应考虑人工采样的备用措施。

7.6 在下列废（污）水排放口，应设置排水水质采样点并配备必要的监测仪器：

排至厂外的废（污）水排放口；

各类废（污）水处理装置出口；

贮灰渣场（沉灰、渣池）灰水回收及对外排放口。

典型火力发电厂水量平衡图示例

A1　带冷却塔循环供水的燃煤凝汽式火力发电厂全厂水量平衡图见图 A1。

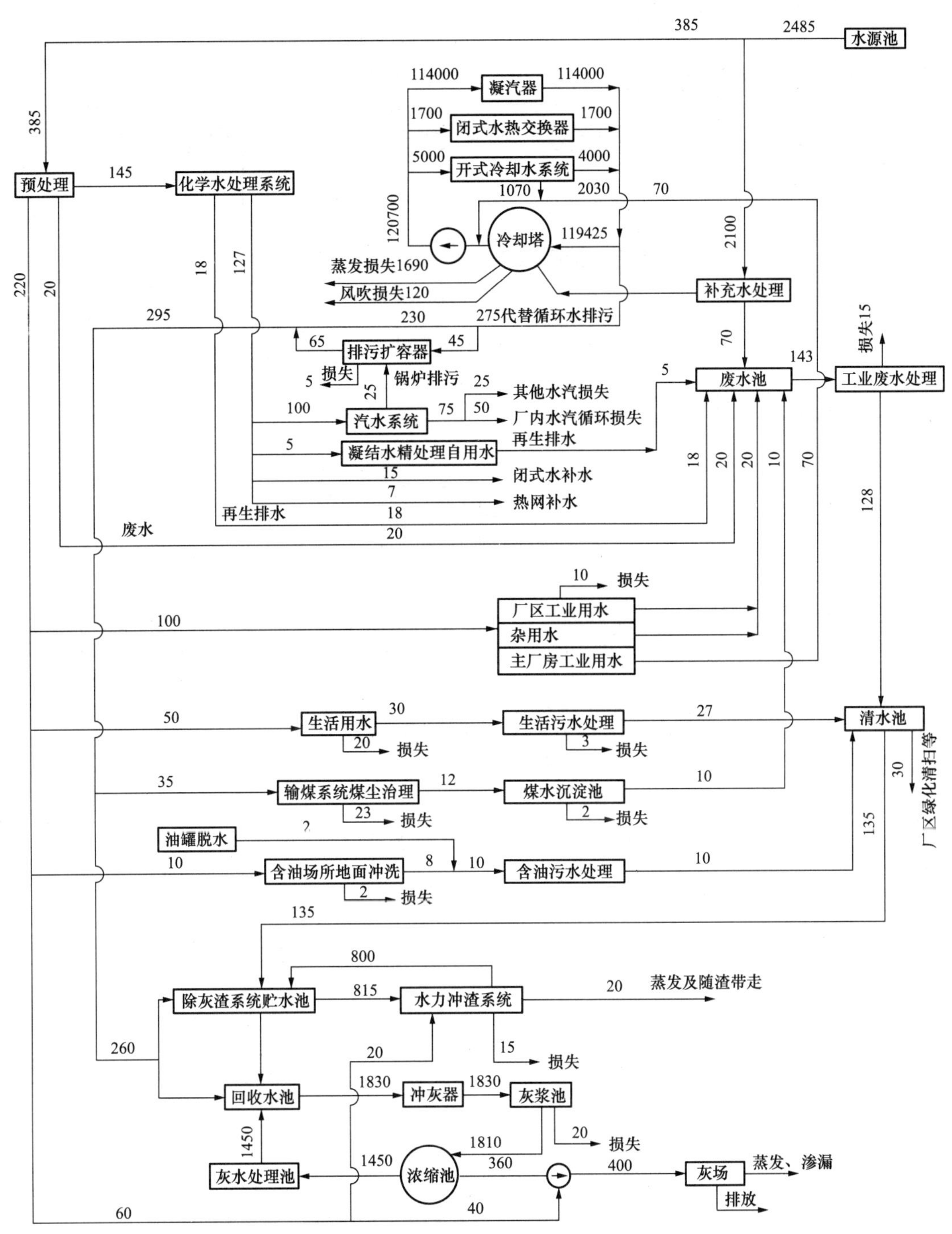

图 A1　带冷却塔循环供水的燃煤凝汽式火力发电厂全厂水量平衡图

注：1. 图中标注数字为 1GW 发电装机容量下各点的水流量，单位为 m^3/h。

2. 水耗率指标为 $0.69m^3/(s\cdot GW)$。

A2 采用海水冷却的燃煤凝汽式火力发电厂全厂水量平衡图见图 A2。

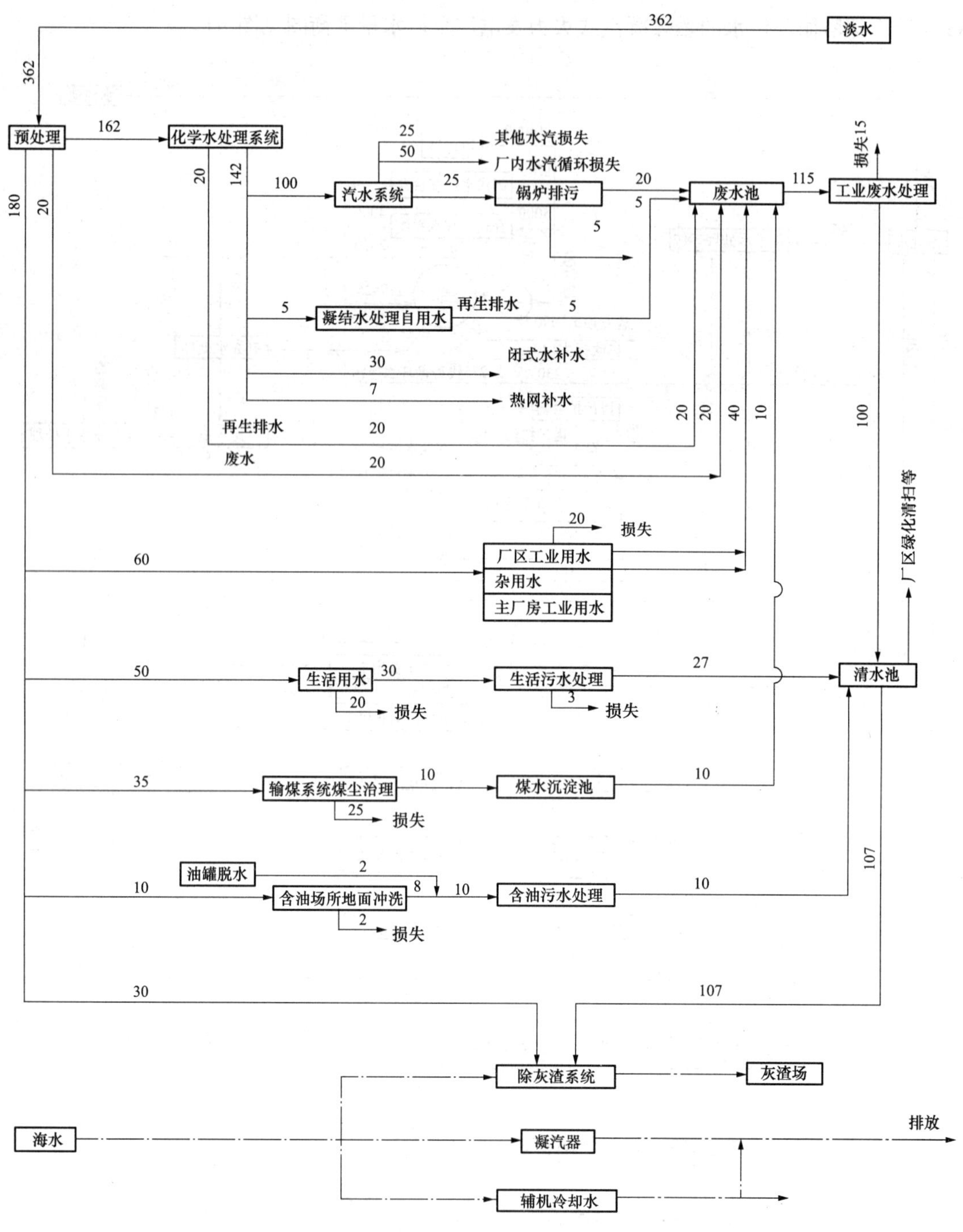

图 A2 采用海水冷却的燃煤凝汽式火力发电厂全厂水量平衡图

注：1. 图中标注数字为 1GW 发电装机容量下各点的水流量，单位为 m^3/h。

2. 水耗率指标为 $0.10m^3/(s\cdot GW)$。

A3 采用空冷机组的燃煤凝汽式火力发电厂全厂水量平衡图见图 A3。

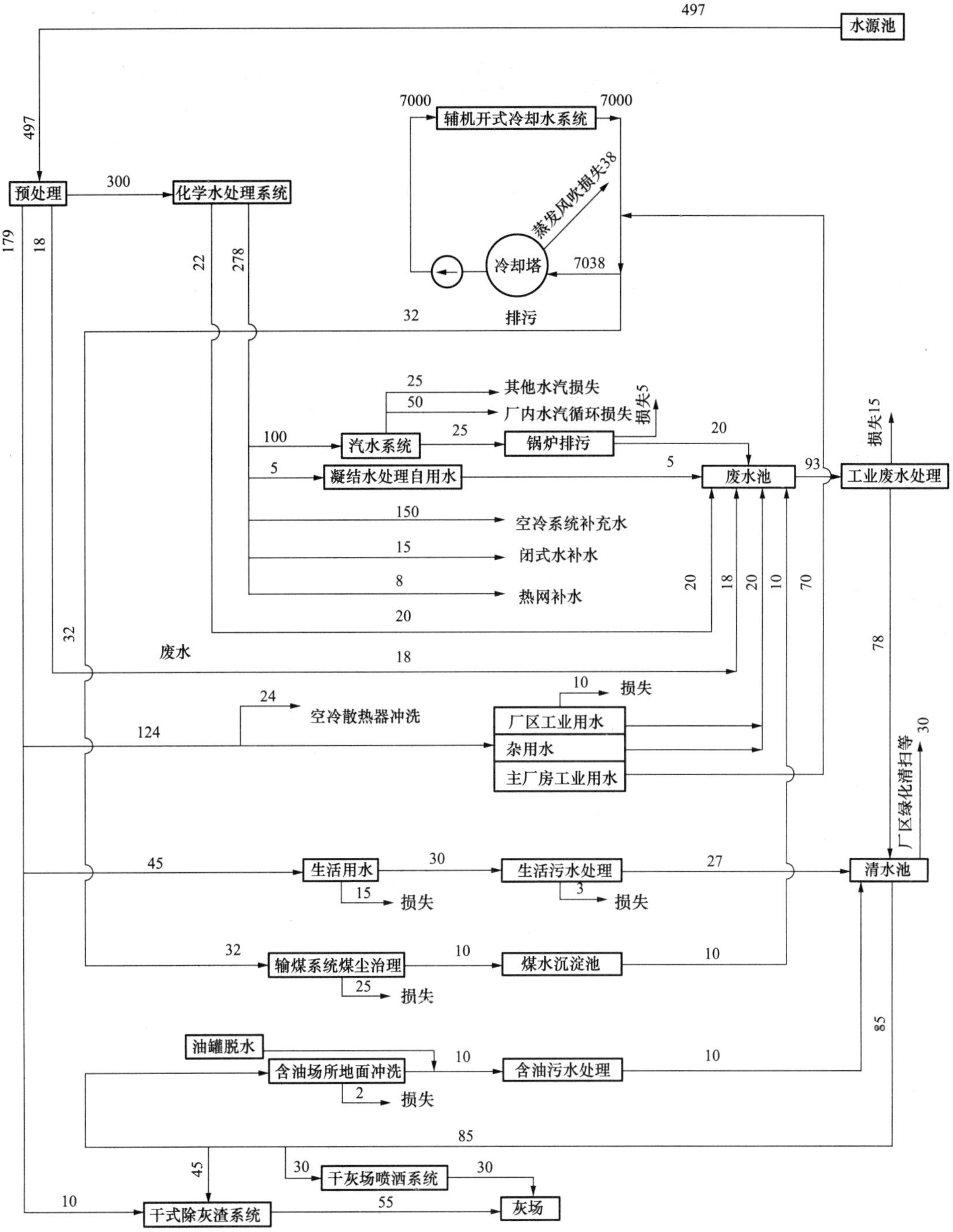

水源池 497
预处理 497
300 化学水处理系统
辅机开式冷却水系统 7000 7000
冷却塔 7038
蒸发风吹损失38
排污 32
179 18 22 278
25 其他水汽损失
50 厂内水汽循环损失
100 汽水系统 25 锅炉排污 损失5
20
5 凝结水处理自用水 5 废水池 93 工业废水处理 损失15
150 空冷系统补充水
15 闭式水补水
8 热网补水
20 18 20 10 70
20
32
废水 18
78
10 损失
24 空冷散热器冲洗
124
厂区工业用水
杂用水
主厂房工业用水
厂区绿化清扫等 30
45 生活用水 30 生活污水处理 27 清水池
15 损失
3 损失
32 输煤系统煤尘治理 10 煤水沉淀池 10
25 损失
油罐脱水
含油场所地面冲洗 10 含油污水处理 10
2 损失
85
85
45
30 干灰场喷洒系统 30
10 干式除灰渣系统 55 灰场

图 A3 采用空冷机组的燃煤凝汽式火力发电厂全厂水量平衡图

注：1. 本图按表面式凝汽器间接空冷系统考虑。

2. 图中标注数字为 1GW 发电装机容量下各点的水流量，单位为 m^3/h。

3. 水耗率指标为 0.138m^3/（s·GW）。

附录五

国家电力公司火电厂节约用油管理办法（试行）

第一章　总　　则

第一条　加强火电厂节约用油管理、提高经济效益，根据国家有关规定，制定本办法。

第二条　本办法适用于国家电力公司各分公司、集团公司、省（区、市）电力公司。

第三条　各分公司、集团公司、省（区、市）电力公司节能工作领导小组应把节油工作作为节能工作的重要组成部分，切实加强领导。各公司的生产技术部门是该公司所属各火力发电厂节油工作的归口管理部门，负责管理火力发电厂的节油工作。

第四条　应从电厂设计、设备选型、施工、检修及运行等全过程加强节油管理，使节油工作取得实质性进展。

第二章　技　术　措　施

第五条　各单位应根据实际情况，积极采用小油枪点火技术对现有的点火燃油系统进行改造，减少锅炉点火用油。

第六条　采用成熟、可靠的新型燃烧器及其他稳燃技术，对锅炉燃烧器等部件进行改造，提高锅炉在低负荷下的稳燃能力，减少助燃用油，力争使锅炉的稳燃性能分别达到以下指标：

（一）燃用烟煤的锅炉其不投油助燃的最低稳定负荷应为额定工况的40%～45%；

（二）燃用贫煤的锅炉其不投油助燃的最低稳定负荷应为额定工况的45%～50%；

（三）燃用无烟煤的锅炉其不投油助燃的最低稳定负荷应为额定工况的50%～55%。

对特殊锅炉如UP直流锅炉等，可根据具体情况确定其不投油最低稳燃负荷率。

第七条　积极鼓励开发、研制新型的无油或少油锅炉点火技术（如等离子点火技术等），并尽快推广使用。

第八条　积极创造条件，对所属燃油机组进行论证、评估，推进以煤代油的改造工作，大幅度降低火力发电厂用油。

第三章　技　术　管　理

第九条　应全面实施检修作业的标准，提高机组检修质量，提高机组运行可靠性，降低机组非计划停运和降出力次数。

第十条　逐步推行机组状态检修，以减少机组大、小修次数，节约机组点火、停炉用油。

第十一条　加强运行管理，积极采用有利于节油的机组启、停方式。

（一）有条件的机组冷态启动时，应投入锅炉底部蒸汽加热，并利用邻炉输粉，以减少锅炉点火初期的用油。

（二）机组正常停止运行时，应尽量采用滑参数停机，以减少启、停用油量。

（三）充分利用机组的最大连续出力（MCR）和最低稳燃能力，减少机组启、停调峰次数，节约点火用油。

第十二条 应采用以下措施，进一步加强燃料管理工作：

（一）保证购进的燃煤煤质基本符合锅炉设计燃用煤种；

（二）燃用混合煤种时，配煤比例要恰当、均匀；

（三）多雨地区的燃煤电厂应备足一定数量的干煤，防止超湿的原煤直接进入原煤仓（尤其直吹制粉系统）。

第十三条 进一步加强燃油计量管理工作，每台锅炉均应装设燃油流量表，保证能单独计量、考核单炉用油量。

第四章 管理与考核

第十四条 各单位应结合本地区实际情况，制定三年滚动节油规划及年度工作计划，提出具体节油目标和节油措施，并认真落实。

第十五条 各分公司、集团公司、省（区、市）电力公司对所辖火电厂要加强管理、严格考核，建立健全各级节油统计报表体系，每年进行一次节油工作书面总结，报送国家电力公司发输电运营部。

第五章 附 则

第十六条 各分公司、集团公司、省（区、市）电力公司要结合本地区实际情况，制订节约用油实施细则和考核奖惩办法，并认真执行。

第十七条 本办法由国家电力公司发输电运营部负责解释。

第十八条 本办法自颁布之日起施行。

附录六

火力发电厂安全文明生产达标与创一流规定（2000 年版）

——节能管理部分

按　原《国家电力公司一流火力发电厂考核标准（试行）》节能管理部分，是行业几十年来节能管理工作对企业评价工作最为贴近实际而全面，能指导节能工作深入开展。如果不做表面文章，不考核，并形成闭环运行，就能不断改进节能工作，降低能耗，提高机组的运行经济性，为国家节约更多的煤炭。一流火力发电厂考核标准的主要条件和规定如下：

一、必备条件

（1）全厂供电煤耗完成值小于或等于供电煤耗考核值。

（2）补给水率应完成下列指标：

单机容量≥300MW 机组小于 1.5%；

单机容量＜300MW 机组小于 2.0%。

二、考核规定

1. 组织管理体系

（1）有节能领导小组，对本厂执行节能管理和节能技术进行监督，每月对能耗指标至少分析一次，并有记录。

（2）按规定配有节能专责技术人员，六项岗位职责落实。

（3）厂、分厂（车间）、班组形成三级节能网，各级节能任务明确，并正常开展工作。

2. 节能制度和规划

（1）严格贯彻执行《节约能源法》、《电力工业节能技术监督管理办法》、《火力发电厂节约能源规定》，并制定了本厂的实施细则。

（2）制定了本企中长期节能规划和年度节能计划，节能目标明确，任务具体，年度节能技措项目完成率达到 90% 以上。

（3）制定本企业节能奖惩制度，并认真贯彻执行。

3. 节能基础工作

（1）能耗指标实行三级管理，三级考核，考核目标明确，并认真执行。

（2）定期开展热力试验并有试验报告，进行热力设备及系统监督。

（3）能源计量器具（煤、水、电、汽、油）配备率及检测合格率均达到 100%。

（4）按入炉煤计量，化验、正平衡统计计算煤耗。

4. 经济运行

（1）积极推行优化运行、耗差分析，有考核、奖励办法。

（2）考核如下指标：高加投入率、飞灰可燃物、给水温度、汽水损失率、真空严密性、主蒸汽压力温度、再热汽温、排烟温度、锅炉漏风率。

（3）加强节油管理，机组不投油最低稳燃负荷达到设计要求。

（4）考核指标：检斤率、检质率、入厂煤与入炉煤热值差小于 502J/g、保障供应情况、标煤单价。

附录七

一流发供电企业考核标准

——节能管理部分

原《华北电力集团公司一流火力发电厂考核标准》，是在华北电力集团星级发电企业考核标准的基础上，参考《国家电力公司一流火力发电厂考核标准》，结合企业的实际情况制定的。

集团公司一流发电企业考核标准，对必备条件作了调整，考核条件也更加全面、具体，增加了可操作性，体现了一流标准的先进性。

一、必备条件

（1）供电煤耗实际值小于或等于考核定额值。

（2）补给水率应完成下列指标：

单机容量≥300MW 的机组，小于 1.5%；

单机容量≥100MW 且 <300MW 的机组，小于 2.0%；

单机容量 <100MW 的机组，小于 2.5%；

直流锅炉，≤0.7%。

二、考核规定

1. 组织管理体系

（1）有节能领导小组，每月召开有具体内容的节能分析会。

（2）按《火力发电厂节约能源规定》配有节能专责技术人员，六项岗位职责落实。

（3）厂、车间、班组形成三级节能网，各级节能任务明确，并正常开展工作。

2. 节能制度和规划

（1）严格贯彻执行“中华人民共和国节约能源法”和原部颁的“火力发电厂节约能源规定”、“电力工业节能技术监督规定”，制定本厂实施细则，并认真贯彻执行。有省煤、节电、节油、节水奖励政策及具体办法，定期考核兑现，调动了职工积极性。

（2）制定本企业节能滚动规划及年度节能计划，节能目标明确，任务具体。每年应有节能新技术推广应用的投资项目。年度节能技改项目完成率达 90% 及以上。

（3）制定节能培训制度及年度培训计划，做好节能培训、宣传工作。

3. 节能基础工作

（1）有结合本厂实际的节能工作手册，能指导运行、检修、管理人员开展节能管理工作。

（2）能源计量器具配备率及检测率达到主管公司有关规定。发电厂进厂燃料、供电、供热及厂内外生产非生产用电、用热、用水必须 100% 检测。非生产用能应有管理制度。

（3）有关能源消耗的各种原始记录、台账、报表齐全准确，并定期进行分析，按期及时向主管公司报送节能总结及有关报表。

（4）按规定进行热力试验并有试验报告，定期进行热力设备及系统监督，每年进行单元系统能耗分析，并画出能耗分布图。

（5）供电煤耗计算方法符合“火力发电厂供电煤耗统一以入炉煤量计量和入炉煤机械采样分析的低位发热量按正平衡计算，反平衡校核，以煤场盘煤调整后的煤耗数据上报及考核”的规定。有“正平衡、反平衡煤耗计算办法”和煤耗管理制度。每月分析一次。

（6）每3~5年（或按上级、地方专业管理要求）进行一次水平衡查定试验。当供水系统（含用量）有重大变化时，应及时进行查定试验并应有用（节）水管理制度。

4. 经济运行

（1）技术经济指标按年、季、月逐级分解到班组，并根据生产任务按月考核（车间）班组。有小指标竞赛、考核奖励办法并严格执行。

（2）积极推行优化运行，认真做好耗差分析。

（3）汽机考核指标：高加投入率达到95%及以上；给水温度高加投入时，不低于设计值3℃；汽轮机真空系统严密性试验每月做一次，每次试验5min，漏真空速度100MW及以上机组＜400Pa/min、100MW以下机组≤667Pa/min，主蒸汽温度、再热蒸汽温度机侧比设计值偏低值不大于3℃；凝汽器端差应小于5℃；循环水温度达到设计值；汽轮机大修后效率恢复值应不小于上一个大修间隔期内效率降低值的85%。

（4）锅炉考核指标：排烟温度应等于小于设计值；炉膛出口氧量达到规定值；飞灰可燃物不高于设计值或不大于4%；锅炉尾部及空气预热器漏风率达到定额值或设计值。

（5）各厂应根据给水泵，送、引风机，磨煤机制粉系统等主要辅机设备、系统的特性制定用电单耗、耗电率定额，并纳入月度考核。

5. 燃料管理

（1）燃料管理要有一套健全的管理制度。燃料取样、化验人员应持证上岗。

（2）轨道衡（含汽车衡）应按月、年累计每日过衡总煤量。

（3）燃料考核指标：检斤率应达到100%；检斤合格率应达到98%及以上；检质率应达到100%；入厂煤热量与入炉煤热量差应小于502kJ/kg；煤场月盘煤盈亏吨率应小于3%。

附录八

火力发电厂按入炉煤量正平衡计算发供电煤耗实施管理办法

煤耗是火力发电厂的一项重要经济指标和生产技术指标。它综合反映了一个电厂的生产管理和机组性能水平。多年来火电厂大多采用反平衡计算发供电煤耗。由于采用反平衡计算煤耗的方法复杂、可变参数多，涉及的参数、化验数据、实测数据多，而且不易测准，伸缩性大，有一定不足。为加强火电厂煤耗的管理，依据部颁《火力发电厂节约能源规定（试行)》的要求，电力部在1993年下发了电安生［1993］457号文“关于颁发《火力发电厂按入炉煤量正平衡计算发供电煤耗的方法（试行)》的通知”。规定“火电厂发供电煤耗统一以入炉煤计量煤量和入炉煤机械化采样分析的低位发热量按正平衡计算，并以此数据上报及考核。”

为落实“方法”精神，加强火电厂发供电煤耗的科学管理，使煤耗更加准确，进一步降低发供电煤耗。集团公司决定1998年在直属火力发电厂实行按入炉煤量正平衡计算发供电煤耗，并制定本管理办法。

1　总则

1.1　为加强火力发电厂（以下简称火电厂）发供电煤耗的科学管理，不断提高火电厂经济效益，根据部颁《火力发电厂节约能源规定（试行)》及《火力发电厂按入炉煤量正平衡计算发供电煤耗的方法（试行)》制定本管理办法。

1.2　火电厂发供电煤耗统一以入炉煤量计量和入炉煤机械采样分析的低位发热量按正平衡计算，反平衡校核，以煤场盘煤调整后的煤耗数据上报及考核。

1.3　对100MW及以上火电机组在计算发供电煤耗时，应逐步实现单台机组计算（即实现分炉计量)。

1.4　已运行的100MW及以上机组要加装燃煤计量装置及实煤校验装置、机械化采样装置，并优先进行技术改造和完善工作。

1.5　新设计或新建的机组，必须配备按入炉煤正平衡计算煤耗所需的全部装置，包括燃煤计量装置、机械化采制样装置、煤位计和实煤校验装置等。

1.6　发供电煤耗仍按燃煤收到基低位发热量折合为29 271kJ/kg发热量的标准煤进行计算。

1.7　本“管理办法”适用于50MW及以上容量的火电厂。

2　技术条件及安装要求

2.1　对现有火电厂用于实现正平衡计算煤耗的装置应选用技术成熟、水平先进的燃煤计量、采样、校验等装置，进行技术改造和完善工作。

2.2　火电厂入炉煤计量有两种方式，一是通过总皮带上的电子皮带秤及其监测系统分别计算各机组的燃煤量；二是利用给煤机自身附有的计量装置直接计量。前者改造工作量较少、但需配置专门的计算设备。后者改造工作量与配置设备及投资相对较多，但一般工作人员即可维护。

2.3 各火电厂在配置燃煤计量装置时要符合如下条件：

2.3.1 称量范围和数量要满足燃料管理的需要。

2.3.2 在运行的称量范围内，其称量装置的使用精度应不低于 ±0.5%，检定精度不低于 ±0.25% 的Ⅱ级电子皮带秤装置。

2.3.3 应加装实煤校验装置或计量标准规定的校验器具。

2.3.4 要使用部计量部门认可的并发有检定合格证的燃煤计量装置，并符合 JJG 650—90 电子皮带秤标准。

2.4 电子皮带秤的安装地点在总皮带时，经犁煤器与分炉计量微机监测系统将燃煤分别送入各炉的原煤仓中。要注意防止由于犁煤器犁不净煤而把剩余燃煤带入其他炉的原煤仓中。对电子皮带秤安装段前后的皮带机托辊等转动设备应加强维护检修。

2.5 为准确计量燃煤量，计量装置须定期进行实煤校验。实煤校验装置在对煤计量装置校验时的校验煤量不小于输煤皮带运行时最大小时累积量的 2%。实煤校验所用标准称量器具的最大允许使用误差不低于 ±0.1%，校验后弃煤处理应方便。

2.6 实煤校验装置应符合 JJG（电力）02—96 标准，装置在使用前应经标准砝码校验，煤校验装置的标准砝码每两年应送往计量部门检定一次。

2.7 要使用符合标准要求的机械采制样装置，符合电力部 SD 324—89 标准。

2.8 机械采制样装置是目前唯一能够采到具有代表性样品的手段。其安装位置最好选在输煤皮带端部落煤流处，并尽量与燃煤计量装置位置相近，以确保煤量与煤质相一致，若条件限制也可以装于皮带中部，并满足如下要求。

2.8.1 机械采制样装置需要有采样头、破碎机及缩分器和余煤返回输送系统，采样的精度按灰分（A^d）计要求在 ±1% 以内。

2.8.2 依据燃煤不均匀性所确定的采样周期（或一定煤量）截取整个煤流截面。

2.8.3 适应湿煤能力强。当燃煤外在水分 $M_f < 12\%$ 时能正常连续地运行。

2.9 机械采制样装置与输煤皮带系统应设有电气联锁装置，其检修周期要与输煤系统的检修周期大致相同。

2.10 输煤系统中碎煤机与除铁器应保证其正常运行，为机械采样装置的正常运行创造条件，并保证采样质量。

2.11 对新装的机械采制样装置要按部颁 SD 324—89 标准进行产品验收，使其装置（包括采样头、碎煤机、缩分器、余煤处理设备及其他附属设备）达到技术标准的要求。

3 技术管理

3.1 抓好入炉煤计量、采制样和实煤校验工作是搞好正平衡计算煤耗工作的关键。各火电厂领导要倍加重视，并切实抓紧落实。

3.2 各大、中型火电厂在实施正平衡计算煤耗后（有条件的电厂要积极推行单台机组的正平衡计算煤耗工作），在煤耗管理中，除实行一般的微机统计煤耗外，应逐步实行煤耗的偏差分析。积极推行煤耗统计管理和燃料管理工作的自动化。

3.3 加强运行交接班制度。坚持做到原煤仓满仓或按煤位交接班及煤粉仓定粉位交接班，以减少实施单台机组计算煤耗时的系统误差。

3.4　要以当日每班综合煤样的实测发热量和每班平均的全水分所换算的收到基低位发热量为依据，计算及发供电煤耗。

3.5　入炉煤要按国标方法每班至少分析全水分（M_t）一次，每天至少做一次由每班混制而成综合样品的工业分析（Mad、Aad、Vad、Sad.t 和发热量 $Q_{net,V,ar}$），（由每班平均实测全水分计算而得）。有条件的火电厂可分别采样、制样和化验。对燃油按照国标或部标的分析方法每品种每月做一次水分、硫分、闪点、凝固点、黏度、比重和发热量的分析。

3.6　正平衡计算煤耗时一律采用入炉原煤测得的发热量作为依据，不得以制粉系统中的煤粉测得的发热量代替。

3.7　在电厂节能领导小组的统一领导下，对燃料计量装置、机械采制样装置和电度表要明确职能部门专职管理。并坚持电度表的第三方强制监检工作。建立健全燃料计量装置与机械采制样装置的使用、校验、维修制度。

3.8　强化正平衡计算煤耗有关装置的设备管理，建立电子皮带秤、机械采制样装置和实物校验装置的设备管理责任制、定期工作制度。责任到人。

3.9　要建立煤质资料档案，其中包括工业分析、硫分、发热量及元素分析等。同时也要建立燃油的品质档案。

3.10　入炉煤计量和校验

3.10.1　入炉煤量采用电子皮带秤计量，要求皮带秤投入率达到95%以上。燃料管理部门的计算机要与电子皮带秤联网，并定期对皮带秤进行校验，要明确职能部门专职管理，建立电子皮带秤实煤校验管理考核制度。根据电子皮带秤的准确程度随时进行实煤校验，以保证皮带秤运行误差控制在±0.5%以内，一般校验周期每月4次。检测标准符合电子皮带秤检定规程 JJG 650—90。校前合格率大于90%。

3.10.2　装有实煤校验装置各厂要对装置进行定期校验，检定周期为一年。且符合实物检测装置检定规程标准 JJG（电力）02—96 的要求。

3.10.3　实煤校验装置在使用前应经标准砝码对其校验。用于实煤校验装置的标准砝码每两年应送往计量部门校验一次。

3.11　入炉煤热量测定

3.11.1　装有入炉煤机械采制样装置的电厂，要保证装置的投入率达到95%以上，以取得具有代表性的原煤样，并按机械采样分析的低位发热量折算入炉煤量。

3.11.2　未装入炉煤机械采样装置的电厂（或装置停运），由人工按国标规定采样。要求每班至少采样一次，并分析全水分一次，以当日平均全水分和混合样实测的高位发热量换算为低位发热量为依据折算入炉标煤量。

3.11.3　装有皮带喷水设备的电厂，要加装水表，并根据化验结果进行入炉煤水分差修正（包括数量和热量）。

3.12　在设备管理方面，对安装并投入使用的电子皮带秤、机械化采样装置和实物校验装置，要建立运行日志、交接班记录和定期校验记录以及设备维护记录等各专业管理制度，以保证有较高的投入率。

3.13　为了更好地用好管好用于正平衡计算发供电煤耗的有关装置设备，各电厂应严格规范设备管理制度，并纳入节能监督的管理范围，并按时于每月 10 日前上报“火力发电厂电子皮带秤、机械采样器投运及校验报表”于华北电科院。

3.14 各电厂要成立相应领导小组，并制定实施和奖惩办法。

本实施管理办法于 1998 年 1 月 1 日起试行。

附录九

火力发电厂节约能源实施细则

按：管理哲学：法、忠、道。“法”是要求企业建立规章、制度、管理办法。《节约能源实施细则》是《一流火力发电厂考核标准》的要求，就是发电企业能耗指标管理的基本“制度”，就是企业节约能源的“法”。

本细则是泛指，不直接适用于某厂、某机组设备，但具有电厂、机组设备的共同性、普遍性，可供各火电厂编制本企业《节约能源实施细则》和节约能源管理制度时参考。《电力企业节约能源实施细则》的具体内容如下。

1 总则

1.1 节能是国家发展经济的一项长远战略方针。企业应当根据“能源节约与能源开发并举，把能源节约放在首位”的政策，适度安排资金用于节约能源的改造，并把各项节约能源工作做好。

1.2 节能是指加强用能管理，采取技术上可行、经济上合理以及环境和社会可以承受的措施，减少从能源生产到消费各个环节中的损失和浪费，更加有效、合理地利用能源。

1.3 为推进企业全员节约能源，提高能源利用效率和经济效益，强化火电厂节能管理，努力降低消耗，按照《中华人民共和国节约能源法》，国家电力公司《火电厂节约能源规定》和《电力工业节能技术监督规定》对火电厂节约能源工作要求，结合本厂设备、系统实际，特制定《火电厂节约能源实施细则》。

1.4 电厂全体员工要认真学习、贯彻本厂《节约能源实施细则》，在发电设备、系统安装、生产（运行、检修、维护）全过程中，按分阶段、分级管理的原则，各自做好节能管理工作。

1.5 火电厂节能管理，主要是对锅炉、汽轮机及其附属设备、系统的各项技术经济指标、设备经济性能进行全面、全员、全过程的管理和监督，并做好全面管理工作；针对发电设备、系统影响运行经济性的问题提出技术措施、解决方案、不断改进操作，做好设备、系统的检修、维护工作，使各项技术经济指标达到最佳水平。

1.6 积极推广、采用先进的节能技术、工艺、设备和材料，依靠技术进步，降低发电设备和系统的能源消耗。

1.7 按国家规定和要求，每年办好“节能周”活动。有计划地做好节能知识宣传和设备系统经济性能的培训、教育，增强全体员工的节能意识，提高全体员工的节能管理水平。

1.8 节能管理中的各项技术经济指标、项目、管理工作实行岗位责任考核制度，并设立节约能源专项奖。

2 组织管理

2.1 为加强电厂节能管理，厂级设立节能领导小组。有主管生产的副厂长（副总经理或总工程师，下同）任组长，并主持日常节能工作。

2.1.1 节能领导小组由生产、技术、计划等处室及运行、检修、燃料、除灰、化学、热工等部门（车间）的负责人或专业工程师组成。

2.1.2 节能领导小组的主要职责如下：

（1）负责贯彻、执行、检查、监督国家和国家电力公司的节能方针、政策、法规、标准和落实下达的能耗指标任务。

（2）审定并落实本厂节能滚动规划和年度措施计划。

（3）审定节能技术改造、新技术应用推广项目，检查资金到位、项目进展情况。

（4）审定技术经济指标考核的定额。

（5）审定节能培训、节能奖惩和指标考核等各项节能管理制度、办法。

（6）定期总结经验、分析问题，不断提高全员的节能管理水平，使各项技术经济指标水平经常保持在最佳状态。

（7）负责组织年度节能技术成果和重大节能项目的评审。

（8）负责节能工作先进集体和个人的审定和表彰奖励。

（9）协调各部门间的节能工作，确保节能任务的全面完成。

2.2 火电厂节能管理实行厂、车间、班组三级管理和三级考核，并形成三级节能管理网。人员、机构变动时要及时调整。

2.3 设立专职节能工程师

2.3.1 节能工程师应在具有热动专业大学本科及以上学历、有节能专业知识、有实际经验以及工程师以上技术职称的人员中聘任。

2.3.2 节能工程师的职责如下：

（1）在生产副厂长的领导下，负责厂节能领导小组的日常工作。

（2）负责制定和组织制定节能以及有关节能的专业管理制度。

（3）协助厂领导组织编制全厂中长期节能规划、年度节能措施计划，并组织、监督实施。

（4）制订节能培训年度计划，并组织实施。组织好节能培训，对节能员工作进行指导。

（5）定期检查节能规划、年度节能措施计划和节能培训计划的执行情况，并向节能领导小组提出报告。

（6）定期检查单元机组、系统各项技术经济指标的完成情况，并进行分析；总结经验，针对能源消耗中存在的问题，向厂领导提出节能工作改进意见和措施，并指导生产人员全面做好节能工作。

（7）协助厂领导办好“节能周”、“节水周”活动，做好节能、节水宣传教育，提高广大职工节能意识。

（8）协助厂领导制定、审定全厂节能奖的分配办法和方案。

（9）负责对热力试验组的领导或指导，深入开展热力试验，做到热力试验指导生产工作。

（10）协助厂领导做好确保煤耗水平真实性的职能管理。对本厂煤耗计算方法的正确性负责。

（11）负责协助主管领导做好节能新技术在本厂的应用和推广。

（12）协助厂领导做好节能先进单位和个人的评比工作。

（13）协助厂领导督促、监督有关部门做好“节能监督和管理”工作。

（14）节能工程师要组织节能信息交流和节能工作经验交流，推广现代化节能管理方法、节能技术改造和行之有效的节能措施。

（15）协助厂领导组织、召集每月的“能耗指标分析会”，并做好会议记录。会议记录要有时间、地点、参加人、主持人、主题（内容）、上月能耗指标分析、节能工作汇报、重点工作检查、讨论情况、下月节能重点工作安排等。

（16）按规定向上级主管公司报送技术经济指标报表和分析、总结。

2.4 车间（运行、检修）设立兼职节能工程师，负责本部门的各项节能工作。

2.5 锅炉、汽轮机、电气、燃料、化学、热工等专业工程师节能管理工作职责如下：

2.5.1 与节能工程师共同负责本专业各项技术经济指标的正确性、先进性。

2.5.2 与节能工程师共同负责本专业各项节能技术改造，新技术应用、推广项目调研，并提出可行性报告。实施过程中对工程质量、项目进度负责。

2.5.3 与节能工程师共同负责本专业各项技术经济指标定额的制定。

2.5.4 负责对本专业各项经济指标计量表计准确性的监督。

2.5.5 锅炉、汽轮机专业工程师负责本专业设备和系统大、小修后各项考核指标的汇总，检查各项考核指标是否达到考核标准，并向同级和上级主管如实报告。

2.5.6 负责本专业各项设备、系统的监督、检查、管理工作。每年年末对设备、系统监督进行总结，指出问题，提出要求。

2.5.7 负责本部门年度节能计划的汇总，并按规定时间报送主管部门。

2.6 班组设立兼职节能员，节能管理工作职责如下：

2.6.1 协助班长做好本班组所辖设备、系统的各项节能工作。

2.6.2 协助班长做好本班责任范围内节能项目、指标的管理工作。

2.6.3 协助班长每月组织、开展好本班“节能日活动”，并做好记录。节能日活动记录要有时间、地点、参加人、主持人、主题（内容）、讨论情况、结论（措施、方案、效果）等。

2.6.4 负责本班组节能培训、宣传。

2.7 设立热力试验组：

2.7.1 热力试验人员，应在具有热动专业大学本、专科以上学历，有节能专业知识，有实际生产经验，掌握实际设备、系统以及有工程师以上技术职称的人员中聘任。

2.7.2 负责各项热力试验工作和设备、系统经济运行的具体监督、检查和分析工作。

2.7.3 通过试验、分析，为各级领导组织生产、指挥生产、保证经济运行提供切实可靠的依据。

3 基础管理

3.1 根据设备、系统的经济性能，技术经济指标状况和应达到的目标，制订节约能源滚动规划和年度节能措施计划。

3.2 充分发挥三级节能网的作用，使员工成为节能工作的主人，使企业节能管理工作实现全面、全员、全过程管理。

3.2.1 技术经济指标的管理者，每年要将供电煤耗率任务按“火电厂技术经济指标体系”

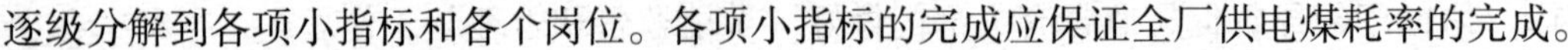

逐级分解到各项小指标和各个岗位。各项小指标的完成应保证全厂供电煤耗率的完成。

3.2.2 节能工作的管理者，每年要将指标计划和年度节能措施计划落实到部门、车间（值）、班组和岗位。

3.3 根据《中华人民共和国统计法》制定火电厂统计管理制度。各岗位职责人员应按指标统计规定、指标计算办法（标准），认真做好表单记录、运行记录、统计、计算、分析、管理工作，确保供电煤耗率指标的正确性和准确性。

3.3.1 综合指标有：发、供（上网）电量，供热量，发、供电煤耗率，供热煤耗率，发电厂用电率，供热厂用电率，再热蒸汽压力降，补充水率［发电补水率、供热（向外供汽）补水率、非发电补水率、非生产用水率］，热力设备系统汽水损失（泄漏）率，入厂煤、入炉煤低位热值差、水分差等。

3.3.2 锅炉指标有：锅炉设备效率、锅炉平均负荷（平均蒸发量）、运行小时，炉出口过热蒸汽压力、温度，再热器出口蒸压力、温度，排污率，炉膛出口烟气含氧量，排烟温度，引风机入风温度，锅炉尾部的过热器、省煤器、预热器、除尘器、烟道等设备的漏风率或漏风系数，飞灰（灰渣）可燃物，煤粉细度及合格率，磨煤机制粉系统漏风率、耗电率和单耗，送、引风机耗电率和单耗，电除尘器耗电率，脱硫耗电率，点火、助燃用油（或天然气）量，入炉煤低位热值、水分，锅炉设备大修后效率恢复值等。

3.3.3 汽轮机指标有：汽轮发电机平均负荷（平均发电量）、运行小时，热耗率（汽轮发电机绝对电效率），汽耗率，速度级压力，真空度（循环水入口温度、循环水温升、凝汽器端差），凝结水过冷却度，给水温度，高压加热器投入率，低压加热器投入率，给水泵耗电率和单耗，循环水泵耗电率，汽轮机自动主汽门前蒸汽压力、温度，中压缸进口再热蒸汽温度，凝汽器胶球清洗投入（运）率、收球率，汽轮机大修后效率恢复值等。

3.3.4 热网指标有：供热蒸汽压力、温度，热网供出热水温度、回水温度，供热供出水量、供热回水量，供热（外系统）补水率等。

3.3.5 燃料指标有：到货率，检斤率，检斤合格率，亏吨率，亏吨索赔率，检质率，亏卡率，亏卡索赔率，入厂煤、入炉煤取样装置周期受检率、合格率，入厂煤低位热值、水分，轨道衡周期受检率，皮带秤周期受检率，入厂燃料量，煤场存煤量，配煤合格率等。

3.3.6 化学指标有：自用水率、汽水品质合格率等。

3.3.7 热工指标有：热工仪表、热工自动投入率，能源计量器具配备率、周期受检率、计量检测率等。

3.3.8 除灰指标有：电除尘用电率、脱硫用电率、空气压缩机用电率等。

3.4 充分认识“数字能证明一切”，但必须分析数字所证明的是什么。数只能证明它直接表明的东西。定期进行单元机组各项技术经济指标的全面分析，把单元机组供电煤耗及各项小指标达到的实际水平与设计水平、历史最好水平，以及国内外同类型先进水平进行比较、分析，找出差距，提出改进措施。全厂机、炉技术经济指标分析、比较应具体到机、炉效率及指标等各项影响因素，各项指标的影响各是多少，达到为领导指挥生产提供依据，以指导节能工作深入开展的目的。具体要求如下：

3.4.1 全厂供煤耗率水平变化，电量权数、各机组供煤耗率水平变化影响值各是多少；其中发电煤耗率水平、厂用电率水平变化各影响多少。

3.4.2 全厂发电煤耗率变化是哪几台机组影响的。其中，汽轮机效率、锅炉效率、煤场盈亏煤调正值各影响多少。各机煤耗率水平、电量权数变化数的影响值各是多少。

3.4.3 全厂锅炉效率变化是哪几台锅炉影响的，其中各炉效率水平、锅炉蒸汽流量权数变化各影响多少。

3.4.4 全厂汽轮机效率变化是哪几台汽轮机影响的，其中各机效率水平、发电量权数变化各影响多少。

3.4.5 汽轮机（锅炉）机组效率变化，是哪几项指标影响的，其中各项指标对效率值的影响值是多少，对发电煤耗的影响值各是多少。

3.4.6 全厂厂用电率水平变化是哪几个单元机组或哪几项辅机单耗影响的，影响值各是多少。

3.4.7 提出下一步工作的重点、措施、要求与建议。

3.5 进厂燃料，用水，供电，供热及厂内、外，生产、非生产用电，用热，用水必须按规定配备计量装置，按规定、按周期做好在用计量器具的检测工作和计量工作。

3.6 非生产用能要按国家电力公司煤耗率计算办法的规定，与生产用能严格分开，做好统计，严格管理，节约使用。

3.7 根据部规定，要严格分开发电（供热）用能与非生产用能。下列用电量及燃料消耗量（或用汽折算的燃料量）不计入煤耗：

3.7.1 新设备或大修后设备的烘炉、煮炉、暖机、空载运行的电力和燃料的消耗量。

3.7.2 设备在未移交生产前的带负荷试运行期间耗用的电量和燃料。

3.7.3 计划大修以及基建、更改工程施工用的电力和燃料的消耗量。

3.7.4 做热效率和其他试验的机组，在试验期间由于经常变化调整操作而多耗的电力和燃料。

3.7.5 发电机作调相运行时耗用的电力和燃料。

3.7.6 厂外运输用自备机车、船舶等耗用的电力和燃料。

3.7.7 输配电用的升、降压变压器（不包括厂用变压器）、变波机、调相机等消耗的电力。

3.7.8 修配车间、副业、综合利用及非生产用（食堂、宿舍、幼儿园、学校、医院、服务公司和办公室）的电力和燃料。

4 运行

4.1 运行人员要树立整体节能意识，不断分析、总结运行方式对经济指标的影响，保持经济的运行方式，使各项运行参数达到额定值，并稳定运行，以提高全厂经济性。

4.2 开展磨煤机制粉系统经济性与锅炉效率，锅炉一、二次风配比与炉膛燃烧工况（炉膛温度场），循环水泵耗电率与机组经济性，给水泵系统等运行方式的耗差分析，实现优化运行。

4.3 成立以运行副总工程师为首，由运行、燃料、生技部门专业人员参加的燃煤参配煤小组，根据到达煤种和锅炉对煤种性能的要求，根据来煤煤种变化不定期地、及时地进行研究，以确定掺烧方式和掺烧配比，并通知有关部门、岗位执行。

4.4 锅炉司炉要掌握入炉煤质的情况，根据煤质分析报告及炉膛燃烧工况及时进行燃烧调整；经常检查各项运行指标是否达到额定（考核）值，如有偏差，要分析原因并及时调整。凡影响燃烧等经济运行的各项设备缺陷，要写好设备缺陷记录，通知检修，及时消除。

4.5 为保持炉膛及尾部受热面清洁，提高传热效率，应制定锅炉吹灰制度。按照规定及时做好锅炉的吹灰和清焦工作，以使锅炉经常处于最佳工况下运行。

4.6 制定点火和助燃用油定额，并纳入考核。锅炉运行人员要努力提高操作技术，千方百计节约点火和助燃用油。

4.7 制定凝汽器胶球清洗制度，严格做好凝汽器胶球清洗工作。加强凝汽器清洗、清理、除垢、管理等工作，确保凝汽器端差年平均值在4℃以下。

4.8 保持给水回热加热器系统正常运行，做到充分利用低一级抽汽，使给水回热系统达到最佳的经济运行方式。

4.8.1 节能工程师要定期检查高、低压加热器端差、受热度是否达到设计值，偏离时，要及时查明原因，并督促有关部门解决。

4.8.2 要规定和控制高、低压加热器启停过程中的温度变化速率，防止温度急剧变化。

4.8.3 要维持高、低压加热器在正常水位下运行。

4.8.4 要保持高压加热器旁路阀门的严密性，使给水温度达到设计值。高压加热器投入率要保持在95%以上。

4.8.5 低压加热器是影响设备、系统运行经济性的重要因素，一旦发生故障停用，要及时维修，要保持投入率在99%以上。

4.9 制定循环水塔运行、维护、管理制度。做好循环水塔运行工况的定时表单记录、定期检查、及时维护，确保淋水密度均匀，保持较高的冷却效率。冬天做好防冻措施，在凝汽器铜管能承受的情况下，循环水温度应稳定在10℃左右运行，充分利用好这一大自然的降低煤耗率措施。

4.10 加强化学监督，做好水处理工作，严格按照锅炉排污规定做好定期和连续排污监督工作，防止锅炉和凝汽器、加热器等受热面以及汽轮机通流部分发生腐蚀、结垢和积盐。

4.11 加强对各种运行仪表的管理，做到装设齐全、准确可靠。运行和各级专业管理人员要按各自的专业职责定期核对各种表单、统计、计算数据的正确性和数理关系，发现问题，查出原因，及时纠正。

4.12 具备条件的200MW及以上机组的主要技术经济指标，要实现在线监测。定额值可以是设计值、考核值、本设备经过努力可以达到的先进值。运行人员应随时监视分析机组责任范围内各项小指标的完成情况，及时进行调整，随时掌握运行指标与定额值的差距和辛勤劳动获省煤节电奖的金额，以激励运行人员不断改进操作，不断降低机组热耗。

5 燃料管理

5.1 燃料管理要有一套健全的“计划、采购、调运、验收、耗用、储存、标煤单价分析及盘点”的管理制度。

5.2 认真做好燃料采购，努力提高合同计划燃料的到达率，确保发电用煤的需要。认真做好燃料的接卸，并在规定时间内卸完、卸尽。必要时做好车底清扫工作，特别要做好冬季冻车底的清扫工作。

5.3 认真做好进厂煤管理，做到车车计量、检斤，车车取样检质，分批化验，并做好亏吨、亏卡索赔工作。

5.4 做好储煤场的管理，合理分类堆放。对储存烟煤等高挥发分煤种的储煤场，要定期测温，采取措施，防止自燃和煤的发热量损失。

5.5 进厂燃料计量用轨道衡等计量设备要按国家规定按时进行校验。入炉煤皮带秤及分炉计量装置应按规定进行实物效验。

5.6 进厂煤、入炉煤机械化自动采样、制样装置应定期进行效验，以确保原煤样的代表性，并按规定进行工业分析。

5.7 为确保进厂煤、入炉煤采样、制样的代表性。主管负责人要不定期检（抽）查进厂煤、入炉煤采样、制样的正确性。燃料采样、制样、化验人员要经过专业培训，做到持证上岗。

5.8 由燃料主管部门组织，财务、节能、统计等部门的主管领导或专业人员每月（季）共同对储煤场进行盘点工作，发生较大盈亏时，应分析原因，并按部颁煤耗计算办法有关规定处理。

5.9 制定燃料统计管理制度，做好进厂煤应用基热量（值）、全水分（表面水分、固有水分）等指标的统计、分析、管理工作。每月写出指标统计分析报告。

5.10 进厂煤量应按轨道衡、汽车衡进厂时检斤计量的重量统计，并作为计（核）算供电煤耗率的依据，不得用矿方大票数量或用扣掉运损的重量代替。

5.11 每月进行标准煤单价分析，写出书面报告，报送主管领导和有关部门。分析工作应具体到煤种煤价、煤种煤量等各项因素，各煤种煤价的影响值各是多少，以降低燃料成本，为领导决策提供依据。具体要求如下：

5.11.1 标准煤单价分析可与核定（计划）指标比较，也可与同期比较等。

5.11.2 要查明煤种煤价变化、煤种煤量权数变化对总（全厂）标准煤单价的影响值各是多少。

5.11.3 各煤种煤价变化对全厂标准煤单价的影响值各是多少。

5.11.4 通过专业人员主观努力，合理选购煤种，亏吨、亏卡拒付、索赔等使标准单价降低多少。

5.11.5 行政或政策性因素影响标准单价变化多少。

5.11.6 下一个控制期内，如何控制标准单价，经主观努力可降低标准单价多少。

6 热力设备节能技术监督、试验、维修

6.1 火电厂节能技术监督，就是对影响发电设备经济运行的重要参数、性能和指标进行监督、试验、检查、调整及评价。

6.2 节能技术监督按《中华人民共和国节约能源法》、《火电厂节约能源规定》和《电力工业节能技术监督规定》的有关要求进行。

6.2.1 电厂节能工作管理部门（节能专工）负责全厂节能监督工作的监督管理，车间（值）、班组负责各自职责范围内的节能监督、管理工作。

6.2.2 单元设备系统每年必须进行一次包括热能、电能和水的全面监督和查定工作。

6.2.3 监督的项目、指标、要求可与设计值、定额值、同类型先进值比较，并根据监督查定结果画出能量分布图，指出问题，提出措施，并书面报送厂长（总经理）、主管领导和有关专业处室。

6.3 监督工作包括：

6.3.1 常规的单元机组大、小修前后热力特性试验等项目。

6.3.2 定期的凝汽器真空严密性、锅炉尾部漏风、制粉系统漏风试验等项目。

6.3.3 查定性的锅炉排污门、排污扩容器水位等运行工况，热力设备、管道的疏水等设备系统的泄漏，热力设备、管道及阀门的表面温度监督等影响经济运行的全部监督、管理工作。

6.4 单元系统的全面监督工作，为节省时间、减少专业人员重复性劳动，可结合机、炉设备大、小修试验，在日常定期监督试验的基础上补齐其他监督项目一并进行。

6.5 加强设备检修管理，认真做好热力设备、系统的大、小修和日常维护工作。机组大、小修后各项运行经济指标应达到设计值（达到或好于大、小修前的水平），列入热态评价、验收项目，并纳入考核。

考核指标有：锅炉指标有炉出口过热蒸汽压力、温度、再热蒸汽温度，排烟温度，炉膛出口烟气含氧量，飞灰可燃物，锅炉尾部的过热器、省煤器、预热器、除尘器、烟道等设备的漏风率，制粉系统漏风率，锅炉大修后效率恢复值等；汽轮机指标有：凝汽器漏真空速度、端差，给水温度，汽轮机主汽门前主蒸汽压力、温度，再热蒸汽温度，凝汽器胶球清洗投入（运）率、收球率，汽轮机大修后效率恢复值等。

6.6 设备大、小修中要彻底清洗（理）锅炉受热面、汽轮机通流部分、凝汽器和加热器等设备，以提高热效率。

6.7 汽轮机大修中对通流部分，应彻底精修，提高流道圆滑性，改善调速汽门重叠度，减少节流损失。

6.8 循环水冷却塔应根据设备运行状况，做好清淤、维护和检修工作，每次大修应进行彻底检修、清淤，确保淋水密度均匀，确保冷却效率经常保持在设计水平。循环水温度年平均值达到或好于设计值。

6.9 为减少回转式空气预热器的漏风，锅炉设备检修时，应认真调整风罩式回转空气预热器各部分间隙，使之达到最佳（设计）状态，并做好日常维护和运行管理。

6.10 保持热力设备、管道及阀门的保温完好，采用新材料、新工艺，努力降低散热损失。保温效果的检测应列入大、小修竣工验收项目，并纳入考核。当年没有大、小修任务的设备也必须至少检测一次。当周围环境温度为25℃时，保温层表面温度不得超过50℃。

6.11 建立设备、系统查漏堵漏管理制度。检修要消除设备七漏（漏汽、漏水、漏油、漏风、漏粉、漏煤、漏热），设备、阀门及结合面的泄漏率应达到或好于一流火力发电厂的考核标准。

6.12 热力试验应面向生产、服务生产。根据生产工作需要，及时做好各项试验工作。热力试验组专业工作受节能工程师的指导。

6.13 机、炉热力试验要能指导生产，要为设备监督提供依据。热力试验包括：

6.13.1 常规热力试验：单元机组大、小修前后热力特性试验，锅炉大、小修后冷炉空气动力场试验，主要辅机的性能（效率）试验，凝汽器最有利真空试验等。

6.13.2 定期试验：汽轮机凝汽器真空严密性试验，锅炉尾部受热面漏风试验、制粉系统漏风试验等。

6.13.3 查定试验：设备运行方式的合理性，设备缺陷对经济性的影响，锅炉排污门、排污扩容器运行工况，热力设备、管道的疏水等设备系统泄漏，高温设备、管道保温表面温度查定等。

6.13.4 鉴定试验：设备、系统技术改造前后的鉴定试验，新机组投产后的性能鉴定、验收

试验等。

6.14 热力试验组要根据机、炉热力试验，主要辅机的性能试验，编制全厂经济调度方案，提供机组间负荷分配曲线，作为值长进行经济调度的资料和依据。

6.15 设备改进前后及时进行试验，并提出书面报告。为设备改进提供依据，为设备改进后的效果作出鉴定和评价，并纳入考核。

6.16 定期（至少3~5年进行一次）进行热能、电能和水的平衡测试、分析工作。能量平衡测试、分析工作应按锅炉、汽轮发电机组单元系统同时进行。单元系统的热能平衡亦可用有代表性的典型记录数据分析计算。分析报告应与设计值比较，并查明影响供电煤耗率的各项因素，各项技术经济指标对供电煤耗率的影响值各是多少。

6.17 机、炉大、小修前后热力特性试验的分析、比较应具体到各项影响因素，各项技术指标的影响值各是多少。进行试验数据分析，确保试验要能用于指导生产，要能为领导决策提供依据。具体要求如下：

6.17.1 试验数据要与设计值、上期试验值进行比较、分析，找出差距，查明影响因素，并会同锅炉、汽轮机等专业工程师共同进行分析、查找原因，针对存在的问题，提出解决办法和措施。

6.17.2 要查明效率降低的差值是哪些原因影响的，通过分析、计算，定量分解到各个因素。

6.17.2.1 汽轮机热力特性试验要通过分析，查明汽轮发电机绝对电效率变化是哪几个部分、哪几个指标影响的，影响值各是多少。主要有以下几个方面：

（1）主蒸汽参数、再热蒸汽参数影响值各是多少。

（2）凝汽器部分各项指标影响值各是多少。

（3）加热器回热系统影响值是多少。各加热器受热度、端差是否达到设计值，差值是多少，未达到设计值的原因是什么。

（4）汽轮机通流部分间隙等因素的影响值是多少。

（5）汽轮机机大修后效率恢复值是否达到考核标准。

6.17.2.2 锅炉热力特性试验分析，要查明锅炉效率变化是哪几个部分、哪几个指标影响的，影响值各是多少；影响运行经济性的设备的运行状态。主要有以下几个方面：

（1）锅炉出口蒸汽参数、再热蒸汽参数是否达到设计（或大、小修前）值，差值是多少，对煤耗率的影响值是多少。

（2）炉膛出口烟气含氧量，锅炉排烟温度，尾部烟道、制粉系统漏风，飞灰可燃物等对锅炉效率、煤耗率的影响值各是多少。

（3）磨煤机制粉系统、送风机、引风机等用电单耗变化各是多少。

（4）一次风、二次风风门开度状况，扩散角，回流工况等。

（5）锅炉大修后效率恢复值是否达到考核值。

6.17.3 对热力特性试验报告结论部分文字的要求是：

6.17.3.1 结论部分要写出哪些指标达到或好于设计（或上期试验值）值，其值是多少，对效率或煤耗率的影响值各是多少；哪些指标未达到设计值，差值是多少。对效率或煤耗率的影响值各是多少。

6.17.3.2 差距、问题要一目了然，让各级领导和专业人员一看就明白设备、系统问题的所在，就能针对问题进行思考、研究。试验人员一定要避免试验报告只提供试验数据，让各级领导和专业人员都来对试验数据进行全面的分析、研究。这样一是浪费各级领导和专业人员的时间；二是不易达到专业工作的应有深度。当然，针对部分必需的专题进行深度的研究也是必要和不可避免的。

6.18 通过试验确定凝汽器的最有利真空，确定循环水温度冬季最低运行值，确定循环水泵最佳运行方式。循环水温度年平均值应达到或小于设计值。

6.19 凝汽器真空严密性试验：每月做一次，每次试验5min。凝汽器真空严密性考核（控制）值如下：

6.19.1 100MW及以上机组，不大于400Pa/min（3mmHg/min）；

6.19.2 100MW以下机组，不大于667Pa/min（5mmHg/min）。

凝汽器漏真空速度超过标准时，应及时检查泄漏原因，并消除。

6.20 锅炉尾部烟道漏风试验

6.20.1 400t/h及以上锅炉，每月测试一次漏风系数。漏风系数达到并长时间好于定额（考核）值，每季度测试一次。

6.20.2 400t/h以下锅炉，每季度测试一次漏风系数。

6.20.3 锅炉尾部烟道漏风率考核（控制）值如下：

6.20.3.1 过热器：每级2%。

6.20.3.2 省煤器：每级2%。

6.20.3.3 空气预热器：管式预热器5%；板式预热器7%。

6.20.3.4 回转式空气预热器漏风量应不超过设计值，或不超过：

（1）蒸发量为670t/h及以下的锅炉：10%。

（2）蒸发量大于670t/h的锅炉：15%。

6.20.3.5 除尘器：电气除尘器3%；旋风式和湿式除尘器5%。

6.21 制粉系统漏风试验

6.21.1 400t/h及以上锅炉制粉系统，每季度测试一次漏风率。漏风率达到并长时间好于定额（考核）值，每半年测试一次。

6.21.2 400t/h以下锅炉，每半年测试一次制粉系统漏风率。

6.21.3 磨煤机制粉系统漏风率考核（控制）值：

6.21.3.1 中间储仓式钢球磨煤机系统漏风率不应超过附表1所列数值：

附表1　中间储仓式钢球磨煤机系统漏风率

干燥介质	磨煤机出力（t/h）	漏风率（以干燥剂数量为基数，%）
空气	10～20	35
烟气与空气混合		40
空气	20～50	25
烟气与空气混合		30
空气	50～70	20
烟气与空气混合		25

6.21.3.2　负压直吹式钢球磨煤机系统，一般为附表1中的70%。

6.21.3.3　在负压下工作的其他类型磨煤机：锤击式10%；中速磨20%；风扇磨20%。各厂根据本厂设备、系统的实际确定漏风系数的定额值。

6.22　热力试验人员应根据煤种可磨性系数、磨煤机产量、制粉系统单耗变化，不定期地进行磨煤机制粉系统产量、单耗、飞灰可燃物、煤粉细度调整试验，确定钢球磨煤机的最佳钢球装载量以及按制粉量的补球数量，并每天按规定补加钢球。根据磨煤机运行累计小时定额按时进行清理、筛选、添加钢球。并做好制粉系统的维护工作。

6.23　锅炉应进行优化燃烧调整试验，对一次、二次风配比及总风量，出口扩散角度，分配均匀性，回流情况，炉膛火焰中心位置，炉膛温度场，磨煤机运行方式等进行调整试验，制订出针对常用炉前煤种在各种负荷下的优化调整运行方案。

6.24　减少锅炉排污门、热力设备、系统泄漏：运行人员检查后要写好设备缺陷，督促及时消除；维护人员定期检查，随时消除；热力试验人员应根据设备状态，可结合实际情况至少每月进行一次监督检查，并进行全面分析，以书面形式报主管厂长，为领导决策提供依据。

7　技术革新和技术措施

7.1　不断进行技术革新、采用先进技术，努力提高单元机组和电厂的运行经济性。对行之有效的节能新技术、新措施和成熟的经验，要积极推广应用，并及时对技术改造后的效果作出考核、评价。

7.2　节能工程师每年都应该认真地，逐台分析现有设备的运行经济性的状况，有针对性地编制技术革新和采用新技术、新措施的中长期规划，并纳入年度计划认真组织实施，以保证节能总目标的实现。

7.3　煤种变化、再热蒸汽偏低，应结合常用煤种的化学与物理性能对照锅炉设计加以比较，进行有针对性的技术改造。

7.4　对于质量差的长吹灰器，应更换为合格的合金钢吹灰管枪。

7.5　应根据燃煤品种、炉型结构和负荷变化幅度，选用合适的预燃室和新型燃烧器以提高锅炉低负荷时的燃烧稳定性，增强调峰能力。

7.6　不断改进点火用燃油设备，努力降低助燃和点火用油的消耗。

7.7　回转式空气预热器漏风的问题，通过检修仍不能解决时，且结构又不合理、问题严重的，要有计划地结合大修进行改造或更换。

7.8　保持锅炉炉顶及炉墙的严密性，采用新材料、新工艺或改造原有结构，解决漏风问题。

7.9　改造效率低的送、引风机，消灭大马拉小车的浪费现象。

7.10　对与制粉系统运行参数不相配合的粗、细粉分离器进行改造，以充分发挥磨煤机的潜力，降低制粉电耗。

7.11　中速磨和风扇磨的耐磨部件应推广应用特殊耐磨合金钢铸造，以延长其使用寿命。

7.12　改造低效低的给水泵，采用新型叶轮、导流部件及密封装置，以提高给水泵效率。

7.13　国产200MW机组，经过研究核算，有足够的汽源供应时，可将电动给水泵改为汽动给水泵。

7.14　如汽轮机运行中空载热（汽）耗量大，经分析、鉴定属通流部分影响的，机组大修中又不能调整、修复时，则应采取改造汽封结构等措施，提高汽轮机通流部分的效率，降低汽轮机热耗。

7.15 改造结构不合理、效率低的抽气器。

7.16 改造效率低的循环水泵。

7.17 经常低负荷运行的调峰机组，应采用滑压运行或其他经济运行方式。给水泵，送、引风机，循环水泵等辅机应进行变频调节、液力耦合器调速改造或将电动机改成双速，以提高单元机组的经济性。

7.18 城市居民区附近电厂的100、200MW凝汽机组，有较稳定的热负荷时，凝汽机组应改为供热机组。

8 经济调度

8.1 热力试验组应用机组有代表性的机、炉热力特性，绘制单元机组等微增煤耗率、等微增燃料成本特性曲线，编制电厂机组间负荷分配方案和带负荷程序。当机组经济性能发生较大变化时，应修编机组间负荷分配方案和带负荷程序。

8.2 值长要根据电网日负荷曲线要求和等微增准则，确定本厂机组运行方式，进行电、热负荷的合理分配，使全厂、全网达到经济运行。

8.3 根据辅机效率试验特性编制主要辅机运行特性曲线，并纳入电厂经济调度程序，使单元机组在运行中，特别低负荷运行时，做好单元机组及全厂的经济调度。

8.4 供热机组的电负荷高于热负荷对应的数值时，超出部分应按凝汽工况参加调度。

9 节约用水

9.1 为节约用水，水务管理专业应制定生产、生活用水管理制度，实行定额管理，按年、季、月下达计划（定额），并纳入考核。

9.2 每年要根据上级或主管部门下达的供水指标计划，制订本企业及部门年度用水、节水指标计划和节水措施计划，并认真组织实施。

9.3 对于闭式循环冷却系统，化学专业要根据水量和水质条件，经过计划（算），制订出经济合理的循环水浓缩倍率范围。做好水处理、排污的控制和监督工作，要采取防止结垢和腐蚀的措施。

9.4 采用干式除尘器的火电厂粉煤灰应尽量干除，干除灰量指标纳入年度计划，鼓励扩大综合利用，并实行考核；采用水冲灰的火电厂要制定除灰用水单耗指标，促使有关人员根据排灰量调整冲灰水量，在保证灰水流速的条件下，使灰水比维持在以下范围：

高浓度灰浆泵出灰系统　　1:3 左右

普通灰浆泵出灰系统　　1:10 左右

9.5 为节约用水，要回收冲灰水、冲渣水、轴瓦冷却水、盘根密封水，实现重复利用。冷却塔要加装高效除水器，确保除水器的除水器效率，努力减少水的飞散损失。

9.6 要减少热力设备系统的各种汽、水损失，合理降低排污率。做好机、炉等热力设备的疏水、排污及启、停时的排汽和放水的回收。补水率应达到一流火电厂考核标准：

300MW 及以上机组，补水率≤1.5%；

100～300MW 以下机组，补水率≤2.0%；

100MW 以下机组，补水率≤2.5%。

严格控制非生产用汽，注意回收凝结水，并单独计量，防止浪费。

9.7　热电厂要加强供热管理，与用户协作，采取积极措施，按设计（或协议）规定数量返回合格的供热回水。

9.8　根据国家统一安排，每年办好“节水周”活动。对全员进行一次节水宣传、教育，努力提高广大职工对节水重要性的认识和节水的意识。

10　培训

10.1　为深入持久地做好节能工作，应制定节能培训制度。广泛开展节能宣传、教育和培训工作，不断提高广大职工的节能意识。发扬点滴节约精神，千方百计杜绝各个环节的能源浪费。

10.2　严格贯彻《中华人民共和国节约能源法》规定的“未经节能教育、培训的人员，不得在能耗设备操作岗位上工作”要求。电厂每年都要开办各种层次的培训班，有计划地培训各级干部、节能管理人员和生产岗位上的全体员工。

10.3　认真学习、贯彻《中华人民共和国节约能源法》、《火电厂节约能源规定》和《电力工业节能技术监督规定》三个法规性的节能工作文件。每年办班，确保对本厂有关的各项要求得到全部落实。

10.4　节能工程师必须经过专业培训和考核，合格后有主管部门颁发证书，做到持证上岗，并定期接受专业培训，不断提高节能管理能力和水平。

10.5　节能工程师每年要制订年度培训计划，并组织实施。

10.6　节能培训内容包括：

10.6.1　学习《中华人民共和国节约能源法》、《火电厂节约能源规定》和《电力工业节能技术监督规定》三个法规性的节能工作文件。

10.6.2　本厂《节约能源实施细则》。

10.6.3　本厂机组热力设备、系统的经济特性，各项技术经济指标对电厂运行经济性的影响。

10.6.4　节能知识、节能理论、节能新技术等全面节能管理知识。

10.6.5　能量平衡分析、热力经济分析和计算、效率监控方法、主辅机经济调度等。节能培训班应根据不同层次的培训要求，选择不同的内容和深度。

11　奖惩

11.1　根据国家节约能源政策和国家电力公司规定，为调动广大职工深入、持久地开展节约能源的积极性，电厂应制定节能奖惩制度。对节能工作采取教育、鼓励与奖惩相结合的原则，做到节约有奖、浪费受罚。

11.2　厂、车间、班组建立节能工作责任制，对节约煤、油、电、水工作取得成绩的集体和个人实行节能奖。

11.3　电厂每年应根据主管公司核定或下达的供电煤耗定额（计划），按技术经济体系逐级分解到班组、岗位，并制定出相应的管理办法。节能奖按照考核指标定额和节能项目完成情况分别进行考核。

11.4　电厂要安排一定金额的资金作为节能工作的专项奖，由主管厂长负责，节能工程师承办，厂、车间、班组各级负责管好、用好节能奖。火电厂节能奖应重点用于奖励节能效果显著、对节能工作贡献大的单位和个人。其中，节能奖的30% ~40% 主要发给与节能工作有关的单位和个人，要防止平均主义。

11.5 火电厂应制定小指标竞赛办法，积极开展小指标竞赛和合理化建议活动，奖励先进，促进节能工作广泛、深入开展，不断降低能耗。

11.6 节能奖要有一套申请（报）、审批（评审）、发放、统计的管理制度，做到专款专用，不得挪作他用。积余下年度继续使用。

11.7 电厂每年要评选节能工作有突出贡献的先进单位和个人，并给予表彰、奖励；对完不成节能任务的，予以批评、惩罚。

参 考 文 献

[1] 武汉水利电力学院电厂化学教研室. 热力发电厂水处理. 北京：水利电力出版社，1976.

[2] 肖作善. 热力设备水汽理化过程. 北京：水利电力出版社，1987.

[3] 郑体宽. 热力发电厂. 北京：水利电力出版社，1986.

[4] 石奇光，薛玉兰，马庆. 关于发电厂管道热效率的反平衡算法及其分析. 华东工业大学学报，1997，19（3）.

[5] 方文沐，杜惠敏，李天荣. 燃料分析技术问答. 北京：中国电力出版社，1993.

[6] 蒋明昌，田志国，等. 火力发电厂能耗指标管理. 北京：华文出版社，2004.

[7] B. M. 葛伦施切因. 并列运行的发电厂间最经济的负荷分配. 林启华，译. 北京：电力工业出版社，1956.